王鹏飞气象文选

Ⅱ

王鹏飞

气象出版社
China Meteorological Press

内容简介

本书作者王鹏飞教授为我国著名资深气象学家，自1945年以来，长期从事高等气象教学及科研工作，著作等身，在大气声、光、电、云雾降水以及气象史研究，气象词典编纂等方面，独具创见。

本书以《王鹏飞气象文选（Ⅱ）》之名编纂出版，为中国气象局郑国光局长所支持与推荐，复经南京信息工程大学组织专家，将王鹏飞教授历年发表之有关气象教学、大气物理、气象名词研究等论文及气象史近作，精纂成集，交由气象出版社出版，其中不少作品，系应气象台站之咨询所撰。特别是对一些大气声、光、电、云雾降水的特殊现象之分析，采用最新大气物理成熟之理论，深入解剖，其论述与结论均获得公认与好评。更有对某些陈说误见，虽出自权威，亦能摆脱旧套，独出机抒，予以澄清，最为读者膺服。其中有些内容因刊出年久，缺少录存，亟需搜罗重刊，以免佚失。另一方面，本书内容为近年气象出版社所少见，为气象工作者包括台站同志所亟需理解，更为近日高等气象教学所宜，而却为教材中所欠缺者。将其编辑出版，便于读者重温，亦为当前我国气象学界殷切欢迎。另在本书中，还集有名家对作者著作之见解，更有参考价值。

作者善诗，诗意葱茏，作为文间补白，别有情趣。

图书在版编目(CIP)数据

王鹏飞气象文选．2/王鹏飞著．—北京：气象出版社，2010．8
ISBN 978-7-5029-5034-7

Ⅰ．①王…　Ⅱ．①王…　Ⅲ．①气象学-历史-中国-文集　Ⅳ．①P4-092

中国版本图书馆CIP数据核字(2010)第166849号

Wangpengfei Qixiang Wenxuan(Ⅱ)
王鹏飞气象文选(Ⅱ)
王鹏飞

出版发行：气象出版社
地　　址：北京市海淀区中关村南大街46号　　**邮政编码**：100081
总 编 室：010-68407112　　**发 行 部**：010-68409198
网　　址：http://www.cmp.cma.gov.cn　　**E-mail**：qxcbs@cma.gov.cn
责任编辑：杨泽彬　　**终　　审**：章澄昌
封面设计：博雅思企划　　**责任技编**：吴庭芳
印　　刷：北京中新伟业印刷有限公司
开　　本：787 mm×1092 mm　1/16　　**印　　张**：41
字　　数：995千字　　**彩　　插**：6
版　　次：2010年11月第1版　　**印　　次**：2010年11月第1次印刷
定　　价：120.00元

王鹏飞先生90华诞庆祝活动出版工作委员会名单

顾　问：黄士松、陆渝蓉、伍荣生（南京大学）
陶诗言、吴国雄（中国科学院大气物理研究所）
束家鑫（上海市气象局）
郭恩铭（中国气象科学研究院）
王式中（江苏省气象局）
李崇银（解放军理工大学气象学院）
张培昌　陈学溶　欧阳海　翁笃鸣

主　任：郑国光（中国气象局）

副主任：刘一平　李廉水　李　刚

委　员：牛生杰
许健民（国家卫星气象中心）
徐祥德（中国气象科学研究院）
毛节泰（北京大学物理学院）
陈洪滨（中国科学院大气物理研究所）
章澄昌（中国气象局培训中心）
张德二（国家气候中心）
王存忠（气象出版社）
李子华　顾松山　周文贤　曹文俊
汤达章　林　晔　罗哲贤　何金海
李湘阁　刘乃壮　王振会　银　燕

统　编：李子华　章澄昌　曹文俊

工作组：杨　军　刁一伟　于兴娜　林晓玲　胡佩云

（名单中未注明单位者，均为南京信息工程大学）

王鹏飞在上海市中共一大会址门前（2002）

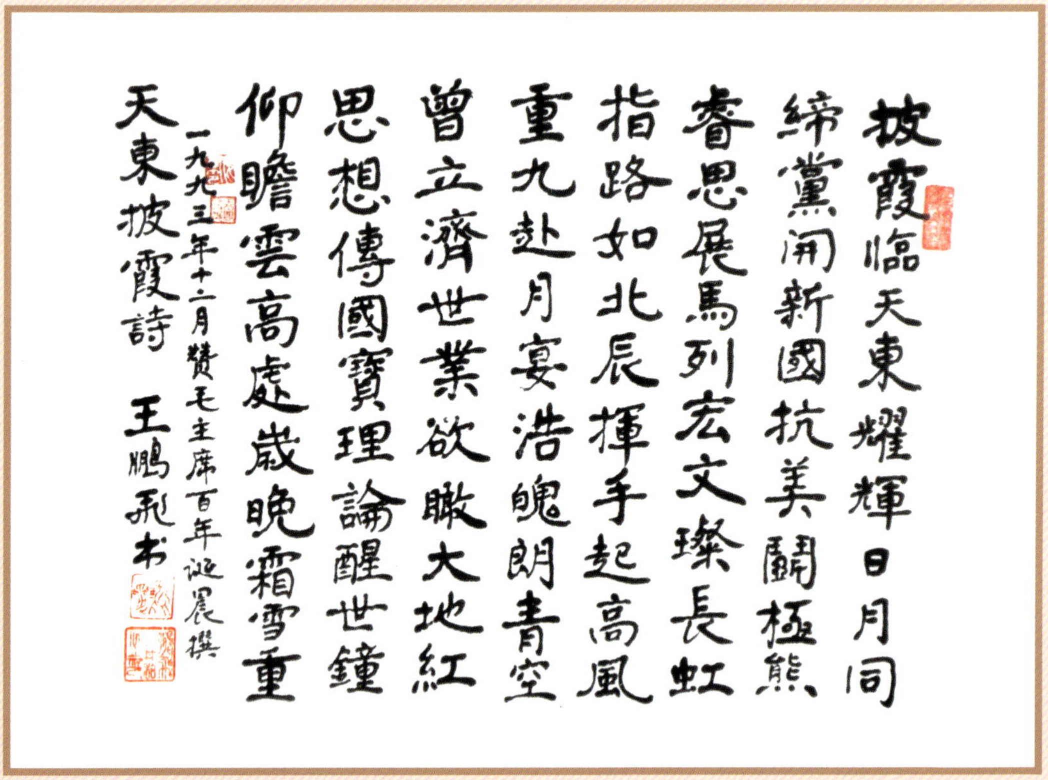

王鹏飞撰写《天东披霞》诗（1993）

王鹏飞、杨永华夫妇合影（1980）

王鹏飞、杨永华金婚纪念于南京国画院（2000）

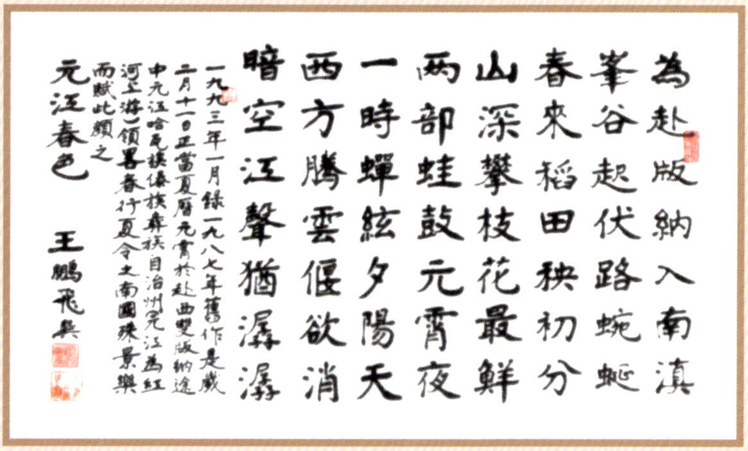

王鹏飞撰写《元江春色》诗（1993）

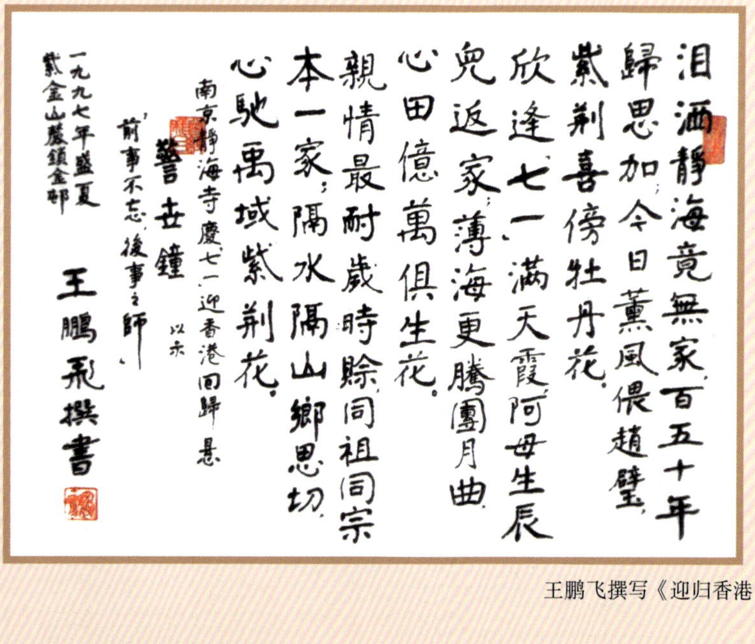

王鹏飞撰写《迎归香港》诗（1997）

中国气象局郑国光局长惠然莅舍（2007）

南京信息工程大学刘一平书记莅舍欢然（2007）

南京信息工程大学李廉水校长莅舍畅然（2007）

王鹏飞与南京气象学院时期领导（罗漠、罗干、章基嘉、朱乾根等）合影（1990）

王鹏飞参加空军气象学院校庆，与谢光道、程纯枢、黄士松等在一起（1980）

王鹏飞在宁夏中卫沙坡头黄河边（1989）

王鹏飞在李约瑟科技援华50周年学术报告会上（1993）

王鹏飞与恩师朱炳海教授在南京大学校门口（1987）

王鹏飞与谢义炳院士共商气象史志研究工作（1984）

王鹏飞与陶诗言院士在青岛气象职工度假村（1990）

王鹏飞在日本筑波气象研究所作《中国古代气候学史》报告，王瑞仙口译（1985）

王鹏飞在家接待日本来的气候学家吉野正敏教授（1986）

江苏省气象局与江苏气象学会同游阅江楼（2002）

江苏省政协常委（第五届）赴淮安瞻仰周恩来纪念馆，王鹏飞将所拟代表政协的题词："吐哺我神州，喜闻彤日致盛世；雨露此江淮，自足万载忆斯人。"在席上征得全体同意（1986）

王鹏飞先生在九十寿诞庆祝会上答谢（2009）

王鹏飞先生九十寿辰庆祝活动

南京信息工程大学李廉水校长在祝寿会上与王鹏飞先生合影（2009）

王鹏飞先生九十华诞庆祝会暨大气物理学院高层论坛合影（2009）

中国气象局国家卫星气象中心许健民院士（左一）、国家气候中心张德二研究员（右二）、南京信息工程大学何金海教授（右一）在祝寿会上与王鹏飞先生合影（2009）

南京大学前党委书记陆渝蓉教授（中）亲自并代表伍荣生院士、南京信息工程大学翁笃鸣教授（右）向王鹏飞先生祝寿合影（2009）

王鹏飞先生亲书“南山寿”书帖（2009）

编辑说明

1.《王鹏飞气象文选（Ⅱ）》中个别文章发表年代久远，为了保持原著的风格，对本书的数字用法、标点符号、物理量的单位均未作统一修改，但同一篇文章力求统一。

2. 全书共有 240 余幅科技插图，有的素描图，应王鹏飞先生要求，保留手迹，未作美术加工处理，这样更具有存史价值。

3. 2001 年气象出版社曾出版《王鹏飞气象史文选》一书，该书在发掘我国传统气象史料方面深入细致，以严谨的逻辑与多层次多视角考据鉴定古今论点，纠误扬实。所阐述之我国及世界气象发展史实，自远古迄今，考镜源流，分析背景，论事详实；对新科技发展，评述全面、解析透彻。既有助于读者知古辨今，更益读者对气象发展规律正确认识和思路升华，揭要钩玄，均为读者所称道。

序　一

王鹏飞先生在2001年出版《王鹏飞气象史文选》之后，现今90高龄又将出版第二部文选，重点汇集了2001年以后他在气象史方面的文章，增加了大气物理学等方面的论文。较之前一部文选，第二部文选的内容更加丰富，涉及的领域更宽，涵盖了他一生研究的兴趣，如：大气物理，重点是大气声光电现象、云雾降水现象和人工影响天气；气象史志，侧重于中国古代气象科技考据和近代气象发展历程研究；气象辞书编撰；等等。

20世纪70年代后期，我国恢复高考，我有幸成为南京气象学院大气物理系的第一批大学生，王鹏飞先生既是系主任，又是我们老师。四年后，我又有幸成为南京气象学院大气物理系的第一批研究生，师从王鹏飞先生。前后六年半，在王先生的教导下完成我的本科生和硕士研究生的学习，度过了我一生中最值得记忆的时光。

我踏进大学校门的时候，我国的高等教育和科学研究工作正从多年停顿与封闭中恢复，气象教育中的高素质师资青黄不接，教材的内容较为狭窄，更谈不上与国际交流。在这样的条件和环境下，王先生领导教学团队，精心翻译出版了由美国华盛顿大学著名气象学家J. M. Wallace和P. V. Hobbs编著的《大气科学概观》，作为我们的教材，使我们领略了国际气象高等教育的内容与形式，开拓了我们的专业视野。以后，我们不断地享用着王先生和他的教学团队撰写的多本教材，如：《云雾降水物理学(宏观部分)》、《云雾降水物理学(微观部分)》、《人工影响天气讲义》、《大气污染学简编》等等。这些教材概念讲解明确透彻，原理分析深刻全面，对我们大气物理的专业研究思路建立非常有益。先生在学术研究方面思维敏捷、功底深厚，不仅体现在所编教材中，还体现在两部文选中，也给我留下深刻印象。

王先生的专业研究特色在于运用世界科学理论与弘扬民族科技思想的有机融合。例如，在大气特殊声光电现象研究中，先生运用国际国内的专业理论，对那些与我国独特地域相伴而生的大气声光现象物理机制进行了详细分析，一直以来都是国内景观气象学的重点参考文献；在人工影响天气(天气导变)研究方面，先生在20世纪50年代初就将国外的技术介绍到气象部门基层台站，始终对抗击自然灾害传统方法的改进作鼓励与指导，还提出对催化剂云中扩散效果检验的优化建议；在气象史研究方面，先生以他丰富的历史和文学知识，特别是对甲骨文的研读功底，将气象科技与悠久的历史文化相融汇，多角度地考据各类气象历史资料与信息，开创了中国气象史研究方向；在气象辞书编纂方面，先生规范了许多外来气象词汇的解释，还根据中国文字的丰富内涵，创造了一些中国特有的气象专业词汇，解决了某些气象现象或演变过程无名称的实际问题；等等。

王先生一直以他开放式的研究态度和大量的论文书籍引导学生向博古通今、学贯中西的方向努力。他这本文选的参考价值不仅仅在于专业研究成果，还体现在他特有的研究方法和科学探索思想。

郑国光①

2009年11月15日于北京

①郑国光，博士，研究员，博士生导师。中国气象局党组书记、局长，世界气象组织(WMO)执行理事会成员，全球地球观测组织(GEO)联合主席。

序　二

王鹏飞教授是20世纪60年代初我在大学时的老师，那时他是我们气象系的副系主任,教授大气物理学方面的课程。60年代初正是国家气象行业高等教育起步阶段，也是学校新建之时。大家艰苦奋斗，奋发求知，与老师结下深厚的情谊。我们使用的教材有不少是教师自编,再经手工刻板印刷,装订成册。在那样的难忘时代，王老师在他出版的《气象学基本原理》(编撰,1959,科学出版社)、《物理气象学》(编译,1960,科学出版社)、《国际云图》(译著,1963,科学出版社）等教材及论著的基础上编写了多本讲义,包括《普通气象学》(1962)、《大气光学・大气声学》(1964)、《大气电学・高层大气物理学》(1964)、《云雾降水物理学》(1965)等。王老师的讲义注重物理机制与动力基础，介绍概念清晰全面,解释原理层层深入，给我们留下深刻印象。今天王老师文选中的论文依然保持着当年的风格,不仅叙述透彻，还显示出以多视角对问题探讨的新见解。

王老师的这本文选内容涵盖了他多年来的主要研究方向与兴趣：大气物理和气象史研究。在大气物理部分，论文主要分为两类：(1)对各种特殊大气声光现象及高层大气物理机制的探讨；(2)对灾害性天气现象及进行人工影响其过程的分析。在气象史的研究方面也可分为两类：(1)对古代气象史的考据与研究;(2)对我国近代气象发展史的回顾与总结。

天气现象反映着大气的物理性状和大气的局地特征,既为专家所研究,也吸引着大众的关注。正确地认识其本质和原因是专业工作与社会发展的需要。王老师有关大气声光现象等的物理机制的研究及论文在我国气象界是公认知名的，目前也已成为景观气象学理论参考文献的重要组成部分。王老师在人工影响天气方面进行了长期研究,并提出天气导变的概念(1990),即以人的意志为主,恰当地因势利导,以小搏大，将强大的自然天气能量演变引向人们所希望的有利的天气状况。同时,使用“导变”概念对效果检验也有指导意义:以人的期望为目标检验导变作业的结果。

在气象史研究方面，王老师不仅以他的亲身经历对我国近代气象史进行详实的回顾与认真的总结，更重要的是他运用丰富的历史知识和扎实的古文功底,包括对甲骨文的研读能力，注重对问题（包括古代气象仪器、古代气象观测方法、古代气象机构等）的多方位考据与分析，将历史与科技有机结合,将文科与理科研究方法相互借鉴,开创和拓展了中国气象史研究。使中国气象史研究处于国内外领先水平。而且王老师思路开放，认为气象史的研究是一种文化，应该成为气象行业以及全国和各地区的历史内涵的重要组成部分。

除了大气物理与气象史的内容，王老师的文选还包括了他对气象辞书撰写方面的独到见解，王老师主编了气象辞书五部，为气象辞书的编纂提供了宝贵经验。

总之，上述王老师的研究思想和成果都在文选中具体体现，使王老师的这本文选对研究大气物理特别是大气声光现象、人工影响天气，以及气象史志研究、气象辞书编纂都具有多方面参考价值。

吴国雄①

2009年11月3日

①吴国雄，中国科学院院士，现任LASG学术委员会主任，国际气象和大气科学协会(IAMAS)主席，“世界气候研究计划(WCRP)联合科学委员会常委，Climate dynamics 编辑。曾任国际“气候变化和可预报性计划(CLIVAR)”以及“全球能量和水分循环试验(GEWEX)”科学指导小组成员，Adv. Atmos. Sci. 主编。

序 三

王鹏飞老先生是我国老一辈气象学家，是南京信息工程大学前身南京气象学院的创始人之一。他把自己献给了中国的气象事业，为我国气象业务发展、为气象科学研究尤其是大气物理学的研究、为气象教育事业发展、为气象史志研究，以及为气象科普事业发展，都做出了十分重要的、突出的贡献。

王老自青少年时代起就立志报国，在战乱中艰难求学，勤奋学习，1945年成为中央大学气象系第一届唯一的毕业生，从此走上了以气象知识服务祖国的道路。在新中国成立之初的1950年，王老应军委气象局涂长望局长邀请，赴北京参加新中国的气象事业，在培育人才、制定规范、编译书刊、开展宣传等多方面为新中国气象事业的创建做出了重要的贡献。1960年，受中央气象局的委托，王老又与朱和周、冯秀藻等先生一起来到南京，筹建南京气象学院，并负责大气物理系的工作。自此，王老在教学、科研一线辛勤耕耘了四十一年，为学校的建设和发展呕心沥血，不辞辛劳。他先后讲授了多门基础课和专业课，指导了二十余名研究生和难以计数的本科生；他长期从事云雾物理、人工影响天气等研究，提出了天气导变的研究理论；他独立编著气象高等教材13部，发表专业论文三百余篇，其中《冰雹预报及人工防雹工作》获得全国科学大会进步奖；他出版专著6部、译著5部，参与编纂《辞海》等百科全书7部，其中《辞海》获首届国家图书最高奖；同时，他先后担任了中国气象学会常务理事、中国气象学会科普工作全国委员会副主任等十几个重要职务，为学校赢得了许多荣誉，并被评为全国气象系统劳动模范，被国务院表彰为发展高等教育事业有突出贡献者等。

更让我们感动和敬佩的是，王老退休后一直坚持著书立说，倾心于人民的教育事业和共和国的气象事业，忠心耿耿，殚精竭虑，成绩卓著，贡献突出，九十高龄仍笔耕不止。他潜心研究气象史志，填补相关领域的空白；他热情指导青年教师和优秀学生，无私提携后生；他始终惦念学校，为学校发展建言献策。2008年，王老被评为对中国人工影响天气事业有突出贡献的专家；近期，王老担任顾问的《中华大典·气象分典》编纂工作也取得了重要进展。今天，王老的专著《王鹏飞气象文选（Ⅱ）》又要出版了，我们向他表示最衷心的祝贺！

王老与学校、与我们风雨相伴五十载，他是学校历史最直接的见证人。学校诞生于新中国最困难的1960年，到现在的南京信息工程大学，占地面积达二千余亩，师生员工达到三万余人，有17个院（部），有47个本科专业，形成了"以气象学科为核心，以信息科学与技术、环境科学与工程为重点，理、工、管、文、经、法、农多学科协调发展”的学科体系，具备了学士、硕士到博士学位完整的人才培养体系，建有多个国家级、省部级重点学科和重点实验室，设有联合国世界气象组织区域培训中心，气象学科综合水平位居全国前列，在国际上有较大影响，被誉为海内外的气象人才摇篮。我们经历过创业的艰难困苦，有过发展的曲折迷茫，但南信大人始终胸怀坚定的理想信念，肩负高度的使命感和责任感，以“艰苦朴素”修德，以“勤奋好学”成才，以“追求真理”励志，以“自强不息”立身，专注于南信大(南气院)这份千秋大业，为气象事业和地方经济社会发展贡献自己的力量。我们深知，学校对社会最大的贡献，在于培养出了一批批优秀的人才。王老先生的高徒中就有许健民院士、郑国光局长等一大批杰出的领军人才，他们在中国乃至世界气象事业以及其他各行各业奉献着自己的聪明才智，推动了社会进步和人类文明的发展。而造就这些栋梁之材的，正是像王老先生这样的一批名师、大师，他们献身科学、追求真理、精心育才、甘为人梯、学德高尚、谦诚待人，是知识分子人格魅力的生动诠释和印证。

王老也是新中国气象事业的见证人，是中国气象人的杰出代表。新中国成立60年来，数以万计的气象工作者们艰苦奋斗、爱岗敬业、严谨求实、团结协作、无私奉献，使中国的气象事业从无到有，由弱到强，以前所未有的速度、前所未有的规模、前所未有的成就展现在了世人面前。我校是中国气象行业的一分子，在“主动融入、主动接轨、主动服务”的今天，更要在全校发扬光大这种气象人特有的精神。

我们要以实际行动学习王老的精神。今年，学校将迎来五十周年校庆，迎来学校发展的新阶段。我们要实现科学发展，跨越发展，建设一流特色重点大学，就需要更多的像王老先生这样的名师、大师。几年来，校党委在全校范围内开展了“向王鹏飞同志、罗哲贤同志学习”的活动，这项活动意义深远，对学校发展至关重要。我们要学习王老对国家和人民忠心耿耿、忘我工作、殚精竭虑、无怨无悔的爱国情操；要学习他刻苦钻研、严谨求实、追求真理、孜孜不倦的治学精神；要学习他教书育人、甘为人梯、淡泊名利、无私奉献的崇高师德。我们希望有更多的教师像王老一样，把个人的前途与党和人民的需要、与学校事业的发展统一起来，成长为师德高尚、造诣深厚的名师、大师，为祖国富强、社会文明、人类进步培养更多的栋梁之材。

近日，中国气象局局长郑国光深情回顾了在母校求学以及师从王老进行气象研究的经历，他说：“先生为追求真理、探索科学而孜孜不倦，今虽耄耋之年，仍笔耕不止的科学精神；实事求是、缜密求证的科学态度；治学严谨、淡泊名利的师者风范，激励了几代学子的成长。先生助人为乐、待人诚恳、为人宽厚，对待学子诲人不倦、舐犊情深、授之以道、传之以德，得到学子们的敬爱与尊重，成为学子尔后为师者的修行。”

面对王老这样的前辈，我们充满崇敬。在本书出版之际，我们衷心祝愿王老学术之树常绿！生活之树常青！

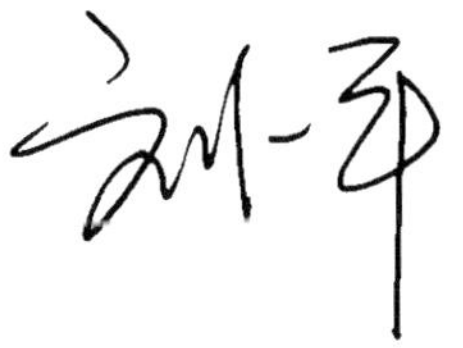[①]

2009年11月20日

①刘一平，教授，博士生导师。南京信息工程大学党委书记，江苏省政协委员，国务院政府特殊津贴享受者。

自序与导读

一、自 序

本书是我继2001年《王鹏飞气象史文选》出版后又一部文选。内容较前一部广泛，大体分为："气象教育"、"大气物理"、"气象史"、"气象辞书及名词考释"及"杂论"五类。继附"师友珍勖勉语"及"生平述略和九十感言"，最后加上"附录"。这两部著作集包含了我生平文章的大部分，篇幅宏大。虽敝帚自珍，但个人无力出版。蒙郑国光局长青睐，鼓我励我，认为拙作别出机杼，可补我国以前气象课题之缺项，对推动我国气象研究之发展，不无裨益，慨然掬以公心，支持此著作出版。鱼水之情，感铭难忘。

这第二部书，由于内容广泛，很难用确切的短题冠作书名，因而姑且称它为《王鹏飞气象文选（Ⅱ）》。本书主体部分中，"杂论"虽不全属气象内容，但所占分量不大，其他四部分均属气象方面的文章。故用此书名大体合适。书名后有（Ⅱ）字，这是为使读者意识到此非我所撰的唯一"文选"，以便在必要时参考我前一部称为《王鹏飞气象史文选》(2001年)的书。

在本书出版之前，于2009年11月，南京信息工程大学为我举办90寿辰，殊不敢当。各方来函不少，其中颇有评述我的治学态度及著作内容者，国光局长勖以气象教育家、大气物理学家、气象史学家、气象词典学家、科普活动家五家称号。王回珠恩师母以百岁高龄，闻而喜曰："集五大家于一身，不负汝师涂长望生前之期盼，亦为汝一生贡献的最好肯定。"我感谢师友勖励，认为这五个方面，我的确情有所钟，写过不少文章。但五家之称，自愧难孚。今后当虚心黾勉，向此方向努力。又诸良师益友对已出版多年之《王鹏飞气象史文选》所集之文，十分关心，频赐体验印证之词，多方鼓励。窃念本人知能窄隘，行文构思，难免无失。本书即将出版，不能蓬门初出，孤芳自赏。甚盼经历考验，再引抛砖之玉，知我非我，莫非爱我，此为本文选正文后附的"师友珍勖勉语"及"九十感言"之意义。

"鹏飞生平述略"、"王鹏飞教授著译分类目录汇编"均系2001年《王鹏飞气象史文选》中附录所有。重附于本书，有助于读者理解我的身世。惜"分类目录汇编"原系杨永华在我们2000年金婚时所编。现在她因年迈脑瘫，无法为我续编，留此未竟之篇，能使我永志恩爱之情。

本书包括我2001年以后之“气象史”新作，因为此前已有《王鹏飞气象史文选》的出版，故特将该《王鹏飞气象史文选》中“气象史”目录附于本书之后，有助于读者理解我在这方面研究之较完整的面貌，并根据需要查找原文。

二、导　读

在《王鹏飞气象史文选》中，原有“选文摘要”一节，以便读者根据此节选择浏览研读。本书因内容较前一书更为广泛，篇幅及篇数亦较前为繁。读者往往难以篇篇过目，只能择需而阅。为此有必要为每篇选文予以简介，使读者据此择其心之所惬，挑选阅读。今特按导读所需，将本书选文按门类及文题，进行简介如下：

(一)“气象教育”类之导读

我一生大部分时间，从事气象教学。但又认为除正规学校中的气象教学外举办大气物理、气象史、气象辞书编写、气象辞书及名词考释、气象科普，均是应对不同对象所取的不同方式的气象教学。但本书的气象教学类，则以正规气象高校教学为限，共计7篇。

1.《气象科学学科体系的新观点》　我国气象学界应对本学科体系作更全面的整体考虑。因为进入21世纪，学科蓬勃拓展，对学科整体与其各分科之关系作全面的探索，有利其发展。是用“以人为本”的观点为主的。

2.《大气物理从附属于天文、地理到独立发展的教学史》　本文指出无论中外，如题目所示，有一个相似的发展情况。但我国，大气物理独立发展出现较晚。在1944年方才出现，而充分发展则在1949年全国解放、新中国成立时开始的。

3.《涂长望的气象事业办学思想》　南京信息工程大学接替南京气象学院而发展，需要理解新中国第一位中央气象局局长为发展我国气象事业创办南京气象学院的办学思想。本文根据涂长望生前的几次办学的发言，对其办学思想进行探索。

4.《南京大学大气科学学院1949年前的沿革史》　南京大学大气科学学院的气象教学在我国具有悠久的历史。探究这个悠久历史，对理解我国大气科学教学的发展可获得脉络性了解。但在全国解放以前的情况，为时已久。本文从其前身三江、两江、南高师、东南大学、第四中山大学、江苏大学、中央大学时期的气象教学进行了追索。对那时的气象教学体制指出了如何从单独的课程变为地理学系的基础课，再提升为地理系的气象组，进一步独立为气象系的过程，做了考证。使今日南大大气科学学院的历史脉络有所理清，对那个时期的毕业生在开创我国气象科学的作用也做出了介绍。

5.《林隙几番期朗月,江干何幸侍高踪》 这是我缅怀恩师涂长望教授生前情况之作。

6.《盛情难释五十载》 解放军理工大学气象学院在初创时,是1950年军委气象局在首都北京五塔寺的一个训练班,然后发展为魏公村的较正规的气象专科学校,现已迁到南京。在培养解放军中气象干部有很大的历史作用,现在更有很大的发展。本文回忆其初创时期我参加该校创校的情况,以及在迁到南京后,我在南京气象学院任教时与之交往的情况。

7.《我和竺可桢先生的因缘》 我和竺可桢都是上海澄衷中学的校友。1937年竺可桢已任浙江大学校长,曾由杭州赴沪,到澄衷母校作演讲,题目是《服务与享受》,我恰好被选为报告的记录者,当时我17岁,竺可桢47岁。最近澄衷母校把当年我的记录稿寄给我,弥足珍贵。1999年,应《竺可桢全集》的需要,我又对1949年3月8日竺可桢日记中所记祝庸先教授祝竺老60寿辰的诗进行辨读与校订,已蒙采用,辨读时,竺老已逝世25年了。我之对气象史研究的兴趣,是受竺老的文章影响的。本文介绍《服务与享受》的内容及祝竺老60寿辰诗的解释,认为这是我与竺老的因缘。

(二)"大气物理"类之导读

"大气物理"是我从事气象教学的主要内容,重点是讲清物理概念。当然须借重于数学以深入大气物理研究。但我认为数学是一种工具,它要建立在物理概念上,方能有助于气象教学,否则将成为空中楼阁。

我认为气象科普与大气物理教学,其实都需要阐述大气物理的概念。只是由于对象不同,所以所用方法不同,深入物理概念的层次、深度有所不同。它们都需要深入浅出。例如,某些非气象专业的科学家需要气象科普;有些久忙于固定气象工作的基层气象岗位工作者需要先进气象知识的科普;即使对于从事大气物理深层研究的工作者,他们所写的研究论文也不能写成天书。为了使其深入的研究为人所理解,必须考虑阅读的对象做浅出的加工。大气物理的高等教学必须考虑学生的接受能力研究教学方法,这也是一种科普手段。因此,在本书内,我们把气象科普并入大气物理类内。

本书有关"大气物理"类的文章共收27篇。如下:

1.《论霞——万丈红光映碧寥》 联系光受空气分子的透射、散射、反射对光谱的影响,探讨剩余日光与霞色的关系,并讨论霞色与晴雨的关系。

2.《主要晕象的形成原理》 指出晕的产生与冰晶的存在有关。说明不同的晕象与空中冰晶的结晶形态、在空中漂浮的状态及日光受冰晶折射、反射的光路有关。

3.《44°"对月晕"》 此现象为位于月亮相反一侧围绕对月点的圆形彩晕。本文指出此现象之空中冰晶的形状及产生光晕的光路。

4.《是龙门真容,还是龙门蜃景》 在成都北方空中某日出现剑阁龙门山之幻象。本文证明这是龙门蜃景,而非龙门真容。

5.《光柱林立》 这种现象多发生于北方夜空严寒之时,有冰针在空气中漂浮,灯光受到冰针反射,进入人目所出现的竖直光柱现象。在城市附近因灯光稠密,从而出现“光柱林立”的景色。本文叙述其机理。

6.《青海湖旁的路蜃奇景》 此蜃景出现于某一夏日青海湖边亮油油的柏油公路面上。上午及下午两度出现。本文说明其出现条件。

7.《山区蜃景》 本文介绍山东出现的四种不同形成过程的山区蜃景形成原理。特别对于此前从未报道过的一种“倒上现左反蜃”的山区蜃景,本人通过亲赴泰山考察,作细致分析,研究出其形成的科学原理。发现这种蜃景是造成在泰山中天门拍摄北上方南天门景色,照片中却出现以天空为背景的缆车绳索及东边山脉的反常现象的原因。

8.《“海滋”名称由来及形成原理》 这是一种出现于山东沿海,特别是在蓬莱及长岛一带的特殊蜃景。当地渔民称它为“海滋”,但这种特殊的蜃景现象与当地人们对它的形成过程的说明不相符合,也有人认为它等同于一般蜃景。本文指出它应属于渤海湾常见的“下现倒蜃”现象。在沙漠地区也可出现这种“下现倒蜃”。这时不应称之为“海滋”,而应称之为“旱滋”或“沙滋”。

9.《瀑阴沫华》 云南大叠水瀑布的水沫在背影处拍摄出的一张照片上出现的一段彩色光弧,气象出版社曾将此彩照刊于年历上传送各地,题此光象为彩虹。本文据此照片进行计算及分析。证明它不属于彩虹,而却是水沫所形成的“华”的现象。

10.《宝光机理的综合研究》 本文首先指出宝光不仅可以在液水云雾堤上形成,也可以在冰晶云雾堤上形成,并指出它们的形成机理。

11.《宝光伴生大光环的研究》 本文指出在一般情况下,这种大光环应该是“虹”,但对冰晶云雾的场合,它可能是“44°对日晕”。

12.《宝光中摄身光影的研究》 本文用物理概念分析并否定了美国威斯康辛大学教授格林勒(Robert Greenler)在其《虹、晕、宝光》一书中用半影原理解释宝光摄身光影理论。还根据宝光摄身光影显现于球形水滴组成的幕上的事实,解释各人自见其形而很少见到并立的同伴的理由。但如调整其距云雾堤之远近,仍可见到自己身边同伴之形。还根据其距云雾堤远近能影响人影视角大小的原理,将摄身光影的形状区分特种形状。本文是第一次将摄身光影形状分类,并根据该形状分析云雾堤特征的研究。

13.《青铜峡中“品字三太阳”映象释疑》 这是在宁夏黄河青铜峡迄今仍能在一定条件下可见的光学奇景。当地旧碑上证明历史上就有此现象。本文用该处黄河涡旋反射夕阳来解释其形成原因,并用河水流动及乱流的形成解释其他映象。

14.《解开“日月并升”及其伴生光象之谜》 在钱塘江北岸、海盐南北湖鹰窠顶，每当农历九月底十月初清晨，能见到日月并升现象，吸引了许多游客。本文从天文规律、伴生光象及人目生理干扰三方面分析这个现象出现的原因。指出过去导游者每将人目生理干扰现象误认为月象，从而误导游客正确观测日月并升现象。本文指出如何正确对此现象进行观察。

15.《极光的形成》 极光的形成理论，随着太空探测的发展，时有新见。人们对它的形成机制渐渐细致化。本文仅介绍其较公认的一些研究成果，讨论太阳带电微粒如何进入地球高层大气并受地球磁场的影响。

16.《鸣沙共振和沙坡调节理论的研究》 到沙漠去旅游者，常常想知道鸣沙现象原因。旅游部门又对旅客滑沙坡的行动提出会否将沙坡滑平的疑问，怕失去旅游价值。本文对此两个问题，进行了讨论，分析鸣沙诸原因及沙坡可在一定条件下维持一定坡度的原因。

17.《龙卷风》 本文分析龙卷风形成的一些原因及预报的方法，介绍龙卷风出现时的一些特征。

18.《冰雹云移动规律初探》 本文通过冰雹云出现时的天气形势背景、山脉地形情况、地面热力条件及平原水体河流分布，分析雹云的未来走向。属于物理分析方法，曾在发表后被一些省气象局刊物转载。

19.《人工影响云雾》 本文1958年6月发表于《天气月刊》，对启发我国吉林省第一次用飞机干冰播云、减轻该年该省旱情及小丰满水库缺水困境、激发新中国人工降水活动方面，有推动作用。

20.《人工影响天气学(天气导变学)发展的讨论》 本文第一次将“人工影响天气”的概念替换为“天气导变”的概念，推动人们对这门学科，有更深刻的认识。指出这是一种以四两拨千斤的方法触发自然天气过程，使之向人们希望的方向进行。强调因势利导，讲究方式方法，有利于此门学科的发展。

21.《人工影响天气(天气导变)研究方向刍议》 本文除指出现在人工影响天气的各研究课题中存在的问题，还指出如何改进的方向。强调进行“云特性场分析”是推进天气导变各方面研究的必要措施。可将其区分为“导变环境场”及“播云剂在云中的扩散场”分析。对这些场进行现场探测，并综合分析必将产生积极结果。还指出效果分析应走出统计多次导变作业资料的道路，应设法探究每次导变活动的个例效果分析。

22.《雷雨是怎样形成的》 本文介绍积雨云中冰晶的温差起电机制。这是较为细致的云中起电机制，为实验所证实。

23.《闪电是怎样打击到地面上的——云地闪过程》 本文介绍云中起电后造成云底电荷分布及地面感应电荷、闪电启动的电击穿、闪电的枝状延伸、球状闪电的出现等现象。并提出在地面打击地点的选择性和随机性。此文曾受到电力部门的注意,在其内部刊物中转载。

24.《一分为二看闪电》 闪电当然是一种破坏性自然力量,但本文从另一方面指出闪电也有可资利用的地方。如闪电制肥、闪电找矿、闪电助天气预报等。

25.《贴地气层中为什么能维持很大的超绝热直减率》 人类生活在大气低层,经常体验到该层超绝热梯度的影响。这种特殊温度梯度结构是其上自由大气中所不能维持的。但一般气象教科书中常轻轻带过,不详述其形成的物理机制,本文解决了这个问题。

26.《南京栖霞三圣殿“玄光”现象原理解析》 在2008、2009、2010年,三圣殿佛面部曾出现玄光从佛的面颊上升到佛双眉间额上彩珠的现象,惹起宁、沪两地旅游者的惊异。本文对此进行了科学解释。

27.《我所经历的我国人工影响天气(天气导变)发展历程中的几次转折》 本文是2009年为《中国人工影响天气事业50周年纪念文集》而作,共叙述5个转折期,即20世纪50年代的山西消雹,1958年吉林成功的人工降雨实验,20世纪60年代初形成的专业化发展,20世纪80年代的暂时消沉期,20世纪90年代初的再次全新起步。对我国今后发展天气导变事业很有参考价值。

(三)“气象史”类之导读

在2001年我曾出版了《王鹏飞气象史文选》专集,但是此后我在气象史方面继有新作。因为虽然我已久处退休地位,但兴趣仍在,此研究本系业余性质,各方面对我要求仍多。我的撰作条件仍有,所以新作不辍,这方面本书集文约12篇。

1.《古代风向器漫谈——在传统文化中超越》 本文通过对中外风向器发展史的研究,指出古代风向器往往保留有其传统文化特点,但是他们毕竟是科学的实用仪器。为了使用目的,必须不断进行改进构造,从传统文化中超越。改进的过程即为超越的过程。

2.《评唐李淳风“占风情”方法》 本文指出李淳风对风的观点事实源于北周庾季才的《灵台秘苑》一书。又指出目前所谓的李淳风风级在概念上与蒲福氏风级的物理意义完全不同,二者间本来是无法比较的。但经过量纲转换,可以勉强比较。我们通过比较,发现虽然李淳风风级出现较早,但从风速配合地物影响的实况来看,蒲福氏风级配合得更加符合实况。李淳风所指示的风级,其相应风力失之过大,不符合实况。所以绝对不应采用李淳风风级。

3.《访日气象史交流研究六题》 本文是我1985年10月赴日本气象学会交流气象史回来的总结,共分六个题目:一为“人工雪晶纪念碑”;二为“中国古籍所谈到的冰雪特征”;三为“中国和日本的铜凤凰”;四为“回返中国的古云图集

(《通机图解》)";五为"中日气象史文献的交流";六为"1957 年前日本气象史研究概况"。其中特别有意义的是《通机图解》。它是中国古代传向日本的古云图。为日本已故气象前辈藤原笑平(1884—1950)所收藏。我在此次访日曾通过日本气象研究所柳原一夫先生获得其复印本。该复印本已为日文。前有1759 年(相当于乾隆二十四年)明月道人之序。据云传入日本时原书书名为《日月及北斗图》,共三卷。《通机图解》仅为其中"观日部分"。我曾将《通机图解》与《白猿献三光图书》之图相比较,发现至少有十一则图,其布局及图形十分相似。但《通机图解》一书又有其特点,即每一云景,刊其连续变化情况两帧,很有启发性。此次赴日,得以将清代传入日本的中国云图的日译本回返祖国,实为中日文化史或气象史交流中一大佳话。

4.《南朝国家观象台在今南京大行宫考》 本文根据东汉、三国、晋等朝代的观象台建筑惯例,以及近年来南京对六朝台城位置的可靠发掘等资料。用丰富的理由否定了南朝刘宋观象台建于北极阁的说法。明确当时国家观象台实建于刘宋台城之西南角"鸾锦门"上,即相当于今南京大行宫南京图书馆新址处。这是对我国国家观象台沿革研究的重要成果。

5.《元代是否在集庆(今南京)建观象台考》 本文根据丰富史料,证明我国气象学界传说南京在元代曾建有国家气象台之事为不确,元代国家气象台不可能建于南京。

6.《〈日火下降、旸气上升图〉的初步研究》 《日火下降、旸气上升图》系我自上海图书馆所藏《诸葛武侯白猿经风雨占》一书中觅得。它是由无名氏所绘,其后又自南京古籍图书馆得游艺《天经或问后集》,觅得《云飞、雨降、雷鸣、电掣之图》及《日火下降上升诸象图》。发现后两图实系前一图两部分分开修改而成。它们都是表达天气现象之干湿对流形成过程。既有西欧中世纪"三际学说"对中国之影响,也充分地发展了我国"天气现象的阴阳形成学说"。所以有重要的气象发展史意义。据我研究,此图最初系明末清初熊明遇结合西方传教士之观点所绘,然后经其学生游艺所修改。

7.《南宋范成大峨眉宝光记述的物理分析》范成大在 1177 年相当于阳历 7 月 24 日及 25 日两天下午在峨眉山光明岩详细记录了他见到的宝光演变过程。本文试将其各时所记的宝光情况化为现代时刻,并计算出各时刻的太阳高度角、方位角及对日点相应时间的高度角、方位角,再结合所见的宝光现象及云况。用物理分析方法,探讨在此两个下午的大气光学变化过程,很有启发意义。因为分析的是 830 多年前的大气物理状况。

8.《孔夫子天气预估的讨论》孔子周游历国,有预估次日天气的需要,他进行好几次天气预估都报对了,又曾警告齐国将出现暴雨。要齐国筑堤防水。减免了齐国的水患。本文研究了孔子作天气预报及警告的根据,发掘了春秋时的天气经验。

9.《〈数书九章〉测雨雪四题的验证和探讨》 《数书九章》为南宋秦九韶所撰。其中有测雨雪题四则。我国气象史学界对此倍加称颂。并认为他是我国测雨器之发明者。本文对此四题,用立体几何给予以求解。发现前三题答案基本与秦九韶相同,后一题秦九韶拟题不周,他的答案存在问题。对秦九韶在南宋发明雨量器之事,通过其自述,并根据明代《礼部志稿》,证明当时报雨泽规定需报"入土几分",实为报土壤润湿深度。清代犹然。证明秦九韶未发明测雨器。问题在于秦九韶为数学家,专心用复杂计算方法以应付不同形状之承雨器之雨量计算,不关心改造仪器以建测雨器。而且当时我国农家认为测湿土深度更有利于了解作物根系吸收土墒。并未有发明圆筒形测雨器之需要,至于秦九韶之处世行事为当时人所垢病。本文亦提出其原因,以供参考。

10.《中国古代测"分、至"方法及时代的探源研究》 一般人认为我国测春秋分、冬夏至的方法是在殷代。当时测日影的"立中",即为测"分、至"之举动。本文作者1984—1985年曾两度夏季赴连云港市锦屏山将军崖及云台山东磊。经过调查研究、岩刻分析及典籍考据,肯定最早的测"分、至"之举,与夏代前期的东夷活动有关。这就使我国测"分、至"的最初时间提前了约一千年。

11.《我与气象史志研究发展的关系》 这篇文章介绍了我从20世纪40年代迄21世纪初研究中国气象史的概略。

12.《我国气象史研究的持续发展问题》 我从1983年起,主持中国气象学会气象史志研究会凡十五年。当时气象史志研究会挂靠于南京气象学院,由于此后该研究会将挂靠到国家气象局办公室史志鉴办,所以我写了这篇文章,总结前此主持该研究会之经验,指出以后气象史志研究会持续发展需注意之点,以供后继者参考。

(四)"气象辞书及名词考释"类之导读

我从事气象辞书及名词考释工作也有很长历史。如专业的气象辞书(《气象学词典》),百科类气象辞书(如《中国大百科全书·大气科学卷》、《中国农业百科全书·农业气象卷》、《世界百科名著大辞典·气象名著》),综合性大辞典(如《辞海·气象分科》、《大辞海·大气科学》等),其中以《辞海·气象分科》任主编49年。另在参加气象名词审编委员会及在《自然科学名词及学术研究》等有关杂志,亦曾发表有关气象名词方面之文章多篇。我主张科学名词,必须"词符其义",不应含糊不明或一词多义,以免混淆概念。既是给中国人用,其名词就必须符合中国使用者的思维,即使是一些缩写语也应该强调用中文,且应强调在简化名词中。包括词义中的主要特征字,切忌出现贬义。在本书中,我仅仅收录5篇。

1.《〈辞海〉气象分科主编49年经验回眸》 这篇文章总结我编辞书的经验。

曾受到上海辞书出版社的重视,并摘要登载于其刊物上。全文包括我对气象词目编入的“总体设计”,结合我自己擅长,进行词目建设,对不符合词义的名词进行补救性处理,深化词目,构建创造性词目,充实近代气象事业开创性人物,增加国标通用的新词目。对《辞海》音序版词目编排的改进,也提出了意见。本文举出了许多改进词目的例子,并分类说明改进的必要性及修改的原则。有助于气象词目审核工作者参考。

2.《〈中华大典·地学典·气象分典〉编纂建言》 这是我对中国气象局从事《气象分典》之编纂的一个建言。主要包括两个方面:指出中华的传统是本土与世界文化融合中不断演变而形成的。在1911年前,我国的气象观实际已与西欧的气象观有所融合。在编中华的《气象分典》决不能不考虑这种中西融合的实际,所以文中举出明清时期国家所编的丛书及类书中并不回避西方的气象知识事实。处于今日改革开放的洪流中来编《气象分典》,希望不要排除事实上已影响当时我国传统的西洋气象观的资料。还希望要用科学发展观来编排《气象分典》所收罗的气象史料。按照科学发展观来编《气象分典》。正是这次编纂超越古代丛书及类书的时代特点。根据科学发展观编纂《气象分典》,可以引导读者的创新意识。本建言还在气象观、天气预报、农业气象、军事气象等方面列举出科学发展观的不少例子。以供编纂者参考。

3.《气象学界“Front”中译名的统一小史》 本文指出英文“Front”一词出现于气象界的时期,并指出中译名原译为“面”,后改译为“锋”的过程。

4.《“伣”字不能表示“风向器”的考据》 由于孙海波《甲骨文编》(中华书局影印,1964)引《明·四二二》甲骨。认为其中有“伣”字,而高诱注的《淮南子·齐俗训》将“伣”字释为风向器。于是我国气象学界,就认为甲骨文时代(殷代),已有名为“伣”的风向器。我通过台湾刘昭民先生之助,将《明·四二二》之甲骨原文查出,发现该片甲骨并无“伣”字,回过头去考查《淮南子》发现比高诱更早的许慎所注,未提及“伣”字,而仅有“綄”字。再通过清代庄逵吉和王念孙等的意见,指出“伣”为“綄”字传抄之误,最后通过我的研究,虽然发现甲骨文并无“伣”字,但没有“伣”字并不能证明殷代无风向器,因为殷代及更早,已有存在风向器之史料,当时的风向器根本不叫“伣”。

5.《亚热带、副热带词名溯源及意义区别》 本文提出五套不同历史渊源的“气候带系”。它们的带系区分原则及所代表之带系范围各不相同。副热带是从环流的角度分气候带的体系之一。亚热带则是从温度的角度分气候带的体系。它们形成的原因及包含的范围并不相同,不能混为一谈。即使同为亚热带,植被气候带系,作物气候带系及土壤气候系内虽都有亚热带,这些亚热带之范围也互不相同。因此近年来有些地理学词书及气象学词书,在释义中强调“亚热带”即“副热带”是错误的。

(五)“杂论”类之导读

我的兴趣比较广泛,不限于气象现象。气象虽然是我主要兴趣所在,但是我像一个初见世面的孩子,在沉湎于主要兴趣中时,往往碰到一些偶然的因素,兴趣不由自主地被引导到非气象领域中。从而想领略一下异域风光,乐此忘返,不可自拔,这是转换一下口味的举动,等于使自己脑子中原气象专注区松一口气,给予休整的机会,让一些原来非活跃区兴奋起来,发动一些闪光,兴尽而返。而脑中原气象专注区,因已休整一段时间,荣光重发,好像一把重新发刃的刀,充满了新生活力。又由于转换兴趣,将脑子的不同专注区发生了联系,许多本以为毫无关系的现象也有了联系,脑子的关联区互动,与事物的善遍联系性相配合,有利于逻辑思维。更由于脑子专注区的轮番休息,增加了脑子的休整时间,增加了脑子的使用效率,那些不常调动的脑细胞也能调动起来,脑子的使用效率增加,可减少脑梗阻的几率,较少老年痴呆之出现可能。当我的兴趣被引导到非气象领域中时,所研究的成果就是“杂著”。

可见“杂著”与我的“气象著作”是相得益彰的作品。常常写杂著,有助于解决气象问题,因为气象问题不能将自己局限于气象领域中,需要联系非气象因子。气象规律不能脱离事物的客观规律,越理解事物普遍规律,就越易于驾驭气象的规律,所谓触类旁通就是这个意思。

本书中收集杂著文章4篇。

1.《古蜀五图腾王朝考析》 四川广汉三星堆文化的古蜀五图腾王朝是我国多年来考古学界所关注,并曾成为全国注目的讨论话题。这些图腾有些属于候鸟,如布谷(柏濩)、杜鹃(杜宇)等,他们与物候有关,农业上认识候鸟并以此作为图腾,这必与农业社会的发展有关。这使我想根据这五个图腾的前后排列来研究图腾名与古蜀国的农业发展的历史间存在的信息关系。在这个基础上,本文又对一些可疑的图腾名作了深究,指出了存在的问题,因此对第一个王朝蚕丛的命名原因作了探讨,认为它应是“蜀”或“蟾蜍”的音译误写,从而较好地解释了这五个图腾王朝的社会发展历程。

2.《语言的创始》 本文不是讨论人类已有语言后的语言发展,而是讨论人类怎样从没有语言到出现语言的过程。并评估语言的出现对人类智慧的发展的作用。还指出在创造语言时,由于中西方对用有限的语声来表达无限的事物的解决方法不同,会造成此后文字创造的途径有异,这就种下了汉字与拼音字母日后的分歧发展。

3.《汉字改革分期史(包括甲骨文前的汉字改革)》 我在研究江苏连云港锦屏山将军崖岩刻时,发现了东夷主题性文字后,又发现了甲骨文之前存在文字改革,从而对汉字改革有了新认识,提出了新的汉字改革分期史。

4.《张衡候风地动仪功能测试和感震原理的探讨》 近年来国内外刮起一

股否定我国汉代张衡曾创制世界最早地震仪的史实。有的还以复制张衡地动仪的试验想证明张衡地动仪的失败,只有他们的改进才有价值。针对这种现象,本文前一部分对古今中外误解张衡的论点一一分析,并指出张衡当时虽无地震波知识,他用阴阳之气的传统观点“歪打正着”地设计出了可正确测地震方向的仪器,其构造方法迄今存在。这种仪器的性能有一定局限性,在当地地震时不可用。曾在张衡逝世后,于陇西地震时在洛阳测试成功,绝非后人所可否认。后半部分则根据地震波原理及张衡地震仪构造,证明该测试所以能成功的科学道理,并对近数十年中外各家复制张衡地动仪失败之原因进行考察,指出他们复制的失败在于他们没有恰当理解张衡地动仪的结构原理,而是改变了张衡地动仪要求的构造,使其仪器无法感应地震波,且无法指示地震波来向。我认为不应以修改后的设计来否定张衡的仪器无效。本文指出近年来中外各家复制张衡地动仪之设计之不合理性。反证张衡发明地震仪的鼻祖地位,只要没有发现更早有人研究出可靠的地动仪,是无法动摇的。

长龙蜿蜒越天关

——赞青藏铁路竣工

王鹏飞

(一)天竺下挺,葱岭怒拔,昆仑忽入霄汉!
是处阆苑天成,王母憩居,隐现逐云烟!
传穆王周初,曾八骏命驾,仆仆西狩应盛宴。
绻缱归,瑶池梦驻,魂魄屡相牵!
(二)堪忆:松赞干布,奕奕神采,边城北望慕尧天。
迎文成远嫁,促唐风南渐;
大昭寺内,遗迹故宛然。
翁婿共话藏汉亲,有凤翥鸾鸣,佳话连连!
(三)而今神州鼎革,国祚重烜,亲情更胜前。
欲高下互通,崎岖尽铲,甘苦共肩,
虽土冻,氧缺,路难攀。
却同架飞桥,同营长隧,同冒艰险!
构氧舱,筑冻坂,为可可西里,更添高原妙鬘!
造化不负成城志,果赢得:——
蜿蜒长龙越天关!
三江源水保素色,亘古雪域创新篇。
喜:嘹亮歌声,追太空罡风,响彻迩遐山。
有回音,跌宕天地,鼓舞人寰!

(摘自《天风海涛集》)

目　　录

第一部分　气象文选

第二部分　师友珍勖忆语

第三部分　生平述略及九十感言

第四部分　附　　录

第一部分 气象文选

- 气象教育
- 大气物理
- 气象史
- 气象辞书及名词考释
- 杂论

气 象 教 育

气象科学学科体系的新观点

气象科学是一个内涵广阔、自成体系的大学科。这个体系是在历史中不断发展的情况下逐渐完善的。这个完善过程迄今不能说已完成了。不断发展，不断改进，但又仁者见仁，智者见智。所谓完善只是一个渐近线。

研究气象科学学科体系的发展，也是气象作为一门独立学科的自我认识的要求。社会对气象的要求日繁，气象内涵的学科分科日多，旧体系就不足以包罗新分科，必须被打破后重建可以囊括全部分学科的新体系。新体系必须在学科发展历史中不断超越旧体系而重建。而且一门新学科往往是在相邻学科之间作为新生点而出现的，它可以作为相邻学科两者之一而存在，也可另立新目，见仁见智，各家观点往往并不一致。所以同一内涵，其分类，可以因各家观点不同而具有不同内涵，形成了互不相同的体系。

另外，学科的体系虽会形成樊篱，分隔内外，但是大气科学的体系永远不会封闭，而是充分开放性的，开放的体系才是发展的体系。

一、20 世纪气象科学体系的传统

20 世纪，气象科学体系的发展是变化最大的。在初期，我国清代把气象工作隶属于钦天监，但欧洲气象工作已渐属于地理部门兼管，在第一次世界大战前后，世界气象科学以德国为最先进，已渐脱离地理学科而独立发展，但美国的气象教学，犹依附于地理，所以我国各高等院校，建立的地学系，主要由地质、地理两个独立学科组成，气象教学只是地理学科中的“组成课程”而已，并不独立于教学体系。蔡元培在民国二年，即 1912 年，辞去辛亥革命后中国首任教育总长，留学德国。到 1916 年方离欧返国，任北京大学校长。1927 年他负责国家最高科研机构中央研究院的建院工作，在考虑所属各研究单位时，经过自己对科学研究的总体发展的了解，并反复征询意见，认为德国重视气象科学的独立研究是一个正确的方向，美国也正向这个方向发展，所以他毅然决定其下属研究机构，应有独立的气象研究所，与天文研究所、地理研究所等并列，并从东南大学地学系聘竺可桢教授为气象研究所所长，竺可桢对气象学的教学，富有经验，他原是地学系教授，主持气象研究所后对气象学独立于地理学科的认识，自然有了进一步的认识。他一方面鼓励所内研究人员留学深造以提高气象学研究能力，又努力延揽在欧美的对气象科学学有专长的年青专家来所。他吸收高级人才来所，以改进气象研究，还推荐所内研究人员，到学校担任气象教学。

在 1935 年清华大学地学系中分设地质、地理、气象三个鼎足而立的组,这一创造性举动,打破了以前东南大学地学系中气象学科仅栖身于地理学科之中不能独立发展的局面,1944 年,迁址于重庆的中央大学在黄厦千教授的努力下,气象学科从地理系中独立出来,是我国高校中第一个气象系,于是中央大学在 1945 年有了我国第一届的气象系毕业生。这样,气象学科就在教学单位中,开始了可以独立发展的条件。当时中央大学气象系的课程有普通气象学、气象观测、气候学、世界气候、中国气候、天气预报、理论气象、航空气象、古气候学等。虽然课程并不丰富,但已有形成体系之趋势。这当然是参考欧美气象教学经验及我国具体条件而设课程的。

中央研究院气象研究所在全国解放后,改为中国科学院地球物理研究所,由赵九章任所长,中国科学院院长郭沫若提出编辑《中国近代科学论著丛刊》,1955 年在科学出版社出版了该丛书中《气象学(1919—1949)》,从 400 多篇论文中编入有代表性的论文 25 篇,分为天气学(10 篇)、气候学(7 篇)、大气环流与动力气象学(8 篇)三类。事实上在解放前,辛亥革命后,我国已有气象观测、天气预报及气象资料整编,气象亦有为农、工、商、交通、水文、军事等服务项目,有关气象的部门也有教育部中央观象台气象科,工商部、徐家汇观象台、海关测候所、航委会、中美合作所、民航、中央研究院气象研究所、中央气象局及延安边区气象单位等,均有气象工作。综观这些工作,可粗略地看出我国解放前大气科学学科体系的多头和混杂。

但是 20 世纪是气象科学门类大有进展的世纪,两次世界大战及战后,气象科学发展的深与广两方面与其前相比,大出新彩。中国在解放前仍属于半殖民地半封建社会。气象工作远远落后于欧美。虽然想亦步亦趋,但限于种种限制,往往仅掇拾欧美气象工作的牙慧,缺乏创见,落后于世界水平很多。在气象科学学科体系的认识方面,约落后数十年。

解放后,在中国共产党的领导下,气象教育、科研及服务事业掌握在人民手中。能结合本国情况创造性地大力发展,也能充分吸收世界气象科学及事业的先进经验,开拓眼界。为发展社会主义事业而与时俱进。因此结合我国与世界大气科学的进展,大约在 20 世纪中叶后,根据当时的情况,提出当时大气科学体系。但因为那时重点还在开拓,对传统性的分支尚在纵深挖掘,每一分支内容还比较驳杂,成熟性不足,而各分支间的相互关系,尚不明确,如何归并和区分往往见仁见智,认识尚难统一。传统分支一时尚难改变,所出分支,头绪尚较模糊,不易归属。因此初步作如下的不够完善的气象科学学科体系的归纳。事实上,这仅为过渡到 21 世纪较完善的气象科学体系的前奏。

我们认为这个气象科学前奏体系,具有半传统性,其主要分支有七个:

1. 大气探测学;

2. 大气资料处理术;

3. 传统的原理气象学;

4. 新展现的原理气象学;

5. 实用气象学;

6. 应用气象学;

7. 气象史。

今分别阐述于下:

(一)大气探测学

这是大气科学获得气象要素客观信息资料以建立新分支、新服务项目的基础。本来这些资料仅能依靠目测、机械测、电测仪器而获得。由于新科学技术如无线电传送、声学、光学等遥感技术、微观探测技术(如半导体、微米技术、激光技术)的飞速发展及向高空进展的探测平台(如探空气球、飞机、火箭、人造卫星等)的出现,化学分析技术的日新月异(包括微量分析),出现了一系列正确适应不同需要的气象探测方法及规范,其内容在不断充实中。

(二)大气资料处理术

这是将单纯的气象因子探测资料通过运算而加工成更为深入可用的气象资料的方法。它往往可表达大气的抽象而更本质的特性,例如稳定度值、直减率、涡度、梯度、平均值、变率、或然率、可信度、相关性等。这些处理方法,原先采用机外笔算,后来因机外计算费时太多,于是将一些计算技术法结合于探测仪器中。这些仪器可输入数据,可储存数据,可按一定公式进行迅速运算,并获得实时资料。甚至可及时制成图表,以供分析研究之用。由此而得出的数据,对原理性气象学研究、实用气象学及应用气象学、气象专业服务都有很大助力。是理论结合实际的利器。有各种各样的型式,属于大气科学研究的新事物。此项新事物在20世纪后期,日渐发展。当时尚未有这个专称,本文特提出这个专名。

(三)传统的原理气象学

“传统原理气象学”基本上属于“对流层气象学”。它大体可分为“对流层大气物理学”及“对流层物理气候学”两门。由于“对流层大气物理学”包括“大气声、光、电学”及“大气静力、热力、动力学”“天气变化学”三个内容。而在“天气变化学”中研究的是云雾降水及各种天气变化等,它们必须以大气热力、动力学为基础来分析。因此,后两者就合并而简称“天气动力学”。研究的主要是“自由大气的天气变化理论”。这就使“大气声、光、电学”及云雾降水物理学就合称之为“物理气象学”。可见“物理气象学”事实上是大气物理学中不研究大气静力、热力及动力学的部分。至于“物理气候学”,主要研究气候的季节及地理变化及大气的环流情况,那是与太阳辐射,地球公转、自转及地理环境有关。海陆、山川分布,冰雪圈分布消长,植被性质及分布、纬度范围以及太阳活动和大气及海洋环流等变化,均影响大气能量传输变化,均会造成气候变化,甚至造成气候反常现象。天气与气候也互相影响,总的说来,传统原理气象学包括:(1)物理气象学;(2)天气动力学;(3)物理气候学。

原理气象学研究的是气象学的一般原理。它是以大气探测学为基础而发展出来的普遍规律。在解释气象变化方面有很重要作用。这些规律,有利于社会服务,其所以局限于对流层大气,主要是因为人们基本活动区域是在对流层内。在人类早期研究气象现象时,只能在人类基本活动范围中进行。

(四)新展现的原理气象学

在20世纪中下叶,气象学从传统气象学发展了许多新的原理气象学,一时未能归纳到合适的大气科学体系中去,只好分散列出,我们姑且择要分列于下:

1. 天气气候学　这种气候学与物理气候学不同,它是采用天气系统观点研究气候变化,例如用气旋,锋面、气压系统、气团性质等的角度来研究气候。

2. 微气象学及中小尺度气象学　微气象学基本上即指微气候学,或称小气候学。多指近地面的气候。它受地理环境(土壤、下垫面、地形、纬度、景观等自然制约环境及人为制约环境等)影响很大。如贴地气层气候学、洞穴气候、林间小气候、室内小气候、农田小气候等。中小尺度气象学科分中小尺度气候学及中小尺度天气学,其中中小尺度气候学包括森林气候、山区气候、工业气候、城市气候、流域气候、岛屿气候、海岸气候等,而中小尺度天气学多指自由大气中的中小天气系统的变化及移动规律。关于天气系统区分大中小尺度的范围,根据 1975 年奥仑斯基(I. Orlanski)在美国气象学会会刊(Bull. Am. Met. Soc.)56 期《大气过程尺度的合理次分(A Rational Subdivision of Scales for Atmospheric Processes)》中的划分,如图 1 所示,其中横坐标为生存周期,即维持时间的尺度。而纵坐标为广袤尺度,即所占空间长度的尺度。时间尺度从大于半个月、1 天、1 小时、1 分钟到 1 秒钟。长度尺度从大于 10000 千米,2000 千米、200 千米、20 千米,2 千米、200 米到小于 20 米。凡大于半个月的生存期的即称为气候性周期。

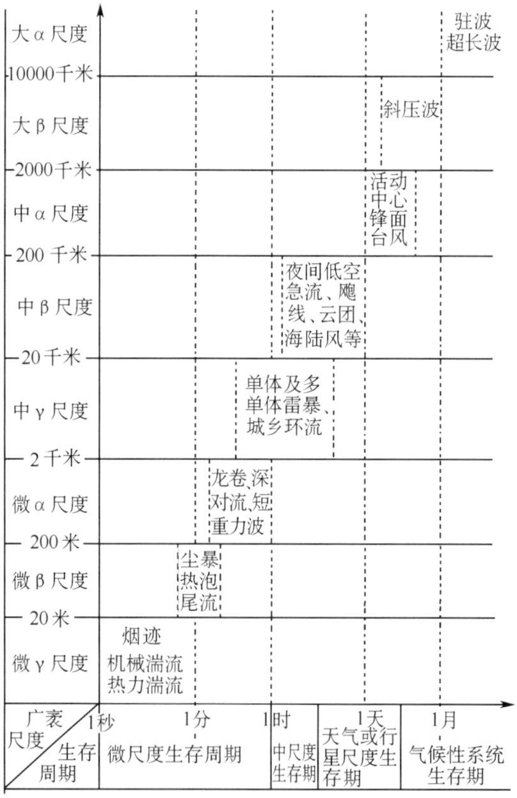

图 1　不同广袤尺度及生存周期的天气系统特征谱

(奥仑斯等,1975 制,王鹏飞略加修改)

3. 特殊地域气象学　如极地、热带、青藏高原、海洋、沙漠的气象学。

4. 中高层大气及深空气象学　中高层大气及深空气象学是在人们活动范围不满足于局限在对流层内而向高层发展的领域。20 世纪下半叶,已在开发距地 10 千米以上的中层大气(包括平流层、中间层、热层)以及其中的臭氧层，光化学层、电离层，大气成分区分层。而距地500千米以上的高层大气即磁层或外大气层，距地6000千米的磁鞘(大气顶层或太阳光及太阳风侵袭区)及其上的深空(包括太阳系及太阳系外的星体蒙气)也已在地球人的尝试探测范围。

中高层大气是太阳的光与微粒辐射向地球表面的通道。在通过时发生对大气分子的电离，光化等过程，也有热量效应。这就导致大气成分的变化，并形成了电离层、臭氧层，光化层，平流层，大气成分区分层等层次。宇宙射线也对中高层大气分子产生作用。但是这些作用也减弱了太阳短波辐射及宇宙射线的能量，使对人体有害的部分，难以深入到近地气层中影响人体健康。宇宙线及太阳的带电微粒带了原有磁场进入地球大气后就受到了地磁场影响而运动。正常的电离层对于地面无线电波有传送的作用。但在太阳活动强烈反常时，电离层传输电讯的性能必发生剧烈变化，这就是磁暴观象。由于水汽源地在地球表面，大气中高层缺乏水汽，所以在中高层大气中，很少出现云雾，不产生对流层的雨雪等天气观象。

深空星体蒙气，其成分与地球大气各异，但也是一种大气。研究它们，对了解地球大气演变，有很好参考价值。而且人类也有理解这些蒙气以便开发人类所需新资源的要求。20世纪人们已有飞向太阳系中各行星、卫星的飞船及用光学方法探测星体蒙气的活动。

5. 大气化学　大气中存在不同的化学元素成分，它们是地球大气形成过程中化学变化的产物，人们及生物的呼吸，其中二氧化碳及氧气变化事实上也牵涉大气的化学变化。土壤中放射元素的蜕变，宇宙射线在大气中的作用也有化学变化。中高层大气中，由于太阳放射中短波辐射，实际上也起到光化反应。例如，臭氧层就是大气光化反应造成的，电离层也属光化反应的产物。在对流层中，特别在近地气层，由于生活燃烧和工业活动，充塞了不少化学变化产物，悬浮于空气中，影响能见度及大气的污染程度。播撒杀虫剂、农药、发生森林大火，为天气导变而播撒化学导变剂，也影响大气成分。因此在20世纪大气化学研究已成为大气科学的一门重要分支。大气化学原理也是一门必须探究的学科。

6. 气象导变学　这就指人工影响气候及天气的理论，这是改善气候及天气灾害的学问。人工影响气候方面，影响小气候方法很早就已为人类所利用。衣服、建房、烧坑、生炉子、建冰井、造风障、搭花房，设空调等均然。范围较大地区的气候改变，主要也着眼于改变下垫面性质，近年来许多科学家想在地球大气中改变太阳辐射或大气成分及悬浮物等办法，例如，减少大气污染物源及充分利用太阳能及风能也是一些方向。

人工影响天气方面，即天气导变学。人类自古以来就有导变天气的愿望，科学的人工导变研究起于20世纪中叶，一般是利用导变剂(如碘化银、盐粉等)。这是一种利用少量导变剂使天气机制转向有利于人们希望的方向转变，在导变机制方面，尚需做更深入研究，以得到良好效果。

(五)实用气象学

实用气象学是指利用气象学原理直接为广大社会服务的学科，其中特别采用了近代科技成果，因此实用气象学基本上属于气象学中的技术性层面，但处理时必须依据气象学原理，大体在20世纪已发展了下面一些学科：

1. 天气预报学　从所用技术言，有经验天气预报、统计天气预报(包括概率预报)、临近天气预报(大多利用遥感设备，参考卫星观测或雷达拼图技术等)、数值计算预报、综观天气预报(即利用天气图进行预报)。从预报的范围言,有全球性天气预报、洲际天气预报、全国及地区天气预报、城市天气预报(包括城市小范围的精细的天气预报)等。从预报的时效看,有气候预报,超长期、中期、短期天气预报,甚至几小时的预报。从预报的灾害性质而言,有灾害天气预报(如雷电预报、冰冻天气预报、台风预报、旱涝预报、林火等级预报、沙尘预报等)。也有灾害天气伴生灾害预报,如泥石流雪崩预报、海浪海啸预报、流行病及瘟疫趋势预报,林火预报等。又有所谓任务天气预报、如军事天气预报、任务执行时间及地区的天气预报等。

2. 气候分类分区学　例如自然景观、农业、畜牧、军事活动、污染特点、产品(如电器)、疗养条件、风力及太阳能利用等的气候分类区划工作。

3. 气候预估学　有统计预估、物理预估、数值计算预估,厄尔尼诺(El Nino)及拉尼娜(La Nina)现象预估等。

4. 气象导变实践　这是根据气象导变原理而进行的人工影响气候和天气,使之有利于人们生活或活动的措施,这些工作虽然需要气象人员特别是气象导变专业人员的规划,并在实践中具体参加和指导,但必须动员大量人力、物力及经费,所以必须有地区领导,有关单位的协作,有的任务甚至是政府或有关单位的要求或委托而进行的,实践的规模有大小,所以往往要具体考虑需要一些特殊设备作切合实际情况准备。

进行气候导变要区分气候的大小范围,大气候是小范围气候的背景,小气候则极大地受局地环境的影响。改变大气候比较困难,因为日地关系,地球的公转轨道,自转周期、黄赤道交角,地理纬度、太阳辐射及地球大气基本成分和性质,迄今尚难以人为改变。但是导变气候范围愈小,人们愈易改进,例如改变局地地面性质,改变小区域气温、湿度、光照特征,改变局地环流,改变大气中造成污染的悬浮物的性质、含量等,就较为容易。但是即使如此,中尺度气候导变,也必须动员许多人,进行工程性活动,才能完成,例如植树造林,改造盐碱地、沙化地,开渠筑堤,绿化城市、改变工业布局、采用低碳能源减少污染物排放等,这些都少不了工程活动,而工程活动就需要事先设计,事后验证,不断改进以达目的。

进行天气导变包括消雾、增雨、防雷、驱雹、抗旱、防台风、龙卷等等。这些灾害性天气大多与云层云体有关,研究云雾结构与雷电和降水的关系和生消规律,非常重要。这些规律必须通过观测分析才能获得。用数值模式来模拟这些规律是一种简化其变化规律的办法,能重点表达一些过程,节约计算及预报所需时间。但有些过程采用概念替换的措施,并不符合实况。所以将实况转换为数值模式,存在失真现象,必须不断改进模式表达方法。事先预报现场云雾出现灾害天气的时间及强度,才能判定要不要进行云雾导变,及导变进行的关键部位和时机,以及导变剂的种类及剂量等,是十分重要的。但是数值导变程式与实际导变结果也有差距,研究这些差距也是研究云雾导变措施的可用性及准确性的根据。此外,天气导变的多次作业统计准确率是目前常用的检验方法,但废弃这种统计准确性检验而代之以的计算每次作业准确性的检验,才有利于天气导变作业,这是当前应进一步探讨的。

5. 实验气象学　这是为了设计或检验仪器设备、导变剂性能。验证气象理论、了解天气系统结构而进行现场探测。以及为节约直测时间及经费等而进行的数值试验等。大体可分为三类,即:①实验室实验和模拟;②数值模拟;③现场天气系统及气象探测实践。必须强调的是:实验气象学进行的目的,主要是为气象科研、气象探测、气象服务本身所需而进行的。

(六)应用气象学

“应用气象学”与“实用气象学”有很大的区别。“实用气象学”是以本行业(气象专业)自己的科技条件,为社会服务。而“应用气象学”则是根据被服务专业的特点结合其气象的需要而形成的。它不是纯气象的项目。其气象服务处于从属于别的专业的需要而进行的。例如农业气象学,渔业气象学,畜牧气象学,航空、航海气象学,军事气象学,建筑气象学,盐业气象学,工业气象学,交通气象学,医疗气象学,旅游气象学等。应用气象学工作者,必须首先有该被服务专业的深邃的知识和他们对气象条件的需要,才能进行。只有与被服务的业务有机结合,以被服务专业本身需要为服务中心,气象服务才不会隔靴搔痒。

为区别原理气象学、实用气象学与应用气象学三者,可以举例如下:“海洋气象学”为“原理气象学”,“航空气象学”及“渔业气象学”为“应用气象学”,“海洋天气预报”为“实用气象学”。其他的“应用气象学”如“农业气象学”、“交通气象学”、“医疗气象学”、“军事气象学”等。

(七)气象史

气象史,包括“大气自然史”、“大气科技史”和“气象社会史”三个部分。

(1)“大气自然史” 可包括“大气形成史”、“气候变迁史”、“冰期气候史”、“大气成分演变史”、“地质时代气候学”。后者俗称“古气候学”。但“古”字不确切,因为这一学科不包括“历史时期气候学”。地质时代气候学是研究地质时代气候形成、分布特征和变迁的学科。主要依据古生物学,地史学等方法,利用化石、深海沉积、孢粉等资料以分析地质时期气候演变规律。例如从地层中煤层可推断曾为湿润气候,从珊瑚可推断曾为热带海洋气候,从石膏、岩盐可推断曾为干燥气候。从冰碛物可推断曾为寒冷气候等。可见“大气自然史”研究的是自然大气的客观演变史。

(2)“大气科技史” 可包括例如“中国大气科学发展史”、“天气预报发展史”、“气象探测设备发展史”、“大气化学史”、“大气污染研究史”、“人类天气导变活动史”等,这类“大气科技史”,已不是纯“大气自然史”的范畴,因为这牵涉到人类研究大气的认识历史,而这种历史的发展,是会受到社会制约的。例如:各国大气科技发展受各该国的社会发展所制约,世界大气科技发展受世界社会先进程度所制约。各国大气科技发展的差异,也是各国社会条件不相同所致,所以“大气科技史”已属社会科学范畴。

(3)“气象社会史” 包括例如“气象人物传记史”、“气象学会史”、“气象教育史”、“气象国际协作史”、“气象服务效果史”、“气象法令史”、“气象史学史”、“地方气象志”、“气象科普史”、“大气科学思想发展史”、“气象出版物史”等。它事实上研究的是将气象作为社会的组成成分,研究气象需要社会,社会需要气象的共同发展的条件史,纯属社会科学范畴。

二、气象科学学科体系的新观点介绍

在上节中,我们介绍了20世纪气象科学体系的传统演变,但这些介绍仅属于一个前奏体系,现在到了21世纪,我们应当构建一个更先进的气象科学学科新体系。

上节中前奏体系存在一些问题,需要加以说明。

(一)在20世纪后半叶,“大气科学”已代替“气象科学”一词。虽然我们在前奏体系中未提“大气科学”,我们拟在21世纪新观点中提出“大气科学”这一名词,但仍不废弃“气象”这一名词。这是因为“大气科学”这一名词不可能完全代替“气象”一词。主要理由是“大气科学”所能概括“气象”一词的自然科学的全部概念,却无法包括气象一词的社会科学方面的概念,例如气象服务、气象政策、气象行政、气象史、气象组织等。另外,即使在传统概念中,在20世纪,“气象”一词并不仅表示“大气现象”,而至少已包括天气、气候及探测等理论及实测大气的内容。即它实质上已具有包括“大气科学”一词的笼统概念,所以并没有规避或废弃“气象”一词的必要。

(二)前奏体系由于是在气象科学体系发展中形成的,所以对“原理性气象学”分为“传统的原理气象学”及“新展现的原理气象学”两部分,这是由于发展中来不及合并所致,在新观点中,应将他们合并起来,改称“大气科学原理”。

(三)前奏体系中,大气探测学与大气资料处理术,其实都属于大气信息及资料的取得和改造问题。前奏体系中实用气象学与应用气象学仅是气象服务手段的不同而已,所以新观点中应考虑这两点。

(四)前奏体系中,“原理性气象学”是从研究大气信息及资料中获得的规律性认识。而从“以人为本”的概念出发,“原理性气象学(即大气科学原理)”的目的,即在“服务”。因此它是从信息到服务的必要知识。研究“气象史”则是对气象知识及其服务过程的认识的研究总结,以保证其后更好地服务于社会的需要,所以新观点中应当包含这一部分。

根据上述四点,我认为:

(一)新观点中,为了使这一学科体系中,既包含与大气有关的自然成分,又包含与大气的社会因缘的成分。其最高的广涵性学科名以取“气象科学”为妥。

(二)新观点中,为了保证“气象科学”中包含对自然大气特征及变化规律最先进的广涵思维认识结晶,所以必须以大气科学原理作为主干项目,以便能概括大气科学中既包涵现存的还能包涵未来发展出的分支大气科学学科。

(三)一切科学的发展,均源于对客观世界的探测。因探测可获得客观世界的信息。大气科学原理也必须以探测为基础,以获得客观信息。因此,从当前信息社会的观点出发,大气信息学也是气象科学中首要的分支项目。

(四)一切科学,均因社会需要所促进,所以科学研究,必须以满足服务社会需要为依归。服务是以“以人为本”为宗旨,是促进科学发展的动力。因此在气象科学分支中,必须包含“气象服务学”以满足大气科学宗旨及继续发展的动力。

(五)气象科学是在人类社会中发展的,它必受人类社会的影响。社会因素是影响气象科学发展的重要关键。气象科学既然不是在象牙之塔中成长的,所以回顾气象发展史,探讨阻碍或推动气象科学发展的社会因素,有利于吸取经验教训,是保证气象科学顺利发展的重要研究项目。从而应将气象发展史列入气象科学分支的成分。

(六)气象信息的取得,需要仪器设备,而仪器设备的发展极大地依靠社会上科学的发展所制约,又气象服务的对象也随着社会发展而发展,他们对大气科学的需要也随社会发展而异。例如农业气象服务,过去只考虑农田实践,但自从太空探测的发展及作物基因作用及基因突变概念的出现,将种子用火箭或卫星带赴太空以改进基因,选择有利的基因特性变化,可以推动农业生产,而要实现这方面的进展,必须发展运载工具,并了解高层大气特性,而这些就大大与社会发展因子发生关系，这进一步证明使用气象科学作为学科体系系统总标题比仅用大气科学作为学科体系总标题更为合适，因为时至今日，我们若仅单纯考虑科学的自然成分，不利于学科体系的发展。今日人类任何一项自然科学方面的进展没有一步不渗透社会发展因子在内。所以我对大气科学的体系新观点，就是把它放在气象科学体系之中，而且将这个体系，放在始终开放的体系之中。使本来大气科学任何新分支的出现，仍能随时包涵在我这个新观点之中。

三、21世纪气象科学学科新体系具体介绍

(一)学科总标题为“气象科学”，下分四项：

1. 大气信息学；
2. 大气科学原理；
3. 气象服务学；
4. 气象发展史。

这四大项，其大体框架，可参看本文文末“气象科学学科新体系的框架表”即表1。

(二)“大气信息学”可次分为三项：

1. 大气探测学；
2. 气象资料处理学；
3. 气象信息管理学。

其中：“大气探测学”又可分为“常规仪器学”及“先进探测设备学”。所谓“先进探测设备”指一些遥测、遥传、遥感设备，如无线电气象学，各种雷达(声雷达、激光雷达、微波雷达、多普勒雷达、偏振雷达、主动及被动雷达等)，也包括一些探测平台(如风筝、气球、飞机、火箭、人造卫星等)，而“常规仪器”则指台站一般气象观测仪器。

“气象资料处理学”是一种根据初级探测资料加工以获得进一步大气内涵的特性资料的方法，例如平均值、离差值、可信度、直减率、稳定度、各种大气物理参量等，也包括转变表达形式，以便更易于理解。例如改数据为图像或图表等。“气象资料处理学”大体可分为三类，即常规统计处理法、数值处理法、图表处理法。

“气象信息管理学”包括“探测规范”及“台站管理体系”等。关于如何有序供应及取得所需有选择性的气象信息，以便取得实时资料。至于如何检验所得信息，以保证其可靠性及正确性，也属管理内容。

(三)“大气科学原理”是气象科学内有关大气的特性和变化规律的总和，它应按几个方面归纳各个分支学科，我认为可以包括八个方面，即：

1. 大气物理学；
2. 大气化学；
3. 生物大气环境学；
4. 空间气象学；
5. 时间气象学；
6. 天气学；
7. 气候学；

8. 实验气象学。

今分别加以探讨:

“大气物理学”可包括大气静力学、大气热力学、大气动力学、大气声学、大气辐射及光学、大气电学及磁场学、云雾降水物理学等,其中大气静力学、热力学及动力学往往作为天气研究的基础,称为“理论气象学”或简称“大气动力学”甚至与天气学结合,而另称之为“天气动力学”。而余下来的大气物理学中,只留下“大气声学”,“大气光学及辐射学”、“大气电学及磁场学”、“云雾降水物理学”、并改称为“物理气象学”。又其中“云雾降水物理学”还可区分为:“宏观云雾降水物理学”、“微观云雾降水物理学”、“云动力学“等。

“大气化学”基本上可分为“对流层大气化学”和“中高层大气化学”。前者牵涉人们十分关切的大气污染化学问题,后者大都是大气光化学问题。

“生物大气环境学”可分为“植被气象学(即自然景观气象学)”、“候鸟迁移、鱼类回游、动物蛰伏气象学”、“人种形态气象学”等。

“空间气象学”是指从地球表面出发向上空不同范围的大气进行研究的气象学,例如低层大气(包括对流层中贴地气层、乱流摩擦层、自由大气层)气象学。中层大气(包含平流层、中间层、热层、内有臭氧层、光化层、电离层及大气成分区分层)气象学。中层大气范围在距地 10 千米～500 千米之间。高层大气位于距地 500 千米以上,称为磁力层或外大气层。此层顶大体处于距地 6000 千米以上,其外即进入太阳系空间及宇宙空间,简称“太空(Deep Sky)”、“深空(Deep Space)”或“宇空(Cosmic Space)”,某些星体的蒙气,也是气象研究的范畴。

“时间气象学”基本上可分为两个分支。一是“古气象学”,一是“大气演变学”。“古气象学”可又可分为两门学科,一是“历史时期气象(候)学”,一是“地质时期气象(候)学”。这两种气象(候)学,都是对往昔气象(候)的信息追究。前者主要从文字历史记载、灾害传述、灾害遗迹、历史文物特征等方面探索,后者则是依据地层考古发掘以分析地质时期的气象情况。至于“大气演变学”可又分为“自然大气演变学”及“人类活动对大气的无意识影响”。前者是指行星蒙气的自然形成的演化,后者是指人类的生产及生活活动影响了大气性质或成分,但这些对大气的影响不是由于人类想影响大气所致,例如工矿活动,偶然在林区遗留火种形成林火,为炊事而出现烟等,不仅增加大气悬浮杂粒,也增加影响大气增温效应的二氧化碳(CO_2)等污染气体。

“天气学”本来研究的是对流层中影响天气的物理过程,但因为它对人类生产及生活特别重要,它是预报天气,所必须利用的气象理论,所以更为气象工作者所重视。天气学最初利用是经验性的天气规律,缺乏科学逻辑。其后对根据各天气因子相互关系,利用天气动力学,及云雾降水物理学知识来解释这些变化,发现了分布有一定特性的气压系统、气团、锋面等天气系统。同一系统内有大体一致的特点,各种天气系统配置形成天气形势。研究这些系统的生消移动与变化规律就形成了综观天气学。认识了天气系统的变化规律,并知道天气系统有大中小的区别,不同尺度的天气系统它们有不同的变化或移动的特征。大系统主要指行星尺度系统如大气环流、长波及急流等。不同尺度系统受地转偏向力影响不同。尺度越大的环流,受地转编力影响越大,小尺度环流受地转偏向力较少。但它受湍流干扰(指动力和热力湍流)的影响较大。最小尺度的系统,那就是湍流了。天气变化多出现于对流层,在中高层大气中云雾等水汽现象,所以中高层大气的气象变化,不能叫天气变化,而多属电磁现象的变化。

“气候学”多指大气状况的多年性季节性变化，它一方面受太阳辐射、地球公转及自转的及纬度的影响，另一方面也受地球表面情况的影响。因研究的方法不同，而有各种气候学，如统计气候学、物理(动力)气候学、天气气候学(从天气系统的角度研究的气候学)、气候数值模拟学，也有一般气候学原理及根据不同需要的分类气候学(如世界气候学、分国气候学及研究气候分类特点的气候学等)。

“实验气象学”可分为实验室气象学，数值模拟气象学及现场天气系统的综合探测实践三类。这三类中，第一类只是对大气条件的局部模拟，第二类是用数值方法来模拟大气过程，数值方法不可能与实况完全相应，但比较经济省时间，第三类实况探测，但需要物资、人才、设备的保证，要有一定规划，经费较多，费时较多。

(四)“气象服务学”是研究利用大气原理服务社会的学科，其服务对象有三个，即：社会广大群众，需利用气象来发展本行工作的专业部门，需利用气象进行规划及决策的政府部门。这三大块服务部门，都需要下面四种学科为他们服务。即：气象科普学，实用气象学，应用气象学，气象导变学。

今分别阐述之：

1. 气象科普学　受气象服务的对象，必须有初步的气象知识，才能正确使用气象服务，社会广大群众，需要每日常规气象信息特别是天气服务，也需要灾害天气的警报及预报服务。社会专业部门人士，对于各该专业当然是专家，但要利用气象或结合气象为本专业服务，也需要气象科普知识。至于政府决策部门运用气象进行决策协调，也需要气象科普。由于被服务部门不同，所以如何满足不同部门的需要，其气象科普就有不同的内容及重点，深入气象科普工作，必有利于科普的服务效率，因此气象科普是一门学问，一门技术，不是仅仅用“通俗”二字所能指述的，应提升其学术地位。

2. 实用气象学　这是利用气象部门自己研究的成果进行服务的学科，可以分为天气预报学(临近天气预报、统计天气预报、综观天气图天气预报，中长期天气预报、数值天气预报、专业天气预报，均属之)、气候趋势预估学(历史资料对比法、延伸推估法、长期或季节农谚推估法、韵律法、综观季节气候形势图推估法、利用太阳活动、日地轨道、大气保温气体等的变化推估法、气候形成因子数值模拟法、利用关键性气候指标如“厄尔尼诺”及“拉尼娜”现象预估法等，均属之)。

3. 应用气象学　这是气象条件与被服务专业的特征结合而为专业发展服务的各种学科。例如为专业工作及专业产品所需的气候区划，农业、畜牧业、渔业所需的气象学，工矿各业的气象学，医疗气象学，病虫害气象学，水文气象学，能源气象学，交通及运输气象学，航空气象学，军事气象学，环保气象学，旅游气象学等均属之。

4. 气象导变学　可分为天气导变与气候导变两门学科。

(五)“气象史”　如前所述包括：

1. 大气自然史；

2. 大气科技史；

3. 气象社会史。

为什么要研究大气自然史？因为大气的演变，过去是纯自然界的历史。但由于人类社会的进化，大气成分之变化已充满了社会因子。另外，大气科技史是人类发展气象科技的历史，这是人类对大气认识深化过程，而认识的深化又是与社会发展有关，这也不是纯自然的过程,因此气象史研究不仅是一个自然史研究,也包含了社会因素,大气污染史就很明显是人类的社会活动出现问题影响了大气成分所致,可见气象史的研究具有检讨人类社会活动是否有利于气象科学发展的作用。

四、结论

我国气象学界对气象科学的研究与发展,从20世纪以来,已一百多年,但对于气象科学的学科体系虽亦有研究,往往仅有零星的涉及,缺乏系统的探讨。在民国初年,我国将气象科学附属天文学科及地理学科。这是因为彼时世界气象科学分科不发达,我国对气象科学独立性发展认识不足。世界气象学科分支在第二次世界大战期间,很快繁生。我国当时学习欧美气象,亦步亦趋,缺乏主动认识。所以当欧美的气象学科独立分支,我国的气象学科也独立成系。全国解放以后,欧美气象科学分支复杂,仅从自然科学角度看待气象科学,所以气象学科的大体系就由气象改为大气物理或大气科学,而在最近几年,高等院校的大气科学系渐渐有改为大气科学学院等趋势,这当然是认识的进展。

这个进展往往与气象科学的国际发展的框架相应,但对大气科学的内涵学科的整体结构,认识还比较混乱,仅有粗线条的分支分类概念,体系尚未能很好理清,我认为这里存在两个大问题。一是对气象科学改称大气科学是将这门学科完全归入自然科学类型中,不理解这门学科,其发展不是仅单纯的属于自然科学的发展。事实上与社会的发展有关。因此将大气科学归属于气象科学的下一层次,比把大气科学作为学科体系最高层次,而淡化气象这一习用名称,更为合宜。

二是在气象科学或大气科学中,无序地排列众多新发展的学科,似乎缺乏一种学科分支的有机脉络。因此我在新观点中,用探测取得大气的客观信息为基础,强调大气科学原理的来源,以服务为大气科学"以人为主"所追求的目的。以气象史证明人类在研究大气科学时必然利用心智认识,还必然会受到社会发展的影响,说明这决不是纯自然性质的活动,因此研究气象史,可以获得宝贵的经验教训,以便很好保证气象学科的发展,通过这几方面的认识,来架构气象科学的体系。

在这个体系中,我通过服务观点,将气象科普作为一门社会科学而列入,这也是一种破天荒的观点,有利于气象科学的发展,因为过去人们不考虑气象科普的作用。

在上述的框架中,我们把目前的气象科学中已发展的,或正在发展的分支学科填进去。我认为,许多尚未发展的学科,若以后发展出来了,也是可以填于此体系的相当地位中的。这就是说,这个体系是开放性的。

对于大气科学或气象科学的学科体系,本文仅是我的一个新观点。这个观点,对于发展新分支很有帮助。因为它将已熟知的及未熟悉且未发展的自然学科及社会学科分支都包括在一起了,按新生学科往往出现于学科分界区的规律,这很有利于催化新分支的出现。

这一观点是迄今初创的一己之见,见仁见智,提出来有利于气象学界同仁的参考。我国气象事业当前发展很快,本观点对理清气象学科的脉络应当有一定的启发意义的。

最后,我将本文的气象学科新体系的主要框架列于表1,以帮助读者有有一个较清晰的印象。

表 1　气象科学学科新体系的主要框架表(王鹏飞拟制)

<table>
<tr><td rowspan="24">气象科学</td><td rowspan="3">大气信息学</td><td>大气探测学</td><td colspan="3">包括常规探测，遥感、宏微观探测，高空、中高层大气、宇空探测，自记及实时探测等</td></tr>
<tr><td>气象资料处理学</td><td colspan="3">将大气探测信息直接通过统计运算整理，成为更抽象参量或图表的可用资料</td></tr>
<tr><td>气象信息管理学</td><td colspan="3">指探测信息的规范、机构(如台站)、检验、保管、使用的规则等</td></tr>
<tr><td rowspan="11">大气科学(原理)</td><td rowspan="2">大气物理学</td><td colspan="3">大气动力学(包括大气静、热、动力学)</td></tr>
<tr><td colspan="3">物理气象学(包括大气声、光、电、磁及云雾降水物理学)</td></tr>
<tr><td>大气化学</td><td colspan="3">包括对流层大气污染学及中高层大气光化学</td></tr>
<tr><td>生物大气环境学</td><td colspan="3">如植被气象学，候鸟迁移气象学、鱼类回游气象学、动物蛰伏气象学等</td></tr>
<tr><td>空间气象学</td><td colspan="3">包括低、中、高层大气、太空或深空(即宇空)大气学</td></tr>
<tr><td rowspan="2">时间气象学</td><td colspan="3">古气象学(包括地质时期气象学及历史时期气象学)</td></tr>
<tr><td colspan="3">大气演变学(包括地球及星体蒙气形成学及人类活动影响大气成分学)</td></tr>
<tr><td>天气学</td><td colspan="3">包括各种天气形成消亡变化的原理</td></tr>
<tr><td>气候学</td><td colspan="3">包括气候变化原理及气候的分类</td></tr>
<tr><td>实验气象学</td><td colspan="3">包括实验室气象学、数值模拟学及现场天气系统综合探测实践</td></tr>
<tr><td rowspan="7">气象服务学</td><td>气象科普学</td><td>包括研究用不同媒体向不同对象进行各种气象科普教育</td><td rowspan="7">服务对象</td><td rowspan="3">社会广大群众</td></tr>
<tr><td rowspan="3">实用气象学</td><td>天气预报学</td></tr>
<tr><td>气候趋势预估学</td></tr>
<tr><td>气候资料服务学</td><td rowspan="2">专业机构</td></tr>
<tr><td>应用气象学</td><td>如农业、交通、航空、水利、医疗、林业、渔牧、商业、军事气象学</td></tr>
<tr><td rowspan="2">气象导变学</td><td>天气导变学</td><td rowspan="2">政府决策部门</td></tr>
<tr><td>气候导变学</td></tr>
<tr><td rowspan="3">气象史</td><td>大气自然史</td><td colspan="3">例如大气形成史、气候变迁史</td></tr>
<tr><td>大气科技史</td><td colspan="3">指人类对大气各种性能的利用的认识史</td></tr>
<tr><td>气象社会史</td><td colspan="3">指社会对大气的影响史</td></tr>
</table>

老椿新绿

王鹏飞

神州椿瑞寿难掂，风韵久占众翠先。
排朽自蠲枯萎叶，放枝独破太空烟。
重岩根透臻深础，梢顶光迸辉遥天。
万劫苍干成铁色，青葱喜见满头添。

(摘自《天风海涛集》)

大气物理从附属于天文、地理到独立发展的教学史
——我国大气物理教学概况回眸

一、引言

2008年11月28日，我参加了南京信息工程大学大气物理学院成立的揭牌仪式，并在交流会中介绍了我国大气物理教学沿革情况。同仁们认为这是我在新中国成立前后从事大气物理教学工作近50年来的亲身经历的归纳。这个归纳较简要地反映当时情况，可供后人参考。希望我能形诸笔墨。今特将概况回眸如下。

为了理解"大气物理"一词的意义，我在本文开始，将它与"气象"、"地理"、"天气动力"、"空间天气"、"大气科学"等名词进行比较。

(一)"大气物理"与"气象"之区别

1."大气物理"的"大气"，指包围地球整个自然蒙气圈。它包括："贴地气层大气"、"对流层大气"、"平流层大气"及"中高层大气"。其最高层为"磁层"。"磁层顶"即"大气层顶"。大气层顶受太阳风的冲击。出现一个过渡区，称为"磁层鞘"简称"磁鞘"。磁鞘在太阳风一侧有一个"激波波前弓"。"磁层顶"在地球近太阳的一侧受到压缩，它的距地高度在10个地球半径左右(地球半径约6370千米)。而在地球背太阳的一侧的"磁层"形成"磁尾"，远远伸展到宇宙空间甚远。使地球与其磁层组成一个像彗星的形体。请参见图1。也有将大气的意义推广指"一切星体上的蒙气"。凡是在大气范围内的现象，均属大气物理研究的对象之中。

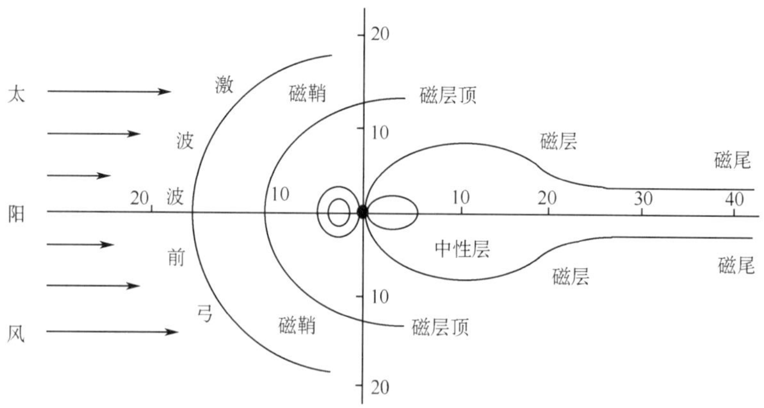

图1　地球磁层受太阳风影响

(坐标中心为地球，坐标数字以地球半径为单位，地球半径约6370千米)

但“气象”之“气”在我国古代不全指大气，它往往是指构成万物的哲学概念。如“阴阳之气”。也有指云气、呼吸之气、天气(《左传》昭公元年说：天有六气，即阴、阳、风、雨、晦、明也)、节气(五日为候、三候为气。即每十五天为一个节气)等。也有将“天”与“气”混称，所谓“气之清轻上浮者为天”。

“气象”一词在中国古代与近代很不相同。我国古代“气象”一词往往指自然界的景色，也有指人之气宇、气质，及人物外貌和风度。但近代，“气象”一词多专指出现于空气中之现象。这个概念的固定，始自日本明治维新之时。他们学习西方科技，于1874年(明治七年)建“观象台”，次年设“东京气象台”。1882年成立“东京气象学会”、创办出《气象集誌》。1887年(明治二十年)“东京气象台”改称“中央气象台”。这“气象”两字，即根据汉字“气”与“象”两字组成，指空气中的现象。我国在清末及民初，由于想从日本转学西方科技，就从日本接受“气象”一词，沿用至今。

但“气象”一词中的“气象”，现在的意义比较含糊。由于创造时人们向上空的探测工具不足，虽然也提及珠母云、夜光云、极光等中层大气现象。但主要仅指对流层大气中的现象。另外，由于气象两字长期在气象业务界使用，所以往往也具有气象业务的意义。

2.“大气物理”的“物理”与“气象”的“象”字有不同含义。“象”指“现象”、“形象”。凡有表象可见，有形态可述，有性能可感的特殊显现，均可称为“象”。但“大气物理”的“物理”两字，其“理”字有“推理”、“理由”之意，表示“由表及里”的推论过程。是对“道理”和“规律”(即“内在真理”)的追求。在儒家经典中《四书》内的《大学》一书中，就提到要“格物致知”。意思是“通过对事物的钻研，以追求事物之理。”在清末，上海有“格致公学”之设，就是教授科技的学校。可见“大气物理”就是“钻研大气现象而追究真理”之意。其意义比“气象”更为深刻。它不仅止于“象”的观察，还致力于“由象而及于理”。为此，以“气象”为题的学科，决不能说其研究仅需止于“象”而不进到“由表及里”的“钻研”。说明从事“气象”工作不能仅满足对大气现象之探测。学者不能仅满足于知其然，应当还要探究其所以然。

3.“气象”一词应包括“气象事业”的内容，但“大气物理”一词则仅明确求“有关大气之理”，只限于自然科学范畴，可见这一点表达了“气象”所包含内容较“大气物理”要广一些。

(二)“大气物理”与“地理”的区别

1.“大气物理”推究的是“大气之理”，而“地理”推究的是“地球表面之理”。但地球表面情况也受大气的影响。因此研究地理时不能不研究气象作用。但“大气物理”中对大气是作为主体进行研究的。而“地理”中，气象仅作为影响地表的外在影响考虑的。因此处于客体而不是主体地位。这就是把气象归属于地理学科的局限性。

2. 研究“地理”的学科，有“自然地理”、“人文地理”也包括“历史地理”与“经济地理”等。这是因为地表不仅是自然力的内外交营之所，也是人类改造利用自然的舞台，景观因季节而异，功能因人事而别。而大气为由空气分子组成的弥散而可压缩的气体。受地心引力所维系，既受太阳风及太阳辐射的作用，也受地表的影响，两者很不相同。所以研究“地理”及研究“大气物理”虽希望获得的都是“理”。但应用的方法很不相同。前者多用对比、说理及统计学方法，后者多应用大气热力、动力学及大气声、光、电磁等方法处理。过去人们每将“气象”附列于“地理”进行研究，这种办法虽有助于“地理”之研究，却无法理解整个大气之理。所以“气象”就必须逐渐从“地理”学科中解放出来，形成独立的学科。

(三)"大气物理"与"天气动力学"(简称"天动")的区别

"天气动力学"是指利用大气热力学及动力学的方法来研究"综观天气",从而探讨天气变化的学问。其中"天气"指逐日的短时晴雨风温等各地气象情况的变化特点。但大气热力学,大气动力学等本属于"大气物理学"的方法,而"天气"又多指出现于地球大气层中的对流层内的气象情况,因此事实上,"天气动力学"应属"大气物理学"的范畴。它不是大气物理学的全部。

但"天气"在气象学科中有两种意义。一种是单点的天气,另一种是天气图中的天气。自从1820年德国勃伦特斯(Brandes)利用18世纪末曼海姆气象学会(The Mannheimer Meteorologische Gesellschaft)气象站网一日三次的气象资料绘制具有风向、云量及气压等值线的逐日同时天气图。以综合观察天气分布情况。这种天气图就称为"综观天气图"。以后"综观天气图"中所表示的气象要素渐渐增加,可构作各种等要素值线、气团、锋面、晴、雨区及天气系统等。并将不同高度的综观天气图与这种天气学的综观垂直剖面图等结合,作出天气预报。这些就是"综观天气预报"。我们今日的天气预报主要是综观天气预报,而现代的单点天气预报也依据遥感设备如测雨雷达测出。但不论哪种天气,多指对流层中天气,很少是指中高层大气的情况,而"大气物理"不限于对流层,且其所牵涉到的大气物理过程也不限于大气热力学及动力学。

(四)"大气物理"与"空间天气"的区别

1."空间天气"为英文"space weather"之译名。这里的"天气",按目前使用时的实际所指,并不是指阴、晴、雨、雪、风、霾、寒、暖等,而是包括太阳活动、地磁活动、辐射带情况。中性及离子微粒流、环境固体碎片分布等情况。它们会造成电离层传播无线电波性能的变化,并产生磁暴,影响低空的辐射及光化学和光物理过程。而太空环境固体碎片的分布,会影响火箭、卫星、宇航器的发射,且在能量下传中促使对流层天气变化。所以监测及探测它们是有重要的意义。它们应属于"大气物理"要观测、监视和研究的内容之一。

2."空间天气监测"表现了大气科学中最先进的探测活动及预报任务,很有必要。但"空间天气"这个名称,很不确切,为什么呢?

因为"空间天气"显然是这项观测或监测的"项目名",其中"天气"是观测的内容。而"空间"是这个观测内容所在的处所。我们发现"空间天气"中观测内容名称与对流层中出现的观测内容名称相同,都叫"天气"但实际内容却毫不相同。对流层的"天气"指阴、晴、风、霾、雨、雾、冷、暖等。而"空间天气"所观测的却是太阳活动、地磁活动、辐射带情况、电离层情况等。它们与对流层中的"天气"性质完全异样。不同性质的探测对象其探测的地方和方法都不同。怎么能混淆视听,用同一个名称呢?

那么是否可以用探测的地方来区别探测的内容呢?在"空间天气"项目中天气所在的地方叫"空间",但"空间"是"地方"的泛称。一切事物没有不存在于"空间"内的。用泛称"空间"二字来表明实际事物的所在处特征等于没有指出其所在处特征。所以"空间"两字的附加等于不起作用。要区别事物必须点明不同事物所处的特殊空间。所以,要指出"空间天气"不同于对流层中的天气,必须指出"空间天气"的空间,是不同于对流层空间的什么特殊空间。由于对流层空间位于距地10千米以下,而上述太阳活动、磁层、辐射层、电离层等现象都存在于从距地60千米高处的电离层向上直到太阳所在处，很难用一个已定名的“空间名”来表示。这当然是一个困难，但是很显然60千米以上的空间必然比对流层甚至平流层下部的空间更高。如果我们用“大气高层”或“高层”来代表它“高于对流层空间”自然比仅用“空间”两字为妥。又因我们所探测的内容为太阳活动、地磁活动、辐射带活动、电离层活动等。如概括地用“电磁活动“四字来表示，则既能区别于对流层天气，又能贴切于所探测的内容，不是很好吗？

为此，我建议，可将现用的“空间天气”一词改称为“高层电磁活动”。这样做，既可区别于“对流层的天气”又可“名符实义”，且也避免了定名中的混淆性错误。科学语言必须明确具体。

近30多年来，我国气象科学在吸收西方先进成就方面进展很快。有时对相应的科技名词来不及消化，直接采用原文、缩写或直译等方式就介绍进来。这本是难免的应急措施。但使用后，若觉“诘屈聱牙”、或因与语义不相贴合，难以在国内生根，就应当考虑改译，使之能够达到望文正确生义，便于在教育中及后人使用时能得心应手，不致误解。这种改译是必要的，可保障我国文化的纯洁性。

但不论叫“空间天气”也好，叫“高层电磁活动”也好，都应属“大气物理学”的一个内容。

(五)“大气物理”与“大气科学”的区别

1.“大气科学”中“科学”两字的本义及由来

按许慎《说文解字》“禾”部查“科”字说：“从禾从斗”。斗者量也，量以分米。可见“科”字原有区分或分类之意。“禾”又表音。因“科”与“禾”同韵。我们现在有些部门仍区分科室。科室之长，称为“科长”，即指主持某一类性质工作者之长，故亦有分类之意。

至于“学”字，其繁体字作：“學”形。这个字形可从下向上拆分为“子”、“冖”、“𦥑”三部分来会意。字的最下面为一个“子”字，表示是一个童子，他在进入一个学舍（“冖”表示一个房舍），双手（“ㅌ”与“彐”分别表示左右手）捧了“爻”。

“爻”是什么？根据《易经》：“爻”指“阴（- -）或阳（—）”。三个“爻”重叠合乎“天地人”三才，可形成八种卦，即“八卦”。它们即：乾（☰）、坤（☷）、巽（☴）、震（☳）、离（☲）、坎（☵）、艮（☶）或兑（☱）或天、地、风、雷、火、水、山、泽。

如把“八卦”再行重叠，就成六十四个“重卦”。每个“重卦”，自下向上共有六个“爻”，于是可得六十四个重卦，共计三百八十四个“爻”。分析每一个重卦中的六个“爻”，就可知道宇宙中一切变动。

可见“学”字，像一个“童子入门双手捧爻”。他是在学习“爻”之深意，以理解天下万事万物之变。“爻”表“阴、阳”。而“一阴一阳之谓道”。但“爻”也表音。因“学”字与“爻”字读音十分接近。

将上述“科”字与“学”字组合，即有“学习分类之学”的意思。用作名词，即指“分类之学问”。这两个字的结合并不是我国固有之词，而是日本人在明治维新时他们为学习西文科学，将“Science”用汉字意译而成。我国在清末、民初，想通过日语转学欧美科学，就将“科学”两字，转引日本的汉文而得。

2. 既然“科学”指“分门别类的学问”，则“大气科学”就可将与大气有关的各种学问，都归入其内。例如“大气物理”、“应用气象”、“天气学”、“气候学”等，都应属于“大气科学”的分科。

3.“大气物理”与“大气科学”本质上是一致的。因为所谓“大气物理”，只是强调用“物理逻辑思维”的方式处理大气科学问题。而不是指仅研究大气中有关物理的问题。因此大气科学如果在研究中不以物理思维方法为基础，那就不能叫“大气科学”。因为“科学”就在于“格物致知”之能否成功，就在于始终不断用物理逻辑思维方法进行研究。以“分类”作为“科学”的定义，只是一个表象。分类必须遵循“物理逻辑思维方法”。否则分成的类必不符合科学要求。“大气物理”与“大气化学”之区别，也是表象，因为“化学现象”只出现在变化仅出现物质是分子或原子态的角度上。这些分子或原子态的变化从电子、质子、中子、原子核等角度看，还是属于物理变化。而且即使从“原子或分子态”的变化看，虽然属于化学变化而不是物理变化。但这些化学变化的探究的方法还是来用“物理逻辑思维方法”获得其端倪的。如果大气化学研究，不采取物理逻辑思维方法进行，那么由于方法不对，取不到正确成果，也就不应归入“大气化学”这门学科中去。所以从“物理逻辑思维方法”的角度看“大气化学”不仅属于“大气科学”。从逻辑思维方法角度看，也可以说与“大气物理的研究思维方法”并不二致。具有其内在的共同性。但是不能相反地说：“大气物理”即等于“大气化学”。因为“大气化学”和研究的范围仅限于物质变化处于原子或分子态时的某些过程，而不是一切过程，所以“大气物理”可包含“大气化学”，“大气化学”不可能包含“大气物理”。

二、世界气象科技从附属到独立的发展过程

我国大气物理教育的独立发展与世界气象科技发展的形势，息息相关。大体在古代，气象多附属于天文。到中世纪以后，物理科学渐兴，气象仪器发明渐多。气象学有所发展。但在牛顿万有引力之发现及帝国主义殖民势力之扩张。气象学渐附属于地学。特别是地理科学。此后由于战争之需要，人们为要开拓大气高层领域，专门研究大气的科学才开始发展，大气物理学才独立成为分支。而大气科学也渐获得独立地位。今将其分叙于下：

(一) 亚里士多德(Aristotle，前 384—前 332)把空气分为三际，即自下向上分为暖际、冷际、热际。热际以上才是天。即星际空间。故气象空间仅略低于天。但也需仰空而望。风云雨雪等气象现象多出于冷际，也在上方。所以气象称为“meteorology”其中“meteor”(希腊文为“μετεοροɣ”)，就具有“向上的”“露天的”意思。他们认为：“湿对流”能造成雨、雾等降水现象。“干对流”常能升达天际，燃烧而成为天上的星体。中国自古以来主张“气之清轻上浮者为天，气之重浊下凝者为地”，所以气象观测常与测天工作混在一起进行。古代的灵台、司天台、观象台，钦天监等测天象机构，都兼管气象观测业务。从汉代一直到清末，都是如此。这就是把“气”作为“天”的附庸。但因人们认为皇帝叫“天子”，为“天”之代表，受天所特别眷顾的。为保证天子治天下的安全。《易经》就有“天垂象，见吉凶”之称。史书上常记有天用灾异现象(如旱、涝及大气光象等)示天子以吉凶，希望天子改进政治措施的例子，也记有不少化凶为吉的例子。这些都是认为“气附属于天”的古人思想的反映。

(二) 在中世纪的欧洲，科学不能超越基督教会的规定。随着生产力的发展，资产阶级的兴起，为了发展工业生产，需要探索自然物性。重视经验、观察和实验。英国在 16 世纪时为发展纺织工业，用圈地运动，剥夺农民土地以供牧草，使农民沦为乞丐，转为廉价劳动力的工人，进一步发展工业。加速了资产主义为争取原料及市场争相到处争夺殖民地。但资本

主义之发展是促使近代科学发展的动力。

在气象仪器方面，从16世纪开始就有了发明。那时并没有气象学家。而都属物理学家。例如意大利的物理学家伽利略(Galileo Galilei)。他在1597年就发明了空气温度表。使空气的冷热，有了客观的标准，而不是因人而异。另一位意大利人托里拆利(Evangelista Torricelli)，他在1643年发明了水银气压表，这样大气受地心引力而出现压强的特点，从不为人所感觉而能被客观地显现出来了。英人胡克(Robert Hooke)1667年提出用羊肠线来测湿度，又创风压板。在1678年又将钟机引入气象仪器，使能在一定时间内自动记录气象信息。于是人们能定时定量地读出气象记录。

由于仪器的发展，大气的特性就从不显露成为显露(如气压)。从因人而异的感觉成为客观化。从定性变成定量。从定时观测成为历时自记。使大气特性更为人们所理解。但要发明这些仪器，人们必须进行实验。通过实验才能深入物理。一切发明都需要实验。英国哲学家弗兰西斯·培根(Francis Bacon)提倡了实验科学。马克思誉之为“英唯物主义和整个现代实验科学的真正始祖”。英皇家学会称他为“物理学的伟大复兴者”、“实验历史的伟大建筑师”、“近代的亚里士多德”。英皇家学会1662年就是根据培根的思想以观察和实验取代抽象思维推理，以提倡自然知识为宗旨而建立的。这种实验主义近代科学思想又进一步推动了气象科学的发展。

英国的物理学家牛顿(Isaac Newton)1665年在看到庭院中苹果落地而创造了“万有引力”理论，使人们知道“大气”不是从属于“天”，而是有地心引力维系于地球表面。于是人们开始认识到大气是地球的蒙气，应当附属于地表的学科“地理”来研究。

人类主要生活于地理环境中，大气不仅影响地面，也影响人类正常生活。当时许多先进的资本主义国家为了争夺世界原料地及市场，使世界许多地区及小国成为其殖民地。为了了解殖民地的气候情况，维持本地与殖民地间之联系，保证交通安全。他们在本国及殖民地之间，广设气象台站。于是世界上气象机构大增。例如中国在1840年鸦片战争后，受列强欺凌，已沦为半殖民地。外人可不经中国政府同意任意到各地偷窃我国气象情报。1869年由于中国海关为英国控制，英人赫德(Robert Hart)以中国海关总税务司名义，发出“海关28号通扎”，要求中国各海关设测候所，观测各地天气。1872年法国耶稣会士在上海徐家汇设观象台，以保证殖民国家远东航行安全。赫德又令我国各海关测候所将气象观测资料集中到徐家汇观象台作出综观天气预报。又如1894年在甲午中日战中，中国打败。1895年“马关条约”中，被迫割让台湾，朝鲜也在1910年沦为日本殖民地。日本就在台湾及朝鲜设本土派出的殖民气象机构。1986年3月日本近藤久次郎即赴台湾建总督府测候所，8月台北测候所成立。1904—1905年日俄在中国东北战争后，日南俄北(以长春为界)瓜分势力范围，日本即在中国东北进行殖民化气象观测。1907年2月日本在朝鲜的平壤及大丘等地建设测候站。1912年日本又任命和田雄治为朝鲜总督府观测所长。寺本真吉为台北观测所代理所长，水内清治为右关东(即中国东北)都督府观测所所长。以中村精男任日本中央气象台台长。要将这些殖民地测候所全统属于日本本土中央气象台测候所系统内。到1937年止，日本在我国东北建设殖民化气象观测点已达22个。英国也于1882年在香港设观象台，以隶属于英本土气象观象台系统内。所以到了19世纪末，世界各地大多数国家已设有气象机构，以为本国或殖民领土之用。

由于有了气象定时观测及自记仪器，各地测候站，不仅可以作出大范围同一气象资料的等值线分布。还可作出综合各地气象资料于一图的历史综观天气图。本文前面介绍的德国勃伦特斯1820年的世界第一张历史综观天气图就是利用以俄国乌拉尔山到伊比利亚半岛的比利牛斯山(在西班牙)间广大地域内的风向、云况、天气、气压等气象资料作出的。由于这些资料取自1783—1795年的历史资料。因此这个综观天气台都是历史性的。以后由于电报及电话的发明,可以获得即时的分布于广大地区的气候资料。所以就可以作出即时的综观天气图,从而作出即时的天气预报。例如1842年的美国卢米斯(Elias Loomis)、1851年英国的格拉宣(Jamas Glaisher)都是利用电报制作天气图作出逐日天气预报的。而1860年英国费兹罗(Fitz-Roy)则是利用电话作综观天气图,制作逐日天气预报的。

欧洲由于找寻殖民地,在大洋上长久航行,对信风与季风,已有一定认识。英国天文学家哈雷(Edmund Halley)曾根据航行路上风的资料,绘制南北30°纬度间的信风与季风分布图。1735年美国哈得来(George Hadley)考虑了地球自转因子,研究了南北半球信风成因。在18世纪及19世纪,人们对气象要素在地理上的分布及季节的分布,大大有利于气候学的发展。1853年奥地利气候学家汉恩(Julius Ferdinand von Hann)出版了世界最早的气候原理与区域气候结合的专著《气候学手册》。这是气象附属于地理学的研究成果。

(三)从19世纪末到20世纪初,人们为了要探究大气的更深入的信息,可是不满足于对流层中的气象情况,创造了许多升空的探测大气的平台。目的在于了解控制对流层气象的更高层大气的作用,这种向多层大气探测的努力使气象科学渐渐跳出地理学的束缚,而深入到研究大气本身结构及性能的领域。并探讨大气圈既受天文因子影响又受地理因子影响,更切合大气自身特征的以大气为主体的物理研究范畴。

当时人们曾用热气球、风筝、系留气球、探空仪、测风气球、测风雷达、飞艇、光学及无线电波探测、下掷探空仪等进行高空气象探测。在第一次世界大战中采用了新发明的飞机,第二次世界大战中发明了测云雨的雷达,还发明了火箭。通过种种探测,在对流层大气中,发现了气团、锋面及高空气流等的性质及结构,这是一种探索比气压系统更深入的天气结构的要求。这方面是挪威学派的重要研究成果,对于对流层云雨降水的机理有了更深入的理解。而且在人工影响天气方面发现了重要的催化剂。人们对于高于对流层的许多大气层次,有了一定的研究成果,知道了大气中有磁层、电离层、中性层、热层、中间层、平流层(及已知的对流层及近地气层),匀和层和区分层,光化层等。这样人类开始对地球全部大气有一个整体的认识。大气物理学的名称已渐从地理科学中独立出来了。

例如在20世纪初,美国气象学家亨弗莱(W. J. Hamphreys)自称气象物理学家。他所著的《空气的物理学》(Physics of Air)最早出版于1917、1918、1919、1920年,后于1929年及1940年修订后再版。长期得到读者欢迎。但这书内容主要讲的是对流层大气的物理学。又如1927年德国小气候学家鲁·盖格(Rudolf Gaiger)就曾著有《贴地气层的物理学》(The Physics Near The Ground)一文,虽研究是小气候,却采用物理学之名 。而在1952年印度加尔各答大学教授密屈拉(S. K. Mitra)出版了专著《高层大气》(The Upper Atmosphere)(第二版),是一部尚未发射人造卫星前,第一部讲述整个大气的比较完整的物理性质及结构的专著,很有启发性。在1951年美国气象学会出版了名为《气象学文汇》(Compandium of Meteorology)的巨型论文集。该书总结了20世纪中叶前大气科学各方面的进展。包括当时气象学科各分科杰出学者论文108篇,共分25类。如大气组成、辐射学、大气光学、大气电学、云物理、高层大气、宇宙气象、大气动力学、大气环流、局地环流、观测分析、天气预报、热带天气、极地气象、气候学、水文气象、海洋气象、生物与化学气象、大气污染、云雾与飞机积冰、气象仪器、实验室研究、无线电气象学、气压系统力学、微震学等，内容丰富。虽名称中很少提及大气物理，但其研究大多从物理的角度出发，明显地可以看出：气象已非地理之附庸。

（四）到20世纪下半叶时，大气高层物理因火箭及人造卫星之发射，及改进的各种雷达、激光、遥感技术的发展而更有利于发展。而且由于宇宙飞船之发射，人们对外星大气的探索也有不少进展。大气科学不仅只指地球大气问题，也包括了外星大气。例如1984年，美国莱维司（John S. Leavis）与普林（Ronald G. Prinn）合著了《行星及其大气的起源及演化》（Planets and Their Atmosphere Origin and Evolution）。可见大气物理之研究领域愈发宽广，成为大气科学的同义词了。

三、我国大气物理教学的沿革

（一）1949年以前我国以地理观点进行气象教学的概况

民国初年，蔡元培任教育总长。他参考世界各国教育体制，订立了新体制，但也受到清末影响。教育部接管清代钦天监机构前，气象尚属钦天监所管辖。他曾从清末状元兼实业家张謇处，了解到农业不可没有气象科学作保证以发展生产，所以1913年教育部公布《大学课程》中，规定理科星学系及农科的有关学系都要开设气象学课程。不久“星学”改称“天文学”。而将理科分为重视数学的“数理部”，及重视物理化学“理化部”的，并规定都要学气象学。1918年南京高等师范学校原有课程分门有所变动。将国文部增加历史及地理类，改为“国文史地部”。而将原“理化部”增加数学类，改称“理化数学部”。规定理化数学部因包括天文，所以须授气象学课程。但国文史地部则不授气象学课程。为什么国文史地部不开气象学的课呢？这是因为当时所谓的“地理”主要是人文地理、世界或区域地理，以及地学通论、区域地理等。主要是介绍气候，而不是气象学。由于当时气候学以叙述为主，与气象学以计算并说理为主不同。因此国文史地部属文科，而理化数学部属理科。气象学既属于理科范畴，所以没有必要在国文史地部教授，而应在理化数学中教授。但农学的有些系部仍需开设气象课。

竺可桢1918年在美国哈佛大学获气象学博士学位后返国，先任武昌高师教授，教地理学及气象学。1920年应南京高等师范学校校长郭秉文之邀，到南高师国文地理部任地理学教授。1921年到1923年南高师改名为东南大学，竺可桢于1921年任东南大学地理系主任。他根据哈佛大学之例，认为地理与地质均为地球的不可分的部分，想把地理系改为地学系，即将地质也包括进来，本来该校的地质学科属于矿冶、建筑等工科学系的基础课，因他的主张就与地理一起归并到地学系中。本来在原国文史地系中无气象课。仅在地学通论中讲一些气候原理，且在地理课中，介绍各地的气候特点。气象仅在数理化部及农学专修课中开设。地理学既属于文科，自然不教气象学。竺可桢来该校建地学系时，就在该系加教气象学，并在校内设实习测候所，但气象学在地学系中始终是地理学的附庸，属于学习地理学的基础知识，未能与地质、地理平起平坐。据李海晨教授回忆及《胡焕庸自编年谱》，经过竺可桢的努力，1924年东南大学始成立地学系，竺可桢即为该系主任，由于地学系中有气象课，所以改属于理科。1925—1927年,竺可桢曾离东南大学,任上海商务印书馆编辑,并曾在天津南开大学教地理,1927年重返东南大学的后身中央大学任地学系主任,但1928年竺可桢因任中央研究院气象研究所所长而脱离中央大学,于是中央大学即聘1926年入法国巴黎大学学习地理毕业返国的胡焕庸任教,胡焕庸回国后先助竺可桢建气象研究所及北极阁观象台,然后辞去气象研究所职务,入中央大学地学系任教。1929年,胡焕庸认为"地质"与"地理"两门学科虽同属"地学",但它们的基础及应用领域很不相同,应分别成系。所以在当年地学系即分化为地理系、地质系两个系。地理系由胡焕庸任系主任。地质系不开气象课,地理系则仍开气象课。因此气象课仍仅服务于地理而在发展中受到限制。但因此时竺可桢已是气象研究所的所长,他将南高师、东南大学及中央大学的毕业生大量吸收为气象研究所成员,所以气象研究所已成为中央大学地理系学生的重要出路。由于这些学生都学过气象课程,所以能够参加气象研究所的研究工作,但又因为既从地理系或地学系毕业,所以在进行气象研究工作时必然抱有地理观点,这个观点当然与20世纪的世界气象科学以数理为工具独立发展方向有一定差距。

1936年竺可桢因当局之要求接任浙江大学校长。南高师文史地部第三班(1923年)高才毕业生浙江宁波人张其昀任浙大文学院史地部主任,兼任浙大研究所中历史研究所主任及史地教育研究室主任。张其昀也是竺可桢的学生。该校也开设气象及气候等课程。例如涂长望等曾在该校任教气象课。但当时气象课程却始终未占史地系的独立一席地位。

南高师文史地部第四班毕业的黄应欢(字厦千,江苏南通人)在气象研究所工作,于1934年赴美国加州理工学院(C. I. T)留学,其后,由于抗日战争开始,国立中央大学及气象研究所均迁往重庆。黄厦千回国后即在中央大学地理系任教,他看出地理系中气象教学的发展有局限性。美国加州理工学院的气象教学因不属于地理系而能充分独立发展。因此在1939年建议地理系分为地理组及气象组两组,使气象教学不受地理学课的约束。到1944年,当气象组所开课程日渐丰富时,就将气象系从地理系中独立出来,(当时西南联大虽有"地学系",但已改称"地质、地理、气象系"。系中气象已与地理、地质并列,分居一组。亦是一个进步。)这一措施符合当时世界气象科学发展的大势,这个气象系是我国各大学中首先成立的气象系。此后我国各大学才也开始有建立气象系的。但必须指出,当时气象的课程,开始渐向高空气象发展。如黄厦千就开过"航空气象学"的课程。而"动力气象学"也在大学中有所开设。如涂长望教授就曾教过我以德人柯许米特(H. Koschmieder)的《理论气象学(Theoretical Meteorology)》为蓝本的课程。这已开启教授用数理方法解释气象问题的基础教学了。

黄厦千除了使气象从地理系中独立出来这个功绩之外,还有一件大事,他是我国第一个把气象事业从科研中独立出来的主力。他又是全国解放前中国的第一任中央气象局局长,那是1941年(其后任局长即为吕炯)。这有利于使我国气象研究所不再兼管气象事业而能专致于提高气象科研。并使气象事业有专职部门主管,加快发展速度。

我们知道蔡元培(1866—1940)是清光绪进士。1907年赴德国留学。他是清末民国初年我国最著名的文化伟人。民国初年即任教育总长。1915年曾赴法提倡勤工俭学。1917年曾任北大校长,主张学术自由。他对气象事业是非常支持而且曾作出重要成绩。例如他在1912年任教育总长时,就命天文学家高鲁去接管钦天监并建立中央观象台。除设置天文、历数、磁力三科外,还设置气象科。1908年蒋丙然在上海复旦大学毕业。1912年他在比利时的双博罗(Gembloux)农业大学获气象学博士返国。1913年应中央观象台高鲁台长之请,任该台气象科科长。1916年他在北京西山、外蒙古库伦(即今蒙古国的乌兰巴托)等地设3个直属气象科的观测站。1925年又在北京到南京浦口沿线。设好几个航空署的气象测站。又从1918年到1921年,两度设计全国气象观测网,并曾开办两期气象人员训练班,那时他拟在全国再设20个站,但先设10所。因东南各省已有海关测候所,暂可不必再设。先设的10站可在西北及西南设。即张家口、西安、开封、兰州、肃州、迪化(即今新疆乌鲁木齐)、拉萨、昆明、贵阳、成都10地。但因教育部门本身经费困难,连观象台职工也被欠薪。因此所建各站也因经费缺乏而相继停办。

蔡元培在民国初年任教育总长,仅一年左右即已卸任。对蒋丙然设气象站网已无从支持。以后蔡元培负责国立中央研究院之组建,知道天文与气象应当分别发展。所以委托高鲁与竺可桢分别建立天文研究所与气象研究所。1928年竺可桢在南京北极阁建气象研究所。这是我国第一个进行气象研究的机构。他有鉴于气象研究必须以全国气象观测站之观测资料为后盾。所以提出《全国设气象测候所计划书》。蔡元培大力支持他的建站计划,此时已在北伐胜利之后,军阀割据局面已转为国民党一统全国形势。比之蒋丙然设测站时之形势好得多。所以竺可桢设站计划颇为顺利。当各省设站有困难时,蔡元培亲自给各省函件加以疏通。经费方面亦大有改善。所以在1929—1941年间,先后设立了由气象研究所独办或合办的各级直属测候所25个。

但是黄厦千认为研究单位兼理全国气候所,既使烦琐事务工作影响了气象研究工作,又使我国气象服务工作受到了削弱。从发展我国气象事业看,黄厦千创立中央气象局的努力是正确的。但当时这个建议受到了不少阻碍。事实上,气象局的建立,使全国气象测站大有增加。对天气预报及气候研究都大有裨益。也促进了气象服务。使气象系校毕业生的出路不仅局限于气象研究及气象教学,有了更广的出路。

在抗日战争中,清华、北大、南开三个大学在昆明组成西南联合大学,以李宪之为主的气象教学,建成了"地质、地理、气象系"。这个系的系名将"气象"学科名与"地质、地理、"两学科并列,念起来虽然有些拗口,但是却比"地学系"之名更为先进。因为这已承认"气象学科"的重要性,至少与"地质"、"地理"并立。它不再是"地理"学科的附庸,符合气象科学的世界发展趋势。

李宪之,河北人,1926年为北大物理系学生。1927年与同学刘衍淮等参加中国瑞典西北科考团。该团中方团长为北大教务长徐炳昶,外人团长为瑞典人斯文·赫定博士(Dr. Sven Hedin),负责气象的是德国赫特博士(Dr. W. Haude)。他们在内蒙古、宁夏、甘肃、青海及新疆进行气象及水文观测,并进行一些建站工作,历时三年。1929年李宪之、刘衍淮两人在任务完毕后,在赫特协助下,赴德国入柏林大学攻读博士,专业为气象。1936年回国,应清华之聘任教。次年因日寇侵华,清华内迁与北大及南开联合。李宪之即在昆明西南联大任教。浙江湖州人赵九章(原为清华大学物理系毕业生)1938年由德国柏林大学毕业回国。在西南联大任教。李宪之与赵九章均毕业于柏林大学。他们对当时世界气象科学的进展认识较为深刻。所以把"地学系"改称"地质、地理、气象系"。使气象与地质、地理三足鼎立。有利于气象学科的发展。1944年赵九章始离西南联大,在重庆中央研究院气象研究所工作。

(二)1949 年以后我国开始以物理观点进行气象教学的概况

自从国民党政府退居台湾以后,1949 年大陆建立了由共产党领导的新中国。由于气象工作要为扫灭残存的敌对势力,并为抗美援朝等军事需要服务,因此建立了军委气象局。该局由涂长望为局长,张乃召和卢鋈为副局长。这个配搭十分合理。因涂长望为气象教育家,又为国际著名的科技活动家,擅长于了解气象的国际水平。张乃召和卢鋈则分别熟悉解放区和前国统区气象业务情况的专家。在气象科研方面,则由在中国科学院地球物理研究所所长赵九章负责。他本是解放前气象研究所的所长,对气象科研有新认识,强调应加强数理基础。他在西南联大时期,本在地质、地理、气象系内任教。所以当新中国成立后,就主张在中国科学院中成立涵盖地质、地理及气象的"地球物理研究所",强调这三门学科均已含于地球科学中,且均需从物理的角度进行研究。而当时军委气象局局长涂长望,在建设新中国气象事业时,也强调采用科学思维脚踏实地地进行。

全国解放后,虽然美国对我国在先进科技方面进行封锁。但涂长望以其个人之国际科技学界的声望,经常在赴国外参加自然科学国际活动中,继续了解气象事业的国际发展。另一方面,又在气象方面聘请苏联专家。还在军委气象局中设置编译室,大量翻译苏联先进气象书籍。再一方面则向在国外留学或任职气象的学生发出函件,要求他们介绍世界先进气象科技。甚至指出"楚材晋用,决非长策",希望他们在可能条件下返回祖国,为社会主义新中国服务。使在欧美的许多华人气象高级人才纷纷返国,为新中国气象事业出谋划策。使我国气象事业夯实了坚实的科学基础,耳目一新。于是新中国的气象教育事业,也大为改观。

应涂长望号召返国的气象人才,主要有顾震潮、叶笃正、谢光道、谢义炳、朱和周、张宝堃等。为了使这些气象专家能够人尽其才,所以一方面按他们自己的意愿,分别安排到地球物理研究所,高等气象教育单位及军委气象局工作。另一方面将他们组织到军委气象局举办的"联心"(联合天气分析预报中心)及"联资"(联合气候资料中心)中,从而密切了气象科研、教育、业务的联系,又提高了气象事业的天气预报及气候资料处理水平。且充分利用专家之长,为气象事业解决许多建设中的关键难题,巩固了建设基础。

解放前,有海关建的测候站、气象研究所的气象站、前中央气象局建的站、航空单位建的站、军用气象组站等。门类众多,统属繁杂。但却数量不足,在抗日战争及解放战争中还有所破坏。最成问题的是这些气象站大多建在地面,那时进行天气预报,均利用地面天气图。这些地面天气图上的气象记录,并不处于同一海拔高度上,而且当时缺乏高空资料,难以构成高空天气图。所以怎样根据我国具体地形的复杂情况,即东部沿海地势低,西南地势高,有些地方地势高低不平,有些地方台站疏密也不均。如何增补并调整台站密度,如何制作等压面天气图。使图中表达的气流,符合客观实况,得到合理解释。这些问题在解放前从未考虑,现在都一个个钻出来,必须进行认真考虑解决。"联心"在这方面作出的努力,非常成功。这是军委气象局科学地、实事求是地打基础的工作,开创了前所未有的建设新中国气象事业的一丝不苟的风格。

但要填充不同等压面的综合天气图,必须有探空仪及地面仪器(例如水银气压表)所探测气象资料。解放前,我国只有上海出的温度表是国产的。其他气象仪器不会自造。因此解放后,决定设置气象仪器工厂、制造国产仪器。果然不到几年,我们就有了中国自制的水银气压表，并在采用国外探空仪的基础上，不到十年之内，制造出能供全国台站所需地面气象仪器及国产探空仪。在制造仪器中，进一步理解仪器机理及仪器测量气象要素的机制，摆脱了气象仪器在解放前的半殖民地的可悲状态。建立了我国独立自主的气象仪器制造的好形势。

“联心”还从动力气象的观点，提高了天气预报的物理思维。而苏联专家介绍的“平流动力方法”，也属物理思维的预报方法。由于在工作中需将对流层含不同等压面的综观天气图与铅直剖面图综合分析，所以不仅能作一般大气预报，对它们的实况及预报结果做出合理解释，还能进行可靠飞机航线预报况并对预报结果，做出合理解释。由于认真根据中国的天气情况和气候情况进行分析，不断总结，发现了不少中国的特有天气特点及气候特点。例如：青藏高原对环流的南北迂回分支现象；高原气旋沿长江东移对中下游的天气影响；高原对孟加拉湾水汽的阻碍作用；高原北边北支反气旋环流对新疆和内蒙古的干旱作用；青藏高原的高原季风作用；青藏高原南北分支对长江中下游天气的影响；孟加拉湾湿气流对我国南方水汽供应的重要作用等。

我 1951 年译出德国鲁·盖格(Rudolf Gaiger)的《贴地气层物理学》(The Physics Near The Ground)刊于《天气月刊》。从贴地气层受地面的物理影响讨论近地面气层的物理特性。不久，苏联的农业气象也传入我国，进一步反映了地面小气候对农作物的作用。这不仅从地面(又称下垫面)影响作物生长提供了农业知识，还更深入地了解在贴地气层中，其气象条件与对流层大气也有很不相同的一面。

1952 年教育部门进行全国高校的院系大调整。清华大学由李宪之为系主任的气象系调整到北京大学，在北京大学物理系设气象专业，由谢义炳负责，1958 年北京大学开始成立地球物理系。由于李宪之、赵九章原都为西南联大教授，赵九章为清华物理系毕业，李宪之为原北大物理系学生，他们又同出柏林大学，所以赵九章将所主持的研究所称地球物理研究所。李宪之到北大任教。气象当然属于地球物理系的一部分。但这个系中，已有高层大气物理专业，由赵九章任教。而天气动力课则由谢义炳负责。此外，在湖北的武汉大学，那时早已有无线电波传送及电离层等课程，这就打破了解放前气象学课只限于对流层气象学内容的局限性。

1955 年，赵九章曾组织中科院大气物理代表团访苏考察。

天气导变(即人工影响天气)工作在美国于 1946—1947 年由朗缪尔(Irving Langmuir)与谢弗(Vincant Joseph Schaefer)及冯乃高(Bernard Vonnagut)创始，他们曾利用碘化银和干冰等导变剂引入云中进行天气导变工作。在人工降雨中起到很好作用。我国在 1958 年大跃进时期，吉林省入春后长久缺雨，影响农业生产，也影响小丰满电站水力发电，吉林省气象局于该年 8 月(见《天气月刊》6 月号发表的王鹏飞所著《人工影响云雾》一文)，决心利用飞机播撒导变剂入云，结果成功地降下了雨。触发了我国各省人工影响云雨、人工消雹及在天山祁连山人工造雪等热潮。当时中国科学院在其所属中国科技大学应用地球物理系中成立三个专业，即天气控制专业、无线电遥控(遥感)专业及高层大气物理专业。由赵九章任系主任，他曾与李辑熙等合编《高层大气物理学(上册)》。而由顾震潮任天气控制专业的教研室主任。顾震潮(1920－1976)，为上海人，1938 年中央大学地理系毕业，西南联大研究生，1947 年赴瑞典斯德哥尔摩大学留学，师从气象学大师罗斯贝(Carl-Gustaf Arvid Bossby)。在新中国建立初期，顾震潮在云物理、人工影响天气、雷电物理、探空仪等各方面，均做出广泛研究。对台风及青藏高原气象研究得出很好成果,曾任中国科学院大气物理研究所所长。他为了研究天气导变,1958年曾在湖南衡山设实验基地。南京大学也于该年9月由气象系主任徐尔灏(1918—1970)设大气物理专业,兼任专业教研室主任,以云雾物理研究为主,开设过雷达气象学及大气涡流等课程。徐尔灏是1939年中央大学地理系毕业生,1944年留学英国伦敦大学帝国理工学院,师从勃朗特(Divid Brunt)博士,1948年回国在中央大学任教。中央气象局对人工影响天气也很重视,先由观象台罗漠及程纯枢(1936年清华大学地学系气象组毕业)负责领导全国气象系统各省人工影响天气工作,组织科学院及各有关气象的高等院校进行技术指导,其后在江西庐山设天气控制研究所作为研究天气导变的基地,由沈洪欣任所长,其后又在北京设人工影响天气研究所,将庐山基地划归人工影响天气研究所。人工影响天气研究所还在建设云雾室,测试探讨化学催化剂,研究人工影响天气的各种手段和设备,以及效果统计及数值模拟等方面做了不少工作,获得不少成果。由于人工影响天气的是在"大跃进"的1958年发动的,所以包含了一些群众运动,各省各地多是如此。在中央气象局的领导及指导下,土洋结合,放土炮、土火箭来消雹增雨。各机场也还进行消雾实验。

自从进行天气导变工作后,南京大学、北京大学、人工影响天气研究所、中国科学院大气物理研究所以及不少大学(如兰州大学)等,对云雾物理工作的教学及科研等不断在实践中及理论上渐渐深入。云雾物理及人工影响天气的数值模拟及数值预报研究也大有进展。

1960年,在涂长望局长的努力下,中国气象局在南京设置南京气象学院,下设四个系,其中一个系就是"大气物理系"。

四、南京气象学院大气物理系的建立及概况

(一)建立

中央气象局首任局长涂长望在1952年就有建立局直属的气象学院的意愿,目的在于培养适应我国气象事业所需的人才。1956年在一篇报告中,他指出高教部已同意在1958年建立气象学院。该年7月,在第一届全国人民代表大会第三次会议中,涂长望作了《使中国的气象事业在12年内赶上或超过国际水平》的发言中指出:"我们不仅需要大量的初级和中级技术干部,而且需要很多的高级技术干部,我们不仅需要气象、气候、高空气象、农业气象、大气物理等方面的专业人才,而且需要物理、数学、无线电、农学、林学、地理学等方面的专业人才来共同参加工作,……。广泛和精密地测定各种大气物理现象及其演变过程,是气象工作的基础。为此就需要扩大气象仪器的生产,加强气象仪器的鉴定工作。还要应用现代电子学、半导体等方面科学技术上的新成果来设计和改进气象仪器,在这方面,我们需要各有关工业部门的大力协助,还要和应用物理、无线电、计算标准等方面的科学技术单位充分合作。"

又说:"气象学是一门年轻的自然科学,第一阶段的任务是以大气为对象,利用稠密而分布均匀广大的地面和高空测报网,分析和掌握大气演变的规律。对国防和国民经济各部门提供天气预报和气候资料,以防止自然灾害,并有效地利用有利的气象条件,从而保证军事以及工农业和交通运输生产任务的顺利完成。长远的任务是通过掌握大气的变化规律并利用现代科学技术设备,逐步控制局部的天气变化,为改造大自然创造条件。例如人工排云,

消雾，局部的人工降造雨，……。在方法上，一方面采用各种精密仪器，做地面及高空的各种观测工作。例如我们需要探测雷雨，……要用无线电气象仪探测从地面到20千米高空的气压、温度、湿度、风等要素的变化，需要用火箭探测50千米以上的高空各种气象要素，……只有我们正确地掌握了三维空间（海、陆、空探测的三维，服务的三维）气象要素的变化，才可经过数理分析方法做出正确的天气预报来。由于气象学是一种大气物理的科学，因此它必须用物理的数学的理论处理后，才能做出比较准确的天气预报。在第二个五年计划内，准备用电子计算机来进行数值预报，这样才可根本改变现在所用的半经验、半理论的预报方法，从而可知气象是一门相当复杂的科学，要求的技术和科学理论是相当高的。”

由于世界上第一颗人造卫星是1957年10月4日由苏联发射的，在这以前尚无人造卫星。涂长望上述的发言是在1956年讲的，所以未谈及人造卫星及宇航器等，但是发言中已指出：“气象是一种大气物理的科学，必须采用物理的数学的理论处理。”“长期的任务是通过掌握大气的变化规律，并利用现代科学技术设备逐步控制局部天气变化，为改造自然创造条件”，可见天气及气象导变是大气物理的事。大气探测当然是探测大气的物理性质，精确的天气预报也必须严密的大气物理思维才能做出。天气雷达、探空仪等是大气探测不可少的设备，必须理解大气物理的人才能发明，懂得大气物理性能的人才能正确使用。飞机、火箭等探测平台，也是为大气物理探测而设置的。

果然，在1960年，涂长望在创建南京气象学院设置学系时，就强调要建立“大气物理学系”，在建立以天气预报为内容的系时，不叫“天气系”而称为“天气动力系”（简称“天动系”），这也是从“动力学”属于物理范畴而谈的。

我从小喜爱物理，在上海东吴大学附中高中部毕业后，即升入东吴大学物理系，系主任为李庆贤教授，采用的主要普通物理教材为邓肯与司太令（Dencan and Starling）所著的《物理学教程》（A Textbook of Physics）。当时上海租界在抗日战争初期为孤岛，在太平洋战争开始，日军的势力将侵入租界，东吴为教会大学，不愿为日伪所接收而在租界停办。我因不愿在上海接受日汪的奴化教育，就离开上海，赴重庆中央大学改学气象，师从涂长望教授，涂师教我“理论气象学”，主要参考书为德文的柯许米特，（H. Koschnieder）的著作，还参考英国勃朗特（Divid Brunt）的《物理和动力气象学》（Physics and Dynamical Meteorology）。1945年我在中央大学气象系毕业，分配到成都北门外凤凰山（俗称“学射山”）空军通信学校测候训练班，教“ 理论气象学”。所用参考书为郝为治（B. Hauwitz）等人的“动力气象学”。该训练班的班主任为刘衍淮，他与李宪之，赵九章都为德国柏林大学毕业生，此训练班系昆明迁往成都的。在昆明时，西南联合大学教授李宪之和赵九章均在此训练班兼课。我于1947年即脱离该训练班东返，在新中国成立之后即于1950年应涂长望老师之邀，参加北京的军委气象局工作。

由于我是学物理出身的，所以在学习气象时重视气象现象的物理成因。初次赴成都执教时就教授“动力气象学”（即理论气象学）。当时气象学的发展趋势正处于从地理观转向物理观的转折点，很符合我的思想。因此我以后多年在军委气象局及中央气象局的工作中自觉地将一切气象工作偏于探究物理处理或探索物理意义。除为科普需要写了《气象知识》一书外，还为开明书店写了《祖国的气候》一书，此书后由中国青年出版社再版。

我在军委气象局测政处工作时，编写了全国气象测报的地面及高空观规范（称为《测报简要》），编写时即强调物理意义、物理构造、使用的物理技术。后来任职中央气象局编译室副主任，并曾负责《天气月刊》编辑工作。《天气月刊》是中央气象局对全国气象台站进行业务教学的杂志，“联心”及“联资”常通过此刊物发表气象科技指导方面的文章。我当时也在此刊物发表不少文章。除“贴地气层物理学”，“飞机积冰”，“雷达气象”等译文外，还撰写一些气象上重要概念加深物理认识的文章。如“云天错觉”、“辐射简介”、“向量、气压梯度、气压梯度力杂谈”、“贴地气层中为什么能维持很大的绝热梯度?”、“怎样正确理解热成风”、“气球上升及单经纬仪测风原理”、“测风气球在不同天气下球皮选色的物理原因”等。还对台站常见的奇异大气光象进行物理成因阐释，如“华与各种晕象形成原因”、“霞色”、“极光的形成”、“珠母云与夜光云”等，引起了台站气象人员的兴趣。

在1958年还发表了《人工影响云雾》一文，对我国解放后第一次人工降雨在吉林的成功有一定的启发作用。次年又在《物理通报》发表《局部天气的控制》，介绍了人工影响天气的物理原理。其后又编译了《国际云图》一书，在全国气象台站作为识云及编云码的重要参考书。结合此《云图》，写了介绍各种云成因的文章。在1954年，为配合全国学习苏联利用物理方法进行天气预报的方法，谢光道教授与我分工撰写《平流动力理论介绍》一书的上下二部分，在财经出版社出版。在1959年，我还归纳在军委气象局测候训练班任教气象学的经验，写出了《气象学基本原理》一书，在科学出版社再版。因为是充分利用物理观点来阐述气象学原理，所以得到各方欢迎。在50年代末，又译出了美国麻省理工学院(MIT)强生(John C. Johnson)于1954年所著的《物理气象学》(Physics Meteorology)一书。此书由科学出版社于1960年出版，1963年第二次印刷。曾作为中国科学院地球物理研究所研究生的重要参考书。

1957年7月到1958年12月是国际地球物理年，这次国际活动是在1882—1883年及1932—1933年的二度国际极年的基础上举行的，任务是研究太阳活动最大期的地球物理情况。国际活动内容包括气象学、太阳活动、地磁变化、极光及气辉、电离层、宇宙线、冰川、地震、海洋学、大气中的放射性物质、火箭及人造卫星探测、高层大气物理研究、两极探测等。我在1958年中央气象局《气象简报》中发表了《从物理气象学谈到国际地球物理年》一文进行介绍，1959苏联行星际火箭发射成功，我在《气象简报》中也做了介绍。

我之所以被任命为中央气象局直属的南京气象学院大气物理系的系主任，是与1950—1959年这十年我的写作性质有关。在此以前，我国只有大气物理专业，而这次南京气象学院的大气物理学教学是以系的规模进行教学，说明涂长望老师对此是有厚望的，因为中央气象局需要这门学科来拓展气象事业的新领域。

(二)概况

1960年，我与朱和周、冯秀藻分别任南京气象学院大气物理系，天气动力学系及农业气象与气候系主任。这几个学系中，大气物理系是一个较新的气象类学科。过去北京大学地球物理系，中国科学院，中国科技大学，南京大学气象系都曾设立过大气物理专业，而中央气象局虽曾由观象台指导人工影响天气活动，但缺乏培养为气象业务部门所需的大气物理人才的教育组织。在气象学院设大气物理系是涂长望局长长久的愿望。这个系的建立，需要很多设备，是很花经费的。但为要培养这方面的人才，非常值得。因为这对气象事业现代化有大作用。可惜从1958年起，涂局长患了脑干瘤之病，未能亲自来南京进一步指导大气物理系的教学工作。

本来气象学院设在南京，是想与南京大学气象系合并，以加强南气院的力量。但后因为江苏省教育厅要保留江苏省的气象系，不愿将它归并到中央气象局直属的气象学院，因此暂称“南京大学气象学院”。所招学生在南京大学借地授课，并另在南京找寻校址，以便建立自己的校舍。找校址也很不容易，主要是因为气象学院建院时要配备气象雷达，这是大气物理系所必须配备的。可是南京城南各地当时不允许设置气象雷达，使选定校址非常困难。虽多方设法，校址仍无着落，最后才决定校址设在长江以北的浦口龙王山一带。校址决定后，立刻进行建设校舍，并正式采用“南京气象学院”的名称。在1960年初，大气物理系与天动系、气候系、农业气象系一样已开始招生。入学的学生，水平都很好，但由于此时正值国家三年自然灾害，在前几年，由于国家强调大跃进，社会经济受到破坏，再加上苏联背信弃义，召回派华的专家、停止援华项目，影响了许多发展设施。为了防止经济继续滑坡，中央提出了“调整，巩固，充实，提高”八字方针，那是1960年12月的事。由于八字方针以“调整”为主，所以中央气象局提出暂将大气物理系与天动系合并，下面成立“天动”与大气物理两个专业，以集中力量，搞好教学。

到了1962年，毛主席在北京已召开了七千人大会，总结几年来经济上的经验教训，归纳出16条。指出教育的发展必须视经济的发展为依据。换言之，必须大量节约教学资金。由于大气物理教学的发展在气象学院中需经费最多，因此决定暂时停办大气物理教学，把招收的大气物理的两班学生，改为天气动力系的学生。我就改任天动系副系主任。将原大气物理的教学力量加强到全校的气象公共必修的气象观测及气象学的教学中。既然称为“暂停大气物理系”，形式改变，必然可以恢复大气物理系。我在主持气象观测及气象学的教学内容安排中，当然要考虑为以后大气物理系的恢复积储教学师资和设备。

我认为大气物理学科是一个整体。即它是指用物理逻辑的研究方法及思维观点，贯彻于整个大气科学的研究领域。大气科学不仅限于某些当今的热门课题，而是既包括一些热门课题在内，也包括当时冷门的全部大气科学课题的研究 。因为冷门及热门只是短期的情况。如果有超时势的认识及创造性的思维，“冷门”会很快转变为“热门”。我之所以用“物理逻辑”这个术语，因为我把“物理”两字不仅视为与“化学”相对立的名词。我认为“化学”的处理方法是并不与“物理逻辑思维”相矛盾的。它的全部处理问题的方法是完全符合物理逻辑思维的。因此大气物理学科的范畴可以包括“大气化学”，而不应当回避“大气化学”。事实上，所谓“大气物理”，应当是指“大气科学”整体，只是名词中更强调“物理逻辑思维的处理方法”而已。因此在“大气物理”这个名称在世界出现以后不久，为了简洁，“大气科学”之名就广泛盛行了。

但是大气物理学科又有一个狭义的意义，即它和一般人认识到的“物理”与“化学”相对待一样。以处理大气物理现象的问题为主。而将其中的化学问题留给“大气化学”去处理。这是因为虽然“大气物理”和“大气化学”都要用“物理的逻辑思维”处理方法。但这是就“总体”的方面而说的。如果就“细微”的方面来说，不同学科，研究的方法自有不同。既然“科学”是分类之学，学科不同，具体的研究方法自应不同。即“一把钥匙开一把锁”。例如气候学的方法与天气学的方法不同，天气学的方法与高层大气物理的方法不同，而大气物理的具体方法也与大气化学的具体方法不同。每一门学科内容都不简单。大气化学的内容非常丰富，具有特点。即使在大气物理本身，处理高层大气物理的方法与处理对流层大气物理的方法也很不同。具体方法的多样性，正是使各门学科内容不断进展，不断翻新的基础。只有承认各门学科具体方法的不同,才能使各门学科内容丰富,千变万化。各显璀璨,能解决世界上各类问题。

我在此时期为将大气物理包含到气象学的讲义中去而着力编写。

首先,加强了大气物理的基本知识,加强声、光、电、磁及云雾降水物理的内容。完成了"大气光学"、"大气声学"、"大气电学"、"云雾降水物理学"等讲义。明显地表现教材的"物理思维概念"。其次为了使教材内容能涵盖整个地球大气圈,不负"大气"之称,增加了"高层大气"的内容。这是因为云雾降水物理现象主要只是对流层内且仅是水分相变的现象,不能包括整个地球大气圈内之现象,甚至还不能包括对流层内的全部气象现象。而且当时国际上火箭、人造卫星等高层大气探测渐渐频繁,这方面的资料渐多。作为一个大气物理的大学生,不能没有这方面的知识。必须在讲义中充实这方面的大气物理科学内容。我编写的这些讲义,均在1965年以前完成。在写作过程中,同时将内容用于教学。

由于当时我校尚无铅印讲义的条件。这些讲义都是用油印的方式印刷发给学生的。因此印数有限。但是这些讲义是以与南京大学气象系合编的高等教学气象类统一教材《气象学》的"下篇"的名义编写的。我这部分是提前完成编写任务的。当时由于南大所编部分尚未完成而"文化大革命"开始了。所以我的讲义也就无法公开出版。但因这是高校统一教材。我所编写的部分的特色已为其他学校所知。所以不少高校及中专的气象校系以交流的名义,向气象学院教务处要了我的这些讲义。进行参考,有好的反应。也有吸收我的讲义内容,编入他们的教材(当时并无著作权之说)。

我在编写这些讲义时,其中的资料很费了我的一番工夫。除取自我60年代前已有的知识外,还取自世界较新的论文。在新中国成立后,西方各国对我国实行文化封锁。气象科技书籍无法进入。我国外文书店就定期将欧美科技书刊目录给国内科技单位及高校专家教授参考,要求用笔钩出需要的书刊名称。由他们设法购回推荐的书刊加以影印出版。在专售处或订购处发售。这是打破封锁的必要手段。我校图书馆即根据我们教学及学生参考的需要订购。我个人那时大部分时间在图书馆参考这些书刊,我自己也订了三份影印气象杂志。即英国的《皇家气象学会季刊》(Querterly Journel of Royal Meteorological Society)、美国的《大气科学杂志》(Journal of Atmospheric Science)、《天文学及气象学文摘》(Astronomy and meteorology Digest)。这三种杂志对我很有用,我对重要的论文都做笔记。《天文学及气象学文摘》中的文章虽然介绍非常简略。但由于新收集的各国气象论文非常广泛。使我能在较短时间了解世界气象科研的大趋势,非常有好处。那时候,我还经常到北京或南京的外文书店,购买一些国外的著名大气科学教科书以及各种参考书籍或手册,以及国际上重要的大气科学会议的文集。我自己也参加国内有关大气物理的会议。在我编写的讲义中既包含国际新成果,也包含自己的见解,以提高教学质量。

由于我经常在国内科普刊物发表气象文章,当调到南京工作后,距上海较近,就常回上海探望我年迈的父母,顺便去上海市气象局。因为上海是我生身之地,特别觉得亲切。上海市气象局束家鑫同志邀我参加上海儿童出版社编写儿童科普的《十万个为什么?》,又邀我共同编写《辞海》的气象词目。我就与束家鑫都成为《辞海》的气象分科主编。他主编天气预报部分,我主编大气物理部分。从此我任《辞海》的气象分科主编近50个年头,《我在十万个为什么?》及《辞海》中大量增加"大气物理"的内容。这些内容获得了读者欢迎。例如在《十万个为什么?》书中,我写过下列问题:"地球的大气层是怎样形成的?"、"为什么打雷常使枯树焚身、活树剥皮?”、“为什么闪电会呈现树枝状或球状?”“为什么雪花是六角形的?”、“为什么用声音能探测天气?”、“人工能影响台风么?”、“为什么人工可以消雹、降雨、消雾?”、“为什么大气能影响地球自转速度?”、“现代地球大气成分是怎样演变过来的?”、“地球形成时有大气圈么?”这些问题很容易使人对大气物理发生兴趣。

涂长望局长在1958年就以因操劳过度、患脑干瘤之病。那年我曾随他到山西和内蒙古推广他提倡的使天气预报精细化的专区小天气图分析。那时他已行路蹒跚、眼睛看不清、上坡须我扶持。在1960年初安排我赴南京气象学院前已言语不清。此后他的病愈来愈重,多方寻医求治但未见效果,于1962年逝世。他在生前已无法到南京视察他亲自主张成立并已建成的南京气象学院。

1963年,当时上面强调了“以阶级斗争为纲”,并开展了社会主义教育运动。从1964年下半年到1966年,气象系统开展了四清运动。主要是整顿台站作风。我和气象学院的教师阮均石跟随罗漠院长到江苏省常熟气象站,参加社会主义教育四清运动。按照上级的要求,一方面应重视气象系统的“土洋结合,以土为主”的思想。以改造知识分子思想。一方面也在整顿台站作风。常熟站工作人员一共三个人。而苏州气象台为了协助我们,又派了三四位同志协助我们。常熟站长在“土法上马”及学习老农经验方面,很有办法。他也是苏州气象台“土洋结合,土法为主”方面实践的一面旗帜。且有一二位善于利用群众天气经验及农谚的老农,作为顾问。常熟气象站在气象为农业服务方面,任务很重,他们预报天气的具体办法是:一靠省台及苏州台的预报;二靠老农的天气判断;三是依靠本站的气象观测及物象观测来验证。而所谓物象观测,即利用黄鳝、蚂蚁、蚯蚓、蜻蜓,听大湖水声大小来预报天气的变化。

为了改造思想,我们下台站,必须学习“土法上马,以土为主”的物象预报方法。但是我们既然是搞大气物理的,当然会不由自主地用物理逻辑思维来看待物象预报方法。举例如下:

我们对照常熟站的气压表示度,发现常熟站黄鳝箱内的黄鳝仰头昂身上半段铅直于水面之上的现象,与当时因低气压系统控制当地使空气气压低,水中含氧量减少,黄鳝为要充分吸收氧气,不得不将头伸出水面吸氧有关。但它伸出水面的长度并不与气压降低成正比,却与黄鳝的生物学特性、生物个体条件及箱子内水面以上条件等有关。气压低,一般是低压系统过境所致,而低压系统往往带来不良天气。因此黄鳝抬头能预示天气变坏。但由于生物学特性及生理条件等局限,很难用鳝头浮出水面的高度来预示天气变坏的程度。另外箱壁玻璃的刻度线只是一种相对高度,不像气压表刻度有严格的物理意义。而且观察鳝鱼头高度时,相对于刻度线有视差。所以无论如何,观察鳝鱼头总是不及观测气压表更有客观的科学意义。有了气压表何必再劳驾黄鳝。

再说听“大湖水声”问题。“大湖水声”当地称之为“湖啁”。它实际上是湖水被风吹刮,水波相击向空中散发出声,然后又自空中折射回地面,进入地面远方人耳。由于此声音如纱厂缫丝之声故名。常熟站人说,出现“湖啁”声多在静夜,在白昼很少能听到。但如白昼听到“湖啁”,则必然不久变天。我曾跟常熟站同志在静夜听到过这种“湖啁”声。他们告诉我一般夜间出现“湖啁”,次日晴天的几率较多,但如白天听到“湖啁”,就很有变天之虞。常熟为什么会听到“湖啁”呢?

这是因为常熟城西有“尚湖”,城南有“昆承湖”。常熟站位于常熟城的南部,距此两湖均不远，在一般情况下，空气的温度直减率是铅直向上的，即高温在下，低温在上。声线在下风方向下凸而由地向上弯。散向天空，使下风方地面不易听到“湖啁”。但如温度直减率是向下的，即上方温度高，下方温度低。声线一般向下风方上凸而渐弯向地面，使远处地面能听到“湖啁”。换言之，仅在逆温出现时，湖的下风方方能听到“湖啁”。

但逆温现象只出现在两种情况：一种是夜间逆温，这时表示空气稳定，因为这种逆温是由于夜间地面辐射降温造成的。因此夜间逆温往往预示次日天气晴好。但在白天，一般不出现逆温。只当有锋面过境时锋面下方是冷空气，锋面上方是暖空气。所以会出现锋面逆温，使声线由上空折回地面。这时“湖啁”声就会出现在白昼。由于“白昼湖啁”往往与锋面天气到来有关，因此它的出现预示天气变坏。

但是锋面并不限于白天出现，它也可以在夜间过境。这时的特点是“湖啁”伴随的地面空气不是静稳，而是有强大的风。天空也有飞快移动的云。因此我们不能说在常熟夜间听到“湖啁”时，次日一定是晴天，还要进一步观测风况，最好再看一下气压表示度。再判定“湖啁”究竟预示晴朗的未来，还是阴雨的未来。

可见一些很好的预示天气的经验，也应当经过实践后通过物理逻辑思维的过滤，使它有科学的依据，才能正确地利用。

常熟站的“以土为主，土法上马”的预报天气方法。事实上是在上级的号召下开展的，而且也得到了上级赞扬，但这也与站长过去当过道士，有机会在群众中熟悉天气经验有关。人们在赞扬站长的同时，特别追究其道士的出身问题，使站长十分难堪。但我对此并无兴趣，因为我认为做道士是过去的事了，也是他在旧社会生活困难不得已才做的。人们不去联系他在解放后出任气象站长时用其做道士时熟悉群众天气经验，按照上级的“土法上马，以土为主”的号召而出力的心情，却只追究他早已不做的道士的迷信职业身份，我觉得没有必要。但当时我也并未表示不满。

在常熟搞四清时，“文化大革命”在全国发动了，气象学院要我们回学院，参加“文化大革命”，我和罗漠等同志回到学校。只见大礼堂、饭厅等已是大字报密布，对罗院长的大字报很多，其中又有批评罗院长过去在中央气象局观象台任台长，指导全国人工影响天气时主张买飞机进行人工影响天气试验的事。对我的大字报也不少，大多说我是罗院长的红人。又因我当时仅是南气院的天动系的副主任，正主任是美国留学回来的朱和周教授，他的大字报比我的多得多。但朱和周为人正直，天动方面有很大成就，清华大学出身。是涂长望局长从国外聘请回来为建设新中国气象事业的，他热爱祖国，愿为新中国做出贡献。此后不久，他不幸病逝，在“文化大革命”后，南京气象学院为他开追悼会。前一周，朱岗昆教授来函，希望我为朱和周教授写一个悼词，并与他同署名表示怀念，我同意了。朱岗昆教授也是大气物理学专家，他 1941 年中央大学地理系毕业，1949 年获英国牛津大学物理学部博士学位，同年获涂长望局长函邀返国。在中国科学院地球物理研究所任研究员，参加军委气象局中“联资”工作。他参加过探空火箭、测风及气象卫星云图接收等工作，对地球及高空物理研究有贡献，所从事的研究领域广泛。当时我撰了和他同署名的纪念朱和周教授的诗，并在纪念会上读唁诗如下：

“神州摧四凶，旭日临万方，暖气融冻土，百卉竞芬芳。

禹域长征新，红旗当日扬，遥知九泉下，含笑带春光。”

在“文化大革命”中，我国著名大气物理学家赵九章、徐尔灏分别在 1968、1970 年受迫害逝世。顾震潮为具有创造性、富有活力的多能大气物理学家，受了委屈，还鞠躬尽瘁，在病床上还不忘为祖国气象事业而努力。他在任大气物理研究所所长不久，就不幸去世，那是在1976年的事了。赵九章活了61岁，徐尔灏活了52岁，顾震潮活了56岁。如果没有“文化大革命”，他们一定可以为我国的大气物理研究作出更多的贡献，在培养我国大气物理人才方面有更多收获。对“文化大革命”造成的损失，我们一定要花大力气超额弥补，以完成他们未竟的心愿。

早在1958年，由于西方对我国的封锁，我们必须自力更生发展我们的生产和科技。当时出现了大跃进、赶英超美及人民公社化的运动。在气象方面，出现了县县有站，社社有哨的群众活动。为了要使公社气象哨对农业生产有更好的作用，需要力求加强公社哨的预报准确性。而综合天气图预报限于观测网格太疏，难以报准公社天气。于是就要求发展单站补充预报。那时，从云南的镇雄，发现了利用农谚及老农天气经验预报天气的例子。又从云南的鹤庆发现用土炮，百战机等轰击雹云的有组织的影响天气的活动。他们对观察雹云，预报雹云也有丰富经验。所以中央气象局在桂林会议中就发动了各地进行单站补充预报（补充台站的天气预报）形成土法进行天气预报和土法人工影响天气的群众性活动。这样就渐渐形成了气象系统的“土洋结合，土法上马，以土为主”的一些概念。并在测天方法上提出了“听、看、谚、地、资、商、用、管”的八字措施。气象是一种科学活动，绝不能用群众运动来搞科学运动。科学而搞群众运动，必然会破坏科学发展。因为群众运动发展起来后，科学的逻辑思维必遭破坏。因此到了“文化大革命”时，气象主管部门就难以科学地进行工作。而被群众运动所控制，提出了要“取消天气图”的错误观点。

就以上述八字措施来说，“商”表示“会商讨论”究竟该怎么做？从气象哨的天气预报来说，可能是指气象哨与气象台来商讨。但事实上如果见解不一，则以老农的见解为主。因为这属“土法测天”要“以土为主”。

我们前面就说过，天气预报可分“综观天气图预报”与“单点天气预报”两种。“综观天气图预报”预报的细密视气象台站的网络密度大小而定。以人民公社哨来预报天气，由于“综观天气图”的网络密度显然不及公社哨密度，因此人民公社哨的观测员做天气预报来说，他往往觉得“综观天气图”的预报，对他的帮助不大，从而会提出取消“天气图”的呼声。

但是人民公社哨的天气预报八字措施中，没有提到天气预报方法的改进。却以群众天气经验及谚语为主，老农所知也仅此而已。这种土法预报主要是我国清末以前几千年间的民间天气的单点预报经验。虽然其中有的比较合理，但缺乏理论支持，也谈不上是科学的逻辑思维和逻辑分析的结果。观测往往是定性的且不全面的。收集这些经验进行分析研究验证是需要的，但用近代气象科学改进它和取代它们更为重要。气象科学不能退回到几千年前，而应该尽量运用现代大气物理成果。

涂长望推广地区小天气图，就是想加密台站密度，并采用近代科学解决单站天气预报问题。例如可采用中小尺度天气分析方法，采用遥感手段，如天气雷达进行探测。这就是说，要进行天气预报细密化，不应当将预报技术后退到采用落后的经验手段。而要将综观天气图方法和现代的单站天气预报方法相结合悉心探究。当时成立许多人民公社气象哨并无必要（据统计，1959年，全国气象哨达三万八千多个）而改进单站预报及天气图分析的思路和方法却更实际。

虽然在“文化大革命”的日子里，气象教学及气象事业的发展受到了群众运动的极大的干扰,但是在周总理等中央领导同志的关怀和支持下,广大气象人员怀着强烈的事业心和责任心,坚守岗位,坚持日常业务工作,用科学的态度看待事物的发展,在气象业务、科研以及装备上仍有一定的发展。逐步采用电子计算机,卫星云图接收技术,雷达等新技术,在高校受当时群众运动干扰难以正常进行的教学中,南气院等学校也曾开了许多短期训练班,训练台站及公社人员,正确进行人工降雨、消雹等群众性活动,得到很好效果。

“文化大革命”时代,我想既然气象部门提倡以物象预报天气。另外人工影响天气的活动到处都在开展。大气物理教学应当集中在解决这些问题上着力。当然这些教学,对大气物理来说,是很不全面的。但从这方面着力,有利于推广物理逻辑思维。因此在这一时期,我写了《蒸发,凝结和天气现象》(1970),《大气光电现象》(1975),《人工影响天气讲义》(1970),《消雹的综合介绍》(1975),《云雾降水和人工影响天气》(1976)等讲义,以适应学院中不同系别的不同教学时数及不同需要之用。还写了不少科普性文章。如《声雷达与气象》(1974)、《雷电是怎样形成的》(1973)、《一分为二看闪电》(1975)、《云电闪过程》(1976)等。

此外,为了探究消雹技术,我写了《冰雹云移动规律初探》(1973)、《热动气泡的消雹作用》(1972)、《高炮弹着点在云内的分布》(1978)等文,其中第一篇推出冰雹云的移动既与天气形势有关,又与地形及地面热力情况差异有关,不是不可捉摸的。根据天气形势,地形和热力作用的情况,即可预估雹云移动的方向,从而据此安排炮力,进行消雹。由于此文解说明晰,有较好的参考价值,所以有不少省级气象刊物转载此文。我还在其他省介绍这些内容,很得到欢迎。第二篇及第三篇内要求消雹工作必须根据雹云结构及成雹机制作有计划地进行,以便吸取经验。不要在有了好的催化剂就一撒了事,不讲究播云技术。

中央气象局委托中华书局与江苏省气象台联系,编写《田家五行选释》一书,以便供广大基层气象台站在人民公社气象哨组人员,以及上山下乡知识青年阅读参考。通过研究,他们推荐中央气象局张德二、江苏省气象局张元明及南京气象学院王鹏飞参加编写,我认为这正与我想将物象用物理逻辑思维进行阐释的思想符合,就同意参加。《田家五行》是元末明初的娄元礼所编。书中农业天气经验丰富,具有太湖流域特点,若从苏州气象台选出编写人员参加会更好。但江苏省气象局因省内建湖愿任此任务,就让我们在长江以北的建湖县委领导下由建湖气象站参加进行。有鉴于《田家五行》的天气经验自元末以来在江浙等各地已广泛传播,所以由建湖县委领导下安排建湖气象站参加,也是可以的。《田家五行选释》一书于1976 年由北京中华书局出版。其“前言”中指出:按《语录》“卑贱者最聪明”、“人民,只有人民才是创造世界历史的动力”。并说这是建湖县委领导下组成了有贫下中农、革命干部和杰出工作者参加的三结合编纂小组编成。

“文化大革命”的十年浩劫,终于过去了。气象学院“暂时停办”的大气物理系,其“暂停”期也过去了。南京气象学院恢复了教学秩序。大气物理系大气探测专业于 1977 年开始招生。我也恢复了大气物理系主任及教授的工作。

我认为大气物理系不仅应有大气物理的理论课程。还必须有大气物理的实践和技术的教学配合。如果学校毕业的成员不具备大气物理实践技术和能力,就无法从事大气物理工作。理论如没有实践相配合,就会成为无根之木,无源之泉。为大气物理理论配合的实践课程,应有雷达探测、卫星接收探测、云雾探测、雷电探测、地面探测、高空探测、化学检验、实验室构建及试验、风洞探测等。而大气物理理论教学则不光是人工影响天气,还应有云雾物理、大气污染学、大气声光电学、高层大气学等等。因此我在大气物理系中,分为大气探测和大气物理两个专业。强调这两个专业必须通力结合，不应各行其是。相互结合则两个专业必相得益彰，同获发展，各行其是对大气物理的发展是不利的。但是由于条件的约制，不论大气物理理论及大气探测技术的各门课，都难以一下全部在系内建立。只能先择要建立，以后逐步完善。所以大气探测专业先包括地面探测、高空探测、雷达气象、卫星接收技术等课程，并大力配备仪器设备。而大气物理课程则有气象学、云雾物理、人工影响天气、污染气象学等等。其中地面及高空探测与气象学是气象学院各系的基础课。

当时的主要教师在大气探测专业有张培昌、顾松山、汤达章、戴铁丕、王振会、肖稳安、林晔、林兆璋、陈渭民、杜秉玉、孙勇鹤、夏浣清、陈金荣、陶遐龄、朱清坤等。在大气物理专业有王鹏飞、李子华、章澄昌、周文贤、曹文俊、陈舜华等。他们在所从事的教学领域各有所长，做出了很好成绩。多年来他们培养出了大气物理各方面具有科学知识和技能的高级人才。我系的教师及培养出的本科生和研究生，在我国大气物理领域作出很大贡献。他们分配到我国气象研究机构及气象事业单位都受到好评。我院还与全国各省气象局合作人工影响天气，雷达探测，气象卫星分析等研究工作。有的毕业后出国深造，长期在国外气象部门工作，成为著名学者，还有在联合国气象组织中工作的。

为改进全院气象学的教学，使之达到现代化的水平，我曾组织我院主要教员张培昌、章澄昌、曹文俊、王保信等翻译了饮誉美国的华盛顿大学教授华莱士(J. M. Wallace)和霍布斯(P. V. Hobbs)1977 年所著的《大气科学概观》(Atmospheric science, An Introductory Survey)。王鹏飞也参加了部分翻译。并对全书逐句进行校改，于 1981 年在上海科技出版社出版。在“文化大革命”时期，外文书刊与四旧书籍一样，都需收缴，我们与世界科技长时期被隔离开来。十年浩劫以后，我们必须先了解西方科技的发展情况吸收西方气象教学成就。上述这本教科书，在国外有好评，对我们气象高校最有参考价值。组织教师翻译此书，有利于本学院老师开阔眼界，发现国内教材与国际的差距。向世界科技学习。我还根据此书内容，在教研室的向教师进行示教，以便教师能正确领会此书内容及重点所在，如何解决难点教学。此书出版后，中国科学院大气物理研究所曾向我们要去译本，因为它对研究所也很有参考价值。

此书共分 9 章：①大气本体概观，②大气热力学，③温带天气尺度扰动，④大气气溶胶粒子及云的微物理过程，⑤云与风暴，⑥辐射传输，⑦全球能量平衡，⑧大气动力学，⑨大气环流。书内资料较新。但从结构看来，基本上还是大气物理所包含的范畴。只是偏重于天气所需的基本知识。高层大气和大气、声、光、电方面的内容，稍嫌不足。

“文化大革命”以后，由于与外国交流，我国对大气污染问题逐渐有深刻认识，我院校址在长江以北龙王山一带，接近南京的化工、石油、电力、钢铁等工业中心。对大气污染问题又极为敏感。大厂区工厂有关大气污染的检测问题常有求于在南京的高校。我系接受他们的检测污染的要求，认为这个问题牵涉到环境卫生，其污染物之扩散问题，应属大气物理系的内容。这些污染悬浮物不仅是大气不良成分之一，对云雾形成也有很大关系。参加大厂镇各工厂的大气污染检测工作，有利于提高我系教员的大气物理研究水平，对社会也是一项贡献。因此我自己一方面学习大气污染知识，一方面又要参加大厂区的主要污染户即南京化工厂及扬子乙烯工厂的污染监测工作，并多方面学习。1986 年编成《大气污染学》的讲义，以便教学。鼓励其他教师进一步改进教材。

值得提及的是 1983—1984 年对大厂镇的扬子乙烯工程的大气污染评价项目。这是我系组织全体教员及学生进行的科研服务工作。我认为这是有利于国家,有利于我们系的发展工作,我们不应向乙烯工厂在经济上多作要求。但要求我们教员在参加监测工作中增加检测大气污染的科研能力,作出成绩,并提高教学水平。因此我就安排曹文俊、沈觉成等作出扬子乙烯工程污染的实施规划。讨论通过后,再具体领导其他师生进行气象探测及污染测量,获得资料后作进一步计算,再作出预评价的探究结果。这项工作完成后,经乙烯工程部门邀请国内数十位教授专家评审。得到"国内先进,虽所耗经费很少,但经济效果很好,值得在国内推广"的良好评价(1985)。

当时国内人工影响天气工作在全国蓬勃盛行。不论防雹、增雨等作业都需要理论指导。因此在教学上,需要有较好的教材。我认为人工影响天气的理论必须有好的"云雾降水物理学"知识为基础,于是遍观当时中外这方向的一些重要论文,特别是梅逊(B. J. Mason)《云的物理学》(The physics of clouds)(1971),及普罗派乞(H. R. prupacher)和刻莱特(J. D. Klett)《云与降水的微物理学》(Micophysics of Clouds and Precipitation)(1978)等一些专著。我在1980年编写了《云与降水物理学(宏观部分)》及《云雾降水物理学(微观部分)》各两册,在80年代,我多次作为讲义,发给学生进行讲授,同学反映良好。有些研究生或赴美留学的毕业生,以及赴美进修的教师,带了这四册讲义去。回来后,反映说带去的讲义内容丰富,出国很有用,解决许多国外学习中遇到的难题。

由于我国微观云物理的书籍较少,所以我在所编的《云雾降水物理学(微观部分)》的基础上进行修订,并与李子华教授合作,编成《微观云物理学》。此书于1989年在气象出版社出版。并用它作为教材在我院进行讲授很受欢迎。我还于1983年初翻译过梅逊所著的《云物理学简编》,在科学出版社出版。

我系各教研组都各自编写很好的教材,如张培昌、戴铁丕等的《雷达气象学》,陈渭民、夏浣清、陈光宇的《卫星气象学》,林晔、顾松山、王庆安、林国安等的《大气探测学教程》,章澄昌编的《气象观测学讲义》,林兆璋编写用于农气、气候的气象观测讲义,周文贤、曹文俊、章澄昌等的《气象学》讲义等。

我是南京大学大气科学系的前身中央大学气象系的毕业生,南京空军气象学院是由军委气象局在20世纪50年代初期所办气象人员训练班发展起来的,我曾担任该训练班的教务主任。因此我非常赞成并鼓励在南京的三个气象院校的气象类大气物理教研组,互相密切交流。为此由南京大学许绍祖主持,组织南京大学蒋龙海、陈月娟、许绍祖,空军气象学院沈春康,南京气象学院章澄昌、曹文俊等合作写出《大气物理学基础》,由气象出版社出版,很受学生欢迎。

我还曾与上海辞书出版社编辑林飘凉合作,组织南京大学大气科学系、南京气象学院、上海市气象局以及中国科学院南京地理所、华东水利学院、山东海洋学院有关气象的专家。与南京大学资深教授我师朱炳海及上海市气象局束家鑫同为主编,编写《气象学词典》(1984)约150万字。这是我国第一部气象学专业词典。内容丰富,分类细密,词目遍及气象各分科。比较新的大气物理学的词目,大量收入。很便于检查。

由于我曾主持《辞海》的气象分科主编。《气象学词典》的主编。所以一系列有关气象的辞书,如1986年《中国农业百科全书·农业气象卷》、1987年的《中国大百科全书·大气科学卷》等,我都任编委及分科主编。1992年《世界百科名著大辞典·大气科学名著》我也是编委及分科主编。上述这些辞书中有关大气物理的新词条,很多都是我亲自撰写的。因为我认为我国大气物理学科在发展中，许多专业名词在新闻媒体中渐渐普及化，在杂志上常出现这方面新词，只有在气象类辞书中编入这方面的词目，才能满足社会的需求。

李子华教授以前在东北帮顾震潮一起搞过人工影响天气工作。他充实到我院大气物理数学系后在教学上做了很多工作。他曾多次特别组织我系师生到各省参与人工消雹及降雨等实践工作。

我平时对奇异的天气现象，特别有兴趣。常写文章，从大气物理方面进行阐释。在出差到各处时，常常收集奇异的天气现象，还曾应各地气象科普杂志常转来的读者来信，解释一些奇异天气现象的成因。1980 年我对 1958 年内蒙古伊金霍洛旗报导的吉普车大小的冰雹，1973 年甘肃华池县报导的 615 立方米的大冰雹，1975 年内蒙古林西县 30 多千克的大冰雹，以及解放前甘肃华亭县大石碑形的冰雹的成因，进行研究。认为它们大多不是冰雹，而应称为“巨凇”。因为他们大多是过冷却的雨滴掉在地面并滑行到低洼之处形成的。正好李子华教授熟悉内蒙古林西情况，就把我的看法与他讨论，并利用雷达资料及结构特点区别冰雹与巨凇的差异。李子华同意我的看法。于是以两人名义，我写出了《巨凇形成机制的探讨》等一系列文章，指出林西冰块不是大冰雹的各种理由。并提出此冰块是巨凇的根据。最后指出“巨凇”形成的普遍机制及如何区别“巨凇”与“大冰雹”的办法。还指出”大冰雹”不能说都是“巨凇”，必须审视具体降水过程及冰块结构、地势、云中上升气流等情况才能判定。由于“巨凇”这一现象是气象现象中从未提及的，因此这就为气象现象增加了一种罕见的品种。

我还在气象科普刊物中发表了如下一些阐释大气物理现象的文章。如：《光柱林立》、《主要晕象的形成原理》、《几个太阳并现的奇观》、《关于庐山奇特光象的成因》、《瀑阴沫华》、《青海湖旁的路蜃奇景》、《解开日月并升及其伴生光象之谜》、《“海滋”名称由来及形成原理》等。此外，还与郑国光、李子华、施文全合作写出《双连四胚雹块的分析》(1985)及与邱祖莲合作写成《冰雪晶“仿物尔”印模技术及机理》(1986)等文。

在“人工影响天气”方面，在此时期我主要发表过两篇论文，一篇在 1980 年发表，题为《天气导变学发展的讨论》。另一篇在 1990 年发表，题为《天气导变研究方向刍议》。1980 年发表论文之原因，是当时国家气象部门与群众性人工影响天气活动脱勾。理由是群众性人工影响天气活动往往脱离科技指导。效果不显，耗费经费过多。这个举动造成了全国群众性人工影响天气活动暂时地进入低潮。我在文章中指出：群众性人工天气影响活动虽有缺点，但其所以为群众所欢迎，是因为农业生产对于人工影响天气有特别的需求。技术部门应更加加强技术及科学知识的指导和指示。采用停止支持的方法不是积极的措施。你不支持，农业、水利部门及地方政府仍要支持。其实人工影响天气活动科技部门进行的效果检验方法，虽国际上广泛采用，也并不绝对科学。因此检验所得的结果存在问题仍不少。认为国际通用的检验方法绝对可靠是存在问题的。如果气象部门不支持群众性人工影响天气活动。群众性天气活动仍可在农业及水利部门和地方政府的支持下进行。而且由于没有气象部门科技指导，活动会更加盲目地进行，这不是一个好办法。正确的办法还应当积极指导，使其活动更加科学。此外，我在这篇文章中，还指出进行人工影响天气的科技工作者应对此项工作有一个更深入的认识，可将这一活动改称“天气导变”。

为什么要改称“天气导变”呢？因为造成灾害的天气风暴，其自然能量很大，而人工影响所使用之催化剂能量很弱(例如仅用很少量的碘化银)。利用微量物质，以启动能造成灾害的中尺度现象转变为减免灾害。这必然是一种采用“四两拨千斤”的智慧,使从本来会恶化的天气扭转为宁静。这事实上并不是一种力量大小间的死拼硬斗的博奕。而是一种利用小能量触发机制,使中尺度系统像着魔一样,乖乖地改变变化倾向,或将快要发作的脾气,悬崖勒马,变得平静起来。事实上,这就是“因势利导”。即根据天气客观形势及结构特征,在其关键发展环节及部位,施以导变剂,只要找到这个关键环节及部位就可以扭转乾坤,使巨大的破坏性的自然力量转为不产生灾害而建造人们所希望的良好天气的能力。“因势利导”的“势”,指“客观世界”的情势,“导”指“主观措施”。主观措施必须根据客观世界情势进行,方能得到预期的结果。但既然是“导变”,自然有“导成功”和“未导成功”的可能。吃准客观的“势”及用什么思路和方法进行主观的“导”,对导变的成功与否,都有关系。因此将“人工影响天气”改称“天气导变”,不仅较为简洁,而且更能使人在每次活动时,事先考虑应采用什么程序进行导变,在事后作导变过程总结,应考虑获得什么经验教训,以改变以后的导变活动。

1990 年,当时国家气象局恢复对全国各地群众性天气导变的积极指导的方针,这是一个很好的措施。但在恢复指导后,天气导变应怎么办,也值得探讨。我就在这个时候,写了《天气导变研究方向刍议》一文。

在该文中,我赞成国家对人工导变积极的科研指导。但对今后天气导变研究,如何进行,提出了一些建议。认为多年来,我国在该科研上进展很多。不论在实验室研究(如云室研究)、导变剂研究、导变效果研究(统计检验)、数值模拟研究、现场探测、导变现场试验等各方面,均有很大收获。但对导变剂在云中扩散场的研究,尚觉缺如。这可能是因为导变剂粒子很小,用量不多,遥感导变剂较为困难有关。但这可采用放射性示踪剂一同播撒,或采用导变剂与云雾发生反应,造成相变而产生之能量,进而以遥感的办法解决之。这就是说:对导变剂的扩散场逐时遥感技术必须开展。这一方面是当今国际上天气导变作出研究中从未开展过的研究。迄今为止,世界上天气导变效果检验。多取多年或多次实验进行统计而得。但统计的基本要求是必须统计的对象与操作方法完全相同。只有这样,其资料才可统计在一起。可是天气导变时,各次风暴系统及导变操作方发不可能完全相同。而且各次导变的效果也不很相同。有成功,也有失败。这种统计结果,意义很成问题。

我认为今后我国应研究每一次天气导变的效果检验。天气导变的总效果应是每一次效果的统计结果。如果不能解决每一次导变效果的判定问题,而满足于多次导变的平均结果,则所得的平均效果必是不可信的。

第三个研究方向是应把导变剂扩散场与导变数值模拟及实验室活动相结合,进行深入研究。这是数值模拟与导变扩散的理论和实践相结合以及实验室运动与现场模拟实践相结合的重要环节。这不仅保证数值模拟与实验室实验的可靠发展,而且更有利于导变活动数值化和精密化。第四个研究方向是:加强对自然风暴的综合大气物理探测,以得出灾害风暴的各种不同结构及机制。过去往往认为产生某种灾害天气的风暴结构和机制是标准性的。因此把它看成唯一的固定模型。其实它应是多样的。因为自然界决不会是僵硬的。

1990 年我已 70 岁了,就从大气物理的教学岗位上退休了。把任务交给后来的专家教授接任。但我在大气物理方面,根据兴趣也还写了不少文章。例如:《山区蜃景——泰山三次怪蜃及奂山山市剖析》(1995)、《山在虚无缥缈间——南京汤山段公路夏晨蜃景析疑》(1998)、《是龙门真容,还是龙门蜃景》(1998)、《峨眉宝光原理的综合研究》《峨眉宝光伴生的大光环研究》、《峨眉宝光中摄身光影的研究》(以上三文均 2002 年作)、《范成大峨眉宝光记述的物理分析》(2003)、《“伣”是风向器吗?》(2007)、《〈数书九章〉测雨雪四题的验证及探讨》(2008)、《青铜峡中“品”字三太阳等映象释疑》(1999)、《古代风向器漫谈》(2008)、《评唐李淳风“占风情”方法》(2008)等。

五、归纳与建议

1. 本文用比较学科名称的方式,说明“大气物理”学科的性质、特点和内涵,以区别于其他学科。复从世界大气科学的历史发展,指出大气物理学发展的世界趋势。进而介绍我国大气物理的发展概况。证明我国从气象的地理观转为气象的物理观,为大气物理在我国得以独立发展的关键。最后介绍了我国大气物理教学的概况。

2. 从本文的研究看,气象地理观最先出现于南京高师建“地学系”之时。因为在地学系时期,气象教学虽然有课程,但这些气象课程在地学系以前,也是存在的。由于地学系的建成,气象课程始终成为地学系中地理系的附庸。从而形成气象的地理观。其后北极阁成立气象研究所,表明气象第一次在我国有了独立研究机构,有重要意义。但是由于气象研究所的早期研究成员,多为地学系中地理系的毕业生,具有较深的地理观。所以虽在气候学研究所中有不少成就,但在大气物理方面很少研究成果。

3. 抗日战争开始以后,我国东部的大学西迁。在昆明的西南联大是中国北方的清华、北大、南开联合而成。其地学系首先改称“地质、地理、气象系”。这是我国大学地学系中气象首先与地质、地理鼎足而并立为组。显出其脱离地理而独立发展的方向。而中央大学的地学系,也分裂为地质系与地理系。且在地理系中,分为地理组与气象组。不久,中央大学地理系气象组于1944年从地理系中分离开来。成为最早的大学的气象系。这些在教学上将气象学从地学系或地理系中分裂出来的主张者,均为第一次世界大战后甚至是在第二次世界大战时在欧美留学归国的气象学家。他们或是原来在国内物理系出身,也有原为地理学出身。本来具有地理观的气象工作者。但他们在国外留学中,看到欧美气象科学的发展,早已超越地理观点。并以数理为基础创造气象学自己广宽的前途。所以回国后,就毅然扛起气象学科独立于地理学科的旗帜。但当时国内气象学科的地理观仍盛。所以气象系的建立,也是很不容易的。

4. 1949年全国解放,新中国首都定鼎北京。气象事业及气象科研的中心也转移到北京。例如军委气象局、中央气象局、中国科学院地球物理研究所等,都设于北京。北京也有气象学科的大学。如先有清华、后有北大。那里建立的物理的气象观学科较好。也较符合世界气象学发展的方向。对气象科学的发展是符合学科不受陈旧思维桎梏约束的良好环境。涂长望向国外师友发函,请他们回国为社会主义祖国气象事业服务的号召,使理解世界气象科学发展大势的回北京的气象学家,进一步缩浓北京的气象物理观。因此北京成为气象的物理新观点的发祥地。这种新观点使气象的发展,具有空前的辐射力。从此出发,大气物理学教学就由北京出发,影响到全国。

5. 大气物理学教学自北京出发,辐射到全国,可由下列事实来证明:

1952年院系调整时,清华大学气象系改为北京大学物理系气象专业,1958年独立成地球物理系,气象方面设天气动力专业、大气物理专业(包括云雾物理、近地面层物理、高层大气物理)。气象专业研究的是对流层的大气物理,包括天气预报等。高层大气物理专业则研究对流层以上的大气物理。

1953年山东大学物理系气象组调整到海洋系,建立海洋气象系,这当然具有物理观。

1958年中国科学技术大学成立。设应用地球物理系。内设天气控制专业、无线点遥控专业、高层大气物理专业。赵九章兼任系主任,顾震潮任教研室主任。在黄山设天气控制专业实验基地。

原南京的中央大学,改名南京大学。1952年全国院系调整时,将原浙江大学地理系气象组、齐鲁大学天算系天文气象组归并入南京大学气象系。除原设气象专业外,还成立了气候专业。这说明气象系中将偏于受地理影响的气象学科与偏于用数理手段研究的气象学科作合理的分工。到了1958年,以徐尔灏为系主任时,又增设了大气物理专业。以云雾物理为主,设雷达气象及大气湍流等课程。这说明其大气物理专业是以对流层及贴地气层物理学为主。而将对流层的热力及动力学仍保留于气象系。重点为天气分析预报。由于国际上许多大学的气象系改称大气科学系,所以南京大学的气象系在我国各大学中也改称为大气科学系。这样,下分天气、气候、大气物理专业,就合理化了。

1960年南京气象学院成立。设天动系、大气物理系、农业气象系、气候系。所以称“天动系”不称“天气系”,因为它已包括大气物理中的大气热力及动力学。而农业气象系的内容,事实上已考虑了贴地气层物理学的基础。气候学事实上已重视物理气候学。

6. 1966年起的“文化大革命”的十年浩劫,削弱了大气物理学教学的发展。我国气象类高校面临停课闹革命、停办或根据社会需要办一些特殊需要的气象训练班。或者结合各省市需要,训练一些人工影响天气人员,参加各地人工影响天气的活动(如防雹、增雨消雾等实验)。

但即使在“文化大革命”时期,我们国家领导人对大气物理设备的考虑,也是非常重视的。早在1969年1月底,周总理接见中央气象局等部门军代表时说:“应该搞我们自己的气象卫星,气象火箭”,“在我们的卫星出来以前要想办法接受别的卫星所传递的气象情报。”“一定要采取措施改变(气象的)落后面貌”。

在1972年2月24日,世界气象组织(WMO)以通信投票方式,通过决议,恢复我国在该组织的合法席位。我国于该年12月4日任命中央气象局张乃召副局长为世界气象组织中华人民共和国常任代表。这些情况都为我国“文化大革命”后气象事业的现代化发展创造条件。而气象事业的现代化是使我国高等学校大气物理教学的提高教学质量所必须的基础条件。

7. 1976年,折腾我国大气物理教学的“文化大革命”浩劫结束了。我国大气物理学科在有关高校重新恢复了活力。1978年南京气象学院大气物理系分设了大气探测和大气物理两个专业。随后成都气象学校升格为成都气象学院,以工科为主,设气象雷达专业。以气象探测及气象通信现代化为主,培养高级人才。1984年北京气象专科学校,也升格为北京气象学院,设气象与大气物理两个专业。南京大学、北京大学也恢复大气物理专业,各校也先后受权获得培养硕士及博士研究生的条件。

但是,虽然十年浩劫已过去了,而十年浩劫所造成的物质及精神上的破坏,不是很快就可以消失的。国家气象局早就提出了要现代化,而这需要内外部的条件。1982年4月邹竞蒙担任国家气象局局长,努力进行气象事业除旧更新的现代化工作。1983年5月,在日内瓦举行的第9次世界大会中,邹竞蒙当选了世界气象组织第二副主席。1987年5月19日邹竞蒙又当选为世界气象组织的主席。1991年5月14日,邹竞蒙局长再次当选为世界气象组织的主席。这些事实不仅提高了我国在世界气象组织中的声誉,而且大大有利于我国气象事业的现代化。我国在气象事业、气象科研等各方面，都因此而获得许多发展现代化进程中的无比优越的条件。对大气物理教学上，也可以通过参加国际交流获得很多新资料。

邹竞蒙任世界气象组织主席，对我国气象事业、气象科研、气象教育的发展，促进我国气象事业现代化，都创造了很好的条件。我曾用诗表彰他的功绩。如下：

意志磅礴胆略超，“世气”丛中立丰标；
力促气象现代化，清凉凤凰接丹霄。

诗中“世气”指“世界气象组织”；“立丰标”指邹竞蒙任“世气”主席后，能善于利用 WMO 的气象资源提高发展中国家及亚非拉国家的气象事业。这也符合世界气象组织的宗旨。也获得该组织的成员绝大部分希望提高气象事业服务水平的发展中国家及非常不发达国家的欢迎。我国是发展中国家。这对我国在“文化大革命”后要实现气象现代化起到很大的促进作用。而由于 WMO 成员的大多数国家的拥护。所以他两度连续被选为 WMO 主席，也提高了我国在 WMO 中的地位。诗中“清凉山”为新中国成立前在延安所建的为抗日战争目的而训练气象人员的训练班地址。而“凤凰山”为边区延安所建的第一个气象台台址。邹竞蒙为该气象台骨干。“丹霄”表红色天空，喻中共中央。探究邹竞蒙局长的贡献，虽然与他的力促我国气象科学现代化有关，但还是以 1972 年我国在世界气象组织恢复合法席位为基础而获得的，主要是依靠我党的外交政策的一贯正确。这就是“接丹霄”的语字意义。

8. 本文从气象史的角度回顾我国大气物理学科教学的发展史，强调大气物理学从“地理观”转变为“物理观”，是发展的关键。这是因为“地理观”把一门本来可以独立起来发展的气象学，锢禁在地理学的范畴内。跳出“地理观”进入“物理观”就是“斩断樊篱放蛟龙”。这一方面指出“气象史研究”在气象科学发展很有提倡必要。更重要的是，指出研究气象史必须以“科学发展观”为主导。

9. 一门学科在某一时期，可能在我国某高校，在某一团体、某一地区、或由某一专家形成领先地位，值得赞扬或回忆。但这些都仅是历史上的一页，切不能依靠它作为遗产而生活。由于“六十年风水轮流转”、“长江后浪推前浪”，所以“吃老年”是落后的原因。人类还要“延种接代”科学也还要发展下去。如果科学不发展怎么能为后代服务？人类的发展必须依靠科学的发展。所以科学不能“故步自封”。因此大气物理学的发展也不能“故步自封”。“科学发展观”能指导我们的思想，对我们的一切科学都有很重要的指导意义。对大气物理学的发展也不能例外。

10. 在 20 世纪八九十年代，我国的气象科学现代化，受惠于世界气象组织不少，但是这个进展有局限性，因为这时期的现代化，以学习世界先进的大气物理科技为主。世界最先进的大气物理科技，不可能轻易从世界气象组织中学到。学到的是一般的现代化水平，而且现代化具有历时性意义，不可能绝对的，昨日的现代化必落后于今日的现代化，未来的现代化必超越今日的现代化，人们决不可以今日的现代化为满足。特别在 21 世纪，我国不少高校是有气象学科的，开始重视大气物理方面的教学，例如南京信息工程大学已于 2008 年建立大气物理学院，南京大学也建立大气科学学院，这些都为我国大气物理的教学开拓了一个新气象。

面对这个新气象，我对大气物理教学提出了下面一些参考性建议：

(1)把“大气物理学”视为一个完整的系统来教学

在今日以前，由于发展条件的欠缺，在开展大气物理教学中，往往将其中条件较好，社会需求较切的内容，单独编出讲义进行教学。例如人工影响天气、雷电预防、防雹方法、高层大气物理、雷达气象、激光探测、卫星气象、遥感探测、空间气象等。这些情况为时已久,使大气物理的系统性发生混乱。长久这样,将使学员只见树木,不见森林,盲人摸象,不知整象。为此必须理清大气物理学整体与自己研究的课题的关系,使人们知道自己研究的课题,属于整个大气物理研究中的哪一部位,将定位工作放在心头,就能看到自己的研究在大气物理整体研究进展中的地位,有利于利用整体发展推动自己的研究,也有利于使自己的研究为整体研究添砖加瓦,更有利于考虑自己进一步研究的方向。为此,我们绘制图 2,即“大气物理学科研究领域”图如下:

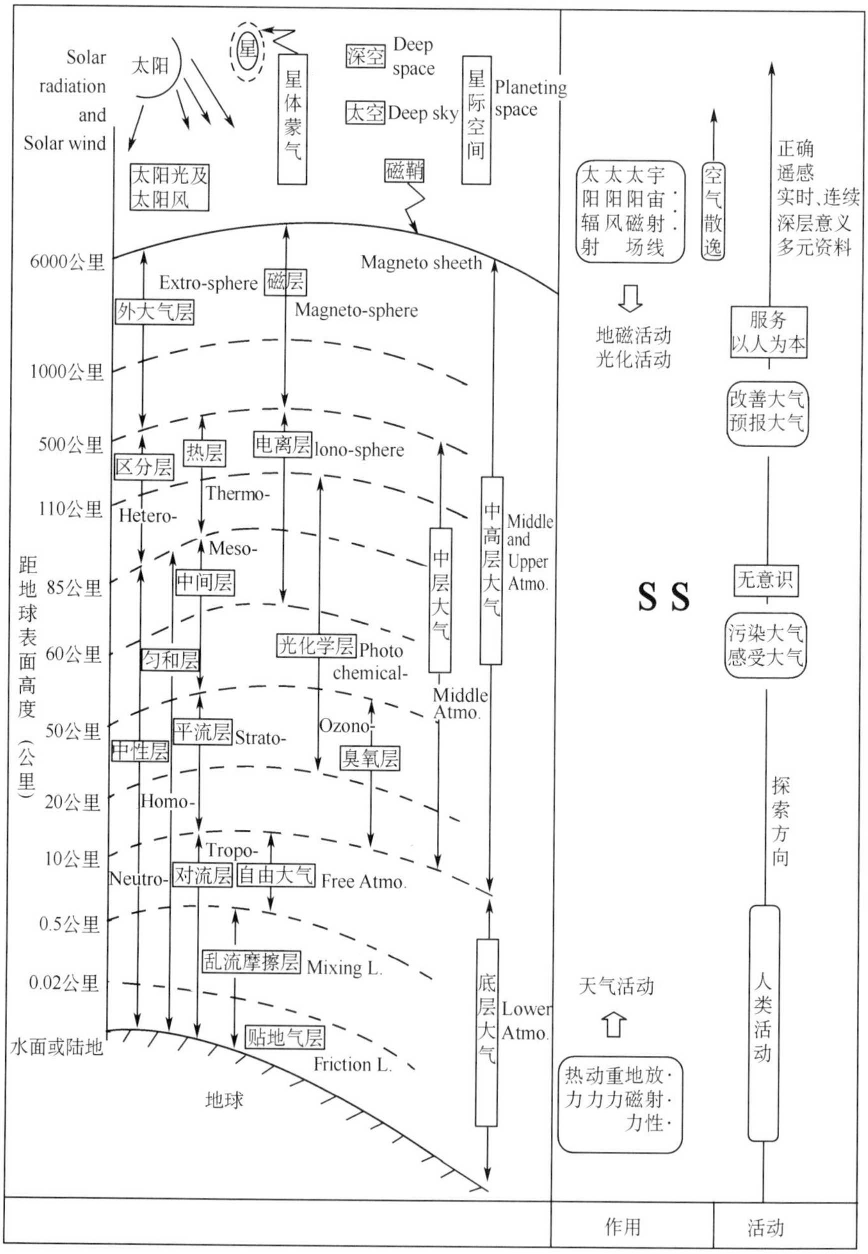

图 2 大气物理学科研究领域(王鹏飞绘制)(2009)

关于各气层的形成原因，可参看《王鹏飞气象史文选》(2001 年，气象出版社)中《地球大气演化史》(1987)。

凡属于图 2 中各该学之气象探测以及出现于各该层之气象现象之研究，均可视为各该层之大气物理研究范畴。

例如人工影响天气的问题，因出现于对流层，因此属于对流层大气物理问题。雷达测雨也是对流层大气物理探测。又如由于太阳活动异常而造成磁暴问题之研究是太阳风影响地球磁层及电离层反常所致。因出现于磁层与电离层(过去误被称为“空间气象”)，应属于中高层大气物理研究，或简称中高层大气电磁活动。所以图 2 事实上即能表达大气物理学科的系统。现在大气污染问题已可分为对流层大气污染及平流层大气污染。分别牵涉到对流层及平流层的大气物理的问题。

(2)把大气物理系统视为一个开放系统来考虑

由图 2 可以看出，大气圈的下垫面为地球表面，其上方与星际空间相接。受到系统外的物质与能量的交流而受到影响。研究这些影响是大气物理研究的重要课题。它们大大影响大气层的性能(包括季节影响及反常变化)。

(3)大气层内各不同性质的气层，也有能量及物质的相互影响

例如中高层大气物理机制对于对流层天气的影响，迄今尚须探索。

(4)根据需要与条件，安排优先发展大气物理学科中某些领域，但应扩及全部

(5)人类活动影响各层大气物理性能是大气物理研究的重点

这个问题可就正面影响及负面影响两方面研究。正面影响即天气或气候的导变；负面影响如大气污染问题。

(6)大气物理性能对人类的影响，属于气候服务问题，也是应重点探讨的问题

这包含普适服务与专业服务。为领导决策服务也应是一种专业服务，服务技术的改进也应当有创造性。

(7)应强调探测仪器、设备的创新(特别是遥感技术的创新)

因为探测是大气物理性能的信息的来源，也是大气物理研究的基础。强调准确性，实时性，可视性。考虑其数值整理及计算功能。要便于操作性，可靠性，配套性。注意宏观探测，中小尺度探测。要充分引用当时的新技术的运用。

(8)要强调实验室探测、野外探测、数值模拟相结合，并以野外探测为校准

(9)要培养既有大气物理理论又有大气物理探测实践的学员，才能发展大气物理学科

为此要重视大气物理的理论与探测的教授互相协作，及定时互换教学内容(即教理论的教探测，教探测的教理论，互相交换教学内容)。这有利于教授全面理解大气物理的现实结合的重要性。并使野外探测能够与设计及实践和检验作有机的考虑。

(10)重视大气物理实践的检验方法教学

(11)图 2 可以作为今后发展大气物理领域的参考图

因为在图中，各领域的大气物理研究及教学，很多还是空白或尚未发展成熟的领域，等待我们去开发。冷门会成为热门，创造性机遇往往出现在冷门，并成为更有利于人类的热门。

总之，我们在大气物理教学工作中，应以培养大气物理高级的有科学发展观、有创新实践能力的人才为目的。为此，我们从事大气物理的教学者必首先努力使自己具有科学发展观及创新实践的能力。据此培养的这些高质量的大气物理人才，才能使大气物理不断发展，成为我国社会主义建设服务的大气物理专家。

涂长望的气象事业办学思想

1960年,在南京建立了由中国气象局直属建制的南京气象学院。我是由当时涂长望局长亲自叮嘱调赴南京筹设该学院大气物理系的。

但是南气院建校之时,涂局长未来过南京。建成后,也未亲眼巡视过南气院。许多并非来自北京的建院同志,也未见过涂局长。因为在1962年6月9日,涂局长由于为全国气象事业操劳过度,英年早逝,享年仅56岁。很多南气院工作和学习过的师生,希望知道涂局长筹建南气院的思想及建院方针。2004年,南气院更名为南京信息工程大学,虽然建制改属江苏省,但学校规模大为扩展,所辖院系更为众多,经费更为充足,招生数量远多于前数倍。且近年来与中国气象局订立诸多协作共建合同,不仅对气象类学生将根据中国气象局的需要,作精心培育。而且非气象类学系,都针对气象部门的要求,根据对口培养需要,有较大适应。因此作为南京信息工程大学的成员或学生,在以南气院为基础的条件下,教学的发展更具有良好的前瞻。饮水思源,更渴望了解涂长望局长当年创办南气院的宗旨、方针及辛劳筹划之功,以充实校史,激励后人。尤其是南京气象学院在改名为南京信息工程大学之前,已是蜚声国际的单科性高等气象教学机构,桃李早遍天下。根据江苏省教育部门的要求,改名后,必须高度发扬其前身的优良传统,广而大之。所以探讨涂长望创办南气院的宗旨,更具有重要的意义。

涂长望在全国解放以前,原是一位气象学的大学教授。也是进步的自然科学国际著名的活动家。他曾在清华大学地学系、浙江大学史地系、中央大学地理系及气象系任教。曾任职中央研究院气象研究所。在担任新中国首任军委气象局局长之前,是南京大学(前身即为中央大学)校务委员会常委。所以他对气象教学思想及事业,就很有造诣。但他的创建南京气象学院的思想,是在任军委气象局局长时建立的。

涂长望是在1943年从浙江大学史地系调赴中央大学地理系气象组的。次年气象组即由地理系独立出来,扩大为气象系,系主任为黄厦千。该校为我国大学中首先出现气象系的学校。涂长望也就成为中央大学气象系的主要教授之一。

但在1944年,中共中央所在地延安,孕育出了边区第一个气象机构,这是值得回忆的事。

原来,在抗日战争初期,我国空军奋身抗敌。由于敌我力量对比悬殊,敌强我弱,我空军损失惨重。但是到了日寇对美珍珠港进行袭击,从而发动了太平洋战争,抗日战争汇入到国际反法西斯战争中。中美联合起来,以空军强势对付日寇有了可能。美机很需要中国北方天气情报,以轰炸华北及东北日占区日军基地,中美有时还需飞到日本东京,威胁日本本土,需要我国东南一带的气象情报。所以在1944年,为加强中美协作,经双方同意,又按中共中央军委指示,由美军观察组(迪克西使团)在中共中央所在地,陕甘宁地区首府延安,建立了解放区第一个气象台。以适应与同盟国家联合对日作战的需要。并由叶剑英签发军事电报,要求边区及各战备地司令部,开展气象观测联络及气象情报业务。并令晋冀鲁豫军区司令部作战科向延安美军观察组发天气观测实况报。且在1945年,在延安建立气象训练队,由张乃召负责。训练队毕业生可分配到陕甘宁边区及晋冀鲁豫各解放区，建立气象观测站，进行观测并向延安发报。

该年 8 月，日寇投降，美军观察组气象人员从延安撤走。其气象台由张乃召奉命接受，建立延安气象台。并以美军气象人员及张乃召为教员组织台内人员举办为期三周的气象业务学习班。1945 年 10 月下旬，学习班结业，当时邹竞蒙等即在该班学习。

此时，正在重庆中央大学气象系任教的涂长望，受到在十八路军办事处任职的蒋金涛来访。蒋金涛是涂长望在清华大学地理系任教时的学生，与谈甚欢。从蒋金涛口中知，涂长望在清华大学任教时的另一名学生张乃召在延安办气象台及气象训练队，很需涂师在教材方面的支持。涂长望先生听到这两位学生的消息，非常高兴，也十分关切张乃召的训练队，就将国统区所用的天气图、地貌及台站的底图、连同气象教学参考资料托蒋金涛转到延安，张乃召收到后很高兴。

1949 年北平解放，张乃召等入城接管华北气象台，其后负责全军气象工作。那时，涂长望教授在中共地下党的帮助下，由香港进入北平，筹备举办全国自然科学工作者第一次代表大会，当时又被任南京大学校务委员会常委。打听到张乃召的地址，得以师生会面。通过深入交谈，互相讨论解放后对祖国气象事业的抱负。该年 10 月，涂长望由中共中央任命为新中国首任气象局局长，张乃召及卢鋈任副局长，蒋金涛任气象局办公厅主任。由于当时全国解放，军事活动仍继续进行，军事活动亟需气象服务，当时经费筹划也以军委为便，气象事业只有采用军委建制为妥，所以当时就称为中央人民政府人民革命军事委员会气象局。

新中国军委气象局成立后，制定出"分区建设，集中领导"的方针。这是因为气象资料的探测及气象的服务面必须在广大空间和对象中进行，但气象人员在新中国成立初期非常短缺，特别是高级气象人才，更为不足，必须集中使用，才可发挥较大作用。如果将少数人才，分散到广大空间，则每一地区所分配到的人才好像撒胡椒面一样，杯水车薪，无法发挥作用。如果将高级人才集中于中央，则发挥的作用较大，当然这个方针，是适应我国当时的特殊情况给出的。

在新中国成立之初，随着解放区的迅速扩展，必须对国民党政府所建的气象台站大力接管，还需增设新站，收集气象信息。接着抗美援朝战争又起。但另一方面，为开展新中国气象事业，往往会遭遇许多困难科技问题。这就需要大量高级气象科技人才，有针对性逐个解决问题。涂师在国内外富有声誉，其高才友生在海外甚多，风华正茂，富有正义感。涂师就向他们发出要求，以涂师的当时的地位及与他们的关系，劝他们回归祖国，为新中国效力，必然会出现很好的效果。

根据这些考虑，在当时华东地区，如在上海、南京等地及其他地区，都曾举办当地所需要的气象短训班。在北京，由张乃召负责，曾举办军委气象局与清华大学气象系合办的气象观测人员训练班，培训时间仅几个月即行结业。其后又由军委气象局单独自办气象测报训练班，由我任教务主任，当时任教员的有江爱良、田明远、施尚文、高文治、李彭龄等。

当时张乃召强调短期气象人员训练班必须采用因陋就简，操练式的培养方法。有些教材还用歌谣式编词，藉便记忆。涂长望师曾问我，这种操练式培养方法是否可用？我因这是张乃召副局长的主张，不敢明提意见，只反映说：在解放战争迅速发展、气象情报急切需要、台站网建设任务迫切的形势下，不得不如此。但所训练出来的学员，其操作因仅凭记忆，即使通过短期实习锻炼，印象肤浅，结业后必须很快分配到台站使用。若不及早到站，等候分配时间过久,所学知识会很快遗忘。因此在教学中,最好讲些所以然,增加学员理解能力为宜,涂师为此也向学员了解情况,征求意见。对此有所体会,所以渐渐对此改进。派谢光道到训练班负责,逐步将短期操练式的训练,演变为设置中等气象学校的正规化教育。

涂长望先生采用书面号召或转辗致意,指出"楚材晋用,究非长策"。要求海内外气象友生回归祖国,服务新中国气象事业,也很有成效。例如:顾震潮、叶笃正、谢光道、谢义炳、朱和周、顾均禧、张宝堃等,陆续返国。涂师按他们各自的志愿及事业的需要,将他们安排在科学院、有关大学气象系及军委气象局内。又为了国家气象事业集中领导的需要,在军委气象局组织有中国科学院地球物理研究所与气象局的协作机构。主要组成"联合天气分析预报中心"(简称"联心")及"联合气候资料中心"(简称"联资"),以解决气象业务在新中国开展中很快遇到的许多需用开创性智慧才能解决的困难问题。另外对于各大学气象教授,也关怀备至,促进大学气象系为气象局培养高级气象人才的作用。

涂长望很重视中国气象学会的组织工作。因为气象学会成员也是中国科学院地球物理研究所、各大学气象系及气象局的成员。但从气象学会是群众性学术团体角度看,他们可以按师友、同仁等共同科技兴趣的关系相处。主要任务是"发扬学术,推广科普",既重视提高,又重视普及。在普及的基础上,提高气象科技水平。在已提高的气象科技水平上作更广泛的普及推广。人们在气象学会中,具有和谐团结的气氛,有一些过于严肃不好办的关系,在学会中处理就比较融洽好办。由于气象局是处理气象业务的单位,在进行气象学会活动时,有比较充分的活动经费及人力,而利用气象科技于业务普及方面,也以气象局最为重要。所以,从新中国成立后第一次全国气象学会到现在,各级气象学会都由各级气象局举办,都获得很好的效果。

到 1952 年止,涂长望在气象干部培训方面,虽曾考虑培养高级气象业务科技人员的问题,却在培养方式上尚未考虑成熟。直到 1952 年,他赴莫斯科参观苏联水文气象总局时,知道苏联有水文气象学院的设置,开始受到触动。他在《气象事业的 1953—1967 年远景规划》(此规划应在 1953 年制定,但因当时不够成熟,所以在 1956 年《气象简报》第 13 期才发表)一文中笼统指出:干部培养在第一个五年计划(1953—1957)着重培养初中级技术干部,第二个五年计划(1958—1962)应与各方合作,共同培养研究干部。第三个五年计划(1963—1967)为逐步增加研究人员数量并提高其质量,而在总的干部培养方面,已提出:健全与增设中级技术干部学校,并配合高教部成立水文气象学院(这当是以后成立南气院的初念)并在大学、科学院以及我们自己(即气象业务单位中)的科学研究机构培养研究干部,要求在数量上质量上能满足气象事业发展与气象科学研究的需要。

在 1952 年第 19 期《天气月刊》中,涂长望发表了《三年来我们做了些什么? 将来准备怎样做?》一文。文中指出:这三年来我们建立了各地气象组织机构,建立了基本台站网,训练了成千的的气象干部,建立了各级气象业务工作。他还在训练干部方面指出了要改变训练方式。

文中指出:当时不可能采取正规训练方式,只能采用突击式的训练、操兵式的训练。但我们不能满足于现在的短期训练,只要客观条件许可,就应该开始正规训练和轮训工作。唯有这样,我们的技术业务水平才可以逐步提高。又说:我们短期训练出来的观测员和预报员,比苏联 2 年、5 年所训练出来的,当然差得很远,但是这是由于当时各方面需要的迫切,不允许我们做 2 年、5 年训练的打算。不过假如我们永远停留在简陋的阶段,安于短期的训练，安于不完全的设备，那同样也要犯错误。所以，台站的建设必须按照由量到质和由质到量相结合的方针，由低级到高级，由简单到复杂，这是发展的规律，也是建设工作的重要指导方针。

1956 年涂长望师在该年 3 月，作了《关于气象事业近 12 年发展远景及 1956—1957 年主要任务的报告》，报告中指出：

“目前北大、南大以及北京农业大学所培养的大学生，远远不能满足我们的需要。经过一再交涉，高教部已同意在 1958 年建立气象学院。按规划的需要，这个学院每年必须招收 600 人左右，始能满足我们及其他方面的需要。”

这里，对建设气象学院的原因，已作明确说明，即北大、南大及北京农大所培养出来的学生不符气象业务之需要。什么地方不符，虽未明示，但不外乎培养人数太少，培养的毕业生的能力不符气象业务所需，所以必须由气象业务部门自已设立气象学院（已不叫水文气象学院）。文中指出要专设气象学院并曾一再向有关单位交涉。在 1956 年 3 月，高教部已同意在 1958 年建立，建设的规模为年招数 600 人。

文中还指出，培养研究干部，实现远景规划，需要 2000 多个各种研究干部。初级干部，大学可以供给，这是说大学生毕业只是初级研究干部，这已比 15 年的规划中所提，更为明确。关于中高级研究干部的培养方法，提出三种：一是派研究生出国学习；二是要求各大学及科学院开办硕士研究班与博士研究班；三是在我们的（即气象业务部门的）研究机构中培养。

这事实上就已指出气象学院所培养的学生，人数要多于各大学培养的；其所学的应切合气象业务部门的发展的需要；其理论水平应不次于各大学的毕业生。

在 1956 年 7 月，在第一届全国人民代表大会第三次会议中，涂长望作了《使中国的气象业务在 12 年内赶上或超过国际水平》的发言。这个发言在制定干部培养规划中，是重要的依据。文中说：

“为了发展气象业务和进行科学研究工作，我们不仅需要大量的初级和中级技术干部，而且需要很多高级的技术干部和研究干部。我们不仅需要气象、气候、高空气象、农业气象、大气物理等方面的专业人才，而且需要有物理、数学、无线电、农学、林学、地理等方面的专业人才来共同参加工作。上述人才，除初级和中级气象技术干部外，都需要高等教育部门和有关科学研究部门逐年培养，予以满足。”

“广泛和精密地测定各种大气物理现象和它们的演变过程，是气象工作的基础。为此就需要扩大气象仪器的生产，加强气象仪器的鉴定工作，还要应用现代电子学、半导体等方面科学技术上的新成就来设计和改进气象仪器。在这方面，我们需要各有关工业部门大力协助，还要和应用物理、无线电、计算标准等方面的科学技术单位充分合作。”

涂长望还强调说：“气象学是一门年轻的自然科学。第一阶段的任务是以大气为对象，利用稠密而分布均匀广大的地面和高空测报网，分析和掌握大气演变的规律，对国际和国民经济各部门提供天气预报和气候资料，以防自然灾害。并有效地运用有利的气象条件，从而保证军事以及工农业和交通运输生产任务的顺利完成。”

“长远的任务是通过掌握大气的变化规律，并利用现代科学技术设备，逐步控制局部的天气变化，为改造大自然创造条件。例如人工排云、消雾、局部的人工造雨，在第二个五年计划即可逐步实现。”

“在方法上，一方面采用各种精密仪器做地面及高空的各种观测工作，例如我们需要雷达探测雷雨；……要用无线电气象仪探测从地面到20千米高空的气压、温度、湿度、风等要素的变化；需要用火箭探测50千米以上的高空各种气象要素的变化。……只有我们正确的掌握了三维空间(海陆空立体的)气象要素的变化，才可经过数理分析的方法作出正确的天气预报来。气象学是一种大气物理的科学，因此它必须用物理的、数学的理论处理后才能做出比较准确可靠的天气预报。在第二个五年计划内，准备用电子计算机来进行数值预报，这样才可根本改变我们现在所用的半理论、半经验的预报方法。从而可知气象是一门相当复杂的科学，要求的技术和科学理论是相当高的。”

这一些要求，事实上已超过气象学院成立后所能提供的毕业生能力。虽然涂长望在1956年3月指出，高教部已同意在1958年建立气象学院，但是在1956年7月人大三次会议上发言认为的高级气象技术干部极端缺乏，全国气象业务系统只有104个大学毕业生。由于有些部门对我们的工作不太了解，过去要求分配的农业、物理、数学、无线电等方面的大学毕业人才，几年来得不到解决。气象业务是带有研究性的科学业务，希望有关部门多分配我们一些这方面的大学生，以便我们能迅速提高业务水平。同时需要高教部门扩大气象类的招生名额，或成立气象学院。”这个发言，说明涂师在考虑中央气象局所需要的业务干部，不限于气象专业毕业生，也十分需要各种其他专业，例如数学、物理、化学等各种基本自然专业、有关工程技术方面的专业以及社会科学与有关文科方面的专业的毕业生。这种要求事实上已超过气象学院在建立后能提供给中央气象局的毕业生的品种了。

但是为什么气象学院不在高教部与中央气象局约定的1958年成立，而延迟到1960年方才成立呢?

这当然是好事多磨。

因为在1956年后政治运动频繁。如1957年有反右派斗争、全民整风运动、向党交心运动、1958年有赶英超美的大跃进运动、大炼钢铁运动、大搞深耕翻土、大办人民公社运动、1959年庐山会议发动反右倾、鼓吹“全党全民大办”之风(如公社免费食堂、小土群、小洋群等)。再加上全国的三年自然灾害和苏联对华撕毁合同等，使我国国民经济陷入困境。而1958年涂局长因处理全国气象业务及兼理九三学社等社会活动，操劳过度，患了脑干瘤，久治不愈，于1962年英年早逝，也影响了南气院1958年的建立。到1960年8月份国家开始力图摆脱国民经济困境，重行恢复正常活动。南京气象学院才得以开始筹设任务。但由于国务院针对当时国力条件，周总理提出了“调整、巩固、充实、提高”的八字方针，气象学院在此方针下筹设，自然有所收缩。原来规划南气院是在合并南京大学气象系的基础上创设的，改为在南京大学气象系支持下先建立南京大学气象学院，然后再独立建成南京气象学院。这是南京气象学院不在1958年成立，而却在1960年成立，比涂长望与高教部商定的年份推迟两年的客观原因。

南气院成立以后，直属于中央气象局，其培养方针多由中央气象局人事处传达。他们多根据涂长望局长生前有关文章及发言中所设想的气象学院培养的思想归纳而出。特别的根据当为:1956年3月在全国气象工作会议所作的《关于气象事业12年发表远景及1956—1957年主要任务的报告》及1956年7月涂局长在第一届全国人民代表大会第三次会议上的发言，即《使中国气象业务在12年赶上或超过国际水平》。此两文均在气象出版社2000年出版、由陶诗言主编的《涂长望文集》中有载。

我当时在南气院成立时听到中央气象局人事处传达培养气院学生的方针是：

“要求气象学院培养出的学生，其实际能力适应我国气象业务不断发展的需要，而其理论水平不亚于南大、北大等综合性大学的气象类毕业生”。

还指出“气象学院培养出的毕业生数，应该远多于综合性大学的气象系，满足中央气象局逐年所需增加的气象业务需要”。

从 2004 年起，南京气象学院已改名为南京信息工程大学，改归江苏省建制。从目前情况来看，由于南京信息工程大学领导秉承江苏省意旨，要大力加强前南京气象学院原已蜚声国内外的大气科学学科的特色，发展其优势，升系为学院，并增加其气象学科门类。

“气象”需探测大气的各种物理信息，故南京信息工程大学可以包涵气象学科。目前“南信大”已从单科性气象学院扩大为理、工、社会科学、文科等多学科综合大学，且规模扩大、经费增多，具有多学科合作条件，涂长望生前所希望气象业务发展所需的各类人才，原气象学院因“气象”名称而限，难以设置的非气象类学科，南京信息工程大学已均有满足的可能。

现南京信息工程大学的领导（如刘一平书记、李廉水校长等）高瞻远瞩，在发展南京信息工程大学教育事业总方向内，包含了大气科学教育方向，它与涂长望局长生前培养气象事业发展所需的毕业生的要求上，有不谋而合的看法。他们正确地认识到，主动为我国气象事业培养合格人才，既是发展祖国气象教育的，又是发展南信大教育工作的需要。

近年来，南京信息工程大学领导提出南信大对我国气象事业的“三主动”努力方向，即“主动融入、主动共建、主动服务”。多次与中国气象局郑国光局长协商，双方同意亲密协作，后者为前者尽力提供有利于培养气象事业发展各类工作人员的各种条件，前者采用所具有的各项条件，为后者培养气象事业发展各类工作的优秀毕业生，这种共建协作，已超乎过去。

因此我们认为这种紧密共建协作，预期是双赢的。我们为南京信息工程大学与中国气象局具有这种紧密协作而高兴，希望这种紧密关系不断加强。

春雨共盏

王鹏飞

使君思我旦复旦，我思使君立江巘。
使君鼓瑟乡音颤，遥天心声裂肝胆。
“一峡如线竟如堑，两岸相眷却相判。
丛竹隔墙根连根，水乳一体盼更盼”。
相思树，总角伴，沙平月朗梦归雁。
精卫有意海有情，春雨他日共一盏。

（摘自《天风海涛集》）

南京大学大气科学学院1949年前的沿革史

南京大学的前身为三江优等师范学堂(1902—1905年)、两江优等师范学堂(1906—1914年)、南京高等师范学堂(1914—1920年)、东南大学(1920—1927年)、第四中山大学(1927—1928年)、中央大学(1928—1949年),1949年改为南京大学。到2009年止,已有107年了。在此107年中,其大气科学教学历史,亦在百年以上,2009年大气科学系已扩展为大气科学学院,本文向读者介绍南京大学大气科学学院在1949年前的发展沿革情况。

一、三江及两江优等师范学堂时期的气象教学

这一时期基本在清末。1903年2月5日,两江总督张之洞上奏,在南京北极阁前,正在建三江优等师范学堂。计划前3年培养小学教员,第4年起为高等师范本科教育,精研教育学理,培养中学教员。教育参考日本制度。这是清末因甲午中日之战失败,戊戌政变又失败,朝野人等,均认为应当学习日本的自强,形成共识。据1903年公布之《奏定优等师范学堂章程》将课程分为几类,其中以"算、物、化"为主的第3类学科中,已规定在第二、三两年中每周上物理课6～7小时必须包括气象学内容。气象学每周需上1小时课。1905年,江苏绅士张謇等认为三江实为两江,即江西、江南(江南包括江苏、安徽),以称两江为是。故1906年改三江优等师范学堂为两江优等师范学堂,并以李瑞清为总办(校长)。在三江师范时期及1909年前的两江师范所聘的日籍人士,有日本文学士菊俊池二郎(教务干事),负责物理课可能兼教气象课的有日本理学士平田德太郎(理化教员)、松原俊造(理化教员)、西泽勇智(理化教员)。在1909年后的两江师范所聘的有日本文学士松本孝次郎(教育总干事)及日本理学学士小川帮人(物理教师)。并选派舆地教员若干人,目前已查出姓名者7人。1907年7月,从初级师范毕业生及同等学历者中吸收优等师范生入学。1909年优等师范完全科及选科学生于12月毕业,其中理化教学科(即在物理课中已学过气象学内容的)毕业生为35人,分配为中学教员(因当时并无专业气象工作者,且他们所学的气象内容显然并不很充分)。教材则是根据日本的。清末民初,两江优等师范学堂因战乱而校舍被破坏很严重,学堂因而停办。

二、南高师、东南大学及第四中山大学时期的气象教学

辛亥革命以后,1913年1月12日教育部公布《大学规程》规定大学理科的星学系、农科的农学门、农艺化学门、林学门等均需开气象学课程。同月教育部又公布《高等师范学校规程》规定数学物理部和物理化学部均需开气象学课目。都在第3学年第2期每周上2小时。1914年3月16日教育总长范源濂划全国为6个高等师范区,并决定在其中心城市各设高等师范学校1所。这6个中心城市为北京、南京、武昌、成都、广州、沈阳。于是南京高等师

范学校即在南京北极阁前原两江优等师范原址设立起来。当时规定南京高师主招浙江、江苏、安徽三省学生，原两江师范规定主招的江西学生，改由武昌高等师范主招。1913 年 7 月北京高师在数学物理部和物理化学部即按教育部《高等师范学校规程》(以下简称《规程》)开设气象学课目。且在 1918 年前已有讲授气象学的教员符鼎升。而南高师亦按此《规程》进行教学。到 1918 年，南高师原分部有所改变，如将国文部增加历史地理内容，改为国文史地部，而将原理化部增加数学科目，改为理化数学部。规定理化数学部及农业专修科目中都需开设气象学课程。这时南高师文理明显分开。国文史地部属文科。理化数学部属理科。气象课既在理化数学部，当然也属于理科。国文史地部因属文科，故其中之“地”，只限于“历史地理”之教学。主要是教授中国历史上各地建制的沿革，很少牵涉到自然地理。即使偶有牵涉，也只是方志性的描述为主。并不需要用气象学作为其基础课。所以只属于文科。但当时国际高教中，人们对自然地理教学的重要性，已十分明了。所以当时我国高等院校，已开始物色自然地理教员，想拓展文史地部的地理学内容，以突破“历史地理”的樊篱。

竺可桢 1918 年获哈佛大学气象学博士学位，秋季返国。适逢武昌高师需要自然地理教师的需求。接任武昌高师地理学与气象学教授。1920 年秋，又应南京高师郭秉文校长之聘，转任该高师文史地部地理课之教授(因此时郭秉文拟将文史地部中历史地理课程扩充为包括自然地理内容，此正与竺可桢之意见相符)。由于气象课为自然地理学的基础，而数理化部及农学专修课原需教气象课。所以竺可桢就亲自担任文史地部的气象课及数理化部及农学专修课的气象课。并在校内设气象测候所供气象实习之用。

1920 年 12 月起，南高师扩建为国立东南大学。1921—1923 年为学校由南高师过渡为东南大学的过渡时期。南高师的校名到 1923 年方才取消。竺可桢自 1921 年起任南高师文史地部的地理系主任。

据胡焕庸生前自撰年谱，1924 年(即在东南大学初创期)竺可桢认为地理系的教学范围过窄，按其母校美国哈佛大学体制，将南高师原属矿务的基础课地质学归并过来，组成东南大学的地学系。并任地学系主任。以《地学通论》作为地质、地理两学科的公共课程。并以气象课作为地理学科的必修基础课程。但他并不将气象放在与地质与地理同样可独立发展的地位。所以当时，气象课仅只是地理学科的附庸。

1925 年夏，竺可桢离开东南大学。1926 年东南大学文理科分家，地学系改属理科。

1927 年民国政府定都南京，全国高等院校有一番调整。在南京的国立东南大学于 6 月与河海大学等 9 校合并成国立第四中山大学。下设 9 个学院，地学系属自然科学学院。社会科学学院下设史地系，该年夏季，竺可桢重返南京，任国立第四中山大学自然科学学院的地学系主任。

1928 年竺可桢因任中央研究院气象研究所所长，且中国气象学会理事会迁到南京，遂于 2 月份辞去第四中山大学地学系主任之职。

1928 年 2—4 月，第四中山大学酝酿改为江苏大学，受到师生反对，遂于 4 月 24 日将江苏大学改为国立中央大学，下设 8 个学院，地学系属理学院，并明确地学系分地质门(包括矿学)及地理门(包括气象)两部门。1929 年郑厚怀继竺可桢任地学系主任。在前一年(1928 年)胡焕庸留学法国返国，除在气象研究所任秘书外，亦在中央大学地学系任教。

1914—1928 年，历经南高师、东南大学、第四中山大学，气象教学自单独成立气象学课程，到增加《世界气候》《气象观测》《气候学》一系列课程，使气象类课目在地学系诸课程中占有一定分量,成为地理门中一个重要部分。其教学则主要由竺可桢主持(竺可桢以前何人承担气象学讲课,已不可考;竺可桢离开后,胡焕庸曾任世界气候及气候学等课程,沈思屿亦曾任气象学教学)。

本阶段文史地部毕业生共151人,东南大学地学系毕业生9人,东南大学(暂称第四中山大学)的地学系毕业生2人。我们无法区分谁是专攻气象的,只能从中提出一些以后在气象学界著名的毕业生。凡既在南高师毕业,后又在东南大学地学系毕业的,为避免重复,我们只算在南高师毕业的年份。

1923年南高师文史地部第三班毕业的有胡焕庸、陆鸿图、张其昀、诸葛麒。1924年南高师文史地部第四班毕业的有黄厦千。1925年第五班毕业的有郑子政、沈思屿、沈孝凰。1926年东南大学地学系毕业的有朱文荣。1927年6月即将成立第四中山大学时的地学系毕业生有张宝堃和王勤堉。另外,1926年东南大学理科毕业的有黄逢昌。

三、国立中央大学地学系、地理系时期的气象教学

中央大学于1928年成立后,地学系维持1年多。那时胡焕庸有鉴于欧洲高校地质与地理分系。因为此两学科所需基础不同,研究方法及对象也不同。中央大学地学系内,此两学科无法捏合,所以在1929年在中央大学地学系对此进行酝酿。在1930年酝酿成熟,地学系即分为地质系与地理系两系。地理系包括气象,由胡焕庸任地理系主任。当时气候学由胡焕庸讲授,并在国立编译馆出版了由胡焕庸讲、李旭旦当场笔记而成的讲义编成的大学丛书《气候学》。胡焕庸还承担了《世界气候》的课程。沈思屿讲授《气象学》。1936年秋,朱炳海受聘在地理系及农学院上《气象学》课,并曾讲授《气候学》《东亚天气》《天气预报》等课程。黄厦千于1924年文史地第四班毕业后,1934年即与黄逢昌同船赴美留学。1937年夏,黄厦千返国在中央大学地理系任教。他根据美国加州理工大学(CIT)的体制,认为气象学应在高校独立发展。

1937年7月7日,抗日战争全面爆发。8月13日日寇进攻上海,11月分兵三路向南京进攻。中央大学于9月初为保全教育设施,以利长期抗日。1937年10月中旬学校内迁到重庆沙坪坝,地理系迁到松林坡。1938年上半年,地理系在重庆开课,黄厦千讲授了《航空气象学》,并出版了讲义。气象研究所亦迁往重庆北碚。

1939年,在黄厦千的建议下,地理系分为地理与气象两组。气象组的成立,为以后气象系的独立打下了基础。

1941年,国民政府中央气象局及气象研究所均在重庆,有利于中央大学地理系毕业生的工作分配,黄厦千还在中大开《航空气象》《高空气象》等课程。

1942年涂长望来地理系任教,在气象组教授《中国气候》《气候学》《世界气候》等课。陶诗言等讲《气象观测》。

到1944年,气象组内所开的气象类课程已远比过去丰富,经黄厦千之努力,气象系从地理系中独立出来,成为单独的学系。这既是以后南京大学大气科学系及大气科学学院的直接前身,又是我国高校最早成立的气象类学系。是我国高等气象教育发展的重要一页。

自1928年起到1949年止,从国立中央大学地学系及地理系毕业的学生共计有15届。有的年份,一年2次(在1月和6月)都有毕业生(如1929、1932、1933、1934年),共毕业学生

129 人。其中日后从事气象工作或在气象学界著名且有成就的人很多。

四、国立中央大学气象系时期的气象教学

1944 年黄厦千任国立中央大学理学院第一任气象系主任。1946 年秋，中央大学顺利迁回南京，气象系作为理学院的一部分，在南京四牌楼上课，一年级新生则在丁家桥学习。到 1949 年解放前夕，气象系共有教授、副教授黄厦千、涂长望、朱炳海、徐尔灏 4 人，讲师牛天任、吴和赓 2 人，助教职员三四人。为增强教学实力、开阔气象新课程，气象系还曾陆续聘请兼职教授或讲师。例如 1944—1948 年曾聘吕炯，1944—1949 年曾聘赵九章，1948—1949 年曾聘薛继薰，1949 年曾聘卢鋈和陶诗言来系授课。使教授阵容空前强大，所开气象类课程较为丰富，计有《天文地理》、《气象学》、《高空气象》、《理论气象》、《气象统计》、《天气预报》、《中国天气》、《测候学》、《气候学》、《中国气候》、《世界气候》、《大气物理》等 10 余门。由于世界大气科学在第二次世界大战中有飞速的进展，在气象系授课的回国教授，在教学中不时介绍国外先进气象科技，还常辗转将国外新出版的气象教科书和手册等内容介绍给同学。此外，气象系也已开始带研究生论文，如涂长望曾带黄仕松为研究生，研究中国夏季风的进退。

1945 年，气象系已有第一届唯一的毕业生王鹏飞。1946—1949 年，从中央大学气象系毕业的学生有方烨、蒋飞、宋振武、粟宏超、章震越、樊平、张裕华、陈文言、施尚文、王余初、王世平、朱抱真、胡人超等。

1949 年 4 月 24 日，南京解放，8 月 8 日，国立中央大学改为国立南京大学，中央大学气象系亦因而改为南京大学气象系，涂长望成为由 21 人组成的校务委员会委员之一，朱炳海被任命为南京大学气象系主任。1950 年首次招生 30 名，但是在 1949 年进入中央大学气象系的要在 1953 年方才毕业，这就是说在 1953 年毕业的尚属中央大学气象系时入学的，领的是南京大学气象系的毕业证书，即从 1950—1954 年间的南京大学气象系的毕业生，均属从中央大学转为南京大学过渡时期的学生。

五、对气象学的贡献

南京大学的前身国立中央大学是我国高等院校中最先成立气象系的大学，而其前身南京高师及东南大学又是我国早期培养出大量气象精英的摇篮。在 20 世纪 30 年代以前是唯一培养出气象高级人才的高校。所培养出来的人才，在我国早期气象事业、气象教学、气象科研上做出的成绩，也是今日南京大学大气科学学院的骄傲、而培养这些人才的老师，更值得我们怀念。他们在不同时期对我国气象科技事业发展上的成就和规划，令我国气象学界永志不忘。

通过培养气象早期人才，开创我国气象科技研究、教学及事业的奠基人物中，我们必须先提及竺可桢、涂长望两人。可以说南京大学大气科学学院之能有今日，与这两位教授的早期努力的功劳是分不开的。他们的业绩已另有专著介绍，我这里就不再重复。

从南京大学前身南高师文史地部、东南大学地学系、中央大学地学系、地理系及其气象组毕业(1944 年前)后随即从事气象工作的前辈们，他们对我国 1949 年前的近代气象工作曾做出重要贡献，有的在全国解放后发展新中国气象科技事业起到了承前启后的作用。

在气象教学方面,黄厦千在1939年使地理系中组成了气象组,又于1944年使中央大学在全国各大学中首先成立了独立的气象系。与这些阶段相伴的往往是教学的气象课目进一步随时代的丰富,并使系内教学力量的进一步加强,与国内其他有气象系的大学相比,这种变革往往是先走一步。黄厦千在清华大学气象台的建设中,有一定贡献。胡焕庸所编的《气候学》,黄厦千所编的《航空气象学》,卢鋈所编的《天气预告学》,朱炳海所编的《普通气象学》等当时曾是高校气象学科中最早的受欢迎的教材。

在中国气象学会第一届以后的理事会发展中,这些前辈起到了重要作用。以1949年前的理事会组成人员来分析,南大前身院校毕业生参与者有胡焕庸、黄厦千、朱文荣、郑子政、沈孝凰、诸葛麒、张宝堃、黄逢昌、沈思屿、吕炯、卢鋈、朱炳海、陆鸿图、张其昀、金泳濂、朱岗崑、陶诗言、张丙辰、顾震潮等,其中张其昀(1943年)、胡焕庸、陆鸿图(1947年)曾任监事,胡焕庸(1928年)、诸葛麒(1929—1935年)、吕炯(1936—1943年)曾任总干事(总务主任)。自1929年起南大前身的毕业生担任理事渐多。最多的1943年,11位理事中有8位。其余3位中的两位是竺可桢、涂长望。其他如编辑委员自1935年起,也以南大前身毕业生占多数。

在气象科研方面,这些前辈们也在竺可桢、涂长望等的带头下,有很多贡献。从涂长望1955年所编《中国近代科学论丛·气象学(1919—1949年)》中可看出除竺可桢的《中国历史时代的气候变迁》、《东南季风与中国雨量》,涂长望的《中国之气团》、《中国天气与大气的浪动及其长期预告中国夏季旱涝的应用》、《大气运行与世界气温之关系》等外,尚有许多专著或文章出版。其中,天气学有沈孝凰的《亚东温带低气压的分类及其性质》,卢鋈的《中国之寒潮》,张丙辰的《中国气团之交绥与中国天气》;气候学有张宝堃的《中国四季之分布》、《四川气候区域》,卢鋈的《中国气候概论》、《中国气候区域新论》;大气环流与动力气象学有黄士松的《中国夏季风之进退》,朱岗崑的《东亚大型涡旋运动》,陶诗言的《中国近地面层大气之运行》,高由禧的《东亚自由大气之运行》等。张其昀还曾荣任中央研究院评议员,吕炯曾任气象研究所代所长之职。

在气象业务方面,1941年黄厦千曾任中央气象局局长,吕炯继之。1949年前在空军或航空委员会负责气象工作的,尚有1923年南高师文史地部第三班毕业的陆鸿图,他曾任空军气象总台的台长。还有1926年东南大学地学系毕业的朱文荣,他在抗战时期曾任航空委员会航政处气象科科长,实际主持空军气象业务,抗战胜利后任空军总司令部气象处处长。徐近之是我国青藏高原第一个高原气象站的建立者。

1949年全国解放后,气象系在1944年前毕业的学生如卢鋈曾任军委及中央气象局副局长;顾震潮曾任中科院大气物理所所长;高由禧、陶诗言等被选为中科院院士;高由禧曾任兰州高原大气所所长;吕炯曾任农科院农业气象室主任;冯秀藻曾任中央气象局农业气象研究室副主任;朱炳海、徐尔灏、黄士松等曾任南京大学气象系主任;冯秀藻曾任南京气象学院农业气象系主任;胡焕庸曾任华东师大人口研究室主任及人口研究所所长,两次被选为中国地理学会理事长;周淑贞任华东师大地理系教授,对城市气候研究有专长;朱岗崑曾任中国科技大学北京研究生院教授;吴和赓曾任南京河海大学教授;陈其恭、吴伯雄、牛天任、盛承禹等曾任南大气象系教授;高由禧曾任中山大学教授;张丙辰曾任南京空军气象学院教授;顾震潮、朱抱真曾任《气象学报》副主编;黄士松曾任《气象科学》主编。

中央大学气象系毕业的学生在入学时为中央大学气象系,毕业时都是南京大学气象系的学生。这些毕业生在校时学习的气象学科门类较其前的毕业生更丰富。由于在1949年前受到时局动荡的影响，学习及工作也很不安定，但从中华人民共和国成立后，为建设新中国的社会主义气象事业，在不同的气象岗位上发挥了重要的作用，成了年轻的骨干。

就高等气象教学岗位言，陆渝蓉曾任南京大学前党委书记及该校气象系主任，王鹏飞曾任南京气象学院天动系副主任及大气物理系主任。这一时期的毕业生，大多在新中国成立后从事气象教学工作。如张裕华、陆渝蓉、邹进上、傅抱璞、李怀瑾、卢其尧、党人庆、庄荫模等都曾在南京大学大气科学系任教，章震越、施尚文等都曾在南京空军气象学院任教，王鹏飞、宋振武等都曾在南京气象学院任教，江广恒曾在南京农业大学任教，翟裕宗曾在黑龙江八一农垦大学任教等。

在气象业务方面，南京大学 1953 年气象系毕业的骆继宾曾任中国气象局副局长，他在 1979 年曾被派到日内瓦世界气象组织秘书处工作，并曾任世界气象组织台风委员会主席；王鼎新曾任国家气象局科教司司长；王世平曾任国家气象中心副主任；易仕明曾任中央气象局副总工程师；王余初、樊平、白肇烨、范东光等分别负责山西、云南、甘肃、安徽等省气象局技术工作，为高级工程师。

在科研工作方面，朱抱真曾为大气物理研究所研究员，朱永禔为上海台风研究所研究员。

八旬答谢邹进上教授贺诗

王鹏飞

青春曾倚蜀山松，半纪雪霜化耄翁。
笔秃自分才欲尽，枫寒独得色转浓。
云天踯躅穷机理，史志磨研树峻风。
若木双栖原是福，寿贻八秩盛难逢。

（摘自《天风海涛集》）

附：邹进上教授贺寿诗

邹进上

傲雪经霜不老松，南京气院一诗翁。
耕云播雨文章美，作曲填词兴味浓。
展翅鲲鹏怀壮志，含苞桃李笑春风。
自古江南多名士，八秩寿星今又逢。

（摘自《天风海涛集》）

“林隙几番期朗月,江干何幸侍高踪”
——缅怀恩师涂长望教授

20世纪90年代初,为回忆恩师涂长望教授当我在重庆沙坪坝国立中央大学气象系学习时对我的殷切教诲,曾写了一首《松林师教》的诗。松林为当时校区的自然环境特征,校舍就建在松林起伏的坡地。风来,松林声嗖鸣于诗意盎然的嘉陵江畔;雾深,校舍隐绰于松海漫布的碧树隙间。我住的宿舍位于大礼堂对面最近一列平房的第一间,门外是建宿舍时砍伐未尽的残松林,我从宿舍上铺边窗口,可呼吸到松林的清香。当时气象系的教室与办公室的门,沿着松林坡的盘山宽路。说它宽也不算很宽。路旁亦植松柏。但屋后却是一个陡崖,直下即为临近石门的嘉陵碧波。从教室后窗远望 隔岸一片苍翠。我常在屋后岩石上坐着,思念东方长江口远处我看不见的沦陷于日寇的上海居住的年迈父母和大姊、弟妹。系办公室及教室为避日机轰炸,外墙涂黑,隐蔽于松林之下。在竹木建构的系教室中,我静聆诸师教学。学生很少,我或是与地理系比我高的几位学长同听,或是与比我低的气象系学弟学妹同听。听后就到隔壁系办公室,图书馆或寝室去整理笔记。涂师就是当时对我殷殷教学,最令我钦服的老师。1994年我为纪念他而撰有《松林师教》诗如下:

“失却江南岭万重,干戈逼我赴巴东;
杜鹃血泪悲沦土,沙坝春霖沃嗣松。
林隙几番期朗月,江干何幸侍高踪;
记曾决眦夸飞鹄,不囿师承自摩空!”

我是浙江宁波人,生于上海,现居江南。从儿时起就历经日寇多次侵沪逃难,后来曾因在街上散发抗日传单,被法租界捕房拘禁。在上海东吴大学物理系肄业时,曾组“野马文艺研究会”。在上海孤岛时期,与已故上海著名文艺界前辈钱君匋的万叶书店合办进步刊物《文艺新潮》。稿件作者多为巴金、茅盾、丰子恺、靳以、锡金等。日本偷袭珍珠港爆发太平洋战争后,日汪势力亟欲入侵上海租界这个孤岛,我在上海租界不能久留,加之东吴大学决定在租界停办,且南京、广州、武汉等地已久沦敌手。为了不当亡国奴,并继续学业,我不得不别家离沪,远赴四川东部重庆。这诗的首四句就表达了这个意思。气象属于物理现象,当时全国气象学教学以国立中央大学地理系最著。我负笈入蜀借读中央大学,由物理专业而转学气象,有继承苍松翠柏的学术事业而仰沐春霖之心志,由于中央大学在重庆沙坪坝,因而写出“沙坝春霖沃嗣松”之句。

1943年涂长望先生适离浙江大学而应聘入中央大学任教。他那时曾教过我“气候学”、“中国气候”和“理论气象”等课。我当时年少气高。为求明师,对诸师教学,每有腹衡,冀获真谛。初时仅觉涂先生态度潇洒,风度翩翩。一旦讲课,深觉其板书扼要,说理清晰,要言不繁,富含启发。课后回味,深邃耐思。所以我每次课后,必将当堂笔记,通过回忆,再按参考文献,重行按我自己之语言,整理一遍,印象特深。在参考有关文献时,我发觉涂师所讲,联系面颇广。如讲“气候学”时往往与地理条件、生态、植被、经济作物等情况相结合。使气候课的内容，顿时丰富和生动起来。既扩大了我们的视野，更深化了我们对气候学意义的认识。再如“中国气候”一课，他把其内容充分地结合我国各地的气候特点，用气团学说及实际探测资料总结出来的有异于前人的中国气候编写观点。我在松林坡这个多雾重庆的最高学府，希望得到名师指导，如同在丛林密闭的间隙中寻觅朗月，正在望眼欲穿之时，忽然在嘉陵江畔（即江干）、盘山路边的中大气象系中，竟有幸得侍涂师左右，这种畅快的心情，就表达在这首诗的第五、六两句内。

在当时，国立中央大学，校本部设于沙坪坝。但一年级新生在嘉陵江对岸的柏溪上课。高年级学生在新生入学后，有到柏溪去访问新同学的习惯。柏溪新同学一遇松林坡来访的高年级学生，都会急切询问将来升到校本部学习时，如何选课、高年级老师教课特点、如何进行学习才能适应各老师等问题，以及所修学课在本系中的地位，本系在将来社会上的需要、作用、意义等。我亦曾到柏溪进行过访问，向后来的新同学在介绍老师情况时，特别介绍涂先生。因为我对他的学问最为服膺。

我背井离乡，远赴重庆，举目少亲。学费及吃饭因当时有贷金制，由国家解决。但零用钱还是需要的。家在上海，信札难通，经常缺钱，连长衫也送到寄售处去。涂先生见我们困难，就利用假期设法要我们参加他联系的勤工俭学活动，帮助我们渡过难关。其实在抗日战争时期，教授生活也非常清苦。涂先生的生活也是很困难的。

我暇时也向涂先生讨教学习的方法，涂先生十分强调“自己钻研创新”。他认为听老师教导当然重要，但离开学校后不要过分受老师所教内容的约束，必须在学科的发展中有所创新，才有出息。这又是我上面这首诗最后两句的由来。他还指出研究气象，必须联系中国实际。

在重庆中央大学气象系毕业时，我曾按照他的教导，毕业论文题目就自己选定，而未找老师建议。这是我锻炼自己科研能力的尝试。

我学习涂先生生前遗作，深感其中颇具创新思维。例如他的首篇论文《中国之雨量与世界天气》(1939)，虽继承其师沃克(Sir Gilbert T. Walker)南方涛动（或称浪动 Oscillation)学说，充分利用相关系数原理，研究“延时遥相关”。但他将这种相关应用于我国雨量与其他气象要素之间。对我国之雨量，也按实际情况，分地区考虑，不作全国笼统考虑，就得到较好的结果。由于采用了“延时”的“遥相关”，这种相关就不是静态相关，而却具有了预告中国各区雨量的价值。后来，他又发表《中国天气之世界大气浪动及其长期预告中国夏季旱涝的应用》(1937)一文，进一步将此方法扩展到长期预告中去。当然，这研究主要采用统计手段，所谓南方涛动，其物理机制迄今尚付阙如。但是今日南方涛动(Southern Oscillation)与厄尔尼诺(EL-Nino)等现象对世界反常天气或气候灾害，其物理机制虽尚有许多不明，已成为世界特别关注的问题，并称之为“ELSO”：足见涂先生对此课题之研究的重要性，有所预感。

再如由于抗日战争，我国原以南京为中心的气象科研及教学机物内迁到西南。于是西南天气特点的研究成为我国气象学家关注重点。我只介绍两个问题。一是吕炯的《巴山夜雨》(1942)研究；一是涂长望的《何以贵州高原天无三日晴?》(1942)。这是因为吕炯当时在重庆工作，涂长望在贵州浙大工作，都是结合当地气候特点来研究的，这两篇文章均曾轰动一时。吕炯文题源于唐李商隐《夜雨寄北》古诗，涂长望文题源于群众谚语。此两文均考虑了西南地形与气团属性。吕炯指出“巴山夜雨”与夜间辐射冷却之青藏高原气团随西风气流移到高原东边盆地上空，凌驾于湿热的四川盆地气团之上，形成不稳定层结，发生强烈对流而致。文中既引我国古籍，复引中外文献，说理详尽，行文如万顷波涛纷至沓来，令人目不暇接。而涂长望解释“贵州天无三日晴”，既从贵州地形及地势特点为基础，分季节讨论不同气团及界面(锋面)的作用，复利用充分的观测资料，条理分明地叙述各季“天无三日晴”的不同特征，并由此第一次提出了秋冬南来之变性极地气团，爬云贵高原之坡，形成的静面(静止锋)天气。指出静面上的云在贵州高原上所形成的天气大都为“阴天”。由于高原的丘陵的起伏，扰动相当强烈，云多为层积云。入晚，因云之上部放射强烈，每足以产生局部对流，故夜间清晨，即有间歇性的细雨下降。午后，因日射加强，大气温度增高，天空的密云逐渐开展，太阳亦能昙花一现。但不久云翳复密合成层。此种天气常连续至五六日之久。贵州冬季的多云及多雨天，是与空中静止的界面(静止锋)有极密切的关系。这种叙述，既条理又细腻，令人如灌醍醐。这两位都是我的恩师。

再以涂师的“中国气候”课程来说，他一扫过去罗列气候资料外加文字描述的陈套，采用各季气团锋面进退盘据的特点，首先采用独出机杼的方法解释我国各季气候特点，而且他对我国气团云识别，首先重视三维分析。他的名著《中国之气团》(1938)、《中国高空气候的初步探讨》(1940)、《气团分析与天气范式》(1940)、《中国夏季景风之进退》(1944)等论文，脍炙人口。使一些素来靠描述为主、数资堆叠、枯燥乏味的气候课题顿时成为气候过程井然、物理意义瞭然、学习兴味盎然的课题，是我国“气团、锋面气候学”、或“天气气候学”的开坛之作。

涂师乐于培养人，致力于推动人之所长。他既知人之长，又善用其长。他在浙江大学时，培养了叶笃正、谢义炳、郭晓岚、施雅风等。在中央大学培养了陶诗言、黄仕松、王鹏飞等。其后各人之长，均有异于涂师，而皆为涂师所用。且均能发挥其长而名于世。如叶笃正以大气环流名于世，谢义炳以湿斜压大气的天气动力学名于世、郭晓岚以台风研究权威名于世、施雅风以冰川学名于世、陶诗言以中国天气分析及卫星天气学名于世、黄仕松以太平洋副热带高压及其对中国天气之影响研究名于世、王鹏飞则擅长于气象史研究及大气物理学。这一切均符合涂师主张的“不囿师承自摩空”的思想。在1949年新中国成立后，涂师任军委气象局局长时，有鉴于新中国气象事业的亟需气象人才，向国外发函以“晋材楚用、决非长策”，为号召，同时也致函上海的我，嘱赴北京，于是振臂一呼四海云集，愿为祖国气象建设贡献所长。涂师对来归专家，分别按其素愿及所长，妥善安排于国内气象部门，或归中科院地球物理研究，或归南大或清华、北大气象系，或归军委气象局，各得其所，各惬其所能。但尔时百废待兴，宜将各项人才，既发挥所长，亦宜综合利用，以开国发展气象事业之需。所以涂师一方面大力支持中国科学院地球物理研究所工作及全国高等院校气象教学办学条件；一面又组织地物所专家及军委气象局气象事业骨干，共组“联合资料中心”及“联合天气分析预报中心”，加强军委气象局收集气象资料及天气分析预报能力，并请地物所专家及各大学气象教授甚至初返国之专家教授，对我国中级气象人员进行讲座培训。他将我国气象科研、教学、业务人员，团结合作，运用自如。如“手之应脑，步之应拍”。将军委气象局台站所得资料亦尽力供应气象科研及教学之需，有往有复，良性互利。所以，涂师在创建新中国气象事业有很高成就。而且对新中国气象科技与教学的支持，也有很大贡献。

我1945年从重庆的中央大学气象系首届毕业后，因只有一名毕业生，所以工作安排较为顺利。先在重庆气象总台工作，后赴成都凤凰山测候训练班教气象。1947年，因思念上海父母回返江南。曾到南京，那时中央大学因抗战胜利，已迁返南京。当时气象系主任黄厦千先生聘我为气象助教。希望我返系工作，已发给我聘书，后我与涂师研究，涂师认为当时时局未宁，暂以不应聘为宜，我遵涂师意见，返沪后即将聘书寄回中大气象系。新中国建立后，1950 年 4 月，接涂师自军委气象局函邀，方赴北京追随涂师。为新中国气象事业贡献力量。

涂师知我解放前从事气象教学工作。就在北京仍安排我训练气象人员事项，最初参加与清华大学气象系合办之测候人员训练班之气象教学。不久，又参加创建军委气象局自办的测候人员训练班，任教务主任，继而在魏公村参加气象干部学校。这就是今南京解放军理工大学空军气象学院的前身。1953 年 8 月，根据毛主席及周总理转建命令，军委气象局转建到政务院，改称中央气象局，但气象干部学校仍留在军委，我因在军委气象局时曾参加编写地面观测及高空观测规范，并在《天气月刊》中曾写过大量有助于提高台站人员水平的文章，所以虽然气象干部学校要我留在学校中，继续授课。我也因对教学有感情，想继续在校任课，但因涂师的主张，我被转调回中央气象局，编《天气月刊》。当时我认为服从老师的调派，也就是服从祖国的需要，这样我就到中央气象局编译室工作。不久就任编译室副主任，编译发行气象书刊等，包括《天气月刊》。

涂师对《天气月刊》十分重视。要求大量吸收全国各地气象台站来稿。凡内容有价值而文字有问题的，一律要我们修改文字，使其能够达到刊出的标准。凡来自台站的问题，要辟栏解答。并要开辟讲座。组织“联心”“联资”有关气象专家撰文，系统地介绍天气预报、气候知识，以提高各地气象工作者的气象科技水平。当时顾震潮、谢义炳、朱和周等，均被组织撰稿。我自己也写了不少文章。在探空仪方面，田明远也曾有文章发表。

关于为书刊写稿者是否要给稿费问题，当时曾有一番争论。有不少干部认为作者既然参加革命的气象事业，一切工作应不计报酬。不论供给制或有工资者，不应再有所求。但涂先生认为写稿的人，均是在工作之余写的。他们的稿件对台站人员气象科技的提高，有很大作用。现在全国解放不久，许多台站人员出自短期训练，水平不高，影响观测预报质量，而台站分散各地，欠缺提高科技水平的条件，《天气月刊》及编译室出版之各种书刊，对提高各地气象业务水平有很重要作用。为提高各级气象人员水平，专家教授们写稿，正是他们热爱社会主义气象事业的表现，他们在工作之余，废寝忘食写作，其成果岂是区区稿费所可衡量。他们并不在乎稿费，并不是为稿费而写作。但作为领导应当考虑这个问题。他又调查了主张不发稿费者，大多是并不写稿的。因此就毅然决定了写作的稿费制度。现在看来，涂先生的这个决策，是非常正确的。

在新中国成立初期，甚至在抗美援朝时期，各国对新生的中华人民共和国，实施封锁政策。使我国对气象科技事业与外界隔绝。涂先生认为闭目塞聪，会大大影响我国气象事业的大步进展。所以尽力利用他在国际上气象学界及国际科技界的威信，开展国际活动，以打破科技封锁状态。例如他在 1952 年 5 月曾赴维也纳参加世界科学工作者协会执行理事会，会后去莫斯科参观苏联水文气象总局，1953 年 9 月赴匈牙利布达佩斯，参加世界科学工作者协会第三届代表大会，1955 年 8 月出席日内瓦世界原子能和平会议及在莫斯科召开的东欧各国水文气象局长和邮电部代表会议及在德国召开的世界科学工作者学会第四届代表大会，1956 年 10 月率中国气象代表团出席在北京召开的五国水文气象局长和邮电部代表会议，并任大会主席。1957 年 2 月以国际地球物理年中国国家委员会副主任委员身份参加在日本东京召开的国际地球物理年西太平洋区域会议等。

涂师1906年生于湖北省的汉口市,他1929年毕业于上海沪江大学科学系,1930年考取官费留英生,入伦敦大学学习经济地理。次年转入帝国大学专攻气象获硕士学位。并曾被推荐为英国皇家学会会员。1933年考入利物浦大学,攻读地理学博士学位。但在吕炯介绍下提前应竺可桢之聘于1934年即返国,在南京中央研究院气象研究所任专职研究员,1935年任清华大学地理系教授。1937年5月于广西宜山任浙江大学史地系教授,并兼史地研究所副所长。在该校曾担任气象学、气候学、中国气候,天气预报和大气物理五门课程的教学。在他留英期间,即曾参加留英学生的进步组织。1931年,日寇侵略中国东北三省,发动“九一八”事变。他担忧民族命运,此年与杨秀峰等接触,参加第三国际英共华语支部外国组织“旅英华侨反帝同盟”,任文书,并负责编辑出版《反帝》。1934年7月。由于斌介绍参加英国共产党华语支部。回国后脱离组织关系,在抗日战争期间负责气象研究所自南京迁到重庆事宜。在浙江大学任教授时,热心社会活动,在离浙大就职中央大学教授时。积极参加中国共产党外围组织“自然科学座谈会”(即后来的“中国科学工作者协会”)。1945年组织“九三学社”。当时他在清华大学任教时的学生蒋金涛来访,知延安正在办气象台及气象人员训练工作,由清华时学生张乃召负责,就收集一批气象书刊,寄往延安。在解放战争时期,1948年他曾经上海,转香港赴北京。1949年任全国政协委员,并受政务院委托筹建军委气象局,并任局长。1956年加入中国共产党。他是我国气象学界著名的国际科学活动家。思想进步见识远大。郭沫若称他为“才干堪推第一流”。并说他“努力一生无懈怠,令人长忆旧渝州”。称赞他“戡天志在争民主,反日戈挥夺自由”。他是我国气象学家中近代气象科学奠基人之一,是新中国创建气象事业的主要负责人,为我国气象事业现代化规划了灿烂的蓝图,并打下了坚实的基础。

涂师把我由学校调回中央气象局,负责编译室工作后,虽然我此时脱离了教学工作,但仍感谢党和国家的知我用我,给我发挥了我另一方面的特长。所以开始时我还经常到魏公村气象干校探望气象教育同事,后来我决心安心新任务。涂先生对我也爱护倍加,鼓励我做好编译室工作。以后我担任了中央气象局办公室宣传出版处副处长之职。对科普宣传及气象政策宣传都负有一定责任,还担承了农业展览馆中气象馆的筹备及展出工作。

1958年,涂先生由于全国气象业务工作繁重,更兼九三学社等社会活动频忙,操劳过度,患了脑干瘤之症。还坚持力疾从公,赴内蒙古及山西等地巡视气象台站,并进行专区天气图制作的推广工作。即要求专区台不要重复省台的预报图绘制工作,而应在省台预报的基础上,利用比省台更详细的预报底图做出比省台更细密的为专区所需要的天气预报,那次他带了我同往,出行过程中始终坚持节约从众。当时内蒙古及山西各台站生活是非常艰苦的。他不辞辛劳,亲身探访。由于脑瘤累及神经,步履不稳,上楼下楼都由我扶持。早上洗脸想将毛巾挂到绳上,也因视力关系,多次在判断绳子远近不准,而难以挂上。我非常为涂师的健康担心,但涂师仍坚持完成任务,回返北京。此后经多次治疗,因当时医疗条件不高,始终未癒。

涂师对气象的高等教育始终非常重视,他大力支持北大、南大及清华等诸高等院校的气象系工作。但终觉得在气象科技方面缺乏中央气象局亟切需要的办气象事业的工程师性质的高级人才。

涂师在1956年第13期的《气象简报》上发表了《关于气象工作的15年(1953—1967)远景规划》一文,在其中干部培养一节,提到了为满足气象事业的发展,需增设中级技术干部学校并请求高教部配合成立水文气象学院。而为满足气象科学研究的需要，需在大学科学院以及我们自己的(显然是指中央气象系局系统)气象科学研究机构内，培养研究干部。这里提到的水文气象学院，就是他在1960年，根据与高教部协议，派朱和周，冯秀藻，王鹏飞赴南京以南京大学气象系为基础，创设由中央气象局直接领导下的南京气象学院的初衷。以便培养当时十分缺乏的能结合我国气象事业实际需要，处理实际问题，且理论水平不亚于一般大学毕业生的高级工程师性质的人才。1953年，这个办水文气象学院的思想，可能即为1952年涂先生参观莫斯科苏联水文气象总局得到启发而来。

在1960年初，他有一次将我叫到医院(那时他因脑干瘤已住医院)。对我说：我知道您是深爱气象教学事业的。现在我们在南京要与南大合办一个学院。决定派你去参加。筹备并建设这个学院。你是南方人，那里接近南方，生活习惯也方便些。不久，中央气象局江滨副局长及人事处也与我谈话，说明调离任务。我受了涂师的多年培养，在涂师有病的时刻，我多么想留在恩师旁边。可是派到南京办气象学院是党和国家的决定，也是恩师对我的期望，使我能发挥更大的作用，培养气象高级人才，以应祖国气象事业发展的需要。且南京距上海较近，我到南京也便于经常探望我已久别且年迈的老父母，这也是恩师对我的体谅。气象教学又是我的夙愿。所以服从了调南京的命令。但当我离北京前向恩师告别时，恩师已病情加重，说话已很困难。涂师父母见我大女儿可爱，赠给她当时常见的“我们爱和平”的儿童画。我和我爱人杨永华只好与师父母挥泪而别，谁知此别即与恩师成为永诀。

我到南京后参加筹建南京气象学院后，曾任天动系副主任及大气物理系主任，其后并评为教授。可是在1962年从北京传来了恩师涂长望的逝世噩耗。我非常悲痛，在当时的条件下。我又无法赴北京吊唁。当时南京气象学院已建成了，可是恩师却未能亲眼看见它。

后来我知道中国气象学会，在谢义炳的倡议下，举办了“涂长望青年气象科技奖”，这是1984年设立的。从1985年起，每两年评奖一次，每次奖励名额约10名，学会理事会决定设此奖的宗旨是：“缅怀涂长望同志在新中国气象事业奠基工作中所作出的卓越贡献，继承和发扬老一辈气象工作者的创业精神，调动和发扬青年工作者的积极性、创造性，促进气象科学技术的进步，推动气象事业现代化建设。”这个宗旨，我是非常同意的。我曾为此作了一联：

神州重建，已教气象开新局；
科技欲进，长望头角出青年！

我想涂师在天之灵，一定会因气象科研、教学及事业方面的青年英才辈出而含笑欣慰的。

忆涂师长望

王鹏飞

开国气象缔新业，邃志民主呕素心。
最喜丹贞托红日，更爱桃李育后人。

(摘自《天风海涛集》)

盛情难释五十载
——我与解放军理工大学气象学院

解放军理工大学气象学院,是一个已有50年悠久院史的高等气象院校,其发展历史大体可分为训练班、干部学校阶段,专科学校阶段和学院阶段。

这三个阶段正是一个愈发展愈正规、愈发展愈高级、愈发展内涵愈丰富,其质量愈发展愈优良的过程。我是第一阶段工作的参与者。1953年冬,因军委气象局转建归政务院管辖,改称中央气象局,我被调到中央气象局本部担任编译、出版和宣传等方面的工作,编辑《天气月刊》等刊物。1960年又被调到南京参与南京气象学院建院、建大气物理系,并担任教授学生的工作。1963年第二阶段的解放军气象专科学校亦迁往南京。昔时同室共事的同志,又复南方相会,不仅天意,简直有缘。后来到其第三阶段,由于发展为空军气象学院,与南京气象学院成为兄弟学院。一军一民,更便于互相交流教学经验。空气院一度曾聘我为兼职教授。该院许多教授,由于种种因缘和机会,时常互相切磋。如张丙辰、陶永昕、章震越等因为曾同为中央大学校友,相处无间,王名才、赵颂华与我常探讨军事气象,陈良栋则雷达气象,时有赐教,沈春康常与研究大气热力学教材,陆汉城则共研辞典,张杏珍、郭用矱与我都对气象学名词非常有研究兴趣,共同参与气象学名词审订工作。在我主编《气象学词典》(1985)时,空气院许多教授慨然相助,在我主编《世界百科名著大辞典》(1992)中的《大气科学名著》时陆佑中副院长大力组织空气院教授选择各种名著,撰写名著介绍释文。1985年10月下旬,还曾与杨国祥教授参加以中国气象局副局长章基嘉教授为团长的中国气象学会访日代表团,我还在《空军气象学院学报》上发表《灾害学研究雏论》。在我任中国气象学会史志研究会主任时,得到张相轮教授支持,多次撰写有价值的富有哲理的气象史论文。宋励吾教授生前在南京时我亦常去过访,他教学严谨,处事实事求是,令人钦佩。在空气院40周年时,我曾在空气院《教学与研究》(1990)中发表《回忆令我神往》一文,当时学院邀请我参加校庆,深感荣幸。每年春节,空气院领导如宋金祥、陆佑中等来舍间问候,1999年南气院为我举办八秩生辰时,秦松寿副院长等光临祝贺,深情厚意,甚感难忘。

谢老光道在第一阶段与我相交殊深,他离空气院后,在清河空军第七研究所工作。我于1990年6月,曾寄去一诗:

君住清河我金陵,
山隔水阻不胜情;
记否白石桥畔事?
倚床共话到天明。

诗中第四句是指在五塔寺干部学校时我有一宿舍,谢老仍居北京城内,每周末返城,平时晚间即与我同一寝室。他待人接物,恭谦彬然,对教学科研一丝不苟,是我益师良友。那时由于学习苏联天气分析经验,我与他共同编写《平流动力理论公式的演绎》一书。我们除共同研究教学问题外,我常介绍给他在干训班时期的情况,他也介绍给我国外气象教学发展情况，常倚床坐谈直到深夜。谢老是1951年6月与汪庆甲教授等参与干训班工作的。在此以前干训班主任为陈友萍、副主任为曾广琼，我是教务主任。军委气象局主管干训班的是张乃召副局长，具体掌管干训班的是人事处长李鑑禹。谢老进入干训班后，干训班教学渐正规化，当时谢老任第一副主任，汪庆甲任教务主任，我任教务副主任。教学内容有所扩展，增加了天气预告及气象通信内容，到白石桥办学时，甘德洲任政委、谢老任教务主任。

1950年初建干训班时，与我共甘苦的教员们，我是永远记得他们的，如施尚文、陈滨颖、黄郁玲、叶琮、李彭龄、高文治、林晔、武启珊、姜光普、米荫昌、米黎明、郭恩铭、方燠冬、刘维娜、宋金祥等等。没有大家同心同德为建设第一阶段的教学而努力，学院能发展到第二、第三阶段的水平是不可思议的。当时条件困难，设备因陋就简，人人亲临教学前线，教务工作更是不分彼此。关于教具的创新讨论，尤其突出。例如为了教地转偏向力，我们曾利用教具，设计各种方案。至于教材，采用了库尼兹的《天气学》，在教学中学习，教学相长，提高了我们的理解力和教学水平。我曾将自己在干训班及干部学校的教学心得，在1959年撰出《气象学基本原理》(科学出版社)一书，这也是当时自己努力的纪念结晶。经过50年沧桑变化，许多同志天各一方，有些已过世，有些则鬓发皆苍，相见不易。前些年施尚文自北京来宁，并找到虽在南京但久未知音讯的叶琮，由章震越及林晔带领与我相会于锁金村，后来我们又同到叶琮家共同追忆50年代羊房胡同的旧情，抚昔味今，不禁嘘唏久之。当此百年盛世，但愿康泰长寿，共同祝愿解放军理工大学气象学院有更远大的发展，并希望在50周年院庆时，能见到更多的昔日各阶段的挚友同志。

忆谢老光道

王鹏飞

君住清河我金陵，山隔水阻不胜情；
记否白石桥畔事？倚床共话到天明。

（摘自《天风海涛集》）

东吴大学南京校友会贺词

王鹏飞

天锡东吴九十秋，喜集同门颂椵寿；
移黉抗敌丹心在，辍教内迁大节遒。
已多桃李成栋柱，更倚春风育俊秀。
最盼两岸一统日，阖闾携手歌不休！

（摘自《天风海涛集》）

我和竺可桢先生的因缘

中国气象学会为纪念竺可桢先生,要我写一篇纪念文章。正好在前一星期,上海澄衷中学校友会寄给我一篇1937年的校刊影印件,那是当年我所记录和整理的竺可桢在澄衷中学作"服务与享受"的演讲内容。这是学校在修建新的"澄衷校史馆"时,在整理校史中发现此稿。学校知道竺可桢是气象专家,而我也是以气象教学为终身事业的。我今年已经九十岁了,他们特地把这篇演讲稿找出来寄给我。通过这件事,使我想起我与竺可桢先生的因缘。

澄衷中学是竺可桢的母校,也是我的母校。它现时仍是上海虹口区的重点中学,今年将举办校庆110周年纪念。该校曾出过三位以后领导中国科学事业的名人。

第一位是蔡元培,他曾在清末任澄衷学堂监督(即校长),后为民国时期中央研究院院长。他非常赏识竺可桢的才能,才委托竺可桢筹设气象研究所并任该所所长。为了发展气象研究所,蔡元培花了很大精力,他甚至向冯玉祥写信,要求他致电河南、陕西、甘肃三省省政府当局,在各省各设一气象测候所。他还曾为气象研究所南京《钦天山气象台落成纪念刊》写序,并曾主持全国气象会议(1930年4月16日),致开幕词。中央研究院研究的内容有自然科学、应用科学及人文及社会科学。蔡元培还曾为竺可桢是否接受蒋介石要竺可桢任浙大校长出过主意。

第二位是胡适,他曾与竺可桢同赴美留学。胡适也是澄衷的校友,他是"五四运动"健将、白话文之创导者。在国民党退居台湾后,他是在台湾的中央研究院任院长。

第三位是竺可桢,他是澄衷校友。竺可桢与蔡元培同乡,曾任南京高师地学系主任、气象研究所所长、浙江大学校长。解放后,任新中国中国科学院副院长(院长为郭沫若),是我国气象科学的奠基人。

1937年,竺可桢在澄衷中学演讲时,他已任浙江大学校长。他在演讲中,虽提到气象学校,却并未谈及气象科学。

竺可桢1894年(光绪二十年)入其大哥竺可材设的私塾中上学,老师是章镜尘先生。1899年入东关镇的毓菁学堂。1905年在绍兴考入东湖法政学堂。但他对法政无兴趣,向往入上海澄衷学堂。知道清代外务部第一任尚书(相当于外交部部长)曾为澄衷学堂写过一篇文章,刻在澄衷学堂大门墙上,也知道同乡蔡元培曾任该校监督,在教育界很有声誉。就在老师章镜尘的鼓励下,入澄衷中学求学,与胡适同学,在澄衷中学学了三年,转入复旦公学。1909年春他又到天津转入唐山路矿学堂,为庚款公费出国留学作准备。

1910年(宣统二年)他与赵元任、胡适等同考取庚款。他在伊利诺伊大学学习农业科学,三年后转入哈佛大学地学系,改学气象。1918年,在哈佛大学获得气象学博士学位。在美国时,他写了《中国之雨量及风暴说》、《朝鲜古代测雨器》、《钱塘江的怒潮》、《关于台风中心的若干新事实》、《远东台风的新分类》等论文,获得了哈佛大学气象学博士学位。在美国时,他参加了任鸿隽、赵元任等组织的中国科学社,在该社《科学》月刊上发表了多篇论文。回国(1918年秋)后,就从事祖国气象教学(武昌高师及南京高师教授)。1921年任东南大学地学系主任，1924年成为中国气象学会理事及副会长。1928年竺可桢任中央研究院气象研究所筹备主任，后辞去教职，转任气象研究所建成后所长。1936年任浙江大学校长，他到澄衷中学演讲，正是他任浙大校长的第二年。

早在1936年3月28日，竺可桢在气象研究所接到澄衷学校请帖，说该年4月16日为该校35周年校庆，请题纪念册，并请回母校演讲。当时竺先生请其爱人张侠魂代写了"百年树人"四字，但因4月16日在南京中央研究院要开评议会，不能赴澄衷演讲。一年后，在3月13日为弥补去年之缺憾，离杭州搭火车赴上海澄衷中学演讲。那时我尚在初中学习，即将毕业。就在澄厅与同学王忠孝同记录这位三十年前在澄衷念过书的前辈校友的演讲。

竺可桢在赴上海的火车上准备了《服务与享受》的讲稿，他在澄衷演讲时很谦虚地说："兄弟是以光绪时的学生对民国时的学生讲话，也可以说是以19世纪的人对20世纪的人说话"，虽然不及诸位的"后生可畏"，但"老马识途"终比后生之驹稳健一点。他强调在教育方针上，必须十分注意学生的人生观，"服务与享受"就着重这一点。他批判了"明哲保身、知足不辱"只知享福不肯劳动的国民性。他说"要建立服务观点，不应只争权利，不知义务。必须加强进取心，才能恢复东北失地……"

在记录这篇演讲时，我尚未上高中，不懂气象，所以根本没有想将来学习并从事气象事业，但现在我却以中国气象教学为终身事业工作，这不是冥冥之中，我与竺可桢先生有宿缘吗？

由于不愿受日伪统治，我在东吴大学高中毕业，并在该校物理系学了一年半后，负笈赴内地。在重庆国立中央大学气象系毕业。纵然那时竺可桢已不在中大任教，但他对气象学史的文章，对我热衷于祖国气象史研究，很有启发作用。

全国解放后，我应恩师涂长望之邀，1950年到北京军委气象局任职。那时，竺老任中国科学院副院长。在各种会议上，时有见面。他对气象事业及气象教学工作也非常关心，是气象学会理事长，对气象科普事业也很重视。我对他十分尊敬，但那时已想不起在1937年(20多年前)，我曾为他的演讲，做过记录。1960年，我被调赴南京气象学院任教。

1983年，中国气象学会设立了气象史志研究会，挂靠于南京气象学院。我具体负责该研究会的工作。由于竺可桢是我国气象史研究的前辈，所以我号召要向竺可桢学习气象史研究，曾写了《竺可桢与姚江学派》(1994)、《竺可桢与科学史研究》(1994)、《竺可桢与蔡元培的关系点滴》(1994)、《在中国气象史研究中怎样继承竺可桢的开拓性精神》(1988)等文。

1974年2月7日，竺老病逝于北京。

在21世纪，为了纪念竺老逝世30周年，拟出版《竺可桢全集》，其中第6卷到19卷，收录了1936—1974年的日记。

2002年4月27日，陈学溶教授来函说："我因忙于校阅竺老日记的原稿，未能及时函候，请谅。1949年3月8日，竺老日记原稿中，有祝廉先教授写的一首祝贺竺老六十寿辰的诗，由于竺老日记中(所记诗中)66个字的字迹不清，难以辨认。因而在《竺可桢传》(科学出版社)、《竺可桢传》上册(浙大出版社)、《竺可桢日记》Ⅱ(人民出版社)和这次的电脑稿中不尽相同，或为空白，弟认为这首诗如不能完整无误地记载在将来出版的《竺可桢全集》中，未免是一憾事，所以特请教您。"

我觉得这件事非常重要。祝廉先，即祝文白，为浙大中文系教授。他在古典文学有深厚基础。诗中有很多典故，在抄写中，往往因辨识古典困难，而会抄错，更增加了理解的困难。

我在回陈学溶教授的信中,更正了原诗的文字抄写错误,并对此诗的关键词作了解释。该函分两部分,一是原诗,二是注解。

(一)祝廉先教授祝贺竺老六十寿辰诗如下:

学海横流障使东,觥觥祭酒仰韩公;
才看脱颖三千士,已是平头六十翁;
莫讶桃笙无暖席,也教程葵坐春风;
从今和气销兵气,忧患余生一笑同。

十年重返曲江滨,夏屋渠渠逐岁新;
五岭崎岖始丁丑,三间揽揆纪庚寅;
目中象纬无余子,日下弦歌有替人;
桃李花开千万树,斓如莱綵祝灵均。

(二)注解

【1】学海横流——指当时在学术界或教育界存在一股不正气的横流在泛滥。

【2】障使东——指竺老力挽狂澜,使之仍向东流。那是在竺老接管浙大任校长之时。

【3】觥觥——刚直之意,指竺老秉性刚正。

【4】祭酒——因竺老为浙大校长,旧时国子监的领导人称祭酒,故称竺老为祭酒,表示是大学的领导人,有很高荣誉。

【5】韩公——指韩愈。因韩愈自贞元十八年至元和七年(802—812年)任国子博士,并写有《进学解》(见《古文观止》)以教太学生。但也可能指唐代韩荆州,即韩朝宗。玄宗时为荆州刺史,人皆仰慕之。李白为求他推荐,故有“生不用封万户侯,但愿一识韩荆州”之言。这是说竺老能识人才,故以韩荆州况之。

【6】脱颖——脱颖而出,即显露头角之意。

【7】三千士——孔子有三千学生,这里指竺老培养的学生很多已显露头角。

【8】平头——指竺老年已六十平齐。

【9】桃笙——一种称为“桃笙”竹所编的软席,是铺在几席上的,用作坐垫,泛指讲课之座位,“桃笙”竹,节长而皮软。

【10】暖席——席久坐则暖,如时起时坐,则不会暖热。这是指竺老教导学生时十分尽心,不是死板板地坐着讲,而是言传身教,时起时坐,深刻生动,以致讲席不暖(无暖席)。

【11】程葵——程音厅。床前几也。葵,向日葵也。程葵指面向几案的学生,实指面对老师的学生。

【12】坐春风——老师教学生,学生如沐春风。所谓春风化雨。

【13】忧患余生——当时(1949年)已是抗日胜利(1945年)以后,所以竺老及祝廉先教授均为忧患余生,希望从此“和气销兵气”。

【14】十年——这是回忆过去的十年。

【15】曲江滨——曲江在唐代国都长安,这里借“曲江”以喻当时国都南京。

【16】夏屋渠渠——参见《诗经·秦风·权舆》“夏屋渠渠,今也更食无余”。这是回忆过去饮食丰盛,因“夏屋”指大食具,“渠渠”,连连不断之意。

【17】逐岁新——指每年越来越好。

由注【14】→【17】，知这十年应指1927—1937年的十年。因竺老1927年从南开大学返南京，而1937年曾从杭州到南京参加中央研究院评议会及院务会议。在这十年中，竺老原为中央大学教授，后主持国立中央研究院气象研究所为所长。1936年又被任命为浙江大学校长，其职务越来越高，故称“夏屋渠渠逐岁新”。

【18】五岭崎岖——指竺老历尽艰苦，把浙大内迁到贵州。

【19】始丁丑——丁丑指1937年(即民国26年)，当时浙大开始内迁(因抗战之故)。

【20】三闾——有的书，以为是“三官”，也有以为是“三阔”，均误。“三闾”指三闾大夫，即屈原，庚寅为屈原生日，揽揆有主持之意。因屈原《离骚》中，开端有：

“帝高阳之苗裔兮，朕皇考曰伯庸。摄提贞于孟陬兮，惟庚寅吾以降。皇揽揆余初度兮，肇锡余以嘉名：名余曰正则兮，字余曰灵均。……”

可见初度指生日，“三闾揽揆纪庚寅”是说竺老的生日之年为庚寅，正和屈原之生年同干支(竺老生年为1890—1891年，即光绪十六年，正值庚寅年)。

【21】目中——有的书将“目中”误为“月中”，其实应是“目中”。

【22】象纬——原指“星象”，今泛指“天象、气象及经纬等”，即天文、气象、地理等方面。“目中象纬”指竺老在这三方面，造诣都很高。

【23】无余子——目中无余子，指竺老在天文、气象、地理及胸襟，无人可以比拟。

【24】日下——指京都。这里是指南京，因当时以南京为国都。

【25】弦歌有替人——这是说竺老在南京高师、东南大学、中央大学等高校任教，并曾在北极阁气象研究所做科研工作均曾培养过许多学子。在他的教学下，出现许多出类拔萃的人才，所以后继有人。

【26】斓——这是“斑斓”的“斓”，即“文”字旁加“阑”字（是“文”字旁，不能误为“火”字旁)，意思是文采鲜艳。

【27】莱綵——老莱子的“彩衣”，老莱子为春秋时的隐士。在70岁时，因父母双全，常身穿彩服在双亲旁装成孩童模样戏耍，以娱亲，博得双亲欢乐，是一个孝子。

【28】祝灵均——“灵均”为屈原之字，但也可能是“祝灵椿”。

这里：“桃李花开千万树，斓如莱綵祝灵均”，意思是在竺老六十寿辰时，由竺老培养出来的千万树桃李(学生)，像老莱子那样穿了斑斓的彩衣来祝贺竺老的寿。其所以用“灵均”，那是把竺老看作像屈原那样可敬。但也可能是“祝灵椿”。据《庄子·逍遥游》“上古有大椿者，以八千岁为春，八千岁为秋”。故“祝灵椿”表示祝竺老长寿。

我把这封信寄出后，2006年12月，《竺可桢全集》第11卷出版，其1949年3月8日日记，即按我的回信中的诗句刊出，唯诗的最后两个字“灵均”，采用了“灵椿”。这也是很合理的。在该卷说明中也注明：1949年3月8日所记祝寿诗，由王鹏飞辨读和校订。

我是在高小时进入澄衷中学附小，并不知道竺老是该校校友。1937年为竺老在澄衷母校的演讲作记录，也不知道我以后会与竺老同搞中国气象工作，直到在20世纪40年代，才知道竺老是我国气象科学的泰斗，中国气象事业的奠基人。1983年后，由于负责气象史志研究会，因而对竺老的气象史工作，有较深刻的印象，研究了竺老的生平，也曾参加南京的竺可桢研究会。在21世纪竺老的全集出版时，还能为祝廉先教授赠诗祝其六十荣庆时的诗，进行辨读与校订。这段因缘是很值得我心潮起伏，久久回味而难以止歇的。

最后，我要把1937年我在澄衷中学笔录的竺可桢先生的演讲内容，抄录在下面。记录此演讲的我，不仅是讲演的记录者，也是此讲演的对象。因为我当时正是澄衷的学生，在澄衷学习时，由于历史老师顾礼宁先生要我们学习当堂记笔记，所以虽然我们没有学过速记法。因为年轻，反应敏捷，手写灵便，能很快地在老师讲课时，把老师的话大体记下来。这个记录所以与王忠孝班长一起署名，因为记录毕竟赶不上说话，所以是事后把我与他两个人的记录拼凑整理而得到。记录这篇演讲时，我年龄是 17 岁，正是青春少年。竺可桢则已是 47 岁了。他的演讲中，自称“兄弟”，这是十分亲切而又十分贴切的，因为当时他是 30 年前的澄衷学生，我们则是当时的学生。所以他是兄，我们是弟。这是很谦虚的称呼。由于这篇东西是最近才发现的，我想抄录下来，可补最近出版的《竺可桢全集》的不足。因为这很可能是《全集》中并未收集进去的。下面就是在当时澄衷校刊上的这篇演讲，题目是《服务与享受》(竺可桢博士讲)。这题目是吴粹伦校长向竺可桢建议的。

“诸位老师！诸位同学！今天兄弟应吴校长之约，到母校来，心中充满着十分快乐和希望。兄弟离开母校，已有三十年了。母校经过各位校长如曹慕管先生等历年的措置，尤其是今日吴校长(粹伦)的努力，所以一切设备，都和以前不同。就是眼前这样大的澄厅[竺可桢这次演讲的地点就在澄厅，它是一个室内大健身房。每当总理纪念周(这里总理指孙中山)，学生就在讲台下站着排列听老师或来宾的报告。澄厅是竺可桢在澄衷毕业后建造的。对于同学身心的增进，非常重要而密切。]而我从前读书时，不过一简陋的风雨操场而已。今天承吴校长引导，巡视校中，最使我感到快乐的，是我们的校主叶澄衷先生的铜像，巍然屹立，不禁起景仰之心。我数前年也曾到过母校几次，但总是十分匆促的。想不到三十年后的今日，又和诸君会面，这正是一个很好的机会。”

“兄弟在此读书，尚在清光绪的时候，所以今天可说兄弟是光绪时的学生，对民国时的学生讲话。又因为兄弟是 19 世纪所生的，所以也可说是以 19 世纪的人，对 20 世纪的人说话。并且我好像是一匹老马，任重致远，当然不及诸位的‘后生可畏’；但是中国向来有句话说‘老马识途’，如果驾轻车，就熟路，终比后生之驹稳健一点，所以不妨来和诸位谈谈。”

“有许多人说：‘学校像一家工厂，学生是其制造品’。但兄弟以为学校根本不能拿工厂来做譬喻的。虽然有一部分是相像的，因为工厂制造出来的东西，如钉子、汽车、打字机等，在初出厂时是很好的，崭新的。而日子一久，就要渐渐破败。学校培植人才，绝不是这样。因为学生的前途是无限量的。可是有许多像工厂的学校，其学生在毕业时似乎还好，出校后就像锈钉子一样，被空气逐渐腐蚀，历经愈久，腐化愈深，终成不可用之物。这样绝不是好教育，所以我们对于教育方针上，必须十分注意于学生的人生观，加以严格训练。我今天讲的题目，即侧重于这一点，就是刚才吴校长所提示的《服务与享受》。”

“享受就是享福。我们听到家乡父老常对子弟们说：‘养儿防老，积谷防饥’。你们成家立业之后，我们可以享福。差不多中国社会间，一切生儿、育女、婚丧嫁娶，无不从这点发展开来。由此可见享福观念，在中国社会已根深蒂固了。这种享福观念，细细研讨过来，实在是基于一种哲学的，但并不发源于孔子，却是起源于老子的《道德经》，《道德经》中所说的‘福兮祸所倚，祸兮福所伏’、‘明哲保身’及‘知足不辱’等话。结果养成中国人都是消极、退让、为己。只知享福、不肯劳动的一种普遍国民性。这种现象在以前闭关时代，固可偷安一时，然处今日 20 世纪竞争年代，却弊端立见了。”

“(一)不肯做事　我说中国读书人用手，只用在吃饭和写字的时候。譬如学农科的大学生，叫他脱了鞋袜，赤了脚，到田里去实地工作，他们就不能了。这样做事，是绝不会好的。

我曾入美国农科大学(按:这是指竺可桢在美国伊利诺伊大学农学院),当时挑牛粪马粪,锄地播种,都曾亲历的。在美国,全校同学,莫不如是。如在中国,就要认为是可耻了。其实不如是,不能得耕种的经验。而我们耕种的目的,无非是多产几粒米罢了。因此挑粪锄地,实际是和做大总统做国府主席一样荣耀。同以服务人民为目的,绝无可耻。所最可耻的,却是依赖父母或亲友生活而不能独立的人,这种依赖的观念,就是为享福。如果我们只知依赖和享福,而不服务的话,我们的民族就很危险了。"

"从前外国人看轻我们说:你们中国的工业,一定不能像日本的发达。因为日本人到外国去考察工业,终是问机器的构造、材料等,预备自己制造的。而中国人考察工业,却问机器的转运价格等。由此可见日本人讲劳动,而中国人却只讲享受。"

"我们不要看轻日本人只会模仿,要知道世界上无论任何事,最初都从模仿而来的。学生学帖、学画,工匠使锉、用锯,都是模仿。可是学字却可超过字帖,工匠技艺竟可胜于其师。此所谓'青出于蓝而胜于蓝'。日本现在不少方面的出品,都已超越英美之上,棉织品等已可输至印度及非洲。而中国的生产速度,尚逗留在十七八世纪的阶段。而消耗程度,已成20世纪最摩登的了。故入超年年增加,此为不服务的第一害。"

"(二)不管事　中国人不但不做事,而且不管事。昨天是植树节,中国人提倡植树以来,已有多年了,年年植树,到处无林。要知道植树不一定种下树就行了。南京在北极山所植之树,约有三十万株。到现在活的,却只有两千多株。原因固然很多。天然的原因像山石上不容易生根,野草没有人夷除,或被牛马践踏摧残,种种原因。结果二十多年植树,活的不到百分之一。假使人人能爱护林木,则人为破坏当然减少,天然原因,亦可避免,森林易长成。然而中国人只知权利,不知义务,根本没有服务的观念,所以只管自己,不管他人,毫无责任心了。又如上海电车上卖票员的揩油,往往推托说这与工人生活攸关,又认为这种损害不及国人。以为他揩外国电车公司的油,不揩我们的油,我们不必过问。而且工人如因生活攸关,这揩油是名正言顺,堂堂皇皇的。但是卖票的揩油,会影响到公司营业收入的减少而增加票价,这还不是'羊毛出在羊身上'吗?这是中国人不负责不管事的第二害!"

"(三)无进取心　老子说的'明哲保身''知足不辱',平常人说的'少年老成',以及我们享福的观念,都是使我们没有进取心的原因。欧战时的福熙、霞飞,都是七十开外的人,他们都有马伏波老当益壮的气概。努力服务,终身进取不怠,所以能致国家于强盛。这不是偶然的。像我们这样'老大'(按:指'老大徒伤悲'),天天热衷于享受,父昭其子,兄诫其弟,只配灭亡,不得生存!"

"再如江浙两省学校的毕业生,往往只想在京(指南京)沪(指上海)一带就近家乡谋事,不肯到偏远的广东、云南、黑龙江、新疆等处去发展,大多数以为路太远了,无异充军,视为畏途,这种没有进取精神,也就是失去东四省(当时东北的辽宁、吉林、黑龙江、热河四省,已沦陷于日寇)的原因。一般人以为'上有天堂,下有苏杭'。因为苏杭的物质享受丰富,安土重迁(意思是安于居在本乡,轻易不愿迁居),不甘进取了。殊不知东四省的矿产、农业、林产,都是中国最好的。而苏杭人口繁密,谋事不易,他们宁可守株待兔,不愿鞍马长征,不是要享福是什么?即如我们气象学校学生,大都是江浙人,成绩往往比西康、青海等内地学生好,但是江浙人的服务才干,却不及西康、青海等内地学生的耐苦了。再看到历史上如班超'弃笔从戎',马援'马革裹尸'之精神,多么伟大;而今日学生都只想毕业、做生意、娶妻、生子,最后享老福,老死床上。一人如是,人人如是,全国人民都如是怎么得了!所以我说,东四省之失，我们也应负一部分责任！假使我们青年，今后能一改前非，奋勉其进取心，则此后疆隅失地，不难恢复了。这是我希望于诸位同学的一点微意！”

竺可桢的这个报告，是从关心青少年人生观出发的，所以语重心长，其中有些话，在今天还是极有意义的。

2010年3月19日于南京高教新村

别孤岛家人，赋六莫效

王鹏飞

(一) 神州岂容倭寇侵！孤岛我曾入圄图；
男儿慷慨天涯去，宁听家人惜别声?!
(二) 莫效古人饯长亭，长亭饯别伤母心；
母心伤兮酒易醉，酒若醉时难叮咛！
(三) 莫效古人唱骊歌，骊歌声起情婀娜；
婀娜彰兮眷难分，眷难分兮奈若何?
(四) 莫效古人揖灞桥，灞桥一揖关山遥；
关山遥兮信毋绝！音讯绝兮情难消。
(五) 莫效古人叠阳关，阳关三叠路漫漫；
路漫漫兮心恻恻，心恻恻因再见难！
(六) 莫效古人折柳枝，柳枝折后车欲驰；
车既逝兮情犹结，情相结兮长相思；
(七) 莫效古人伤别离，离勿悲兮聚莫疑；
芳草芊芊天涯路，何处青山欠莺啼?!

(摘自《天风海涛集》)

大气物理

论　　霞[①]
——万丈红光映碧寥

霞是一种较为常见的天气现象，从农谚中知道它与降水有一定关系，因此搞补充预报的同志，一开始就对它十分注意。为了辨认霞，有的同志还拿了一本色谱对照天空的霞色，非常认真。

但是并不是每一个人都对霞有正确的认识的。根据我的了解，台站上在霞的方面，有下列一些问题：一、什么叫霞？二、霞是什么颜色的？三、霞在早晚，应当位于哪一方位？四、霞和下雨的关系究竟是怎样的？

一、什么叫霞

霞归纳起来有以下几种说法："霞是一种彩云"；"霞不是彩云，而是彩色的天空"；"霞不是彩色的天空或彩色的云，而是云的彩色"；"霞是指天空的彩色"。这些说法，是目前台站上争论的问题。

由于我们是对照霞的农谚来研究霞与天气的关系的，因此有必要研究一下我国历来对霞的一些看法。

在公元6世纪，六朝人伪托东方朔撰的《海内十州记》中，认为："日者，霞之实，霞者日之精。"宋人伪《三坟书》中"形坟"说："山气——笼烟；川气——浮光；云气——流霞。"《集韵》说："云、日气相薄"叫霞。《说文》中说："赤云气也。"《大广益会玉篇》说"东方赤"。从这些古书中看出，一般古人认为霞是日光(经过色彩分散后的日光)。所谓"精"、"气"、"日气"、东方"赤"等都是指日光。实质上它是太阳实体所生。故曰"日者霞之实"。云面上有了太阳的"气"，所以出现霞(流霞)。它是赤云的气而不是云本身。

当然，也有一些相反的看法。如《广韵》说：霞是"赤气腾为云"。《增韵》说：霞是"日旁彤云，通作赮"。但这是少数。他们认为霞是云的一种，是红色的。

从现代的眼光看，霞也应当是日光，不过这是一种将散射光过滤掉后的日光。太阳光是一种波动的能量，在通过大气层时，发生散射，但散射的能力因与颜色有关的光的波长而不同的，有的波长的光易于散射，有的颜色的光，不易散射(称为"选择性散射")。大气中不同

① 本文曾刊于《气象通讯》1967年第3期。

大小的质粒，对于同一种波长的光，散射能力并不一样。只有很大的质粒，对各种光的散射能力是一致的。而且大气分子及悬浮物愈密，愈不均匀，散射也愈厉害。因此通过厚的大气层射到地面的光，实际上是已经受到大量散射而失去一部分颜色光的日光，这些因散射而失去的颜色光，就成为日光所经过的地区的天空颜色，而剩余的日光，这就是霞。当清晨或傍晚，太阳高度角较低，阳光通过的大气层较厚。失去的散射光也多，霞也最为明显。因此我国一般是将晨昏的霞才称为霞，而其他时间出现的霞，却是很少称为霞的，通常用“三色云”、“五色云”等名称称之。

由于通过大气层后的日光，并不一定就直接能射入我们的眼睛中来，通常是受到云的反射或空气分子和悬浮物的散射后而进入我们的眼睛中的，因此这时所散射的颜色光，就和反射的颜色光是一样的颜色，只是当我们看反射光时，是着了色的反射体，如红云等，而看散射光时，则是着了色的天空。

由此我认为，天空的着色是霞，云彩的着色也是霞；一小片云的着色是霞，大片云的着色也是霞；云底着色是霞、云顶或云的侧面着色也是霞。它们均为大气及其悬浮物散射后的剩余日光。

云之所以有色，是因为自云反射到人目中的日光是彩色的，天空之所以有色，是因为自空气分子或大气悬浮物散射到人目中的日光是彩色的，可见霞不是由云的性质或天空的性质来决定，而是由日光受散射后的颜色成分决定的。

二、霞的颜色

我们先看一下，我国历来对霞的颜色的看法。

唐朝韦充在《余霞散成绮》赋中说：“白日欲没兮红霞始生，……吐丹气于青嶂，为金光于碧虚，……攒红散紫，参差逦迤……。”李白《早望海边霞》诗说：“日出红光散，分辉照雪崖。”宋朝朱熹《晚霞》诗说：“日落西南第几峰，断霞千里抹残红。”元朝曹文晦诗说：“赤城霞起建高标，万丈红光映碧寥。”明朝费元禄《转情集》说：“晚霞乍紫乍红，如浣蜀江贝饰……微步凌波，射练裙而成绮，登高送目、变素面而为绯。”唐杨炯《少室山少姨庙碑》说“青霞起而照天”。

从上面所举的一些文献来看，大多数人都认为霞是红色的。(“红霞”、“红光”、“残红”、“绯”、“丹气”等都是指红色)前面举的《玉篇》、《说文》、《文韵》、《增韵》也都认为是红色的。

但上面还有用“紫、金、青”等字样来描述。说明历来认为霞除红色的以外，还可以有别的色彩。只不过是红色的霞比别的颜色的霞更为多见，因此人们就很自然的将霞和红色联系得更密切些。

说霞有别的颜色，有没有科学根据呢？

有！根据福叶切克(Foitzik)密特莱顿(Middleton)的实验数据图及福叶切克根据对梅(Mie)的散射理论的计算图，看出当大气中质粒比较小时，蓝色光比红色光散射得厉害些，绿色光则散射得不怎么厉害，而随着质粒的增大，蓝色光散射程度就随之减小，红色光反而有加强的趋势，因此蓝色光相对于红光来说，散射的厉害程度就要小得很快。

所不同的是在水滴半径为 0.5～1.5μm 的一段，这里在实际情况下比较简单，因为所取的是平均半径，它是由大小不同的质粒平均而得，因此对有些复杂现象就平滑化了。而理论计算所取的半径是单一的，因此散射的复杂性就很明显了。根据理论计算图，可以归纳为下列几种情况：

（1）当大气中悬浮物的半径小于 0.5μm 时，散射光以蓝色为主，所成的霞主要是红色（1μm＝10^{-6}米＝10^{-4}厘米）；

（2）当大气悬浮物的半径大部在 0.5～1.0μm，之间时，散射光以红色为主，霞是蓝色，或绿色的。如悬浮物半径愈近乎 1.0μm 霞就愈近乎绿色；

（3）当大气中悬浮物的半径在 1.0～1.5μm 之间时，散射光以蓝色为主，所以所成的霞就是红色或绿色的，如悬浮物半径愈近乎 1.0μm，霞愈显得绿；悬浮物半径愈近乎 1.3μm，霞愈近乎红色；

（4）当大气中悬浮物半径在 1.5～5μm 之间时，散射光以红色为主，霞就呈蓝色；

（5）当大气中悬浮物半径在 5μm 以上时，各色光具有相同的散射能力，因此天空是白色的，这就相当于没有霞。

由上面看出，霞是有可能呈各种颜色的，随着大气悬浮物质粒愈来愈大时，霞就可以由浓红—淡红—淡蓝—浓蓝—绿—红—淡红—蓝—淡蓝—白色。

在现代，人们也经常可以看到霞有其他的色彩。例如在日落后人们常常可以看见自没入地平线下的太阳向天空伸出一些扇形的彩带。它们自下而上按红、橙、黄、绿、青等次序排列，最高的地方是白色或青色，这个色序中可能有一些颜色不存在，但变动却很少，这种现象可以按下图来作一些解释（见图 1）。假设人在 E 处，当他向近地平面的太阳方向看时，将看到通过最稠密的大气的日光，在这一部分日光中，其他色光均已在途中散射掉了，剩余的主要是红光，这种剩余日光通过大气分子的散射，就射入人目。而当他向较高的方向看时，所看见的太阳光线因为经过的空气稠密度较稀，失去的色光较少，且愈是向高看，失去的色光愈少，因此由下向上，所看见的霞色，正好与太阳光由波长长的向波长短的次序排列的色谱相似。这种色谱在天空上的投影，就如彩带，许多彩带展开，就像扇面。

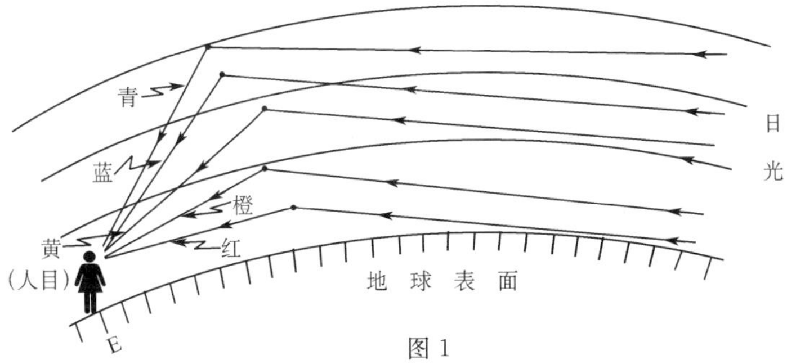

图 1

实际上我们在进一步研究霞时，还应当研究日光在经过大气层时的一些连续变化。例如阳光先通过的是一些稀薄的高层大气，它散射蓝光不很厉害，然后深入到大气分子稠密区，蓝色光消耗不少，如果这时它成为霞，可能是呈红色、橙色等色彩的，不久又进入悬浮粒子半径较大（在 0.5～1.0μm 之间）的气层，于是红色光又被散射掉了，这时，如形成霞，就要看剩余的日光中，还包含着那一些色彩而定。如果还留有绿色，那霞就是绿色，如果是黄色或绿色，那霞就呈黄绿色。

而且即使日光通过的空气是单一的干洁大气，密度均匀，日光在沿途的色彩也会变化。例如按雷莱定律，散射强度是与波长四次方成反比的。因此最先散射掉的，当是紫光、然后是蓝光,但在同一时间,事实上太阳的各色光都在发生散射,哪一种色光先在太阳中散射得近乎零,要看两个因素而定:一是雷莱散射定则;一是日光中这一种色光原来能量的大小,有些波长长的光,虽然按雷莱散射定则,散射量不大,但由于它本身在日光中含量不多,因此它的损失在剩余日光中所起的颜色影响,可能也不应忽视。因此日光在大气中行进,事实上是一个不断改变它本身颜色的作用,它在路上不同地点所在的霞,也应就有不同的色彩。

这就是说,当你正处在日光行进时色光改变为某一颜色的地区,那么你看到的霞,不论是来自云的反射光、或来自大气分子的散射光,或是来自日面,都有可能是这一种色彩的,只是由于反射、散射能力和方位不同,掩蔽程度的不同,霞色的浓淡明暗,才有所差异,如果通过不同大气层的日光也在该区形成霞时,霞的情况就更丰富,霞的色彩就更多样了。

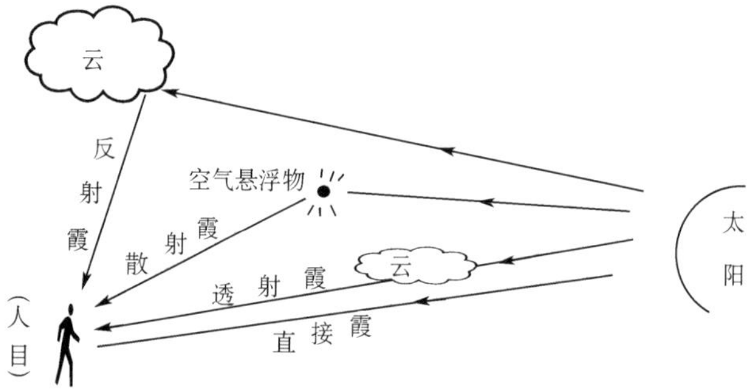

图 2

从图 2 中,可以将霞分为四类:①反射霞。是人目观测到自云或其他物体上(例如雪山、远山、楼房……)反射来的剩余日光;②散射霞。是人目观测到自大气分子或大气悬浮物上最后散射来的剩余日光,它们也代表天空霞色;③直接霞。是人目直接观测日轮表面所看到的剩余日光;④透射霞。是人目看到的透过薄云的剩余日光。这样划分霞,对于深入研究霞,是有帮助的。将来我们可以利用分光计来研究各类霞中光色成分,研究霞光的各种光色,了解太阳光通过大气层悬浮物的特性、种类,从而有助于我们开展单站补充预报。

根据上面的分析,可以认为,霞之有各种颜色,是十分合理的。当然,一般说来,大气中悬浮物的半径多半是在 0.5μm 以下。如霾粒半径就在 0.5μm 上下,过大的质粒,易于沉淀。因此,霞光大多是呈红橙色。古人书中以红色描写霞,现代农民及各台站也认霞色是红的,这是有客观理由的。但作为一个气象工作者只承认红霞,不承认其他颜色的霞,那就不全面了。

三、早晚霞出现的方位

前面已经说过,霞可分为反射霞、散射霞、透射霞和直接霞四类。一般直接霞的方向和太阳是同一方向,因为它就是指早晚的日轮色彩。透射霞也在太阳同一方向居多。而散射霞则在天空的任一部位均有可能出现。只有反射霞,在太阳相对的方向,出现的机会多一些。

为了进一步说明霞不论早晚,在东西方天空均可出现。可用图 3 作一解释。

从图 3 看出:即使是反射霞,在早晨或晚上,都可以在东方及西方同时出现,如图中在 E 处的人,可以面向太阳相对一方的云面,接受到反射霞,也可以面向太阳同一方向,接受到由

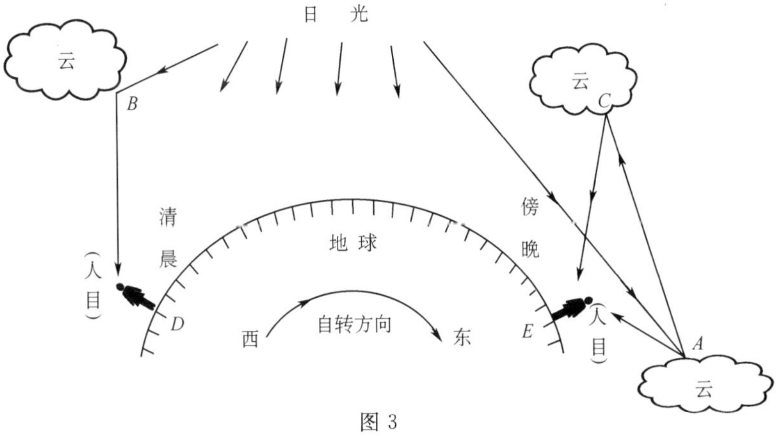

图 3

云面 A 点反射到云面 C 处，然后反射下来的反射霞。

这样，在 D 处的人，当清晨日未出时，他可以看到东天云底出霞，以后随着地球自转到 E 处时，他也可以看到西天云上，尤其是云下部的红霞。当然东天的反射霞、直接霞、透射霞、散射霞，仍有可能继续见到。而傍晚在 E 处的人，他可以看到东天有反射霞（假定地球自左向右转），西天（太阳一方）有直接霞、散射霞、透射霞和反射霞。

总而言之，看霞不要死心眼只看一个方向。

四、霞和下雨的关系

人们喜欢引用“朝霞不出门、暮霞行千里”这一谚语，来说明霞和下雨的关系，如不符合这句谚语的就不认为是“霞”，这是不全面的。因为除了“朝霞不出门，暮霞行千里”外，还有“朝霞暮霞、无水煎茶”的说法。例如在霅川鹤天娄元礼所撰《田家五行》一书中说：

“凡晴天早晚生霞，多主旱。谚云：朝霞暮霞，无水煎茶”。又云：朝霞不出市，暮霞走千里。天雨才止，忽作晚霞，定雨无疑，即如明星照烂地之谓也。或谓，晴天朝霞看颜色断之。乾红主晴，褐色主雨。满天谓之“霞得过”，主晴；“霞不过”主雨。如雨后日出东天，有霞，西天浮云稍厚，雨当立至。唐人诗云：“朝霞晴作雨”，若水年晚霞，谓之北江红。

《田家五行》验证者为证明他的说法，还举了一个例说：

“万历戊申夏，久雨五十余日，常于日没时北天泛出红光，此正古谚所谓水年只怕北江红，至次日仍雨，纵晴亦不过半日耳，最验。”

从这里看出：他对霞与雨的关系，说得很好，主要有下面几点：

(1) 有关早霞的谚语有两类。一类说早霞是晴天，一类说早霞要变天。这要看具体情况。主要是辨别色彩，乾红主晴、褐红主雨。同时应注意：雨后日出东天，有霞，西天浮云稍厚，雨当立至。

(2) 有关晚霞的情况也有两种。一般晚霞主晴（西天俱赤），但若天雨才止，忽作晚霞、定雨无疑。还有在出现“北江红”现象时，晚霞也是主雨。

(3) 霞不一定限于一方，可以是满天的（称为霞得过），也可以不是满天的（称为霞不过），这种满天或不是满天霞，也是判断晴雨的表征。

在徐光启《农政全书》中,也有一番经验。

“谚云,朝霞暮霞,无水煎茶,主旱,此言久晴之霞也。谚云,朝霞不出市,暮霞走千里,此皆言雨后乍晴之霞”。

“暮霞有火焰形而乾红者非但主晴,必主久旱之兆。朝霞雨后乍有,定雨无疑,或是晴天隔夜虽无,今朝忽有,则要看颜色断之。乾红主晴,间有褐色,主雨,满天谓之霞得过,主晴。霞不过,主雨,若西天有浮云稍厚,雨当立至”。

这里,徐光启在辨认霞和晴雨的关系时,除了和娄元礼一样辨别霞色和霞布满天空程度外,还进一步注意了连续几天出现霞的情况,以及霞状(如火焰状)。因而还能由霞辨别久晴和久雨。

从上面可以看出,古人在收集天气谚语方面有很多值得我们学习的地方。他们不只是收集一种说法,而且收集各种不同的说法和农民对这些谚语的看法,当然也许有他们自己的加工,对这些看法虽然不能从物理原因上加以解释,但却用了细致的现象观测代替它,如观测霞的早、晚、色、状,布满天空情况,连续几天的变化,出现在雨后还是雨前、西方云的情况等。使判断天气更有依据。

今天我们除了接收前人的经验,剔其糟粕,取其精华外,还应当将其精华加以发展,用科学的方法加以研究。

霞色之所以有乾红和褐色之区别,与空气中的悬浮质粒的大小有关。在水滴半径介乎1.0～1.5μm之间时,与质粒半径在0.1μm或以下时的情况,虽然出现的霞同样都是红色,但由于下列原因,颜色仍有区别。

(1) 当半径小于0.1μm时,蓝色光的散射比半径介乎1.0～1.5μm时为厉害,而红色散射则比之半径介乎1.0～1.5μm时更不厉害,故质粒小时,红色较纯。

(2) 介乎蓝色及红色光之间的色光,其散射程度,在半径小于0.1μm时与半径介于1.0～1.5μm时也不同,因此剩余的日光成分也有所不同,霞的红色也有不同。

(3) 大水滴有吸收波长较大的光的能力。例如,水所吸收0.7μm波长的光(即红光)的能力为吸收0.5μm波长的光(即青光)的能力的27倍,故空中水滴多时,红色不是很显著。

(4) 在天气变化时,云层可能较多,云与云互相掩蔽的情况也多一些,天空本身比较暗,因此出现的霞在红色中要带一些暗色。

因此霞显乾红,表示空中水汽及吸湿性的大粒少,水滴也少。霞色如红中带褐,说明空中已有一定量的较大水滴。所以乾红主晴,褐色主雨。

在天旱已久时,土壤干燥,白天对流强盛,有一些尘埃腾入上空,到了傍晚,尘埃渐渐在近地面大气中沉淀,当尚未完全沉淀时,已出现霞光。所谓“暮霞火焰形而乾红”,就是由此而起,火焰形是尘埃混乱地自上而下运动所造成的。

关于“霞得过”主晴,“霞不过”主雨。可以这样解释:

“霞得过”是指遍天是霞,这时的霞可能主要是散射霞。由于当时天空云块少,剩余的日光(主要是带红色的),在大气中受到大气分子或小悬浮质粒的散射,因而形成满天红的霞,既然这时空中缺乏大水滴,故出现“霞得过”是主晴。

“霞不过”是指只有一部分天空有霞,这时可能是天上已有一些云彩存在,云彩一方面能造成反射霞或透射霞,另一方面又阻止了霞向全天发展,在云背后的空气难以接受剩余日光,因而不能产生散射霞,故霞就不能布满全天,而且在出现“霞不过”时,因已有云存在,虽然不一定会下雨，但下雨的可能性要比“霞得过”大一些。

由于人们对“朝霞不出门，暮霞行千里”这一谚语比较熟悉，又对中纬度气流的西来，有一个较深的印象。因此将朝霞不出门，解释为雨云已离此而去，天气一时不会转坏。一般说来这并不算错，但对霞与降水的关系如只是从这一方面解释，是不完全合适的。我认为一方面应从大气光学中解释霞的产生原因；另一方面还应更细致地分析出现霞当时的天气情况，再从天气学原理上加以分析。

因此，首先应细致辨认霞的色彩。看它是“乾红”还是“褐色”，是单一的色彩，还是当时天空中有五光十色的霞，从而判断大气中悬浮的质粒或水滴情况。如肯定当时产生的霞是由大水滴形成的后，再进一步研究天气条件，即看当时盛行高空风是什么方向，云彩的移向等，如云彩自西移来，且云层愈来愈厚，说明天将转坏。如云彩是由此地移向东去，其后并无云层自西方移来，则说明此时当地空中水分虽然多一些，但并不见得天气会变坏；如果云彩东西方均有，而东方有霞、西方的云在移向本地，愈来愈厚，则主要应抓西方有厚云移来的特征，因为雨与云的关系，毕竟比雨与霞的关系更为可靠些。

如果有表示大水滴存在的霞时，盛行风不大，这时考虑热力对流的强度，如在傍晚当地附近云彩在向直展方向发展，热力对流很强，即使西方无云移来，仍有天气转坏的可能。但如云层消散中，则即使有很显著的霞，天气仍不致转坏。因为霞的形成，虽然与空中悬浮的质粒有关，但雨的形成，不一定必须是系统性雨，地方性的条件有时也能造成降水。

如果在台风季节，或正处于盛行东风季节的地区，天气系统一般是自东方移来的，这时在考虑天气转坏时，就不应像上面所说的那样注意西方移来的云，而应当注意东方的来云，如东方来云愈来愈厚，天气就有可能转坏。

由此可见，霞与降水的关系是比较复杂的。从研究霞与降水的关系中，我们也可看出，在运用任何天气现象来作单站补充预报的指标时，应深刻领会它的意义和特征，进行具体分析，而不是单凭谚语的表面意义，不加消化地运用。

羲和颂

王鹏飞

羲和扶辇晓暾升，五岳四海唱煦春；
燮理阴阳开曙色，颉颃霜雪运巨钧！
神州久赖支危垒，六合顿悲失厚坤。
正愁七星灯烬灭，阑夜岭头又绯曛！

（摘自《天风海涛集》）

主要晕象的形成原理①
——解释辽宁皮口镇奇异晕象

当薄绡似的高云掩盖天空的时候,在日月光轮的周围,往往会出现形状奇幻的晕象,有时还带有彩色,特别引人注目。

晕具有各种形状,常见的环形晕有22°圆晕、46°圆晕,假日环等;常见的弧形晕有各种切弧,有的晕形似直带(如日柱),有的晕呈光斑状(如假日)。有时好几种晕一起出现,有时单独出现,出现时各部分明显程度不同。在色彩方面,有的有色,有的无色。就出现的天空部位来说,有的出现在太阳或月亮的近旁,有的却出现在日月相对一侧的天空中,千种百样,十分复杂。但是就其主要形成过程来分,则不外乎分为反射晕和折射晕两大类。有些晕象的形成过程兼有反射和折射,也还有些晕象,在形成时穿插有衍射过程。

一、形成晕的云雾及其冰晶

晕是日月光受到冰晶的反射或(和)折射而形成的光象。所以天空有晕时,必然伴存冰晶云。如果冰晶撞冻了许多细小过冷却水滴,表面不平滑,内部含有许多空气泡,很不透明,就起不到对日月光的镜面反射及折射和透射的作用。只有那些表面光滑而又可透射过日月光的冰晶的云雾,才能出现晕象。

近年来根据飞机取样,发现卷云中存在的冰晶多为简单炮弹形、玫瑰花结形、六角柱形,此外还有少量的片状晶、双角锥柱状晶(见图1)。这些冰晶的主轴在云中的取向,对形成什么形状的晕,有很大关系。

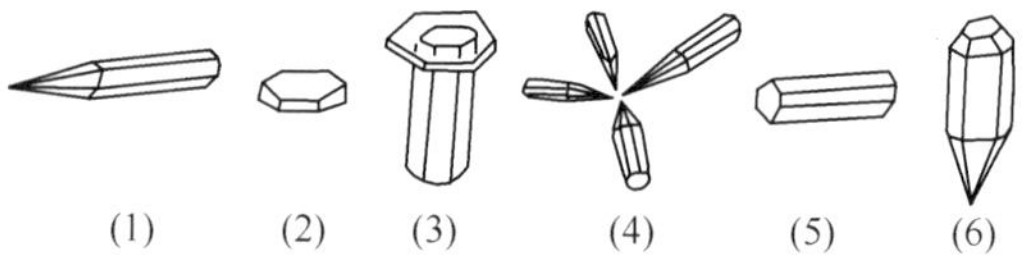

图1　形成晕象的各种冰晶

(1)炮弹状;(2)片状;(3)蘑菇状柱形;(4)玫瑰花结形;(5)六角柱形;(6)双角锥柱状

单有冰晶存在还不是出现晕象的充分条件。冰晶稀少,它们对光的干扰是微弱的。如果一群冰晶取向杂乱,它们对光的反射、折射也是杂乱无章的,不能出现晕象。只有在冰晶取向大体一致又有足够密度的情况下,晕象才能出现。因此,我们先来看看冰晶在云中取向的情况。

一般说来,六角柱形冰晶及简单炮弹形冰晶是以长轴大体呈水平方向的位置飘浮的。玫瑰花结形是由各简单炮弹形冰晶的尖端连结而成。它们在空中的取向,要看各冰晶的质

① 本文曾刊于《气象》1981年12月号。

量分布而定。如果质量很均匀，就较为水平，否则质量较重的一侧将位于下方。花结状冰晶，仅在尖端相连，所以很容易破裂成简单炮弹状冰晶。双角锥柱冰晶的两端角锥，如大小均匀，则冰晶主轴取向应是水平的；如果一端质量较大，则以质量大的一端下垂而悬浮。蘑菇状冰晶在空中飘浮时，好像一顶降落伞，所以其片状端在上方，主轴是指向铅直方向的。上面所说的主轴取向，是在较稳定的云中的一般情况。实际上冰晶取向总是在平衡位置左右前后摆动的，有的绕某些对称轴回旋。当有定向的风在云中吹拂时，那些垂直悬浮的冰晶，其主轴可以一致向某一平衡取向偏离若干角度，从而使晕象的方向也有某些变化。

二、反射晕

最简单的晕象是反射晕，它的形成仅与日月光在冰晶表面的反射有关，常见的反射晕是日(月)柱和假日环等。

1. 日柱　日柱是指通过太阳向上或向下的黄色晕条，它常出现在晨、昏时分。这种晕条，在太阳上方的叫上日柱，在太阳下方的叫下日柱，其形状见图 2。日柱形成原理见图 3，HOH 为地面，S_1-S_7 为日光(下同)，O 为人目(下同)，BAC 为天穹，粗短线为冰晶的反射面。设阳光 S_4 在冰晶上发生反射，其反射角及入射角都为 β，又由冰晶 A 的反射面送来的日柱晕光相对于太阳的高度角为 α。那么，由于 S_2 平行于 S_4，2β 和 α 为同侧内角，所以 $2\beta+\alpha=180°$，由此即得：$\beta=90°-\alpha/2$，这就是冰晶反射面的取向表达式。如果沿太阳地平经圈向太阳上方或下方 α 角处看日柱，那么日柱在此一方向的冰晶反射面必须符合上式的取向，即其法线与阳光来向间的夹角必须等于$(90°-\alpha/2)$。根据这种取向，靠近太阳附近的冰晶，其反射面必然近乎水平。最具有这种条件的是片状冰晶，而在太阳相对一侧的天空，要产生日柱，必须反射面近乎铅直，但片状冰晶的顶底面是近乎水平的，因此，日柱很少延伸过天顶。

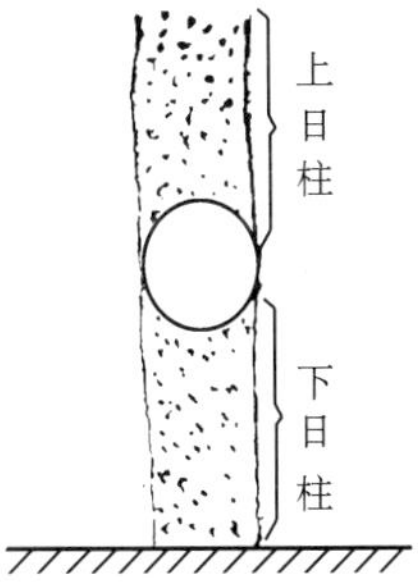

图 2　日柱图

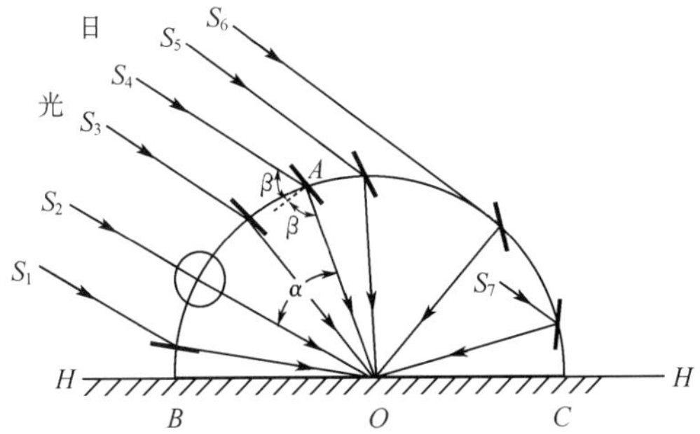

图 3　日柱的形成

日柱是反射晕的一种，反射光一般不发生色散现象。但日柱多出现在傍晚或清晨，那时，太阳高度角较低，阳光要透过较厚而密的大气层，较短波长的光已散射掉很多，剩余的是波长较长的光，所以日柱往往带有黄橙色。由于太阳是一个光盘，片状冰晶的主轴在其平稳位置附近也有摆动,所以日柱是一条贯穿日象的宽带。如上日柱与下日柱同时出现,则形成了"白虹纵贯日"现象。

2. 假日环　假日环是指通过太阳且围绕天顶的淡白色光环,即形成所谓"白虹横贯日"的现象。假日环的任一部分的高度角,都和太阳的高度角相等。由于各种假日往往出现于此环附近,所以就具有假日环的名称。假日环的形成参看图4。图中 C 和 C' 为冰晶,其反射面的法线分别为 CW 和 $C'W'$,它们都是水平的,因此反射面都垂直于地面。太阳高度角为 β,CO 及 $C'O$ 为从冰晶反射过来进入人目的光,也就是晕光。可以看出,由于入射角等于反射角,即 $\beta_2=\beta=\beta_3$。又由于平行线的内错角相等,所以 $\beta_1=\beta_2=\beta_3$。这就证明了 $\beta_1=\beta$,保证了晕光的高度角和太阳的高度角相等。反射晕光的冰晶 C 与 C' 高度不同,但所提供的晕光,其高度都是 β_1。

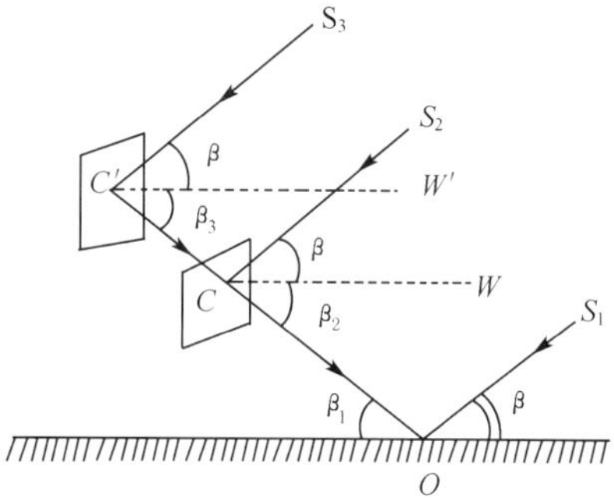

图4　假日环冰晶反射面垂直于地面的示意

反射面铅直的冰晶,要造成假日环,其反射面法线的取向方位,应当有什么规律呢?这可参看图5。图中人目位于 O 点,C_1 到 C_7 表示在观测者的四周的冰晶的反射面,如果 α 为假日环某点晕光相对于太阳的方位,γ 为冰晶反射面法线相对于阳光来向的方位,那么,由于 2γ 与 α 角为平行线的同侧内角,所以 $\alpha+2\gamma=180°$,从而 $\gamma=90°-\alpha/2$。这就是说,如果我们观测假日环上距日象左右 α 角的地方,那么该处的冰晶反射面除必须垂直于地面外,反射面的法线和入射阳光的夹角 γ 必须等于 $(90°-\alpha/2)$。至于各冰晶具体距地高度,则可允许有高低不同。太阳高度角愈大时,假日环就愈接近天顶,因而其差就愈小。

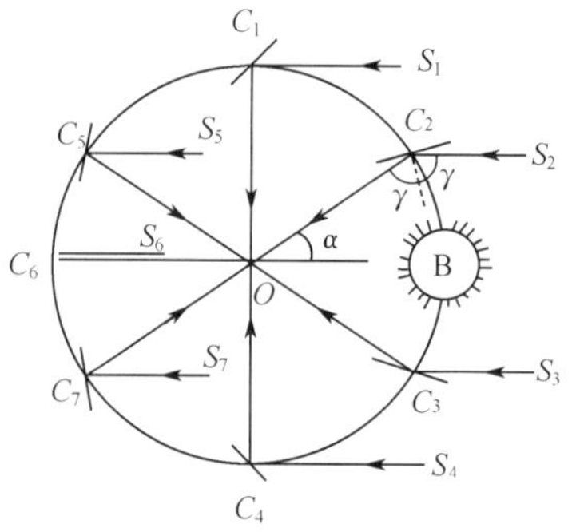

图5　假日环的冰晶反射面法线的方位取向

三、折射晕

折射晕最常见的是22°及46°圆晕,22°假日。还有各种切弧。这里只介绍其中的几种。

1. 22°假日　当太阳接近地平线时,在太阳两侧,与太阳方位相距约22°的地方,可各出现一个光斑,称为"22°假日"。这种假日,一般带红黄色,距太阳较远的一端,常带蓝紫色。22°地平假日的形成见图6。图中 HH 为在太阳一侧的天地交界线,A、A'、B、B' 为四个主轴垂直于地面的柱状冰晶。阳光 S_1、S_2、S_3、S_4 以41°的入射角投入柱状冰晶的一个侧面,并折射到冰晶内隔一个侧面上,以最小偏向角折射而出。这样,入射光与出射光之间的夹角约

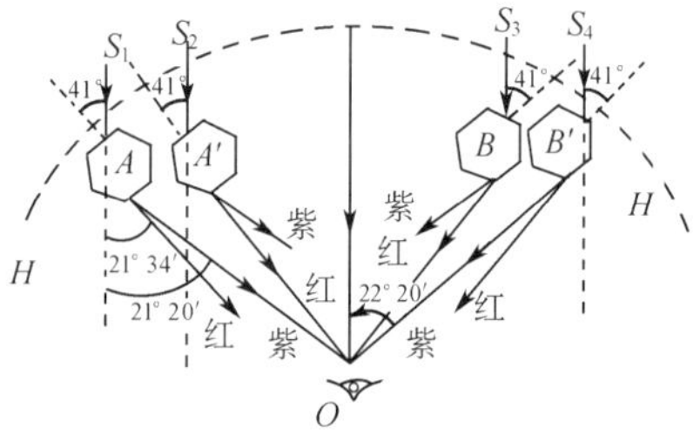

图6　22°地平假日的形成

为 22°。这种出射光进入人目，光的来向与太阳的方向间的夹角也将是 22°，从而形成 22°的假日。由于日光经过冰晶发生折射时要色散，但色彩在近太阳一侧以红色较为明显，尤其当太阳近乎地平线时，阳光短波部分大部已散射损耗，所以地平假日的色彩主要带红橙色。如果太阳高度角较高，那么光在垂直悬浮的冰晶内所经过的光路，并不垂直于冰晶主轴，这时的假日，也就要略大于 22°。有时，由于冰晶主轴有在垂直取向位置上摇摆的现象，使冰晶中的光路并不都垂直于冰晶主轴，再加上由最小偏向角的光到最大偏向角的光都能出现一定的假日，这样就会使好几个假日在太阳同高度上相连，形成圆弧形假日光斑，这假日斑与假日环几乎重合，这也是假日环之所以称为“假日环”的原因。但这样形成的假日斑，属于折射晕，是带有彩色的。与由反射阳光而成的假日环机制并不相同。

2. 22°圆晕　这是环绕太阳晕环半径约为 22°的彩色光圈。知道了 22°地平假日的形成，对 22°圆晕的形成也就容易了解了。可以将 22°圆晕看作是以太阳为中心，以太阳与 22°地平假日的距离为半径的一个圆，此圆任何直径的两端都是一对假日。每个假日所相应的冰晶位置取向，应符合下面几个条件：(1)六角形冰晶的主轴在该假日处，应与 22°圆晕相切。(2)人目、太阳、假日组成一个平面，光路平面应与此平面重合。(3)入射到冰晶侧面的日光，其入射角约为 41°，而冰晶的入射侧面与出射侧面的交角为 60°，如图 7。

从图 8 可以看出，冰晶主轴都与晕环相切，符合上面指出的三个条件。一般说来，22°圆晕在日月位置接近天顶时最易出现。这是因为根据云中实测及实验室中试验，在温度低于 −20℃时，冰晶多呈炮弹形及六角柱状，它们的主轴都是近乎水平的。这就给予主轴与晕环相切的优越条件，有利于形成 22°圆晕。且冰晶的主轴摆动，使日月即使位置并不正好位于天顶，也能出现 22°圆晕。在太阳高度角较低时，各冰晶主轴取向与晕环相切的条件，就不容易满足。圆晕常不很完整。

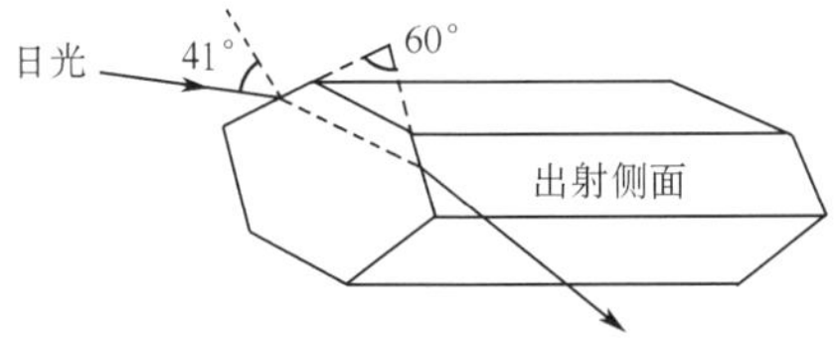

图 7　22°圆晕的形成原理示意图

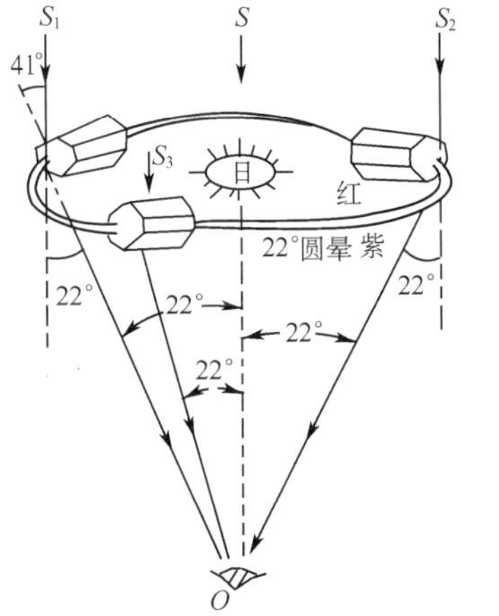

图 8　形成 22°圆晕时相对于冰晶的光路

22°圆晕也是具有彩色的，日晕色彩较明显，月晕色彩较淡，其色带排列为内红外紫。人目见到的 22°晕环上任一点附近的各色晕光，并不来自同一个冰晶。

3. 46°圆晕　这种晕与 22°圆晕是同以太阳为中心的，但半径比 22°圆晕约大一倍。色带排列也是内红外紫。

46°圆晕由日月光通过冰晶上夹角为 90°的两个面(一个是侧面，一个是底面)折射而成。

一般入射角是68°。最小偏向角是46°。冰晶在空中的配置,至少有三种型式:当空气中冰晶均为六角柱形时,46°圆晕多由主轴绕水平方向摆动的柱状晶造成(如图9)。当冰晶均为蘑菇状柱形时,则多由主轴绕铅直方向摆动的冰晶造成。当云中冰晶具有多种形状时,46°圆晕可由不同形状的冰晶折射送来的光所组成。

现以冰晶为六角柱的情况为例说明如下:若太阳正在天顶,要产生46°的圆晕,入射冰晶的阳光入射角应为68°,冰晶主轴必须与水平交22°角(90°−68°=22°)。这时主轴必须以水平方向为标准有较大的振荡。这就需要云中有适当的乱流,在这种乱流影响下,22°圆晕和46°圆晕就可能同时出现。如果没有这种乱流,就只能出现22°圆晕,如果空中只有蘑菇状冰晶,当时只能出现46°圆晕。由此可见,出现什么样的圆晕,就可以间接知道空中存在什么样的冰晶和乱流情况。

4. 46°下斜弧　这是指在太阳下方所出现的一些向太阳方向凸出的彩色晕弧(如图10)。它接近太阳的一侧呈红色,远离太阳的一侧呈紫色,这种晕弧的形成仍与一些水平飘浮的六角形冰晶有关。设水平飘浮的六角形冰晶的主轴所指的方位与太阳的方位差$\omega_{角}$($\omega_{角}$的要求后面再谈),阳光从这种冰晶的一个底面入射,发生折射,并在一个大体向下的侧面出射,其最小偏向角与46°圆晕相同(45°44′),而且由于空中这类冰晶很多,其大体向下侧面的法线与铅直面交成各种不同的角度。在上述情况下,从各种取向的大体向下的侧面出射的晕光,在人目中就显示为46°的下斜弧。

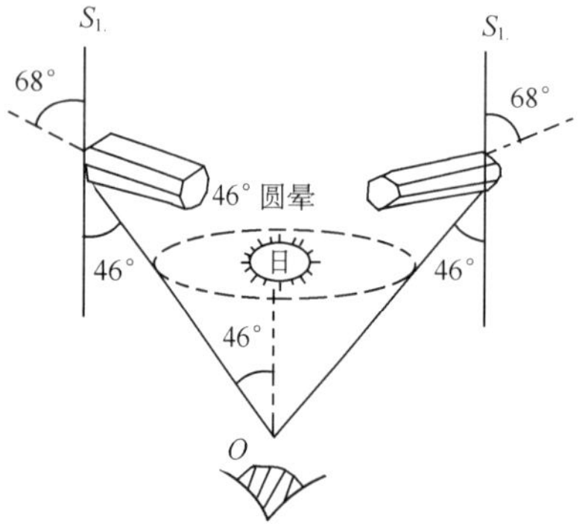

图9　形成46°圆晕的冰晶取向

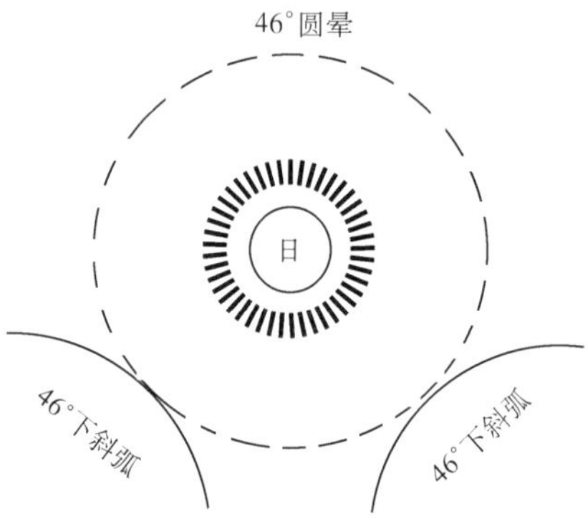

图10　46°下斜弧

具体形成的原理见图11。图中S为阳光,P为水平飘浮的六角柱冰晶,其主轴取向为$O'H'$。太阳方位以$O'S'$表示,$O'H_1'$与$O'H'$的夹角为ω,太阳高度角为h。阳光在冰晶P的一个底面入射,并在一个大体向下的侧面射出,进入人目。入射角为α,射出的阳光与水平方向冰晶主轴的交角为α'。按照这个角,人目看到的是晕光在天空的投影M点。(图11中$NH_1'H_1HH'$为天穹视向)当射出光的侧面正向下方时,这一点是46°下斜弧最接近太阳的一点。由于空中各个冰晶大体向下的侧面法线对称于垂直向下的法线而有各种角度,它们射入人目的α'角也就各有不同。因此当人目(O)接收到来自各冰晶的晕光时,这些晕光在天穹的投影KML就形成一条晕弧,这就是46°下斜弧。此弧基本上是以H'为中心的,这种46°下斜弧,不一定和46°圆晕相切。但是当$\alpha=67°57''$,且光线在冰晶中射出时,与原阳光方向相比,其最小偏向角为45°44″时,这个下斜弧就与46°圆晕相切,其切点就在M点,这时就称 46°下斜弧。如果卷层云在太阳地平经圈左右都均匀分布,情况相似,那么这种 46°下斜弧就会在太阳地平经圈左右,各出现一个。

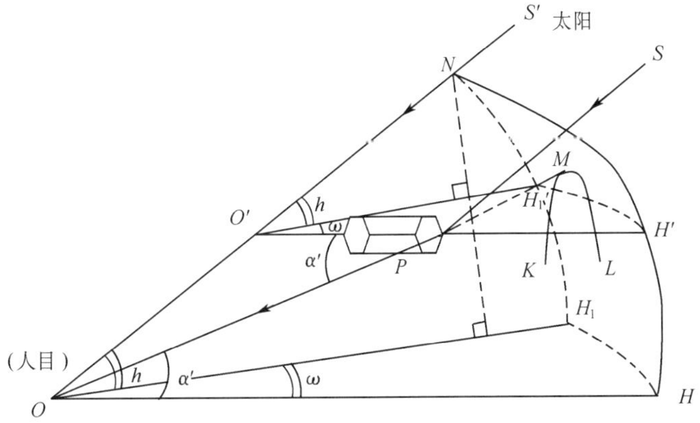

图 11 46°下斜弧形成原理图(KML 即为 46°下斜弧)

根据计算,太阳高度角 h 不同时,由于 α 不同,所以 α' 也就不同,从而所产生的 46°下斜弧的位置也会有所变化。当太阳在地平线上时($h=0°$),切弧位于太阳两侧[图 12(a)]。随着太阳的升高($0°<h<67°57'$),切点就渐渐下移,而且左右两个下斜切弧是同时下移的[图 12(b)]。当太阳高度角等于或大于 67°57′时,此两个下斜切弧的切点就合并于太阳正下方[图 12(c)]。

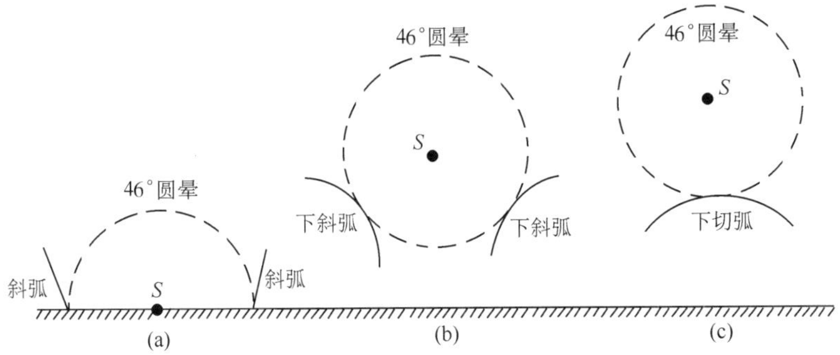

图 12 不同太阳高度角时的 46°下斜弧

上述冰晶水平主轴的取向与太阳方位的交角 ω,随着太阳高度的不同,是有一定限制的。即当太阳在地平线上时,ω 必须等于或大于 57°48′。但当太阳高度角在 57°48′以上时,冰晶主轴方向就必须指向太阳正下方的地平线上(即 $\omega=0°$)。

5. 46°上斜弧 这是指在 46°圆晕上方出现的一些晕弧。在不同的太阳高度角时,其形状及位置如图 13。色彩也是靠近太阳的一侧带红色,远离太阳的一侧带紫色。形成 46°上斜弧的情况与形成 46°下斜弧有些类似,只是阳光入射的地方是在水平悬浮的冰晶的侧面,而出射面却是一个底面(图略)。

6. 120°假日 120°假日出现于跟太阳方位为 120°的太阳同高度两侧。当太阳在地平线上时,柱状冰晶必须侧面垂直于地面,而且阳光垂直于冰晶主轴也平行于某一侧面时,方能

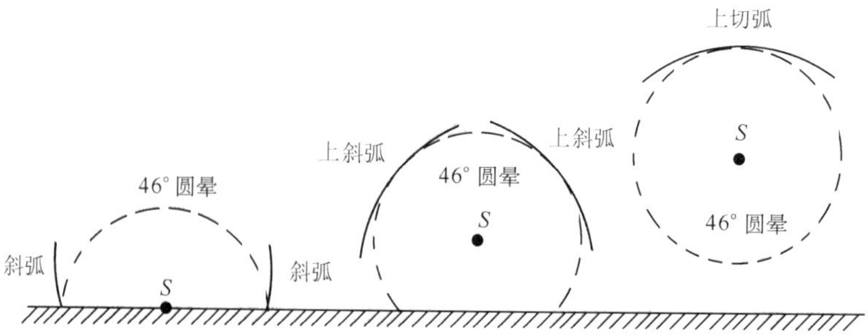

图 13　46°上斜弧在不同太阳高度角的情况

形成，见图 14。图中阳光 S_1 及 S_2 以垂直于冰晶主轴(主轴在图中是垂直于纸面的)，并且大体平行于冰晶侧面而入射，入射角约为 90°。在折射入冰晶内时，其折射角约为 49°46′。这个角度是全反射临界角。在冰晶内，光线在相邻一个侧面上发生内反射，由于这时内反射的反射角为 70°14′，已远大于全反射临界角，所以发生的是全反射，结果光线就反射到再相邻的一个侧面上，最后又以几乎平行于该侧面的方向折射出冰晶。人目这时所看到的，将是距太阳方位为 120°的两个假日，即 120°假日。由此可见，120°假日形成的条件是：空中冰晶的侧面须大体平行于太阳光线来向。当太阳位于地平线附近时，冰晶的主轴应几乎垂直于地面，而当太阳在天顶时，冰晶的主轴应几乎平行于水平方向。

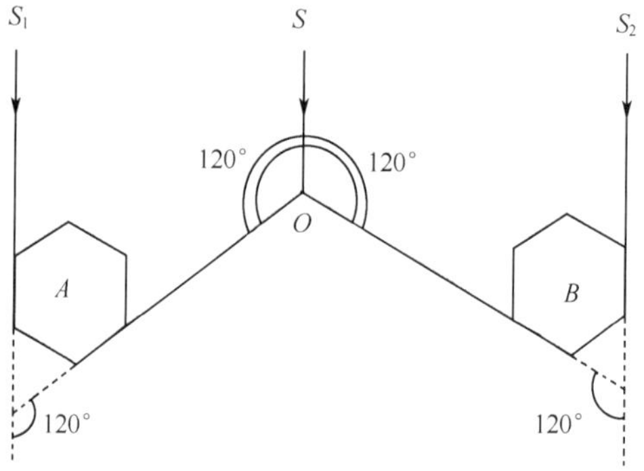

图 14　120°假日的形成

有趣的是，这种假日虽然是由折射作用所造成，却基本上是白色的。这是因为日光折射入冰晶时，虽有色散现象，但在射出冰晶时，因出射阳光的出射角相同，所以各色光又重新合并为白色的了。

7. 120°假日弧　120°假日弧是由于产生 120°假日的冰晶，其主轴在保持侧面大体平行于日光的条件下，有各种不同的倾斜角 θ 所致。图 15 中 S 为阳光，$ABCDEF$ 面及 $ABC'D'E'F'$ 面为两个冰晶的横截面，它们间的夹角为 θ。但它们分别与各自的主轴垂直，其 DE 及 $D'E'$ 边都与当时的阳光平行。因此这两类冰晶的取向，应当都能产生 120°假日。但由于 θ 角包括一定的连续变化范围，所以由此而造成的 120°假日，就能连续出现一条 120°假日弧。这种假日弧应在合适条件下在太阳两侧各出现一条，并与假日环相交如图 16 所示。

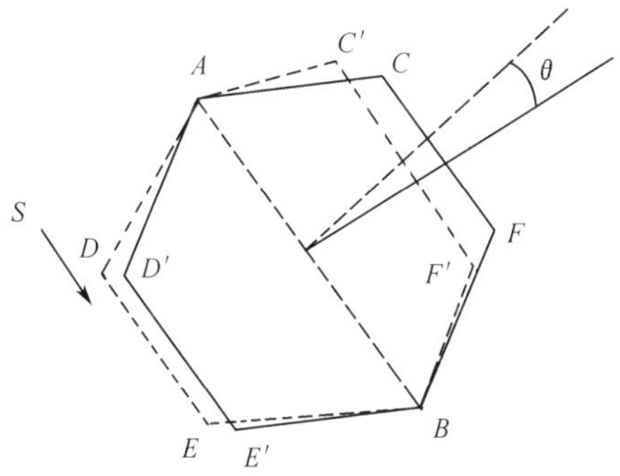

图 15　倾斜角 θ

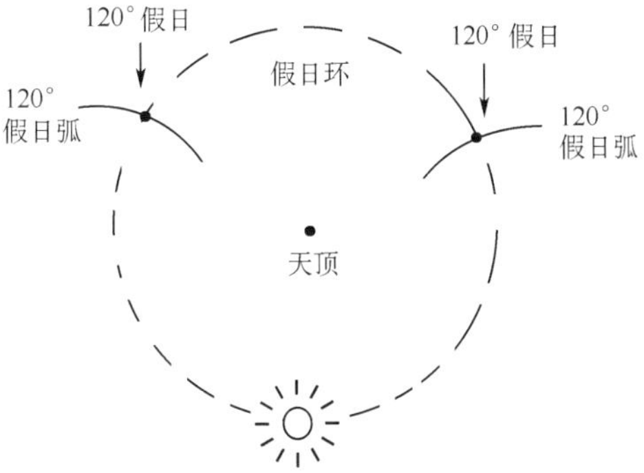

图 16　120°假日和 120°假日弧

8. 60°对日晕　有时在太阳相对的天空上，以对日点（由太阳、人目连线延伸到天穹另一侧上的一点）为中心可出现一些圆晕，称为对日晕。对日晕有各种半径。这里只介绍 60°对日晕（图 17）。图中 S 为太阳，S' 为对日点，通过 S 及 S' 点的大圆为天穹，CD 圆为地平面。假定人目在地平面上，$SAKB$ 为假日环，A、B 为两个在假日环上的 120°假日，$EAGFHB$ 为 60°对日晕。这个对日晕的晕环虽然距太阳为 120°，但如以对日点为中心来看，其半径角只有 60°，所以称它为 60°对日晕。一般的对日晕，是带有彩色的，晕环内紫外红。如果把太阳一侧称为“内”的话，仍可称为内红外紫，因为红色是偏于较接近太阳的一侧。但是 60°对日晕基于和 120°假日同样的原因.是不带彩色的。从图 17 还可以看出，这个 60°对日晕的一部分（GFH）是在地平面以下，人们能看到的仅是露出地面以上的一部分。当太阳高度角较低时，这个 60°对日晕就可以与假日环相交，交点就在 120°假日处，如图中的 A、B 两点处。

60°对日晕和其他对日晕有一个共同的有趣特点，即当光源太阳自地平线上升时它就下降，太阳自地平线下降时它就上升。如果在图 17 中人目 A 处来看，60°对日晕与假日环的相对配置，如图 18 所示，那么 60°对日晕是怎样形成的呢？正如 22°圆晕可以认为是由 22°假日组成的一样.我们可以认为 60°对日晕是由 120°假日所组成的。当有 60°对日晕存在时，对日晕上分布的冰晶，其侧面都是既平行于阳光，而其主轴又是垂直于阳光的。如以太阳与 120°假日的距离为半径，以太阳为中心所作出的天穹上的晕环，那就是 60°对日晕。

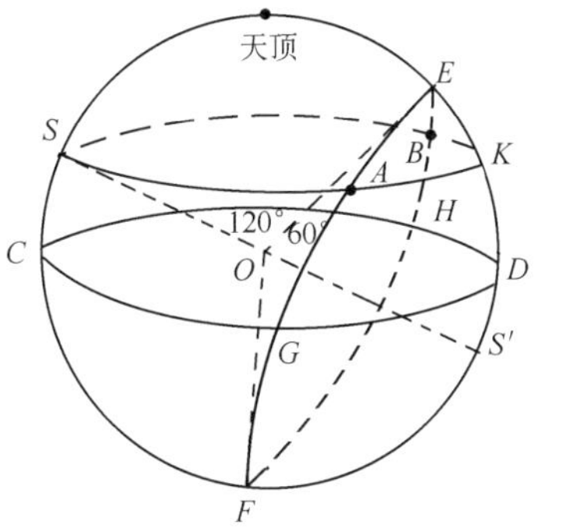

图 17　60°对日晕现象

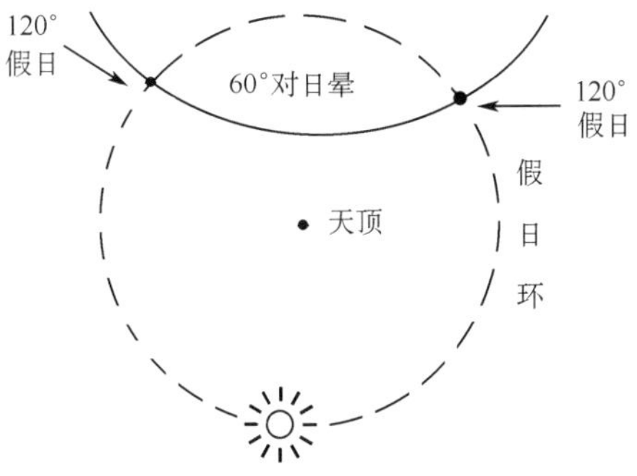

图 18　60°对日晕和假日环

9. 90°圆晕　90°圆晕是折射晕的一种。这种晕自晕环到太阳中心的角半径约 90°。当然是内红外紫的彩晕。形成 90°圆晕所需的冰晶是双角锥柱状冰晶，锥顶半角约为24°51′(参看图 1)。90°圆晕的形成原理见图 19。假定太阳位于天顶，人目四周应当有许多类似的双角锥柱状冰晶对称分布。阳光从冰晶的上端角锥斜面以 20°25′的入射角折射入冰晶内，在对面一个斜面上内反射后，就沿柱体主轴的方向反射到下端角锥的一个斜面，再度发生内反射，射向对面的一个面，再折射脱离冰晶水平地进入人目。晕光与入射冰晶的阳光呈 90°的偏向角。产生 90°圆晕的冰晶应基本上位于近地面附近。如太阳不位于天顶，那么 90°圆晕就只能出现露出地面以上的一段，地面以下的一段，只有在高山陡峰上或飞机上才能观测到。实际上，除太阳位于天顶的情况处，在天空显现的 90°晕段总不是整圆晕环，且当太阳高度角低时，晕环最高点的高度角就高，反之，则低。

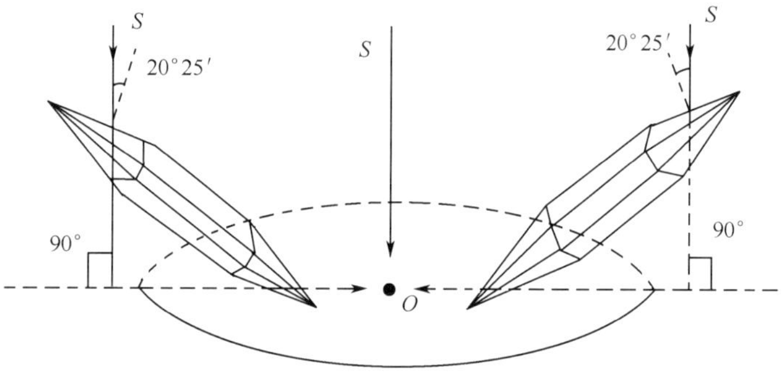

图 19　90°圆晕的形成原理

一般说来，90°圆晕是罕见的。因为双角锥柱状晶在云雾中并不很多，而且当太阳近地平线时，要其主轴近乎水平(两端的角锥重量几乎均匀)。而当太阳近天顶时，其主轴应较为铅直(下底的角锥生长得比上端为完整，重量较大)：如果太阳高度角介乎 0°～90°之间时，要有从太阳相对方向吹来的一定强度的风，使各冰晶的主轴仍能保持几乎平行太阳光的来向。这种机会，当然是不多见的。

10. 22°上下切弧　在 22°圆晕上下方，往往出现一些复杂的切弧，形状随太阳高度角不同而有变化，其情况如图 20 所示。

这种 22°上下切弧是怎样形成的呢？可参看图 21，当太阳高度角为 h，OS 与 NM 互相垂直，则通过 S 及 NM 可得一个平面 NSM，形成 22°上下切弧的冰晶 A、B、C 的主轴就位于

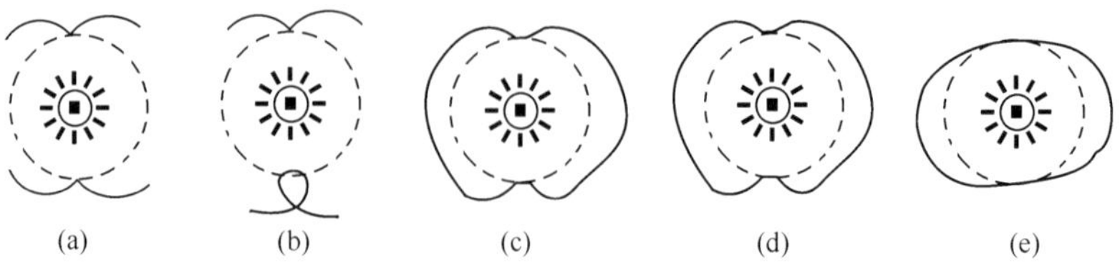

图 20　22°上下切弧随太阳高度 h 而变化的情况
虚线为 22°圆晕，实线为 22°上下切弧
(a) $h=0°\sim14°$；(b) $h=15°\sim25°$；(c) $h=26°\sim35°$；(d) $h=36°\sim44°$；(e) $h=45°\sim70°$左右

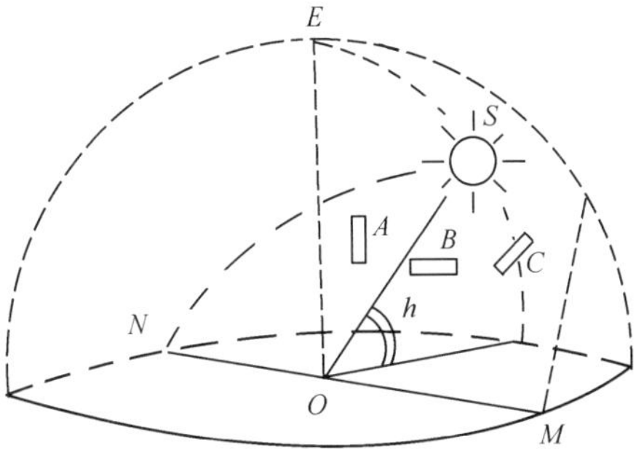

图 21　22°上下切弧形成时冰晶主轴的取向

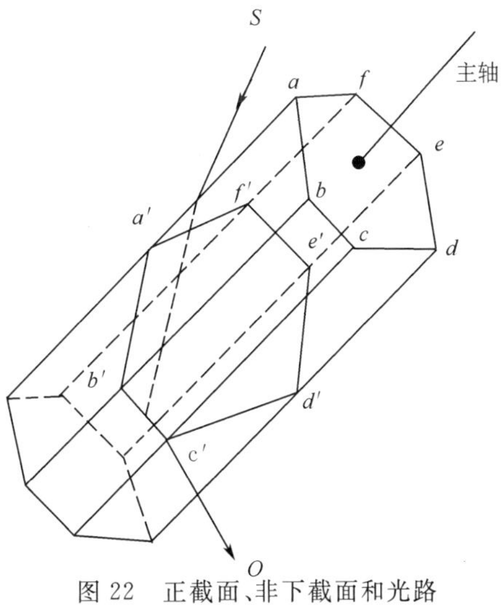

图 22　正截面、非下截面和光路

这个平面上。由于主轴在这个面上的冰晶，可以有各种取向，所以阳光通过冰晶的一个侧面进入冰晶，然后又在与入射侧面交成 60°的另一侧而射出冰晶时，其在冰晶内的光路，并不一定垂直于主轴，而是与主轴相交成不一定是直角的面，称为非正截面（与主轴相垂直的面，称为正截面）。在图 22 中画出了正截面 $abcdef$ 及非正截面 $a'b'c'd'e'f'$。图中还显示阳光 S 在冰晶内通过非正截面的光路。由于冰晶的主轴是在图 21 的 NSM 面内，所以这些非正截面都必须是正好垂直于 NSM 面。

事实上，如太阳高度角为 h，那么贡献 22°上下切弧的光的冰晶，主轴只要位于与 NSM 面平行的面上就行了。例如在图 23 中，A、B 为主轴位于平行于 NSM 面的距地高度分别为 d_1、d_2 两个冰晶的非正截面，阳光都以高度角 h 入射到冰晶非正截面上去，其光路分别有 S_1O、S_3J、S_4K、S_6O。从人目看来 S_1O 是构成 22°上切弧的晕光，S_6O 是构成 22°下切弧的晕光。

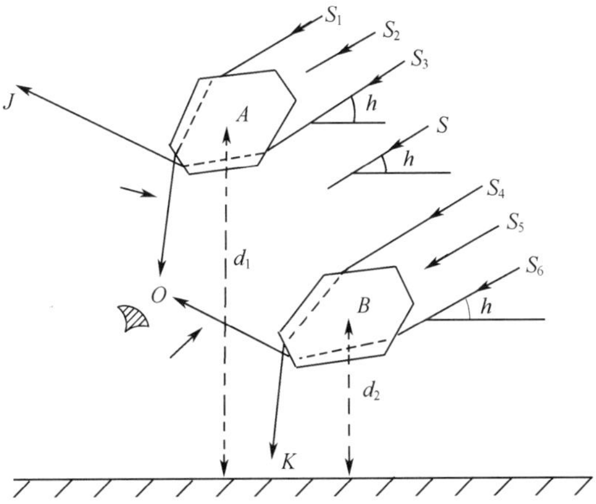

图 23　22°上下切弧的晕光由来

当太阳高度很低或很高时，处于不同距地高度 d_1、d_2 的冰晶主轴，几乎是平行的，所以形成的上切弧和下切弧的形状是对称的。但当太阳高度角中等大小时，冰晶在下降过程中主轴趋于水平。这样，22°上下切弧的形状就不一样。我们知道，冰晶的侧面在空中是可以绕主轴回转的，因此非正截面虽然垂直于图 21 中的 NSM 面，但光路对某些位置侧面的冰晶来说却可以保持在平行于 NSM 面的方向上，这样就使 22°上下切弧呈左右对称的现象。22°上下切弧是折射晕，带有色彩。色彩排列是靠近太阳一侧带红色，远离太阳一侧却是带紫色的。

形成 22°上下切弧冰晶，在太阳高度角较高时，多为蘑菇状晶、杯状炮弹形晶、或双角锥柱晶;在太阳高度角较低时,多为六角柱晶;在太阳中等高度时,应是蘑菇状晶、杯状炮弹形及两端角锥发展不均匀的双角锥柱状晶,并且需要有一定方向和大小的风。

四、对皮口镇奇晕的解释

前面我们已对一些主要的常见的晕象形成原理作了扼要的说明。一些复杂的晕,大多是一些基本晕象的组合。

《气象》编辑部转来了辽宁新金县皮口镇乔玉珍同志的来函,函中反映了一组奇晕(见图 24),要求解释。

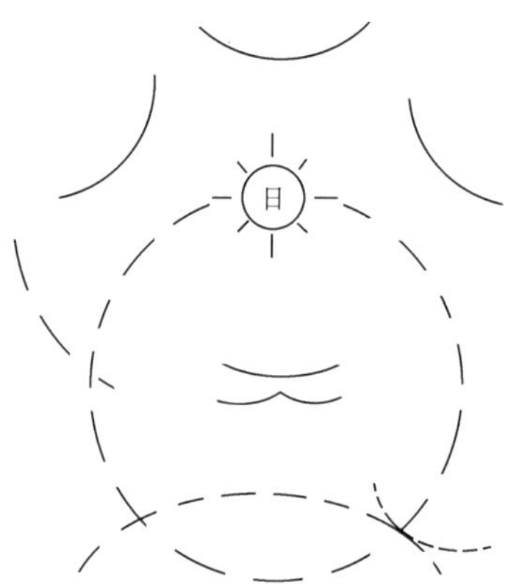

图 24　皮口镇的奇晕

(此图是按照来函所反映照画的。虚线为白色晕,实线为彩色晕)

对天空奇异晕象的解释,目的之一就是破除迷信。皮口镇的纬度约为 39°N,出现奇晕的那时是 1977 年 1 月 16 日 11 时,太阳直射的地点约在 20°S。当时皮口镇太阳的高度角应约为 31°(见图 25)。可以认为皮口镇的复杂奇晕是由假日环、22°圆晕、22°上下切弧、120°假日弧、60°对日晕、90°晕环、46°下斜弧等共同组成的(如图 26 所示)。图中 90°圆晕色彩较淡,看来似乎无色。在太阳正下方的向太阳方向凸出的弧,由于原函所画比较粗略,较难判断。但根据晕的形成原理,可以出现相类似的位于太阳正下方的向太阳方向凸出的晕弧有三种:①围地平弧;②46°下切弧;③22°下切弧。由于围地平弧仅在太阳高度大于57°48′方能出现,46°下切弧一般并不与46°下斜弧同时出现,它只当太阳高度角大于或等于67°57′时才能由左右 46°下斜弧合并后出现(见图 12)。而皮口镇出现这个晕时,太阳高度角仅 31°左右,所以是不可能出现围地平弧或 46°下切弧的。于是剩下来唯一可能只有 22°下切弧,当时太阳高度角减去 22°圆晕的半径角尚有 9°~10°左右的天空容纳 22°下切弧,说明出现 22°下切弧最为可能。

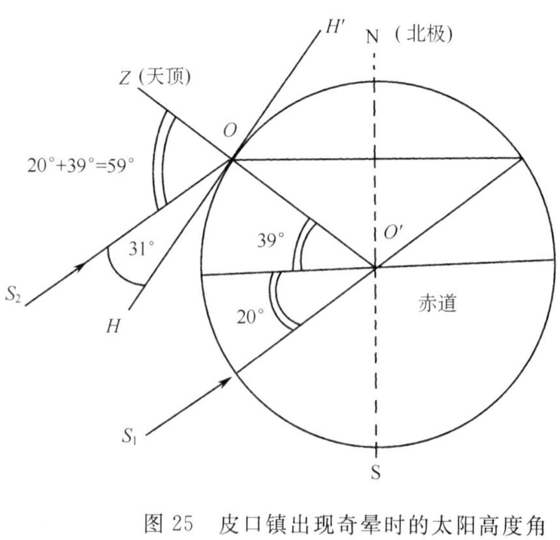

图 25　皮口镇出现奇晕时的太阳高度角

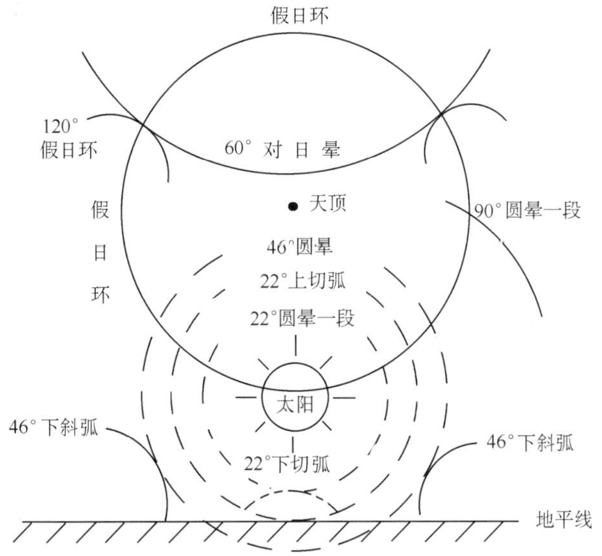

图 26　皮口镇复杂晕各成分(太阳高度角 31°)

虚线是未出现的晕象的一部分,实线是出现的晕象,实线上的短划是不带彩色的晕,无短划则带彩色

在图 24 中,画在假日环内部有两条晕,上面一条略带有蛾眉形,以 22°上切弧较为近似。从当时已出现 22°下切弧看来,判断它是 22°上切弧,更为有理。那么在它下面这一段凹侧偏向太阳的圆弧段,看作是 22°圆晕的一部分,就较为合适。在图 24 中两条晕段似较图 26(本文所画)的 22°圆晕及上切弧的位置要高一些。这是因为天穹的形状由人目看来较为平坦,使我们对于地平线以上的物体的高度估计过高。试参看图 27。图中 BZ 是“实际天穹”,HZ 是“视天穹”,实际天空应是球形的,但视天空却是扁平的(Z 为天顶,OH 为地面),当时太阳高度角为 31°,再加上 22°圆晕半径,故晕环上缘应在 A'处,即它的高度角约 53°处。但 A'在视天穹上的投影为 A 点。我们把视天穹自地平线 H 到天顶 Z 分为七等分,则 A 点高度是占 $5/7 \approx 0.7$。这就是说,实际 22°圆晕的上缘的高度比我们单凭视觉估计的高度要低。

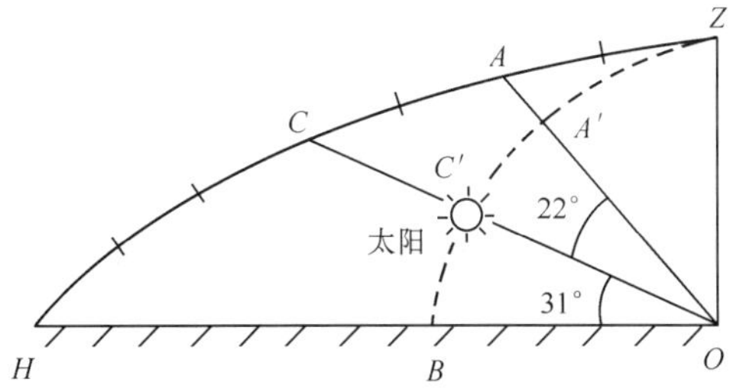

图 27　22°上切弧及 22°圆晕上段估计过高的原因

为了便于对照,我们把皮口镇奇晕各晕段的冰晶可能情况、光路、风向等列于附表中,以便参考。

我们认为那天出现的冰晶有六角形柱状晶、蘑菇状冰晶、双角锥柱状晶、简单杯状炮弹形晶等多种(见附表)。

附表　皮口镇出现的各晕段的冰晶可能形成情况

晕名	冰晶主轴取向	光路	可能的冰晶种类	风向
假日环	① 主轴垂直（当时的假日环不是这种冰晶取向所造成的）	侧面反射	杯形炮弹状，蘑菇状，发展不均匀的双角锥柱状	希望无风
	②主轴水平	底面及某些垂直侧面反射	六角柱状，发展均匀的双角锥柱状，尖端发展不大的简单炮弹状	无要求
22°圆晕的上段	主轴近乎水平（因为主轴需与晕段平行）	光通过夹角为60°的两个侧面	六角柱状，发展均匀的双角锥柱状，尖端发展不大的简单炮弹状	无要求
22°下段切弧	主轴与地面交角应在0°与h之间（h为太阳高度角，本例中为31°）	光通过夹角为60°的两个侧面，一般是通过非正截面	①杯形炮弹状，发展不均匀的双角锥柱状 ②蘑菇晶状	风需从太阳相对的方向吹来（偏北风）
46°下斜弧	主轴水平	光通过一个底面，而由一个向下的侧面射出	六角柱状	无要求
90°圆晕	主轴倾斜	光在顶端角锥一侧面入射，并在底端角锥一侧面射出	发展不均匀的双角锥柱状	风需自太阳相对的方向吹来（偏北风）
120°假日弧 60°对日晕	主轴倾斜	光按切线方向进入一个侧面，发生一次内反射，然后沿与入射面成60°夹角的另一侧面出射	①杯形炮弹状，发展不均匀的双角锥柱状 ②蘑菇晶状	风需自太阳相对的方向吹来（偏北风）

产生22°上下切弧、90°圆晕、120°假日弧和60°对日晕时，都需要有风。而若由主轴垂直的冰晶形成假日环，则要求当时无风。但这次假日环对风向无要求，所以当时的假日环是由主轴水平这一类冰晶形成的。再从风向看，风应当从太阳相对的方向吹来，即风应当是上空和低空都吹偏北风。在冬季这种条件是可能达到的。

自九江赴武汉，舟中失藤杖

王鹏飞

青城折得一枝筇，伴我匡庐觅云踪；
祝融南邀龟蛇阻，夜深别我化苍龙！

（摘自《天风海涛集》）

44°“对月晕”[①]

一、现象描述

1963年7月12日，福建省建阳县气象站发现了一次“月晕与对月晕并现”的现象。据天水同志向《气象通讯》报道说：“那天正是我当小夜班，观测到满天密布着毛卷云。在22时左右，皎月初升，我注意到月亮四周，出现了一圈晕光。偶然向西方一看，奇怪！和月晕对称的西边地平线上的天空，出现了一个和东方的晕形状相似的光环。干了这几年观测工作，还是第一次看到这种胜景，当时对它很感兴趣，除了观测发报外，其他时间，都监视这个奇怪的晕的变化。一直到24时半，月亮高度超过地平线45°以后，西方的晕才全部消失……”

我看到了这个报道后，又请《气象通讯》编辑同志转问几个问题，得到天水同志的补充答复是：

① 当时月晕的半径为46°，西方的晕也是46°。

② 月晕和西天的晕都是白色光环。

③ 月晕(随月)上升时，西天的晕却是下沉的。

④ 西天的晕比月晕要淡一些，但比云薄不全时的月晕还要明显些。

二、现象判断

根据这些材料。可以肯定建阳站所看到的，应当是对月晕现象。

我们知道，在日月相对方向出现光环，已知的有三类，即①虹类(指主虹及霓)；②晕类〔指对日(月)晕〕；③华类〔指佛光(即峨眉宝光)及露华〕。这些光环的中心与日月中心的连线都必通过人目，因此当日月上升时，这些光环都会下降，而当日月下降时，这些光环都会上升。而且当日月中心所升到的高度角等于光环的半径角时，这些光环又都必定会全部没入地平线下，从而消失不见。例如在图1中，O为人目，$ABCA'B'C'B''A''$为天球，ADC'圆为地平面，当太阳或月亮在A处时，光环当为A'，而OC'为人目通过光环中心的视线。当太阳或月亮上升到B处时，光环就会下降到B'，而OB''为人目通过光环中心的视线。当太阳或月亮的高度角等于$\angle AOC$时，太阳就升到了C点，这时光环的最高点正好降到地平线C'处，人目和光环中心连线OA''重合，$\angle C'OA''$正好等于$\angle A'OC'$，因而全部光环均在地平线下，光环就消失不见。

但还有另一种光环，如果他是环绕反日或反月点的，即它位于日、月相对方向的一边，且是在假日环上，其中心与日、月中心的连线平行于地面，则这种光环就不会在太阳或月亮上

① 本文曾刊于《气象通讯》1964年7月号。

升时发生下降;相反的,它们将在太阳上升时随着上升,太阳下降时,随着下降。例如在图2中,A及B为太阳或月亮的位置,A'及B'为围绕反日或反月点的光环,O为人目,$CAC'A'$为地平线,同时也是太阳或月亮在地平线A处时的假日或假月环,而$DBD'B'$为太阳或月亮在B处时的假日或假月环。由此可以看出,当太阳或月亮升高时,光环也随着升高,且当太阳升到光环的半径角大小的高度时,光环也不会消失。

比较图1及图2可以看出,当日、月在地平线时,是不易判别这两种光环的差别的,因此要求建阳站补充所见的对月晕是否在月亮上升时下降,是十分必要的。当然从建阳站第一次报告中说月亮升到45°以上时,对月晕即消失,这一点也可以帮助判断,但是这时的消失是否因此时西天的(毛卷云)消失所致,是不能从报道中看出的。

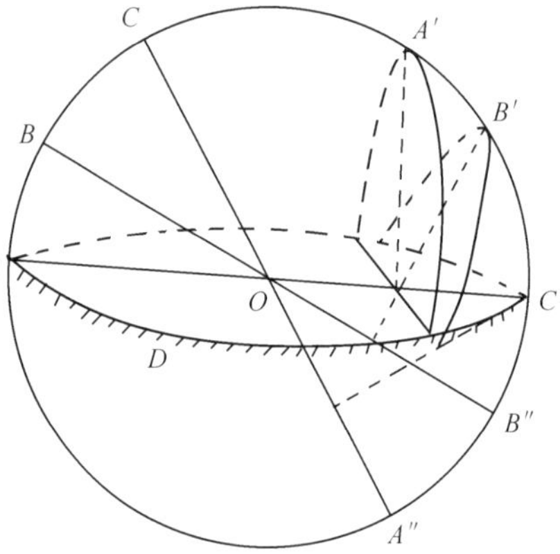

图1

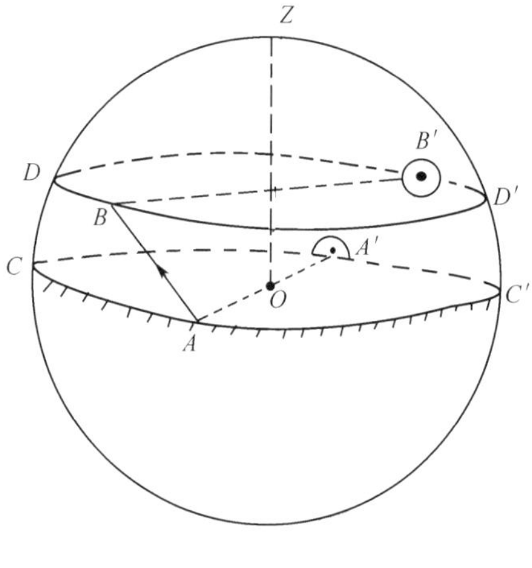

图2

尽管像图2这样的光象,迄今还未听到过有所报道,但大气光象是五花八门的,我们决不能先入为主地肯定它不会存在,而应当认真观测研究这才是科学的态度。

肯定了上述现象属于图1类的光环后,还必须肯定建阳站所见到的,究竟是上述三类光环中的哪一类,即究竟是晕类,虹类,还是华类?

从光象半径方面来研究,虹的半径是42°左右,对月晕也有约44°的;而在佛光中,也有一种叫乌洛亚环,其中半径也在45°左右。从天水同志的二次报道来看,第一次说月亮升到地平线以上45°后才消失,第二次说是半径为46°,可见这个角度也只是一些估计,并不一定是很精确地用仪器测量的。但是却提供我们以线索,即该站所看到的光环只有月虹。对月晕及乌洛亚环三种光象是可能的。为了辨别究竟是这三种光象的哪一种,我们需进一步探索。

首先当时满天是毛卷云,没有雨,所以不可能是虹。而且能见度很好,西天没有雾堤,所以也不可能是乌洛亚环,且乌洛亚环出现时,有时往往有半径角较小的佛光出现,中间有人影,现在也没有这种现象,因此只剩下一种可能,那就是对月晕了。看看当时满天毛卷云的条件,因此称该站所见的现象为月晕及对月晕,是比较可靠的。

天水同志称当时西边的晕环为"反晕",若就名词统一来看,以称"对晕"为佳,为什么呢?因为从中央气象局已颁布的地面观测规范中的命名来看,已将假日环中与太阳相对一侧出现的假日,称为反日。此假日中心,当然应称为反日点,这相当于本文图2中A'及B'环的中心。在此情景下，图 2 的 A' 及 B' 环如为晕，就应称为反晕。现在该站发现西天的晕，其中心与月亮差 180°(以人目为圆心)，相当于图 1 中的 C'、B''、A'' 等点，这些点相对于月亮位置 A、B、C 来看，分别称为反月点，虽未为不可。但反月点的名称既已被假月环上的月亮位置对称点所使用，不如另订名称为佳，这名称就是对月点，于是围绕对月点的晕，就应称为“对月晕”。为此可以这样认为：凡在天空上与日、月同高度角，但正好与日、月位置遥遥相对，居于日、月的“反点”(即反日点或反月点)；而人目观测日、月中心时的视线，向人背后延伸到与天球相交的一点，称为日、月的“对点”(即对日点或对月点)。反点与对点的区别，见图 3 就可以知道了。

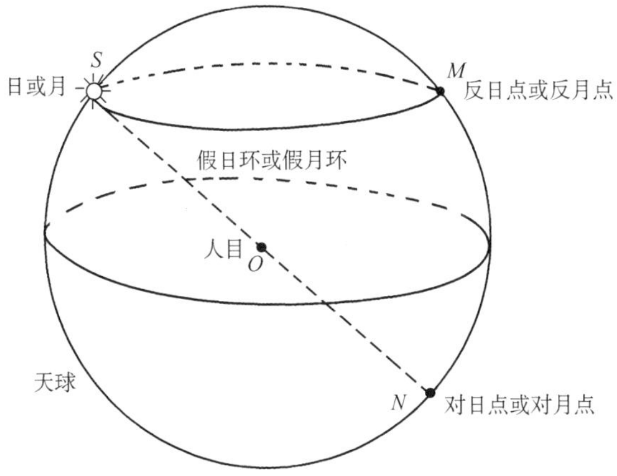

图 3

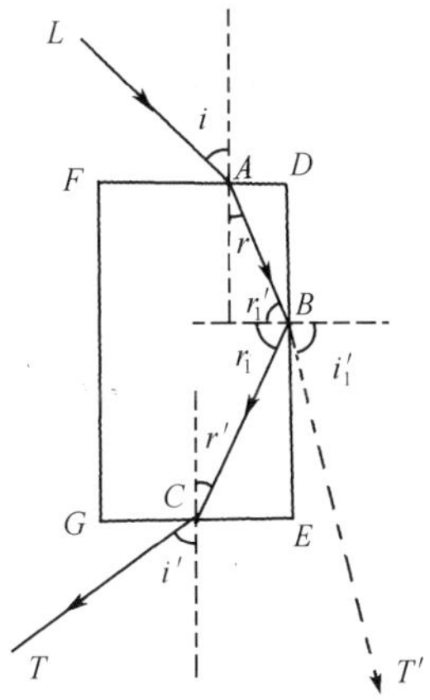

图 4

三、对月晕的成因

对月晕是月光自冰晶上底入射，在一个侧面上发生内反射时，然后又自另一个底面(下底)出射而形成的。形成 44°对月晕的光主要是最小偏向角的光。

现在先看图 4，以说明光路情况。在图 4 中，长方形代表一个冰晶，其主轴与长边平行，DBE 为一个侧面，因为是从一边看去，故好像是一条线；FD 及 GE 为上下底面，光线 L(最小偏向角线)自 A 点入射，在 B 点内反射，再在 C 点折射出冰晶。在 A 点的入射角与折射角为 i 及 r，在 B 点的反射角为 r_1，若光线在 B 点折射出冰晶，则 B 点处之出射角 i_1'，在 C 点之入射角及出射角分别为 r' 及 i'。

既然在 A 点之入射线为最小偏向角光线，则必有下列关系可以符合：

$$i=i_1',\qquad r=r_1'=A/2$$

上式不再证明，可参看 J. C. 强生著、王鹏飞译《物理气象学》(科学出版社，1960)一书，其中 A 角即图 4 中之 D 角，它是 90°，因此可得，$r=r_1'=45°$。

假定冰晶的折射率 $n=1.31$，则按折射定律必有：

$$\sin i=n\sin r=1.31\sin 45°$$

由此即可求得 $i=i_1'=67°52'$。这就是最小偏向角之光线的入射角。

但是,偏向角 D_1 可以用下式表示之:

$$D_1=i+i_1'-A$$

以相应的值代入,可得 $D_1=45°44'$,这就是若光线在 B 点射出冰晶时的最小偏向角值,这个光线(即图 4 中的光线 T'),就是造成当夜建阳站 46°月晕的光线。

再回头看图 4。B 点光线有反射到 C 之成分,反射角为 r_1,按反射定理,应有 $r_1=r_1'$,故 r_1 亦当为 45°,又由 r' 与 r_1 互为补角,即 $r'=90°-r_1$,故 $r'=45°$,再在 C 点利用折射定律:

$$\sin i'=n\sin r'=1.31\sin 45°$$

故亦得 $i'=67°52'$。这样我们对于图 4 中 i、r、r_1'、r'、r_1、i_1'、i' 诸角的大小,都已计算出来了。下一步我们可以求出入射光 L 与出射光 T 间的偏向角 D 的数值。

我们从图 4 中可以看出,L 光在 A 处偏向了$(i-r)$角,在 B 处偏向$(180°-r_1'-r_1)$角,在 C 处偏向了$(i'-r')$角,故共计偏向的角度,即 D 为:

$$D=(i-r)+(180°-r_1'-r_1)+(i'-r')$$
$$=(i+i'+180°)-(r+r_1'+r_1+r')$$

因 $i+i'=2i=135°44'$,$r+r_1'+r_1+r'=4r=180°$,故得 $D=135°44'$。可见由光线 T 造成的晕当为以月亮为中心的半径角为 $135°44'$的月晕(如图 5 所示)。

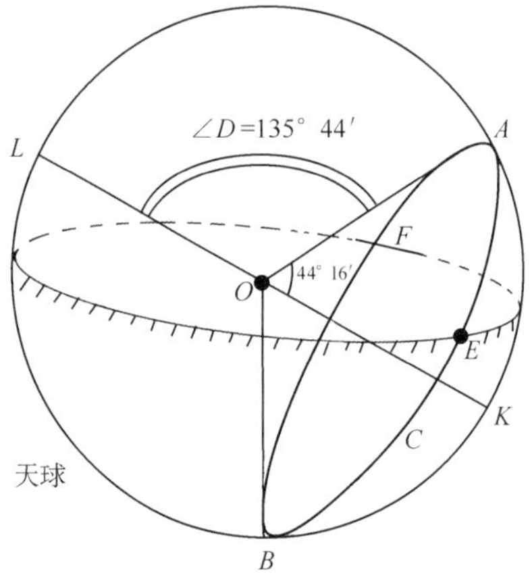

图 5

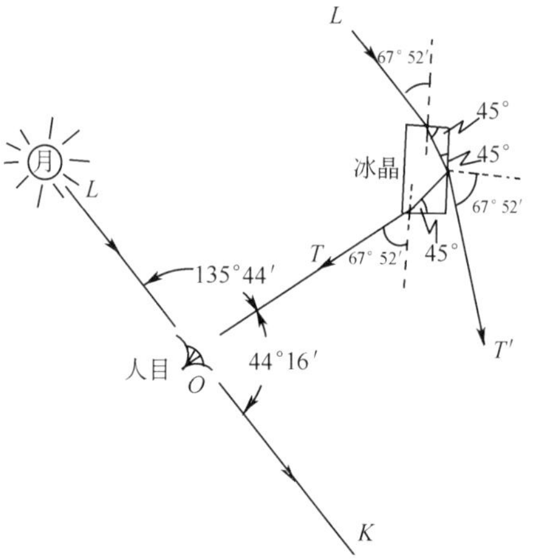

图 6

图 5 中 L 为月亮,O 为人目,A 为冰晶,$AECBF$ 即为对月晕,它的环与月亮中心的半径角为 $135°44'$。这样就相当于距对月点 K 为 $44°16'$了,这就是对月晕呈 44°左右半径角的原因。

关于图 5 中 $AECBF$ 晕是怎样形成的,可看图 6。图 6 中的 TO 线相当于图 5 中的 AO 线,图 6 中的冰晶正好位于图 5 中之 A 点。当在图 6 中以 LOK 为轴,令 TO 先绕轴一周,即形成一个圆锥形表面,此圆锥表面向天空延伸,即在天空上交成一圆环,这个圆环相当于图 5 中 $AECBF$ 晕,在此圆锥表面上任一冰晶,只要其主轴与月亮入射光交成 $67°52'$,又其主轴正好位于光路平面上,则必成为供献对月晕光线的冰晶。换言之,凡是供献对月晕光线的冰晶,必其主轴正好位于光路平面上,且与入射月光交成 $67°52'$,而其出射线则正好在上述圆锥的表面上。

当然，空中的冰晶取向，绝不会像上面所说的那样既复杂而又整齐的。因此事实上，有对月晕时空中冰晶取向是十分混乱的。这可以用当时有46°圆月晕伴存作为证明，因为46°圆月晕的出现，本身就是空中冰晶取向混乱的后果。

到这里为止，我们既证明了当时建阳站的月晕为46°的圆月晕（45°44′，近乎46°），又证明了当时建阳站的对月晕为44°的圆晕（44°16′近乎44°），可见天水同志补充报告中这两个晕都是46°，纯属估计之词，没有经过实测。如果实测一下，可以看出当时对月晕的半径要比月晕的半径小一些。

为什么月晕和对月晕的色彩都是白色的呢？这是由于月光没有日光强烈的原故。如果换在白天出现，则日晕和对日晕都是有色彩的。月晕是内红外紫，对月晕则是外红内紫（对月晕以对月点方向为内）。此外，对46°月晕来说，因为宽度较22°月晕为大，所以亮度也要小些。为什么对月晕比月晕更淡一些呢？这是因为造成月晕的光线比造成对月晕的光线要少一次内反射，而且光在冰晶中的路径也要比对月晕短一些，因此造成对月晕的光，在进入人目前，所受到的损失要比造成月晕的光线淡一些，这样，暗淡一些也是很自然的。

最后要指出两点：

1. 凡本文所谈到的44°对月晕形成原理，也能适用于44°对日晕的形成。

2. 对日晕、月晕不仅只44°一种，也有半径角更小一些的。

晨自九江赴庐山车次

王鹏飞

晓上匡庐觅云踪，景观迥不与前同；
车辙几番惊险崖，山壑倏忽见远泓。
湖贮凝漪光衬岛，霞喷旭日峡染红；
兼旬闻道峰披絮，我到偏逢昊宇空！

（摘自《天风海涛集》）

是龙门真容,还是龙门蜃景①

一、问题的由来

报载,1998年6月3日晚7点30分到8点45分,成都市区正北方上空出现了罕见的天气奇观——海市蜃楼景象。6月3日,成都市阴雨绵绵,气温明显降低。到晚7点左右,雨过天晴,阴沉沉的天空也逐渐明朗。至7点30分,市区北方上空,出现了一条若隐若现的光带。8点整,从西北方向射来的眩目光芒,扑面而至。自西向东延绵数公里长的光带中,云雾飘渺的山峦也显得影影绰绰,婀娜多姿。山间树影婆娑,湖泊镶嵌于群山之间,隐约朦胧的景象,令人无限神往。在场观看这一天气奇观的人们,纷纷表示从来未见过这么神奇、美妙的天上景观。随着时间的推移,天空越来越暗。空中奇妙的景象开始缓缓隐去,至8点45分,空中只剩下一条细长的"光带"。据四川省气象台有关人士介绍,这是"海市蜃楼"。在我国内陆城市出现,实属罕见。

但在6月5日,另有一些专家否定了上述判断说:"这一景观并非海市蜃楼。而是在特殊天气情况下,龙门山显露真容"。他们认为,"3日傍晚,雨过天晴,成都北面云层较厚,因而看不到太阳。然而北面云层间却有一道缝隙。加上雨后尘埃落定,光线由此极为明亮。因而出现了这一奇特景象。"又说:"海市蜃楼不可能毫无变化地持续一个多小时,因而大家看到的是实际景物。"

那么6月3日傍晚出现的天空奇景,究系龙门真容呢?还是龙门蜃景呢?我们有进一步分析的必要。为此必须联系到成都至龙门山脉间的地形特点及当天天气情况。

二、根据成都到龙门山脉的地形特点来判断是否真容

成都平原的四周地形如图1所示。附近最高的山为西北方茶坪山中九顶山,海拔4984米,南边为峨眉山,海拔3099米。东南龙泉山高度在700~1000米间,最高处1051米。龙门山位于成都东北方,海拔约1000~1500米,距成都约200千米。我们根据这些数据来研究6月3日在成都能否见到龙门山真容。

我们知道纬度1°约为111千米,故龙门山距成都200千米,约合1.8纬度(即$1°48'$)。在图2中,A为成都位置,B为龙门山位置,它们都在地球表面。AB距为200千米,AC为A点地平线,R为地球半径,C为A点地平线与OB线延长线的交点,h为C点距地球表面高度,$1°48'$为AB的圆心角。故

$$R/(R+h)=\cos 1°48',由此,h=(R/\cos 1°48')-R$$

① 本文曾刊于《四川气象》1998年第4期。

将地球平均半径 $R=6371$ 千米代入，并因 $\cos 1°48' = 0.9995$，故

$$h=(6371/\cos 1°48')-6371\approx 6374-6371=3 \text{ 千米}$$

但是龙门山高度仅 1 千米～1.5 千米。这就是说，在成都沿地平线方向看龙门山，其视线所及远高于龙门山最高峰，因此他们是绝对看不到龙门山真容的。

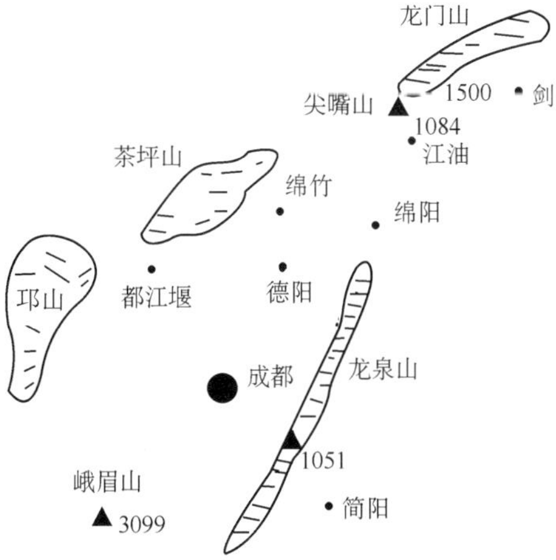

图 1　成都附近地形图

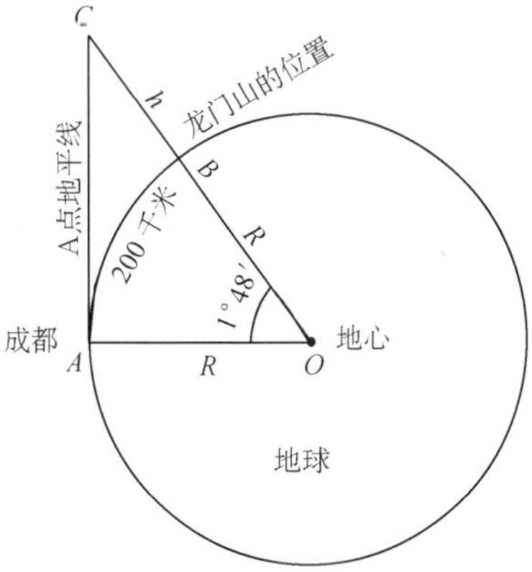

图 2　能否见到真容的计算示意图

由此可见，在成都平时或前些日子，所以见不到龙门山，并不是由于大气悬浮物使能见度减弱，而是由于地球曲率。是地面的弯曲使土地遮断从成都直接观测龙门山的视线，所以说“雨后尘埃落定，光线由此极为明亮”不能解释 6 月 3 日奇景的出现，再好的能见度也无法使成都人在成都见到龙门山真容。

但是，既然“成都 6 月 5 日电”中说，专家们都一致肯定北方天空呈现的奇景是龙门山，我们应当相信这个肯定，原因有二：一是没有见过龙门山的人绝不能判断奇景中的山形与龙门山相像；二是龙门山所在方位基本上与成都 6 月 3 日所见天空奇景的方位相符。

通过上面的分析，既然我们已证明在成都不可能见到龙门山真容，而在 6 月 3 日竟会见到以天空为背景的龙门山奇景，那所见的必是龙门山蜃景。

三、从天气情况来说明成都具有能见到“上现蜃景”的条件

既然是蜃景，此蜃景出现于天空，它应是“上现蜃景”，上现蜃景必要的条件是不仅大气密度随高度增加而变小的递减率大于正常大气，而且还需要出现铅直方向的“逆温”现象，所以我们应当首先检查当时大气是否具备“逆温条件”。

(1)“平流逆温”的存在　我们可以根据雨情来证明“平流逆温”的存在。据 6 月 4 日报载，成都 6 月 3 日“阴雨绵绵”。这说明 3 日下降的是层状云的雨，这云当是高层云与雨层云。又说“雨过天晴，阴沉沉的天空，也逐渐开朗”，这说明雨层云逐渐开裂变薄，转化为层积云，它表明成都上空有南北向冷暖空气平流叠置。一般暖空气密度小于冷空气，故常凌驾于冷空气上方。6 月 4 日报载又说，在阴雨绵绵时，“气温明显降低”，这一方面是白天阳光不易下透到层状雨云之下所致，另一方面也与层状雨云下是冷空气平流有关。因此是冷空气处于暖空气之下的证据。由于上述冷暖空气交绥区的云，云底约在 500 米到 3000 米之间，

所以冷暖空气叠置气层，即“平流逆温”层，当在这一气层中，即为“平流逆温”层。这就是说在天气转晴的傍晚7时许，有雨层云转化成的层积云存在，也间接表征着当时“平流逆温”的存在。

(2)蒸发逆温的出现　我们可从滚轴状层积云隙带的存在，判断“蒸发逆温”的出现。从6月5日报载，“3日傍晚，雨过天晴，成都北面(近地平线)云层较厚，因而见不到太阳。然而北面(仰角较高的)云层间却有一道缝隙”。这说明当时有滚轴状层积云云隙的存在。

前已指出，雨层云转化成的层积云，仍处于上下暖冷平流空气之间受到到铅直切变。所以就呈滚轴状波动。这些平行于东西向的滚轴状层积云条，都有下沉气流区。这些下沉区即形成许多平行于东西向的下沉增温减湿消云带。消云带有宽有窄。即6月5日报载中所说的云条间成“道(带)”的“缝隙”。但是3日晚“成都北面(近地平线)云层较厚”似无缝隙，却是“远景效应”所造成的假象。在那里实际上也有许多东西向云隙带处于滚轴状层积云之间。

为了说明这个情况，请看图3中GT为天穹，O为观测者。ON指向正北的地面，OZ指向天顶。故图3为过天顶及正北的铅直剖面图。aA、bB、cC、dD、eE、fF为轴向呈东西向且相隔等距的滚轴状层积云在此铅直剖面上的截面。其间空隙实际宽度$\overset{\frown}{AB}=\overset{\frown}{BC}=\overset{\frown}{CD}=\overset{\frown}{DE}=\overset{\frown}{EF}$，假定这些云厚度相等，即$aA=bB=cC=dD=eE=fF$，由$O$点的观测者看来，其所见的云隙视宽度角为$\angle AOb$、$\angle BOc$、$\angle COd$、$\angle DOe$、$\angle EOf$。由于云厚的影响，所以视云隙宽角小于实际云隙宽角。即$\angle AOb<\angle AOB$，$\angle BOc<\angle BOC$，$\angle COd<\angle COD$，$\angle DOe<\angle DOE$，$\angle EOf<\angle EOF$。还可由图看出：

$$\angle AOb>\angle BOc>\angle COd>\angle DOe>\angle EOf，且\angle EOf 近乎 0°。$$

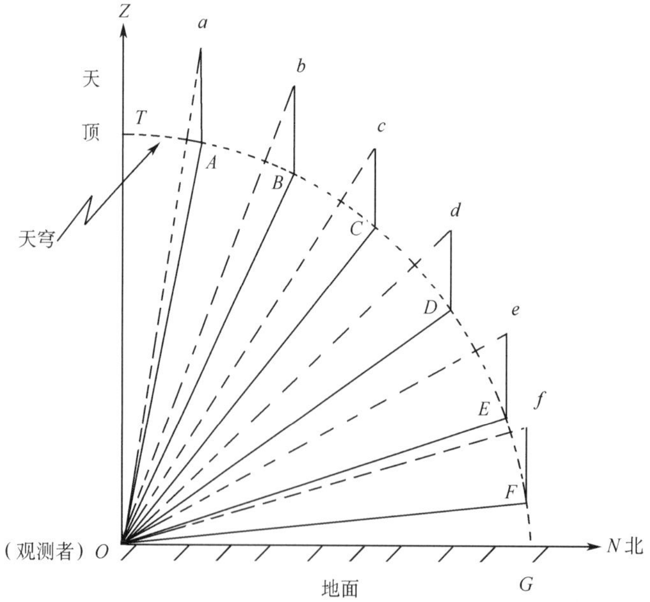

图3　远景透视效应示意图

可见，愈接近地平线方向(即仰角愈小)，视云隙宽度角愈窄。在地平线附近，视云隙宽度角为零。看来在天穹较低的北方天空，虽然实际仍存在云隙带，但好像相邻两层积云条已并为一体，似无空隙。这就是6月5日报上所载“北面”(近地平线)云层较厚”，北面“仰角较高的云层间却有一道缝隙”的原因。

在晚7时以后，太阳虽尚在，但已高度角较低。它射向观测者的光线，受到低仰角的视云隙宽度角为零的积云条所阻，所以人目就见不到太阳。但这不等于阳光不能射到地面，因为实际上既然那里和高仰角天空一样，都存在东西向的云隙带，阳光必然可以在东西向方向射向地面，并射到龙门山的(当时龙门山在成都东北，太阳在成都西北)。

傍晚的阳光虽并不很强，但雨后土壤湿润，在阳光照射下，会出现蒸发现象，蒸发要吸收热量，这就会使近地面出现蒸发冷却效应，从而形成“蒸发逆温”。

根据上述分析，可见在3日傍晚，雨后的成都平原，北到龙门山一带，上空有“平流逆温”存在，近地面有“蒸发逆温”存在。这就为成都出现蜃景奠定了基础。

四、成都出现龙门山蜃景的物理机制

关于成都出现龙门山蜃景的物理机制，可参看图4。在图中，由于逆温层的存在，龙门山顶 A 及山坡上 B 点在傍晚西北的落日直接照耀、云层反射及空气散射日光的照射下，向各方向发光。O 为成都。OZ 指向成都天顶。ON 为指向成都正北之地平。$\overset{\frown}{TK}$ 为成都天穹。1、2、3、4、5等为云底距地高度一致的五条滚轴状层积云在铅直面上的截面。OH 为自成都到龙门山脚的地球表面，假定为一圆弧。BF 及 GA 为分别通过 B 及 A 点的等高线。沿等高线假定空气密度相等。图中 AO 与 BO 线为龙门山顶与山坡射向成都的折射光路，它们在层积云顶的天空进行，而在层积云1及2云块间隙穿入云下而到达成都观测者处。观测者向进入人目的光路切线方向，就可以从成都天穹方向(北方)，见到龙门蜃景。

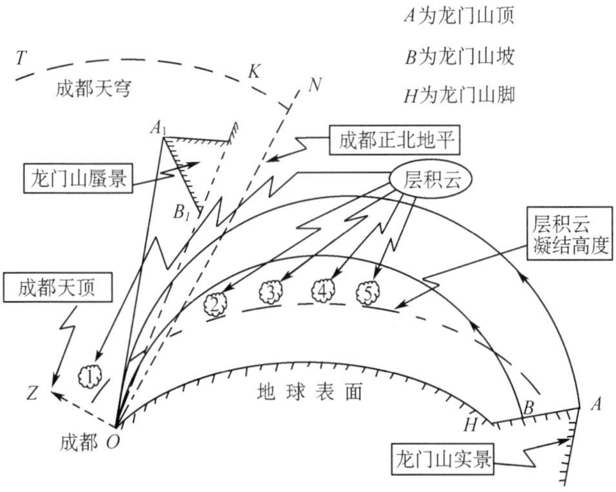

图4　龙门山蜃景形成机制示意图

AO 与 BO 的折射线之和之所以是向上拱起，是因为这里光路的空气层结是上暖下冷，其温度直减率比正常温度直减率还厉害。因此引成的蜃景属于上现蜃景。

五、余论

本文在第二节中已从地面是球形来证明了成都1998年6年3月傍晚的光学奇景,不是“龙门山真容”,而是“龙门山蜃景”。但是还有一个证据,说明此奇景并非龙门山真容,特此进一步作补充说明。

据6月4日报载,成都这次光学奇景中出现“瑰丽明亮的光带中,云雾缭绕、树影、山峦、湖泊隐约可见”。又说:“湖泊镶嵌于群山之间,隐约朦胧的景象,令人无限神往。”

对于出现“真容”时能见到云雾、树影、山峦等这并不奇怪,可是湖泊“镶嵌”于群山之间,怎么能在成都见到呢?如果把龙门山上水库或湖泊看作一个高桌上放着的碗中之水,把成都的观测者,看作身高远低于高桌桌面的儿童。这儿童即使站在远离桌子的地方,能稍见部分碗的上缘,但无论如何不会见到碗内的水,可见成都6月3日见到的光象,如包含了湖泊或水库,这光象就决不会是龙门山“真容”。

但是,如果见到的是龙门山“蜃景”,则蜃景中有湖泊或水库是完全可能,因为即使在傍晚,阳光仍能照到湖水。湖水在阳光下向上方反射或散射日光,这些湖光可以按类似图4中AO或BO的光路,越过地球拱起的地表,越过一系列滚轴状层积云,并在层积云条1与2之间的空隙带进入成都观测者眼眶。

有人认为“蜃景不可能毫无变化地持续一个多小时,所以大家看到的是实际景物”。这句话有一定道理。但是6月3日的光象是否连续一个多小时毫无变化呢?

首先,龙门山光象是8点整才出现,8点45分前已在隐失中,并未连续一个多小时。

其次,形成蜃景的大气条件有各种各样。不同大气条件形成不同蜃景,例如“下现蜃景”是温度铅直梯度很大所致,大气密度分布往往随高度而增大,在这种情况下,由于大气层结非常不稳定,所以形成的蜃象因空气不稳定而使各气层折射率变动,造成蜃象的多变,但是“上现蜃景”则不同,那时大气呈逆温状态,温度上高下低,空气密度上小下大,非常稳定,所以各气层折射率变化不大,6月3日的龙门山蜃景是“上现蜃景”,所以能维持较长时间。

最后,说龙门山在光象中长时间“不变”。这“不变”两字,似乎过分强调了些,报道中多用“若隐若现”、“影影绰绰”、“婀娜多姿”和“婆娑”、“云雾缭绕”、“隐约可见”、“朦胧隐约”等词句,在这种情况下,人们观察时往往重视大体光象形态,而忽视了细节变化。事实上那天龙门山蜃象在显现中是有变化的,只是变化缓慢,未察觉而已。

关于大城市附近出现蜃景,成都并非唯一。1998年8月13日晨7时许,南京汤山公路上曾见到句容县九华山蜃景,这一蜃景形成,我已另有文章进行分析。

光柱林立[①]

1978年1月19日清晨5时，天空无云无风，天色尚暗。黑龙江省佳木斯市郊公路上，一位同志正骑着自行车下夜班回家。当时并没有下雪，但似有微雪零星地飘在他脸上融化，凉飕飕的。突然，他看见沿公路远处，有光柱在两旁林立，好像无数个探照灯垂直射向夜空，壮观异常。更远处的一辆汽车，车头上的灯光也向上垂直伸展。他等汽车驶过后，骑车到光柱林立处，下车察看。只见那里有许多水晶灯，光柱是由水晶灯上展下延而成的。他看得出了神，正想再进一步看个究竟，突然光柱又消失了。当他骑车离水晶灯约2千米时，夜空已飘落微雪。根据合江地区佳木斯气象台记录，当时无云，风向WSW（西西南），风速3～5米/秒，气温－25.4℃，相对湿度在80％以上。

类似的现象，在1964年1月21日在黑龙江富锦也曾出现过。那天晚上6时到9时，太阳早已下山，天色已黑。从富锦气象台平台上向富锦城方向看去，发现一种奇怪的白光柱，如中号碗口粗细，从地面直射天空，好像无数盏灯同时打开，开成一片光柱林。光柱都自城内向上发射，城外见不到有光柱发射。光柱分布与城内灯光分布较为一致。白光柱是从一片白光区上升的，白光区就是灯光区。白光柱消失时，是自上面下，慢慢模糊不见的。气象情况是：当天上午5时到傍晚6时下雪，6时后无云，有冰针从晴空下降就产生白光柱。

在黑龙江合江地区，这种现象在冬半年是多见的。这种光柱是灯光和冰针现象相配合而出现的。合江地区位于黑龙江东北部，气候寒湿，冬季较容易出现冰针，尤其是在雪前或雪后出现机会较多。例如佳木斯这次冰针，出现于雪前，富锦1964年的一次冰针，出现于雪后。我国较北地方，冬季夜间出现冰针时，如正好有灯光相配合，都是有可能出现光柱的。

冰针是一种下降的不带枝叉的冰晶，虽然称为冰针，但不全呈针状，很多是呈棱柱状或片状的。在阳光下下降时，闪烁飘忽，所以又称为“钻石尘”。在无风或微风的情况下，以其较大的表面大体平行于地面的状态或有摆动地漂浮下降。它既可降自云中，也可在无云时下降。

夜间出现上述光柱，必须有冰针现象和灯光相配合。例如富锦城的光柱是在灯光区出现的，当时空中正飘有冰针。佳木斯的光柱，刚在水晶灯和汽车车灯处出现。当时虽无冰针的报告，但是在观测者脸上有凉飕飕的感觉，实际上就是冰针飘在他脸上融化所致。从当时气温低到－20℃以下，相对湿度高达80％以上，在光柱消失后出现微雪等征象，都说明当时具有出现冰针的条件。

大多数冰针在下降时，常以较大的表面大体平行于地面或略有摆动。这就是形成光柱的很重要的有利条件。下面我们来进一步说明光柱是怎样形成的。

参看图1，灯光(l)是一种弥散光源。它向四面八方发射光线。这些光线在人目和灯光之间下降的无数冰针($a,b,c,d,\cdots,j$)上反射，并进入人目(e)。位于灯光高度以上的冰针

① 本文曾刊于《气象》1978年12月号。

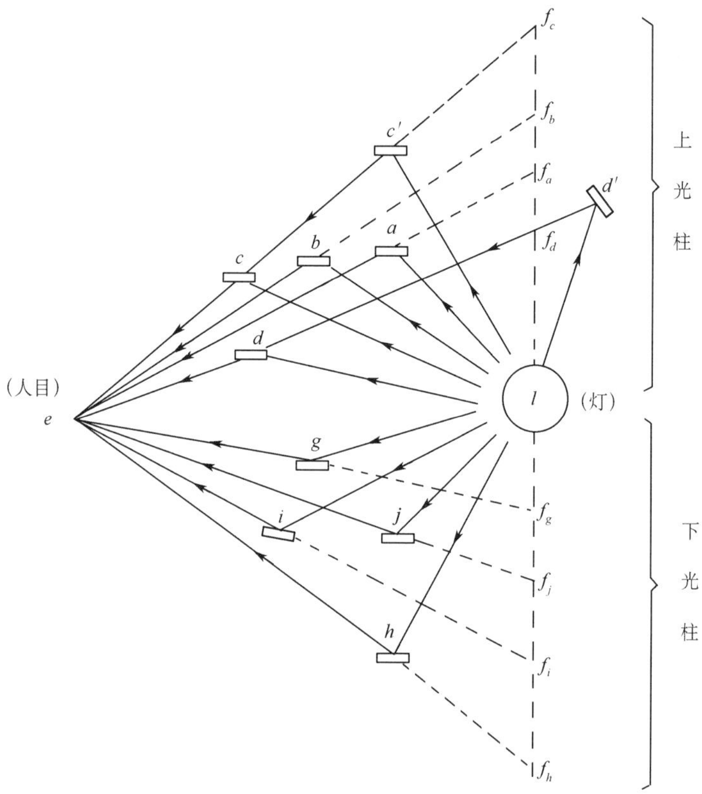

图 1　灯光光柱形成机理

(l 为灯光,e 为人目,a,b,c,d,g,h,i,j,c',d' 为冰晶)

(例如 a,b,c,d),用它们的"下表面"反射灯光。例如图中 lae 光,就是其中的一条光线。这条光线在夜空中的投影,就成为"上光柱"所组成的光点 f_a。由于位于人目和灯光之间,且在灯光高度以上的冰针有很多,它们距高于灯光的程度及灯光的水平距离不同,其反射灯光的反射角也就不同,因而进入人目的角度也不同的。这就使人目看起来,好像有无数光线,从灯光上方的天穹射向人目,形成灯光上方的垂直伸向夜空的光柱($f_cf_bf_af_d\cdots$),称为"上光柱"。

同理,在灯光高度下方,也有许多在下降着的冰针(g,h,i,j),它们为"上表面"所反射的灯光投向人目。人目看来似有无数条光线从灯光下方投来,构成了灯光下方的光柱($f_gf_jf_if_h\cdots$)称为"下光柱",下光柱大多以地面为背景,好像竖立在地面上。但当灯光较高时,其上部也可以以天空为背景。

其实,在晨昏时分,当太阳在地平线附近时,卷云或冰针也能造成太阳上下的光柱,气象上称为"日柱"。它的形成原理基本上与灯光形成的光柱相似。只是日光是当作平行光线处理,而灯光是按弥散光线来处理的。

为什么下雪时反而见不到光柱了呢?这是因为冰针表面比较光滑,能造成灯光光线的镜面反射,因而可以形成光柱。而雪花表面就比较粗糙,当其表面被灯光照射时,形成的是"漫反射",这就增大了背景亮度,减弱了进入人目的光线强度,因而难以形成光柱。这也说明了为什么佳木斯这次光柱在下雪前出现,在下雪时反而消失了;富锦的光柱在雪停后出现,而不在下雪时出现。

据1964年富锦气象站的反映,光柱消失是自上向下慢慢地不见的。这可以用冰针下降来说明。由于冰针是由上方下降的。当上方的冰针供应源停止供应冰针时,必然是上部的冰针掉到下部,使上部缺乏冰针,而下部仍有冰针。以后下部的冰针也掉到地上,使下部的冰针也没有了。这就使得光柱自上而下渐渐地趋于消失。

但是不能把光柱自上而下的消失顺序作为一种必然的规律来看待。光柱也是可以按别种顺序或其他方式消失的。因为光柱上方来的光线,并不都来自较高的冰针。例如在图1中,冰针 c 比冰针 b 低,但冰针 c 的反射光来自 f_c,冰针 b 的反射光来自 f_b,f_c 反比 f_b 为高。这样,当上方供应源停止供应冰针时,b 处的冰针应首先缺乏,而 c 处的冰针仍然存在。这时光柱的 f_b 处先消失,而 f_c 仍存在。这就会使光柱不是自上而下地消失了。

由于灯光是人为光源,所以出现这种光柱也是一种人为的现象。但下冰针却是一种天气现象。我们如果看到了这种灯光光柱,也可以判断出大气的一些情况,例如,可以认为当时大气平静少风,有冰针在低空存在并飘降,而且还可以判断当时气温在−20℃以下。因为根据实验室的研究,冰晶形状是与冰晶形成的温度有关的:大体在气温−20~−10℃的范围内所形成的冰晶,多呈复枝状冰晶(即六角枝出的冰晶):而在温度低于−20℃的情况下形成的冰晶,就多为棱柱状的冰晶(即冰针)了。

其实图1中各冰晶反射面并不都与地面平行,我们可将该图中冰晶 c 的情况抽出来,绘成图2,即把冰晶 c 与人目(e)和灯光(l)分别连成两条线(lc 和 ce 线),然后作此两条线在 c 点的夹角的分角线,使∠1=∠2。此分角线应是冰晶 c 的反射面的法线。再在 c 处作垂直于此分角线的短划。此短划的上侧或下侧,才表示冰晶的反射表面。由此可以看出,冰晶 c 的反射灯光并造成光柱的面,由于灯光与人目不一定等高,所以就不一定严格地与地面(水平面)平行了。

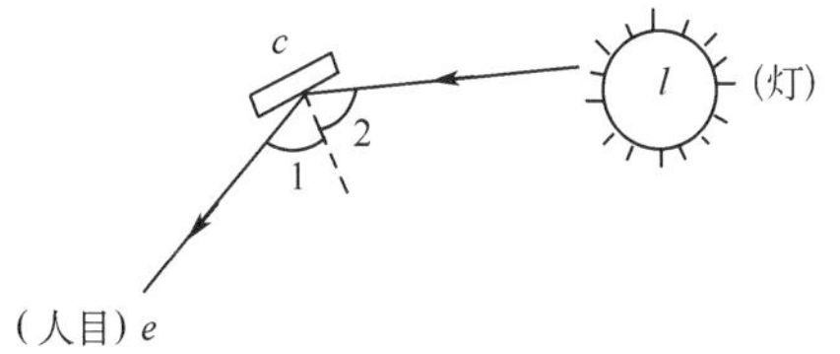

图2 冰晶反射面不一定与地面平行

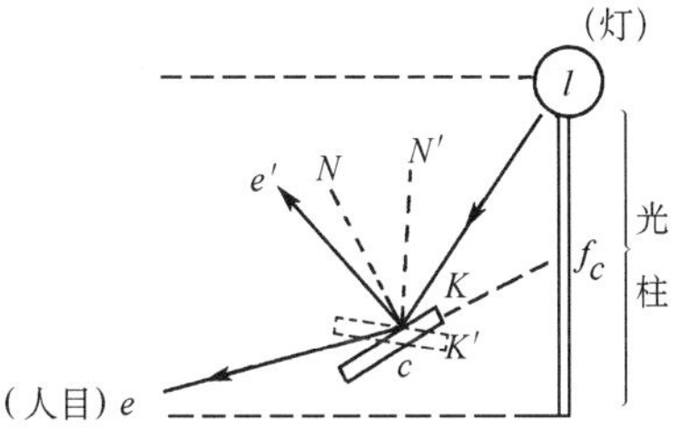

图3 冰晶前后俯仰造成的光柱情况

在冰晶上下表面不严格水平的情况下,我们先谈冰晶前后俯仰造成的光柱情况。先参看图3。图中人目(e)并不与灯光(l)在同一水平线上(关于人目与灯光在同一水平线上的情况,可以认为是这个图的一个特例,因而不再讨论)。设在任意点 c 处有一冰晶,该冰晶的上下表面或是处于严格水平状态,如图中 K',或是由于在光路平面内前后俯仰摆动而处于与水平有一夹角的 K 的状态。N' 及 N 分别是状态 K' 及 K 时冰晶反射面的法线。可以看出,虽然当冰晶上下表面处于严格水平时,反射灯光 ce' 不能进入人目,但冰晶摆动时,总有一个摆动的位置 K,使反射灯光 ce,正好能进入人目 e。此时人目就会感觉似有光线自 f_c 处射来,此光线是光柱的构成成分。从这个图中,我们可以得出如下结论:

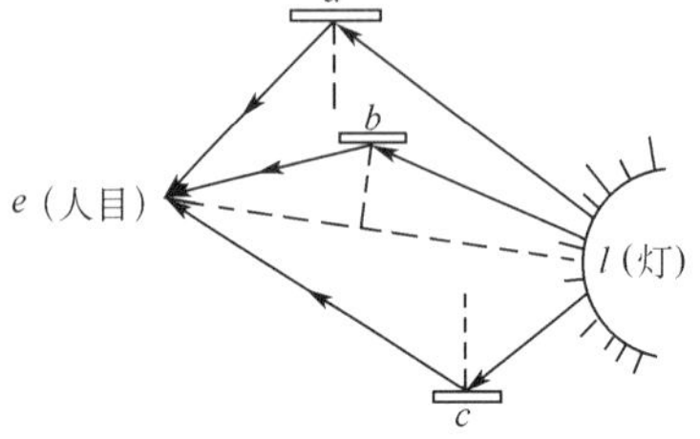

图 4

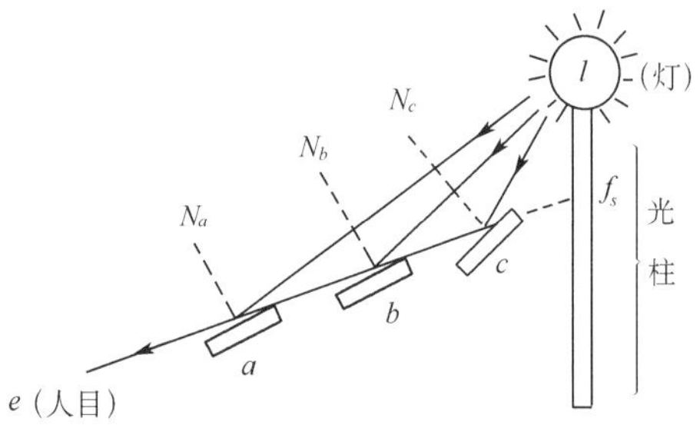

图 5

1. 位于光柱方位的铅直平面上的任一点的冰晶，只要其上下表面在前后俯仰摆动中达到一定的取向，就可以供人目以反射灯光。如图 4 所示，虽严格水平的冰晶 b，必须位于人目与灯光连线 le 的铅直平分线上才能把反射灯光送入人目。但摆动至适当取向的冰晶 a 及 c，它们并不位于上述铅直平分线上，却仍能把反射灯光送入人目(e)中。因为灯光 l 为辐散光源。

2. 从图 3 中可知，在人目高度和灯光高度间的冰晶，也能对造成光柱有贡献。

3. 在图 3 中，人目低于灯光，而当冰晶位于 K 的取向时，见到的反射光似发自光柱中 f_c 的部位，而 f_c 的位置正好在灯光水平线与人目水平线之间。因此，光柱中断情况就不一定会出现。换言之，即使人目与灯光不在同一高度上，光柱仍可连续。

4. 由于有光柱时，空中冰晶很多，它们在空中各处均作不严格的近乎水平的前后摇摆飘降，又由于对光柱上任一点 f_s 来说，空中任一点上冰晶，只要其反射灯光与 f_se 线重合，都可看作是光柱上 f_s 点来光的供应者。如图 5，图中 a、b、c 三个冰晶，它们在光路铅直平面上前后俯仰摆动，冰晶 a 的上下表面比冰晶 c 要较近乎水平些，冰晶 b 的上下表面的水平程度介乎冰晶 a 与 b 之间。但由于它们的反射灯光都与 f_se 线重合且进入人目，要造成“光柱”上 f_s 的光，只要 a、b、c 的冰晶之一就可以了，并不需要三个冰晶都符合要求，事实上，在 f_se 上可以容纳许多个(即不仅三个)冰晶，其间只要有一个冰晶取向合宜，就可出现光柱上 f_s 的光。这就是说出现光柱的机会，并不是很少的。

由此可见，在实际出现光柱林立现象时，冰晶在空间的位置，并不要求十分严格，而且冰晶上下表面的取向，虽然须符合一定的条件，但这种条件也并非难以满足。因此如果光柱突然出现或消失，虽然也与人趋近或远离灯光的位置有关，但主要还是与冰晶是否转为雪花、镜面反射是否转为漫反射的现象或冰晶在空中的“有”、“无”，更为密切些。

附带要说明的，我们上面指出的，当人目与灯光不在同高度时，光柱仍可相连续。这并不是说有了上光柱，必须同时有下光柱。上下光柱不一定必须同时出现。例如在图 6 中，当冰晶漂浮的高度较高，冰晶高度角大于灯光高度角时(即 $h_a>h_l$)，就只能出现上光柱。当上空无冰晶，而冰晶高度角小于灯光高度角时(即 $h_b<h_l$)，就只能出现“下光柱”。图中冰晶 a，形成上光柱上的光点，冰晶 b，形成下光柱上的光点。又当人目高于灯光时，则当冰晶的俯角小于灯的俯角时，可出现“上光柱”；当冰晶俯角大于灯的俯角时，可出现“下光柱”。理由与图 6 相似，不另作图来表示了。

现在再来谈谈为什么光柱有一定宽度，而不是一条铅直的无宽度的线的问题，这固然如陈同志所说的，与灯光光源有一定宽度有关。但更重要的，乃是与冰晶在铅直的光路平面上，有左右轻微摇摆的现象有关。现在请先参看图 7。图中 e 为人目，l 为灯的中心，a、b 为两个对称的冰晶表面，与严格水平的冰晶相比较，若以灯的方位作为前方，则 a 为左侧下倾，b 为右侧下倾。它们最大下倾角 α 均很微小，而且下倾程度也相等，a 冰晶的反射灯光由左侧入人目，b 冰晶的反射灯光由右侧入人目，结果从人目看来，好像是光柱两侧 a'、b' 两处来的光线。但是既然 α 为最大下倾角，那么由于冰晶摆动，必有自 0°到 α 的各种下倾角的冰晶面存在，它们都有分别为左侧下倾及右侧下倾的对称冰晶能供应反射灯光。它们造成图 7 光柱内自 a' 到 b' 之间各点的光，从而促使光柱具有一定宽度。其中，正中的光来自 $\alpha=0°$ 的冰晶。这种 $\alpha=0°$ 的冰晶也并非严格水平的，它仍有前后俯仰的摆动。

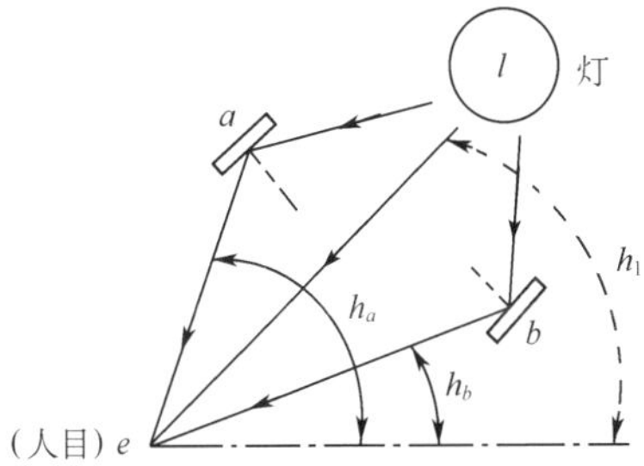

图 6

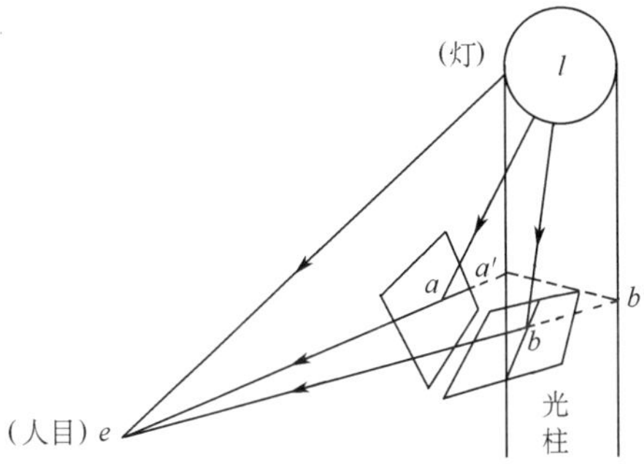

图 7

注意，在图 7 中，造成的光柱宽度，是由最大下倾角 α 所决定的。按照类似的道理，也可解释上光柱的宽度之形成。

但这个宽度，还仅仅是灯光中心 l 的来光所造成。事实上，灯的本身有宽度，在此宽度中每一个光源点，均可造成类似 $a'b'$ 的光柱宽度，因此叠加起来，就使光柱更宽。

根据上面的讨论，我们对光柱现象，就有了很深入的理解。可归纳为下列各点：

1. 形成光柱的冰晶，在空中漂浮下降时，其上下表面并非严格水平，而是前后左右俯仰摇摆的。

2. 由于冰晶的前后俯仰摇摆，当灯光与人目位于同一高度时，因为灯光为发散光源，所以造成光柱的冰晶，并不必须位于人目与灯光连线的铅直平分线上。

3. 由于冰晶的前后俯仰摇摆，所以当灯光与人目不在同一高度时，造成光柱的冰晶，并不必须位于双曲线上。而且当有上光柱与下光柱同时存在时，其间并不必须出现上下光柱之间的空隙。同时，在灯光和人目高度之间的冰晶，仍能在形成光柱中起作用。

4. 在冰晶有前后俯仰摇摆的前提下，光柱上某点 f_s，可以由人目(e)与该点间所存在的许多冰晶中，任一具有合适的上下表面取向的冰晶形成，只要该冰晶的反射灯光与 f_se 线重合即可。因而形成光柱，并不十分困难。

5. 在冰晶有前后俯仰摇摆的前提下，当灯光高于人目时，“上光柱”是冰晶的高度角高于灯光高度角的场合下形成的；“下光柱”是冰晶的高度角低于灯光高度角的场合下形成的。而当灯光低于人目(例如人站在高岗，高堤上、高公路上向下望低处灯光)，则“上光柱”是冰晶的俯角小于灯光的俯角(或看冰晶是仰角，而看灯光为俯角)时形成；“下光柱”是冰晶的俯角大于灯光的俯角时形成的。

6. 光柱的突然出现或消失，与产生光柱的冰晶在空中由“无”变“有”，或因空中温湿条件的改变，使冰晶转化为雪花，或冰晶下降到地，空中不再产生等原因有关。

7. 每条光柱有一定的宽度，不是一条铅直的无宽度的线，造成这种宽度的原因有两个。一是因为灯光源具有一定宽度，二是因为空气中漂浮的形成光柱的冰晶，具有左右轻微的摇摆。设最大摇摆角为 α，$\alpha=0°$ 为未左右摇摆的冰晶，则左右摇摆所造成的点光源的光柱宽度，与 α 角大小有关。实际光柱的宽度，是这两个原因叠加(即共同起作用)所致。

最后必须指出，日晕中仅出现于晨昏日轮上下的日柱现象，其形成原理虽与本文所介绍的“光柱林立”现象相似。但日柱现象是纯自然现象，而非人为现象。而光柱林立现象，却与人为照明灯光有关。

祝四弟儒伯六十大庆

王鹏飞

举家南溟去，万里护沙城；不顾风涛恶，祗缘舔犊深。
悉尼澳巨埠，繁茂世所稔，梅朵结佳俪，增此海外根。
海外天地宽，欣逢花甲辰，有宅兼园圃，桃李自成春。
有车资遐迩，载子慰寸心，有孙绯、诗、逸，华夏寓其姓。
有亲在神州，虽遥情尤真，情真思弥切，时时念弟坤。
兄嫂年古稀，岁月如霜侵，相见日以疏，相思日以深。
唯愿天涯客，康复与长生。

(摘自《天风海涛集》)

给孙女珂珂贺年

王鹏飞

圣诞老公公，身背大红包；包里放些啥？书本加蛋糕！
走东又走西，走到爱丁堡。看见小珂珂，问声“新年好”！
取出糕和书，珂珂哈哈笑。蛋糕放嘴里，书本细细瞧。
谢谢老公公，想得真周到。吃糕身康健，求智学问高。
爷爷等待我，回国立功劳！

(摘自《天风海涛集》)

青海湖旁的路蜃奇景[①]

1986年8月8日,我参加中国科技史学会地学史学术讨论会青海湖地理考察。晨8时乘汽车离西宁,过海拔4000米的拉脊山头,经海拔3520米的日月山,11时许,沿新铺设的沥青公路,向西直驶青海湖。

忽见前方路面出现多处水潭,形状不一。有的横堵路面,有的仅占路面一部分。它们大小各异,形状各别,往往好几个水潭远近分布,参差并存。有的水潭随车的前进而向前移,并渐渐弥散,弥散处与汽车的距离不等,当某些水潭弥失时,往往又有一些新的水潭在远处出现。

我们的车开得很快,当追近一辆白色面包车约距300多米时,赫然发现此面包车后端在公路面上的倒影,犹如在水面上的倒影:车轮子在上,白色车子的背影在下,倒影轮子与实际面包车后轮时而相连,时而位于面包车后之后轮若干距离处,白色车子的倒影在黑色沥青公路的背景下,非常醒目。此后我车始终保持与面包车约300米之遥,而上述倒影则时隐时现,时近时远.煞是有趣。当到达青海湖边时,我车已追及该车,见此面包车后的方块大玻璃反射阳光,在地面投以淡黄色光片,此光片在地面随该车而止动。

下午4时许,我们离青海湖循原路东返,在此公路上又有"水潭"在前方隐现的景象。当一辆绿包大车迎面驶来时,在黑色公路面上也出现了绿包车身的倒影。

同行的司机说,他们过去也发现过这种现象,只知道是幻觉,不知道为什么会出现这种现象。我告诉他,这是"海市蜃楼"的一种,叫"下现蜃景"。由于出现在公路路面上,可以简称它为"路蜃"。

路蜃的形成过程,基本上是由于光线自前上方通过下热上冷的近地面空气,逐层发生折射后。反转向上又逐层折射而进入人目所致。人目是一个被动感光器,它不能追溯物光,因此它无法了解光线进入人目前的路径历程。它只能迎着最后进入人目的光线的来向接收光线,因而光线所包含的物象信息,从人目的位置看来,似乎直接位于最后进入人目的光线来向,而并不是位于实际物体的真正所在。

例如上述公路上的"水潭幻象"。事实上是前方天空的象,其形成过程见图1。

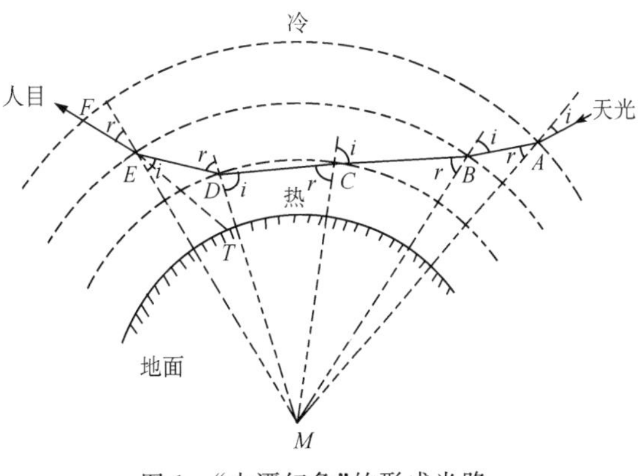

图1 "水潭幻象"的形成光路

"天光"或"物光"(图1)自前上方斜向射来,在近地气层中,因下热上冷,所以它是自低温气层斜射到高温气层,斜射时逐层发生

① 本文曾刊于《气象知识》1987年3、4、5期。

折射，其折射角(r)均大于入射角(i)，如图1中A、B、C处所示。从而使光路变得愈来愈与地面平行。由于气层包围地球，呈同心球壳状，所以当折射光在接近于与地面平行时，它虽然在某处(如图1中C处)仍折入一下气层，但在另一距离不远的地方(如图1中D)，却重新由下一气层折入上一气层了。这是因为直线(光线CD)与球面是相交于两点(C点及D点)。光线到达D转而向上折射，就变为自高温气层向低温层折射了。这样，其折射角(r)将变得小于入射角(i)，从而使光路愈来愈脱离与地面平行的状态而变得渐近于与球形气壳的法线方向平行(见图1中D、E等处)。最后光路进入人目，人目按最后进入人目下的光路FE，看到天光或物光所提供的象在地球表面上T处。

人目向前下方公路路面见到的小部分天空的象，在用脑进行判别时，根据地上不可能有天空而只可以有“水潭”的习惯认识，而且天空色彩也与“水潭”的水色有近似处，就认为它们应是水潭，属于公路上的水潭而不认为是天空。可见这种水潭是天空的下现蜃景现象。

又如上述公路上的白色面包车背倒影和绿色大卡车倒影。它们并非地面的反射倒影，却是空气的折射倒象，因为当时公路路面干燥，并无水层，路面的沥青又系小块构成，凹凸不平，不可能发生镜面反射。这些倒影实际上是汽车在下热上冷气中所形成的下现蜃景，形成原理与天空的下现蜃景形成原理相同，只是光线来自前方的汽车而已。具体公路上“水潭”象及“汽车”象的形成光路，可参看图2。

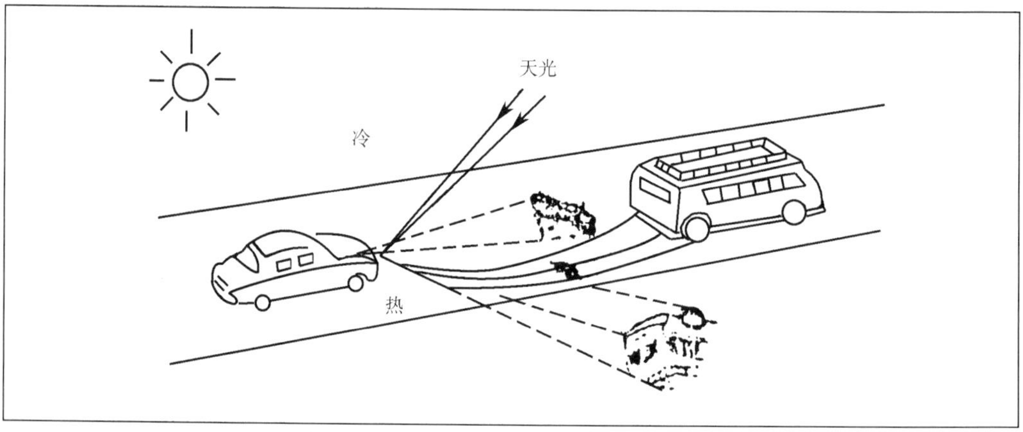

图2 公路上的水潭象和汽车象的形成光路

——路蜃形成的环流条件

是否在公路上行车时，一定会看到上述的蜃景呢？那不一定。要形成公路上的下现蜃景，必须具备一些必要条件。现在针对那天出现公路蜃景的情况，对形成的条件，作一些分析。

按照图1所示，要出现下现蜃景必须近地面空气下热上冷，且温度垂直梯度要很大。我们是在北京夏令时上午11时及下午4时靠近青海湖的公路上见到路蜃的。北京时是以120°E时区时为标准的。青海湖东缘约在101°E左右，位于时区时界97.5°E以东，属于105°E时区时的范围内。它的经度在120°E以西19°左右，按经度每差15°，时间差1小时的计算，再将夏令时也考虑在内，则我们在那里时，手表上的上午11时和下午4时，约相当于该地真太阳时的上午8时44分和下午1时44分。这就是说，那天上午路蜃是在公路路面增热最快时出现的。下午的路蜃是在公路路面温度最高时出现的。

为什么上午地面增热最快时易于造成公路的下现蜃景呢？我们知道，青海湖面海拔约3200米，又高于西宁。青海湖东南诸山，海拔更高于青海湖，如拉脊山顶海拔为4469米，日月山垭海拔为3520米。在夜间，由于海拔较高，空气密度较小，所以陆面辐射冷却很快，并发生山风。太阳出来后，陆面温度升高，到上午9时左右，由于太阳高度角增加最快，且由于海拔高，大气厚度薄，空气密度小，所以地面增温很快，但山坡上气温较低的山风仍占优势。这就造成青海湖东边紧贴地面气层温度较高，而上空仍盛行较低气温的山风的现象。我们在到达青海湖东缘的招待所时，大约是当地真太阳时9时许，只见青海湖东南山峰附近的凹谷处，有一阵阵"云气"好像向上直窜的长龙，尾部与凹谷谷道相连，上侧向青海湖方向斜升。龙头(顶部)松散，形象奇特多变，时而脱离龙身而向青海湖飘去，但飘离不久，就很快弥散不见。这说明东南方诸山的山风尚盛，而空中还是较干的。陆面的增温迅速使青海湖出现了湖风，风把陆面上较暖的空气带上坡，并与东南诸山的山风在一定高度的山凹处会合。这些较湿热的湖风在与温度较低的山风混合并被迫上升时就绝热冷却，降温凝结而形成陡升的云柱，颇有宋张栻(1133—1180)"晓上高楼望云气，蛰龙千丈起西山"之感。只是诗中的"西山"应改为"东山"，以切合我见到的那天实况。这个"千丈蛰龙"，事实上是低空湖风与上空山风所形成的环流在东南山峰附近山谷中凝结出的云体(见图3)。

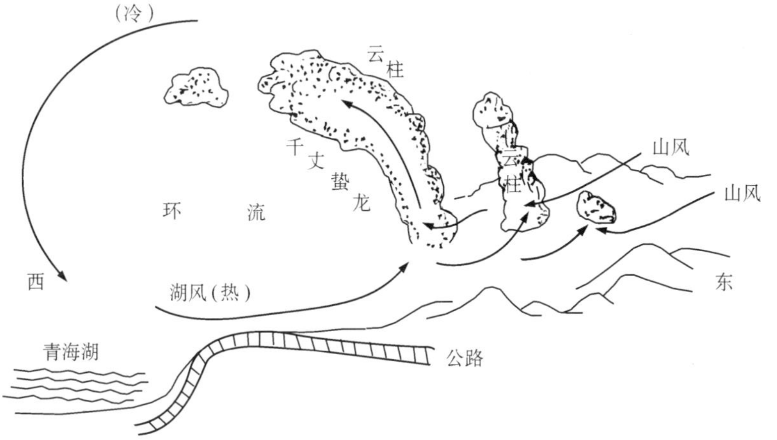

图3　湖风与山风会合上升形成的"云气"

它的出现说明湖风的强劲，而湖风的强劲出现，正说明当时陆面在迅速增热。因此，在近地面气层中，必将造成很大的温度垂直梯度。在贴地2米以下的气层内，温度垂直梯度已可远大于超绝热直减率(3.4℃/1000米)。我那时在汽车内，眼睛距地高度不高于1.5米，正在贴地气层厚度范围内。所以，足可以见到路面上显示的下现蜃景了。

在下午地面温度最高时为什么也能形成下现蜃景呢？这是因为过了真太阳时正午，太阳已在子午线稍偏西的方位。对于青海湖东南诸山来说，其迎湖坡已成向阳坡，坡面与阳光之交角已变得很大，所以坡面空气沿坡上升而使山风消失，盛行了谷风。谷风的出现加强了湖风，于是陆面为湖风所控制。而陆面当时太阳高度角也大，这时虽然太阳已稍偏西，地面接收的太阳辐射已等于支出的地面辐射，但是通过下午一个多小时的"接收太阳辐射仍多于支出地面辐射"的热量积累，此时地面温度已达最高。它当然要对其上的湖风起加热作用。

但湖风受谷风的引导,不可能始终停滞在一地。青海湖东的陆面不断接收新鲜湖风,它尚未将上面的空气充分烤热。就又有新鲜湖风代替先到的空气覆盖其上,因而地面的热量始终难以充分上传到较高的高度。这就使贴地气层中出现了陡峻的温度垂直梯度,甚至超过"超绝热直减率"很多。下热上冷的气层层结十分明显,虽然湖风含有较多水汽,但登陆后是增温的,且上升气流又不很强。所以很少成云,天空澄朗,有利于天光及阳光透入大气,所以这时也是形成下现蜃景的良好时刻。

——路蜃形成的路面和方向条件

公路沥青路面呈黑色,有利于显现路蜃。在接近青海的公路上,我们发现路蜃的路段,沥青路面似乎是新筑的:上面无细砂土覆盖,呈油黑色,比两侧陆面颜色深得多。这种色泽对下现蜃景的显现起到两个作用。一是它能吸收较多的太阳辐射,从而使其温度上升得比两侧路旁为高。这样,公路就成为陆面上温度最高的地带,而其上方的贴地气层也就成为陆面上气温垂直梯度最大的区域,最易出现路蜃。二是深黑色的路面能衬托路蜃,使其更加显著,更容易发现。在上述例子中,天空的蜃景呈淡青色、汽车的蜃景呈白色或绿色,它们衬以黑油油的沥青路面的背景,就更加明显了。

太阳的方位及车行的方向也有利于我们发现路蜃。我们的汽车上午赴青海湖,是由东向西行驶,太阳在我们的东方上空,阳光从车后照向车前,西方的天光柔和地射向车前,使得我们不会因阳光眩目而看不到蜃景。下午我们的汽车顺青海湖南缘东驶,太阳在偏西方仍从车后向车前照射,同样有利于看到路蜃。

人目距地高度对能否发现路蜃也有关。我那天发现路蜃时,正坐在小卧车后排的座位上,人目高度不到 1.5 米,视野只限于前排司机与另一乘客之间及风挡玻璃上下宽度之间的视角内。由图 4 可见,人目高度(F、E)愈低,则路蜃与观测者愈远。若按人目高度 1.5 米来计算,见图 5,如 α 为俯角,观测到的路蜃在车前 200～250 米处形成,α 角在 20°～26°之间。这说明当目光向前看时,只要有半度的俯角就能看到路蜃。这样小的俯角,只要眼珠稍向下转即可成功。用不着俯首观测。因此,我坐在车内后排是很容易发现路蜃的。如果路蜃出现的距离较近。就需要有较大的俯角才能看见,也可能路蜃会越出我当时在车中的视野范围而观测不到。

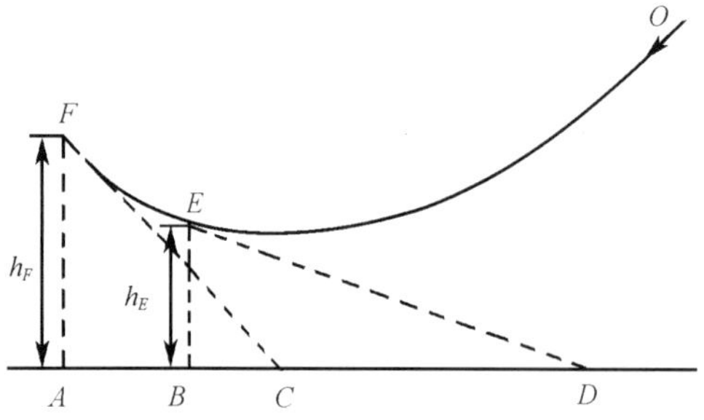

图 4 人目愈低,所见路蜃愈远

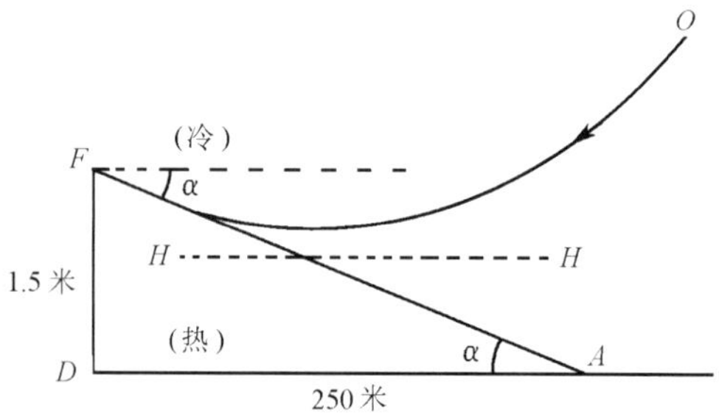

图 5 观测下现蜃景的俯角计算

空气扰动对蜃景的影响也是应当注意的。我们发现路蜃时,汽车正在不停地快速行驶中,汽车的行驶会使近地气层发生扰动。也就会在一定程度上影响路蜃的出现及其位置,但一般说来。扰动的部位距观测者愈近。其影响也愈小。因为路蜃光路的后一部分,均受其前光路走向的影响。而其前光路又受更前光路的影响。扰动能使相邻两个气层的折射率发生变化。在距观测者较远的蜃景光路中发生扰动，会大大影响其后的蜃景光路，往往前面“差之毫厘”，会使后面的光路“失之千里”。如果发生扰动的空气就在观测者眼睛附近，则这种扰动虽也能改变一些光路，但对观测路蜃无大妨碍。

凡是在蜃景光路以外的扰动，是不会影响人目见到蜃景的。正因为这个缘故，虽然我们是在行进中的小汽车中观测蜃景（如水潭等），汽车前方的空气受到了扰动，但仍不妨碍我们见到下现蜃景。

创新赢得富苍穹

——颂邓小平

王鹏飞

仓颉四瞳，岂甘老穷？心怀壮志思建功！
沟深岭崇，何处长空？愿凌王屋御高风。
偏有帮宗，鞭逐智公，嘱移门前万仞峰。
靡夏靡冬，闭目塞聪，代代箕锄挖葱茏。
山高岭隆，愈挖愈窘，空把穷白论英雄。
雄飞有龙，雌伏是虫，举世咸进我独蒙。
幸有邓公，请回智公，修岭筑道出山丛。
山外路通，心豁耳聪，满目神州彩霞红。
翠谷争宠，遥山竞容，金岭银坡畅旅踪。
万象靡终，大地日丰，创新赢得富苍穹！

（摘自《天风海涛集》）

山区蜃景[①]

——泰山三次怪蜃和奂山山市的剖析

山东省出现过蜃景的地方很多。沿海地区如蓬莱、长岛、烟台、青岛、日照等地常出现“滨海蜃景”，这是众所周知的。明谈迁《枣林杂俎·义集》提到东平、汶上、东阿等洼地，曾见“城郭气”，这是“洼地蜃景”。清蒲松龄《聊斋志异》卷十四，曾载有淄川“奂山山市”，明方以智《物理小识》也指出泰山可出现蜃景，这些应属“山区蜃景”。由于研究山区蜃景方面的人较少，本文仅就泰山的三次山区怪蜃及奂山山市加以剖析，以补“山区蜃景”研究的空白。值得提出的是，这三次泰山蜃景各有其特点，形成原因并不相同，剖析它们很有科学意义。另外，它们的形成，与淄川“奂山山市”的山区蜃景，也并不相同。本文也将就其差异，加以阐释。

甲、泰山三次怪蜃

泰山的三次蜃景，是我与泰安外办和进海同志通信后，方才得知的。和同志常陪外宾游览泰山名胜。他对摄影非常爱好。因此在工作中往往摄得异常的泰山光象。他告诉我曾摄得“碧霞祠蜃景”、“傲徕峰蜃景”，还曾摄得一张扑朔迷离的蜃景。今特分别介绍及剖析如下：

一、碧霞祠蜃景

碧霞祠是位于泰山山顶的一片古建筑群。称为“泰山老嬷碧霞元君神府”。宋时始建“玉女祠”。明洪武年间重修后，称“碧霞元君祠”。明嘉靖年间曾拓建。清乾隆三十五年(1770)又曾重修。目前经整修后其建筑面积达3900多平方米，包括有十二座大型建筑。结构既错落有致，且浑成一体，远望如仙府琼阁，引入遐想。

1984年7月30日早上7时，和进海与五位摄影好友，在拍摄日出奇景后，由日观峰等地回头走。见碧霞祠在阳光下显得特别漂亮，就支起摄影架，用广角镜头对准拍摄。为了拍好与碧霞祠相伴的云雾，加上了偏振镜头。当他正待拍摄时，猛听得助手季太生同志惊呼：“注意！云上还有个庙，是不是山下的岱庙？”那时和进海在取景器里也发现了这一奇象，但知道云上的庙不是岱庙。却是碧霞祠的另一光象。赶忙连续拍了七八张，把这奇景拍了下来。当时省旅游局冯同志、青岛外办李同志，潍坊外办刘同志分别用所携的照相机同时进行拍摄。大家认为拍到了这个奇异光像，十分兴奋。就回去进行冲洗。那知这些照片在处理中，药膜全被划坏。和进海心痛万分，但也只能徒呼奈何。只把这些已坏的照片，全放进废照片盒内。

---

① 本文曾刊于《山东气象》1995年。

过了好几个月，和进海拟将过去摄成功的照片，编刊为图册。想从废照片中找出一些参考性资料以获取心得。就重新取出废照片盒。不料在盒内发现了一张药膜划坏得轻的片子。一看前景有很多运动员，地上摄有一个碧霞祠，天空云上也出现一个“碧霞祠”。就大喜过望。他本想把这片子复制后寄给我。但由于照片中颜色很淡，远不及拍照那天目视取景器中看到的那样鲜艳突目。复制时自然十分困难。不能有很好效果，因此无法复制给我。

虽然我未得到照片复制品，但从和进海同志的描述，已足可了解照片内容及拍摄条件。

和进海是在拍日出归途中见到碧霞祠的。拍日出的地点一般在碧霞祠以东地区。归途当是向偏西方向走。所以当时见到的碧霞祠必正受到东升阳光的照耀，显得金碧辉煌，符合碧霞祠“光线很好”的说法。因此摄影镜头是朝西方拍摄的。另外，照片中碧霞祠蜃景既出现在地面碧霞祠上空的云上，这个光象应属于上现蜃景是不成问题的。问题是：当时的大气物理物件是否符合出现上现蜃景这个条件？条件是当时必须存在逆温现象。

那时正值盛夏，夜短昼长。夜间及清晨逆温不会很强，往往并不出现清晨的辐射逆温。虽然如此，但我认为另有造成清晨逆温的条件，那就是“蒸发逆温”。

拍照是在7月30日，正是天气最热，泰山草木在全年间最为繁茂之时。夏季也是雨水较多季节，所以虽然夜间不长，但清晨土润露滋，近地面水分供应充沛。日出后地面及草木受日光照射水分蒸发。蒸发是耗失热量的过程。这就使近地面大气的温度急降，从而造成了那里的“蒸发逆温”。温度随高度增高而增大。

另一方面，蒸发入近地逆温下部气层中的水汽，由于温度下降而发生凝结。就使近地气层中出现了雾气。造成了泰山顶碧霞祠的下部，处于雾气细缊之中，而碧霞祠上部，仍处于无水分凝结的逆温层中（逆温层下部雾气因处于稳定状态，很少扩散到逆温层上部，而逆温层上部，因气温较高，水汽尚未达到过饱和程度，不致发生水汽成雾现象），所以仍处于阳光照耀之中。碧霞祠上方蜃象处于云上，正是由于地面碧霞祠下部处于雾中所致。云是雾的上现蜃景。为了阐明同一照片中出现两个碧霞祠，我们作了图1。可以看出，拍照时，摄影镜头接受了两个方向的来自碧霞祠发射的光线。

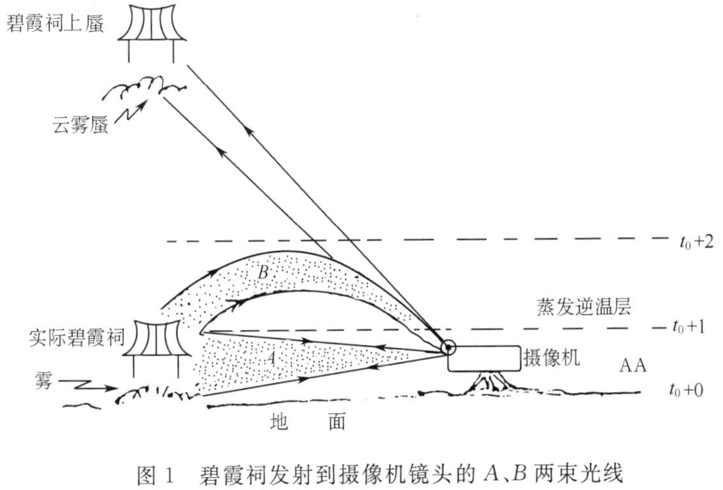

图1　碧霞祠发射到摄像机镜头的 A、B 两束光线

（A 光形成实际碧霞祠象，B 光形成碧霞祠上蜃）

在图 1 中，t_0+0，t_0+1，t_0+2，…，为蒸发逆温气层中气温随高度渐次增大的各等温面。地面实际碧霞祠下部有雾出现。这是地面土壤及草木水分蒸发后在底层重又凝结而形成的。来自碧霞祠的光线按 A 及 B 方向分两束进入摄影机镜头。光束 A 因路线均处于 t_0+0，t_0+1 之间，其间气温随高度变化不大，不发生很大的大气折射现象。所以物象并未发生多大歪曲变化。这就是地面实际碧霞祠所以能在摄影机中很近似原象拍摄到的原因，光束 B 是弯曲地经过大气进入摄影机镜头中的，按照光学原理，其弯曲方向是偏向高温一侧的。因而是向高空一侧弯曲的。例如 B 的上限光线曾弯曲到(t_0+1，t_0+2)气层，B 的下限光线曾弯曲到(t_0+1，t_0+2)气层。然后这上下限光线同时进入摄影机镜头，它们都经历了许多层密度不同的大气，所以都在大气中经历连续的光学折射。从摄影机中看，包含在 B 中的各光线似来自它们入摄影机镜头的曲线的切线方向。于是碧霞祠上蜃必出现于地面碧霞祠上空的云雾中，其形状或大小，在光线折射的情况下必也有变化。这就使照片中，既出现碧霞祠地面形象。又出现其上现蜃象。这并不奇怪。由于自地面碧霞祠发出的其他光束，未能进入当时的摄影机镜头，所以照片中不能出现除上述两碧霞祠以外的其他碧霞祠蜃象。

二、傲徕峰蜃景

傲徕峰，一名獒来峰，位于泰山西侧。其实际高度约 997 米。傲徕峰蜃景照片是在泰山中天门站向西拍摄的。中天门索道站实际高度为 829 米，约低于傲徕峰达 168 米。在傲徕峰与中天门索道站间的地势，均低于索道站。

1983 年 7 月 21 日清晨，和进海于 7:30 到达中天门索道站找人。发现在索道站西阳台有云海出现。云海低于索道站很多。当时，索道站尚未开业，只有几个工人在场，别无游客。在 8:10，一丝风也不见。云海顶尚低于中天门索道站。当时空气特别清新。向西一看，见到两个傲徕峰，上下离置。当时和进海脑子尚未反应过来。他以为上边一个是真的傲徕峰，下边的一个是云彩遮挡勾划出来的。他想以此为背景，拍张有人物的照片。但没有找到合适的人。因见西阳台较脏，就找了一把扫帚，把阳台打扫干净，在 8:40，随即朝向西方拍了一张照片。

其后，他把照片洗出来，发现是傲徕峰的蜃景，很高兴，曾请泰山气象站朱官忠同志鉴定。通过朱的介绍，和进海将这张傲徕蜃景照片复制后寄给我，并向我询问了一些光学原理。1984 年夏。山东画报社派编辑来南京气象学院找我，要我为一张傲徕峰蜃景照片写一篇说明词。我一看就认识此为和进海所摄之照，就为此写了说明，但不具己名，而具“和进海摄”之名，该年 12 月，山东画报社寄来《齐鲁乡情》第二期画报(1984 年 11 月出版)，在封二(内封)中即刊有彩色照片一帧，题为《泰山上的海市蜃楼》，署以“和进海　摄”字样，和进海同志后来来信，表示非常感谢我。这张刊出的彩照，由于已放得很大，所以蜃景细节特征非常清晰。今特改绘成分析图如下所示(图 2)：

与上述碧霞祠蜃景相比较，由于拍摄时间也在 7 月，日子早约 9 天，年份仅差一年。摄影机镜头也是在早上朝向西方的。都是在照片上既有实际物象，又有蜃象，蜃象又都是上现蜃景。在蜃象下均有云雾出现，所以人们易于轻率地得出傲徕峰蜃景出现的大气物理条件应与碧霞祠蜃景出现时相同的推论。但是这个推论是错误的。为什么呢？

因为在碧霞祠照片中有云雾而无云海。傲徕峰照片中出现的是云海而非一般云雾。而

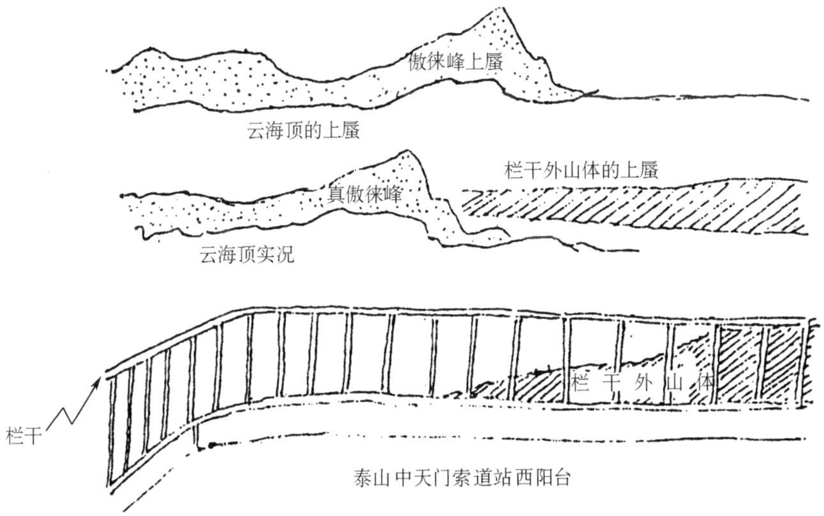

图 2　傲徕峰蜃景照片示意图

且拍摄时间碧霞祠是在日出后不久，而傲徕峰是在上午 8:40，那时离日出已有很久时间了。

出现云海是一个范围较大的现象，地理背景范围也应较大。为此，研究傲徕峰蜃景应将泰山西部山壑的地理条件，作整体考虑。这个西部山壑，是由北部山峰（由南天门索道站、九女寨、龙角山等组成）、西部山峰（由傲徕峰、扇子崖等组成）、南部山峰（中天门索道站、招军岭、凤凰岭等组成）围成的一个巨大洼谷。此谷东侧为拦住山所阻塞。在这样一个巨谷中，在夏季 7 月，约 8:40，太阳照射已能造成其中大气的对流活动。对流所及高度已可达六七百米高度。

为方便计，我们可以参看图 3，对这种对流所造成的后果作一些说明。

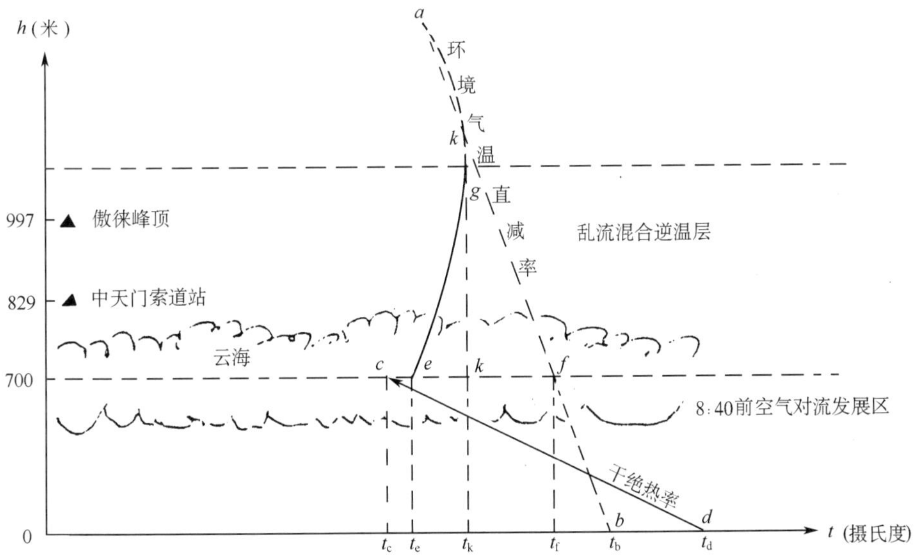

图 3　乱流混合逆温层形成示意图

在夏季,白天气温较高,大气可以容纳大量水汽而不发生凝结。到了夜间,空气的相对湿度就会增大,设仍处于未饱和状态。到了清晨由于夜间时间持续较短,辐射冷却程度不大,地面逆温往往不易形成。气温直减率一般仍小于干绝热直减率,但到了上午 8 时以后,地面受到太阳强烈增热,空气对流加盛。在图 3 中纵坐标为高度,以米为单位。而横坐标为温度,以度(摄氏)为单位。纵轴上标以傲徕峰顶及中天门索道站高度,ab 为对流发生前大气的环境气温直减率。这大体是清晨的大气直减率,其值小于干绝热直减率。在 8 时以后,设对流空气可达约 700 米高度(低于中天门索道站)。cd 即为泰山西壑巨谷内空气对流发展区的气温直减率,它已是干绝热率(每上升 100 米,降温约 1℃)。这样由于地面受太阳照射,温度从 t_b 升到 t_d,而在 700 米高处,气温却由于对流而降低,自 t_f 降到 t_c。700 米高处的降温,使该处饱和水汽压下降,于是空气中水汽含量如高于当时降低温度后的饱和水汽可含量,多余水汽就会凝结出来,形成云海。凝结要放出潜热,使 700 米高处的温度有所升高。又由于乱流混合,700 米附近的低温空气与其上原按环境气温直减率分布的空气混合,直减率即由 gf 变为 ek。而 ek 间是气温随高度增大而增加的逆温空气,这就使在 700 米高度以上,直到超过傲徕峰顶的某一高度,大气均处于逆温状态,形成了"乱流混合逆温层"。这样,我们就既解释了中天门索道站下面的云海的形成,又解释了形成傲徕峰蜃景所必须的逆温的形成,并由这个解释,了解到傲徕峰蜃景的逆温是"乱流混合逆温",碧霞祠蜃景的逆温是"蒸发逆温"。"蒸发逆温"只是近地面水分蒸发所致。它不可能有造成云海那样规模的凝结现象,而"乱流混合逆温"是对流现象造成的空中逆温,范围规模均较大,可以造成云海。"蒸发逆温"仅出现于日出后不久,很难持续。但"乱流混合逆温",在 8 时以后,随着太阳增热、对流活动的加强,它可以维持长久一些时间,并可能随着对流活动的加强,逆温位置会向上发展,云海也会指向较高处,一直到对流活动减弱才止。傲徕峰的蜃景就是这个乱流混合逆温造成的。

三、泰山"侧上现左反蜃"

和进海同志在 1983 年 7 月 21 日约 9 时,在泰山中天门索道站拍摄了一张照片,这是一张扑朔迷离的怪蜃景。经我的科学分析,给它定名为"泰山侧上现左反蜃"。

(一)扑朔迷离的怪蜃照片的拍摄经过

和进海同志告诉我,这张扑朔迷离的蜃景照片,是在拍上述傲徕峰蜃景照片后,同日不久拍摄的。

他拍了傲徕峰蜃景后,见到云海开始浮动。他在 8:50 进了中天门站台,云海已升高 100 多米到索道站以上。他向北看,景色在云雾中倏隐倏现。但能见到北上方南天门索道站(1432.65 米)处有个黄色建筑,透过薄雾其色彩比较明亮而醒目。他认为把它拍进去,以便洗出后作为分析照片时的依据,比较合适。但为了构图均衡,拍摄时仅只拍了它的一半。

中天门索道站到南天门索道站间是一个大山沟,上宽下窄。两索道站直线距离为 2078 米。山沟偏东有一高达 1018 米的拦住山,距中天门索道站直线距离约 690 米。大山沟伸到拦住山南侧、中天门索道站北侧间,就抬高形成一条河,称为"通天河"。中天门索道站低于南天门索道站约 603 米,索道自中天门站通到南天门站过大山沟时,在拦住山有一个支架以保证缆车在索道上运行时的安全。

和进海以黄建筑为醒目点，等待中天门站索道在视野中不被云雾掩遮的最清楚时，就按了一下快门。按快门的时间约在上午9时。拍完后，因为不知道照片中包含蜃景，所以并没有想多拍几张。

但过后他将照片洗出一看，傻了眼，照片中出现的景象，竟是扑朔迷离，难以解释。于是就要我解释。我请他在照片的景物上，先加初步辨认，分出那些是他拍照时本应在照片中显示的成分（即实景），那些是他拍照时不应在照片中显示的成分（即虚景），将它们注在照片旁边，另外还要求他写出索道蜃景的拍摄条件，他按照我的要求做了。

我把和进海寄给我的蜃景照片及说明简化为图4。他还告诉我，此照片是扩印不全的。本来在此照片上方，还有两个黑山头，其中一个是瞻鲁台（海拔1500多米），这个山头与下面的山，有明显的界线。

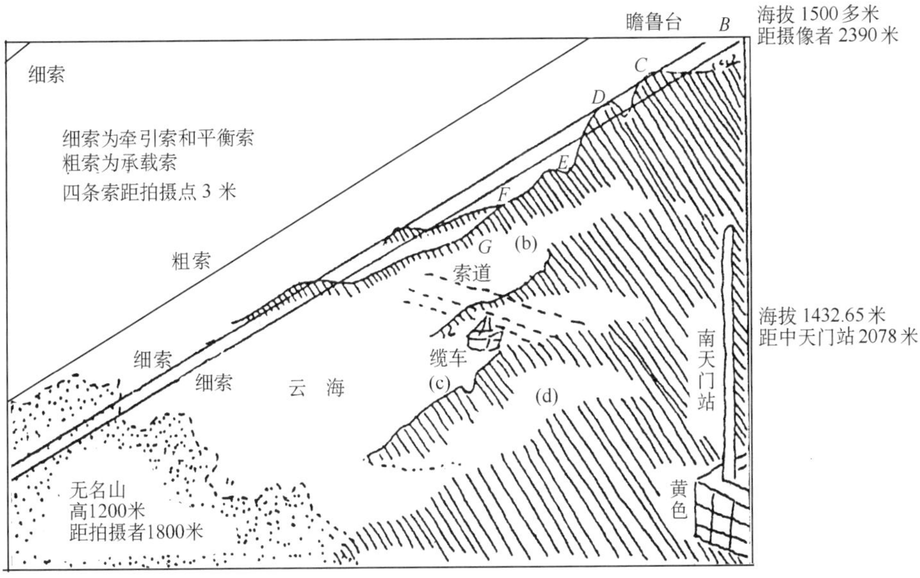

图4 扑朔迷离的蜃景照片及说明的简化图

他还告诉我拍摄条件说：拍摄时间为1983年7月21日9时，太阳在东南方，镜头面向东北方。拍摄时镜头向上向下记不清了。因为这是匆匆拍下的，没有想到这些。相机距地高度为2米。用海鸥4A相机摄，光圈22，速度1/30秒，拍摄地点为中天门索道站台面一侧。该站海拔为831.78米，拍摄时索道站右边有拦住山，左边有帽沿山。海拔分别为940米及1350米。索道前的山谷叫通天河，距索道候车处150米。当时索道车只是试运（因索道未完工），未对外营业。电源未接通。试运时用汽油机手工运行，跑一趟需45分钟。他还指出照片中景物的虚实情况，认为"真正的实物仅是四条黑索道线，其他都是假象"。

（二）探索怪蜃照片所显示的是什么景物

最初在我看了类如图4的照片后，也觉得有些扑朔迷离。因为其中既有须抬头才能见到的中天门站索道线，又有泰山山势。如果按地图的"上北、下南、左西、右东"的一般规律，中天门的四条索道线应在南方,而它们却出现在照片的西北方。南天门站在中天门站的北方,而照片中南天门站的色彩明显夺目的黄色建筑却位于照片的南方,这些都说明图 4 不可能是上北、下南、左西、右东,而应改变其方位取向,进行方位调整。使中天门站,四条索道线置于南方。南天门站黄色建筑置于北方。其次,我们知道此照片是在中天门站向南天门站方向拍摄的。南天门站在中天门站之北,并比中天门站高。如果我们将镜头的下方指向南天门站的黄色建筑。必然镜头会向天空仰望。说明此照片的背景是天空。另外,考虑到和进海同志说,照相是向东北方向拍的,因此图中调整方位后,应如图 5A 所示。

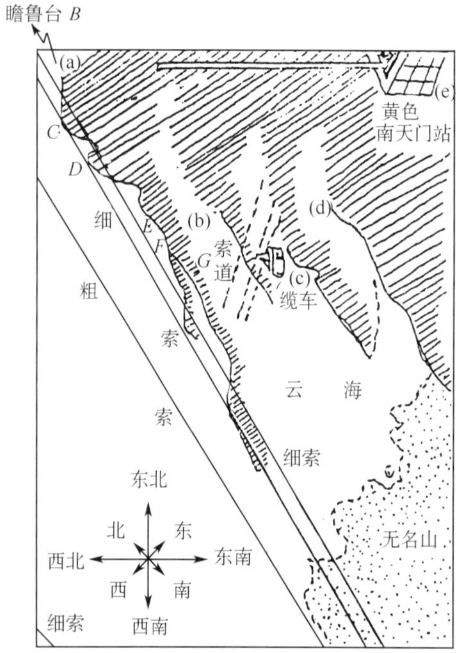

图 5A

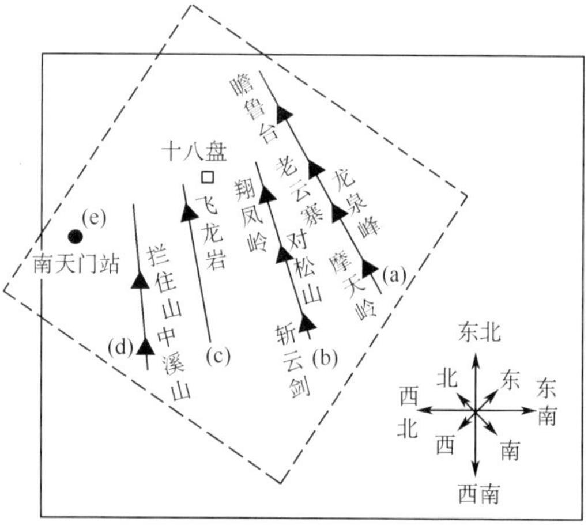

图 5B

图 5 图 5A 为调整方位的图 4。它是以天空为背景的蜃景照片。图 5B 为实际泰山上各山岭的位置分布示意图。图 5A 与图 5B 中(a)、(b)、(c)、(d)四条山岭一一对应,(e)为南天门站,方块口为十八盘位置。可以看出,图 5A 正好是图 5B 的左反象,即实际泰山上(a)、(b)、(c)、(d)、(e)是由东向西的,但图 5A 蜃象中的(a)、(b)、(c)、(d)、(e)却是自西向东的。说明这是左反蜃性质,又因图 5A 是以天空为背景,故有上蜃成分。

在图 5A 中,中天门站在南天门站之南,四条缆车索在中天门上空向北引伸,虚线缆车索带了缆车向南天门站(即向东北方)进发,都是比较合理的。另一方面,由于背景是天空,所以仅中天门四条缆索是实景。南天门黄色建筑与山岭相比,似乎太大。而且它实际位于这些山岭之西,现在照片中却位于这些山岭之东,所以应是虚景,即山岭不应出现于天空背景上,因而也属虚景假象。图 4 中,瞻鲁台出现在最北一个山岭 C 的顶上,这也有违实况,而图 5A 中,则瞻鲁台注明位于最北一个山岭形状线的向北引伸处,则合乎实情。

有了图 5A,我们对照片中什么是实景,什么是蜃景,就有了初步的概念。但即使是蜃景山岭,它们其实也不是凭空无中生有的,必有所本。为了进一步弄清图 5A 中(a)、(b)、(c)、(d)各山岭是泰山上哪些实际山岭的蜃象,我决定亲自到泰山去调查一下。

1989 年 10 月,我在青岛开完了气象史志研究会的学术交流会后,便中赴烟台、蓬莱、长岛等地，了解当地多年来“海滋”之争，然后通过山东省气象局赴泰山，作泰山此次蜃景的地理和大气情况考察。考察时带了图 4 的照片，向日观峰气象站熟悉山势的同志请教，还在泰山各处将与图 4 中山势起伏相近的山岭，拍了照片，以资比较。再对泰山全部山势，作了宏观了解。最后还对上午泰山各地受日光照射的情况，作了研究，以便将其热力分布，了然于胸。今将考察情况列之于下：

1. 从南天门索道站前，向东南方拍了两张表达泰山东岭山势的照片，如图 6(b,c)所示。其中将图 5 内最左上方的山势(a)列入作为图 6(a)，以资比较。发现自 C 到 F 各山头，山势起伏特征都非常一致。在(b)图中，B 为瞻鲁台，它位于高于 C 的山头。而在(a)中，也已注明(用矢线)比 C 山头更高处为瞻鲁台。另在(a)图中，F 处有分支山体 G，而在(c)图中，F 处也有分支山体 G。(a)图与(b)(c)图的不同处，仅是在(a)图中，山势是自右向左渐低，而(b)(c)图的山势是自左向右渐低，因此(a)图右上方的山是(b)(c)图山势的左反蜃，因为此蜃象在原物象之左，且是呈反转形象。

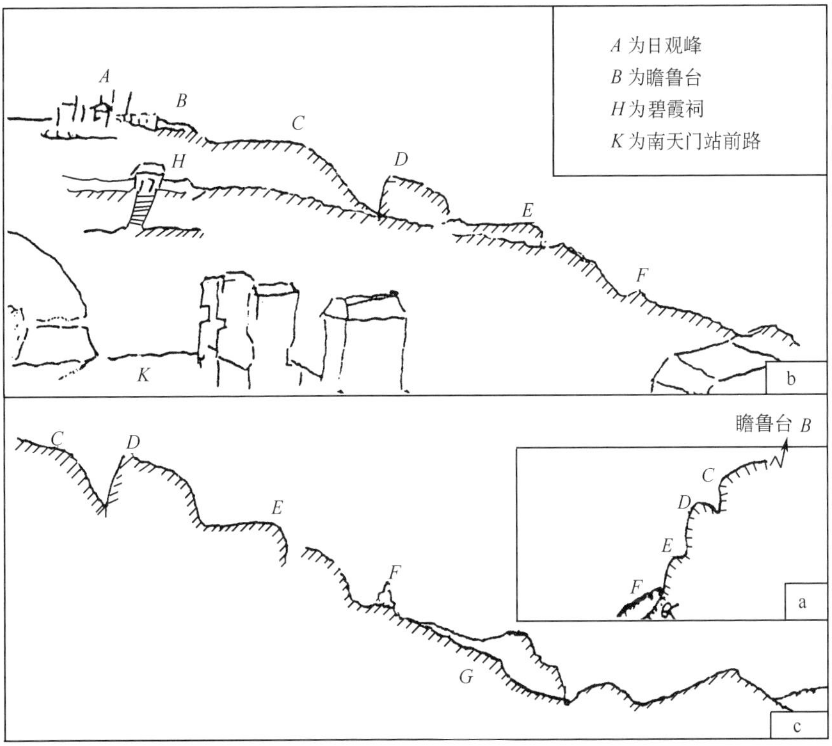

图 6　南天门站前向东拍摄的山势(b,c)与图 5 中右上方山势(a)之比较

2. 在正常情况下，在中天门向东北方向拍照，由于有高于中天门站(829 米)的拦住山(940 米)的阻挡，故是无法拍摄到瞻鲁台的。另外，中天门及中溪山位于中天门站之东，它们均高于中天门站，所以在中天门站向东，也是看不到图 6(b)(c)中 C、D、E、F、G 诸山头。现在图 5A 照片中，竟然出现了 C、D、E、F、G 各山头。则这些山头必然是光学抬高而进入镜头的。我们前面已分析出，图 5A 照片的背景是天空，这与光学抬高的看法是一致的。因此这里应是包含上蜃的成分。

3. 根据孟传柱画的《泰山胜鉴》图。在中天门以东,泰山自顶向南可分为四条山岭(参看图5B),即:

(a)极东山岭(瞻鲁台)——老云寨——龙泉峰——摩天岭。即图6中的C、D、E、F组成的山岭西坡。

(b)十八盘东侧山岭 翔凤岭——对松山——斩云剑等组成的山岭西坡。

(c)十八盘西侧山岭 飞龙岩组成的山岭西坡。

(d)拦住山附近山岭 拦住山——中溪山——带山岭的西坡。

这里根据崔秀国、吉爱琴《泰岱史迹》(1987)一书,在上述四条山岭中,将十八盘西侧的山岭称为“飞龙岩”。十八盘东侧的山岭称为“翔凤岭”。另外,在此四条山岭以西,有南天门站,为黄色建筑。

我们将图5A中扑朔迷离的四条岭及黄色建筑与上述四条山岭的实际位置及南天门站位置示意地绘于图5B中,以便进一步与图5A比较,这样就可以看出如下的一些问题:

1. 5B图为造成山岭蜃象的四条山岭在泰山区的地理分布示意图。5A图为此四条山岭在以天空为背景的蜃象分布。由于蜃象图中(a)、(b)、(c)、(d)及黄色建筑(e)正与山岭地面分布示意图中(a)、(b)、(c)、(d)等山岭及南天门站一一对应,因此蜃象图5A(即扑朔迷离照片)中各山岭蜃象是由地面那些实际山岭所造成就可晃然领悟了。从而蜃象照片的内涵谜团得以完全澄清。

2. 比较5A图中各蜃象与5B图中山岭。发现实际(a)、(b)、(c)、(d)及南天门站(e)是自右向左排列的,而蜃象图5A中,却是自左向右相反排列的。因此蜃象应属“侧现左反蜃”性质。

3. 5A图为以“天空”作背景的。5B图为山岭的地理分布,是以“地”为背景的。因此好像是以过南天门站的东北—西南线为轴,将地理分布图向天空方向转动180°(实际过程当然并非如此),即得蜃象图5A,即蜃象有上抬成分。从而证明此蜃有上现性质。

(三)怪蜃照片形成的实际大气光学过程研究

但是上述讨论,仅是从表象的角度,说明了这张扑朔迷离的蜃象照片,是泰山的“侧上现左反蜃”。并未牵涉到这蜃象照片形成的光学物理过程,这当然是很不够的。因此我们必须进一步深入探讨这个“侧上现左反蜃”出现的物理原因。

既然这个“侧上现左反蜃景”是在上午9时左右在泰山出现的。我们就要讨论一下1983年盛夏上午9时左右泰山山地热力分布特征,而这特征与泰山地形密切相关。所以我们下面,就通过对泰山地形的了解,来探究其热力分布,并进一步研究大气物理状况,最后深入研究“泰山侧上现左反蜃”形成的光学机制。今分几点来剖析:

1. 蜃象光源条件 蜃景是大气光象,只当造成蜃景的实景是发光体或能反射一定量的特征光时。才有可能造成蜃景。在5A图中四条山岭蜃景所显示的山坡,表面看似乎是东坡,但与5B图比较就知道,按对称原则,它们实际上是5B图中四条实际山岭的西坡。因此必须实际山岭西坡为阳光充分照耀,才能出现5A图中的山岭蜃景。盛夏清晨日出之际出地平线的太阳一般只能照耀山岭东坡。西坡为山岭本身所障,无法承受日光,所以那时在5A图上,不会出现山岭蜃景。但在上午9时,太阳高度已高,位置也由偏东转为偏南,使四条实际山岭的西坡坡面都能承受到充分日光。于是在出现西坡反射的情况下,四条山岭的具有各自特征的西坡反射光，就能形成山岭蜃景，由此可见在盛夏上午9时，蜃象光源条件是能够满足的。

2. 隔山出现蜃景的逆温条件　前已指出由于拦住山和中溪山比中天门站为高，从中天门站不可能看见位于拦住山和中溪山后面(即东及北方)的山岭。现在蜃象照片竟出现以天空为背景的拦住山和中溪山东及北方的山岭，这就要求在中天门站附近，有高于拦住山和中溪山的逆温气层。有了逆温气层。这些在拦住山和中溪山后面的山岭，才能将光象先自下向上抬升到高于拦住山和中溪山顶的逆温层上方，然后再在拦住山和中溪山西边下降。这样就正好使中天门站将镜头仰向天空的摄像机拍摄到形成为以天空为背景的山岭蜃景。但是这种逆温条件，盛夏上午9时，在泰山区是否存在？回答是"存在的"。为什么呢？

我们知道，南天门站高于中天门站约603米，而中天门站海拔为829米，南天门站海拔约1430米以上。而拦住山及中溪山海拔均低于1000米。这就使泰山山壑在中天门站到南天门站之间，呈北高南低的形势。特别是，中天门站与拦住山之间距，小于拦住山与南天门站之间距，所以南天门站下有很厚一层陡崖，呈赭黛色，在盛夏上午9时，暴露于由东南方射来的阳光中，使陡崖迅速增温，并影响到附近同高度的大气。又本文前面讨论傲徕峰蜃景时曾提到在中天门站西大壑底在该日(7月21日)上午8时以后地面对流活动因日照而加强，对流造成的干绝热直减率，使对流活动的顶面出现绝热冷却造成的云层，从而使中天门索道站高度附近出现云海顶，到了上午9时，云海顶升高到高于索道站，但尚不稳定。能见度时好时差。而在中天门索道站高度上，由于绝热冷却及蒸发冷却，就使自中天门站低温到南天门站高温之间，形成了一个强逆温层。此强逆温层厚度，自然远高于拦住山和中溪山。这个逆温厚层的出现，必然能满足所需的隔山出现蜃景的条件。

3. 使载有由东南而来山岭景物信息的光束转向为由东北而来所需的水平温度西北高于东南的大气温度分布条件　从图6的(b)(c)中，已知蜃景照片内的山岭是从南天门站前向东南眺望才能看到其实景。说明来自这些山岭的光束是由东南而来。但和进海在中天门拍摄蜃景时，照相机镜头是指向东北的。说明入镜头的光束是来自东北方向的。如果是这样，则山岭光束一定在传经大气的一段时间内，经历了一个转向过程，即从自东南而来弯曲为自东北而来。但是这个转向过程只能产生于气温水平方向分布是西北方高于东南方。因为只有这种分布。才能使来自东南的山岭光束从低温区传向西北高温区的过程中，作逆时针方向地渐转为传向西南。这样才能正好进入和进海在中天门站镜头指向东北的摄影机中。因此问题是，泰山中天门站一带，盛夏上午9时如何形成西北方气温高于东南方的大气温度分布。

事实上泰山1983年盛夏上午9时左右，在中天门站一带气温西北方高于东南方是由气温"北高于南"与"西高于东"两个温度梯度合并而成的。

温度北高于南是因为南天门站下的陡崖暴露于东南方向来的阳光，很快大量增温。此增温程度在大气中，愈向南影响愈微，形成了自北向南的温度梯度。

温度西高于东，是因为在中天门站稍东，处于泰山大壑中，有拦住山凸起。再东就有飞龙岩雄峙于十八盘以西。这些地方地势较高，在上午9时太阳光照射下，很快加热，但在更东的地方。是一个低洼的南北通道即十八盘。那里阳光增热空气的条件就比较差。在十八盘以西。虽也有翔凤岭及极东山岭，但它们向南高度下降，且呈辐散形，故增热亦缓。因而自中天门站之东有一个气温向东的温度梯度。

这个向东的温度梯度与上述向南的温度梯度结合,就形成一个自西北向东南的温度梯度出现。于是泰山东部各山岭的西坡反射光束向西北行进时,是自低温区进入高温区,从而出现向西、然后又向西南的逆时针转向的现象。这样,和进海的指向东北的摄影机镜头,就恰好将这光束收入,从而就得到如图 5A 的蜃景照片。

现在我们可以将图 5A 的这样扑朔迷离的蜃象照片,用下面小结来解开疙瘩了。

(1)简化为图 4 的照片是由于镜头指向南天门站而拍的。由于镜头上仰,背景是天空。

(2)照片内南天门站黄色建筑不成比例地显得很大,而且南天门站本来是在较西的位置。照片中却在较东,说明它属于蜃景。

(3)照片中四条山岭蜃景是中天门站以东四条山岭的西坡造成的。我们在本文中已具体指出它们各是那一条山岭。在蜃景照片中愈西的山岭,是实际泰山山岭中愈东的山岭。在蜃景照片中,我们可以推断十八盘的大体位置。

(4)照片中四条缆索位于中天门站上空。它们不是蜃景,而是实象。

(5)云海现象在蜃景照片中也可看出。它们位于蜃景山岭之间。

(6)在蜃象照片中有横过山岭的细小几条缆索及缆车。由于山岭为蜃景,所以它们也是蜃景。在实景中这些缆车及缆索是横过山岭(如拦住山)并驶向南天门站的。所以蜃象也具有这个特征。只是因为山岭在蜃景中已转过约 90°的方位,所以这些远景细缆索及缆车的行向,也约转过 90°。从而与中天门站上空的近景实象四条缆索产生直交的蜃景现象。

(7)四条东边的山岭西坡,转为照片中的蜃象。其物理过程是由“气温逆增”及“水平气温梯度由西北指向东南”这两种大气物理状态造成的。具体说来,东边山岭西坡来的光束,在向西北行进时,一方面在逆温层中抬高,一方面又受水平温度梯度的影响而转向,最后越过拦住山及中溪山。一方面向下,一方面向西南方向行进。前者造成上现蜃景现象,后者造成侧现左反蜃现象。两者对同一景物起作用,因而合称为泰山的“侧上现左反蜃”。

至于为什么在这样的温度配置下会形成“侧上现左反蜃”?这只要知道温度不同会造成大气密度差异。自大气光密(疏)区向大气光疏(密)区行进,光束要发生折射,而泰山中天门出现这次“侧上现左反蜃”现象,是因为在 1983 年 7 月 21 日上午 9 时许泰山出现了合适的大气物理条件。使温度的配置出现了特殊的折射过程而产生的。这里就不再阐述了。

乙、奂山山市及其与泰山怪蜃的比较

泰山的上述三次蜃景都属“山区蜃景”。它们都是不同过程形成的,各具其特色。但“山区蜃景”并不仅此三种。我们可以介绍山东“奂山山市”,作为比较。

奂山并不高,它原属于山东淄川地方,在今邹平县西南。此山南接禹王山,北去明山。旧有烟火台,今废。“奂山山市”即指出现于奂山的蜃景。在《淄川志》中记有“奂山山市”。称该地原有“禅林峻塔”之景,塔毁后,景名改为“龙桥疏雨”,后龙桥又年久毁坏,就突出蜃景称为“奂山山市”。那里的居民常见到这种蜃景出现。呈城郭、楼台、宫室、树木、人物之状。明嘉靖二十一年(1542),县令张其协曾带属僚夜过奂山南麓,在黎明时,忽见在层岩上出现城楼,高耸而整齐。四周松柏苍秀、烟霞纷郁,并有人物往来其间,不久隐没不见。其后有高鸿儒、孙炎龄也报道曾在那里见到类似现象。在《淄川志》中还记有张孔绣于康熙二十六年(1687)、赵金昆于康熙四十一年(1702)见到这里的蜃景。但这种蜃景也不是每年都会见到的。

有一次淄川人孙万年与同人在山下酒楼上饮酒。忽见奂山山头耸立起一座孤塔，高插天际，心想，那里并没有禅寺。何来高塔？但不久，又见到有宫殿几十所，碧瓦飞甍，非常瑰丽。才想到这可能是蜃景。接着，又有高墙出现，连绵六七里，好像是一座城郭。城中有楼、有堂、有坊，数达亿万，历历在目。突然发生大风，尘灰飞扬，城市就淡失下去。等到风定天清，一切变为乌有。只见危楼一座，高接霄汉，楼计有五层，各有洞开的窗门，可以见到各层均有一个明亮处，是窗外的天空。他们就再用指去数层楼，愈数愈高，愈高愈不清楚，数到第八层楼已小如星点，再向上则小到看不见楼形了。各楼层上有人物往来，有的坐、有的立、有的凭窗，形状各异。不久楼渐变低，可见其顶，又变为一般的楼。以后再变为高房子。最后变得如拳如豆，消失不见。

人们也曾从这里听清早经过这里的旅客说，他们见到山上人烟和店肆，似与世间无别。故又称它为“鬼市”（见《聊斋志异》卷十四）。

上述“奂山山市”描写得非常生动。可惜那时没有发明摄影机，不能形象地重现这些蜃景的生动演变。但是既然奂山在历史上常见蜃景。今后会有充分机会在这里用摄影机拍摄出“奂山山市”的具体变化，并配合当时的相应气象探测资料，以研究所出现的蜃景，是如何形成的。我们认为同时的奂山山市摄像与气象探测，对理解奂山蜃景的形成，很有帮助。

为分析并比较“奂山山市”，在图 7 中列出奂山附近山区地形。

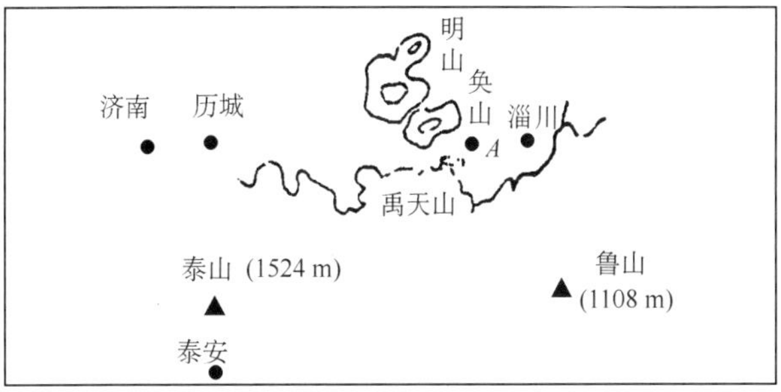

图 7　奂山附近地形。其中 A 处即为常见奂山蜃景的地方

从图 7 中，可以看出，奂山南麓是淄川到历城和济南的交通孔道。不走这条道就要绕路并走山径。所以这条路行人很多。于是沿途就有不少市肆摊贩。其中，点 A 为奂山蜃景主要观测点，也是从淄川到历城、济南的孔道入口处，较为热闹。《聊斋志异》所载县令夜过奂山南麓，黎明见层岩上的蜃景即在此处。而孙万年见蜃景的酒楼，当亦设于此处。

为什么 A 处易见蜃景呢？这是因为这里正处于南北两山之间。在寒冷季节长夜山坡辐射冷却的空气，在清晨，下泻堆积于此，每造成该地深厚地面辐射逆温。它是奂山蜃景出现的大气物理条件。另外，清晨日出，太阳光照耀奂山的东、东南等山头或山岩。它们或其上的建筑物往往是蜃景出现所凭籍的实物或实景。一般由淄川赴历城的旅客，清晨自东向西到达 A 处，即可在前右方看到出现于奂山的蜃景。

由于是逆温，所以产生的是上现蜃景。既是上现蜃景，所以有使附近山顶、山岩或远处平地实物景色（例如历城的城区等）可形成蜃景出现于奂山上空的可能。换言之，在奂山上出现的蜃景，其实景可以是原在奂山山顶或山岩上的，也可以是远处平地上的。

奂山山顶清晨出现的蜃景，其实景究竟是什么呢？大多是山顶的寺庙、小舍、牌坊、层岩、草木等。它们在东方晨光照耀下，将特征光向山下逆温层投射进入逆温层下的人目，使人目见到了上现蜃景。在实物蜃景化地上现时，其位置、大小也会有所变化，甚至出现伸长、抬长、叠置、凭虚等现象，所以小舍、牌坊可幻为高塔寺庙之墙或岩壁，或幻为高垣、城墙。小草可幻为巨树，远处平地的城垣、城内露顶建筑及街头人物，也可能成为上现蜃景而在奂山南麓见到。但其大小、形状或高度、位置等也往往有所变动。

为什么奂山的蜃景变化频多呢？这是因为在清晨，造成奂山蜃景的条件随着时间而在不断变化。这变化包括：①光源太阳位置的变化(例如太阳在上午高度角变高，且不断变得较南，强度变得厉害，所照射的实物及其范围等的不断变化)；②逆温条件的变化(例如日出后地面增温，逆温层自下而上渐次破坏，风对逆温层也有影响等)；③云雾烟尘的影响(例如由于逆温层的破坏及地面水分的蒸发等等，云雾烟尘的垂直分布不断变化，再如人类活动所造成的烟尘，如炊烟、车马腾尘在上午的变化，它们都影响大气透明度，影响太阳的照射)这一些变动，自然会转变奂山上的蜃景的变换的。

比较泰山怪蜃与奂山蜃景，可以看出有如下几点：

(1)它们都是由逆温形成，但逆温产生的原因与泰山怪蜃的逆温并不相同，经我们分析，泰山怪蜃的逆温分别由“蒸发”及“对流造成的乱流混合”、“北岩壁上部增温”等原因造成的，多出现于盛夏上午，而奂山蜃景的逆温则是夜间辐射冷却，使南北两山有冷空气下滑，稳定地抬高谷中较暖空气而成，应在秋冬及早春为多。

(2)泰山在条件合适时，在其某些地方，冬令也可出现类如奂山的蜃景。

(3)奂山蜃景，描述虽很生动，但成因属常易产生的一类，而本文由和进海提供的泰山怪蜃，由于出现于盛夏山区，特别是“侧上现左反蜃”在世界上从未有过介绍，具有很高的科学研究价值。本文在成因方面予以破译，是蜃景研究中的突破，对泰山旅游气象上提供了有资源价值的讯息。值得山东旅游界的同仁加以利用。对具体解释新一类蜃景形成的科学意义较大。

八十五周年党庆

王鹏飞

谁拯华夏万劫中？南湖烟雨聚群雄。
挣破铁瓮展健翮，飞越天堑登紫峰。
九州渐蜕穷白迹，到处频现创新功。
和平崛起环宇欣，宝岛归帆有顺风。

(摘自《天风海涛集》)

“海滋”名称由来及形成原理①

近年来，在许多报刊如《大众日报》、《人民日报·海外版》、《气象知识》等上，刊登了不少出现于渤海湾和烟台地区的“海滋幻景”的消息。所以在群众中自然地引起了“什么叫海滋?”“海滋一名是怎样提出的?”、“海滋是否属于蜃景?”“海滋是怎样产生的?”等疑问。由于此名称过去未曾在气象学界听说过，但它却又是一种大气光象，作为一个气象工作者，有责任弄清海滋现象的本质，阐明它的形成原理。为此，在1989年秋，我就特意到“海滋”一词的发源地即地处渤海湾内的长岛县，去作一番调查。接着又来到蓬莱、济南等地，了解各方面对“海滋”的看法。在此之前，因我已在银川的会议中，看到的所谓的“海滋”的录像片，因此已具有对“海滋现象”的初步感性认识。

据调查了解，海滋现象在渤海诸岛的渔民中，已是熟见的现象。出现时邻近目所能及的海岛，常呈底部下凸，两端“翘起”等漂浮现象。海滋现象强烈时，这些海岛，甚至呈蘑菇状、仙人球状，只有“根”部着水。当地渔民及岛户，就称这种现象为“海滋”。意思是：这种幻象是由目见的岛屿或海洋上的物体滋生变形而成的。这个名称，虽流行于渤海诸岛，却并未在文献中引用过，只是一种“口头术语”，流行于民间。所以长久以来，气象学界并未知道。1984年长岛县办公室刘文权同志首先在文中引用了渤海岛民口头述语“海滋”一词，并作了介绍，刊于《山东各地概况》中，其后，长岛、荣城、青岛等海域的这种海上幻景，就多次以“海滋”之名，散见于报刊、电台、电视台的报道中，可见“海滋”一词，起于数百年来渤海湾岛民的沿用，并不是什么人故意创造出来的。1984年后，仅是将“口头术语”转为“书面术语”而已。

在我进行调查时，了解到为了“海滋”一词，在有关报刊上，曾引起剧烈的争论，迄今未歇。本文想从两个方面，提出看法，以弥息这个争论。首先想从形成的科学道理上来阐明“海滋”现象的实质。然后想从蜃景的分类学及语义学方面来探讨“海滋”的名称。

一、海滋形成原理

海上的岛屿为什么会呈底部下凸，两端翘起，成蘑菇状、仙人球状的现象呢？这当然与海上温度的铅直分布有关。根据我的了解，这时必然海面温度有较大的向上梯度。气温远低于海温，使由海上岛屿来的光线由于在海面上大气中受到折射，发生向下（即向暖的一侧）弯曲，然后再向上进入人目，从而在物象之下，出现了一个倒的下蜃（即“下现倒蜃”）。物象与倒蜃相接线，对近处岛屿言，即地平线。对远处岛屿言，则为物象因地球弯曲的“被遮线”。除此以外，天空也在下蜃中出现。情况如图1所示：从图1中，可以看出由于天空下蜃的存在，地平线似乎向下移了，它并不与岛屿物象底边相贴，而却位于倒蜃之下。而倒蜃却与岛屿物象之底相接。由于岛屿的下现倒蜃，与岛屿物象，形状有厚薄之不同，但基本上是相似

① 本文曾刊于《气象知识》1990年3、4、5期。

的，仅上下颠倒而已，所以人目看来，似乎物象与其下现倒蜃合为一体。当倒蜃很扁时，人们看到的好像岛屿底部下凸，两端翘在空中(实际是在天空下蜃上方)，形成了所谓“海滋”现象。

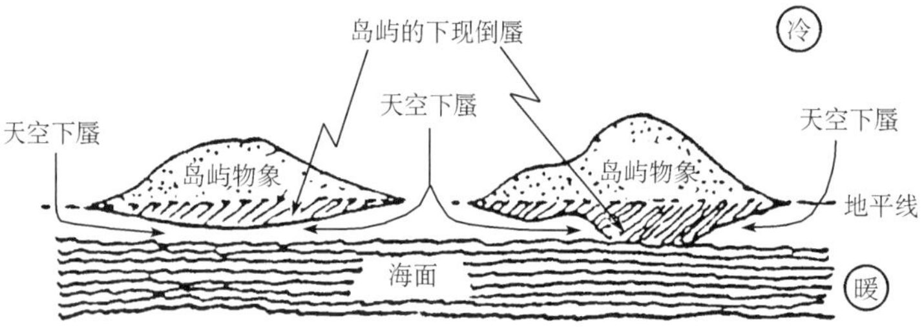

图 1　岛屿物象、下现倒蜃及天空下蜃

其实图 1 中的岛屿物象，在上述下暖上冷的大气层结构条件中，也并非完全与原岛屿形状完全一致。它多少也已“蜃景化”，即形状高低也有少许变化。因而它也是蜃景，只是属于“正蜃”而已。但由于“蜃景化”不厉害，与原岛屿形状基本相近，因此我们在图 1 中，就称它为岛屿物象。图 1 中，岛屿总的看来，正倒蜃合并的形状，已很像植“根”于海面的“蘑菇状”了。如果岛屿的正蜃厚度变大，而倒蜃也厚度变大，那么合并形状就必然会像“仙人球”形。这也就为长岛或渤海湾各岛屿渔民所认为的海滋强烈表现(即称为“壮滋”)的现象了，至于像图 1 的海滋，由于倒蜃扁，所以他们称之为“弱滋”。

在荷兰，明那亚(M. Minnaert)的名著《露天世界光和色(Light and Colour in the Open Air)》一书中图 44 绘有类如海滋的图，今抄录于图 2 中。图 2(A)的上图为实景，有远山及近海，远山的下部及远海为弱能见度区所蔽。图中点线为隐现号线。图 2(A)的下图则为所见蜃景。图 2(B)中是船与山的蜃景。图 2(C)、图 2(D)为岛屿的蜃景。均包含了正蜃、下现倒蜃和天空下蜃。也可称为“海滋”，在该书中，此图放在“大尺度热表面上的蜃景(下蜃)”一节中讨论。图 2 为一次航海所见蜃景。

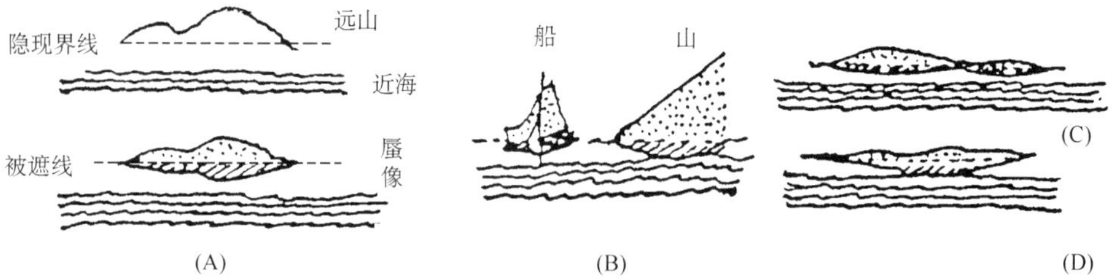

图 2　(A)(B)(C)(D)为一次航海见到的蜃景

1976 年在《科学的美国人》(Scientific American)1 月号杂志中，弗来沙(Fraser)、麻赫(Mach)发表了《蜃景》(Mirage)一文，此文为后来写有关蜃景的文章所常引用。其中附有“沙漠蜃景”一图，显示了双象下蜃。图中远处只有干沙漠和山，但好像有水景，远山下部为地平线所掩，不能看见。上部却伴有倒象，近山也有倒象。那些水景，其实也是“天空下蜃”。这张图所显示的形象，很像“海滋”，但因出现于沙漠地区，当然不能称“海滋”，而其产生原因也与“海滋有相似之处，即沙漠比空气暖得多。”

1986年法尔克(D. S. Falk)、勃列尔(D. R. Brill)和司讨克(D. G. Stork)所著《光的面面观:自然界光、摄影、色彩、视觉和全息照相(Seeing the Light: Optics in Nature, Photograph, Color, Vision and Holography)》中图2,这是为暖空气上有冷空气时的蜃景图。今把此图内表现陆上的山造成的蜃景,复录于本文图3中,可以看出地面有电杆木,山下有下现倒蜃,也伴有“天空下蜃”。从电杆木a、b、c依次渐短,大体可以看出电杆木的远近。电杆木c似植于“空”中了。而此“空”中,事实上仍在广原地面上,但这部分地面为天空下蜃所掩饰而不见。图3也像“海滋”,但当然也不能叫“海滋”,因为它出现于广原陆上。

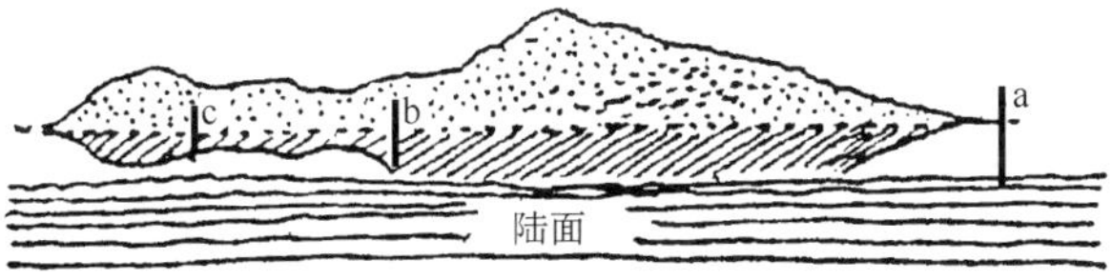

图3　广原上的山及其下现倒蜃,伴有天空下蜃(a、b、c为电杆木)

可见类似“海滋”的现象,并不是海上所独有,更不是渤海湾或长岛一带所专有,甚至在沙漠及广原上都可以出现类似的现象。它们都是由于具有温度向上强烈减低所造成的蜃景。否认海滋属于蜃景是不妥的。另一方面,既然海滋是渤海诸岛及烟台地区渔民及岛民流传上百年的对伴有下现倒蜃时的蜃景的习惯称呼。那谁也没有这个权利否定这个名称,但这个名称也只能称作当地对带有“下现倒蜃”的海岛蜃景的地方性名称。如果现在不见经传,那么,由于客观人们有这个称谓,为使人们对此地方性特殊蜃景有所了解,今后有关的辞书上是可以加上此一辞目,并进行解释。国内外许多气象辞汇及辞典中,均列有地方性风的名词,如布冷风、白毛风等,难道辞书中就不允许列出“地方性的蜃景”名词吗?我在1999年版《辞海》中,已将此列为词目进行解释。

下面想说明一下海滋出现的其他特点:

(1)海滋出现时,有人认为必须有“平流雾”。因为当时蜃景较远,只见海天边界远处,似有一个白色带状气层,似断似续、忽隐忽现。这个现象,人们常认为属于雾带,这时,蜃象很小,包含于白带内,需用望远镜方能见到带内蜃景。如用照相或录像机,则必须采用变焦或放大望远的镜头,才能明晰摄到白带内的“海滋现象”。但这条白带,看来似乎是雾带,其实并非雾带。因为在陆上,特别在沙漠上出现下现蜃景时,也会出现这种白带。那时太阳辐射较强,陆上及沙漠上温度很高,空气相对湿度很小,不可能有雾。既然沙漠上的蜃景白带不是雾,那么海滋出现时的类似的天边白带,也多半不会是雾。

那么这条白色带状气层是什么呢?我认为这是乱流强烈的气层。由于该空气层乱流强烈,空气中存在许多密度不同的涡流在活动。这种现象,当气层下暖上冷,出现明显的不稳定时,是必然会产生的。而下暖上冷正是下现蜃景出现的必要条件。当光线透过这层充满涡流的不稳定气层时,由于光路在不同密度的活动小涡旋间穿越,发生不规则的散射光,那些散射光将对目标物发来的光,不但进行了削弱,而且还增大了背景光,从而使人目观察目标物及蜃景时,觉得有若隐若现,似见非见的感觉。这种涡流,在海面较暖的条件下,其活动高度,大体有一个上限,白带的顶部,就是这个上限。但涡流毕竟是在作不规则运动的,在海面上及岛屿上,甚至在岛屿的不同性质地面上,温度向上的垂直梯度不尽相同,而且涡流又在活动中,有时这里较密,有时那里较疏,这就会使白色的带,有时此断彼连,有时此厚彼薄,有时此浓彼淡。但也正因为带内有这些涡流在作频繁而不规则的运动,这就使此白带中的各层空气,分别有一个平均密度。这种密度,一般仍应是"上密下疏"的分布,"下稀"是由于近海面温高空气膨胀,"上密"是因为空气上腾,上方温度低,空气有所积集和收缩,这种上密下疏的密度分布,不可能在很厚的大气层中存在,仅能在地表或海面附近存在,但它就足以造成"下蜃"现象了。

(2)出现海滋时,有时低空有细小水滴悬浮。它们可能是毛毛细雨或雾滴,可能是风浪后的悬浮水沫,只有在这些飘荡的水滴蒸发时,海滋才能出现。这是因为当水滴蒸发时,要吸收大量潜热。潜热取自空气中的显热,使空气温度大大降低,从而形成海面下暖上冷的强烈温度梯度。并促使"下现蜃景条件"的出现。

(3)海滋现象,一年四季均可能出现。在冬半年,海水由于热容较大,温度比陆上为暖,一旦冷的陆风或山风甚至北方冷空气吹到海面,就会造成下暖上冷的大气层结,从而出现海滋现象。在夏半年,海面冷于陆地,如有海风向岛屿上或陆上吹,此较冷海上空气的底部,受到陆地表面的影响而变暖,首先造成登陆后的海洋空气的下暖上冷,如果再加上此空气中所带之水沫浪花的蒸发,则下暖上冷现象将会加强,有利于海滋的形成。

(4)据长岛刘文权同志的多次观测海滋的经验,认为"上午东向易出,下午西向易出来,未见相反方向同时出现"。这个经验,应当说大体可用。因为在夜间海面温度一般高于岛上,这是由于海水比热大于土壤及岩石,辐射冷却较少所致。到了早上,人向东方看,看到的是较暖的海面与岛屿的背阴面,经一夜辐射冷却的岛屿高出的冷空气,呈山风性向背阴面下滑到海上,就使东方海面呈下暖上冷的大气层结,有利于海滋的形成。到了下午,经过一段时间的加热,岛屿陆地就比海面为暖。人向西看,海风向西边岛屿上吹,底部空气受岛屿地面加热,形成下热上冷的大气层结,也易出现海滋,至于相反方向同时出现海滋的现象。虽然少见,但从原理上看,不能说不会产生。例如在中下午渤海湾区的西北东北两方向同时出现海滋,也是可以见到的。

(5)刘文权曾提到"于海边观赏,实体变幻程度大。随着观望高度的增大,海滋变幻程度相应递减"。这是合理的。因为下暖上冷的铅直梯度,一般是愈近海面或地表愈大,因此愈近海面及地表,海滋现象愈显着,随着观测者高度增高,他眼前的空气温度,虽仍上冷下暖,但密度"下大上小"了,海滋现象自然也不存在了。这是因为作为下现蜃景的海滋现象,归根结底是由于大气密度层结倒置(下疏上密)所造成的。如果没有这种密度层结倒置,则虽然大气下暖上冷(正常大气层结一般就是下暖上冷的),仍是不会出现海滋的。

二、从蜃景的语义学及分类学角度讨论"海滋"一词

蜃景,英文叫"迷来奇"(mirage)。此词源于法文"被反映"(Se Mirer),可译为"映象"。这是因为过去西洋人对蜃景现象的成因不理解,以为它反映实物犹如镜子(mirror)反映实物一样,属于反射作用所造成。直到近代,才知道蜃景实是一种大气折射光象,并不是反射光象。我国明末清初的科学家揭暄和游艺,他们还误认为蜃气的形成,属于反射映象。

我国对蜃景现象的观测很早。在《周礼・春官》中提到的十种大气光象(十煇)内,"想"这一光象就包括了蜃景,意思是蜃景能耐人"遐想",在战国时,已传说渤海有蜃景。据《史

记·封禅书》说:"自从齐国的威王、宣王及燕国的昭王(他们是约在公元前四世纪中到前二世纪末之间的人)以来,国君往往派人到渤海找蓬莱、方丈、瀛洲三神山。传说三神山在渤海内,离陆上不远。但船开近就被风将其吹去。曾有人到过那里,据说山上有仙人和长生不老的药,岛上禽兽等多呈黄色或白色,还有金银建成的宫阙。这些宫阙,在未到达之前,远看高耸入云,到三神山附近,却见他们反在水下,将到达时,却常被风吹散难以到达。世界上的国君都有找不到三神山不甘心的意志。秦始皇亦曾派人带童男女去海中找寻,船到洋中,都因遇风而不能到达"。这一段话中,"远见宫阙高耸入云",事实上是指"上现蜃景","到三神山附近,却见它们反在水下"是指"下现蜃景"。因此可证明在战国时,已观测到"上现蜃景"和"下现蜃景"。这应当是世界上最早描述"上现蜃景"和"下现蜃景"的资料。迄今所知西方最早描述"上现蜃景"及"下现蜃景"的,是多米尼加修道士安东尼奥·米纳西,他是在 1773 年记录的,约迟于齐威王、宣王及燕昭王二千多年,他根据观测,将蜃景分为"海洋魔加纳"(即下蜃)"空中魔加纳"(即上蜃)及"彩色魔加纳"(有色蜃景)。所谓魔加纳(Fata Morgana)是指一个叫"魔甘·拉·飞"(Morga le Fay)的意大利女巫,传说她是亚瑟王的姊妹,她能在意大利麦吸纳海峡(Trait of Messina)从水中建起城堡,以迷惑人。因此人们称她所造成的蜃景为"魔加纳"。现在我们将"魔加纳"表示"复杂的蜃景"。

《史记·天官书》中指出,"北夷之气如群畜穹闾,南夷之气类舟船幡旗","海旁蜃气象楼台,广野气成宫阙",最后总结说"然云气各象其山川人民所聚积"。说明那时已认识到蜃景不是无中生有,而是以各地实景为基础的。

在上面举出的"海旁蜃气象楼台"一句中,首先将这种折射光象称为"蜃气"。"蜃"是江河湖海中的大蛤(蚌壳),传说蜃景就是这种大蛤吐气而成。但因"蜃"字从"辰"从"虫",辰在十二生肖中为龙,属鳞虫之长,神通广大,所以就渐渐有人认为"蜃景"是蛟龙嘘气而生。

我国古代对不同场合下的蜃景,常有不同称呼。例如海市、蜃楼、山市(见于蒲松龄《聊斋志异》)、气映(见于方以智《物理小识》)、水影、旱浪、地镜、城郭气、水市、卤影城、(见于谭迁《枣林杂俎》)、山影(见于屈大均《广东新语》)、海影翻、壁影(见于段成式《酉阳杂俎》)等。但称为"海滋",还是近年来为气象学界所知。上面不论那一种称呼,都只能是某种特殊条件下的蜃景,例如"海市"应当是出现于海区或海岸区的蜃景,严格地说,还应在蜃景中有人物及城市建筑等,这样才能适应"市"字。"水市"也有这些限制。"水影"应指蜃景如水潭,"地镜"应是现于地面之蜃景,"城郭气"是具有城郭及人物的蜃景、"山影"是指在山的上方空中出现与此山形状相似的蜃景,"卤影城"是指在盐碱地上出现的城市形成的蜃影、"旱浪、阳焰"等应指炎热晴日在乱流强烈的气层中见到的晃动不已的蜃景、"海影翻"及"壁影"均指墙壁上见到的侧现蜃景。通过本文前面的分析,可以知道"海滋"是指在渤海湾中所见的伴有"下现倒蜃"的蜃景,由此可见,本节中所举名称,都是指在特指环境下的蜃景名称,并不是蜃景的通称。但是蜃景的通名仍是需要的,用什么名词作为它的通称呢?

长期以来,人们习惯把"海市蜃楼"作为这种光象的通称。但这是不妥的。例如当沙漠区出现这种光象时,人们说:"这是沙漠中的海市蜃楼",意思是"这是在沙漠中出现的类似于海岸上的海市蜃楼现象"。但如果这样解释,"海市蜃楼"仍不是蜃景的通称。如果将"海市蜃楼"作为通称,则沙漠上的蜃景怎能用海上出现的现象来表达呢?

为此,现在人们习惯将此光象的通称,订为"蜃景"。严格说来,"蜃"指"大蛤"或"蛟龙",它们都是海中或海岸的东西,作为通称也不合宜。但因"蜃"这个词,是个现代已几乎不用的词，人们已很少追究它生长在哪里。而且“蜃”自古以来，几乎绝大多数用于这种大气折射现象，除了“蜃灰”表示蚌壳粉末，用于干燥剂，以及七十二候中有“雉入大水为蜃”等外，很少再用“蜃”字了，因此以“蜃景”作为这种光象的通称，是有其优点的。以此为通称，则蜃景可以作如下分类：

(1) 按出现于原物的何一方向来分，则有“上蜃”、“下蜃”、“侧蜃”。侧蜃中又可分为“左蜃”及“右蜃”等。

(2) 按出现之蜃象与原象相比的对称情况分，则有“正蜃”、“倒蜃”、“反蜃”等。

(3) 按出现之蜃景色彩分，则有“彩蜃”、“灰蜃”等。

(4)按出现之地理条件分，则有“海蜃”、“沙漠蜃”、“山蜃”、“湖蜃”、“路蜃”、“壁蜃”等。

(5)按出现之形象分，则有“山川蜃”、“人物蜃”、“城市蜃”(如海市、山市)、“楼台蜃”(如蜃楼)等。

(6)按出现的物理过程之简单与复杂分，则有“简单蜃”、“复杂蜃”等。

(7)按出现形象的变形情况分，则有“变大蜃”、“变小蜃”、“变扁蜃”、“变厚蜃”、“变长蜃”、“变短蜃”、“畸形蜃”等。

(8)按实物及蜃景之同时出现与否，可分为“并现蜃”(实物与蜃景并现)、“纯蜃”(不见实物，仅见蜃景)、“多现蜃”(有多种蜃象并现等)、隐蜃(近处实物，忽因折射异常而不见，亦无蜃象可见者)。

由这种分类法来看，则“海滋”是一种出现于渤海的伴有下现倒蜃的海蜃，这个名称是地方性蜃名，其当前使用的地域范围，远比海蜃为小。“海蜃”一词在各个海洋及海滨均可用。而海滋目前只通行与山东半岛沿海一带。“海市”一词比“海蜃”要局限些，因为海市蜃景望文生义，必须表现“市”的景色。例如我曾在长岛询问当地居民，他们就强调海中出现城市或市集，才能称为“海市”，但“海滋”一词并未强调有“市”。又“海滋”仅指海边出现的下现倒蜃现象，不是下现倒蜃的海边蜃景，不能称为“海滋”。

可见刘文权等曾将“海市”与“海滋”作对比。认为“海市”是指本地不存在的物体在本地显现的蜃景，“海滋”则是本地能目见的物体在本地显现的形状有变的蜃景，这并不妥当。因“海市”与“海滋”虽都是出现于海洋附近的蜃景。但“海市”中蜃象应当有“市”，它虽常为“纯蜃”，但也会出现“并现蜃”。它并无上蜃、下蜃、正蜃、倒蜃等限制。但“海滋”则不然。它虽多为“并现蜃”。但必须是下现倒蜃。而不是下现倒蜃的蜃景，即出现于海边，仍不能称为“海滋”，此其一。二是“海市”一词，通行于全国沿海地区，而“海滋”一词，属于沿海蜃景中的地方性蜃名，仅通行于山东的某一海滨及海域。

因此“海滋”与“海市”不能以实物在当地能否见到作为区别的标准比较的。海市如不是下现倒蜃决不能称为海滋。

瀑阴沫华[①]
——宜良大叠水瀑布华象

在《气象》1984年的年历画片里，展示一幅题为"瀑布彩虹"的照片。可是，那一道向上弯曲的五彩光弧，跟常见的向下弯的彩桥虹景大不一样。它引起了许多人的兴趣。现受《四川气象》编辑部的嘱托，试作一些探讨。这还得从头说起。

早在1979年4月，中国图片社摄影部的杜铁柯同志，因公赴云南拍摄石林风光。因听说在附近宜良县境内有著名的"大叠水瀑布"，就在完成石林摄影任务后，与几个同伴乘车到小叠水，再步行五六里，到达"大叠水瀑布"处。

当时虽正是枯水季节，瀑布的水量不大，但瀑布落差很大，据杜同志估计达一百多米。水击崖石，飞沫四溅。那天是4月30日，杜铁柯和其他两同志，在北京时间10时30分左右，分别用照相机摄取瀑布风光。因为事先未听说这里曾出现过什么彩弧美景，他们的注意力也就只在拍摄瀑布景致上。使用的是柯达Ⅱ型彩色负片，未加用滤色镜；杜铁柯在侧逆光下拍了一张，光圈为F11，速度为1/125秒。据杜铁柯事后回忆，因拍摄位置距瀑布较远，所以照相机镜头所抬抑角不大。回来后，他们把大叠水瀑布照片洗出时，发现这一张侧逆光照片上，显现有一弯平行的绚丽彩弧，共达五六套，定名为"瀑布彩虹"。当时虽觉得稀奇，却并未引起更大的重视。四年以后，《气象》杂志编辑部印发1984年的年历，特到中国图片社挑选图片，入选了这张大叠水瀑布照片。人们收到这张彩色年历图片后，立即被鲜艳奇特的瀑畔彩弧所吸引。大家十分高兴，认为它是迄今颇为罕见的大气光象，称得上稀世珍景。但对这光象是否应称为"彩虹"，有所怀疑，所以进一步要求了解一些拍摄条件，以便深入探究。

一、彩色反转底片提供的信息

据四川气象科学研究所黄必选来函，他曾与照片摄制者杜铁柯通信，了解摄影当时的情况。还介绍他请我解决这一光象的形成原理。又承《气象》编辑同志和中国图片社杜铁柯的帮助，先后寄来带有彩弧的彩色反转底片和彩色放大照片，并附来当时拍摄的不带彩弧的另外两张彩色照片，对我研究这一罕见的名贵光象很有用。

从有彩弧的照片(此照片的内容可参看本文示意图中所绘彩色正片内的景物草图)看，正面是一座高大的山崖，屏掩着背后更高的两山之阙，在右山山坡远处，瀑布由高处蜿蜒几叠而下，"大叠水"之名可能即由此而来。在右山与正中山崖之间，有一股分流(右瀑)斜挂，但主流却注向照片正中的崖顶，并由此再分为左、中两股瀑流。左瀑较宽。在左山与正中山崖之间滚跌下落；中瀑则经由照片中部的崖顶翻越奔泻，以充实崖底乱石间的汩汩溪流。从照片中部右下方，在瀑流溅起的水沫里，罩有一层薄绢似的绚丽彩弧，即我们所研讨的罕见光象。它的色彩排列，由上而下的顺序是紫—橙、紫—橙、紫—橙……，共接连五六套。试比

① 本文曾刊于《四川气象》1984年12期。

较一张由山崖右侧向左同时拍到的彩色照片,可以看出该彩弧后面似并无瀑布衬托。现在我们把讨论的重点就放到这条宽大的彩弧上。

二、拍摄时的太阳高度角和太阳所在方位

根据云南省地图,宜良在北回归线以北,约位于北纬 25°。而 4 月 30 日是在“谷雨”后、“立夏”前。当时太阳赤纬约 14.67°(即 14°40′),故那天正午时的太阳高度角 h 大致应为:

$$h=90^\circ-(25^\circ-14.67^\circ)=79.67^\circ(\text{或 } 79^\circ40')$$

又由于宜良地处东经 103°左右,北京经度在东经 120°,地球自转是每小时转过经度 15°,故宜良的地方时应比北京时早 1 小时又 8 分钟[即早(120−103)/15=1.133 时],故杜铁柯同志在大叠水拍这张照片的时间(北京时 10 时 30 分),大约相当于宜良地方时 9 时 22 分(或 9:37)。如化为时角,当为 39.5°,于是可由下式计算出拍摄时的太阳实际高度角 h' 为:

$$\begin{aligned}h'&=\sin^{-1}[\sin25^\circ\sin14.67^\circ+\cos25^\circ\cos14.67^\circ\cos39.5^\circ]\\&=\sin^{-1}(0.7835)=51.59^\circ(\text{或 } 51^\circ35')\end{aligned}$$

即拍摄时的太阳高度角是“51 度半左右”。

于是,设令拍照时的太阳方位角是 A,则 A 角可由下式算出:

$$A=\sin^{-1}\left[\frac{\cos14.67^\circ\sin39.5^\circ}{\cos51.59^\circ}\right]=\sin^{-1}(0.9904)=82.07^\circ\text{或}(82^\circ04')$$

不过,请注意,这里所讲的方位角是由正南算起的。在上午 9 时 22 分(宜良地方时),太阳的方位角应偏东,故当时实际太阳方位角应当是:“南偏东 82°左右”。

从照片里的景物看,光亮较阴暗处均在积状云、树林、溪畔石块的右下部,在阳光照耀下,右山左侧坡的树木、山石及瀑流的亮度和色泽较为显目。这一切都表明太阳位于摄影者的左上前方。顺带须指出的是,从照片中彩弧组成的光条向左上方延伸,可清楚地看到有一处斜倾的灯罩形亮斑(在它的右下边,还另有一放大了的余辉),这是阳光在照相机内由透镜反光而造成的,称作叠影,这在逆光拍摄时是较常见的,不能把它与大气光象混为一谈。

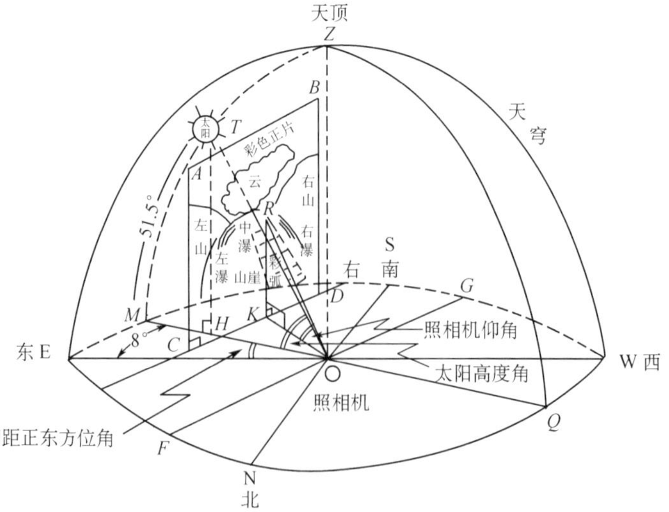

“瀑阴沫华”照片的拍摄示意图

为更清楚地说明拍摄时的情况，可参看杜铁柯同志在拍摄此彩弧照片的拍摄示意图。此图是根据我们上述计算结果绘制的。图中 OZ 为天顶方向，E、S、W、N 为地面上的东、南、西、北方位。FZW 为天穹，T 为太阳位置。图内还表明太阳高度角 51.59°及相对于正东方偏南 8°的方位。有英文大写 O 字处为照相机的位置，长方形 ABCD 表示彩色照片。R 为照片的中央部分。$CD /\!/ FG$，$OK \perp CD$，即可以用 FG 的方向来表示左山、正中山崖、右山排列走向，亦即东偏北到西偏南方向。于是可以看出，因太阳(T)的光自山崖左上后方射来，在侧逆光的情况下，照片上的景物便都是右下方较暗，而且山色也是大部分较暗。

三、拍摄时的照相机镜头仰角

现在再研究一下拍摄时照相机镜头的仰角。亦即示意图中$\angle ROK$ 的大小。

我们测量此彩色照片，可看到它的中央部位 R，处在整个彩色弧上端第一条宽紫弧的右下边缘。再仔细比较照片下方溪涧中的石块与瀑顶的石块，可看出溪里的石块清晰而大，崖顶的石块既不清晰而又较小。经过分析后认为，这主要是由于在瀑布前方仰角拍瀑景所致(杜铁柯同志回忆说，拍照时镜头有仰角)。但是镜头究竟抬高了多少度？杜同志记得的是抬高不多，而我们经初步计算则是拍摄时仰角相当大。可能是由于事隔数年，回忆的数据不够准确，因此必须申明，我们的计算带有推测的估计成分，有待今后进一步探究。

杜同志告诉我们，瀑布的落差约为一百多米。由于瀑沫四飞，为怕打湿镜头，他是站在距瀑底约 50 米处拍摄的。根据上面的示意图，可以计算出照相机镜头抬高的仰角：$\angle ROK = \tan^{-1}\left(\frac{RK}{KO}\right)$，我们按杜同志距瀑底为 40 米、50 米和 55 米分别进行计算，得到 68.2°、63.4°或 61.2°的仰角。这个角度可真不小，与杜同志记忆中的照相机镜头仰角不大的说法相矛盾，需要加以核实或修正。我们设想这可能与他对瀑布落差的估计偏大有关，人们在估计竖的高大建筑物时，往往有失之偏高的错觉。对于瀑布落差的估计偏高，自应是意料中的事。说来也巧，在这张彩色照片的右下角，拍有一位穿白衣服的人，于是我们有条件把山崖顶底距与白衣人的身高进行对比，从而间接估计出崖顶的相对高度(或瀑布的落差)。

经过简单测量，照片里的崖高约为白衣人身高的 11 倍。不过，这样的折算还存在两个问题：一是此人位于崖底，如以其崖底身材高度为标准，去同样推测山崖的上部，那会是不精确的。因为崖壁高度愈高，其距照相机镜头之距离愈大，因而夹相同视角所对应的崖壁的高度差就会愈大。换句话说，对崖壁的上部和下部，倘若都用崖底人的身高去衡量，所得崖顶高度必失之过低。二是此人并非站在崖底峭壁之旁，而是距峭壁有一定距离，因而由照相机所夹此人高度之视角，必大于此人正处于峭壁处的视角。以此为标准来测量崖高也必失之过低。我们认为以上两个问题可以忽略不计。因为白衣人是位于彩色照片之右下角，而非位于照片中心的下方边缘。相对于相机镜头而言，白衣人的距离比照片中心下边之距离要远些。那么，如果在正对相机镜头之崖壁直方向上找出某一点。使它和白衣人离相机镜头之远近相等，该点就大致位于崖壁整个高度之半的地方。换言之，假若白衣人正好位于崖壁高度之半处，则以他的身高为标准，去推测整个高度，这样，崖壁上部和下部产生的误差便互相抵消，于是上述第一个问题可以不予考虑。

至于前述第二个问题造成的误差，可根据白衣人的身高(1.8 米)按不同情况进行订正计算,得到崖高为45米(或50米)。照像要拍摄的仰角,按崖高45米照相机距崖高40米计算,为48.37°(另按崖高50米照相机距崖高40米计算为51.34°左右)。这比前面设想的61.2°、63.4°或68.2°都要小得多,较为符合杜铁柯回忆的拍摄时镜头抬高仰角不大的说法,我们得到的订正结果很有用处,有助于判明这一特殊光象的性质。

由于计算而得的崖顶高度角在48.37°与51.34°之间。太阳高度角为51.5°。崖顶遮不住日轮。按理在观测或拍摄彩弧时,会受到日轮强烈直接光线干扰,无法进行。但从本文附图中所示照片可以看出,崖顶有一片云层,正好挡住太阳光轮,使人们观测或拍摄彩弧时,可以不受太阳光轮的强烈阳光刺激,完成任务。这是杜同志能拍摄到大叠水瀑布前的彩弧的很好保证。

四、凭什么说照片中的是华?

《气象》月刊附赠的1984年年历画片,对这张彩弧照片沿用了中国图片社的题名:“瀑布彩虹”。根据我们的研究,它并不属于“虹”一类的现象。当然作为艺术性的描述,称它为“彩虹”也是未尝不可的。因为在文学艺术界,长期以来对一切有彩色的光象,常通称为“虹”。即使在气象界,有些科学名称,也遗留有不很确切的类似称呼,例如“虹采”,从形成的原因看,它是衍射光线造成的,应是“华”的一种。事实上它与“虹”完全不是一回事,虽然现在被改称为“华采”,但过去却被称为“虹采”。另外,人们常称桥为“卧波长虹”。而桥根本不是光学现象。但是,本文在探讨和弄明白这是哪一类的自然光象的同时,仍应正名。首先我们肯定它决不是虹。因为从日光的来向、彩弧半径和色彩排列看,它不符合虹的特征。

大家知道,不论是形成主虹还是副虹,日光必须从观测者的背后射来。再看照片上彩弧的色彩排列,内紫外橙、连续几套。主虹的彩弧虽也是内紫外红,但仅有一套。副虹的色彩却是内红外紫,与照片上的色极排列恰恰相反。尤其所有一道道彩弧都是向上弯曲。与常见的向下弯曲的虹大不相同。

至于彩弧的角半径,我们可以从照相机镜头抬升仰角48.37°(或45°)、及拍照时的太阳高度角51.59°计算出来。当然,太阳高度角测量的方位与镜头抬高的方位不尽相同,计算较为复杂。但事实上拍照时,这两个方位相差不远,为计算方便起见,姑且当它们处于同一方位。因为我们只需要得到一个概略的估计。在这种情况下,可以算得太阳射来的光线与照相机视线方向夹角α为:

$$\alpha=51.59°-48.37°=3.22°(或\ \alpha=51.59°-45°=6.59°)$$

这就是说,照片上的彩弧的半径的平均半径角约为3°～7°。我们知道,主虹(第一次反射虹)的角半径约为42°,副虹(第二次反射虹)约45°。至于所谓第三次虹与第四次虹,它们的半径角都在46°～47°左右,第三、四次虹虽出现于太阳的同一侧,色彩却很淡,不像照片上的彩弧那样鲜艳夺目。

综上可以知道,这幅照片里的彩弧决不是虹。但会不会是与虹伴存的附属弓(Supernumeraly rainbows,也称干涉弓)呢?也不可能,因为副虹的附属弓位于副虹外侧,其角半径比副虹还要大,当然更远大于照片上的彩弧了;且其色彩缺乏红色,带淡白色,也与照片上彩弧有区别。主虹的附属弓虽位于其内侧,半径小于主虹,而且紫红色与绿色交替不断并入主虹中,但其弓带较狭。半径很少小于36°,亦即主虹的附属弓的半径仍然远大于照片上的彩弧。尤其要强调指出的是，若要产生主、副虹的附属弓，太阳光同样必须来自观测者的背后，而前面已经指出，拍这张照片时，阳光是来自观测者的对面的。

其次从形成彩弧的水体看，它又不应是晕。

因为晕是空中冰晶对阳光反射或(和)折射而造成的。没有冰晶就不可能形成晕。这张照片是在瀑布附近拍摄的，瀑布溅起的水沫当然是水滴而不可能是固态的冰晶。因此可以排除此彩弧是“晕”的看法。另外，4 月 30 日的平均气温为 22.3℃，最低气温为 15.4℃，不可能有冰晶出现。这些都排除了彩弧是晕的看法。

再从日光来向和彩弧内有无人影，看它是不是宝光或佛光。

宝光或佛光出现时，阳光必须来自光象的相反方位。本文现在讨论的彩色光弧，阳光不来自光象的相反方位，却是相同的方位。彩弧内没有显现出人影的可能。所以，这一光象也就不会是宝光或佛光。

既然它不是虹不是晕，又不是宝光或佛光，那么它会不会是“华”(Corona)呢？一般出现华时，紧匝日月的光轮处，常出现“华盖”，其外则有环形彩圈数重相套。当时，太阳与“华”应该在同一方位，华环的角半径大体在 1°到 10°之间，也有在 10°以上的。华环的色彩排列，一般是内带青紫，外带赤褐。它们常常出现于小冰晶或微小水滴组成的高积云上。“日华”不易见到，这是因为阳光刺目，人们在白昼无法对着太阳来观看华环。但夜间的“月华”则常易见到，这是因为华环衬托在夜空的白云上。显得特别光艳美丽。由于这张彩色照片里的光象，日轮为一块云层在崖顶所掩，既不能使人眩目，却又能使人看到华环。而且彩弧的半径在 3°～7°之间。与“华”的条件甚为符合，由于是出现在瀑布背阴面的水沫区的华，故特称它为“瀑阴沫华”。

五、“瀑阴沫华”特点和形成机理

在前节中，我们认为大叠水瀑布处的彩弧基本上符合“华”的条件。现在，再把它和“华”的特点作一番对比：

(1)“华环”出现于太阳或月亮的同一方位上；大叠水瀑布区彩弧亦出现在太阳的同一方位上。

(2)“华”的半径角一般在 1°到 10°之间，也有大于 10°的；而大叠水彩弧的半径角为 3°～7°，正好与一般华的半径范围相当。

(3)“华”的包彩明显，内青外橙，常一个套一个地重复好几套；大叠水彩弧虽不完整成圈，但其色彩排列也是内青外橙，并且重复五六套。

杜铁柯同志曾谈到，他们在拍摄大叠水瀑布时，正是枯水时期，瀑布下泻的水量不多，这正是形成“瀑阴沫华”的有利条件。因为水量不大，在瀑布向下奔泻时，其与崖石相击而引起的瀑沫，就易于飞散开来。当时宜良还未进入雨季，空气比较干燥，以致这些小水沫在脱离母体后，容易不断蒸发而变得更细小，产生出的小水沫薄幕，几乎不易为肉眼察见，我们从照片所能看见的，仅是小水沫薄幕背后的崖壁及瀑布。

我们已经知道，当时的太阳高度角约为 51.59°，在瀑流前方空气中弥漫飞动的小水沫幕，一旦受到斜阳照射，就将使投射过来的阳光发生衍射，然后送向照相机镜头。于是拍摄到的照片。就反映出小水沫幕衍射阳光而形成的彩色光弧。就这样，本来难以察见的薄幕被染成一幅彩色轻绡，笼罩于瀑流之上。因为这些水沫的半径与产生华的云滴粒径相接近，所以，可按照华的暗带公式给予证明：

$$\sin\alpha=(n+0.22)\lambda/d$$

其中“α”为华的半径角，“λ”为阳光的平均波长，“d”为水沫的直径，“n”为暗华环由内向外的层次(级次)。

根据前节的计算，$\alpha=3.22°$或6.59°，又令$\lambda=0.5$微米，如$n=1$，则可得：

$$d=1.22\times(0.5/\sin 3.22°)=10.86\text{ 微米}$$

或

$$d=1.22\times(0.5/\sin 6.59°)=5\text{ 微米}$$

即水沫直径为11微米或5微米，大体与产生华环的高积云云滴的平均直径相近或稍小。这种直径的水沫能产生$n=1,2,3,4,\cdots$级暗带的华，它们的半径角则按下式求取：

$$\alpha=\sin^{-1}[(n+0.22)\lambda/d]$$

当$n=1,2,3,4,5,6$时，按$d=10.86$微米计，α分别为3.22°，5.86°，8.52°，11.19°，13.89°，16.63°；若按$d=5$微米，则分别为7°，12.8°，18.8°，25.0°，31.5°，38.2°。

但事实上瀑布水沫的直径不会都均匀为10.86微米(或5微米)，它们有的大、有的小。所以彩弧的第一级暗带，其半径角并不都是$\alpha=3.22°$(或7°)，而可能是角半径与3.22°(或7°)相近的暗带。这就是说，大叠水的彩色弧里的五六套彩环，并不是直径为10.86微米(或5微米)的均匀瀑沫所造成的$n=1,2,3,4,5,6$级彩色光带，它应当是由不同直径的瀑沫所造成的一级衍射光环，只是它们的角半径彼此不完全相同。结果，这就形成了重复五六套而半径角不同的挨次围套的华弧，即“瀑阴沫华”。

至于为什么“瀑阴沫华”并未形成完整的华环，则是因为当时正处在枯水期，从崖顶下泻的瀑布又是分股下注的，未能汇成宏大宽广的瀑流，瀑布水流既狭，“瀑阴沫华”也只能很狭，以致成短弧段。在瀑顶的空中，则由于缺少水沫构成的薄幕，没有发生衍射的物质，自然也就不会有华片段呈现出来。

总之，根据上述探讨，我们肯定了那张年历彩图片中显示的光象并不是“瀑布彩虹”，而应是“瀑阴沫华”。“瀑阴沫华”的命名，意思是这种华乃是“瀑沫”所造成的，而且出现在瀑布前方的山的背光区，以阴暗底色为背景，借助于逆光摄影再现。

至于当时三个照相机，仅有一张现出瀑阴沫华，那是因为出现“瀑阴沫华”的照相机，拍摄时镜头的位置及朝向适当所致。

乒乓外交

王鹏飞

高天云端发清声，举世盛赞韬略新；
生憎干戈扰世久，更嫌风雷入耳频。
人民外交创殊局，乒乓小球出奇军。
莫讶鸿钧随时转，阳光一缕万象应！

(摘自《天风海涛集》)

宝光机理的综合研究①

——峨眉宝光研究之一

相传仙佛的头身，围有彩色光环，称为“佛身光”或“佛光”，亦叫“宝光”。因佛光现象在峨眉山顶最为多见，故常称“峨嵋宝光”。我国唐代画圣吴道子已开始在画佛像时，就绘有佛身光。北宋沈括又曾有对匠人画佛身光的错误指出看法。公元1177年南宋范成大曾在其《吴船录》中记录其在峨眉山光明岩两度见到宝光的变化动态，是古代描述宝光的最生动史料，很有科学探讨价值。在欧洲中世纪时，名画中对耶和华、玛利亚、耶稣、天使、圣徒或成圣后的主教，也绘有头光，称为“圣光”(Glory)。因德国哈茨山(Harz)布罗肯峰(Brocken)常见此光现象，且内有摄身光影，疑为幽灵，所以也有将它称为“布罗肯幽灵”(Brocken Spectra)的。

1969年豪厄尔(Howell)计算[2]得出的宝光环角半径与云滴尺度参量$\beta(=2\pi r/\lambda)$的关系见图1。图中r为云滴的半径，λ为光波波长。由图1可以看出，在列(a)中，设光波波长λ为常数，则由曲线可知云雾滴半径r愈大，则宝光环角半径愈小。在列(b)中，设云滴半径r为常数，则由曲线可知光波波长λ愈大，则宝光环的角半径也愈大。换言之，宝光环必然是内紫外红的。

图1中的曲线代表从内向外同心而不同角半径的宝光环带的情况。实线为亮带，虚线为暗带。

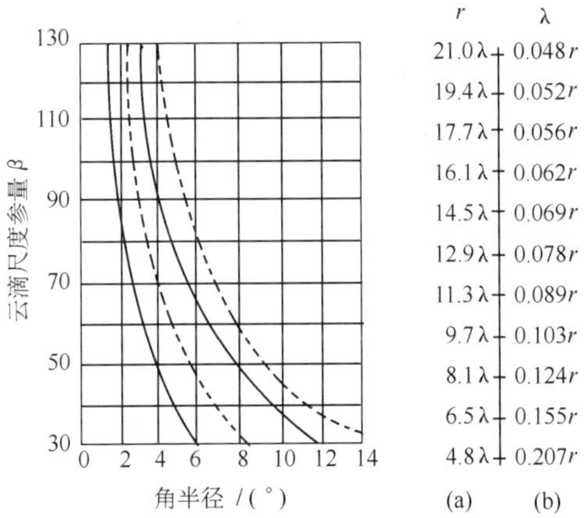

图1　云滴尺度参量β与宝光环角半径关系($\beta=2\pi r/\lambda$)

1　宝光光环形成机制探索史

最初人们看到出现宝光时，常伴同主虹。它们都呈内紫外红的色彩排列，认为那必定是与主虹同类的光象，其形成机理应当相似，所以称它为“布罗肯虹”(Brocken Bow)。但宝光

① 本文曾刊于《南京气象学院学报》2002年4月号。

的彩环数重同心相套,其角半径在20°甚至10°以下。主虹的角半径却达42°,且较为固定。虽有时也伴同霓,但霓的角半径比主虹更大,色彩排列与主虹及宝光均相反,为内红外紫。说明宝光并不与主虹同类,其形成机理应与主虹不同。

于是人们就把宝光与包围月亮的华环相比较,发现有许多相似之处。即都是同心的出现几重,色带也都内紫外红,彩环角半径相仿,都较小,这就是说,他们的形成一定有某些相似之处。华环是阳光受云雾微粒衍射所造成的,那么宝光的形成也应当与衍射有关。但是宝光与华又有不同之处,即华是围绕日月的光环,而宝光却位于日月相对的一方。华随日月之升降而升降,而宝光则当日月上升时下降,日月下降时却上升。它是围绕着对日点或对月点的。于是人们开始把宝光称为"对华"(anti-corona)。这样,人们就研究"对华"(宝光)出现方向与"华"相对的关键原因。最早考虑方向相对的原因是"反射作用的参与"。这种"参与"可以有两种方式。第一种方式是反射日月光,使光源变为来自太阳相对的一方,然后再通过衍射作用形成宝光,这种方式称为"先反射后衍射"的宝光形成方式。第二种方式是把已被观察者前方云雾堤中云雾滴粒衍射到空中,但尚未在位于云雾堤更前方的迎日月光的人目看出是日、月华之前,却被反射到观察者眼睛中形成宝光,在这种情况下,观察者面向前面的云雾堤,日月光从背后射来,假设能见到日、月华的人位于比云雾堤更前的地方,其人目注视着日、月方向,这种方式称为"先衍射后反射"的宝光形成方式。不论这两种方式的哪一种,其反射作用或衍射作用的介质都是观察者前面云雾堤中的云雾滴粒。但是应当指出的是:起衍射作用的滴粒其半径较小,而起反射作用的滴粒其半径较大。所以不同尺度的滴粒起不同的光学作用,具有一定的分工。

一般说来,云雾堤表面的滴粒,由于与外界空气接触,往往处于蒸发状态,而内部的滴粒,温度较高,易于增大,不易蒸发。因此处于云雾堤表层的滴粒,易起衍射作用,而处于稍内的滴粒则起反射作用。这样,在观察者前方的云雾堤,在日月光的作用下,上述两种方式,即"先反射后衍射"的宝光形成机制以及"先衍射后反射"的宝光形成机制,是都在起作用的。这类宝光都是以对日点或对月点为中心,数重地同心地存在,带有衍射造成的色彩,即内紫外红,并围绕观察者的身影。

上述说明中,把云雾堤滴粒分为表层与稍内层,很容易使人认为衍射作用的滴粒严格处于云表一层,而起反作用的滴粒严格处于稍内一层,因此出现了解释宝光形成的"两层说"。1965年王鹏飞打破了"两层说"的局限,因为云雾中的滴粒都在运动,起作用的滴粒不可能被锢禁于某一层次内,在大滴粒周围,也常常有许多小滴粒。起衍射作用的微小滴粒,常分布于一些层次。另外,衍射不仅在小滴粒上出现,按"巴比涅原理"(Babinet Principle),由许多云雾细滴所引起的衍射花样,与有同样细微的小孔所起的衍射花样相同,可以相互替代。而这些细微小孔,在宝光形成机制中,往往可以由云雾滴中数层运动着的细小甚至较大的云雾滴粒间的空隙组成。而这些空隙大小也是因云雾滴粒的组合和运动而变化着的。可见"两层说"存在缺陷。打破"两层说"使宝光形成的机制更符合实际。

但是不论是"先反射后衍射"还是"先衍射后反射"这两种宝光形成理论,都利用了云雾滴粒的反射作用。而反射作用在转变华的出现方向方面,并不是只能选择的唯一机制。自从瑞利及米氏研究光的散射规律,发展出瑞利分子散射及米氏微粒散射[1],并指出"后向散射"的存在后,人们认为后向散射可以更自然地代替反射作用来解释宝光的形成。因为通过后向散射的衍射,可以比生硬的假助于反射作用来说明宝光的形成,似乎更简捷些。

宝光现象出现于云雾堤上，云雾滴粒虽也是分子组成，但不是分子，所以不能应用瑞利分子散射的后向理论，人们热衷于利用米氏微粒散射的后向散射光的衍射作用来解释宝光的形成。所以在20世纪70年代后，人们很少再谈到反射机制在宝光形成中的作用。

但对米氏散射作研究，发现其后向散射，因微粒尺度的增大而减小，对于大云雾滴而言，用米氏后向散射解释宝光形成，仍存在困难。1966年布仑特(Bryant H C)和科克司(Cox A. J)在美国光学会会刊(Journal of The Optical Society of America)中发表了《米氏理论与宝光》一文，他们认为其前向散射可产生华，后向散射可形成宝光。这是以折射率为1.333的水滴，其水滴尺度参量β为200与500的情况下计算的(因$\beta=2\pi r/\lambda$，r为水滴半径，λ为波长。故$\beta=200$，相当于$r=32\lambda$；$\beta=500$，相当于$r=80\lambda$。如λ取0.6 μm，则水滴半径分别相当于19μm和48μm)。

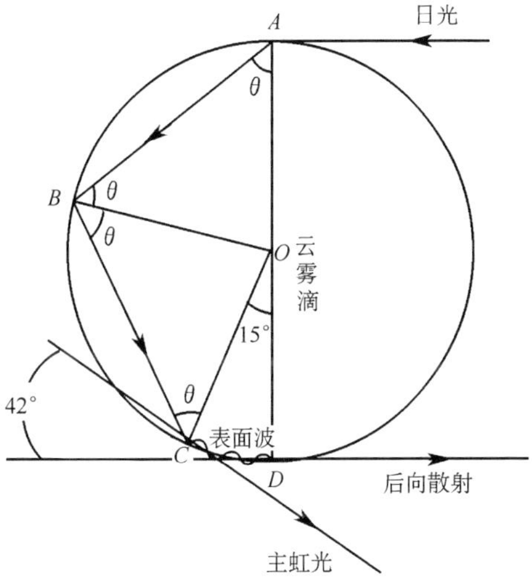

图2　水滴产生后向散射的机制

但较大水滴如何造成后向散射的机制，还需进一步探讨。1923年雷(Ray B)第一次把云雾滴中光线通过折射、内反射过程与“散射”联系起来，以解释宝光的形成。到了1957年，范达荷斯特(Van de Hulst)认为这种后向散射是日光折射入云滴后，通过一次内反射，再次通过水滴表面时，在水滴表面激发表面波并造成与入射阳光方向相反的后向散射，这种后向散射光，在通过云雾滴的衍射，即可形成宝光。此过程可以用图2表示。图中日光在A处掠射，折入水滴，在B处内反射，在C处，一部分折射返大气形成主虹光，另外又激发出水滴表面波，这种表面波行进到D处，发生了“次级散射后向电磁波”，即后向散射，以与入射日光的相反方向传播，再通过云雾滴的衍射，而形成宝光。1981年比利时科学家吉尔司(Gills P)以氦氖激光为光源，按图2进行实验，曾证实了这个机制可形成宝光。

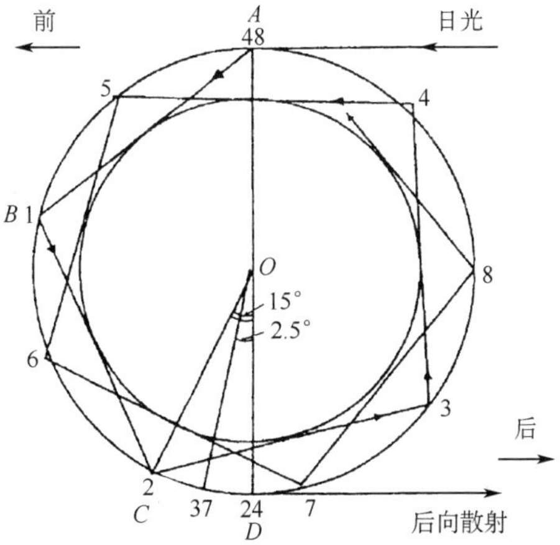

图3　共振激励波导对水滴后向散射的激励机制

事实上，后向散射存在着共振激励作用促使其加强，这更有利于宝光的强化(图3)。图中水滴边缘数字，代表第几次内反射，日光在A处掠射入水滴后，在第48次内反射时，又重到A处，而在第24次内反射时，恰好到A的直径另一端，距A为180°，在第2、37、24次内反射所激起之表面波，均能在D处激发后向散射，在第11、46、33、20次内反射所造成之表面波，对造成D处之后向散射，已无影响。而在6、41、28、15次的内反射，其表面波一般已难传到D点，也对D点后向散射作用不大。可见图3中的内切线圆与水滴表面之间形成一个波导环，在波导环中，日光在波导中内反射一周，仅2、37、24次内反射对激励后向散射有利。日光的持续使不断有后继内反射出现于2、37、24处,使后向散射持续产生或加强。这种图3所表示的共振激励波导机制,称为宝光的后向散射的范氏激励机制(范氏即指Van de Hulst)。

对于图3而言,既然在A处掠射入水滴的日光,可在D处产生后向散射,则在D处掠射入水滴的日光,也必能在A处出现后向散射,推而言之,在水滴周边掠射入水滴的日光,也必在通过掠射点的水滴大圆的另一端出现后向散射。这样,可以得到图4。

图4中用⊗表示日光在水滴边缘进入水滴的掠射点(光线指向纸面),而⊙表示水滴中的后向散射(方向是自纸面向上)。大圆表示与纸面平行的水滴截面大圆。A_1D_1、A_2D_2、A_3D_3、A_4D_4、A_5D_5、A_6D_6……等通过水滴中心O并垂直于纸面的诸平面截水滴而成的诸大圆直径。可见水滴周边的掠射日光,必导致水滴周边的交互后向散射。换言之,后向散射是在一个水滴周边出现,水滴中部并不发生后向散射。

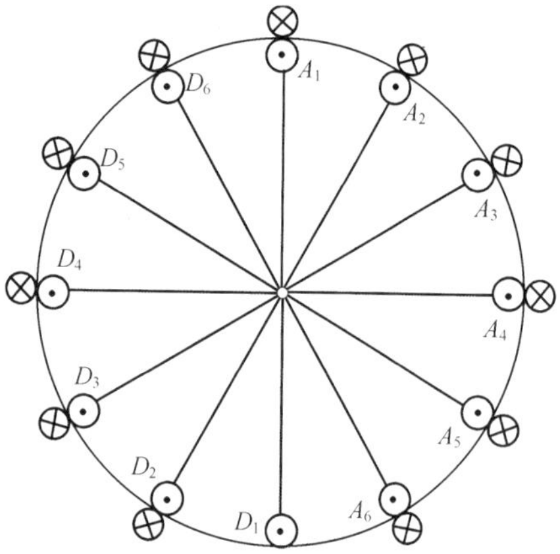

图4　水滴后向散射图

2　范氏宝光形成理论

图4中指出,范氏后向散射对一个水滴言,仅出现于水滴的边缘部分,而宝光之形成,并非一个水滴的边缘后向散射所致,而是许多云雾滴的边缘后向散射光进一步受到较小云雾滴粒的衍射所致。也可能其衍射是由后向散射云雾滴粒间空隙的衍射所致。因此它属于“先后向散射后衍射”的宝光形成机制。一般,起后向散射的云雾滴粒较大,而起衍射作用的云雾滴较小。但这两种过程也不是仅分别发生在云雾堤的表层与稍内两层内。所以也不要受“两层说”所限。它只指出按范氏理论宝光之形成仅由后向散射与衍射两个物理过程先后进行而已。

必须指出,在范氏宝光形成机制中,所形成的宝光半径与衍射为云雾滴或小空隙的尺度有关。衍射云滴或小空隙的尺度愈大,则宝光的半径愈小;反之,则愈大。而宝光半径与后向散射云雾滴的尺度关系不大。但后向散射的强弱及后向散射水滴的分布密度则与宝光的强度及色彩明显与否有关。后向散射强度或散射云雾滴密度愈大,则出现宝光强度愈大,色彩也愈明显。

3　宝光彩环形成的综合理论

到现在为止,宝光之形成是由于光的衍射作用,已无疑问。对于宝光为什么与华出现的方向正好相对,是宝光研究的关键。在20世纪研究中,认为可能与宝光形成有关的理论,大体有4个。(1)先“反射”,后“衍射”理论;(2)先“衍射”后“反射”理论;(3)先“米氏后向散射”后“衍射”理论;(4)先“范氏后向散射“后”衍射”理论。

这 4 种理论，前两种较为直观，后两种有数学的详尽推导及更细微的物理概念为基础。特别是第 4 种理论，其数学基础及物理概念更为精微，头头是道，引人入胜，赢得了近代大气光学工作者极大兴趣，且有实验的证实。使得前 3 种理论，相形有些苍白，减少了人们的注意力，以致人们误认为仅范氏理论为宝光形成的唯一理论。

其实其他 3 种理论亦言之成理，并不能完全否定。首先是先反射后衍射理论，它比“露致头光”(Heiligenschein)的形成[3]仅多一衍射过程，而露致头光的反射光还是很眩目的。况且露致头光的反射是水滴的表面近中轴对称反射，可以增加衍射前的光的强度与光的分布密度，更有利于宝光显现的明显性。其次是“米氏后向散射理论”，它也由实验证实，仅缺乏共振激励作用而已。再有“先衍射后反射”理论，他是使原应在日光中形成的华象通过反射而反转过来，它对宝光的形成起到补充作用。因此，宝光的形成可以综合这 4 个理论较为完整。没有必要因范氏理论的出现而就废弃其他 3 个理论，此其一。

其次，范氏宝光形成的理论及其实验等，仅适用于液水云雾滴，不能用于由冰晶组成的云雾上出现的宝光。这就往往令人误认为凡是冰晶组成的云雾不可能出现宝光。但这种看法是错误的。因为事实上衍射作用并不回避冰晶，也并非仅适用于水滴。例如，冰晶云上往往可出现华。而反射及米氏后向散射作用，在液水滴及冰晶粒上均可产生。倒是范氏后向散射反而不易在冰晶粒上出现。事实上自然界中，冰晶云雾上出现宝光现象已是常事。因此，我们在认识到范氏理论的局限性后，更应将范氏理论与其他 3 种理论综合起来，以全面解释自然界中不论冰云及水云，都能出现宝光。

根据以上对范氏理论的评述，可以把宝光形成的 4 个理论综合成如表 1 所示的宝光综合理论。这个理论，可包括两个形成方式：其一，可解释液水云雾中出现的宝光环现象；其二，则可解释冰晶云雾中出现宝光环现象。表 1 中过冷却云雾的宝光环应包括在液态云雾宝光环综合理论中。

表 1　宝光环形成的综合理论

<table>
<tr><th>云雾态</th><th>第一过程</th><th>第二过程</th><th>结果出现</th></tr>
<tr><td rowspan="2">液态
(包括过冷却水)</td><td>液滴反射
液滴米氏后向散射
液滴范氏后向散射</td><td>液滴或空隙衍射</td><td rowspan="2">液水云雾宝光环</td></tr>
<tr><td>液滴或空隙衍射</td><td>液滴反射</td></tr>
<tr><td rowspan="2">冰晶</td><td>冰晶反射
冰晶米氏后向散射</td><td>冰晶或空隙衍射</td><td rowspan="2">冰晶云雾宝光环</td></tr>
<tr><td>冰晶或空隙衍射</td><td>冰晶反射</td></tr>
</table>

参考文献

[1] 胡波. 大气光象研究[M]. 西安：陕西科学技术出版社，1993.

[2] Houghton H G. Physical Meteorology[M]. London：The Mit Press，1985.

[3] Humphreys W J. Physics of the Air[M]. New York，London：McGraw-Hill Book Company，Inc.，1940.

宝光伴生大光环的研究①
——峨眉宝光研究之二

1 四个宝光伴生的大光环的例子

许多人看见过，在宝光彩环几重叠现时，常有一个同心的大光环共存，可以举出下面几个例子。

例1：公元1177年，范成大在峨眉山金顶附近的光明岩，见到在宝光出现时，有宝光转为金桥的现象。他在《吴船录》[1]记载说："山上复出一光，如前而差小，须臾亦飞行过山外，至平野间转徙得得，与岩正相值，色状俱变，遂为金桥。大略如吴江垂虹，而两圯各有紫云捧之。凡自午至未，云物净尽，谓之收岩，独金桥现至酉后始没"。其中"一光如前差小"是指"宝光"，而"金桥"则指伴存的大光环的部分显现。

例2：公元1735年西班牙船长邬洛亚(Ulloa)与法国科学家布格(Pierre Bouguer，1698—1758)等为了要实测地球赤道附近经度一度之长，同赴南美秘鲁，在班巴马卡(Pambamerce)山顶见到了宝光。布格记录了此次宝光[2]出现了同心三重，其角直径分别为5.5°、11°及17°左右，另有一个白环，直径约67°。

例3：1934年上海出版的《科学画报》2卷16期，刊有胡振铎《峨眉山之日晕》[3]一文。文中提到两次见到宝光。他描述宝光外围有一条角半径为45°的大光环，其色彩排列是内红外紫。

例4：1980年剑桥大学出版社出版的格林勒(Robert Greenler)所著《虹、晕、宝光》(Rainbows，halos，and Glories)》[4]一书中提到：飞在云层上的飞机内发现，在对日点方向上有彩色宝光环存在，其外又有环绕对日点及彩环的白色大光环，称为白虹②。

2 对以上四例的分析研究

以上四个例子都提到了与宝光伴存的大光环。过去很多人认为这些大光环都是虹，有人甚至认为例3中的大光环是霓。因为它的色彩排列内红外紫，与霓相同。但是据研究，上面四例可分为两类：例1与例4为主虹；而例2与例3不是虹霓，而是对日晕。下面特地作进一步分析。

(1) 就例1言，范成大把宝光所转变的光象称为"金桥"，说它很像苏州的垂虹，桥圯为紫云所托捧，有"以桥喻虹"之意，即他已认为它是虹了。再从范成大所描述的光象动态来研究，他见宝光转变为金桥的时间在阳历7月25日下午约2时30分(即未时)，那时是盛夏太

① 本文曾刊于《南京气象学院学报》2002年6月号。
② 参见气象出版社1984年出版的黄必选中译本《虹、晕、宝光》第8页第20～25行。

阳热力作用最强的场合，云体从光明岩前半封闭谷地移到山外平野上方，即从湿度较大的山谷上空移到湿度较小的开旷地上空。在谷地上空，云体表面既有细小的能起衍射作用的云滴，内部又有能起范氏后向散射的大云滴，所以能出现宝光。但一到山外平野湿度较小处，表面细小云滴蒸发了，云体缺乏起衍射作用的云滴，宝光就消失不见。但云中大水滴仍能对掠射日光起两次折射及一次内反射的作用，即形成主虹，所以才使范成大记述为“宝光移到山外平野忽然变为金桥”的现象。由此进一步证明了例 1 的金桥必为主虹。

为进一步了解范成大所见的金桥（主虹）的情况，假定在平野上空的层积云距光明岩水平距离为 3.00km。云底距地高度因平野对流凝结高度高于谷中而由 1.00km 变为 1.20km。在下午 2 时 30 分，该日太阳方位为西偏南 8°，高度角为 55°，则对日点方位为东偏北 8°，高度角为 −55°，据此设计了图 1。图中 C 为主虹在云侧面的高度，D 为云底，A 为范成大观察点，AB 为对日点方向，B 为虹中心的对日点。因主虹半径角为 42°，故云侧面主虹顶 C 与观察点的高度差可表示为：

$$EC=EA\tan(55^\circ-42^\circ)=3\tan13^\circ=0.70\text{km},EB=3\tan55^\circ=4.28\text{km},$$

即对日点应位于云下地面 F 以下 1.28km，主虹顶与对日点之距 $CB=(4.28-0.70)\text{km}=3.58\text{km}$，主虹顶距地面高度 $CF=(3.58-1.28)\text{km}=2.30\text{km}$，主虹顶距云底高度 $CD=(2.30-1.20)\text{km}=1.10\text{km}$。可见范成大在光明岩见到的金桥是在层积云侧面的主虹，虹顶在 C 处，虹的两端均在云底处（距地高度均为约 1.20km 处）。因为云底以下无雨幕及水滴，故虹在云底以下部分都不能显现。由于层积云底部在对流作用下具有团块结构，所以出现的主虹两端似有紫云相捧的桥圯形。

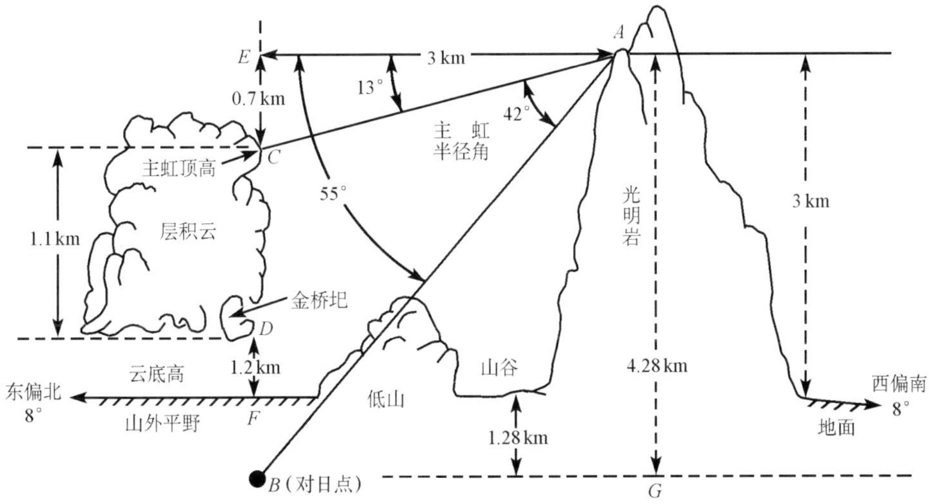

图 1　范成大 1177 年在峨眉山光明岩未时见山外平野云上金桥（主虹）示意图

（2）就例 4 言，在《虹、晕、宝光》[4]一书中，格林勒就已将此在彩色光环外的白色大光环称为“白虹”。而按范达荷斯特（Van de Hulst）宝光形成理论，形成宝光的衍射光起自云雾中的大水滴的后向散射光，而这种后向散射光是掠射日光在大云滴中经过一次内反射后，在即将折射出云滴前激发云滴表面波引起的后向电磁辐射。另据主虹形成理论，主虹是日光在大云滴中经过一次内反射后以最小偏向角方向折射出云滴而成[5]。既然它们都与云雾中一次内反射后折射出云滴的日光有关，那么出现宝光时往往与虹相伴就不奇怪了。格林勒书中所举与宝光相伴的白虹正符合这个理论。这个白虹当然是42°的主虹。

(3) 例2的情况则不然。例2中的67°的大白环与宝光共存。据中、英、法、俄、西《国际气象词典(International Meteorological Vocabulary)》第二版[6],这个大白环称为"布格晕(Bouguer's halo)",也叫"邬洛亚环(Ulloa'ring)"。之所以用布格及邬洛亚两人命名,显然就是指在例2中所举的1735年西班牙船长邬洛亚与法国科学家布格在秘鲁班巴马卡山顶所见的光象,该词典解释为"一种偶而观测到的微弱白色圆弧或整个光环,其半径约39°(即角直径为约78°),圆心在对日点上,常常在'对华'(即宝光)周围形成一个独立的外环,可以提出有力的理论依据认为这种现象是一个真正的雾虹"。但是据当时布格在班巴马卡山顶的记载:那时是清晨太阳刚升起之时,"这个现象只发现在仅包含冰晶的云上"。比较布格的记载和《国际气象词典》的词条名称,可以看出把这个大白环称为"布格晕",这是最初按布格记载订名的。因为既然云雾是冰晶组成的而非雨滴组成,那大白环显然只能是"晕"而不能是"虹"了。但以后由于范氏后向散射的宝光形成说盛行,认为宝光只能由液水组成的云形成。所以有人认为大白环应是与宝光共存的"虹"。但这时争论时起,谁也说服不了谁,所以干脆含糊些,就改称为"邬洛亚环"。其后由于范氏后向散射说占了统治地位,其他的理论已很少人提及了,更因此环呈白色而雾虹也多呈白色,所以在《国际气象词典》的释义中,就用解释雾虹的形成原理解释这个大白环,这就产生了词条名为"布格晕"而释义却为"雾虹"间的矛盾。但是即使是雾虹,其角半径仍应是42°,解释中却说是39°,这个角半径既与雾虹角半径42°不符,又与布格观测到的角直径67°的一半34°左右不符,所以《国际气象词典》所宣称的"可用有力的理论依据,认为这种现象是一种真正的雾虹"的说法是不可信的。

为此再来检验一下布格与邬洛亚当时见到宝光时的大气物理条件。

大家知道,班巴马卡山处于南美西海岸安第斯山系的东西科迪拉山脉(Cordillers de los Andes)间的马拉尼翁河(Maranon R.)畔,在西经28°,南纬7°处。马拉尼翁河是世界最大河流亚马逊河(Amazonas Rio)的上游,水量丰多。班巴马卡山东有马拉尼翁河,西有太平洋,所以有充分的水汽供应。从海拔言,在班巴马卡山之北有3900多米的布拉山,南有6700多米的斯卡兰山。所以它至少拔海高于3500米,以平均气温直减率0.6℃/(100米),山顶气温比海平面要低20℃多,而且那年布格等见到宝光的时间是在清晨,正是一天中气温最低的时分。所以气温低于0℃的可能性很大,出现的云雾很可能属于高积云、高层云之类。虽然这类云大多为过冷却云滴组成,但也有系冰晶组成的卷状云部分。如果是过冷却云滴组成,那么出现宝光时伴有的大光环可能是主虹。但是如果是冰晶组成,出现宝光时的大光环就不可能是主虹。因为虹不可能出自冰晶云粒。现在查布格当时的记载,他已明确这宝光等现象出现于"包含冰晶的云上",所以这个大光环决不可能是主虹了。再从其角半径为约34°来看,并不是主虹的半径,从而更可肯定邬洛亚环决不是雾虹。

不是主虹,那么是什么光象呢?可参阅王鹏飞的《44°对月晕》[7]一文。该文是为解释1963年7月12日福建建阳气象站所见光象而写的。文中指出在某些冰晶云上,当冰晶的结晶形式及取向合适时,可以产生以对月点或对日点为中心的"对月晕"或"对日晕",它们的角半径可以等于或小于44°。因为布格见到的大光环角直径为67°(合角半径约34°),因此应属于对日晕性质的布格晕不能称为雾虹。

既然肯定了这个大光环是布格晕,那么布格和邬洛亚那次所见的宝光必不可能是由范氏后向散射所造成的宝光。这是因为范氏宝光只能由液水滴组成的云产生,而那次的云属冰晶云。因此例2中的宝光环应是按“冰晶云雾宝光形成机理”形成的(参见文献[5]表1)。

(4) 再分析例3。胡振铎所见的宝光,出现于峨眉山顶。该山海拔在3000米以上,与秘鲁的班巴马卡山的海拔相近而稍低,其上云雾虽也大多为过冷却水滴组成,但往往也有冰晶组成的。胡振铎所见的与宝光相伴存的大环,角半径为45°,且内红外紫。由于角半径与主虹相近,所以人们最初认为它是虹。但虹应是由内紫外红的彩环组成,而此大环却是内红外紫,正好相反,这证明它不是虹,所以后来有人认为它应是霓,因为霓(副虹)的色带排列内红外紫,正好与此大环相近。但霓的角半径为52°,远比此大环为大,所见的大环究竟是什么成为疑问。但是根据文献[7]知“对日晕”是环绕对日点,角半径为44°,且内红外紫的光环其角半径正好与胡振铎所见的大环角半径(45°)贴近,而色带排列内红外紫也符合胡振铎所见的大环。因此可以认为胡所见的大环判定为对日44°晕,比判定为主虹或霓更为合适。

既然胡振铎见到的与宝光伴生的大环是对日晕,那么那天出现的宝光,其云雾应当是冰晶构成。而从海拔3000米以上的峨眉山顶来说,即使是盛夏,出现冰晶云也是可能的。这样,就又得到冰晶云可以产生宝光的一个有力的证据。

3 结论

通过上述四例的分析,可以肯定:正如宝光既可产生于液云滴组成的云雾,又可产生冰晶组成的云雾一样,其所伴同的大光环,也可既产生于液云滴组成的云雾,又可产生于冰晶组成的云雾。不过产生于液云滴云雾的伴生大光环都是主虹,半径角恒为42°,且它们的色带排列都是内红外紫,而产生于冰晶云雾的大光环,称为“对日(或月)晕”。而“对日(或月)晕”其色带排列都与并现的宝光环相反,并现的宝光环为内紫外红,而“对日(或月)晕”则为内红外紫。而且“对日(或月)晕”的大小,因当时云雾内冰晶的形状及取向而异,有的为44°,有的小于主虹,例如34°左右。

这样,就可以根据伴生大光环的角半径及色带排列来判定大光环究竟是主虹还是对日(月)晕。如果角半径为42°,且色彩排列与宝光相同,均为内紫外红,则必是主虹,且当时的云雾必是液水云雾滴构成。如果大光环的角半径不是42°,且其色带排列与宝光的内紫外红相反,为内红外紫,则必是对日(月)晕,同时亦可由此判定当时的云雾必为冰晶构成。

需要指出的是,出现宝光时,可以伴生大光环,但也可以不伴生大光环。当伴生大光环时,大光环可以呈彩色,也可以呈白色。由于受大光环投影的限制,有些显现的大光环并不完整,有的呈半弧形,有为呈片段弧形。云雾范围大小也是使大光环出现形状完整或不完整的原因之一。

参考文献

[1] 范成大. 吴船录[M]//丛书集成. 商务印书馆,1973:9-12.

[2] Tricker R A R. Introduction to Meteorological Optics[M]. New York:American Elsevier Publishing Co.,1970.

[3] 胡振铎. 峨眉山之日晕[J]. 上海:科学画报,1934,**2**(16).

[4] Greenler R. Rainbows Halos and Glories[M]. England:Cambridge University Press,1980.

[5] 王鹏飞. 峨眉宝光研究之一——宝光机理的综合研究[J]. 南京气象学院学报,2002,**25**(2):180-185.

[6] 中、英、法、俄、西国际气象词典[M]. 日内瓦:世界气象组织出版社,1992.

[7] 王鹏飞. 44°对月晕[J]. 气象通讯,1964,(7):44-46.

宝光中摄身光影的研究①
——峨眉宝光研究之三

大气光象中具有彩环的晕、华、虹、对日晕等，虽令人注目，但均不如宝光能令人痴迷入魔，这与宝光中有“摄身光影”存在有关。我国各地出现的宝光，以峨眉山的尤为著名。因该山传闻是普贤道场，在其金顶山谷上空云雾宝光中出现摄身光影时，多被人附会为普贤菩萨显灵，在古代金顶僧人及朝山香客的渲染下，不少善男信女认为是普贤驾腾“兜罗绵云”接引信众升天，就有人欣然循舍身崖蹈空坠谷，酿成粉身碎骨惨剧。近代民智渐启，人们渐渐认识到摄身光影即观察者身影。但对“各人自见其影”的特色，迄今难得其解。本文将研究宝光中摄身光影出现的各种规律，科学地解决上述种种疑问。

1 宝光摄身光影大小变化的观测

1987 年 12 月 6 日，笔者因公搭机赴云南。近中午时，在机下云顶出现宝光及机影(即飞机的摄身光影)。笔者定性地对机影及宝光角直径在飞机飞行期的变化作粗略测量。

当飞机向西方航行时，高度升至 8 km，机下即出现高积云、高层云等中云。飞机影子在云顶随飞机飞行而移动，机影四周出现三匝彩色宝光。每匝均内白外橙(相应于内紫外红)，最外一匝角半径约 6°强。不久飞机接近下面的云层低飞时，云面机影就忽然变大、漫出于宝光环之外，不再全部为宝光所包围。当飞机飞到昆明上空，穿云而下时，飞机下面已无云层，宝光忽然消失不见。只见机翼翼影直接笼罩于地面坝壑之上，飞机行将着陆于昆明机场。

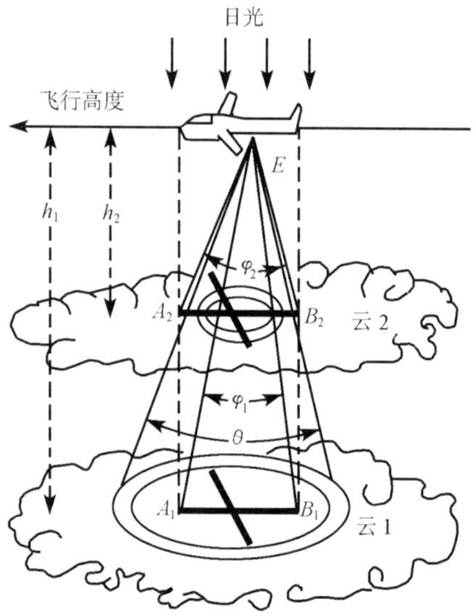

图 1　云机距离与宝光及机影相对大小的关系

上述观测到的飞机宝光中摄身光影随云机距离变化的动态情况，是山顶观测宝光中难以见到的，过去任何一次飞机宝光记录亦均未曾提及过。它显示了摄身光影大小的变化规律。为分析这个规律，可参见图 1。

图中 E 为笔者在飞机中眼睛的位置，时当正午，太阳位于中天，垂直下照。所以不论机影在云 1 或云 2 上，机影的大小都应相等，即 $A_1B_1=A_2B_2$。如机影在人目的夹角为 φ，则因云机距离 $h_2<h_1$，故机影 A_2B_2 在人目 E 的夹角 φ_2 必大于机影 A_1B_1 在人目 E 的夹角 φ_1。

① 本文曾刊于《南京气象学院学报》2002 年 8 月号。

但宝光角直径 θ，即为衍射光环的直径在 E 处的夹角，它是由云滴直径大小(d)及光波波长(λ)决定的。设 θ_n 为自内向外第 n 匝宝光的角直径，则可推得如下关系：

$$\sin\theta_n=(0.5n+0.11)\lambda/d$$

这就是说，只要光波波长 λ 及云滴直径 d 不变，则第 n 匝宝光环的视直径角 θ_n 就不会变化。

在飞机上观察宝光的时间内，d 和 λ 不会有多少变化，所以 θ_n 变化不大。但当飞机飞行高度下降，云机距离由 h_1 变小为 h_2 时，则人目见到的机影夹角(φ)必将变大，形成 $\varphi_2>\varphi_1$，既然 θ_n 几乎未变，而 φ 却在变大，则图 1 中本来 $\theta_n>\varphi_1$(机影在宝光光匝内)，后来就会形成 $\theta_n<\varphi_2$，即机影渐渐漫出宝光环匝之外，所以就得出了摄身光影的尺度随云机距离变小而增大的规律。

2 宝光摄身光影中半影问题

美国威斯康辛大学物理学教授格林勒(Robert Greenler)对比观察分别在爱尔兰和大西洋上空所摄两张飞机宝光的彩照。前一张机影周围有宝光环绕，而后一张在远处云层的宝光中见不到机影。他解释说：由于太阳并不是点光源，而是一个圆盘，角直径约 0.5°因此宝光中机影的轮廓、边缘不够分明。在影子外边，整个太阳圆面的射线照到的地方，其间有一个仅被太阳部分圆面射线照亮的模糊区(半影)。对于投影到目标物(飞机)附近表面的影子(本影)来说，半影区是狭窄的，但是如果检验一下离目标物(飞机)愈来愈远的影子，那半影却显得愈来愈宽。一直到半影趋于遍布在整个影子之上。于是在这样的距离上，就没有了目标物(飞机)轮廓分明的影子……[1]。这是利用本影半影来解释远处云层上飞机摄身光影不见的现象，认为是云机距离愈大，则半影也愈大。

我认为格林勒利用半影来解释摄身光影现象是不合适的。因为本影(umbra)与半影(penumbra)的概念，显然是从天文学日食研究中借用的，它不能应用于解释飞机摄身光影现象，见图 2。

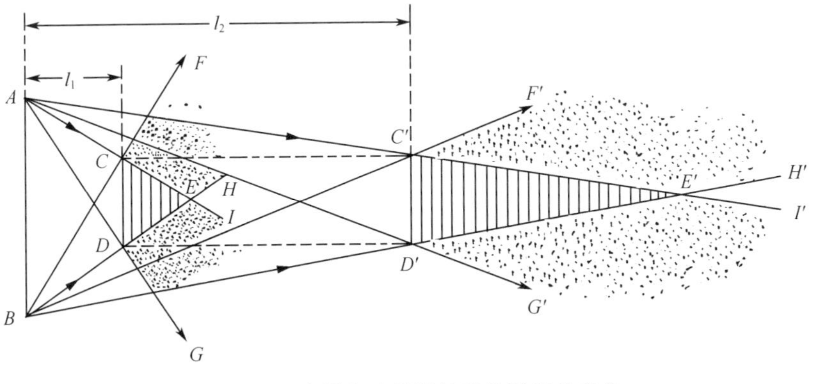

图 2 本影与半影随被照物远近的变化

图中 AB 为施照体(如日、月等)，CD 与 $C'D'$ 为距其分别为 l_1、l_2 的受照体(如飞机)，$l_2>l_1$。从施照体两端发出光线 AC、BD 及 AC'、BD' 与受照体两端 CD 与 $C'D'$ 相接。其延伸光线分别交于 E 及 E'，则三角区 CDE 及 $C'D'E'$ 分别为受照体 CD 及 $C'D'$ 的本影区，该区内无光线射入。再连接 AD、BC 及 AD'、BC' 线延伸之，得到角 ECF、EDG 及 $E'C'F'$、$E'D'G'$ 区。它们分别为 CD 及 $C'D'$ 的半影区。本影区用竖线区表示，半影区用麻点区表示。图中 $\angle F'C'E' < \angle FCE$，且 $\angle G'D'E' < \angle GDE$，而且 $l_2 > l_1$。可见半影区因距离增大而减小。当距离增至无穷远时，因 $\angle F'C'E' \to 0°$，$\angle E'D'G' \to 0°$，故半影区必消失不见。这与格林勒认为半影区在距离加大时，因面积加大，浓度变淡而消失的说法不同。

再从图 2 看到，距离增大时，本影区有增大的趋势。而且因 $\angle BAE' > \angle BAE$、$\angle ABE' > \angle ABE$。说明本影区的边界在受照体愈远时愈接近于互相平行，所以当受照体距离施照体无穷远时($l \to \infty$)，$AE' \parallel BE'$。由于日地平均距离为 1.4960×10^8 km，对十米、百米、千米尺度的地面物体或距离来说，几乎为无穷大。因此相对于地面物体尺度或距离来说，日月光都可认为是平行光。地面物体的影子都属于本影，其半影区几近乎零，无半影可言。

由此可知，格林勒用“半影”来解释云机相距过远时宝光中不出现机影，有二重错误：一是按半影理论，一般是距离愈大，半影区愈小而不是格林勒所说的愈宽；另一是对于日月距离与地面物体尺度或距离来说，根本不能用半影理论，因为事实上并无半影区存在。我国迄今就有人利用格林勒的错误半影理论来解释宝光的摄身光影，这是必须改变的。

3 气光对宝光和摄身光影的影响

“云机距离过大而造成宝光内不见机影”的事实，既然不能用格林勒的半影理论解释。我认为要解释这事实，可以假助于气光的作用，见图 3。

图中 E 为飞机中人目，AB 为宝光环上的两个点，C 为机影，它处于宝光环中。宝光环进入人目的是衍射光。来自 A 处的衍射光在透过 AE 气层后方能达到人目 E。气层中有许多空气分子、云滴和尘粒。它们散射阳光而形成的气光也一起沿 AE 方向进入人目 E，减弱了衍射宝光，冲淡了宝光彩色。再以机影 C 为例。光线来自图中 E 的左边，因飞机的遮蔽，使云雾表面出现阴影，即为机影 C。但自 E 到 C 这层空气，其空气分子、云滴和尘埃，也具有散射阳光。这些散射阳光也沿 EC 方向投射到机影 C 处，使机影因增加散射阳光(即气光)而变淡。这些射到机影处云雾滴的散射气光被云雾反射回来，其中一部分逆向沿 CE 再进入人目，但在逆向行进时，要进入人目，须再透过 CE 层空气，而此层中的空气分子、云滴及尘埃又有散射阳光叠加上去，进一步减弱了飞机影子的暗色，可见人目 E 看到的宝光是被一层 AE 气光冲淡了的彩光，而见到的摄身机影，是被来回二层 AC 气光冲淡了的机影暗色。当云雾离开飞机愈远时，AE 与 AC 之距愈相差无几。所以可以认为 $AE=AC$，因而大体可以认为气光减弱机影暗色的作用比减弱宝光彩色的作用大一倍。气光愈厚，人目见到的物体色彩愈失去其固有色，且愈趋向远空的青灰色转化。当气层厚到近乎无穷大时，人目见到的物体色彩就愈近乎远空的青灰色。

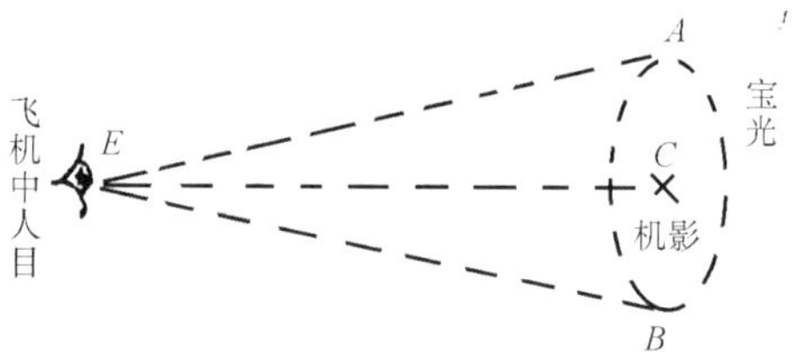

图 3 气光的影响示意图

按此原理，可推论出：机影被气光削弱的作用远大于宝光环。当云机距离增大时，机影固有暗色首先被削弱殆尽，使色彩与远空青灰色一致，从而见不到机影时，而宝光环固有色

彩因 AE 之距仅及 AC 来回之距的一半，仍能为人目见到。这就是格林勒书中那张云机距很大的照片只出现宝光环而不出现机影的道理。但格林勒不了解这个道理，错误地采用并不存在的半影现象解释之。

4 影大小的心理作用

4.1 静态对比心理作用

本文前已指出，日光可视为平行光线。在此情况下，如人直立时与云雾堤平行，光线垂直于人身射来，则摄身光影大小必与人体相等。但如人直立时与云雾堤不平行，且光线不垂直于人身射来，则摄身光影大小不一定与人体相等。或是比人体大或是比人体小，视阳光分别与直立人体及云雾堤的交角大小而异）。因为它们不再是平行四边形的对边。但人们常说，所见的摄身光影往往比一般人雄伟。这是静态对比心理作用所致。因为云雾堤后山川背景距离观察者较远。云雾堤上观察者身影的视角远大于背景山川的视角。当观察者对背景山川凝视时，由于视角大小的对比，就会出现心理错觉，似乎有一个远大于山川的巨无霸身影，遮障于山川之前，从而会误认这身影属于仙佛、神灵、妖魔之类。

4.2 动态对比的心理作用

前已指出，观察者与云雾堤的距离可以有变化，从而导致视觉上摄身人影的角大小有变化。但只要云滴直径分布及波长不变，视觉上宝光的角大小不会因距离变化而有变化。所以当云雾堤在远离观察者时，相对于宝光来说，观察者似见摄身光影在缩小。反之，当云雾堤在移近观察者时，相对于宝光来说，摄身光影似在变大。

习惯上人们常将摄身光影视作宝光现象中的活动主体，认为属于仙佛、神灵、妖魔之化身。相对于不变的宝光环而言，摄身光影的变大，心理上常认为是仙佛、神灵、妖魔自洞（宝光环）中飞近洞口或正在出洞，在接近观察者。而摄身光影变小，常认为是仙佛、神灵、妖魔向洞（宝光环）内深处飞移，是在作远离观察者的行动。在峨眉山金顶舍身岩，古代许多善男信女，由于云雾堤的移近，由心理造成的幻觉会误认为普贤菩萨在云中飞近他们，接引他们升天，而蹈空坠岩死亡，大多与此有关。

5 摄身光影的形状

摄身光影既然即为观察者身影，那么它应当与观察者形状酷似。但事实上人们见到的宝光中摄身光影与观察者外廓有很大差异，使观察者往往否认它是自己的身影。为什么有这类差异呢？这是由于云雾堤上摄身光影各部分与观察者眼睛的距离因种种关系而有不同（例如观察者直立时，身体虽与云雾堤平行，但此时观察者眼睛这一点必然与云雾面上摄身光影各部分的距离不会一致。如果云雾堤表面有凹凸，这就更增加了摄身光影各部分到人目的距离不同的复杂性），使摄身光影内各相同面积部分在人目处的夹角大小并不相同，从而其视尺度就出现差异。这样，以不同“视差异”组成的“摄身光影视形状”就与实际云雾堤上匀称且与人体形似的摄身光影，大相径庭。发生许多局部变形的组合形式。观察者就不敢承认这个视觉中的摄身光影是自己的身影。反而认为是仙物化身了。

应当说，摄身光影不同于观察者外部轮廓的情况是多种多样的。例如，除上述原因外，云体的移动，太阳在天空位置的变化也会影响摄身光影的形状。但可以将各种常见的摄身光影归纳为3种类型。即云堤平铺型摄身光影，云堤竖立型摄身光影及云堤箕状型摄身光影。

5.1 云堤平铺型摄身光影

参见图4。图中E为人目，竖直线EF表示立于岩面的人身，虚线表示进入人目的宝光光线，实线表示人目看到摄身光影的视线，麻点区在图中只画半边，它显示人影的一半，全部摄身光影可参见图4右上角附图的麻点区。又图中O为对日点，它处于头影中，外有宝光三重，内紫外红，a、b、c、d、e、f、g、h分别为头、肩、臂、胸、腰、腹、股、大腿、小腿及脚影离人目E之距离，且$a>b>c>d>e>f>g>h$，则不论从长度或宽度言，必头影最小，自肩到脚都依次渐宽渐长，两腿之间如有空隙，也必有远细短、近宽长的现象。

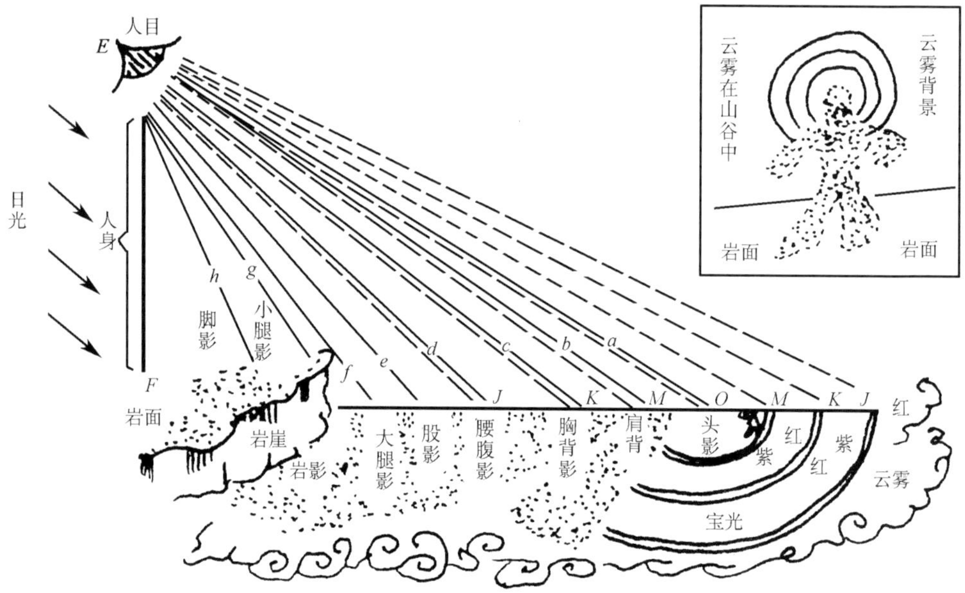

图4　山谷云雾面上平铺型摄身光影示意图

另外影子距人目愈远，则人目与影子间所隔的空气愈厚，其中分子散射光愈多，从而使较远的影子暗度较淡，所以摄身光影的头部比上半身为淡，边缘也较模糊，而下半身因较近，影子暗度就更明显些。

可见一个体态均匀、衣着合身的观察者的摄身光影，在此情况下，必然具有头影较小而模糊，肩胸较窄、长袖宽腰，脚大腿长的特征，尤其是长腿的影子，它愈近观察者的部分，就愈长愈宽显暗黑。在云雾背景下，很像一条伸向观察者脚前的云路。

5.2 云堤竖立型摄身光影

参见图5。这种形式的摄身光影及宝光均出现于观察者身前崖缘的云雾堤侧面上，其各部分大小浓淡也是按“光影近则色暗而既宽又大，光影远则色淡而既短又细”的规律。图中我们仅给出宝光接近人目高度，且太阳高度角较高时的情况，比较图4，可以看出图5的摄身光影特征正好与图 4 相反，即愈接近头部，距人目就愈近。所以图 5 中，影子的特征是头部很大，黑色既深又很清晰，手细于臂，腰粗于腹，腿部尤其细，但常为丘冈之影所掩。由于丘冈往往很大，所以影子常显得像一个人骑在一只坐骑上似的。

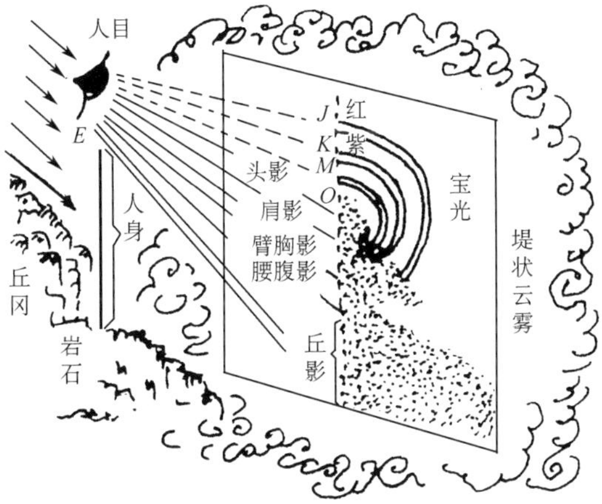

图 5　竖立云雾堤上宝光的摄身光影

5.3　云堤箕状(辟支状)型摄身光影

实际上，太阳的位置可高于也可低于观察者所在山颠的地平线。云雾不一定均低于山颠或平铺于山谷内，云雾堤也不一定壁立于观察者之前。它们的表面可能凹凸不平，具有不少起伏团块或砧状突起。这样观察者的身影也就在云面会有所扭曲，形状变得怪异，而且影子各部分与人目的距离会在某些部分有所突变，视角在这些部分出现相应变化，造成影子轮廓显示局部反常的粗细、长短及浓淡变化。这里只提出一种箕状云堤的摄身光影的类型，见图 6。

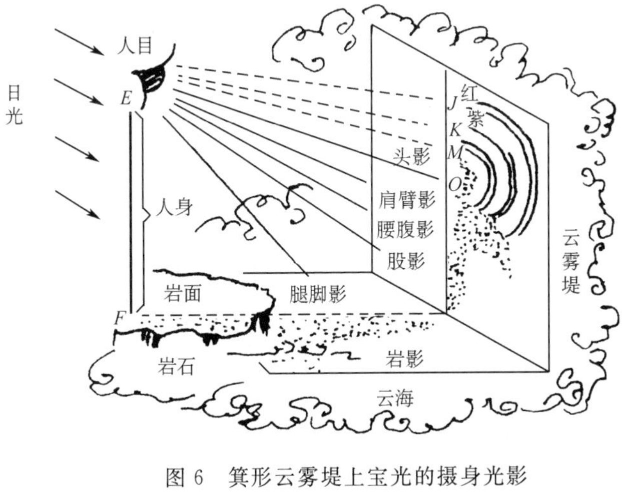

图 6　箕形云雾堤上宝光的摄身光影

图中摄身光影上半身在云雾侧面特征是头大肩粗，手腰均细，但下半身在云海面上是股细而腿又渐粗，并融入更宽的岩影中。而在岩面，其裤管也愈近人身愈宽。总之，在此情况下,摄身人影上半身像图 5,下半身像图 4。

6 摄身光影的范围

在南宋范成大(1126—1193)《吴船录》中,提到 1177 年 7 月 25 日,他在峨眉山光明岩,下午见到宝光时,对摄身光影的描述,有:“光之正中,虚明凝湛,观者各自见其形。举手动足,影皆随形”。清代江皋任四川督学时,曾作《游峨眉山记》说:在觐佛台看见了宝光。他说:“观者摄身光内,止各见本身,毫厘无隐。虽数百人比肩并踵,不能见也。”这是说“观者虽各自见其形,但不能见站在旁边的同伴之影”。这个现象,从初始提出至今,已历八百多年,但迄今尚无人研究其物理原因。本节研究摄身光影范围,目的即在解决这一问题。

大家知道,云雾堤或云海表面并不是一个镜面式屏幕。它们是由许多球形水滴或团块状起伏云体组成的。日光在观察者身前云雾面上形成的影子,只是球形水滴或团块状云前半球的阴影组合而成的暗黑连体。而在它们的后半球,虽然受前半球影子覆盖,但因许多空气分子散射及云体反射的日光仍能到达,所以呈灰亮色。从而在人影遮蔽空间的云滴或团块,前半球为暗黑半球,后半球为灰亮半球。它们与未被影子覆盖,而在阳光照耀中的云雾滴或团块前半球呈亮白,后半球呈灰亮,是很不相同的。为了说明问题,先看图 7。

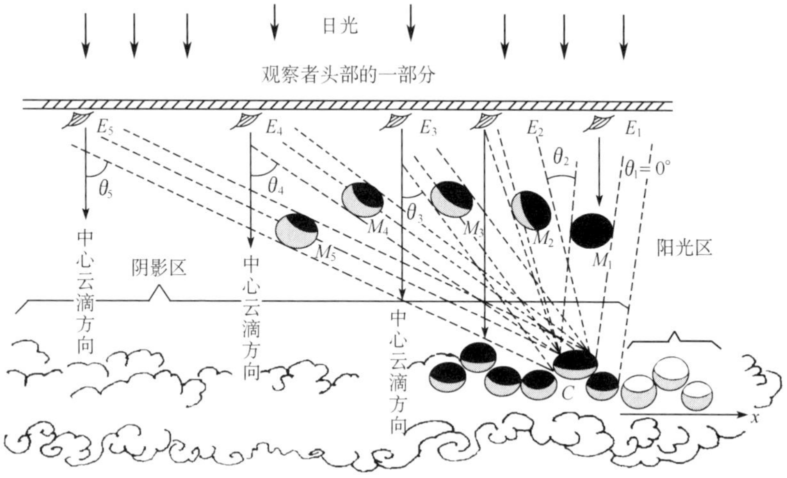

图 7 人目观察疏布云滴阴影的图

图中 E_1、E_2、E_3、E_4、E_5 等为并立于平行云雾面的一条线上的观察者的眼睛,它们各有一条垂直于云雾面的中心云滴方向,其中心云滴各不相同。仅以 E_1 为中心的云滴方向的云雾滴为例。阳光从人背后向云雾面照射,使观察者头影覆盖于中心云滴及其四周的云滴上,使这些云滴均上半球暗黑,下半球灰亮。但是 E_2、E_3、E_4、E_5 等眼睛来看 E_1 的中心云滴,其视线与自己的(或 E_1 的)中心云滴方向的交角却是 θ_2、θ_3、θ_4、θ_5 等。由于 E_1 的视线与其中云滴的方向的交角 $\theta_1=0°$,可以从图中看出:$\theta_5>\theta_4>\theta_3>\theta_2>\theta_1=0°$。故视线斜度愈大,则人目见到的 E_1 的中心云滴 C,其灰亮的月牙形面积愈大且暗黑部分面积愈小。当 θ 值接近于时 0°,所见的中心云滴 C 没有灰亮月牙。只见暗黑的上半球。将 E_1、E_2、E_3、E_4、E_5 等人目所见的云滴 C 的暗黑部分与灰亮部分的视觉形象绘于各自人目与云滴 C 之间的地方，如 M_1、M_2、M_3、M_4、M_5 等。

其实，由于各观察者自身人影的覆盖，各观察者见云滴 C 及其附近的云滴，其视觉形象都分别如 M_1、M_2、M_3、M_4、M_5 等，于是 E_1 所见的自己摄身光影，是许多如 M_1 的拼合形象 $\sum M_1$，E_2 所见的 E_1 观察者的摄身光影是许多如 M_2 的拼合形象 $\sum M_2$，…，依次类推。则 E_n 所见的 E_1 观察者的摄身光影，当为许多如 M_n 的拼合形象 $\sum M_n$。其中 n 可以是 1，2，3，…。

既然相邻并立的观察者所见的观察者 E_1 的摄身光影是它们所见的 $\sum M_n$ 的拼合形象，则此拼合形的组成成分 M_n 的黑暗部分面积愈大，月牙形灰亮部分面积愈小，则拼合成的形象就愈能使摄身光影拼成完整的暗黑色 E_1 观察者的身影。如果组成成分 M_n 的暗黑部分减少而灰亮部分增多，则拼成的光影，在暗黑之间搀杂了灰暗色，使总体的暗色变淡，边缘也更加模糊。一般 n 值愈大，则 M_n 中灰亮色面积愈大且暗黑色面积愈小。所以 n 值增大时，E_1 观察者摄身光影成为灰亮色面积很大的 M_n 所拼合，从而不出现暗黑色的摄身光影。这就是说，见不到 E_1 的观察者的影子，从而造成了习惯所说的在平列的诸观察者“各人只能见其影，并不见旁立者之影”的原因。

还要指出：人目与云雾之距 d 如发生变化，也可改变观察者 E_n' 的中心云滴方向与观察者 E_1' 的中心云滴方向的夹角 θ_n' 的大小。这可以参考图 8。

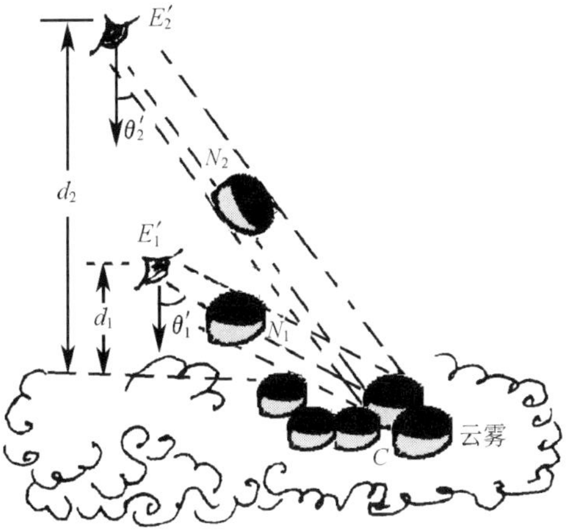

图 8　云与人目之距愈远，则 θ 值愈小，所见云滴暗黑部分愈大，灰亮月牙愈小

图中，E_1' 距云雾之距 d_1 小于 E_2' 距云雾之距 d_2，则 $\theta_1' > \theta_2'$，与之相应的观察到的云滴 C 的视觉形象 N_1 与 N_2 的情况是：N_1 的暗黑面积较小且灰亮色面积较大，而 N_2 中则暗黑面积较大且灰亮色面积较小。

把图 7 与图 8 结合起来，可以看出：如果一个在 E_1 并列的某一观察者，当距 E_1 之距为 l 时，正好看不到 E_1 观察者的摄身光影，则如果他退后到与云雾之距增大到某一距离 d' 时，他又能看到 E_1 观察者的摄身光影了。

这就是说：习惯所说，观察者看宝光中摄身光影“观者虽各自见其影，但不能见站在身旁同伴之影”的说法，既有一定科学道理，但也不是绝对的。因为只要自己站到距云雾更远一些的地方。则本来未能见到的同伴摄身光影，却反而能够见到了。于是上述的话就应改为：“观者既各自见其影，在一定条件下也能见到站在较近身旁同伴之影”。但云雾不能离人目过远，过远则由于空中反射及散射光太强，可以使云滴的暗黑区增加气光，往往可使宝光中不出现本人的摄身光影。当然同伴的摄身光影更因气光的强烈而见不到了。

7 小结

(1) 摄身光影实际大小一定时,其视尺度因观察者与云雾壁之距离改变而变化,距离加大,则视夹角变小,会造成摄身光影视觉尺度的变小;而距离减小,则视夹角变大,会造成摄身光影视觉尺度的变大。但宝光光环与衍射有关。在云滴尺度分布及光波波长一定时,宝光环视半径不会改变。因此当观察者与云雾之间距离改变时,会出现宝光环中摄身光影的尺度变化。飞机宝光中摄身光影漫出宝光环的现象,即由此而生。

(2) 摄身光影之心理尺度常因与山川背景对比而改变,如摄身人影的视觉夹角远大于山川背景的视觉夹角,观察者心理上每会觉得摄身人影硕大无比。

(3) 气光常减弱宝光与摄身光影的明显度,但其减弱摄身光影明显度之作用更甚。故当观察者与云雾之距增加到一定程度时,摄身光影就先消失不见;若距离继续增大,则最后宝光也会渐渐消失。

(4) 摄身光影与观察者身体外部轮廓常常有很大差异。这主要是由于摄身光影各部分与观察者眼睛之距并不相等。摄身光影中距人目较远部分,因视夹角小而视觉形体较为细短,摄身光影中距人目较近部分,因视夹角大而视觉形体较为粗长。这些距离依次渐渐不同的各部分,凑合在一起,形成了一个各部分大小比例失调的完整的视觉摄身光影。它们自然就会与观察者本人的身体外廓或实际摄身光影大相径庭,使人们往往不敢承认这就是观察者本人的身影。

(5) 习惯认为宝光中的摄身光影,观察者往往"只能自见其影,不能见身旁同伴之影"。有其科学道理。这是由于云雾表面并非镜面,而却是由许多不断运动着的云滴组成,观察者身影只能掩蔽其迎着观察者的云滴半球,背着观察者的半球不受阴影掩蔽,呈现灰亮色。观察者观察身边同伴面前的云滴。因为能见到云滴上背着同伴的后面部分灰亮部分。这些灰亮部分与混杂在为同伴身影所掩蔽的云滴暗黑部分,造成同伴暗黑身影的破碎而变淡,甚至形不成完整的黑影,从而辨别不出其身旁同伴身影。但是习惯所说:"不能见身旁同伴之影"往往是言过其实的。如果同伴十分靠近观察者本人,观察者仍是能见到身旁同伴身影的。有时若将摄身光影中不见身旁同伴之影,往往可调节自己站立位置,使自己退后若干距离,就又可见到摄身光影中身旁同伴的影子了。

(6)格林勒《虹、晕、宝光》一书中用半影理论解释摄射光影因距离加大而消失是错误的,本文指出其错误的原因,并说明气光因摄身光影距离加大而增强,是摄身光影因距离加大而消失的主要原因。

参考文献

[1] 格林勒. 虹、晕、宝光[M]. 北京:气象出版社,1984:113.

青铜峡中“品字三太阳”等映象释疑①

1989 年 9 月,《中国气象报》刊有严岩、苏忠深《牛首山奇观》一文,引起了读者的兴趣,文中指出:在宁夏牛首山主峰(高 1774 米)西坡,从每年 4 至 8 月,将近傍晚时分,太阳位置偏西,常可观测到在黄河青铜峡段河西岸水中央,映出“品字形三个太阳”的影像,据他们调查了解,1983 年 7 月 31 日及 1985 年春,都有人见到这种现象。实际上,该地除出现“品字三太阳”奇景外,还可见到“光带”或“光团串”奇景。一般品字形三太阳奇景出现机会较少。1985 年观测两个月中,仅看到 4 次,形态也不尽相同。有时呈倒“品”字形。“光带”是一种连接东西峡岸宽约几十米的金黄色光条,常反射金光,把牛首山西坡十多平方千米的山峦,照得锃亮。光带一般出现在正河或西面的叉河中。“光团串”比光带为窄,每出现于品字形太阳奇景或光带出现的前后,是水中映成的由红灯般光团连串而成的映象。他们又从明万历年间(约 16 世纪后期)《重修牛首寺碑记》及崇祯六年(1633 年)《重修药王殿施茶碑记》中分别发现“时而现灯河曲,天花散彩,遇之者恒以遭际难逢”及“河放毫光,常显照应”等词,说明此项奇景在明代已有人发现。

为什么黄河青铜峡会出现品字三太阳、光带、光团串等太阳映象奇景呢?该文刊出后,并无人作过解释。该文作者认为“牛首山奇观可能是太阳光经过牛首山河谷盆地上空暮霭的作用,反映到黄河水面而出现的特殊形态。如果没有河谷上空的暮霭,在晴朗的天气条件下,往往不可能出现奇观”。但是这种说法,既笼统又含糊,不能解决问题。本文试图科学性地探讨这些奇景产生的原因。

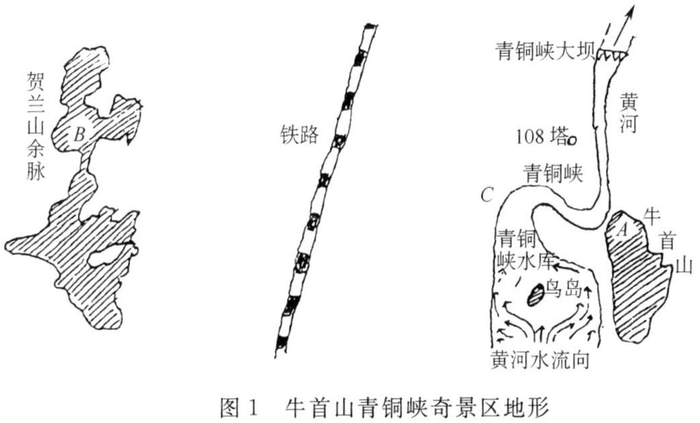

图 1　牛首山青铜峡奇景区地形

首先要叙述一下牛首山及青铜峡一带的地形。参见图 1。图中 C 处水流弯曲的地方,是出现青铜峡西岸水面的奇异光象的地方。牛首山位于青铜峡东岸,峙于峡边。《重修牛首碑记》所说“时而现灯河曲”即指奇景出现于黄河弯曲处,实在也是指 C 处。在牛首山对岸的黄河边,地势比较平坦,由峡边到铁路约 10 千米,由峡边到贺兰山余脉边,约 20 千米。这

① 本文曾刊于《宁夏气象》1989 年第 3 期。

使当地傍晚的太阳,能充分投射到青铜峡 C 处水面来。在贺兰山余脉之西北,为腾格里沙漠。西北风时,沙漠可携沙粒到青铜峡区,即使没有西北风,春夏季下午的太阳热力作用,也可使青铜峡区被乱流或对流所携带上升的地面沙尘所笼罩。只是沙尘笼罩的严重程度,则因时间和天气条件的不同而异。到青铜峡观看“品”字三太阳、光带、光团串等现象的主要地点,在图 1 中的 A 处。那里位于牛首山西坡、濒邻青铜峡东岸。踞高西望,西岸一览无余。而出现奇景的黄河弯曲处,就在近边,观察非常方便。

现在我们可以逐一来解释奇景的形成机制了。

1. 品字形三太阳映象之形成 我认为“品字形三太阳映象”,其形成与黄河在青铜峡弯折处 C 的水流中出现大涡旋有关。为什么会出现大旋涡呢?这是因为当黄河水自水库流向青铜峡时,一方面因河道愈来愈窄,所以水流加快。一方面青铜峡西岸曲率在 C 处比东岸为小,东岸边的水比西岸迟一些转折方向。由于流体黏滞力及流体与岸的摩擦力的作用,流体分子发生转动。且在转折处,出现了流体移速梯度。从而就形成了 C 处的大涡旋。这种大涡旋的表面,并不是水平的。大体涡旋边缘高度较高,涡旋中心高度较低,整体像一个倒置的笠帽。假定这个大涡旋呈正圆形。则其四周向中心下倾的坡度都是相同的。它位于曲折峡流中。当西来阳光投射到这个大涡旋表面时,就发生了水面反射,从而造成了“品字三太阳”的映象,为什么这种大旋涡会造成“品字形三太阳”的映象呢?这是因为在大涡旋中,只有四个反射部位可能把日光反射到位于牛首山西坡的观测者眼球内。这可以从图 2 中看出来。此图为品字形三太阳映象形成的原理图。

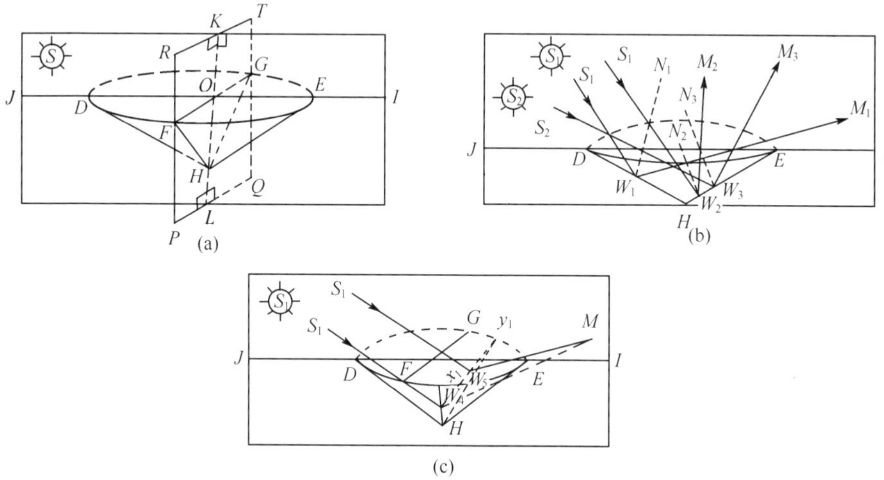

图 2 品字三太阳形成原理图

(a)大涡旋与太阳相对位置图;(b)太阳光在大涡旋表面 W_1、W_2、W_3 三处反射时的光线射向图。此图表示牛首山西坡一地,不可能同时观测到来自 DH 与 EH 的反射阳光(N 为反射点上法线);(c)太阳在 S_1 时,大涡旋表面 W_4、W_5 反射光线能同时在 M 处见到。

其中,图 2(a)为大涡旋与太阳的相对位置图,ILJK 为通过太阳的铅直平面。DGEF 为大涡旋边缘,亦为水面。H 为大涡旋中心。该处水面比大涡旋边缘水面为低。PQRT 为与通过太阳的铅直平面正交的另一铅直平面,故 DE 与 FG 为圆 EFDG 的两个互为正交的直径。

图 2(b)为阳光在大涡旋表面 W_1、W_2、W_3 三处反射后的光线射向图。其中 W_1、W_2、W_3

虽均在通过太阳的铅直平面上，但 W_1 为日光 S_1 在 DH 线上反射点，W_2 为日光 S_1 在 EH 线上的反射点，W_3 为日光 S_2 在 EH 线上的反射点。N_1、N_2、N_3 为反射点 W_1、W_2、W_3 上的法线，M_1 与 M_2 为 S_1 在反射点 W_1 及 W_2 上反射后的反射光方向。可以看出，M_1 指向东上方，能为牛首山西坡观测者眼睛所接收到，而 M_2 指向上方，不可能为牛首山坡观测者所看到。有时，在入射阳光角度合适时，M_2 也可能同时指向东上方。但因它的东上方指向，与 M_1 仍稍有差异。因而在牛首山西坡见到 M_1 的观测者，仍难以同时见到 M_2。这说明在牛首山西坡的观测者，只能见到由 DH 或 EH 反射点上反射来的一处光线，不可能同时见到 DH 及 EH 反射点反射来的二处光线。另外，当时间更近乎傍晚时，太阳位置由 S_1 变为 S_2，S_2 的阳光射到 W_3 处，形成的反射光为 W_3M_3，这时 W_3M_3 变得是能射向牛首山西坡的观测者眼中。但此前能射到观测者眼中的从 S_1 来的反射光 W_1M_1，反而因改变方向而不能再进入其眼中，这仍符合牛首山西坡固定地点不能同时见到 DH 及 EH 反射点上反射来的两处光线的特点。

图 2(c)为阳光 S_1 在大涡旋表面 W_4、W_5 处反射的情况，W_4、W_5 分别位于 X_1H 及 Y_1H 上，而 x_1 及 y_1 则分别位于 EF 弧及 GE 弧之间，且对称于 DH 线，反射光分别为 W_4M 及 W_5M。由于这种对称性，所以在牛首山坡的观测者，能同时从左右两侧见到沿 W_4M 及 W_5M 来的光线。再加上当条件合适时他还可以看到从 DH 线某一点上反射来的一条阳光 W_1M，这时，他就可以见到“品字三太阳”了。

为了更清楚地解释“正倒品字三太阳”的成因。我们作出图 3，先解释“正品字三太阳”成因。

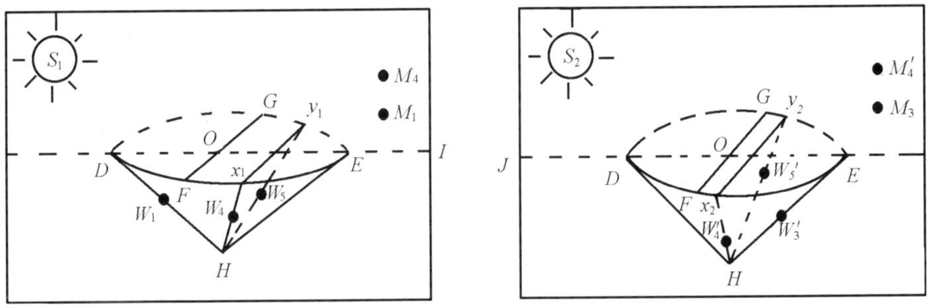

(a) (b)

图 3 正倒品字三太阳形成机理图

(a)M_4 与 M_1 重合时，W_1、W_4、W_5 构成正品字三太阳之象；(b)M_4' 与 M_3 重合时，W_4'、W_5'、W_3' 构成倒品字三太阳之象

图 3(a)中，太阳在 S_1 处，以无数条光线照亮了大涡旋全部表面。人目位于牛首山西坡 M_1 处。M_1、S_1、O、H、J、I、W_1 等点均处于同一铅直平面上，而在此平面上行进的阳光，仅在 W_1 处反射的。方能进入在 M_1 处的人目。其他阳光均反射后不能进入此人眼睛。另外，照亮大涡旋中的在 FGH 面以东表面的无数阳光，以 OEH 为对称面。在左右各有一对称点，可以把阳光反射并集中到上述铅直平面上相交。但其中只有一对对称点 W_4、W_5 的反射光相交点 M_4 能与 M_1 处的人目相重合，使 M_1 处的人能同时见到由 W_1、W_4、W_5 三处反射过来的阳光。由于 W_1、W_4、W_5 三点恰好呈正品字形分布，从而使在 M_1 处的人见到了正品字三太阳之象，而其他无数对对称点的反射光交点，因都不与 M_1 点重合，所以不能被 M_1 处的人看到。

至于倒品字形三太阳的成因，可参看图 3(b)，此时太阳在 S_2 处，以无数条光线照亮了大涡旋全部表面。人目位于牛首山西坡 M_3 处。当阳光在通过 DEH 的铅直面上射向大涡旋时，仅在 W_3'处反射的才能进入 M_3 处的人目。其他阳光反射后都不能进入人目。但照亮大涡旋中 FGH 以东表面的无数阳光，以 OEH 为对称面，在其左右的涡旋面上，均有许多对对称点可以把阳光反射并集中到上述铅直平面上相交。但其中仅只有一对对称点 W_4'、W_5'的反射光相交于M_4'点，且此点与 M_3 点重合，使在 M_3 处的人，能同时见到由 W_4'、W_5'、W_3'三处反射来的阳光。由于 M_4'处的人看来，正好呈“倒品字形分布”。从而使在 M_3 处的人，见到了“倒品字形三太阳”之象。

2. 光带映象之形成　白居易《暮江吟》中说“一道残阳铺水中，半江瑟瑟半江红；可怜九月初三夜，露如珍珠月似弓”。青铜峡的水面光带，其形成应与此相同。我们认为所以形成光带，是因为弯曲的峡中的大涡旋，因急湍而被破坏了。形成满峡水面的乱流小涡旋，为方便计，我们先以图 4 中人目 E 右侧的小涡旋反射日光为例，加以说明。

(1) 设人目为 E。其右侧分布的小涡旋为 A、B、C、A'、B'、A''[见图 4(b)]，太阳 S，自西方将光线送到小涡旋右侧表面，分别在 1、2、3、2′、3′、3″处反射，而到达人目 E[见图 4(a)]。按入射角等于反射角的规律，进入人目的光线当为 a_1E、a_2E、a_3E、$a_1'E$、$a_2'E$、$a_3'E$。这是在垂直于日光来向的右侧光带半宽度形成的机理。同理，我们也可证明，在垂直于日光来向之左侧，也可形成半宽度光带。把左右都一并考虑，就可以知道在有小涡旋区，垂直于日光来向左右均有半宽度的来光，进入人目可形成一条光带从对岸(西方)横过水面东来。

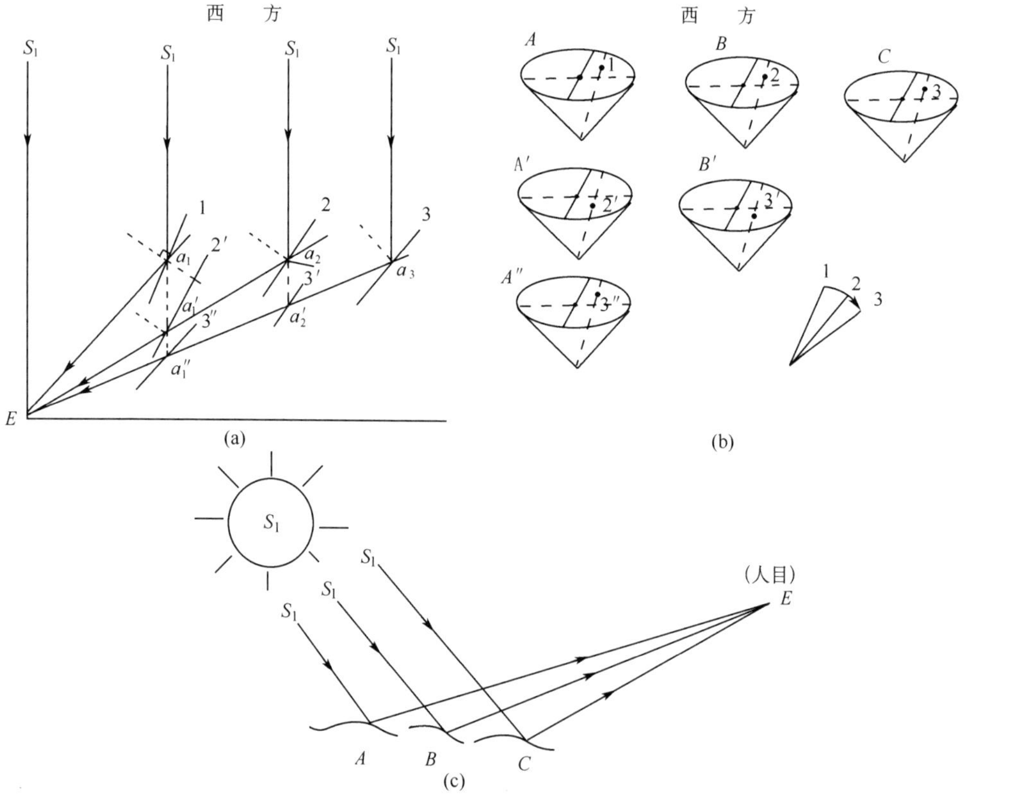

图 4　(a)光带形成原理；(b)小涡旋反射区；(c)纵向光的情况

(2) 从图 4(a)可以看出，阳光在各小涡旋上反射时，其反射角大小是不同的。又例如 a_1 的反射角大于 a_2，更大于 a_3。a_1 的反射角又大于 a_1'，更大于 a_1''，a_2 的反射角大于 a_2'，其相应的反射点在涡旋内的位置可参看图 4(b)。在 ABC 三个小涡中，1、2、3 的位置愈来愈向左前倾，最后会达到一个不能将反射光投入人目的情况，可见光带的宽度不是无限的。

(3)由图 4(a)还可看出，$\angle a_2 E a_3 < \angle a_1 E a_2$。说明相邻两进入人目 E 的光愈到左边或右边就愈接近。因此光带两侧光线较接近，光带中部光线较疏。换言之，光带两侧各有一个极限。

(4) 从图 4(a)更可以看出，到达 E 处的光，并非仅由一条阳光供应的。即使在同一条到达 E 的反射光，也是由许多条阳光组成的。例如 a_1E 即是由 S_1a_1''、S_1a_2'、S_1a_3 等许多条反射阳光组成的。可见 E 处观测到的光，比一般的阳光为强。

(5) 再研究光带的纵向情况。见图 4(c)。图中在牛首山西坡 E 处的人观测对岸傍晚日光 S_1 在峡水的波面 A、B、C 处反射来的光。设波是均匀的(即波由许多小涡旋组成)。则可从图中看出，$\angle AEB < \angle BEC$。这就是说，这条光带愈近西岸，反射光愈密。愈近东岸，反射光愈疏。

(6) 由于这时正在傍晚，所以射向水面的阳光，都是一些偏向波长较长的红黄色光。这又促使从水面反射的光，也呈红黄色。

现在我们可以解释在出现光带时，牛首山西坡往往出现强烈的金黄色亮光的原因了。当时已近傍晚，对流渐弱。白天因对流而分布在较厚一层大气中的尘沙，此时下沉，在青铜峡低空，形成霭幕，其中的尘沙是带黄色的。

薄暮的阳光，一部分透过霭幕，直接射向牛首山西坡。同时在沙尘反射下，形成红黄色散射光。

由青铜峡水面光带反射来的到达 E 的光固然带红黄色，其实在牛首山西坡无人处各地，也应能接收到如 E 处那样的红黄色水面的反射强光。这些强光，经过悬浮着的空中尘幕散射，也使低空充满强红黄光。

由于水面小涡旋在移动和变化，所以牛首山西坡的金黄色光，也具有时强时弱的闪动现象。由于在傍晚的一段时间内，太阳的方位及高度角也在改变，所以金黄色光，也是会相应地发生变化的。

3.“光团串”映象之形成　这是青铜峡水在平缓流动时出现的现象。这时，在横过青铜峡的水面，有许多条流速不同的水流，这些水之所以流速不同，一方面是它们受在左右岸及下方河底的摩擦力的作用不同所致，另一方面，水表面风力不均匀，水的黏滞力等也对水流速差异产生影响。并且在大坝的闸区，水的深度与其他区有差异，水流受闸区形状的影响，受阻程度不同，甚至还出现回流等，都在影响水的流速，造成相邻峡水间流速发生差异。

由于流速不同，流速快的水流，因向侧边的侧压力较之相邻速度较慢的水流给它的侧压力小，会受左右侧水的压力的作用而使水面有所抬升。而流速较小的水流，也因同样的原因，使其水面有所降低。这就使横过青铜峡水面出现了水位高度不同的区域。如图 5(a)所示。图中与水流平行的矢线其长短表示流速的大小，与水流垂直的矢线，是净侧向压力，可以看出净侧压力使流速快的水流，水位突起，却使流速慢的水流，水位下凹。从而形成了峡水横截方向的水面起伏波，但因此时并无涡旋，所以在平行水流方向，并无水之起伏。在横过峡水方向有了水面凹凸。

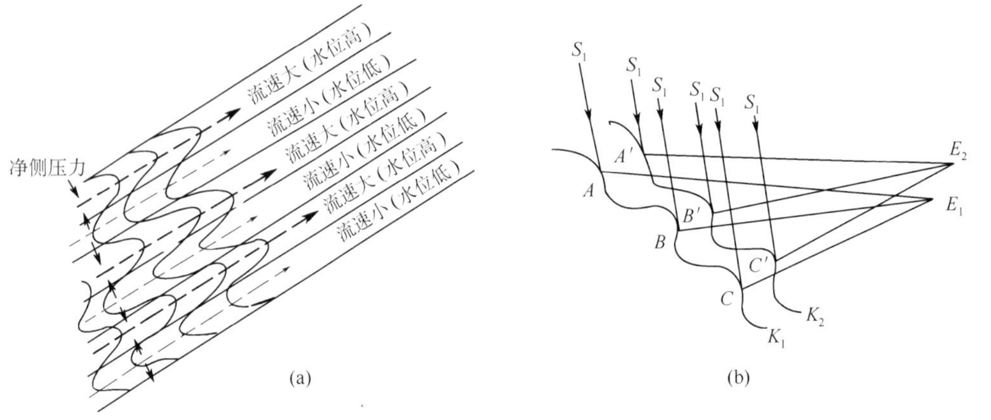

图 5　(a)流速大的水流，水面有抬高现象　　(b)光柱的形成
流速小的水流，水面有下降现象

再看图 5(b)。设在牛首山有两个人，其人目分别为 E_1 及 E_2，通过 E_1 及 E_2 而且又通过太阳方位的铅直面，与峡水面相交，得线 K_1 及 K_2。此两曲线是在不同铅直面上的两条水位起伏凹凸的曲线。在此两曲线上，分别在相应位置找出 A、B、C 及 A'、B'、C' 各点，作为反射阳光 S_1，并能将反射光进入人目的反射点。由于 K_1 及 K_1 处于不同铅直平面。所以反射阳光 AE_1、BE_1、CE_1 只能进入人目 E_1 而不能进入人目 E_2 的。同理，反射阳光 $A'E_2$、$B'E_2$、$C'E_2$ 只能进入人目 E_2 而不能进入人目 E_1。因此 E_1 的人，能见到在 A、B、C 等处存在光团，E_2 的人能见到在 A'、B'、C' 等处存在光团，于是 E_1 及 E_2 的人都将诸光团连起来看，都见到一连串的光团。但是 E_1 所见到的是 A、B、C…相连成串的光团，却见不到 A'、B'、C'…相连成串的光团。而 E_2 所见的是 A'、B'、C'…相连成串的光团，却见不到 A、B、C…相连成串的光团。这是因为它们处于不相交的不同的铅直面上。

这样，我们就解释了光团串出现的机制。

迄今我们已解释了青铜峡旁牛首山西坡见到的三种奇景的形成原理，用简单的话来作一归纳，可以认为：

(1)正倒的品字形太阳映象　主要出现于青铜峡弯曲处的大涡旋存在之时。傍晚阳光投射到大涡旋上三处后进入在牛首山西坡人目，即能在人目显示正的品字形三太阳或倒品字形三太阳映象。

(2)金黄色光带　主要出现于青铜峡水中有许多小涡旋之时，这些小涡旋，有时是大涡旋破裂所形成。它们分布于顺着水流的南北向。所以光带有一定宽度连接东西峡岸，宽约几十米。此光带呈金黄色，并将牛首山西坡十多平方千米的山峦也照得锃亮。这是由于时近傍晚阳光本身就呈金黄色霞光。它的强度在小旋涡反射时，得到加强，而且空中悬浮的黄色沙尘，对反射光进行漫反射所致。

(3)光团串　主要出现于青铜峡水流动较为稳定，但横过水流方向看，水流有快慢交替的分布之时。这些快慢交替现象使流速快的水流的水位凸起，流速慢的水流的水位凹下，这种凹凸水面，其上的一些部位，接受阳光照射，并将阳光反射到牛首山西坡观察者眼中，就会看成沿阳光方向的水面上，出现一连串光团(即光团串)。其实这些光团，也是太阳的映象。

上述三种光象，都是在傍晚出现的。观察地点都是在牛首山西坡。它们可以在不同日子出现，但也可能在同一个傍晚出现其中二种或三种奇异光象，只是次序会有所参差而已。例如最初，当青铜峡弯出现了大涡旋时，牛首山西坡的人看见了正的或倒的“品字三太阳”。其后大涡旋破裂成许多小涡旋，牛首山西坡的人，看见了金黄色横过水面的光带，有时还使几十千米山坡照得很亮，成为金黄色世界。以后，当水面平静下来，但有不同流速的水流分布于峡水中，这时就会出现在牛首山西坡人目中一连串的光团(光团串)。如果大旋涡、小旋涡不同流速的水流这三个水面情况出现先后次序不同，则上述“三太阳”、“金黄色光带”、“光团串”出现的次序也会不同。当然，这三个现象的出现，也会受天气条件的影响的，所以不可能每天出现。

上述三种光象，属于青铜峡的特殊景观，可以作为青铜峡的旅游资源，并可能在宁夏作为气象科普进行宣传。在旅客参观青铜峡时，向旅客介绍此三光象的形成的科学原理，一定会提高导游的解释水平，并引起旅游者的极大兴趣的。

病　目

王鹏飞

渐薄阴笼日，明媚春光减色，遥翠苍茫，近绿溟濛隔。
凭蝶翻蜂舞，眼前芳华欲失。
忆昨翱游尘寰，雾间能辨毫末。
竟清凉世界，碧天行云，琉璃湖山，澄水纳萍叶！
壮岁曾踏万里浪，老来不期银海歇。
遮莫是——三春宜暖天气，燕子知归时节?!

目疾未确诊

王鹏飞

前宵劲风昨宵雨，风风雨雨，不解携暑去。
迷眼一角江边树，萋萋楚楚，朝来依然青如故！
窗外庭梧叶已小，颤颤摇摇，犹掩门前道。
安得秋霜催树老，叶叶凋凋，一豁双眸见远桥。

目疾渐疗

王鹏飞

东风散雾，淡云烘日，已渐近清明时节。
柳条柔，一派横塘，縠纹皱澄碧。
飘来晴丝黏芳草，晴丝上，虹霓明灭。
眼底喜人景色，绿窗畔，欲重扶，描龙笔。
堪忆，记前番梦惊，睹遥岭云隐，银盘蟾龁。
问天无答恰似答，扣天聪，疑茎朽虫蚀！
幸翳霾乍消朝暾煜。月桂已砍清光出。
虽几度薄阴，遮不断，春消息！

(摘自《天风海涛集》)

解开“日月并升”及其伴生光象之谜[①]

近八年(1980—1988年)来,于农历十月初一,海内外各方到浙江省海盐县鹰窠顶观测“日月并升”奇景的旅游者日多。但过去介绍此奇景的文章,考虑未周,误把“日轮中的圆影”都看作“月亮”,以致将本来可以在此时此地见到的真正“日月并升”奇景,失之交臂,而把日出时的附带光学现象,当作“日月并升”现象看待。本文对“日月并升”及其伴生光象,从天文学、气象学及生理光学的角度加以研究探讨,阐明它们的形成机理,为科学地观测和理解“日月并升及其伴生光象”提供论据。

另外本文还说明了过去史志所载日中“黑子、黑钱、黑斑、日乌”等,并不全属“太阳黑子”。应按记载内容,审慎地具体区别。其中不少应属于本文指出的日光强烈刺激所造成的人目生理光学反应。

一、问题的引出

在杭州湾北岸海盐县南北湖鹰窠顶,近年来每当农历九月底十月初的清晨,只要天气晴朗,就会喧喧嚷嚷地热闹起来,有百十号人在那里从鱼肚白的天色起,就踮足引颈,向东方山下钱塘江那边海天一线处目不转睛地眺望,想欣赏“日月并升”的奇观。据了解,除鹰窠顶外,在杭州吴山、平湖九龙山、杭州葛岭也都曾出现过。我们先将光绪年间淮阴百一居士《壶天录》中所记葛岭(高约150米)在农历九月三十日所见“日月并升”现象,摘录于下:

“西湖有‘葛岭朝暾’一景,人咸知初阳台为观日出处也,已卯岁(1879年),客游于杭,杭友某约至大观台。五更将尽,其地向无行人,至是则鹄立而鹭望者,不知凡几。霜华满天、寒威萧杀,翘首东望,隐隐间有红光上映,晓烟纠漫,笼罩天际。俄东方渐明,红云片片相推而上,竟如霞起赤城,红接霄汉。其下又有鱼鳞之云、匀铺万叠。旋见有一红一黑者,大如车轮,并行而上,不差累黍。红者炽若火球,光华四射;黑者色甚晦暗如泼墨,盖即晦夜之月魄也,继而渐渐升高,轮亦渐小。黑者渐隐,不可谛视。但觉有淡墨圆晕,依稀尚存。若红者,则一轮朝旭,如树头高挂之铜钲也”。

本文的目的,就在于科学地说明“日月并升”现象。前述鹰窠顶的“日月并升”现象,过去亦有人作了些解释。但因考虑未周,误把“日轮中的圆影”都看作“月亮”,使旅客信以为真,致将本可在此时此地见到的真正“日月并升”现象,除1984年农历闰十月初一及1985年农历十月初一可能见到外,均失之交臂。且误把日出时附带光象当作“日月并升”现象还咄咄称异。因此本文对“日月并升及其伴生光象”从天文学、气象光学、生理光学的角度加以研究探讨,阐明它们实际的形成机理,为今后正确观测和理解“日月并升”及其伴生光象提供可靠的依据。

---

① 本文曾刊于《宁夏气象》1989年第4期。

二、“日月并升”是一种天文现象

“日月并升”是天文现象。但在观测时，往往受天气条件、大气物理状态所干扰及人的生理光学机能的影响。我们不能因天气条件、大气物理状态及人的生理光学机能影响而否定“日月并升”的客观存在，也不能将天气条件、大气物理条件及人的生理光学机能等造成的干扰现象，误认为即是“日月并升”现象。

（1）以农历十二月一日适逢冬至的情况为例

为阐明作为天文现象的“日月并升”机理，我们以农历十二月一日适逢冬至的情况为例。这种情况是可能的，例如公元968年、1386年、1489年的冬至（即12月22日）分别为北宋开宝元年、明洪武十九年、明弘治二年的十二月初一（朔）。又，这里所以以冬至为例而不以夏至为例，是因为冬至时，太阳直射南半球。而农历九月晦日与十月朔日，太阳也直射南半球。它们之间有相似的地方。

试先看图1。在冬至（12月22日）交朔时，即日月同在黄经270°时，在纬度为φ的地面处，见到的月球天顶距（$18°18'+\varphi$）的示意图。（OO'在赤道平面上，$EE'/\!/OO'$）

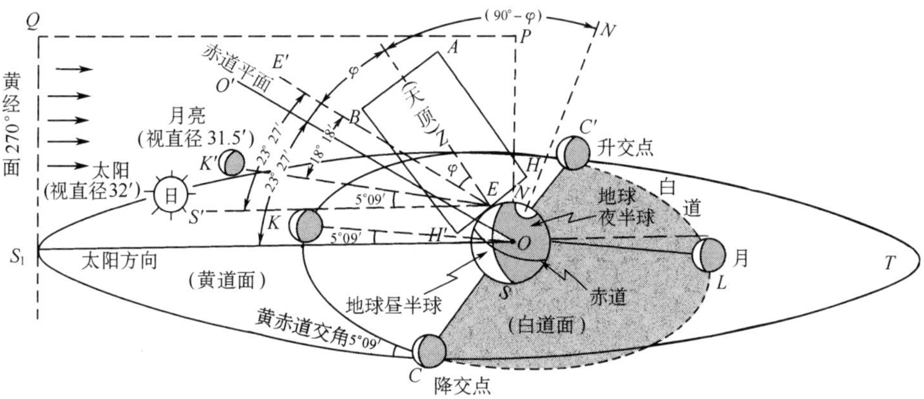

图1　冬至（12月22日）交朔（日、月同在黄经270°）时，在地面纬度φ处见到日月并升现象的原理图

图中O为地心，S、N为南北极，$H'H$为在纬度φ的E处地平线，EZ为指向地心及天顶的铅直线。E为人目。$CLC'K$为月亮运行的绕地球轨道，称为“白道”。它决定了白道平面。S_1CTC'为黄道。它是相对于地球而言的太阳视轨道，也决定了黄道平面。黄赤面间有约5°09′的交角（见C处所注的角度），交线为CC'线。在CC'线之右麻点区为在黄道面下方的白道面，CC'线之左则为黄道面上方白道面。S_1为太阳方向，它使地球出现了昼夜两半球，也使在L、C、K、C'四处的月球出现明暗两半球。夜半球及暗半球都用灰色区表示。O为地心，$OPQS_1$为黄经270°面。$ABH'H$为E处的与黄经270°面重合的铅直平面。

虽然太阳方向为S_1，当时月亮在K处，但在E处的人看到的日月，却分别在S'及K'处。日月的视直径分别约为32′及31.5′，其中$S'E/\!/S_1O$，$K'E/\!/KO$。故得：

$\angle KOS_1=\angle K'ES'=5°09'$。由于$OO'$为既通过地心与赤道面，又是在黄经270°面上的一条线，则$\angle O'OS_1=$黄赤交角$=23°27'$。过E作$EE'/\!/OO'$，则必有$\angle E'ES'=\angle O'OS_1=23°27'$，

又$\angle EOO'=E$点之纬度φ角。而$\angle ZEE'=\angle EOO'$(因为是同位角),故知$\angle ZEE'=\varphi$。更由于月球的天顶距为:

$$\angle ZEK'=\angle ZEE'+\angle E'EK'=\angle ZEE'+(\angle E'ES'-\angle K'ES'),\text{故:}$$

$$\angle ZEK'=\varphi+23°27'-5°09'=18°18'+\varphi。$$

由此可见,此时月亮的天顶距为$(18°18'+\varphi)$,而当时太阳直射南半球,其天顶距为:

$$\angle S'EZ=23°27'+\varphi。$$

说明当时日月在同一黄经上。但月亮在天空的位置比太阳高,这是冬至“交朔”的情况。

(2) 推论农历十月初一的情况

但我们所想知道的是农历十月初一太阳出地平线的情况,而不是农历十二月初一的交朔的情况:为此需对上面的计算作一些叙述性的修正。

(a)“朔”的意义

“朔”就是农历各月初一。我国古代一向是以月相来计算一年各月日程的。据刘熙《释名》“朔,苏也,月死复苏也”,“晦,灰也,火死为灰,月光尽,似之也”。月亮从光尽的“晦”转到死而复苏的“朔”,就是新的一个月的开始。因此“朔”有开始的意思。由字形看,从“月”从“屰”,“屰”音“魄”,与“魄”通(见《康熙字典》“屮”部“屰”字),张衡《灵宪》“魄生于日之所蔽”即月体无光部分叫“魄”。可见“朔”即“月屰”或“月魄”。那时人们见到的是月亮背光的部分,又“屰”通“逆”,“月屰”意为“月亮的背光面”,也是指无光的一面,但月亮自己不发光,它的光是接受日光后反射所致,因此要看到月面无光而为月魄,那么月亮必然在人和太阳之间,太阳与月亮必在同一黄经面上,它们的黄经差为零。上述冬至时的情况,也可应用于阴历每月初一的“朔”。朱熹曾说:“月无盈阙,人看得有盈阙。晦日则月与日相叠了。至初三方渐渐离开去(即初一为朔,尚相叠),人在下面侧看见,则其光阙。至望日,则月与日正相对,人在中间,正看见,则其光方圆”。明代王逵《蠡海集》“太阴之行,与日同宫为晦朔,对宫为望日,…初一初二,日月同于卯时出,至酉时,日月俱没于酉位。”这些说法虽较粗略,但已可以说明图1不仅可用于冬至交朔,也可用于各月(农历)初一交朔。当然,农历十月初一日出时如正好“交朔”也可以用。只要我们所取的黄经平面不用270°而改用230°平面。因为旧历十月初一太阳黄经是接近这个度数的。

从图1可以推论,农历十月初一交朔时,月亮也应比太阳高。

(b)“朔”而逢“日食”时的“日月并升”情况

由图1推论出农历十月初一,月亮比太阳高。但有否月亮与太阳等高,即月亮掩日的可能呢?应当说是可能的。但这是在日食之时。我们知道,日食也多在农历月的初一出现的。据陈遵妫《中国天文学史》第三册746页:日食是月球进入地球与太阳之间所发生的现象,所以它必发生在“朔”时,但由于白道对于黄道约倾斜5°。所以一般在“朔”时,日月黄纬未必一致。就不会交合,因而不发生日食现象。日食的发生,只限于日月均在白道黄道的交点附近,而且是在“朔”时。

在图1中黄白道交点在C及C'处。如果阳光自CO方向投射,月亮正好在C处;或阳光自$C'O$射来,月亮正好在C'处,不会发生日食,故一年可发生两次日食。而日食必在农历月的初一,在这时出现的日食必是全食(月亮掩没日轮)或环食(月亮掩及日轮中部,月轮外有一环太阳存在)。那么在农历十月一日有没有可能产生日食呢?这是可能的。据我查阅,自元世祖至正五年(1268年)到清末(1911年)共643年间,农历十月初一出现日食的共

38次。

其实在近十年来,1984年农历闰十月初一及1985年农历十月初一,都正好是日食的日子。

这就是说,在农历十月初一清晨,一般情况下日月并升时,月亮并不出现在日轮中间,却在日轮外边。仅在逢日食的时分,日月几乎同时升起,月亮位于太阳中,形成"日轮中有圆影"的现象,此时的圆影即为月魄。

另外,在农历十月初一,不论是否日食、月亮都是圆形,决不会呈月牙形,而且都应呈灰色,不应具有兰绿色或其他发光现象。凡出现并非圆形的光象,决不是月亮。

(c)"朔"而不逢"日食"的"日月并升"情况

再研究农历十月一日非日食时应看到的"日月并升"情况见图2:

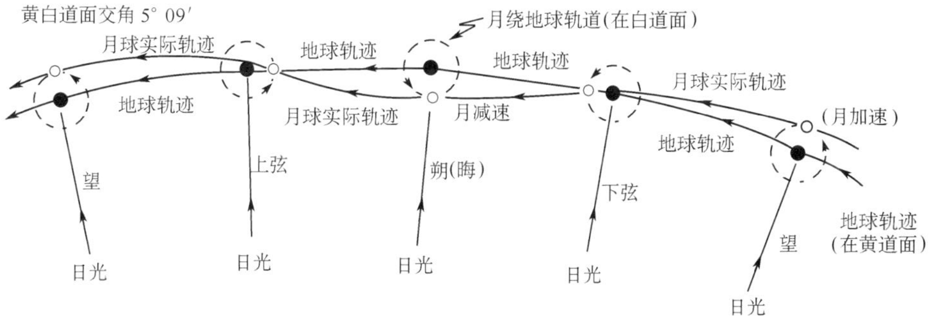

图2　月地绕日轨道与晦朔弦望月相示意图

图中小虚圆为白道,是月亮绕地球转的轨道,在小虚圆中心的小黑圆是地球,从下方射向地球的矢线为日光。这些射线与一条弧线垂直,此弧线通过各个地球是自右向左的,那就是地球公转轨道。这条弧线与图中日光来向共同组成黄道平面。在小虚圆线(月绕地球轨道,即白道)上所画的白小圈是月亮,它和地球一样,迎着阳光的一侧为明、背着阳光的一侧为暗。由于月球绕地球转时,还跟着地球绕太阳公转,所以对太阳来说,月球走的轨迹,实际上是一条近乎圆弧的波状线。我们把这条波状线也绘于图2中。可以看出,从地球看到的月相由右向左的"望、下弦、晦、朔、上弦、望"的相应月球在波状线的依次位置,这能令我们更深刻地理解月相的形成。

必须指出,白道面与黄道面相交的交角约为5°09′,那是指小虚圆与黄道面的交角。在冬至交朔,若日月同在黄经270°面上,日月在地球中心的夹角确为约5°09′。但是当日月同在黄经其他度数的面上时,日月在地球中心的夹角,就不会是5°09′了。见图3。

图3中,日月在$S_1P_1R_1O$黄经面时,夹角$\angle L_1OS_1=5°09'$,在$S_2P_2R_2O$黄经面时,夹角$\angle L_2OS_2=\theta$,而在$C_1P_3R_3O$黄经面时,夹角$\angle L_3OS_3=0°$。可见日月在同一黄经面时,θ角值介于0°与5°09′之间。在θ近乎0°时,即为日食之时。

为此,我们可对由图1计算出的月球天顶角公式($\angle ZEL'=\varphi+23°27'-5°09'$)使之普遍化。方法是将5°09′改为$\theta$,即:

$$月球天顶角=\angle ZEL'=\varphi+23°27'-\theta(\theta 值介于0°与5°09'之间)$$

为了研究鹰窠顶的情况,我们将海盐的纬度即$\varphi=30°30'$代入上式,得:

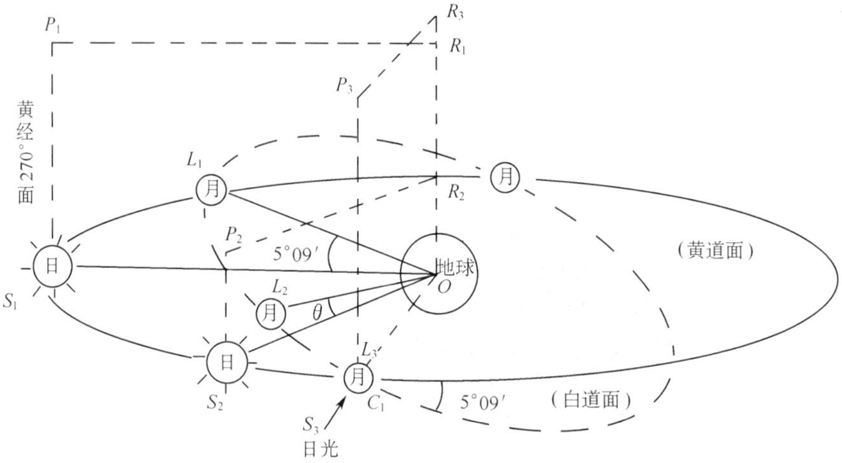

图 3　日月同在某一黄经面时的日月在地球中心的夹角 θ 示意图

海盐鹰窠顶所见月球天顶角$\angle ZEL'=53°57'-\theta$

其中 θ 为季节的函数，与太阳的黄经有关。由于 θ 值在 0°～5°09′之间，故$\angle ZEL'$值在53°57′到 48°48′之间。

另外，在农历十月初一，太阳在黄经约 230°上，太阳的天顶角从图 1 可知，当为：$\angle S'EZ=23°27'+\varphi$。将 $\varphi=30°30'$代入，得：$\angle S'EZ=23°27'+30°30'=53°57'$。

可见太阳天顶距一般比月亮的天顶距大，充其量(在日食的时分)为日月天顶距相等，均为 53°57′，但这些计算都是指在交朔的情况。如果在清晨，日月的天顶距差就会小些。

(d) 小结

综上所述，我们认为：

① 农历十月初一。在条件合宜时，可以出现“日月并升”的天文现象。这时日与月都呈圆形，但日为光盘，月为暗盘(不呈月牙形)。

② 除在正当日食时(例如在 1984 年农历闰十月初一及 1985 年农历十月初一)月魄位于“日轮中”外，一般情况下，月魄均在“日轮外”。因此，除日食时外，一般观测日月并升，找月魄不应在日轮中找，而应在日轮之外找。一般太阳及月亮的视直径角分别仅为 32′及31.5′，因此日月在同一黄经面上时，日月在地面的夹角不需要很大，就可以同时见到日盘及月魄在天空分列。

③“日月并升”现象一般应在各月朔日(农历各月初一)出现。但因交朔(即日月在同一黄经面)的时刻，各月及各年同月并不是一律或恒定的。它不一定正好都在农历各月初一清晨日出之时。朔望月平均周期为 29.530588 天左右，并不是整数。虽然农历采用“月大、月小”的办法调整，但由于日月移速很不相同，且有变化，所以在农历初一前后一天连续出现，或迟早一天出现“日月并升”现象，也不是不可能的。但这时往往已将日月虽不在同一黄经面，却近乎在同一黄经面的早晨所见现象，也作为“日月并升”现象看待了。因此上举葛岭 9 月 30 日见到“日月并升”是可能的。

④ 即使在农历十月初一正好是日食的日子，“交朔”也不一定正好在清晨。这时清晨日出时，月魄也并不一定正好像“日轮中的圆影”(因日全食时间一般不到 10 分钟)。

⑤ 在与农历各月初一相距过远的日子。如初三、初四、初五等，肯定不会出现“日月并

升”现象。这是因为太阳每天在黄道上向东移远约 1°，月亮每天约东移 13°，比太阳移速每天快 12°。如果在初一、初二之间，日月近乎在同一黄经面上，那么初三就必然日月相距很远，不可能出现“日月并升”现象。而初四、初五要出现“日月并升”更不可能。因此有人认为 1984 年十月初三、初四、初五还见到“日月并升”现象，肯定见到的并不属于“日月并升”。其实到了农历初三，月球有光部分已呈月牙形了。

三、“日月并升”时伴见的气象光象(绿闪光)及一些气象问题

“日月并升”虽是天文现象，但由于是在气海之底的地面观测的，难免受大气层的影响。这里仅介绍“绿闪光”现象。

(1) 太阳上升时出现的“绿闪光”

“绿闪光”(Green flash)并不是指绿色的闪电，却是指日出日落时短时间出现于太阳圆盘顶上的绿光，其产生原理，可参看图 4：

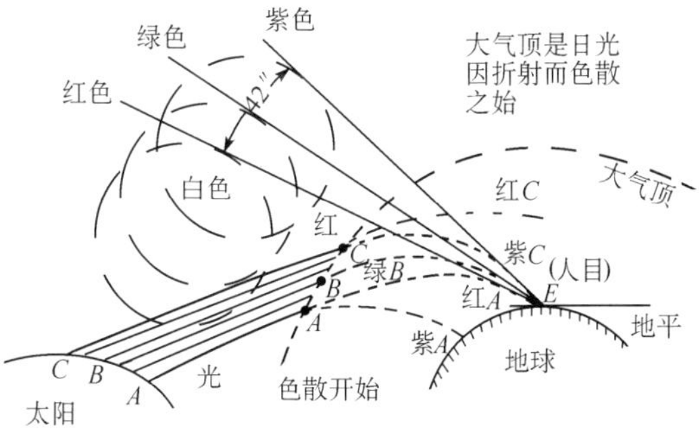

图 4 太阳光形成绿闪原理

图中假定太阳尚在地平线之下，尚未露顶，从其顶表面有七条白色光，通过宇宙空间，斜向射到地球大气圈上界，它们是 *AA* 到 *CC* 等。在进入大气圈时，白光由“光疏”斜向射到“光密”介质的界线处，因而将发生折射现象。由于波长愈短的光，折射角愈大，所以白光在大气圈上界，即发生“折射色散”现象。每条白光都色散成红、橙、黄、绿、青、蓝、紫色光。波长愈短，其光因折射角大而愈在下边，所以每条白光色散成的诸单色光，都是紫光在下，红光居上，绿光在其间。这些单色光在大气圈中继续前进时，由于仍倾斜地在自“光疏”的大气圈上部向光密的大气下方行进。所以继续发生折射。当最后到达地面时，仅 *AA* 光中的红光、*BB* 光中的绿光、*CC* 光中的紫光等到达人目 *E*。在其间的其他白光，也有相应的单色光(如橙、黄、青、蓝等光)进入人目，而各白光的其他色光则因大气折射而发生偏离，不能进入人目。能进入人目的各单色光虽然各自在大气中经历了一条弯曲的光程，但人目并不能反映这些弯曲的光程，却只能认为它们来自进入人目瞬间的光路切线方向。因而在地平线上的天空，人们似乎见到了一个由下而上“红、橙、黄、绿、青、蓝、紫”的色谱。这个色谱的宽度，当大气圈密度上疏下密的梯度愈大时，色谱愈宽。在正常的大气密度铅直分布情况下，这色谱宽约 42″，不到 1′。由于人目一般分辨率为 1′，故色谱宽约 42″时，人目分辨不出色谱，只感觉到这些色光的混合色，即白色。好像白光未经色散一样，只是误认为这种日光来自地平线以上而已，事实上，在农历十月初一清晨，大气低层夜间逆温已较显著，大气密度铅直梯度已

较正常大气密度铅直梯度要厉害得多，所以这色谱宽度就要远大于 1′，这时人目就可以分辨出各单色光的展列现象。如果考虑到太阳表面各点都有白色光贡献到大气圈上限，那么人目应当能见到空中有七色太阳，按紫、蓝、青、绿、黄、橙、红的次序由上而下稍有参差地重叠。在视太阳中心区，因各色太阳重叠，就仍显出白色（七色的混合），愈往上空，单色愈显，由于紫色及蓝光在光路中散射消失较多。所以绿色光在视太阳上部就分外突出。有时太阳实际尚在地平线下，彩色视太阳受大气天文折射虽有抬高，但其升达地平线上者仅系绿太阳顶部，那时人们见到的将是先太阳出现的月牙形的“绿闪光”。由于有时绿色与未被散射完的蓝紫色相混，再加背景天空也不很亮，而可见光的短波部分一般属冷暗色，所以感觉到似带暗灰色。这就是 1987 年农历九月二十九日（当时九月小）在鹰窠顶人们见到先太阳而出地平线的“月牙”的由来。很明显，这绝不是“月牙”，因为那天如果有月亮，它一定是圆形的月魄（那天是晦日）不会呈月牙形，它仅是“绿闪光”。一旦真太阳升到地平线上，光芒四射，由于射向大气层上界的日光入射角变小，折射色散现象不很明显，绿闪光也就此消失了。

绿闪光现象，不仅清晨日未出时可以出现，傍晚日轮沉入地平线、山坡、屋顶、林冠、云隙下时也能出现。一般它维持时间很短，这就是它称为“闪光”的原故。但有时也可维持很久。例如人们曾发现在地平线上 2°处有一块云，其边缘与太阳顶部一起上升，云边很明显地出现绿闪光，维持了约 30 分钟。

绿闪光现象只要条件合适，各季均可出现。但冬半年比夏半年更多出现。这与冬半年大气稳定、逆温较强、大气密度梯度较大有关。在冬半年中，秋末冬初尤易发现。这是因为严冬很少有人会冒寒清晨外出观日出，秋末冬初，云淡天朗，地平线上阻碍视线的云霞较少。同是秋末冬初，早晨比傍晚更易见到，这是因为傍晚逆温不及清晨为强。另外，在大气混浊时，特别在清晨尘灰在低空较浓时，绿闪光的色彩不一定鲜绿，有时却带了青灰色。

但是绿闪光现象，在“日月并升”的日子里可能出现，而在非“日月并升”的日子也可出现，它与实际太阳的同现，是并不能看作“日月并升”的。

(2)“日月并升”现象出现的气象条件

前面说过，海盐认为“日月并升”现象应在农历十月初一观看，有人也在闰十月初一见到，也有在农历九月二十九日（九月小）或九月三十日（九月大）观测到。那些日子，正是月相晦朔之日，这是天文条件。但为什么要在农历九月和十月，则与气象条件有关。另外也有人认为观测日月并升最好在山上，因为海盐南北湖鹰窠顶及杭州葛岭等均在山上，前者高约 180 米，后者高约 150 米。人们在鹰窠顶见到“日月并升”现象时，南北湖四周平地及低丘上，却均未见到，这里也有气象条件的原因。

从气象条件看，一年秋尽冬初，好天气较多。天空少云，而且那时木叶凋落，视野阻碍较少，有利于观测“日月并升”。那时夜已较长，辐射强烈，清晨逆温已强，大气密度铅直梯度也大，天文折射明显，在太阳未到地平线上时，已能因折射而见到日出现象，无形中就使人们有较长时间能观测“日月并升”现象。在其他季节，观测日月并升的气象条件，相对较差，例如春多气旋、春末夏初，梅雨连绵、夏多暴雨、秋多台风，往往由于天气不佳，见不到“日月并升”。严冬季节，朔风凛冽、寒气袭人，很少有人能清晨冒严寒赴野外山上进行观测。在浙江、江苏一带，农历九月底十月初云薄风微，有“小阳春”之称，降水相对较少，的确是观测“日月并升”的好时机。

至于高山上较易观测这种现象，那是由于那时夜间辐射强烈，冷空气下坡，江湖中水比热较大，温度高于陆上。清晨产生了因水汽凝结而形成的雾气。在海盐秋末冬初观测“日月并升”时，观测者清晨就是冒雾上山的。足见江源岸滨及低丘往往那时为雾所笼罩，故不利于观测地平线上的日月并升。但是在一二百米高的山上，由于温度比低地为高，往往处于雾层之上，或雾层较易消散，加以地势一高，四周开旷、视野较宽、能见度亦好、阻障性地物难以掩蔽视线。日月即使升到地平线上的地点稍远，也能一览尽收。在云雾之晨，能见度亦优于低地。这些都是高山上观测日月并升的优点。

但是还有一种错觉，使人们觉得高山易见“日月并升”现象，那是与人们将并非“日月并升”现象。例如把“绿闪光”现象、“非日食时日轮中的圆影”现象、非晦朔日见到的日出光象等，误以为属于“日月并升”现象(这几年来，海盐鹰窠顶所见到的，很多是属于这种情况的)。如果将这些错觉也认为属于“日月并升”现象，那么统计出的高山或农历九底十月初的“日月并升”现象不是偏多了吗？但这是把并非“日月并升”现象误认为是“日月并升”现象计算在内所致。

四、观测“日月并升”现象的生理光干扰

(1) 试验的初步点破

在这几年，海盐南北湖鹰窠顶观测“日月并升”时，人们常将日轮中的圆影看作是月魄，并因而把“日轮”和“圆影”的上升，看作就是“日月并升”。这是受到了一些流传错误说法的影响及观测者生理光学干扰所造成的。

他们曾引用明代陈梁《云岫台游记略》对日月合璧的描述说：“日先出，月后出，月印日心。两轮合体，雪里丹边，摩荡不止”。如果不是指日食的话，这里描写的正是与近年来鹰窠顶见到的同一生理光学现象，而不是“日月并升”现象。因为“月印日心、两轮合体，雪里丹边”，就是“日轮中有圆影”的意思。“雪里”指“圆影”、“丹边”指在“圆影边上露出的太阳”。而“摩荡不止”就是指看到的“圆影”在日轮中跳跃晃动、甚至跳出日轮的人目错觉现象。至于“日先出，月后出”，这里指“先注视日轮，后来才发现日轮中出现圆影”。他们将这个描述，认为就是“日月并出”。因此在鹰窠顶观测时，就有这种误解。

日轮中的圆影并非月亮。这在鹰窠顶的观测者中，也是有人怀疑的。他们做了一些试验：①找几位同志同时观测日出日轮中圆影的跳动，一人喊出圆影跳动的方向(上、下、左、右)，发现喊出的跳动方向，大多与别人感觉到的不一致。②把眼睛闭一会儿，刚睁开一瞬间，圆影不见了，半分钟后，才又见到圆影。③摆动身子，圆影亦作相应的跳荡。④不动身躯，睁大眼睛直视日轮，感觉受不了，见日轮周围出现一个、二个、三个、五个、七个跳动的圆影。⑤透过浅滤光片(一般墨镜)，仍然见到日轮中有圆影，但透过深滤光片，却看不到。⑥用各种照相机、摄像机来拍摄日轮中的圆影，却都未在底片上留下其踪迹。对于这些实验，他们并未能作出解释。

我认为这些试验，实际上提供了细致的现场观测资料，我们可以透过这些资料，看出其中包含的意义。

例如由此可以看出：

① 几个人观测日轮中圆影跳动的方向大多不一致，说明各人看到的圆影，并非同一圆

影。

② 闭目后圆影渐渐消失,睁眼半分钟后才重见圆影,说明刚闭目,圆影的像似仍在网膜上,刚睁目时太阳表面似无圆影,证明太阳表面本无圆影,圆影仅是人目接受太阳光芒的一定时间刺激后才产生的。

③ 圆影随身体摇摆而相应跳荡,说明圆影对每个人来说是一种客观的感觉,并非幻觉。

④ 睁大眼睛,直视太阳,觉太阳周围群影跳动。说明网膜受到太阳多点刺激。由于这些跳动,发生在身躯不动之时,说明它们是由于人目不由自主地自动响应。

⑤ 深滤光片看不见圆影,浅滤光片则可见。说明圆影必须人目受一定强度的阳光,方能产生。

⑥ 照相机摄像机不能照出圆影。说明圆影是存在于人目的客观感觉,而不是客观实体。但点出这些意义是不够的,下面将进一步科学地阐明圆影由来。

(2) 生理光学原理

我们知道光是电磁波,光色是人目的客观生理感觉,并不是外界的客观存在,而是外界客观存在的反映。外界的光并无所谓色彩,它只分为不同频率或波长。在可见光范围内,不同频率或波长的光,刺激了人目网膜中的圆锥细胞和圆柱细胞,才出现光感。圆柱细胞是有光感而无色感能力的。人目中超过一亿个,分布于网膜外围,主要管夜间视觉。圆锥细胞既有光感又有色感能力,人目中约有七百万个,分布于网膜中央部分(特别在黄斑中央凹处,只有圆锥细胞)主要管白昼视觉。人的色觉是可见光刺激圆锥细胞而产生的。彩色正片之所以能使客观外界物象在其中具有色彩,是由于在正片上涂有特殊药物,在接受拍照时来自物象的不同频率或波长的光后,产生化学反应,形成一种新化合物。这种化学物质能使尔后正片接受白色阳光或人造光时,反射出在拍照日出接收到的同一频率或波长的光。这样,当这些反射光被人目圆锥细胞感觉时,才会感觉到照片正片上物象的色彩分布与拍照时人目感觉到客观物体上的色彩分布一一相同。可见从生理光学的角度看,色感虽不是外界客体所具有的,仅是外界一定频率或波长的光在人目中的客观反应。只要不是色盲,任何人的圆锥细胞,都具有这种色感性能,见到大体相同的物象色彩分布。只是它不属外界客观存在,而是属于主体感觉的客观存在。它不是幻觉,而是生理感觉。不能认为它是虚幻的假象。这一点我们拟作进一步阐述。

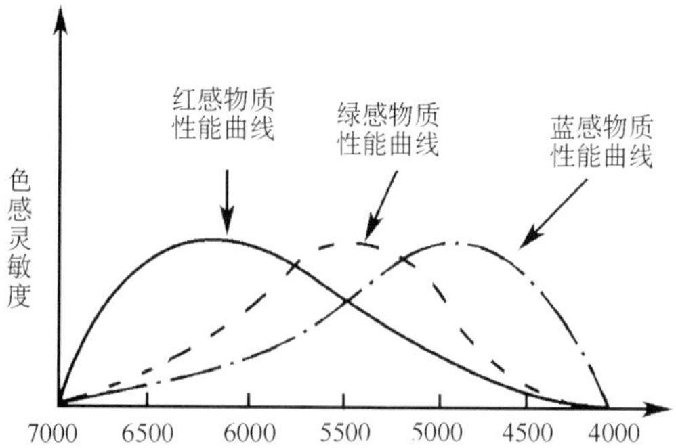

图 5　色感物质的灵敏度曲线

①埃(Å)是辐射波长的单位,1 个埃等于 10^{-8} 厘米长。

原来圆锥细胞有几种各具不同色感物质。有的有红感，有的有绿感，有的有蓝感，它们接受不同波长的光而分别产生红、绿、蓝三色。它们的“色感灵敏度曲线”如图 5 所示。红、绿、蓝为自然界三种基色，每一种色感物质受各种波长的光刺激，均分别会产生该项基本色感。如“红感物质”不论接受何种波长的光，都感觉到不同程度的红色，但以接收红色光波时，所感红色最为显者。由于宇宙间各种频色都是由红、绿、蓝三基色以不同程度混合而成，所以人目中有了这三种“色感物质”，就可在接收到各种可见光时，感觉到无数丰富的色彩来。例如受等量的红、绿、蓝三基色刺激，可感觉到白色；受蓝、绿两基色刺激可感到青色；受蓝、红两基色刺激可感到紫色；受红、绿两基色刺激可感到黄色等。当任何两种色光混合后，会形成白色时，则这两种色光，就称为互为补色，例如 453 毫微米波长的蓝色光与 572 毫微米的黄色光混合成为白色，则这两种色光，就互为补色。上面这些知识，对我们理解日轮中圆影的形成，都是有用的。

(3) 日轮中出现圆影的原因

我们知道：当太阳辐射入射天顶角为 80°时(相当于太阳在地平线上高度角很低的高度上)，其到达地面的光波波长分布如图 6 所示：

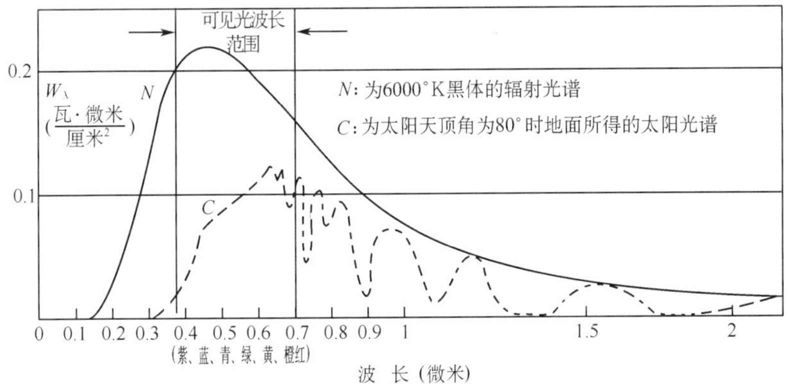

图 6 当太阳天顶角 80°时，到达地面的太阳辐射谱

图中点线即为此分布曲线，而实线则为 6000°K 黑体的辐射光谱，是当作在大气顶的太阳辐射，以便比较的。在可见光谱段，可以看出地面接收的太阳光谱以“红橙”段为主，而以“蓝紫”段最少。这种分布自然与日光为晨昏时较长光路中大气分子散射掉较短波长的光有关。如果太阳更近地平线，地面所见的日光应更向红色波转移。现在我们可以从生理光学知识来解释太阳中的圆影形成原理了。

当人们在鹰窠顶上见到太阳出地平线时，人目所接受的光波偏于红橙色。由于在山上观测，所以强度很大，强烈刺激圆锥细胞的红感、绿感、蓝感物质。红感物质受刺激过分强烈。发生疲劳，一时起不了感色作用。而绿感、蓝感物质受到的刺激不大，仍起了色感作用。这时人目就只产生了绿色与蓝色的混合色，它就是红色的补色，即青蓝色，日轮中的圆影，其实就是青蓝色的日像。

由此可见，这个圆影是生理光学造成的客观感觉，在清晨注视已在地平线上具在强烈红光的日轮时，人人都可以看见这个青蓝色的圆影，它不是幻影，而是太阳在网膜上的映象。

(4) 为什么太阳中的圆影比太阳圆盘小?

事实上清晨出地平线的太阳,其光强并不均匀。在日轮中心附近的光强,远强于周边。所以补色常出现于日轮中心部分,而在太阳周边,由于红光稍弱,并不使红感物质疲劳,所以仍可出现血红色或金黄色,而并不出现补色。这就使人感觉到好像有两个天体,一个较大,呈红色,另一个由红色的补色青蓝色构成,较小,贴在红色天体中间,红色的当然是太阳。由于在"晦日"及"朔日"的月魄较暗,人们就把那个较小的青蓝色(圆影)误当作月亮。在清晨太阳上升时,这个青蓝色圆盘贴在红太阳中心部分随着上升。人们就很容易产生"日月并升"的感觉了。而且红太阳及圆影是生理光学机能所造成的,人人都能见到,当然不会认为虚假,而更深信不疑了。

(5) 圆影跳跃的原因

鹰窠顶上观测到的"日轮中的圆影"常常在跳跃中,有时仅在日轮中跳,有时跳到日轮外,跳的方向则或上、或下、或左、或右,不可捉摸。这又为什么呢?

原来太阳圆盘视直径仅 32′,而眼睛视场眼珠不动时为 5°,眼珠转动时铅直方向可观测的视角为 130°,水平方向的视角有 160°。因此人目观测日出的日轮,并不需用全部网膜中的圆锥细膜的色感物质。直接受到日轮中部偏红橙色强烈刺激的仅是极少一部分圆锥细胞,而有疲劳感的红感物质也只集中在网膜的很小局部。当某一局部红感物质疲劳后,眼珠就会不由自主地随机调节一下位置,使另一部分圆锥细胞来担任监视日轮的工作。于是这些疲劳的原监视日轮的红感物质,就改变了注意方向,其相伴的"蓝、绿"感物质注视的方向也相应有了偏移。由于色感物质之色感过程属生化反应,需要时间(例如闭目后再睁目看太阳,需一段时间后才出现日轮中圆影),所以有了色感后要消失色感,也需要起生化反应,并需要过程时间,这时间就叫"适应过程时间"。这段适应时间出现的原来视觉印象,被称为"视觉的残留"。因此当原来注视日轮中心部分的红、绿、蓝三种色感物质区在让位的过程中,红感的恢复并不能立刻发生,青蓝色的圆影不会立刻消失。而这种视觉残留现象,就被带到日轮中别的位置或被带出日轮之外,使圆影出现跳跃现象。这就是圆影跳跃的机理。可见圆影的跳动是"眼珠的不自主随机调节注视方向"及"视觉残留"作用造成的。当时日轮整体不会觉得有什么位置或形状的变化。如果日轮的形状没有变化,按我们上述的原理,圆影也就会在日轮中跳来跳去,数目多变,有时会跳至日轮之外了。

圆影的跳动对每个人来说,都是随机的。这是因为各人用眼珠来调整被阳光过度刺激的网膜部分,都是不由自主地随机的。这也就导致了当时许多人一起看同一个太阳时,其圆影跳动的方向和幅度不可能相互同步或一致的现象。

有时圆影跳到日轮的一侧,于是露出的太阳边缘就不再像红色的光环,却会像一弯血红的月牙。这也会使人误认为是真的月亮。但只要有"晦、朔日的月亮必呈圆形,且呈月魄的暗灰色"的常识,就足以否定是月亮了。

由于大气透明度的不同,清晨阳光强度有的日子很强,有的日子稍弱。凡日光强度强时,受刺激而疲劳的红感物质区在网膜上的面积就大,这时圆影可遮蔽全部日轮,使圆影外仅微露红芒,这时当圆影跳动时．也可形成圆影与太阳部分套叠类如连环套似的。也有可能圆影跳到日轮之外,或上、或下、或左、或右地往复变化位置现象。

(6) 群影乱舞现象的原因

很少人会在太阳高度角较大时用眼睛直视太阳的。因为这将大伤眼睛,甚至致盲。假使在晨昏时分，在阳光较强时，想要直接注视太阳，也常利用眼皮保护眼珠，保护的办法是“多闪眼皮”和“作眯觑眼”。“多闪眼皮”的作用是：减少眼睛露于直接阳光的时间，间歇排泪以减少眼液的蒸发，借机转动眼珠以避免阳光在网膜某一局部刺激时间过长。“作眯觑眼”的作用是：减少眼球曝露于阳光的面积。使注视太阳的眼球，仅留下一个以眼睫毛为帘的细缝隙。当然这种“闪眼皮”及“作眯觑”的动作是下意识地进行的，并不由自主。也就由于观日出时能不由自主地下意识作眯觑眼，所以阳光刺激网膜的面积缩到最小，见到的青蓝色圆影，往往仅有一个。

但如果像前面所举的试验中故意瞪大了眼（即瞠开眼皮）直视太阳（千万别做这种试验，因为这将大伤眼睛！），那么曝露于太阳光的网膜色感物质区面积就十分大了，在大面积的曝露下，网膜受不了太大的刺激。于是眼珠就不自主地发生强力颤震以改变集光点的位置，藉以减轻同一部位的受光强度（这不同于一般眼珠注视物体所产生的正常颤动，正常颤动为每秒约 30～70 次。我们所谈的“颤震”是眼珠受强烈刺激所产生的现象。频率要小一些，但振幅要大一些）。这种颤震是人的意志所难以控制的。所以也是随机的，这就使网膜上不少色感物质区随机而轮流地接受阳光刺激。其红感物质轮流而近乎同时地疲劳，而所伴同的蓝、绿感物质仍起感色作用。再加上“视觉残留”作用，所以各感光的网膜区感觉到有圆影的时段，产生部分重叠，从而使人目能同时看到许多圆影在太阳上下左右飞舞的景象。

应当说，这种群影飞舞的景象也是客观的感觉。只是由于眼珠的颤震有高度的随机性，所以如果许多人同时睁大眼看太阳，则各人看到的除圆影跳动方向和及幅度并不会同步和一致外，所见到的圆影数目也不会相同。对于同一个人来说，圆影数及跳动的方向幅度等，也是瞬息多变的。

五、结论——对鹰窠顶 1980—1988 年观测“日月并升”的总评价

通过本文的讨论，我们说明了“日月并升”现象出现的天文条件、特征。指出了绿闪光形成原理。解释了某些日轮中的圆影非月亮。用生理光学原理把这些圆影出现的机理及圆影跳跃的客观原因作了论述。

下面拟评述近年来在海盐县南北湖鹰窠顶所作的“日月并升”现象观测。为此先将 1980 年到 1988 年的观测情况，根据有关资料列出如下：

1980 年，有两位老师，根据古籍中的记载，于农历十月初一，到鹰窠顶，见到了“日月并升”现象，引起了许多人兴趣。

1984 年有人知道了在鹰窠顶可观测“日月并升”，就在农历十月初，去那里观测。初一、初二未观测到，初三出现 15 分钟，初四也见到了，初五出现了 5 分钟，于是在该年农历闰十月初一，又到鹰窠顶，并又见到“日月并升”。

1985 年农历十月初一，在鹰窠顶又有人见到“日月并升”。

1986 年有人总结了 1980 年到 1985 年在鹰窠顶所见到的所有“日月并升”现象，归纳为五种形态。

1987 年农历九月二十九日，有人带了几十个同伴同上鹰窠顶，见到了“日月并升”。使未上山观测的人产生未见奇景之遗憾。为此，在次日（即农历十月初一），他们就冒雾上鹰窠顶，见到了“日月并升”。其间，有人作了一些试验，开始对日轮中的圆影是否月亮，有了怀

疑,但仍未能作最终判定。

1988 年农历九月二十九日,有百余人在鹰窠顶见到"日月并升"。第二天(即农历十月初一),某老师应邀赴海盐县鹰窠顶去,也见到"日月并升"。

1989 年有人写文章追述 1987、1988 年观测"日月并升"的事。

为了便于评价,我把上述人们在 1986 年总结的 1980 年到 1985 年的五种"日月并升"形态,以及 1989 年追述 1987 年及 1988 年观测的"日月并升"形态的归纳为图 7。

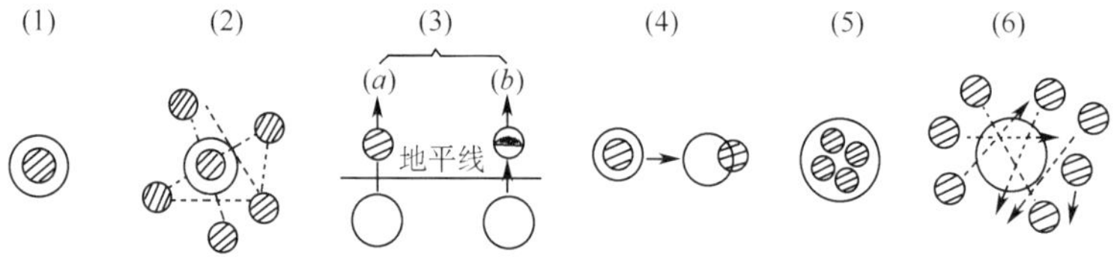

图 7　1980—1988 年鹰窠顶观测的归纳

可以看出,图 7 中(1)、(2)、(4)、(5)、(6)即为 1986 年总结中提到次数最多,而且也是他进行试验的主要现象。它们事实上都属于"日轮和圆影"的问题。我们已经在本文指出,除(1)可能属日食时的"日月并升"现象外,(2)、(4)、(5)、(6)均属圆影有跳动的情况。(6)为群影飞舞现象,因而它们与人目生理光学结构及性能有关,决非"日月并升"现象。

即使是图 7 中的(1),即日食时观测到的情况(例如 1984 年农历闰十月初一及 1985 年农历十月初一,那两天正好是日食),也还要决定于交朔的时刻。如果交朔的时刻正好在日出之时,那么看到的(1)的图像才是真正的"日月并升"现象。因为日全食的时间仅能维持约 10 分钟以下。如果交朔时刻距日出时刻很远,那么日出时见到的(1)的景象,仍然是与人目生理结构及性能有关,那暗色的日轮中的圆影仍然不是月亮。

图 7 中(3)(b)是 1985 年农历九月二十九日见到的"日月并升"现象。但我们在本文中已证明它其实是"绿闪光"现象。因为在农历九月晦日,月亮绝不可能是月牙形的。

另外在 1984 年农历十月初三、初四、初五见到的"日月并升"现象,也决非真的"日月并升"现象,因为本文证明"日月并升"现象,当时只能出现于九月晦日及十月朔日。初三、初四、初五出现的任何现象,都不可能是"日月并升"。很可能,他们仍是把日轮中圆影当作是"日月并升"。但当然看过本文,就可以肯定这种圆影也仅是蓝绿色感物质所造成的人目感觉而已。

在图 7 中的(3)(a),是根据上述 1986 年归纳的五种"日月并升"状态中第三种而作出的。因为第三种是说"月先出,几乎在同一直线上,太阳随之上升,托住月影,一起跃动"。但这里并未说出先升的月亮是什么形状的。如果他是指先升月亮为月牙形,那就应属绿闪光[(3)(b)]。由于我们无法从他归纳的文字中判别,所以姑且认为先见的月亮为圆形。而且我们不知 1986 年的总结中,是否已归纳了 1980 年、1988 年那些老师的观测。我假定那些老师也是观测到(3)(a)形态的"日月并升",虽然根据尚不足,但这样假定较妥。因为在图 7 中,除了"日食时正当日出"的(1)是"真正的日月并升"现象外,一般情况下也只有(3)(a)才也代表"日月并升"的真实现象。

通过以上的分析和评价,可以下结论说,自 1980 年到 1988 年,在鹰窠顶所观测到的所谓"日月并升"现象,绝大多数并非真正的"日月并升"现象。除了 1984 年农历十月初三、初

四、初五外,并不是由于他们选择的观测“日月并升”的日子不对,主要问题在于他们并未在日出时在日轮外边找圆形月魄,而却为日轮中的圆影所吸引。特别是为这些圆影的跳动所吸引。这样就使本来可以在当时见到的日月并升现象,却失之交臂。有的人曾说:“日月并升,千古之谜”。本文解开了这个谜,希望能对海盐县南北湖鹰窠顶今后观测“日月并升”奇景的旅客,有所帮助。

六、余论

本文对于“日轮中圆影”的形成机理作了科学阐述,使我们对于我国正史或方志中所见到的某些日中有黑眚、黑斑、黑线等记载的认识,提出更为深刻的见解。又如:清康熙浙江《嘉兴府志》(卷1、页88)记载明万历三十五年四月四日“有黑光如日数十,与日相荡”。明崇祯《松江府志》(卷47、页29)记载天启四年二月“卯刻,日色变白,黑日数颗,相掩相荡”。清康熙《新淦县志》(卷5、页16)(新淦即江西樟树镇)记载明崇祯五年十一月初二到初五日“日光相荡,内黑,而目不可久视”。又安徽《续修庐州府志》(卷93、页21)记载清咸丰三年五月“日中黑子摩荡,逾刻而散”。这些记载,方志上很多。过去在整理古藉或方志时,人们总是把它们都归入“太阳黑子”现象中去,当然,我国是记载太阳黑子年代最早、历史最长、记录最多的国家,但是把史志上凡记有“日中黑子、黑斑、黑线、黑眚、日乌”等都算“太阳黑子”就不够审慎了,因为太阳黑子决不会“相摩相荡”,不会“掩大片日面”,更不会“逾时”或“经刻”而散。另外,也有人主张这类现象有的可归入“存疑”现象中,这当然较为谨慎。但是通过本文的研究,它们中有不少实际上属于“日轮中圆影”之属。是本文所说的网膜受日光强烈刺激而出现的生理光学反应。这是可以而且应该区别出来的。

因此对当前全国编写专业方志的同志,本文也有参考价值。

参考文献

[1] 淮阴百一居士. 壶天录[M]. 上海进步书局校印.
[2] 王逵. 蠡海集[M]. 稗海本.
[3] 刘熙. 释名[M]//四部丛刊:初编“经部”. 商务印书馆.
[4] 陈遵妫. 中国天文学史(第三册)[M]. 上海:上海人民出版社,1984.
[5] 王鹏飞. 物理气象学中大气光学部分初稿,1964年5月南京气象学院气象系(油印本讲义).
[6] 赵世骅. 日月并升、千古之谜[J]. 气象知识,1986(5).
[7] 赵世骅. 我们看见了“太阳在跳舞”[J]. 气象知识,1988(5).
[8] 郑一善. 物理学、光学之部[M]. 中国科学图书仪器公司,1955.
[9] 赵世骅. 鹰窠顶看日出[N]. 嘉兴日报,1989-1-21.
[10] C. B. 克拉甫科夫,著. 郭恕可,赫葆源,译. 颜色视觉[M]. 北京:科学出版社出版,1964.
[11] Strahler A N. The Earth Sciences[M]. John Weatherhill, Inc. ,1963.
[12] Minnaert M. Light and Colour in the Open Air[M]. London: G. Bell and Sons LTD,1959.
[13] 北京天文台. 中国古代天象记录总集[M]. 南京:江苏科学技术出版社,1988.
[14] 江书定. 光、眼睛、视觉[M]. 北京:人民出版社,1973.
[15] 荆其诚,等. 人类的视觉[M]. 北京:科学出版社,1987.

极光的形成[①]

瑰丽的极光是天空的奇观。

由于地磁北极偏于西半球加拿大北部,所以在一般的年头在我国的纬度上,极光就比较罕见。可是我们知道,极光现象是与太阳活动有着密切的关系的,每当太阳活动较强之年,极光就可以在较低纬度上看见。1957年7月到1958年12月这第三届国际地球物理年的时期中,正当太阳活动较大的峰期,极光在我国境内被看见的机会,自然会相应地增多。例如1956年9月7日在新疆北部阿勒泰地方、10月27日在黑龙江的呼玛均出现了极光,1957年1月22日在呼玛又出现了极光,3月2日在我国黑龙江北部漠河地区,也发现了极光,这可能是极光在较低纬度上出现频率增多的先声。

一、形成极光的原始微粒的来源

极光的形成问题,用简单的一句话似乎就可以解决了,那就是:"它是太阳的带电微粒发射到地球磁场的势力范围,受到地球磁场的影响,从高纬度进入地球的高空大气,激发了高层空气质粒而造成的发光现象"。可是事实上,在这个问题上遗留下许多疑问需要人们去解答。

曾有人[②]认为极光不是太阳的带电微粒所造成的。他们认为在高空300千米~400千米高处,空气分子受到其下空气的热碰撞约每秒1014次,每秒产生了108个高速空气分子,它们以大于10千米/秒的高速在2~3小时内进入30000千米~50000千米之高空。在那里,如果正好碰到太阳紫外线的突然增强(假定由于某种原因,太阳表层万分之一的面积移去,露出温度高达30000℃的内层,太阳辐射就会大增,但这种增加大部集中在紫外线谱区,即波长为500埃到1000埃之区,在这部分谱区的能量可因而增加到10万倍,但太阳常数则只增加1%左右,太阳紫外线的突然增强就是这样造成的),空气分子就能在3小时左右电离开来成为离子对。这些离子对在该高度上沿地球磁力线的方向移向两极,并在两极附近的高层大气中激发空气而发生极光。但是根据米特拉(Mitra)、恰普曼(Chapman)和吴大猷等的研究,这种理论是有很大缺点的。第一、300千米~400千米处的空气在分子热碰撞的作用下,最多只能升到9500千米~14000千米的高空。如离子对在该高度上沿磁力线运动,是不可能在现在产生极光的地区形成极光的。第二、由于地磁场并不能使此项离子加速,所以离子如仅以约10千米/秒的速度飞行,是不可能进入产生极光的较密气层中的。第三、紫外线使上升空气电离所需时间不是3小时而是3000小时以上,电离过程的需时较多,自然不利于离子沿磁力线的移行。因此,目前这种极光形成的理论,还有着难以克服的困难,不能为人们所公认。

贝凯仑(Birkeland)曾在一个铁球上涂上发光材料。在外绕以线圈,放在阴极管中;先

---

① 本文曾刊于《天气月刊》1957年5月号。

② 指 Paulen,Hulburt 及 Maaris,他们在1930年以前提出过这个理论。

使线圈通电，造成磁场，然后再使阴极射线射向铁球，发现当磁场强度合适，且阴极射线中电子速度合宜时，在铁球之两极就可能发光。这个实验提供了带电质点造成极光的想法。斯图尔默(Stormer)从理论上加以发展，创造了形成极光之太阳负电微粒说。可是这种学说是有其缺点存在的。因为假如造成极光的质粒是来自太阳的纯负微粒，则当此微粒流未到达地球以前在太空伸展时，由于同性电相斥的效应，此微粒流就不可能始终维持，各负电质粒必互相排斥而向太空弥散。微粒流由此就难以到达地球大气范围。这样，极光的形成就有了困难。

为此，就有人创立了极光形成的太阳中性微粒流学说。当然，如果微粒流中的微粒纯系中性，也是不能在地球上适当的地方形成极光的，因为中性微粒不可能沿地球的磁场磁力线而偏转到地球的磁南北极附近去。因此恰普曼、费拉洛(Ferraro)、阿尔芬(Alfven)等认为这种中性微粒流中包含的并不是中性的微粒，而是分别带有正负电的微粒，但因带正负电的微粒的电量是大体相等的，所以微粒流就显得中性，而且又由于正负电的互相吸引，所以微粒流中的带同性电荷的微粒就不致迅速弥散；这种中性微粒流在未到达地球磁场的影响范围时，是能维持一个整体的，但一到地球磁场的影响范围内，微粒中正负带电微粒就在地磁场影响下而分离，从而造成极光。关于阿尔芬的理论这里不再介绍，因为就目前看来，它的理论在符合事实方面还不及恰普曼及费拉洛等的理论为佳。因此我们就单介绍恰普曼及费拉洛的理论吧！

二、极光原始微粒是如何离开太阳的？

在介绍他们的理论前，首先应研究太阳表面是怎样发射出中性微粒流的问题。

人们最初认为日珥①的喷展，就是产生极光的太阳微粒的喷流。可是观测了日珥的运动后，发觉：把日珥本身作为太阳微粒喷流是不合适的。因为产生极光的微粒喷射速度，至少须在每秒1000千米以上，而日珥喷展速度却只在每秒500千米以下。因此日珥本身就不可能等于太阳微粒喷流。但是将日珥作为产生太阳微粒喷射流的最初动力，当然还是可以的。

由于太阳质量的巨大，一般物质如无其他向外的推动力，则在自太阳表面被喷发出去不久后，就不得不回返太阳表面，有些日珥的上端，在太阳上空很远的地方重新弯回太阳，就是这个原故。因此微粒要脱离开太阳表面而到达地球上，必须具有脱离太阳的加速度。这种加速度从何而来是值得研究的。根据 Milhe 的研究，推动微粒脱离太阳的，乃是光子冲量。

假定在太阳的色球层中，有一些原子存在。此类原子曝露于其下的光球表面所发射的各种波长的辐射之上。但由于此类原子具有选择性吸收的性质，所以并不是一切从下面来的辐射均能被它们吸收。假定只有某一波长的辐射能被此类原子所吸收，则当此类原子吸收了此一波长的辐射时，一方面就处于激发状态②，另一方面当然也就接收了这种波长的光子的向上冲量。在吸收后，原子在约 10^{-9} 秒内即将放出辐射，以恢复到它们原始的正常状

① 这是指天文上的日珥，它是从太阳周围色球层中喷展出的长条火焰似的突出物，这种现象在日食时方能看见，它可伸展到距太阳表面几十万千米的地方，因此和气象学上所称的日珥名称虽然相同，事实上是完全不同的两种现象。在气象上的日珥是日晕的一种，只不过是大气的光学现象之一而已。

② 激发状态是指粒子中的电子受到外能的激发，自低能位激发到高能位后的状态。一种质粒可能具有两种以上的激发状态，但是为简单计，这里只假定一种激发状态。当然，如果有好几种激发状态，上述理论仍是能合用的。

态。当然在恢复正常状态的同时,原子也必发生反座的动量,可是这种反座动量的方向是任意的,不像吸收辐射时所获得的冲量那样终是向上的。因此一切原子的反座动量之和将为零。而原子则似乎只受到该波长之光子的冲量而加速向上(原子在处于激发状态时,不再吸收辐射,因而并不获有新的冲量,只当它本身发生辐射而恢复到正常情况时,才能重新吸收辐射,并获得新的冲量)。这种加速度与原子的太阳重力加速度(指向太阳中心)方向相反,当太阳重力加速度大时,原子将重新堕返日面;当光子冲量加速度大时,原子将脱离日面,飞向太空。当这两种加速度相等时,原子将浮悬于色球层中,既不上升也不下堕。

现在假定此类原子随着日珥的喷伸而具有原始的向上速度,则由于其运动方向与光球的辐射方向一致,根据多普勒(Doppler)效应①,此原子所吸收的辐射将不是该波长的光子,而将是波长比该波长为短的光子(此类光子的波长虽短于该波长,但相对于运动中的原子来说,波长仍为该波长)。我们知道波长愈短的光子,其能量愈大,可见有原始向上速度的原子所接收到的光子冲量将大于无原始向上速度者。原子接受光子的冲量愈大,上升就愈快,上升愈快,所吸收的光子的波长就愈短,换言之,其接受到的光子冲量就愈大。因而加速也就愈大。这样一来,原子的上升速度就大大地增加了。当然这种增加也不是永无止境的,因为太阳辐射强度是受距离平方反比的定律所约制的,当原子升达某一高度时,由于光子冲量而造成的加速就会减少到几近乎零(当然,太阳重力加速度也是受距离平方反比的定律所约制的,所以在原子距太阳很远时,就不易回返太阳)。原子就能以末速而逸出太阳并进入太空。这种末速,根据计算可以达到每秒1600千米左右,太阳微粒流就是这样形成的。这种微粒流中的微粒,原先可能呈中性,但在离开太阳的过程中就能因太阳的辐射作用而电离开来,这样,就形成了我们所希望的包含有正负带电微粒的中性微粒流即"等离子体"流了。当然,太阳上的核子反应,也能造成高速度的微粒流的。

三、微粒流移近地球过程

现在研究一下这些微粒流在太空中传送的情况。

我们知道,如果太阳不发生自转,这些微粒流伸展时应当自太阳表面上呈扇形向外展开。可是事实上太阳在自转,因而这个扇形应当有些弯曲,如图1之ABC。根据恰普曼的研究,造成极光的微粒流多自太阳的赤道南北纬度15°内发出,这种微粒流当刚自日面伸出时并不很宽,可是当伸展到地球的公转轨道上时,其沿轨道方向的宽度就已达5000个地球半径那样宽,微粒流中微粒离开太阳的速度虽然是在每秒1600千米左右,可是微粒整体在地球轨道的方向上相对于地球的运动则只有每秒350千米左右(如以地球的半径为距离单位,则速度约等于每秒0.056个地球半径)。假定地球磁场的势力范围是以地球为中心的半径约等于50个地球半径的球体,则从微粒流的B侧(见图1)与此地球磁场所形成的假想球相遇时起,到微粒流的C侧离开地球磁场假想球时为止,就需要约一天的时间。

设微粒流为圆柱形者,其截面为圆,则当其侧面向地球磁场移近时,地球磁场就有改变微粒流中正负电微粒运动方向的趋势,但因正负电微粒本身有互相吸引力,所以它们受地球

① 多普勒效应是指波源与接收器间有相对运动时相对波长(或频率)与绝对波长(或频率)间所产生的关系。可参阅普通物理学教科书中有关声波的多普勒效应。

磁场的影响而偏向得并不厉害，仅有少许带电微粒脱离开微粒流而逸入太空，受地球磁场上的磁力线的引导而移向地球高纬地区，并进入高空大气，产生了极光。当微粒流继续侧向地更移近地球时，由于微粒流而产生的磁场（微粒流系带电微粒移动而组成，而带电微粒之运动即形成电流并产生磁场）就影响了地球的磁场，同时在微粒流与地球磁场之间就产生了一种机械力。当微粒流的 B 侧移到距地球约 10 个地球半径处时，此机械力明显地减弱了微粒流侧面向地球移动的速度，从而就使微粒流的在接近地球的一部分的侧面发生了变形，弯成了一个洼潭，如图 2 所示。图中 E 即为地球。

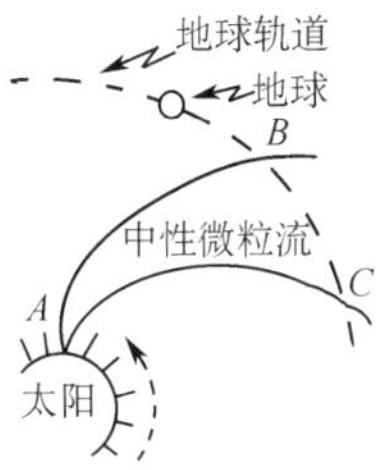

图 1

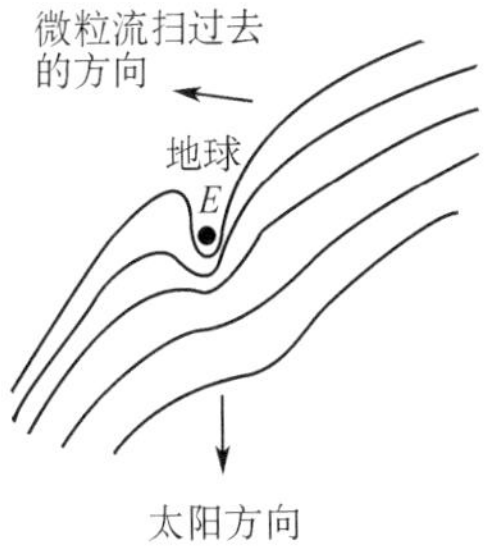

图 2

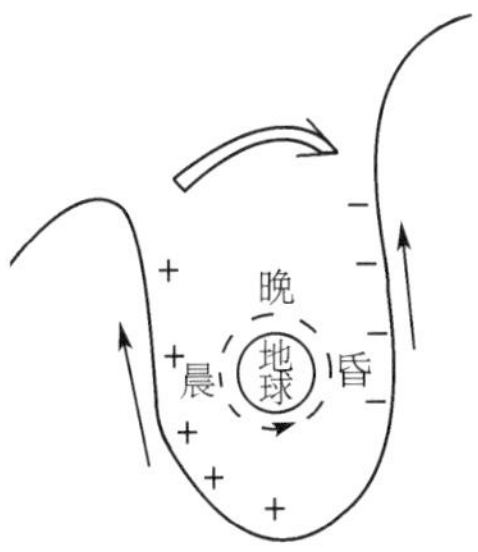

图 3

以后，微粒流愈来趋近地球，洼潭也愈来愈发展，同时微粒流表面上的正离子与电子就愈来愈明显地受到地球磁场的影响而偏向于相反的方向，等到微粒流移到距地球为 5 个地球半径处左右时，在洼潭壁上就发生如图 3 所示那样的电荷分极现象，（此图和图 2 一样，都是重合于黄道平面的）。图中假定地磁北极在纸面上空，地磁南极在纸背方向，如洼潭的底部是指向太阳所在的方向，则按照地球自西向东旋转的规律（见图 3 中之空心矢），洼潭的左边必是早晨，洼潭的右边必是傍晚。由于此微粒流是按图 3 的单矢方向相对于地球运动的①，则根据左手定则②，在洼潭右边的微粒流中的正离子，必有趋集于指向地球方向的侧面之趋向；而在洼潭左边的微粒流中的电子（负电微粒），必也有趋集于指向地球方向的侧面之趋向。从而在面对地球清晨的洼潭壁上就集中有正离子，在面对地球傍晚的洼潭壁上，就集中有电子，图 3 中电荷分极现象，就是这样产生的。

洼潭壁上既然形成了分极现象，正离子就有窜越洼潭而按图 3 的空心矢方向趋向带有负电荷的洼潭壁上去的趋势。在窜越时，就有一部分带电微粒未能越过洼潭，它们就在地球磁场的作用下飞入高纬的大气中，并造成极光。

马尔丁（Martyn）发展了上述理论，他认为微粒流在侧向扫近地球后，不久当漫过地球并包围地球。但因地球磁场的影响，微粒流的接近地球的表面具有感生电流，此感生电流与地球磁场之相互影响就产生一种机械力，使此微粒流在地球赤道附近平面上不能直接与地球表面相接触，只能在地球半径 5.5 倍处围绕地球。这样，在微粒流与地球表面之间，似乎

① 微粒流中的微粒在移动，一方面具有离开太阳的速度，另一方面还具有像微粒流一样沿地球轨道的速度。在图 3 中单矢的方向，是指微粒在沿地球轨道方向上的速度，因此在洼潭两侧的单矢方向，相当于图 2 中微粒流扫过去的方向，它只说明微粒有这一方向的分速，并不是微粒实际的运动方向。

② 如将左手四指与拇指在同一平面上成直角分开，则当手心迎着磁力线的方向，而四指只想电流的方向，则拇指就指向导体移动的方向，这就是左手定则，在本文中导线的实际移动就是指带不同性质的电荷的微粒在微粒流中分布位置的改变。

就形成了一个“禁入空间”(Forbidden Space),微粒流只能在“禁入空间”壁以外流动。

在前面介绍空气分子受“热碰撞”而上升到高空并在太阳紫外线的作用下电离成为离子,从而造成极光的理论中,曾谈到当离子在 30000 千米～50000 千米高空沿地球磁力线移动时,能在两极附近产生极光。现在此微粒流距地球赤道约 5.5 个地球半径之距,由于地球半径约为 6400 千米,故微粒流靠近地球的一侧(即禁入空间壁),距赤道地面正好在 30000 千米到 50000 千米之间(约 35000 千米),根据马尔丁的计算,在地球赤道平面上距地面等于此一距离处的磁力线,是在距地磁极约 25 个纬度距离处与地球表面相截的①,而在地球赤道平面上“禁入空间”壁上的带电微粒是会在地磁场的影响下沿通过该处的地球磁力线而向地球两极方向移动的,当然它们在移动时:是在距地球磁极的 25 个纬度距离(即磁纬 65°左右)处产生极光。在事实上,地球上极光出现频率最多的地点,也的确在这些地方,这些地方称为极光区。马尔丁并计算出极光区的宽度约为 6°,此值也与事实约略相符。根据马尔丁的研究,按这种方式沿地球磁力线移动的带电微粒是具有足够的能量深入大层中,并在出现极光的高度上有足够的能量造成极光的。

四、极光在高层大气中形成

现在应当谈一下带电微粒怎样在大气中造成极光的问题了。

一般极光(主要是指弧状、垂幕状、幕弧状的极光)的亮度,以在距其下限约 5 千米～10 千米处最强,自此向上或向下,极光强度均迅速减弱,但在距下限约 15 千米以上,亮度随高度而减弱的程度就变得和缓些。其所以如此是由于下列原因:

当正电微粒进入大气时,与高空稀薄的大气分子或原子相碰使它们电离并激发它们发光。发光的强度与电离的程度成正比的。当正电微粒初入大气时,由于大气密度过小,被电离的空气不多,故极光亮度不很强,以后当正电微粒继续向下行进时,所遇的空气质粒加多,被电离的空气也加多,因而极光亮度就渐渐加强,到了距极光下限约 7 千米～10 千米处,极光最亮。再向下,由于带电微粒的速度已有相当一部分减弱到小于临界的最大电离速度,因而就不易使空气电离,被电离的空气分子也大为减少,极光亮度就又大为减弱了。但是侵入大气造成极光的带电微粒不单是正电微粒,还可能是负电微粒,例如电子。在这种情况下,极光强度就不是正比于电离强度,而却是正比于电子在其行径中被大气吸收的程度了。在很高的高空。由于电子速度很大,空气又很稀薄,所以电子吸收的不多,极光就不很强,以后电子继续向下走,速度变慢,所遇之空气密度渐大,电子被空气吸收的渐多,所以极光渐强,约在距地 110 千米～140 千米处(也即约在距极光下限向上约 10 千米～40 千米处)极光最强;再向下,由于电子已大部被空气吸收了,所余之电子已不很多,能被空气再行吸收的电子甚少,因此极光的亮度又大行减弱。

有的极光(如射线状极光),其强度几不随高度而变,人们认为这是由于当时在带电微粒碰击区的空气,因碰击而升温,从而使空气密度在垂直方向的分布变得均匀些所致。

① 注意,地球的磁场若假定是由一个藏在地球内的磁棒所造成的,则此磁棒的两极并不正好在地面上,而却是在地面以下。因而地球上空的磁力线并不都汇集于地球表面的磁极出,而是在各不同地点与地球表面相截的。

五、极光为什么有各种形状?

极光具有各式各样的形状,而且它们还能互相变化。这一点,长久以来人们难以加以解释。但根据维格德(Vegard)的研究,认为这是由于进入大气的带电微粒,其原始移动轨迹并不是与地球磁力线平行的,它们与磁力线交成各种不同的角度,而且是按照不同的路径在大气中运动的。根据这种假定,维格德曾计算能产生弧状、垂幕状、射线状等各种形状的极光及能产生相应的各种亮度分布的条件。

六、极光的各种彩色是如何产生的?

极光之所以能吸引人们的注目,不但是由于它的变化多端,而且还由于它的鲜艳夺目。一般的极光发出黄绿的色彩。但射线状极光,其中的红色可伸展到极光的全部长度。而弧状及垂幕状的极光,其中的红色多限于在极光下限附近。另一种称为"日耀极光"的,出现高度很高,常在低空已很暗而高空犹在太阳照耀下的时候暴露于阳光中出现,它大多呈灰紫色,也有呈蓝色的。

极光的亮度按国际分类可分为四级,第一级极光的亮度很弱,犹如银河;第二级极光其亮度犹如月亮所照耀的薄卷云;第三级极光的亮度犹如月亮所照耀的积雪。上述三种亮度的极光,除了其中的黄绿色外,因亮度太弱,其色彩不足以影响人目,而人们之所以能看出其中的黄绿色,也只是因为人们的视觉对黄绿色最为敏感而已。第四级极光的亮度犹如月亮,它的色彩就比较明显了。

根据研究,极光之色彩是由高空存在的原子氧、原子氮、分子氮、离子 O_2^+ 态、离子 N_2^+ 态及原子氢等激发出来的,这种激发的原动力,当然就是我们上面所谈的太阳的带电微粒。但是单凭带电微粒的直接激发。出现极光的地方只能限于很薄的一层空气,因为带电微粒只有在它路径的极短一段是具有能激发极光的速度的。另外,有时在没有太阳照耀的情况下,也常有极光。因此可以想见,极光的形成,除了依靠太阳带电微粒的直接激发外,还由于大气中中性的及带电的质粒在太阳带电微粒作用下间接地互相碰撞激发而成。目前关于极光中色彩的出现,已经知道的是:原子氧能激发出波长为 5577 埃的黄绿色(此色称为极光绿线)及波长为 6300、6363、6392 埃的红色,原子氮能发出波长为 5198.5 埃及 5200.7 埃的绿色,分子氮及离子 N_2^+ 能发出蓝紫色等。大抵由离子 N_2^+ 态产所发出的色光人们已公认是由于太阳带电微粒的直接激发而成,其他各种色光,由于激发的过程比较复杂,大多是间接激发而成的,但是究竟具体是如何激发出来的,还在争论中。

在同一极光中,各高度的色彩强度对比是有所不同的,人们研究这种强度对比随高度变化就可以知道各不同高度上的大气成分的变化,以及各成分受激发的不同情况。例如氧原子的红光和绿光强度的对比值是随高度而增强的,N_2^+ 态离子紫光强度与氧原子的绿光强度的对比值,也是随高度而增强的等等。前一例可以告诉我们激发情况在不同高度有所差别,后一例可以告诉我们大气成分的当时垂直分布。

在较低纬度上所看到的极光与较高纬度上所看见的极光相比较,其色彩也有着一些不同。一般说来在地球上自极光区向低纬度走,所看见的极光其红氧线强度是愈来愈加强的,红色的极光所见的机会也多些。但是必须知道,极光的平均高度是随着纬度的降低而增高的,所以这种因纬度不同而产生的极光色彩强度的差异,可能就是由于极光出现的高度不同所造成的。

为什么极光出现的高度不同,其色彩中红色的比重就有不同呢?

我们知道,在高空一般当带负电的氧原子与带正电的氮分子起交换电子的作用后,氧原子就变成中性,但却处于 1_S 的激发态。这种激发态是不稳定的,因此不久就放出波长等于5577 埃的黄绿色光而变成处于另一能量较低的激发态 1_D。但 1_D 的激发态仍旧是不稳定的,所以不久又将放出波长为 6300 埃左右的红色光并转变成处于更低的能级 1_P 态。我们知道氧原子自 1_S 态转变成 1_D 态需时只要 0.5 秒,但自 1_D 态转变成 1_P 态需时就约达 100 秒。转变时的放光的作用是转变所必须的能量释放过程,但能量的释放并不必须依靠放光作用,还可以依靠与其他质粒互相碰撞而把能量传递掉的办法。在采用碰撞传递的办法时,氧原子进行能级的转变就不需要放出光来了。在低空,由于空气密度大,空气的其他质点与氧原子的碰撞的机会就多。所以有许多能级转变的放光作用,就被碰撞传递所代替了。我们知道转变过程进行得愈慢,其放光作用愈易为碰撞传递所代替,因此在低空,红光(自 1_D 态转变成 1_P 态所放之光),减少得就比黄绿光(自 1_S 态转变成 1_D 态所放之光)为多。到了高空,空气密度很小,氧原子与其他空气质点碰撞的机会也少,红光的放光作用被碰撞传递所代替的机会大大减少,所以红光随高度而增加的程度比黄绿光为厉害,这就造成了极光出现的高度愈高则红色亮度就愈强的现象,也造成了在较低纬度出现的极光其红色成分较多的现象。在我国北方偶然看见的极光,由于红色成分较多,有时人们常认为是远方大火或山后失火时火光映天所造成的景色,就是这个原故。

七、结论

极光的形成问题,到现在为止,还不能算是已经解决了的问题。不论在太阳的微粒发射方面,微粒流的性质方面,微粒流在太空的传播方面,微粒流与地磁场的互相作用方面,微粒如何进入大气方面,微粒在大气中直接及间接与大气中各成分起作用而造成极光方面,极光的各种形状的形成及色彩亮度的分布方面,极光的地理分布的原因方面……还需要进一步加以探究。已有的各种极光形成学说还与实际情况有着或多或少的距离,有待于我们修正或改进。极光现象与太阳活动及地球上的磁暴有密切关系,极光光谱的研究也有助于我们对夜气辉光谱形成的了解,极光各种色彩对比随高度的变化既可告诉我们当时大气中各成分的垂直分布,又可告诉我们当时高空所进行的究竟是什么过程。因此研究极光理论,观测极光现象上具有很重要的意义的。这次第三届国际地球物理年,我国参加了极光观测工作这一项目,对于较低纬度出现的极光现象一定能供给有很大价值的资料的。

鸣沙共振和沙坡调节理论的研究[①]

一、我国著名鸣沙地点概况

我国沙漠地区有鸣沙现象的地方不少，如内蒙古的库布齐、新疆的塔克拉玛干、甘肃的库姆塔格、宁夏的腾格里等沙漠边缘的某些地方，其中最著名的是甘肃敦煌的神沙山和宁夏中卫的沙坡头两地。现将有鸣沙特点资料，举要列下。

1. 敦煌神沙山

位于敦煌县城南5千米处，这座山的奇妙之处在于从山顶下滑，沙砾随人身下坠，鸣声不绝于耳。晚间登鸣沙山，还能看到沙粒下滑摩擦产生的火花，此山高度近百米，虽然攀登不易，然而下山却很容易，只要纵身一跳，便可坐着飞沙，伴风“雷鸣”，飘然而下。山下有著名的“月牙泉”(1989，建顺等《简明中国旅游交通手册》)。

“鸣沙山一名神沙山，其山积沙为之，峰峦危峭，裔于石山，四面皆为沙垅，背脊如刀刃，人登之即鸣，(沙)随足颓落，经宿风吹，辄复如旧”(《元和郡县志》)。

“沙州(即指敦煌)天气晴朗，即沙鸣闻于城中。又云，人游沙上结侣少或未曾游即生怖惧。莫敢前。其沙或随人足顿自下，经宿却自还山上。”(清·陈元龙《格致镜原》引《河西旧事》)。

2. 中卫沙坡头

在中卫县西南20千米，为腾格里沙漠的东南边缘，紧逼黄河河岸，坡高100多米，长约150米，坡度约+32°，坡下有泉水外溢。

“这里的沙丘过去曾是人们崇拜的对象，每年端阳节，男男女女在山上会聚，然后纷纷顺着山坡翻滚下来，这时候沙子便发生轰隆的巨响，像打雷一般”(M. П. 彼得洛夫《中国的鸣沙》1959年6月《地理知识》)。

“两年前，我和五六个同志，曾经走到这鸣沙山顶上，慢慢滚下来，果然听到隆隆之声，好像远处汽车行似的，其实只要沙漠面部的沙子是细沙而干燥，含有大部分石英，被太阳晒碍火热后，经风的吹拂或人马的走动，沙粒移动摩擦起来，便会发出声音，这便是鸣沙”(竺可桢《变沙漠为绿洲》1960)。

“在沙坡头，夏日当午，您和几位同伴一起坐在沙坡上两手撑劲，两腿用力，向下滑动，就会听到‘嗡、嗡’似钟鸣的声音。其实，这是沙面被晒热的干沙与深层发潮的湿沙摩擦，产生静电效应所发出来的声音。当您滑到沙坡底下，就看见了渗出来的‘泪泉’(指月牙泉)”(1988年，潘梦阳《宁夏旅游指南》)。

---

① 本文曾刊于《宁夏气象》1990年一、二期合刊。

"……百米高的沙山悬若飞瀑，人乘沙流如从天降，从无染尘沙之忧，有钟乐声，故称'金沙鸣钟'……"(1989，建顺等《简明中国旅游交通手册》)。

3. 灵州鸣沙县(今宁夏中宁县鸣沙乡)

"鸣沙，隋置县，寻废。唐复置，徙于废丰安城。元升为州，明废，西枕黄河，以人马行经沙上，随路有声，异于常沙，故号鸣沙"(《太平寰宇记》)。"灵州明(鸣)沙县，有沙，人马践之，辄锵(铿)然有声，持至他处，信宿之后，无复有声"(《格致镜原》引《国史异纂》)。"鸣沙镇在府(银川)东南，人马行沙有声，故名。"(《韵海大全·角山楼类腋》)。

4. 鄂尔多斯北部库布齐沙漠西侧

当地居民对于"鸣沙"是十分熟悉的，古时传说："这些沙地里曾住着两个喇嘛，他们常常吵叫、玩闹。一旦有人打算走过沙地或者去挖沙时，他们便发火，嚷嚷地大声吼叫起来。……蒙古人怀着一种迷信的恐惧心理告诉我们说，直到目前(1871 年)为止，库布齐沙漠中，即使是白天，也会听见嚎叫声、哼吼声，以及像死人的灵魂发出的其他各种呼喊"(H. M 普热瓦尔斯基《蒙古和唐古特地区》1946)。

5. 鄂尔多斯北部银肯沙漠(即库布齐沙漠东侧，东胜北部)

"沙的鸣叫都是常见的现象，在干燥情况下，不仅地面发生鸣沙，就是几十厘米的深处也发生沙鸣。在刮风天气，沙子周期地顺风下滑，就有鸣沙现象；在天气平静时，虽无沙鸣，但爬上沙堆坐下来顺坡下滑。沙子也能随躯体下滑时发出低沉吼嚎声，酷如飞翔在高空的伊尔-12 型飞机发动机来自远方的轰鸣声。为了深入了解沙子'鸣叫'的究竟，我曾用手把沙子顺坡下扒，沙子便也随我双手的动作嘶叫起来。袋囊中装的沙样，在抖动的时候，也能发出断续的响声。当我返回宿营地时，它甚至能断续响几个小时。不过，次日早晨，我们不震动它，它也就哑口无声，已精疲力尽了"(M. П. 彼得洛夫《中国的鸣沙》)。

二、一些现有的鸣沙学说及其评论

为什么会产生鸣沙现象，曾有一些学者从不同角度作过一些假说。

1. 压电说。1941 年 R. A. 巴格诺尔德在《鸣沙和沙丘的物理性质》一书中认为鸣沙是由于压电作用造成的。1951 年 Я. B. 罗日科《制造鸣沙现象的试验》中，用压电试验制造了"鸣沙"。他们认为沙粒借石英的压电性质而发生复杂的带电过程，跟着电能又转化为弹性能，压电晶体的收缩和膨胀产生一种音响能，即不减幅的音响振动，压电在电流影响下，不仅成为声波的来源，且为超声的来源。

M. П. 彼得洛夫倾向于"压电"说，他在《中国的鸣沙》中，叙述鸣沙的条件：

(1)干沙被风刮起，随风运动时或因重力下坡滑行时才鸣叫。如沙子潮湿或固结，就不会鸣叫。

(2)太阳能是"鸣沙"的热能源，鸣沙坡一般是面南的，在干热天气而有刮风时，若沙子受阳光增热甚高，就有鸣沙，鸣沙时，沙坡表面温度可高达 65～70℃。

(3)沙子鸣声的大小高低，可由沙的干燥表层厚度决定，海边或河边的沙，其干燥表层较薄，鸣声较高。大陆沙干燥表层较厚，可厚达约 1 米，鸣沙声较低沉。

(4)鸣沙处的沙粒，多为中度和细粒，机械成分一致，少灰尘，但含有磨损的砂石，其成分包含有压电性矿物，尤其是石英，其含量达 50%～60%。

2. 摩擦说。1960 年竺可桢在《变沙漠为绿洲》一文中说：只要沙漠面部的沙子是细沙而干燥，含有大部分石英，被太阳晒得火热后，经风的吹拂或人马的走动，沙粒移动摩擦起来，便会发出声音，这便是“鸣沙”。

3. 群粒胀缩说。1904 年英国一本物理学教科书《声学》介绍了潘丁和汤麦斯的群粒胀缩脉动。其理论是：一团均匀大小沙粒组成的容积，因受热而膨胀，使内部沙粒分散，但膨胀后其气压就小于容积外的大气压，于是被外压力所压缩，使容积内之沙粒亦互相靠近，空气也被压缩，压缩后内部气压变大，当大于外压力时，就又膨胀，使沙粒又分散开来，这样下去，包含沙粒的空气就不断胀缩脉动，会导致鸣沙。

4. 切变说。R. A. 拜格诺尔德在 1941 年的著作中谈到他曾做了一些实验，指出一厚层的沙，如表面受到切变力，则各深度的沙间，由于有黏滞力而有不同的位移，造成鸣沙现象。而且表层鸣沙有较高的频率，深层的鸣沙有较低的频率。

以上这些鸣沙说，不能全面解释鸣沙问题，存在一定的缺陷。试作如下评论：

“压电说”的本质是：对电学及光学不是各向同性的晶体(如石英或酒石酸钾纳)，如加以应力，就会极化而带电，电荷分布是非对称的。在极化方向上会发生长度变化，称为电路伸缩，如在这类晶体上加以交变电场，晶体就会胀缩地作周期性形变，这种形变可以形成声波，石英是沙漠中主要成分，如在沙漠表面加以应力，自然也能发生声波，这种声波的共振频率 f，可以用下式表示：

$$f=\frac{p}{2l}\sqrt{y/\rho}$$

其中 y 为石英沙粒的杨氏弹性模量，ρ 为石英沙粒密度，l 为石英沙粒大小，p 为正整数 1、2、3…等，因石英的 $y=11.66\times10^{11}$ 厘米・克/秒^2，$\rho=2.66$ 克/厘米^3，l 对于一般沙粒言，大多为 0.03 厘米，当 $p=1$，则

$$f=6.6\times10^5/(2\times0.03)=1.1\times10^7\ \text{赫兹}$$

此值已远大于人耳可以感觉的最高声频为 2×10^4 赫兹。因而已属超声波范围了。

但上面算出的频率属共振频率，如果在石英上加以应力，在有阻尼的环境下则发出的声频要远小于共振频率。而达到低超声波或高频可闻声波领域，那将属于声调较高的嘘啸声，而不会是低频的雷鸣声。因此用压电说虽然难以解释低频鸣沙现象。但却可以解释能维持一段时间的高频“沙团鸣沙”现象。由于压电机制是可维持一段时间使沙粒胀缩振荡发声的。所以一次发声后，若再遇震动，沙团仍能再鸣。

“摩擦说”并不能解释鸣沙现象。因为摩擦声及摩擦生电所发生的电火花声与鸣沙声很不相似。由于沙层间有黏滞现象，沙漠上沙的摩擦与沙在硬地上摩擦很不相同，声音较小，电火花声也仅能呈轻微的毕卜声，与鸣沙声相差甚远。

“群粒胀缩脉动说”近乎“热成鸣沙说”，但此说较为粗糙，尚需作进一步修正，它不能解释鸣沙声为什么呈隆隆声或呼啸声。

“切变说”者曾做了实验，他们假定有一厚层沙，粒径在 0.02～0.035 厘米间，厚度为 H，在其表面施以切力后，使表层沙以 V 厘米/秒之速度移动，则由于沙的移动黏滞力在厚

度为 h 处($h<H$),沙粒的移动速度为 $v(v<V)$,假定黏滞力造成的速度差异与高度有线性关系,即 $v=(h/H)V$,则沙鸣声的频率 f 与速度 v 及沙之粒径 d 之关系当为:$v/d=f$,即速度 v 愈大,声频 f 愈高,这是因为声音来源于沙间之接触。速度愈大,单位时间一个沙粒接触的其他沙粒数愈多,从而声频也就愈高了。

从拜格诺尔德和路易斯等的实验(表 1)可以看出,他们先测沙的粒径厘米数及沙层表面速度 V,然后测声频 f,将声频乘以粒径,得发声深度的沙粒速度 v,以 v 值与 V 值相比,得北威尔斯沙滩之值为 0.33,卡拉哈利沙漠之值为 0.35,吉尔夫凯必尔沙漠之值为 0.38,由于 $v/V=h/H$,故得 h/H 在 0.33～0.38 之间;或 $(H-h)/H$ 在 0.62～0.67 之间,从而证明沙滩或沙漠发声位置约在厚度的 2/3 处。这厚度是指自表面到切变力为零处的沙漠或沙滩厚度。

表 1　相对速度、沙粒直径与鸣沙声频表

试验者	试验地点	粒径 d(cm)	表面速度 V (cm/s)	在深度 2/3 处平均速度 v(cm/s)	声频 f(Hz)	声音
拜格诺尔德	北威尔斯(海滩)	0.03	90	30	30/0.03=1000	呼啸声
路易斯	卡拉哈利(沙漠)	0.02	15	5.3	5.3/0.02=265	隆隆声
拜格诺尔德	吉尔夫凯必尔(沙漠)	0.035	12	4.6	4.6/0.035=131.4	隆隆声

上述试验似乎解决了沙粒的发声,因为它指出了声频是与沙粒在深度 2/3 处的平均速度 v 成正比(假定沙粒粒径 d 为近乎相同)。但事实上并不这样简单。因为我们并不能使发生呼啸声的海滩鸣沙变成像沙漠上产生的隆隆声,也不能使沙漠上的隆隆声鸣沙声变成为呼啸声。只有靠近自由面处薄而少量的沙发生运动时才出现呼啸声,而要发生隆隆鸣沙声,沙层必须很厚,沙中运动必须大,可见单单用切变说也还解决不了问题。另外,切变说认为在切变层 2/3 深度处,只要小到 5.3 厘米/秒及 4.6 厘米/秒的速度,即可产生 265 赫兹及 131.4 赫兹的低频鸣沙,这也是难以令人信服的。

三、前人对沙坡头地理及气象条件考察情况

1957 年中国科学院黄河中游水土保持综合考察队曾对该地区进行了细致的考察,生物学博士 M. П. 彼得洛夫是被邀参加考察的六位苏联科学家之一,他在由中国科学院治沙队编的《沙漠地区的综合调查研究报告第二号》中,发表的《中国北部的沙地(鄂尔多斯和阿拉善东部)》一文中,介绍了沙坡头地区的沙丘情况:

在黄河河谷沙地中,以 0.25～0.10 毫米的沙粒沙屑最多,占 87%;小于 0.01 毫米的沙粒粉质部分次之,占 7.3%;大于 0.25 毫米的及在 0.10～0.01 毫米间的沙粒均少。

在黄河河谷一带,流沙吹积在河谷中,第二阶地的沙砾沉积物上或第一阶地淤积沙上,黄河从深切 100 多米的河床流过,沙丘在靠近河床的地方,从西北面倾入河内,形成一个长达 100 多米的落沙坡。

就气象状况来说,这里属大陆性季风气候,夏季雨较多,冬春两季十分干燥,风向以西北及东南占绝对优势,冬春期间以西北风最为频繁,而夏季以东南风为主,在个别月份里,东风及西风相当活跃。

因此总的说来，腾格里沙漠南缘，在西北风主导作用下，渐渐向东南移动。沙坡头附近，沙丘已临近黄河基岸的陡崖，并由长达100米的落沙坡倾入河床，沙坡头东部流沙侧向基岸，在很长一段距离上(约10千米)占着沙砾的第二阶地地表。

在孟家湾到沙坡头地区，沙丘水分状况取决于降水，因为这里风成沙层相当厚，地下水很深。但3米深以内的表层沙，水分情况良好，见表2。

表2　沙坡头新月形沙丘内水分情况(1957年各月2日所测)

项目 \ 月份		4	5	6	7	8	9	10	11	12
吹蚀深度(cm)		—	—	−4	−10	−10	−10	−12	−21	—
干沙层厚度(cm)		0	10	0	9	3	6	10	4	9
干沙层湿度(%)		—	0.40	—	0.41	0.39	0.40	0.60	0	0.39
沙层水沙混合比(%)	0～10 cm	5.10	—	2.01	—	2.30	2.08	—	1.15	—
	40 cm	3.10	2.25	2.49	2.38	2.34	3.92	1.85	2.42	2.11
	100 cm	3.30	3.15	2.50	3.38	2.38	2.51	2.25	2.78	3.06
	140 cm	3.10	3.34	2.43	4.24	2.83	4.05	2.43	1.94	2.91
	180 cm	2.30	2.70	2.96	3.93	2.68	3.98	2.43	1.98	2.66
	260 cm	2.90	2.58	2.19	5.37	2.90	3.96	2.76	2.65	3.45
	300 cm	3.90	2.58	2.23	3.53	3.75	3.26	3.14	2.72	2.39

上表中的沙层湿度事实上是指沙层中的“水沙的重量混合比”，据该报告指出：沙坡头地区新月形沙丘的水分特性，有利于水分在沙丘上的聚积与保存。据中卫铁路防沙站陈文瑞的观测，该地“新月形沙丘最大持水量①变动于3.3%～4.0%，这与取样深度有关，在稳定湿度带，最大持水量为3.1%，3米深度的最大吸湿量②平均为0.45%，植物的萎蔫系数③为0.9%～1.0%。地下水的毛管上升将近55厘米”，“在生长期间，沙丘3米内的水分含量不低于萎蔫系数的2倍，即1.8%”。该文绘有沙坡头一带的地理地形图，今简化如图1及图2。

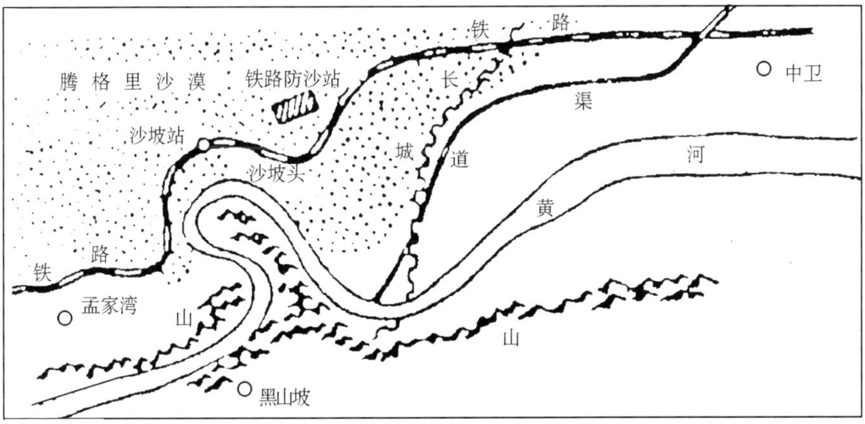

图1　沙坡头地形

① “最大持水量”实际上指沙丘中当液水饱和时，水与干河土的混合比，这是一个比值，不能用有量纲的“最大持水量”称之，应当正名为“饱和水沙混合比”。

② “最大吸湿量”实际上指在近乎饱和的大气中，沙丘吸收水汽而形成的液水与干河土的混合比，这也是一个比值，不能用有量纲的“最大吸湿量”称之，应当正名为“最大吸湿水沙混合比”。

③ “萎蔫系数”实际上指植物因沙丘缺液水供应，失去膨压，发生永久萎蔫时沙土内液水与干沙的混合比，固萎蔫系数之称呼，较为含糊，不易理解，应当称其为“萎蔫水沙混合比”为妥。

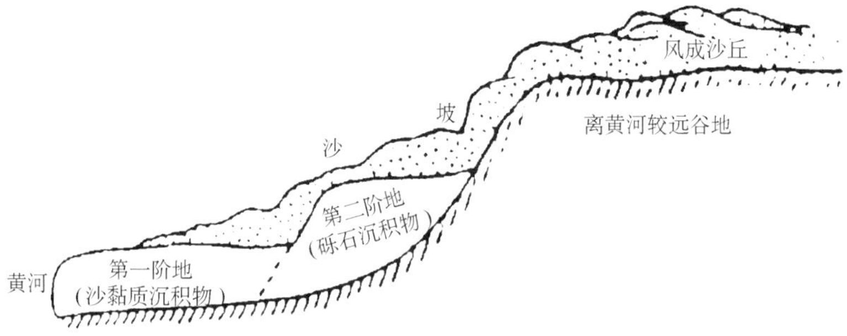

图 2　腾格里沙漠黄河河谷上的沙丘

据该文说,风成沙丘覆盖在黄河第一、二阶地的冲积物上,沙丘厚度从数厘米到数米,第一阶地沙丘底层为一层沙黏质沉积物,地下水位 3～4 米,能为植物根部所利用。第二阶地为砾石沉积物,在第一层阶地上厚为 1 米的沙层,湿润条件最好,因为那里地下水位深度很浅,仅约 1 米。所以若有降水,那么雨水湿润带与地下湿带能连接起来,有利于植物生长,但厚度大于 1 米的沙层,雨水与毛细管地下水就难以相接。

我于 1989 年 8 月到沙坡头考察,所见情况与该文基本相符,曾注意到沙坡上方一旦有降水时,可以有雨水汇流到沙坡去,一部分透入地下,一部分沿沙坡内部斜向流向黄河,可见沙中之水,不仅有直接雨水,也有汇流雨水的供应。我曾用手插入沙坡,发现在 10 厘米以下沙层中,较为潮湿,与表 2 的资料大体相符。

沙坡头是以“鸣沙”闻名的旅游点,人们关心的是为什么会“鸣沙”? 沙坡长此被人滚滑会不会变平? 沙麓池“泪泉”会不会被填没? 为此,我通过考察拟将这两个问题一并进行讨论。

四、沙坡内外气流及水分环流情况的研究

太阳辐射是沙坡内外气流及水分环流的动力,我们知道,沙坡头的坡面是座北面南的,正好迎着太阳,由于石英比热容小,仅为 727.32 焦/(千克・升),所以太阳很容易将沙坡表层烤热,并使沙坡面上方出现沿坡上升的谷风,造成河谷下沉气流,组成谷风环流。

沙的导热性能并不很好,但它的辐射热量的性能很好,它受太阳加热升温后,不仅向外而且还向沙坡内部气孔辐射热量,使内部沙粒也升高温度。

由于沙坡头上方也常有过去的雨水形成的伏泉汇流流向沙坡,使其内部的沙粒有一定的湿度,再加上接近第一阶地,有一定的地下毛细管水上升。因此,那里沙层内部,一直到 3 米深处的沙粒,是有一定液水附着的,表 2 中的实测即是证明。当坡面沙升温后,就会使那里的空气相对湿度减小,于是其下一层上的水汽就要扩散出去而变干,同时表层沙的辐射也会帮助下一层沙升温、水分蒸发、变干,这样,沙粒层向内辐射热量,沙粒层层变干,这就是表 2 中出现表层下 0～10 厘米干燥沙层的原因。

在表层下 7.5～20 厘米区,沙粒由外向内辐射热量的过程往往还是在进行的,因为 0～5 厘米层区沙粒的封闭,其间(5～20 厘米)的带有水汽的热空气无法泄出到大气中去,由于这些空气的温度较其内的沙粒为高,且含有水汽,因而膨胀后在沙坡内部沿坡在沙间空隙内形成气泡上升。这是沙丘坡面较高处内部维持沙粒较湿润的原因之一,其他两个原因则是

下雨及坡顶雨水的汇流下渗，有人认为毛细管现象可以将沙丘脚下的水吸收到沙坡上部来，实验证明即使供水充分，毛细管现象最多能使水分升高四五十厘米，最高可升到 55 厘米。

也有人认为上面提到的沙丘内下部水分蒸发使上部沙粒潮湿的机制也不可能存在。我们认为，如果比 20 厘米更深的沙坡面内部，的确是不可能存在的。因为沙坡表面一天内虽有强烈的温度变化。但这个变化即使依靠沙粒向内辐射热量，也会因厚度较大且蒸发水分要消耗热量，已在 20 厘米厚沙层中热量消耗殆尽，在深于 20 厘米的沙层下，沙粒上的水在封闭状况下，就易使空隙内的空气达到饱和，而不再蒸发，所以那里的湿度已比较均匀了。但是在 20 厘米表层中，这种下层蒸发，将水汽移向上方的现象还是可以存在的。R. A. 拜格诺尔德《风沙和荒漠沙丘物理学》第 228 页说明了这个问题。

也只有这个机制，才能使即使连续几天不下雨的情况下，沙丘坡面 3 米以内的沙粒仍能保持有一定液水相附，从而获得表 2 中的湿度测量结果。

这样，我们就可以画出沙坡内外的空气及水分循环图，如图 3：

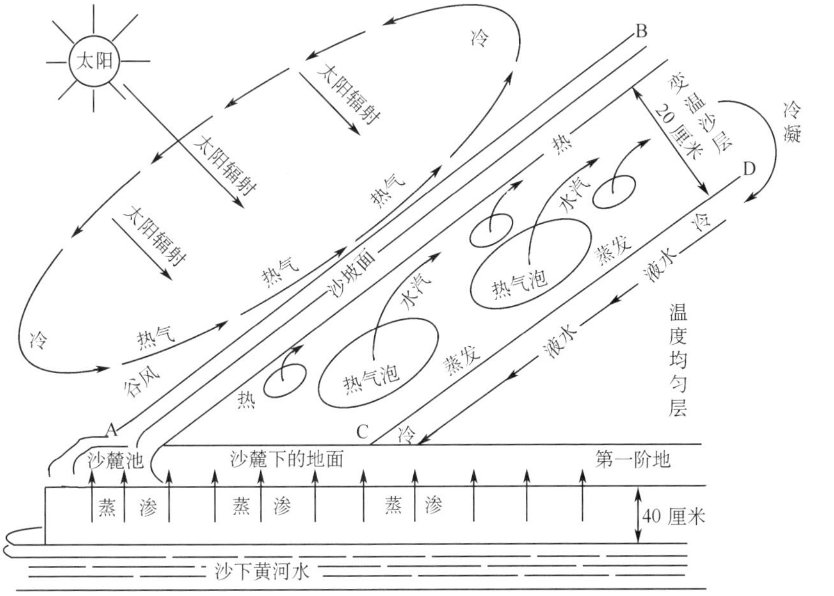

图 3　沙坡内外的空气及水分循环图

图中 AB 为沙坡面，CD 为沙内变温层与温度均匀层之界面，沙坡面与此界面之垂直距离约为 20 厘米。太阳辐射增热坡面。一方面在沙坡外形成谷风环流，一方面在变温沙层内形成包含水汽的热气泡，在变温层内上升，水汽在靠近 D 处凝为液水，并沿 DC 面下流，进入沙坡坡基下方的水池中，此水池位于第一阶地上，一部分位于沙坡坡基之下，一部分露出于沙坡前缘，形成沙麓池（月牙泉）。

沙麓池的水一部分来自坡面雨水及降水造成的汇流、渗流等，另一部分来自坡内部水汽在 D 处的凝结，还由于黄河就在脚下流过，河水侵蚀到沙坡前缘的第一阶地之下，有利于毛细管上升之水的补充。

在沙坡内部出现许多大小不等的气泡，其原因是热辐射从沙坡表面深入到沙坡内部烤热空气，此等热空气在沙坡某一深处受热沙之封闭，难以泄出，就会膨胀起来，另外内部某些湿沙因升温而蒸发，液水转化为水汽，也要膨胀，这两种膨胀在封闭空间就形成气泡，由于是热膨胀和内含比一般空气为轻的水汽，故热气泡在坡内呈上升之势，因而有将沙坡下部的水汽带至上部的作用。

五、沙坡内外空气环流对沙坡沙层中沙粒移动的影响

沙坡内外空气环流是在沙坡面沙层两侧进行的，它对沙层内沙粒的沿坡升降产生影响，但这首先要研究沙面的平滑与粗糙问题。

根据研究，沙面的粗糙与否与雷诺数有关，一般的临界雷诺数为 $v\cdot d/\gamma=3.5$，如雷诺数 <3.5，则沙面为平滑，此时气流就无法对沙层上的沙粒起推动作用。只有雷诺数 >3.5 时，沙面才可以认为粗糙，气流才有推动沙层上面沙粒的作用，其中 v 为气流速度，d 为沙粒平均直径，γ 为空气的运动学黏滞系数，等于 0.14。根据沙坡头沙粒 d 在 0.02～0.025 厘米之间为多数，假定它等于 0.025 厘米，代入雷诺数值大于 3.5 的式中，则得 $0.025v/0.14>3.5$，从而得 $v>19.6$ 厘米/秒，即需大于约 20 厘米/秒的气流速度，才能影响沙面之沙粒。

但是要具体推动沙粒，还要研究力矩的大小。设沙面有 A、B、C 三沙粒，设风速 v 要将部分露出沙面的沙粒推动，而 A 粒要被推出凹区，必须有一与 C 粒接触点 O 为支点的顺钟向力矩 P_1。由于 A 有重力矩 P_2，故必须 $P_1>P_2$，才能使脱离凹区而滚出向下风方移动(图 4)。

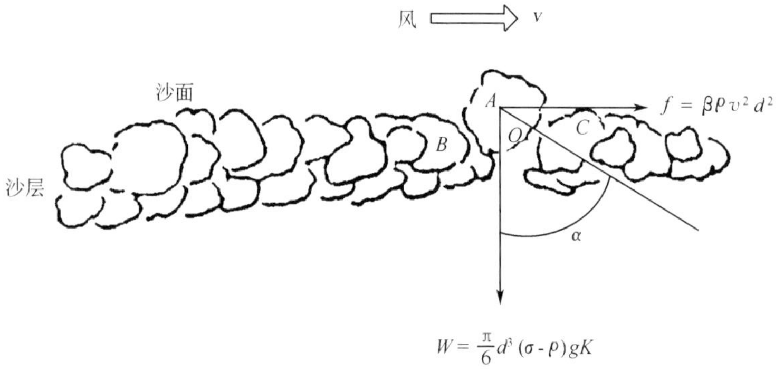

图 4　起动风速 v 的研究

设造成力矩的力 f 与沙粒截面积 d^2 成正比，与风的动能($\rho v^2/2$)也成正比。故

$$f=\beta\rho v^2 d^2$$

其中 β 为比例系数，从而得重力矩 P_1 计算公式为：

$$P_1=sf\,(d/2)\cos\alpha=(s\beta/2)\rho v^2 d^3\cos\alpha=\beta'\rho\, v^2 d^3\cos\alpha$$

其中 α 为重力方向与 A 粒重心与支点 O 的连线方向的夹角，$s\beta/2=\beta'$。sf 为风起伏推动 A 粒的瞬时力。f 为推动 A 粒并造成平均风速 v 的平均力。由于事实上是瞬时力推动沙粒 A 的，故在 f 上乘以 s。从而阻止 A 粒被推动的重力为：

$$W=K(4/3)\pi(d/2)^3(\sigma-\rho)g=K(\pi/6)d^3(\sigma-\rho)g$$

其中 K 为将不规则形 A 粒换算为球形的换算因子，d 为 A 粒直径，σ 及 ρ 分别为 A 粒的密度和空气的密度，g 为重力加速度，$(\sigma-\rho)$ 为减少浮力。于是重力矩 P_2 为：

$$P_2=K(\pi/6)d^3(\sigma-\rho)g\cdot(d/2)\sin\alpha$$

要造成沙粒 A 的移动，必须 $P_1>P_2$，即：

$$\beta'\rho v^2 d^3\cos\alpha>K(\pi/6)d^3(\sigma-\rho)g\cdot(d/2)\sin\alpha$$

或 $$v^2>[K(\pi/12)d^4(\sigma-\rho)g\cdot\sin\alpha]/(\beta'\rho d^3\cos\alpha)=(\pi/12)(K/\beta')\tan\alpha[(\sigma-\rho)g\cdot d/\rho]$$

$$v>A\sqrt{(\sigma-\rho)gd/\rho}\approx A\sqrt{\sigma gd/\rho}$$

其中 $A=\sqrt{(\pi/12)(K/\beta')\tan\alpha}$，并假定 $\sigma\gg\rho$（因石英之 $\sigma=2.65$，而空气的 $\rho=0.0012928$），在上式中已知当 $d=0.02$ 厘米时，A 为常数 $=0.1$，如将 $g=980$ 厘米/秒^2 代入，则得：

$$v>0.1\sqrt{2.65\times980\times0.02/0.0012928}\approx20\ \text{厘米/秒}$$

即 $v>20$ 厘米/秒。

故只要每秒 20 厘米的风速，即可使平沙中凸出的沙粒移动。但是我们所讨论的是坡度约为 30°的沙粒移动问题，因为要使沙粒上坡必须有较平沙面更大的起动风速，而要使沙粒下坡，起动风速就比平沙面为小。

六、沙坡上沙粒升降对沙坡坡度之影响

沙坡头滑沙的坡，其坡度约为 30°左右，但是这个坡度是在变化的，这是沙坡沙粒升降的结果。那么，控制沙坡沙粒升降的自然因子是什么呢？主要是风和太阳辐射。

（一）风

在沙坡头主要是东南风与西北风，西北风主要出现在冬春季节，是下坡风，有使坡度变小的作用，但近年因上风方固沙奏效，被西北风带来的沙量应有减少。另一方面，在吹西北风时，背风坡上方出现垂直逆向的涡流，如图 5 所示。这涡流接近坡面处，是东南上坡风，它反而有促使坡面沙粒沿坡上升，并使坡度（至少在中上部）有变大的作用。

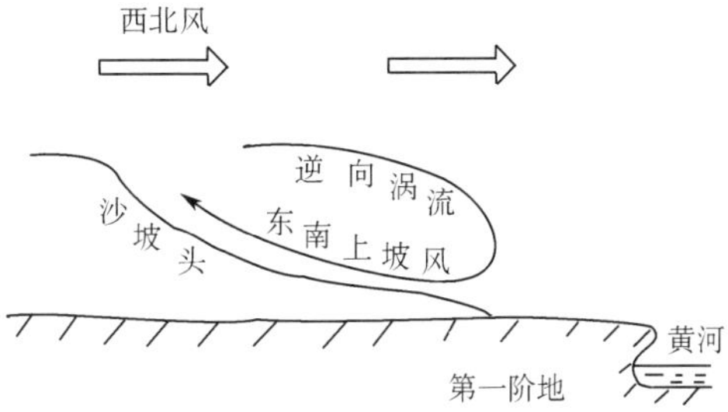

图 5　强西北风时的逆向涡流

在夏秋季节，沙坡头地区以东南风为主导，在白天，太阳热力所造成的谷风也是东南向的，因此，有利于东南上坡风的加强。如强到一定程度，也有利于沙粒上坡，并加大沙坡坡度。

（二）太阳辐射

它不仅能造成沙坡谷风，更重要的是能造成沙坡内的上升热气泡，这些作用当然以夏季最为重要。它是通过加热沙坡提高坡面温度转而影响坡内气泡的，温度愈高，热气泡内压强愈大，热气泡膨胀愈厉害，上升也愈剧烈，从而就会使沙坡坡度愈大。

强烈的太阳辐射还能加大沙坡的变温层的厚度（见图 3），同时也能使坡面的干粒层变厚，这就有利于热气泡变大，以及沙坡内沙粒的上升，并加大沙坡坡度。

不论“风”或“太阳辐射”，它们使沙坡坡度的变化不是无限制的，例如由于它们使沙粒沿沙坡上升，就会使沙坡坡度变大（变陡），但坡度大到一定程度，沙粒就会不能上坡了。这时，

沙坡坡度就达到了稳定阶段. 如坡度再行增大,沙粒反而要下降,从而使坡度又变小了。反之,如风和太阳辐射的变化,使沙坡上沙粒下滑,那么,必将使沙坡坡度变小。这必将减少沙粒的下降,减少到一定程度. 沙粒就不再沿坡下降。此后如再减小坡度,风及太阳辐射将促使沙粒上坡,并使坡度加大。因而坡度也会保持一定的大小。

可见在任何“风”及“太阳辐射”的条件下,沙坡坡度必能自动调节到一个稳定值,这一沙坡坡度自动调节的原理是十分重要的。

太阳辐射强度是随太阳高度角、太阳方位及天气条件等的变化而异的,由于沙坡是个斜面,所以一天内的最大太阳辐射,不一定在相对于地面的高度角最大时出现。例如图 6 中 S' 为正午太阳,S 为下午太阳,很明显,对地面而言,$\angle S'AB > \angle SAB$,即太阳高度角正午大于下午,但若沙面 B 与沙面 A 与地面均交为 α 角,但这两个沙面面向不同,沙面 A 面南,沙面 B 面向西西南,故中午 S' 在沙面 A 的高度角小于下午 S 在沙面 B 的高度角(因 $\angle S'AN < \angle SAN = \angle SCM$),从而太阳辐射下午对沙面 B 的强度反而比中午对沙面 A 的强度为大。

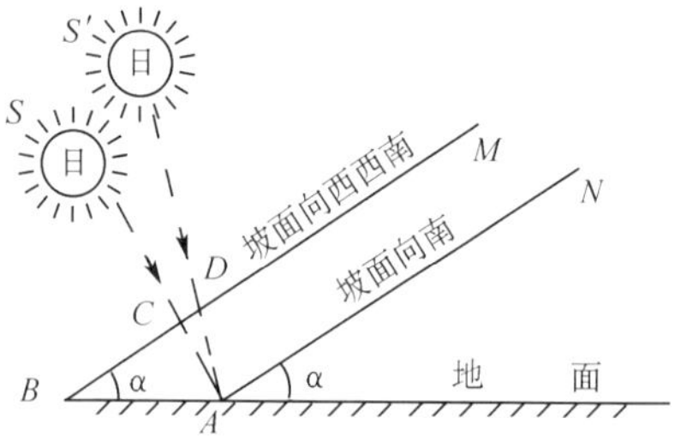

图 6　中午太阳辐射不是最强的说明

沙坡头滑坡面总的说来是面南座北的,但它略呈环形,可分为三段,中间一段坡凹入,面朝南,西边一段坡面向东南,东边一段坡面向西南。因此上午太阳辐射以西边坡最强,中午以中间坡最强,下午以东边坡最强。相应上午西边坡坡度最大,中午中间坡坡度最大,下午东边坡坡度最大。

天气如有阴晴、能见度、风暴等的变化,也要影响沙坡坡度的变化,这是因为天气变化必然影响风和太阳辐射的强度,一般阴天、多云、能见度差,降水、降温的日子,坡度就要减小。

当人们在沙坡上坐滑或滚滑时,其身后必人为地形成坡度增大,身下必人为地形成坡度变小。但一当人体滑过该地以后,这些地方的沙坡坡度必然会恢复原状,也即原来坡度变大处,必将有沙粒下滑而坡度变小,原来坡度变小处,必将有沙粒上爬而坡度变大,最后调节到一个稳定的坡度。

总之,只要没有强烈的满载腾格里沙尘的西北风侵袭;只要不是大旱之年,由于沙漠坡度的自动调节,不必愁由于游人长期滑沙而使沙不成坡,不必愁由此而使水麓池为沙埋没,也不必愁沙缘伸入黄河。但出现强烈的来自西北的沙尘暴等,则沙坡头的沙缘逼近河岸,埋没沙麓池还是有可能的。另外,如地下水源干竭,月牙池也可能消失。

七、沙坡头鸣沙机制探讨

据 R. A. 拜格诺尔德的研究,鸣沙可分为“海滩鸣沙”和“沙漠鸣沙”两种。海滩鸣沙产生的频率为 800～1000 赫兹尖声呼啸。沙漠鸣沙声音频率低得多。他在埃及西南沙漠区的一个安静无风的夜晚,两次听到隆隆颤动声,声音十分响亮,以致与同伴对话必须高声喊叫,才能使对方听见,而且其中混有其他声音,从而出现徐缓节拍,延长 5 分钟之久,经过寂静一段时间,然后喧声又起。有人认为是“女妖在引旅人入无水之地狱”、“亡故之幽灵的怨叹”等,与我国库布齐沙漠“两个喇嘛争闹”的传说相类似,也与《河西旧事》所记载敦煌神沙沙鸣可闻之于城的现象相仿。

路易斯曾在卡拉哈利沙漠中以一定速度拖拉一块木板，以人为干扰使沙子发声，发现移速为15厘米/秒时，鸣沙频率约为132赫兹，移速增至60厘米/秒，鸣沙声频就会提高。如听任沙子自己崩塌，崩塌造成的表面速度仍为15厘米/秒，则沙子之鸣叫声就减为264赫兹。我在沙坡头试图着摸索造成鸣沙的机制，先试用一腿曲而前蹬，见一些沙子向下泻流，但未听到发生什么声音。以后我就以两臂腕支撑全身，使身体略微悬空，然后双腿并拢，双脚深入沙内用力以腕推动身后之沙，使身躯向前下方冲击，立即听到了"咕"、"普"或"蒲"的鸣沙声，这种声音有时一鸣即止，有时则连续"咕普"或"咕普蒲"数声，有时无声，由此可以肯定我听到的沙漠鸣沙声都是低频之声。

但是为什么坐在沙上，试用一腿曲而前蹬不能造成鸣沙现象呢？这是因为这样做腿的前蹬使不出力，不能造成一定速度，那时移动的沙，多是沙坡表面早经晒干的又轻又松的浮沙(其湿度＜1%)，它们的泻流，难以造成其下沙层的黏滞性切变。

那么为什么悬身向前下方冲的办法能造成鸣沙呢？这是因为悬身之后就会造成较大的位能，一旦向前下方冲，就有充分的位能转化为动能，从而撞击沙坡的速度就大，可以超过临界速度，并能使脚蹬入较深的沙土内，进入过干的沙层之下。这样一来，所造成的切变也就能深入到沙坡深处，使切变下传。

前面我们曾指出，在沙坡的变温层内，有许多热气泡，当切变进入沙坡深层时，就有可能影响这些气泡的震动、变形、破裂、合并等。

另外有些人横身卧于坡顶，顺坡翻滚下来，我们叫它为"滚压法"，它也能影响深层热气泡的震动、变形、破裂、合并等。

此外，如沙丘崩落，大块沙团溃堕，也可使沙层中的热气泡震动、变形、破裂、合并等。

白天，沙层中热气泡因发生上述各种情况破裂后，由于太阳辐射的始终作用，热气泡又会新生。

夜间，由于沙面冷却，热气泡也会不断变形、缩小和消失。这是因为热气泡的形成是由空气分子之强烈分子运动支持的。在夜间，分子运动减弱，上层沙的重量就会克服分子运动而很快与下层沙直接接触，发生震动，但夜间热气泡破裂后，要到白天才能再生。

我们强调热气泡在沙漠鸣沙中的重要作用，因为无论是切变或摩擦、压电效应或电火花效应都不可能产生很大的低频鸣沙声。表1中切变造成切变层2/3处的速度为5.3厘米/秒及4.6厘米/秒，以此虽能计算出265赫兹及131.4赫兹的鸣沙声，但以这样小的速度来说明能产生巨大的鸣沙声，我以为是不可信的。要产生低频鸣沙，必须依赖于热气泡。

我们在滑沙时听到"咕普蒲"声，即是热气泡泄气或破裂之低频声。但要扩大成为鸣沙的程度，需要共振，而气泡本身即是提供了扩大或增大或增强低频鸣沙的共振工具(共振箱)，可见热气泡既是低频发声器，又是低频共振器，由于发声是在沙坡深处，声音要自深处传到沙面外空气中，是会发生衰减的，热气泡的共振就可以大大减少声耗，并造成沙坡外相当距离内的喧哗之声。

在沙坡变温沙层内具有不同大小的热气泡，它们呈不规则的分布并处于运动之中。不同大小的热气泡具有不同的本征频率，因此有着不同的共振频率，形成各种适应不同声频的共振箱。不论由于切变、沙团崩落、人体滚压、人体悬冲，某些热气泡的泄气或破裂而发生不同的低频声音时，都可以通过热气泡的共振而加大声强，从而使沙漠鸣沙的低频声，常常不是单一频率,而是各种不同低频的混和声,气泡的分裂或合并,起改变共振箱频率的作用,气泡共振时的振动,能使气泡短时变形。由于声波的传递需要时间,因此起动声频与共振声并不一定同时发生,而且共振所产生的声音,又可通过其他适当的热气泡而进一步发生共振,因而使出现的鸣沙声可以维持一段时间,而不是声发即止。

如果在一段时间,各种不同低频的混合声形成鸣沙,由于不同低频混合后,可以发生节拍频率,因此形成了高低抑扬的如怨如慕、似泣似诉、如询如答、似责似辩的隐约起伏断断续续的声音。因为这种声频较低且要透过一定厚度沙层的声音,所以仿佛出自荒漠黄泉。前述埃及西南延长 5 分钟的夜晚两次喧声和中国库布齐沙漠有两个喇嘛争吵声等传说,即由此而来。

夜间沙坡不再受太阳辐射时,坡内变温层中的各种热气泡先后消失,往往浅层气泡比深层的气泡先消失,小的气泡比大气泡先消失,先消失的所发出的泄气或破裂声,使后消失的气泡共振,夜间的风或由此造成的崩沙,也能促使未消失的气泡共振,造成夜间鸣沙现象。

沙坡头的鸣沙,当然也有此类原因,只是我所听到的是较简单的鸣沙声而已。

八、结论

本文介绍了前人对我国鸣沙的概况,评论了当前流行的四种鸣沙学说,并指出了这些学说的缺陷。介绍了沙坡头地理和气象条件,讨论了沙坡内外气流及水分环流及其影响沙坡坡度、沙内温度、变温沙层厚度以及变温层内形成大小不同的热气泡的道理。

最后,我们研究了沙坡头的鸣沙的机理。鸣沙的原始原因,可分为自然原因(指沙崩、风力、切变、气泡泄气或破裂等)及人为原因(指滚压、悬冲等),这些原始原因通过沙坡变温层内大小不同的气泡的共振而成为强度较大的低频混合声,传输出沙外形成鸣沙现象。在这个新的鸣沙学说中,由于强调了气泡的作用,因此可称为“气泡共振鸣沙说”,它是沙漠发声的主要原因。这个学说可以解释“沙漠鸣沙”的各种特征现象,是鸣沙理论的新发展。

我们在这个鸣沙新理论中,还解释了沙麓池(即月牙泉)的形成原理(第四节)。同时也提出了沙坡度能够自动调整到一定斜度的理论,指出沙粒不仅有自动沿坡下滑的现象,在一定条件下尚有自动沿坡上移的可能,还讨论了沙粒移动的条件。并附带解释了沙坡头作为旅游点只要有充分的地下水,就不会埋没沙麓池、坡度不会变平,可以长期存在的道理。

参考文献

[1] M. П. 彼得洛夫[J]. 中国的鸣沙. 地理知识,1959(6).

[2] 建顺,等. 简明中国旅游交通手册[M]. 长春:东北师范大学出版,1989.

[3] 陈元龙(清). 格致镜原[M].

[4] 竺可桢. 变沙漠为绿洲[M]//竺可桢文集. 1960.

[5] 仁寿堂主人辑. 韵海大全·角山楼类腋[M]. 上海文瑞楼印行.

[6] Bagnold R A. The Physics of Blown Sand and Desert Dunes[M]. London: Methuend Co Ltd,1941.

[7] M. П. 彼得洛夫. 中国北部的沙地(鄂尔多斯和阿拉善东部)[M]. 北京:科学出版社,1959.

[8] N. Subrahmanyam, Brij Lal. A Textbook of Sound[M]. Second Revised and Enlarged Edition. Kas Publishing House PVT Ltd,1979.

龙 卷 风①

一、龙卷风是怎样的一种现象?

龙卷风是一种具有积雨云底下垂的象鼻状漏斗云的小范围的剧烈天气现象。它是剧烈地旋转着的旋风的一种,具有很大的破坏能力。在它的中心,气压很低,可以低到400百帕,在极端的情况下,甚至可以降低到200百帕以下,这种很低的气压是和龙卷风本身的剧烈旋转运动有关的。由于它绕着自己的纵垂的轴旋转得很快,所以在中心附近,具有很大的离心力,这离心力就促使空气不易自外界进入龙卷中心,并促使龙卷中心的空气发生散逸,终于,龙卷风中心部分的气压就降低得很多,达到我们在海平面很少看到的那么低的程度。

在中心部分不但有由于离心力而致的空气的逸散,而且还有强烈的上升运动,上升空气的加速度,往往远大于地心引力,这就使龙卷风中心气压格外低。

在接近地面部分,龙卷风外有时由于地面摩擦力的原故,可以有一些空气进入龙卷风的中心。但为量不多。在龙卷风中心外围,在近地面各高度上,还有因中心气压低而向中心内流的气流,当然这种内流空气,由于离心力的原故,是仍很难进入龙卷风中心的。但由于这些内流空气的存在,使中心外围的气压和具有很低气压的中心之间,具有很大的气压差,这些气压差,就会造成很大的破坏能力。

龙卷风的风力常常超过飓风的风力,可以达到每小时150千米到450千米以上,足可破坏砖瓦建筑物,这种大于每小时450千米的大风可以是由于气压差而产生的。龙卷风风力范围很小,往往几百米以外的地方,就毫不受风力的影响。

龙卷风中上升气流既然很盛,所以内部绝热膨胀冷却作用也很盛,这就使得龙卷风内水汽凝结的高度以及气温都比四周空气为低,在距地1千米处,气温可低于四周约5～10℃。

龙卷风中心,像飓风一样,常常有一个眼区,当然比起飓风来,龙卷风的眼区要小得多了。在眼区,也是轻风少云的。

龙卷风的水平范围很小,在海上的比陆上的更小,一般龙卷风直径约在0～5千米之间(0是指漏斗云未达地面)平均250米。他们的移动速度为0～250千米/时,平均每小时55千米。所经路程短的50米,长的450千米,最常见的2.5千米。持续时间约几分钟,最长的可达数小时,移动的路线多为直线,很少曲折现象。

龙卷风出现时,有时在其前后有雷雨或雹出现,有时却并没有。当龙卷风存在时,声响很大,这种声响不完全是由于它在破坏地物的原故,而常常是由于空气或空气中所携的泥沙等物相互摩擦所致。

龙卷风有两种,一种为陆龙卷,一种为水龙卷。每个龙卷风常常是双层的,内层是云底下垂的漏斗云,外层常是自地面卷起的泥沙或者是自水面卷起的水体。当龙卷风出现时,有

① 本文曾刊于《天气月刊》1957年5月号。

时由于漏斗云体中某一段缺乏凝结的水，所以下垂的漏斗云与上升的水体或尘沙[1]之间，常有一段看不清楚的部分，这种龙卷风，看上去好像是中部或下部中断了，如图 1。

一般在高空，风速多比近地面为大，所以龙卷风的漏斗云的上部常常比下部移动得快，从龙卷风的上部前倾的情况，可以估计出龙卷风移动的方向。由于漏斗云上部的前倾，所以整个漏斗云的形状就常常有了倾斜扭曲等现象。在漏斗云的某些部分，甚至呈近似水平的状态，见图 2。

有的龙卷风的漏斗云并不直接与地面相接，它们在近地面的冷而稳定的空气的上空越过(见图 3)。这种龙卷风既然不与地接触，破坏力就要小得多。必须指出，并不是所有的龙卷风都必须与地接触的，有的龙卷风在云底下垂不久后，就缩回云中去了。

图 1　龙卷中断

图 2　龙卷扭曲

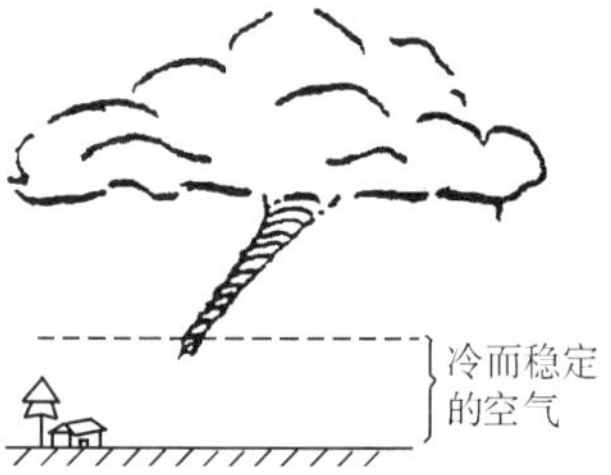

图 3　龙卷越空

当龙卷风的漏斗云下端自地面缩回云底中去时，有人会不止一次地看见在十秒钟之内，漏斗云的外形有所改变，首先漏斗云下端脱离地面，接着在距下端约为全长的五分之三处的漏斗云中部，膨出了一个扁环，紧接着，此环的上下部分，就立刻缩小其直径，使直径只及其原直径的 2/3，此扁环连同漏斗云全体很快地向母云体底部上缩，最后缩入云中不见(见图 4)。

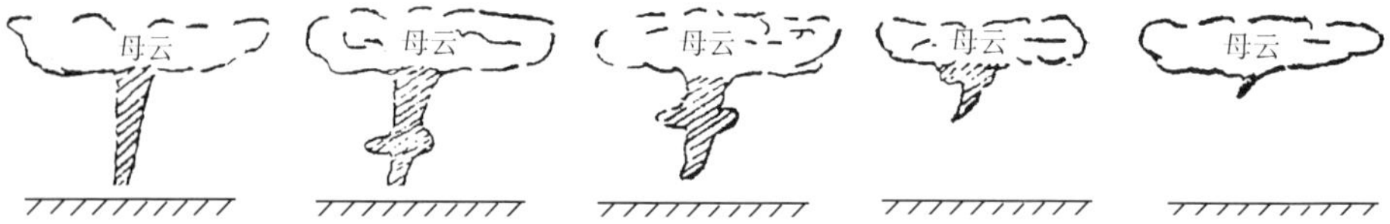

图 4　带有扁环之龙卷缩入母云底之过程

但是，并不是每一个龙卷风的漏斗云在缩入母云云底前都会有扁环出现。有的漏斗云在缩入云底时并无任何明显的变扁环可以辨出。

龙卷风出现时，所表现的漏斗云常常并不是只有一个。在同一时间，有时从同一块母云中，可以出现两个、三个、四个……甚至五六个漏斗云。两个漏斗云同时出现的情况，称为双龙卷。几个漏斗云同时出现时，它们常常并不是处于同一发展阶段。因此在一个漏斗云发展成熟时，相邻的漏斗云可能有的正处于下伸阶段，而有的已处于出现扁环缩回云底的阶段，另有一些在云底伸伸缩缩始终未能下垂到地上。

---

① 陆龙卷如经过雨后的草地，有时并无沙尘可被卷起，所以并无外层。

龙卷风绕着自己纵垂的轴转动时，大多数是按气旋式旋转的，但也有作反气旋式旋转的。芬雷(Finley)研究了550个龙卷风所造成的损失，发现其中有29个是具有反气旋式转动的涡旋，这是相当有趣的事。

二、龙卷风是在什么情况下形成的？

根据统计，龙卷风最常出现的月份是5月到9月，其中尤以5、6两月为多，在一天之中，龙卷风从下午1时到晚上9时最常出现，而尤其以下午3时到6时之间出现得最多。

按照发保许(E. J. Fawbush)和密勒(R. C. Miller)的研究(他们参看了许多龙卷风归纳了龙卷风出现时的特征)，发现如果天气图上的形势有下列特点，龙卷风最易于出现。

(一) 空气必须是对流性不稳定的。其具体条件是：

(1) 近地气层必须是潮湿的，比湿很大(可自地面图上看出)。

(2) 上空(可自700百帕图上看出)有一厚层干燥空气(相对湿度往往低于50%)，此干燥气层的底部常常有一个逆温层或稳定层(可自850百帕图上看出)，它覆于下面的潮湿空气之上。在干燥气层，气温直减率很大。温度随高度升高而降低的情况很显著。

(3) 从地面至少到8000米高处，气温随高度而改变的情况是属于条件性不稳定的。

(二) 在潮湿气层中水平方向水汽分布图上可以发现有一个很狭的"湿舌"或"露点脊"，且在湿舌的迎风一侧[此风指下述(三)中之风]等湿度线比较密集(此湿舌是指露点线或比湿线的湿舌)。

(三) 在对流层中部，即海拔3000米到6000米处，在水平方向有一股很窄的强风区，风速可超过35海里/小时。风向与其下之湿层中的湿舌轴之交角常很大。

(四) 产生龙卷的气柱必须被抬升到足够高度，使前述(一)中的对流性不稳定的潜能能充分发泄出来。这种抬升作用，常常是由于锋面、飑线或不稳定线造成的。自由对流高度约在650百帕面上。

例如，1951年5月17日在美国南部出现的一次龙卷风，其垂直剖面图、空气结构图及层结曲线图分别如图5、6、7所示。

图5中，实曲线为每隔10℃画一条的等温线；断曲线为等比湿线，其比湿分别等于每千克为1、2、4、6、8及10克表示；点曲线为每隔20%画一条的等相对湿度线。由此图中可以看出福斯华斯上空，500百帕面上相对湿度小于40%；700百帕面上相对湿度小于50%，可见有一个干燥气层存在。在1000百帕面上，比湿大于10克/千克，可见近地面有一潮湿气层。在900百帕到350百帕面之间，湿度向上减低得很快。但自地面到750百帕面左右，气温的直减率很小，在约3000米的高度中，气温只相差10℃以下，所以气层是十分稳定的。又从福斯华斯的西边看，断曲线比较密，可见比湿的梯度是很大的。比湿在900百帕面上下，在福斯华斯形成一个湿度脊或"湿舌[1]"。这一切都合乎上述诸条件。

图6是空气结构图，发保许和密勒将那天03Z(时间)的探测所得的空气结构特征线画在天气图底图上，就成为这样一张图。图中细线是700百帕面上和湿度为40%的等相对湿度线，在曲线中间，是相对湿度比40%更低的区域。这一条线可以指出高空干燥气层干燥

① 虽然相对湿度只有60%，但主要的是比湿大。

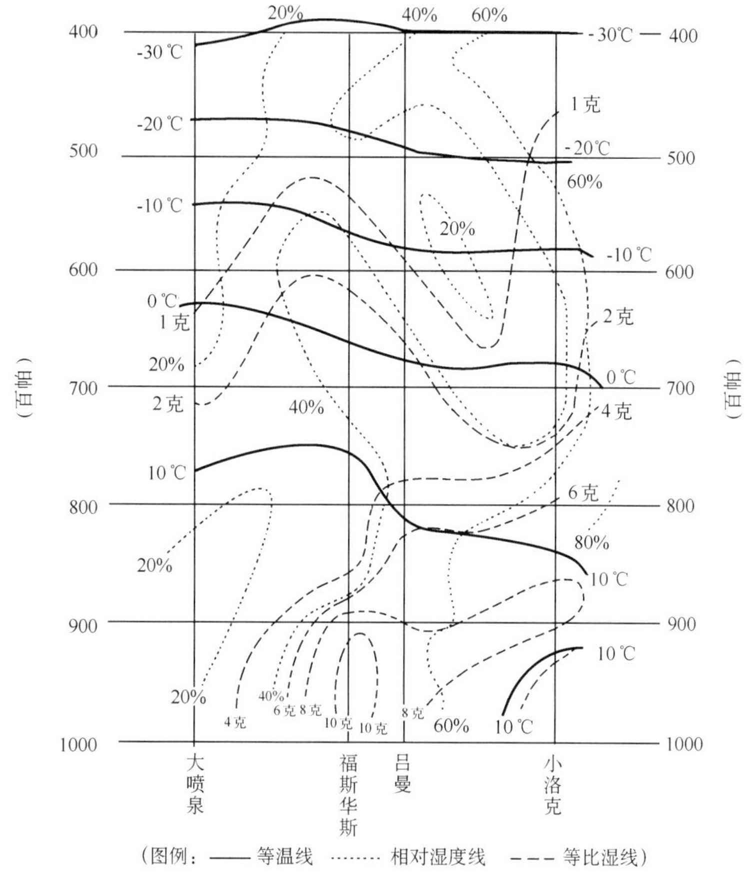

图5 垂直剖面图(1951年3月17日03Z)

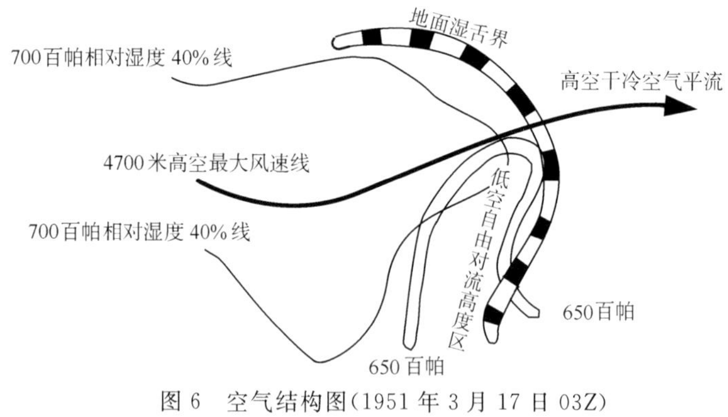

图6 空气结构图(1951年3月17日03Z)

的程度及干燥区的位置，粗曲线是高空最大风速线，它可指出干燥层移动的方向及速度，空心线是自由对流高度在650百帕面的等值线，在此空心线之范围内，自由对流高度均比650百帕面为低，即自由对流高度所在之等压面值比650百帕大。这空心线是可以指示自由对流高度很低的区域的。黑白间隔线是地面湿舌的脊线。

发保许和密勒根据图6并参考图上锋面的移动趋势，知道不久高空干燥气层将移到下面的潮湿层上空，换言之，40%的等相对湿度线所包围的一部分区域将重叠在湿舌脊及低自由对流高度区之上，而且不久冷锋前的飑线（一般存在于冷锋前30千米到160千米且常平行于冷锋）也将同时到达此重叠区，使气层抬升，不稳定能释出，形成龙卷风。龙卷风的产生区将是重叠区中空气受飑线影响之区，结果是大致符合的。

图7中，右首有圆圈的折线是气温层结曲线，左首有三角的折线是湿球温度的层结曲线，气温层结曲线上所标的数字是露点温度值。从图上可以看出，在850百帕面以下，空气是潮湿的，因为干湿球层结曲线是靠近的；在850百帕高度左右，气温层结曲线突然折向右上方，造成了一个逆温层，从露点值看，逆温层上湿度向上的递减率是很大的（露点从+9.4℃降到−1.2℃）。在逆温层以下，湿球温度与干球温度相差很大，可见相对湿度是很低的。但再从湿球温度层结曲线看来，在850百帕面以上虽然也略有左折的趋势，但折得尚不很厉害，可见绝对湿度的向上减小不及相对湿度来得厉害。又850百帕以上的高度，气温直减率是比较大的，在逆温层顶气温为15℃左右，但在500百帕高处气温已降到−17℃左右，即在3500米的高度差几乎差了32℃，可见气温直减率已接近了干绝热率了。可是在逆温层底以下的潮湿层次内，气温的直减率却很接近湿绝热率。但我们仍可以说，除逆温层外，整层空气是处于条件性不稳定的情况下。这一切，也都合乎发保许和密勒所提出的条件。

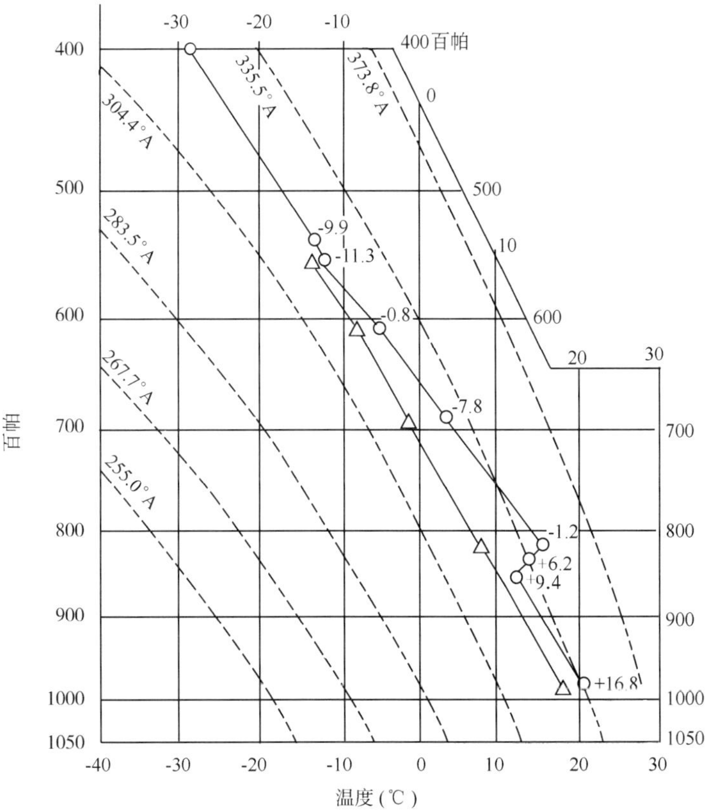

图7　层结曲线图(1951年3月17日15Z在路易斯安那)

这至少说明了发保许和密勒指出的有龙卷风产生时的天气条件，的确是有注意价值的。

三、龙卷风是怎样形成的

前苏联航空理论科学家茹可夫斯基在他所作的《航空理论基础》一书中，描写了一个人造龙卷风的实验，他在一个盛有水的大桶上，距水面约 3 米的高度，使一个直径为 1 米的宽轮子绕竖直线为轴而旋转，宽轮的轮辐是用一些宽板做成的。当宽轮在皮带的作用下转动时，宽板就带动空气旋转，空气一旋转，在空气旋转的中心，压力就下降，于是水桶的水就开始上升，不一会，水就形成水柱与宽轮相连，如图 8 所示。

从这个实验中，可以看出龙卷风形成时，通常是由于上空先存在有风的切变，造成气涡。而后再由地面上升起泥沙或水体造成的。

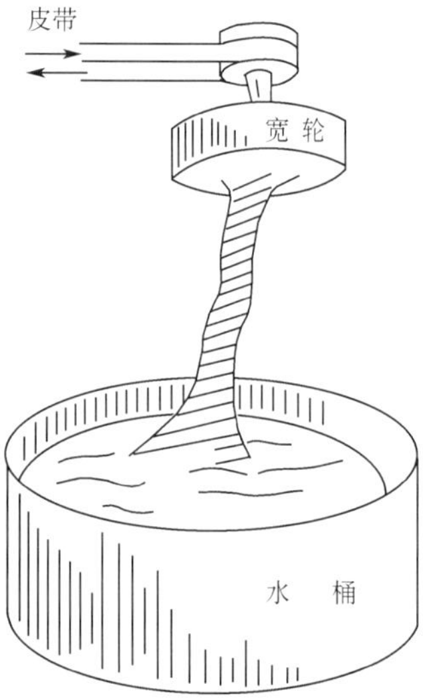

图 8 人造龙卷

但是上空的气涡是怎样形成的呢？由于龙卷风本身破坏力很强，而且出现得也很突然，出现时间又不长，出现地区又有很局部，所以还没有任何有关气涡形成的实际资料可以获得，但根据过去气象工作者的研究可以有下列几种形成方式：

第一种气涡是由云中升降气流形成的，其旋转轴呈水平状态，这种气涡出现在积雨云中或积雨云旁，他们是由于积雨云中或积雨云与云旁空气间，有着强烈的升降气流，上升气流与下降气流之间的切变如果十分猛烈，就会造成这种具有水平轴的气涡。不久，这种气涡沿轴的方向伸展，且轴的一端与另一端高低并不相同，较低的一端渐渐向下伸出云底呈漏斗状，如图 9 所示。

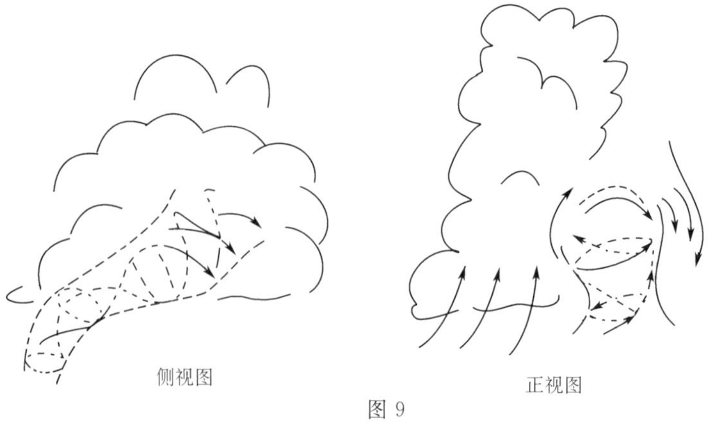

图 9

第二种气涡是这样形成的：气柱的对流不稳定性由于气柱的骤然抬高而发作，于是云中空气猛烈上升，云顶也很快向上伸展，四周空气向中心填补，造成气旋式的有着竖直轴的气涡，此气涡的轴向下伸展，不久就伸出云底，造成龙卷风。

第三种气涡，根据坦伯（Morris Tepper）的研究，是在两个气压骤跃线交点的轨迹线上形成的。什么叫气压骤跃线呢？它们是怎样生成的呢？原来冷锋前的暖云中的空气，常常有一个逆温层或稳定层存在，当冷锋突然加速时，就会将稳定的相邻部分突然冲击一下，形成一个气压骤跃波并离冷锋向前传播［如图 10(b)］，以后冷锋有减速了，于是就产生了气压下降波［如图 10(c)］，此波移动很快，所以不久就能追上气压骤跃波，并使气压骤跃波趋于平复。

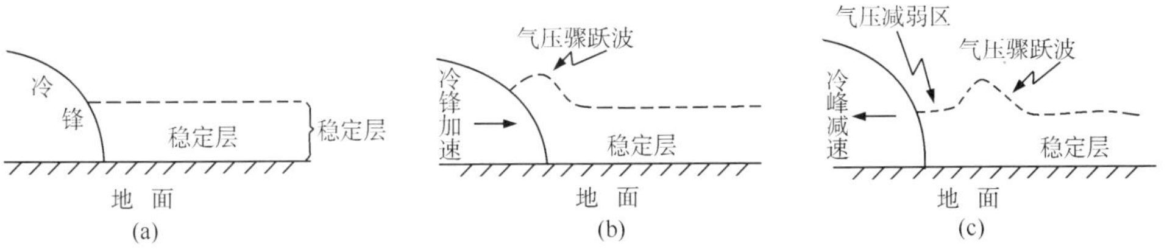

图 10　气压骤跃波之生成与消失

当气压骤跃波生成时，局部气压就骤升而造成局地大风，甚至发生阵雨及雷暴，如冷锋加速，则冷锋前将全线生成气压骤跃波，各波的波前，组成了一条线，即成为飑线①。如图 11 中，冷锋前各弧线就是各气压骤跃波的波前，波前的交点处即为“成飑点”，同一时刻相邻成飑点的连线，即形成飑线。

图 11　飑线的形成

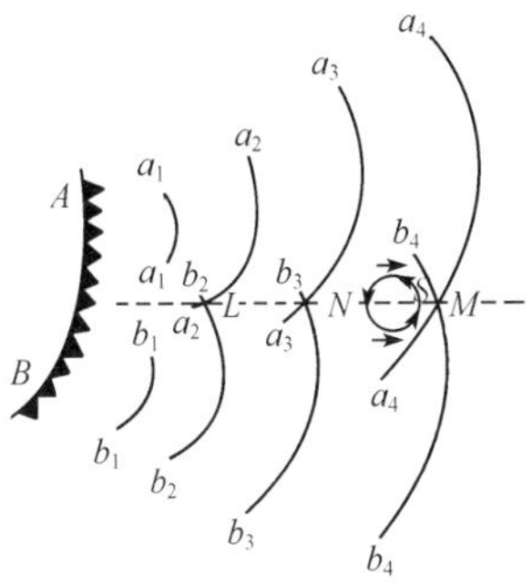

图 12　龙卷风之形成

但是有时冷锋并不是全线加速。它只在冷锋的某些弧立点加速，这样，气压骤跃波只能在冷锋的某些加速部分产生，凡是气压骤跃波到达的地方，都有气压骤升的现象。

设在冷锋上有 A、B 两处加速（如图 12），于是在该两处就分别产生气压骤跃波 a_1a_1 及 b_1b_1，以后气压骤跃波扩大，于是就互相发生接触，其接触之交点分别为 L、N、M 等，故 LNM 称为接触线，或气压骤跃波交点之轨迹线。在交点之轨迹线附近，以轨迹线为切变线，有着很强的风的切变。切变线的两侧，风速强度常有很大的差异，这就造成切变线上气涡的产生，如图 12 中的 S 处。坦伯认为这就是龙卷风的气涡的形成的原因之一，他曾研究 10 个龙卷风，将出现龙卷风前，天气图上各具有气压同时骤升现象的测站相连，做出两气压骤升的等时线，将它看做是气压骤跃线，研究气压骤跃线的移动，作出两气压骤压线之交点，及各连续时间之交点之轨迹，就发现有 5 次龙卷风是的确出现在这些交点的轨迹上的。

① 飑线为同一时刻诸相邻风速骤增点的连线。

龙卷风的气涡一经形成,就能带动其下空气迅速旋转,但是要是其下空气在竖直范围内全部旋转,必须其下空气有相当稳定性,这样就使湿空气的潜能不致零碎消耗尽了。等到旋转运动一产生,由于离心力的缘故,龙卷旋涡中心空气就变得稀薄,换言之就发生膨胀,使所含水汽发生凝结,这样一来,龙卷旋涡就由不可见而变为可见之漏斗状云,由于漩涡是自上向下伸展的。所以漏斗可见部分也是看来是云底下垂的,当然云中部分液体水被卷下垂的情况也是有的。以后漏斗云愈伸愈下,空气在中心周围上升,有一部分龙卷风的漏斗云更为明显。等到龙卷漏斗将要伸达地面时,地面上的沙尘、水体甚至被龙卷风破坏的物体都很快被上吸。而这种上吸作用,在很大程度上是由上空旋涡所致。

海尔姆霍尔兹在其所著的"论涡旋的运动"一文中曾证明了一个定理,根据这个定理,凡由涡旋沿轴延伸而成之涡管在同一流体中形成时,它的两端将互相连接起来。否则,涡管的两端将停止在流体的界面上。龙卷风的漏斗云本身就是由涡旋组成的空气涡管。所以它也有两段相互连接起来的趋向,但往往在未连接前,就已到达了流体的界面,即地面或水面,于是形成了"左""右"两个龙卷,右龙卷呈气旋式的旋转,左龙卷呈反气旋式旋转(见图13),这就是有的龙卷风呈反气旋式旋转的原因。按理,在任何有龙卷风时,应当是总有左右龙卷同时出现的。但是在北半球,由于风随高度通常是右旋性的,所以右龙卷风就比左龙卷风为常见。另一方面,由于近地面处空气摩擦作用常很盛,潮湿层的不稳定往往被零星地消耗了,此时龙卷就不能到达地面。

按照坦伯的气涡形成假说,坦伯认为左龙卷的形成是由于在气压骤跃线交点轨迹形成的切变线两侧风速的切变,正好与形成右龙卷的切变的方向相反而致,在右龙卷的情况下,切变线北的偏西风小于线南的偏西风,而在左龙卷的情况下,切变线南的偏西风小于线北的偏西风。

龙卷风的漏斗云并不一定出现在积雨云中,有时常常出现在积雨云旁的连接两高耸积雨云的云堤的底部(见图14)。

图13　左龙卷和右龙卷

图14　云堤的底部出现的龙卷风

出现龙卷风的所在,不限于冷锋前暖区中的飑线附近。它们也可以出现在冷锋上,在冷锋前部鼻子部分的下方是暖湿空气,其上方也是暖湿空气,只有鼻子本身是冷而干的空气。因此在鼻子与其下的暖空气间,气层构造呈不稳定状态,在鼻子与其上的暖空气间,气层构造十分稳定。不稳定空气由于不稳定能的释放,暖空气上腾,就会像气泡在水中上升般在冷空气组成的鼻子中上升,(如图15)于是在鼻子的这一部分,就会有气涡发生而造成龙卷。

但这样形成的龙卷事实上是很少有的。即使产生后也容易消失。

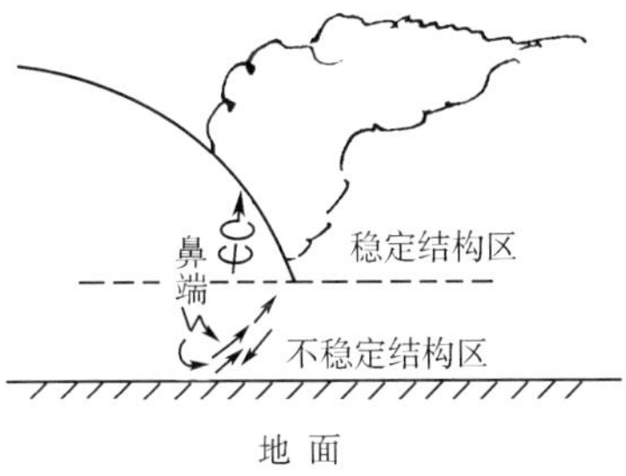

图 15　冷锋鼻端龙卷风之形成

另外在冷锋后及暖锋前的云中，也可有龙卷风的漏斗云下垂，只是由于其下方的空气是冷而干的空气，稳定性比较强，所以造成的龙卷风漏斗多不能下达地面，只能掠空而过与图 15 的情况相似。

龙卷风的气涡，主要是在云中或云的上部形成的，但是地面空气的增热，对于近地层潮湿空气不稳定能的释放是有利的，因此根据统计，龙卷风的出现常在地面蓄热比较多的下午 5 时到 6 时，不能说是偶然的。

西疆行

王鹏飞

才逐薰风出玉关，沙卷十丈畅旅颜。
迎车坎井来大漠，入望水蜃是遥天。
伯孜克里藏诸佛，阿斯塔那有墓缣。
隋绘羲娲惊隆鼻，矩规分执掰坤乾。
倭舞翁姥歌杜诗，“春望”双叠步蹒跚。
高昌颓垣挽逝国，葡萄丰沟尝新甜。
健足兴登苏公塔，惬意遍历吐鲁番。
更拟奋攀天山顶，冰川雪莲仔细看。

（摘自《天风海涛集》）

冰雹云移动规律初探①

我们知道,世界上一成不变的东西是没有的。一切都依条件、地方和时间为转移。“雹走老路”的说法,目前在农业大发展,土地需要充分利用的场合下,不能满足要求了。在山区,冰雹虽然有走老路的趋势,但是在老路中有变化。例如,甘肃群众就曾指出冰雹不是完全走老路,有些年份打山坡。有些年份却打川地。在平原地区,冰雹移动路径更比山区变动得厉害。

一、冰雹移向和天气形势②

在县站除了分析简易天气图外,要细致分析天气形势,目前是不现实的,因此这一部分是分析简易天气图所得。由于出现冰雹的天气形势是多样化的,而简易天气图又比较简略,所以并不能将一切产生冰雹的形势全归纳进来。仅能根据我们在江苏省响水县分析的结果加以讨论,所用的是早上的一次抄收省台广播的简易天气图。

根据分析,大多数的冰雹移向是与冷锋移动方向大体一致。但是有一些冰雹,其移向与冷锋移动方向出入很大,根据现象是本质的显现,我们对于不一致的情况曾作进一步的追索,发现有下面一些情况:

1. 事先虽有冷锋,但在苏北有一条暖锋切变,冰雹不形成于冷锋上而却形成于暖锋切变上(如 1965 年 5 月 19 日)。

2. 眼看冷锋即将下来,可是冰雹却出现于冷锋以前的西南气流中(如 1972 年 6 月 14 日)。

可见这些冰雹云并不是受冷锋气流控制的。

我们还观测到,虽然雹云初到时,可以看出它来自何方。但在它们大片移来,在几方面包围观测站后,当时由于云层密布云块翻动,雷声从观测站各个方向均起,就分不清雹云单体的分界,在此情况下就易于误将不同单体由于发展阶段不同而先后发生的冰雹,在事后调查时,按冰雹出现时间先后,错误地归纳到一条冰雹路径中去。例如在图 1 中,在雹云范围线中隐藏了三个单体。各单体下雹时间分别为14:00、14:16、14:30。由于下雹时间通常仅几分钟,所以按下雹的先后,就易于误认为冰雹路径是自东北走向西南,与冷锋移动的方向不一致。这种情况,平原地区较为多见,山区也有可能。

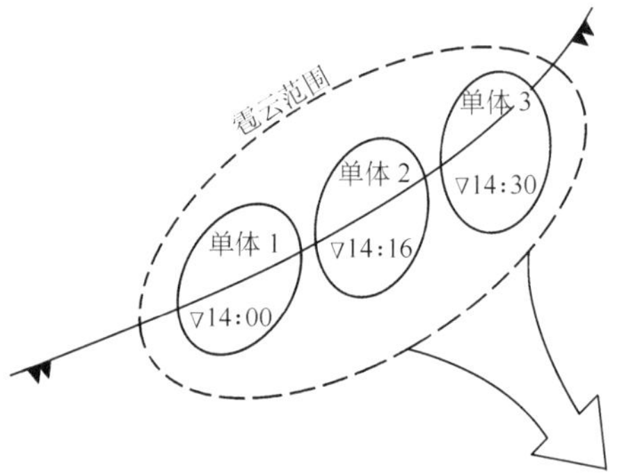

图 1

① 本文曾刊于《全国人工降水、防雹科技座谈会综合报告选编》1973 年。

② 冰雹移向还受地形约束,这在“二”中说明,这里暂假定无地形影响。

为避免分析雹路时的错误，最好将冰雹出现时间与雹云整体移动的观测相结合，或借助于雷达观测回波单体的移动方向，以纠正事后的调查。

除此以外，根据雷达回波的观测，在冷锋附近，往往是“回波源”发生区，这些“回波源”，其移动方向与冷锋移动大体一致。但是当回波源发展为回波单体后，其移动就大体受 700 百帕的气流所控制（上海中心台曾指出当高空风较大时，单体回波移向基本上与 700 百帕—500 百帕风向吻合）。在冷锋上空的 700 百帕气流往往是从西南移向东北的，因此冰雹单体也有自西南移向东北的趋向，在移动过程中，单体由不断发展强大到以后衰亡，在发展过程中，如出现冰雹，则冰雹路径也往往的确有自西南移向东北的。

我们分析历年 6 月的响水简易天气图。虽然发现绝大多数冰雹与锋面有关，但也存在气团型冰雹天气。大体 6 月上旬多锋面型冰雹天气，而 6 月下旬开始，就多气团冰雹天气了。在锋面型冰雹天气中，以冷锋型冰雹天气为主，暖锋型冰雹天气很少，且多由暖锋切变转变而来（1969 年 5 月 9 日）。在气团型冰雹天气中，有的与暖锋切变有关，有的与气流辐合有关，有的与温度平流有关。一般说来，冰雹云发展的垂直厚度较大，所以大体按高空风的去向而移动，但冰雹的产生，还与山区地面或冷锋等抬升作用有关。关于各种冰雹天气与冰雹路径的关系，大体如下：

1. 冷锋与冰雹移向

绝大多数冰雹与冷锋有关，冷锋冰雹可分为前倾槽与后倾槽两种类型。

（1）前倾槽型　即高空槽位于地面冷锋之前（1966 年 6 月 3 日、1970 年 6 月 3 日、1972 年 6 月 11 日）如图 2，这可以分为两种情况：

第一种是在冷锋前高空槽后的区域，在那里，地面为西南气流，属暖平流；高空为西北气流，属冷平流，上变冷、下变暖，空气不稳定，易于发生雷暴或冰雹。这种冰雹属“暖区冰雹”或“飑线冰雹”。由于在那些地方，高空为西北气流，所以回波单体也应自西北向东南移动，这就决定了冰雹移向是移向东南的，如 1970 年 6 月 3 日移向就是如此。

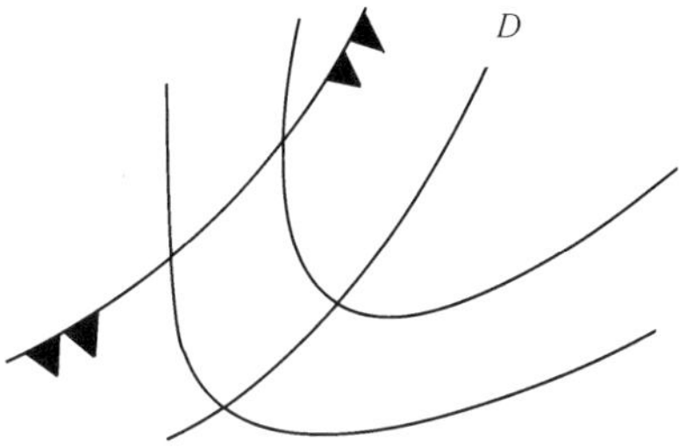

图 2

第二种是在冷锋上或冷锋后的区域。在那里，地面和高空都是偏西北气流。当高空冷平流比地面大时，也能造成不稳定层结，形成冰雹。在冷锋上的称为“冷锋冰雹”，在冷锋后的，称为“锋后冰雹”或“副冷锋冰雹”。在这种情况下，因为高空地面都一致是西北气流，所以回波也应自西北移向东南使冰雹云向东南移动。

（2）后倾槽型　即高空槽位于地面冷锋之后（1966 年 6 月 8 日、1969 年 6 月 17 日、1972 年 6 月 14 日）如图 3 及图 4。这可以分为下面几种情况：

① 一般型（见图 3）：在槽与锋之间的地区，地面为冷平流（北或西北气流），高空为暖平流（西南气流），空气层结比较稳定，一般当不致产生冰雹。但如锋后的 700 百帕槽线与锋很贴近（我们在响水县的经验是，在 6 月上中旬，当天早上简易天气图上，如响水天气上游 55 个纬距以内有冷锋存在，而冷锋与其后的高空槽在地面投影之距小于 4 个纬距，往往有冰雹出现）则说明冷锋很陡。这种坡度很陡的冷锋，当其前方有十分暖湿的空气时，能剧烈抬升暖湿空气，从而往往能导致冰雹天气。由于冷锋急剧向东南下来，回波源也很快移向东南。

如回波发展为成熟单体很快，则冰雹路径基本也应与冷锋移向一致，若回波源发展为成熟单体较慢，则在单体成熟时。基本上沿上空风而移动，冰雹移向就有随700百帕高空风而自西南向东北移动之势。

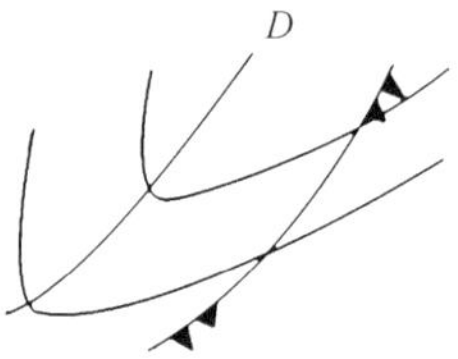

图 3

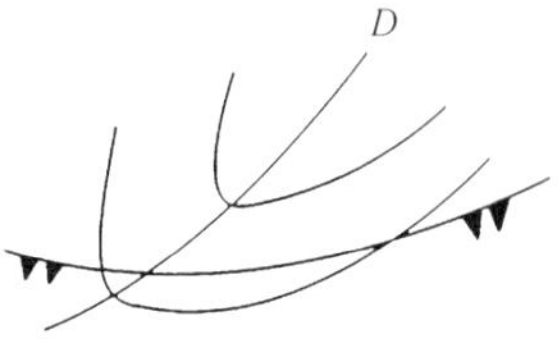

图 4

② 横锋型(见图 4)：在这种情况下，暖空气有明显的沿冷锋滑上现象，这时若暖空气处于潮湿不稳定状态，当升到锋面上坡度特殊陡的地区，因冷锋抬升和暖空气滑上的联合作用，易于形成冰雹天气。这时由于暖空气滑升较为主动，所以冰雹移向就很可能按高空气流而自西南移向东北。

2. 暖锋与冰雹移向

这种情况较少(1969 年 5 月 9 日)，这种暖锋很可能是由暖锋切变转变过来的(见图 5)，若沿锋面上升的暖空气属于条件性不稳定或对流性不稳定，则在升到锋面坡度较陡的一些地方，就能强烈发展对流，严重的会出现冰雹。由于这时空气是自西南向东北滑升的，所以出现的冰雹往往由西南移向东北。

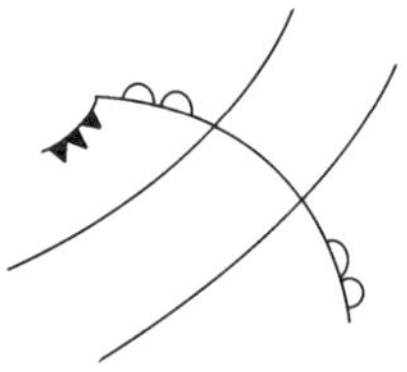
图 5

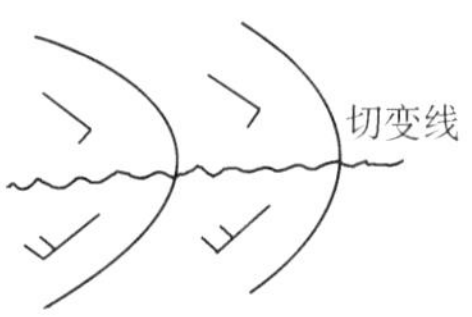

图 6

3. 暖锋切变与冰雹移向

这种情况时有出现(1965 年 5 月 19 日)，在暖锋切变处(见图 6)，切变线以南为西南风，风力较强，切变线以北为东南风，风力较弱，有时在 700 百帕面也有这种切变，于是在切变处就有空气辐合上升。由于切变南侧的风吹向东北方，并驾凌于切变北侧的风以上，故辐合而形成的冰雹云必然也有自西南移向东北之势。这里必须指出的是，要使暖锋切变上出现冰雹，必须切变南侧空气比较暖湿。

4. 副高西北侧槽前气流辐合区与冰雹移向

这种情况响水在 6 月下旬及 7 月出现较多(1971 年 6 月 22 日及 1971 年 6 月 20 日)，因为那时，由于副高边缘已稍向北推进，槽线偏北。所以在响水一带处于槽前偏西南气流的辐合地区(参看图 7 中 *A* 处)。

当然，为了要造成冰雹，西南气流必须比较暖湿，但过分暖湿，由于云中 0℃线过高、小冰雹又难以重复上升到云内冰雹形成区(0～－20℃区)进一步增大，所以往往反而不可能形成冰雹而仅能形成雷雨，如果分析响水 6 月及 7 月分简易天气形势图中的雷暴形势，可以发现很多雷暴也是具有这种形势的(如 1971 年 6 月 27 日、1971 年 6 月 28 日、1971 年 6 月 30 日等)。这种形势下出现的冰雹，常局限于辐合强烈区，并每随辐合区的移动而移动(辐合区的变动则看北边的槽的移动及南边的

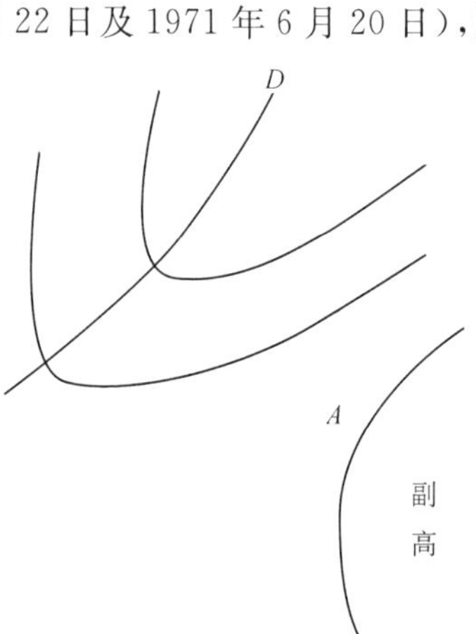

图 7

副高进退和强度变化而异)。当然一般则是自西南向东北移动的。

5. 高空冷平流和冰雹移向

这主要是指在没有锋面抬升的情况下,由高空冷平流所造成的不稳定(如 1964 年 6 月 5 日、1970 年 6 月 12 日)而导致的冰雹(参看图 8。)图中的低槽是沿海大槽,这种槽在初夏往往可以维持较久。它导引了高空偏北的冷平流的南下,图中 A 处为锋前地面西南气流盛行区,因此地面是暖平流。这种地面暖平流与高空冷平流相配合,更有助于造成 A 处天气的不稳定性。

当然,在大气温湿条件不足和过渡的情况下,也仅能造成雷暴,如 1967 年 6 月 4 日、1967 年 6 月 14 日、1970 年 6 月 4 日(此三天形势均如图 9)、1968 年 6 月 17 日(图 10),图 9 和图 10 均为沿海槽型,可见沿海槽导致的冷平流虽有助于不稳定的加强,但不一定下冰雹,总的情况还要看大气的温湿层结。如果在此形势下出现了冰雹云,那么在 A 处由于高空气流偏于北或西北而来,冰雹移向也应当从西北或偏北移向南或东南。1964 年 6 月 5 日及 1970 年 6 月 12 日就是如此。

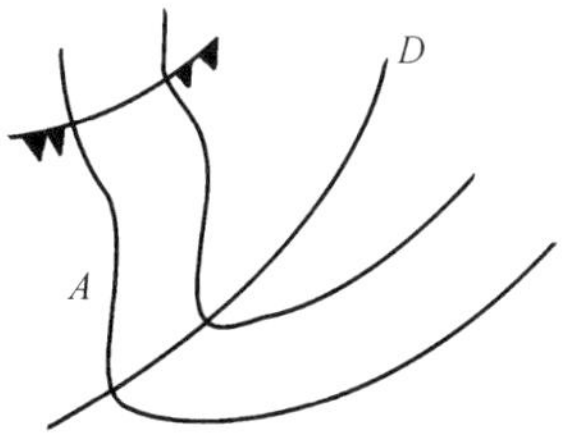

图 8

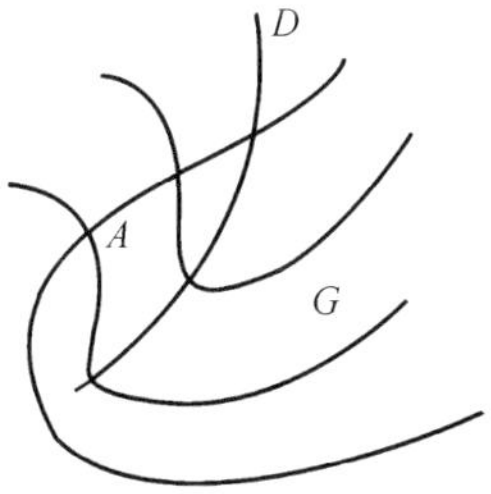

图 9

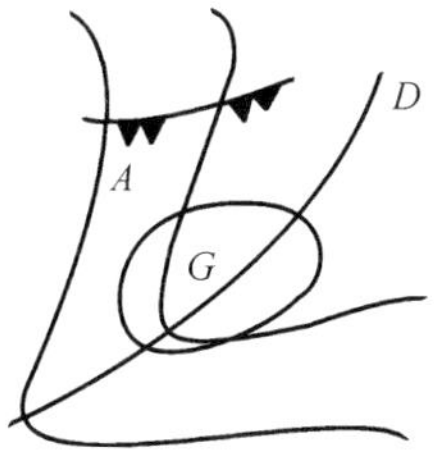

图 10

有些局地高空冷平流能造成局地性冰雹。如将上面 1、2 两项称为锋面型,3、4、5 三项称为气团型,则可归纳为下表:

表 1　天气形势和冰雹移向

<table>
<tr><td rowspan="6">锋面型冰雹</td><td rowspan="5">冷锋型</td><td rowspan="2">前倾槽型</td><td colspan="2">暖区冰雹</td><td>移向:西北→东南</td></tr>
<tr><td colspan="2">锋上及锋后冰雹</td><td>移向:西北→东南</td></tr>
<tr><td rowspan="3">后倾槽型</td><td rowspan="2">一般型</td><td>回波源发展快</td><td>移向:西南→东北</td></tr>
<tr><td>回波源发展慢</td><td>移向:大多为西南→东北</td></tr>
<tr><td colspan="2">横锋型</td><td>移向:西南→东北</td></tr>
<tr><td colspan="4">暖锋型</td><td>移向:西南→东北</td></tr>
<tr><td rowspan="4">气团型冰雹</td><td colspan="4">暖锋切变型</td><td>移向:西南→东北</td></tr>
<tr><td colspan="4">副高西北侧槽前辐合型</td><td>移向:局地
随辐合区移动
西南→东北</td></tr>
<tr><td colspan="4">沿海槽</td><td>移向:西北→东南</td></tr>
<tr><td colspan="4">局地冷平流</td><td>移向:局地</td></tr>
</table>

注:上表末项"移向"中:西北→东南,包括偏北→偏南;西南→东北,包括偏南→偏北

在上表中,冰雹移向基本分西北→东南,西南→东北,局地三类,事实上冰雹移向远较这三种情况为复杂,例如自东北→西南,自东南→西北,自偏南→偏北等,但这些多与其他条件如地形等有关,留待以后再谈。

由于冰雹移向属小尺度问题,而天气形势往往所取尺度较大,所以上表中天气系统移动与冰雹移向往往不一致,这是不足为奇的。

有时,由于天气系统的结构在各部分不一致,例如北部为后倾槽、南部为前倾槽,则南北的冰雹云移向就会不同,出现北部移向为西南→东北,南部为西北→东南的不一致现象(见图 11)。而且,一般天气系统的结构,在移动和发展时,常会有所变动,例如前倾槽型冷锋变为后倾槽型冷锋,于是冰雹移向也会有相应的变化,原为西北向东南的移向变为由西南向东北移向,这些也是不足为奇的。关于冰雹移向在同一次冰雹天气中转向,有淮阴地区气象台 1965 年总结所指出的沭阳 1965 年 9 月 15 日冰雹的例子。

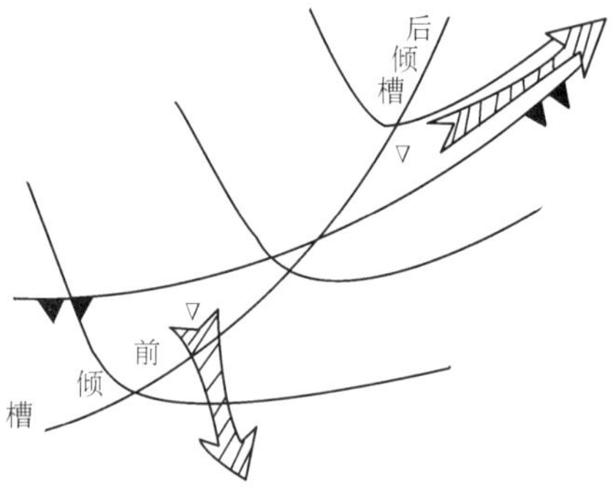

图 11

二、山区地形对冰雹移动的影响

冰雹在云中哪一部位产生要看当时具体情况而异,通常大冰雹是在云中冰雹形成区(0～－20℃之间)的上升气流较强地带附近产生。而上升气流虽然大多偏于雹云单体的前部,并随着高度而向雹云中部、后部伸展。但它的强度及范围还与冰雹单体发展阶段有关。此外,雹云所经过的地面的动力作用(如山脉)和热力作用也影响雹云单体内的上升气流。而雹云单体后部的下沉气流的性质,也与其前方上升气流的强弱有相反相成的关系。上升气流的水汽供应充足,能促使上升气流加强,云底的气流辐合与云顶的气流辐散更有助于单体发展,并加强上升气流。挟卷作用有利于减弱上升气流。这一系列的因素都影响着冰雹云中冰雹在单体内产生的部位。因此,虽然冰雹往往在云中单体前右方出现较多,但随着地面条件的不同,它往往还具有一定的随机性。

例如 1962 年 7 月 21 日在响水出现一次冰雹,那次冰雹在下午 14 时以后在陈港、双港、南河、康庄、滨淮等公社都下了,地面积冰有撒种厚,而在这天上午 10 时半到 11 时,在泰山顶上也出现了冰雹,根据当时中国科学院地物所的观测,在单体的右后方、左后方、右侧边缘区、中间偏右部位都出现过冰雹,在相隔 300～400 米三个站,也不一定同时降雹。说明在同一单体中,降雹区的分布是不连续的,这种现象说明地形与冰雹移动的关系很大。在山区,就平均情况来说,似乎雹走老路,但就每一次降雹情况看,它具有其特殊性,在似乎不变中有变化。因此有必要研究山区地形对冰雹移动的影响。

山区地形对冰雹移动的影响主要是:约束作用、冲抬作用、热力作用、背风坡波作用等。

1. 约束作用 山脉对冰雹移动的约束作用表现在它能促使雹云受山谷走向的约束,并出现“分路”和“合并”等现象。我们知道山脉的走向是一定的,而冰雹云的来向是有变化的,山脉能强令来向变化的冰雹云大体沿山谷移动。在山区,所以有“雹走老路”的说法,就与这种约束作用有关。为什么冰雹会在山脉中受约束呢？这是因为在山区，冰雹云中下沉气流较冷较重，总是要避开山脊选择谷地前进的，这样其动能才不致因位能增大而大量减小，因而就会插入谷地空气中，使谷地的空气上升，所形成的云体也就主要位于谷地上空。雹云前部发展的云体即大部位于谷地上空，所以雹云就表现出沿谷地移动的现象，这在山口尤为明显。因此在山区，人们都有冰雹云常从山口进入的经验，例如甘肃岷县西部，冰雹往往由蒲麻河红鸽山方面入口。冰雹沿山谷河川移动的例子很多，根据湖南邵阳地区冰雹联合调查组的调查，邵阳地区冰雹移动方向较为复杂，但“一般是与河流山脉的走向大体一致的”。在岷县有一条洮河，洮河源于青海，自西北偏西方来，在岷县西部又转向西北，最后汇入黄河。这种转向当然与山谷走向有关。雹云自西北方来，就会在洮河上下游双方沿河谷过来，在转向处会合，从而使崖寺、西江、西寨等处冰雹较多，这些都证明了冰雹有受山谷约束的趋势。

既然冰雹云有沿谷移动现象，所以在谷道“分叉”或“合并”的地方，就会出现冰雹云的“分云”和“接云”现象（见图12）。一般情况下，分云是冰雹减弱的表现，接云是冰雹加强的表现，这是因为在接云时，相邻的云中下沉气流会使其间的上升气流加强，促使云合并和发展（见图13）。

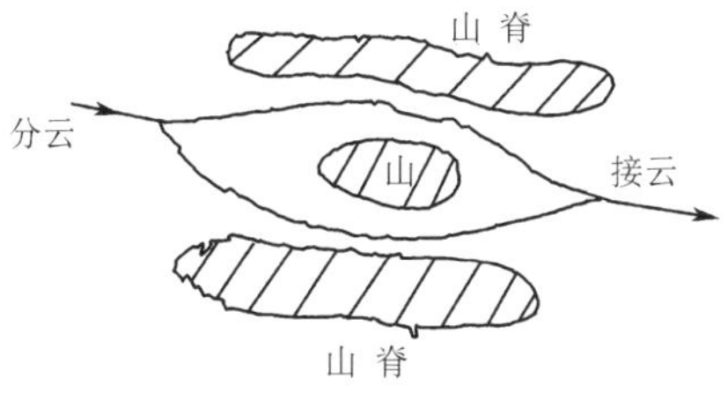

图 12

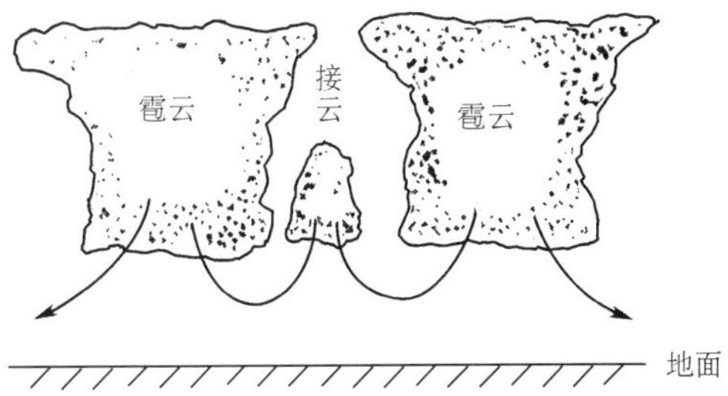

图 13

在同一谷道中，由于空气入口方向不同，雹云移动方向有时也会有相应的改变。例如在祁连山，一般冷空气自西北来，冰雹云也来自西北，并沿谷道向东南前进，但如冷空气自北方贺兰山一带南下，并向西北方向倒灌入祁连山，则冰雹云在祁连山东段也可沿谷道向西北挺进。

山脉对冰雹虽有约束其沿谷移动的作用，但是由于作为抬举力的冷空气往往来向不同，强度也有差异，而同一谷道的各部分空气的热力性质也有不同，因此具体的冰雹云沿哪一些谷道移动，或者在谷道的哪一侧移动，还是每次有所不同的。此外，强烈的冰雹云可以超越山谷的约束作用而漫过山脊及山峰而移动，例如在甘肃永登，当雹云弱时，往往在标杆山后面掠过，向大有公社那边过去，而在冰雹云强时，则可越过标杆山而进入缸子沟峡门地区。

2. 冲抬作用　冰雹云虽然一般沿山谷移动，但是在山谷中并不都是下冰雹的，除非当雹云原始移动的动能足够强大时，才能受山区地形所抬而加强下雹。如果原始雹云移动的动能不强，就无力受地形抬升，只能沿山谷而行。要使这种移动的动能较弱的冰雹云抬升，必须加大其动能。在山区，地形有两种增大雹云移动的作用，一种是下坡作用，一种是狭管作用。

我国地势西北高东南低,冷空气由西北来,居高临下,具有下坡作用,而有些山脉走向,如祁连山脉、巴颜喀拉山脉、唐古拉山脉等等,也是自西北走向东南的,沿这些山脉的谷道向东南下来的雹云,在下坡作用下,就有增大动能的作用,当然一般山脉的背风下坡谷道(如涞源县位于太行山的背风下坡谷道上)也有增大动能的效应,这也是下坡作用。

在山脉间的谷道,往往因山脉趋近而谷道变狭。由于狭管作用,冰雹云移动的速度也会加快,从而造成动能的加大。

一般雹云有避免上坡的趋向,但一旦其动能增大了,就有上坡的可能。这当然要有坡可上。例如在谷道中段出现高山阻挡,雹云就能被迫抬升,涞源的冰雹就与此有关。根据河北气象局涞源县冰雹考察报告(1961 年),涞源县冰雹较重地区在艾河地区,地形如下图(图 14)。由图可以看出,涞源县冰雹地势是西北高东南低,具有下坡作用,又甸子梁和太白山呈向西北开口的喇叭管,有狭管作用,这两种作用结合起来,使雹云的移动动能大大加强,在雹云自西北山西灵丘方面向东南下来时,就有足够能量冲上轱辘仓,发展上升气流,并在山后艾河地区出现冰雹,下坡作用用图 15 表示更是明显。在涞源县天气上游的灵丘县,也是多雹地区之一,据 1967 年灵丘人工消雹领导小组的人工消雹材料及 1970 年灵丘史庄公社革委会总结材料,都指出:"两臂群峰,自成风道","地势从西北向东南倾……每年夏秋往常有小股空气,从西北喇叭形山谷入侵……",与该地区的冰雹形成有关。

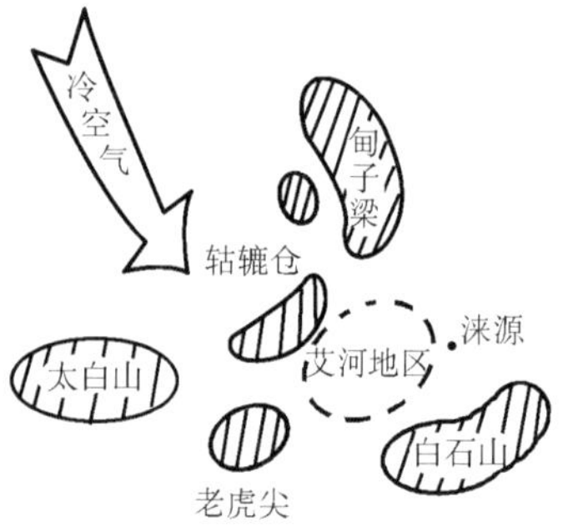

图 14

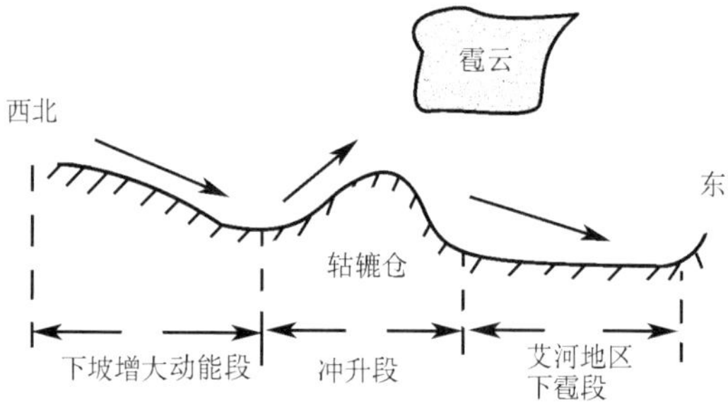

图 15

总之,在谷道两侧,如山脉逼锈,呈喇叭形入口,加之地势下坡,就会增大空气动能,在那些地方如果有高山挡峙,固然有利于冲抬作用,形成雹云。若无高山挡峙,而却有谷道急转,也能造成空气上升,有利于促使冰雹的产生,如图 16 所示。例如在青藏高原有巴颜喀拉山、唐古拉山等自偏西北方向过来,到高原边缘,与横断山脉相接处,即出现谷道急转变为近西北偏北方向过来,那些地区也就多雹。

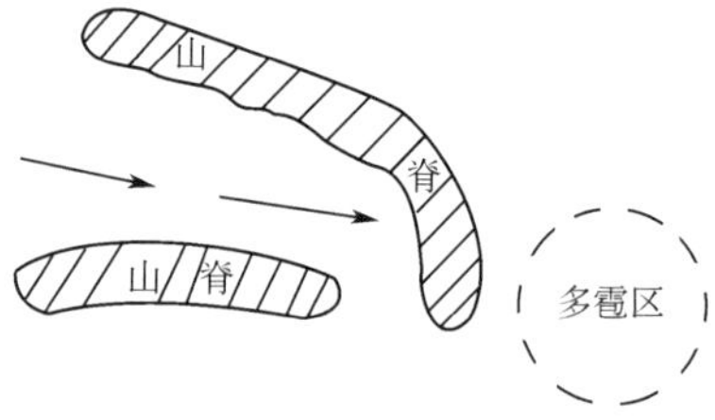

图 16

这些地方,如雹云发展壮大,就会向上游即山的迎风坡发展,形成雹云"杀回马枪"势,并可能与上游的云相接,形成"接云"现象,产生大雹。这种向上游发展的现象,与雹云后部下沉气流抬升有关。

另一方面,在谷道窄口的下风方,若谷道突然加宽，气流减速，于是在窄口加速的空气，就能被其前方突然移速减慢的空气所阻，造成空气的辐合上升，也能加强雹云的发展。

大地形的喇叭口，也往往有助于大规模冷空气（冷锋）的加速，并形成冰雹的发展。例如在内蒙古的集宁到多伦一带，正是阴山与大兴安岭组成的喇叭口底，正面有山脉挡峙，如图 18 所示。因此是一个多雹地区，1972 年 5 月 25 日，康保曾出现一次大冰雹，雹块积地 10 厘米以上，附近的察右前旗也是一个多雹地带。再如甘肃陇西地区天水、会宁、平凉、华亭、庄浪、清水等地，以及陕西陇县等地，正是祁连山与贺兰山、六盘山的喇叭口底，正面有西秦岭挡峙，也是一个多雹地区（见图 17）。

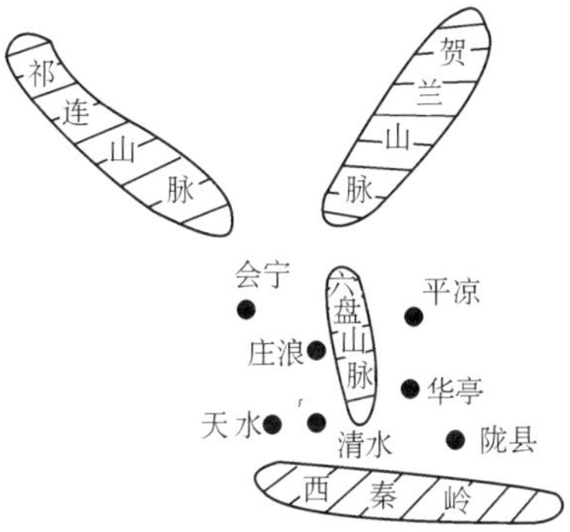

图 17

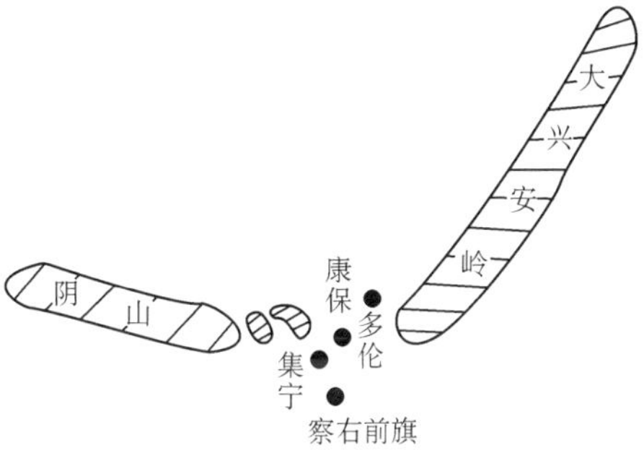

图 18

有时狭管效应是由天气系统和山脉结合而成，如图 19 所示。这时随着天气系统的发展及移动，在移动中不断与不同山脊组成狭管或气流辐合地带，这种冲抬作用就比单纯的谷道狭管作用更为复杂，就以低槽与地形形成的狭管作用来谈，由于槽线各次走向不同，槽后冷空气强度也各次不同，因而就会破坏“雹走老路”的现象，使冰雹路线与经常的路径有所出入，甚至出入很大。

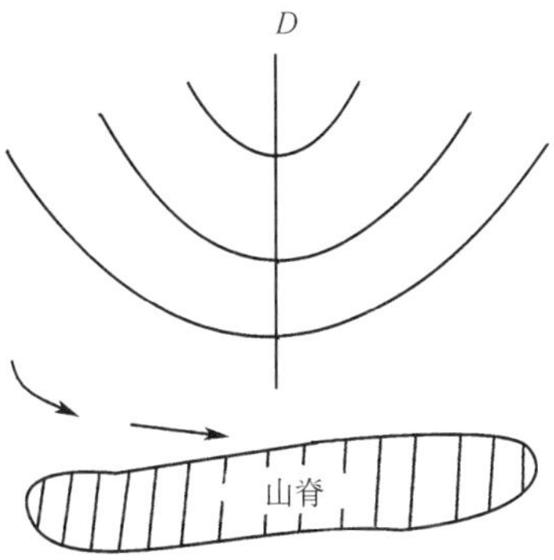

图 19

随着气流方向的不同，即使单纯的地形造成的下坡作用及狭管作用，其下坡区及狭管入口区也会有所变化，往往当气流方向相反时，原来的下坡区会成为上坡区，原来的上坡区会变为下坡区，原来狭管入口区变为出口区，原来狭管出口区会成为入口区，这样冰雹分布也会发生很大变化，此外，冲抬作用要产生冰雹还要看所抬升的空气的热力条件，因此就更使山区冰雹路径不是完全固定不变了。

3. 热力作用 山区的地形是比较固定的因素，除发生地震、山崩及人力爆破等处，一般在短年代中，不会有多大变化。但是它们的热力情况，却变化很大，例如夏半年中，草木由初生到繁茂，再由繁茂到凋落，川地、坡地作物的生长和收割，雨水和高山积雪的多少与分布等均有很大变化。这就造成地面热力状况的很大差异，即使在同一天中，山区的热力情况和水分分布也有很大出入。例如．由于山峰的互相掩蔽，使背阴区与向阳区的分布在一天内当太阳方位及高度角变化中有不断变化；由于山坡各处坡度不同，同一时间接受的太阳辐射强度也是各异的；由于迎风及背风的不同，山区的降水的局地性变化也比较明显。

冲抬条件固然有利于降雹，但是具体是否降雹，还要看被抬升的空气及热力性质是否有利于降雹。山区地面的热力性质既然如此复杂，其各处空气的热力性质自然也有不同，因此同一冲抬作用，可以在一处造成降雹，而在另一处，由于被抬升的空气热力条件不足而不降雹，这样就会造成冰雹的跳跃性下降（当然冰雹的跳跃并不完全由于这种热力作用使然）。

关于热力作用影响山区降雹，也有一些规律可找。

一般说来，在高原或山脉的南坡，比较易于降雹，这是因为南坡是向阳坡，坡面的倾斜会造成日射强度较大（比北坡及平地面为大）（见图20）。图中 A 及 B 为同样横截面的太阳辐射，分布在南坡的范围（cd）比分布在平地面的范围（ef 及 gh）和分布在北坡的范围（ab）都小，因此南坡接受到的日射强度最大。这样，南坡地面下午的增热也就较快，从而造成南坡空气的热力不稳定性。一旦有冷空气下来，一方面凭借其下坡动能的加大造成强烈的冲击抬升作用，一方面由于被抬升的空气具有较不稳定的特性，就容易降雹。内蒙古的南部（如伊克昭盟）、陕西北部、甘肃岷县阎井公社八郎地区等地的降雹，多位于高原或山坡的南坡，就与此有关。

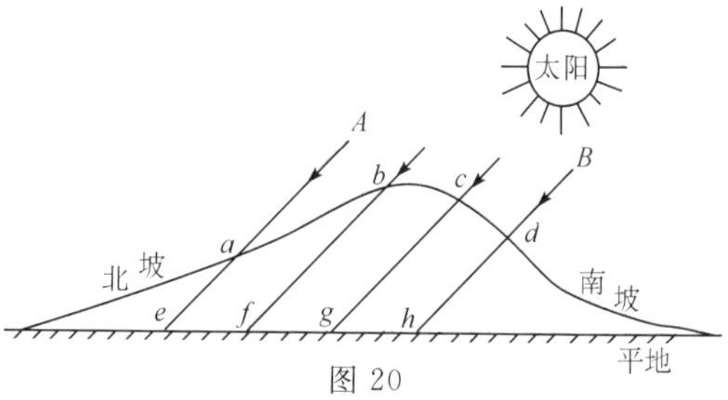

图20

还有一种山区热力作用，能形成冰雹，那就是高度达四五千米的高原地区，由于空气稀薄而且在春季夜间持续时间尚长，所以夜间往往辐射特盛，地面空气冷却很厉害，在春季，由于盛行风的原故，这些冷空气在移出高原后，在高原下风方的上空就形成高空冷平流，在高空冷平流所到之处，整层空气的不稳定性就加强了，从而就有可能出现冰雹天气，例如西藏高原春季往往能供应夜间冷却的高空冷空气，这些冷空气在南支急流的影响下移到高原东边的川、湘地区上空，往往形成冰雹，这是兰州地物所同志指出的①。

在西南地区，横断山脉的狭谷地带，山高谷深，山顶终年积雪，夏季山谷向阳坡较暖，但山顶融雪，由于融雪要吸收热量，温度下降，于是就有冷空气下坡，造成下午山坡空气的极端不稳定，最后就可能形成冰雹。例如在四川的冕宁，其北面有终年积雪的大雪山耸峙，云南的鹤庆，其北面有顶部白雪皑皑四时不化的玉龙山屹立，它们的地理条件相仿，因而都是多雹地区。在甘肃永登和天祝藏族自治县一带冰雹也多，这一方面与那里正是山脉谷道急转有关，但也与白疙瘩山和毛毛山来云相接有关，白疙瘩山和毛毛山都是比较高的，海拔在4000米以上。但是它们代表两种不同的起雹云的机制。白疙瘩山山上草木很少，怪石嶙峋，每当日射强烈，温度升高，由于与周围同高度的大气温度相比，温度对比很大，所以对流特盛。从海拔三千六七百米高的“前马龙山”顶遥望，在上午十一十二时，就能在晴日看到白疙瘩山顶上空出云。这种成云机制，主要由山石强烈使空气加热造成不稳定性所致。毛毛山是山顶经常积雪的，融雪所成的冷空气与山坡加热空

① 《中国降雹的气候特征》中国科学院兰州地物所，刘全根、汤懋苍。

气也能造成空气上冷下热的不稳定，并产生对流的云。当北方或西方有冷空气袭来时，此两山的雹云向东向南下来，一旦相接，就会下起雹来，往往由于接云位置有所不同，下雹区域也会有所改变。

山区多地方性风，如山风和谷风，它们是热力作用所造成的，在一些“山结区”(由某一高山出发，向四面八方有山脊伸展的地方，因为好像绳子打结，所以可以称为“山结区”)，由于山脊之间都有山谷。所以白天往往有谷风自四面向山结处吹，抬升成云，并在山顶相接，使山顶成为接云区，上升气流较强，那时如有冷空气从西北移来，进一步抬升，就易于形成冰雹，例如甘肃岷县的黄金山，就处于山结区(见图 21)，因而多雹。

有些山谷，谷道向海(或湖)，当冷空气下坡时，正值午后，或傍晚，那时由于热力作用造成的海风较盛，冷空气就以较大的下坡动力作用将较湿的海风抬升起来，也可能成雹。例如，江苏和山东接界的沿海区，正是沂蒙山区东缘，有些谷口向海，也多冰雹。由于海面热力作用较弱，冰雹往往沿海而行，例如 1972 年 6 月 11 日赣榆的一次冰雹就是先自日照方向由东北沿海边向西南移动，然后再转向，自西北向东南推移，这种自东北向西南方向移动的冰雹，一般也是少见的。

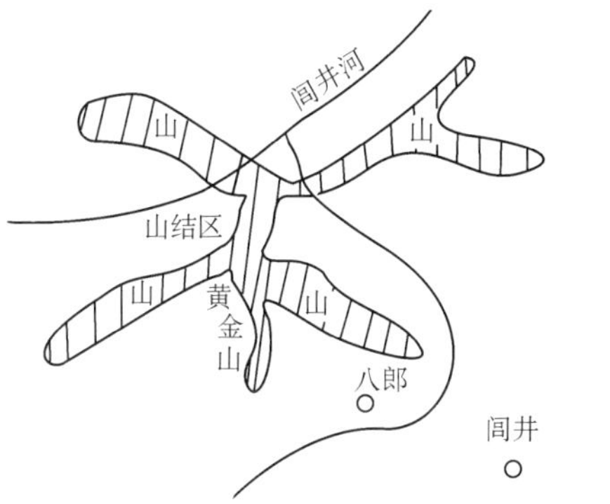

图 21

由于山区热力作用随地随时而异，所以往往有一些冰雹或霰是局地性的，一出这个地区就不再有雹。所以不能认为雹的路径一定延续很长。

4. 背风坡波 当有较强的气流横过山脊，往往由于山脊的干扰形成背风坡波，这是一种驻波(如图 22)。当雹云过山时，在山后有一个多雹区，但在第一个驻波的波谷上空，由于下沉气流的作用，雹云相对地减弱，从而出现一个相对少雹或轻雹区，再后面，由于又进入波峰的上升气流加强区，冰雹就会加强，形成重雹区。这种现象在山区与平原地区交界的地方，往往可以发现，例如在江苏灌云，当雹云自北方过云台山时，在背风坡山麓一带有雹，但自云台农场到东辛之间地区，冰雹频率较少，从东辛向东南偏南方，冰雹频率又渐加多，大体少雹或轻雹区南北间距离约为 10 千米左右，与冰雹云一个单体的尺度相近。

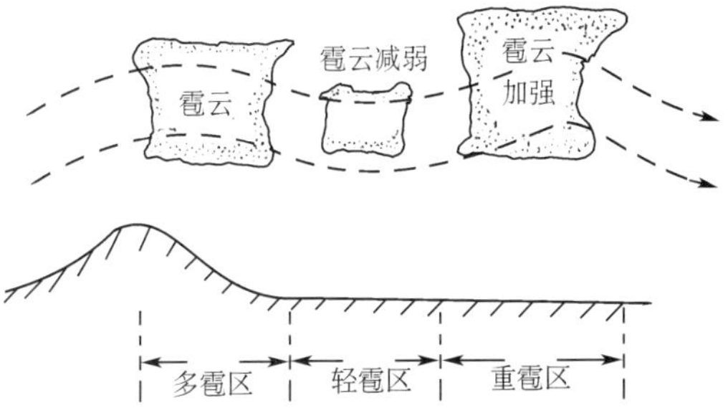

图 22

由于背风坡波的波长及波辐的大小随气流的速率及空气的稳定性而异，而波辐的大小对于加强或减弱雹云的升降气流影响很大，波长又与山后多雹区的位置有关，因此研究背风坡波对于解决这种地形中某些地段的雹的强弱分布是有意义的。

下面把山区地形对冰雹云移动的影响归纳于表 2。

表 2　山区地形对冰雹云的影响

约束作用	1. 雹云逢山口而入。 2. 雹云沿谷道而移。空气来向不同，在谷道的移向也有变化。 3. 谷道分股处，雹云分云并减弱。谷道汇合处，雹云相接并加强。 4. 强烈的雹云可摆脱谷道的约束，漫过山脊及山峰而移动。
冲抬作用	1. 原冷锋如移动的动能加大，有利于雹云在山区受地形抬升而加强。 2. 雹云移动的动能加强区在： (1) 气流下坡区。 (2) 谷道喇叭口入口区。 (3) 天气系统(如低槽)与山脉组成的喇叭口入口区。 3. 在上述动能加强区，如有山峰峙立或谷道急转，则在这种山峰或急转山脉的后面或迎风坡处，由于雹云上抬，易于下雹。如果雹云向上游发展，会形成“杀回马枪”，降雹就很严重。
热力作用	1. 高原和山脉南坡，易于降雹。又春季西藏高原夜间冷却的空气流到高原以东地区的上空，造成那里大气的层结不稳定，因此西藏高原东边川湘云贵等地春季易于降雹。 2. 积雪的高山旁的狭谷地带易降雹。 3. 秃山裸峰区易降雹。 4. 山结区(谷风汇集区)易降雹。 5. 海边山坡易降雹。
背风坡波作用	1. 波谷区雹云减弱(尤其是第一个驻波谷区)。 2. 波峰区雹云加强。

三、平原下垫面特征对冰雹移动的影响

平原地区过去认为没有什么冰雹，但是通过对江苏省的调查，冰雹也还不少，有的甚至相当严重。就以苏北响水县来说，从 1959 年到 1972 年 14 年中出现冰雹就有 30 次之多，平均每年 2 次以上。而其中下鸡蛋大以上的，就有 8 次左右，有些地方，积雹可达数寸。就整个江苏省来说，从 1953 年到 1970 年，共出现雹 240 次，其中三个县以上受灾的有 77 次，十个县以上受雹的有 19 次，有的冰雹，灾情很重，以 1964 年 6 月 5 日的一次冰雹为例，响水县的黄圩、张集、运河三公社冰雹下了一个多小时，一般如鸡蛋大，个别如磨盘大，据当地群众反映，当时是“天上飞的看不到，地上跑的看不到，土里爬的看不到，田里青苗看不到，塘里鱼也砸死了”。滨海县的大套、天场，那天也有冰雹。当时田里三麦二豆，受灾轻的秆断粒落，重的如碾磙子碾压的一般，春玉米叶如披麻，棉花有的被砸入土。

就农业生产来说，平原地区是粮食和某些经济作物的主要产地，平原地区的冰雹虽然一般说来比山区要少要小。但对于农业生产为害极大，因此，为贯彻气象工作的双服务方针，研究平原地区的冰雹，具有很大意义。

平原边缘地区往往与山区相邻，有些地方，还有山区蜿蜒拖带下来的丘陵小山。在那些地区，冰雹的规律与山区有相似的地方，有些冰雹云就是从山区移过来的，但也有其特点。至于远离山区的平原地区，其冰雹移动的规律，更与山区不同，可以认为平原地区的冰雹除与山区毗连处与山地有关外，大多与平原下垫面的热力特性有关。

究竟平原地区冰雹有无一定路径，历来有许多争论。有的认为根本没有路径，有的认为有固定路径，但是根据我们的经验，认为平原地区冰雹路径其固定性要比山区差一些，如果以山区的冰雹路径要求平原，就失之过严。但如将平原地区的冰雹路径看作不可捉摸，那就

会对冰雹的预报和防雹消雹工作发生无能为力和丧失信心的思想，同时也不符合自然界的客观情况。这是因为在平原地区，不论就大范围或小尺度来说，的确存在着多雹区和少雹区。能大体勾勒出冰雹的来龙去脉，事实上我们所谓的“冰雹路径”，即使在山区，本来也只是对于历年每次冰雹轨迹的统计性路径。具体每次冰雹路径，有随机性，都会与这种统计性路径有所出入。在平原，由于这种随机性较强，所以具体路径与这种统计性路径的偏差较大而已。

平原地区有些地方的冰雹比另一些地方的冰雹要多，可以归结为下面几个原因：(1)在冰雹季节，该地区空气经常不稳定，有促使雹云加强的作用。(2)该区处于冰雹云经常经过的地区。(3)该区为冰雹云经常减速移动的地方。(4)该区为上升气流减弱区。下面我们分别来加以说明：

1. 空气的热力不稳定区：一地空气的热力不稳定性，对于冰雹的形成很有关系。而这种热力不稳定性，通常是受下垫面的影响所造成的。下垫面是空气中水汽和热量的供应者。在平原地区，下垫面可以分为水面(江、河、湖、海、水田)、植物覆盖面、裸地三大类。大体水面的温度变化较小，植物覆盖面次之，而裸地的温度变化较大。这些下垫面的影响，可以通过空气中的乱流而影响到上空很厚的一层空气柱内，不单使不同下垫面上空气柱内温湿度的分布发生差异。而且乱流上限也各各不同。这种情况，以下午最为明显。如果用高功率高增益测晴空回波的雷达，就可以发现在探测范围内，存在着由水汽折射变化指示的对流上限横贯几十千米到一百千米，其中存在有上限高度，较为高的“深厚对流区”，它们产生于温度较高且与周围地面温度对比强烈的下垫面上空，直径可达几千米到十多千米，高度可达几千米，并往往随低层风而移动，有的可存在数小时之久，这种对流深厚的区域，事实上即为热力性质较不稳定的气柱。它们内部的温度直减率较大，其上往往受较为干燥的稳定层所抑制，一旦对流继续加强，穿透了干燥的稳定层，或者有冷锋横扫而过，将这种不稳定气柱抬升，或者有高空冷平流过来，就会发生不稳定天气，如雷暴和冰雹等。在锋面或高空冷平流未到之前，这些“深厚对流区”的高度会不断逐日升高，这也反映其不稳定性的逐日加强，大体说来，在有水面包围的陆面，则“深厚对流区”主要出现于陆面上，在有植物覆盖面包围的裸地，则“深厚对流区”主要产生于裸地上，一般说来，冰雹云单体直径约为 10 千米，其中上升气流区约为雹云单体直径的七分之一，即约 1 千米～2 千米直径。因此“深厚对流区”的直径在 1 千米～2 千米左右，就有影响雹云的作用。在没有锋面或高空冷平流时，气流的辐合作用也能使“深厚对流区”的不稳定性表现出来。有些局地气流的辐合，是气柱的浮举力所造成。为什么会出现浮举力呢？这是因为地面性质不同所致，例如裸地与植物覆盖地的地面性质不同，裸地增温较快，裸地上的空气与植物覆盖地上的空气间，密度就有不同，于是就出现了浮举力。这种浮举力的出现会使气柱抬升，爆发其对流不稳定性。而这种上升，也会导致气流在下方辐合，进一步进行抬升作用，使不稳定性加甚，从而更有利于冰雹云的加强。因此一些在太阳照射下温度升高比周围为快的地面，由于其上易于出现这种热力不稳定性较强的“深厚对流”空气，往往是雹云加强地区。联结这些雹云加强地区，就成为冰雹路径，而这种联结，是由锋面的来向，单体的发展，上空气流的走向，辐合区的移动，高空冷平流的区域等等决定的。了解锋面、辐合区、高空气流等大形势的情况，根据地面上不稳定的“深厚对流”空气区的分布和强度，就有利于预报或决定平原地区的许多冰雹路径。

在平原地区，一般裸地较少，大多数地面为植物所覆盖。只有在春季，由于播种的先后不同或秋季收割庄稼的先后不同,会留下一些不同程度的裸地,此外就要算一些盐碱地了。

我们在1972年5月下半月,在响水曾对盐碱地进行观测,发现盐碱板结地区与松土地面相比最高温度较低,而最低温度较高。这是与盐碱土表面有一层灰白色盐碱,反射阳光,而且盐碱地较为潮湿,比热容较大有关。但是如将盐碱土与周围有作物和植被的地区相比,温度的变化就要较大。这是因为盐碱土中盐碱较重,往往上面不易生长植物,仅在雨后能短时间生长很短的所谓"猴子毛"的小草而已。因此在盐碱土大片存在,周围又有植被的地区,由于盐碱土的光秃,温度变化较大。其上就易于发展不稳定的"深厚对流"空气,有助于加强冰雹,在江苏响水的南河公社南部、康庄公社西部、六套公社北部等地多雹,可能与此有关。

在响水黄圩公社一带,土质为沙性,而在建湖地区,地势低洼多湿,当气流自西南建湖方面过来时,由于沙土地面比热容较小,就会由于深厚对流区发展,出现不稳定气柱,加强对流活动,发生积雨云或雷暴、冰雹天气。黄圩附近多雹,可能与此有关。在1972年6月14日的冰雹天气中,我们曾三次看到在巨大积雨云的下面,在黄圩上空发展浓积云东移,可以证明。

高原地区的沙漠草原交杂地带如内蒙古南部多雹,也是下垫面的势特性所致,原因类似。

水面与陆面是热力性质不同的下垫面,在大河或多湖地区之间的陆面,也往往能造成不稳定气柱区。例如在江苏的新沂河与灌河之间及阜宁、滨海的灌溉总渠南北地区等,往往多雹。但是海岛及及湖内小岛。由于陆面过小,四周水面过大,起了调节作用,却不易促进雹云的发展。

在傍晚或夜间,当雹云由陆地向海面移动时往往由于海面热容大,冷却比陆面为慢,所以雹云移到沿海反而会受到海面空气不稳定性的影响而发展起来,形成"杀回马枪"的形势,并回头向陆上发展,在这种情况下,如果降雹,那就往往十分厉害。

2. 冰雹云常常经过的地区:什么是平原上冰雹云常常经过的地区呢?

一是面对山区谷道的地方。如江苏赣榆等地,它们正当山东沂蒙山区的谷道口,雹云从沂蒙山区谷地过来,往往经过赣榆,于是赣榆有江苏省冰雹门户之称,当然进入江苏的冰雹不一定都来自赣榆,赣榆只是冰雹入境的门户之一而已。

二是沿水体(江、湖、河、海、大水库)边缘地带。这是因为雹云移到水体边缘,其接近水体的一侧,空气比较稳定,向这一方向就难以发展,只好沿陆岸发展,形成沿水体边缘移动的趋向。这些例子是很多的,例如1972年6月11日,赣榆的冰雹就来自北方,是沿海岸下来的,1972年6月14日,雹云是随西南气流沿江苏的灌河及中山河向东北移动的,1964年4月15日高淳的冰雹是沿固城湖东侧自南西南向东东北移动的。

三是冰雹路径相交或合路的地方。在那里冰雹出现就比较多。例如在赣榆曾在解放后建了一座塔山水库,此水库一建成后,冰雹路径就变了。大多数情况下,目前冰雹多由塔山水库两侧(即水体边缘地带)分两路下来,过塔山水库后,两个雹路合并,因接云而成多雹区,其他如响水一带,是北路来自灌云的冰雹路径和西北路来自沭阳的冰雹路径的相交区,此外,雹云绕过孤立的山丘后合路,往往也出现多雹地带。

在平原上的一些丘陵,有时也由于挡峙于冷锋横扫的地区之中,在其迎风区及山后较长的一段平原地区,往往发展冰雹,形成一条冰雹云经常经过的路径。例如在江苏灌云县北部有云台山,西北有锦屏山。于是在云台山和锦屏山的南方及东南方,由于经常有冰雹发展经过，成为冰雹常经过的路径，那是由于这两个山对于过境的冷锋雹云，起到抬升加强作用所致。当然在有背风坡波存在时，雹云路径上冰雹的强弱变化就大一些。

3. 冰雹云移速减慢区：冰雹云移速减慢有两种情况。一种是冰雹云在发展壮大时，移速会减慢，一种是冰雹云在路径转向时，移速也会减慢。

冰雹云在经过“深厚对流”空气区，由于上升气流剧烈，云体变大，高耸而臃肿，其惯性质量加大，中高空气流对它的推移，减弱了控制能力，它本身的一部分移动的动能也转化为上升运动，从而导致了移动速度的减弱。在这种情况下，雹云移速的减慢，正说明其成雹能力的加强，从而导致较强的冰雹。而且由于移速的减慢，云体的扩展，云中下雹区在一地上空所历的时间就较长，于是下的冰雹也就相对地较为频密。因此在不稳定气柱区即“深厚对流区”应考虑雹云会发展壮大，移速减慢而多雹。

另一方面，冰雹云在其前进方向上，当遇到水体或因为遇到山脊，发生转向现象时，也会速度变慢。有时由于转向后又遇到水体等，于是会在一地上空出现打转现象，这就导致该区上空雹云长时间徘徊，降雹的时问和密度也就大了。例如冰雹云在江苏灌溉总渠以南向东移动，遇海转向，向南又遇射阳河，无法渡河（射阳有冰雹不过射阳河，即使过了河，冰雹也大大减弱的经验），就在射阳河北徘徊，使射阳河北冰雹较多。但是在这种场合，雹云往往并不是发展的，因此所降的冰雹不一定厉害。但有时由于回头云与其后的雹云相接，造成接云现象，那么下雹就可能较为厉害了。

4. 上升气流减弱区：这种地区一般是冰雹较少。但是当移来的冰雹云原始上升气流较强，所形成的冰雹在云中一时不易下降，一旦雹云移到上升气流减弱区，对流减弱，于是已形成的冰雹就易于从云内下降。当然，在这种情况下，所下降的冰雹，一般颗粒很小，不致造成大的灾害。

下面将平原下垫面特征对冰雹的影响，列成表 3。

表 3　平原下垫面特征对冰雹的影响

热力不稳定区	1. 下垫面增温强烈区会出现热力不稳定气柱，形成“深厚对流区”。由于冷锋、辐合区、高空冷平流等的移动或局地浮举力的产生，往往能使这些“深厚对流区”依次抬升发展雷暴、冰雹等天气，从而组成了冰雹路径。 2. 下列地区常为不稳定区： （1）为植物覆盖区所包围的裸地（如沙土地、盐碱地等，高原地区沙漠和草原交杂地带多雹，原因类此）。 （2）为水体围绕的陆面。 （3）夜间水面上的空气热力不稳定性较强，有时也能使雹云加强。
雹云常经过地区	1. 面对山区谷道的平原地带。 2. 沿水体边缘的地带（江、湖、河、海、大水库的边缘）。 3. 冰雹路径相交或汇合的地方（如湖泊、大水库的下风方或山丘的下风方的雹路汇合区，河流在下方的交汇区）。 4. 足以起抬升作用的山脊迎风坡及山后下风方（东南方为主）的平原区。
雹云移速减慢区	1. 热力不稳定区（即雹云发展区，主要为“深厚对流区”）。 2. 雹云转向区（如在雹云前方有水体或山脉等时），有时由于转向而发生接云，雹也能加强。
上升气流减弱区	这种情况降雹一般不严重。

四、结束语

当我们不知道自然规律的时候,自然规律是在我们的意识之外独立地存在着,并起着作用。使我们成"盲目的必然性"的奴隶。一经我们认识了这种不依赖于我们的意志和我们的意识而起着作用的规律,我们就成为自然界的主人。目前我们对于冰雹移动的规律,所知尚很不够。但是通过上面这些初步认识,我们就有可能通过改造下垫面的方式,影响冰雹路径,按照天气形势及下垫面的情况,预报未来冰雹路径(利用雷达探测,对冰雹路径的预报,也有很好效果)。根据冰雹移动规律来布置消雹点,并配备消雹火力,安排防雹措施。但由于目前我们认识尚有限,因此对于冰雹的移动规律,仍须作更深入的研究,以便在天气导变上,取得更大的主动权,更好地为社会主义建设服务。

贺朱炳海、么枕生两先生任教50周年

王鹏飞

(一)不顾冬雪兼春寒,霜鬓早为栋材斑;
五十年来屏别事,培得苍翠满关山。
(二)谡谡青山两虬松,夕辉犹染高枝红。
半纪白发岂有价,一堂桃李颂春风。

(摘自《天风海涛集》)

人工影响云雾①

人工影响云雾的问题,不单是人类控制自然的伟举的一部分,更主要的乃是:研究这个问题有其现实的意义在。这是因为云雾是天气变化的主角(水分)所表现的一个相,它们代表空中水分的集中区。由于它们的存在,就会影响低层大气(或地面)与高空大气(或星际空间)之间的辐射能量的交换,从而减弱白天的短波入射及夜间的长波出射辐射量。由于它们的存在,就可能会使在它们中间所进行的各种交通运输工作受到能见度不良的影响而发生事故。由于云的存在就有可能产生甘霖或者霪雨,也有可能下降瑞雪或者冰雹。因此人们有时需要云雾存在,有时却希望云雾灭迹。这都是因为云雾与我们生活、活动等有密切的关系的原故。对于这个问题,目前苏联、美国、英国、日本、南非、澳大利亚、加拿大等都进行过许多研究试验工作。

应当说,人工影响云的问题必须包括两方面的研究,即:云的制造和云的沉淀。云的制造,就是设法使没有云的大气中产生云;云的沉淀就是设法促使云的水分成为降水。在目前,各国对于云的沉淀的试验不但已做出了一些成绩,而且有些国家已经在设法使这些实验具有实用的价值。当然这些研究主要还只限于影响局地天气,有时试验结果距要求还相当远。至于云的制造问题,比之云的沉淀问题,更少有人研究。这是因为该问题是一个更困难的问题。假使能将制造云的问题解决了,人们就有可能使无云的天空产生云,然后再利用使云沉淀的办法,促使所制成的云产生降水。这样旱灾对人类的威胁就可以减轻得多。下面我们先谈云的沉淀问题,次之再谈一下云的制造问题。

一、云的沉淀

(一)自然界云的沉淀机构

云的人工沉淀主要是基于云的自然沉淀的机制来考虑的。一般说来自然界云之所以能发生降水,主要是由于云中进行贝吉龙(Bergeron)过程的结果。当冰晶和过冷却滴在云中并存时。由于过冷水滴的饱和水汽压大于同温度的冰晶的饱和水汽压,因此在湿度介于冰面饱和和水面饱和条件之间时,就会发生蒸馏作用,水分自过冷却水滴上蒸发,变成蒸汽,然后又在冰晶上凝华。这种蒸馏作用的结果,就会使过冷却水滴渐渐变小,而冰晶则渐渐变大,其间还通过并合凝聚过程,最后大到一定程度,就下坠出云底,或者融化或者未融化,以降水形式下降。这种过程就称为贝吉龙过程。可见贝吉龙过程之能够进行,必须有两个条件,那就是云中必须有冰晶存在,还必须有过冷却水滴存在。在中纬度地方,低云云层的厚度必须厚到其上部已伸展到冰点温度线以上,方能有过冷却水滴存在,因此在0℃等温线以下的薄低云,由于其中不存在过冷却水滴,所以通常不会降水。一般有雨层云时的降水,并

① 本文曾刊于《天气月刊》1958年6月号。

不是出自雨层云下的碎层云,而是出自雨层云本身,这是因为雨层云具有足够的厚度,它的上部往往可伸展到六七千米以上,因此是包含有过冷却水滴的,而碎云本身很薄,只存在于雨层云的底下,整体温度多在冰点以上,因此不可能产生降水,相反的,它本身反而只是雨层云降水的产物而已。但是我们也知道,在中纬度,并不是一切包含有过冷却水滴的云,都是能够降水的,这就由于云中云滴如果能够沉淀,必然是由于其中既存在有过冷却水滴,又存在有冰晶。当然,有了过冷却水滴和冰晶,是否一定能产生降水,那倒并不尽然,这是因为冰晶依靠蒸馏作用增大时,如果云中凝华到冰晶上的水汽不多,冰晶就不可能增大到降水物那样大小,这样,降水就仍不可能产生;另一方面,即使冰晶在蒸馏过程中的确增大到了降水物那样大小,但如果云下存在有十分干燥的气层,降水物就很快蒸发,只能成为幡状物而不能下降到地面上,地面上也就接受不到降水。可见在中纬度地方,冰晶和过冷却水滴在云中并存,是降水的必要条件,而不是降水的充分条件。在进行人工影响云时,就应注意到这一点。

如果我们研究热带地方的自然界降水机制,就可以知道贝吉龙过程并不是云层降水的唯一过程。因为在热带,有很多高耸庞大的浓积云,它们的整体温度均在摄氏零度以上,可是它们却发生了降水。根据研究,这是由于云中有大于一般云滴的较大云滴存在的缘故,这些较大云滴在升降气流带动下及由于云中空气扰动的结果,并合了一般的小云滴而更形增大,最后就会增大到降水物那样大小①,如果这时发生破裂,就会造成更多的较大云滴。每一颗较大云滴又各自并合了一些云滴而增大成降水物。像这样破裂后又增大,增大后又破裂,破裂后又再增大的过程不断地进行,最后云中降水物就愈变愈多,终于造成大量的降水。如果云中没有足够的原始较大云滴,这些云也就难以产生降水。因此对于温度全部高于冰点的液云来说,较大水滴的存在是产生降水的必要条件。

(二)人工促使云中出现冰晶的办法和理论

自然界的降水机构既然如上所述,那么人工促使云沉淀的方法就可由此获得启发。目前通用的促使沉淀的方法就是依据下面两种方法进行的,这两种方法即促使云中出现冰晶或较大水滴。

首先考虑的促使云中出现冰晶的办法,当然是直接在过冷却云中播撒冰晶,可是这个办法是不方便的。因为冰晶容易融化,而且不容易将它分割得很细小。这样人们的注意力就集中到不用播撒冰晶而用播撒别的药品到云中,促使云中自动出现冰晶的方法。在这方面,基本上可以采用的是两种方法:一种方法是在云中加入冷冻剂,使云中过冷却水滴区的温度,由于冷冻剂的加入,而更形降低,从而有新的冰晶的形成。另一种方法就是采用“欺骗结晶”的办法,觅取一些人工凝华核,加入云中,使之能起到水汽在其上凝华而产生最初的冰晶的作用。

在冷冻剂方面,比较最有效的是固体二氧化碳(即干冰)。在1946年12月13日朗格缪尔(Langmuir)和谢弗(Schaefer)曾第一次将3磅碎干冰撒到过冷却高积云上,是在沿飞行路线3哩长的范围内撒的,撒后发现此高积云下出现了约2000英尺长的雪幡。鲍文(Bowen)曾利用1947—1951年澳大利亚所作的约100次播撒干冰的资料归纳了一些结论,他发现如云顶温度在−7℃至−15℃之间,则播撒干冰后发生降水或雪幡的机会为100%;

① 根据研究,直径1～2毫米的较大水滴,在云滴直径为40微米的云中下坠,其合并效率为0.95;较大水滴之直径愈小,合并效率也就愈小。

如云顶温度低于-15℃，则一般不撒干冰，降水的可能性也相当大；至于云顶温度高于-7℃，则温度愈高，撒干冰而降水的可能性愈少，当云顶温度0℃时，则几乎撒了干冰，仍不会降水。他又发现从撒干冰后到云底降水初现，其间所隔时间是与云厚最有关系的，其酝酿成降水的时间约需10分钟。而云厚每增加800英尺，降水出现时间要增加约1分钟。至于降水强度，则也随云厚加大而增大。此外他又发现，如云底高度小于或等于云厚，则降水绝大部分可以到达地面。

干冰在-78.5℃（常压下）就要升华，当云中加入干冰后，干冰就自云中吸取升华热，因而能使云中部分的水汽冷却到-40℃以下并直接凝华为冰晶，以后小冰晶温度虽然有所升高，但它们的温度仍低于0℃，因此这类小冰晶就可能消耗过冷却水滴而自行增大，这就是干冰在云中起冷冻作用以产生冰晶的过程。

关于人工凝华核方面，人们曾作了许多寻觅工作，他们将各种各样的化学药品的细末或细粒，喷入冷却箱内的过冷却雾中，试验它们是否能促使过冷却雾内产生冰晶。最初，根据试验的结果，似乎有许多化学药品都可以作为凝华核，但以后，梅逊（Mason）和哈立脱（Hallett）对于一些报告中认为可以作为凝华核的各种化学药品，进行了细致的检验工作。他们将各种化学药品加入到一个400升容积的膨胀冷却箱的顶部，在检验时，所取的化学药品是十分纯粹的，而膨胀冷却箱内的过冷云雾也是十分纯洁的，结果他们发现当温度在-40℃以上时，有很多过去认为可以作为凝华核的化学药品，并不是凝华核，它们之所以发生凝华核的作用，只是由于其中混有碘或银的杂质而已。例如经电热蒸发的碘化铵（NH_4I）、碘化钾（KI）、碘化钠（NaI）、碘（I_2），在喷到温度高于-20℃之冷却箱中的云雾内时，其所以能促使产生冰晶，是由于其中的碘与电热丝中之银和铅的杂质化合而成碘化银（AgI）和碘化铅（PbI_2）的原故。纯粹的NH_4I、KI、NaI、I_2以及碘化钴（CoI_2）、碘化汞（HgI_2）、碘化铊（TlI）及碘化锡（SnI_2）在温度高于-40℃时，并不会产生多少冰晶，NH_4I、KI、NaI、I_2、CoI_2、SnI_2、MgI_2（碘化镁）、NiI_2（碘化镍）等的溶液喷沫也不能使云雾中产生冰晶，又如$AgNO_3$（硝酸银）、Ag_2SO_4（硫酸银）、$Pb(NO_3)_2$（硝酸铅）、$PbCl_2$（二氯化铅）等的烟粒或喷液，喷入温度为-20℃的冷却箱中的云雾内，也并不能产生冰晶，但如在此云雾中加一些碘的蒸汽，云雾立刻就会全部变为冰晶。可见上述四种药品并不能作为凝华核，当加入碘时，由于碘与银及铅等起了作用，所以就产生冰晶。因此他们认为在温度高于-40℃时，肯定能作为凝华核的化学药品只是AgI、PbI_2及$HgCl_2$，它们的作为凝华核的活跃临界温度分别为-5℃、-7℃及-25℃。

日本朝田、斋藤和松本等于1952—1953年曾经做了一些试验，发现碘化镉、氟化铵、氟化钠、氧化镁、氧化镉、二氧化钛、三氧化二铝等亦具有人工凝华核的作用。他们认为各种化学药品之所以能作为人工凝华核，或则是由于它们具有与冰晶相似的结晶，其晶格常数①也很相近；或则是由于它们的结晶的一个面与冰晶的一个面，其形状或晶格常数相似；或则是由于它们中某些成分的克原子容②与冰晶中氧的克原子容相近。氟化铵、碘化镉之所以能作为凝华核，就是由于它们都是六角形晶体，而其晶格常数与冰晶相近，例如冰的晶格常数

---

① 我们可以将其看作是一种空间网状构造的物质，这种网状构造，称为晶格。在立体晶格中，仍能表示其结构的一切特征的最小部分，称为晶胞。而晶格常数是用来肯定晶胞的大小的，文中以埃为单位的晶格常数是指细胞的边长，一埃相当于10^{-8}厘米。

② 将元素的克原子量被其比重所除，即得克原子容。例如钛的克原子量为47.9，而其比重为4.5，故其克原子容为47.9/4.5=10.7。

为 4.52 埃及 7.37 埃,而氟化铵的晶格常数为 4.39 埃及 7.02 埃,与冰的十分相近。氟化钠、氧化镁、氧化镉等之所以能作为凝华核,是由于它们的一个晶面尺寸(晶格常数)及形状与冰晶的一个面相近,例如冰有一个几乎是正方形的晶面,其尺寸(晶格常数)为 4.06 埃×4.52 埃,而氟化钠、氧化镁、氧化镉均为立方晶,它们的晶格常数分别为 4.62 埃、4.20 埃、4.69 埃,与冰的十分相近。至于二氧化钛和三氧化二铝之所以能作为凝华核,则是由于钛和铝的克原子容与构成冰晶的氧的克原子容相近,因为氧的克原子容为 10.2,而钛和铝的克原子容则分别为 10.7 和 10.0。关于结晶形与冰晶相似而晶格常数又与冰晶相近的化学药品以及结晶之某一面的形状和尺寸与冰晶的一个面相近的化学药品之能作为凝华核,从结晶学的观点看,是很易明白的事;因为第一个冰晶晶胞就可以在这些化学药品的相当的面上凝华出来,从而冰晶就可以渐渐发展。但为什么具有克原子容与冰晶中的氧的克原子容相近的元素的化合物,也能作为凝华核呢?这可能是在这种情况下,冰晶中的氧可以化代这些化合物中克原子容相当的元素,从而第一个冰晶晶胞就可以形成了。

碘化银在室温条件下有两种结晶:一种是立方结晶,另一种是六角形结晶。但当结晶温度低于 135℃时。主要的结晶是立方结晶,当结晶温度介乎 135℃及 146℃之间时,就以六角形结晶为主。结晶温度高于 146℃时,又以立方结晶主了。当碘化银在温度为数百度的情况下蒸发时,其烟屑为六角形及立方形结晶的混合物,而温度愈高,六角形结晶愈占优势。这两种结晶形态以哪一种更有利于水汽在其上凝华成冰晶,尚不很了解。可以认为在室温条件下,立方结晶的(111)面①其晶格常数为 4.58 埃,与冰晶的晶格常数 4.52 埃很相近似。而六角结晶的碘化银,其晶格常数为 4.58 埃和 7.49 埃。与冰晶的晶格常数 4.52 埃和 7.73 埃也很相近似;这些就是碘化银之所以能作为优良的凝华核的原因。

碘化银虽然是优良的人工凝华核,可是它很容易在太阳的紫外线的作用下因分解而失去作用。根据斯密司(Smith)等的研究,当碘化银在阳光下曝露一刻钟后,其作为凝华核的效果就要减少到原来效果的百分之一,因此人们建议采用不受日光分解的碘化铅来代替碘化银。在日本,冬季的播云致雨实验中,他们乐于采用三氧化二铝,这是因为三氧化二铝既便宜又稳定的原故。

(三)人工促使云中出现较大水滴的办法

使温度高于冰点的云中产生大水滴的方法大体上有两种:一种是在云中直接加入大水滴,另一种则是在云中加上吸湿性盐,使之吸收云中水汽而成为大水滴。但是直接加大水滴入云的方法是不方便的,因为加 1 加仑的直径为 50 微米的水滴入云,其效果和加 100 克干的氯化纳入云的效果相当,在操作上,加 100 克干的氯化钠入云要方便得多了,而且云中有的是水分,利用云中原有的水来制造大水滴是比较经济些的,因此人们宁可充分利用吸湿性盐。通常制造大水滴所用的吸湿性盐类为氯化钙和氯化钠等。

(四)为什么药品应当作成细末或微屑?

下面想谈一下在自然界存在的云中,我们如何将这些化学药品加入,并使云滴沉淀的

① 将晶体的三个棱边作坐标轴,将一个角顶为原点,将单位晶体在坐标轴上的截距作为单位,则如任一面与此三坐标相截所得之截距分别为 1、1、1 单位。则此晶面称为(111)面。

问题。

首先,喷入云的化学药品必须是一些微屑或细末,因为只有微屑和细末才能在云中散布开来,促使云中许多地方都产生冰晶或大水滴;凝华或吸湿作用也以微屑比较完全,这是因为许多微屑或细末与云中空气的接触表面积的总和是远大于此等微屑或细末集合而成的块状物或大水滴的表面的。此外,由于微屑或细末的体积很小,就能在云中作长时间的飘浮,使凝华核作用能够充分地发挥;如所用的化学药品太大,则它们就不易在云中久留,很容易从云底掉出,这当然就难以起到凝华核及吸湿核作用了,再加上有些化学药品是从地上用热空气带到云中去的,如果粒子很大,热空气就无法带送它们上升,从这点看来,化学药品也以微屑或细末状为佳。

(五)怎样将药品加入到云中去?

将化学药品送到云中去的办法,大体可以分为地面喷发、飞机播撒及气球运带等三种。

地面喷发可分两种情况,一种是在高山的地面上当云层掩山时进行,这样做手续比较简单,而且也比较经济;另一种就是在平地进行,设法使化学药品自地面向上喷发入云。下面我们举出一些化学药品自地面喷入云中的办法,当然这些办法大多以应用于层状低云为佳:

例如有人利用碘化银易溶于液体氨的特性,将5%的碘化银溶于液体氨中,然后通过一个喷嘴将它喷成细末,并使之经过一电炉,加热到600℃,将它变成带有固体碘化银微粒的喷焰,自烟囱喷出进入云中,如此所得的碘化银微粒的大小,约为100埃以下。有人将碘化银溶于丙酮中,喷到煤油的燃器中,使碘化银的蒸汽加热到1300℃,然后用一个吹风器使它立刻冷却,并使它进入云中,如此所得的碘化银微粒约有300埃左右。有人用木炭吸收了碘化银和汽油,而加以燃烧,使烟末扬入云中。至于用三氧化二铝为凝华核时,则是采用将铝粉与汽油混合燃烧之,使烟末入云的办法。在把大水滴或吸湿性核加入云中方面,通常是利用喷水气枪,这种气枪可将大水滴或吸湿性核的饱和液滴喷入云中。这些大水滴或吸湿性核的饱和液滴的直径为15~20微米左右。

飞机播撒法比较简单,例如可以将干冰碎成直径约半英寸的块子,在飞机作云上飞行时投入云中;或将木炭块吸收碘化银后,在飞机飞行时燃烧之,使烟末进入云中;或将20~50微米的小水滴或饱和盐溶液在飞机飞行时投入云中。

至于气球运带法,大体是这样的:以碘化银为例:将碘化银和NH_4I(碘化铵)的混合物溶于纯丙酮中,加入重为碘化银20倍的硝化纤维,互相调和,形成浆状,捏揉干燥之,然后做成长10英寸之条蠕状,以玻璃纸或石腊纸包裹,再用一个硝化纤维线为引火线,将这种带有碘化银的条蠕连同引火线全部放入在一个用400克的气球悬吊的吊篮中,在吊篮中另备有一个气压开关,当气球飞升到预定的某一气压高度时,此气压开关就可使电路中通电,而通电后的电流,就会使引火线点着,燃烧条蠕,使之产生温度为1100℃的碘化银微粒,并进入云中。再以干冰的情况为例:将干冰3千克切成1英寸见方的小块装在一个篮子中,此篮子与一个400克的飘浮气球相连。另有一个携升气球(600~800克),下悬一匣,将装干冰小块的篮子装入其内。施放时,此两气球就将干冰及匣一并带向上空,等到气球升到云中某一气压高度时,气压开关就立刻开始作用,使干冰篮与匣分离,于是干冰篮携带了干冰在飘浮气球之载运下在云中作准水平运动,并促使云中发生局部冷却过程,从而产生了冰晶。此外,还有用火箭或高炮将碘化银打入云中利用爆炸将碘化银微粒散布到云内的。

(六)使云滴沉淀的目的

将化学药品加入云中使云滴沉淀,其目的可以是下面几种:(1)促使云层降水,(2)促使云层中不降冰雹,(3)促使云层消散。这三个目的,表面上是大不相同的,为什么却都属于使云滴沉淀这一项目中呢?其实说起来也很简单。

促使云层降水,主要是希望土地获得雨水,以消灭旱象或供应水库发电。而地上的雨水来自云中,这本身就是使云中水滴沉淀到地过程,这是很明显的。

为了使云层不降冰雹,以免伤害庄稼人畜,应当使雹心在未增大到冰雹那样大小时,先就降落下来,为此就应在未降雹前,先在云中播撒化学药品,促使先期降水,这不就是使云滴发生沉淀吗?

促使云层消散,目的在于改善能见度,以便利飞机的起飞和着落。要使云层消散,自然促使云层发生沉淀是一个好办法,因为当云中滴粒都成为降水而下坠,则云中滴粒就会逐渐减少,云层就会因而渐渐消散的。当然,下坠的降水并不一定能下掉到地面,因为如果云下存在有十分干燥的气层,那么降水在通过此气层时就可能蒸发完结,从地面看来,云层加药品的结果,就只出现了幡状物而已。但不论降水是否到达地面,这些过程总是属于使云滴发生沉淀,这也是很明显的事。

(七)计划和检验

每进行一次播撒药品入云的工作,必须做出计划,这种计划必须根据具体目的来做。目的如不同,计划就要不同。例如在久旱之后,希望以人工影响云雾的方法,促使云层降水,为此首先应预报在最近出现层状厚低云的时间以及这种层状低云的性质,以便在此时间以前,做好准备。然后肯定应采取的播云的方式,是地面喷发,还是气球运带,还是飞机播撒。如果是飞机播撒,就应考虑采取之航线、所用的药品及播撒的部位(在云底云顶抑云中某些关键部位)。如用地面喷发法,则究竟采用高山喷发好还是平地喷发好。如要用气球法,就必须测出云下各高度之风向风速以及云高,以便决定气球施放地点和入云地点,使之在需雨地区正好能接受降水。此外还须探测云下气层的特性,看是否有干燥层存在,如有干燥层存在,就很不利于播云致雨的工作。

检验播云效果,也是十分重要的工作。仍以播云致雨为例,我们在发现所播之云层降水后,应当提出下面这个问题,即:云中降水是由于加了化学药品所致,还是由于加药品的时间和此云块自然降水的时间发生偶合所致。检验效果的方法很多,例如可以在未播药品前,先用雷达探测云层,看它是否已有降水迹象,当发现的确没有降水迹象时,再加入药品,然后再用雷达对此云加以探测。若加入后云发展,并出现雨水,那就可以认为此项降水是播云的结果。用对照法将同一时间在空中存在的同一结构及同一发展阶段的两块云进行试验,一块云上加药品,另一块云中不加药品,看它们降水效果是否不同,这就可以看出加药的效果了。在反气旋区的云中加药品,也便于检查后果,因为一般在气旋区中的云内加药与不加药,降水的可能性均大;在反气旋区的云加药品,如果能发生降水,效果就更显得清楚。此外,在加药的下风方看降水量是否比其他方向多一些;在同一地区作多日之播云致雨的工作,看播云后雨水是否比该地历年雨水在该时期的准平均多得很明显;用目测法看播撒药品的云中的变化(如出现空洞等);以上这些都是检验后果的方法。另外,收集下风方的降水物,用电子显微镜等来检查其中是否含有所播药品的办法，也是检验成果的好方法。

(八)播云致雨的效果

下面谈谈播云致雨的效果：

梅逊等曾统计了在南非、澳洲及加拿大的一些积云中放入干冰的试验后果，发现云顶温度在$-3\sim0$℃的云，播云致雨的成功百分率为33%，云顶温度在$-7\sim-4$℃的云，播云致雨的成功百分率为61%，云顶温度在$-15\sim-8$℃的云，播云致雨的成功百分率为88%，云顶温度在$-19\sim-16$℃的云，播云致雨的成功百分率为100%；就积云中过冷却区厚度而言，凡过冷却区厚度为0～1500英尺的云，播去致雨的成功百分率为40%，凡过冷却区厚度为2000～3500英尺的云，播云致雨的成功率为64%，过冷却区厚度为4000～7500英尺的云，成功百分率约为80%，如过冷却区厚度超过8000英尺，则几乎100%在播云后即能降水。再以1953年8月6—19日在北海道的几次播云后果看，将碘化银播入云中的5次后果中，有3次不能肯定有雨，2次未下雨；用NaCl播入云中的1次，在播入后距喷射器北东北40千米处产生了强烈阵雨；以NaCl及AgI顺次播入的4次中，只有2次有雨，其他2次无雨。再以鲍文的播水滴入云的例子看：他在澳洲于云底以上1000英尺高度处某次利用飞机以每秒30加仑的播撒速度将直径为50微米左右的中等水滴播入厚度小于5000英尺的积状云中，在10～25分钟后就出现了雨幡，以后云就消散不见了。他又播水滴于厚度大于5000英尺的积状云中，发现有几次就发生降雨或降雹，而临近的未加水滴的积状云中，则未发现有雨幡、降雨或降雹之现象。在苏联，也经常利用飞机播撒干冰到云雾中的办法，扫清云雾，以利于机场上飞机的起飞、着陆或使久旱的土地获得甘霖，每每一次飞机能为好几处大机场将云雾扫清。总而言之，播云致雨的效果是与云顶温度、云中过冷却区厚度、云下空气层结、云的种类、播撒的部位、播的药品、当时气象条件、播撒技术等都有关系，如果不考虑这些问题，播撒的效果常常是缺少把握的。

二、人工消雾的方法

人工影响雾的办法有许多种，例如蒸发法、扩散法、沉淀法，目的都在使雾幕消失。

蒸发法主要是加热雾幕，使之升高温度，从而促使雾滴蒸发，但这种办法要消耗的燃料很多，在风速为5～6米/秒时，如果要清除一条长1千米、宽100米、高100米的雾区，就要消耗几百吨石油，这是不上算的，而且如果雾气不断自他处移来，要消除雾幕就更为困难。

扩散法的原理是这样的：对于辐射雾来说，它之所以形成，与逆温层有关。由于地面逆温层的存在，雾滴就被限制于近地气层中，使能见度大大变坏。如果我们能将逆温层破坏，雾滴就能扩散开来，使近地气层中雾滴变稀，最后就趋于消失。在一般情况下，逆温层如由辐射所造成时，这种雾大半在清晨形成，如果雾层不大浓厚的话，当太阳升高后，太阳就能使近地气层温度升高。从而破坏逆温；但如果雾层过浓，经日难消，这时必须用人工扩散法驱雾。上面所说的燃烧石油的方法。固然是一种加热蒸发法，但也是一种能破坏逆温层，加强雾中空气及雾滴的扰动的方法，因此必然会有扩散效应产生，这是一种热力扩散法。至于动力扩散法，即利用纯机械的力，搅动空气，使空气上下交流，从而破坏逆温消散雾幕的方法，还很少有人试过。但已有利用直升飞机在雾顶扰动破坏逆温层顶的办法,有一定成效。

用沉淀法消雾,基本上和用沉淀法消云一样,也可以加入固体二氧化碳、碘化银等化学药品。只是由于雾层一般薄于云层,所以在处理时应注意这个特点,必须使加入的药品微屑在没有坠到地面以前,能充分发挥它的消雾作用。此外必须注意的是:加碘化银的方法只能用于过冷却雾的情况下,在温度高于冰点的雾中,加入碘化银是没有用处的。

在冬季,要消除过冷却雾,可以在地面铺以雪层。由于雪面饱和水汽压小于过却滴表面的饱和水汽压,因而在雪面就有水汽凝华,而在过冷却雾表面,就有水分蒸发,这样就使水汽密度有一个指向雪面的梯度,这个梯度就促使水汽下传,同时也加速了过冷却雾的消散,但对于冰晶雾言,地面铺雪是无效的。

在夏季,地面撒盐是消雾的方法之一,这是由于吸湿性盐能吸收水分。可是当地面盐吸饱了水以后,就不再起作用了。在这样情况下,除非我们继续加盐,否则不能起到消雾的效果,但如继续加盐,所耗的盐量就十分可观,而且也影响土壤品质,因此撒盐也不是最好的办法。

在实验室中,苏联科学家曾采用超音速法震动雾层,使雾滴发生并合过程而沉淀。也曾用电火花使雾滴带不同电荷而互相吸引,且并合沉淀,但这些实验还没有用于自然界的雾中。

上面各种方法,一般均只能用于辐射雾中,如果要消除平流雾,就难能见效;这是因为当雾气不断平流而来时,除非能隔断雾的来路,否则此灭彼来,消不胜消。但要隔断雾的来路是比较困难的。

将上面各种方法归纳一下,可以认为用干冰法比较好,因为它几乎在任何季节均能应用;在冬季,则铺雪法也是好办法。但假使没有现成的雪,还是用干冰法较方便。其他各种方法,有的不够经济,有的尚须作进一步的试验。

在苏联,机场消雾已实际应用了,这使飞机起飞及着陆的安全方面,得到了保障。

前所谈的,都是一些促使云、雾消散的方法问题。但人工影响云雾还有它的另一个方面,那就是促使没有云雾的空气中出现云雾。

三、云雾制造

人工造雾在农业防霜方面,是相当值得注意的。当然我们这里所谈的雾,只指液体的雾,而不是指固体的烟尘,因为气象上所谓的雾是不包括烟尘的。在这种情况下,我们就不谈那些用糠草等作成烟堆的熏烟防霜法了。这里只介绍一下苏联的红磷雾幕防霜法。

在苏联科学院通讯院士图莫诺夫(Tymonof)的领导下,苏联科学院植物生理研究所、地球物理观象总台等好几个单位,曾尝试利用红磷作熏烟成雾的材料来防止橘树的霜冻,发现可以减低有效辐射60%,并升高温度0.8～2.4℃。他们之所以采用红磷,是因为红磷的价钱比其他化学原料为廉,无毒,成雾系数大,每一克红磷可以形成由12克稀磷酸组成的雾幕,施放时不需要其他发烟剂相混合,所成的雾幕既然是由稀磷酸组成的,将来沉淀到土壤中,可以作为植物的磷肥。根据研究,红磷成雾的化学过程可以下列两式表示之:

$$4P+5O_2 \longrightarrow 2P_2O_5+370000\text{卡}$$

$$P_2O_5 + H_2O \longrightarrow 2HPO_3 + 54000\text{卡}$$

这就是说红磷和空气中的氧化合(燃烧)而成为五氧化二磷的烟粒,并放出37万卡热量;而五氧化二磷烟粒是善于吸收水分的,它在空气中吸收水汽,使自己变成稀磷酸(HPO_3)组成雾滴覆盖在植物上,并放出5.4万卡热量,这两个连续化学反应所放出的热量相当大,根据计算,每一克红磷可以产生7000卡热量,这些热量在阻抑地面温度下降方面,是有相当作用的。在这增温过程的同时,人工制成的稀磷酸雾,也形成了,其中的凝结核为P_2O_5形成的雾,又能减少辐射冷却作用,因此可以避免霜冻。

在人工造云方面,迄今尚很少有人研究。

如果我们细细研究一下,就可以看出要使碧空出现云彩,有两种方法:第一种方法就是促使地面水分上升成云,第二种方法则是促使空气中现成的水汽凝结。至于像飞机废气凝结尾迹,当然也是一种人造云,它主要是飞机排出的废气中的水汽在高空冷凝而成,由于它的经济价值不很大,所以这里就不多谈了。

人工使水自地面蒸发上升成云,是比较困难的。我们只要作一下计算就可以知道了。假使有一块积状云,云底距地面的高度为1000米,此云平均含水量(包括水汽在内)为每立方米2克。因而此云中的总含水量当为6×10^9克,合水的体积为6×10^9立方厘米。如果这些水全部下降到云下地面,那么在1平方千米的地面上可以铺起6毫米的水层,假使这些雨是在1小时内下的,那只能算是一场中等大小的雨吧了。当然事实上云在移动,而且降水过程中雨水在空中还要蒸发,因此实际到达地面的雨水要比6毫米少得多。现在我们试算一下,要将这些雨水,重新蒸发抬升而成上述的云,需要化多大能量?

首先,我们知道要将每1克雨水蒸发成水汽约需597卡热量,所以要将6×10^9克雨水蒸发成水汽就需热量3.582×10^{12}卡。假定近地面的空气原为干空气,由于这些水汽的加入,比湿就升达4克/千克。要使之变成上述的云,这些湿空气必须升1000～3000米的高空,平均说来升到2000米的高空,因而需做功3×10^{12}千克·米。但由于每1卡相当于0.427千克·米,因而这些功相当于7.026×10^{12}卡。如将汽化热的消耗和作功的热量一并考虑,则要使地面的水成为上述云体,需热量约10×10^{12}卡。假定1吨石油可发热5×10^9卡,则需燃烧2000吨石油方能完成这基工作。这样多的石油消耗显然是太大了。而且我们人工造云的目的假使在于进一步进行人工造雨以解除旱灾,那么当时地面上也必然没有足够的水分可以供应蒸发。在这种情况下,必然是无法达成上述的蒸发抬升过程的。当然如果不考虑蒸发,假定空气中已有水分,则促使其上升冷却,产生云块,所需热量就要小得多了。

还有一种办法就是促使空气中现成的水汽凝结的方法来制造云。在这方面,可以发展的方法是寻找合适的在低湿度条件下能吸收水分的吸湿性凝结核。目前在这方面,还几乎没有什么人进行研究。

上面已大体将人工影响云雾的问题,作了一个简单的介绍。这一研究或试验工作,在我国正要开展起来。相信这个介绍,对于希望了解人工影响云雾问题的同志将会有一些帮助。至于推动大气运动机制,促使水汽及空气升降运动在地球上的重行分配问题,这里就不谈了。

参考文献

［1］ Ludlam F H, Mason J. The Physics of Clouds[M]//*Handbuch Der Physik*. Vol. XLVⅢ, Geophysics Ⅱ. 1957.

［2］ Asada T, Saito H, Sawai T, *et al*. Some Experiments of Artificial Rain-Making[C]//*Report of Rain-Making in Japan*. , 1954, **1**.

［3］ Okita T and Kimura K. Ice Crystal Growth in the Atmosphere[J]. *Journal of Meteorological Society of Japan*, **32**: 5-6.

［4］ Kobayashi. General Survey of Studies on Artificial Precipitation in Hokkaido District[C]//*Report of Rain-Making in Japan*. 1954, **1**.

译雪莱《咏云章》

(Percy Bysshe Shalley, 1792—1822)(《The cloud》)

余唯地水之公主兮——亦昊帝之娇子。
升诸海涯之间隙兮，善变异而不逝！
尘霾见涤于我雨兮——净天宇而无翳。
风姨饰我以日辉兮——证苍穹之邃碧！
余悄然而驾霓兮，揽雨帘而出笑。
如破腹之婴，破椁之灵兮。
复起毁青空于一潦！

（摘自《天风海涛集》）

咏科普工作

王鹏飞

千年藤蔓束苍龙，咫尺宝藏难为功；
科普的增生产力，涤清眊眸见飞鸿！

（摘自《天风海涛集》）

人工影响天气学(天气导变学)发展的讨论[①]

人工影响天气这项工作,长期以来,引起了不少争论,这说明人们对这门学科的认识正在深化中。为正确对待这种争论,我们把人们对这门学科认识的发展,列于表1,并加讨论。

表1　天气(云雾)导变观点的发展示意

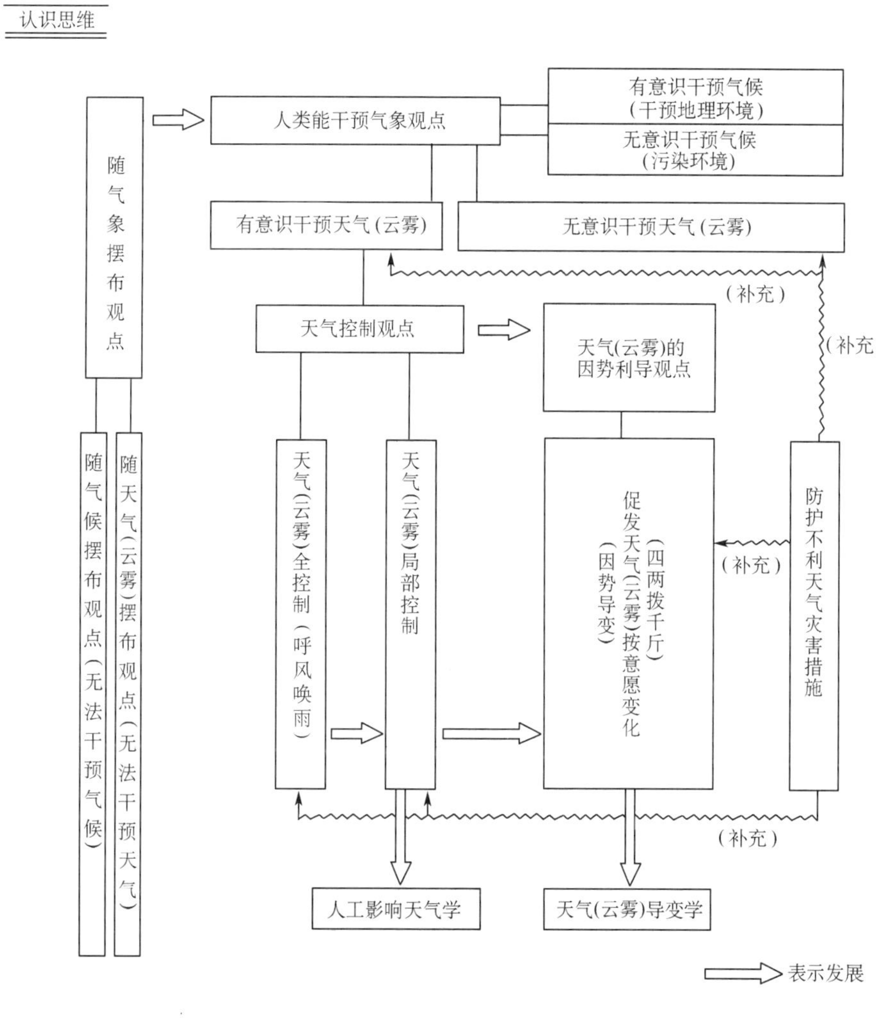

人类与天气(或云雾)的关系不外乎"人类对天气(云雾)的影响"和"天气(云雾降水等)对人类的影响"。但"人类对天气的影响"可分为两类,一类是"无意识的影响",一类是"有意

① 本文曾刊于南京气象学院《气象教育与科技》,1980年第3期。

识的影响”。“人类对天气的有意识的影响”主要是由“天气对人类的影响”所促使的。自有人类以来,天气灾害常常威胁着人类的活动,造成生活上和生产上的种种困难。人类在天气灾害面前长期处于被动地位,迫切要求改变这种处境,以便在对付天气灾害方面从必然王国逐步趋向自由王国。在近代气象科学发展以前(17 世纪前),由于人类认识天气规律的水平较低,那时往往只能用神话或幻想来表达他们对天气灾害的反抗。后羿射日以驱旱象,黄帝发动能致雨的“应龙”和能致晴的旱魃打败了率领风伯雨师的蚩尤,就是这类神话的例子。人类学会了取火,就用火来求雨,人类发明了弓箭,就用弓箭射击雷雨云,以驱雷消雹,人类发明了火药大炮,就用大炮和火枪射击积雨云来造雨防雹。这是近代气象科学发展以前人们企图反抗天气灾害的实践。历史上无论中外,都有这类实践的例子。但这些实践盲目性很大。因为那时人类对天气(云雾)的变化规律了解很少,无法根据天气(云雾)变化的内在规律进行作业。只当近代气象科学发展开始以后,人们才有可能通过对天气的客观观测,认识天气(云雾)客观变化规律,根据造成灾害天气的特殊矛盾,进行人工影响天气的试验作业,并不断改进作业。现在我们对照表 1,来说明天气(云雾)导变观点的发展过程。

人类对天气(云雾)的影响虽然可分“有意识”及“无意识”两类。但在近代气象科学发展以后,人们才能较有计划地有意识地向影响天气(云雾)的方向推进。1946 年首先在催化云雾的试剂上得到了很大突破,那就是 V. J. 谢弗(Schaefer)发现了干冰和 B. 冯乃高(Vonnegot)发现了碘化银。与此相应,人们又发现在自己的某些活动中,无意识地也影响干扰了天气变化。例如 1861 年美国南北战争和 1918 年第一次世界大战期间,都出现过炮战促成降雨现象;又如在工业区,人们曾不止一次地发现大烟囱中上腾的烟头上方,在夏季下午有发展出云块的现象。既然是无意识的影响,因此只属于对天气或云雾的“干扰”。这种“干扰”有时对人类有利,有时对人类不利。人们就开始重视对无意识影响的研究,以防止不利的后果。但通过无意识影响的研究,人们在有意识影响方面得到了启发和鼓舞。例如“炮战致雨”以及“腾烟生云”使人们意识到可利用炮火或带尘的热空气来影响云雾,而且既然无意识的活动能影响天气,只要有意识地创造那种无意识影响的条件,人们也就有信心得到一定效果。

有意识地影响(干预)天气过程,最初叫“人工影响天气”。“人工”就意味着“有意识”。在“人工影响天气”历史上,有三次较大突破,第一次是“火在改变天气上的作用”。这可能是人们发现森林火灾能影响云雾降水而得到的启发,它在早期造成了世界各地在干旱时期广泛利用篝火求雨的思想,以后发展为利用热力作用影响天气的较为科学的概念。第二次是“爆炸在改变天气上的作用”。这是我国发明火药,并推广到世界各地的结果。我国各地(如四川、云南、甘肃等地)群众经验中,都有土炮土枪轰击云雾来消雹消雾的传统(14 世纪河北磁县就有炮击雹云的事)。炮战致雨启发人们的思路,欧洲在 1900 年左右曾出现了炮击雹云的群众运动,意大利曾设置 1 万尊大炮进行消雹,在 1940 年他们每年发射 10 万支法国设计的火箭人工消雹。第三次是“催化剂的突破”。即干冰和碘化银的发现。这一次突破与前两次不同点在于这一次是在理论指导下的突破。T. 贝吉隆(Bergeron)所提出的云中出现冰晶能促进降水的理论,促使人们去找寻能造成云中冰晶的办法。干冰是从“冷却作用可造成冰晶”的角度找到的催化剂,而碘化银是基于“找与冰晶的晶体常数最相接近的化合物以有利于云中出现冰晶”的思路上查阅各种化合物后将它找出并试验成功的。这次突破轰动了世界,使各国竞相利用这类催化剂影响云雾。我国 1958 年在吉林的人工造雨成功后所导致的群众性运动,也属于这次突破的结果。

每一次突破,都有群众运动相应而起,这似乎是一个规律。其原因是人类急于要摆脱天气灾害的威胁,并渴望不做天气变化的奴隶而要做天气变化的主人。粮食作物及经济作物每年受到不良天气的影响而减产事故是每一个国家和人民所面临的严重问题,急需找到解决办法。一旦在人工影响天气方面有所突破,总给国家和人民以莫大的鼓舞。但在这种场合下,也往往会对一些突破有过高的估计,认为人类即将到达"呼风唤雨"的时代。因此"控制天气"的观点,特别是"全控制"的观点油然而生。这样,"人工控制(Control)天气(云雾)"名称常代替"人工影响天气(云雾)"的名称而风行一时。这种思潮中外均有,不足为奇。在国外,自从干冰和碘化银作为可靠催化剂而被发现以后不久,人们就提出了"天气(云雾)工程学"的学科新支,他们认为人类改变天气过程已可像工程师营造一座大厦、建造一座桥梁那样进行。只要有设计的图纸、有材料、有掌握技术的人,就一定能得出预期的成果。但是通过一次又一次的人工影响天气的作业实践,发现效果很不稳定,有成功也有失败。可靠的催化剂并不一定能得出可靠的预期效果。这就在人们的思想上引起怀疑。少数人认为人力无法影响天气,出现了对天气变化无能为力的观点。但是无能为力的观点是错误的,那是"全控制"失望后的产物。"盲目乐观"与"无所作为"往往是伴生的兄弟。科学不会盲目乐观而一步登天,也不会因灰心失望而停滞不前。因此近年来有些人就较实际地看待这个问题,指出天气(云雾)变化不能绝对控制,只能作一定条件的改变。这就是"小控制"及"天气(云雾)调制"的名称的由来。他们认为英文的"modification"译为"调制"较为合理。但是译为"调制"是无线电术语的习惯。一门学科的名称不能仅从翻译的角度出发,而要以学科的本身性质、特点和内容为基础,力求本国人在使用学科名称时能望文而了解正确含义。人工影响天气作业既与无线电技术中的"调制"有本质的不同。用了"调制"这个词也易于引导人们从"菜肴调制"方面去理解。而且"小控制"观点也不确切。因为我们迄今还不能明确人工影响天气中在什么部分细节上采取措施方可获得肯定的预期效果,"小控制"和"大控制"只是程度不同而已。为此我们必须进一步分析人工影响天气的特点。

我认为"人工影响天气"是十分复杂的。这包括了"自然对象的复杂"、"催化原理、催化剂、催化技术的复杂"、"催化后云雾过程的复杂"、"效果检验的复杂"四方面问题。前面所说1946年出现的人工影响天气的第三次突破,仅仅突破了四种复杂问题中第二种复杂问题内的某一个课题。即使这一课题上,也还有许多尚待解决的工作要做。近代气象科学发展以来,人工影响天气的历史如果从1946年作为较科学地进行的开始,迄今还只有三十多年的历史。在这三十多年内,人工影响天气方面,有许多重大进展。例如在"自然对象的复杂"问题上,由于采用了先进探测技术,我们对自然云雾降水结构和机制方面有比前更清楚的了解。在"催化原理、催化剂、催化技术的复杂"问题上也有所澄清。"催化后云雾过程"曾利用探测及数值模拟进行研究。"效果检验"的设计和分析手段多年来也引起了重视。初步认识到:人工影响天气虽不能达到全控制,但也不是徒劳的,在一定条件下,可以获得统计性的预期效果。这种情况,是十分令人鼓舞的。说明人类在影响天气方面,不是无所作为的,这门学科是在发展中;我们要有信心使这门学科能早日为人类生产起到较好的作用。

但是,三十多年历史在人类的科学发展历程中毕竟为时尚短。这是一门新兴的先进学科,正因为它的"先进性",就必然带来"不成熟性"。前述四方面的复杂性,要求我们作更多的突破,但科学是实事求是地发展的,由于各种条件的限制,不可能一下都在短时间内突破。

其“任重道远”的特点，对人工影响天气这门学科来说，是很明显的。另外，在具体人工影响天气中，这四方面的复杂问题必须结合起来。这就带来了更大的复杂性，使我们逐渐从“控制观点”转到“导变观点”上来，为此我们可以具体分析人工影响天气的例子，来说明“控制观点”与“导变观点”的不同。

以高炮发射碘化银炮弹作人工降雨试验为例，静力催化仅仅起到增加云中冰核的作用，动力催化仅仅起到释放冻结潜热、加强对流翻腾的作用。从“云中冰核的增加”或“潜热的释放”到“降雨达地”，这中间还存在许多复杂过程，这些过程是由播云造成的“冰核增加”或“潜热释放”效应后的过程。这一系列过程的进行，在播云后，基本上是借助于云雾自身发展的力量而进行的。最后是否降雨达地，并不仅仅由播云决定，还与原始云雾的特点与过程及播云后环境对云雾的继续影响等有关。这就是说，播云不是形成雨的唯一因子。它只起着诱导原始云雾使其向预期方向转变的作用。这是“导变”的第一层意思。

其次，既然人工影响天气是借助于云雾自身发展力量而进行的，那就必须对当前云雾的特征及其结构、云雾发展的规律和机制有所了解，以便用播云方法因势利导。“势”就是自然云雾的形势和趋势。不了解客观云雾对象，就会盲目进行，为此必须加强云雾物理的研究和云雾降水的探测。使能确实做到因势利导。这是“导变”的第二层意思。

第三，既称“导变”，说明作业是具有目的性的。它在于使过程向有利于人们预期的方向导引。这是“导变”的第三层意思。

第四，人工影响天气既然起着诱导作用，使催化后，过程向预期方向进行，那就必须讲究催化原理、催化剂特性以及催化技术，尽量使诱导得法，不致造成“南其辕、北其辙”的现象。这是“导变”的第四层意思。

第五，过去人们往往从人工施加的力量与自然云雾发展的力量对比相差过远来否定人工影响天气的作用。这虽有一部分道理，可是他们没有认识到人工影响天气不是人类对自然规律的破坏，而是对自然力量的因势利导。这样，催化后，自然发展的力量就能为我所用，自然力量并不都是对抗人为力量的筹码。例如在一系列成雹过程中，只要设法改变它一个环节，云雾此后的发展就会脱离开成雹机制。所以关键问题在于掌握云雾对象的特点、掌握催化的临界时机、临界部位、临界散播率，并对催化后云内变化有较好的估计，就能产生以弱胜强、以小胜大以及“四两拨千斤”的作用。这是“导变”的第五层意思。当然这里并不绝对否定研究力量对比。完全不考虑力量对比也会成为盲目行动。

第六，由于我们进行人工影响天气是采用“导变”的思路，因此对于什么叫做有效、什么叫做无效以及效果的大小，就应有另一番考虑，用统计方法来检验效果就十分重要，即使采用物理检验，也必然具有统计特点。对于要风有风、要雨有雨的检验，这是过高的要求。我们要求的，不论采用什么检验方法，应是力求效果有统计性的可靠提高。采用了“导变”观点，对这一点也就容易理解。因为或然率在催化开始到出现后果之间的过程中是起着作用的。这就是“导变”的第六层意思。也就因为这个原故，所以“天气工程学”这个名称是不确当的。

根据上面的道理，可以认为这种对天气(云雾)的“导变观点”，有利于我们更深刻地理解“人工影响天气”的特点，并推进“天气(或云雾)导变学”这个学科的发展。

当然我认为“人工影响天气”或“人工干预天气”的名称，还是可以使用的，至少比“人工控制天气”或“调制天气”合适，但是叫“天气导变”或“云雾导变”，就更简单、更深刻些。

最后还要指出,“天气导变”这门学科,历史尚短,不成熟性还很大,最近三十多年来虽然有不少进展,但尚须作多方面的突破。只有经过长时期的曲折发展历程,才能逐渐成熟起来,并更有效地为生产服务。在这个历程中,必须科学研究部门、需求部门和群众,同心同德、互相支持,有共同的认识。即认识到天气导变这门学科的发展,是国家的需要,人民的需要,社会主义四化建设的需要,是摆脱灾害天气威胁、夺取农业增产的实际需要。这门学科就是为了要解决这些实际需要而出现的。因此,只有适应这些需要,才有条件发展这门学科。而且“天气导变”实践本来就是“天气导变”科学研究的一个重要组成成分,发现存在问题提供研究课题,验证导变理论都只有在参加这种实践中才能获得。我们不应忽视这种实践。另一方面,科学虽然需要通过实践和经验,但单纯的实践和经验不等于科学。不加强科学试验研究,让“天气导变”长期处于经验阶段,不利于使这门学科获得实质性的进展,这样就无法使作业效果改进,从而也就不可能解决上述的各种实际需要。这对于“天气导变”这门还不够成熟的学科,尤其是应当注意的。古语说:“毋临渴而掘井,宜未雨而绸缪。”临渴掘井是处于不得已的情况,其解决口渴的可能性虽有,但要求可靠地长远地解决问题,还应“未雨而绸缪”。强调临渴掘井,不作未雨绸缪,就相当于对解决天气灾害只抱临时观点。不重视科学研究,缺乏长期打算,归根结底对解决实际需要也是不利的。因此正确对待“天气导变”的实践和科学研究,十分重要。有了这方面的共同认识,在天气导变实践和科学研究中,坚持实事求是的精神,那么这门学科的发展的前途是十分广阔的。

勐仑风光

王鹏飞

虽属初春偏似夏,罗梭江水静无哗;
晓岭苍茫腾雨气,阴崖郁密盘藤挂。
垦土偶显刀耕迹,驰车三遇火樗桠。
元宵谁料骄阳逼,赖有油棕一路遮!

(摘自《天风海涛集》)

人工影响天气(天气导变)研究方向刍议①

我国天气导变工作,早在1951年就已开始,那是以台湾电力公司为主②,用飞机撒播干冰和碘化银的人工造雨试验。在大陆上,天气导变飞机作业始自1958年8月上旬③,当时的目的虽在减轻吉林旱象,补充小丰满水库缺水。但结果使天气导变试验在全国范围展开,云雾物理研究也因而有迅速发展。因此,吉林天气导变试验,是影响最为广大、意义最为深远的我国云雾物理研究的外场作业。

一、天气导变技术发展的历史回顾

自有人类以来,天气就不断影响着人类的社会活动,人类不仅想预知天气变化,还想以人力影响天气。回顾天气导变技术的发展,有过三次历史性的重大进展④。

1. 以"火"为导变剂时期

早期,人类曾热衷于以"火"作为导变剂来影响天气。但当时并未意识到"火"就是导变剂,而仅仅认为火是沟通人、神间的桥梁。甲骨文⑤中曾记载:

"癸巳贞,其尞于山,雨?"

"尞,云,不雨?"

"乙卯卜,今日烄,从雨。"

"尞"是篝火为祭,"烄"是篝火焚巫为祭。可见当时采用的是"篝火求雨",有的在山上篝火求雨,有的向云作篝火求雨,有的还篝火焚人畜求雨。

2. 以"震爆"为导变剂时期

这可追溯到中世纪的声音求雨(火药的发明,使这个进展更受人们重视),约开始于距今300年前,在刘献庭(1648—1695)的《广阳杂记》中,就载有甘肃土炮消雹的情况。当时人们在干旱时热衷于"炮击致雨"。迄今在国内外,尚有利用爆炸致雨消雹的设想,以进行天气导变实践。

3. 以"播云剂"为导变剂时期

这一时期始于20世纪中叶。1946年由夏弗(Schaefer,V.J.)和冯乃高(Vonnegot,B.)

① 本文曾刊于《南京气象学院学报》1990年9月号。

② 刘昭民,《中华气象学史大事年表》,320页,及栗庆飞,《1951—1978年台湾省人工影响天气活动》

③ 吉林省气象局,《吉林省人工造雨试验初步总结》,1958

④ 王鹏飞,《天气导变学发展的讨论》,南京气象学院《气象教育与科技》,1980.3

⑤ 董作宾,《小屯·殷虚文字甲编》,3642页,1948;贝冢茂树,《京都大学人文科学研究所藏甲骨文字》,3081,1959;罗振玉,《殷虚书契续编》,4181,1933

分别发现了干冰和碘化银可作播云致雨的导变剂而鼓动了天气导变的第三次新热潮,至今也尚未脱离这个时期。我国1951年的天气导变也是这个热潮的产物。新的播云微粒尚在不断寻索之中,食盐、干冰、碘化银等仍是迄今采用最广、效果较好的播云剂。

通过上古的以"火"为导变剂、中古的以"震爆"为导变剂和近代的以"播云剂"为导变剂这三次天气导变的热潮,人们认识到热力作用、机械振动作用和相变作用等在天气导变作业中的重要意义。第一次进展充满了原始的迷信成分,认为"火"是沟通人、天的途径。第二次进展,迷信与科学认识参半,并逐渐从迷信走向科学。例如最初曾相信教堂钟声的作用,也曾相信山区人声振喧能使鬼怪惊恐而降雹。第三次进展正是科学的飞速发展时期,探测及播撒工具、计算工具、分析方法、理论准备等条件,都比前两次进展得充分,并开展了天气导变各方面的试验研究工作,如实验室(包括云室)试验、数值模拟、效果统计检验、外场作业等。这些试验首先促成了云雾物理学这门新兴学科的建立和深化,同时也使天气导变技术建立在科学性远比上古、中古两个时期为强的物理基础上。

综观上古、中古及近代天气导变的历史,可见注意力均集中在导变剂方面。这是必要的,也取得了不少成就,但还很不够。因为天气导变作业包括了许多环节,例如播撒方法、播撒部位、播撒时机、剂量等等。这些环节又都与瞬息多变的播撒对象(云)的演变分不开,云的演变个性和阶段不同,播撇方法、部位、时机也应相应有所变化。天气导变的效果与这许多环节中的任一个都有关系,导变剂仅是这些环节中的一个。仅把注意力集中于这一环节,显然就不够全面,而且导变剂也有多种多样。近代导变重视的导变剂仅是其中的播云剂(如食盐、碘化银、干冰等),重在相变效应。至于机械振动效应、化学热力效应、气流及水汽供应或截断效应、电场及电力的强度变化效应等,都有导变作用,它们的个别作用和综合作用都应予以研究。在近代,对它们的研究不能说毫未触及,但往往浅尝辄止。有些过程仅做了一些肤浅工作就猝然否定,显得不够郑重。

除了对天气导变作业各环节考虑不全面外,对已考虑的环节(如导变剂),在导变的思路上也显得不够开放。近代天气导变,虽有实验室试验、数值模拟、效果统计、外场作业等的配合,开辟了一些新的方法领域,提出了一些新的理论,深化了一些新的认识,并取得了很大成绩。但总觉得似乎缺乏了一个联系到现实云雾特性的关键接合部。由于忽视了这个接合部,使得实验室试验、数值模拟、效果统计、外场作业在实现促进天气导变的功能方面,出现了困难,阻碍了实验室试验、数值模拟、效果统计、外场作业的进展,成为天气导变学科难以发展的根本原因。

为了克服这些困难,有必要对所存在的问题,作一些深入的讨论。

二、当前天气导变研究中存在的问题

1. 外场云结构探测模式化及失真的问题

通过对云结构的探测,已获得了许多云结构模式,对理解云中过程提供了直接信息,有助于云物理学的发展。但由于云中结构和过程十分多样,所获得的云模式只是千变万化云结构和过程中的抽样样品。这种"抽样"需要结集当时的最新仪器设备才能进行,又由于设备的先进性及各种设备的配套性条件的局限,使抽样工作不能经常进行。因此,少量的直接探测所得的云结构模式就被珍视而凝固化。新的模式不能否定旧模式,但新模式的出现,往往使一段时间内人们热衷于"新"而冷漠了"旧",似乎一切云中结构都以新模式为标准所组成,并可延续到再一次更新探测所得的云模式而后止。如1976年Browning和Foote的雹云模式[1]在1984—1988年希腊国家防雹计划中仍在使用[2]。另外,同一个云的结构是时间的函数。由于探测工具的局限,早先一次探测所得的云的各部分信息,不能严格遵守"同时性"原则。例如利用飞机或探空仪进行探测时就有这种情况。若把由此而得的结构信息硬凑在一起,所形成的图像,就会有"壮胸、老腹、童子腿"的怪现象,常有很大的失真。根据这种拼凑形象所得出的内部运动机制,显然也很难符合实际。目前遥感探测已可了解很多同时性云中情况,但尚有一些云中情况未能通过遥感技术解决的。要打破结构模式凝固化及失真的现象,就非得改进现场探测仪器设备不可。

2. 实验室结果难以用到天气导变作业中的问题

世界气象组织多年来号召,要科学地进行天气导变的基础研究。所以许多实验室及云室的研究取得很多成果,研究出某些播云剂在各种不同条件下可以起到的各种效果。不过当前还存在两个问题:一个是迄今尚无探测云中已撒的播云剂的部位及在云中扩散轨迹的先进设备;另一是云的结构模式凝固化的思想。根据雷达、卫星及飞机探测等工具的探测发现,云中结构是很复杂的,即使是同一云属的云,其结构也绝不能用已归纳出的一些模式完全概括。就是在同一块云中,在同高度上的各处,物理条件和气流情况也很不相同,而且在其各发展阶段,结构也有很大变化。按照目前播云方法,就根本不能肯定云内播云剂扩散源的所在和扩散物所经区域的扩散浓度以及环境的物理和化学条件,也不可能判断播云剂在云中是否处于实验室所要求的环境。因此实验研究成果就无法应用到天气导变上去,另外,播云剂在云中争相消耗水汽等理论,是建筑在"云中水汽受封闭"的假定下作出的。如苏联Sullakvelidze等(1965)的人工消雹思路[3]和1984—1988年希腊国家防雹计划的制定[2]都是采用这一思想。事实上云始终是一个开放性系统,水汽不断在云内交换,所以"争食理论"有其一定的局限性。由于存在上述的一些问题,目前对于播云剂在云中所产生的作用,只能凭一些片面的检验(如降水中已含催化剂)及想当然的模式或理论作原理性推估(如一般云中该季节零度层高度已能被带药高炮炮弹打得到),这当然是不能令人满意的。如不改变这种局面,即使实验室工作做得更细致。每年或每次天气导变作业,仍无法作出令人信服的合理总结,而只能从周围及下风方降水情况等,笼统作一些例行公事式的分析。对于播撒源在云中的位置、播撒时机、播撒剂量等,由于缺乏根据,难以提出改进意见,也就无法改进天气导变作业技术。另一方面,由于实验课题不来自实际天气导变,就难以在天气导变作业中应用,因而影响了实验室试验的发展。

3. 数值天气导变模式在某些方面与实际天气导变作业的脱节问题

近年来数值天气导变模式在国内外有很快发展,这对节约外场作业的财力、人力、设备及时间,理解导变机制等方面都有重要作用。但也存在不少问题,首先是表达所模拟出的云的方程,限于探测及计算处理条件,并不能与当时实际云相应,其中就有许多简化假定或理想化成分。其次是数值模拟播云与实际播云有很大不同。数值模拟播云不是真用播云剂,而是把播云剂的温度效应、相变效应等输入到一定时步中去。它虽能指导实际播云,但云中实际温度效应和相变效应的产生不仅与云发展的阶段及播撒的部位有关,也与所用播云剂的实际成分、性能、播量及播撒方法等有关。天气导变作业中实际播撒受许多当时随机因子、云内结构演变、播撒技术、工具、时机、财力、人力调配等多方面的制约,它们是不可能在数值模拟天气导变中考虑进去的。因此,实际天气导变的结果往往与数值模拟天气导变有较大的出入。而要求实际播撒完全按数值模拟方法进行又不可能,且数值模拟中参数化的方法,更是为运算方便而采取的措施,很难使实际某一次播云中能符合参数化规律。可见数值模拟天气导变在某些方面与实际天气导变存在"脱节",任何顺利的数值模拟天气导变,并不能解决实际天气中所存在的技术困难。不解决这些"脱节"问题,改进实际天气导变的效果就难以实现。也就因为这些"脱节"问题的存在,而影响了数值模拟天气导变研究的发展。

4. 某些统计效果检验无助于天气导变技术发展的问题

近 20 年来,在世界各地天气导变工作中,广泛地提倡"随机性对比作业的统计效果检验"。为了验证作业的效果,严格的统计检验是必要的,但"随机性对比作业的统计效果检验"存在一个根本性的弱点,即它要求长时期(10 多年)用同一方法进行天气导变作业,如作业方法有改变,统计的资料序列就会中断。细析这种统计检验的要求,可以看出,它是阻碍天气导变科学进展的"紧箍圈"。如果执行这种办法,天气导变作业方法就势必保持 10 多年不变。万一做了 10 多年作业,统计效果不佳,就意味着失去 10 多年改进作业的时机。如果统计的效果很好,那也仅仅证明可以按 10 多年前的老方法进行。在科技飞速发展的年代,谁能安于"十年磨一剑"的牛步化速度呢?"面壁十年"是解决不了问题的,必须"破壁"进行改革。

即使按"资料统计应保持条件不变"的规定,也应包括两方面,一是"所采用的天气导变方法"不变。一是"所处理的天气导变对象(云)的性质"不变。所以只强调"方法"的 10 多年不变是不够的,还应强调导变对象也 10 多年不变,否则仍将中断资料序列。"方法不变"可以控制,而"对象不变"却不是绝对能够支配的,谁也不能担保在 10 多年中所处理的云是完全相同的,这也是目前推广的随机性对比作业的统计效果检验方法失效的根本症结,因而 10 多年一贯制的"导变方法"很难坚持不变。即使像以色列那样被国际天气导变同行认为在坚持方法不变的随机对比作业的统计效果检验做得很好,也仍难保证在这长期处理中,云对象都符合统计要求。

更有甚者,上述统计检验方法在推行的多年中,并不致力于直接推动天气导变技术的进展,其目的仅在使天气导变的实践为统计检验服务。它是在既定天气导变作业方法的基础上进行,只为满足统计检验的要求而进行作业设计。而作为天气导变工作所应关心的,却是如何改变作业方法以使导变更有实效。因此,不能把统计方法的改进,视为天气导变技术的改进。

另外,统计检验的效果,只表示统计资料覆盖时期内天气导变作业总观性效果,并不表示每一次作业的效果。而人们希望能有肯定或否定每一次天气导变作业的效果,这又是上述的统计检验方法所难以胜任的。为此,应该找到一种允许随时改进天气导变技术并能及时对每一次作业效果作较好判定的新统计方法,才能使天气导变的统计检验得到新生。

三、进行"云特性场分析"是推进天气导变各方面研究的必要条件

天气是一个系统,从"系统论"的角度看,科学上最早利用系统论观点进行分析的,是天气图分析①。它最先探讨"气象要素场"的时空分布。首先从了解"场"的观点来安排观测网,并用"场"的观点来分析天气。由于采用了"场"的观点,就使疏散的个别点的观测资料成为有时空组织的"场"的抽样点。"场"是渗透于系统各部分的整体特性,它把"孤立的离散"粘合为"连续的整体"。由于研究并分析了"场",从天气图中就发现了"天气系统"和"气压系统"。不同时空中的孤立现象显示了有机的相关性,于是个别成为整体中的个别,整体具有了组成结构的个别所不存在的整体特性。整体的"生长、发展、衰亡"成为比个别的"生长、发展、衰亡"的更高一级的生命史现象,但却与个别的"生长、发展、衰亡"的现象发生了息息相关。分析各气象叠合场的结构,大大丰富了天气图分析的内涵,推进了天气的进展。

在天气导变技术发展中,能不能把天气图分析"场"的观点也移植过来呢?笔者认为是可以的,也是必要的。只有移植,才能使天气导变脱离盲目实践,并能使为天气导变服务的实验室试验、数值模拟、效果统计检验、外场探测和作业技术获得发展。

天气导变所研究的作业对象是云体及其环境。它们是一个整体系统,其中各气象环境参量,也都组成各自的"场",各"场"互相影响。如常山之蛇,击头则尾动,击尾则头动,击腰则头尾皆动。

就天气导变技术所需要研究的"场"来看,有回波强度场、温度场、湿度场、滴谱场、含水量场、气流场、电场等,这些都是"环境场"。为了研究天气导变的效果和机制,我们还要研究播云导变剂的"播撒扩散场"。研究天气导变,必须把播云剂放到客观云雾环境中去考虑,这就是说"扩散场"与"环境场"必须相互叠合地进行研究。这种叠合无异于开辟一个空中现场实验研究"新世界"。把这个由"新世界"中研究所得的问题进行室内实验研究,可使室内实验研究的课题有的放矢,并将室内实验结果应用到上述"空中实验世界"中,可以印证实验室成果,解决了实验室所得结果难以应用到天气导变上去困难,这样就必然为室内实验的发展,开辟了取之不尽,用之不竭的源泉。

利用"场"的观念进行"环境场"及"扩散场"的演变观测,就可以与数值模拟的时步情况进行逐步对照,更深入地印证或修正天气导变的数值模拟。这能在一定程度上解决数值导变模式与实际天气导变的脱节困难,从而也有利于发展天气导变的数值模拟方法。

所分析的天气导变的"环境场"和"扩散场"都是同一时刻的瞬间场。这些瞬间场的演变是各"瞬间场"相互影响的结果。由于有"扩散场"参与其间,因此就有可能研究播撒剂在"环境场"中的变化及"环境场"受播撒剂的影响情况。这种丰富的"环境与播撒剂"的相互作用的细致演变过程,将使我们有前所未有的条件去分析导变效果,不仅能分析每一个播撒个例的效果,还可以分析在一个个例中任一阶段的导变过程,而且它不要求10年以上的导变方法守恒,不要求每次导变对象云都是同一种模式的云,导变手段、导变剂性质、播云剂量等的改变,并不影响效果检验。由于任何导变方法的改进都能较灵敏地反映在"环境场"的变化中,它不需要对比区或随机作业。因此它比之现行的统计效果检验法要优越得多。可见推

① 19世纪上半叶已有天气学的制作,但当时不自觉地应用了"系统论"及"场"的观点——作者注。

行“场”的变化的效果检验法,能为天气导变检验方法找到新的发展途径,是值得提倡的。

将云外“环境场”进行研究,即使不包括“播撒扩散场”,也将是目前云雾物理学的方法论中一项革命。因为它可提供的各种“气象参量场”的组合形式,可获得取之不尽用之不竭的绝无相同的云场结构(如云的不同回波结构、温度结构、风结构、滴粒谱结构、相结构、含水量结构、电结构、长短波辐射特性结构等之间的千变万化的组合态)的无数个例。由这些个例,还可研究云的组合态的演变史例,再进一步利用动力及热力等各种理论来分析这些个例的演变理论规律。所得的云模式必然远比目前所认可的几种有限云模式(包括云的物理模式及数值模式)要丰富精彩的多。

如果结合“扩散场”和“环境场”进行分析研究,将能从播云剂的特性、剂量及播撒部位,根据“环境场”判定播云剂的“播撒点”。再根据“播撒点”与同时的“环境场”,预报播云物在扩散过程中对云将起到什么样的导变作用,并随时从其后的“环境场”演变中求得这种导变的印证。还可以从导变实效中,分析播云方法、剂量、部位及播云剂性质中存在的问题。从而在改进播云剂及播云技术方面可有的放矢地提出有把握的改进措施,这必然能科学地、大大促进天气导变技术的进步和发展。

四、实现“云特性场分析”的关键与建议

要实现“云特性场分析”,关键在于发展云参量的遥感技术。因为我们强调分析的是“场”。而“场”只有运用遥感技术才能获得。我们希望叠加并分析的“场”必须是同一剖面、同时、同视野的“场”,这也只有遥感技术才有可能。我们要求获得瞬时场及场演变动态,这又仅能借遥感电子设备才能完成。显示的图像化、数字化、实时性,也需依赖遥感设备。

虽然现在已有一些先进遥感设备,可以测量云中各种参量场,如常规气象雷达可提供回波强度场;多普勒雷达可提供云的气流场;卫星辐射计的有关通道可提供云顶温度场、辐射场、水汽场;廓线仪也可提供温度廓线等。但各要素场在时间上的实时、同时、近于瞬时性,以及在空间上的同一剖面、同一视野范围的探测性能,尚未很好实现。因此,所得各场,无法叠合以供分析。又如在“环境场”的遥感方面,尚有不少场(如电场、滴谱场等),缺乏适用的遥感工具,而对“扩散场”的遥感,办法尤少(但是也不是绝对没有办法解决的。例如可以在播云前使导变剂放射性元素标记化,使之在云中播撒扩散时能被遥感。也可采用能造成导变剂在云中扩散时因与云滴或冰晶发生物理或化学反应而产生能量变化的遥感设备)。这些问题都是我们实现天气导变分析所应当解决的。尽管这些问题的解决,难度甚大。但从世界目前遥感技术发展形势来看,也并不是不可能解决的。首先,建议主管天气导变工作的部门,加强云的配套遥感设备的研制,组织遥感工程单位、专家,研究解决这些难点的设计原理,制订研制这些配套设备的计划和方案,并采取各种努力予以落实。同时,还应尽量利用已有的遥感“环境场”的各种设备,加强并充分发掘、重叠现有同时探测到的各气象环境场的方法,深入“分析方法”的研究,以使云雾物理及天气导变学摆脱当前国际及国内的进展迟缓状态,进入有充分客观资料为依据的正确科学道路。并使天气导变的实验室研究、数值模拟、统计检验及外场实践,均出现前所未有的跃进。使天气导变学及其实践,驰骋于充满无限发展远景的新天地中。

参考文献

[1] Browning K A, Foote G B. Airflow and hail growth in supercell storms and some implicaions, for hail suppression[M]. *Q. J. M. S.*, 1976.

[2] Karacostas T S. The Greek national hail suppression program, design and conduct of the experiment [C]//WMO/TD, No. 268, Papers submitted to the fifth WMO scientific conference on weather modification and applied cloud physics, Beijing, 8-12, May, 1989.

[3] Hess W N. 人工影响天气和气候[M]. 王昂生,等,译. 北京:科学出版社,1985:316-343.

吴王宫有感

王鹏飞

(一)吴越兴亡事有因,胜由尝胆败由佞。
貔貅十万谁能敌?却冤西施手捧心。
(二)信嚭拒谏事可伤,夫差以粟济败王。
子胥受戮公孙死,倾国岂能咎红粧!
(三)胜越竞纵卧薪意,容敌却贻生聚期,
踌躇满志黄池后,余杭山头悬灵旗!

(摘自《天风海涛集》)

老　骥

王鹏飞

昂首飞鬃一老骥,久驰疆场不知疲;
秋醇恰值花重发,风劲更教马奋蹄。
莫谓春蚕排缕尽,谁甘腾埌逐车低。
骄阳夕照同源出,忧国何能后早曦!

(摘自《天风海涛集》)

雷雨是怎样形成的[①]

雷雨，顾名思义，必须有雷有雨。但有时发生闪电的地方太远(例如在 20 千米以外)，雷声常常在传到入耳以前，已衰减消失，而闪电的光却仍然看见。这样的情况虽然没有听到雷声，只要那里有下雨的现象也可以叫做雷雨。

雷雨是带阵性的。一阵大，一阵小；有时倾盆瓢泼，忽而云开天晴。它往往产生在盛夏的午后，但是在冷空气袭击的前后也常出现。前者称为气团性雷雨，后者称为冷锋雷雨或飑线雷雨。前者出现的范围较小，后者范围很大。

雷雨的强度如果很大，持续较久，往往会造成山洪、内涝、雷击等灾害。强烈的雷雨常伴有大风，有时还会带来冰雹和龙卷风，造成生命财产的损失。我国国土幅员辽阔，处于副热带地区的面积也很大，在盛夏许多地方常常受到副热带高压的影响，因干旱而缺水。夏季的雷雨却能使缺水的庄稼和干渴的土地获得甘霖，有利于作物生长。多次雷雨还能充实河流、水库水量，利于灌溉、航行和发电，而闪电高温能把空气中的氮转化为植物需要的硝酸态氮肥和氨态氮肥，随雨水降到地面。

产生雷雨的云，是一种个体臃肿庞大的云，这是由很热的空气急速上升造成大量的水汽凝结而形成的。它的水平范围可达几百或上千平方千米，底部高度距地约一千米，顶可伸展到七八千米到十多千米。在中纬度地区，云顶已伸展到气温大大低于 0℃的高空，例如云顶温度可以低于－40℃到－30℃。因此在夏季，虽然云的下部由于温度尚高，云滴多由水滴组成，但是在云的中上部，就存在有低于零度的云滴和冰晶。

当云顶出现了冰晶组织时，原来像肥皂泡沫组成的重叠起伏的圆拱形顶部就变得平滑起来，产生丝泽结构，好像万缕银鬃，从云顶向四周飞散，而在云体前进的方向上，伸展得更远。这时，云的整体很像一个顶部平衍的铁砧(图 1)。在气象上把这种云称为积雨云(又叫雷雨云)。

当云上部的冰晶和温度低于 0℃的水滴共同存在的时候，就出现一种消耗水滴的水分而使冰晶增大的现象。这就是说，冰晶能使水滴蒸发，并把蒸发出来的水汽凝固到自己身上而成为较大的冰晶(图 2)。图中水滴温度和冰晶温度相同，都低于 0℃。水滴虚线以外的部

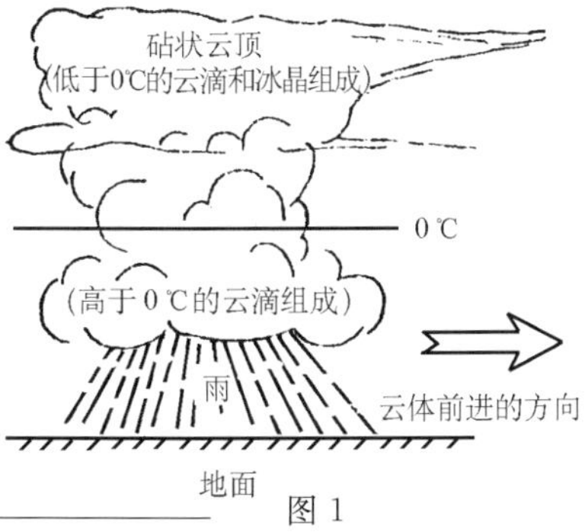

图 1

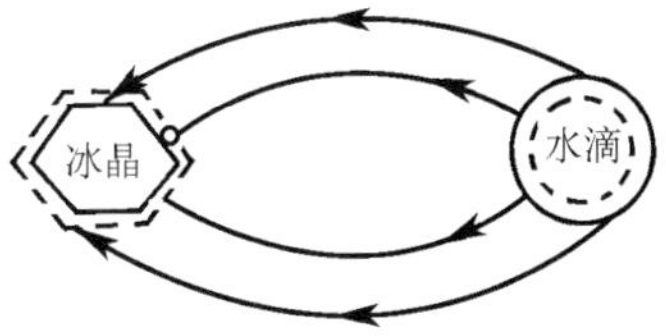

图 2

① 本文曾刊于《科学实验》1973 年第 7 期。

分蒸发汽化后凝固到冰晶的虚线以内部分，使水滴缩小和冰晶长大。冰晶除了用这种方式变大以外，它还和温度低于0℃的水滴相碰，使水滴冻在它身上，从而也使自己变大。另外还有一种过程，就是比0℃还冷的水滴互相碰撞，发生冻结，形成较大的冰晶。

当冰晶增大到一定程度，云里面的上升气流支持不住它们时，冰晶就会掉下来，并且在云的下部温度高于0℃的区域里融化成为大水滴。再通过一些大水滴破裂，以及与其他小云滴碰并增大等过程，水滴不断变大和变多。这样就促成了积雨云下雨。

那么积雨云又为什么会打雷呢？

打雷必须有电。关于积雨云起电的原因，有许多说法。但是，近年来通过比较好的探测和实验，大多数人认为是云中的霰粒与冰晶摩擦，或霰粒使温度低于0℃的云滴（又名过冷却云滴）在它上面碰冻，并且在碰冻时表面飞出碎冰屑所引起的。它与冰晶的温差起电有关。

什么叫冰晶的温差起电呢？当冰晶的两头温度有差异的时候，热的一头自由活动的氢离子（带正电，H^{+}）和氢氧离子（带负电，OH^{-}）就多了。它们有向冷的一头扩散的趋势。但是氢离子向冷的一头扩散的速度大于氢氧离子，所以不久在冷的一头的氢离子就多于氢氧离子，而在热的一头氢离子就少于氢氧离子。这就使得热的一头具有负电性，而冷的一头具有正电性。一旦冰晶在垂直于离子扩散方向上断裂，正负电性就会分离开来，这就是冰晶的温差起电（图3）。

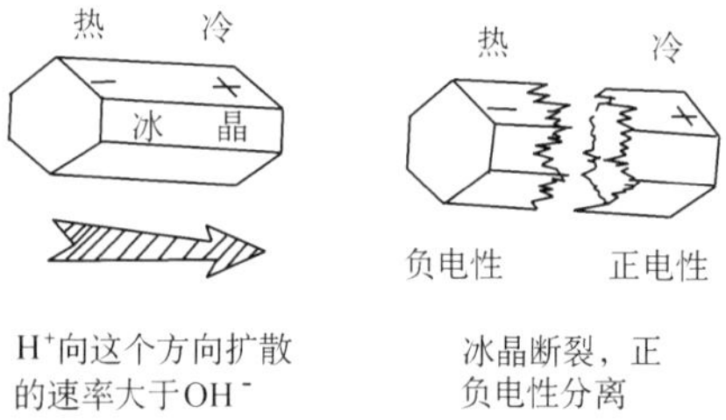

图3

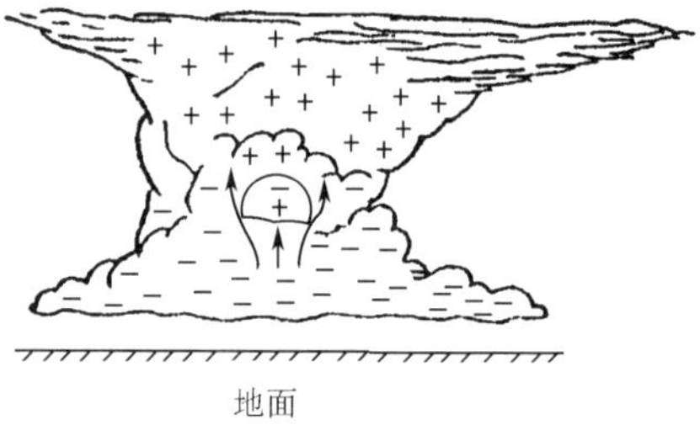

图4

因此，当有冰晶和霰粒相碰的时候，由于短时的接触摩擦，霰粒表面局部温度上升比冰晶要高些，造成霰粒表面和冰晶之间的温度差异，使霰粒表面带有负电，冰晶带有正电。一旦冰晶在摩擦后脱离霰粒表面，正像温差起电中冰晶断裂的效果一样，就会发生正负电性的分离。

另一方面，当低于0℃的云滴在霰粒表面碰冻的时候，水滴外部先结成一个冰壳，而内部液体因为热量不容易耗散，温度较高，使冰壳的外表面呈正电性，内表面呈负电性。一旦内部水也冻结起来，就会膨胀，使外壳破裂，出现冰的飞屑。这些飞屑带了正电荷飞散出去，而把多余的电荷留在霰粒表面的冻水滴上，从而也产生了正负电性的分离。

因为冰晶和飞屑比较小而霰粒较大，由于重力的关系，较轻的带正电的冰晶和碎屑则大部分位于云的上部，而较重的带负电的霰粒大部分位于冰晶和飞屑的下面。于是，云的上部带了正电，而云的下部却带了负电。在这种情况下，云内出现了垂直电场。

这时，如果有一个位于云内温度高于0℃区域的大水滴向下掉落，由于受到云顶正电和云下部负电的感应，它的上半部就带了负电，下半部带有正电，如图4所示（图中的大水滴已夸张地画得非常巨大，以便看清它内部感应电荷的分布，云中的气流是按相对于大水滴的运动画出的)。

这个馒头形的大水滴,在相对于它的气流的作用下,不久就变成窝窝头形,底部中心不断内凹,凹区的顶部越来越薄,凹区入口的边缘比较厚实。最后相对气流就冲破水滴,使水滴的顶部形成许多小水沫,而凹区入口的边缘,由于水的表面张力,也形成一些较大的水滴。在这整个过程中,原来大水滴的上部是带负电,下部是带正电的,所以被气流冲破以后,顶部的小水沫就都带负电,而凹口边缘的较大的水滴都带了正电,如图 5 所示。在破裂后,由于小水沫比较轻,不久就扩散到云下部的其他区域,而较大的带正电的水滴,却在较强的上升气流区被支持在空中。这样,在积雨云中,就形成了三个带电区。那就是:云顶带正电,云的下部带负电,而在云底的上升气流比较强烈的区域又带正电(图 6)。

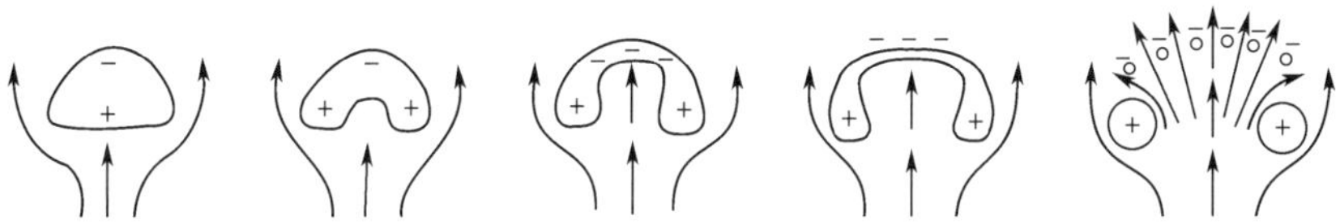

图 5

在云底除了上升气流较强的地方带有正电外,一般都带负电。在这种云底电荷分布的情况下,地面就发生感应电荷,它们的电荷分布、性质与它上面云底的电荷相反(图 6)。

但对云底正电荷区,也有人认为与地面感应正电荷由于尖端放电成为空间电荷后,被强烈上升气流运送到达云底有关系。因为在这种情况下,也会造成云底上升气流最强处带正电荷的现象。

不论由于哪一种原因起电,只要这种起电作用在强烈地进行,云中各电荷区之间以及云底与地面之间,电位差就会越来越大。当大到一定程度时,各个性质不同的电荷区之间,就会发生击穿空气的放电现象,这就是闪电(图 7)。根据探测,积雨云中造成闪电的电位差,须达每厘米几千伏特。雷声是闪电通过处的空气很快膨胀所产生的爆裂声。一般在闪电通过时,温度可高达 10000℃以上。在这样高的温度下,不仅空气本身很快地膨胀,而且云滴和雨水也会急剧汽化。空气膨胀速度是很快的,可达 1000 米/秒以上,所以产生冲击波,并发生巨大的雷霆的巨响。

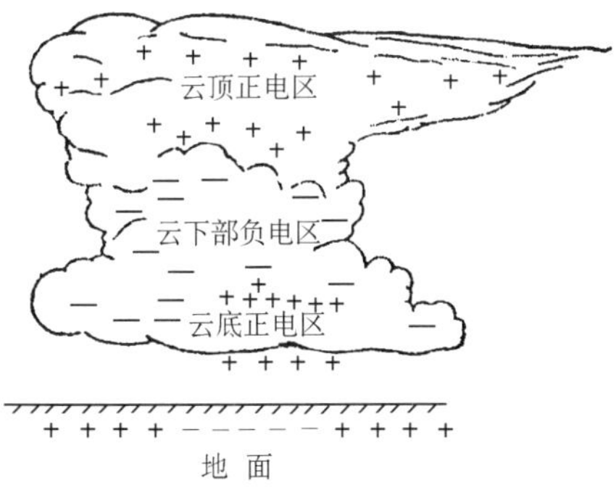

图 6

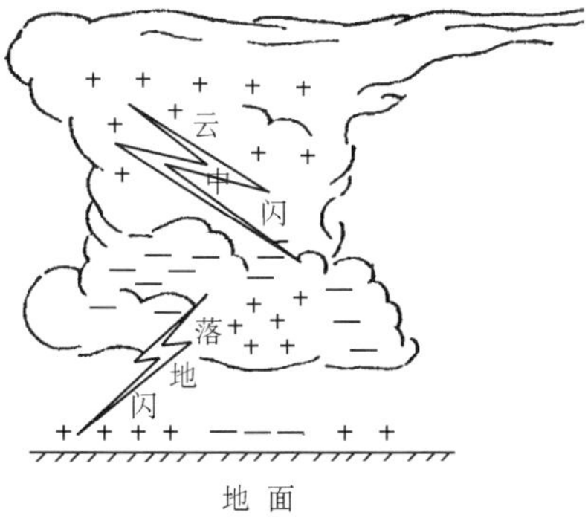

图 7

从上面可以看出,过冷却云滴之间的碰冻,以及它们在霰粒上碰冻等,既是积雨云降雨的条件之一,也是积雨云起电打雷的条件之一。因此,在强烈上升气流的作用下,当这些过程进行得非常剧烈的时候，就会发生雷雨。但有时由于云下空气十分干燥，雨滴落到云下，在尚未达到地面时，就已汽化蒸发光的，这时出现的将是干雷，光打雷不下雨，另一方面，也有这样的情况：就是由于起电作用不够强，在各个不同性质的电荷区之间，累积不起能够造成放电现象的电位差，这样就会出现光下雨不打雷的阵雨现象。

闪电和雷声是同时发生的，但它们在空气中传播的速度相差很大。我们知道，光每秒钟能走30万千米，而声音每秒只能走340米，根据这个情况，我们可以从看见闪电起到听到这闪电的雷声止这一段时间的长短，来计算闪电发声处离开我们的距离。例如雷声在西北方，它比闪电迟到20秒，说明闪电在离开我们西北约6.8千米的地方发生(340米/秒×20秒＝6800米)。

雷雨发生的时候，往往很大，我们可以利用测雨雷达来探测雷雨云离我们的距离和方向，并且估计雷雨云移动的快慢，以及雷雨的雨量强度等。有一种多普勒雷达，还可以用来测量云中气流的情况。

闪电发生时，会发生电磁辐射，它反映着雷雨云中的电情况。人们已有各种仪器对它进行探测，例如闪电定向计数器等。

我国自制的测雨雷达和闪电计数器，已在气象部门使用。它们在预报雷雨到来，了解雷雨强度，研究云内闪电情况等方向，取得了不少成绩。

古稀操

王鹏飞

古稀我不怨秋深，况值春回花满城。
霁色千山堪舞鹤，危竿百尺敢惜身！
水羞纳潦空称海，风欲振虚始有声。
莫贱昏鸦光羽色，要化曙彩供朝暾！

(摘自《天风海涛集》)

嫦娥盼

王鹏飞

奔月久惆羿未追，广寒寂寂盼燕归；
神州初报载人讯，遐想绮思满宇飞。

(摘自《天风海涛集》)

闪电是怎样打击到地面的①
——云地闪过程

雷雨云造成的闪电，有的藏于云体内部；有的通过相邻云块的间隙；有的出现于云和大气之间；也有的从云底通过大气到达地面。打到地面的闪电，称为“云地闪”。它是破坏地面物体、影响人类地面活动的最有威胁性的一种闪电。

一、云底电荷和地面感应电荷

雷雨云中，平均情况是：云顶和云后部的中上区带正电荷，云底上升气流强盛的局部地域，也带正电荷；但云的中下部及云底大部分区域，都带负电荷，如图1所示。

云底大部分区域的负电荷，使地面发生“感应电荷”。感应电荷的电性与云底电荷的电性相反，主要是带正电荷的。所以“云地闪”主要是指云底负电荷与地面正电荷间的闪电现象。

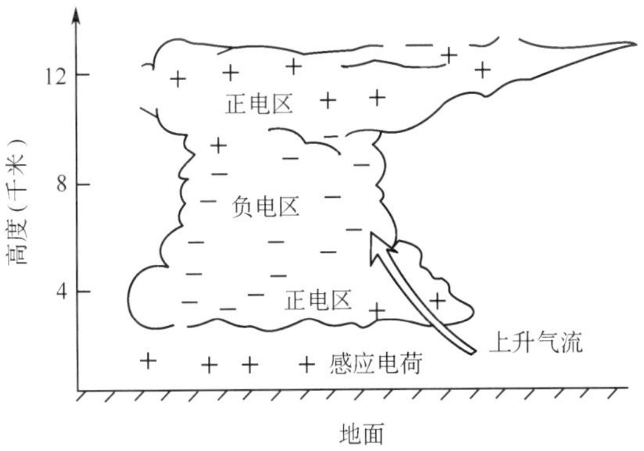

图1　雷雨云中电荷分布和地面感应电荷

二、“闪电的启动电击穿”

“云地闪”不能一下完成。因为在雷雨云底和地面之间有一层厚约1千米的空气层。空气一般是电介质，不易导电，要使闪电通过空气，必须有强大的电位梯度，电位梯度大到刚能击穿空气而放电的现象称为“启动电击穿”。其所需的电位梯度，称为“击穿电位梯度”。根据经验，湿空气击穿电位梯度每厘米约需几千伏，干空气击穿电位梯度就要大到每厘米上万伏。可见湿度愈小，击穿电位梯度就愈大，发生闪电就愈不容易。

按照上述的击穿电位梯度值计算，如果闪电从云底出发，打破厚约1千米的空气层直达地面，就必须在云底和地面之间积累起上亿伏的电位差，这在事实上是不可能的。因此启动电击穿只能在雷雨云中局部地方出现，然后逐步发展到云地之间。据测量，雷雨云中局部地方出现每厘米几千伏到上万伏的电位梯度是常有的，发生局部放电是可能的。

根据试验，这种发生闪电的启动局部放电，往往是以下述方式造成的：大水滴在云中强电场的作用下，发生震荡变形，从而在电场方向上，水滴被拉长而出现尖端，尖端放电就触发了局部空气电击穿现象，接着就扩展延伸而成闪电。如果云中水滴互相碰撞而变形，在电场

① 本文曾刊于《气象》1976年第9期。

作用下,水滴出现尖端,就更容易发生局部放电。

三、闪道的枝状延伸

云底附近出现了局部电击穿现象后,如何向云下空气中发展成闪道,并向地面延伸的呢?

我们知道,地面感应正电荷在地面的分布并不均匀,在凸出的地方集中得比较多。由于同性电荷互相排斥,再加上云底下大气中乱流和对流较盛,在凸出的地面上就有大量正电荷被带到云下气层中,成为一片片、一块块的"正空间电荷气块"(见图 2)。有的飘升到较为接近云底附近的放电区,造成很强的局部电位梯度,把放电区的负电荷大大加速,使它击穿空气向云下方伸展。但这种向下伸展,并不是顺利地直线进行。这是因为电荷击穿空气块要受两个因素的影响,一个是电荷本身的加速度,一个是空气对电荷通过的阻力。

图 2　云底下一片片、一块块的正空间电荷气块

因此,当放电区的负电荷受"正空间电荷气块"的加速而前进时,如果当时有几个正空间电荷气块在放电区附近飘浮,负电荷就将被它们所争夺,从而产生"分支放电",造成闪道分支现象,使负电荷分股向几个正空间电荷气块区前进。如果闪道前方的空气较干,一时不易击破,那么负电荷会绕道通过旁边湿度较大的空气块,沿阻力较小的途径来击破空气迂回到正空间电荷气块区去。

负电荷进入正空间电荷气块后,必然会和正电荷中和。如中和后,后继负电荷不足,闪道就此中断。反之,如后继负电荷有余,闪道将继续伸展,向下方另一正空间电荷气块进发(见图 3)。这就是闪道下伸,形成枝状云地闪的闪道的原因。

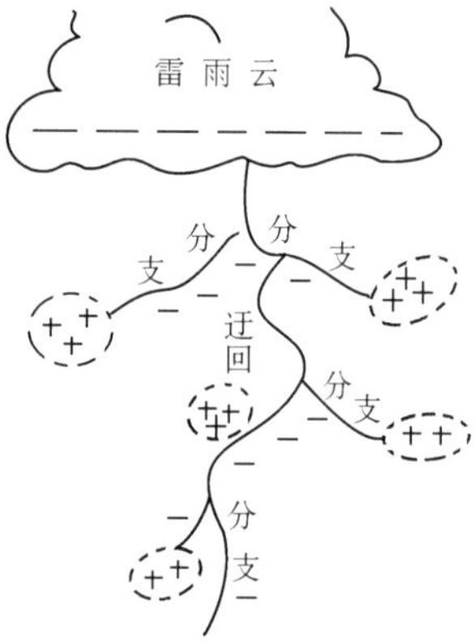

图 3　闪道的分支、迂回弯曲

四、闪电过程的细节

一个简单的"闪电"包含了好几个"闪击",一个"闪击"又可包含许多"闪流"。可见闪电的维持时间虽很短,往往仅十分之一二秒,但却包含着很复杂的过程。

1. 先导闪击

前面介绍的从云底向地面开辟"闪道"的过程,仅仅是云地闪的一个组成部分。我们把这种开辟闪道的过程,称为"先导闪击"。

事实上,先导闪击是从云底向下伸展的电子流,在它的前端,往往是局地电位梯度较大的地方,在它下伸时,其前端的电子在强电场下,将其前方空气电离为许多"电子"和"离子"。这种雪崩式的电离过程的向前伸展,称为"前驶闪流",它引起增加闪道内的下伸电子数,并为先导闪击的下伸起开路作用(见图 4A)。当前驶闪流使前方空气电离后,电离出的电子继续前进,但正离子则很慢地在闪道中后退,形成闪道上的“空间正电荷”。这时,这个空间正电荷区就牵制前方电子的向下延伸,闪道停止伸展,但它又有使后方电子从云中向下猛冲,以便中和掉自己的作用(见图 4B)。当云中电子使这种空间正电荷中和消失时,电子就继续向下充实闪道,并再产生前驶闪流。从而进一步把它前方的空气电离(见图 4C)。上述充实闪道的过程,呈一级一级地向下伸展的形式,所以也有把它称为“级冲先导”或“梯级先导”的。

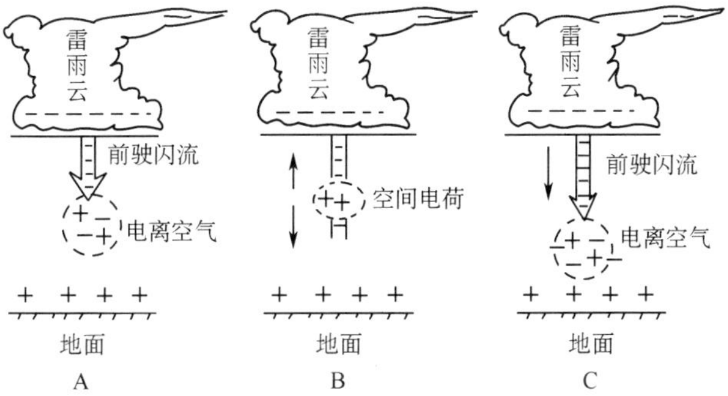

图 4　先导闪击向地面伸展的过程

2. 回返闪击

当闪道前端接近地面凸出物体时,其间就形成很大的“电场力”,促使地面正电荷(正离子)一跃而起,迎先导闪击的前端。这时,闪道一方面泄入地中,一方面在闪道中受地面上冲的正离子所中和,中和时发出光,这就是“回返闪击”。回返闪击是自下向上沿主闪道进行的,它到达闪道分支点后,就分股充实闪道,并继续向上进入云底(见图 5)。一般先导闪击是不很亮的,但回返闪击却很亮。

3. 后继闪击

回返闪击进入云底后,就会诱导云中负电荷(电子),再沿闪道下降造成第二次先导闪击。这时,电子向下仅沿主闪道运动并不分支,也不发生一级一级下冲现象。这是因为支闪道大多在回返闪击过程中被中和掉,而只留有主闪道,由于地面正电荷的源源供应而带正电,仍有吸引云中负电荷的能力。这种顺利地由云底向地面沿主闪道的电子流,称为“直窜先导”。在直窜先导到达地面后,从地面出发又会出现第二次回返闪击,然后从云向下再出现直窜式的先导闪击,……。人们把第二次及以后各次的先导闪

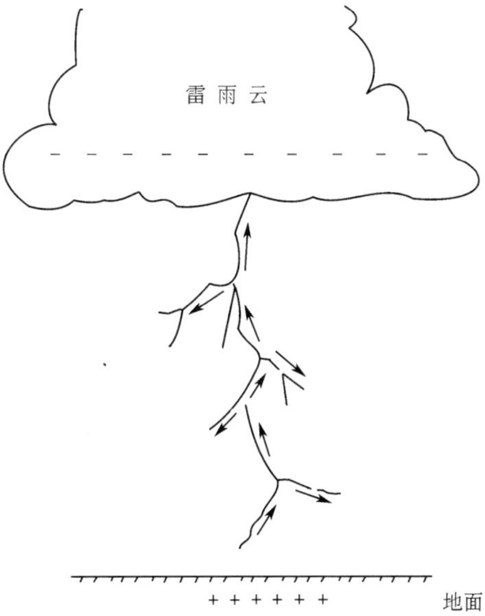

图 5　回返闪击自下而上分段充实闪道并进入云底

击和回返闪击,总称为“后继闪击”。

有的云地闪并没有后继闪击,大多数的云地闪只有一二次后继闪击,但也有十次以上的。相邻闪击的间隙大多仅在20毫秒以内,但也有70～100毫秒的。

五、球状闪电

“球状闪电”是云地闪的副产品,过去认为是罕见现象,也有人认为是幻觉。但通过近十多年的研究,人们认识到它是真实存在的,而且并非罕见现象,几乎当枝状闪电打击到地物时,经常要出现球状闪电。球状闪电直径一般在10～20厘米,能维持几秒钟之久,后随气流飘流,沿导体移动,穿过门隙、窗缝,发生爆炸。球状闪电的形成,迄今尚未有完满解释。最近通过人造球状闪电的实验,倾向于认为当枝状闪电在空中经过或打击地物时,产生了高频无线电振荡,这种无线电振荡激发出来的带正电荷的球状空气团,就是“球状闪电”。

六、“云地闪”闪道的随机性和选择性

根据前面的介绍,可以看出云地闪的闪道,既有选择性,也有随机性。云地闪打击的具体地点并不是在云底出现启动放电现象时就决定的。这是因为最初的击穿电位梯度出现于云底的哪一部位是随机性的,闪道的曲折和分支与正空间电荷气块的分布以及空气电导率大小的分布有关,而这些分布又都有随机性,因此闪道所取的路径也是随机性的。但这并不是说闪道路径全无规律,它是根据一定的规律在许多可能路径中选择的。

宏观规律性告诉我们,没有雷雨云是不会发生云地闪的。凡是雷雨云经常发展和经过的地方,雷击的机会最多。而闪电具体打击到地面上某一地点,是在闪道愈来愈接近地面时逐步决定的。只有那些迫近地面凸出物或易于导电部分,才能被选择为具体落雷地点。

我们研究云地闪主要目的之一,在于防止它破坏地面物体,影响人类活动,因此除了了解其随机性的一面外,还应当了解其选择性及宏观规律性。认识了这种规律性,人类即可加以利用、避免和改造。避雷针就是人为创造的最易被闪道选择的目标物,以诱导负电荷入地,保护附近的建筑物。又如不在雷雨时扛金属头的农具行走,也是为了避免出现易被闪道选择的凸出目标物。在矿山地区,输电线路要避开矿泉、河滩、沼泽地,为的是迂回过容易被闪道选择的潮湿且易于导电的地面,以减少输电线受到雷击的破坏。至于“在雷雨中切忌游泳”,这是重要的避雷击的经验。因为游泳时,游泳者在水面的湿空气中成为凸出体。最容易受雷电打击,致使自己成为闪电通道从而丧失生命。

一分为二看闪电[①]

(一)

一场大雷雨发生，雨像江河似地从天下降，雷声震得房子晃动，一株百年老树，遭到雷劈，树皮剥落，树枝被截断，甲乙两人交谈，不妨如实记录于后。

甲：这场雷雨真大，闪电也真厉害。我说闪电真是大自然的破坏力量，每年总有些地方出现雷击事故，威胁人民生命财产的安全。久旱的林区，雷击还会造成林火；有些输电线路，不管是架空线还是地下电缆，也常会遭到电击，影响供电；孤立的高房子，常常因闪电而被击毁；雷击时，出现的球状闪电，像一个火球似的能钻进窗隙门缝，飘到房间里，沿导体移动，击破水管或穿破天花板；甚至远处的闪电，还会产生“天电”干扰，造成收音机中的杂音噪声……我看，它是一个“闯祸坯”，你说呢？

乙：我不否认你说的“闪电是大自然中的一支破坏力量”的说法。但是，这不是绝对的，和其他自然现象一样，它也是可以认识的，人们在实践中逐渐摸索出它的规律后，可以减小它的危害。我记得，去年第七期《科学实验》上刊登的《雷电》一文曾作了简要说明，这里就不多讲了。

甲：减小它的危害是一个方面，但是能不能够不让闪电产生呢？

乙：这个想法倒有意思。目前人们正在这方面进行一些试验，一般采取的途径有两种。第一种就是使云不发展到雷暴云的程度，这是因为雷电出自雷暴云，雷暴云是浓积云和弱积雨云猛烈发展而形成的，如果在浓积云和弱积雨云中采取人工播撒催化剂例如碘化银、食盐粉、固体二氧化碳等，使它们及早降下雨滴或消散，雷暴云就无法形成，从而也就减少闪电和雷击了。另一种途径是在已带有弱电荷而有弱电位梯度的积状云中，播散无数金属针，这些金属针起到两种作用：一种作用是使云内已有的弱异性电荷，通过金属针而及早随时中和，从而正负电荷之间，就不易累积到可以击穿空气的电位差，难以发生闪电。另一种作用是即使云中某些部位达到击穿电位差，由于金属针易于导电，电荷就会以金属针为导线而发生中和，不致采取击穿放电形式。除了人工直接影响雷暴云以外，人们在生产斗争中，改变了某些地形地貌，由于雷暴云的移动，往往受地形地貌的改变而变化，因此必然会影响闪电的地理分布。总之，人类是在不断地与自然斗争中了解闪电雷击的规律，不让它们继续施威。当然，应当说这个工作还仅仅是个开始，这方面还有许多工作要做。另一方面，我们对于闪电的作用，也要一分为二来看。

甲：闪电总是起破坏作用，这还有什么一分为二的可能！难道它还有好的一面或者可以利用的一面吗？

乙：是的，闪电并不总是起破坏作用，它也会起一些有利于人类的作用。

---

① 本文曾刊于《科学实验》1975年5月号。

甲:你能举出一些事实吗?

乙:好!先举闪电会制造氮肥的情况吧!闪电在空中经过的路,叫做闪道。闪道内温度很高,可高到一万度至二万度以上。这样高的温度,能把空气中的氮分子分解,并和氧直接化合成二氧化氮,二氧化氮溶在雨水中就成硝酸,它被雨水淋到土壤中,与土壤中的盐类化合,就会形成"硝酸盐"。另一方面,在闪电的高温下还能使空气中的氮和雨水中的氢化合成氨,氨溶于雨水,生成为氢氧化铵,淋入土壤中又与盐类化合而成"铵盐"。硝酸盐和铵盐都是农业上重要的氮肥。人们经常发现在常受闪电打击的高压电线附近土壤中氮肥充足,作物生长较好,这是闪电在空中高温制肥的功效(图 1)。

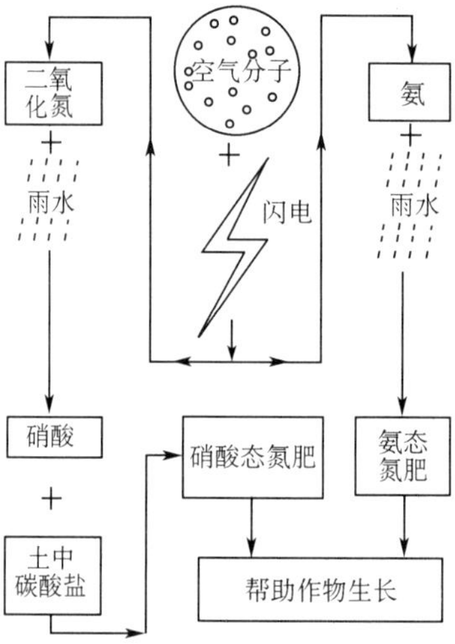

图 1　闪电有制肥作用

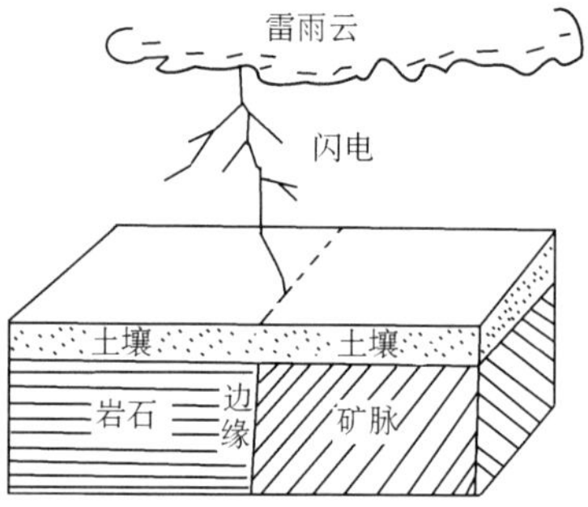

图 2　闪电容易打击岩石和矿脉的分界处

甲:原来闪电还能制肥,这我倒没有想到过。

乙:不仅如此,我们知道闪电喜爱打击容易导电的物体。它的这个特点,往往可以作为寻找金属矿床的线索之一。譬如说,一块地方:是金属矿脉的边缘,在它的一侧是矿脉的主体,地表有一层土壤掩盖着矿脉,在此边缘的另一侧是由土层岩石组成的土地,矿脉导电性能很好,而土壤岩石导电性能就差得多,因此,从土壤岩石一侧来看,这个矿脉边缘好像是一个避电针。雷雨云底伸下来的闪电,本来要打击土壤岩石一侧的,就会被矿脉边缘吸引过去,从而打击到矿脉边缘上。所以从地表来看,虽都盖有一层土,也看不出地下岩石和矿脉的分界所在,但是闪电的打击泄露了这个秘密。如果雷雨云经过机会相等,则在矿脉边缘长期的统计,就可发现该处产生雷击的机会必然既比纯土壤岩石一侧的地面要多,也要比纯矿脉一侧的地面要多(图 2)。所以在找寻金属矿脉时,除了使用各种找矿线索外,还可向群众调查了解闪电打击频繁地区的分布,列为"补充线索",与其他找矿线索相配合,然后进行实际探测,还是很有用的。

甲:照你的介绍,原来闪电竟能帮助我们找金属矿藏,它的作用倒是应当重视的。

（二）

乙：上面谈了闪电的某些用处，它还有别的用处，比如还能预示未来的天气。这方面，群众已积累了不少经验。例如"东闪日头，西闪雨"，"南闪火门开，北闪有雨来"。表明看到西边或北边有闪电，那么闪电所属的雷雨云，不久有移到这里的可能；如果西边或北边没有闪电，仅仅东边或南边有闪电，当地一般不会有雨。这是因为这种闪电，一般是冷空气侵袭造成的雷雨云中的闪电，而这样形成的雷雨云范围较大，多自西北向东南方移动，看到"南闪"、"东闪"时，当地已在冷空气控制之下，所以不会下雨了。还有一些"局地性热雷雨"，范围不大，分布零星，见到远方有这种雷雨云的闪电时，它不一定会移到本地。因此群众有"东霍霍、西霍霍，明朝依旧干卜卜"，"电光乱明、无雨天晴"的说法。这种雷雨即使偶而移到本地，也由于它的范围小，很快就会消散或者移出本地，所以有"未雨先雷，船去步回"，"雷声大，雨点小"等说法。

甲：闪电预告天气是否能预告得长一些时间呢？

乙：能！长江流域下游，群众知道暮冬初春如果打雷，说明南方暖空气势力较早加强，往往能试探性地短时北上，与当地冷空气作一段时间的交锋，造成一段时间的雨雪天气。因此有"雪中有雷主连阴"，"腊震（农历十二月打雷）灯前（农历正月半以前）雪"，"雷打正月节，二月雨不歇"，"春雷十日阴，半晴半雨到清明"的说法。群众对暖空气春季到来的迟早有一个时间标准，往往以惊蛰节（为阳历 3 月 5、6 或 7 日）为界。惊蛰前打雷，说明暖空气北上早，所以有"雷打惊蛰前；四十五日不见天"的说法，表示未来有一段时间连阴雨或多雨天气。梅雨季节，长江中下游成为冷暖空气进退交锋的场所，当冷空气一阵猛烈往南反击，有时就会打雷，以后暖空气制服了冷空气，暖空气才能北上，这就有一番斗争，造成一段时间的阴雨天，所以有"梅里一声雷，时（夏至后十五天叫"时"）初三日雨"之说。在黄梅季节过去时，小暑节到来，那时冷暖空气进退交锋的战场已向北移出长江下游，但如这时冷空气突然加强，就又会使长江流域沦为冷暖空气争持的场地，阴雨天又会产生。因此群众说："小暑一声雷，黄梅去又回"。立秋时，应当是冷空气势力渐渐加强，天气渐渐冷下来，但如立秋季节，南方暖湿空气还相当强，北方冷空气南下，往往会引起打雷。这时，打雷意味着南方暖湿空气在当地的控制势力不弱，还可能维持一段时间，秋天霜冻现象也会推迟。所以群众常用立秋打雷来预报霜冻的迟早，有"立秋雷响、百日无霜"的说法。

甲：根据"打雷闪电"是否还可预测一些强烈的灾害性天气呢？

乙：群众根据打雷闪电预报天气的经验是很丰富的，对于预报强烈灾害性天气，也不例外。可以举出用雷电现象判断台风和冰雹的经验作为例子。沿海群众根据历年台风活动规律，归纳出"六月一雷打九台，七月一雷风就来"的谚语。"台"和"风"都是指"台风"。这句谚语是很有道理的。农历六月正是阳历七月，那时冷暖空气交锋进退地带已移到黄河流域，太平洋高压西伸，我国东南沿海往往处于这个高压控制之下，在这种形势下，东南沿海热雷雨较多，锋面雷雨少见。热雷雨的闪电出现就证明当地处于太平洋高压控制之下，热带方面来的台风往往被限制于高压以南，无法登陆，只得西进，造成"六月一雷打九台"的现象（图 3）。这就是说，这时打雷可以预示台风不能登陆。但到了农历七月，也就是相当于阳历八月，情况就不同了，太平洋高压势力减弱，锋面雷雨已可南下到达东南沿海。这时如有台风由热带洋面移向我国,它就易于受到锋面低压区的诱导而登陆,这就是“七月一雷风就来”的由来(图4)。

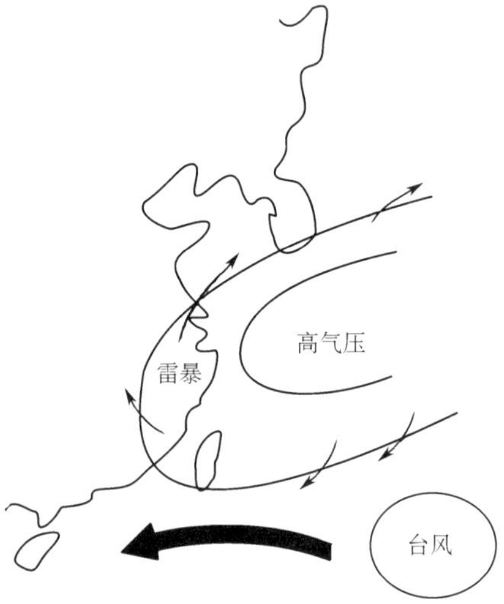

图3 “六月(农历)一雷打九台”

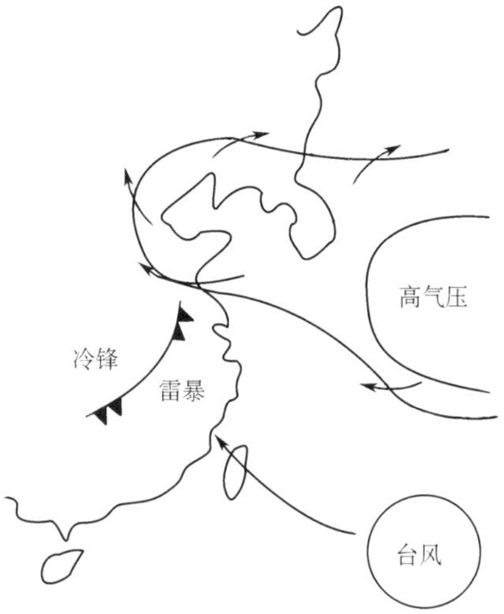

图4 “七月(农历)一雷风就来”

甲:这条经验倒是挺有道理,也很有用。

乙:我们运用这条谚语时,应当是群众经验和台站的预报相结合才好。因为太平洋高压西伸或锋面雷雨可以到达东南沿海的时间,并不是严格以农历六月底为界限的,各年出入很大。所以并不是整个农历六月都是“一雷打九台”,整个农历七月都是“一雷风就来”。如果不了解当时具体天气形势,只在局部地方听到雷声,翻翻日历,一看是在农历六月还是七月,就鲁莽地断定台风是否登陆,那就犯了经验主义,必须尽量全面综合地考虑问题。

甲:现在你是否再谈谈闪电判断冰雹的问题。

乙:可以!小冰雹或软雹到达地面很快就融化,不一定引起灾害。再说消雹工作也需要预知天边移来的雷雨云是否有雹。群众判断雷雨云是否有雹,方法很多,如看云色、听雷声等等,但这里只介绍观测闪电判断冰雹的问题。在这方面群众有“响雷没有事,闷雷下疙瘩”,“母子雷有雹”,“横闪多雹”等说法。所谓“疙瘩”就是指冰雹;“没有事”是指不会发生冰雹灾害;“母子雷”是指一声重雷后,跟随着一长串隆隆不绝的雷声;“闷雷”就是雷声并不清脆,而是很沉闷的;“响雷”是指较清脆响亮的雷。响雷大多是“落地雷”造成的,“闷雷”或“母子雷”大多是下冰雹的云所造成的。这种雷的闪电,一般发生在云中或云与空气之间,是不打到地面的,所以呈现出“横闪”的现象。

甲:为什么下冰雹的云,闪电是“横闪”,而不下冰雹的云,闪电不是“横闪”呢?

乙:并不是下冰雹的云,只打“横闪”,不打“竖闪”,只是说下冰雹的云打“横闪”的现象比较多,打“竖闪”的现象比较少而已。一般雷雨云,云底大部分带负电,所以地面就感应带正电。当云下发生闪电时,闪电一般飞向地面,形成“竖闪”。但下冰雹的雷雨云,云下空气对流扰动比较厉害,而且大多数冰雹云是强烈冷空气侵袭所造成,由于冷空气向暖空气楔入很猛,在云下的前部造成强烈上升气流,使云下空气扰动尤其强烈,能把地面尖端聚集的互相排斥的正电荷,带到空中,形成不规则地分布的“正空间电荷区”。“正空间电荷区”把从云底伸展出的带负电的闪电，吸引过去，因而成为横闪(图 5)。

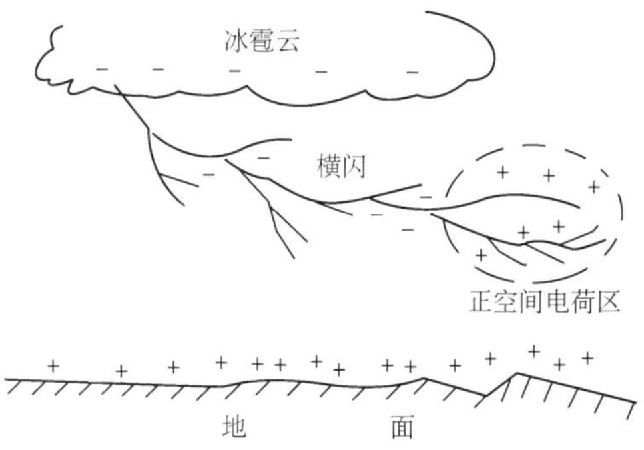

图 5　横闪的形成

甲：你还没有谈到冰雹云的雷为什么是母子雷，而且雷声十分低沉的道理。

乙：我正要讲这个道理。一般下雷雨的云，因为多打竖闪，闪电从云底下伸到接近地面时，地面上就因为与闪电末端间的距离愈来愈近，电位差愈来愈大，所以许多尖端就同时向空中很快地排出大量正电，这种闪道下伸过程，和同时发生的尖端放电过程，以及当闪电将接触地面时，地面正电荷打破空气约束主动迎向下伸的闪道，造成空气在短时间内猛烈加热，剧烈膨胀，雨水也汽化膨胀，发生冲击波的过程，都会发生声音，那就是雷声。这种雷声，一般因为打击的地面距离较近，而且竖闪的闪道不长，一般只有 1 千米左右，所以往往声调高昂，发生“咔嚓嚓”声，然后继之一阵霹雳声。但是下冰雹的云就不同，它所发出的雷声，起自横闪，横闪远比竖闪要长，可长到好几千米，从好几千米长的闪道中不同部位发出的雷声，因为离开我们的距离不同，往往先后在不同时间听到，再加上云下产生声音的反射，所以人们感觉到的是一连串拖长的轰隆声，成为“母子雷”或“拉磨雷”。由于横闪在空中，距地较高较远，又无地面迎上去的正电荷，一些较高频率的声波，在远距离传播时，尤其在通过水滴较多的云中闪道时受到吸收，因而余下来的声音就显得特别低沉，成为“闷雷”。冰雹云由于它的闪电和雷声的特点，透露出它与雷雨云的不同点，所以我们可以根据闪电和雷声的这种特点，来判断出云是否会下冰雹。如果会下冰雹，我们就能及早预防和做好消雹作业，使冰雹不能造成灾害。这不又是闪电和雷声的可以利用的一个方面吗？近年来，我国已设计出一些闪电计数器，探测冰雹云和雷雨云中闪电频率，发现冰雹云中闪电出现次数要比一般雷雨云为频繁，这是用闪电判断冰雹云的又一发展。

甲：现在，我已相信，我们的确应当对闪电一分为二地看，既要设法克服它造成危害的一面，又要进一步利用它为人类服务的一面。

念卢鋈先生

王鹏飞

楚尾吴头一俊才，摇管汩汩锦文来。
寒潮析路驱灾冻，气候分区利稼栽。
创局谁怀曾垒础，兼听原不废图裁。
千般自责难超脱，夜夜痴痴立露台。

（摘自《天风海涛集》）

贴地气层中为什么能维持很大的超绝热直减率①

在干燥的自由大气中,如果其铅直方向温度向上递减率 γ 值稍大于干绝热直减速率 γ_d(其值为 1℃/100 米),就会造成热力不稳定平衡状态。这时,只要稍有抬举力,就可能触发其不稳定性,造成对流,从而使温度递减率 γ 调整到 γ_d。如果在自由大气中,温度向上递减率 γ 值大于自动对流直减率 γ_{au}(其值为 3.4℃/100 米),那么空气不仅处于热力不稳定平衡状态,而且处于密度上大下小的机械不稳定状态。这时气层不需要外力触发,就能发生翻腾,以达到下方密度大于上方的稳定状态。因此自由大气中的温度向上递减率,不可能维持超绝热梯度,更不可能维持超自动对流直减率。

但是在贴地面气层中却不然。如以 1965 年 5 月 29 日在南京气象学院观测场所进行的贴地气层梯度观测为例,测得那一天早上 6 时地面温度为 15.5℃(与地面有露水凝结有关),30 厘米高处的气温为 14℃;午后 13 时 30 分地面温度为 40℃,30 厘米高处气温为 30℃。可见温度向上递减率分别为每厘米 0.05℃及 0.33℃。合每上升 100 米的气温递减率分别为 500℃及 3333℃!是干绝热率的 500 倍和 3000 多倍。是自动对流直减率的 147 倍及 980 倍以上!这样大的温度递减率,在自由大气中不可能存在,而却能在贴地气层中维持,其原因何在?要知道上面所举出的南京气象学院实测资料,并不是罕见的现象。在每年夏季晴朗日子午后,就可经常测得。如果到沙漠地区,午后测出的贴地层温度向上递减率将会比上述实测值更大。这种超自动对流温度直减率在夏季晴朗白天的贴地气层中为什么会成为常见的现象?

原来在薄层空气中,底面增温或顶面降温所造成的对流,是受到空气的黏滞力所约制的。另外气层中的不稳定性的出现,也受到空气的导温率的阻碍,如果黏滞力和导温率很大,对流就难以发动。关于这一点,我们可以阐述于下:

设有一薄层空气(如图 1),其厚度为 h,其顶部密度为 ρ_t,温度为 T_t;底部密度为 ρ_b,温度为 T_b。这是由于顶部冷却或底部加热所致。这样就造成了一个温度递减率 γ 及密度升度 $\frac{\partial\rho}{\partial z}$。于是得到下列两个式子:

$$T_t = T_b - \gamma h \tag{1}$$

$$\rho_t = \rho_b + \frac{\partial\rho}{\partial z}h \tag{2}$$

如图 1 所示:

又因:

$$\rho_t = P_t/(RT_t)\ ,\ \rho_b = P_b/(RT_b)$$

① 本文曾刊于南京气象学院《气象教育与科技》,1982 年第 1 期。

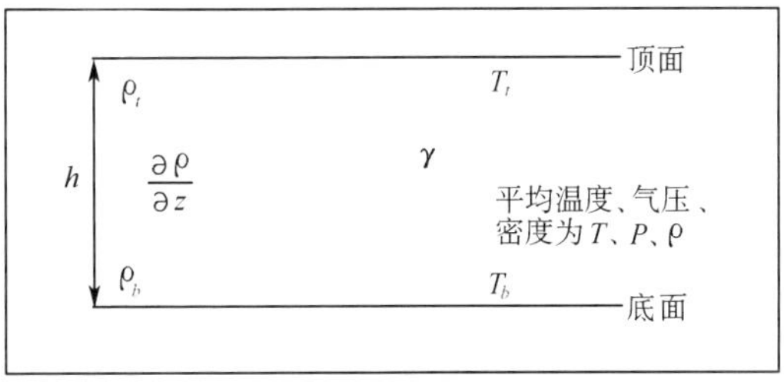

图 1　贴地气层顶部及底部的温度、密度情况(假定是干空气)

故可得:

$$\rho_t-\rho_b=\frac{1}{R}\left(\frac{P_t}{T_t}-\frac{P_b}{T_b}\right) \tag{3}$$

但因气层很薄,可令 $P_t\approx P_b\approx P$,P 为气层平均气压,于是可得:

$$\rho_t-\rho_b=\left(\frac{T_b-T_t}{T_bT_t}\right)\frac{P}{R}$$

因 $T_bT_t\approx T^2$,代入上式可得:$\rho_t-\rho_b=\frac{P}{RT^2}(T_b-T_t)=\frac{\rho RT}{RT^2}(T_b-T_t)=\frac{\rho}{T}(T_b-T_t)$

以(2)式代入,消去$(\rho_t-\rho_b)$,再以(1)式代入,消去(T_b-T_t),得

$$\frac{\partial\rho}{\partial z}h=\frac{\rho}{T}\gamma h\ ,\text{或}\ \frac{1}{\rho}\frac{\partial\rho}{\partial z}h=\frac{\gamma h}{T} \tag{4}$$

这是造成对流的原动力。因为如 γ 很大,即温度随高度减小得厉害,将使$\frac{\partial\rho}{\partial z}$的负值变小,正值变大,有利于发动对流。

但我们还必须考虑另外两个因子,即空气的分子导温率 K 及运动学黏滞数 υ。当空气的分子导温率 K 大时,气层底部的温度虽然升高,但气层顶部温度也可因热量传得快而作相应升高。这就能使对流尚未发生以前,上下的气温差减小。从而就能避免发生对流。另一方面,当空气的分子运动学黏滞数 υ 大时,可阻滞气层因顶底的气温差很大而发生的对流。由此可见:导温率大,既有宣泄气层的不稳定性的作用,又有使气层避免出现不稳定现象的作用,而黏滞力大,有阻碍对流,使不稳定的气温铅直递减率得以维持的作用。

既然空气的分子导温率 K 和分子运动学黏滞系数 υ 大都不利于对流的发展,我们就可以把 K 和 υ 相乘,以得到一个数值大则不利于对流发展的综合参量 $K\upsilon$。量纲是$[L^4T^{-2}]$。

我们知道数值大则有利于发动对流的因子$\left(\frac{\gamma h}{T}\right)$,其量纲为$[L^0T^0]$。为使其量纲与 $K\upsilon$ 相同,必须乘以量纲为$[L^4T^{-2}]$的常量。若采用重力加速度 g 和气层厚度 h,则$[gh^3]$的量纲正好是$[L^4T^{-2}]$。因此我们把数值大则有利于发展对流的因子,改写为$\frac{\gamma h}{T}gh^3$,这并不影响结论。

但这样一来,数值大则“有利于发展对流”的因子$(\frac{g\gamma h^4}{T})$虽然与数值大则“不利于发展对流”的因子$(K\upsilon)$具有相同的量纲,但其大小不一定相等。为使其大小相等,可在 $K\upsilon$ 前乘上一个比例值,称为瑞利数(Ra),而 Ra 为一个无量纲的量。这样就可得:

$$RaK\upsilon=\frac{g\gamma h^4}{T}$$

或
$$Ra=\frac{g\gamma h^4}{K\upsilon T} \tag{5}$$

因为($\frac{1}{T}$)即为空气的体膨胀系数,有时可用 a 表示,所以(5)式,也可写为:

$$Ra=\frac{ga\gamma h^4}{K\upsilon} \tag{6}$$

但单凭此式所得的 Ra 数,并不能立刻判断空气会否发生对流。还必须做实验以得到发生对流时的最大 Ra 数,即临界瑞利数,以 Ra_c 表示。

出现对流(伯奈细胞对流)时,Ra 数必小于 Ra_c 数。注意,c 为 Ra 的右下角符号,表示"临界"之意。不出现对流时的 Ra 数必大于 Ra_c 数。这是很易理解的。因为当 $Ra<Ra_c$ 时,必然是由于(6)式中分子与分母之比值小于 Ra_c,即造成对流的因子(分子)相对于不利于对流的因子(分母)来说,必比临界情况时为弱,因而不能发生对流。而当 $Ra>Ra_c$ 时,必然是由于(6)式中分子与分母的比值大于 Ra_c,即造成对流的因子(分子)相对于不利于对流的因子(分母)来说,必比临界情况时为强。因而就能发生对流。

1920 年,瑞利(Lord Rayleigh)作了实验。发现薄流体层如顶底都是自由表面时,Ra_c 值当为 657.5。如顶底都是固体板时,Ra_c 值当为 1708。当顶底之一为自由表面时,Ra_c 值当为 1101。

将(4)式代入(5)式,消去$\frac{\gamma h}{T}$,得

$$Ra=\frac{gh^3}{K\upsilon}\cdot\frac{1}{\rho}\frac{\partial\rho}{\partial z}h$$

于是得

$$\frac{1}{\rho}\frac{\partial\rho}{\partial z}=Ra\frac{K\upsilon}{gh^4}$$

把"$Ra<Ra_c$ 则不发生对流,$Ra>Ra_c$ 则要发生对流"的概念考虑进去,使上式中的 Ra 代之以 Ra_c,则得:

$$\begin{cases}\frac{1}{\rho}\frac{\partial\rho}{\partial z}>Ra_c\frac{K\upsilon}{gh^4} & \text{对流}\\ \frac{1}{\rho}\frac{\partial\rho}{\partial z}=Ra_c\frac{K\upsilon}{gh^4} & \text{临界}\\ \frac{1}{\rho}\frac{\partial\rho}{\partial z}<Ra_c\frac{K\upsilon}{gh^4} & \text{不对流}\end{cases} \tag{7}$$

式中"大于"号是由于 Ra_c 比 Ra 值小所致。因此它代表 $Ra>Ra_c$ 的情况,即将会发生对流。"小于"号是由于 Ra_c 比 Ra 值大所致。因此它代表 $Ra<Ra_c$ 的情况,这将不会发生对流。若出现"等于"号,则出现是临界情况。

由于 $\rho=P/(RT)$,故 $\ln\rho=\ln P-\ln R-\ln T$,对 Z 微分之,得

$$\frac{1}{\rho}\frac{\partial\rho}{\partial z}=\frac{1}{P}\frac{\partial P}{\partial z}-\frac{1}{T}\frac{\partial T}{\partial z}$$

因$\frac{\partial P}{\partial z}=-\rho g=-\frac{Pg}{RT}$,代入上式,得:

$$\frac{1}{\rho}\frac{\partial\rho}{\partial z}=\frac{1}{P}\left(-\frac{Pg}{RT}\right)-\frac{1}{T}\frac{\partial T}{\partial z}=-\frac{g}{RT}-\frac{1}{T}\frac{\partial T}{\partial z}=-\frac{1}{T}\left(\frac{g}{R}+\frac{\partial T}{\partial z}\right)$$

代入(7)式,得

$$\begin{cases}-\dfrac{1}{T}\left(\dfrac{g}{R}+\dfrac{\partial T}{\partial z}\right)>Ra_c\dfrac{K\upsilon}{gh^4} & \text{对流}\\ -\dfrac{1}{T}\left(\dfrac{g}{R}+\dfrac{\partial T}{\partial z}\right)=Ra_c\dfrac{K\upsilon}{gh^4} & \text{临界}\\ -\dfrac{1}{T}\left(\dfrac{g}{R}+\dfrac{\partial T}{\partial z}\right)<Ra_c\dfrac{K\upsilon}{gh^4} & \text{不对流}\end{cases}$$

故得

$$\begin{cases}-\left(\dfrac{\partial T}{\partial z}\right)>Ra_c\dfrac{K\upsilon}{gh^4}T+\dfrac{g}{R} & \text{对流}\\ -\left(\dfrac{\partial T}{\partial z}\right)=Ra_c\dfrac{K\upsilon}{gh^4}T+\dfrac{g}{R} & \text{临界}\\ -\left(\dfrac{\partial T}{\partial z}\right)<Ra_c\dfrac{K\upsilon}{gh^4}T+\dfrac{g}{R} & \text{不对流}\end{cases}$$

由于 $\gamma=-\dfrac{\partial T}{\partial z}$,故上式可写为:

$$\begin{cases}\gamma>Ra_c\dfrac{K\upsilon}{gh^4}T+\dfrac{g}{R} & \text{对流}\\ \gamma=Ra_c\dfrac{K\upsilon}{gh^4}T+\dfrac{g}{R} & \text{临界}\\ \gamma<Ra_c\dfrac{K\upsilon}{gh^4}T+\dfrac{g}{R} & \text{不对流}\end{cases}\tag{8}$$

现在我们可对(8)式进行讨论。可以看出,临界的 γ 值(即 γ_c),是由 $Ra_c\dfrac{K\upsilon}{gh^4}T$ 和 $\dfrac{g}{R}$ 两部分组成。其中 $Ra_c\dfrac{K\upsilon}{gh^4}T$ 是阻止对流发展的 $K\upsilon$ 所贡献的,因为 K 值促使温度铅直递减率减小,而 υ 值促使对流受黏滞力的阻挡而难以实现。$\dfrac{g}{R}$ 是温度的自动对流直减率,其值即等于 3.4℃/100 米,这是一个常数。

在(8)式右端两项中,由于贴地气层底部为固体边界,顶部为自由表面,所以 Ra_c 可取 1101,又在地面附近,K 及 υ 如取 300K 时的值,则取 $K=0.19$ 厘米^2/秒,$\upsilon=0.14$ 厘米^2/秒,大体是合理的,由此则 $K\upsilon=0.027$ 厘米^4/秒^2。将 g 及 T 值代入,可得

$$\begin{cases}\gamma>1101\times\dfrac{0.027}{980h^4}\times300+3.4\times10^{-4}=\dfrac{9.1}{h^4}+3.4\times10^{-4}(℃/\text{厘米}) & \text{对流}\\ \gamma=\dfrac{9.1}{h^4}+3.4\times10^{-4}(℃/\text{厘米}) & \text{临界}\\ \gamma<\dfrac{9.1}{h^4}+3.4\times10^{-4}(℃/\text{厘米}) & \text{不对流}\end{cases}\tag{9}$$

可以看出,临界 γ 值,事实上是受贴地气层的厚度 h 所决定的,可分为下列几种情况:

(1)当 h 为 1 厘米左右时,

$$\begin{cases}\gamma>9.1+3.4\times10^{-4}(℃/\text{厘米}) & \text{对流}\\ \gamma=9.1+3.4\times10^{-4}(℃/\text{厘米}) & \text{临界}\\ \gamma<9.1+3.4\times10^{-4}(℃/\text{厘米}) & \text{不对流}\end{cases}\tag{9'}$$

此时右端第二项远小于第一项,此时能否发生对流,用下式表示已可以了。

$$\begin{cases}\gamma > Ra_c\dfrac{K\upsilon}{gh^4}T & \text{对流}\\ \gamma = Ra_c\dfrac{K\upsilon}{gh^4}T & \text{临界}\\ \gamma < Ra_c\dfrac{K\upsilon}{gh^4}T & \text{不对流}\end{cases} \tag{10}$$

(2)当 h 为 10 厘米左右时,(9)式即成 $\gamma \geq$ 或 $< 9.1\times10^{-4}+3.4\times10^{-4}$(℃/厘米),此时,右端第一、二两项数量级相近,所以不能忽略任一项,故这时能否发生对流,须两项均加考虑,如(11)式所示:

$$\begin{cases}\gamma > 12.5\times10^{-4}(℃/\text{厘米}) & \text{对流}\\ \gamma = 12.5\times10^{-4}(℃/\text{厘米}) & \text{临界}\\ \gamma < 12.5\times10^{-4}(℃/\text{厘米}) & \text{不对流}\end{cases} \tag{11}$$

(3)当 $h=100$ 厘米 $=1$ 米左右时,(9)式即成(12)式

$$\begin{cases}\gamma > 9.1\times10^{-8}+3.4\times10^{-4}(℃/\text{厘米}) & \text{对流}\\ \gamma = 9.1\times10^{-8}+3.4\times10^{-4}(℃/\text{厘米}) & \text{临界}\\ \gamma < 9.1\times10^{-8}+3.4\times10^{-4}(℃/\text{厘米}) & \text{不对流}\end{cases} \tag{12}$$

此时,右端第一项已远小于第二项,故此时能否发生对流,用下三式[即(13)式]也就可以了。

$$\begin{cases}\gamma > \dfrac{g}{R}=3.4\times10^{-4}(℃/\text{厘米})=3.4℃/100\text{米} & \text{对流}\\ \gamma = \dfrac{g}{R}=3.4℃/100\text{米} & \text{临界}\\ \gamma < \dfrac{g}{R}=3.4℃/100\text{米} & \text{不对流}\end{cases} \tag{13}$$

根据上述计算,可见贴地气层中能否发生对流与气层的厚度 h 很有关系,厚度越薄,则(8)式中右端第一项的作用越大。

又由这些计算发现,当厚度 $h=1$ 厘米,临界 γ 值当为 9.1℃/厘米,这相当于 9.1×10^4℃/100 米,即 91000℃/100 米,此值已与上面所举的 1965 年 5 月 29 日 13 时 30 分所测得的资料计算出的 3333℃/100 米要大 26 倍多。可见我们上面所举出的例子,并不算罕见的,应当是很正常的情况。

最后,我们还要从物理意义上来讨论上述贴地气层之所以能维持超绝热梯度或超自动对流直减率的原因:可以认为在夏日下午,地面强烈受太阳辐射所烤暖,使其上贴地层的底面强烈增温,如果大气的分子热导率很大,导温率也大,那么顶底温度差应当大不起来,底面一升温,在很快的热传导作用下,贴地气层的顶部温度也就相应增大,所以不可能造成很大的铅直温度直减率。现在测出了顶底温度有很大的直减率,说明分子导温率尚不够大,其所以未发生对流,主要还是由于贴地气层内分子运动学黏滞系数 υ 较大所致。既然 υ 值较大,对流就不能发生,热量就无法靠对流上传,贴地气层的温度向上的铅直梯度就变得十分大,所以我们可以归因于 K 值小而 υ 值特大,气层的这种由于黏滞力大而维持不发生对流的稳定度,按 1926 年肖(Napier Shaw)的建议,可称为支持度(Sistibility)。支持的力量是黏滞力,支持的结果使贴地气层的很大的向上铅直温度递减率(或称直减率),得以保持。

南京栖霞三圣殿"玄光"现象原理解析

2009 年 11 月 24 日《扬子晚报》的"栖霞奇观"版，报道了南京栖霞山三圣殿内出现了奇妙的"玄光"现象。之后 12 月 3 日及 2010 年 1 月 18 日，该报陆续有人通过观测、实验对该现象试作解释。但这些解释互相不协调，且多关注现象的某些部分，难释整体。

对此问题，可从太阳在该地全年行天的逐季变化考虑，再分析几何光学原理，则能更好地理解现象的发生及演变过程。

(一)现象描述

根据《扬子晚报》的记载，该三圣殿朝向约为西偏南 20°。殿墙有三个平列的采光洞，洞的外口均大于内口，呈漏斗状。左右两个外口为圆形，中间一个外口稍大，呈庙门形。在 2008 年 11 月 24—27 日，下午 3 时多，该殿内出现玄光。玄光先移到佛面，然后移至佛面眉心中间。2009 年 11 月 22 日下午玄光再次出现，据报道 2 时 40 分初现于殿内，15 时 17 分移至佛的眼下面颊，至 15 时 33 分止于佛面眉心宝珠，持续 27 分钟。另于 2010 年 1 月 13—18 日下午玄光又在殿内及佛面呈现。

(二)太阳行天季节演变

关于南京栖霞山三圣殿处太阳行天轨迹情况，请参看图 1。

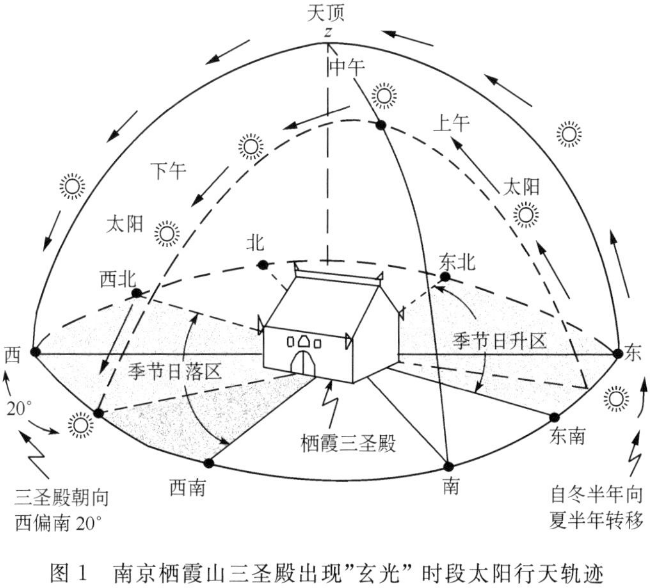

图 1 南京栖霞山三圣殿出现"玄光"时段太阳行天轨迹

图1中三圣殿殿门朝向西偏南20°左右。太阳在"玄光"出现日的行天轨迹如图中箭头所示:上午太阳上升,下午太阳下降,中午太阳最高。这个轨迹显示日出于东南偏东方,日落在西南偏西方。这条轨迹在东西向线以南,这是太阳冬半年轨迹。因为太阳行天轨迹在春秋分时清晨出东方,傍晚落西方,在春分以后移向偏北,即夏半年。到夏至,北移停止,其后开始南移,到秋分回到清晨东方起,傍晚落西方。秋分以后,轨道继续南移,即冬半年,轨道在东南偏东方升,往西南偏西方落。到冬至时,轨道停止南移,开始返向北移,春分再次移到正东方日出,正西方日落。

由于太阳的行天轨迹和阳光与栖霞三圣殿的配置,因此有:

1. 在太阳上升时,不论四季中哪一天,太阳相对于三圣殿均在无采光洞之东南、东北、西北三方,所以日光不能通过采光洞进入殿内,因而上午不能在殿内形成"玄光"。

在太阳下落(下午)时,只有在冬半年,太阳才朝向三圣殿之西南方,日光才有可能进入朝向西南方的采光洞。这就是说,"玄光"只能在冬半年的下午出现。

2. 而冬半年下午要出现"玄光",还要求日光与采光洞的漏斗方向一致,使日光既能进入采光洞外口,又能进入采光洞内口。只要能进入外口后又进入内口,外口大于内口,且外口的形状关系不大,都可以在内口的殿内出现玄光。玄光的形状,与内口形状有关,见图2。

3. 对三圣殿而言,因采光洞朝向为西偏南20°左右,每个冬半年中将有两次日光能通过采光洞形成"玄光",一次是在冬至前,太阳轨迹南移,(相当于11月下旬),接着是在冬至后太阳轨迹北移(相当于1月中上旬),都在冬半年。2009年11月和2010年1月两次三圣殿玄光现象正是在冬至前后。此外日光过高或过低将不能通过采光洞内口,而采光洞的漏斗形状更增加了日光直射进入殿内的难度。

4. 此外天气的配合也是必要的,即要求在这合适的日子里,天气非阴雨多云,而是保持晴好状态,使阳光在该地恰当的时候保持一定的明亮度。所以在殿内出现玄光只能在阳光明亮,不被云霭及雾霾遮蔽的时间。

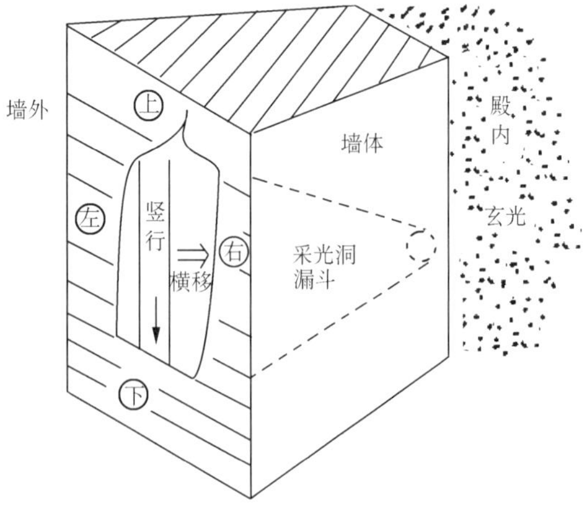

图2 日光相对于采光洞的竖向与横向的移动

(三) 三圣殿采光洞对玄光出现的延续日期及一日内延续时间的作用

图 2 显示了采光洞对玄光在殿内出现的连续日期及一日内延续时间的决定性作用。日光对采光洞外口而言，下午有自上向下的竖向下行移动，日光自上向下移动决定下午玄光在殿内维持的时段。而对不同的日子因太阳自左向右或自右向左的横向轨迹偏移，日光在采光洞口不同日子有向左或向右的位移，因此不同日子，阳光自上而下经过环形内洞口的弦长不同，造成“玄光”在不同的下午，维持的时段的不同，且起止的时间也会有差异。

又采光洞横向宽度决定“玄光”出现的连续日数。由于日光与采光洞朝向每天不完全一致，所以“玄光”出现后持续日数又有所不同。

(四)玄光在殿内移动原理

对于玄光在殿内发生及其在佛面移动的原理，图 3 给出了直观显示。以 2009 年 11 月 22 日玄光从佛面眼下面颊移到两眉之间的额上宝珠为例。

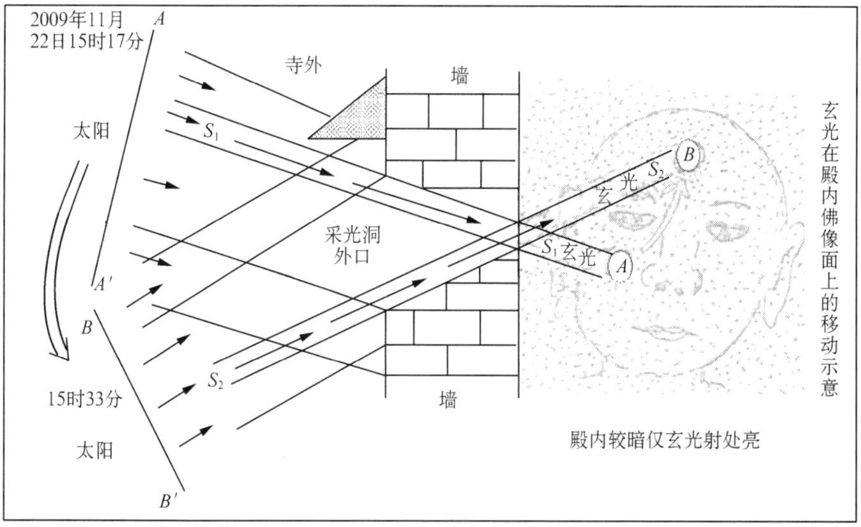

图 3　太阳在下午形成殿内玄光的原理

在 15 时 17 分，从无穷远的太阳发出平行阳光，其“光前”为 AA'。此光的其余部分均被寺墙挡阻，仅光束 S_1 部分，通过采光洞在殿内幽暗的空气中落在佛面眼下 A 处。到了 15 时 33 分，阳光因太阳下降而自无穷远处发出平行光，其“光前”为 BB'。BB'已比 AA'为低。此光的其余部分均被寺墙挡阻，仅光束 S_2 部分通过采光洞，在殿内佛面眉心上照亮彩珠，在 B 处发出玄光。在 15 时 17 分之前及 15 时 33 分之后，阳光均不能通过采光洞，因而殿内并无“玄光”可见。

图 3 还显示阳光进入采光洞口时，光束 S_1 逐步下降到 S_2，而玄光却由 A 处上升到 B 处，即光束从 S_1 至 A 的方向转换为 S_2 至 B 的方向，其中旋转轴转换点在采光洞的内口处。这应是在 2009 年 11 月 22 日下午，日光从 15 时 17 分到 15 时 33 分逐步下行，而“玄光”却从佛面眼下面颊 A 处上升到佛面眉间额上彩珠 B 处的原因。

(五)三束玄光问题

三圣殿有三个采光洞。当无穷远处平行光射来,如果这三个采光洞中的漏斗轴互相平行,应使殿内出现三束"玄光",它们应同时出现于殿内不同地方。这三束"玄光"形状都仅与各自内口形状有关,与外口的形状无关。由于内口均为圆形,这三束"玄光"应有同样的圆形。

可是在《扬子晚报》的报道中,仅谈到佛面上的"玄光",未涉及其余两个未出现于佛面的"玄光"。这有可能是因为人们的注意力集中于佛面上的玄光,因为佛面"玄光"更引人注目,也有可能为便于突出佛面玄光,已将不引起佛面玄光的两个采光洞由内塞住。另一种可能是其他两个采光洞的漏斗轴与产生玄光的采光洞漏斗轴不平行,阳光不能透入殿内,却被阻于漏斗内外口之间的墙体内。

气象史志研究会十周年抒怀

王鹏飞

莫讶昆仑绝世姿,霜天雪域骋雄思;
三番不负春风托,十载养成耐冻枝。
既涵云空导变术,兼成史海探真痴。
暂攀崖壁亲缨珞,再展银髯培短髭。

(摘自《天风海涛集》)

"释、道、耶、回"暖中华

王鹏飞

新教、旧教争北爱①,什叶、逊尼斗伊拉②,
唯有东风辟蹊径,释、道、耶、回暖中华;
信仰原为滋群生,干戈自当化犁铧,
真宰、上帝、仙共佛,协力同培和平花!

注:①北爱——北爱尔兰
②伊拉——伊拉克

(摘自《天风海涛集》)

我所经历的我国人工影响天气(天气导变)发展历程中的几次转折①

——为纪念人工影响天气50周年而作

2008年我们气象界从事天气导变工作的同仁迎来了一个重要的庆典——“人工影响天气50周年”。我们将50年前在吉林成功地进行人工降雨作为一个闪亮标志，一个值得铭记的里程碑。通过隆重庆祝纪念，激励我们今天和今后在天气导变探索道路上，坚持科学观点，以服务国家经济为根本，不懈努力，造福社会，造福人民。

半个多世纪的时间里，天气导变研究的科学步履和我们国家的发展经历相似，经历了波折，经历了发奋，在探索中摸索经验，在评论中理清思路，在研究中获得真知。我作为从事大气物理学科的专家，亲身经历了人工影响天气这门应用科学在我国的曲折发展历程，也真诚地贡献过自己的知识与力量。回顾过去，几多感慨，展望未来，更有必要将我的体会与论点记录下来，丰富我们的记忆，支持我们的进步，纪念我们的成就。下面就对我所经历的我国天气导变发展历程中的几次重要转折如:20世纪50年代初的山西消雹，1958年吉林成功的降雨实践，60年代初形成的专业化发展，80年代的暂时消沉期，90年代初的再次全新起步等作依次回顾。

一、20世纪50年代初的山西消雹

我国是个多雹灾的国家，特别是在云南、甘肃、山西、河南等省，雹灾对农业生产的破坏是相当严重的，人们深受其害，不堪忍受。因此各地自明代以来，就形成采用土炮土枪轰击雹云的民间抗雹方法，并且目睹被击雹云多有减弱，及被打散的效果。不仅在明代县志上就有记载，民间还流传着一些经验[1]:“打云头，云转向;打云腰，雹云裂;打云尾，防不住”，“打早不打迟，打头不打尾”等等。防雹战役是一个群众运动，在有的县里建有专职指挥部，各村民兵直接受指挥部领导。据1950年7月6日的《山西日报》载[2]，该省武乡、左权、神池、保德、昔阳等地，为防春雹，开春就部署土炮土枪，并由民兵组成观天组、炮手组、防雹站等，昼夜巡视附近天空，严密监视雹云的出现与发展。特别是该年5月25日天气陡然闷热，武乡县151个村庄警觉起来，当西北方黑云压顶移来时，上北漳的土炮首先攻击，打向云头，引发上千门土炮土枪齐击云体，迫使雹云四散，仅下少许雨点。

为什么这场20世纪50年代初的山西消雹会令人瞩目？不仅仅是报纸进行了宣传，而且由此引起了对群众性防雹运动的批评与制止。在2004年出版的《山西冰雹》一书[3]作者写道:“之后，群众性防雹受到批评，认为土炮防雹没有科学依据，是劳民伤财。”这一批评来源于一篇文章——“人力能克服冰雹吗”这篇文章[4]，针对山西省1950年的防雹工作提出质

① 曾刊于《中国人工影响天气事业50周年纪念文集》，2008，气象出版社

疑,认为土枪土炮打不到云底,还对群众所报告的消雹成果进行了假设计算,得出结论为:不科学,不能生效,会劳民伤财。因为当时只有国外试验的飞机播洒人工碘化银消雾被报告是可行的,所以文章呼吁等待新技术的出现。这本是科学家们众多观点中的一种,但因其权威性,受到了重视与宣传。军委气象局为此印发了一本小册子,名为《冰雹》。其中内容为两部分,第一部分说明土炮防雹不科学,不可能有任何效果,第二部分是冰雹知识和我国冰雹特征。我的题为"雹"的文章及章震樾的"关于降雹问题的初步研究报告"都在第二部分。

但是我认为,对于局地性的雹云,云底与地面间的气流可以被土炮土火箭的弹药爆炸干扰,进而影响雹云气流结构的稳定发展和云内外环境气流的混合,尤其是在雹云生长初期及雹云关键生长区受到影响时,是会有消雹效果的。天气导变的思路就是四两拨千斤,在关键处使力,使雹云发生质变,转变成雨云,可以减小减少冰雹灾害。事实上,尽管冰雹云的直径为几千米至几十千米,但观测显示,冰雹在云中的主要生长源地(累积区)的体积只有雹云体积的百分之一至千分之一,而且累积区是在云体前部,雹云前方是水汽和上升运动的供给区。炮轰雹云云头,使该处环境气流变化、气流内外混合爆炸又能增加尘埃,更多消耗水汽等,都有利于减弱或破坏成雹机制,所以不应完全否定炮击抗雹的功效。

就由于民间亲身见到炮击使云散雹减,所以即使在当时技术宣传放弃土炮防雹的形势下,民间的人工防雹从未停止,地方政府也仍然积极支持人工防雹,因此地方上的土炮防雹活动在生产需求下从那时迄今从未停止过。

二、1958 年吉林成功的降雨实践

云雾物理一直是我的研究兴趣之一,1958 年我的又一篇关于人工影响天气的文章,题为"人工影响云雾"在军委气象局所办的《天气月刊》6 月号上发表。这篇文章主要介绍了三个重要的内容[5]:云的沉淀、人工消雾的方法、云雾制造。在云的沉淀一节中,除了讲解基本理论和概念,更多的篇幅用于较为详细地介绍了世界各国在人工降雨实验中采用的方法和经验,具体地给出几个小节内容:"人工促使云中出现冰晶的办法和理论"、"人工促使云中出现较大水滴的办法"、"为什么药品应当做成细末和微屑"、"怎样将药品加入到云中去"、"使云滴沉淀的目的"、"计划和检验"、"播云致雨的效果"等。

文章的发表恰逢该年吉林省自春迄夏降水稀少,农田缺水,小丰满水库容水不足,发电也困难。吉林省气象局开始考虑模仿国外的办法进行人工降水,但是不知如何着手,这时《天气月刊》6 月号发到省气象局,省气象局就组织人员认真研读了我的"人工影响云雾"一文,注重理解原理、经验与方法。在此基础上,吉林省组织了人工降水小组,一方面请苏联专家协助制造干冰,一方面又从中央气象局观象台获得了程纯枢新译的 WMO 的人工影响天气的资料,更对实验增强了信心,还争取到中国科学院地球物理研究所的技术协助,终于在有利天气条件下采用飞机在云中播撒干冰及碘化银等进行造雨,获得成功。这些情况在吉林省气象局的人工影响天气小组向中央气象局汇报作业效果的报告中,有详细介绍。这次成功降水开创了气象局人工影响天气的第一步,意义重大。

我也很欣慰能在吉林人工影响降水的成功作业和国家人工影响天气的研究及现场作业的开展中尽了一份力量。

三、20世纪60年代初形成的专业化发展

在吉林省的成功之后，中央气象局开始更积极地指导人工影响天气的研究与实践。1959年中央气象局在云南省鹤庆县召开了人工防雹技术经验交流会，对土炮防雹方法给予了肯定。1959年3月中央气象局与北京大学、江西省气象局等合作，在江西庐山成立了局部天气控制研究所，由蔡绍玉兼所长和沈洪欣为副所长，进行高山云雾研究。1960年中国科学院地球物理研究所在湖南衡山(南岳)也建立了综合人工影响天气的试验基地，主要由顾震潮负责，这两个基地开展了云雾的微观和宏观观测。此外全国各大学也相应进行了云雾的实验室研究，南京大学、北京大学、武汉大学以及人工影响天气研究所、高原大气物理研究所等都对云雾催化剂做了很多研究。

1960年我受中央气象局委派，赴南京参与筹建南京气象学院及主持所属大气物理系的工作。人工影响天气原是大气物理学的重要内容，包括对大气探测和大气物理两个专业，所以我在教材建设和学术研究上注重了这方面的内容。我曾撰写了《人工影响天气》讲义、《消雹的综合介绍》、《云雾降水与人工影响天气》等教材，1980年编写的《云雾降水物理学》教材四册，其中宏观部分和微观部分各两册，内容丰富翔实，本系毕业后赴美深造云雾物理研究生，对宏观部分讲义的反应都非常好，认为有助于他们在国外的学习。其后微观部分与李子华合作改写为《微观云物理学》一书，由气象出版社出版(1989年)，书中的知识尤为人工影响天气工作所必须。1960年我翻译出版了《物理气象学》(科学出版社)及1983年翻译出版了《云物理学简编》(科学出版社)，以供专业研究参考。

中央气象局人工影响天气业务一向是由观象台掌握的，罗漠是主要的负责人，做了许多支持性的工作。为了加强人工影响天气的研究工作，1978年成立的中国气象科学研究院在所属专业机构中也设立了人工影响天气研究所，由郭恩铭任所长，其后江西庐山天控所的隶属关系逐渐转向人影所，成为其重要的研究基地之一，人员易于调动，计划便于统一。

我在任南京气象学院大气物理系主任后，曾应庐山天控所沈洪欣所长之请，赴庐山作云雾物理研究方法的报告，也曾赴衡山科学院人控基地考察访问学习。此外还曾率领南京气象学院大气物理系师生赴安徽宿县等地进行人工防雹试验。

1962年曾在《江苏省气象学会学术报告集》中发表“云雾滴谱的降水机制研究”一文，1979年在《全国人工降水、防雹科技座谈会报告选编》中发表“冰雹云移动规律初探”一文，此文以后曾为好几个省市自治区气象局刊物转载。1959年我曾应读者要求在《物理通报》3月号发表“局部天气的控制”一文，1982年曾与邱祖莲共同在《气象》12月号发表“冰雪晶仿物尔印模技术及机理”一文。1985年与郑国光、李子华、施文全等在《气象学报》8月号发表“双联四胚雹块的分析”一文。

为了加强人工影响天气的科普宣传，我在上海儿童出版社《十万个为什么》的初版中大量增加人工影响天气的知识性内容，以后在主编《气象学词典》(1985年，上海辞书出版社)及《辞海》(1960—1999)各种版本出版时，补充了许多为社会上广大读者所需的天气、气候及人工影响天气的专业科学知识性词目和较易理解的释义，以便大家查阅。

由于中国科学院大气物理研究所、中央气象局、中国气象科学研究院人工影响天气研究所以及各大学气象系的努力，我国人工影响天气的试验广泛开展，研究水平也不断提高。不

仅干冰、碘化银等制备技术有很大发展,催化技术也有进展。1968年在大气所顾震潮的培养下,周秀骥的《起伏条件下的暖云降水理论》作为我国人工降水方面的第一部理论专著出版。

四、20世纪80年代的暂时消沉期

人工影响天气不仅是一项科学研究工作,也是一项服务社会经济的应用工程。需要大量经费支持,地方政府为减灾,通常能够提供一定的资金为当地人工影响天气作业所用,而气象部门的技术指导的经费却因20世纪70年代国家经济状况而显得支撑不够。同时地方人影的目的是实用性的,而专业的作业是研究性的,因此在技术指导与实际运用这两方面就有不相适应的问题发生,一部分人的意见认为人影高消耗,效果难断。1980年中央气象局有关人工影响天气部门与各地群众人工影响天气活动脱钩的指导性意见,引起各省气象局人影工作的重新规划,例如山西省气象局就下发了“关于气象工作三年调整意见”的通知,要求人影工作限于小范围试验。很多地方的雷达站撤销,人影办公室也撤销了[3]。人影工作转入了一个消沉期,但是地方政府对人工影响天气作业的需求并未停止。

就在这一年,我在南京气象学院的《气象教育与科技》第3期中发表了《天气导变学发展的讨论》一文,首先提出了“天气导变学”的新概念,由此对人工影响天气的效果分析也作了论述,特别对科学业务部门应该坚持积极指导群众性的科学活动提出了建议。文章指出[6]“天气导变”是指虽然人的力量远小于自然天气演变的能量,但恰当的因势利导就能够引起强大的自然天气演变转向人们所希望的有利天气状况。这是一种引导过程,所用力量不大而造成效果巨大,如人工降雨所用催化剂的剂量都不大,可成雨后惠及的区域很广。因此天气导变突出了“引导变化”,突出了以人为本,以人的意志为主,引导自然现象向人们期望的方向转变。这将会比“人工影响天气”更为明了。同时,使用“导变”对效果检验也有指导意义:以人的期望为目标检验导变作业的结果,比只要有影响,不区分利弊后果的模糊检验更为明确。文章还指出,科学部门应积极扶助各省、市、自治区的群众天气导变活动,通过科学地指导现场实践,提高我国天气导变的水平,不应该以担心经费浪费而要求停止扶持。农业生产的需要,国民经济的需要,气象科学的发展才是坚持人工导变活动的重要依据。

五、20世纪90年代初的再次全新起步

1990年国家气象局重新对全国各地人工影响天气研究开展指导,鼓励提高科技含量,这使我们气象部门的人影活动再次获得了活力。我在1990年发表了《天气导变研究方向刍议》(《南京气象学院学报》13卷第3期)一文。赞同国家气象局的新措施,同时提出当前天气导变研究方面需研究的各种问题[7]:

(1)外场云结构探测模式化及失真问题;

(2)实验室结果难以应用到实际作业中;

(3)数值天气导变模式在某些方面与实际天气导变作业的脱节问题;

(4)某些统计效果检验并非适合于天气导变技术的发展,需要在理念上更新。

文章最后提出“进行云特征的场分析是推进天气导变各方面研究的必要条件”的看法。

强调“扩散场”与“环境场”的效果探测和结合分析。这些方面的深入研究将会推动天气导变科学的进一步发展。

1990 年以后，我国的科学技术和经济快速发展，人影工作也迅速恢复并在组织机构，研究形式以及与地方经济的结合等方面都得到了良好的发展。

参考文献

[1] 李光量. 冰雹[M]. 北京：气象出版社，2002.

[2] 山西日报，1950 年 7 月 6 日.

[3] 裴巨才，李培仁，郭慕萍，等. 山西冰雹[M]. 北京：气象出版社，2004.

[4] 竺可桢，王鹏飞，章震樾，等. 冰雹[J]. 气象，1951 年 7 月，人民革命军事委员会气象局编印.

[5] 王鹏飞. 人工影响云雾[J]. 天气月刊，1958.

[6] 王鹏飞. 天气导变学发展的讨论[J]. 气象教育与科技，1980(3).

[7] 王鹏飞. 天气导变研究方向刍议[J]. 南京气象学院学报，1990，**13**(3).

缅怀邓小平

王鹏飞

(一)立国虽艰兴国更，小平连举航桅灯；
人心鼎定千秋业，改革开创万年青！
(二)力挽狂澜国转隆，精神物质创双丰；
河智忽涌长流水，谁个不思邓老功？
(三)隔断“双凡”惊世庸，欧风美雨激丹衷；
坚擎科技兴华夏，三级宏规起蛰龙。
(四)一语会心去大锅，凤阳竞唱凤凰歌。
智叟落漠初逢知，怎禁春风绽笑窝！
(五)耄年身退气雍容，欲为后继立惯风；
驾鹤犹留无尽意，意融华夏健步中！

(摘自《天风海涛集》)

气　象　史

古代风向器漫谈[①]

——在传统文化中超越

图1　我国现存最古老已有800多年历史的风向器,运转正常。该风向器位于山西省浑源县辽代圆觉寺释迦舍利砖塔塔顶,为铁质鸾凤风向器,通体呈黑色,形态秀丽,构造精巧,不锈不蚀,转动自如。

（刘玉军　摄影）

① 本文曾刊于《中国气象报》2008年4月14日第4版。

一、东方朔的启发

汉代继承秦朝神州大一统的局面,在武帝时候,国力大振,很重视革新创意。一天,汉武帝坐在未央宫前殿,见东方朔在喃喃独语,就问道:“你在说啥?”东方朔说:“您听见殿后有喜鹊叫声吗?这个喜鹊的头,一定朝向东方。”汉武帝到殿后一看,果然树头有一只喜鹊头朝东,口里发出简单而响亮的声音,就好奇地询问东方朔:“你怎么知道喜鹊的头朝向东边?”东方朔回答说:“您看,风把我的衣带吹向西边,此刻不是在吹东风吗?喜鹊是长尾巴鸟,它的头如果不朝东,身上的羽毛就会被风吹乱,它在枝头上就站不稳了。只有头朝东站,风吹毛顺,才能站稳。所以我虽未见喜鹊,但能听到它响亮的声音,肯定它必是站稳,才能愉快地发出鸣声。既然站稳,它的头自然必定朝向东方。”(据《东方朔别传》)

古代乌鸦与喜鹊,并称“乌鹊”。曹孟德的名作《短歌行》中就有“月明星稀,乌鹊南飞”之句。且“乌”与“鹊”都是巢居的鸟,群众经验中有“巢居知风”的话。根据郑作新主编《中国经济动物志·鸟类》(科学出版社,1966),喜鹊与乌鸦都属鸦科(Corvidae),但是喜鹊浮躁,叽叽喳喳跳来跳去,好动;而乌鸦不这样,往往是站立竿头树尖或牛背上,久久不动,作为观察风向的标志较好。

汉武帝受了东方朔的启发,就想在灵台上创建一个乌鸦形的风向器。西汉诸帝之讳,均有“孝”字,重视孝道。而乌鸦懂得“反哺”,称为“孝鸟”,所以风向器采用乌鸦形状,更有深意。

用什么材料来制造乌鸦形风向器呢?据《汉书·律历志》认为,铜是物质中最精的材料,“不为燥湿寒暑变其节,不为风雨曝露改其形”,制成后可以保持长久不坏,是制造度量衡等标准器的首选材料,而且“铜”音“同”,有利于推广制作之意,因此这种乌鸦形风向器,就称之为“相风铜乌”。

相风铜乌下面装有转枢。随风转向,可是由于用实心铜制成,非常沉重,摩擦力也大,一般的风吹它不转。所以,据晋代葛洪《西京杂记》中说,此相风铜乌“有千里风则动”。

什么叫“千里风”呢?在北周庾季才《灵台秘苑》中载有判断风力大小的标准。唐李淳风的《乙巳占》中的标准也是根据庾季才的标准修改的。庾季才认为,能造成“飞沙走石”现象的是千里风,这种风力大于“折断大树枝”的风(五百里风),小于“折断大树木”的风(一千五百里风)。

这说明用实心铜制成的相风乌在转动时,摩擦为太大,难以测量一般大小的风的风向。

二、“凤凰”不如“乌鸦”

早在公元前104年(太初元年)长安柏梁殿被火灾烧毁后,汉武帝就另行建造比柏梁殿更宏伟壮丽的建章宫,认为你愈烧得厉害,我就造得愈大,这可压制火灾的发生。于是在建章宫内造园阙时,就造成了装有形如凤凰的华贵饰物的建筑。汉武帝很有触类旁通的灵感,那时还没有发现殷代的甲骨文字,不知道甲骨文中风字写成“”形。这是一种头上生有冠冕状标帜的大鸟,毛羽鲜艳华丽,类如今日的孔雀。而甲骨文中的“风”字就借用这个“风”字,因为风飞时它的长羽毛翼将刮起大风。而西汉时“风”字与“风”字同音。为了要使自己所造园阙显得风翥鸾翔，他就建造了能随风转动的凤凰。

图 2　图为王鹏飞教授收集的在古代占主体的“三尾凤凰”图形，而浑源县辽代圆觉寺铁质鸾凤风向器同样是“三尾凤形”(12 号图案所示)。这表明古代风向器与中国传统文化是密切相关的。

据《三辅黄图》中引《汉书》说，当时汉武帝所造的凤凰是铜铸的，高五尺，外表装饰了黄金，雄踞园阙之上，下面有转动的枢轴，风吹时，铜凤凰会转过头来，迎着风，展开翅膀，好像要飞翔的样子(“下有转枢，向风若翔”)，这简直就成为一个风向器了。

汉武帝为什么要在建章宫中建造活灵活现的凤凰呢？因为当时《今本竹书纪年》的内容在民间及宫廷中已有传闻，即在黄帝即位二十年后，有许多凤凰集中到黄帝宫中。又少昊氏登帝位时，也出现凤凰之瑞。所以汉武帝制铜凤凰，不仅是想制风向器，更重要的是想同黄帝、少昊那样，人工制造“凤凰来集、活灵活现”的现象。能飞翔的凤凰不仅一只，与黄帝和少昊一样得天之瑞，使国运昌隆。而在铜凤上饰以黄金，可以更显得金碧辉煌。

但是由于凤凰的体态比乌鸦要复杂多姿，相对于风的流动来说，会破坏流线，而且又加上了黄金的重量，摩擦力比铜乌更大。所以一般的风，根本吹它不动。即使有很大的风，也只能造成凤凰各部分的运动不相协调，发生零碎的振动，从而出现不和谐的振动之声。

果然，在宋代宋敏求《长安志》中“建章宫”条记录的一首古歌说：“长安城西双园阙(指凤阙)。上有一双铜雀(铜雀即指铜凤凰)。一鸣五谷生，再鸣五谷熟。”这是说，凤阙所建的铜凤凰已不能指示风向，只能用来在大风中听听它受风振动的金属声(即鸣)。它只在五谷将生或将熟时遇大风才发振动声。至于它能否一鸣预示五谷生长良好，再鸣预示五谷成熟可以收割，却是一件天晓得的事！

三、超脱中的羁勒

到了东汉，民间出现了“相风飘帛”。因为在1971年，人们在河北省安平县发掘的一座东汉大墓中，从壁画上发现所绘的一座五层高的望楼，望楼上就树了一竿“相风飘帛”，其飘帛的飘向可显示风向。

在三国魏时，洛阳西城上原东汉灵台处，曾建有“相风木乌”，也叫“候风木飞鸟”。这大概是有鉴于汉代相风铜乌太重，不能灵敏感应风向，所以改铜为木。后来这个候风木飞鸟被雷击坏了。

晋代，相风木乌因为制造方便，也能指示风向，所以采用很广。清《渊鉴类函》中，曾记有称颂这种风向器的“赋”的片断六篇，为晋代文人所撰。

但是相风木乌比较脆弱，易被风折断。所以到了北周，庾季才在《灵台秘苑》一书中，介绍了三种改进的风向器，其中两种是简易式的“相风乌”式。

简易式的风向器，为在垂直竖立的长竿上，系挂用鸡毛编成的扇形羽葆。一种羽葆采用五两重的，另一种则采用八两重的。当风把系羽葆的绳吹平，就观察羽葆的飘向，此飘向的相反方向即为风向。

构造虽然简单，却深受传统文化的影响。

比如为什么编羽葆要用鸡毛？这当然是由于养鸡很普遍，容易取用，而且鸡毛又轻，容易被风吹起，却神秘地用“八卦”来解释。认为八卦用自然现象表示为“天（乾）、地（坤）、雷（震）、风（巽）、水（坎）、火（离）、山（艮）、泽（兑）”。而用动物来表示，按《易经·说卦传》为“马（乾）、牛（坤）、龙（震）、鸡（巽）、豕（坎）、雉（离）、狗（艮）、羊（兑）”。将这两个方面连起来看，因“巽”既表示“鸡”，又表示“风”，所以测风向必须用鸡毛。

又如指出测风竿应高五丈，为什么？因为“五”代表五音“宫、商、角、徵、羽”。还指出羽葆为什么要重八两，是因为“八”表示风的八个方位（八风）。但这样一说，规定可用五两重的羽葆就讲不通了，只好补充一句：“羽，以其可吹而动，不必拘五（两）八（两）之数。但轻则易举皆可，临事理而度之。”

《灵台秘苑》介绍的相风乌式风向器，实际上是一种改进式的相风木乌，即把木制相风乌胸部连接转枢，转枢插入一空心木管顶圆盘中心。而在风吹时，木乌的转动带动转枢在圆盘下空木管内转动。由于有粗木管及圆盘的保护，所以转枢不易被风吹折。

这个结构是很简单。却也要用一些传统文化加以修饰，即从木乌腹部到转枢入圆盘中心部分，制成一只乌鸦脚爪；另外再从木乌胸部左右各制一只脚爪。使乌鸦转动时，胸部两爪均伸向盘外，不与盘接触，却随木乌一起转动。这样一来，木乌就变成了“三足乌”，符合太阳中有三足乌，为“日中之精”的传统思想。

但是相风木乌是木头做的，且暴露于风雨之中，长期可能腐烂损坏，所以人们想做进一步改进。

四、还在运转中的“国宝”

1988年5月，听说在山西省浑源县有一个鸾凤形的相风乌立于圆觉寺塔顶，仍在随风运转,指示风向。鉴于汉代风凰形风向器早已无存。这是硕果仅存的古代气象科学仪器,构造有所改进,属于尚在运转中的国宝,我怀着朝觐般的心情赶到浑源县,更细致地了解它的结构。

这个鸾凤形风向器竖立于该塔顶已有800多年的历史了。此塔建于辽金之交(即公元12世纪初建成的)。建成时已上距汉武帝初建建章宫铜凤凰有1300年了。建成后,经历长期的风风雨雨,始终为浑源人民提供可预报晴雨的风向。群众归纳风向器指出晴雨的经验是:“北风常主雨,南风常主旱。小南风有雨不大,范围也小。大南风天气晴燥。”这当然是因为浑源县位于恒山之北,北风使空气在恒山北坡上升,水汽凝结降雨;南风则为越恒山下降的空气,它能使浑源天气转晴。当地人民赞誉圆觉寺塔风向器的鸾凤为百鸟之首的“瑞鸟”。

通过对浑源鸾凤风向器的结构进行研究,发现它的确有很大的改进。一是改实心铜凤凰为有上下铁片构成的空心鸾凤形,它立于铁盘上,重量大大减轻,且雨水不会在体内积贮。表面都经过处理,800多年来未曾生锈。二是圆盘套于塔刹杆顶的较粗的垂直固定柱杆外,铁鸾受风转向,带同圆盘绕粗柱杆旋转,摩擦力小。三是固定的刹杆顶上有细杆通过鸾凤腹部直穿过空心鸾体而透出鸾背。用螺丝帽固定,使鸾体既保持铅直姿势,且转动自由,不受固定垂直杆所干扰。四是风塔八面,为辽代密檐仿木结构砖塔。塔顶风吹鸾凤,其凤头在稳定时所指的风塔之面,即可看出风向。

这个风向器并不带动转枢,而是绕固定的塔杆回转,所以其设计有独创性,古今罕见。

五、东西方异曲同工

从以上介绍,可以看出我国古代风向器的发展,是借鉴并不断超越传统文化的,同时它在不断的发展中也摸索出了自己的科技文化。其实,西欧古代风向器的发展,何尝不是如此。

早在公元前48年前后,希腊建筑师安德罗尼柯斯(Andronikes Kyrrhestes)在雅典建造了一个计时塔(Horologium),塔有八面,各面浮雕刻有各向风神,各具风致,飘逸美观,塔高46英尺,合14.02米。塔顶有一个黄铜的人形风标,它是手持三股叉的小海神特里通(Triton)的像。当风吹向小海神时,他手中的三股叉即绕风塔各面转动,风向稳定时,三股叉所指示的塔面朝向即为风向。

这个计时塔也简称“雅典风塔”,可与我国浑源风塔东西互辉。雅典风塔建筑时间较早,但是小海神的形状也不重视流线形。塔现在已年久失修,塔顶已无此风向器存在。而浑源风塔仍在执行测风向任务,希望气象部门珍惜浑源国宝,定时维修。

还有在欧洲9世纪末,天主教会曾通令各教堂遍设鸡形风向器。这是为什么呢?

根据基督教《新约圣经》记载,耶稣因传教被罗马当局逮捕,其门徒彼得被人当作耶稣的同党。在清晨鸡叫前曾三次否认自己认识耶稣,违背了他事先向耶稣承诺的话:“我即使必须和您同死,也不会说不认识您。”天主教所以要教堂树立鸡形风向器,是要告诫信徒坚定信仰基督,不要像风向标那样,在鸡鸣以前,动摇不定。

可见在欧洲的古风向器演变中,也受到传统文化的较大影响。问题在于要不断改进其指示风向的性能。

评唐李淳风“占风情”方法

早在北周，庾季才的《灵台秘苑》中，就载有“占风情”的内容，包括对风向和风速等的测量方法。其中既有不少在我国气象史中有价值的资料，也包含了迷信占卜的糟粕。后来唐代李淳风的《乙巳占》，继承了《灵台秘苑》的“占风情”，而内容有所增益删修。后世因《乙巳占》一书流传较广，多加传抄增益。另有定名为《观象玩占》的手抄本，也包含李淳风的占风情内容，所以李淳风的占风情内容更广泛流传。人们在研究气象史时往往将"占风情”之内容都归功于李淳风，而很少提到庾季才。庾季才曾于7世纪末任北周太史，而李淳风在8世纪中叶任唐太史令。

本文对所谓李淳风创造的占风情方法，摘要做一个简单的介绍，指出其糟粕及合理部分，特别对李淳风的风级进行深入讨论。由于近年来一些《中国气象史》著作，对李淳风风级饶有兴趣。将其与今日气象学界通用的蒲福氏风级进行比较。认为李淳风风级的创造远早于蒲福氏风级，因此对李淳风风级在气象史中之意义，作过分的夸张。本文特别对李淳风风级及蒲福氏风级的内容进行细致分析研究，探讨其沿革，指出李淳风风级仅为其五种判别风的远近方法中的二种方法。本文对这五种方法也作了评述，特别在文中指出李淳风风级如何改变叙述方式才能与蒲福氏风级进行合理比较。最后通过表6进行比较，明确李淳风风级虽然出现远早于蒲福氏风级，但其所采用的风速与实况不符，难以应用于实际，不应过分推崇。今分节加以评述。

一、李淳风“占风情”方法简介

我国从北周到唐代，对风的观测，都有不少的发展。主要是测风向，占风情。例如北周的庾季才的《灵台秘苑》，唐李淳风的《乙巳占》(及《观象玩占》)，印度人瞿昙悉达的《开元占经》等。这些书中的占风部分虽互有出入，但却是一脉相承。其中除测风向部分承用了“风向乌”及32方位方向外，其占风情部分则包括“判断风的远近”及“卜风的吉凶”两部分。强调了要判断风的远近，必须要先占五音；而为要卜风的吉凶，必先判断风的反常。由于在判断风的远近时，曾提到风的破坏力，它与欧洲蒲福氏风力作用表现有近似处，所以近人复将其与蒲福氏风力等级进行比较。1805年，蒲福氏将风力订为13级。我国有将李淳风的风级订为8级、10级、12级者。不少人夸耀李淳风所创造的风力等级早于蒲福氏一千多年。但正因为其出现较早，所以采用数据多凭估约，具任意性，不符实际。本文目的在指出其局限性，对今后评价我国古代气象上成就时，有所借鉴。今先将李淳风的占风情的主要内容介绍于下：

(一)占风远近之方法

李淳风为占风远近，提出预先按京房指出的“风角占五音的办法”，列出五音所相当的距离，据《观象玩占・占风》人们可以根据风声来判别五音，然后再从五音决定风之远近。即：

1. 听风声辨五音法：李淳风曰：凡占风必知风之情及风之声。五音者，五行之声(宫风属土、商风属金、角风属木、徵风属火、羽风属水)。皆出于黄钟之管，管长九寸，最浊而为宫，其数九九八十一分(即宫为 9×9=81)增减以生上下，故三分减一分，余五十四(即 81－81/3=81－27=54)；三分益一分为七十二(即 54+54/3=54+18=72)；三分减一余四十八(即 72－72/3=72－24=48)；三分益一为六十四(48+48/3=48+16=64)以成五音之数。(即为宫 81、商 72、角 64、徵 54、羽 48)。听声之法，必须耳察大、小、清、浊，必以度数正之。数正则声亦正。不可以文载口传，今言其梗概云：

宫声：风如牛鸣阱中，隆隆如雷鼓(属土)。

徵声：风如奔牛，如炎火，如缚彘骇走(属火)。

羽声：风如击湿鼓，水扬波，激气相磋，如麋鹿鸣(属水)。

商声：风如离群羊，如叩钟磬，如飞羽之声，如流水鸣咽感人(属金)。

角声：风如千人叫啸，言语琅琅，如人悲，如人叫，啾啾唧唧，如鸣雉，伐木(属木)。

2. 五音占远近法：京房曰：风角可推五音，听声配五音，风所发各以五音之数，期风之远近：

宫风近十里，中百里，远千里；

徵风近七里，中七十里，远七百里；

羽风近六里，中六十里，远六百里；

商风近九里，中九十里，远九百里；

角风近八里，中八十里，远八百里；

皆以五音成数推之。变通之数，触类而长之。

3. 其他占风远近之法：共有五类，即：

(1) 凡风动，初迟后急，其来远；初急后缓，其发近。(此以迟急推风发远近)

(2) 凡风：动叶十里；鸣条百里；摇枝二百里；坠叶三百里；折小枝四百里、折大枝五百里；一云：折木飞砂石千里。或云：发木施千里，又云折木千里，拔大树及根五千里。(此鸣条以上，皆百里风也，此以势力推风远近)

(3) 凡大风非常，三日三夜者，天下尽风也；二日二夜者，天下半风也；一日一夜者，万里风也。(此以时节多少，推风发远近也)

(4) 凡风，二日二夜(即 48 小时合 24 个时辰)事及三千里外；一日一夜周时(即 24 小时，合 12 个时辰，因 12 时辰合一昼夜，故曰周时)事及二千里；或一日或一夜，六时以上者(即 12 小时或 6 个时辰以上者)事及千里；半日半夜三时以上(应为或半日或半夜，即 6 小时，合 3 个时辰以上)事及五百里；三时以下(即 6 小时以下，实即 3 个时辰以下)事及百里。(此以时多少推灾及其远近)

(5) 凡大树拔根，事及三千里外；折大枝，事及两千里。(此以势力占灾远近)

(二)占风吉凶之法(根据《开元占经》但其实《灵台秘苑》已有此意)

1. 风名状

《尔雅》曰：风而雨土曰“霾”，阴而风曰“曀” 日出而风为“暴”，回风为“飘”，焚轮谓之“颓”，扶摇谓之“猋”。李淳风曰：按占风之家，多云发石折木、扬沙走石等语。若每占中俱著此语，其文至繁，今辄以一家例之：

怒风：古云发屋、折木、扬沙、走石。今称怒风，多为不吉之象。

乱风：一日之内，三转移方。古云“四转五复”。乱风者，狂乱不停之象。

暴风：无云晴爽，忽起大风，不经刻而止绝。绝复忽起。古云“暴风卒起，乍有乍无”今谓“暴风”，暴风主有卒暴事。

飘风：鸣条摆树，萧萧有声。今谓之“飘风”，善恶依经者。

勃风：迅风触尘蓬勃，古云触尘蓬勃。今谓之“勃风”。

回风：回旋羊角，古云扶摇羊角。今谓之“回风”。回风者旋风也，回风卒起，而圜转扶摇，有如羊角，向上轮转。有自上而下者，有自下而上者，或平条长，或磨地而起，总谓之“回风”。亦具有占。

和风：古云清凉温和，尘埃不起。今谓之“和风”。

霾曀：古云暗冥昏浊，寒尅者，今谓之“霾曀”。

2. 风吉凶（所占之风情）

祥风：凡风和畅情悦，温凉适时，尘埃不起，人情恬淡，是谓“祥风”。

灾风：天色晦暗，云气昏浊，风声寒惨，埃尘蓬勃，是谓“灾风”。

小人魅惑风：风势纷杂交乱，乍起乍止，深藏莫测，其声聒耳，是谓“小人魅惑风”。

上下不宁风：风势暴起，南北不定，离合氛埃，是谓之“上下不宁风”。

政化未明风：风势冥冥，白日阴惨，黄雾四合，是谓“政化未明风”。

大兵将之风：风势戚戚，南北杂乱，高下蓬勃，是谓“大兵将之风”。

刑罚惨刻风：风势凛冽，人怀颤慄，是谓之“刑罚惨刻风”。

大丧风：风声啾唧惨切，令人悲惜，为“大丧风”。

旱火风：风声欻欻，如火奔驰，乍起乍息，是谓“旱火风”。

大水杀人风：连日冥晦，四日五日，人皆悲伤，为“大水杀人风”。

二、五音的音乐知识

为了便于评述，我们先对“五音”的有关音乐知识作一些解释。

“五音”即“宫、商、角、徵、羽”形成一个五声音阶。我们现代简谱中有七声音阶。即“1(do)、2(re)、3(mi)、4(fa)、5(sol)、6(la)、7(si)”。简谱七声音阶有时戏称“1(独)、2(览)、3(梅)、4(花)、5(扫)、6(腊)、7(雪)”。后来我国古代也曾发展有七声音阶，如下所文：

1 (do)	2 (re)	3 (mi)	4 (fa)	5 (sol)	6 (la)	7 (si)
宫	商	角	变徵	徵	羽	变宫

在《管子·地员篇》有五声音阶的声音所似及计算方法：

“凡听徵如负猪豕，觉而骇。凡听羽如鸣马在野，凡听宫如牛鸣窌中，凡听商如离群羊，凡听角如雉登木以鸣，音疾以清。”

“凡将起五音，凡首，先主一而三之（谓万象万数，起于太乙。一者，象数之首也，园体径一而围三，故三倍其一，以应大园）。四开以合九九（自一而三之，一开也，三而三之为九数，二开也，九而三之为二十七数，三开也，二十七而三之为数八十有一，是谓四开，则九九之数全矣），以是生黄钟小素之首以成宫（黄钟之数八十有一，为音之元素也，为宫），三分而益之以一,为百有八,为徵(八十一三分之为二十七,以二十七加八十一为数一百零八,是亦四开,徵之音次于宫),有三分而去乘,适足,以是生商(就徵之数一百零八而三分之,各得三十有六,以一百零八减三十六,下余七十二,是为商音之数,适足谓三分之,无多无少,去其乘,谓去其三倍所乘之数也),有三分而复于其所,以是成羽(就商之数三分之,各二十四,以二十四益七十二得九十六,是为羽音之数,复于其所,谓得其所也),有三分去其乘,适足,以是成角(又就羽之数三分之,各三十二,从九十六减三十二,余六十四,是为角音之数,至此而五音具备)。"这一段话是说将一条基本弦长为准,将其三等分后,依次加上一分(益一)或减去一分(损一)的订出其他各音阶相应弦长,这就是音律史上有名的"三分损益法",按弦长比例排列五音,即:

108(徵)、96(羽)、81(宫)、72(商)、64(角)

而上引李淳风得"听声辨五音法",实际上也是"三分损益法"。只是按管长比例计算,而不是按弦长比例计算,得五音如下排列,即:

81(宫)、72(商)、64(角)、54(徵)、48(羽)

可见只是音调有所变化。另外,李淳风所列出的五音所似之词,也有按《管子·地员篇》所引过的例子(如似猪豕、牛鸣等)。

三、对李淳风"占风情"方法的简评

(一)五音与风

李淳风将音归纳为五音,并将音也归纳于"风的情"之中,使风有了感情,充满了想象力。但是风为大气的运动而声音则是空气受到振动所致,互有区别。空气在运动时,在环境空间中受到振动,就会发出声音。这声音会藉风而传递。另外,有些声音是人为产生的,气受管弦的振动或受声带及喉带的振动送入大气,也能被风带动而运送,使人既能感到风又能听到声音。声即与风在一起,使人认为风有了情。声音的不同是因为由于空气振动的频率不同,声音可分为乐音与乱声,李淳风继承中国五音的乐音传统,像管仲《地员篇》一样,采用"三分损益规律"研究五音(即宫、商、角、徵、羽)。管仲得五音弦长比例,为108(徵)、96(羽)、81(宫)、72(商)、64(角)。而李淳风得五音管长比例为81(宫)、72(商)、64(角)、54(徵)、48(羽)。可以看出他们所得管弦长比例基本可以连接,相差仅是因计算起点不同,声调有所推移。但都未及七音阶,即与今日简谱1(独)、2(览)、3(梅)、4(花)、5(扫)、6(腊)、7(雪)相应的宫、商、角、变徵、徵、羽、变宫。

但是五音及七音,均为乐音。事实上不按三分损益律的长度,形成的音即不为乐音,很不和谐。甚至形成噪声。另外,声音又有所谓的响度,响度太低,别人耳听不出来。响度过大,别人耳受压迫,忍受不了,所以反常的声音往往是由不协调不和谐且响度特别大,难以承受的声音组成的。

管子与李淳风将五音归属于五行,即宫属土、商属金、角属木、徵属火、羽属水,这是没有理由的。但这是我国乐理的一个传统。因此不论管仲或李淳风在定义五音时,分别有"宫"如牛鸣阱中,"徵"如炎火,"羽"如击湿鼓,水扬波,"商"如叩钟磬,"角"如伐木等形容词。

(二)风与命名

由于风有特点,按其特征而给予不同名称。这是必要的。在殷墟甲骨文中就有不同特征的风名,如大飚风(大狂风)、大骤风(突然发生之大风)。《尔雅》中也有一些风名,所以李淳风规定一些按性状所订的风名是可以的。如“怒风、乱风、暴风、飘风、勃风、回风、和风”等,但“霾曀”不是风,而是因风而造成的天气。

李淳风还有以吉凶命风名,这是不足取的。如祥风、灾风、小人魅惑风、上下不宁风、政化未明风、大兵将之风、刑罚惨刻风、大丧风、大水杀人风,这都是牵强附会。

(三)五音占远近

李淳风把五音与远近牵强地联系起来,目的在于判断风发的远近。这是根据京房的说法,认为风所发,各以五音之数,期风之远近。但我们已指出,风是大气之运动,音为空气之振动所造成,风可以载音而行,但它们形成是不同的。不可能依据风能载音来判断风发自多远。更且五音也各分“近、中、远”。怎样区别“近、中、远”也并不清楚。“近、中、远”三者的距离也各差 10 倍。不区别“近、中、远”即使知道五音也无法判定风发远近,可见五音是不能决定风发远近的。

(四)李淳风判定风的远近之另外五法的评论

李淳风《乙巳占》中介绍了推占风远近的五种方法。每种都明确指出利用风的什么已知资料,推知想知道的风的远近的资料,我们分析这五种方法,得出下表(见表 1)。

由上表分析所得,知李淳风的五种方法,是根据所见风况推占风此后能及的后果。它和蒲福氏风级表完全不同,蒲福氏风级表是根据风时地物(包括海面)所造成的征象严重程度,按自小到大的次序分级,并对各级征象的风给出易于记忆的常用风名。蒲福氏风级表并不关心各级风能造成的灾害范围及远近。

李淳风的五种方法,仅第二及第五法中提到“势力”。这“势力”是指地物受风影响的征象,这种征象是指由弱到强的次序排列的,有些近乎风级,而其中的第二法的分级较为严密,第五法则太零星了。

另外,李淳风的以此地此时风况推占异地同时现象,往往当时是查无实据的,即使他有条件对二地同时的现象进行观测,他也不可能证明异地同时的现象肯定与此地此时风况有关。即难以证明异地同时现象是同源的。李淳风《乙巳占》中对这五种方法所采用的是“推”求或占“卜”办法,他用“推”“卜”两字,就证明他无法采用实测和证明的办法。例如在第二法中,即使以“动叶十里,鸣条百里”两条来说,李淳风他无法证明“十里的风况是观测处的‘动叶风’同源”或“百里的风况是观测处的‘鸣条风’同源”,至于第三法中所谓“天下尽风”“天下半风”“万里风”,是世界上从不会出现的,完全属于匪夷所思,第四法中“事及三千里外,事及两千里,千里,五百里,百里”都难以证明。

但是蒲福采用的方法,并不存在异地同时比较的问题,他比较就事论事。当时尚很难正确测定风速或风力,他定性地把不同强弱的风造成的地象海象,按由弱而强地排列,以次第定级名。并对每一风级给出易于记忆的风名,这种方法切实可行,所以为当时所欢迎。

表 1　李淳风推占异地同源风况的五种方法表

	根据的此时此地风况	推测的同时异地出现同源现象的远近
第一法	以当时当地风速变化(迟,速)………………	推风发远近
	初迟(慢)后急(快)[即加速]………	…………同时同源现象出现远
	初急(快)后缓(慢)[即减速]………	…………同时同源现象出现近
第二法	以当时当地势力(地物受风征象)…………	推风发远近
	动叶……………………………………	…………同时同源现象出现于十里
	鸣条……………………………………	…………同时同源现象出现于百里
	摇枝……………………………………	…………同时同源现象出现于二百里
	坠叶……………………………………	…………同时同源现象出现于三百里
	折小枝…………………………………	…………同时同源现象出现于四百里
	折大枝…………………………………	…………同时同源现象出现于五百里
	折木飞砂石……………………………	…………同时同源现象出现于千里
	拔大树及根……………………………	…………同时同源现象出现于五千里
第三法	以当地大风维持时间(昼夜)长短………	推风发远近
	大风非常{三日三夜……………………	…………同时出现“天下尽风”
	二日二夜……………………	…………同时出现“天下半风”
	一日一夜……………………	…………同时出现“万里风”
第四法	以时多少(当地风吹时辰多少)……………	推“灾及风”(即风灾所及,或事及)远近
	二日二夜(即两昼夜) 48 小时,合 24 个时辰	…………事及三千里外
	一日一夜;周时(即一昼夜) 24 小时,合 12 个时辰	…………事及二千里
	或一日或一夜;6 时 12 小时,合 6 个时辰	…………事及千里
	半日半夜(即或半日,或半夜) 6 小时,合 3 个时辰	…………事及五百里
	三时以下(即短于 6 小时或三个时辰)…	…………事及百里
第五法	以当地势力(地物受风征象)………………	占同源异地灾之远近
	大树拔根………………………………	…………事及三千里外
	折大枝…………………………………	…………事及二千里

为什么李淳风无法获得异地同时的资料?这是因为当时中国尚无轻便的钟表的发明,只有在轻便的钟表普及后,才能测得异地同时的现象。这样就可以先将几个异地的钟表集中一地进行对时,使均指示同一时刻,然后将它们在保证不会影响运行准确性的情况下分别送回他们的原处地点,规定在各种表指示的某一致的时刻下进行现象观测,即可准确测得异地同时现象的资料。古代中国只有笨重的水漏和沙漏计时,都不便搬运对时,一经搬运,准确性就会破坏。用香烛点燃掉的长度计时,十分粗糙。虽轻便却很不准确。当时决定同时性的能力有限。即由守候公家漏滴的官员在每天各个时辰用打鼓的方式计时。夜间打更夫边走边打更也很不准确,也只有听到鼓声或打更声时,小区域内才能获得瞬息的粗略的同时,因为声音会在传递时衰减,不可能传到好几里以外。李淳风生长于公元约 7 世纪的唐代,而欧洲家庭的挂钟最早在 15 世纪德国的纽伦堡出现。16 世纪欧洲才出现以发条为动力的小型钟表,但尚不够精确,也不普及。因此我们要求李淳风能测出异地同时的风况,是一种不切实际的奢望。

四、对李淳风风级与蒲福氏风级作比较与评述

我曾在《中国古代气象上的主要成就》(1978)一文中指出:

“我国唐代已采取地面物体受风影响所表现的破坏程度来表示风力大小。例如根据《乙巳占》,当时把风力分为八级:(1)动叶,(2)鸣条,(3)摇枝,(4)坠叶,(5)折小枝,(6)折大枝,(7)折木、飞沙石,(8)拔大树及根。这八级风再加上‘无风’及‘和风’(风来清凉,尘埃不起者为和风)两级,合为十级。”

这《乙巳占》中十级风的观点,我在1958年主持北京东郊农业展览馆中气象馆时,也已用展版以国画方式展出,引起了参观者很大的兴趣,但这时都没有将李淳风的十级风与蒲福氏风级进行对比。

但近年来出版的《中国气象史》(气象出版社,2004年)列出了李淳风的十二等级的《李氏风力等级表》,并指出:“西方可以与之相比的风力等级划分是蒲福氏风力等级,那是英国海军中校弗兰修斯·蒲福于1805年拟定的,比李淳风(《乙巳占》的成书年(645年)晚了1160年。”

我认为这样的比较不妥,这是因为作者对李淳风的风级并未解透(例如何谓“动叶十里,鸣条百里”等),也未对蒲福氏风级的形成过程了解清楚(例如今日我们采用的蒲福氏风力等级表,并不是全由蒲福氏生前拟就的)。不知道这两方面的实际情况,怎样能对此两者进行比较呢?为便于讨论计,我先将《中国气象史》(2004年)的“李氏风力等级表”及“蒲福氏风力等级表的编制过程”在下面分别介绍,以便评述。

(一)李氏风力等级表及其评述

此表见于《中国气象史》(2004)的P.179,如下(表2)所示:

表2　李氏(淳风)风力等级表(制定于公元645年)

等级	势力	风名	受风时日	灾情范围	注意
0	无	无风			
1	动叶	十里			微风
2	鸣条	百里	三时以下		和风(以上皆百里风)
3	摇枝	二百里			轻风
4	坠叶	三百里			
5	折小枝	四百里			勃风
6	折大枝	五百里	半日半夜	二千里	(以下皆大风有灾)
7	折木、飞砂石	千里	一日一夜		怒风
8	拔树及根	五千里	二日二夜	三千里外	狂风
9		万里风			(以下皆大风非常,势力不可言状)
10		天下半风			
11		天下尽风	三日三夜		

这个表中,将李淳风的推占同源异地同时风况的五种方法的二、三、四、五共四种方法,一并归纳于此表中。但是以第二种方法为主,将第三种方法续于第二种方法之后,非常牵强,为续貂之举。因为怕列出后会与第四种方法早"受风时日"栏中矛盾,将第三种方法内本拟放在9级风的"一日一夜"与8级风的"两日两夜"字样删去。还将并不出现第二法中势力(即动叶及鸣条等当地征象)的第四法中异地百里、五百里、千里、三千里等同于第二法中的百里、五百里、千里、五千里。在其"受风时日"栏填上了"三时以下"、"半日半夜"、"一日一夜"、"二日二夜",这就使同在"受风时日"栏内按第三法所填的"三日三夜"形成一个不同体系的连续序列,令人发生误解。

我们知道李淳风的二、三、四各法,其当地的风况不全相同。第二法与第五法其推占的异地距离也不同(例如同为折大枝,第二法称五百里风,第五法则为两千里。因为拔树及根,第二法称五千里风,而第五法为三千里外)。可见各方法均自成体系,不能混淆。而此表却将这四种方法,混淆在一起,形成概念混淆,破坏了李淳风原始条理分明互相独立的体系。

再看些表内的"注意"栏,也是命名杂乱。例如勃风、和风取自李淳风的命名法。但李淳风的勃风定义为"触尘蓬勃"并无"折小枝"之定义。李淳风的和风定义是"清凉温和,尘埃不起",不应放在"鸣条"现象行内,且其后不应用括号表示以上皆百里风。倒是在李淳风第二法中,即有"鸣条以上皆百里风"之注。另外,此表中"注意"栏内,微风、轻风、狂风之名,均取自蒲福风级中今日之中文习惯称呼,例如今日一般蒲氏2级风译为轻风,3级风译为微风,10级风译为狂风。但上表中则微风归为1级风,轻风归为3级风,狂风归为8级风。

总之,制定《中国气象史》P.179的李氏(淳风)风力等级表者,对李淳风所以要订出风况的几种方法的本意,并无深刻钻研和体会,所以才会制成这个矛盾杂出的表来。

(二)蒲福氏风力等级表的简单沿革

今日我们通用的蒲福氏风力等级表,按《大辞海·天文学·地球科学卷》(上海辞书出版社.2003年)的P.295—P.297,大体分为以下各栏:

风力等级	风名	洋面大概浪高		海面和海船征象	陆上地物征象	相当于平地10米高处风速		
		一般	最高			米/秒	千米/时	海里/时

其中风力等级与风名之对应,可以下表表之(见表3):

在介绍表3以前,我们先对蒲福氏风级内容的沿革情况,作一简介:

蒲福氏风级是由弗兰修斯·蒲福(Sir Francis Beaufort,1774—1857)于1805年所提出。他是美国人。1787年进入海军服役,1804年因功升到船长,1803—1804年短时离役助修从都柏林(Doblin)到加尔位(Galway)间的电报线,1805年6月成为乌尔维驱舰舰长,该年他提出风级,次年则已被采用。从1829年起他任海军水文专员约26年,死于1857年。

他初提出的风级为0~12级(即13级),次年改为共12级,死后于1938年又被改为11级。1906年经世界气象学界公议,又改为0~12级,即恢复13级,风名也有所改进。在初公布时,并不与风速与风力相对应。而且其相应的海面征象,也不很完整,多为帆船动态及波浪情况。其后为各国采用。因实际使用需要,13级不够用,于20世纪初增为0~17级共

18 级，其大于 13 级者均称为“Hurrican(飓风)”。又经佩得逊(Paterson)等之修改、充实海上及陆面征象，1939 年为国际气象组织所接纳，建议世界各国使用。

表 3　蒲福氏风力等级和风名对照表

风力等级	相应风名		
	今通用中译名	英文原名	建议改用中译名
0	无风	Calm	无风
1	软风	Light air	微风
2 3 4 5 6	轻风 微风 和风 劲风 强风	Light Gentle Moderate } Breeze Fresh Strong	弱 小 中 } 和风 大 强
7 8 9 10	疾风 大风 烈风 狂风	Moderate Fresh } Gale Strong Whole	中 大 } 劲风 强 全
11	暴风	Storm	暴风
12 13 ⋮ 17	12 级飓风 13 级飓风 ⋮ 17 级飓风	Hurricane { scale12 scale13 ⋮ scale17	12 13 } 级飓风 ⋮ 17

蒲福 1806 年公布的风级表，称为风力表。但在 20 世纪初人们试图将风力等级直接与风速相联系。他们经过测试。知如风力用压强 p 表示[单位为毫巴(mb)，现称百帕(hPa)]，风级以 B 表示，则其关系可写为 $p=0.005\ B^3$ 表示。由此式，根据风力等级计算出相应的风力压强 p，而风力压强(p)与风速 V(米/秒)的关系，经实验可用 $p=0.0072V^2$ 表示。将此式代入前式，即可得 $V=0.836\sqrt{B^3}$，其中 B 即为蒲福氏风力级数，而 V 为其相应之风速，单位取米/秒。

所以根据此式，可获得表 4 结果：

表 4　蒲福风力等级 *B* 的相应风速(米/秒)表

风力等级(B)	0	1	2	3	4	5	6	7	8
风速 V(米/秒)	0	0.84	2.56	4.34	6.69	9.34	12.3	15.5	18.9
风力等级(B)	9	10	11	12	13	14	15	16	17
风速 V(米/秒)	22.6	26.4	30.5	34.7	39.2	43.8	48.6	54.0	59.0

表 4 是用公式算出各级风速平均值，并在表 5 中列出各级风力相应的风速范围值。

虽然蒲福(1806)的风级表很不完备，但经过不断改进，很受群众欢迎。因为他们很容易根据海陆征象确定风级。且对各风级所定的风名，也很便于记忆。例如表 3 内的英文名，分为两个层次，第一层为：

Calm→Light air→Breeze→Gale→Storm→Hurricane

表 5 蒲福风力等级 *B* 与风速范围关系表

B	V(范围)米/秒	*B*	V(范围)米/秒	*B*	V(范围)米/秒
0	0.0～0.2	6	10.8～13.8	12	32.7～36.9
1	0.3～1.5	7	13.9～17.1	13	37.0～41.4
2	1.6～3.3	8	17.2～20.7	14	41.5～46.1
3	3.4～5.4	9	20.8～24.4	15	46.2～50.9
4	5.5～7.9	10	24.5～28.4	16	51.0～56.0
5	8.0～10.7	11	28.5～32.6	17	56.1～61.2

这一层六个词，词面即可阐明风力由小而大的意义，为社会上久已习知。在其中 Breeze 及 Gale 之上各加不同的形容词作为第二层次。Breeze 前五个形容词为〈Light〉〈Gentle〉〈Moderate〉〈Fresh〉〈Strong〉。Gale 前四个形容词为〈Moderate〉〈Fresh〉〈Strong〉〈Whole〉。其由弱而强的意义也很明显，而且 Gale 前加 Moderate，Fresh，Strong，即采用形容 Gale 之 Moderate，Fresh，Strong，所以很容易辨识和记忆。用 Whole Gale 表示 Gale 之最强级。在今蒲福氏风级名中，为了更多样化，在第一层 breeze 与 gale 之间，增一“wind”，使 Strong breeze 及 Moderate gale 改为 Strong wind 及 Moderate wind。这样做我认为虽增加了第一层品种，却打乱了整体协调，并不见得更好。

但从表 3 中的蒲福氏风级中各风今日通用的中译名看，这些风名比英文原名逊色得多。这些中译名规定只用“风”字上加一个定语性的字作为风名，例如前十三级分别称为：

无风→软风→轻风→微风→和风→劲风→强风→疾风→大风→烈风→狂风→暴风→飓风

这十三个风名由于仅有一个不同的形容词，因此缺乏层次性，变得非常单调，而且这些单字相互间缺乏依次渐强的社会认识基础。所着重考虑的只是不要使各风名因发音相似而互相混淆，所以观测员对这些风名的使用，往往缺乏兴趣，认为还不如使用 1 级风、2 级风、3 级风、4 级风、5 级风等为明确。因为在实践时，软、轻、微、和、劲风，究竟哪一个较弱，哪一个较强，从字面难以确定，所以错用风名是常有的事。另外，如“和风”在我国古代也有，本来是表示尘埃不起的风，而在蒲福氏风级中译名中，和风却表示 Moderate breeze，即能吹起地面尘埃及纸张的 4 级风，这也是有矛盾的地方，易生误会。

总之，现在的气象观测员一般并不采用或记忆风级中的中译名，说明蒲福氏风级中的中译名应当进行改进了。建议参照英文分层次的风名等级办法，以解决中译名的困境，即把第一层次风名如下称呼：

“无风(Calm)、微风(Light air)、和风(Breeze)、劲风(Gale)、暴风(Storm)、飓风(Hurricane)”。在“和风”前，加“弱(Light)、小(Gentle)、中(Moderate)、大 (Fresh)、强(Strong)”五个形容词，在“劲风”前，加“中(Moderate)、大(Fresh)、强(Strong)、全(Whole)”四个形容词。

这样，全部蒲福氏风级的中译名，可参看表 3 中的“建议改用中译名”标准。这个建议保留了蒲福氏风级英文名的原有优点，也便于我国气象观测员使用。

(三)李淳风风级与蒲福氏风级的比较

为进行比较，我们将李淳风的第二种推风远近的征象称为风级，这是因为它表示风力是依次用“动叶、鸣条、摇枝、坠叶、折小枝、折大枝、折木飞砂石、拔大树及根”等征象，它们的确是后一征象比前一征象为强，若加上无风与不动尘埃的和风，可以认为李淳风的征象包括十个风级。

我们把今日的蒲福氏风级的陆上征象排列起来，有静烟直上；烟示方向；树枝微响；摇微枝；摇小枝；摇大枝、小树；摇大树；大树全摇；折微枝；移平瓦；树木根拔；破坏极大；大破坏等。它也是后一级的风强于前一级，共计18级，而对10级以上的风，则因陆上难以列象，仅以"破坏极大"或"大破坏"表示，甚至不列征象。其所列的10级征象与李淳风所列相似(其实在李淳风以前北周庾季才的《灵台秘苑》一书中，早已有风力由弱而强的等级划分，即"动叶为十里，鸣条百里，摇枝二百里，伤枝三百里，折小枝四百里，折大枝五百里，飞沙走石一千里，折大木一千五百里"。李淳风的风级主要即按庾季才风级稍加修改而成，如将"伤枝"改为"坠叶"、"折大木一千五百里"改为"折大木、拔根五千里"。可见李淳风风级基本上是根据庾季才风级而来)。

但蒲福在1805年所设计的风力等级，其陆上征象不全，其等级大小，当时仅以某些海浪风帆船活动的征象为准，无法与李淳风陆上征象作对应比较。蒲福表完整的陆上征象是在20世纪后完成的，因此李淳风的风级只能与20世纪中已有完整陆上征象的今日蒲福风级表相比较。由于今日之蒲福风级表与1805年蒲福氏所创形式相差很大，所以与1805年的蒲福氏表相比，已无意义。

要将李淳风风级与蒲福氏今日之风级比较，首先要理解李淳风风级的确切意义。

在李淳风推风远近的第二个方法中，每个风级征象后，均有一个里数值，这个里数值按我们所拟的表1看，它表示风的远近，例如"动叶十里"即表示"当地出现动叶观象时，则同源同时现象可出现于距当地10里之地"。又如"拔大树及根五千里"即表示"当地出现拔大树及根现象时，则同源同时现象可出现于距当地五千里之地"。这是说，李淳风的动叶等风力等级征象是由同源同时的异地距离的远近来表达的，而蒲福风力等级征象则是以当地风速大小来表达的，表达的量纲不同，当然无从比较，只有表达的量纲相同的征象，才能互相比较。

那么，能否使李淳风第二法中各"地物征象"内用同源异地距离表示部分转化为当地风速，使之也具有速度量纲，以便能与蒲福氏地物征象后的风速有相同量纲，从而可以互相比较呢?

我认为利用表1中李淳风第一法即可做到这一点。因为第一法是一个由当地迟急(即风速)转化为同源异地距离的媒介。其物理意义是说:利用当地风速就可使同源异地现象出现于距当地某一距离(即异地距离)。如倒用第一法，即可能同源异地距离数字可视为由当地风速所导致，将此法用于第二法，则第二法中地物征象后的一个同源异地距离数字，即可视为是由当地出现同一数字的单位时间的风速所致，问题是这个风速量纲中的时间单位取什么?由于在我国唐代，通用的时间单位一般取"时辰"。因时辰也是"滴漏"计时单位，一个时辰等于今日2小时，一般一昼夜分十二个时辰，而也等于24个小时。

为此，如李淳风第二法中"动叶十里"可写为"动叶10里/时辰"，即认为当地出现动叶现象表示当地出现每一个时辰10里的风速，它是造成异地10里出现同源现象之原因。"鸣条百里"可以写为"鸣条100里/时辰"，即当地出现鸣条现象，表示当地出现每一个时辰100里的风速，它是造成异地100里出现同源现象之原因。以此类推，这样李淳风第二法中所举各风级的地物征象后的里数，都可以一一改写为以(里/时辰)为单位的同一数字的风速。

这样，李淳风风级中的数字的量纲与蒲福氏风级中数字量纲相同，它们之间就可以相比较了。

因为本文表4及表5，已将附有风速值的蒲福氏风级的风速单位以(米/秒)来表示。为了比较的需要，就必须将李淳风风级中的风速(里/时辰)计算为(米/秒)为单位。

由于1里＝0.5公里＝0.5×1000米＝500米

1时辰＝2小时＝2×60×60秒＝7200秒

因此：

1里/时辰＝500米/7200秒＝0.069米/秒

故将李淳风风级的(里/时辰)乘以0.069即可得出以米/秒为单位的速度，由此可得蒲福氏风级与李淳风风级的比较表6如下：

表6 蒲福氏风力等级与李淳风风力等级的速度比较表

蒲福氏风力等级及征象		相应风速(米/秒)		李淳风风力等级及征象		相应风速	
等级(*B*)	征象	风速	风速范围	等级(*L*)	征象	里/时辰	米/秒
0	静烟直上	0	0.0～0.2	0	无风		0.0
				1	和风(不起尘)		
1	烟示方向	0.8	0.3～1.5	2	动叶	10	0.7
2	树枝微响	2.4	1.6～3.3				
3	摇微枝	4.3	3.4～5.4				
4	摇小枝	6.7	5.5～7.9	3	鸣条	100	6.9
5	摇大枝、小树	9.3	8.0～10.7				
6	摇大树	12.3	10.8～13.8	4	摇枝	200	13.8
7	大树全摇	15.5	13.9～17.1				
8	折微枝	18.9	17.2～20.7	5	坠叶	300	20.7
9	移平瓦	22.6	20.8～24.4				
10	树木根拔	26.4	24.5～28.4	6	折小枝	400	27.6
11	破坏极大	30.5	28.5～32.6				
12	大破坏	34.7	32.7～36.9	7	折大枝	500	34.5
13		39.2	37.0～41.4				
14		43.8	41.5～46.1				
15		48.6	46.2～50.9				
16		54.0	51.0～56.0				
17		59.0	56.1～61.2				
				8	飞沙走石	1000	69.0
				9	折大木，拔根	5000	345.0

在表6中，我们将"等级(*B*)"表示蒲福风级，"等级(*L*)"表示李淳风的风级。我们将李淳风风速(米/秒)位于蒲福氏风速范围(米/秒)之间的排在同一行。这是因为这比较客观。由于今日通用之蒲福氏风级数*B*既是与蒲福氏陆上征象相应，且*B*与风力p及风速(米/秒)之关系已通过科学试验用公式表示。所以表6是以蒲福氏风级为标准。李淳风的风速只是一种主观估计，我们列出表6，目的在于判断李淳风对风速的估计所造成的误解是怎样的。我们在列此表时，已将无风及和风，列入风级(*L*)中，但未将推占远近的李淳风第三法中"万里风，天下半风，天下尽风"三种情况像表2那样接排在"拔树及根的五千里"风以后。这是因为李淳风的"飞沙走石拔树与根"的千里风，已远大于蒲福氏风级(*B*)的17级了，更大的风速不必再列。

我们从表6中可以看出下列几点：

1. 李淳风用作风力大小标志的地物征象，基本上与蒲福氏风级陆上征象相同，都以风对树木及瓦石的影响来分级的。但李淳风的分级时间比蒲福氏20世纪中订的陆上风级征象要早一千三百多年，这是因为李淳风是唐代人。其实这种分级的方法在早于李淳风的北周庾季才的《灵台秘苑》中已有，所以创造这种风级分类方法，我国早有传统。

2. 但是利用表6，我们可以更详细地分析李淳风风级与蒲福氏风级的其他细节：

(1)比较风速，可知：

李淳风的(0,1)级风的风速＝蒲福氏的(0)级风的风速

李淳风的(2)级风的风速 ＝蒲福氏的(1)级风的风速

李淳风的(3)级风的风速 ＝蒲福氏的(4)级风的风速

李淳风的(4)级风的风速 ＝蒲福氏的(6)级风的风速

李淳风的(5)级风的风速 ＝蒲福氏的(8)级风的风速

李淳风的(6)级风的风速 ＝蒲福氏的(10)级风的风速

李淳风的(7)级风的风速 ＝蒲福氏的(12)级风的风速

李淳风的(8,9)级风的风速＞蒲福氏的(17)级风的风速

总之，李淳风风级数越大，其风速超过同风级的蒲福氏的风速必越大。

(2)比较李淳风和蒲福氏征象，可以发现李淳风某一征象所需的风速，可造成蒲福氏更严重的征象。例如：

李淳风风级中能“鸣条”的6.9米/秒风速，已能使蒲福氏风级中“摇小枝”。

李淳风风级中能“摇枝”的13.8米/秒风速，已能使蒲福氏风级中“摇大树”。

李淳风风级中能“坠叶”的20.7米/秒风速，已能使蒲福氏风级中“移平瓦”。

李淳风风级中能“折小枝”的27.6米/秒风速，已能使蒲福氏风级中“树木根拔”。

李淳风风级中能“折大枝”的34.5米/秒风速，已能使蒲福氏风级中“造成很大破坏”。

李淳风风级中能“飞沙走石”的69.0米/秒风速，已在蒲福氏风级中超过最大风级17级。

可见，李淳风风级中各风速能造成的征象，是失之过弱。事实上，这些风速能造成更大的损失，所以在实用上，应推广蒲福氏风级，不宜将李淳风风级在实际中使用。

五、结论

本文对李淳风占风情方法进行了简要介绍，并加以评述，还对李淳风风级及蒲福氏风级的内容进行介绍，特别对于《中国气象史》(2004)的李氏风力等级表进行了评述，指出其不合理处，更对蒲福氏风级的沿革作了介绍。

本文还对蒲福氏风级与李淳风风级化为可以互相比较之形式，作出表6进行分析，指出李淳风风级虽远早于蒲福氏出世，但因其风速值与实况相差过远，不像蒲福氏风级表之风速出于试验，所以不宜在实际中使用。

访日气象史交流研究六题

1985年10月17日，我参加中国气象学会访日代表团在日本作两周的学术交流访问，团长为章基嘉，团员四人即杨国祥、许有丰、我及王瑞仙。这是为答谢前一年10月日本气象学会，以山元龙三郎为团长一行访华参加我国气象学会六十周年的学术交流会的回访。

这次访日交流的日程排得很紧。17日当日到东京成田机场，由吉野正敏教授代表日本气象学会致欢迎词后，即转飞机到北海道千岁机场，宿札幌石狩会馆。次日访札幌管区气象台及北海道大学低温科学研究所。19日晨观参观千岁航空测候所后，从千岁机场搭机赴东京，着陆羽田机场。宿东京绿色旅馆，次日，因系星期日，观光东京市容。晚成田机场预报员久保田靖之来访，他是我50年代在北京中央气象局任教气象学的日籍学生，当时他还年轻，尚且有稚气，现则双鬓斑白。相见叙旧甚欢。21日赴东京大学及气象厅访问，晚日本气象学会主持欢迎会，22日赴清濑日本气象卫星中心，当日返东京。23日赴筑波，访问气象研究所及筑波大学，我并在气象研究所作《中国古代气候学史》的报告，晚参加恳谈会，宿筑波大学会馆。24日晨，富士通公司派人来接，搭所派车赴沼津富士通工场参观计算机装配等。然后赴名古屋、宿三之丸会馆。25日赴名古屋大学水圈研究所访问，见到武田乔男教授等，又见到我院留学生刘胜国。下午参观南极观测船。26日搭车赴京都，参加日本气象学会关西支部欢迎会，见到我院留学生谢平平，晚宿京都公园旅馆。27日星期日，由中岛畅太郎教授陪同参观京都城。28日上午访问京都大学理学部气候变动实验设施，并在该处由我与山元龙三郎教授交流气候变迁及气候史观点。午后赴京都大学防灾研究所访问，然后即赴大阪，参加大阪管区气象台主办的欢迎会，宿中之岛旅店。29日访问大阪管区气象台，午后赴高安山参观雷达站，晚我们举行答谢会。30日参加日本气象学会秋季大会，会上介绍我国访问代表团成员，并由章基嘉团长作学术报告，晚日本气象学会组织恳谈会，自由交谈。31日即在大阪机场搭机返国，在待机时，曾参观大阪机场航空测候所，在两周访问中，收获很多。

由于我与日本交流的是有关气象史的学术交流。因此本报告只涉及与气象史有关的问题。

一、人工雪晶纪念碑

在札幌，从大阪管区气象台赴北海道大学途中，我透过汽车车窗见到一个纪念碑。上写“人工雪诞生之地”。立刻请求司机停车，因为我意识到这是为纪念中谷宇吉郎教授在世界上第一次制造人工雪晶的纪念碑，碑作六角形，碑内又同心刻两个六角形。自内六角角尖通过中六角角尖到碑的六角刻有六条刻痕，上述碑文即刻于碑的上部，十分显著。车停后我在碑前将碑用照相机拍了下来。见碑下部尚有(BIRTHPLACE OF THE FIRST ARTIFICIAL SNOW CRYSTAL，12TH MARCH 1938)字样(见图1)。以后北海道大学送给我的照片中，发现其中夹有一张我在拍摄此纪念碑的照相，始知他们在我拍纪念碑照时，体会到我对中谷宇吉郎首先从实验室中制造雪晶形成物理条件的研究的重视，因而愉快地将此情景拍下来送给我以表感谢的。

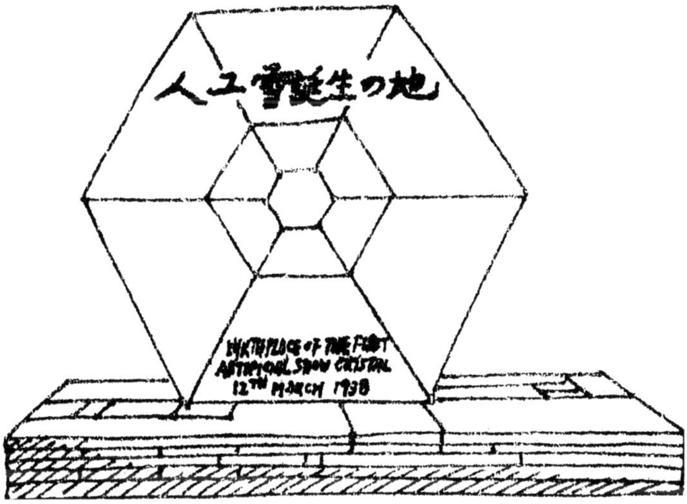

图 1　人工雪晶纪念碑(札幌)

中谷宇吉郎(Ukichiro Nakaya)为北海道大学教授，北海道低温科学研究所是他建立起来的，他在 1938 年《英国皇家气象学会季刊》中就发表过《人工雪》的论文。同年又在《北海道大学实验科学杂志》发表了《人工制造雪晶的进一步实验》一文。因此对雪晶的微观生长研究，他是开创新纪元的人。1951 年，他在《气象汇编(Compendium of Meteorology)》，(美国气象学会，1951)的云物理栏内发表了《冰晶的形成》一文，描述了他的实验方法及结果，指出了七种雪晶(针晶、柱晶、片晶、柱片结合晶、柱的侧面延伸晶、凇晶、不规则雪粒)，他归纳固体降水为十类(片、星、柱、针、空间辐枝、杯柱、不规则晶、霰、冰粒、雹)，并指出附带属性及尺度的符号。他还对冰晶形成的温度条件、生长速度，自然雪晶与人工雪晶的区别进行分析，并指出根据实验结果，可由自然雪晶形状推断高空成雪区温湿条件的可能性，人工影响冷云的研究也是基于他的贡献而发展起来的。他虽已去世，但理应获得后人的纪念。

二、中国古籍所谈到的冰雪特征

在北海道大学曾与低温科学研究所小林桢作教授会见，他介绍了低温科学研究所工作情况(用幻灯)，并领我们参观了低温科学实验室。在交谈中知道他比我小几岁，他说在他幼小时，曾在我国东北住过，但当时的情况，因年纪小，已无可回忆，我们交谈了南极冰样的结晶问题，他知道我研究气象史，就问我《韩诗外传》的作者韩婴是怎么一个人。因为他知道《韩诗外传》是最早记载“雪花六出”(六角形)的书。我告诉他这是一本引《诗经》来说明古事的书。韩婴并不是一个研究雪花结晶的人，他是中国西汉初(公元前 2 世纪)的经学家。雪花的结晶是肉眼看得出的，只要降雪时使飘落的雪花掉到深色衣袖上即可察出。因此韩婴并不是最早发现雪花呈现六角形的人，但却是把这种形状最先记入书中的人。小林说：“既然雪花六出的发现比雪花记载六出为早，那么北海道人是否有可能最早发现雪花六角形呢?”我说:“不能说没有这个可能，但也没有证据能说的确是北海道人首先发现的。因为在经常有降雪现象的高纬地区的人，都有可能发现雪花六角形。问题在于证据。如果没有找到证据，那么最早记录雪花六出的人，也就在雪花结晶研究上有一定地位了。”小林同意我的看法。并且说他在研究雪花结晶问题时，很想引用古代人们对冰雪的认识的文献，希望我能向他提供，我答应回国后查一些参考书，再告诉他。

1985 年 12 月 6 日，我根据诺言，把所知的我国古籍中有关冰雪晶的一些材料，写信告诉小林。今将信中内容复述如下，但写本文时也添加了一些资料。

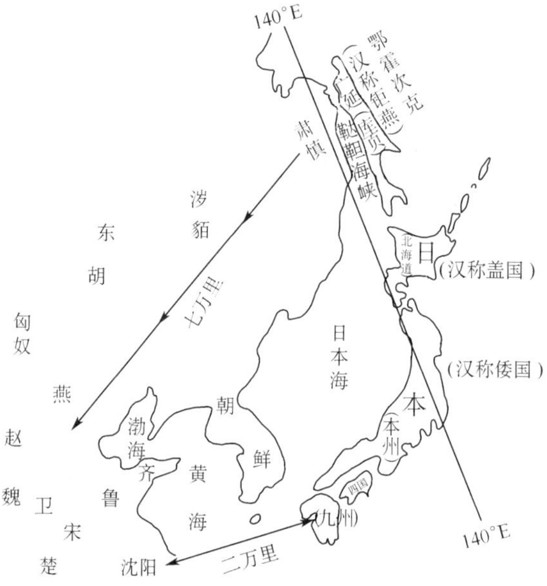

图 2　战国时库页岛人到燕示意图

信中我告诉小林桢作教授：中国在二千年前已粗知雪的形成原因，即在西汉末(公元初)的《春秋说题辞》中，已载有“盛阴之气，凝滞为雪”的话，这是说：“固体雪是由盛阴之气(即水汽)直接凝成”。这过程即今日所谓的“凝华”。

我还告诉小林桢作教授，早在千年以前，晋王嘉《拾遗记》已记载高纬地区冰雪的色彩。该书说：约在公元前 310 年燕昭王二年，时当战国时代，有人从广延(即库页岛)来燕地(即今北京附近)，讲过如下的话：“广延地寒，盛夏之日，冰厚至丈，常雨青雪，冰霜之色，皆如绀碧。”

查库页岛约在北纬 50°正负 5°的范围内，夏季亦可飘雪。那里由于纬度高，日光穿透大气层较厚，到达地面的散射光较多，下雪时雪面反射的短波天光较为丰富，故呈青色。

又库页岛濒临鄂霍次克海。在库页岛的北方海面，冬季冰封而少冰山浮漂。夏季海面冰层融化，时有冰山漂浮到库页岛沿岸，这些冰山，有的上有覆雪，有的则表面融而复凝，有的在长年积雪压力及毛细管上吸海水冻结的情况下，显得冰体晶莹明洁，在斜照日光下，作绀碧色，“绀”是天青色，但略带微黄，“碧”即青兰色，与《拾遗记》所描述的相近。

关系“广延”是否即库页岛的问题，可以从下面几方面来说：首先，我们知道，在汉代库页岛叫“钜燕”,见《山海经·海内东经》,“钜燕在东北陬,盖国(指北海道)在钜燕南、倭北”①。在唐代,称库页岛为“窟说(说音悦)”、元称“骨嵬”、明称“苦兀”、清称“库页”②,而钜燕、窟说、骨嵬、苦兀、库页,声音均相近,且与战国时的“广延”,也声音相近。因此将广延认为即库页的异名,应不成问题。其次,《拾遗记》原文说:“广延之国去燕七万里,在扶桑东”,又据《梁书扶桑国传》:“扶桑在大汉国东二万余里”,在我国,习惯把日本称为扶桑。日本平均经度为140°E,在日本以东很少再有岛屿,而库页岛全部位于140°E以东,故称“广延之国在扶桑东”,一般也是合理的。又梁时说扶桑“在大汉国东二万里”,应是指江苏海岸到日本九州之距,《拾遗记》中说:“广延之国去燕七万里”。应是指北京与库页岛之陆路距离,根据地图看,今库页岛到北京之距约为江苏海岸与日本九州之距地三四倍,江苏海岸与日本九州之距既为二万里,则“广延之国,去燕七万里”,七万里正是二万里的三四倍。这也反证广延国即为库页岛,更有可能。最后,库页岛与大陆仅相隔一个很狭的鞑靼海峡,海峡对岸的大陆在战国时属于肃慎。自库页岛过海峡较北海道容易得多。因此在战国时,库页岛人过鞑靼海峡,经肃慎通过今我国东北而达燕,是完全可能的,此外,《拾遗记》中所描述的广延之国的气候,也与库页岛相符。因此可以肯定“广延”即为库页岛(见图2)。

我的信中还介绍中国古代已指出降雪的颜色,因我国《诗经》中《信南山》说:“上无同云,雨雪纷纷”。这里“雨雪”的“雨”字为动词,“雨雪”意思是“下雪”。“同”字有两种解释,一说是指“云底均匀”,一说“同”与“彤”通用,指云色微带黄色,而下雪的云的确是云底比较均匀且略带灰黄色的。因此诗是讽刺周幽王的,周幽王是公元前8世纪时的人,可见我国在公元前8世纪已对下雪的云天特点有所认识,并且也曾利用这种预报下雪的经验,编成歌谣。以后就记在《诗经》上。

信中还介绍我国古时已有雪前降霰的经验。

我国《诗经·頍弁》说:“如彼雨雪,先集维霰”。“雨雪”也是“下雪”的意思,“雨”是动词,它指出下雪以前,有一个雨夹雪的阶段,“霰”即“雨夹雪”。因据刘熙《释名》,“霰,星也,水雪相抟,如星而散也”,“抟”音团,有捏聚或拍粘的意思。过冷水与冰晶在空中碰并,如冻结潜热不及散失,可形成湿霰,即雨夹雪,另一方面,如雪下降入温度略高于0°C的近地气层中,部分融化,互相沾粘,也可形成雨夹雪,一旦降霰较久,空气温度下降到0°C以下较多,过冷却水滴与冰晶或雪花碰并所放出的冻结潜热,易于失散,形成的将是“干霰”,“干霰”质地松脆,着硬地易散开,故《释名》有“如星而散“的说法。此后雪下降时,近地气层已无高于0°C之气层,故到地面的是较干的雪了。汉郑玄(公元127—200年)在笺《诗经·小雅·頍弁》时说:“将大雨雪,始必微温,雪自上下,遇温气而抟,谓之霰”。这是从理论上谈霰之形成。又说“久而寒胜,则大雪矣”,这又是从理论上解释为什么下雪前会生霰,霰下后,为什么会下大雪的道理,我们知道《诗经》的这一篇,也是讽刺周幽王的作品,可见在公元前8世纪我国已对雪前降霰现象有所认识,而在汉代进一步又对雪前降霰的现象,提升到新的高度了。

信中指出我国很早就知道雪花有结晶。例如在西汉初(公元前2世纪)经学家韩婴著有《韩诗内传》及《韩诗外传》,《韩诗内传》在宋代已佚,《外传》尚存。但内容也有散失并经后人补充。在《韩诗外传》中有“凡草木花多五出,雪花独六出,雪花曰霙”的话,此语唐徐坚在《初

① 据袁珂《略论山海经的神话》中华文史论丛,1979年第二辑,文中指出《山海经》中“海内经”四卷,作于汉初。

② 见邵献图等编《外国地名语源词典》“萨哈林岛”条,上海辞书出版社,1983。该条指出,该岛唐时即属中国管辖。

学记》中已引,《埤雅》、《格致镜原・乾象类》、《渊鉴类涵・天部・雪》、《古今图书集成・乾象典》等类书均把这话摘录,并注明引自《韩诗外传》,故虽1980年中华书局所出的许维遹校释《韩诗外传集释》中未见此语,但仍可肯定此语必属《韩诗外传》内容。因此我国于公元前2世纪,已对雪花结晶的一般形状写到书上了。

我国古代已试行解释雪花结晶六出的原因,但并不正确。

据张伯行辑《朱子语类辑略》,"雪花所以必六出者,盖只是霰下被猛风拍开,故成六出。如人掷一团烂泥于地,泥必溅开成稜瓣也,又六者阴数,太阴元精石亦六稜,盖天地自然之数"。这是朱熹(1130—1200)对雪花六出的解释,他对雪花的辐枝状是用被"猛风拍开"来解释的,这种解释是基于他的生活经验(掷泥于地)。但这个解释不能说明雪花为什么大多是"六出",而不是"五出"或"七出",且掷泥于地,拍开的也不一定分为六瓣,不得已他只好用阴阳五行来解释了,我国古代按水、火、木、金、土次序,称为"五行",以天地为阴阳,分十个基本数为生数成数,因而依次有"天一生水、地二生火、天三生木、地四生金、天五生土、地六成水、天七成火、地八成木、天九成金、地十生土"。对水来说有"天一生水、地六成水"。但天为阳、地为阴,雪本质是水,又东降于地属阴,故只能取"地六成水"。这个"六"字就被朱熹用作解释"雪花六出"的根据了。但这个解释当然是很成问题的。因此《唐锦梦余录》指出"草木之花皆五出,而雪花独六出。先儒谓地六为水之成数,雪者水结为花,故六出,然至春则雪皆五出,先春雪独非水所结耶,恐未为定论也"。这里"先儒"当然包括朱熹在内。该书指出雪花不一定六出,这是对的,但说"春则雪皆五出",未免绝对化了,但他驳朱熹用"盖天地自然之数"来解释"雪花六出",是很有说服力的,当然,要在那时,用分子结构来解释雪花六出是一种苛求。

1974年霍布斯(Peter V. Holbs)的《冰物理学(Ice Physics)》一书第八章《冰的凝华增长》第一节,参考了李约瑟及鲁桂珍1961年的资料,介绍了"早期雪晶观测"的情况,很有价值。文中除引用韩婴及朱熹的话外,指出:古希腊及阿拉伯著作中未见有涉及雪花形状者,可能是因为地中海降雪较少所致,欧洲人第一个将雪花观测记于书的是麦格纳斯(Albertus Magnus,约公元1260年),他认为雪花呈星状,而这种有规则的雪花仅降于二月及三月间。第二个提到雪花形状的欧洲科学作品是1555年斯堪的纳维亚主教麦格纳斯(Olaus Magnus),他将雪花形状写入书中,并包含二十三个木刻印的雪花结晶图。但图中一枚为星形,三四枚为星形残片,其他都是一些特异的形状,如箭状及铃状。下面我将该书介绍世界各国推究雪晶形状史,摘录以供参考:

"六角对称雪花在欧洲首先为客普拉(Kepler)所注意,他于1611年写了一本书,叫《新年礼品,关于六角形的雪花(A New Year's Gift, or on the Six Cornered Snowflake)》。他企图在书中解释雪花为何呈六边形。虽然他并不知道雪是晶体,他仅认为雪是湿气凝成的群滴,但他从原子的基础上解释六角对称形,企图用密结的许多小球说明六角形以使其解释能建筑在较现代化的基础上,他考虑了许多种解释,但最后还是承认他不能对"雪花六出"作出满意的解释。"

"1635年笛卡儿(Descartes)观测了雪花,绘制了一些草图,强调了六角形的规律性、1660年巴塞列纳斯(E. Batholinus)出版了雪花素描图,第一次指出有星状分枝,还讨论了晶体的几何结构。"

"17世纪后半叶显微镜的发明,促使了欧洲雪晶的研究,1665年霍克(Hooke)在斯匹茨卑根与格陵兰间海航时，将雪晶形状与气象条件首先联系起来，1681 年意大利牧师罗赛铁(Donato Rossetti)试对雪花分类，并对一个六角稜雪晶作细微的描述。”

“ 1761 年及 1769 年威尔克(J. K. Wilcke)第一个用三碘甲烷及樟脑为核化剂人工制造雪晶，但近代人工播云实验却晚于此约二百年。”

“ 1820 年斯高司培(W. Scoresby)首先系统地作雪花形状分类，最早描述六角柱、锥状及杂交晶，并指出雪晶形状与温度的关系，这个关系最早是 1762 年由贵太达(M. Guettard)提出，到 1853 年弗列许(K. Fritsch)才得到肯定。”

“ 1833 年日本土井利位(Toshitsura Doi，1789—1848)出版《雪华图说》(Sekka—Zusctsu)一书，此书包含 86 个雪晶细节素描，1840 年又补出《续雪华图说》(Zoku—Sekka—Zusetsu)，其中有 97 个雪晶素描，看来似乎土井利位自己准备有一架显微镜帮助观测的，这项工作的重要意义在于这时日本的科学尚在萌芽时期。在此以后的雪晶素描广泛收集者则为葛拉宣(J. Glaisher，1855)。”

“ 到 19 世纪后半叶，欧洲因有照相摄微，对雪晶的研究又进一步广泛起来了，诺邓司开奥特(Nordenskiold，1893)及海尔曼(G. Hellmann，1893)摄了许多雪晶照片，将雪晶分为片状、柱状及片柱混合状晶，陶勃罗屋斯基(A. Dobrowolski，1903)也广泛观测雪晶，最后还要提到本脱莱(W. A. Bentley)，他在美国浮蒙(Vermont)收集六千多张雪晶摄微照片，共花了将近 50 年时间。”

上述介绍，说明日本在观测雪晶形态方面，也是有很多贡献的。

三、中国和日本的铜凤凰

我在 10 月 23 日在筑波的日本气象厅气象研究所报告了《中国古代气候学史》。由于全文约六七万字，不可能在一二个小时内报告完。因此只报告了中国古代气候学的分期。指出从远古到西汉为“气候概念形成期”，从东汉到南北朝为“气候知识的扩大和交流时期”，从隋唐到宋代为“气候知识的充实时期”，从元代到清代为“气候知识的广泛应用时期”。由王瑞仙同志口译。我对这四个时期的特点介绍后，还放了三十张古代气象的幻灯片作了解释。

由于我曾在幻灯片中，介绍了汉代作为风向器的铜凤凰。引起了在座的日本气象学界同仁的兴趣。他们说，日本也有铜凤凰，不知是否与中国的铜凤凰有关。

在 27 日(星期日)我在京都有幸参观京都城东北角的“银阁寺”。该寺正式名字叫“慈照寺”。但因有银阁在内，故习惯称“银阁寺”。此寺为室町时代(1338—1573 年)东山文化的代表建筑，原拟用银片砌贴，系足利义政(足利幕府的第八代将军)即位(1449 年，即文安六年)后拟建的。但因当时日本有“应仁、文明之乱”，室町幕府在衰落中，无法供应银片，因此虽称“银阁寺”而未能银装。此阁由善阿弥设计，由义利监督下精心建成，为位于锦镜池西岸的一个两层楼的精巧建筑。始建于 1482 年，大体完成于 1489 年。义利死后遗嘱将银阁及庭院改为寺院。我在将要离开银阁寺时，见到了银阁，并偶然看到其顶上的铜凤凰，当时虽立即进行拍摄，但因底片漏卷，未能洗出，实为遗憾，幸入场券(即门票)中有银阁彩照，可留作纪念。惜券上铜凤凰太小难以辨认细节。

除了银阁寺上有铜凤凰外，京都尚有“金阁寺”，阁顶也有铜凤凰。我虽未去，但访日回国后，得到褚伯良同志赠我的金阁寺参考说明书，内有金阁及其铜凤凰照片，并附有说明。

据丛淑媛《日本的文化摇篮——京都》(上海人民出版社,1984)一书。金阁寺正式名字叫“鹿苑寺”,位于京都市的西北角,与银阁寺东西遥遥相对,是日本室町时代北山文化的代表建筑,是室町幕府第三代将军足利义满掌权时(14世纪末)所建,当时是室町幕府盛世,故建造时饰以金玉。金阁为三层楼房,下层及中层为日本式,大小相同,上层为纯按中国唐代禅宗佛殿而造,较小,呈塔室形。三层的顶有一方承露盘,上安一金凤凰,此金凤凰腰低足短,系仿京都南郊宇治平等院屋脊上的凤凰制成的。但后来此金阁寺因火灾而烧毁,由京都各方人士募资重建。现在的金阁寺是重建的建筑,地点建于湖心。

据此,京都的铜凤凰应有三个,两个分别在金阁寺及银阁寺中,另一个在南郊宇治。关于这三个铜凤凰的更细仔的情况,尚须进一步研究,但应当可以肯定,它们都受到中国古代作为风向标的铜凤凰的影响。因为据陈直《三辅黄图校证》(陕西人民出版社1985年)引《水经注·渭水》:“建章宫北有太液池,南有壁门,三层高三十余丈,中殿十二间,阶陛咸以玉为之,铜铸凤高五丈,饰以黄金,栖屋上,椽首薄以玉壁,因曰玉壁门也。”又引《汉书》曰:“建章宫南有玉堂,壁门三层,台高三十丈,玉堂内殿十二门,阶陛皆玉为之,铸铜凤凰高五尺,饰黄金栖屋上,下有转枢,向风若翔,椽首薄以壁玉,因曰壁门。”

我们知道,金阁寺的阁楼也是三层,上面也装有铜凤凰,而且原始建筑中金阁楼的最高层是中国式的。又据《三辅黄图校证》转引《庙记》“建章宫有神明台,武帝造。祭仙人处,上有承露盘,有铜仙人,舒掌捧铜盘玉杯,以承云表之露,以露和玉屑服之,以求仙道”。可见铜凤凰和承露盘都设在建章宫附近。而金阁寺的阁顶把铜凤凰装在承露盘上,两者合而共建。绝非偶然。再说,建章宫中装铜凤凰的壁门玉堂,是临太液池而建的,而金阁寺楼面临镜湖,关于太液池,《三辅黄图校证》说,“在建章宫北,太液者,言其津润所及也”。又引《汉书》曰:“中起三山,以象瀛洲、蓬莱、方丈,刻金石为鱼龙、奇禽、异兽之属”。引《庙记》说,建章宫北池,名太液,周回十顷,引《三辅旧事》说“日出旸谷,浴于咸池、至虞渊即暮,此池之象也”,说明太液池规模洪廓,气象雄伟。而日本金阁寺旁的锦镜湖,原设计湖中有许多小岛、上置九山八海,虽表现了室町文化的熏陶,但也是太液池的具体而微的形象。

我们知道太液池、建章宫、铜凤凰、承露盘等,只有帝皇才能建造,而建日本金阁寺的足利义满,由于掌权后完成了日本南北统一,经济文化发展出现了十分繁荣的局面,势倾朝野,

图3　成都市郊出土铜凤凰画像砖素描

图 4　金阁寺顶铜凤凰素描(日本京都)

图 5　银阁寺顶铜凤凰素描(日本京都)

取得了太政大臣的职位,蔑视皇室。他建造此阁,本有与天皇分庭抗礼的意图,据丛淑媛《日本的文化摇篮——京都》,当时,中国明朝政府也搞不清他与天皇到底谁大,因此在惠帝的国书中,误称他为“日本国王”,义满竟然将错就错,在回信中也自称“日本国王”。事实也是如此,整个京都朝廷,包括天皇本人在内,无不仰他的鼻息,他死后,天皇宣布废朝三日,追赠其“太上天皇”的称号。只有权势如此显赫,才敢于建金阁寺。由此可见金阁寺铜凤凰的设置,与中国古代长安的玉堂壁门的铜凤凰不是没有影响关系的。另外,京都是在 1200 年前所建,其规划及布局都是仿照唐代中国国都长安的。京都人对中国长安的印象很深,明代日本的足利义满为要暗示自己的权势,首先想到模拟长安汉代的铜凤凰及玉堂壁门,以及太液池等,也是很自然的。

至于京都银阁寺的铜凤凰,本来是足利义政炫耀权势,为想媲美足利满所建的金阁而设,也建在一个叫锦镜湖的人工湖旁,只是因为财力不足,建得较为简朴。其受中国铜凤凰的影响,也是很明显的。

宇治位于京都南郊,其平等院的的屋脊凤凰,是金阁寺铜凤凰的蓝本,既然金阁寺铜凤凰有受中国长安玉堂壁门的影响的线索,那么宇治的屋脊凤凰,自然也是受中国的影响的。

目前我国古代建于长安的铜凤凰均早已毁失。其他各地铜凤凰或铜雀等,亦不可见。但有些出土的汉砖,仍间有刻画屋顶饰凤凰的画像。如《四川汉代画像砖与汉代社会》(刘志远、余德章、刘文杰等著,文物出版社,1983 年)中图 51 为成都市郊出土的拓片,显示了“凤阙”形象,即在连双阙的屋脊上刻有一展翅若翔的凤凰(图 3)。又该书图 80 为新都县出土的拓片,显示了在“武库厨房”屋脊上的凤凰。现存在我国的凤凰形风向器,据我所知,仅在山西浑源县圆觉寺砖塔上有一个,此塔建于金正隆三年(1158 年)。于明成化年间曾修葺,塔顶凤凰为铁制。能随风转动(图 6),这个凤凰比日本金阁及银阁寺的凤凰要早约三百年。我们对于这仅存的作为风向标古凤凰,一定要请当地政府,作为国宝来保护,我在日本能见到银阁寺的铜凤凰,深感中日古代文化交流面很广宽。即使是古气象仪器,也是早已有互相影响的痕迹。

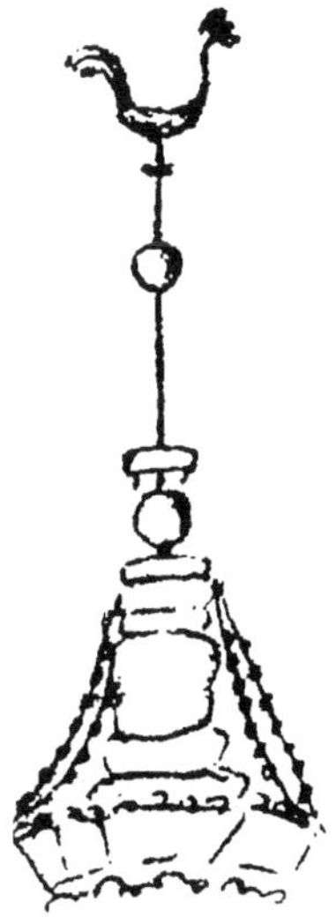

图 6　山西浑源县圆觉寺砖塔顶上铁凤凰素描

四、回返中国的古云图集(《通机图解》)

在筑波气象研究所时,由所长柳原一夫先生接见,在接待室中,见到了冈田武松和藤原笑平的大幅照片。于是就连带想到藤原笑平《日本气象学史》中曾提到的《通机图解》,藤原笑平认为此图解是中国传到日本的。我本人收藏有中国古云图手抄本《白猿献三光图书》。但我知道《通机图解》也是一本古云图集,其特点是内有连续演变的云图。这事在我《开创中国气象史研究的新局面》(1984)一文中提到了。可惜那时未能见到此书。这次有机会到日本来,能否使这本由中国传到日本的古云图集回归中国呢?因为这是有先例的。

有一本叫《玉烛宝典》的书,是隋著作郎博陵杜台卿少山所撰。这是一本与节气农事有关的书,据《直斋书录解题》,此书"以月令为主,触类而广之。博采诸书,旁及时俗,月为一卷,颇号详洽。开皇中所上"。在《经籍访古志》中说:"《玉烛宝典》十二卷,贞和四年(公元1349年)钞本,枫山官库藏"。又说"隋著作郎杜台卿撰,缺第九卷,末有"贞和四年某月某日校合毕,面山叟记。"五卷末有"嘉保三年(公元1096年)六月七日书写并校毕"旧跋按,此书元明诸家书目不载之,则彼土早已亡失耳,此本为佐伯元利氏献本之一,从加贺家藏卷子本钞出,按嘉保三年为宋哲宗绍圣三年,贞和四年为元顺帝至正八年也。"

考《直斋书录解题》,为宋陈振孙撰。说明此书在宋时我国尚有,在元明时已佚失,现在我国留存者,是由日本再传回来的。那么,《通机图解》一书能否回中国呢?我把这个意思向柳原一夫所长提出,希望他能帮助我在日本找到此书,并为我复制一本。

藤原笑平(1884—1950)是日本气象学会前辈之一。据柳原所长说:藤原逝世后遗留下来的文献图集著作,目前正在整理中,他说如果在其中找到《通机图解》的话,一定即为我复制。果然,当我那天在研究所作了学术报告以后,他们已将《通机图解》一书,复制好送给我了。

这本《通机图解》,前有宝历九年十月二十一日明月道人明义的序。考宝历九年,为桃园天皇十二年,相当于公元1759年,即中国清乾隆二十四年。序中指出,明一的先人延尉君正成"纪迹国史、显名后世"是因为生前有"机微变兆之书"故能"察机微观变兆"。以后此书传给子孙,其苗裔孙有楠叙从,得到其中《日月及北斗图》三卷,带到海岛。明一为其后代,开祖上秘筐,对此书"反复玩索,钞录其一二,解以国语,名曰《通机图解》"。这是说《通机图解》一书,仅是《日月及北斗图》中的十分之一二的部分内容,主要仅是观日部分,因此也称《观日通机之图》,并不是该书的全部。而且明一已将所钞录的部分译为日文。明一摘译的目的是:"将夫学者知迅雷烈风甚雨之候,水旱地震之变,丰穰饥荒之兆,而预备不虞之患邪。"此书于明和四年乙亥三月(相当于公元1767年,为后樱町天皇之时,亦相当于中国乾隆三十二年)由浪花法桥和高嶋秀芳两人出资印刻,但乾隆三十二年为丁亥年,可见"乙亥"是"丁亥"之误。

《通机图解》有七条《总说》,以说明用法。是宝历已卯十月一日所写。而宝历已卯即宝历九年,是明一写"序"的当年,"总说"下写有"豫州松山法眼明逸著"。可见"明一"即"法眼明逸"。全书分柳颖、紫盖、腾蛇、竞围、飘幔、白旗、蟠龙、天陈、锦机、焰军、乱丝、火蛇、碧宫、灵台、龙虎、铁胄、踞荫、漆板、黑帝、飘练二十则,每则有正图及变体两图,合计有云图四十幅。并于每则后对观测到的现象及预报未来何时出现什么天气均加以说明,全图后有"明和三年丁亥岁三月吉辰"字样,这是刻印的年月。其中把明和四年误为明和三年,又漏写"年"

字，估计此书几经传抄后刻印，因此出现许多笔误。其中图名也有抄错的，如“天陈”疑为“天阵”之误，此书刻印书铺叫誉田屋，铺主叫伊右卫门，地址在心斋桥、博劳町。

最后有大正十四年(1925 年)2 月 4 日中央气象台预报室藤原笑平的后记，指出原本系冈田信利赠与狩野享吉，寄附于日本中央气象台图书中，而此应为高山威雄之嘱按原本复写的。

在《总说》中有几点是颇有意思的。一是指出云气形状多变为“天道之常”，所示“变体”只是千变万化中之一例；二是指出观测场合，从“柳颖“到”蟠龙”七则需在旭日方向观察；从“天陈”到“碧嵓”六则需在斜日方向观察；从“灵台”到“飘练”七则宜在朝夕太阳方向观察，预测天气需考虑一日总情况。三是指出“蟠龙、天陈”主报大风。“柳颖、碧嵓”主报大雨。“白旗、漆板”主板大雪，“竞围、腾蛇”主报洪水，“焰军、飘练”主报久旱。

为什么说《通机图解》一书，原来是中国的，后来传到日本的呢？理由如下：一是我国自古即有云图传播于民间，如长沙马王堆三号墓出土的西汉《天文气象杂占》，敦煌石室所出唐代《郡县公本钱薄》背面的《占云气书》，明茅元仪《武备志载度占》中的《玉帝亲机云气占候》、道藏本《雨旸气候亲机》、《白猿献三光图书》、《白猿经风雨占候说》、《太乙玉鉴风雨赋》等，都是既有图又有说明对照的。尤其是明代的几种，都是明确预报天气变化之用的。《通机图解》的体例与上述明代中国民间云图集相近，而抄写、翻译、刻印的时间是在清乾隆年间。二是我国古云图集一向是按云气与日、月、北斗(星)三光之位置关系而分类的。如《白猿献三光图书》中的序内说“朝望东南、暮观西北，日月升沉，北斗盘旋，每遇云遮霞射，或当夜、或来晨、或三日内非风即云雨，久而识之，故画之图已多年矣”。其各云图的分类，即分为“观太阳”、“观太阴”、“观斗”三类。此手抄本后附另一云气图，则分为“观太阳占”、“观太阴占”、“观北斗占”三部分云图，而《通机图解》序中已指出“独传日、月及北斗图三卷”，钞录其一二，解以图说，名曰《通机图解》”。在其《总说》中又提到“日、月、北斗三经”，而此书仅自《日经》中抄出。三是此书之图，有与我国之古云图十分相像的图形。随便对照各图，可见表 1 及下图(图 7)：

表 1　《通机图解》与《白猿献三光图书》中相同图形表

《通机图解》	所相当的中国《白猿献三光图书》后一部分《观太阳占图》
柳颖第一则正图	欻火会雷霆大煞图
竞围第四则正图	欻铃号令图
飘幔第五则正图	欻火展旗之象图
天陈第八则正图	欻火带煞图
锦机第九则正图	欻火带虎图
乱丝第十一则正图	欻火遣煞图
龙虎第十二则正图	欻火冲驾图
碧嵓第十三则变体	都水出游之象图
铁胄第十六则变体	雨师倒海之象图
漆板第十八则正图	欻火辖雨之象图
飘练第二十则正图	欻火缠舍图

图 7　《通机图解》和《白猿献三光图书》后半部图比较之例

由图 7 可以看出,《通机图解》与《白猿献三光图书》除细节及图的风格稍有不同(这可能是传抄次数多所致),且图名有些不同外,基本形象是完全相似的,说明它们是同一来源的。明代渊源的《白猿献三光图书》与相当于中国清代的日本《通机图解》即为同一来源。正可证明《通机图解》的蓝本来自中国。至于图名不同,有可能传入日本的是此种云图的另一种抄本。因为即使在中国传抄时,同一图也名称各异,例如上图中《欻火带煞》在另一本叫《白猿图》的抄本中却称《火星带金虎》。对上图中《欻火带虎》却称为《欻火驾雷车》,可以看出,在中国抄本中,图名多道家的术语,叫法十分神秘,故弄玄虚,使人不易捉摸。因此有可能在传入日本后,将这些名称,改为日本社会熟悉的形象化之名,以便于应用。如上图中,"柳颖"、"天陈"、"锦机"、"铁胄"等都是形象。四是:《通机图解》序中明白指出是"解以国语",即译成日语,这正说明此书是自汉文译出的。可惜此图的原传入日本的汉文底本,已不可见,但有了《通机图解》,也可看出此云图的日本风格,这是很有意义的。例如在文字说明中,在翻译时是结合日本天气特点的,并非死译。但文章结构则是类似的,如先说何时见此图的云况,则未来何时有什么恶劣天气出现。有时还区别地说明不同季节或时刻出现同一种云况时,未来的天气又什么不同,这些当然是结合当地的天气经验而写出来的。

在大阪参加日本气象学会组织的恳亲会时,柳原一夫所长向我介绍了藤原笑平的次男藤原滋水,我向柳原一夫及藤原滋水对得到《通机图解》的复制本表示谢意,并希望在他们整理出藤原笑平先生遗著后能给我一份目录,并认为过去在明清时,我国古云图传入日本,以及这次《通机图解》的重返中国,实是中日气象交流史中的一段佳话。

五、中日气象文献的交流

《通机图解》的获得,是我这次访日的一大收获,但并不仅止于此。我还收到了八代学院大学教授奥田穰先生寄来的《日本气象学会 75 年史》(Short History of the Meteorological Society of Japan in Commemoration of the 75th Anniversary),那是日本气象学会 1957 年所出版的。

10 月 30 日,在日本气象学会主办的恳亲会上,我的位置正好与日本气象学界前辈高桥浩一郎在一起,我曾希望高桥先生为我介绍一些日本搞气象史的专家,他领我会见当天也参加恳亲会的奥田穰先生。我对奥田先生说,中国的气象历史源远流长,但在明清代汇入世界气象发展史的洪流中,弄清这种汇流情况,是气象史研究的重要一环。日本开始接受西洋气象科学并发展本国的气象事业的时间,也相当于中国清代,我希望了解这一段时间日本气象发展史,奥田穰先生说最近出了《日本气象百年史》,但他那里只有《日本气象学会 75 年史》,他在《日本气象学会 75 年史》中,曾写过《应用气象学会关系》及《日本气象学会对社会关系之推移》两部分,将以后寄赠给我。这就是我收到这本《日本气象学会 75 年史》的由来。

《日本气象学会 75 年史》中指出该会是 1882 年建立的,当时是明治 15 年,会长是正户豹之助。但日本之有近代气象观测,则早于此约二十多年。1883 年该会会长改为荒井郁之助;第三年和田雄治曾任干事长,但在明治 21 年(1888)以前,该学会还仅称东京气象学会。明治 21 年后改称"大日本气象学会"。到大正 11 年(1922)冈田武松任干事长,干事中已有藤原笑平。昭和 5 年(1930)冈田武松为会长,是年月 10 月藤原笑平任干事长,干事中已有高桥浩一郎。

自昭和 16 年(1941)起,大日本气象学会改为社团法人,名称改为"日本气象学会",由冈田武松为理事长,理事中有藤原笑平、高桥浩一郎等人;昭和 23 年(1948),和达清夫任理事长,理事中有畠山久尚、荒川俊秀、高桥浩一郎、樱庭信一、正野重方等人;昭和 28 年(1953),畠山久尚任理事长;昭和 32 年(1957)理事长仍为畠山久尚,但由正野重方代理，理事中已有岸保堪三郎、根本顺吉等人，而高桥浩一郎和达清夫等人仍为理事，这一年是日本气象学会成立75周年。

《日本气象学会75年史》全书共分历史照片、日本气象学会沿革略，日本气象学会史论(内分纯正气象学会关系、应用气象学关系、日本气象学会对社会关系之推移、与外国气象界之关系、明治以来的气象学会史年表及附录等)。

虽然《日本气象学会75年史》是讲日本气象学会的历史，但是文中也介绍了日本气象学会成立前的概况，基本上是安政2年(1855年)谈起的，那是明治元年前13年。因此由此书可以看出明治维新前后日本气象事业发展情况，此书断限于1957年。那已是我国解放以后了。这一整段(75年)日本气象学会的发展，正是日本气象科学进展的过程写实，其进展的政治及社会背景正是我们需要很好研究的，文中都记载一些事实，并无作者评论，但有统计资料说明问题，文中又介绍了气象学上的中日交往事实。例如1955年记录了中国科学院1919—1949年的气象学论文集的刊行，1956年6月记录了中国气象广播开放。1957年记录了2月25日到3月2日在东京举行的国际地球物理观测年西太平洋联络会议，我国中央气象局涂长望局长和地理物理研究所赵九章所长参加，3月2日涂长望和气象厅技术人员恳谈，3月10日，涂长望在气象厅报告《新中国的气象事业》，赵九章报告《西藏高原偏西风的影响》等。另外还提到1954年10月日本文化使节团访问中国，周恩来总理曾接见日本中央气象台台长和达清夫。文中还引渡边次雄《中国气象学会会刊〈气象学报〉一瞥》[气象厅图书月报3卷第三期(1957)]的统计数字，指出当时《气象学报》论文所引的论文，以英语为最高(47%)、中文的次之(22%)、苏联的占第三位(20%)、日文的很少(仅3%)。这些都是可以研究的及很有意义的资料。为了答谢日本同行的有关日本历史资料的赠予，我曾把1984年中国社会科学出版社出版当代中国丛书《当代中国的气象事业》一书，赠给有关日本同行。

这次赴日访问除了在筑波日本气象研究所作报告外，我还带去《中国古代气候学史》、《中国古代气象上的主要成就》、《节气顺序和我国古代气候变化》等论文，分别馈送有关的日本气象专家。他们对于这些论文中所涉及的中国古代气象成就都十分感到兴趣，承认中国古代在气象方面有悠久的发展历史，日本古代受中国的影响很多。他们也送了我一些有关气象史的论文。具体如下：

吉野正敏教授(Masatoshi M. Yoshino)《东亚历史上冬夏季风和航海》、《季节风与航海》、《日本与世界的古气候》、《历史时代日本各地气象反常发生次数的变化》、《非洲气候的干燥化》等。河村武教授(Takeshi Kawamuva)《东京及其附近地区视程的多年变化》。《季节现象观测与气候解明之应用》、《日本大气污染与气象的研究的发展简史》、《东京及其周围地区的大气环境的近期变化》。高桥浩一郎教授(Koichiro Takahashi)《火山活动与气象的关系》、《气象变动对社会的影响》、《气候变动，农业生产与社会之关连》。山元龙三郎教授(Ryozaboro Yamamoto)负责的京都大学气候变化研究实验室(Laboratory for climatic change Research)在研究气候变化问题时，最近特别强调气候变化理论及处理方法。他的实验室所作的工作如《气候突变——气候诊断假说》，《在季节外力作用下低次时空谱大气环流模式的反应灵敏分析》、《气候噪声的估计》等。这些工作为自然气候发展史的开展有打开道路的作用，是值得重视的。

在上述论文交流中，应当提出的河村武教授的《季节现象观测与气候解明之应用》一文。该文引用1974年R.J. 霍浦(Hopp)《植物物候观测网》一文,介绍了18世纪中叶到20世纪以前的欧、美、澳的植物物候观测情况表,又引用1972年北村伸治《冲绳之产业气象》,介绍了冲绳的季节划分的表和图,还应用了藤原笑平(1937年)《各地72候》、日下部正雄(1954年)《72候之现代解》,列出日本札幌、秋田、东京、福冈四地二十四节气,每个节气3候共计72候的各地新候应。文中也提及1979年《竺可桢文集》中刊载的《物候学与农业生产》、《中国古代的物候知识》、《一年中物候推移的原动力》三文及竺可桢和宛敏谓1980年的《物候学》一书。此文还介绍了物候分布等日线及同一天的物候现象分布线图,强调物候现象与小气候配合研究的重要性,并提倡对物候现象作世纪性的变化研究,这对研究中国古代物候学是很有启发的。通过这种研究,有助于探讨我国古代气候的自然变化历程。

六、1957年前日本气象史研究概况

应当指出,日本对于气象史的研究,不能仅以上述交换的文献内容为限。

例如1883年(明治16年)在《气象集志》创刊号中;正户豹之助写有《日本气象学来历一斑》;1889年和田雄治在国际气象会议发表《本帮气象观测沿革史》;1910年(明治43年)和田雄治有《朝鲜古代观测》之作;1917年(大正6年)刊行朝鲜古代观测记录调查报告;1936年(昭和11年)西村真琴、吉川一郎《日本凶荒史考》;1937年(昭和12年)藤原笑平《各地之72候》,佐藤顺一、山田琢雄《气象观测法之沿革》;1939年(昭和14年)中原孙吉《日本旱魃史》。中央气象台、海洋气象台共编《日本气象史料》;1941年(昭和16年)荒川秀俊写了日本气象学史的一些论文并出版《日本气象学史》专著;1942年(昭和17年)《日本科学古典全书》刊行,田口龙雄《欧美气象学史话》;1943年(昭和18年)中央气象台汇报20卷《灾异志》刊行,举行冈田武松先生纪念会,又中央气象台编、田口龙雄著《日本气象史料综览》;1946年(昭和21年)西冈秀雄《日本冲积期气候周期变化论》(700年周期),冈田武松在技术官养成所讲《气象学史》;1947年(昭和22年)中央气象台编《日本气象灾害车表》;1949年(昭和24年)西冈秀雄《寒暖的历史》,此书1954年改订。1950年(昭和25年)藤原笑平《凶作之80年周期》,神田茂《寒暖700年周期及原因》,渡边次雄《季节预报之历史》,山本武夫《日本气候永年变化》,渡边次雄《气象力学进步之概况》、藤原笑平《气象光学进步之概况》1951年(昭和26年)大井正一《寒波研究历史的展望》。《藤原博士纪念论文集》1.2号出版(藤原笑平是1950年逝世的)。又出版藤原笑平的《日本气象学史》。1953年(昭和28年)山本武夫《日本气候永年变化的构造》出版《藤原笑平博士纪念论文集》3号:1954年(昭和29年)日下部正雄《七十二候现代解》,盛冈测候所《岩手县灾异年表》,和达清夫监修《气象之事典》及和达、福井畠、山监修《气象词典》出版。中央气象台编《累年气候表》。1955年(昭和30年)举办关于气象学史的讲演讨论会,为日本学会内部的学史研究。又堀内刚仁《本帮气象事业创设史考》、《本帮暴风警报创业始末》,泽田照夫(海水观测之历史与现况)。1956年(昭和31年)根本顺吉《日本气象诸断面》,气象学史研究会编《日本之气象——气象史之一断面》,冈田武松(本年9月逝世)遗著《世界气象学史年表》出版。高桥浩一郎《日本之风水害》,气象学会及气象厅共同举办冈田武松先生追念会。成蹊高等学校《大正15年(1926年)到昭和30年(1955

年)三十年内的气象观测报告》,1957 年(昭和 32 年)荒川秀俊发表《应用日本古记录于长期预报研究》之文,崛内刚二《冈田武松事迹》,吉野正敏《都市气候学小史》,中岛畅太郎《大气大循环的历史展望》,又举办了冈田武松的奖金,每年奖两人:一奖优秀气象事业,一奖优秀气象研究。

上面的一些论文等,均摘自《日本气象学会 75 年史》一书中的各有关部分。因此下限截止于 1957 年。1957 年后的情况,当以后再访问。但由此也可以看出日本气象学界对气象史的研究总结,是相当重视的。日本在 1941 年(昭和 16 年)创立"日本科学史学会",1957·年(昭和 32 年)组成了"气象学史研究会",这对于推动日本气象学史研究是有作用的。日本于 1942 年(昭和 17 年)对日本科学古典全书的刊印,及在此以前对气象史料的多次汇集,都是值得我们参考的。日本对冈田武松和藤原笑平的纪念,表示他们对本国气象学前辈的尊敬和怀念,而且将他们在日本气象史的地位加以表彰。其意义正和我们为怀念竺可桢、涂长望、赵九章、顾震潮等已故前辈而所做的一样。

日本的气象史研究者,不限于气象学界人士。例如我在日本时,曾询问写有《中国气象学史研究》的田村专之助(Sennosuke Tamura)博士,因他并非气象学界人士,所以气象学界知道他的不多,只知道他在任教。田村专之助教生于 1910 年 2 月,是群马县沼田市人,1935 年(昭和 10 年)3 月在早稻大学文学部史学科东洋史专攻科毕业。1962 年(昭和 37 年)3 月因对朝鲜李朝作气象学史研究,在京都大学授文学博士。由此可见他并未正式受过气象科学训练,但对于历史知识却相当丰富,是东洋史研究的专家。这一点却是研究气象学史的优势之一。尤其是发掘古代气象史,不论是中国、朝鲜、日本、越南古代气象史,都需要对各该国的古籍较为熟悉,便于查索;也需要熟悉古汉文,以便理解内容。田村专之助《中国气象学史研究》(Historical Study of Chinese Meteorology)的英文序中说:"东洋科学史研究中,仅气象学史还未被开发,这促使我去研究尚未开发的领域。我将研究分为三部分,即朝鲜、中国和日本。为完成《朝鲜气象学史研究》一书。我花了十多年的时间,为完成第二部分(即《中国气象学史研究》)我又花了约二十年。由于各项科学的基础始于对宇宙的认识,故我从研究中国人的宇宙观开始,包括对潮汐及地震的见解。我历史地研究其观点、经验及态度,把他们的思想贯穿起来,并与西方思想进行比较,在此基础上,我深入到中国气象学史的核心,研究他们如何解释大气现象,我对这些问题及其中每一个作理论上的总体及具体的研究,得到了他们观测现象的方法及有关问题的具体知识,还了解了在传教士来中国传播气象知识情况……"这说明要搞好气象史研究,气象科学知识及历史知识均不可少。仅仅有气象科学知识或仅仅有历史知识都是不够的。

南朝国家观象台在今南京大行宫考①

一、引言

1929年中央研究院气象研究所在南京北极阁建设的观象台全部竣工。胡焕庸参考历史文献，撰成《钦天山观象台故址重建气象台记》[1]一文。认为南京北极阁作为观象台地址，已有四期：最早是在南朝，其次是在元朝，再次为明朝，民国时期竺可桢以北极阁为观象台台址，已是第四期了。1980年刘昭民的《中华气象学史》[2]进一步指出刘宋时北极阁观象台系祖冲之于元嘉十四年(437年)所建，为世界上最早之观象台。自此以后，我国气象学史界均相信刘宋及元代均曾在今南京北极阁建观象台，且刘宋在北极阁之观象台为世界最早的。

2001年笔者在《王鹏飞气象史文选·南京北极阁观象台探源》[3]中，否定了元顺帝曾在南京北极阁建观象台的说法，并指出刘宋时今南京虽确建有观象台，但是否建在北极阁缺乏依据。

本文受到南京市区最新考古发掘资料的启发，对刘宋时期的观象台地点及建设问题，作了一番更深入的探究。由此获得了一些新认识。例如确定了刘宋时，北极阁所建的不是“观象台”而是“日观台”。那仅是观赏日出奇景的所在。刘宋在建康的观象台，叫“灵台”，设于当时台城(宫城)的西南角，即今南京大行宫一带，约在南京图书馆新址附近。并指出那时建康的观象台，是继承了以往朝代的灵台，绝非世界最早的观象台。今分几个问题叙述于后。

二、六朝国家观象台为何始建于刘宋建康(今南京)

古代中国政府都把观象台设于国都，以表示帝权属于天授。且有利于掌握农赋税收，更可防止人们利用天象观测惑乱、反叛朝廷，影响政局的稳定。

南京作为国都，始于三国东吴，为什么历史上南京设国家观象台，不始自东吴、东晋，却始自南朝的刘宋?

这是因为东吴虽然是我国历史上最早在南京设国都的朝代，但因究属草创，尚顾不到在那里设立国家观象台。

三国以后，西晋仍都洛阳，曹魏在洛阳之灵台仍可使用，无在非国都之建康(今南京)成立国家观象台之可能。

西晋末八王之乱及少数民族反晋，黄河流域大乱，司马睿在王导辅佐下在建康建东晋王朝。但政局在诸多矛盾下颇不稳定。北方少数民族亦时有南侵。那些视中原为故国的人，因中原之洛阳已有灵台，自然不屑在建康再设观象台；那些侨居江南、致力于大建侨郡县的人，也不会热心于南方设观象台。由于政局不稳、经济困难，一些真想在建康建灵台的人，则

① 本文曾刊于《东南文化》2007年第5期。

因力不从心,无法从事在建康建灵台的活动。

既然东吴和东晋都未在南京之地设置观象台,而刘宋为什么能在这里设置六朝第一个观象台(灵台)呢?这与当时中国形势发生极大的转变有关。

由于从东汉末、三国、东晋以来,中原始终在战乱破坏之中,生产日渐衰落。但经济在江南发展较快。人才也由黄河流域向长江流域转移。那时中原多为少数民放所逐鹿,而江南则华夏文化大兴。遂出现想北伐并统一华夏的趋势。刘宋的开国之主刘裕,就是其中杰出的代表人物。他是在统一全国的意愿下进行了南征北伐,这是东吴、东晋诸统治者从来没有过的壮举。刘裕建宋后,与北朝的后魏相对峙,使中华大地露出了乱而后治的局面。

刘裕在东晋末年,就已有在建康建观象台的远见。据《宋书·武帝纪》[4],在东晋义熙十二年(417年),刘裕曾"率东晋军队于九月克长安,先收取其彝器、浑仪、土圭之属,献于京师"。此处"京师"是指东晋的国都建康(今南京)。两年后,刘裕篡夺了东晋恭帝之位,并改东晋元熙二年为刘宋永初元年。可以认为他收长安的天文仪器,就是为他篡东晋帝位后决心在建康(今南京)国都设置国家观象台做准备。

南朝虽已有在国都建康设置称为"灵台"的观象台的事实,但是从史料中很难找到何时始设、设于建康何处的记载。我们只能从史料的蛛丝马迹中证明当时建康确已建有观象台。

据《隋书·天文志·浑天象》[5],刘裕的第三子宋文帝在元嘉十三年(436年)"诏太史更造浑仪,太史令钱乐之依案旧说,采效仪象,铸铜为之。五分为一度,径六尺八分少。周一丈八尺二寸六分少。地在天内不动。立黄赤两道之规、南北两极之规。布列二十八宿、北斗、极星。置日月五星于黄道上,为之杠轴,以象天运。昏明中星与天相符。梁末(约555年)置于文德殿前……元嘉十七年(440年)又作小浑天,二分为一度,径二尺二寸,周六尺六寸,安二十八宿。中外星官备足,以白、清、黄等三色珠为三家星。其日月五星悉居黄道,亦象天运,而地在天中,宋元嘉所造仪象器,开皇九年(589年)(隋)平陈后,并入长安。(隋)大业初,移于东都观象殿。"

这一段话,证明刘宋文帝时,为适应建康设观象台之需要,曾自制天文仪器。这些仪器曾在齐、梁、陈各代沿用。最后在随平陈后,收载赴长安。可见建康观象台不仅刘宋时已建,且在整个南朝都在运作。

又根据南朝官制中有观象台官员职名,也可反证当时有观象台设于建康。据《宋书·百官志》[6],知刘宋有"太史令一人,丞一人,掌三辰、时日、祥瑞、妖灾。岁终则奏新历。太史三代旧官,周世掌帮之六典,正岁年以序事,颁朔于帮国。又有冯相氏掌天文次序,保章氏掌天文(之变)。今之太史、冯相、保章三职也。汉西京曰太史令。汉东京有两丞一在灵台。又清乾隆官修《历代官职表》及道光黄本骥对此表所作简本中《钦天监表·三十一》[7]内说:"宋、齐、梁、陈有太史令、太史丞、典历、灵台丞、漏郎将。"在清光绪时,阎镇珩《六典通考·设官考·冯相氏》[8]中指出:晋、宋、齐、梁、陈太史皆有灵台丞,这里"晋"指西晋,而宋、齐、梁、陈即为南朝。这可反证南朝确有观象台之设。

根据南朝观象台部分建筑名,更可证实当时确有观象台。据《南史·陈本纪上》[9],陈文帝天嘉六年(565年)七月,"癸未有大风自西南至,广百余步,激坏灵台候楼"。我们知道在唐以前,观测天文气象的观象台称为"灵台","灵台候楼"当为观象台的观测楼,属灵台建筑的一部分。但却是南朝史书上唯一直称的观象建筑。直接肯定了南朝建有观象台。但陈代的这个灵台候楼,应是沿用刘宋灵台的遗址,它因使用年久,长期缺乏维修,所以这次才被风吹毁。

三、刘宋时期观象台是否由祖冲之所建

祖冲之(429—500年)是我国南朝著名的科学家,精于算学、机械及历法,生于刘宋,死于齐末。所以人们在考虑南朝观象台之建设时,很容易想到他。刘昭民的《中华气象学史》(1980年)就主张祖冲之是当时观象台的建造主持者。该书说:"(刘宋)元嘉十四年(437年),祖冲之在南京鸡笼山(北极阁)顶上设置司天台(观象台)",并指出此资料出自《南齐书》卷五二及《南史》卷七二。

《南齐书》卷五二及《南史》卷七二中,均有《祖冲之传》[10,11],但却并未找到祖冲之于元嘉十四年在南京鸡笼山设置观象台的记载。仅记载祖冲之有改何承天历法、造木牛流马、千里船、指南车、欹器及水碓磨等创造性工作。他"死于(齐)永元二年,卒年七十二"。由此可推算出他生于428年,相当于刘宋文帝五年,如按《中华气象学史》认为祖冲之在元嘉十四年(437年)建北极阁观象台,则建观象台之年,祖冲之年龄尚不到10岁。以小于10岁的儿童,怎么可能担任设计或营造观象台的任务呢?至于营造地点在北极阁山顶,更是上述史料所未曾提及的事。另外,在《宋书·文帝纪》及《南史·宋本纪中第二》,还有《宋书》的《律志》及《历志》、《天文志》等,均无元嘉十四年在北极阁建观象台的记载。可见刘昭民之"元嘉十四年在北极阁建观象台"的说法缺乏根据。

据《祖冲之传》[10]有"宋孝武使直华林学省,赐宅宇、车服"的记载。诚然北极阁在华林园,但"华林学省"不等于"观象台"。在华林学省值班只是当时祖冲之的荣誉官责。这与设置观象台牵不上关系。"赐宅宇、车服"是一种恩赐,也未提有关设置观象台的事。看来祖冲之与北极阁建观象台有关的事很难得到史料的证实。更何况北极阁根本未设观象台。

四、对方志去伪存真,知刘宋观象台建址台城

随文帝杨坚开皇九年(589年)正月攻建康,台城失守,陈主叔宝出降。二月隋诏"建康城邑宫室并平荡耕垦"(参见《资治通鉴·隋纪》[12])。于是出现了"台城宫殿,齐梁之废基,景阳钟动,楼阁灰飞"。及"六代豪华春去也"的景象、使后人对金陵旧迹追溯为难。而刘宋在建康设置观象台的位置,无法寻觅,只能依靠民间记忆的留存。这些民间记忆往往保留在后世金陵的地方志中。

据北宋《祥符图经》[13]"台城西有日观台,云:(刘)宋司天台也"。元张铉《至正金陵新志》[14]则记有"台城在鸾锦门西,有日观台,(据)《祥符图经》云,(刘)宋司天台也"。其后《明一统志》、《大清一统志》、《嘉庆江宁府志》、《上元县志》、民国《江苏通志》等,基本上都是这样记载的。

这些方志都把"日观台"与"台城"联系起来,认为日观台在台城。又把"日观台"等同于"司天台"。这种看法是否正确?下面将加以分析。但在分析以前,首先要指出:刘宋时观象台应称为"灵台",而不是"司天台"。因为我国古代观象台,在唐以前,习惯称为"灵台",到了唐肃宗李亨乾元元年(758年)方将"灵台"改称"司天台"。如西周、两汉、西晋等都将观象台称"灵台"。刘宋亦在唐前,当然继承晋代称观象台为灵台。证之《南史·陈本纪上》中"天嘉

六年灵台修楼为大风吹毁”的记载。更证明刘宋时观象台是称为“灵台”的。但赵宋的时代后于唐,在陈亡后台城及观象台平荡为农田后数百年。民间已想不到观象台曾称为“灵台”,而习惯于把观象台以赵宋时的惯称,呼为“司天台”。于是在北宋《祥符图经》中,就记为“台城西 有日观台,云(刘)宋司天台也”,这里的司天台,我们应体会它是指观象台。更正确地说,应改为“灵台”。在阐明这一点后,下面我们再进行分析。

1. 日观台不等于司天台(观象台)

司天台是观测天文气象的专业机构,相当于“观象台”。而“日观台”则是观赏日出奇景及帝王祭日的场所,不是专业的机构。

祭日是我国远古祭太阳神的遗迹。我曾于1984、1985年亲赴江苏连云港东磊山区考察,见到不少祭太阳神的岩刻,称为“太阳石”。祭太阳神多于日出日落时进行。祭日活动在后世向两个方向演变,一是向观测天文气象的方向演变,例如在《尚书·尧典》[15]中介绍当时天文气象时,就有春分“寅宾出日”及秋分“寅饯纳日”之说(即春分日清晨敬迎太阳出地平线,秋分日傍晚敬别太阳入地平线的祭祀仪式)。另一种是向观赏日出美景的方向演变。南朝在景阳山(鸡笼山)设景阳楼、庆云楼、灵霄殿、日观台等建筑就是例子。那时日观台是宫中帝王嫔妃和王公大臣观赏日出幻景的所在,当然也可兼用以祭日。其实泰山就有日观峰,是历来祭日及观赏日出的场所。先有日观峰之名,近世才在峰上建气象台,所以日观峰绝不是因有观象台命名的。

在南朝,祭日的两个演变方向都出现了,那时在建康既设有观象台(灵台),又设有日观台,它们各自的功能十分明确,绝不会将“日观台”看做观测天文气象的机构,也不会把“灵台”(观象台)等同于观赏日出奇景的“日观台”的。

2. 南朝的日观台不在台城而在北极阁

事实上南朝日观台建于华林园的鸡笼山(景阳山)北极阁顶上、这是有许多史料可以证明的。据《南史·宋本纪中第二》[16],刘宋文帝刘义隆“元嘉二十三年(446年),筑北堤,筑玄武湖于乐游苑(今小九华山或覆舟山一带)之北,兴景阳山于华林园”。又据南朝顾野王(519—581年)《舆地志》[17]“(华林园)吴时旧宫苑也。(东)晋孝武帝(司马曜)更筑立宫室。(刘)宋元嘉二十二年(445年)重修之,造景阳楼”。又云“(刘宋)孝武大明中(460年左右)改景阳楼为庆云楼,造琴室为连玉堂。又造灵曜前后殿、芳香堂、日观台”。据《宋书·符瑞志》[18],“(刘宋孝武)大明四年(460年)四月壬子,木连理生华林园日观台北”。而《南齐书·皇后传》[19]“宫内深隐,不闻端门鼓漏声。置钟于景阳楼上,宫人闻钟声早起装饰(打扮)”。

这一系列史料都证明南朝时,日观台在华林园的景阳山(鸡笼山)上。乐游苑及小九华山则在华林园以东,其北均为玄武湖。当时华林园应包括鸡笼山及其东麓与南麓,今南京市府及鸡笼山南的北京东路一带。

鸡笼山东麓南麓地势平坦,兼湖山之胜,当时宫苑多建于此,为后宫嫔妃所居。鸡笼山地势较高,最早迎接每天日出。山区树木苍郁,在阳光下葱葱茏茏,飞碧扬翠。自东麓南麓望去,腾彩闪辉,因而特称为“景阳山”。为了给宫苑供水,在景阳山东侧开井,名景阳井(即胭脂井)。以后宫殿建筑渐向景阳山高处扩展,越高则阳光越充足。更便于观日出。于是渐有景阳楼、庆云楼、灵曜殿等建筑。其命名无不具有延迎日出、欣赏云彩之意。高处钟声悠扬远播，可作宫中清晨计时之用，遂在景阳楼悬景阳钟。由于北极阁处于鸡笼山西侧最高处，在此筑台观日出条件比它处更好，所以就筑台以观日出，名之为“日观台”，这是很顺理成章的。刘宋在鸡笼山(景阳山)的北极阁上设日观台，从上述史料中可以证明了。

既然日观台在华林园景阳山，而我们已知南朝时台城位于覆舟山以南，其北为乐游苑，距华林园及景阳山均较远，因此日观台必不在台城。

由此可见，元张铉《至正金陵新志》所说的“台城在鸾锦门西有日观台”的话，把日观台位置定在台城是有问题的。

3. 从方志的错误语句中去伪存真，找出刘宋灵台的正确地点为台城

上举方志把日观台混同于观象台，这种混同是由于民间记忆中缺乏区分“日观台”与“观象台”功能的能力。事实上，上述的“日观台”其本意是想说“观象台”，又知道“日观台”不在台城而在景阳山。那么就可以将方志中提到的“日观台”三字更正为“观象台”，将“司天台”改正为“灵台”。这样《祥符图经》和《至正金陵新志》所引之句，可分别更正为：“台城西有观象台，云(刘)宋灵台也”及“台城在鸾锦门西有观象台，据《祥符图经》云：(刘)宋灵台也”。在研究工作中，为了去伪存真，在证明有“伪”之处时，这样做是有必要的。

经过上述去伪存真的更正后，所得的结果都明确地指出了：刘宋的观象台(灵台)是在台城。而且从《至正金陵新志》所得到的刘宋灵台地点，比《祥符图经》更为具体。可以肯定那时的灵台必设于台城西墙之上，欲到台城西墙上的灵台，需先进鸾锦门。鸾锦门当时为灵台之门，这应是可靠的。

问题是刘宋时的台城，能否证实有鸾锦门？此门在台城的哪一部位？

为此，我们利用陈文述《秣陵集》的《南朝都建康图》及《南朝都建康图考》[20]，探寻有否鸾锦门存在？

4. 鸾锦门的追索

为了追索鸾锦门，我们查《南朝都建康图》，知台城北为平昌门、南为大司马门、东西分别为东掖门和西掖门。并无鸾锦门。而在台城外的都城共有12个门，亦无鸾锦门。为探讨南朝城门的变动中有否增添鸾锦门，我们查《南朝都建康图考》，也未见有“鸾锦门”之名。

不久以前，我查了《钦定渊鉴类函》[21]，无意中在其第九册《布帛部锦三》内“鸾章”条中，发现了“鸾锦”的信息。该书前有康熙四十九年(1710年)御序，为光绪二十年(1894年)石印本。今将此条内容录于下面：

《王子年拾遗记》曰：周灵王起昆昭之台，以享群臣。张“鸾章锦文”如鸾翔。

王子年即王嘉。所谓“鸾章锦文”当系“鸾锦”的全称。

为此再查《拾遗记》[22]其中“周灵王”条云：

二十三年(公元前549年)，起昆昭之台，亦名宣昭。聚天下异木神工，得崿谷阴生之树……以此一树而(昆昭)台用足矣……台高百丈，升之以望云色。

这说明昆昭台是周灵王时的观测云色(气象)的观象台。其上曾展张有绣织着鸾纹的锦帛，酷如飞翔中的鸾凤。可是在我们参考的1951年中华书局本的《拾遗记》中，未见《渊鉴类函》中“以享群臣、张‘鸾章锦文’如鸾翔”之名。而此中华书局本所附《拾遗记佚文》中，亦未见此句。不知《渊鉴类函》中此句辑自《拾遗记》的何种版本？但可以肯定，有此句之《拾遗

记》在元张铉写的《至正金陵新志》(14世纪中叶)到清康熙四十九年(1710年)间必尚传于世,否则以上两书不可能都有"鸾锦"之内容。由于昆昭之台为观象台,而元张铉《至正金陵新志》中鸾锦门也用于刘宋观象台,可见刘宋时观象台之门采用"鸾锦"之名并不是任意的。

刘宋观象台之门之所以采用"鸾锦"之名,还由于刘宋是紧接东晋的一个朝代,《拾遗记》为晋王嘉撰,刘宋之所以采用《拾遗记》"鸾锦"两字作为其观象台门的名字,必然已参考了当时流行的《拾遗记》一书。

根据《至正金陵新志》之句,可以认为在刘宋时,在台城上建立了观象台(即灵台)。此观象台门,开在台城西墙内侧。一般的城门是城内城外间的通道,但鸾锦门却并不通城外,只能上城墙入观象台。因此它不属于城门之列,这应是我们前面遍查《南朝都建康图》及《南朝建康图考》的城门名,而找不到有称呼为"鸾锦门"的原因。

五、古台城形制及方位的粗略判断

刘宋台城位置与东吴、东晋的京都有继承关系。我国民间天文观察很早就有按星宿分布的"左青龙、右白虎、前朱雀、后玄武"的"四方四灵"说。在三国时期,这种"四灵说"已渐用于东吴建都之上。如诸葛亮称金陵有"钟山龙蟠、石城虎踞"之势。当坐北朝南时,则钟山在左,石城在右,应了左青龙右白虎之说。这"四灵"思想一直流传到今,迄今南京的东面有龙蟠路,西面有虎踞路,北有玄武湖,南有朱雀路(在太平南路南端),就是这种传统的遗意。台城是南朝金陵的城中之城,它仅是政府的办公区,但仍必符合这个规矩来建设。

根据陈文述《秣陵集·孙吴都建业图》[23],孙权赤乌十年(247年)"筑太初宫,周围五百丈。"图中有以太初宫为中心的苑城,此城北有玄武门、东有青龙门,西有白虎门,前有五门。这当为台城的前身。苑城外为都城。都城正南为宣阳门,宣阳门南五里已在秦淮河畔,为大航门(即东晋时之朱雀门)。已符合"东青龙,西白虎,南朱雀,北玄武"的四灵布置。

在东晋时,台城之北除玄武湖外,还十分强调覆舟山(小九华山)。据宋张敦颐《六朝事迹编类·山冈门》[24]"覆舟山在城北五里,北临真武湖(即玄武湖),状如覆舟,因以为名(既如覆舟,当亦如龟形,又玄武湖当时曾出现黑龙,实为蛇。而玄武本是龟蛇之联合图腾,因而在覆舟山与玄武湖方向,当时作为台城之正北)。"(刘)宋元嘉中,改覆舟山为"真武山"。东晋时的北郊坛(祭北方之坛)等皆在覆舟山。这说明台城的北墙应在覆舟山以南。作东西走向。该《编类·山冈门》又说:"鸡笼山在城(台城)西北九里,覆舟山之西二百余步。其状如鸡笼,因以为名。"这说明鸡笼山及其北极阁不在台城正北,而在台城之西北。台城之正北为覆舟山。台城之北墙应在覆舟山正南。

我国自汉迄西晋,国都都在北方。习惯在国都南门建立双阙,以表国都之雄伟。双阙处也是招贴重大布告之处。东晋司马睿在覆舟山之南建康建都时,曾想按西晋国都之例,在建康南门宣阳门外建双阙,但财力不济,不能如愿。据陈文述《秣陵集·卷二·天阙诗序》说:"在城南三十里,旧名牛首山。双峰秀起。太兴中(约320年),议立双阙。王导弗欲,陪城出宣阳门(都城南门),望牛首山两峰曰:此天阙也,岂烦改作。《建康实录注》:天宝初,改名天阙山。诗云:"双阙横天起,苍茫接石头。飞扬龙虎气,拱翊帝王州。形势齐中夏,烽烟息上游,大风云起处,犹作晋时秋。"陈文述诗中"形势齐中夏"句,即是说建康以牛首山作为京都阙门,这是根据中原(中夏)国都建设需有双阙的惯例。

但是牛首山并不在宣阳门之正南，它偏于指向雨花台或偏于东善桥与西善桥间指向铁心桥方向。这就使台城的南北中轴线及东墙和西墙都不是正南北走向，而是指向北偏东若干度。

由此可见，从东晋到南朝，台城的形状应是一个斜四边形。其南北两墙虽都为东西走向，但其东西两墙应是与南北两墙斜交而大体平行。所以台城的西北角应为大于 90°的钝角。台城的西南角，应为小于 90°的锐角。这种形状，在比较 2006 年南京城内考古发掘所得后，大体可以证实。

六、古台城在今南京位置的几种误说

由于陈亡后台城早已荡为平地，几经沧桑，古台城究竟在南京何处，已失考。历史上对此曾有不少错误猜测，今归纳于下。

1. 从唐迄明，误认为台城北墙在玄武湖南堤

这个误认的根据是唐末著名诗人韦庄(836—910 年)的《台城柳诗》："江雨霏霏江草齐，六朝如梦鸟空啼；无情最是台城柳，依旧烟笼十里堤。"意思是：台城的柳树，依旧覆笼于玄武湖的南堤上。于是后人就认为此诗意味着台城的北墙应与玄武湖南堤重合。

但这个看法显然属曲解韦诗，并不合理。因为前已指出，台城北墙应位于覆舟山以南，不可能与玄武湖南堤重合。东晋和刘宋的："北郊坛"，即在覆舟山上。那里已处于台城的北郊，是进行"郊祭"的所在。如果台城北墙与玄武湖南堤重合，那么北郊仪式就必须到玄武湖水面进行了。这里显然与北郊坛位于玄武湖南堤以南的覆舟山上相矛盾。

更且建康台城在陈亡时被毁，实在十分仓卒。如果台城墙与玄武湖南堤重合，台城被毁时，怎么能保留其上的柳树呢？所以台城之柳与玄武湖南堤之柳并不相干。韦庄《台城柳诗》只是他在玄武湖南堤散步，触景生情，联想到台城柳而已。

2. 从明代中叶到清代中叶，人们误认为台城位于鸡笼山以北

认为台城北墙位于鸡笼山以北的根据，是因人们在玄武湖南堤以南、鸡笼山以北发现了一条废城墙。推断它应是古台城的残留部分。此残墙迄今尚在。且已修理一新，它位于玄武湖解放门一带。但这个推断也成问题。因为人们发现这段残墙的城砖上刻着明初年号。它与南京其他明城砖同一规格，显然非南朝遗迹。《同治上(元)江(宁)两县志》[26]中也明确记载"鸡鸣寺后之城，乃明扩都城时所造"。

从明永乐以后，北京已代南京为实际国都。编《大明一统志》[27]的时间是在英宗天顺中(约 1461 年。)上距明初筑此废城墙已 70 余年。由于调查未周，记载时误认为此残墙为台城旧址。此后清代、民国方志，以《大明一统志》为依据，陈陈相因，照抄旧志，以讹传讹，使许多方志犯了同样的错误。

如把此段残墙视作台城北墙，则其南的鸡笼山、北极阁、鸡鸣寺及华林园就全已包括在台城之内。而据《六朝事迹编类·山冈门》的"鸡笼山"条，引《寰宇记》[28]云"(鸡笼山)在城西北九里"。说明鸡笼山实际在台城之外的西北方。这就与台城在鸡笼山北的说法相矛盾。

现在已明瞭：这一段残墙并非台城，所以南京市旅游部门已将它改称为"明城墙废址"。

3. 20世纪内,人们误认为台城北墙正好在鸡鸣寺之南

这种误认,起自清末民初诗僧苏曼殊(1884—1918年)。他在游览南京鸡鸣寺时,曾提出鸡鸣寺即在南朝同泰寺旧址上所建。按唐许嵩《建康实录》[29]"(梁武)帝创同泰寺,在宫(即建康宫苑或台城)后别开一门。名大通门。对寺之南门。"既然鸡鸣寺为同泰寺旧址,那么它与台城仅一墙之隔。鸡鸣寺之南的今北京东路附近,当然是台城北墙。在整个20世纪,人们都相信这个说法。

但是通过考古发掘,在今南京成贤街一带(它处于北京东路以南)却并未发现有台城内宫殿的遗迹。而且鸡鸣寺在鸡笼山内。据《六朝事迹编类》,鸡笼山在台城西北,则鸡鸣寺也应在台城西北,而同泰寺则在台城之北。这明明指出鸡鸣寺并不建在同泰寺的旧址上。因此在鸡鸣寺的东南方或台城北墙实际上是找错了方向。当然不可能发现台城遗迹。如果真要找台城,应向鸡鸣寺的东南方或覆舟山的南方去找。因为覆舟山位于台城的北郊。

七、考古发掘资料,得台城准确位置

21世纪初,南京考古发掘证明,台城北墙应该在今太平北路以东、珠江路以南、长江后街以北一带,且作东西走向。因同泰寺在台城北墙以北,与台城内仅一墙之隔,有大通门相通。所以同泰寺应在该区内太平北路以东的珠江路附近。而在太平北路以西的珠江路西段,无同泰寺遗址。

2003年南京市博物馆考古队在大行宫区南京图书馆新址发掘,发现其底下存在有六朝宫墙西南角的遗迹,是台城南墙与西墙的交角点。这对决定古台城位置很有价值。但大行宫地区是南京地面现代重点建筑地区,怕不久这里会出现许多新建筑,将使地下台城遗址再度破坏重新埋于地下,不易再行辨认。为保存这次很有历史价值的发掘,以便日后认知,江苏省政府按专家潘西谷、蒋赞初等人的建议,在地面建筑南京图书馆新址发掘处,铺设200平方米标志性玻璃地砖,以透显地下墙基。

考古发现,玻璃地砖下墙基为台城南墙与西墙的交接位置,南墙系东西走向,西墙则取北偏东25°走向。由此可见这里是南朝台城的西南角,它相当于今南京总统府以南的大行宫一带。这些资料可参看2006年12月10日南京的《现代快报·A3版》中的"一千五百年前南京长啥样?"一文及其附图[30]。

八、南朝观象台在今南京的位置确定

上节中介绍的21世纪初南京台城位置的考古发掘,大大启发了我撰写本文时对南朝观象台的今地址研究的思路。从各种方志得知,刘宋观象台当时应设于台城西墙,观象台之门为鸾锦门。考古发掘既已得知台城西墙走向及其北墙的大体位置,也知道台城南墙与西墙的交角今址,剩下的问题就在探究刘宋观象台是在台城西墙的哪一部位。为进行这一探究,需先研究设置观象台,对地点选择的科学要求。

由于观象台是为探测天文气象而设置的,所以必须满足观测天文气象的环境要求。就观测天文的环境要求而言,必须其四周空旷,地平线很少遮蔽,以便观测全部星空。在此要

求下，台城西墙南端应是建观象台最好的选择。因为这个地方为台城西南角（正好是今南京大行宫南京图书馆新址的玻璃地砖处）那里距蒋山（钟山）最远，距覆舟山和鸡笼山也远，与其西边的清凉山、西南的凤凰台、南边的雨花台也不近（图1）。且观象台筑于台城城墙之上，台基已高，所以登高四顾，各方天宇宽敞，目力少蔽，利于观测星象。如在台城西墙北端或中部筑观象台，因距山较近，视野遮阴较多，观测星象的条件就差得多了。

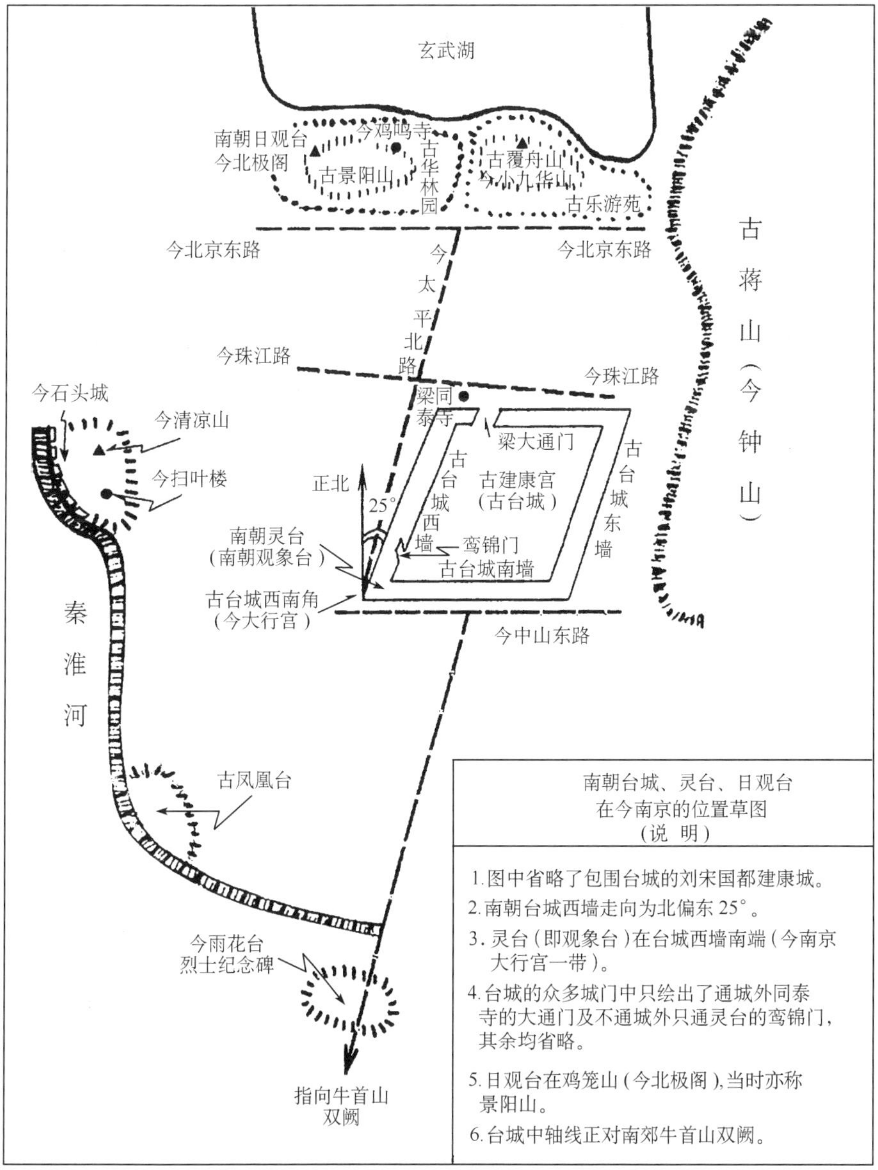

图1 南朝台城、灵台、日观台在今南京位置图

就观测气象的环境要求而言，希望观象台的台基受气流的干扰越少越好。因观象台建于台城之上，则作为台基的台城形体，对观象台观测气象参量的代表性有很大影响。总的要求是希望观象台台基孤高，力求台基城墙挡风的作用小，少破坏空气自由流动的流线，少造成不应有的乱流扰动。按照这个要求，在台城的西南角建观象台较好。因为在其他位置，如

台城西墙北端建观象台,那里是它与台城北墙组合点,该组合角是指向西北方的115°的钝角。如在西墙中部建观象台,那里基墙横展成180°的墙脊。这两处的墙体,对大气流线的影响都很厉害,易产生乱流,影响所测气象参量的代表性,使来自城外自然空间的空气特性受到较大干扰。但如在台城西南角建观象台,由于该处墙角仅为65°的锐角,从城外吹来的低空大气流线,很少受到干扰。所以测得的气象要素其代表性就较取自台城西墙北端及中部更优。

再就建设观象台用地来说,在台城西南角也比较经济,即建同样规模的观象台,由于西南角是一个锐角,用地较为紧凑。此外,台城西南角正好是建康的北玄武(玄武湖)与南朱雀(秦淮河畔朱雀门)之中点,又为政府办公区与居民区(京城)之交界点,易为当时选择观象台地点所首选。

本文所附《南朝台城、灵台、日观台在今南京位置图》(即图1)已显示台城西南角位置,并表示台城西墙走向是北偏东约25°。台城北墙通同泰寺的大通门及台城西墙通城上灵台(观象台)的鸾锦们都有所标示。景阳山(鸡笼山)北极阁的日观台位置也可在此图中找出。至于台城与鸡笼山及覆舟山的相对位置,以及台城中轴与牛首山双阙的方位关系,都可以从图中清楚理解。图中还可以看出,灵台之所以选址于台城西南角,是由于它距蒋山、覆舟山、景阳山、清凉山、凤凰台、雨花台都较远,所以的确是观测天象、气象的好地点。

但是刘宋选台城西城南端作为观象台(灵台)台址的考虑与汉魏时将洛阳上西门城墙作为观象地点的考虑是一脉相承的。因为汉魏时的洛阳故城位于今洛阳城东北白马寺之东北方,已近黄河南岸。所以汉魏洛阳古城之上西门应位于当时洛阳西城墙之偏北端。那里以西城墙为台基,地势已高且位置已濒临黄河边,四望视野空旷,有利于保证无遮拦地正确观测天象与气象。汉魏时为保证观象工作而选上西门城墙上作为观象地点,刘宋自然也会基于同样的理由将观象台地址选于台城西墙的南端。

九、观象台址选台城、不选北极阁的原因分析

前面已考据出南京北极阁为刘宋时建康鸡笼山(景阳山)日观台之旧址。那是当时观赏日出奇景之处,不属于观象台性质。历史上金陵的方志都指出刘宋时司天台(即观象台)位于台城,没有一个方志认为那时的观象台在北极阁的。但在今日,我们似乎认为在北极阁建观象台较为合适,为什么刘宋时建观象台不选北极阁而却选择台城呢?

这与古代观象台的性质及当时的社会条件有关,也与历史传统有关。我国自西周以来,国都大多建于平原(如西周国都在丰京,西汉国都在长安,东汉、西晋国都在洛阳)。古代国都的建筑,除一些高大宫殿外,一般高度不高,在城墙上筑台观测天文气象,台面就必然高于周围的建筑物。如果观象台建于城郊,那里多为田野,更少高的建筑,在高台上进行天文气象观测 ,更少掩蔽星空及阻挡低空气流的地物,没有必要远到高山上建台。这样安置笨重仪器设备,安排专职人员观测,及将天文气象观测情况向政府提供咨询,就方便得多。

把观象台建于城墙上,更是一个传统。这个传统起始于东汉。据东汉应劭《风俗通义·叶令祠》[31],其中记有"国家(指东汉)畏天之威、思求谴告。故于上西门城上候望。近太史寺,令丞躬亲。灵台位国之阳,别安在宫中,惧有得失,故参之也。"这是说:正式的灵台设于首都洛阳南门外。另在上西门城上,也设立灵台的分出单位,进行观测。由太史寺的官员负

责。还在宫中设有更简单的观测点。设了这三种观象点，是为了进行比较、互相验证观测结果。

按：洛阳城有 12 个城门。每方城墙各有 3 个门。西城墙靠北的 1 个门叫“上西门”。《风俗通义》所说的城墙上的观象台点，就在“上西门”。

洛阳上西门的观象点，在西晋时仍在使用。这可参看西晋张华（232—300 年）的《相风赋序》[32]。序中说：“太史候部，有相风在西城上。无羽毛之饰，而丹漆不为之容。”

北魏扬衒之《洛阳伽蓝记序》[33]中也说：“阊阖门。汉曰上西门。上有铜璇玑玉衡，以齐七政”。相风是气象仪器，璇玑玉衡是天文仪器，可见在西晋，洛阳上西门，既安有气象仪器，又安有天文仪器。这说明到了晋代，观象台的主要地点已移到了洛阳上西门城墙上了。刘宋的观象台建在台城的西墙上，上西门是洛阳的西城墙，上面也有观象台。这不得不让人想到刘宋所以选台城西墙为观象台台址，是参考了晋代的体制，才使刘宋不在北极阁山上建观象台，而在台城上建观象台。既已在台城西墙建立了观象台，自然没有必要再在北极阁山上重复建观象台。北极阁既在景阳山，很宜于欣赏日出。所以就建“日观台”。

北极阁日观台，虽然不是观象台，但由于民间在南朝灭亡后对日观台与观象台的性质不同并不了解。长期以来，将日观台误为观象台，在方志记录中以讹传讹，北宋《祥符图经》及元代《至正金陵新志》中都有这个问题。久而久之，在群众中印象深了。明代之所以真的在北极阁造观象台，未始不是受这个错误印象的启发而触发。这个触发就使明代成为以北极阁为观象台的历史权舆。

十、台城观象台为江南最早的较有规模的国家观象台

台湾 1980 年出版的《中华气象学史》[34]曾认定刘宋在今南京北极阁所建的观象台，是世界上最早的观象台。

但是本文已证明了刘宋时，今南京北极阁仅建有“日观台”，并未建过观象台。日观台并不具有观象台的性质和功能。只是一个欣赏朝阳初升奇景的所在。既然当时北极阁未建有观象台，何来世界最早?!

刘宋在北极阁虽未建观象台，但确曾在当时台城西南角建有称为灵台的观象台。它是否可称为世界最早的观象台呢？我们认为台城上的灵台也不能称为世界最早。因为在建此灵台以前，我国早在北方就建有称为灵台的观象台建筑了。

据《毛诗正义·大雅·灵台序》[35]，早在西周之初，文王在民众拥护下受命为王时，营建灵台。《郑玄笺》说：“天子有灵台者，所以观祲象；察气之妖祥也。文王受命而作邑于丰，立灵台。”《孔颖达疏》说：“四方而高曰台。以天象在上，须登台望之。故作台以观天也。”这些都说明我国约在公元前 11 世纪，周文王已建灵台（观象台）于丰京（今西安西南沣河以西，它是西周的政治文化中心。周文王灵台遗址，在唐初尚存于此）以观天象。约在 5 世纪，南朝刘宋在建康台城所造的观象台，已晚于西周丰京灵台约十五六个世纪。就连周文王的灵台，在考古发掘不断有新发现的今日，我们也不敢称它为世界最早。而刘宋的灵台，明明是继承汉晋在长安及洛阳的灵台而建，怎么能称它为世界最早的观象台呢？

进一步分析，把刘宋观象台夸为世界最早，虽然是想提升中国始建观象台的时间和声誉，但客观上却掩盖了中国在刘宋以前（如西周、汉、晋）就已建有观象台（灵台）的事实，推后

了中国始建有观象台之年份至少十五六个世纪。可见历史研究,必须强调实事求是。虽然刘宋的灵台并非世界最早的观象台,但从实事求是看来,它不失为我国最早的较有规模的江南国家观象台,下面就分析这个问题。

刘宋及之前以江南为国都的,仅为春秋的吴、三国的孙吴、东晋和刘宋。但是春秋的吴,三国的孙吴和东晋,都没有在国都设观象台的史料。所以我们只要比较春秋末期的越国会稽与刘宋的建康的观象台就可以了。

据《越绝书·越绝外传记地传》[36],提到“山阴城”。山阴者位于会稽山之北(阴)故名。它在今浙江绍兴。古代山阴有两个城。小的一个称“勾践小城”。周围仅二里,二百二十三步。在勾践小城外包围一个山阴大城,周二十里七十步,为范蠡所筑。大城不筑北墙。这种大城套小城的结构,与刘宋的建康城,外为京城。内为台城,有相似的形式。《越绝书》此段又说:“龟山者,勾践起(怪)游台也。东南司马门。因以熠龟。又仰望天气,观天怪也。高四十六丈五尺二寸,周五百三十二步……勾践之出入(山阴城)也……去从北郭门;熠龟龟山……”又说龟山“一名怪山。怪山者,往古一夜自来,民怪之,故谓怪山。”这是说:“龟山”原名“怪山”。勾践为了要以熠龟卜吉凶,就把怪山改为龟山。并在其上筑“游台”。在龟山之东南为山阴城的司马门。勾践出山阴北郭门,可到龟山。在那里用火熠炙龟壳。看其裂纹,来判断事之凶吉。他还在龟山上观望云色天气。所以可以认为,这山阴城北郊的龟山游台,由于可望天气,已具有“灵台”性质。

但是把勾践越国山阴的龟山与刘宋建康的台城观象台(灵台)相比。其原始性显然非常突出。一是刘宋建康台城的灵台,其仪器设备较为齐全,而越国山阴龟山,并无观测仪器。仅有龟壳及火熠设备。虽也望天气,仅凭人目。二是刘宋灵台的观测,安排了专职人员。如灵台丞等。龟山则只由勾践本人进行(可能伴有随从人员)。三是刘宋称此观象台为“灵台”,而勾践则称为“游台”。山亦称“龟山”。说明此“游台”并非专为观天象而设。而龟山却专为龟卜而命名。所以越国国都山阴之龟山虽说粗有观天气之意义,但原始性较强,不能称已具有规模的、较成熟的国家气象台。而刘宋建康台城的灵台,由于仪器设备及观测人员等已在北方前代灵台的发展基础上具有一定的规模。所以丝毫不含糊地可称中国江南最早的已具规模的国家观象台。

十一、结论

1. 对南朝刘宋时期南京建观象台(灵台)的问题,通过对方志去伪存真的解读,肯定了刘宋时鸡笼山北极阁的日观台,系观日出奇景而建,不属观象台性质。只有建于台城西墙的灵台,才是当时的观象台。这种观象台之所以建在城墙上,是基于承袭东汉、曹魏、西晋的观象台设置位置的传统,并不是刘宋的独创。

2. 从元代方志中确定刘宋在建康的观象台(灵台),不仅建于台城西墙,而且进入观象台之门称为“鸾锦门”。有史料证明:“鸾锦”原是形容周灵王时所建用以观云色(即气象)的昆昭台上布置的饰物,所以也具有标志观象台的意义。这个门应位于台城西墙内面,它并不与城外相通,只是仅能进入灵台的大门。

3. 本文受到了南京考古发掘成果的启发,在考虑了观象台观测天象、气象的要求的基础上,判定了刘宋观象台最有利的建设条件,出现于台城的西南角。此处正是南京在21世纪初考古发掘标有玻璃地砖的大行宫地区。即南京图书馆新址处。这就印证了本文的考据。笔者对位于北极阁的日观台及位于台城西南角的观象台(灵台)的自然环境及相对于现代位置的研究结果,绘成图 1,从而更清晰地明确了南朝国家观象台(灵台)在南京的确切地点。

4. 建议在本文研究的基础上,希望政府部门在南京大行宫南京图书馆新址的玻璃地砖处,除标明此为南朝台城之西南角外,还应树一碑记,说明“此处为刘宋时代,根据东汉、曹魏、西晋等前朝设观象台于都城西墙上之传统,在当时台城西南角西墙上所设之国家观象台(灵台)的原址。据元张铉《至正金陵新志》,灵台大门位于西墙内侧,曰鸾锦门”。它是江南最早的具有相当规模的国家观象台,一直矗立于整个南朝时代(420—589 年)的台城上。它是南京现代城市中最能反映我国古科技史,尤其是气象史、天文史发展的一处有重要纪念意义的观象台遗址。

参考文献

[1] 胡焕庸. 钦天山观象台故址重建气象台记[C]//中国气象史研究文集. 1929. 北京:气象出版社,2003.
[2] 刘昭民. 中华气象学史[M]. 台北:商务印书馆,1980.
[3] 王鹏飞. 南京北极阁观象台探源[M]//王鹏飞气象史文选. 北京:气象出版社,2001.
[4] 沈约(梁). 宋书·武帝纪中[M]//二十五史. 上海:上海古籍出版社,1986.
[5] 长孙无忌(唐). 隋书·天文志·浑天象[M]//二十五史. 上海:上海古籍出版社,1986.
[6] 沈约(梁). 宋书·百官志[M]//二十五史. 上海:上海古籍出版社,1986.
[7] 黄本骥(清). 历代职官表(简本)·钦天监表·表三十一[M]. 上海:上海古籍出版社,1980.
[8] 阎镇珩(清). 六典通考·设官考·冯相氏[M]. 扬州:广陵古籍出版社,1980 年.
[9] 李延寿(唐). 南史·陈本纪上[M]//二十五史. 上海:上海古籍出版社,1986.
[10] 萧子显(梁). 南齐书·祖冲之传(卷五二)[M]//二十五史. 上海:上海古籍出版社,1986.
[11] 李延寿(唐). 南史·祖冲之传(卷七二)[M]//二十五史. 上海:上海古籍出版社,1986.
[12] 司马光(宋). 资治通鉴·隋纪一[M].上海:上海古籍出版社,1987.
[13] 李宗谔(宋). 祥符州县图经. 全 1566 卷,目录二卷,1010 年(北宋大中祥符三年)修成。大中祥符六年(1013 年)续成。可惜原书已亡佚,但后有许多方志转引此书之有关内容.
[14] 张铉(元). 至正金陵新志[M]. 雕本印行.
[15] 孔颖达(唐). 尚书正义·尧典[M]//十三经注疏. 影印. 北京:中华书局,1979.
[16] 李延寿(唐). 南史·宋本纪中第二[M]//二十五史.上海:上海古籍出版社,1986.
[17] 顾野王(梁). 舆地志[M]. //王仁俊(清),辑. 玉函山房辑佚书补编.
[18] 沈约(梁). 宋书·符瑞志[M]//二十一史. 上海:上海古籍出版社,1986.
[19] 萧子显(梁). 南齐书·皇后传[M]//二十五史. 上海:上海古籍出版社,1986.
[20] 陈文述(清). 秣陵集·南朝都建康图考[M]. 重刊. 淮南书局,1884(光绪十年)[有 1819 年(嘉庆已卯)八月作者自序].
[21] 张英(清),王士祯(清),等. 布帛部·锦三[M]//钦定渊鉴类函(第九册). [有 1710 年(康熙四十九年)御序],石印. 上海点石斋. 1894(光绪二十二年).
[22] 王嘉(晋),撰. 萧绮(梁)录,齐治平,校注. 拾遗记[M]. 北京:中华书局,1981.
[23] 陈文述(清). 秣陵集·孙吴都建业图[M]. 重刊. 淮南书局,1884(光绪十年). [有 1819 年(嘉庆已卯)8 月作者自序].

[24] 张敦颐(宋)著. 王进珊,校点. 六朝事迹编类·山冈门[M].. 南京:南京出版社,1989.
[25] 陈文述(清). 秣陵集·卷二:天阙诗[M].重刊. 淮南书局,[有 1819 年(嘉庆已卯)8 月作者自序].
[26] 莫祥芝(清),等,修. 汪士铎,等,纂. 同治上(元)江(宁)两县志[M].[1874 年(同治十三年)刻本,共三十卷,第二十七卷有"六朝宫城以下诸图",可以参考].
[27] 李贤,等,奉敕修撰. 大明一统志. 成书于 1461 年(天顺五年).
[28] 乐史(北宋),撰. 太平寰宇记[M].[始纂于(979 年(太平兴国四年),故名。原书共二百卷,已佚失二卷半,此引自六朝事迹编类]. 南京:南京出版社,1989.
[29] 许嵩(唐). 建康实录·梁帝纪上·高祖武皇帝[M]. 上海:上海古籍出版社,1987.
[30] 胡玉梅. 1500 年前南京长啥样?[N]. 现代快报,2006-12-10(A3).
[31] 应劭(东汉),撰. 吴树平,校释. 风俗通义[M]. 天津:天津人民出版社,1980.
[32] 张华(西晋). 仪饰部·相风五·相风赋序[M]//钦定渊鉴类函.[有 1710 年(康熙四十九年)御序]. 石印. 上海点石斋,1894 年(光绪二十年).
[33] 扬衒之(北魏). 张宗祥,等,校. 洛阳伽蓝纪[M]. 石印本. 商务印书馆,1930.
[35] 毛亨传(汉),郑率,笺(汉),孔颖达(唐),疏. 毛诗正义[M]//十三经注疏. 影印. 中华书局,1979.
[36] 袁康(东汉),关平(东汉). 樊祖谋,校点. 越绝书[M]. 上海:上海古籍出版社,1985.

梅岭情深

王鹏飞

(一)忆梅岭,漫步清水溪。
伏泉汩汩践磴出,秧针熠熠晕波细,
春绿堤边泥。
(二)忆梅岭,窗明几又澄。
露晨插花香盈室,庭柯扑蜂嗡有声,
夜灯笑语温。
(三)忆梅岭,花树排亭亭。
桃胶明澗彩蝴蝶,露水遍湿纤草坪,
当年逡巡频。
(四)忆梅岭,最爱小堰塘。
修木四围沉碧影,寒潭一泓贮秋光,
万壑松风爽。
(五)忆梅岭,尔时正年少。
负笈敢忘家国恨?论志各陈济世韬,
双松夹月高。

(摘自《天风海涛集》)

元代是否在集庆(今南京)建观象台考

元代统治者在今北京建国家观象台,但未在今南京建观象台。可是自1929年气象研究所在南京北极阁建成以后,人们盛传元代统治者曾在北极阁建过国家观象台。这是因为该气象研究所出版的《钦天山气象台落成纪念刊》上,登载了胡焕庸撰《钦天山观象台故址重建气象台记》[1]一文,就宣扬这一观点。

“钦天山”为南京北极阁所在的山名,该山形如鸡笼,古称“鸡笼山”。后因山中设鸡鸣寺,故也称“鸡鸣山”。明洪武年间,在山顶建国家天文台,就把山名改称“钦天山”。民国时期,气象研究所建设前,山顶原有道观称“北极阁”,这是因为此山之北为玄武湖。“玄武”取自道家“北极玄武大帝”之名。“阁”指临高的建筑,北极阁之名即由此而得。此道观因建气象研究所而被拆除,但山名却因此称“北极阁”。

胡焕庸为我国著名地理学家。早年毕业于南京高等师范学校文史地部,师从竺可桢,1926—1928年留学法国巴黎大学。1928年奉竺可桢之名到西欧参观气象台,并为气象研究所购置气象仪器,回南京协助竺可桢筹建气象研究所及钦天山气象台。竺可桢为证明该气象台地址在历史上有较长渊源,委胡焕庸查找历史资料。胡焕庸在查找中发现北极阁建观象台前有明代洪武十八年外,刘宋及元代也曾建台。遂将考查结果写成上述《钦天山观象台故址重建气象台记》。经竺可桢过目后,就在《钦天山气象台落成纪念刊》上刊出,以广宣传。于是此文献在后人探究北极阁观象台建筑历史时,常被引用。

例如台湾学者刘昭民,在其《中华气象学史》[2](1980年)中,根据胡焕庸文,既强调刘宋在元嘉十四年(437年)在今南京北极阁建观象台,又强调元代在元顺帝至正元年(1391年)曾在南京鸡笼山建观象台,台中使用仪器为郭守敬所造。又如1990年科学出版社出版的《竺可桢传》[3]第三章,根据胡焕庸文,认为在南京北极阁,早在南北朝的刘宋年间,钦天山就设有司天台。元、明两代也曾在这里设观象台。

关于刘宋时期在南京北极阁曾建有国家观象台的问题,我已于2007年在《东南文化》第6期中《南朝观象台在今南京大行宫考》一文,予以澄清,指出刘宋时,北极阁上,仅有观日出奇景的“日观台”,并未建观象台。当时观象台是建在台城西南角上,相当于今大行宫南京图书馆新址上,请参阅该文。本文不再重复。

本文专门探讨元代是否在集庆(今南京)建观象台的问题。

一、元代建国家观象台的基本情况

根据《元史》[5]所介绍的元代建国家观象台的基本情况,有利于鉴别《钦天山观象台故址重建气象台记》、《嘉庆江宁府志》、《中华气象学史》等所述情况的正确与否。今据《元史》所述,简介如下:

1. 蒙古对天文台的建设,十分重视。早在元太宗窝阔台五年(1233年)已在燕京修浑仪,并与1237年,在燕京建司天台。

2. 元世祖忽必烈至元八年(1271年)改蒙古国号为“大元”。并在大都(今北京)建“回回司天监”。监中仪器为至元四年(1267年)令扎马剌丁仿蒙古属国伊尔汗国在忽必烈中统元年(1260年)在波斯马拉格所建天文台内仪器,复制而成。该年还将1233年所建的司天台(即汉儿司天台)与回回司天台同归秘书监统辖。

3. 元世祖忽必烈至元十六年(1279年)。郭守敬制天文仪器,如简仪、仰仪、高表、候极仪、景符等,充实大都(即北京)司天台。该年郭守敬建议在全国设27个测景所。测量各该地天北极出地度数。

4. 元仁宗皇庆元年(1312年),将大都(今北京)的司天台升为司天监,以后在整个元代,司天监均在北京。

5.《元史》中,并无在至正元年在集庆(今南京)鸡笼山(即北极阁)建国家观象台的记载。有关元代观象台的情况,请参看《王鹏飞气象史文选》中“中国历代国家气象机构考”内的有关元代(1271—1368)的部分。

二、评论《钦天山观象台故址重建气象台记》中元代曾在今南京建气象台的内容

该《记》中说:

“元时观象台有太史郭守敬所制诸器。全国测景之所,南京而外,复有二十六处,其详见《元史》。《元史·天文志》中,仅列南京北极阁出地度数,而于南京观象台反缺而不书,后之考证者,莫悉其详。”

这一段话,有两点错误:一是把郭守敬所设立的“测景所”误会为观象台,二是把郭守敬测景所中的“南京”,误会为即今之南京,今分别说明如下:

1.“观象台”与“测景所”的不同点:

(1)观象台是长期设置于一地,为观测天文气象而设置,测景所则主要测量一地的天北极出地度数(即当地纬度)。测景所并没有观测天文气象的任务。要求测景所观测天文气象,是不符合测景所设置的宗旨的。《元史·天文志》中只介绍测景所的天北极出地度数,而不介绍观象台情况,是得体的。如介绍观象情况,反而有违测景所的任务。

(2)测景所任务简单,只是短期任务,任务完成,即在当地天北极出地度数(即该地纬度)测出后,即可撤销。由于不同地点,其天北极出地度数不一。同一时间可以设许多测景所,例如郭守敬设立了27个所。但观象台往往一个朝代只设一个,习惯只设于国都,而不允许设于别处。多在国初设置,由国主建设。设后若国都不变,则在整个朝代观象台地点不变。若国家灭亡,则战胜国往往收罗其设备,或封存、或迁移到战胜国国都。

我们可以从图1来证明测景所测得的天北极出地度数,即等于当地纬度,并由此显示测景所的任务。

图1中的圆为地球南北向通过地心O的剖面,A为地表所设测景所处,Z为A处天顶,N为地北极,S为地南极,DOE为过地心且垂直于NS的赤道直径,TAT'为过A的地平线,具南北向,P'为北极星,P为天北极,AP为A处看天北极P的视线,F为A处距地赤道的纬度,F'为A处观测天北极P的出现度数。由于ZA与ZO重合,$PA/\!/NO$,$G'=G$(同位

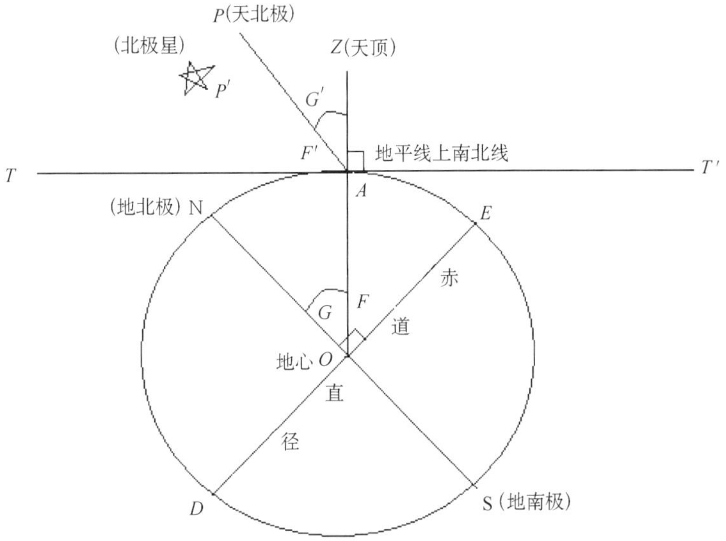

图 1　A 点的北极出地度数等于 A 点的纬度

角)，故在直角 ZAT 与 NOE 中，分别减去 G 和 G' 角，所余的 F 角与 F' 角必相等。这就证明了北极出地度数 F' 等于当地的纬度。

2. 元代南京测景所并不设于今南京

我国历史上一般每一朝代只有一个国都，称为“京都”，或叫“首都”。但有些朝代，为了开拓国力或国土受侵等各种原因，可设几个国都，分别以相互之方位区别之。如周代原以丰镐为国都，成王时，以洛阳处于天下之中，便于各国朝觐，曾以此为东都。汉代及唐代，都曾以长安为西京，洛阳为东京。唐在安史之乱，国君幸蜀，将成都称为南京。宋代以开封府为东京，洛阳为西京，商丘为南京，大名府为北京。辽代以临璜府(今内蒙古巴林左旗东南波罗城)为上京，辽阳(在今辽宁)为东京，以幽州(今北京)为南京，内蒙古宁城西南大明城为中京，今大同市为西京。金代以燕京(今北京)为中都，以汴京(开封)为南京，以辽阳为东京，以大同府为西京。元代以今北京为中都，以开封为南京。明代开国时，本来想以汴梁(开封)为京都，故以金陵为国都时，称为南京。永乐后，以燕京为北京。可见历来不同朝代均各有不同的南京。这些南京并不是指相同的地点，如辽、金、元等为北方民族统治时期，他们不惯于南方之炎热，其南京多在较北纬度。如辽以幽州(今北京)为南京，金以开封为南京，元亦然。但宋代则以商丘为南京，明代则以金陵为南京，其纬度均低于辽、金、元代之南京。

元代时，金陵并不列于京城之列。那时称金陵为“集庆”，并不称之为“南京”，而当时的南京实指“开封”而非“集庆”。可见《钦天山气象台落成纪念刊》中，将郭守敬在元代 27 个测景所中“南京”一地，认为即今南京北极阁，这是一种错误。

在《元史・天文志》中，列出了郭守敬 27 个测景所的地名及在该测景所测得的北极出地度数。我们参考了《元史・地理志》，谭其骧主编的《简明中国历史地图集》[6] 的《元时期全图(一)(二)》，作出“元代 27 个测景所纬度及相应现在地点表”，请看表 1。

表1　元代27个测景所纬度及其相应的现在地点

(资料来源:《元史·天文志》)

测景所(地名)	郭守敬测出的北极出地度数(纬度)	测景所相应的现在地点
南海	15°	根据纬度约在南海中沙群岛
琼州	19°++	约在今海南省琼海一带
雷州	20°++	约在今雷州半岛南部
衡岳	25°	约在今湖南衡山一带
吉州	26.5°	约在今江西吉安一带
鄂州	31.5°	约在今湖北沿长江武汉一带
成都	31.5°	约在今四川成都一带
扬州	33°	约在今江苏金湖、兴化一带
兴元	33.5°	约在今陕西汉中地区
河南阳城	37°−	约在今河南登封告成
南京	34°++	约在今河南开封一带
安西	34.5°+	约在今陕西东部之地
岳台	35°	约在今河南开封浚仪
东平	35°++	约在今山东东平一带
大名	36°	约在河北南部大名一带
益都	37°−	约在今山东益都、寿光一带
高丽	38°−	约在今朝鲜开城及韩国首尔一带
登州	38°−	约在今山东蓬莱一带
太原	38°−	约在今山西太原一带
西京	40°−	约在今山西大同一带
大都	40°	约在今北京一带
西凉州	40°+	约在今甘肃武威一带
北京	42°+	为辽中京大定府,约在今内蒙古赤峰一带
上都	43°−	在今内蒙古滦河上游的正蓝旗一带
和林	45°	约在蒙古乌兰巴托西南的哈拉和林
铁勒	55°	约在今贝加尔湖西北、勒拿河、安加拉河之间
北海	65°	约在北西伯利亚平原

在《元史·天文志》中,曾概括27个测景所的分布说:

“东极高丽,西至滇池,南踰朱崖,北尽铁勒。”

把这四句话与表1中的各地相比较,可以看出:“东极高丽”大体符合。“南踰朱崖(琼山)”,这“踰”字用得好。但事实上南海这个测景所纬度为北纬15°,约在今中沙群岛南端。“北尽铁勒”,似乎还要北些。因为铁勒以北,尚有北海这一测景所,其位置虽尚不到北冰洋边。但却已是北西伯利亚北部一带。至于“西至滇池”似尚不足。因27个测景所中并无滇池。但西凉州在武威一带,经度为105°左右。而滇池的经度约近103°,所以武威的经度与滇池相差并不很多。

从表1的第一栏,可以看出:元代这27个测景所,称京都的有“上都、大都、北京、西京、南京”五处,其相应的现在位置是这样的:

“上都”在内蒙古滦河上游的正蓝旗一带;“大都”在今北京;“北京”在今内蒙古赤峰一带;“西京”在今山西大同一带;“南京”则在今河南开封一带,今南京在元代称为“集庆”,不在27个测景所之列。

又27个测景所中有扬州。今扬州接近今南京,是否包含今南京呢?我们从表1中看到元代扬州的纬度为33°,约在今江苏的金湖、兴化一带。这个测景点在今扬州之北。而今南京今扬州之南,可见27个测景所的扬州,不可能包括今南京。

又根据表1郭守敬所测的“南京”纬度为大于北纬34°,这正是今开封的纬度,而今南京的纬度为北纬32°左右,也证明,元代郭守敬27个测景所中的南京,绝非今南京。

这就证明了胡焕庸《记》中,将郭守敬之时所设的27个测景所中“南京”这一所,认为即为今南京,是完全错误的。因为元代的南京是指今开封,而不是今南京。

三、评胡焕庸用《嘉庆江宁府志》来证明元至正元年在今南京曾建观象台

《嘉庆江宁府志》属地方志,其内容疏于参考正史,多集一些当地传闻作为内容,编辑态度严肃性不够。例如:其中就记有下面的话:

“(江宁)观象台为元至正元年建,明改为钦天山观象台”。

这几句话包含了两个信息。一是指出元代在江宁(今南京)建立观象台,建立的年份是至正元年。二是明代钦天山观象台是由元至正元年所建的观象台改成的。这两个信息都不正确。而胡焕庸认为元代在今南京建有观象台,其资料即源于此。

为推究元代在今南京有否建观象台,我们可查《元史》及《明通鉴》。查《元史》是为考查元代统治者有否在至正年间,在今南京建过观象台。查《明通鉴》是为考查在元末至正年间,因集庆(即今南京)为朱元璋所占,改称应天府后,有否在应天府建过观象台。

今分别介绍于下:

(1)在《元史》中我们并未找到元顺帝曾在我国南方集庆建过观象台的史料,却查到忽必烈在至元八年曾在大都(即今北京)建过观象台。

我国历史上有一个惯例,即观象台都建在国都,且全国一般只建一个。元代既在北京已建有观象台,则在其他地方就不会再建观象台,集庆(今南京)在元代根本不是国都,就没有理由在那里建设观象台。因为正史资料与历代建观象台的惯例完全吻合。元顺帝是元代末代皇帝,至正是元顺帝在位的最后一个年号。当时元代国势已弱,时局不宁,集庆(今南京)处于南方,正是朱元璋起义,最不稳定的地区,元代统治者不可能在这些不稳定地区再建观象台。

(2)在《明通鉴》(清夏燮编,上海古籍出版社,1992)中,得知:

1. 朱元璋于元正十六年(1356年)三月攻占集庆(今南京),并改集庆路为应天府,这说明他那时有想把该地当作国都的想法,但那时战事紧张,是否能最后统一全国尚在未知之数,谈不到和平建设,尚不可能想到要在应天府建观象台,而且那时已是胡焕庸说南京建观象台的元至正元年后十五年了。

2. 元至正二十五年(1365年)七月朱元璋任刘基(伯温)为太史监的太史令,这时的太史

监只是一个行政机构,并非观象台。到了元至正二十六年(1366 年),朱元璋令刘基在应天府卜地以扩大城区,并建新宫,这些宫殿当然并不包括观象台。

3. 元至正二十七年(1367 年),太史令因干旱,请求加强加速清理狱情,以减民冤。朱元璋就命令刘基处理冤狱,大力平反,并下诏罪己不久果然下了雨。但这种罪己求天解救旱灾之法,为历代惯例,并不牵涉建观象台之事,该年十月,改太史监为太史院,以太史令刘基为院使,这也并不与建观象台有关。

该年十一月冬至,太史院进呈戊申岁(即次年)新历(大统历),朱元璋认为该年冬至颁布次年新历。虽比往年为早,但为不违农事,希望以后颁历,能早到十月朔为宜,但此时仍未提及要建观象台。

4. 元至正二十八年(1368 年),即洪武元年,朱元璋登基为明代开国皇帝,由于经济等各种条件未备,仍未建观象台,直到洪武十八年冬十月,方诏筑观象台于鸡笼山,并改鸡笼山为钦天山。

根据上引的《明通鉴》史料,知在元至正年间,朱元璋虽已占领集庆(今南京),并改称应天府,却始终未在该地建观象台。

既然如此,那么《嘉庆江宁府志》所记(江宁)观象台在元至正元年建的话,与事实不符。又既然在元至正年间,江宁(今南京)未建过观象台,那么《嘉庆江宁府志》所记"明改(元至正元年观象台)为钦天山观象台"的"改"字也与事实不符。事实上明洪武十八年(1385 年)在金陵(今南京)鸡笼山(即钦天山)所建的观象台,实为我国在今南京北极阁上首次建立的国家观象台,与元代无关。在明代以前,今南京北极阁从未建过观象台。

四、既然元至正元年,在江宁并未建过观象台,为什么《嘉庆江宁府志》还会误记为"(江宁)观象台为元至正元年建,明改为钦天山观象台"呢?

要回答这个问题,仍应参看记录元代历史的史书。

1. 元顺帝在即位以后,因自己源出旁系,指挥国事不顺,为获得公认,于元统三年(1335年)想借用忽必烈的威信以自重。托言太史上言,星文示警,下诏书说:"惟世祖皇帝(即忽必烈)在位久长,天人协和,诸福咸至。祖述之志,良切朕怀。今特改元统三年仍为至元元年(至元年号,忽必烈于 1264 年到 1294 年已用过)……永绥景祚"。到了至元七年(1341 年),元顺帝认为自己的威信已立,就以尊自己出身父母为理由,选择自认为可靠的左右丞相的基础下,又发诏书,改至元七年为至正元年。

2. 清《嘉庆江宁府志》是在 18 世纪末到 19 世纪初所辑。这对上距忽必烈建观象台之至元八年(1271 年),元顺帝至正元年(1341 年)及明朱元璋在钦天山建观象台之洪武十八年(1385 年)均约四、五百年之久。对这些历史事实,群众都因历时已久,印象模糊,所以把忽必烈至元八年建北京观象台之事,与元顺帝至元七年改年号为至正元年事相混淆。又把朱元璋元至正十六年占领集庆,更名应天城,及至正二十五年在应天府立太史监,设太史令之事误会为设观象台。而《嘉庆江宁府志》的编撰者,疏于参考正史,仅依靠当地群众之传闻,把历史之真实过程,组成张冠李戴的压缩饼干,记为史实。误书为元代至正元年已建观象台于江宁。(这种误记,也可能有江宁人借此以表该地在元代已很重要的历史愿望)。既然已把江宁建观象台之历史误记到元代,则不得不将明代洪武十八年在金陵钦天山创建观象台之事，改为由元代至正元年所建观象台之改称。正所谓“将错就错，一错百错”了。

也正由于《嘉庆江宁府志》的草率不负责任的记录，所以才使正在南京企图找到北极阁建观象台有很久远历史的胡焕庸看到此《府志》有近水楼台先得“月”之感。强调了在元至正元年，北极阁已建有观象台。

五、评《中华气象学史》中有关元代在鸡鸣山建观象台的内容

《中华气象学史》为台湾著名气象史学家刘昭民先生所著。他根据胡焕庸《钦天山观象台故址重建气象台记》，认为在今南京北极阁于元代已建观象台。在该书第九章第五节中指出：

“元顺帝又在至正元年(西元 1341 年)敕司天监于鸡笼山再度设置观象台。台中所使用之仪器系元代伟大天文学家郭守敬所造，极精巧(参见明宋濂等奉敕撰《元史》)。此台之建尚早于英国格林威治观象台及法国巴黎观象台三百三十余年。并成为后来明太祖再建观象台之基础。”

这一段话说，元顺帝又在鸡笼山再设置观象台，是相对于刘宋时祖冲之在南京鸡笼山建过观象台而言。但事实上刘宋时所建的今南京之观象台，不在鸡笼山而是在当时台城之西南角。这个在台城的观象台，其建立根本与祖冲之无关。请参看王鹏飞《南朝观象台在今南京大行宫考》一文。本文不再详究。仅将上引的内容归纳为下面两个问题，进行探究，即：

(1) 元顺帝在至正元年曾否敕司天监设置今南京鸡笼山设观象台。

(2) 元顺帝在今南京所设观象台中仪器是否为郭守敬所造。

1. 分析元顺帝敕司天监于至正元年设鸡笼山观象台的问题

虽然《中华气象学史》中这段话指出南京鸡笼山观象台是元顺帝在至正元年所建，可参看宋濂等奉敕撰《元史》。但查《元史》，他也并未找到这个史料。于是只好用“奉敕建”来解释。因为奉敕建的事，不一定必须见于正史中。这个“敕建”可能是由《元史》之“奉敕”撰写的事启发出来的。但观象台只能建于京师。而集庆(即今南京)并非京师，元顺帝不可能直接到集庆建观象台，因此婉转地用敕令在京师的主管天文气象的司天监到集庆的鸡笼山去建。这样的说法，既可解释《元史》中缺乏记载的原因，又仍可符合胡焕庸及《嘉庆江宁府志》之记载，不是“两全之策”吗？

但是这个圆通两全的办法并不符合历史事实，因为观象台不是庙宇道观，而是国家机关之一。对于庙宇道观，例如天妃宫、关帝庙等，处处可建，多一个与少一个没有关系，皇帝不必亲临，所以可以敕建。但如设立一个国家机构，历史上从来未闻用敕建的办法，所以建观象台是不存在敕建或敕令司天监在京师以外地方建造的可能。更何况在至正元年，集庆本来就未有建观象台的条件，怎么因为采用了“敕建”两个字，就可以化无为有了呢？

2. 分析元顺帝在今南京所设观象台中仪器为郭守敬所造问题

(1) 郭守敬不可能专为至正元年在鸡笼山观象台造天文仪器。因为郭守敬死于元仁宗延祐三年(1316 年)。而至正元年为公元 1342 年，此时已在郭守敬死后 26 年。郭守敬生前根本不可能想到元至正元年会有在今南京会建立观象台而为它预先制造天文仪器。

(2) 郭守敬生前所设的27个测景所并不包括集庆(今南京),其中所设测景所地点为"南京"之地实指开封,而非今南京,即使是今南京,所建的也只是测纬度的临时机构,不是观象台。那里不需要天文仪器,而且测景所任务完成即撤销,不会继续存在到至正元年。

(3) 元顺帝时若在集庆(今南京)所造之观象台中仪器为郭守敬所造,则这些仪器必自大都(北京)观象台中取来,因为郭守敬只曾为大都观象台设计过天文仪器。但如从大都借仪器,必影响大都(北京)观象台的正常工作。因为北京观象台之观测工作,不可能因为有了集庆观象台而停止工作。而且北京的纬度与金陵的纬度不同,所借之仪器不能在南京使用,何必借用。因此如至正元年在集庆建观象台,没有必要使用郭守敬之天文仪器。

(4) 事实上元顺帝并未在元至正元年于鸡笼山建观象台。郭守敬所造之天文仪器如何放到子虚乌有的观象台中呢?

可见《中华气象学史》所说的元顺帝在至正元年敕司天监于鸡笼山设置观象台并使用郭守敬所制天文仪器,也是错误的。

六、结论

通过本文的分析,我们可以肯定"在元代,根本没有在集庆(今南京)鸡笼山建过国家观象台"。

参考文献

[1] 胡焕庸. 钦天山观象台故址重建气象台记[C]//气象研究所. 钦天山气象台落成纪念刊,1929.
[2] 刘昭民. 中华气象学史[M]. 台北:台湾省商务印书馆,1980.
[3] 竺可桢传编辑组. 竺可桢传[M]. 北京:科学出版社,1990.
[4] 王鹏飞. 南朝观象台在今南京大行宫考[J]. 东南文化,2007(6).
[5] 宋濂. 元史·天文志[M]//二十五史·元史. 上海:上海古籍出版社,1986.
[6] 谭其骧,主编. 简明中国历史地图集[M]. 北京:中国地图出版社,1991.
[7] 夏燮,编撰. 明通鉴[M]. 上海:上海古籍出版社,1992.

赞神舟航天员

王鹏飞

奋天有志,报国气豪,矢心锻炼,岂畏饥劳?
体撄极限,智析机巧,诸迷不惑,众难都扫!
锻久钢成,披甲入舠,偕箭并升,穿云入霄。
行空如月,筋斗飘渺,绕地百匝,科艺咸超。
俯瞰美日,雾涌烟罩,遥瞻神州,山辉川耀。
功成安返,举世竞告,中华航天,与世同好。
美轮美奂,宜慎宜韬,虚怀奋进,永葆矫夭!

(摘自《天风海涛集》)

《日火下降、旸气上升图》的初步研究

一、引言

我在《中国古代地理学史》第三章气候学史部分，刊出了《日火下降、旸气上升图》的照片，并对此作了介绍。指出这是一张有关太阳辐射引起空气对流，从而产生风云雷电等气象现象，并促成水分循环的图，很有价值。我国古代屈原、柳宗元、朱熹等人，对于“河水东流，海水不溢”的道理曾有不同见解，未能解决问题。明杨慎虽有了较好的解释，但不够具体。这张图却形象化地解决了这个问题，并有较好的说明，是我国古代气象理论的重要成就。而且这个理论是用图来说明的，尤为创见。但此图之设计，已具有西方古代“三际学说”之因子。

1982 年 8 月，我借赴沪开会之便，到上海图书馆进一步查阅此图，发现前所刊出的照片，并非全璧，因此就把原有此图全部重行复制，并进行初步研究。本文拟首先对录有此图的手抄本，作一介绍，其次对此图设计的时间，试行推估，再对全图内容，加以描述和分析。最后讨论一下此图在气象学史中的价值。

二、手抄本

此图源于手抄本《诸葛武侯白猿经风雨占》一书，是在第一页第二面及第二页第三、四面上。共占连续三面的篇幅。此书第一页第一面右上方抬头处，题有《诸葛武侯白猿经风雨占》由上而下十个字。其余部分以《斗象》为标题，绘有斗柄朝上，斗杓朝下，斗口向右的北斗座七星。每星以一空心圈表示，图内分别注以“摇光、开阳、玉衡、人权、地玑、天璇、天枢”等星名。其中“人权、地玑”是“天权、天玑”之误。圈旁注以各星的主管“星君”名及“圣号”，各圈之间连以细线，组成斗杓形。自第三页起为《诸葛武侯白猿经风雨占》的图文对照，属全书主体内容。因书名即与此内容的名称相同。此主体内容共包括四十幅图。主体内容之后尚有别的内容，由于全书并无目录页，所以我在总览全书后，按其内容顺序列成目录如下：

1. 斗象图。
2. 日火下降、旸气上升图。
3. 诸葛武侯白猿经风雨占(40 幅)。
4. 定太阳出没以应潮汐时刻长短(七言歌诀八句)。
5. 定寅时(七言歌诀八句，主要在于定五更时分)。
6. 行船观日、月、星、云占风涛(31 则)。
7. 逐月风忌(一月到十二月)。
8. 管窥集谚。

上述内容，多抄自当时流行的有关测天占候的书籍的。《斗象图》可用于夜间判定北方。

《日火下降、旸气上升图》可用以解释各种天气现象的成因。《定太阳出没时刻长短歌诀》可用以说明各月太阳出没的大体方位（如“正月出乙入庚方”，乙为东南偏东方，庚为西南偏西方。“二月出兔入鸡肠”，兔为卯，指正东方，“鸡肠”为“鸡场”的谐音，“酉”为鸡即“酉方”，指正西方。这里说正月太阳在东南偏东方出来，到西南偏西方入地平线。二月太阳在正东方出来，到正西方入地平线）。《定寅时歌诀》因日出时刻称为寅时，故可用以判定各月日出时辰（如“正九五更四点时”。“二八五更二点歇”。意思是正月和九月太阳初出地平线正当五更四点。二月、八月太阳初出地平线正当五更两点。古时一夜分为六更（即五更五点），一更约占二小时，每更又分为五点）。把太阳出没时间方位歌诀和定寅时歌诀结合起来，对于安排各月日常生活、统一时间方面，很有用处。《行船观日月星云占风涛》及《逐月风忌》，对旅途了解风候有用。前者属南方水网地区的测风经验。后者为各月风情的气候特征。《管窥集谚》主要录自明王象晋的《群芳谱》。在本部分有注说：“《群芳谱》古谚占天，屡试有验。雨窗无事，采（摘）斯集，亦管窥之一助也”。这部分农谚按占日、占月、占星、占风、占雷、占电、占雨、占云、占雾、占霜、占岁、占春、占夏、占秋、占冬等十五门分列。这些天气谚语多太湖流域所流行的。与元末明初的《田家五行》及明代《农政全书・占候》相比较，内容相似而数量较少。总之，这八个内容，都是明清之际流行在我国东南沿海民间的坊本或口头的东西。

综观全书，这八项内容中，第1、4、5三项，主要是定方位和时间，第3项属看云测天气，第6、7两项是从各种征象及气候特点测风候，第8项是短期及中长期预报所需的群众谚语，以适应农事活动的需要。这些都很实用，都是为日常生产及生活的实际需要而抄汇在一起的。其中都未涉及天气理论。只有第2项《日火下降、旸气上升图》，突出地表达图的设计者对天气现象形成的理性认识。这种认识是对手抄本其他七项内容的补充。有了这一张图，就大大提高了这本手抄稿的价值。

三、图的年代

此《日火下降、旸气上升图》上找不出设计者姓名及制作年代的线索，因此要解决这个问题，还应从研究整个手抄本着手。

此手抄本字迹并不工整，所作各图，也较为粗糙。并非像具有书法锻炼和绘图技术的文人雅士的手笔。书为线装本，长23.6厘米，如除去下眉后，长约20.5厘米。书宽约10.5厘米。书口上部有“白猿经”字样，下部有页码，封二贴有上海图书馆的长方形签张，注有打印的登记号码，此书无序跋，从全书中找不出抄录者的姓名，也未有任何抄录成书的年代记录。

其所以如此，估计有下列一些原因。一是此手抄本原抄自当时流行有关测天占候的书籍（如《群芳谱》之类）或口头经验。而且有一些内容已往往并非第一手资料。是经过辗转抄录或口传后集摘而成，与原始资料或原抄本出入很大。每转抄一次，就有所变动。或增或删，有讹传，有笔误，而以讹代正也在所难免。原抄本与此一抄本可能内容也有很大不同。既然抄者已非一人，变动增删又出自群众，所以就难以稽考作者。二是此书抄录的目的在于抄者自用，并无广泛流传或留诸后世之意。而且内容又是当时流传及习见者，既没有必要撰写序跋，又没有必要记明抄录者姓名。对于民间传抄的东西，出现这种情况是正常的。因此我们只能按照传统的办法，对抄录此书的人称为“无名氏”，但对设计《日火下降旸气上升图》的人，本人认为是熊明遇。其原因将在本文后面加以说明。

现在进一步探讨此手抄本的原抄本抄写年代。

先从书中主要内容《诸葛武侯白猿经风雨占》出发来考虑。

“白猿经”一书，在明中叶以后已在全国城乡流传很广。现在知道的最早刊行本是在十五世纪末，据丁福保、周云青《四部总录・天文编》，在明宏治年间有《白猿经风雨占候说》刊本一卷。旧题刘基撰，刊本往往是在手抄本以后出现的。因此估计在宏治以前已有手抄本流行。我手头收集有白猿经抄本两种，一称《白猿献三光图书》，一称《白猿图书》，书前均有托名刘基的序，序内说，白猿“朝望东南，暮观西北，每遇云遮霞射，或当夜，或来晨，或三日之内，非风即雨。久而识之，故画此图”。其目的是“观图预知风雨之期，敌人无备，因而击之。克取全胜，必不谬矣。又商人行于江湖。不审风势，冒昧行舟。鲜不丧命，得此图可以全身避害，万无一失”。此两抄本的序大同小异。我曾将《白猿献三光图书》内各图名称及次序与茅元仪《武备志・占度载》所收集的白猿经图目相比较。大体一致，说明有渊源关系。而《武备志》是在明天启元年(1621 年)所完成的。那已是 17 世纪上半叶的东西了。又据《四部总录・天文编》，另有天一阁写本《白猿经风雨占候说》一册，据清代《浙江采集遗书总录》，此系“明青田刘基撰，取汉诸葛亮白猿经占，逐加注释，后附图解”。虽然诸葛亮和刘伯温都没有撰写过《白猿经》，但民间传说他们两人都是上知天文、下识地理、有先见之明的军师，人们把测天占候的书假托诸葛亮或刘基之名，也是很自然的。但由此可知在明清所流传的《白猿经》，的确有的托名刘基所撰，有的托名诸葛亮所撰，而这本称为《诸葛武侯白猿经风雨占》的手抄本，则是托名诸葛亮的一种。当然，采用这种托名办法的，最初当是江湖术士，以便故神其辞，取信于人。

再根据《管窥集谚》这部分的注来看，它即抄自《群芳谱》。则其最初抄写成的时间应不早于《群芳谱》成书的年代。《群芳谱》是明王象晋所撰，王象晋和徐光启同是万历甲辰(1604)进士，《群芳谱》和《武备志》都是在 1621 年成书的，可见这本《风雨占》原抄本最初成书的年代，不可能早于 17 世纪 20 年代。很可能是在明末清初以后。至于此所见的手抄本最后抄成的时间，即下限时间，尚难肯定，由于辗转传抄，最后抄成的年代即使订在清代后期，也并非不可能。

对《诸葛武侯白猿经风雨占》手抄本成书时间上下限的传估定，有利于推估其中所包含的《日火下降、旸气上升图》出现时间，这是因为全书抄写的笔迹是一人手笔。此图组织在《风雨占》一书中，已成有机部分。手抄本中把此图安排在开头的第二部分，足见抄录者对此是十分重视的。我在《中国古代地理学史》第三章气候学史部分，初步把此图暂时定为明末清初的东西。一般是合理的。但也可能更晚一些，因为《诸葛武侯的猿经风雨占》一书所收集的不是同一时期的作品。由于迄今我所见到的各种版本或手抄本中，具有《日火下降、旸气上升图》的，只有上海图书馆馆藏的《诸葛武侯白猿经风雨占》一书。估计有此图的《白猿经》尚留传于今的，不会仅此一本。因此进一步广泛求索，以更好地判定此图出现年代，尚有必要。至于此图的设计者究为何人，在本文后半部，将予以阐明，此人即设计出此图，其气象知识的水平，在当时必然是佼佼者，当然也必远超过此书抄录者的气象知识水平。

四、图的内容简述

此图(见图 1)共占抄本第二、第三、第四面共三面。各面均有细线边框，第二面所绘的主要是“日火下降”的内容,第三、四面所绘的主要是“旸气上升”的内容。而“日火下降”与“旸气上升”的联系,则巧妙地布置在此三面图的下部。图题《日火下降、旸气上升图》九个字,自右而左地题于第三、四两面上方。且各题下,有由两条平行细线构成的框条,包围在三、四两面纸的左、上、右三侧,很易使人误认为《日火下降、旸气上升图》仅包括三、四两面纸。以前摄照时所以未摄全壁,原因亦在于此。在三、四面间的“书口”部分。上部纵书《白猿经》三字,此三字正好位于横写图题中“旸”与“气”两字之间。

现对照全图(图1),进一步作些说明。

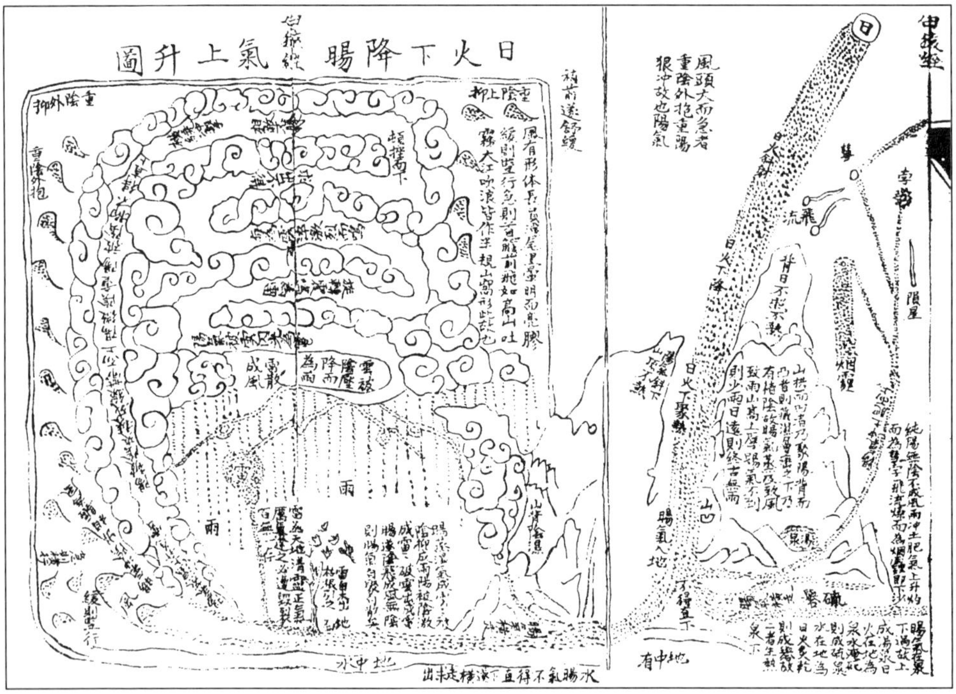

图1　日火下降、旸气上升图(图右半边为干对流,图左边为湿对流)

在第二面(即图的左部)绘有太阳,太阳下伸出长条密点,代表“日火”,其左旁依次自上而下,注有“日火斜射”“日火下降”“日火下聚热”及“山凹旸气入地”等字样。日火在两山之间穿入。左侧山顶注有“阳气斜下,山顶不热”字样。右侧山顶注有“背日,不照不热”字样。右侧山腰部分有一说明:

“山拱而凹者可聚阳,背而凸者则藏湿。层峦之下,乃有积阴。故旸气蒸及。致风致雨。山高土厚。旸气不到则少雨。日远则终古无雨”。

从图中看,注有“日火下聚热”处,正好位于两山相拱立的凹谷区。符合“山拱而凹者可聚阳”的说明。日火右侧山全部不在所绘雨水之下,左侧山的山顶也不在所绘雨水之下。符合“山高土厚旸气不到则少雨,日远则终古无雨”的说明。日火左侧山顶与第三面右下方之山相连,此山山腰处为所绘雨水所及之处。那里注有“山背阴湿”字样,符合上面说明中“背而凸者则藏湿,层峦之下,乃有积阴”的话。在“山背阴湿”字样之左,绘有云雨,下连代表“旸气”的细密点条,符合上说明中“故旸气蒸及,致风致雨”的话。

在第二面左下方日火密点线处,有“不得直下”四字,其下又有“地中有水,旸气不得直下，遂横走求出”的说明。此说明写在第二、三面之下方。既然不得直下，日火密点条就变为旸气，由左右横向分支。并分别注有“旸气横走”字样。

向右分支的横走旸气下方，有一说明：

旸气在泉下过，故上成汤泉。日火在地，为泉水淹死，则成“硫”。泉水在地为日火炙干，则成“矾”。故两者生热地下。

从图上看，向右横走的旸气，又分为三支。一支位置较高，其上山谷内绘有水体，注有“汤泉”字样。符合上举说明中“旸气在泉上过，故上成汤泉”的话。一支位置最下，旁注以“矾”、“硫”两字，符合上举说明中日火在地，为泉水淹死则成硫，泉水在地为日火炙干则成“矾”的话。另一支向上，旁注有“旸气冲土肥而上”字样。此支又在空中分为三分支。一个分支端顶绘“孛”。一个分支端顶绘“彗”，尚有零星的形成“陨星”及“飞流星”的。另有一个分支上升后下垂，注有“烟霾”字样。在此总的向上旸气分支旁有说明如下：

“纯阳无阴，不成风雨。冲土肥气上升，灼而为彗、孛、飞流，燥而为烟霾，即下沙。”

从画上看，“孛”是光芒突发的星体，所以画成星体四周有强芒。“彗”即扫帚星，故画有长的曳尾。“陨星”是向下掉的，“飞流星”是斜向运动的，所以用飘尾表达其移动方向。“烟霾”即“下沙”，所以画了向下的宽微粒带。

在三、四面上，主题是“旸气上升”，但这个“上升”与第二面上的旸气上升不同。第二面上的旸气上升是属“纯阳无阴”的上升，是“冲土肥”而上升。而第三、四面上的旸气上升属于“重阴外抱”的上升。所以在二、三面之间的上方，有一个说明：

“风头大而急者，重阴外抱，重阳狼（狠）冲故也，阳气稍前遂舒缓。”

为表示重阴范围，在第三、四面的左、上、右三侧，绘有两条平行框线，在框线下分别注有“重阴外抱”、“重阴外抑”、“重阴上抑”字样。在这重阴范围内，因有阳气运动，就形成了风。所以在重阴范围内，画了许多由半弧线下罩有许多密集麻点，表示“重阳”，而半弧线表示“重阳”与“重阴”的界面，也可称为“风头”，符合说明中“风头大而急者，重阴外抱，重阳狠冲”的说法。至于“阳气稍前遂舒缓”，意思是说由于阳气冲阴而向前，使风能够舒缓向前，这种风的形体，在第三、四面重阴范围内画了许多。对这种风的形象，在第三面右上角又加以说明：

“风有形体，长员（园）泄尾黑（曳黑尾），晕明而亮胶。缓则竖行，急则首触前飞，如高山吐雾，大江吹浪 ，皆作半规山窝形，（亦）此故也。”

这里“长员曳黑尾”指“形”，“晕明而亮胶”指“体”。“缓则竖行，急则首触前飞”指运动方式，“高山吐雾，大江吹浪”是用其他形象为例，与风的形象作对比，指出都具有半园的山窝形，其形成原因，与风的形象作对比，指出都具有半园的山窝形，其形成原因，也应相同，原文疑少一“亦”字。

第二面左下角向左的旸气横走一支，在地下水上方水平移行，到第四面下部分为三个分支。一个分支转变为“风”，其旁注有“旸气冲阴出，相驱为风”，说明风的形成在于旸气冲阴而相驱。风形成后，其半园形前端，有的画成向上，有的画成向左，旁又注有“缓则竖行”，“急则横行”，这与前面说明风的运动时指出的“缓则竖行，急则首触前飞”是一致的。都是解释“风”的平流或对流问题。横走旸气的另两个分支是与云纹形相接的，其中一个分支在第三面右下角山北阴湿处与云纹相接，那是山地形成云的现象，另一个分支在第四面上与两条云纹相接，旁注明是“阳气蒸湿，上升为云”。明确说明水汽蒸发上升的成云机制。

蒸发上升而成的两条云纹，在图中向上盘旋。往返回环，上下萦绕，表示了阴阳斗争的复杂情况。在这两条云的夹缝中,随云的萦廻形势,分别加以说明。如在云向上发展处注有“阳被(读作披)阴,夹挟成线带而上”。在云升到一定高度后向下时,就注有相敌不胜,顿挫而下,但向下又被阻而向横方盘旋时,注有“阳微阴重,阳被阴抑,不得直上,横绕冲击”。在云从横向转折而向下时,就注有“相敌不胜,顿挫而下”。但向下又被阻而左转折时,就注有“求出不得”,意思是阳气想破阴而出,但无法实现。以后云纹进一步左右来回盘旋。旁边注有“每为云淬,激烈而鸣,旋转震鸣为雷,阳气被(破)云,闪光为电”。说明了雷电的成因。这与王充《论衡·雷虚篇》“试以一斗水灌冶铸之火(淬),气激辟裂,若雷之音矣”,“天地为炉大矣,阳气为火猛矣,云雨为水多矣,分争激射,安得不迅”的看法是一致的。在云下绘有四条弯曲环转的闪电。在一条闪电的下端画有一个密点组成的团块,中间注有“雷”字。此雷团下有麻点带与地面相接。地面上画有一个枯树,树上画了五个“火老鸦”。旁边注有:

“雷为天地清灵正气,厉气逢之,必遭毁裂。百无一存”。还具体注明“雷自木出,枯根引之”字样,说明了天空的雷团进入地面,由枯根引导,从树木上升起的现象。

在云底还画了许多雨点,并注明“云被阴压,降而为雨”的成雨原因。此外又指出风的另一成因。用文字说明“雷散成风”字样。

对于上面风云雷电等天气现象的形成,在此图中下方作了一个文字的简要归纳,即:

“旸蒸湿气成云,云被阴抑成雨,阳被阴激成雷,雷破云出成电,旸遂(逐)阴飞成风,无阴则旸气自聚自散矣。”

五、对图的分析和评价

分析这图,不能不从当时科学水平来考虑,如果以现代气象学水平来看,当然这图所提出的自然现象形成理论,有许多是不正确的,例如把孛、彗、陨星、飞流星等均认为是阳气冲土肥而上,并燃烧土肥而形成的。把汤泉认为是日火入地变为旸气,在泉水下通过,把泉水燃烧而成。将硫磺认为是日光被地下水闷压(淹死)而成。将矾认为是日火把泉水炼干结晶(炙干)而成。就解释气象现象来说,用了“阴、阳”两个意义模糊的词,如阴抱阳,阴抑阳,阴激阳,旸逐阴,纯阳无阴,阴夹阳,旸冲阴,阴压云,旸蒸湿等。这些都包含我国古代《大戴礼记·曾子天圆篇》中“天气现象阴阳形成说”,因而是成问题的。但是从历史观点看,图中也有许多有价值有意义的科学认识,值得提出。

首先,这图把太阳辐射与地面热量的相互关系大体表达出来了。“日火”指太阳辐射,“旸气”指地面形成的热空气,虽然图中未说出“日火”如何转化为“旸气”的机制,但是已说明了“日火下聚热”,并指出“山拱而凹者乃聚阳”两点。这就是说地形与日火转化为热有关。在“日火下聚热”一句之下,有“山凹旸气入地”之句。可见作者是认为“旸气”是“日火下聚热”而成的。另外,图中又指出“阳气斜下,山顶下聚热”;“背日、不照不热”;“山高土厚,旸气不到”。这意味着作者认为山区温度高低受三个因子影响。一是阳光直射与斜射问题,二是阳光照得到照不到问题,三是山脚下热气能否到达问题。进一步分析,前两者是指该处有否太阳直接辐射直接转变为热量。后者是指地面热对流的影响能否到达上空,使该处变暖。这三种因子作者虽未细谈其机制,也未比较其主次,但基本上定性地都提及了。

关于阳气冲土肥而上,形成彗、孛、流星、陨石的观点,显然是错的。但当时欧洲的看法也高明不了多少。我们知道在撰《群芳谱》的作者王象晋中进士的后三年(1607),意大利传教士高一志(Alfonsos Vagnoni)来中国，在他与我国山西韩云合作编成的《空际格致》一书中，有《气之厚域形动》一节，就认为“太阳摄土水清气，无所阻而径冲直至火轮为止，乃以甚干、甚清、易燃而变火。其微者一燃即散。是为流星。厚者燃不易灭，久悬空中，是为彗孛”。说明这种看法是当时科学水平所限使然。但由此亦可证明，本图中某些设计思路，是受到耶稣会士带来的西方古气象观的影响的。

图中有关阳气冲土肥而上，形成烟霾，造成下沙现象的说法，基本上是对的。当然尚缺乏由动力对流造成沙尘现象的图示，但这仅说明此图在解释烟霾现象的形成，稍觉不全面而已。

其次是本图在解释天气现象时，虽用了我国传统的“阴、阳”两字，但已基本上摆脱了对阴阳两字含义随心所欲的不科学的做法，我国对大气现象形成的解释，很早就采用“阴阳”理论。在《大戴礼记・天圆篇》中说“阴阳之气，各静其所，则静矣。偏则风，俱则雷，交则电，乱则雾，和则雨。阳气胜则散为雨露，阴气胜则凝为霜雪。阳之气专(搏)为雹，阴之气专(搏)为霰。霰、雹者，一气之化也”。明孙瑴《古微书・春秋元命包》说，“阴阳聚而为云，阴阳和而为雨，阴阳凝而为雪，阴阳合而为雷，阴阳散而为电，阴阳交而为虹霓，离为背璚，分为抱珥，阴阳怒而为风，乱而为雾。阴阳元气也。阴阳凝而为霜，阴阳散而为露”。在上述一系列句子中，“阴”究指什么？“阳”究指什么？是不清楚的。因为按传统来说，万物均有阴阳；一物也有阴阳。什么叫“偏”？什么叫“俱”？什么叫“乱”？“和、聚、离、分、合、激、怒、散、凝、敞”等又有何区别？它们具体指什么过程？也是不清楚的。“俱”中没有“交”吗？“交”与“和”、“和”与“乱”、“胜”与“偏”、“离”与“分”太相像了，其相异之点又在何处？这些又是不清楚的。《天圆篇》说交则电，《春秋元命包》则说“阴阳交而虹霓”，“交”究竟会产生什么呢？如果说，形成天气现象的原料是阴阳，原料间作用的反应过程是“散、聚、交、和、俱、偏、乱、胜、搏、离、分、凝、敞”等。那么当原料的成分含糊不清，反应的过程又不明确的情况下，如何能够说明必然会产生某种天气现象呢？科学要求明确、科学要求有区别，科学反对“含糊”和“混淆”。那些用含糊和易发生混淆的辞句来解释天气现象的办法，当然很难说有什么科学价值的。

但在《日火下降、旸气上升图》中，阴阳指什么，基本上比前人为明确。先假定作者认为，凡“阳光、日光、旸气”均属于“阳”，凡“日光照不到的地方及低温空气”都属于“阴”，进一步来体会此图设计者对“风的形成”的看法。他认为风是“旸气冲阴，相驱为风”，“ 旸逐阴飞成风”，“雷散成风”，又说“风头大而急者，重阴外抱、重阳狠冲故也”。重阴外抱、重阳狠冲意味着冷气包围着活跃的暖气。这基本上是指与我们现代所谓的“热力对流泡”相类的东西，即热空气被冷空气包围而成的热泡。将热泡运动当作风的定义，显然是不全面的。但此图设计者是从“日火变为旸气”的角度出发来讨论天气现象的形成的。强调的是“天气现象热力形成”说。因此用热力对流泡来说明这个问题，是十分精辟的。我们知道现代热力对流泡的概念是1951—1953年由F. H. 路德兰(Ludlam)、R. S. 斯高拉(Scorer)和J. S. 马尔客斯(Malkus)等人首先提出的。这个概念对解释积云的形成有很大推动。而积云的形成和发展的确是强烈风、雨、雷电的母体(积雨云)发展的先声。《日火下降、旸气上升图》的设计者在路德兰等人提出“热力对流泡”概念前约三百年。就已提出这种卓越的看法，是必须称颂的。更有意义的是他提出的“风有形体”，绘出了“风”的形状，亦即“对流热力泡”的形状。以及K. R. 哈台(Hardy)和H. 奥脱斯坦(Ottersten)(1969)用雷达测出的显示在RHI(距离高度显示)上的热泡回波。都是十分相似的。这不仅证实了此图设计者所说的“风(即热力对流泡)有形体”的预见。而且还证实了所设计的形体的具体样子(见图2)。在有能造成雷暴的对流不稳定气层发展前的上午,往往热力对流泡纷纷出现并不断加强,这在目前已认为是定论了。因此这《日火下降、旸气上升图》设计了半规山窝形的风的形体,其科学预见性是惊人的。此图设计者认为风的形成是“旸气冲阴”或“旸逐阴飞”。这是把风的形成看作是暖空气为主的活动的结果。至于“雷散为风”,主要也是认为雷是一团被冷空气包围的极暖空气,其中极暖空气为冷的云水所淬,就破裂开来,将冷空气驱散。因此也属于“旸逐阴飞”的范畴。

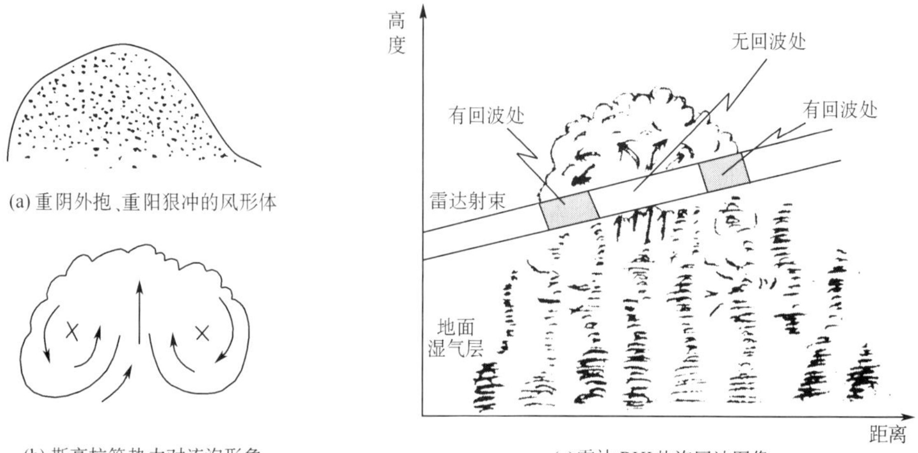

(a)重阴外抱、重阳狠冲的风形体

(b)斯高拉等热力对流泡形象

(c)雷达RHI热泡回波图像

图2 风形体(a)与势力对流泡形象(b)及雷达热泡回波图像(c)的比较

图的设计者认为“旸蒸湿气成云”、“阳气蒸湿,上升为云。”这两句话都意味着云是热空气带了水分上升而成的。在前一句中,一眼看来,似无“上升”两字,但查《说文解字》,“蒸”是“火气上行”的意思,并无现代气象上把水蒸发为气的意思。设计者这样定义云,从对流的角度看是可以的。当然要他提出绝热冷却的概念,那是一种苛求。因为那时很难形成这种现代化概念的。至于除对流以外的其他过程,也能形成云,但这已不属于“日火下降、旸气上升图”所要讨论的范围了。

图的设计者对于对流云中气流的混乱翻腾,是有所认识的。他把这种翻腾限制在一定厚度的气层中,即在云顶绘有两条双线边框,注以“重阴上抑”与“重阴外抑”字样,使云体不再伸出边框之上。显然设计者认为“重阴”是极冷的空气,所以热空气就无法穿透。但是从现代的观点看,对流云云顶往往是稳定空气所在,那里有时甚至有更暖的空气,形成逆温层,这是出乎设计者的想象之外的。虽然“重阴上抑”的观点有缺陷,但云顶高度受一定限制的观点是正确的,而且将“阴”看作仅代表“冷空气”,也是我们对设计者的意图的一种猜测。如果设计者对“阴”字认为有“静稳”的意思(这种认识在我国古代也是公认的,人们认为“动”为“阳”、“静”为“阴”),那么设计者所说的“重阴上抑”及“重阴外抑”对云的发展有限制,也是很合理的。

图的设计者在说明云不能冲出边框以上的机制,也是很有趣的。他在云体初升处注明“阳被阴,夹挟成线带而上”,这里,“披”误作“被”,意思是阳气包披以阴,把阴夹挟上升,使云直展。阳气能挟阴而上,这当然是阳气很旺盛所造成的,但在云顶附近,却注明“阳微阴重,阳被(读作'倍')阴抑,不得直上,横绕冲击"。意思是阳气减弱了,受制于阴,才不能冲破边框而上展。这种上升暖空气在上升过程中由强而变弱的看法,也是符合实际情况的。

图的设计者将雷电的形成放在云体上下翻腾的中心部分,这是他认为雷电形成与云中翻腾猛烈有关的表现,这种看法是正确的。他认为由于强烈翻腾,所以云水就有冲入被阴包围的阳气之中,发生与炉中进水相似的淬火现象,从而发生雷声。他的这种雷声的形成理论,与王充的看法是一致的,从思路讲,有可取之处。根据近代气象学研究,雷声是闪道高温在极短时间内使云水化汽,并使水汽和空气猛烈膨胀,甚至电离后膨胀,形成"冲击波"所致。这与云淬阳气的过程,基本相符。

设计者在图中把雷画成球形,并与闪电相连,这正是球状闪电的形象。

设计者能正确区别雷电,懂得雷为声,电为光,所以他说:"旋转震鸣为雷"、"阳气被(破)云,闪光为电"。他把闪电的形成用"阳气破云"的过程来说明,这是十分有趣的。我们知道,根据近代研究,云中起电机制有冰晶温差破裂、水滴冻裂(包括结凇)、水滴碰裂、水滴被空气激荡破裂等各种方式,这与"破云"的说法有所巧合。但云中冰晶或水滴之破裂并不全由于暖空气(阳气),除非图的设计者定义"阳气"时,把"运动的空气"也包括在内。因如前所述,我国古代的确是有"静为阴,动为阳"的看法。图的设计者把运动的空气看作阳气,也是有可能的。另一方面,可以肯定的是:图的设计者对电的认识只能到闪光为止,不可能有阴阳电的概念。因为当时尚处于17世纪,阴阳电是在18世纪才由B. 富兰克林(Franklin)最初命名的。由于破裂而发生闪光往往是破裂起电后随即发生电中和而造成的,图的设计者可能是见到过物体破裂时出现闪光,而就类推地提出电光是"阳气破云"所致的理论。当然,他不可能了解破裂为何会发生闪光。

图的设计者对于雷电入土后又由枯根引出,使树木发生雷击的现象是有所认识的。这可能是因为他曾见到球状闪电打击树旁地面,但枯枝梢反而出现尖端放电的发光的现象,才这样画的。但这样画法客观地反映了闪电通过地面导电及树木尖端集电而导致的一种雷击途径,这是他作图时所意料不及的。

至于图中注有"雷为天地清灵正气,厉气逢之,必遭毁裂,百无一存"的话。这是图的设计者对现象无法解释时所作的推论。它仅指出了闪电与雷击物互相矛盾的秉性,所以会打击到雷击物上。这种推论虽然与后世阴阳电的概念有相通之处,但并非图的设计者的初意,把"正气、厉气看作阳电阴电来解释,雷击现象,究属牵强。因为正气、厉气属于伦理道德范畴的名词,借用到自然科学上来解释现象,是不妥当的。但这又是古代自然科学家传统的手段,即往往某一问题解释不了时,就以生活感情上的名词作为比喻词。例如引力与斥力曾用"爱力"与"憎力"来说明,又如凝结核凝结水分的能力,迄今尚有分为"亲水性"及"憎水性"两类的。可以认为,随着人们科学知识的深化,这一些名词总归要在淘汰之列的。

关于雨的形成,从图上看,远因是"层峦之下,乃有积阴,旸气蒸及",近因是"云被阴压(抑),降而为雨",设计者认为"山高土厚,旸气不到则少雨,日远则终古无雨"。又说"纯阳无阴,不成风雨"。这里,"阴"字的含义又比前模糊了,既可认为是指冷空气,又可以认为是指水分。"水分属阴"也是我国传统的看法。一般"火属阳、水属阴",所以"纯阳无阴、不成风雨"句,既可解释为只有暖空气,没有冷空气,不可能形成雨。也可解释为只有暖空气,没有水分,不可能有雨。而"旸气不到则少雨,日远则终古无雨",可解释为不论有无冷空气或水分,如果没有暖空气,就很难有雨。暖空气(旸气)是由日火所转化的,太阳太远,就没有日火可转化为暖空气,因而也就不可能有雨,必须既有阴("层峦之下,乃有积阴:),又有阳(旸气),旸气上升,拖带了阴("旸气蒸及"),才能形成雨。可见图的设计者,在考虑成雨的原因时,是把"阳"或"旸气"放在主动地位的。这从讨论对流雨的角度看,不是没有道理的。但就成雨的各种机制看,仅将旸气放在主动地位,不无片面性。也就由于这种片面性,所以出现了"日远则终古无雨"的不正确武断。

其次,"云被阴压(抑),降而为雨",这里的"阴"字,又是指什么?也是含糊的。当然不能指水分。这是因为云也是由水分组成的。根据我国古代传统,上升运动为阳,下沉运动为阴,因而这句话可解释为"云的上升运动被下沉运动所抑制,就下降成雨"。但这下沉运动从何而来?图的设计者就未能深究了。看来他对于成雨的具体机制,尚不及西汉董仲舒清楚。董仲舒在《雨雹对》中说"攒聚相合,其体稍重,故雨乘虚而坠"。又说"风多则合速,故雨大而疏;风少则合迟,故雨细而密"。意思是说:雨滴是由小云滴受风的影响 ,碰并、变重下降而成的。风大使云滴碰并得快,雨点就大而比较稀疏,风小使云滴碰并得少,下降的雨点就小而比较密。董仲舒看法基本上是正确的。这一点是此图的设计者所及不到的。

六、对设计此图的人的探索

《日火下降、旸气上升图》是明末清初国人所设计的。明末万历十一年(1593)意大利人利玛窦来我国后,西方科学开始影响我国。万历三十五年(1607),意大利人高一志来中国,与韩云合作,编写《空际格致》一书后,西方气象科学对我国影响渐大。《日火下降、旸气上升图》的设计者可能也受有影响,但从图的内容看,基本上属于我国传统的思想发展出来的,这可由下列几点看出来:

(1)用"阴阳"的理念解释气象现象,是我国西汉以来的传统。本图是继承这个传统的。

(2)旸气的概念,来自《尚书·洪范》,指干热之气。

(3)雷鸣用云淬来解释,起自《论衡》。

(4)烟霾之定义,起自《尔雅》"风而雨土曰霾"。

(5)图的表达形象,如山和云等,都是按我国传统的画法。

这图的价值在于:

(1)这是我国迄今发现的唯一古代气象科学原理图。现在保留下来有关气象的图很多,如《白猿献三光图书》,主要绘了云象以说明未来天气,虽有预报意义,却未介绍预报原理。又如清麟庆《鸿雪因缘图记初集·震泽瞻龙》,虽绘了龙卷形象,却全系记实,未具细迹。明仁宗《天元玉历祥异赋》中的晕象图,虽绘有各种晕珥,却附会灾异,涉及迷信。只有这张《日火下降、旸气上升图》,是从阐述天气现象原理的角度来画的,毫不涉及迷信,有图有注,讲道理清楚。

(2)这图企图用统一的理论解释"对流天气"的形成。风、云、雨、烟霾、雷电、山地冷暖、少雨、不雨等现象,逐一由简单的图文解释。各种现象的解释,能前后呼应,左右联系。不采用孤立的说明,主要是从太阳辐射出发,谈到旸气的形成,地形的影响,干湿对流,以及一连串天气现象的出现。条理清楚,脉络井然,明白易懂。一些抽象的概念,由于有了图来表明,所以变得相当具体和浅显。这种科学的表达方式,也是前所未见的。

(3)这图的原理解释,虽然也采用了传统的"阴阳"理论,但事实上已大体摆脱了历史上任意赋予"阴阳"含义的不良传统，而有了突破。例如根据本文的分析，图中的"阳"，主要仅表示"日光、热空气(旸气)、运动、上升"等三四种意义；而图中的"阴"，主要也仅表示"冷空气、水分、静稳、下沉"等三四种意义。当然这里还有未完全摆脱传统的地方。但如对图中各项过程作进一步分析，还可以现对于某一过程来说，所用的"阴"或"阳"字事实上可以明确认识只指这三四种含义之一(或至多之二)。这种阴阳含义的明确化，是使气象知识向科学化发展的很重要环节。

(4)这张图中对天气现象的解释，虽然是有历史的局限性，但却包含了一定的科学性和预见性，处于当时气象知识的先进水平上。

因此可以认为《日火下降、旸气上升图》，在我国古代气象学发展史中，应占有重要的一席地位。

但是在清康熙时我国一位科学家游艺的著作《天经或问后集》中却附了两幅图：《云飞、雨降、雷鸣、电掣之图》(见图 3)及《日火下降、上升诸象图》(见图 4)。我把这图与《日火下降、旸气上升图》(见图 1)比较，发现这两幅图实际是《日火下降、旸气上升图》的简化。其中《云飞、雨降、雷鸣、电掣之图》实为图 1 的左半图，表示湿对流所能造成的各种天气现象，而《日火下降、上升诸象图》实为图 1 的右半图，表示干对流所造成的一些现象。

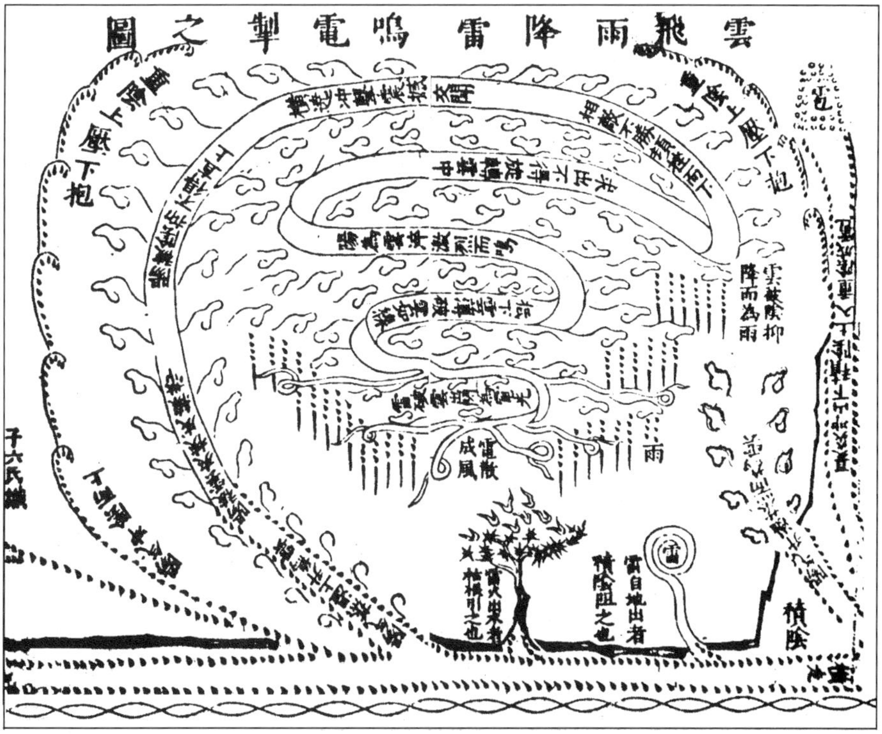

图 3　云飞、雨降、雷鸣、电掣之图(出自游艺《天经或问后集》)

游艺，字子六，号岱峰，著有《天经或问前后集》。其《前集》中，以问答体解释一部分天气现象。他是福建建阳人，与揭暄一起都曾师从熊明遇。

揭暄，字子暄，江西广昌人，撰有《璇玑遗术》(一名《写天新语》)七卷，他曾在方以智《物理小识》一书中有关气象的一些章节中，对所述气象问题，提出意见或加以阐述。

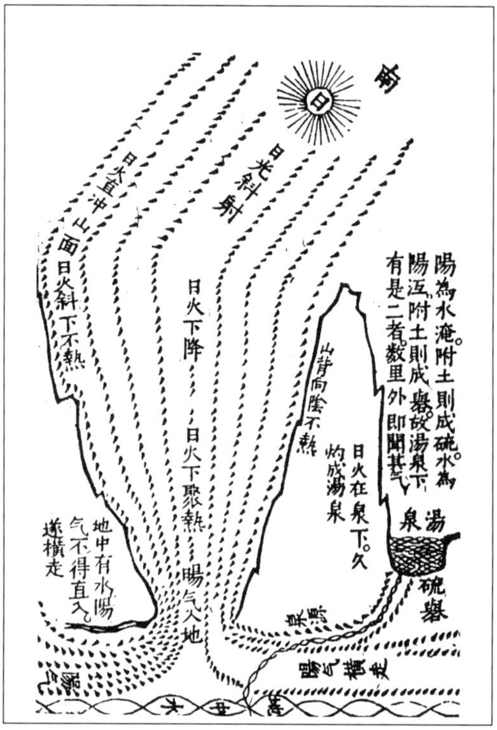

图 4　日火下降、上升诸象图(出自游艺《天经或问后集》)

熊明遇，明末清初人，清顺治五年流寓建阳，著有《格致草》(六卷)，其中卷四，卷五，依西洋科学原理，辩证自然界变化与历史所载灾异，如风、云、雷、雨的形成、天河浓淡及塔尖放光的原图，说明他与明末来华的耶稣会士有交往，善于吸收西方科技知识，并用以解释常见的天气现象形成之理。

熊明遇与游艺的师生之谊是在清初熊明遇到福建游艺故乡建阳之时，据此可见游艺《天经或问后集》所附之《云飞、雨降、雷鸣、电掣之图》及《日火下降、上升诸象图》必取自熊明遇，从而可以判定本书介绍之《日火下降、旸气上升图》必系熊明遇根据他自己深厚的中国古气象现象形成的阴阳学说基础，结合西洋东传的耶稣会士介绍的天气现象形成说(例如明末意大利耶稣会士高一志在山西曾与韩英合著的《空间格致》一书，介绍亚里斯多德的天气现象三际形成说)，通过思考所设计而成。熊明遇为明人，入清后为遗老。所以他所设计的《日火下降、旸气上升图》，遂不以熊明遇之名流传。而游艺和揭暄是在清代才师承熊明遇，他们从老师那里学到很多气象知识，也获得熊明遇所设计此图。他们据此图简化而成《云飞、雨降、雷鸣、电掣之图》及《日火下降、上升诸象图》。但由于简化时，有所新体会，也由于他们对老师设计之图，并未吃透，所以简化后之图，既有超过熊图之处，也有误解熊图之处。价值并不比熊图好多少，其缺点只要将游艺之图与熊图一比较，就可以显露出来了。本文从《诸葛武侯白猿经风雨占》一书中所引的《日火下降、上升诸象图》是无名氏辗转抄录熊明遇原图而成，其间必然也可能有失实之处，但因未能找到原图，所以本文也只能讨论到此为止。

参考文献

[1] Malus J S, Seorer R S, Ludlam F H. Bubble, theory of Penetrative Convection[J]. *Quart J R Met Soc*, 1953, **79**(340).

[2] Hardy K R, H Ottersten. Radar investigations of Convective Patterns in the Clear Atmosphere[J]. *J Atmos Sci.*, 1967, **26**: 666-672.

[3] 无名氏. 诸葛武侯白猿经风雨占(手抄本)[M].

[4] 无名氏(托名刘基). 白猿献三光图书(手抄本)[M].

[5] 无名氏(托名刘基). 白猿图书(手抄本)[M].

[6] 孙嗀(明). 古微书·卷七[M]//丛书集成. 商务印书馆.

[7] 王充(东汉). 论衡·雷虚篇[M]. 万有文库本. 商务印书馆.

[8] 梁启超. 中国近三百年学术史[M]. 3版. 中华书局, 1941.

[9] 高一志. 韩云, 订, 空际格致[M]. 上海聚珍仿宋印书局印.

[10] 丁福保, 周云青. 四部总录·天文编[M]. 商务印书馆, 1956.

[11] 杜云岩. 四书图考[M]. 石印. 北京: 鸿文书局, 1887年(光绪丁亥年).

[12] 自然科学史研究所. 中国古代地理学史[M]. 北京: 科学出版社, 1984.

[13] 王鹏飞. 中国古代对天气现象的观测和理论[M]//自然科学史研究所, 主编. 中国古代科技成就. 北京: 中国青年出版社, 1978.

[14] 乔治·罗斯特基. 美国电学、电子学二百年发展史(1976)[M]. 北京: 科普出版社, 1981.

[15] 朱炳海, 王鹏飞, 束家鑫. 气象学词典[M]. 上海: 上海辞书出版社, 1985.

祭母婶词

王鹏飞

我方出生母乏乳，母欲抱儿腕偏枯；
有婶有婶来就母，愿为儿母抚幼雏。
我饥我啼婶哺吾，我笑我跳婶娱吾。
婶有困兮母相助，婶有苦兮母相舒。
我渐长兮婶离母，虽相别兮心相孚。
一旦母逝婶来沪，迎骨禹陵避劫薮。
十载青灯诉悲绪，临终嘱嗣营双墓。
浩劫惊散同林鸟，春风重绿劫后树。
呜乎呼……，　　呼乎呜……。
母塚在越父在吴，婶墓遥遥难相顾。
愿我父母长相聚，愿我母婶长相护。
异域同天沫相濡，子孙俱茂国长固。

（摘自《天风海涛集》）

南宋范成大峨眉宝光记述的物理分析①

一、引言

范成大(1126—1193),字致能,号石湖居士。苏州人,南宋时杰出诗人。曾在淳熙二年(1175 年)任四川制置使、成都府路安抚制置使摄使事。淳熙四年(1177 年)春告病乞返浙江。得宋孝宗同意,在五月底离开成都。途中曾赴峨眉山一游,于六月二十七日(阳历 7 月 24 日)登峨眉山光明岩,当天及后一天曾连续见到宝光现象,并记录于其《吴船录》[1]一书内。这个记述是世界最早的详细描述宝光现象过程的文献,不仅有历史意义,而且有科学研究价值,我们在下面将对此作物理分析。

二、范成大观测峨眉宝光的地理条件

范成大 1177 年农历 6 月 28 日在峨眉山光明岩眺望后,曾记有下面一段话(范成大《吴船录》丛书集成初编,第十一页):

"岩谷岷山万重,少北则瓦屋山在雅州,少南则大瓦屋近南诏。形状宛然瓦屋一间也,小瓦屋亦有光相,谓之辟支佛现。此诸山之后,即西域雪山,崔巍刻削,凡数十百峰。初日照之,雪色洞明如烂银,晃耀曙光中。此雪自古至今,未尝消也。山绵延入天竺诸蕃,相去不知几千里。望之但如在几案间。瑰奇胜绝之观,真冠平生矣!……"

这一段话,事实上是介绍出现宝光的峨眉山所处的大地形背景。我们可以从地图上进行对照(见图 1)。峨眉山位于四川盆地西南角,为大相岭东端之高峰。它与西端主峰二郎山(3437 米)遥遥相对。大渡河自北向南,在大相岭之西与大雪山及其主峰贡嘎山(7558 米)为界,转而东西向在小相岭(主峰为铧头尖,海拔 4791 米)之北而东,在峨眉山之南、大凉山之北转向东北。与大相岭、峨眉山之北,及邛崃之南的青衣江相会。在乐山汇入岷江。将图 1 与范成大的话相比较,范文所指在雅州的瓦屋山,即雅安附近的"二郎山",它位于大峨偏西北方向。范文所说的"少南大瓦屋山,近南诏"指"贡嘎山",因为贡嘎山属大雪山,它南连横断山脉,并位于云南之北(即近南诏)。范文所说的小瓦屋山,指小相岭之铧头尖。据《峨眉山志》(1934 年)中"三峨即小峨,一名铧刃山"(民国许止净《峨眉山志》图说五十三,第十七页)。又四川话"瓦屋"二字连续,即成"峨"音。可见小瓦屋山即为铧头尖是没有问题的。范文指出,在小瓦屋也能见到辟支佛现(宝光的一种形式)。在峨眉山金顶一带及小瓦屋(即小峨)内能见到宝光,是与这里的大地理背景有关。这是因为横断山脉能将孟加拉湾的湿空气导向本地,使之在诸山脉间谷地飘渺成云。而峨眉山,北有青衣江,南有大渡河,东有岷江相围,水汽自江面蒸郁,常成云海,峨眉山壁立于四川盆地边缘达三千余米,在午后阳光照射

---

① 本文曾刊于《东西方科学文化之桥——李约瑟研究》2003 年。

的情况下，自然易出现宝光。铧头尖在群山间，出现宝光，常半在云海，半在山崖，呈辟支（即簸箕）状，也是合乎科学道理的。

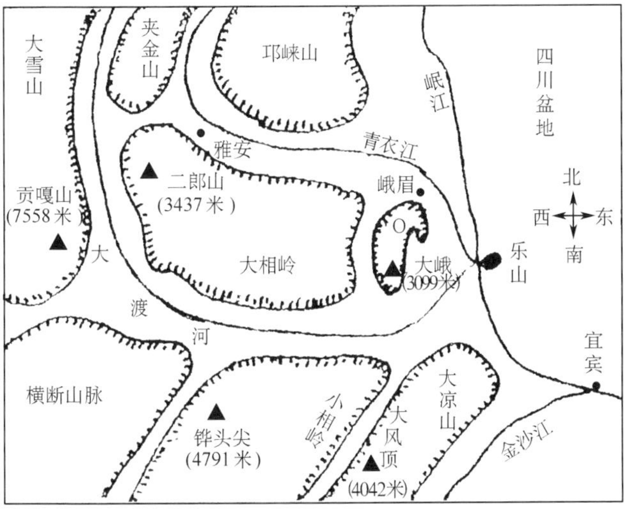

图 1　峨眉山四周大地形

乘成昆铁路在四川盆地西南边缘南驶，近峨眉时，向西仰望，往往山体上部迷蒙隐现，遥见三个类似飞蛾眉毛形之物，游离于山体之上。习惯称之为大峨、中峨、小峨，它们是指三个高峰，俗称大峨山、中（二）峨山、小（三）峨山。峨眉山金顶一带，高耸于近处，当仁不让，自然即为大峨。考虑到"瓦屋"连呼即成"峨"音，二郎山高度虽低于铧头尖，但因距峨眉山为 90 公里，而铧头尖距峨眉山为 125 公里，从峨眉山东边看，二郎山高度反高于铧头尖。因而二郎山（即瓦屋山）即为中峨，铧头尖（即小瓦屋山）即为小峨，但贡嘎山（即大瓦屋山），它虽然海拔最高，但因较远，整体为峨眉山所掩而不见。故大峨之名，遂为峨眉山所袭，而因其形似瓦屋，在范成大文中，仍保留大瓦屋山之名。由此可见，中峨、小峨均与峨眉山相距很远，它们的高度实际高于大峨（峨眉山）。过去有许多游记，误认为中峨、小峨，均属峨眉山中的丘峰，高度均低于峨眉山。如吴秋士《天下名山游》[8]中所辑明代敖英（正德时人）的《峨眉山》（上海书店，1982 印）内说"俯瞰大峨之腰，白云平铺，周遭一色，而中峨、小峨覆盖于下，不见仿佛……。"许止净《峨嵋山志》（1934）内"图说五十三"中说"二峨即中峨，高半大峨……，三峨距二峨 9 里，高半之"都是不正确的。

范成大在《吴船录》中所记的宝光都是大峨之光。是在峨眉山金顶光明岩一带所见。为了更方便地对他所记的宝光，进行物理分析。我们绘了两个金顶一带名胜分布图。其一（即图 2）为自东北方向向西南方观察的图，可以看出金顶壁立于四川盆地之上的雄势。其二（即图 3）为自西北向东南方观察的图，可以看出宝光在下午出现方位（偏东）与诸名胜的相对位置。请注意，在此两图中，均绘有"雷洞坪"的地名，它均位于大峨雄立的山壑的转折处。相当于图 1 中注有"O"字的地点，它是范成大所记出现宝光的云海发祥地，这一地点的重要性，我们将在以后作物理分析时再细谈。

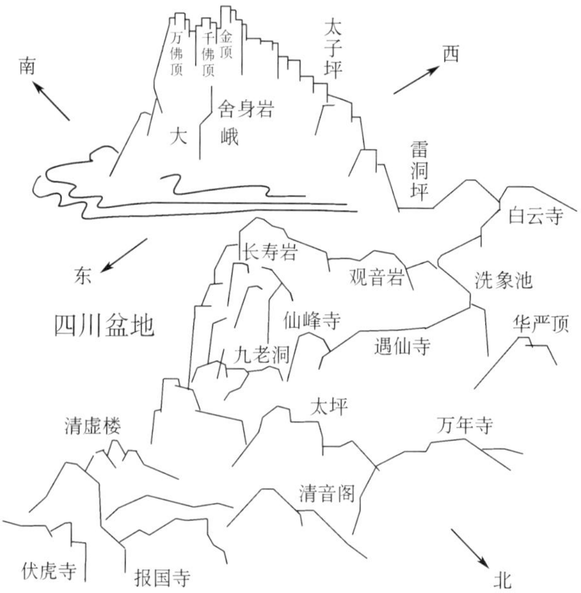

图 2　从东北向西南看的大峨形势图

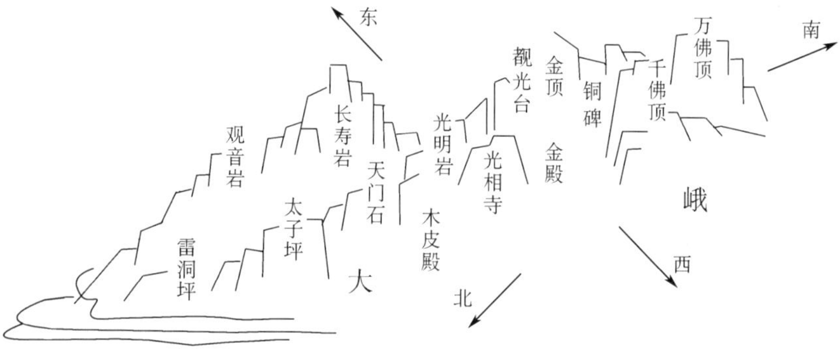

图 3　从西北向东南看的大峨形势图

三、范成大在峨眉山光明岩连续两天所见的宝光演变情况表

范成大是在 1177 年 7 月 24 日及 25 日两天下午在峨眉山光明岩见到宝光的，他在《吴船录》中详细记述了宝光演变的时刻和情况[2]。为了进行物理分析，我们试将其所记时刻化为现代的时间，并把各时刻的太阳高度角、方位角、方位及它们的对日点的高度角、方位角、方位等计算出来。并把它们与当时范成大所描述的现象，互相对应，列为一表，如表 1：

表 1 中时间栏内，凡范文原记有现象出现、变化及消失时辰者，均按原记时辰。但范文于现象连续变化时，每用“一碗茶顷”、“有顷”、“不久”、“食顷”、“须臾”等辞，无法肯定多少历时，就采用估计的时辰。至于时辰所相应之下午时刻，也只能采用时辰进行估计。

表 1　范成大 1177 年 7 月连续两天在光明岩所见宝光现象变化一览

月/日	时间 时辰相当下午时刻	太阳位置 高度角	太阳位置 方位角	太阳位置 方位	对日点位置 高度角	对日点位置 方位角	对日点位置 方位	现象
7/24	申(下午4时)	35.5°	94°	西偏北 4°	−35.5°	274°	东偏南 4°	雷洞山云行勃如队仗，到光明岩少驻，云头出大圆光(主虹)及杂色之晕(宝光)，数重倚立，中有水墨影(摄身光影)，若仙圣跨象者。
	申(下午5时)	23.5°	101°	西偏北 11°	−23.5°	281°	东偏南 11°	一碗茶顷，光没，其旁复现一光如前。
	酉(下午5.5时)	17°	104°	西偏北 14°	−17°	284°	东偏南 14°	有顷亦没，云中复有金光两道(不完整的主虹)，横射岩腹。
	酉(下午6时)	10°	107.5°	西偏北 17.5°	−10°	287.5°	东偏南 19.5°	日暮，云上光象俱没。
7/25	午(中午12时)	83°	0°	南	−83°	180°	北	氛雾四起，混然一白，现银色世界。
	午(下午12.5时)	88°	28°	南偏西 28°	−88°	208°	北偏东 28°	有顷，大雨倾注，氛雾辟易，即洗岩雨。
	午(下午1时)	73°	56°	南偏西 56°	−73°	236°	东偏北 34°	兜罗绵云复布光明岩下，纷郁而上，将至岩数丈辄止，云平如玉地，雨点有余飞。
	未(下午1.5时)	67°	66°	南偏西 66°	−67°	246°	东偏北 24°	岩腹有大圆光(主虹)，卧平云上。外晕三重(宝光)，每重有青黄红绿之色。光之正中，虚明凝湛，观者各自见其形，举手动足，影皆随形(摄身光)，不久均没。
	未(下午2时)	61°	76°	南偏西 76°	−61°	256°	东偏北 14°	前山风起云驰，复出大圆光(主虹)，横亘数山，尽诸异色，峰峦草木均鲜艳，不可正视。云雾既散，此光独明(清现)。
	未(下午2.5时)	55°	82°	南偏西 82°	−55°	262°	东偏北 8°	食顷，光渐移，过山而东。左顾雷洞山上复出一光，如前差小(宝光)，须臾亦飞行过山外，至平野间，在光明岩对面处，色状俱变，遂为金桥(主虹)，其两圮各有紫云捧之。
	未(下午3时)	48.5°	86.5°	南偏西 86.5°	−48.5°	266°	东偏北 3.5°	自午至未，云物(宝光)净尽。
	酉(下午6时)	10°	107.5°	南偏西 17.5°	−10°	287.5°	东偏南 17.5°	独金桥(主虹)至酉后始没

表 1 中太阳高度角 $h_{\odot}$ 及太阳方位角 $A_{\odot}$，是按下面两个公式求出的：

$$\sin h_{\odot}=\sin\Phi\sin\delta+\cos\Phi\cos\delta\cos\Omega \quad (1)$$

$$\sin A_{\odot}=\cos\delta\sin\Omega/\sin h_{\odot} \quad (2)$$

其中 Φ 为峨眉山的地理纬度，δ 为当时太阳赤纬，Ω 为时角。

太阳赤纬 δ 在春分及秋分时为 0°，在夏至为 +23°27′，冬至为 −23°27′。在 7 月 24 日、25 日为 +20°左右。

时角 Ω 以正午起算，每过 1 小时为 15°，即 $\Omega=15°t$，t 为下午时刻。故中午 $\Omega=0°$，下午 1、2、3、4、5、6、7 时，其时角分别为 15°、30°、45°、60°、75°、90°、105°。

而峨眉山的地理纬度为 29.5°左右，表 1 中太阳的高度角及方位角即按此作粗略计算而得，而对日点的高度角及方位角，则按它在太阳位置的相对天球一侧计算的。

有了表 1，我们就可以对范成大那两天所见的峨眉宝光的演变情况，有较清晰了解。由于 7 月 24 日的峨眉宝光较为简单，我们对 7 月 25 日的较复杂的宝光演变情况，据表 1 作了图示(见图 4)。

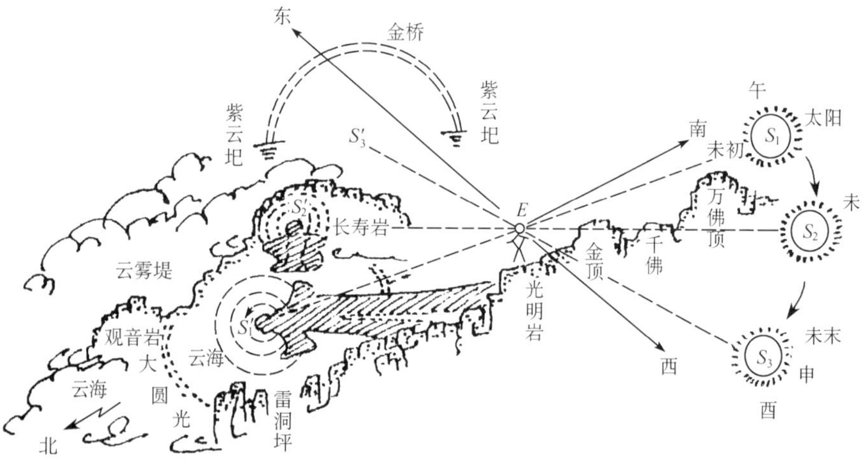

图 4　范成大 1177 年 7 月 25 日下午峨眉山光明岩所见宝光及摄身光的变化动态图

图 4 中，随着太阳自午、未至申、酉向西下降，其对日点相应自 S_1'、S_2'、S_3'向东上升，宝光则作相应变化，由峡谷云海移到覆盖诸峰再变为金桥，其摄身光影形状也发生变化。当时范成大则位于光明岩 E 处进行观察。

有一点必须指出，在范成大原文中，7 月 25 日下午出现清现以后有一段话说："食顷，光渐移，过山而西。左顾雷洞，山上复出一光。如前而差小，须臾亦飞行过山外，至平野间……。"这是说光象两度过山而西移，(范成大《吴船录》丛书集成初编第十二页)但是根据我们对日点位置的计算，其方位却自东偏北 14°变为东偏北 8°。东偏北的度数减少，即意味着光象在趋向偏近东方。另外，在光明岩远眺，过山外向平野方向看，也意味着向偏东方向看。因为峨眉山东方隔观音岩及长寿岩远望，是四川盆地。反之，如向西望，则为重岭叠翠、远峰戴白的高原峻岭，见不到平野。因此光象两度过山移向平野，肯定是向东移而绝非"过山而西"。因此我们为改正范成大原文中的误记，在表 1 中"现象"栏内，记为"过山而东"。在图 4 中，由于是按对日点位置而画光象的，故光象的方位变化，是渐渐过山偏东，十分自然。

至于图 4 中摄身光的形状变化，则是按它的背景视云海或云雾堤的不同而绘制。以后我们还将解释，这种不同的绘法，正符合摄身光影的形状规律，且与范成大文中所描述的吻合。

四、我国古代宝光术语的诠释

在范成大《吴船录》中记峨眉宝光时，曾用各种术语，它们是“大圆光、小现、辟支佛现、银色世界、兜罗绵云、晕、摄身光、大圆相光、清现、光相、金桥、收岩、洗岩雨”等。（范成大《吴船录》丛书集成初编第十一至十二页）又许止净《峨眉山志・光灯》中也提到一些术语，如“水光、童子光、佛现鸟”（许止净《峨眉山志》威应灵异・光灯第八页）等。将这些术语进行诠释，有利于加深对范成大描述之宝光变化的理解，当然也有利于对这些宝光演变过程的物理分析。

1. 大圆光　指与宝光伴存的“虹”或“44°晕”之类的大光环。

2. 佛现　指伴有“摄身光影”的宝光出现。“佛”即指宝光中出现的“摄身光影”。

3. 佛现鸟　范成大宝光文中，未提到佛现鸟。明大学士胡世安《登峨眉山道里记》说“当（宝）光欲现时，有小鸟如鸲鹆，飞去岩头鸣，僧译其语曰：“佛现困、佛现”。游人或掌粟，鸟亦就掌食粟而去……”（许止净《峨眉山志》全山形胜第二十二页）。明四川巡抚廖太亨《佛现鸟赋》说：“爰有神鸟，状类伯劳，衣浣玄水，喙啄赤霄（黑毛红嘴），绀绿丰颔、羽点文苞（颈毛红赤、羽有点纹）。作锦衣之飞使，报虹采于神皋”（许止净《峨眉山志》全山形胜第二十六页）。清川湖总督蔡毓荣《游峨眉山纪》说：“无何，两佛现鸟如鸲鹆，依人衣袖间，鸣曰‘佛现、佛现’忽大云中现五色光，或黄或赤、或紫或绿或碧，轮困蓬勃，如太极晕、如大圆镜，光彩射人。重重摄入。大众欢呼，叹未曾有”（许止净《峨眉山志》威应灵异第十页）。清四川督学江皋《游峨山记》有“内殿钟鸣，报佛光现矣，急趋观佛台，凭栏俯视，兜罗绵云布岩下，渐滚滚与岩平，闪烁飞动，银浪千层，横铺玉地。有光若车轮从云头涌出，圆晕数重，五色炫射……”（许止净《峨眉山志》威应灵异第十页）。许止净《峨眉山志・光灯》，说“佛光未发时，有鸟先飞过作声曰‘佛现了、佛现了。’已而佛光果出。此（鸟）类雀而稍大，只有二枚鸟，别无种类。飞入佛殿常就僧食，但不见有长育耳”（许止净《峨眉山志》威应灵异第八页）。既然这种鸟出现时飞入殿内，能与人亲近，在人衣袖间或由游客或僧人饲食，当然属于驯养者。当僧人见有兜罗绵云渐铺成云海时，知宝光将出，就一面鸣钟集游客观察，一面放这种鸟雀出来，并将其鸣声故意谐音为“佛现”，神化此鸟，吸引游客。

4. 晕　我国古代对光象并无公认的严格定义。范成大所谓的晕，并非现代气象学中出现于冰晶云上的彩色光象。而却是指内紫外红，彩色而环绕人影的宝光环，这种宝光环常数重同心地出现。

5. 摄身光影　指出现于彩色宝光环内的观察者的暗色身影。系日光将观察者的影子射在云雾幕上而成。

6. 小现　指不完整的宝光现象。例如范成大记录中曾说：“云中复有金光两道，恒射岩腹，人亦谓之‘小现’。”

7. 光相　泛指光的形象，即光学现象。但范成大诗文中所用光相一词专指宝光现象。

8. 银色世界　指云气雾氛四起，在阳光下叠相反射，将周遭照得光亮夺目时称之。

9. 洗岩雨　指宝光产生前出现的能淋湿山岩的大雨，其形成原因将在本文以后说明。

10. 兜罗绵云　指布满岩壑的云海。在阳光照耀下，宛如玉地，云面也有如水波、如伞盖、如楼台等形状的，多为层积云性质。

11. 辟支佛现　辟支佛现可以有两种理解：其一是根据《辞源》的解释来理解。《辞源》的“辟支佛”条说：“辟支佛为梵语，亦称辟支。全名避支迦佛陀。旧译缘觉，新译独觉。不逢佛世，独自能悟曰独觉……。”宝光中的摄身光影，常认为佛之显灵。无佛自悟，即曰独觉，即辟支。则辟支佛现当指不出现摄身光影的彩色光环，但是没有摄身光影的彩色光环，既可能指宝光，也可能是虹霓或对日晕，必须有更细致的描述来判断。否则不能贸然肯定它一定是宝光。

其二，据许止净《峨眉山志・感应灵异・光灿灯》说：“佛光……如箕形者曰辟支。”因“簸箕”之谐音为“辟支”。箕形者，簸箕形也，呈三面有边，一面开口形状，它是可以扫入粒屑状物的器具。因此辟支佛现应指宝光一半投影于竖直云堤侧面，一半投影于平铺云海面，中间有一个弯折处。范成大文中说，小瓦屋山上可以见到辟支佛现，当指这第三种光象。

12. 清现　指光相似不依于云而出现(即在光相出现时，似背景无云)，谓之清现。范成大文中，清现时的光相为大圆光，即指主虹。

13. 水光　明胡世安《登峨眉山道里纪》说：“白色无红晕者，曰水光。”这一般是指雾虹。

14. 童子光(铙钹光)　头影及身影出现于宝光中，似钹钮及系于其上之帛。影外多重宝光犹如有纽之钹。总体(即宝光及身影)如一副金钹中的一片，故称“铙钹光”。此钹两片相击，可发铿锵乐声。但此钹纽及纽帛又像一个童子脑后一绺散发，其发根附近打了一个大结。而宝光则像一具无顶草帽大檐，发结穿过帽顶将大草帽檐固定在头上，以便遮阳，而散发则在帽檐外飘荡即为摄身影。因而又称为“童子光”。

15. 金桥　指圆形主虹的上半部分，好像一座桥的样子。它色彩鲜艳，故称金桥。又范文见到金桥，由于已在傍晚，日光斜射，将阳光的短波部分散射掉了，所以形成的虹多呈红色。这也是称为“金桥”的一种理由。

五、范成大峨眉宝光记录的物理分析

范成大在南宋淳熙四年(1177年)五月二十九(即6月27日)离开成都，开始回浙江去。他将沿路见闻都记录在《吴船录》一书内，书名是按杜甫绝句“窗含西岭千秋雪，门泊东吴万里船”的后一句命名的，其峨眉山见宝光的情况，亦记于此书中。

在该年六月癸已(二十五日，即7月22日)他出峨眉县西门去峨山，次日(7月23日)“宿白水寺，因大雨不可登山”(该日山顶曾“雪大降”)。7月24日(乙未)天大晴，早上5时后(卯初)登山。经点心山、骆驼岭、胡孙梯、雷洞坪、八十四盘、洗脚溪。下午4时许(申后)方到峰顶光相寺(在金顶附近)。

1. 分析范成大见宝光的季节和时间

范成大登峨眉山是在阳历7月下旬。那时正值长江流域盛夏季节，梅雨已过，川西南位于孟加拉低压东缘，盛行西南气流，有孟加拉湾湿空气不断输送。这种湿空气在盛夏高温情况下，含水汽的容量特高。峨山位于西藏高原东侧，孟加拉湾湿空气自印度洋经中南半岛向川西南迸发，一路攀升，其相对湿度就不断增大，添雾增云的潜力很大。但长途跋涉，时有降水，且峨山在四川盆地西南，已属背风坡气流下沉之地，渐渐不利于成云。

幸而在盛夏中午及下午，太阳辐射强烈，峨山的偏东偏南山坡，受日晒较烈，造成强烈的上坡谷风。这些谷风携带大渡河、金沙江、岷江、长江的水汽，与孟加拉湾来的西南气流作局地气流性辐合。阻止了孟加拉湾气流在背风坡的下沉变干的可能。增大了谷风上升之势，反而有利于峨山发育出形成宝光所需云雾的机会。因此在《峨眉山志·光灯》中说："放光（即出现宝光）时，每在卓午，先有兜罗绵云布满岩壑，宛如玉地。"而范成大在峨山连续两天见到宝光的时间，也都在7月下旬的下午及中午。

2. 分析范成大所说的兜罗绵云的源地

范成大指出，兜罗绵云（云海）的源地是雷洞坪。他说："凡言坪者，差可托足之处也。雷洞者，路左深崖万仞，磴道缺处下瞰，则沉黑若洞然。相传下有渊水，神龙所居，凡七十二洞。岁旱则祷于第三洞，初投香币不应。则投死彘及妇人衣、敝履之类，以杖触之。往往雷风暴发峰顶，光明岩上所谓兜罗绵云，亦多出于此洞。"（范成大《吴船录》丛书集成初编第十页）

他在7月24日下午申后（4时许）见到宝光所出现的云，亦出现于雷洞坪。他说："人云佛现悉以午。今已申后，不若归舍，明日复来。逡巡，忽云出岩下傍谷中。即雷洞山也。云行勃勃如队仗。既当岩，则少驻，云头现大圆光……。"（范成大《吴船录》丛书集成初编第十一页）

明胡世安（大学士）《登峨眉山道里纪》"梅子坡攀援而上，有胡孙梯，崱屴（高峻陡峭）百转，素云冉冉不绝，道傍一殿曰白云。从此仰望，山脉作三支。自初喜亭至是，晦明风雨。山椒时时与山足绝不雷同，气候攸判矣。自白云殿顺行，古木连蜷，荒烟岭樾中，殷殷作砰訇声者，雷洞坪也。风雨雷电，自下倒射。路绝，夤缘巨石阜列，岫途曲通。濒岩有雷神殿，路竖铁碑，禁人语。相传下有七十二洞，云涛布濩，若妒罗绵，兹洞其聚族处耳……"（许止净《峨眉山志》全山形胜第二十页）。这篇文章可与范成大文相互对照看。

可以看出，胡世安上峨山到雷洞坪的路线与范成大是相同的，都是从峨山东侧攀胡孙梯而上，只是胡世安的记载更细致些，是从白云殿上到雷洞坪的，白云殿位置可参看本文图2（即白云寺）。从白云殿而上，可见路分三叉（即胡文所谓从此仰望，山脉作三支）见图5。其向北一支（OC）入峨山内境，其他两支：一支向南经观音岩而到九老洞（OD），另一支向西回南而到光明岩及金顶（OE）。雷洞坪即为此三支路交汇处O点。雷洞则在OD及OE两支路间夹谷G的近O处的深崖F。范成大是沿OE一支走的，所以说："雷洞者，路左深崖万仞，磴道下瞰，则沉黑若洞然。"

范成大说："兜罗绵云，亦多出此洞。"胡世安说："色若妒罗绵，兹洞其聚族处耳。"都说雷洞是云海的发源地。从气象学观点看，他们的说法都很合理。实际上都是当地群众从实地观察所得出经验的判断。

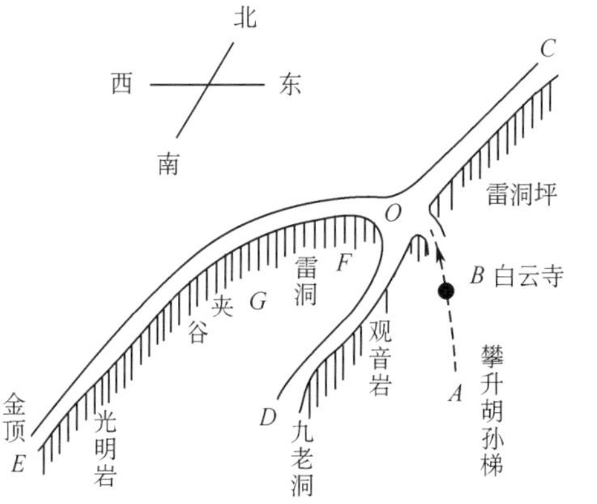

图5　雷洞坪在白云寺上方的三支路交汇点

如前所述，峨山在盛夏7月下旬中午及下午谷风与来自西南的孟加拉湾气流汇合向北，为峨山向南谷口所挡，如图5所示。OE及OD

间的山谷 G 把南来气流诱入。当气流到达 F 处绝壁时,已无法前进。后继的气流迫使这些深入的空气无法回头,只得被迫上升。当然这些空气是充满水汽的,处于潜在不稳定状态。在被迫上升时,它的潜在不稳定性被释放出来。首先上升造成绝热冷却,使水汽凝结放出凝结潜热,而升温。结果使它与其上方空气间出现不稳定温度梯度,形成对流。由于强烈的对流主要在山谷尽头的 F 处产生,而此层的厚度在一二公里之间,呈郁结爆发状态。所以就会很快产生成云降水及雷电现象。在 F 处,三边为悬崖峭壁,后面及上方为云层厚覆,光线难以透入。所以范成大描述说:“雷洞者,路左深崖万仞,磴道下瞰,则沉黑若洞然。”由于雷声发于山谷内,云雨亦自山壑中升起。所以胡世安说:“风雨雷电,自下倒射。”有时该处空气层结正处于临界的稳定度状态。一旦有轻微震动,即能启动不稳定机制,并激发出雷暴。这种现象,曾在古代为该处群众所经历。所以胡世安说:“濒岩有雷神殿,路竖铁碑,禁人语。”范成大说:“岁旱则祷于第三洞,初投香币,不应,则投死彘及妇人衣、敝履之类,以杖触之,往往雷风暴发”(范成大《吴船录》丛书集成初编第十页)。这是因为投物或发声,都能造成空气轻微震动,可以触发不稳定机制。又 F 处既常有雷雨,那么其下往往被雨水冲激成大小不等的许多水潭,而且我国古代有龙为云雨之神,求雨需赴龙潭的传说。因而范成大文中有:“相传下有渊水,神龙所居,凡七十二洞,岁旱则祷于第三洞”等语。

对流发展到峨山上部,因崖壁渐开阔,云体进入谷风环流的回流部分。这就使在 F 处形成的爆发性云体,向山谷开口方向弥漫,形成铺向金顶方向的层积云性质的云海。于是,从光明岩面东向左方看,云海似以雷洞坪方面为源而充塞崖壁,如潮般向南排涌,云面起伏。时有突起,但亦渐趋平伏。在阳光照耀下,云顶突起处如伞盖楼台,平伏处如玉地,形成兜罗绵云(云海)。

这就是范成大和胡世安等把雷洞坪视为兜罗绵云发生之源的原因。

3. 分析范成大 7 月 24 日所见的宝光演变

雷洞坪海拔约 2500 米,自雷洞坪到太子坪,需爬 300 多米陡坡,此陡坡上风速很大,气温在此高度差中下降也快,范成大曾描写他穿了二层棉衣,外加皮毛衣,脚穿氈鞋,戴厚帽,还觉冻颤,只好在到达山顶后,烧炭拥炉而坐。他还在山顶煮米饭,却良久不熟,这是那里气压过低所致。

他在下午 4 时许登上金顶附近的光相寺。寺内十几间板屋中有一个普贤小殿,用树皮做屋顶,附近的光明岩是观察宝光的处所。他在普贤殿上点了一炷香,希望能见到宝光。但后来听人说“佛光大多在中午左右出现,此刻已是申后(下午 4 时许),不如宿一夜明天再来。于是犹豫起来,正在此时,忽见岩下旁谷即雷洞山附近,出现了云。这些云像队伍一样,携带了高高低低的仪仗,雄气勃勃地漫延过来。到了光明岩,作稍稍驻留,就在云头上出现大圆光。圆光内部有好几重彩色的晕环。它们倚着云壁,与范成大等相对而立。在晕环中部出现“有水墨影若仙圣跨象者”。

(1) 25 日宝光出现时间延迟的原因

为什么那天(7 月 24 日)宝光在光明岩出现的时间,不在中午左右,而迟迟到了下午 4 时许呢?我们前面已指出,在 7 月 23 日,峨眉山大雨,且山顶曾降雪。范成大未能登山,宿白水寺。7 月 24 日宝光推迟到申后方出,是与这场雨雪有关系的。这是因为山的下半部下了一场大雨后,岩谷林木中水分充沛。24 日上午天气晴霁,新进入岩谷的空气较干,要将岩谷林木中水分化为蒸汽,参加到新进来的干空气中,使之具有湿不稳定性,需要一定的太阳热力,因而要花费较长时间。这就使雷洞坪处上升的空气到午后气温最高的三四点钟后,方能释放出不稳定能,迸发对流凝结作用,于4时左右方形成翻滚的层积云,并从那里向南方山谷开口方向源源供应。范文中所谓“云行勃勃如队仗”,正说明云层带有对流不稳定性,顶面有不规则分布的凸起,且高低形状不一,犹如队仗。

(2)大圆光杂色晕及仙圣跨象之出现

当层积云向光明岩平衍过来时,其中有些凸起,已升近谷顶,形成云堤。使当时对日点,处于云堤侧面。这样,在光明岩观察的范成大,就能看到“云头现大圆光(主虹)”。还可看到“杂色之晕(即宝光)数重,倚立相对”。这些宝光,当然与大圆光(即主虹)都是以对日点为中心而产生的。由于主虹与宝光是同心的,一般主虹有42°半径角,而宝光半径角都远小于主虹,所以主虹就被称为大圆光。另外,由于这些主虹与宝光都出现在与光明岩高度相近的云堤侧面上,侧面近乎铅直,所以说主虹及几层宝光环是与范成大呈“倚立相对”的形势。

范成大这时不仅见到主虹及几重宝光,还见到了宝光之中出现的“摄身影”。他说:“中有水墨影,若仙圣跨象者。”这实际上是阳光把范成大身影投射到云堤靠近对日点处所成。

下午四五时的太阳高度角约为20多度到30多度。太阳光将范成大背后低于其腰股的山岩影子,也投影在稍低于光明岩的云堤上,这个岩影掩盖了范成大腰股以下的腿脚影。看起来,影子好像一个人骑在一个动物上。由于峨眉山是普贤菩萨显灵的道场,普贤的传说是骑象的。因此人们立刻会误会到“仙圣骑象”。此外,因为对日点一般呈虚明之状,而摄身影一般是暗灰色的,边缘不明显,所以很像中国传统的“水墨画”。

(3)宝光没而又现,现而复没的原因

当时云海向谷口扩展的速度较快,太阳在空中移动的较慢。所以云面某一凸起云堤往往很快移出对日点附近,以致其上的主虹及宝光和摄身光会消失不见。但云面后一个凸起,却接着进入对日点范围。这种云堤进出对日点附近的情况,可以多次出现。所以宝光现象也可以时有时消。范成大文中说:“一碗茶顷,光(宝光等光象)没(消失)。其旁复现一光如前,有顷亦没。”其原因即在于此。

(4)“金光两道,横射岩腹”之分析

到了下午五时半以后,云海的起伏因太阳热力减弱而趋于和缓,又因太阳高度角降低而使对日点抬高。所以往往对日点处于云海以上,宝光难以呈现于云海表面,主虹的上部也因无云堤而不能出现,主虹下部则因光明岩岩影较高而无从见到。只能呈现主虹在山谷内云海上的左右两段,这正符合范文所说的“云中复有金光两道(不完整的主虹),横射岩腹”。

此后太阳下山,云层消沉,光象就逐渐不见了。

当夜范成大又见到光明岩下有“圣灯”山现。从他的记录上有“乙夜(即二更天,或夜约10点钟)灯出,岩下遍满,弥望以千百计,夜寒甚,不可久立”。圣灯是范成大前些日子登青城山上清宫,夜间下眺山谷时也曾见过,那是一种磷火现象,与宝光不是同一种现象,这里就不加以讨论了。

4. 分析范成大7月25日所见的宝光演变

7月25日,范成大又登光明岩眺望。将近中午时,他按“人云,佛现悉以午”的说法,就到普贤殿致祷。正在此时,迷雾四起,在阳光照耀下,混然一片白,当地和尚告诉他,这叫“银色世界”。

(1)“银色世界"的形成原因

事实上,这是因为当时光明岩前谷中空气,其层结的潮湿不稳定性强烈。在地形及热力抬升下,对流凝结成云,并向上翻腾,使云海弥漫于光明岩周围及上空。那时太阳位于天顶偏南10°左右,阳光射向谷中云海上半部不同部位,并以不同方向及不同反射角反射出来,再与其他云海表面接触,辗转反射,从各个方向进入光明岩上人目。使人看到不论上下远近包括谷中都是白茫茫一片,像银色世界。

(2)“洗岩雨”形成的原因

当时气流上升很猛,其升力大于云滴的重力,因此使大小云滴,均行上升。但空气的对流强度变化很快,大云滴运动的惯性大于小云滴。因此当运动速度一变,大小云滴就会碰并增大,形成雨滴,这些大雨滴就能克服上升气流而下降,并洗涤岩谷。而且由于云滴碰并,数密度减少,大云滴碰并成雨滴下降。所以出现范文所谓的“有顷,大雨倾注,氛雾辟易”的现象,这时的雨就是和尚们所称呼的“洗岩雨”。

(3)洗岩雨为什么能预兆宝光出现?

和尚们曾说,出现“洗岩雨”后,“佛将大现”,“洗岩雨”是出现宝光现象的先兆。这是为什么呢?

原来当光明岩处于“银色世界”阶段,上升气流已漫过光明岩上方,光明岩处于云雨滴混杂的包围之中。但此时正是上升气流强度与大雨滴重力相持阶段。不久雨滴因碰并更加增大,克服了上升力而下降,于是减弱了上升气流。这样使云层顶部只能位于光明岩下谷中,形成了由层积云组成的云海,平铺如玉地,即呈兜罗绵云状。而在光明岩上方,能见度转好,仅有稀疏的降水残滴在翻飞坠落,不再是云雾弥漫现象。这时,阳光一方面可充分照耀云海上方飞飘下坠的雨滴上,一方面也可照耀到云海中的云滴上。当时由于洗岩雨的下降,云中雨滴已很少,多属大云滴及小云滴,其直径多在1～80微米间,即在层积云云滴尺度范围内,而雨滴的直径可大达7000微米。但飘忽下坠的毛毛雨,则直径在1～1000微米之间。我们认为主虹主要是阳光射到云海上方飘忽下坠的残雨滴上,经二次折射,一次内反射而成。这种主虹,因水滴直径近乎1000微米,故不仅内紫外红,而且绿色很明显。其虹角半径为42°左右,是环绕对日点的[4]。至于宝光,则必须阳光通过在雨滴或大云滴内2次、37次内反射,再发生水滴表面波形成与入射阳光反方向的后向电磁波散射。此后向散射光再通过小云滴的衍射后进入人目而成。由于一般云体,其表面云滴,因与外界干燥空气相邻,易于蒸发,所以粒径较小。而在较内部的云滴,因上升力尚强,尚有乱流碰并现象,所以粒径较大。这样,谷地云海表面多为小云滴,内部则有大云滴。太阳自云海表面入射,通过表面小水滴而在其稍内部的大水滴上发生2次、37次内反射,转化为后向散射。再通过云海表面小云滴或小云隙的衍射,然后才能在人目显现出多重宝光的衍射光象。这种宝光,也是以对日点为中心的光环,内紫外红[3]。应当指出,这种宝光环的出现,与光明岩上飘忽一下坠的残雨滴无关。因为从残雨滴中出现的后向散射,虽可进入人目,但无小水滴使它发生衍射,所以不能形成宝光环。

但宝光形成理论指出,阳光射到云海中大水滴表面,经过大水滴表面反射,再通过云海表面小云滴或小云隙也可出现宝光,而阳光在透过云海表面小云滴衍射而成的华,再在云海内部被大云滴表面反射入人目,又是宝光形成的途径之一。因此我们笼统言之,范成大所见的宝光,是阳光在云海内大水滴和云海表面小水滴的共同作用下形成的[3]。

可见,由于“洗岩雨”的出现,使云层从弥漫光明岩变为下沉到光明岩下谷中,形成兜罗绵云(云海)。而在光明岩上,尚有残雨飘坠。这样,飘坠的残雨滴在阳光照耀下出现的主虹(大圆光),及兜罗绵云表面的小云滴或云及稍内部的大云滴对阳光所行施的光学作用而形成的宝光,都得以在人目中显现。这就是“洗岩雨”成为宝光出现的先兆的原因。

宝光一般角半径角在20°以下,可呈数重,都是包围对日点的。它必然也与主虹同心,处于主虹之内部。主虹之所以称为大圆光,是相对于宝光为小圆光而言。宝光的色彩排列每环亦与主虹相同,即内紫外红。前面指出,主虹中绿色较明显。所以范成大在描述大圆光与晕(宝光)的色彩时说:“每重有青黄红绿之色。”

(4) 摄身光的试验

从表1中可知,当时太阳的高度角为67°,其方向在南偏西66°。而对日点高度角为−67°,其方向为东偏北24°,应在光明岩前谷中云海处。范成大站在光明岩上,它的身影正好被映在云海面上,和尚告诉他说,这叫“摄身光”。由于宝光的衍射中心区为亮区,这个亮区中叠加上称为摄身光的身影,所以有着较明显的对比度。范成大认为“光之正中,虚明凝湛。”既然范成大把这摄身光象,不像昨天(24日)称之若“仙圣跨象”,而认为是影子。所以他和同时在光明岩的人,就用“举手动足”的办法进行试验,果然发现“影皆随形”而产生动作。这进一步证明了各人所见到的是自己的影子(“各人自见其形”)。

(5) 摄身光“各人自见其形”的原因分析

但是“各人自见其形”,是否意味着各人不能从摄身光中见到与自己站在一起的旁人的影子呢?

据王鹏飞研究,“各人自见其形”是因为影子是阳光将人影投射到有许多水滴组成的云雾表面所致。云雾表面的水滴群,仅其许多向阳的半球被影子所遮。而影子最浓处,都在这些半球最凸前的一小块面积。因为那里几乎是正面受影,而半球的其他部分,受影愈来愈斜。不仅单位面积受影较稀,且可接受到天空散射光较多,所以影子浓度渐淡。在半球的大圆处,因与阳光来向垂直,因而不受身影所掩。整个身影,就是这许多受影小滴上的阴影组成。而每个观察者,在看自己的影子时,也是以自己正前方的影子最浓,愈偏离自己之正前方,所见影子愈淡。淡到一定程度后,就见不到自己的影子了。这是因为那时目光所及已接近云滴受阳面半球的大圆,那里已不受影子所遮。一般说来,站在旁边的人,他在云雾表面的正面投影。从范成大的眼睛来看,要偏离自己的正前方较远。因而范成大所能见到的,不是旁边的人正前方受影最浓处,而是该人正前方水滴受影半球的接近大圆部分。因而就看不到旁边的人的影子,这就是“各人自见其形(影)”的科学道理[5]。

但是如果旁边的人站得十分接近观察者的身体,甚至部分重叠,观察者也是可以见到旁边的人的身影及其动作的。例如前一天范成大见到“仙圣跨象”的摄身光,如果旁边的人位于这只“象”的位置,则其影子和动作,肯定也是能见到的。这就突破了“各人自见其形(影)”的传统看法了[5]。

(6)“未初”摄身光影与“未中”摄身光影应有不同特点的分析

回过头来,我们参看本文图4。可以看到在“未初”的摄身光影,头细足宽,整体颀长。而在“未中”的摄身光影,如端坐佛象,通体匀称。这种不同,在范成大文中,并未详述。但它们的这种不同,是摄身光出现于不同背景云况的应有特征。图4是按这种特征来作图的。

根据王鹏飞对飞机宝光中摄身光特征的研究得出摄身光形状与人云距的关系规律为："人云距愈远，影子就愈显得细短；人云距愈近，影子就愈显得粗大。"其中所谓"人云距"，即人与影子的距离[5]。

范成大25日未初(下午约1时半)见到的宝光，是在光明岩前谷中的云海表面。影子的头部距范成大远，影子的脚距范成大近。这自然会出现摄身光头小，腿长、脚大，且下半身比上半身为粗宽的这种形状。但范成大在该日未中(下午约2时半左右)见到的宝光，出现于雷洞坪山的云堤上，影子整体上下与光明岩范成大间的距离，几乎相等。从而影子就显得整体较为匀称的样子。

(7) 前山风起云弛，为何宝光消失，复出主虹？

范成大文中说："前山风起云弛，复出大圆光(主虹)，横亘数山，尽诸异色。峰峦草木均鲜妍，不可正视，云雾既散，此光独明。"

这是约在下午2时的情况。那时正当下午对流最强之时，云体升腾，漫出前山，因高度增高，风力加大，就将云吹疏。云外干空气就混入到云内来，大大减少云内的湿度，并促使云中小水滴因蒸发而消失，只留下一些未蒸发消失的大水滴。云中既然失去了小水滴，所以对光线就起不了衍射作用。这就使依靠衍射才能产生的宝光现象，无法形成，只能出现由云中大水滴的折射与内反射作用而产生的主虹。由于主虹的角半径远大于宝光，所以被称为"大圆相光"。

因为小水滴蒸发消失了，云内影响能见度的因子大大减弱，使视界大觉澄朗。一部分扫过前山的大水滴把岩石树木，洗得光润夺目。留在空中的大水滴起到了产生鲜艳的主虹的作用。这样润泽的山岩草木，其上残留的水珠，在能见度良好的情况下，闪闪地反射阳光，与彩虹的色彩，交相辉映。从而出现"大圆光横亘数山，尽诸异色。"且"峰峦草木，鲜妍绚茜"，"云雾既散，主虹独明"的"清现"现象。

但是这个大圆光，为何竟能"横亘数山"呢？

这是因为在下午2时左右，云海上涨。云堤虽已上涨到光明岩东北方诸山之上，但仍在光明岩以下。加之太阳高度角已比下午1时半时向西稍趋低倾，所以对日点位置也随之向东抬高，并处于云堤的侧面。此云堤内既多为大水滴，不产生宝光仅产生主虹。这主虹既产生云堤一侧，角半径较大，约为42°。所以其投影就可笼盖山谷对面诸山。这就是大圆光能"横亘数山"的原因。从表1可以看出，这时的对日点高度为−61°，方位角东偏北14°。

(8)"光象东移"的分析

范成大文中指出："食顷，光(指上述大圆光，即主虹)渐移，过山而东。"又说："左顾雷洞山上，复出一光，如前差小(宝光)，须臾亦飞行过山外，至平野间，在光明岩对面处，色状俱变，遂为金桥(主虹)，其两地备有紫云捧之。"

这里，我们必须建立一个概念，即虹霓宝光的形成虽然与云雾性质、方向即对日点的位置等有关，但是这些光象的移动，却主要系对日点的移动，而不是云雾的移动。可以肯定，如果对日点位置不移动，则即使云雾移动很快，只要仍能出现虹霓和宝光，则这些虹霓和宝光的位置，也是不会变化或移动的。所以范成大所谓的大圆光及宝光的向东移动，应反映在对日点的向东移动。为了检验这个判断，我们可以从表1中，摘取25日下午2时、2.5时及3时的对日点方位，它们分别是东偏北14°、东偏北8°及东偏北3.5°。这就是说，当大圆光(主虹)在东移的半个小时内，对日点的位置在东偏北方向减少6°。而当宝光东移的半个小时内，对日点位置又在东偏北方向减少了 4.5°。它们分别是在东偏北方为每小时减少 12°及每小时减少 9°，说明的确这些光相在很快向东移动。由于光明岩谷外的群山外，是四川盆地。因此，这些光象的确在向山外平野移动。

(9) 下午 2.5 时，雷洞山出现的为什么是宝光？它在飞过山外到平野为什么会变为金桥？

范成大文中说：在约下午 2.5 时，“左顾雷洞上复出一光如前差小，须臾亦飞行过山外。”当时范成大是面向东方向谷外观察主虹在过山而东，他说雷洞山复出一光。从图 4 看，雷洞坪正好在他的左边。我们知道雷洞坪一带本是云海的发源地，那里有新的层积云产生并向谷口延展。这种新生的层积云，其中既有大水滴，也有小水滴。按理它既能产生宝光也能产生主虹。但是当时范成大文中，前一在山外的主虹已不提及，仅说新出现的光环“如前差小”，这一“前”字，说明山外的主虹已消失了，又未说雷洞坪的主虹出现，可见当时仅只出现宝光环。而宝光环的特征在于环半径远小于主虹。

前一主虹之所以当时已消失，估计是因为山外相对湿度较小，云中大水滴已蒸发变小到不能产生主虹。而雷洞坪方向只出现宝光，未出现主虹，则估计雷洞坪与当时对日点之角距不大于 40°。如果当时对日点方位为东偏北 8°，则雷洞坪的方位新出现的云不能超过东偏北 48°。因而不可能出现主虹环，而只能出现宝光（如果原山外的主虹不消失，而雷洞坪方向的新云超过东偏北 48°，则出现的主虹应与山外主虹连成同一主虹。因为对于同一对日点来说，同一时刻只能出现一个主虹）。

那么这一宝光，为何飞行到山外，又会变为金桥呢？这当然是因为对日点向东向上移动。在山外因相对湿度较低，形成宝光的小水滴蒸发，而所余之大水滴尚有产生主虹的条件。可见从谷中到山外，在这一天，多次成为“宝光消失，主虹出现”的关键区。

但是为什么这最后的主虹，不再是一个大圆光而形成金桥呢？

这是因为山外空气较干，凝结高度较高。云底到山外，就会抬高。这样就会使主虹环的下半部无法出现，而仅出现上半部。这个弧形主虹，两端位于云底。由于这是层积云，云底凹凸起伏，所以往往呈现出托举虹端的云块。如果把主虹看作桥形，则云块就像桥圯。

桥而称金，显得富丽堂皇。由于当时层积云的水滴较大。对于主虹来说，水滴愈大，其中色彩愈丰富鲜艳。因此范成大就将这条内紫外红的主虹，特以“金桥”名之。而层积云底接近主虹两端的云块，因为云厚色暗，近乎紫色，所以称为“紫云”。

金桥形成时，约在下午 3 时许（未末）而宝光则从此时以后，就不再出现。这座金桥，范成大说，直到酉后（即到下午 6 时以后）方才消失。那时天色已近落暮，太阳高度角在 10°以内，太阳已近乎地平线，阳光要射向层积云中水滴，必须经过很长的空气光路，其中短波辐射大量因散射而损失，射到云滴的阳光，多为红橙色。所以形成的主虹，应亦为红橙色为主，更显出金桥的“金色”。

再以后，由于太阳下沉，阳光被山地阻挡，热力对流衰落，云体不但不能发展或维持，且有下沉消散之势，黑夜渐渐接近。所以主虹也就消失不见了。

六、结论

本文对八百多年前南宋范成大所见峨眉山宝光演变情况所作的物理分析，结果很令人鼓舞。因为它发掘出了当时蕴藏在宝光现象里面的大气物理过程的本质,使范成大的记录在我国大气光学史中更增加了深邃的意义。迄今为止,世界上致力描述宝光现象的人很多,但未见像范成大那样细致地描述宝光形成的全过程的文献。因此虽然范成大的描述属于宝光形成及消失的全过程的两个个例。但这些个例中包含了普遍意义,这才使本文的宝光过程物理分析得以成功。

本文分析了峨眉山金顶一带之所以易于出现宝光的地形及季节条件。解释了当时描述宝光形状及先兆的术语意义。对于宝光光象演变过程中的转变关键,都进行了切合当时大气条件变化如何影响现象转变的科学分析。这种分析方法,对于研究其他大气光象,也有启发意义。本文再次否定了格林勒(Greenler)用半影理论解释宝光中摄身光影现象[6]。对摄身光影的形成及常见现象,以范成大的观测作了例证,从而更好地说明本文参考文献[5]的研究价值。

我们认为研究大气光象,不能仅仅以形成的光学原理了解为满足。因为光象为什么在此时此地出现,而不在彼时彼地出现?光象为什么会有这种转变而不是另一种转变?这都与当时当地的各种地理及大气物理条件有关。分析这些现实中的条件及其相应的变化,以与实际光象变化相对照,是深入大气光象研究的方法之一。这是对大气光象的"活的研究",我在此文中用"活的研究方法"分析范成大对峨眉宝光的描述。这在进行大气光象的描述,在进行大气光象的科普工作上,也是值得推广的。因为这打破了传统的静态的简单而枯燥的大气光象笼统科普宣传方式,有利于科普内容的活泼、生动及深入化。

参考文献

[1] 范成大(南宋). 吴船录[M]//王云五,主编. 丛书集成初编. 商务印书馆,1937.
[2] 许止净(民国). 印光,序. 峨眉山志[M]. 原苏州弘化社排印. 扬州:广陵古籍刻印社,1997.
[3] 王鹏飞. 峨眉宝光研究之一——宝光机理的综合研究[J]. 南京气象学院学报,2002,25(2).
[4] 王鹏飞. 峨眉宝光研究之二——宝光伴生大气环的研究[J]. 南京气象学院学报,2002,25(3).
[5] 王鹏飞. 峨眉宝光研究之三——宝光中摄身光影的研究[J]. 南京气象学院学报,2002,25(4).
[6] Greenler R. Rainbows, Halos and Glories[M]. London: Cambridge University Press, 1980.
[7] Tricker R A R. Introduction to Meteorological Optics[M]. NewYork: American Elsevier Publishing Co, 1970.
[8] 吴秋士. 天下名山游记[M]. 上海:上海书店,1982.

历尽浩劫赞沧桑

王鹏飞

老来竟带少年狂,笔端汩汩泻琼浆。
山市海蜃流连久,更飞峨顶觅宝光。
风栉发,雨湔裳,历尽浩劫赞沧桑。
东君频施回天术,一派春意沃群芳!

(摘自《天风海涛集》)

孔夫子天气预估的讨论

一、孔子进行天气预报的历史资料

孔丘(前551—前479)为春秋末期人。儒家创始者。时人尊称为“夫子”,简称“孔子”。他生前仆仆风尘,周游列国,致力于推广所创儒家治国之道。但旅途往来,难免经霜历雪、栉风沐雨、影响期程。亟需天气经验以利行旅,史载孔子每在行前一天,夜观天象,判定次日会否降水,以安排雨具,此可参见东汉王充(27—87)《论衡》及三国魏王肃(195—256)《孔子家语》。

《论衡·明雩篇》载:孔子出,使子路赍雨具。有顷,天果大雨,子路问其故。孔子曰:“昨暮月离于毕,后日,月復离毕。”孔子出,子路请赍雨具。孔子不听,出果无雨。子路问其故。孔子曰:“昔日,月离其阴,故雨;昨暮,月离其阳,故不雨。”

《孔子家语·七十二弟子解》载:孔子将近行,命从者皆持盖(伞),已而果雨,巫马期(孔子弟子)问曰:旦无云,既日出,而夫子命持雨具,敢问何以知之?孔子曰:“昨暮月宿毕,《诗》不云乎?月离(丽)于毕,俾滂沱矣!以此知之。”

二、“月离于毕”句的传统解释

这两段话都指出孔子预报次日无雨,都很准确。他把《诗经·小雅·渐渐之石》“月离于毕,俾滂沱矣。”作为预告次日天气的依据。

毕宿指分布在黄道附近八颗疏散的星群,学名为“Hyades”。离开我们约150光年,其中毕宿五[西方称金牛第一星(α-Tauriss)]距我们约57光年,直径比太阳大35倍,光度比太阳强91倍,为一等星,质量为太阳的4倍,表面温度约4000℃[参见陶宏《各月之星》(开明书店,1949)]。

图中昴七星即《尚书·尧典》所提出的决定四季之仲之一的“鸟、火、虚、昴”四星宿之最后一个。它包含七颗星,形成一团,常称昴星团,所谓“日短星昴,以正仲冬”。毕八星形状可参看北周庾季才撰《灵气秘苑·步天歌星图》内。西方七宿中有“毕恰似爪叉八星”句。毕宿与昴宿合成西方星座之“金牛座”(见图1)。在毕宿与昴宿间有两星,称为“天街”即黄道所通过处。白道(即月行轨迹)也在此附近,因此有“月离(丽)于毕”的现象可能出现。“离”,离开之意。但离开又证明“曾被包含”之义。故也可解释为月亮进入毕宿的范围。由于白道与黄道有平均5°09′的交角,因此月亮有时可能位于黄道之南(阳)或黄道之北(阴)。从而也可能位于毕宿南部或北部(即阳或阴)。

据毕宿学名Hyades,原义有雨季之意,因在希腊、西亚及埃及一带,毕宿和太阳同在东方升起之时,正当雨季开始之时。此时约当阳历5月7日到21日左右,所以这有气候上雨季到来的概念,并非天气上的下雨,竺可桢于1944年在《思想与时代》杂志第34期上发表了

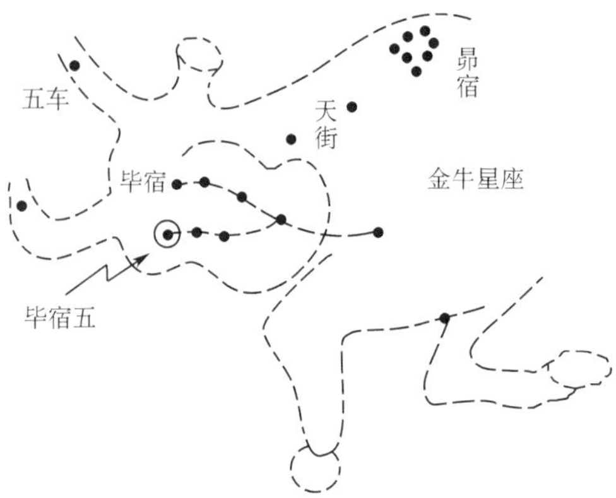

图1 毕宿、天街、昴宿、五车与金牛座关系图

《二十八宿起源之时代与地点》一文。内含有标题为:“月离于毕,俾滂沱兮”一节,亦用雨季的概念来解释此语,认为这个月亮,不是指一般的月亮,也不指新月,而是指望月(月圆之日),其气候意义是:我国古代(六千年前)秋初月望时月适在毕,当时适当多雨季节开始。

但是这个解释,并不符合孔子预报下雨的情况。因为孔子周游列国决不会专找雨季开始之时,也不会专找月圆(望月)之时。在孔子回答预报理由时都说“昨暮月宿毕”或“昨暮月离于毕”,甚至说:“昔日月离其(毕)阴,故雨”,“昨暮月离其阳,故不雨”,预报应验与否的时间与其事先观测天象时间仅隔一夜,即相距仅几个小时。因此这种预报属于天气预报决非季节预报。竺可桢曾将《诗经》中用作天气预报的谚语解释为预报雨季开始的日期。这应是对“月离于毕,俾滂沱兮”的误解。其次,竺可桢在使用此谚语时,强调取月望(月圆之日)。这个取法并非我国惯用,因为我国自古以来,计算日期是以月朔为标准,称为初一。只有在西亚及印度,初一时以月望(即满月)时称之。竺可桢在使用中国古谚时,不用中国月朔为准,而以西亚及印度取满月(月望)为准,这令人费解。因此竺可桢在《二十八宿起源之时代与地点》文中,解释“月离于毕,俾滂沱兮”的理由,是不合适的。

从以上两则记载来看孔子的天气预报,都应验了。但如果仔细考察孔子所用理由,却可发现其中出现的矛盾,因为他对巫马期询问的回答说,下雨是因为他昨夜观察到“月离于毕”。而对子路询问的回答,却指出月离于毕的现象,不一定预示下雨。必须再考虑月离于毕之“阳”还是“阴”,如月离于毕之“阳”,反而不会下雨。

人们都知道孔子不谈“乱、力、怪、神”,但这里却提到“阴、阳”两字。其实阴、阳不一定属于“乱、力、怪、神”。《易经》中曾大量提到“阴阳”概念,并用“－－、—”表示。孔子对《易经》十分感兴趣,他读《易经》曾韦编三绝(即串连易经文字的竹简的皮带,由于孔子阅读频繁而三次断裂),足见其反复阅读之勤。他还为《易经》作十翼(即彖、系、象、说卦、文言等)。孔子欣赏“阴阳”哲学概念,对后世影响极大。例如孔子之徒弟曾参(前505年—前436)就创出“天气现象的阴阳形成说”。他说“阴阳之气,各静其所,则静矣。偏则风,俱则雷,交则电,乱则雾,和则雨……”(见《大载礼记·曾子天圆》)。在汉武帝时独尊儒家的提倡者董仲舒,其《春秋繁露》一书也大谈阴阳五行与天人感应的理论。阴阳是指相反相成的两类性质或气质,归属于任何物质或活动,但这只是一种哲学概念。你可以在哲学思考中到处采用这个概念,但却很难固定它究指什么,这种概念在占卜中很需要,因为它可随机应变,灵活改变所指。

“阴阳”的最原始概念是“阳光照到处称为阳”，而未为阳光照到处的阴蔽处称“阴”。周代先王公刘在到达豳地，开垦新土时强调要“相其阴阳”这时阴阳这个概念较为具体，即考察各处田地的阳光照射条件的优劣（参见《诗经·大雅·公刘》）。

由于我国地处北半球，山脉及河流大多呈东西走向，山之南侧当为阳光所照亮，山之北侧的阳光易为山脉本身所遮蔽，因此山南为阳，山北为阴。但因河流与山脉在我国多南北相间排列，山之南往往即为河川之北岸，山之北往往即为河川之南岸，因此河川之北岸易被阳光照耀，称为“阳”，而河川之南岸常被其南之山脉所遮阴，故称为“阴”。因此山之南及水之北，称为“阳”，而山之北及水之南称为“阴”。可见“南”并不一律称为“阳”，而“北”并不一律称为“阴”，是要看对山脉言还是对河川言。

另外，既然阳光是否照到可决定“阴阳”，那么白昼为“阳”，夜间为“阴”，白天发出强光的星体就称为“太阳”，而夜间主宰黑暗的星体称为“太阴（月亮）”。

于是我们可以进一步来解释孔子所谓：“昔日，月离其阴，故雨；昨暮，月离其阳，故不雨”。

“月离其阴，故雨”，因为月为太阴，既“离开毕宿之阴”，必进入毕宿之“阳”。太阴入阳，出现阴阳相和之现象，据曾参“天气现象的阴阳形成说”，即“阴阳之气，和则雨。”所以是雨兆。

“月离其阳，故不雨”，因为月为太阴，既离开毕宿之“阳”，必进入毕宿之“阴”，太阴入阴，不会出现阴阳相和之现象，故不雨。

这样，孔子利用前夜月离于毕的情况并根据“阴阳和则雨”的理论，作出次日会否下雨的天气预报是有一定理由的。

三、“月离于毕”句传统解释存在的问题

但是在孔子的预报中，什么叫宿毕之阴，什么叫宿毕之阳，还是很不清楚。这是因为月亮的轨迹，即白道，与黄道相交有约 5°09′交角。因此月亮有可能位于毕星之南，或毕星之北。问题是“月离其阴（阳）”是指离毕星之南（北），还是离毕星之北（南），仍不清楚。因为“阴”与“阳”并不规定哪一个表示“南”，哪一个表示“北”。前面已指出山“南”称“阳”水“北”也称“阳”。又山“北”为“阴”，水“南”也称“阴”。这个问题不解决则“月离其阴”或“月离其阳”究竟指月亮在毕星之南还是在毕星之北就难以肯定。于是孔子的天气预报就很难给出。

其实“月离毕星之阴或阳”究指“离毕星之南还是北”在东汉已弄不清楚。据王充《论衡·明雩篇》。“日月之行，出入三道，出北则湛，出南则旱，或言出北则旱，出南则湛”。既然毕星位于黄道附近，所以月行于毕星之北及南，均有可能，根据自春秋到东汉的民间测验，月亮在毕星之南或北，均可能下雨或不下雨。因此月离毕星之阴及阳，均可能旱或湛。换言之，想用孔子所谓的“月离其（毕）阴则雨，月离其（毕）阳故不雨”，来预报晴雨是不灵的。

其实孔子所利用的天气谚语“月离于毕之阴则雨，月离于毕之阳则不雨”，我们在前面只是利用“阴阳和则雨”的概念而解释的，但是这解释只是在承认“阴阳和则雨”的概念下，利用孔子的天象观测证明符合“阴阳和”的条件而得。事实上天气变化是在大气对流层中水汽的物态及能量发生实质变化所致，只在大气的环境中实现的。它并非仅仅只是空洞的概念。

因为“阴阳和则雨”的概念，并不是不解自明的公理。什么叫“阴”、什么叫“阳”，本身是含糊不明的名词。什么叫“和”、什么叫“不和”，也并不明确。所以即使人们能解释出孔子所观测到的的确符合“阴阳和”或“阴阳不和”，仍不能作为预报天气晴雨的依据。

但是一些儒家后继者，仍迷恋于“月离于毕，俾滂沱矣”的支节词句，如朱熹在解释这一天气谚语时说：毕是漉鱼底叉网，漉鱼，其汁水淋漓而下若雨然。今毕星上有一柄，其形亦类“毕”，故月宿之则雨。今人康殷《文字源流浅释》(1979 年荣宝斋出版)在解释毕字的甲骨文字形时，也说“毕”字亦取形于网叉之形。这些解释毕的字形，当然是对的。只是朱熹的解释“毕”字字形与“月离于毕，俾滂沱矣”句挂钩，来解释天气谚语，是不对的。因为下雨与漉汁，是风马牛不相涉也。

本来，月亮离地球的距离约 36 万～41 万千米。而毕宿离地球约 150 光年(1 光年约 9.5×10^{15} 米，或约等于 9.5×10^{8} 万千米)。故毕宿离我们约 1425×10^{8} 万千米。而月亮的高度远低于毕宿，既不可能为毕宿所漉，也不可能为毕宿所附丽。至于云雨，其距地高度不高于 12 千米，可见毕宿、月亮和云雨三者距地高度相差十分悬殊。月亮和毕宿远处于地球大气层之外，无论如何，它们的运动不可能影响位于空气下层对流层内云雨之产生。因此孔子把“月离于毕”作为下滂沱大雨的预报依据是没有什么理由可以说通的。他利用这个谚语来预报次日天气，是不可能报准确的。

但孔子是如何根据“月离于毕”预报次日天气的晴雨的？我们认为他事实上是利用“有豕白蹢，烝涉波矣”这句天气谚语来预报天气的。因为这句话在《诗经·大雅·渐渐之石》中正好位于“月离于毕，俾滂沱矣”句之前。为什么“有豕白蹢，烝涉波矣”句可以用来预报次日晴雨呢？这句话的原意是：“有许多白脚的猪，在越过银河”。其中“烝”是“许多”的意思，“涉波”是“过河”之意。而这些观象出现在夜空中，所以这河当然应指“银河”，这些猪当然是指乌云。人向天上看，这些乌云好像乌猪脚在上、背向下，经过银河。而银河则是夜空中淡白光源带。它们的光必然照亮这些乌云的上边，使这些经过银河的乌云好像白脚的猪。因此出现“有像白蹢(蹄)，烝(众)涉波矣”的现象。这些乌云本是雨层云下的碎雨云，它们是雨层云降水蒸发后又凝结而成。也有是雨层云底被风吹散的现象。在夜空，乌云在空中漂移，不易被发现，但以银河的背景，就容易被发现。这种碎雨云本来是雨层云的前奏，它们之后，必跟随降雨的云。所以夜间见到这种现象是未来必在本地出现雨水的可靠征兆。现在群众对这种现象，已用“乌猪渡河，大雨滂沱”来表示。

我们知道孔夫子是《诗经》的编辑者，他把西周时从群众中收集到的三千多首诗歌，删编成三百零五首。那就是现代通用的《诗经》。其中《大雅·渐渐之石》即为其中的一首。孔子既然能够利用“月离于毕，俾滂沱矣”句测天象预报天气，必然也有可能利用其前一句“有豕白蹢，烝涉波矣”句观测天象预报天气。而且用这前一句的现象预报天气下雨，其准确性是很大的。可以肯定，孔子周游列国，预报下雨，必然主要利用“有豕白蹢，烝涉波矣”而不是利用“月离于毕，俾滂沱矣”句。

四、正确理解《诗经》渐渐之石诗的“月离于毕”句

孔子在回答子路和巫马期预报天气正确的根据时，不直接提出“有豕白蹢，烝涉波矣”，而却提出“月离于毕，俾滂沱矣”。我们需要进一步分析“渐渐之石”诗的创作原意来理解“月

离于毕”句的本意。

“渐渐之石”诗，其中虽用了“有豕白蹢，烝涉波矣。月离于毕，俾滂沱矣。”这四句话，据《毛诗正义》，此诗是讽刺西周末代君王幽王之作。因为周幽王沉湎于吃喝玩乐，惫于理政。当时戎狄来犯，诸侯不服调遣，他派兵出游，士卒久战在外，多有疾病，故有此诗之作。

此诗既然是讽刺之作，而且是对君王的讽刺，当然必须语带晦涩，意具双关，使得万一为统治者获知，也不能作为把柄，而加治罪，又可使一般人见诗知深厚意义，激发同情。为此我们先分析这四句话：

首先第一、第二、第四句，即“有豕白蹢，烝涉波矣，俾滂沱矣”，从表面看只表示“有白蹄猪，大量地在渡过水流，会发生滂沱大雨。”简单地说，即相当于今日“乌猪渡河，大雨滂沱”的天气预报谚语。

但是由于猪是一种喜爱玩水的家畜，见到泥塘有水，就不由自主地走过去下塘打滚，以为可以逞意洁身。那知反倒弄得浑身泥浆。这是隐藏在天气谚语背后的一个譬喻。而这个譬喻实际是讽刺幽王说你喜爱吃喝玩乐，将来必会受到吃喝玩乐的报应。历史故事中也曾指出，周幽王爱恋美人褒姒，为博她一笑，在内忧外患的情况下，动用烽火，使诸侯派军队来骊山护国，却扑了一个空，因此幽王失去诸侯信任烽火示警的功能。此后，戎狄真正入侵，幽王急以烽火向诸侯示警，要求勤王。但诸侯又认为是幽王游戏举动，不再发兵勤王，幽王即被戎狄杀死于骊山，西周从此灭亡。这都说明此诗中，用“有豕白蹢，烝涉波矣，俾滂沱矣(即乌猪渡河，大雨滂沱)”，作为当时群众均知的天气谚语。但在此诗中，则不作天气谚语用，而是作讽刺幽王行为之用。

以上解释了上述四句中的一、二、四句，仅第三句“月离于毕”尚未解释。我们根据已解的三句，来对此解释，就可以探出新意了。因为这第三句必与一、二、四句有密切的意义关系。

既然“月离于毕”句中，“毕”不代表毕宿，那它就可解释为狩猎工具“叉”。而“月”字也可不解释为天上的月亮。从篆文来说，“肉”字与“月”字写法基本相像。许慎《说文解字》(中华书局，1987 年)“月亮”的“月”字与“肉体”的“肉”字，均写作形。在现代楷书中，“月”字旁与“肉”字旁均写为“月”字，如“肚、腹、肝、胆、明、期、朔”等，又“离”实为同音字“罹”之误，表示“遭受灾祸”之意。因此“月离于毕”，可写为“肉(或身体)罹于(碰到了)毕(双股叉，不是毕宿)”。在西周，狩猎即战争，均常用叉。所以这样解释，比较合理，可避免距地面高度相差很远的卫星月亮与恒星毕宿不可能互相包含的现象。

如果把“肉罹于毕(叉)”的概念，放到《渐渐之石》的诗中，则该诗讽刺幽王的意义，就能明显表达出来了。即：“几个白脚猪如果齐奔向它们喜爱的水塘去打滚，等于把自己的肉体主动向锐利的肉叉去撞，受到了灾祸，后果是不堪设想的”。

但虽然表达了上述内容，表面上却用了与“乌猪渡河，大雨滂沱”相似的天气谚语，即“有豕白蹢，烝涉波矣，俾滂沱矣”。仅第三句“肉罹于毕”并无天气预报的意义及作用，完全不能用作天气预报的依据。

孔夫子当时对“有豕白蹢，烝涉波矣，俾滂沱矣”句可以用作预报天气是熟知的，而且他也知用此进行预报，可靠性很大。他多次预估天气，是依靠它的。但对“肉罹于毕”循当时的习惯，认为是一“月离于毕”，应属于天文现象，也是预报天气的办法，应比较可靠，但不知如何用法。所以他在预报天气时，隔夜必须观测黑云渡银河现象，也观测月亮是否在毕宿的范围内。因此,由于他根据“有豕白蹢,烝涉波矣,俾滂沱矣”来预报天气,所以每报必准。他又因“月离于毕”与“俾滂沱矣”两句相连,就顺口将此作为预报理由,告诉弟子预报准确之原因。但由于“月离于毕”句,只是讽刺周幽王行为而加入之句,并无预报天气之价值,往往无法用作依据。在不得已时,他向弟子用“月离于毕之阴”或“阳”作为搪塞之词。因为什么叫“阴”什么叫“阳”,人们心中没数。可是弟子们是相信老师的话的,往往老师怎么讲,就照录下来。形成历史文献记录,把对孔夫子意思的曲解,误认为正确。于是长期以来,人们将“月离于毕,俾滂沱矣”作为天气谚语看待,几千年来,继续这个错误。因此现在应该纠正过来。

五、孔子进行暴雨警报的依据及结果

孔子除了利用“有豕白蹢,烝涉波矣,俾滂沱矣”进行过天气预估外,还曾利用“商羊舞”的征兆,预报暴雨。

在《孔子家语》中记载说:“齐有一足之鸟飞集于宫朝,下止殿前,舒翅而跳。齐侯大怪之,使聘鲁问孔子。孔子曰:此鸟名曰商羊,水祥也。昔童儿有屈其一脚,振讯双臂而跳,且谣曰:天将大雨,商羊鼓舞。今齐有之,其应至矣。急告民趋治沟渠,修堤防,将有大水为灾。顷之大霖,而雨水溢泛诸国,伤害民人,唯齐有备不败”。可见孔夫子所作的暴雨警报,这次报对了,减免了损失。

孔子这次警报正确,是因为“天将大雨,商羊鼓舞”之言所启发的。其实这句话,可追溯到殷代。可是孔子之时,尚未发现“殷墟甲骨文”,所以他是不知道的。

我们知道“商羊”的本义即“徜徉”,表示步行徘徊不前的状态。当鸟栖息在屋顶或树枝上,一遇狂风,就会被刮下地,展翅不能飞,往往呈一足跳跃不前之状。这与童子屈一足振双臂,跳商羊舞形状无异。而这种大风,往往是暴雨的前兆。由于“徜徉舞”往往是由小鸟表现出来的,所以甲骨文中,常用“鸟”字旁的字表示,故“徜徉”就写成“鷸鸉”,简称为“鷸[①]”,或称为“商羊”。往往在小鸟出现“徜徉”现象时,天尚晴明,但可作为大雨将到之预兆,因此甲骨上文中常称“鷸晴”,意谓雨前暂晴的现象。我们可从郭沫若《甲骨文合集》的11501中见到此甲文的隶释为:“……采,各云自北,西台雷,……鷸晴,三月”。其中“采”字,在甲骨文中表示一天中的时间,大体“早上午”称为“大采”,“后下午”称为“小采”。可惜此片甲骨上,“采”字前一个字缺脱了,不知是“大”字还是“小”字,但玩味全句,似乎可表示“后下午”较妥。故可假定缺脱字为“小”字。又“各”字可用今字“客”表示。“客云”指有外来的云侵入本地上空,这说明本地天空晴朗无云,但天边已有外来的云侵入。“西台”是地名。“鷸晴”即指有“商羊舞”的现象,所以上面的甲骨文,可释为:

“在三月的某日后下午时分,有外来的云从北方侵入本地上空,在西台北方已听到雷声……小鸟已出现商羊舞的现象,说明有鷸晴(即雨前暂晴)征兆。”

如果用现代科学的语言来说明,可以这样说:

“当时,北方冷锋云系侵入天空,出现线飑现象,线飑带了积雨云袭来,使西台地区听到了积雨云发出的雷声……但本地尚未出现雨,仅出现小鸟的商羊舞现象(即鷸晴现象),说明此时正处于雨前暂晴的间歇,不久将有暴雨来袭”。

① 鷸……摘自康熙字典,亥集中,鳥部,六畫,二四,同文書局原版。在线康熙字典1488。

在暴雨之前出现大风，虽是常见现象。但由于当时的适有小鸟出现跳商羊舞的现象，究属罕见，因此“天降雨而商羊舞”或“天降大雨，商羊鼓舞”等天气谚语是很难用到的，长期不用，人们对这些谚语日久就遗忘了，所以现代天气谚语中，已听不到这些话了。

其实早在春秋时代，这种天气谚语已流传不广，这就是为什么齐侯还要向孔夫子请教的原因。

可见天气谚语不是都能永远流传的。

祝南京大学大气科学系建系60周年

王鹏飞

东丑犯上国，烽火醒中华，南雍涸兽迹，溯江迁蜀巴。
竹舍连松坡，教育灿朝霞，甲申风云翔，院系出奇葩。
抗战逾七载，就地苞新芽，立系曰“气象”，神州第一家。
迄今六十载，桃李遍迩遐，建国输贤哲，开放孵龙蛇。
行看我母系，科教频添花，时进兼日新，风光自无涯！

（摘自《天风海涛集》）

祝南京大学母系荣扩为大气科学学院

王鹏飞

松林苍苍，钟山莽莽。授受之恩，终身难忘。
国运日隆，校运日旺，六十五载，系运日昌。
气象发展，需材大畅，由系扩院，学科更广。
培才更精，教绩更彰，学术之盛，龙飞凤翔！
我逢此盛，衷心洋洋，母院母院，弥辉益煌！

（摘自《天风海涛集》）

《数书九章》测雨雪四题的验证和探讨

1247年,即南宋理宗淳祐七年,中国大数学家秦九韶的名著《数书九章》[1]出书。分“大衍,天时,田域,测望、赋役、钱谷、营建、军旅、市易”九章,内容丰富,包括历法、天文、气象、丈量、遥测、租税计算、钱粮、建筑、军事后勤、商务运算等共81个题目,每个题目都“立术具草”,既说明解题方法又附以演算草稿,有些题目还用图表示。各题都列有答案,非常细致。

此书亦称《数术大略》或《数学九章》。其中“大衍”一章,采用了“一次同余式组”解法,以解决各种实际问题。我国古代天文学家,因制定历法需计算“上元积年”时,曾不自知地使用过此法。而《数书九章》中,却第一次对此作系统介绍。这是世界数学史中的创先。另外《数书九章》各章中,还首先提出了“正负开方术。”即现代称之为“求高次方程正根的秦九韶程序”。在西方,此法于19世纪初(1819年)方由英国数学家霍纳(William George Horner,1786—1837)得出。称为“用不断趋近法求代数方程根的霍纳法[2]”,但已后于秦九韶提出时间约六百年。

我作为一个气象史研究者,对《数书九章》诸题中最感兴趣的,则是该书“天时”一章中有关测平地雨雪深的四个算题。我们知道数千年来中国人民主要的生产方式是务农。农业一向重视天时。天时中特别关心雨雪。因为它关系到农业的丰歉。在西周由采风而得的民歌集《诗经》[3]中,有不少证据。例如:

“习习谷风,以阴以雨”(《国风·谷风》)。

“上天同云,雨雪雰雰。益之以霢霂。既优既渥,既霑既足,生我百谷。”(《小雅·信南山》)

“芃芃黍苗,阴雨膏之”(《小雅·黍苗》)。

“有渰萋萋,兴雨祁祁”(《小雅·大田》)

上述这些诗句,都强调有利于作物丰收的雨水,必须下得缓慢持久,雨量不宜过多,以便降水不致在地面很快流散。而有充分的时间渗入土内,为作物种子或根系所利用。

上面诗名中“习习谷风”指和舒的东风。每年春季,在我国往往吹拂和煦东风,并带来阴雨。这些阴雨,常雨量不大,却足以濡湿土田,渗入到种子所在土层中。在冬季如果出现了长天一色微红的云(即同云),就会出现纷飞(即雰雰)的雪花,覆盖大地。入春出现了小雨(霢霂)它们霏微丰盛(既优且渥)使土壤内沾满了水分(既霑既足),就有利于百谷生长。在夏季生长兴旺的黍苗,它需依靠阴雨天气的雨水滋膏其根系。凡是能滋润土内根系的雨水,必须先有兴盛的云气(有渰萋萋),并且所降的雨水,徐徐(即祁祁)渗入土内。如果下的是暴雨,则雨水量虽多,很快在地面流散,来不及渗入土内,不能增加多少土墒。不利于作物根系吸收水分及养分。

为此,我国古代农民,常常不重视雨后地面积水多少,而更热衷于用锄犁挖土,验查土墒(湿土深度)。采用锄犁查验土墒,随时可作。而且这种操作,还可割断土内帮助深层水分上升的毛细管,更有利于保墒。这就是为什么自古以来,农民并没有创造可测平地雨雪量的测雨器的原因。

世界最早发明测雨器的是公元1441年的朝鲜李氏王朝[4]。在此以前,人们缺乏平地雨雪深度的概念。可是秦九韶在1247年所著《数书九章》的四个算题中,就已经建立起求算平地雨雪深度的概念。这具有很大的历史意义,属秦九韶的一大贡献。因为这有利于人们试着发明测雨器,它比朝鲜发明世界第一个测雨器整整早了约200年。《数书九章》还是世界第一部介绍计称平地雨雪深度方法的算书,很有启发意义。可惜秦九韶虽提出了平地雨雪深度的概念,却没有发明出测雨器。

一、对《数书九章》中四个测雨雪算题的检验

《数书九章》中有四个测雨雪的算题。它们是:天池测雨、圆罂测雨、峻积验雪及竹器验雪。其中测平地雨深的有两道题,测平地雪厚的也有两道题。清宋景昌撰《数学九章札记》[5]中对此四则算题做过检验。认为竹器验雪的方法不甚正确。我们在本文中想要对《数书九章》作进一步检验。

秦九韶对这四道题,虽均有述题意、说明答案、指出计算方法、列出计算草稿四个步骤。但缺乏为什么这样计算的说理。难以令人信服。本文在验证秦九韶算法时,充分利用立体几何知识。

(一) 对天池测雨做法的检验

[题曰]:今州郡都有天池盆以测雨水,但知此盆中之水为得雨之数。不知器形不同则受雨多少亦异。未可以所测,便为平地得雨之数。假令盆口径二尺八寸,底径一尺二寸,深一尺八寸,接雨水深九寸、欲求平地雨降几何?[答曰]:平地雨深三寸。

[术曰]:盆深乘底径为底率。二径差乘水深,併底平为面率。以盆深为法。除面率得面径。以两率相乘,又各自乘,三位併之,乘水深为实。盆深乘口径,以自之。又三因为法。除之,得平地雨深。

[验证]:从题意中可以理解,这个天池盆事实上是一个上口直径为28寸,底直径为12寸,深18寸的圆锥台形的容器,内承雨深为9寸,可作图如下(图1):

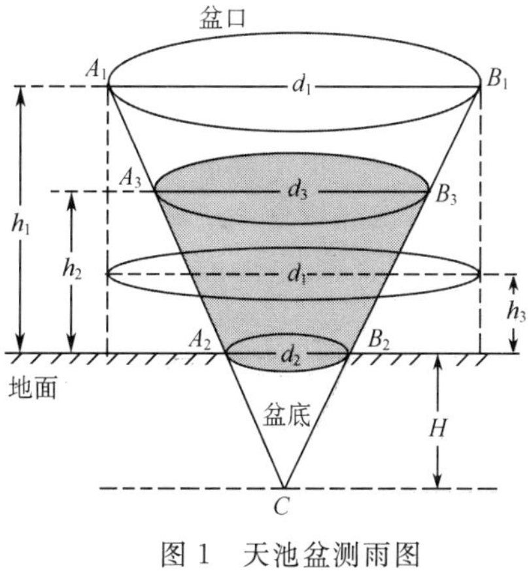

图1 天池盆测雨图

图 1 中 $A_1B_1B_2A_2A_1$ 为圆锥台形天池盆的纵剖面。它是圆锥纵剖面 A_1B_1C 的一段。其中口径 $d_1=28$ 寸,底径 $d_2=12$ 寸。盆底在地面。盆深 $h_1=18$ 寸。盆内降雨深 $h_2=9$ 寸。盆内雨水表面直径 d_3。盆底距圆锥尖 C 之距为 H。求平地雨深 h_3。

因 $\triangle A_1B_1C \backsim \triangle A_2B_2C$,故

$$\frac{H}{A_2B_2}=\frac{h_1+H}{A_1B_1}\text{,即}\frac{H}{d_2}=\frac{h_1+H}{d_1}\text{,或 }H=\frac{h_1d_2}{d_1-d_2} \tag{1}$$

又 $\triangle A_2B_2C \backsim \triangle A_3B_3C$,即 $\dfrac{H}{A_2B_2}=\dfrac{h_2+H}{A_3B_3}$,亦即 $\dfrac{H}{d_2}=\dfrac{h_2+H}{d_3}$,或 $d_3=\left(\dfrac{h_2+H}{H}\right)d_2$ (2)

将(1)式代入(2)式,得 $d_3=\left[\dfrac{h_2(d_1-d_2)}{h_1d_2}+1\right]d_2$,将 d_1、d_2、h_1、h_2 值代入,得 $d_3=20$ 寸。

天池盆内雨水体积,可以用圆锥台体积公式表示。即:

$$V_{储}=\frac{1}{3}\pi h_2\left[\left(\frac{d_3}{2}\right)^2+\frac{d_3}{2}\cdot\frac{d_2}{2}+\left(\frac{d_2}{2}\right)^2\right] \tag{3}$$

但 $V_{储}$ 也可以用盆口面积乘平地雨水深度而得。即:

$$V_{储}=\pi\left(\frac{d_1}{2}\right)^2h_3 \tag{4}$$

由(4)式求 h_3,代入(3)式。并令 $d_3=20$ 寸。因 $d_1=28$ 寸,$d_2=12$ 寸,$h_2=9$ 寸。

于是可得:

$$\begin{aligned}\text{平地水深 }h_3&=\frac{1}{3}\pi h_2\left[\left(\frac{d_3}{2}\right)^2+\frac{d_3}{2}\frac{d_2}{2}+\left(\frac{d_2}{2}\right)^2\right]\Big/\pi\left(\frac{d_1}{2}\right)^2\\&=(d_3{}^2+d_3d_2+d_2{}^2)h_2/3d_1{}^2\\&=3\text{ 寸}\end{aligned}$$

由此证明,秦九韶答案平地降雨 3 寸是对的,对照秦九韶计算法,可以看出,他的计算法与我们用的立体几何法是相符的。

(二)对“圆罂测雨”方法的检验

[题曰]:问以圆罂接雨。口径一尺五分,腹径二尺四寸,底径八寸,深一尺六寸,瓶里(罂内)明接得雨一尺两寸。圆法用密率。问平地雨水深几许?[答曰]:平地水深一尺八寸又七万四千八十八分寸之六万四千四百八十三。

[术曰]:底径与腹径相乘,又各自乘。併之。乘半罂深。以一十一乘之,为下率。以四十二为上法。除得下积。以半罂深併雨深。减圆罂深,余为上深。以口径减腹径。余乘上深为次,以半罂深乘口径。加次。为面率。以半深除面率,得水面径。以半深乘腹径,为腹率。置面率,与腹率相乘,又各自乘,併之。以一十一乘之,为上率。以半深自乘为幂,以乘下法,为上法。上法除上率得上积,半深幂乘下率,併上率,为总实。口径幂乘上法为总法。除实得平地雨高[7]。

[验证]:题中未提此圆罂腹部与圆罂口与底的距离,但根据全文,可认为腹部与圆罂口及底等距。所以此圆罂可认为两个高度相等的圆锥台合成。合成处为腹部,腹部径最大。圆罂口直径次之。罂底直径最小。今将此圆罂的几何纵剖面图绘于下面,见图 2,密点区为罂内所储雨水。

图 2 中 d_1 为罂口直径,d_2、d_3 为罂腹与罂底直径。罂深为 h_1,罂腹距上口和下底均为

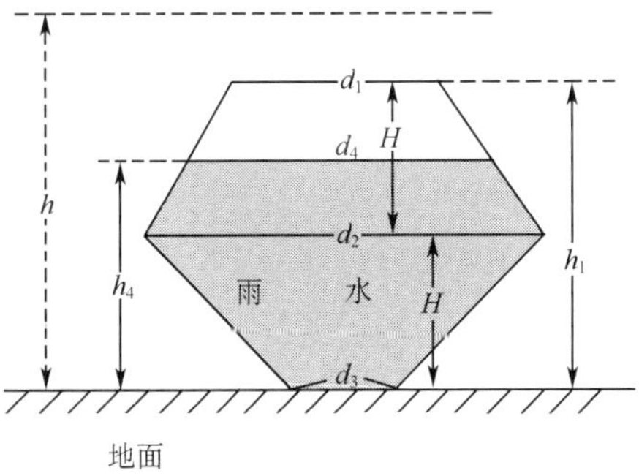

图 2　圆罂测雨图

H。故 $h_1=2H$。d_4 为罂内雨水表面之直径。它距地面或罂底为 h_4，h 为平地降雨厚度。

题目告诉我们：$d_1=15$ 寸，$d_2=24$ 寸，$d_3=8$ 寸，$h_1=16$ 寸，$h_4=12$ 寸，$H=8$ 寸。

设罂腹上部雨水体积为 $V_上$，罂腹下部雨水体积为 $V_下$。则罂内雨水体积 V 当为：

$$V=V_上+V_下 \tag{1}$$

利用圆锥台体积公式，因为：

$$V_上=\frac{1}{3}\pi(h_4-H)\left[\left(\frac{d_4}{2}\right)^2+\frac{d_4}{2}\cdot\frac{d_2}{2}+\left(\frac{d_2}{2}\right)^2\right]$$

$$V_下=\frac{1}{3}\pi H\left[\left(\frac{d_3}{2}\right)^2+\frac{d_3}{2}\cdot\frac{d_2}{2}+\left(\frac{d_2}{2}\right)^2\right]$$

故相加得：

$$\begin{aligned}V&=V_上+V_下\\&=\frac{1}{3}\pi(h_4-H)\left[\left(\frac{d_4}{2}\right)^2+\frac{d_4}{2}\cdot\frac{d_2}{2}+\left(\frac{d_2}{2}\right)^2\right]+\frac{1}{3}\pi H\left[\left(\frac{d_3}{2}\right)^2+\frac{d_3}{2}\cdot\frac{d_2}{2}+\left(\frac{d_2}{2}\right)^2\right]\end{aligned} \tag{2}$$

又因 $h_4=12$ 寸，$h_1=16$ 寸。故罂内水面距罂口为 $h_1-h_4=4$ 寸。而罂内水面距罂腹为 $h_4-H=12-8=4$ 寸。可见罂内水面位置在罂上高度与罂腹高度之中间，其直径应为罂口直径与罂腹直径之和的一半，即 $d_4=\frac{24+15}{2}=\frac{39}{2}$ 寸。

将 d_2、d_3、d_4、h_4、H 代入(2)式，得：

$$V=\left(\frac{507}{4}+\frac{128}{3}+824\right)\pi \tag{3}$$

设降雨的平地厚度为 h 寸。则在罂口面积 $\pi\left(\frac{d_1}{2}\right)^2$ 中，应降雨体积当与罂内所储雨水体积相等。即：

$$h\times\pi\left(\frac{d_1}{2}\right)^2=V=\left(\frac{507}{4}+\frac{128}{3}+824\right)\pi$$

将 $d_1=15$ 寸代入上式，即可求得平地雨深 h 为：

$$h=\left(\frac{507}{4}+\frac{128}{3}+824\right)\times\frac{4}{225}=17\,\frac{446}{675}\text{寸}=17.66\text{ 寸。}$$

这个结果和秦九韶所给出的平地水深 $18\,\frac{64483}{74088}$ 寸(即 18.87 寸)不同，约少了 1.21 寸。

我们检查秦九韶《数书九章》中该题的“术曰”发现计算方法基本与本文相似。因此可以认为秦九韶所得之值所以与本文有出入，是由于他的计算比较疏略。利用圆周率 π 也有欠缺所致，仍应以本文所得为是。

(三)对“峻积验雪”算法的检验

[题曰]：问验雪占年。墙高一丈二尺。倚木去(墙)址五尺。(木)梢与墙齐。木身积雪厚四寸。峻积薄，平积厚。欲知平地雪厚几何？[答曰]：平地雪厚一尺四分。

[术曰]：以少广求之。连枝入之。以去址自乘为隅，以墙高自乘，併隅于上。以雪厚自之。乘上为实。可约者约而开之。开连枝平方。得地上雪厚[8]。

[题解]：《数书九章》测雨雪的四个标题中，唯此题未采用现成容器，它是根据靠墙的长木材顶所积雪厚来推算平地雪厚。所谓“少广”实指“开方”法。本题利用两个相似直角三角形边长关系，来计算平地雪厚。

[验证]：我们根据秦九韶给出的题意。作出图 3。

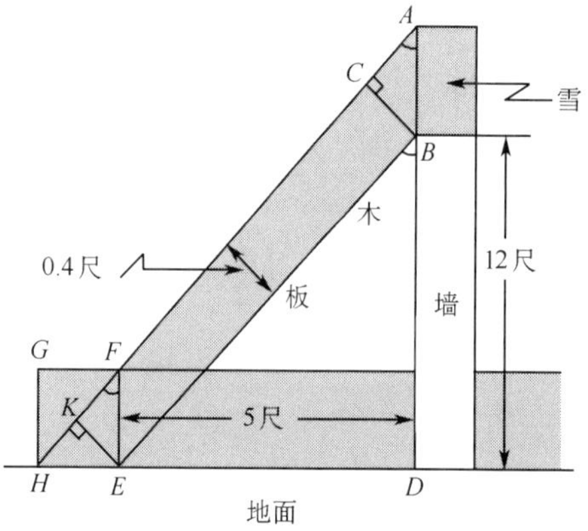

图 3　峻积验雪图

从图 3 中，可以看出：木板 BE 斜倚高墙，板梢 B 正倚墙顶，另一梢 E 则支于地面。

$$木板上雪厚=BC=EK=0.4\ 尺 \tag{1}$$

平地雪厚 $=AB=FE=GH$。因为：

$\angle K=\angle C=\angle D=$ 直角。且 $\angle CAB=\angle KFE=\angle DBE$(同位角)。

故 $\triangle DBE \backsim \triangle KFE \backsim \triangle CAB$，从而：

$$\frac{平地雪厚}{木板雪厚}=\frac{FE}{KE}=\frac{AB}{CB}=\frac{BE}{DE}=\frac{木板长}{5\ 尺} \tag{2}$$

$$但木板长=\sqrt{(12)^2+(5)^2}=13\ 尺 \tag{3}$$

故将(1)式及(3)式代入(2)式，得：

$$平地雪厚=\frac{木板长\times木板雪厚}{5}=\frac{13\times0.4}{5}尺=1.04\ 尺(此答案与秦九韶同)$$

(四)对“竹器验雪”算法的检验

[题曰]：问以圆竹箩验雪，箩口径一尺六寸。深一尺七寸。底径一尺二寸。雪降其中，

高一尺。箩体通风，受雪多则平地少，欲知平地雪高几何？［答曰］：平地雪厚九寸又三千四百三十九分寸之七百六十四。即 $9\frac{764}{3439}$ 寸或 9.22 寸。

［术曰］：口径减底径，余乘雪深，半之。自乘，为隅。以箩深幂乘雪深幂。併隅，又乘雪深幂为实。隅实可约，约之。开连枝三乘方，得平地雪厚。

［题解］：秦九韶此题，以“竹器验雪”为名。但竹器是什么形状，不很明确。幸在说明题目已知条件时，指出此竹器为“圆竹箩”。但“圆竹箩”仍使人迷惑。不知是“圆锥台形的竹箩”呢，还是“球缺形的竹箩”？因为它们都可以称“圆竹箩”。

另外，秦九韶题中有“箩体通风，受雪多则平地少”的话。此话在计算中起什么作用，是不明确的。因为这句话会影响平地雪深的答案。但此话是定性而非定量的。所以无法将它考虑到求平地雪深的计算中去。为此，秦九韶的［术曰］是无法作为求答案的依据。我们只能按“球缺形的竹箩”或“圆锥台形竹箩”两种情况，进行计算。今将前者称为“球箩验雪”。后者称为“斗箩验雪”。它们的情况，可分别参看图 4 及图 5。

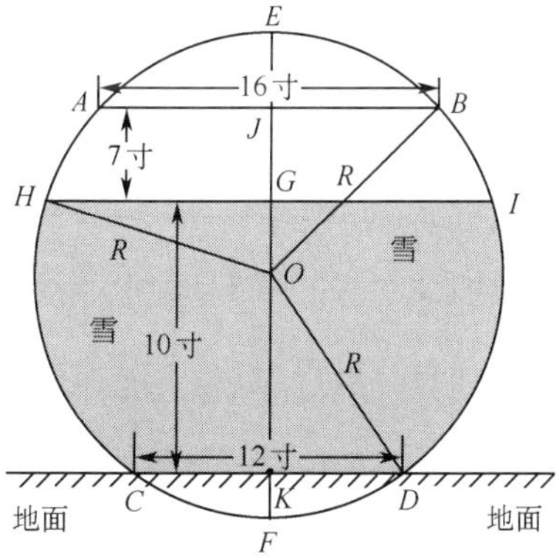

图 4　球箩验雪图

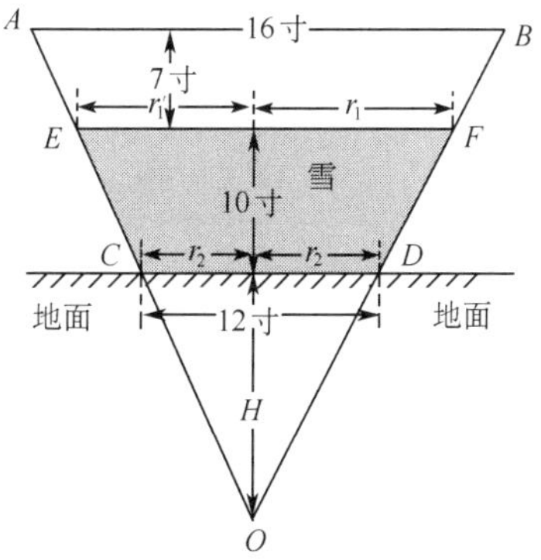

图 5　斗箩验雪图

(1)球箩验雪(针对图 4)

图 4 中 $HAJBIDKCH$ 为球箩储雪容器的通过中心 O 的纵剖面。球半径为 R 寸。AJB 为口直径(＝16 寸)。故半径为 AJ 及 JB(＝8 寸)。CKD 为底直径(＝12 寸)，故半径为 CK 及 KD(＝6 寸)。麻点区为所储的雪。箩深 $JK=17$ 寸。箩内雪厚 $GK=10$ 寸。由图 4 可得下列各关系：

$$OJ^2=R^2-8^2\quad(1);\ OK^2=R^2-6^2\quad(2);\ OJ+OK=17\text{ 寸}\quad(3);$$
$$OG+OK=10\text{ 寸}\quad(4);\ EJ=R-OJ\quad(5);\ KF=R-OK\quad(6);$$
$$HG^2=R^2-OG^2\quad(7);\ EG=R-OG\quad(8)$$

解答图 4 题，需用球体积公式(9)，球缺体积公式(10)，球内雪体积公式(11)，及求平地积雪公式(12)。如下：

$$V_T(\text{球体积})=\frac{4}{3}\pi R^3 \tag{9}$$

$$V_{\text{缺}}(\text{球缺体积})=\frac{1}{3}\pi h^2(3R-h) \tag{10}$$

$$V_S(\text{球内雪体积})=V_T-(V_{\text{缺上}}+V_{\text{缺下}}) \tag{11}$$

$$\pi(8)^2 h_{地}=V_S \tag{12}$$

其中 R 为球半径,h 为球缺高,$V_{缺上}$、$V_{缺下}$ 为上下球缺体积,$h_{地}$ 为平地雪深,“8”为器口半径。

对照图 4,可知:

$$V_{缺上}=\frac{1}{3}\pi(EG)^2(3R-EG) \tag{13}$$

$$V_{缺下}=\frac{1}{3}\pi(KF)^2(3R-KF) \tag{14}$$

故(11)式即成:

$$V_S(球内雪体积)=V_T-\frac{1}{3}\pi[(EG)^2(3R-EG)+(KF)^2(3R-KF)] \tag{15}$$

将(12)式及(9)式代入(15)式,可求得平地雪深 $h_{地}$ 的表达式为:

$$h_{地}=\left\{\frac{4}{3}\pi R^3-\frac{1}{3}\pi[(EG)^2(3R-EG)+(KF)^2(3R-KF)]\right\}/64\pi$$

化简得:

$$h_{地}=\frac{4R^3}{192}-\frac{1}{192}[(EG)^2(3R-EG)+(KF)^2(3R-KF)] \tag{16}$$

为求(16)式中 $h_{地}$,必须利用(1)到(8)式,先求出 EG、KF。

例如,由(1)、(2)、(3)式可得:

$OK=\frac{317}{34}=9.32$ 寸;$OJ=\frac{261}{34}=7.68$ 寸;$R=\frac{377}{34}=11.09$ 寸。

将 R 值及 OJ 值,代入(5)式,并将 R 及 OK 值代入(6)式,可得出:

$EJ=\frac{116}{34}=3.41$ 寸;$KF=\frac{60}{34}=1.76$ 寸。

将 OK 值代入(4)式,得:

$OG=\frac{23}{34}=0.68$ 寸,

再将 OG 值及 R 值代入(8)式,得:$EG=\frac{377}{34}-\frac{23}{34}=\frac{354}{34}=10.41$ 寸。

最后,将 R、EG、KF 值代入(16)式,可得:

$$h_{地}=\frac{4}{192}\left(\frac{377}{34}\right)^3-\frac{1}{192}\left[\left(\frac{354}{34}\right)^2\left(3\times\frac{377}{34}-\frac{354}{34}\right)+\left(\frac{60}{34}\right)^2\left(3\times\frac{377}{34}-\frac{60}{34}\right)\right]$$

$=15$ 寸(球箩)。

这是说,球箩中的雪量,相当于平地雪深一尺五寸。

(2)斗箩验雪(针对图 5)

图 5 中,可以看出 $ABDCA$ 为斗箩形或即圆锥台形的竹容器。口径为 16 寸。底径为 12 寸。竹箩深为 17 寸。而箩内雪深为 10 寸。其中麻点区为雪。EF 为容器中雪的顶面。

因:$\triangle ABO\backsim\triangle EFO\backsim\triangle CDO$

若 O 为 AC 与 BD 延线的交点,O 点在地面下 H 距离处。故必有如下的关系:

$16:EF:12=(17+H):(10+H):H$,从而可得:

$$\frac{16}{12}=\frac{17+H}{H} \tag{17}$$

$$\frac{EF}{12}=\frac{10+H}{H} \tag{18}$$

由(17)式得 $H=51$ 寸。代入(18)式，得 $EF=\frac{244}{17}=14.35$ 寸。

按圆锥台体积公式为：

$$V=\frac{1}{3}\pi h(r_1{}^2+r_1r_2+r_2{}^2) \tag{19}$$

由图 5 中，知麻点区内：$h=10$ 寸，$r_1=\frac{EF}{2}=\frac{122}{17}$寸；$r_2=\frac{CD}{2}=6$ 寸。

故竹篓内雪量 $V_{雪}$ 当为：

$$V_{雪}=\frac{1}{3}\pi(10)\times\left[\left(\frac{122}{17}\right)^2+\left(\frac{122}{17}\times 6\right)+(6)^2\right]=\frac{377320}{867}\pi。$$

设平地雪深为 $h_{地}$。因斗篓口直径为 16 寸，半径为 8 寸。故

$$\pi(8)^2h_{地}=V_{雪}=\frac{377320}{867}\pi。$$

从而得：

$$h_{地}=\frac{377320}{867\times 64}寸=6.8寸(斗篓)。$$

由此可知：按球篓计算，平地雪深当为 15 寸。而按斗篓计算，平地雪深仅为 6.8 寸。与秦九韶所得 9.22 寸均不同。

由于根据秦九韶“竹器验雪”所给的已知条件及题意，如不考虑竹器透风，竹器形状只可能如图 4 及图 5 两种。所能求得的平地雪深，只能是 15 寸(球篓的情况)或 6.8 寸(斗篓的情况)。而且将本文采用的立体几何算法与秦九韶“竹器验雪”的算法比较，没有类似的地方。另外，“竹器透风”的说明并未给出考虑此问题的定量依据。因此可以认为秦九韶“竹器验雪”一题的算法是依据不足的。

二、对《数书九章》四个雨雪算题的总体评议

(一)秦九韶在介绍此四个测雨雪题时，只用[术曰]叙述每一题的处理方法，以求得正确答案。却不介绍为什么采用这个办法处理，才能正确得解。使人知其然而不知其所以然。正因为缺乏计算原理的介绍，所以人们即使按其“术曰”步骤计算出与秦九韶所得相同的答案，但对为什么要这样计算，仍然有茫然之感。

(二)秦九韶的每个测雨雪算题都针对某种特殊形状的承雨雪器(如“天池盆”为圆锥台形容器，“圆罂”为腹部膨大在上半与下半等高，上口直径大于底直径的瓮形容器，且瓮内所储雨水面高于腹高的容器)。“竹器”为球缺状或圆锥台状容器；“峻积验雪”是用长的方木杆斜依墙体的特殊安排)。容器不符标准形状，木杆不作特殊安排，所介绍的[术曰]就无法应用。也由于这个缘故，计算方法十分复杂。真有五花八门，“一个钥匙开一把锁”，所举方法无法相互通用的困难。甚至在圆罂中所储雨水高度如未超过罂腹，计算方法，也要改变。在实际测雨雪时，由于容器等形状特殊或不够标准，这些方法也难以采用。

(三)秦九韶的测雨雪平地深度是一种静态计算。因为它并不考虑降水强度。不知道这些平地雨雪深度是在什么时间内形成的。降水强度不同，则降水对农业及水利等方面的作

用或效果很不相同。难以考虑利弊。

(四)秦九韶竹器测雪一题,与其[术曰]似不相应。因而得出错误答案。说明不够严谨。

(五)秦九韶是历史上最早提出求降水量必须计算出平地雨雪深度的概念。在《数书九章》四个测雨雪题,题题都归结到计算平地雨雪深度。按理也应当能更进一步,在改进容器的思路下,首先发明垂直柱状测雨器。可是他却为天池盆、圆罂、圆斗状竹箩或球竹箩的不同形状的容器所迷目,热衷于用各种复杂计算方法计算出平地雨雪深,而不是采用改进容器方法,直接从测量器内雨雪的办法很快得出平地雨雪深度的思路。可见他是一个善于采用繁琐方法解决数学问题的数学家,而不是一个为简化问题而努力的数学家或气象学家。从而与发明测雨器失之交臂。

三、气象史研究上秦九韶是否发明过测雨器的争论

据 2005 年上海辞书出版社《大辞海·天文学·地球科学卷·大气科学》中“降水量”条。所谓“降水量”是指“一定时段内,降落到平地上(假定无渗漏、蒸发、流失等)的降水所积成的水层深度。”以毫米为单位。如果检阅任何一本气象观测的规范,降水量的定义,都是如此。

所以降水量的定义,就是“平地降水深度”。测雨器就是能从其所储雨雪的深度直接测出降水量的容器。它呈柱状。构造非常简单。所以容易制造容易复制或制成同一规格,分发到各处,组成测雨网。使各处所得降水量具有同一标准,有利于利用所测得降水量很快绘成等降水量线,了解降水的地理分布(包括降水量地理分布及降水强度的地理分布)。

因此测雨器的发明,在气象史研究中非常重要。因为它的发明,使人们可以用同一标准测量降水分布。它使雨量站网遍布地球。由于测雨方法简单,不必进行复杂计算,所以可以很快用同一标准测出平地降水量。并得出降水分布。有利于降水信息的迅速传送和普遍应用。当然在气象事业发展上有重要价值,引起气象史学家的重视。现代世界通用的测雨器是圆筒形测雨器。这导致气象史上追究谁最早发明圆筒形测雨器测雨。

1639 年,意大利凯斯坦利(Castelli)在给伽利略(Galileo Galilei,1564—1642)的信中,提及可用玻璃圆筒形测雨器测雨。于是人们将凯斯坦利视为最早发明测雨器的人。但事实上他不是。

1910 年在汉城签订了《日朝合并条约》,日本吞并了朝鲜,并在汉城建朝鲜总督府,和田雄治任朝鲜总督府测候所所长[11],他是日本东京帝国大学出身,主攻测量课(该校测量课后改称气象课)。由于其职务地位之方便,得以遍查朝鲜李氏王朝的气象方面的历史遗物。他在该年(即日本明治四十三年)《气象杂志》曾发表了如《世宗英祖两朝测雨器》等文[12]。并指出他在朝鲜的大丘、仁川、咸兴等地发现了一些圆柱形测雨器。他拍摄了一些照片。其中有一具仪器的石质测雨器台,侧刻有“乾隆庚寅五月造”字样。

1926 年竺可桢在《东方杂志》23 卷第 15 期中《论祈雨,禁屠与旱灾》[13]一文中,据此测雨台的侧刻文字,认定由日本人和田雄治发现的朝鲜测雨器是从中国传入朝鲜的。传入时间在 1770 年(即乾隆庚寅年)。他还指出:雨量器是在中国最早应用,因中国宋秦九韶著《数书九章》中已有几个算题乃是关于计算雨量器的容积。后来在《科学通报》第 2 卷第 6 期(1951 年)发表的《中国过去在气象上的成就》一文,他又强调了“颁自中国”的见解,并举出了朝鲜李朝史料作为根据。但他是用己意来猜度朝鲜史料,很不客观。

1984 年王鹏飞在《中国科技史料》第 5 卷第 3 期发表的《朝鲜测雨器传自中国辨》[14]，1985 年又在《自然科学史研究》第 4 卷第 3 期发表的《中国和朝鲜测雨器的考据》[15]。在该两文中指出根据朝鲜史料，朝鲜在 1441 年即已创造了他们自创的测雨器。举出了朝鲜创造最早测雨器时，户曹向朝鲜世宗申报的文件内容。1770 年的测雨器仅是他们改进式的自制测雨器。测雨器之所以在石台上刻有乾隆年号，是因为当时清代为朝鲜的宗主国，朝鲜在创造自制仪器时，因他们在国王生前，并不可能预知该国王的庙号，无本国年号可记。所以只能记载宗主国(即清代)的年号。乾隆庚寅字样即由此而来。因乾隆庚寅确为公元 1770 年，由于这类测雨器台是在朝鲜国内自制，所以在我国迄今不曾发现同样的测雨石台。王鹏飞文内还举出朝鲜国内布测雨网及使用的情况，就进一步否定了朝鲜测雨器传自中国说。王鹏飞这一发现早在 1983 年在西安召开的中国科学技术史学术讨论会上已经提出，得到科技史学界的重视。1988 年历史学家周桂钿在其《天地奥秘的探索历程》(中国社会科学出版社)[16]中认同王鹏飞指出的测雨器在世界上以朝鲜的发明为最早的观点，这比欧洲凯斯坦利制造的测雨器要早约两个世纪，他不赞成把中国历史上什么东西牵强附会地说成世界首创的，科学史研究必须实事求是，才有科学性。

2006 年洪世年、刘昭民(中国台湾)编著的《中国气象史——近代前》(中国科学技术出版社)P63 中，曾根据秦九韶《数书九章》中“天池测雨题”内“今州郡多有天池盆的测雨水”之句，认为在宋代每一省及每一都会城市，皆有测雨器之设置。而且以尺、寸、分寸为雨量之单位，以测定雨量的多少。又说秦九韶凭“天池盆”和“圆罂”所集之降雨深度计算其地点之降水量和其地区面积雨量的技术。他还根据《数书九章》中“竹器验雪”及“峻积验雪”两则，推论宋代中国人已使用竹制大型箩器以承集降雪，并加以观测，且将它安置在山谷与高原上。并推论当时各地方之观测者均能按照秦氏之计算方法，将各地所测得和计算之降雨、降雪和面积雨量等记录传递到中央，则中央官员将能看出各地方雨量之分布情形。进而建议堤防及水利设施之整治与修堤。若有今日之快速通信设备则与当时将能做洪水预报工作和防洪措施。但这一段推论，在当时是无法实现的。因为秦九韶这种复杂的按容器不同而改变的算法，怎么能使各地观测者据以测雨？各地的承雨器，形状与秦九韶《数书九章》中测雨容器形状各异。怎能采用秦九韶书中的计算方法呢？

什么是“天池盆”？为什么既称“池”又称“盆”？“池”为挖土储水而成的窖地。“盆”为人造容水之器，小而轻，便于盛物搬动。

“天池”是宋代扑救火灾的人工挖掘成的水池。据南宋《咸淳临安志》[18]杭州城在府治、三省、六部等衙署附近和有关地区，都建有二十余处防火的水池，又据《至顺镇江志》[19]，明景定四年(1263 年)，镇江府学，渊源堂在学员食堂前，凿池蓄水，以备火灾，《宝庆四明志》记载在四明[20](即宁波)州衙前，曾建造清澜池”。并经常疏浚，以御火备。由于这些水池之水，多引自天然江河，或容纳雨水，所以根据“天一生水”的说法，称为“天池”。又因为失火之处，不一定在天池之旁，必须别备一些盛水之器，由天池中取水，以便搬到火灾之处，以水灭火。故将这些“盆”，称为“天池盆”。

天池盆既用于盛水救火，所以并不讲究形状的标准化。它们多用现成的木器或瓦器制成。其大小、容积亦不一致。平时并不储水。只要求轻便结实，盛水不漏即可。它们可以呈不同形状。呈圆锥台形的秦九韶称之为“天池盆”。呈瓮形的，秦九韶称之为“圆罂”。

秦九韶曾在南宋的一些地方，如蕲州、琼州等地任司牧。见到这些闲置在各州郡中的天池盆或圆罂,有的还留有雨水。就产生了利用它们来盛雨雪以测平地雨雪深度的想法。并提出预估丰、歉[21]。所以在《数书九章·序》中写出“三农务穑,厥施自天。以滋以生,雨膏雪零。司牧闵焉,尺寸验之”的话。其中的“司牧”,就是秦九韶自指。“天池测雨”题中“今州郡都有天池盆以测雨水”,这只是表示他想利用天池盆来计算雨水,因为“天池盆”原来并非为测雨水而设,却是为救火灾而采用的现成瓦木器,只是被借用来盛雨水。它们个个形状各异,它们有的近似于某些典型形状(如近似于圆锥台或圆罂),但与典型形状,出入仍大。而秦九韶利用它计算平地雨深时,把它看作等于典型形状的情况来计算。不同典型形状的容器,需用不同典型计算方法计算,而计算所需的容器内贮水深度,却不在典型容器内获得,而是在非典型的实际容器(天池盆)中获得。

换言之,容器内雨水深度与计算方法所需的典型容器内的水深,是不相匹配的。所以这种现成的瓦木容器,不能称为测雨器,因为其平地雨深是算出的,而不是测出的。而且各地每个现成瓦木器形状各异,利用计算方法不能相同。所计算出的平地雨深必与实际平地雨深不可能相同。本文验证秦九韶天池盆测雨为准确,只是就秦九韶题意计算而得,并不能说秦九韶计算结果与当地实际平地雨深相符。秦九韶在“天池测雨”题中所说的“不知器形不同,则受雨多少亦异,未可以所测,便为平地得雨之数”。并在《数书九章》中又说:“积以器移,忧喜皆非。”即所得平地雨深与实际平地雨深不符。从而哭笑不得。这是必然的结果。

南宋时,京城迁到杭州。南方多竹。秦九韶想到利用竹皮编成容器,以计算平地降雪深度。因此提出了“竹器验雪”的标题。由于竹器承雪时会透风漏雪,影响计算平地雪深的结果。所以他要求竹皮必须编得很密,不留孔隙。防止漏雪现象。为此他将编竹器所需注意点写在题目中,以引起注意。但是由于词不达意,或撰词疏忽,或原文因辗转误抄,从而反出现了“箩体通风,受雪多则平地少”[22]不通句子。事实上原义应是箩体通风则箩内受雪少,会使计算出的平地雪深少。更且由于秦九韶对“竹器验雪”一题,自己概念不清。未能确定所编竹器,究为何形。且所介绍之[术曰]与竹器形状不符。南宋人是无法按《数书九章》中“竹器验雪”一节叙述,制作出相同的验雪竹器的。

因此洪世年等书中叙述:宋代中国人已使用《数书九章》中介绍的大型竹箩容器,承集降雪。并加以观测,是不可能的事。至于“将之安置于山谷高原,计算面积雨雪量,传向中央,建议堤防及水利设施等”,纯系向最美方向设想的推论。缺乏现实意义,研究气象史的,应当保持实事求是的态度。

事实上,秦九韶既热衷于按不同现成容器的近似标准形状,用不同的繁琐方法进行平地雨雪深度之计算。他就不可能是发明测雨器的人。他计算出的平地雨雪深度,也必与当地的实际雨雪深度出入很大。

四、南宋社会缺乏对创制雨器的需求

我们认为社会需求可以催促新事物的出现。所以如果南宋社会的确对测雨器有迫切的需要,则在秦九韶提出计算平地雨深的概念后,即使热衷于应付利用不同形状的容雨器计算平地雨深的各种复杂计算,不关心测雨器的发明,别人也会发明出测雨器的。可是事实上,当时人们并不曾发明出测雨器。说明当时社会对此要求不迫切。这又是为什么呢?

前面已指出,我国在西周就重视作物根系的墒情。习惯于用锄犁挖土,探测作物根系附近的湿土深度。这种方法有利于判断作物能否充分吸收土壤内养料（滋膏），并能否获得丰收。这种制度在宋代是否仍保持呢？我们可根据宋代诗句中有关的内容加以分析。

根据分析，可以认为当时诗句中如提到降雨盈尺。而未提到成灾，则盈尺的雨实指土内湿土深度，如为降雪则尺寸表达的属于平地积雪深度。如诗句中提到河川水位升高的尺寸，则此尺寸不全是平地降雨的作用，还应包含上游流来的客水，岸上汇流而入及土地下渗流进河道的雨水，且已减去平地河道中泻入下游的水量，所以不应仅将它认为是当地下雨所致。

例如北宋韩琦（1008—1075）《观稼诗》说："尺雨滂然涤旱灾，行田因得过家来。"这里指明尺雨是在旱灾时出现的，故决非平地雨深，却是指湿土深度。因为若是平地雨深，则行田过家必定受阻，岂能无虞？

又如北宋郑獬（1022—1072）《祈雨诗》说："平地三尺雨，农家三尺金"。王之道（1093—1169）《和秦寿之暴雨》诗说："滂沱一尺雨，旱魃惊辟易"，郑獬诗虽明示三尺雨是平地之雨，但它仍是指渗入平地下的三尺雨湿土。因为如果指平地上积三尺雨水，必淹房舍。怎么可以成为农家三尺金呢？王之道诗，其意当与韩琦"尺雨滂然涤旱灾"同义。

再如南宋范成大（1126—1193）《初发大城留别田父》诗说："路逢田翁有好语，竟说宿来三尺雨。"这当然是说昨夜下雨使湿土深超三尺。"好语"指称赞这雨有利于丰收，决非指平地积雨三尺。试想如果下的雨使地面积水三尺，怎么能次日在路中与田翁相遇，竟赞雨下得好的话语呢？

陆放翁（1125—1210）《春日小园杂赋》说："市尘不到放翁家，绕麦穿桑野径斜。夜雨长深三尺水，晓寒留得一分花。闷从邻舍分春瓮，闲就僧窗试露芽。自此年光应更好，日驱秧马听缫车。"这是说水面因雨而抬高了三尺，有利于秧田灌水。可以跨秧马在田里插秧。春季在河水较浅时，下了雨，使水高了三尺，一般不至于出现涝灾。对农业还是有利的。当然三尺，是按江边水痕估计出来的，并不是平地雨水增高三尺。

事实上，重视土内湿土深度，不仅宋代如此，明清亦是如此。

我们知道进行雨泽报告，应由礼部主管。各地应向礼部报告，并载于《会典》。据明俞汝辑编《礼部志稿》卷八八记载：在嘉靖之年，钦天监刻漏博士杜钺所上疏文说："凡各地雨泽，有无广溢、沾足，应报礼部。凡各省地震、山川异常，雨旸愆期，奏至礼部。"……又指出"应报雷声、冰雹，风不应时等，（观象台）应一一上奏。每季应进一帙。置之丹扆，以便省览，其于祁天永命之道，不无少补。"此疏后亦归礼部。

又据此《礼部志稿》卷二二，规定了报雨泽的格式如下：

"某衙门某，令臣姓某。奏为雨泽事。据某人状呈：洪武几年几月几日某时几刻，下雨至某时几刻止。入土几分，谨具奏闻，以上为雨泽。事起至入土几分，计字若干，纸几张。"

由此资料，可证明迄明代，报雨泽，不仅要报下雨起迄时刻，还报的是"入土几分"。即报雨水润湿土壤深度。

明代如此，清代亦复如此。如在《康熙朝汉文朱批奏折汇编》[23]的第一册（档案出版社，1984年），载有清康熙四十四年（1705年）六月，赵弘燮向康熙帝上报河南（豫）各地雨情，即为报湿土深度之尺寸。今节录如下：

"据开封府属之祥符、陈留（等），归德府属之商丘、宁陵（等），怀庆府属之河内、济宁（等），河南府属之洛阳、偃师（等），南阳府属之南阳、桐柏（等），汝宁府属之汶阳、上蔡（等）六十一州县报到，五月二十四、五、二十八、九、三十及六月初二、三至拾壹等日，得大雨有（湿土)五、六寸,七、八寸,及尺余寸不等。其余开封府属之通许、洧川(等),归德府属之鹿邑,怀庆府属之修武、武涉(等),河南府属之鞏县、永宁(等),南阳府属之镇平,汝宁府属之西平、遂平(等)等二十五州县报到:五月二十五至六月十一等日,亦各得雨有(湿土)三、四寸不等。又彰德府属之汤阴、磁州(等),卫辉府属之汲县、辉县(等)十州县报到。或于五月二十五、二十九等日,或于六月初二、三及初七、初十、十一等日,亦各得雨有(湿土)三、四寸不等。其南阳府属之唐县、叶县尚未报到。而彰德府属之林县、武安、涉县三县,六月初二、三及初七等日,曾报得雨而稍少,至于开封府属之沈丘,归德府属之永城,南阳府属之裕州,泌阳,汝宁府属之真阳,信阳六州县报到雨水稍多。其余各地秋禾,开封、归德、河南、汝宁、南阳、怀庆六府及汝州所属发生极盛。彰德、卫辉两府属稍次。再查六月二十三日省城,又得大雨。至于蝗蝻,各州县报到,并无生发……"

由此可见,自西周迄清,观测湿土深度以判断作物根系环境是否优良的价值,长久深入人心。朝野均然。清康熙时上报雨泽尚且取湿土深度,南宋民间,当然尚不可能使用测雨器。

我们在评论《数书九章》测雨算题时,曾批评秦九韶之计算是一种静态计算。因为其中没有降水强度(单位时间的降水量)的概念。其实这是一个社会问题。因为在南宋时,缺乏较轻便的计算时间设备。中国自古就有称为"漏"的计时设备。分"水漏""沙漏"两类,是利用容器中所盛的水或沙可漏出的作用,根据所调节的漏失速度,观测水或沙在原容器中因漏失而降低的水位或沙位,或观测流水或流沙在流入容器中的增高到的水位或沙位,来判定一日中的时刻。这些时刻按一日为12时辰(每一时辰合今二小时),以子、丑、寅、卯……申、酉、戌、亥等12地支注明于一定水位及沙位处。在农村中,宋代已有这种"水漏",因为是在田间使用的,故称为"田漏"。在北宋梅尧臣(1002—1060)的诗集《宛陵集》中,已有咏"田漏"的诗:"瓦罂贮溪流,滴作耘田漏。不为阴晴惑,用识早暮候。辛勤无侵星,简易在白昼。同功以为准,一决不可又"。可是这种"田漏",在北宋虽已有使用,却并不普及。南宋的秦九韶写作《数书九章》中并未考虑进去。

由于没有轻便准确的时间测量器,无法获得降雨强度。而降水强度对平地水深有很大关系。强雨因不易宣泄,容易使平地水深加大。小雨往往能使土壤润湿,却不易使地面积水。人们在测雨时,如不配合降水强度的测量,则雨量是否有利于农田,就没有数。这又是我国古代农民不急于要求发明测雨器的原因之一。

另外,在宋代,为记录洪水水位的"水则"已普遍应用。特别在南宋,"水则"已有广设。"水则"是一种立在河川渡口或关键水口以石碑方式记录洪水情况的设备,江浙地区因多有水旱不匀之年。且田亩有高低。"水则"之设,尤为必要。以太湖地区"吴江水则碑"为例。该碑分左右两部分。左水则碑自下而上共分八条横线。最下一条横线称为"一则",向上每隔一尺画一横线依次称为"二则、三则……七则"等(其中每二横线中还可按寸次分十等)。当因雨水或上游水来,使水面升到"一则"线时,表示水情正常,高低田俱无恙。若水位到"二则",则极低的低田将淹。到"三则",稍低的田受淹。到"四则"会使中下田受水。到"五则"中上田受淹。到"六则"高田受淹。到"七则"则极高田也受淹。有了"水则",人们就可根据水淹情况,采取排水措施。还可在该年水位达最高的格子中进行记录(刻字),注明其年某时水位至此。并举以报水灾。右水则碑则刻有十二个月。每月均分上、中、下三旬。每旬水势成灾者;则刻石报灾。这种水则,只考虑雨水或河水水位到任何高度,并不顾及地面是否水平。因此"水则"使用时,不限于降水。但它对了解高低田是否被淹有用。农村十分需要。

有专人管理。

既然在南宋，农村在判定水是否涨过地面时看“水则”。无雨水时用锄或犁看湿土深度，以决定采取什么措施保证作物丰收，当时已有水车，可车水调节水旱，他们觉得这些办法已满足所需，并无发明测雨器的要求。秦九韶的四个测雨雪量的题目，既没有激发秦九韶自己想发明更简单的直接可测在平地雨雪量的仪器的欲望，自然更不可能促成社会上出现测雨的新事物来。

五、秦九韶其人简介

《数书九章》为我国古代数学名著。它既包含四道测雨雪的算题，又为世界最早提出平地雨雪深度的概念。所以在数学史界及气象史学界，都很想了解其作者秦九韶的生平。

但是考查与秦九韶同时及其后人们对其人格之评述，发现其人格与其数学成就颇不相称。人们评价其人格多具贬义，殊值得进一步探讨。

秦九韶(生卒年原考据为1202—1261，但近考据为1208—1268)，字道古。据《数书九章·序》，祖籍鲁郡，南宋文学家周密(1232—1298)在其《癸辛杂志续集》中指出九韶为秦凤间人(近亦有考据为蜀人者)，对秦九韶的评价为：多交豪富，性极机巧，豪宕不羁，对星象、音律、算术以致营造等事，无不精究，曾从李梅亭学，骈俪、诗词、游戏、毬马、弓剑，莫不能知。性喜奢好大，嗜进谋身，或以历学荐于朝，得对。有奏稿及所述《数学大略》(即《数书九章》)。曾以术攫取吴履斋(即吴潜1196—1262)在湖州之宅，且别出心裁，构築房舍以处秀姬，性多疑，残暴成性，曾闭禁子妾，使之绝食死。对不惬己意之奴仆、养子、驭卒，追杀或旋以伤残[24]。

又据南宋诗人刘克庄(1187—1269)《后村集·掖垣缴驳·缴秦九韶知临江军奏状》，认为秦九韶“其人不孝不义，不仁不廉，具载丹书，臣等不复缕数，姑以‘后省旧牍’考之，去秋有江东议幙之除，首遭驳论。其冬又除农丞，前去平江，措置米饵，后省再驳，其命遂寝。奉祠犹未一年，以郡起家。若使其真有才能，固不可以一眚废。今通国皆谓其人：暴如虎狼，毒如蛇蝎，奋爪牙以搏噬，鼓唇吻以中伤，非复人类。……”又举出秦九韶在湖北蕲州为副守时，因妄作而几激军变。在安徽和州为守，贩鹾抑卖于民。在居于浙江湖州(霅)之关外时，凡侧近渔舟，每月抑令入钱有差，否则生事诬陷，大为闾里患苦。到琼州摄事，才百许日，郡人莫不厌苦其贪暴，作“卒哭歌”以快其去。其见于乡行，见于宦业者如此。亲莫亲于父子，九韶有子得罪于父，知九韶欲杀之也，逃生甚密，九韶百计搜求得之，折其两胫，其见于家行者又如此……。臣等欲望圣断，将九韶更加镌黜，屏之远郡，以惩凶顽，以快公论。……

清代焦循(1765—1820)因重视九韶倡明天元一术，为瑰奇有用之才，不信周密之言。

据孟森《明清史论著集刊续编》中《四库提要数学九章撰人秦九韶补考》一文(1986年，中华书局出版)，认为人之怀才与植品，容有互见之瑕疵，不同意焦循因秦九韶之有才就坚信九韶必亦有品[25]。

据陈述等主编《中华名著要籍精论》(中国广播出版社，1994)P.15由郭书春所撰《数书九章》。认为“九韶晚年任琼州守，司农、司丞贾似道误国，迫害吴潜等，九韶被株连窜之梅州，卒于任所。九韶参与了贾吴之争，被周密，刘志庄丑诋不堪……”[16]

最近，据四川安岳县宣传部杨国选《秦九韶生年及任县尉考》(见2008年《中国科技史学志》第29卷第四期),知秦九韶之父为秦季槱,他于绍熙四年(1193年)登进士第。于开禧三年(1207年)丁父优除奉诏在秘书省为官,生秦九韶,当时同在秘书省的乔行简,赋词相贺题为《贺秦秘阁季槱得子》首句为:"探春到,岷儒听莺报",岷儒是称赞秦季槱。因为秦季槱既为安岳人,该地在川北,在岷山一带,岷山盘绕于川北及甘南区域内。周密认为秦九韶为秦凤间人,也接近岷山。由于此词后注明戊辰四月乙卯,因而该文肯定秦九韶生于嘉定元年(1208年)二月(因词写作时,孩子已满月,故四月减一月为三月),嘉定五年(1213年)秦季槱知巴州,嘉定十二年(1219年)三月,秦季槱离巴州回临安(即杭州)。

该文据三台县郪江镇明嘉靖二十九年(1550年)的《郪县志》卷八有"绍定二年(1229年)秦九韶擢县尉"句。杨国选认为这个"擢"字表明秦九韶是从"义兵首"中擢举的,在宝庆元年(1225年)蒙古兵已入侵今甘肃、陕西一带,秦季槱在潼川任上,秦九韶随行,秦季槱令儿子担任民间武装的"义兵首"维持治安,也是情理中事。

但是据秦九韶在《数书九章自序》中自述:"九韶愚陋,不娴于艺,然早岁侍亲中都因得访习于太史,又尝从隐君子受数学,际时狄患,历岁遥塞,不自意全于矢石间,尝险罹忧,荏苒十祀(年),心槁气落,信知夫物莫不有数也。乃肆意其间,旁诹方(士)能(人),探索杳渺,粗若有得矣。所谓通神明,顺性命。固肤末于见。若其小者,窃尝设为问答,以拟于用。积多而惜其弃,因取八十一题,为九类,立术具草,间以图发之,恐亦可备博学多识君子之余观。"

这一段话中,有"早岁侍亲中都"之语。我们知道:"中都"是指燕京,即今北京,燕京为辽京,金克辽后,于贞元元年(1153年),定都燕京,改称"中都"。治大兴府。此时是在秦九韶出生前约50年,秦九韶自称"早岁侍亲中都",而非侍亲"行都"、"行在"或"临安",说明早岁是在金国之首都。又说:"际时狄患,历岁遥塞,不自意全于矢石间,尝险罹忧,荏苒十祀"。这也说明他不在杭州。但据杨国选考据,秦九韶之父秦季槱在秦九韶幼时,始终在南宋,未到过金国之中都。又说秦九韶幼时随父离开家乡普州(即安岳)而到巴州回临安,以后知潼川。杨国选认为这七年秦九韶在首都随侍父亲身边。他所谓的首都,当然是指南宋的"临安"。绝不会是金国的"中都"。可是奇怪的是,他将自己考证出的结果,即秦九韶幼时随父在临安,却认为符合秦九韶所说的"早岁侍亲中都"。这不是混淆了"金国"与"南宋","中都"与"临安"了吗?

到底秦九韶幼时在"临安"还是在"中都"呢?我宁愿相信秦九韶的自述。因为人们自述其幼年在什么地方,总要比别人的考证要可靠些。但是据考证,秦九韶之父秦季槱从未到辽金国中都,而始终在南宋。这可以证明秦九韶自述中所谓"侍亲中都",这个"亲"就不应是父亲。据周密的文章,秦九韶在任义军首领后,回到父亲身边,对父亲曾有不敬之举动。这说明秦九韶与其父亲是比较生疏的。这应当与他小时并不与父亲在一起,而是随别的"亲"在中都的。这又可证明秦九韶幼时并不与父亲同在临安,再一点可以认为,秦九韶幼年是在中都而不在临安。因为秦九韶成人后在南宋其性格及行为处处与南宋社会的风俗习惯格格不入。这应当是他受金国社会熏陶所致。

其实,秦九韶自述"早岁在中都"的事是影响他的一生性格的关键语句,因为这是社会环境塑造秦九韶一生个性的关键时期。

若秦九韶出生于1208年又于1229年擢为县尉,说明擢县尉时年为21岁,据周密所云,秦九韶为"义兵首"为18岁,则此时当在1226年即宝庆二年,如果如秦九韶所说在中都10年,则他到中都应在1216年,即嘉定九年,此时秦九韶应为8岁,这是说他在8岁入中都,18

岁返故乡为义兵首,8 岁到 18 岁正是个性最可塑的年龄,秦九韶在此一时间正好在中都,其一生性格必然是在金国形成的,这应是他在南宋生活上及为官时与南宋儒家思想格格不入的主要原因,并为周密及刘克庄所垢病之根源。

周密(1232—1268)字公瑾,号草窗,原籍济南,后寓居湖州,南宋时曾任浙江义乌令。宋亡后不仕,移居杭州,怀遗民之恨,以记述故国文献为己任,著有《齐东野语》、《武林旧事》、《癸辛杂识》等,他能诗词,但宋亡前其诗词较少涉及元蒙大军南侵之事。他因曾居湖州,又因秦九韶亦曾居湖州,且秦九韶自述祖籍"鲁郡"与周密原籍济南是同乡,所以对秦九韶的生平较注意。他对秦九韶之描述应当较客观。且多取自群众传言。我认为并非蓄意诋毁。他说秦九韶"以术得吴潜(宋宁宗右丞相枢密使,为爱国诗人,遭贾似道排挤,贬化州团练使,死于广东惠阳)在湖州西门外地,又宛转贾似道得官"琼州。还说"闻吴潜在鄞,往投之"。都证明周密闻之于群众,也说明秦九韶在金国所接受之性格,即唯利是图,对政治及国家兴亡并不关心。

刘克庄(1187—1269),即刘后村,福建莆田人,淳祐六年(1246)曾承龙图阁直学士,为爱国诗人,耿介孤高,忠直敢谏,一生坎坷,他在《缴秦九韶知临江军奏状》中所指出的秦九韶不良行为,根本未提贾似道,而说:"李曾伯(字长儒,河南沁阳人,居浙江嘉兴,宝祐二年即 1254 年,蒙大军威胁四川,他官授四川宣抚使,特赐同进士出身,后为贾似道所妒,罢职为词人)帅广,委秦九韶摄琼管。九韶至琼仅百许日,郡人莫不厌苦其贪暴,作"卒哭歌"以快其去"。其说法与周密有所不同。说明刘克庄之取材与周密之取材来源虽不同。但指出秦九韶的贪暴性格则一致。他们并未将秦九韶列为贾似道一党。所以将刘克庄与周密视为因共同对付贾似道而诋毁秦九韶,这是不妥当的。他们之共同批评秦九韶,正说明秦九韶的贪暴不法行为是客观存在,是当时南宋各界特别是儒家诗人所共感的。后人因秦九韶的数学成就而就想否定秦九韶之贪暴行为,只是一种良好的愿望。

那么秦九韶在金国中都的十年中,受塑而性格有什么特点呢?可参看《金史·食货志》。

金代存在大量奴婢,当其兴国之初,军队有俘敌为奴者,及立国之时兵革仍炽,贫民为图存,多依权门苟生,自愿隐蔽为奴。其后岁凶民饥,多附豪族,因沦为奴隶,亦有犯法,征偿莫办,折身为官奴或私奴,尚有民贫,难偿岁赋,自鬻为奴者。奴隶比良民低一等,受主人所支配,不承认其有人身自由。但对较亲近的奴仆亦可提升为养子的地位。这就是秦九韶日后对待奴仆、养子等态度的根据。金人过去以牧畜为生,对人与对牲畜有时有相似的态度。

金代租税繁杂,租税之外,算其田园,屋舍、车马、牛羊、树艺之数及其藏镪多寡以征钱。曰物力。物力之征,上自公卿大夫,下逮民庶,无苟免者。因此,刘克庄提到秦九韶"寓居霅(湖州)之关外,凡侧近渔业之舟,每日抑令入钱有差,否则则生事诬陷,大为闾里患苦"就是仿效这种物力之征。

金代卖官鬻爵也是常事,如进士出身鬻至及第,叛臣剧盗之效顺,动以王爵固结其心,秦九韶婉转向贾似道求官得赏,也是金代惯例。

秦九韶在幼小时就十年在中都受到金代社会风气的熏陶,不自知地将金代习俗形成其社会观以及人生观,无法摆脱。在成年时因父亲秦季槱在南宋为官,就返回四川安岳,此时因为蒙古大兵南侵金国之陕、甘一带,南宋之四川北边,已很紧张,所以在父亲的支持下成为义兵之首,以防北狄(蒙古)。义兵本非正式军队,纪律不严,且有父亲之支持,所以易于因活动而擢升为县尉,再由县尉因能干而升官,出四川而径湖北顺长江向东到江西、安徽、江苏、太湖流域、浙江的湖州一带及蕲县。此后又到广东梅县及海南之琼州等地。在那些地方为官,一方面充实了他的《数书九章》内容,但另一方面处处在工作中反映了他在金国中都一带熏陶成的社会观与世界观,处处与儒家思想盛行的南宋社会,圆凿方枘,格格不能相入。因此出现了今日我们见到他在数学方面的特殊成就与行为方面的贪暴似不相称的现象,但对秦九韶来说,他并不觉得自己有什么矛盾,只是觉得工作很不顺利而已。他是学数学的,他觉得在兵荒马乱中,他能在北狄侵凌时全身于矢石之间学到了许多学问是大数所致。而以后在南宋仕途崎岖,也是"数"所使然。他并不知道南宋的儒学文明与他的金代畜牧社会转变而来的国家文明的不相适应,因此他把这个"数学"分为大小两类。他认为命运是"数学之大者"。所以说:"信知夫物莫不有数也",从而掉入到了宿命论中,于是"肆意其间(即数学之大者间),旁诹方(士)能(人),探索杳渺,粗若有得焉,所谓通神明,顺性命",它的思想既坠入宿命论中,自然不可能改变自己在中都接受的习气去适应南宋社会。这就是所谓"江山易改,本性难移"。

正由于他仕途不顺,所以便热衷于"数之小者",因此他在自述中说:"因肤末于见若其小者,窃尝设为问答,以拟于用,积多而惜其弃,因取八十一题,分为九类,立术具草,间以图发之,恐或可备博学多识之余观,曲艺可遂也。愿进之于道"。这是说他把所著的《数书九章》视为"数之小者"。他是因为数之大者过于杳渺,又不一定顺利。所以想利用数之小者来转变处境,使之进之于道,靠它来转变数之大者。但也知这样做不一定成功,所以又说:"傥曰艺成而下,是惟畴人府史流也。乌足尽天下之用,亦无瞢笃"。这是说从事数之小者,即使不能转变数之大者,如能成为"畴人府史之流"(即从事计算工作的人),也就心满意足了。

但是从另一个角度看,这是南宋末期的形势使然,秦九韶就因为处于南宋时代,才会幼年赴金国中都学习数学,又因为是汉人父亲在南宋为官,才成年后回返南宋,却又因为熏陶了金国的社会观和人生观,与南宋社会格格不相入,虽然获得一身数学技艺,在当时却不得志于祖国,这不是一种悲剧吗?

六、结论

通过本文的探讨,我认为:

(一)《数书九章》是我国最早将计算雨雪的问题,列于书本进行计算的算书。

(二)秦九韶是最早提出应将雨雪量用平地雨雪深度为标准的人。

(三)《数书九章》中四个计算雨雪的算题"天池测雨","圆罂测雨"及"峻积验雪"三题的计算都是对的,但"竹器验雪"一题却是说题不清、计算有误的。

(四)《数书九章》中计算雨量之两题,用的是现成的天池盆及圆罂,但计算时却按一定几何形状的容器,用不同方法进行计算,秦九韶并不改进容器使呈柱状,直接在柱状容器内测深,所以秦九韶并未发明测雨器。他的计算方法较为繁琐,不能在测雨网中推广。

(五)南宋时,农民习惯于观测土内湿土层深度以判定是否有利于种子或作物根系生长的土墒。这种办法从西周直到清代中叶,都是遵行的。

(六)《数书九章》中各计算雨量题,缺乏降水强度概念。由于强降水往往雨水在地面流散,小强度降水往往有时间渗入土内。所以人们宁可直接用犁锄检验土内湿土深度(墒情),而不用《数书九章》中介绍之算法。

(七)秦九韶之人品为南宋儒人所不齿,这是由于他自幼受到金代社会所熏陶,却以金人的人生观及社会观行之于南宋儒家社会,这是一个悲剧,从事数学的他,却陷入数的宿命论,并把这看作他在数的问题上比具体数学更大的收获,沉湎于此而不能自拔。值得后人深思。

(八)虽然在中国数学史中,对李治(1192—1279)的《测圆海镜(1248)及《益古衍段》(1259)与秦九韶的《数书九章》(1247)完成于相近时间,李治称为金之数学家,书成于金元,秦九韶书成于南宋,因而有"北李南秦"之誉。但如果我们考虑到秦九韶幼时学数学于金之中都,因此事实上,李治与秦九韶之数学有同源之成分。

参考文献

[1] 秦九韶. 数书九章(国学基本丛书)[M]. 商务印书馆.

[2] 陈远. 中华名著要籍精诠[M]. 北京:中国广播电视出版社,1994.

[3] 毛亨传(汉),郑玄笺(唐). 孔颖达疏毛诗正义[M]//十三经注疏. 影印. 中华书局,1979.

[4] 王鹏飞. 王鹏飞气象史文选[M]. 北京:气象出版社,2001.

[5] 宋景昌(清). 数书九章札记[M]//郁氏宜稼堂丛书.

[6] 秦九韶. 数书九章(国学基本丛书)[M],商务印书馆,107.

[7] 秦九韶. 数书九章(国学基本丛书)[M],商务印书馆,108.

[8] 秦九韶. 数书九章(国学基本丛书)[M],商务印书馆,109.

[9] 秦九韶. 数书九章(国学基本丛书)[M],商务印书馆,110.

[10] 夏征农. 大辞海·天文学·地球科学卷·降水量[M]. 上海:上海辞书出版社,2005.

[11] 奥田穰(日本). 日本气象学会75年史.

[12] 和田雄治(日本). 朝鲜世宗英祖两朝测雨器[M]//气象集志. 1910.

[13] 竺可桢. 论祈雨禁屠与旱灾[J]. 东方杂志,1926,**23**(15).

[14] 王鹏飞. 朝鲜测雨器传自中国辨[J]. 中国科技史料,1984,**5**(3).

[15] 王鹏飞. 中国和朝鲜测雨器的考据[J]. 自然科学史研究,1985,**4**(3).

[16] 周桂钿. 天地奥秘的探索历程[M]. 北京:中国社会科学出版社,1988.

[17] 洪世年,刘昭民. 中国气象史——近代前[M]. 北京:中国科学技术出版社,2006:63.

[18] 潜说友. 咸淳临安志[M](成书于咸淳四年).

[19] 脱因修(元). 至顺镇江志[M]. 共二十一卷. 俞希鲁,纂.

[20] 胡矩(宋),修. 宝庆四明志[M]. 宝庆四年成书,绍定二年传刊.

[21] 秦九韶. 数书九章(国学基本丛书)[M],商务印书馆,2.

[22] 秦九韶. 数书九章(国学基本丛书)[M],商务印书馆,110.

[23] 中国第一历史档案馆. 康熙朝汉文朱批奏折汇编(第一册)[M]. 北京:档案出版社,1984.

[24] 周密. 癸辛杂志续集[M].

[25] 孟森. 明清史论著集刊续编·四库提要数学九章撰人秦九韶补考[M]. 北京:中华书局,1986.

[26] 秦九韶. 数书九章·自序(国学基本丛书)[M],商务印书馆,2.

[27] 脱脱(元). 金史·食货志[M]//二十五史. 上海:上海古籍出版社.

中国古代测“分、至”方法及时代的探源研究
——江苏锦屏、云台两山岩刻的新诠释

迄今人们认为我国最早测分至的方法是殷代甲骨文所记的测日影的“立中”。本文根据作者1984年及1985年夏季两度赴连云港锦屏山将军崖及云台山东磊对社石的调查研究，结合典籍考据及对岩刻的分析，初步肯定了社石及岩刻均系夏代前期东夷遗迹。岩刻中的南北线，太阳等的形象，都与东夷测分至有关。这样就把我国测分至以定节候的概念和工具，由商代后期推前了约一千年弱，即提早到夏代前期，这种推断正与由典籍推断我国最早的分至记载时间在三代相符。

一、引言

探讨两分两至概念始于何时，在气候学发展史研究中，有重要意义。因为在中纬度，人们要较精确地划分季节，需先定两分两至的日子。冬至是中纬度昼最短，正午太阳高度角最低的日子。而夏至是昼最长，正午高度角最高的日子。但当时地面辐射收支尚未平衡，气温最低(大寒)及最高(大暑)的日子分别在冬至和夏至后约1个月左右。春秋分是昼夜长度相等的日子，气候温和，它们应是春秋季的中间日。确定两分两至的日子后，春夏秋冬四季的中间日就容易确定了，于是四季的分界线也可由此推定。为此，本文首先从文献典籍中推断我国何时始有分至记载。

但分至日的确定必须借助于工具和方法，因此本文接着就讨论我国判定分至日的实物设备，介绍古代利用这些设备决定分至日的方法，并根据作者1984年1985年连续两年夏季赴江苏连云港对锦屏山及云台山社石进行调查结果，证明该两处社石及岩刻中有测分至的迹象和原理，指出当时北极星法是决定南北线，并从而确定分至的主要方法。

最后本文细致地分析了锦屏山将军崖岩刻主要图像的逐个意义及各组图像用于社石和南北线配置的总体布局意义，借此以探索岩刻社石南北线的时代。结果认为这些时代都在夏代前期，且与由典籍推集结的分至概念出现时代是基本相符的。

二、我国何代典籍中最早提到“分、至”概念？

(一) 典籍中的“两分两至”

在西汉初，刘安《淮南子·天文训》谈到两分两至的地方很多。如：

“日至而麋鹿解“(冬至麋角解、夏至鹿角解)。

“辰星正四时。常以二月春分效奎、娄。以五月夏至效东井、舆、鬼。以八月秋分效角，亢。以十一月冬至效斗、牵牛”(效，见也)(辰星即水星)。

"日冬至则斗北中绳，日夏至则斗南中绳"(北中绳指斗柄北指，南中绳指斗柄南指)。

"日冬至则水从之，日夏至则火从之。故五月火正而水漏。十一月水正而阴胜。阳气为火，阴气为水。水胜故夏至湿，火胜故冬至燥。燥故炭轻，湿故炭重"。

"日冬至，井水盛，盆水溢，羊脱毛，麋角解，鹊始巢。八尺之修杆，日中而景丈三尺。日夏至而流黄泽，石精出，蝉始鸣，半夏生，蚊虻不食驹犊，鸷鸟不搏黄口。八尺之杆，景修尺五寸。景修则阴气胜，景短则阳气胜。阴气胜则为水，阳气胜则为旱。"

"斗指子则冬至"。"指卯中绳，故曰春分。""指午则阳气极，故曰有四十六日而夏至。"指酉中绳，故曰秋分"。

"日冬至子午，夏至卯酉。冬至加三日则夏至之日也(子加三日为卯，午加二日为酉)。岁迁六日，终而复始(今年以子冬至，明年以午冬至，子与午差六日)"。

"夏日至则阴乘阳，冬日至则阳乘阴。是以阳气胜则日修而夜短，阴气胜则日短而夜修。"

"日冬至，日出东南维。入西南维。至春秋分，日出东中，入西中。夏至出東北维，入西北维。"

在《淮南子·时则训》中，也提到两分两至。

"仲春之月，招摇指卯。昏弧中，旦建星中，其位东方。始雨水，桃季始华，苍庚鸣，鹰化为鸠。是月也，日夜分，雷始发声，蛰虫咸动苏"(北斗七星中第七星为招摇，亦叫摇光)。

"仲夏之月，招摇指午。昏亢中，旦危中，其位南方。小暑至，螳螂生，鵙始鸣，反舌无声。是月也，日长至，阴阳争，死生分，鹿角解，蝉始鸣，半夏生，木堇荣。"

"仲秋之月，招摇指酉。昏牵牛中，旦觜巂中，其位西方。凉风至，候雁来，玄鸟归，群鸟翔。是月也，雷乃始收，蛰虫培户，杀气浸盛，阳气日衰，水始涸，日夜分"。

"仲冬之月，招摇指子。昏壁中，旦轸中，其位北方。冰益壮，地始坼，鹖鴠不鸣，虎始交。是月也，日短至，阴阳争，荔挺出，芸始生，蚯蚓结，麋角解，水泉动"。

归纳《天文训》与《时则训》，该两《训》对于两分两至，一是指出当时的物候；二是指出当时昏旦时某星中天或某星见于某星宿内；三是指出当时北斗指的方向；四是指出当时"测湿天平"中炭的轻重；五是指出当时中午杆影长短；六是指出当时昼夜长短；七是指出当时太阳出入的方位。其中物候、炭的轻重是气候的反映，气候每年因大气环流特点而有出入，不能用以判定两分两至。用"斗指方向"来判定两分两至，是较方便的。《淮南子·天文训》中以用二十四方位(自北顺时针移向依次为：子、癸、丑、报德、寅、甲、卯、乙、辰、常羊、巳、丙、午、丁、未、背阳、申、庚、酉、辛、戌、蹄通、亥、壬、共二十四向。)平均每方向约 15°，即子、卯、午、酉各差 90°，尚不够细密。其实这种以北斗星决定四季之法，源自战国时的《鹖冠子·环流》，该书指出"斗柄指东，天下皆春；斗柄指南，天下皆夏；斗柄指西，天下皆秋；斗柄指北，天下皆冬"。只是《淮南子·天文训》将其加密，以定二十四节气而已。以星体昏旦中及其星见于某星宿内来判定两分两至，必须对星体善于辨认。以昼夜长短判定两分两至必须测昼长夜长，而这又受蒙气影响。以太阳出入方位决定两分两至，也因为用二十四方位法且受蒙气折射影响而觉太粗，以中午影长短定两分两至，牵涉到如何定中午的问题。但这两《训》的确提供了许多可供判定两分两至的科学方法。

秦代《吕氏春秋》中《仲春纪》《仲夏纪》《仲秋纪》《仲冬纪》，提到了"日夜分""日短至""日长至"，事实上即指春秋分和冬夏至。该四《纪》中也指出当时的物候昏旦星中等。《淮南子·时则训》基本上是以此四《纪》为基础加以改进而判定两分两至的。

春秋时代《管子·轻重已》中有“春日至,夏日至,秋日至,冬日至”之称,《管子·幼官》中的“义气至”“复理”分别相当于春分和秋分。《左传·僖公五年》指出“分、至、启、闭”,必书云物。所谓“分、至、启、闭”即指“春秋分,冬夏至,立春,立夏,立秋,立冬”八节。足见春秋时代,不仅已有两分两至,而且已有四季分界的“四立”。认为在此八节之日,都要登观台看云物并加记录。《左传·僖公五年》“春王正月辛亥朔,日南至”、“(《春秋·昭公二十年》春王二月已丑,日南至”。都是称日南至。但冬至应在十一月,上两例一是冬至在春正月,一是冬至在春二月,这都是由于历官失闰所致。自闵公元年至僖公四年当有两闰,司历者全失之。故僖公五年正月日南至,决不是取周正建子之故。而是失闰所致。否则昭公二十年日南至亦应在春正月,但现却在春二月。说明自僖公五年到昭公二十年又有失闰之事。班固《汉书·律历志》指出“至昭二十年二月已丑日南至,失闰。”“至在非其月,故传不曰日南至”,就是证明。

商代甲骨文中有卜“至日”及祭祀“至日”的卜辞,举例如下:

“壬辰卜,弗至日? 壬辰卜,至日”。《小屯·殷墟文字乙编》董作宾(1948)

“至日酒”。《殷虚书契续编》罗振玉(1933)

这些卜辞说明殷人对冬夏至的确定是十分郑重的。

在《夏小正》中,五月有“时有养日”,十月有“时有养夜”(养,长也)的记载。当然也是指夏至与冬至。而在《尚书·尧典》中,曾记有四仲日的天文标准(“日中星鸟,以殷仲春;日永星火,以正仲夏;宵中星虚,以殷仲秋;日短星昴,以正仲冬”)即以昼夜长短及某星体黄昏的中天来决定两分两至日。四仲就是春分,夏至,秋分,冬至。按赵庄愚《星位岁差论证几部古典著作的星象年代及成书年代》(科学史文集第十辑,1983),“星鸟”指二十八宿之张宿二(即攻蛇 λ 星),在朱鸟之鹑火中;“星火”为大火,可认为是心宿二或尾宿二(即天蝎 α 及 ε 星)‘星虚”因秦前以“危”称“虚”,故兼顾虚一及危一(即宝瓶 β 及 α 星);“星昴”即昴星团(即金牛 η 星)。

由此可见,从文献典籍中查考,“两分两至”似在三代时已有,并不是在二十四节气名称完备时的西汉才有的。

但这里还要提出一些问题,并加以澄清或探讨,否则上述结论似乎下得过早了,这些问题是:

(1)《夏小正》和《尧典》是否真分别为夏代及尧时的文献? 如果不是,则是何代的文献?

(2)夏代是否真有文献?

(3)殷代甲骨文中,有否“冬夏”两字? 因为冬至,夏至之肯定,需要用冬夏两字或冬夏的概念。

下面针对这些问题,作一些探讨。

(二)夏代是否真有文献?

夏代如果没有文献,那么《尧典》和《夏小正》等的资料就成为问题。

但我们可以肯定夏代是有典籍的,理由是:

(1)殷代甲骨文字已不是初期文字。它有一个很长的发展过程。在西安半坡所出仰韶文化陶器中已有距今 6000 年前的简单的刻划符号。在甘肃秦安县大地湾新石器时代文化遗址中曾出土的7800多年前的彩陶。也有符号如：×、十、＝、↑、亻、、、等。它比仰韶陶文更早。这些陶器多为饮食器皿。在大汶口及龙山文化的陶器中已有较复杂的刻划符号。在本文所述及的并以后还证明是夏代前期的作品的将军崖岩刻中若干文字，具有比原始符号更进步，但比甲骨文更原始的特征。商代后期的甲骨文是由早于商的朝代完成的。夏是紧接商前是一个朝代，最有可能负有发展文字并形成典籍的重任。

(2)在《论语·八佾》中，孔子说：“夏礼吾能言之，杞不足征也；殷礼吾能言之，宋不足征也。文献不足故也”。说明在孔子时代，夏商的文献是有的，而且口头传下来的尚不少。故孔子能“言之”。但更具体的各地（如杞，宋）情况，就因文献不足，觉得言之而证据尚不足。所谓“文献不足故也”，是说“不足”，不是说没有夏商周的文献。为什么不足呢？这与孔子以前经历过的文字改革有关。夏代是“主题文字”。殷代改为甲骨文字。所谓“主题文字”，即用一个字或符号表示想表达的语义的主题，使看到的人能根据关键性的主题字或符号，揣摩出书写者的正确语义。以后由于主题字表达语义不够确定，就开始撰字成文的时期。孔子时“主题文字”及“甲骨文字”均不用了，而用了“籀文”。原先用“主题文字”及“甲骨文字”的典藉因文字改革已不为一般人所识，从而毁失，造成后人（如孔子）觉文献不足。（详见本文“利用文字符号的发展来推断时代”的部分。）

(3) 在《左传》《国语》《孟子》《吕氏春秋》等书中，时有提及《夏书》的内容或原文。《尚书》中也包括了《夏书》。下面仅举《左传》中提到《夏书》的两例：

(a)《夏书》曰：“皋陶迈种德，德乃降”。(《左传》庄公八年)。

(b)《夏书》曰：“赋纳以言，明试以功，车服以庸”(《左传》僖公二十七年)。

这些例子说明《夏书》是实际存在的，故为殷代及其后一些朝代的书中所常引用。在(a)例中，所引《夏书》，文与《虞书·大禹谟》中完全相同。在(b)例中，所引《夏书》可见于《今文尚书》的《尧典》(即《尚书正义》中的《虞书·舜典》)。该书中《尧典》亦归入《虞书》)，但文作“敷奏以言，明试以功，车服以庸”，意思是考核其功绩而使用人材，古人把《虞书》及《尧典》的内容归入《夏书》内，说明当时的《夏书》是包括尧舜事迹的。只是在后来，才把舜的事迹分到《虞书》中，然后又把尧的事迹从《虞书》中分了出来。

由此也可推论，典籍的开始，可能是在夏代，在尧舜时代，已有初期文字符号，但尚未有成文的典籍。故当一有典籍时，就写了《夏书》，并在《夏书》中补述了尧舜的政绩。这在《尧典》的“昔在帝尧”“若稽古帝尧”及《舜典》的“曰若稽古帝舜”等词，可为证据。

另外我们知道禹是在尧七十五年时奉命以司空名义治河的，又是在舜十四年，代舜行施政事的。他在舜十五年被封为夏伯，在舜五十年死时即位，在位计八年。合计起来禹从事政事四十三年。死后即由子“启”即位。世称夏后“启”，开创了奴隶制社会。夏朝开国之王为“启”。启为禹子。禹在世经历了尧舜禹三朝。禹的才能是尧所发现的，禹的登基是舜所推荐的。禹治水之功又为世赫赫称道。在《夏书》中为赞扬其祖禹，必然要带叙尧舜，这又是《夏书》中有《尧典》《舜典》内容的原因。

虽然《尧典》写了夏代，但其中事实依旧是尧时的事，因为夏去尧舜不远，其事是可以回忆而记录的。

另外我们在(b)例中看到《左传·僖公二十七年》所引《夏书》与《今文尚书·尧典》中所述。意义相同，文字微有不同。这说明《尧典》文字在春秋时是有所变化的，这是文字改革及典籍毁失的结果。因为自尧迄春秋，已经多次文字改革。原文因文字改革而有毁失。后人追忆或追补,就留有追补的时代痕迹。但这种改变并不影响原文的意义。

(三)甲骨文中有无“冬夏”等概念?

甲骨文中如果没有“冬夏”等季节概念,那么《尧典》中就更不可能有冬夏季节概念,这就使《尧典》中“以正仲夏”,“以正仲冬”乱话,没有着落。这是一个确定“两分两至”起于何时的关键性问题之一。

根据一些文献,认为甲骨文中没有冬夏概念的意见,目前是占上风的。据唐刘知几(661—721)《史通·内篇·六家》。认为我国古史书称《春秋》而不叫《冬夏》,是因为“案儒者之说,春秋也,以事系日,言春以包夏,举秋以兼冬。年有四时,故错举以为所记之名也”。这是指孔子时的情况,并不否认“四时”概念之存在,只是夏包括在春中,冬兼归于秋中,并错举而已。商承祚早于1932年根据甲骨文针对殷商有无冬夏问题,在《清华周刊·文史专号》发表了《殷商无四时考》之文。陈梦家在《殷卜辞综述》(陈梦家《殷墟卜辞综述》考古学专刊甲种第二号,中国科学院考古研究所编,1956年9月)中指出“春夏秋冬四季分述,起于春秋之后,此以前恐怕只有两季”……在卜辞中称为春和秋”。陈遵妫《中国天文学史》(上海人民出版社,1980年8月)也同意这种看法。温少峰,袁庭栋《殷墟卜辞研究——科学技术篇》(四川省社会科学院出版社,成都,1983年12月)。具体认为殷代甲骨文中,“春作为季节之名,约相当于如今之冬春两季,”。“殷代之秋当包括今之夏秋两季的时间”。理由是“麦类播于冬季,禾豆类播于春季”故冬春两季均称“春”,而“麦类夏收,谷子秋收”故夏秋两季均称为“秋”。这是从卜辞中具体归纳而得出的。但这种分季节的办法正和春秋时代以来传统的“春夏生长,秋冬收藏”(《管子·形势解》)及刘知几的“言春以包夏,兴秋以兼冬”的说法不一致。温少峰等认为殷人的“春”,包括“九月至次年三,四月”因当时种禾是在“十一月至次年四月”。但我们可以举出下面两例:

“卜……秋……至……四月”。[林泰朝《龟甲兽骨文字》(1921年)]

“庚申卜贞,今岁秋不至兹赏,二月。”[林海波《甲骨文录》(1937)]。

此两例中,秋一在四月,一在二月,均在温少峰包括的“春”的范围内,但卜辞中却用了“秋”字,可见关于春秋两季如何包括冬夏的问题,尚需作更多的卜辞例子来澄清。《史学月刊》1984年第一期郑慧生提出了《“殷正建未”说》,他认为殷人岁首在麦熟之后到吃新麦之时。因中原地区麦熟约在旧历五月。故正月当在六月。即建未之月,这种看法打破了历代认为“殷正建丑”的传统看法。他引用胡厚宣“商代天象农事月份表”,发现商人卜雷在“建未历”的十、十三、一、二、三月,“相当于夏历的三、五、六、七、八各月,正是春分到秋分的响雷季节”。商卜雹在“建未历”的十、十一月。“当夏历三、四月,这时冬小麦正在拔节抽穗,最怕雹灾”。商降雨多在“建未历”十一月到五月,相当于夏历四月到十月。商卜雨以“建未历”十月到五月为多,相当于夏历四月到十月。这正是多雨的半年。我们再回过头来看本文所举的两个例子即二月四月均称为秋,如果认为这是指建未月的二月和四月,它相当于夏历七月和九月,那么称为秋也是很合理的事了。当然殷是否建未,尚需研究更多的例子。

但是对于甲骨文中是否绝对没有“冬夏”两字,我认为不应过分肯定,还可进一步商榷。

对于“冬”字,甲骨文中是有的,写为“”。但不作冬季解释,而应作终结的“终”字解释。商承祚《福氏所藏甲骨文字》(1933)中有:

“贞不其冬(终)夕雨?”就是一个例子。其中“冬夕雨”不是说“冬月下雨”或“冬夜下雨”,

而是说“整个夜间下雨”，故应释为“终夕雨”，因在北方，冬月夜间下雨的可能性很少。

至于“夏”字，我认为在甲骨文或至少在殷代文字中不应当没有。因为在商代以前有“夏”代，殷代文字中应当可能提到它。（事实上，“夏”字在《尚书·舜典》中已用到，说的是舜对皋陶说，“蛮夷猾夏、寇贼奸宄、汝作士，五形有服，五服三就，五流有宅，五宅三居，惟明克允，”这是说，“夷人中有野蛮人侵者及夏人中有刁猾不法者。对于这些人，你皋陶应制订五刑、五流的法规，处理公正，令人悦服，使管理法律的事做得很好。”但这里的“夏”字，不是指夏季，而是指舜统治区的人民。）据康殷《文字源流浅说》（荣宝斋出版社 1979 年 11 月）：“夏”字甲骨文为“”，像威武强壮手执斧钺的人，其后简化为“”，这是“夏族人”或“夏代”的代表。他还指出金文中有“”，其右侧为甲文中（夏）字的变形，其全字即夏人“一手向上指日状”，以示“日光炎熾——夏日之日”。今举几个例子于下：

“癸未贞，求禾于夏”[黄濬《邺中片羽初集》一。三五]：

“其求雨于夏，燔九牢”[郭沫若《殷契粹编》一五]

这两个例子中，“夏”字可能是指地名，即夏族曾居的地方，也可能是指神话中的夏族祖神。但表示夏季求秋收或秋雨也不是不可能。

既然甲骨文中有了“冬、夏”两字，则即使它们暂时不代表季节，也必然是代表季节的“冬”字和“夏”字的先声。例如前面康殷提到的在“夏”字上先加“日”字，后又取消了“日”字，转意为“夏日”之“夏”，就有了季节意义。当夏代鼎盛之时，夏的国威如中天的太阳之可敬，又如伏天日头之可畏（因夏是第一个奴隶制社会，人民受压迫剥削比氏族社会厉害），因而一方面转意为可畏可敬的对象，一方面又引申为季节意义的夏季，也是有可能的。同理，“冬”字原代表“终”的意思。“终”字常用在时间词之前，既有整个时间的意思，又有时间终结的意思，而冬是一年的最终季节，因而“终”在后转为季节意义的“冬”也是很自然的。

关于“冬夏”两字在甲骨文中是否已经转到过季节意义的“冬夏”两字，或在何时才正式转为有季节意义“冬夏”，由于目前资料不足，这还需探索。因为甲骨文所述及的事物范围较狭，文句又短。已发掘出的甲骨曾有许多失散或磨损，还有许多字我们尚不认识，更有许多甲骨尚未发掘出来，而且殷文并不仅刻于甲骨上，据《尚书·多士》“惟殷先人，有典有册”。这些典册由于多系竹木简，易于朽毁，很难流传下来。仅《尚书》中留下少量商代文献，我们不能以目前所知，以偏概全。只能说“春夏秋冬”四字的四季意义，在春秋时代已在习惯使用了。

甲骨文中，无论有否季节意义的“冬夏”两字，但我们认为那时肯定已有冬夏至的季节概念。这是因为甲文中已有卜“至日”的卜辞，这在前面已举过例子，今再举例如下：

“壬午卜，扶，奏丘，日南，雨”[董作宾《殷墟文字乙编》906.7]

“南日告”[董作宾《殷墟文字乙编》192]

可见那时冬至是用“南日”或“日南”表示的，其意为“日南至”。《左传·僖公五年》“南至”的句子应当说是沿袭殷代甲文的习惯。冬至即称“日南至”，夏至应当是“日北至”了。但“日北至”很少出现，出现(“至日”或“日至”，也主要是指冬至。这是因为从制定历法的角度看，冬至远比夏至更为重要，当然若要兼述冬夏至时，也可单称“日至”或“至日”的。

由此可见，殷代甲文中，即使并无表示季节的“冬夏”两字，当时的人是具有“冬夏至”的概念的。关于这一点，温少峰等说：“卜辞中之至日，就是指冬至与夏至，这是没有疑问的”。说明他也是同意的。

(四)《尧典》和《夏小正》究竟是什么时代的书?

这个问题也牵涉到“两分两至”的概念始于何时的判断,因此有必要加以探究。

《夏小正》是由《大戴礼记》内抽出的中国最古的一本物候学专著,内容适合那时实际生产的需要,其中有关星象的描述计有十七条。包括有关“参星”的四条(正月初昏参中,三月参则伏,五月参则见,八月参中则旦);有关“大火”的三条(五月大火中,八月辰(即大火)则伏,九月辰系于日);有关“南门”的两条(四月初昏南门正,十月初昏南门见);有关“织女”的两条(七月初昏,织女正东向。十月织女正北向则旦);有关“鞠”的一条(正月鞠则见);有关“斗柄”的三条(正月初昏斗柄在下,六月初昏斗柄正在上,七月斗柄悬在下则旦);有关“银河”的一条(七月汉案户,即正南北向)。

要决定《夏小正》成书的实际年代,最好依据上述星体情况,这是因为星体的位置在历史上各个时期是不同的,其变化有规律可寻。根据现代这些星体的位置,再按照岁差,就可推算《夏小正》的年代。《夏小正》中所记录的星象位置是按写作此书时的星象分布实况记录的。当时作者对岁差的认识不深,他们不可能虚构星体分布的,因此按《夏小正》上记录的星体位置来判断《夏小正》成书年代,应较可靠。根据赵庄愚《从星位岁差论证几部古典著作的星象年代及成书年代》(1983)的研究。《夏小正》所载星象位置符合三千年前的西周初的星象位置。因此《夏小正》是西周的书,但《夏小正》是否伪书呢?那却未必。虽然传统认为“周正建子”。但根据清胡天游《春秋夏正》(《丛书集成》本),周代仍是按夏代建寅的,用的仍是夏历。但《夏小正》既成书于西周初,周与夏中间尚隔一个商代,以此所载物候并不是夏代物候,应主要是殷末周初的物候,其中“时有养日(夏至)”及“时有养夜(冬至)”也应是殷末周初的记载,但其语句方面可能沿用较原始的说法。

《尧典》中四仲日的记载是我们常用以证明在尧时已有两分两至认识的根据。但是是否就是这样呢?我们也可以根据《尧典》中所载星象情况判断该文写作的年代来证明。在1923年竺可桢(1890—1974)在《科学》第11卷12期上,发表了《论以岁差定“尚书”四仲中星之年代》一文,认为《尧典》是“殷末周初”的作品。

但赵庄愚1983年在上面所举的论文中,以更精密的计算,认为:如假定写《尧典》的观测星象者,位于在北纬35°~37°之间,观测时间春分按晚6时42分,秋分按晚6时37分,冬至按晚5时24分,夏至按晚7时15分到48分;所取春秋分点的岁差有每年50秒的后移(沿黄经后移),则《尧典》的星象位置计算所得之上下限在距今3600年到4100年之间。这个时期正是商代之前的夏代。因为夏代一般认为是在纪元前21世纪到纪元前16世纪。我们现在是纪元后20世纪,两者相加,正好是距今约41个世纪到36个世纪之间。这样我们根据《尧典》的记载,可以认为在夏代已有“两分两至”的概念了。

尧在夏前。夏代而写《尧典》,是否可说《尧典》是伪造的呢?我认为并非伪造。因为尧舜时的事迹本来就是在夏代追记的。理由可参看前面“夏代是否真有文献?”一节。可见赵庄愚的计算是与我们的推论相符的。

但是既然殷代甲骨文中很少见到“冬夏”两字,为什么比殷代更早的夏代,其所写的《尧典》中倒反有“仲冬”、“仲夏”字样呢?这是由于春秋时代追补《尧典》内容时所留下是时代痕迹。参见本文前面“夏代是否真有文献”一节之末所述。该处已证明春秋时代对《尧典》文字有过改动。但追补时并不改变原意。因此我们不能由于《尧典》中有了“仲春、仲夏、仲秋、仲冬”等字样，就否定夏代已有“两分两至”的概念的事实。

但是夏代能判断“两分两至”，必须另有更可靠的依据，因为夏代如用“鸟，火，虚，昴，”昏中来判别“两分两至”（四仲日），首先必须知道子午线（即南北线），而子午线的确定必须要有工具。因此我们应当再深入一步，追究我国古代判定“两分两至”的工具。如果夏代的确已有这项工具。那么《尧典》中记载才能更可靠地证明夏代已有“两分两至”的概念。

三、夏商周是怎样测“两分两至”的？

（一）周代用“土圭”测分至

测两分两至最常用的工具是日晷。从典籍中我们发现周代已用日晷，这就是“土圭”。在今河南登封（在嵩山之南）告成镇尚有周公测景台遗址。既然日晷见于周代，因此过去我们一般认为两分两至的概念，也始于周代。

根据《周礼注疏》，当时制“圭”之匠叫“玉人”。《冬官考工记・玉人（卷四十一）》说：“玉人之事，……土圭尺有五，以致日，以土地”。藏“圭”之官叫“典瑞”。《春官宗伯・典瑞（卷二十）》说：“典瑞掌玉瑞玉器之藏。……土圭以致四时日月，封国以土地”。掌握用“圭”方法的官叫“土方氏”。《夏官司马（卷三十二）》说：“土方氏掌土圭之法以致日景，以土地相宅而建帮国都鄙”。具体使用“土圭”的是“匠人”。《冬官考工记・匠人建国（卷四十一）》说：“匠人建国，水地以悬，置臬以悬，眡以景。为规识日出之景与日入之景。昼参诸日中之景，夜考之极星，以正朝夕（东西）”。

上引《周礼》有关内容，反复都说明用“土圭”的目的在于“以致四时日月，封国以土地。”这就是说，目的在于根据日影决定四季以制定历法，也在于定方位，量度土疆，以建城市封国。所谓定四季，自然也包括测两分两至了。

关于用“土圭”之法，唐贾公彦《周礼》疏中说得很细致。他在《周礼・冬官考工记》“匠人建国”及“置臬以悬”中指出：

“欲置国城，先当以水平地，欲高下四方皆平，乃始营造城郭也。于造城之处，四角立四柱。于柱四畔悬绳以正柱。柱正，然后去柱远，以水平之法遥望。柱高下定，即知地之高下，地乃平也。既得平地，仍于中营治”。“置臬，臬亦柱也。欲取柱之景，先须柱正。当以绳悬而垂之，于柱之四角四中，以八绳悬之，其绳皆附柱。则其柱正矣，然后眡柱之景”。

为说明“土圭”建成后的用法，他又指出：

“平地之中央立表迄，乃于日出之时，画记景之端。于日入之时又画记景。以绳测景之两端，则东西正焉。为景两端难审，故为规（作圆弧），规交（弧与影相交）乃审矣。度两交之间，中屈之以指臬，则南北正。南北正，则东西亦正”。

以上是指用“土圭”定方位之法。至于以“土圭”定四时之法，可参看贾公彦在《周礼注疏・春官宗伯・冯相氏（卷二十六）》中对“冬夏致日，春秋致月，以辨四时之叙”的疏说：“若（四时之景）依度，则四时之叙得正矣”。又说：“日者实也，故于长短极时致之也”。意思是说，在冬夏中午求日影最长及最短之时，即为冬至与夏至日。另外，古人对春秋分及冬夏至中午日影长短，在规定土圭高度时，均曾有所记录，得有平均数据。因此他们可以单凭日影长短尺寸是否“依度”来判定两分两至日是否到来。这就是土圭可判定四季的道理。由此可知周代对于用土圭判定“两分两至”,是有一套科学的方法的。

(二)殷代以“立中”测分至

近年来人们从甲骨文中发现立表测景的办法。说明在周代以前的殷代,已有了“两分两至”的概念。据萧良琼(1983)《卜辞中的“立中”与商代的圭表测量》(1983年4月,科技文史集第10辑,上海科技出版社)及温少峰和袁庭栋(1983)《殷墟卜辞研究——科学技术篇。立表测影》,甲骨文中有“立中”的卜辞。如:

“贞,来甲辰,立中”[罗振玉《殷墟书契前编》7.16.1(1912)]

“亡风,易日,丙子,其立中,亡风,八月”[胡厚宣《甲骨续存》2.88(1955)]

其中“立中”,即为安装日晷,立表测影。他们发现殷人在立杆时,必须找无风和有太阳的日子。无风则杆子能立直立稳,有太阳则有利于测日影。由于“立中”具有测季节,时间,方位等作用。对生产等各种活动有关。所以殷人在“立中”时需要贞卜一下,这是甲文之所以有这个内容的缘故。也由于当时人们对“立中”十分郑重,不是天天做的。所以往往要为“立中”活动进行祭祀仪式。

例如,在甲骨文中有:

“辛亥贞,生月(后月)乙亥,酒系立中”[郭沫若《殷契粹编》398(1937)]

这里,“酒系立中”,即表示为使所立的杆子垂直,像《周礼》介绍的那样,“要在杆子上系绳,在系绳时要进行酒祭”。可见殷人的“立中”,相当于周代的“安置土圭”。周人既能依安置土圭来决定“两分两至”,殷人当然也能依靠“立中”来决定两分两至。这样,甲骨文中“卜至日”就有了可靠的手段。

(三)夏代用社石测分至

关于用社石测分至,并不是没有文字根据的。例如《礼仪·聘礼》,郑玄注文中“碑”字说:“宫必有碑”所以识日景,引阴阳。凡碑引物者,宗庙则丽牲焉以取毛血。其材,宫庙以石,窆(下棺入土)用木。唐贾公彦疏说:识日景,即“为规识日出日入之景,以正东西南北”并且观测碑影“邪(斜)正”,以知日之早晚,又观测碑影长短:“十一月日南至,景南北最长,五月日北至,景南北最短。两至之间、景之盈缩阴阳进退也可知。”还说“宗庙之中,庙碑可用以丽(系)牲,以取毛血”。最初的碑,其实是由社石演化而来的。既然“碑”可用于测日影,定冬夏至及日之早晚,又用于系牲口备祭以取毛血。那么其前身社石,当然也可以有此功用。关于碑的这种作用,在《礼记·祭义》中也有相似的说法。这一切都使我们产生了将军崖社石有测分至作用的想法。但怎样证明它确有测分至的作用呢?

前面已指出《尧典》为夏代作品,其中已记载四仲日。说明夏代已掌握测“两分两至”的方法。方法有两种:一是根据“昼夜长短”,一是根据“星体的昏中”。但要决定星体昏中,需要有判定子午线(南北线)的方法。因此我们应当追索夏代有无判定南北线的手段。如果没有,则《尧典》中的“星体昏中”的句子就不落实了,人们就有理由说《尧典》中所判定的“两分两至”,可能是后人虚拟(可能性很小)而加入到《尧典》文献中的。如果句子落实,则我们更可以信任《尧典》的“两分两至”记载,能代表夏时的情况。

现在可以告慰的是:我们已找到夏代东夷所测的南北线遗迹及测分至的社石。使我们对《尧典》的“两分两至”的记载,有了更踏实的信赖。更深信夏代已有了两分两至的概念了。

下面我们主要介绍夏代的测“分至”的方法。这是本文的重点。

四、夏代东夷测“分至”的方法

(一)东夷社石及岩刻的概况

1984 年 7 月下旬,我有机会到连云港去。在连云港市气象局及盐业气象台的协助下,到锦屏山将军崖考察了夏代东夷的岩刻及社石。还从李洪甫《连云港旅游杂谭》(江苏省旅游局宣传处编印,1983 年)了解了岩刻及东磊太阳石情况。在考察将军崖岩刻时,我意外地发现了一条表示正南北线的刻槽,顿时引起了我的兴趣。由于那次考察为时过短,于是在 1985 年 7 月中旬,第二次赴连云港。这次除上述两气象单位协助外,连云港博物馆还派了项剑云同志陪同,于 18 日考察将军崖。次日又蒙连云港市气象局派车赴南云台山,并通过东磊村书记王玉春介绍后山农民胡明琪,陪同登东磊后山山巅考察太阳石。我的女儿王永红始终陪我在此两考察地点按我的意图进行测量、记录和摄影。李洪甫同志赠我 1981 年《文物》第一期,内有他代表连云港博物馆所写的《连云港将军崖岩画遗迹调查》一文,对我写作本文,有很大帮助。

为了便于本文此后对将军崖南北线及东磊社石等的分析,我们先分别对将军崖岩刻及东磊太阳石作一番描述性介绍。

(1)将军崖岩刻及社石的概况

将军崖位于连云港市海州南部锦屏山西南侧锦屏磷矿附近一个由片麻岩构成的黑色微凸的小丘上。丘峰之间,溪流潺潺,风景优美。此丘向南及西南,斜坡下倾,视野开阔。本身海拔 35 米。岩刻即位于此小丘的西南及东南部。由于年代久远,岩面因风化及为后人涂划,有些部分呈似画非画现象。但主要岩刻部分还能辨出。小丘东侧有一稍高之坡,坡丘界限偏南有一竖崖,上存碎裂残迹,闻该竖崖上原刻有人马之像,“将军崖”之名即由此而来。

小丘顶有一巨石,巨石正西又有三块巨石相互倚立,其中一块为最近始自坡底以三百多元的代价抬上丘顶,并按老人回忆情况而安置的。倚立之石上有许多深凹坑,但抬回的一块石与其他两块不同,是否原来如此还是抬错石头,尚待检查。

我们按李洪甫的划分,把位于小丘西南及东南部的岩刻分为 A、B、C 三组。A 组岩刻位于巨石群正西方丘坡上,其上刊有人头、兽面及禾苗等物。B 组岩刻位于巨石群之南。它又可分为五部分(即五个区):第一部分(B_1)形似星河,位于 A 组岩刻东南,倚立巨石之南。背景岩石色较淡,可能因为它在坡向西南的斜面,为后人滑坐磨损所致,但因此更像星河了。此星河北端除其向西南方向呈星河状外,向南方向还有一短支,在短支的东侧为第二部分(B_2)。其中最主要的岩画是三个太阳,配置于直角三角形的顶端。这直角三角形的两条直角边,一条近乎东西向,一条近乎南北向。在 B_1 分支与 B_2 分支的南边,多为没有颜脸廓线的兽面,属第三部分(B_3),中有一个“因”字式的符号,很是瞩目。而在三个太阳的紧接西南侧,有一个符号“什”,也是很有意思的。在 B_2 及 B_3 的西边有一条长约 5.37 米的刻线,此线基本上是南北向的(误差各段不同,大体在正负 5°以内)。是本文研究的主要对象,其位置约在李洪甫所作将军崖岩刻(B 组)图中通过点 87、90、91、97 的地方(李图未画出南北线)。此线第四部分(B_4)。在点 87°有一符号“[illegible]”,很有启发意义。B_2 中三个太阳构成的直角边，一条平行于 B_4 的南北线，一条则与此南北线垂直。在 B_4 区的东偏西为 B_5 区，大多是一些羽毛状刻画。C 组位于南北线的东北侧，即巨石的东南侧。主要是一些较清秀的人面刻画。有的头上有孔雀冠饰或鸟喙头饰，有的面部多圆点。

我认为这三组岩刻及巨石群的配置，并非无意识地杂凑在一起的。它们是古代东夷人有计划地安排的。本文将探究其总体安排的意义，并将指出其中的南北线正是我们追索夏代判定星体昏中的依据，也是夏代人已有“两分两至”概念的证明和他们表达其测定分至方法的宝贵遗迹。今把将军崖社石岩画配置图，即将李洪甫《连云港将军崖岩画遗迹调查》文中的图二、图五及岩刻中的南北线图，作为本文之图 1、图 2 及图 3。而图 4 则为我根据现场彩色照片所作的正南北线素描。

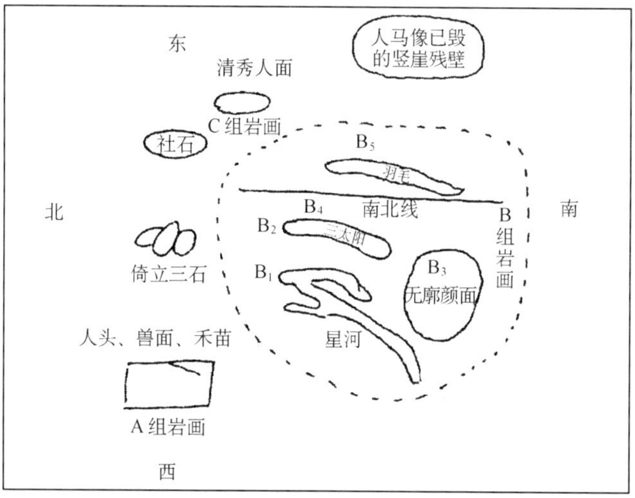

图 1 将军崖社石刻布局草图

在图 1 中，北边隔溪即为锦屏主脉，此山屏障于小丘的北及西北，我们是沿溪南由东向西进入小丘北面的。自小丘观测锦屏山顶，一般仰角在 15°以下。在小丘的西，西南，南三方均向下倾斜。在小丘之东，从溪北小径到原有人马像的陡崖都是高坡，故自小丘向东是上急坡的方向。

在图 2 中，正南北线通过 87、90、91、97 各点，因此图的下面为“南西南”方向。图的左边为“西西北”方向。图中 61、63 两太阳连线与南北线平行，而 62、63 两太阳连线与南北线垂直。

在图 3 中，大体图的下方为西方，图的左方为北。此图已将李洪甫原图顺时针转过 90°而刊出，使人面较为正直。

图 2 及图 3 均附有比例尺。根据它我们就可以判断各图形的大小，以及其间的相对距离。对于我们的研究是很有帮助的。

图 4 是根据现场彩色照片所作的正南北线素描。这是在小丘南部站在正南北线的南端向北拍摄的，图中南北线 BD 中，B 端在 D 端之北。正南北线北细南宽，是因为南段与照相机接近，而且该处坡度向南下倾所致。C 处南北线似有曲折，其实也是地形发生高下的假象。D 及 B 不是南北线的尽头。我曾经测得南北线长 5.37 米，平均偏向在±5°以内。B 处与锦屏山上 A 处凸起位置相对。A 处仰角约 15°。AB 连线是在主社石与倚立三石之间的

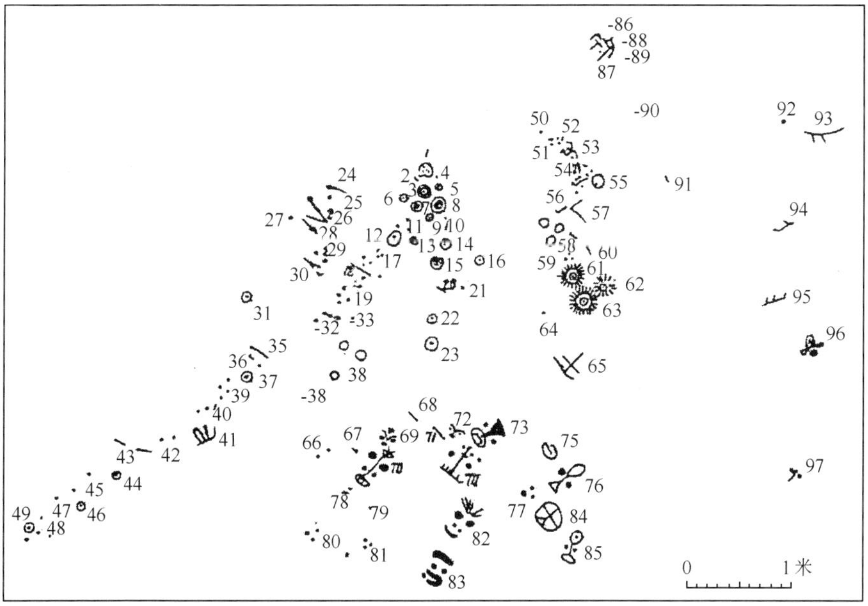

图 2　将军崖岩刻(B 组)(据李洪甫,1981)

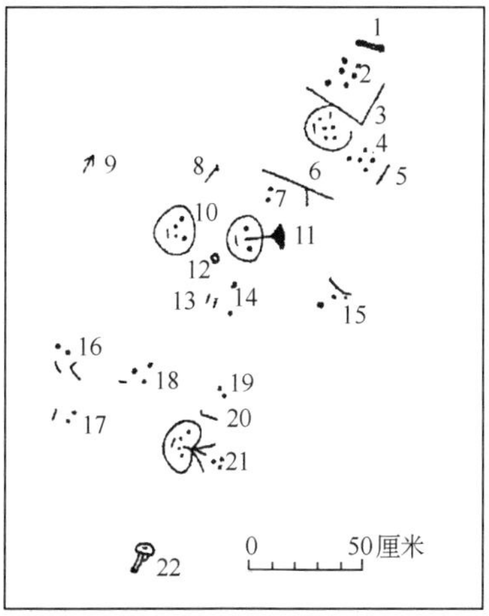

图 3　将军崖岩刻(C 组)(据李洪甫,1981)

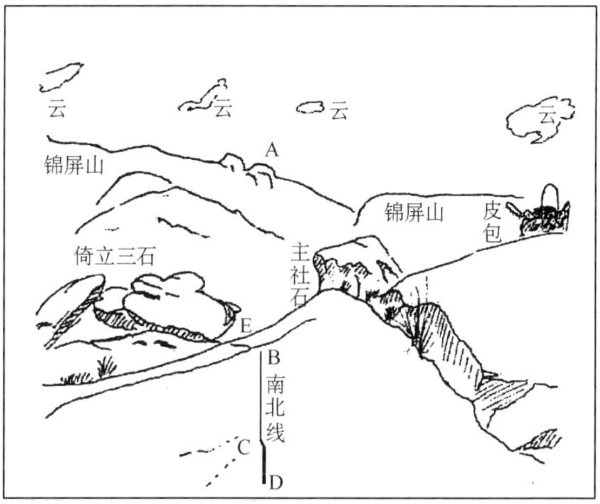

图 4　根据现场彩色照片所作的正南北线素描

稍低凹地面上方通过的。皮包处是地面刻有 C 组岩刻清秀人面处,皮包远比主社石小,但照片中皮包的大小可与主社石相比拟。说明皮包位置很近于照相机。主社石是位于小丘高点之后的稍低处。

(2)东磊太阳石的概况

东磊太阳石位于南云台山东边凸出区的山巅。其前的山麓,在数百年前尚是汹涌澎湃的大海。清康熙、乾隆两举博学鸿词的仪征江湘,曾有《板浦过东海游云台山》诗,是一证据。该诗云:“片席乘轻风,小洋生巨浪;蓬窗旷渺间,烟水成滉漾;引睇安所极,漫漭徒相望;蛟窟欲生雾,狂鲸现屏障。……,楼台倏隐现,浮沤插青嶂。俨如三神山,根底属奔放;蓬莱竟可即,已非徒想象。……;深幸涉灵境,良足慰游况;平生远征心,于此得所尚。”当时云台山边的大小金蟾岛，现尚俯伏于前，但已改称为大岛山与小岛山。当时左右山麓的海湾，麇集渔舟。现在该处早已无水，但仍具“渔湾”之名，分居于左右山麓。

我于1985年7月19日，先由东磊村书记陪同，到与山东村交界处，从农民口中知道该处路边隔沟山脚有一太阳石。就先到该太阳石处进行摄照。今将其绘制如图5所示：

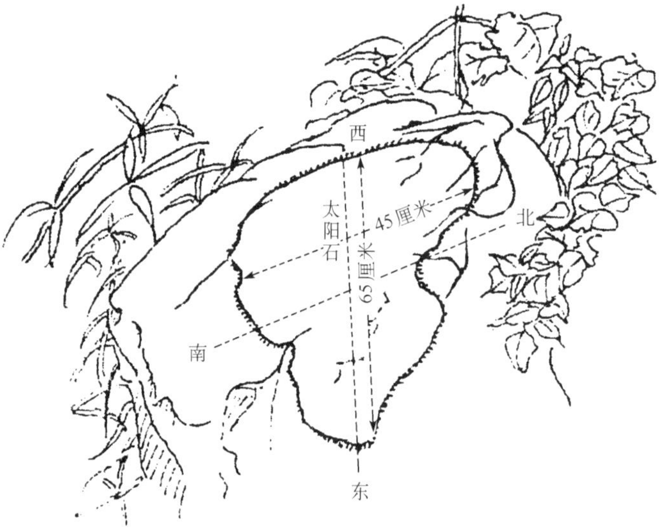

图5　近山东村的东磊太阳石

此石上有一封闭的带铁锈色的线，据云此石在他们祖辈时就有。我们问年老人，他们也只知称“太阳石”，而不知由来。十时许到东磊村，登后山找山顶的太阳石，中途在山的较平坦转角处休息。见树丛中有一大石，偶见有锈线微露，我拂去上面草叶，石顶赫然也是一个铁锈色大封闭线。当然也应称为“太阳石”。这样，连后山顶的太阳石，这次可以说见到三个太阳石了。但这两个太阳石的铁锈色大封闭线，均非正圆形，也未画出光芒。有一定曲折形。估计是原始东夷崇拜太阳，把日出时太阳的折射像(即上蜃)与实际露头太阳相接的形象刻于石上所致。铁锈封闭线下部微尖形，可能是阳光在海上波面反射晃动入人目所造成的。具体情况参看图6所示：日出时，上层太阳露头，实际太阳与海面反射阳光晃动形成的形如太阳石上铁锈色大封闭线的形象。

其所以是下方呈尖形，这是因为海面反射的阳光，实际来自海面上露头的真实太阳。它是上小下大的，因此反射后形成下方呈尖形。图6中人目可见的部分为由短直画组成的轮廓线。此形状可以与图5太阳石上的图形相比照，十分近似。至于为什么此刻痕呈铁锈色。估计是当时东夷为祭太阳神而将人血涂于刻痕上，渗入石中所致。这个仪式叫“衅”，《广韵》说“衅，牲血涂器祭也”。图6中在海天线以下的实际太阳是看不见的。我们测得图5中有铁锈封闭线的石面斜向东方。封闭线包围区横径45厘米，竖径65厘米。

我们主要目的是考察东磊山顶的太阳石。正当中午12时左右到达山顶，烈日高照，太阳石在草莽小树之间。但却全体受太阳暴晒。其东向山下，大小岛山赫然下伏。我们从侧面来看太阳石A，知它是向东下斜的。其西侧高出山顶地面约1.5米。而在该处另有一石B，平卧于地，与其上之石，构成一楔形空隙。如图7东磊山顶太阳石侧图(向北)所示。

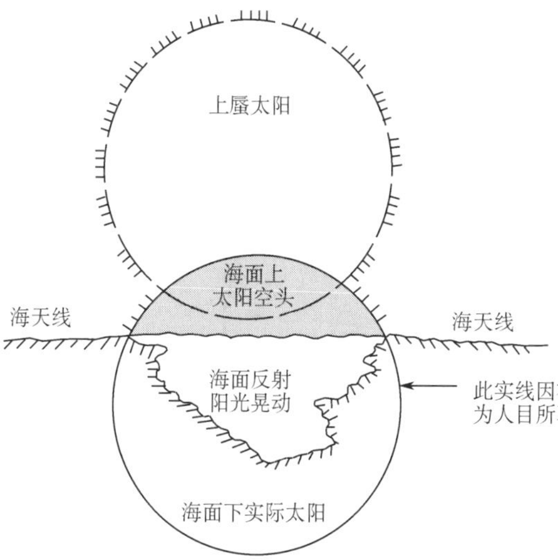

图6　日出时，上层太阳露头，实际太阳与海面反射阳光晃动形成的形如太阳石上铁锈色大封闭线的形象

图7　东磊山顶太阳石侧图(向北)

有A、B上下两石，A斜卧，B平卧，其间有左宽右狭的空隙。A与B之向上一侧，均有岩画(按照片画)

当时正值正午，上石之影正好投射于下卧石上。又A、B两石向上的一侧，均有岩画。上石与地面倾斜夹角约15°。关于A石(即上石)的向上一面岩画情况，可参看图8东磊山顶太阳石A按摄影素描图。

图8中已记有方位，因西高东低，故上表面是面向东的。在石面西端，有甲、乙、丙三个图。丙圆为一直径约18厘米的小圈。圈外有22条光芒。连光芒一起算在内的直径约44厘米。它代表太阳，乙圆直径33厘米，圆内形象模糊，惟其西缘有一裂痕与之相切。甲圆直径35厘米，圆内图像也不清。同行的农民胡明琪就随手将石上爬山虎拉断一把，捻碎，以叶绿汁涂于圆内微凹的痕迹上，使痕迹更清楚些，于是我叫王永红对此三圆分别摄彩色照片，

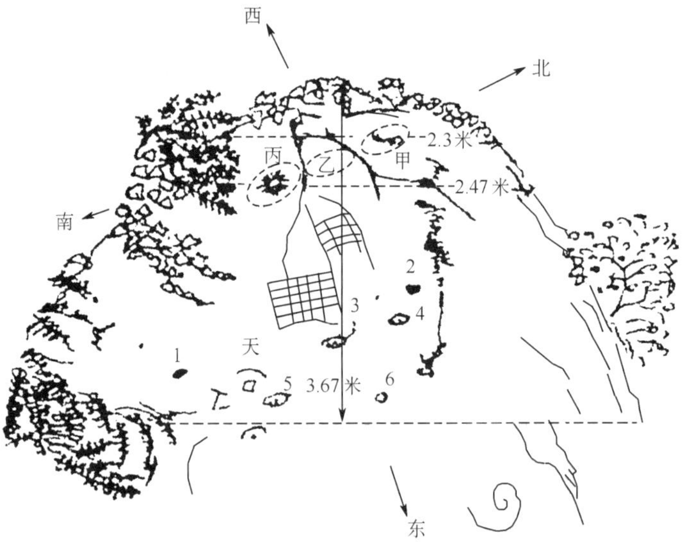

图8 东磊山顶太阳石A按摄影素描图(A山石向上一侧岩画)

今按此三张照片,分别绘制成图$9_{上}$图中的(a)、(b)、(c)图,即相当于图8中之甲、乙、丙三圆内之素描图。

此草图的绘制虽力求客观。但是也有主观在内。因为斑痕具有白、黑、绿、灰、橙等各种色彩。有的是石头的底色或石质有异所致,有的是所生的石耳色(灰绿色),有的是风化剥落,有的是人为刻画。假如以某一种色为标准,似呈某一形状,若再以另一颜色为标准,则又似呈另一形状。今就图$9_{上}$中(a)、(b)、(c)素描,进行分析。

图$9_{上}$的(a)的太阳中。为一似牛似犬的动物,其后有大刺棍在打击。这可能是表示夏季中午烈日的暴热可畏。图$9_{上}$的(b)中的照片一眼看去,斑驳得毫无规律,但细心观测,其中有很细的人为线条。如层阶三重,从下向上阶层渐狭,顶上一层似有一柱,柱顶立一独立之鸟,鸟头似在乙圆之内作俯首状,又如伸出乙圆。在层阶中部,似有一圆,其中及其外似尚有刻痕,但看不清楚,似又可看到深色乌鸦作展翅离开此圆状。如果这个展翅乌鸦是人为的话,则为"征鸟现迹"或"日中乌出"现象,据《白猿献三光图书》,主天下大旱。关于层阶图形,我国古代文物中是习见之形。据李学勤(1985)在《考古发现与中国文字起源》文中所说,解放前流至海外,现藏于美国华盛顿的弗利尔美术馆有四件玉器(一件为臂圈,三作为玉璧),在臂圈的外面偏上的位置处刻有一个和大汶口文化陶尊底面所绘图相似的"炅"字[见图$9_{下}$之(d)]。三件玉璧各有一图[见图$9_{下}$中的(e)、(f)、(g),李学勤,1985]。

据唐兰的意见,图$9_{下}$的(d)为"炅"字,据李学勤的意见则此为两个符号的复合,符号下部也是"炅"字,其中"日"字中画了许多云气条纹,而"火"字则刻在最下,如新月状。"上部作鸟立于山上之形。其'山'作五峰状,同大汶口文化陶尊所绘的"[glyph]"的下部山相仿,不过峰顶是平的,鸟立山上,可释"岛"字(以后我们要证明,这并不是"岛"字。见本文"利用文字符号的发展来推断时代"一节)。把这些图形与图$9_{上}$中的(b)的形象比较,可以看出是十分相像的。尤其比较图$9_{上下}$中的(b)及(g),可看出(g)中山的形体内的形象虽非乌鸦,却也有些像乌鸦自太阳飞出的样子,更有启发意义。

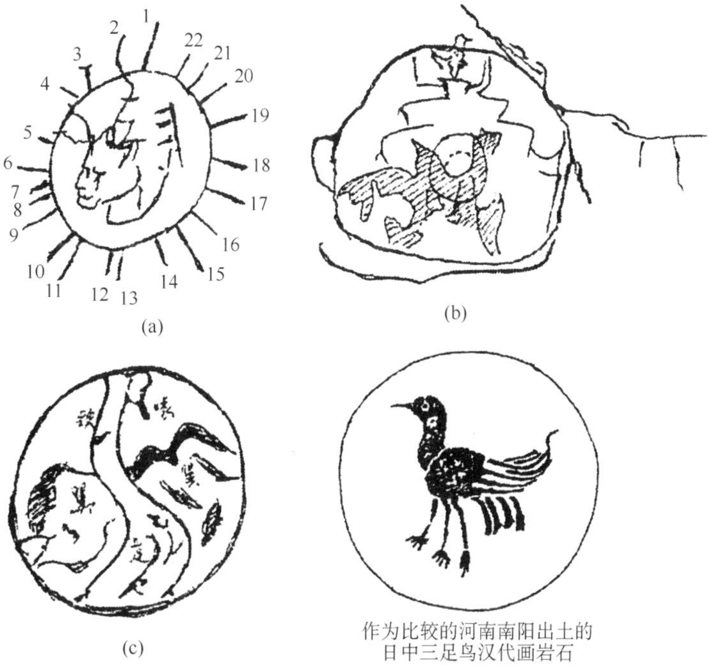

作为比较的河南南阳出土的
日中三足乌汉代画岩石

图 $9_{上}$　(a)、(b)、(c)三圆内形象素描图及汉代三足鸟画像石

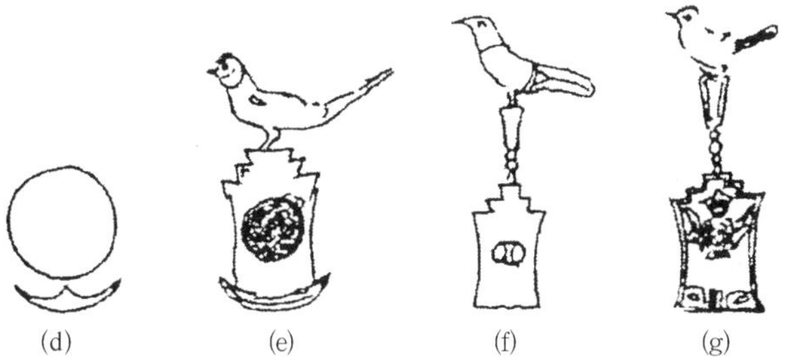

图 $9_{下}$　现藏于美国华盛顿弗利尔美术馆的我国四件玉器上的图案(李学勤,1985),其中(d)为臂圈上的图案。

至于图 $9_{上}$ 的(c)内的形象,据李洪甫的看法,“内刻成像鸟形的曲线,腹下有三根短竖线和圆点,使人联想到日出时云霞缭绕的朝日”,如果更大胆去试作推断,则很像太阳中间的金乌鸟,若这样推断成立,则用“金乌象征太阳”这汉画中常见的题材,有可能上溯到石器时代。我们由图 $9_{上}$ 的(c)的形象来看,这个金乌还在展翅亮翼。意趣盎然,因此我认为它的确有可能是三足金乌。但这个乌鸦形体有点像鹫鸟。鹫就是一种鸷鸟,据崔豹《古今注》,“乌,一名鸷鸟”,而“鸷”又与“挚”通,因此这样画法,可能与少昊(挚)有关。

我曾对图 8 石上这甲乙丙三个圆的排列,用指南针作一番测量,发现自丙向甲,正好指向正北。这一发现是很有意义的。在此石上,还刻有许多方格,还有“天”字等,这些字及方格在青海柳湾陶文中已有,那是比东磊太阳石岩刻上同样的文字符号早一千年就有。但在这些刻痕周围,却散布了一些古代人所刻的凹孔,其分布参看图 8,约七个左右,好像北斗七星,但又不同于它。我曾用指南针测量,发现石上孔“1”指向孔“2”的方向为指北,孔“3”指向孔“4”的方向也是指北。这当然也是很有意思的。

在图8的A石上,我们以最东的一个孔“5”为界,测量其西的此石的一些数据如下。过甲圆垂直于石中线的石宽为2.3米,过丙圆垂直于石中线是石宽2.47米,自最东一个孔“5”到A石之顶,距离为3.67米。

在A石下面的B石,当时正处于A石的中午浓影之中,我们这时曾摄一彩照,但曝光是不足的,我们仍将此曝光不足的照片,进行了按样素描,得出图10东磊太阳石A石下仰卧的B石上表面的岩刻。图10中有斜阴影线的地方,是A石的向下的一面。其他则是B石的向上的一面情况。

图10　东磊太阳石中A石下仰卧的B石上表面的岩刻

由图10中可以看出,B石上有一个有柄的三叉形刻痕。这肯定是人为的,在柄上至少有两个深洞,洞“1”显然比洞“2”大。另外在三尖叉的左首一个叉尖上,也有一个深洞“3”。此外,在石面较高处,又有“4”、“5”两个深洞。发现“4”、“5”的连线与“1”、“2”的连线是平行的。它们都是指向北方天空的。但却是在北偏东约20°方向上。这是约四千年前北极星的方向。根据这三块太阳石的方位,可以看出它们中至少第一块(靠近山东村的第一块),及第三块,(山顶的第一块),都是面向东方的。第二块在山道上,我们未测其面向,故阙而存疑。

(二)夏代东夷怎样测“分至”的?

(1)将军崖的测“分至”法

从将军崖社石的位置看,他们都在南北线的北端一方,按照连云港的纬度,不论冬夏,太阳在正中午均在南方,社石决不能用作圭表以测日影法作出此南北线。因为日影必在社石之北,而现在这条南北线却刻在社石之南。我们认为这只有以北极星或斗柄作为测分至的依据才有可能。首先研究利用北极测分至法。为此,我们查阅了《周髀算经》(参见《四部备要》本、赵君卿注《周髀算经》卷下,中华书目)。该书说:

“欲知北极璿玑周游四极,常以夏至夜半时,北极南游所极;冬至夜半时,北极北游所极;冬至日加酉之时,西游所极;日加卯之时,东游所极。此北极璿玑四游。正北极处,正北天之中非极之所游。”这是说北极星不正在天北极。它在夏至夜半处于天北极之南最大距离处,冬至夜半则处于天极之北最大距离处。冬至那天傍晚酉时,处于天北极之西最大距离处,冬至清晨卯时，处于天北极之东最大距离处，可见北极星是环天北极而转的。正天北极是在北极星四周环游范围的中心，在这个基本知识的基础上《周髀算经》介绍了北极星法定方位的技术如下：

"冬至日加酉之时，立八尺表，以绳系表颠。望北极中大星。引绳致地而识之。又到旦明日加卯之时，复引绳望之，及绳致地而识其端，相去二尺三寸……其两端相去正东西，中折之以指表，正南北"。

这一段就是介绍如何利用北极星法解决东西南北方位的。关于北极星法决定方位的具体方法原理，可参看图 11 北极星决定方位法原理图。

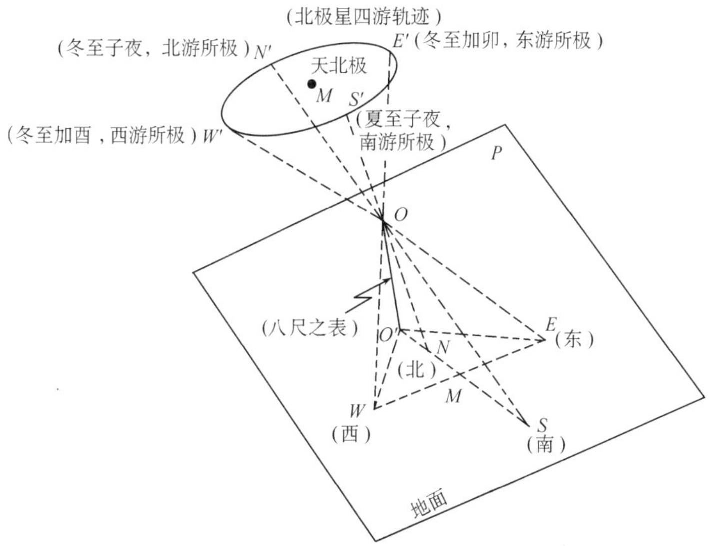

图 11　北极星决定方位法原理图

图 11 中，M 为天北极。$N'E'S'W'$ 为北极星四游轨迹。OO' 为铅直于地面的八尺之表(杆)，P 为地面，OE、OW、OS、ON 为系于杆顶(O)的绳在北极星东游、西游、南游、北游到距天极最远处时人目沿绳观测北极星时的绳的各方向。W、E、N、S 为相应的绳与地面相交处所作的记号。将 E 与 W 相连即得东西向线，将 S 与 N 相连即得南北向线。如果东西向线与南北向线判定正确，则 EW 线的中分线必通过 O'(即杆底)，此时中分线必与南北线重合。

由图 11 可以看出，由此作出的正南北线必正好位于表杆之南。

但这样做，似乎为求正南北线或正东西线，就需要先决定冬夏至及半夜和卯酉时刻了。虽然时刻的决定按《周髀算经》所说，可以用刻漏来解决，即以一日一夜为百刻，由半夜到日中，由日中到半夜，不论冬夏都作五十刻计，则半夜应中分之得二十五刻，由此即可得卯酉及半夜时刻。但这样做，精确度受影响。更成问题的是，我们的目的是想由北极星法求出南北线后，再转而求冬夏至。现在这个方法中，却先需设法知道冬夏至，这不等于倒果为因了吗？而且要利用滴漏，也很不方便。但是上述困难是容易解决的，完全不需要先知道冬夏至日期，也不需要用滴漏。

具体方法是：先用悬线的重力法，把表杆垂直立于平地，可在任意那一天晴夜，始终利用表杆顶的绳子，整夜把绳子成为北极星与杆顶的连线的延长线，进行观测。当发现北极星距表杆顶的视角为最大(或最小)时,即为子夜时刻,将此时绳在地面的记号处与表杆底相连作线,即可视为正南北线。垂直于此线的地面线即为正东西线。以后在正南北线上,每天用此法在子夜测北极星,并作绳子及此处的记号,就是把一年中在南北线上记号最近杆底的日子作为夏至,最远杆底的日子作为冬至,这样“两至”日即可由此决定。另外既然有了正南北线,那么星体中天及旦中或昏中,也就较易确定了。在正南北线作出后,再作垂直于正南北线的线,即可得正东西线。然后反太阳出入地平线使得日出日落方位在正东或正西的日子,订为春分或秋分日,这样,“两分”日也可由此确定了。

以上就是北极星法求“两分两至”的具体做法。这种方法可在多年进行中不断改正误差,以得到较好的结果。

我认为将军崖社石南边的正南北刻线,就是用此法作出的。因为这有东夷族当时刻在这条南北线附近的符号为证。

在图 2 中可以看到在南北线的北端,有一符号“卟”位于点 87 处,虽然目前尚不知它是什么字。但是它必然与南北线的制作有关。此字的下部的“丅”,“丅”即“示”字,表示祭桌。由于整个字作倾斜形,故其中的“「”作“へ”形,这主要指北边的锦屏山的山形,余下的“卯”中的“ㄐ”是指一个架子,它以一个支架支持祭桌上的顶盖“⊥”,其中顶盖上的顶柱,是用作系绳的地方,而“7”即为系于顶柱的绳子,此绳为支杆所支撑,当观测到北极星与支杆顶在同一视线上时,即可拉直绳子,使绳子为北极星与支杆顶在同一视线上时,即可拉直绳子,使绳子为北极星与支杆顶连线的延伸线,然后在绳与地面的交点处作出记号,此记号即为今后刻东西南北线的资料之一,今将此字的工作方法作成图 12。即“卟”一字的方法示意图。显示顶盖及祭桌的情况。可以看出其工作方法基本上与前述《周髀算经》所说的方法相符的。

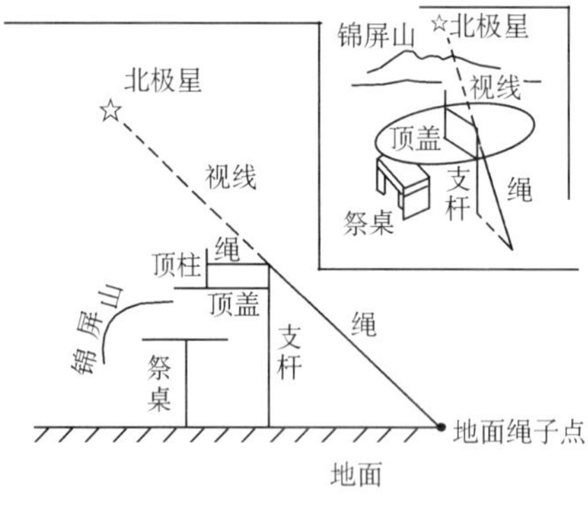

图 12 “卟”一字的工作方法示意图
右上角图显示顶盖和祭桌的情况

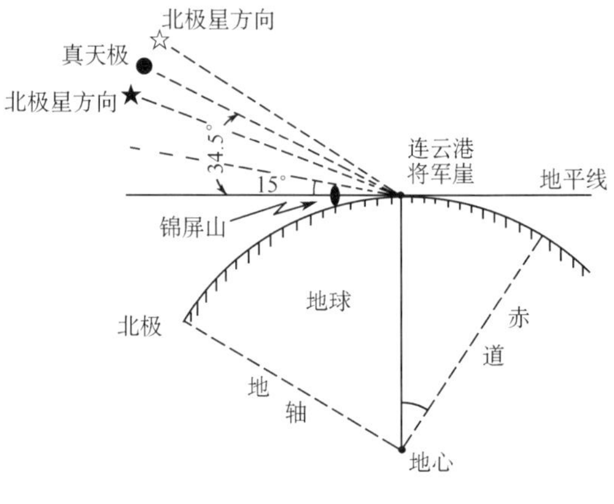

图 13 将军崖终年可见到北极星及真天北极的示意图

另外,沿南北线有一些刻点,我认为是用来判定冬夏日期平时在地面所作的记号。

我们知道连云港的纬度在北纬 34.5°左右,又在将军崖测锦屏山仰角,在 15°左右,故锦屏山并不挡住看北极星的视线,由于正北极距北极星仅 1°左右,在古代北极星不是现代的北极星,但其正对着北极星的角度 ,也不会很大,由此即可保证在将军崖能够终年晴夜见到北极星及真天北极。见图 13 将军崖终年可见至北极星及真天北极的示意图。

再研究祭桌问题，从李洪甫《江苏连云港将军崖石刻与原始农业》（《农业考古》1983），知主社石前三块巨石的尺寸为：220 厘米×180 厘米、220 厘米×140 厘米、153 厘米×140 厘米，而主社石的长为 420 厘米。据说此三块石头原来是互相咬压，搭成一个平台，下面可容一个人仰队。现在我就根据李洪甫的资料，试将三巨石搭画成平台，并将大巨石画于其后，例如图 14 三巨石拼压成祭桌之形。

注意，原三巨石并不呈长方板状，图中绘做板状，亦仅是示意而已，图 14 中祭台一端的竖石，宽仅 153 厘米，却上覆 220 厘米的石桌面，石脚宽度不足部分，藏在近大社石一侧，则外观就较为舒适。在此石桌底下，留有约 140×220×180（即 5544000）立方厘米的空间，足以如民间传说，其中可以舒畅地平卧一人。

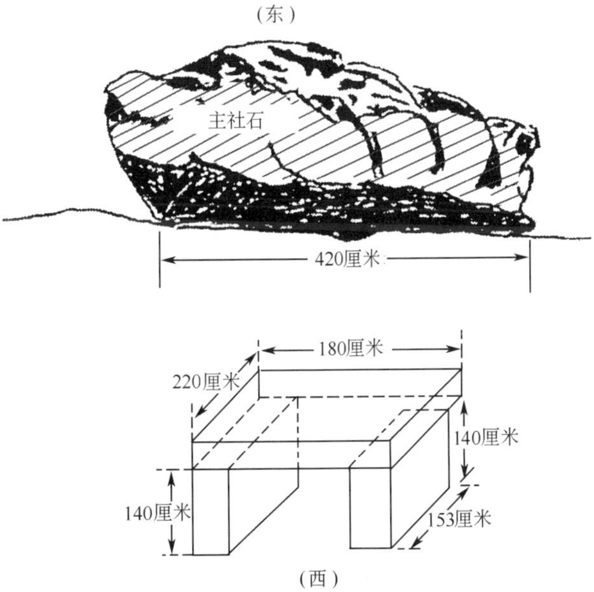

图 14　三巨石拼成祭桌之形

但是就“□”字形看，所作出的南北线应当正好位于祭桌之南。而由图 1 看，正南北线却位于祭桌之东南和主社石之西南，这是怎么一回事呢？

我曾在将军崖现场观察地形，发现三巨石与主社石之间的地势较低（参看图 4）。而三巨石所处之地，则地势较高，我认为这低洼处正是上述“□”中竖立支持顶盖的支杆处。即“丩”的直杆杆脚立于三倚立石与主社石之间的凹让上。那里竖杆，可以较稳。而南北线在此支杆的南边，且正对北边锦屏山的高坡，也是十分合理的。另外，在主社石与祭桌之间，空出一些空间，可以使主祭者在该处有回旋活动余地，而那里竖立高杆，主要因为祭桌不够高，难以用作观测北极星的架子，如在那里装了高杆，就更显得肃穆威仪，高可测星。

至于祭桌之所以要立于地势较高的地方，也是要表示崇高，使祭桌下的奴隶，仰头才能见到。但那里既然地势较高，自然底盘就易倾斜不稳，以致在三四千年间，祭桌就倒地，使一块石头滚下山坡，前几年方花百余元人民币请人把它抬回原处，这抬回原处之巨石，色与其他两块不同，疑可能抬错，但也可能是祭桌桌面，故意选不同的石头（色较白）以示区别。

现在回过头来研究将军崖三个刻于岩上的太阳了。见图15三个太阳所示方位草图。

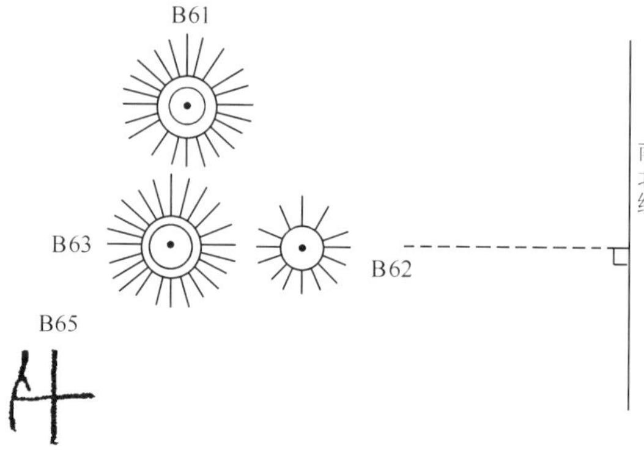

图15　三个太阳所示的方位草图

这三个太阳可连成一个直角三角形。按李洪甫测量,B61的太阳内圆直径4厘米,外圆直径10厘米,有22条光芒,B63的太阳略大,有23条光芒,B62的太阳较小,有14条光芒,我是将它画于图15,并经过指南针的测量,知B61到B63的方向平行于其东之南北刻线,而B63到B62的方向垂直于此南北刻线。我认为这三个太阳光在南北线刻好后依据南北线而刻的,为什么这样说呢?这是因为春秋分的日子一般是需要正南北线及正东西线刻定后才好肯定,而刻了正东西及正南北线后,再刻这三个太阳,使其中两个太阳的连线平行于南北线,两个太阳的连线垂直于南北线,就方便得多了。另外,我们还在这个太阳刻痕的西南方,找到一个符号“”此符号左边“”即“刀”字,右边是“十”字,合起来应表示用刀刻南北线和东西线。此符号的位置最接近三个太阳刻痕,因此它应是表示这三个太阳的布局。是沿十字形格局,这个“十”字形的横划基本上是垂直于其东的南北线,而其竖划则基本上垂直于横划。

这三个太阳刻好后,人们就可以利用它来粗略地判断中午星体中天和春秋分。一般由B61向B63的方向看应是正南,如果太阳在这个方向的上方,就必是中午,如果是在此方向的铅直面上,则必然是中天 另一方面,如由B62向B63方向看应是正西。落入地平线的太阳如正在此方向上,应是春分或秋分日。

这样,根据将军崖的南北线及三个太阳的岩画,我们就可以肯定东夷那时已能根据这三个太阳的画,来判定春秋分,在晚上,还能利用南北线上事先制定的冬夏至刻点,再用绳及支架观测北极星而判定冬夏至。由于三个太阳与南北线位置靠近,所得结果就能互相订正,还可以看出,这里“太阳法”与“北极星法”并用,正体现了《周礼》中所说的“昼参诸日中之景,夜考之极星”的话。但《周礼》的说法,应源于将军崖那样由原始人所作的岩画,因为这种岩画,毕竟年代远早于《周礼》。

此外,由三个太阳及南北线均可确定子午线。故《尧典》中四仲星昏中,也可由此判定,这又是东夷那时已有分至概念的又一证据。

(2)东磊社石岩画测“分至”法

我们在东磊见到的三个地方的太阳石,至少其中有二块,其刻有太阳的一面,均是半仰空且半面迎向东方。但单凭此不能判定分至日期。由于在东磊山顶的太阳石上,岩画较为复杂。因此我们拟以此为主,来找寻当时人判定分至的线索。

根据测量，我们已知A石上甲乙丙三圆的排列是南北向的，又在此三圆之东发现有许多孔，孔“1”到“2”，或孔“3”到“4”，它们的方向也是南北向的，由此即可判定子午线的位置，从而也就可以像《尧典》那样，按“日中星鸟、以殷仲春；日永星火，以正仲夏；宵中星虚，以殷仲秋；日短星昂，以正仲冬”，靠观测“鸟、火、虚、昴”四宿来判定“两分两至”。

在B石上，我们曾谈到刻有三尖叉及其柄，它也是指向北方的，估计这也是观测北极星的。当然这个北极星不是现代的北极星。现代的北极星是小熊星座中的“勾陈一”，但那时却不是它。这是因为天北极的位置是在不断变化的，勾陈一不可能永远担任北极星的任务。据朱文鑫《史记天官书恒星图考》（商务，1926年），在公元前2790年（比黄帝稍早）。北极星为天龙座的“右枢”。公元前1200年前（周初）时，北极星为小熊星中的“帝座”，公元800年左右（隋唐时），北极星为鹿豹座中Σ1694星，即“天枢星”。这些北极星均不在天北极，且均是绕天北极而转的，它们距北极的角距不等，且是变化的。今将自公元前4600年到公元后14800年天北极位置的变化，绘于图16中。此图取自1950年开明书局出版的陶宏《每月之星》第96页。

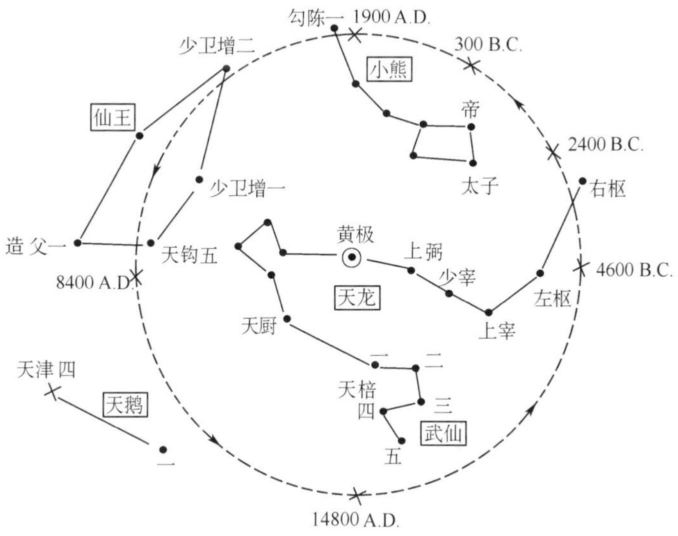

图16　自公元前4600年到公元后14800年天北极位置变化图
（取自陶宏《每月之星》开明书局，1950年）

从图中可以看出，以黄极为中心，天北极约6500年转过90°，是以反时针转向的矢量表示。凡是在虚圈上的各点，都是有被作为天北极的机会的。目前正是21世纪初，以勾陈一为北极星。B石面自“三尖叉柄”向“三尖叉中尖”方向，极可能是根据公元前2000年时的北极星的位置而刻划的。当这个方向对准后，则“三尖叉左右两尖”应分别是指公元前约二千年北极星东游和西游极大时的天北极的方向，我们曾用指南针测三尖叉柄向中尖的方向，发现它偏南于正北约20°，并不指向正北，这说明公元前2000年的北极星已在现在正北之南约20°的方向。对照图16，帝星（当时北极星）恰好约在勾陈一（或现在北极）之南约20°。这正与我们的估计相符。这就是说，利用了这三个叉，就能判定正北方向。这个正北方向，可能即位于A石中甲、乙、丙三圆排列的方向，或从孔“1”到孔“2”，及从孔“3”到孔“4”的方向，它们均呈南北向排列的。因此应先有B石的带柄三尖叉岩画作为标志，然后再刻A石上的三个圆及形如北斗星的一些星，而B石中从孔“4”到“5”的方向，也为南北向，它也是根据带柄三尖叉岩石而刻出来的。

B石的带柄三尖叉岩石，既然是用以观测北极星的基本工具，为了便于观测北极星，最好在观测时能挡住其他夜空的光。特别是月光的干扰，使夜空深暗以便衬托出北极星来，把三尖叉形刻在A石之下，以减弱东天星月所造成的背景亮度，这是很聪明的办法。

还有一个问题需要解决，即在B石面上，三尖叉的位置较低，而“4”、“5”两孔之位置较高，如岩石面利用三尖叉看北极星，可能会被位置较高的石面所挡，难以看见，我认为三尖叉及柄上那些孔，是插短木桩用的，插了木桩，利用木桩观测北极星就没有问题了。

另外A石上的一些类似的北斗星排列的孔，绝不是北斗星。那时北斗星不指极，没有在石上为它刻孔必要，它们可能是紫微垣中部诸星(相当于小熊星座)。因为这些星中亮于四等星的也有七颗，它们的排列也近斗形，但与北斗星的排列很有差异，在四千年前的夏代。虽然天龙座的“α”星(即“右枢星”)最接近北天极，但它是四等星。不及小熊星座中的“β”星(即“帝星”或“帝座”)亮。这时因帝座与右枢接近，却较右枢更为醒目，它是天北极附近最亮的星，因此仍有可能以“帝座”为北极星的。这就是说，当时的北极星不是现在小熊星座中的“勾陈一”，却是小熊星座中的“帝座”。既然北极星为紫微垣中部的帝座，它是利用社石判断冬夏至时的主观测目标，因此有必要将紫微垣中较明亮的七颗星刻在太阳石(A石)表面，以使观测者参考。

附带再讨论一下A石中甲、乙、丙三圆。

甲圆内刻的是一个三足金乌，这从图上$9_{上}$(c)中可以看出。日中有金乌的传说，来源很古。在邛崍及成都市郊出土的“日月神”画像砖及崇庆县出土的伏羲，女娲画像砖中伏羲右手所举的日轮中，均刻有金乌(参见“刘志远、余德章、刘文杰”《四川汉代画像砖与汉代社会》文物出版社，1982)。据《山海经·大荒东经》，“汤谷(即旸谷)上有扶木，一日方至，一日方出，皆载于乌”。郭璞注曰“中有三足乌”。张衡《灵宪》也说：“日者，阳精之宗，积而成乌，像乌而三趾”，在《淮南子》中有“尧时十日并出，草木焦枯。尧命羿仰射十日。中其九日，日中九乌皆死，堕其羽翼。故留其一日也”的话，屈原《天问》中也有“羿焉跸日？乌焉解羽?”之问，说的也是《淮南子》中后羿射日的故事，后羿是唐尧到夏代著名人物，善于弯弓。它是东夷族人，曾使夏代的太康失国。“后羿射日”虽系神话，但旸谷在东夷区，是尧安排羲和观察太阳升起的地方。东夷族对太阳的观察是有较长的历史的。“金乌”事实上是太阳黑子。把射日的神话主角安排为夏代东夷族的后羿，似说明夏代东夷通过长期对太阳的观察，已察出日面有黑子。只是由于天文水平的局限，而认为它是三只脚的乌鸦而已。现在东磊夏代太阳石上太阳中也画有三足乌鸦。这就更可靠地证明我国夏代已发现日中有黑子。这块太阳石是实际文物。它比一般文献记载，甚至汉砖刻，更具有说服力。

为什么金乌外的圆圈并未画出太阳光芒呢？我认为不画光芒，正说明夏代东夷对出现太阳黑子的太阳状况有较好认识。因为黑子只有在太阳光芒不强或无光芒时方能看出。不画光芒正是写实。

图上$9_{上}$(b)中，上部刻有一个鸟，似立于山上。但我认为这决不是山，而是一幅帆。因此决不表达“鸟在山上”的“岛”字。理由将在本文后面“利用文字符号的发展来推断时代”一节中阐明。这里简单地指出，任何画图案式山的人，决不可能将山两侧绘成台阶式，而且山顶画得很平坦的。图$9_{上}$(b)中船帆内刻有“乌鸦离日”图像。说明阳光将恢复而尚未恢复。

图 9上(a)中已无乌鸦之形，太阳周围已刻有许多光芒。太阳内刻了许多牛犬之形，其肩部似被鞭策。

可见图 9上 的(c)、(b)、(a)是三个不同时刻的太阳情况，按(c)、(b)、(a)次序：(c)中三足乌展翅于太阳中，当时阳光很弱，并无光芒。(b)中三足乌正飞离太阳，此时阳光增强，但尚无光芒。因此图 9上 的(c)、(b)、(a)依次表示清晨、早上、中午的太阳。

五、东夷岩刻的时代研究

上面已证明不论将军崖的岩刻也好，东磊太阳石上的岩刻也好，都有测“两分两至”的内容。但还需要进一步证明，将军崖及东磊太阳石的岩刻，的确是夏代的遗物。否则还不能说夏代已知测“分至”的办法。现在先研究将军崖岩刻的时代，再研究东磊太阳石岩刻的时代，然后从该两岩刻中文字符号来研究时代。

(一)根据将军崖社石来判断时代

根据将军岩刻中 ABC 三组，内容十分丰富。它与社石及祭桌等的布置应是一个整体设计的产物。而岩刻的各部分细节也是有意识的安排，不论整体或细节，它必然都包含设计者或凿刻者本身所未意识到的时代烙痕，我们如果能把其中凝结的时代烙痕抽象出来，必然可以确定出这些岩刻的时代来。

将军崖有一块社石，另有三块互相倚立的巨石。《三国志·魏志·公孙度》“襄平(今沈阳市南)延里”有“社生大石，长丈余，下有三小石为足”。这记载中的情况与将军崖社石的情况基本相似。三小石相当于倚立的三巨石，社石与三巨石有不同的作用，主社石代表土地神、石神或祖神。在甲骨文中应是“”(殷墟书契前编 1.9)“”(殷墟书契前编 1.19)或“”(殷墟书契前编 1.74)。简化为“”“丄”。“土”字“上”字由此演化而来。它代表祭祀的对象。而倚立石是祭桌，祭桌应是“示”字。其中上一短横为祭物，中一横为桌面，下面的“小”字是桌面的支持石。这个“示”字是甲骨文中“丅”字的繁化。“下”字也可能与“丅”字有关。社石是祭祀的对象，故用“丄”表示，祭祀物与祭祀桌用以享神，用“”表示，为表示祭祀活动，这两个字结合起来，即事实上先将“”繁化为“示”。再与“”或“”合体就形成“祖”或“社”字，这些字中，既有主社神，又有祭物祭桌，因而表示了祭祀活动。可见“祖”与“社”原来是同一个字，到后来才分化为不同意义的两个字。其实“祏”也是祭祀的意思，此字明示主社神为“石”质。后来“祏”字意义改为藏神主的石函。将军崖的三倚立石我们在前面已按尺寸示意地拼为祭桌(见图 14)。因此它与其主社石一起组成“社”，应当是合理的。但“社”这个概念起源于何时呢？我们认为应起于新石器时代末期。

《史记·封禅书》“自禹兴而修社祀，后稷稼穑，故有稷祠。郊社所从来尚矣”。又说“汤伐桀，欲迁夏社。不可。作夏社。”的话，当然“社”是否始于禹，尚可讨论。按我的看法，“社”的仪式应当早于夏代，它应与新石器时代农业发展，人们感觉土地在产生粮产中起到重要作用有关。但到了后代，由于私有制的兴起，氏族制在夏启时改为奴隶制。人们争夺土地，争夺粮食，争夺奴隶，“社稷”由单纯的土地崇拜变为政治的象征，人们将“社稷”代表了“国家”。这就使汤灭夏后，一度想迁夏社。由此可见 “社”这个仪式，夏代是十分盛行且有了政治意义。以后我们分析将军崖岩画时,也可看出其中已具有政治意义。其实从将军崖三倚立石上的许多人为深洼洞,可看出政治意义。例如图 17 倚立石中一石表面密布深孔图,即为按所摄三倚石照片所画。

图 17 倚立石中一石表面密布深孔图

图中 C 石即为滚到山下后又抬上来的,B 石表面满布深洞。它倚靠在 A 石上。B 石一头大、一头小,有些像锥形。其实这是拍照的取向所致。事实上在图背方向,B 石展开很宽很厚,只是那一部分被画面部分遮掩,未能拍出而已。B 石表面的深洞是杀俘虏或牺牲时盛血以进行血祭而用的。《周礼・大宗伯》就有"以血祭祭社稷"的话。因此可认为将军崖的社石是进入奴隶制社会的遗物。夏代是我国进入奴隶制社会的第一个朝代。此社石的原始性质可以认为很可能是夏代的遗迹。这就间接证明了岩刻所表示的测分至的内容可追溯到夏代。

(二)根据将军崖岩刻和社石总体布局判断时代

前已指出,将军崖岩刻和社石的配置,是在统一计划下做成的,并不是杂乱无序即兴而刻的。像这样面积大,且有一定层次的岩刻布局,在古代世界上还是少见的。我们在下面分几点来加以说明。

(1)此岩刻以南北长线及祭桌为界而分东西两部分,东贵西贱。例如在岩画中,第一组(A 组)岩画的人物,脸部都丑陋不堪,满有雕纹。其网状头饰表示被俘的奴隶身份。(按甲骨文,网字写做"罓"或"[illegible]",将网罩在头上常表示俘获,如"罗"字,甲骨文作"[illegible]"(《殷墟文字乙编》4502),(即把鸟头上罩以网。因此人头上有网状头饰,就表示俘虏奴隶身份)。而第三组(C 组)岩画的人物都是脸部清秀、无雕纹,头饰为鸟喙或孔雀冠羽。东夷是以鸟为图腾的。《左传・昭公十七年》"郯子来朝,公予之宴,昭子问焉,曰:少昊氏以鸟名官,何故也?郯子曰:……我高祖少昊挚之立也,凤鸟适至,故纪于鸟,为鸟师而鸟名",郯子是东夷族的后裔。少昊是东夷族之祖。他们把鸟视为十分高贵的象征。因此作为头饰,表示高贵。

为什么高贵与卑贱要以东西方(即以南北线为界)为区别呢?这与东夷族与中原夏朝之间战争频繁有关。在氏族社会转向奴隶制社会的过程中,东夷族要保持氏族制,并向西扩充。而中原氏族要统治东夷族,因此经常发生战争。中原民族和东夷族战争自黄帝到夏启这五百多年中，及整个夏代都在进行。例如黄帝就曾东征过。据《史记·五帝本纪》"代神农氏是为黄帝。天下有不顺者，黄帝从而征之，平者去之，披山通道，未尝宁居，东至于海，登丸山及岱宗"。那就是说黄帝在打败炎帝后曾进攻东夷。在夏代第一个统治者启的时候，启不顾禹对东夷伯益的推荐而自之为帝。伯益曾发东夷的兵来反抗，被启所杀(见《竹书纪年》)。夏启的儿子太康因荒于政事，迷恋于狩猎，东夷首领后羿曾发兵攻击。使太康失国，甚至立太康之弟仲康为傀儡。仲康因不愿受羿控制又不敢违抗后羿，就以在东夷的羲和缅沉于酒荒废天文职守为借口，令胤甲东征东夷羲和《尚书·胤征》。以后仲康子"相"也曾征伐过淮夷、风夷、黄夷等，这些夷都属东夷的部属。此后相的儿子少康打败东夷寒浞，杀寒浞之子而中兴夏代。伯杼为征东夷，曾发明铠甲以便战胜擅长弓箭的东夷。由于夏的势力强盛，所以伯杼之子"芬"即位时就曾命令九夷来卫护夏代。九夷（畎、千、方、黄、白、赤、玄、风、阳）都属东夷。由此可见东夷与夏之间战争纷纭。东夷所得的奴隶大多来自西方中原。从东夷的观点出发，当然就出现了"东贵西贱"的看法。另外在东夷区的东方，是广阔的大海，海那边又是红日高升的地方，在海州湾，时有海市蜃楼可见，例如在 1985 年 6 月，就曾在那里出现山东日照县岚山头的侧现蜃景。明顾乾《云台山志》也曾说在秦山岛附近"春融蜃现楼台人物，与登莱海市无异"(这是因为春季大陆地面升温较快，海面空气较冷所致)。海市蜃楼使人们见到东方天空，似有琼楼玉宇，神仙往来。而且海边又多群鸟栖息，鸟类飞腾海面，翱翔晴空，十分自在。这一切都使东夷族对东方怀有钦羡尊敬之心。这种东贵西贱的概念，东夷人本来就有。到了夏代，由于政治原因，表现得尤为强烈。因而在将军崖岩刻中表现了出来。岩刻中借测分至用的南北线来兼表东贵西贱的思想，正可说明此岩画是由东夷刻于夏代前期。

(2) 以祭桌与星河为标准而分天地。即祭桌之北为天，其南为地。但星河在南方却与海相通。用祭桌分天地是很容易理解的，因为祭桌是祀神用的。祭桌以北为社石，代表祀神，故为天。祭桌南为祭拜的人，故为地。以西是现实的人和物。银河分天地也可以理解。因为银河在天上，但古人认为它一侧通海，海是地上物，如不通海，银河的水就要枯涸。在唐李冗《独异志》(中华书局 1983 年 6 月)卷上第三则有这样一个神话：有人在八月带了粮食乘船到海神(海若)的岛上去，见到了一个织布女郎，又见到牛郎把牛带到河边去饮水，就问这是什么地方。牛郎的父亲叫他回去问四川严君平。他后来从严君平处了解到他见到牛郎织女的河就是银河。这个神话表达了银河通海的思想。当然，在夏代，东夷还不可能编出这个神话。他们只是朴素地看到天上的银河通过天顶向西南方向下倾，从而认为"银河在北方及天顶附近，位于天上，当他再向西南流，必在海天连接处与海相接。为此他们在刻将军崖岩画上的星河时，也使之刻在向西南下倾的丘坡上，这样他们不仅有东贵西贱的概念，而且又有了"北高南低"或"北天南地"的概念。根据这个原则，我们试分析银河及其东的岩刻布局。

(a) 在银河中，位于北段的较西处的星为流星，它们是指星上带有尾光的。在流星稍东的银河区中有各种大小的星。这些星至少可分为中心有点的双圈星"◎"；中心有点的单圈星"⊙"；中心不带点的单圈星"○"；不带圈的点状星"·"。那就是说他们已把星按大小或亮度分为四等。在银河北端有不少较大的星。有些星排列近乎斗状。说明东夷族对北极星及紫微垣中部的星群很重视。因为他们知道这些星多为拱极星，天北极就在附近。连银河的运动也要考虑它。在银河岩画中有许多几乎等距的横划，说明为识别星体，东夷已知布星体分区。

(b) 岩画中在银河以东不远，刻了三个太阳。这是因为东夷族认为太阳在天空的位置应高于银河。东夷族对于天文历法工作一向较为先进，这是因为尧时曾叫重黎的后代“羲氏”、“和氏”任天文之官，并明确安排羲仲“宅嵎夷，曰旸谷，寅宾出日，平秩东作”。[“重”是颛顼时的南正(司天)，“黎”是颛顼时的火正(司地)]，都是搞自然科学的世家。羲和又是黄帝时的占日之官。而嵎夷及旸谷均在东夷地区。在尧之前，东夷族之祖少昊还曾令风鸟氏掌握历法。可见东夷区那时长期有观测天文研究历法的专职人员。他们对太阳的观测十分认真。目的是“寅宾出日，平秩东作”，即判定春分(仲春)，为农事(东作)服务。在东磊区我们发现有不止一处的太阳石，也是一个证明。他们在银河岩画的东边刻三个太阳，目的是判定分至。这在前面也已介绍过了。

(c) 在三个太阳的岩画以东，他们又刻了南北向线。这条线更是东夷具有先进天文历法知识的证据。这是北极星法决定南北向所得的成果。可用以单独决定天体中天(昏中或旦中)时刻，从而判定“分至”。也可以与前述三个太阳的岩画相结合来判定“两分两至”。根据岩画中这些星象，太阳及南北线刻划所需的天文知识，以及由此求出“分至日期”的手段，我们认为岩画的天文水平与《尧典》中所载求“两分两至”的水平是吻合的，因此岩画中的这些天文内容，很可能是夏代刻画的。

(d) 在岩画中，位于许多大星与太阳之南，又在银河之东侧偏南，是许多只有眼鼻口，却没有脸部轮廓的头像。我认为它们表示的是灵魂(包括了奴隶的灵魂)。因为我们认为夏代已有灵魂概念。一般认为夏道尊命事鬼。《檀弓》认为“夏后事用明器”，并指出“夫明器、鬼器也”。《墨子·明鬼》说“故古圣王必以鬼神为赏贤而罚暴。是故赏必于祖而戮必于社，此吾所以知夏世之鬼也”，鬼就是灵魂，将军崖既有社，祭桌上又有戮人盛血之洞，更有无脸廓之头像，与墨子说夏代事鬼之说相符。偃师二里头夏代墓葬出土的有贝，玉及松绿石等装饰品，还有觚、爵、斝、盉等酒器，是作为随葬品的。为什么死后还要随葬品呢？这也说明夏代认为人死有灵魂，灵魂仍如生前那样生活着，并爱好生前喜爱的东西。由于灵魂是看不见的，但其形象在人的脑子中印象尚存，并有时出现，属于可望而不可及的东西。为区别于实际的人物，画成无脸廓的样子。这也是很聪明的。根据上面的分析，可以说明将军崖岩刻中无脸廓的形象，应是灵魂。而岩刻本身，是夏代的东西，今将这些无脸廓的形象，绘之于图18将军崖无脸廓的灵魂岩刻(其中号码据图2)。各形象下的号码仍按图2中李洪甫所订之码。

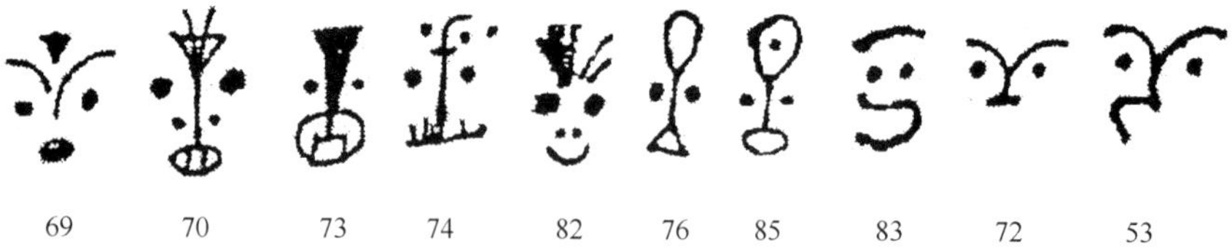

图18 将军崖无脸廓的灵魂岩刻(其中号码依据图2)

可以看出图18中这些灵魂不一定都是兽面。有的是人面，有的是鸟面(说明夏代有“一切动物有灵”的概念)。这些颜面均多位于星河南方。但在其北方的星河中，也有一些有颜面的星体，如图2中的“1”()(括号内的形状是按彩色照片临描的，但号码仍然照图2，故

与图 2 中形状略异)及“15”(㉗),这些正处于由“无脸廓,有眼鼻的灵魂”演变为“无眼鼻口,有轮廓的星体”之间的阶段。因此既有脸廓也有眼鼻口,但脸廓已向星体外廓转化。尺度也已近乎星体,颜面也已简化。按北高南低的概念,其位置也在灵魂的北方。足见他们已有“灵魂转化”的概念。但也可能他们认为这些人面星辰是主宰灵魂世界的官员。又在图 18 中的“53”颜面,位于三个太阳之北,它应是东夷族人灵魂的代表。

(e)在银河及灵魂等处,有一些如图 19 所示的符号(其横划均为南北向),尚不得其解。符号“41”可能为“后”字。意指后土。把此字横过来,呈“皿”形,左西右东,其中有“ㄇ”为祭桌,其东的直竖为社石。社石之东的直竖为天(或天上的银河)与银河相连的横划是地面。可以看出,在地面上,主社石位于东,祭桌位于西,与将军崖的社石与祭桌是布置相同。而根据“银河通海”的概念将银河与地面横划相连,说明因海在地面(银河的水供自海)为后土所辖。另外灵魂为地(后土)所辖,星体为天所辖,也由此,“后”字就有了意义。

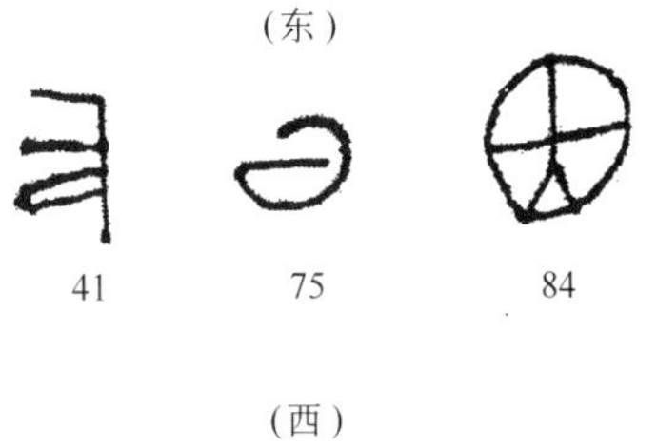

图 19　一些符号(其横划约为南北向)

符号“84”可能是指“南斗、箕宿”或“人马星座”。这可参看图 20 南斗及箕宿。图中“戊、巳、丙、丁、子、癸”六个星座构成了“南斗”,“甲、乙、庚、辛”四个星座构成了“箕宿”。“戊、甲、庚、辛”之间,构成了人马星座中的弓。“甲、乙、丙、丁”四个星构成了箭。那是向东射天蝎座“心宿二”的。“丙、丁”为箭羽,“甲、丙”为箭杆。图中还画了弓弦。但如将此图与图 19 中符号“84”比较,可能看出“戊、乙、辛”三星构成“大”字的南北向横划。“甲、乙、丙、壬”四星构成“大”字的一撇,而“丙、癸”二星构成“大”字的一捺。这就是说,不论大字的笔画走向及形状如何,都与“人马星座”或“斗、箕”两宿是符合的。由于斗箕在夏秋之际常位于近正南方。它有明显的指向作用。在将军崖岩刻中也把它刻画在南方。这是很有意思的。但按《山海经·大荒南经》“南海渚中有神。人面,珥两青蛇,践两青蛇。曰“不廷胡余”有神名曰“因因乎”。南方曰“因乎”夸风曰“乎”,民处南极以出入风。则图 19 中“84”的符号,可能即“因”字,他就表示南方或南风。这样的解释,就简单了。

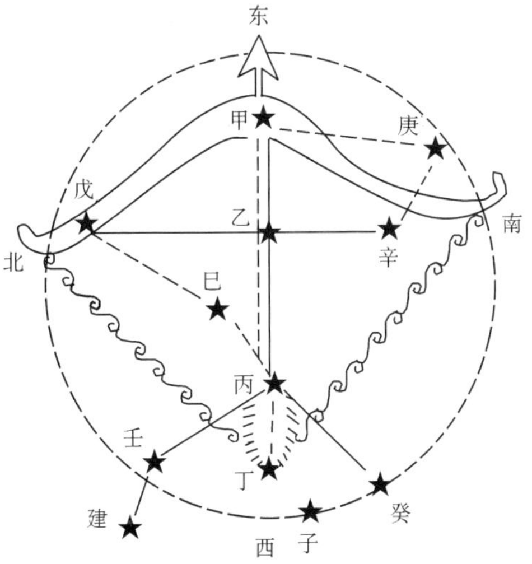

图 20　南斗及箕宿

至于图 19 中符号“75”代表什么,仍需追索。但估计是“回”字。表示四季轮流或银河诸星是回转于天的。

(f) 在三个太阳以东,即为正南北向线。南北向线之东,刻了没有面廓的鸟类头部,表示高贵的鸟类的灵魂。另外在附近还刻了许多羽状记号,表示鸟羽,显然鸟飞兽走,鸟比兽高,死后鸟的灵魂也应高于兽的灵魂。这种灵魂的等级观念,是人类进入奴隶制社会等级观念的反应。因此应该代表进入奴隶制社会的夏代的思想意识。

(三)利用岩画中的祖神形象来分析判断时代

将军崖岩画的祖神,刻于主社石的东南方及鸟的灵魂区之东北方,即C组岩画。这些祖神可参看图3,图3并未将C组的祖神都画出来,仅画出四个祖神。一个是有鸟喙头饰的人头“”,一个是无头饰的人头“”:一个是有孔雀顶冠毛头饰的人头“”;一个是脸廓缺一段且脸上有六个点及二横的人头“”。它们的位置是:无头饰的人头位于最西。其他三个头形的排列是:鸟喙头饰的头稍高而偏南,孔雀顶冠毛头饰的头又较高而位于无头饰的人之上(即东边),有四点两横的人头位置最高,且最偏北。

我认为无头饰的人头代表一般祖神。有鸟喙头饰的人头代表少昊(挚),这是东夷族神:有孔雀顶冠毛头饰的人头代表风鸟氏;而六点两横的脸代表什么还需进一步研究。为此,我们根据照片把它描在图21中。发现它是一个左矩右规的多目人头。

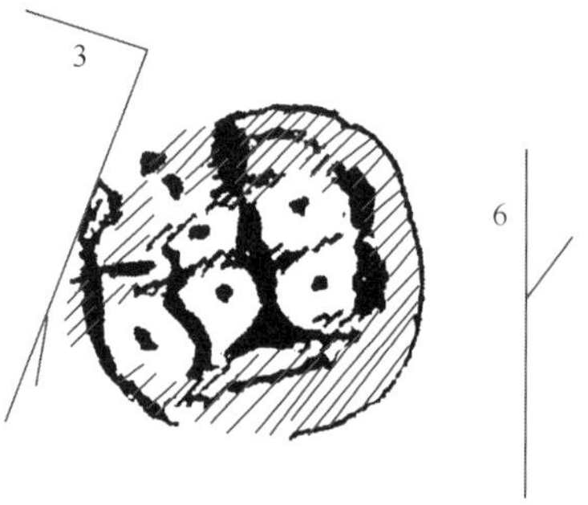

图21 左矩右规的多目人头

图中“3”为矩(直角尺),可用以画方,而“6”为规(圆规),可用以画圆。多目表示见识广博,因此应代表夏代的知识分子祖神。很可能是仓颉或伏羲,但以伏羲的可能性较大,是智慧之神。关于此四人头之所以代表上述的祖神,其理由如下:

(a)猛禽的喙口一般是锐利粗壮的,例如鹰、隼、鹏、鹗等。它们常飞翔于山崖海角,巡回觅食,为鸟类之强者。连云港一带鸟类很多,古有鸟国之称。在几百年前的清初,花果山尚在汹涌海涛包围之中。那时南云台山与中云台山之间的海面称“第一道鹰游门”;中云台山与北云台山之间的海面为“第二道鹰游门”;云台山与连山之间的海面为“第三道鹰游门”。说明那里猛禽鸷鸟群集翱翔。东海又有少昊之国的称号。《左传·昭公十七年》已指出郯国(在东夷)以鸟为图腾,以少昊为祖。而少昊又叫“挚”。“挚”与“鸷”同音,据《康熙字典·鸷》引《礼记月令·注》说:“鸷,疾厉之气也,亦作挚”。可见少昊是以鸷鸟为名的。把少昊画成以鸷鸟之喙为头饰,是很自然的,易于辨别。岩画中有三条线的头饰,应是鸷鸟之喙,而不是羽毛。因为鸷鸟之喙以三线汇成一点,能表示喙的粗壮锐利。三条线是喙的廓线,能显示鸷鸟突出的特征。又少昊是一个统治者,治政须严,以挚为名,头上饰的人面,必指东夷的祖神“挚”即少昊无疑。

(b)一个氏族社会不仅须有处理众人之事的领袖如少昊之类,还需要有知道天时,以便用于指导生产的人。凤鸟氏就是这样的人。据《左传·昭公十七年》郯子的话,“我高祖少昊挚之立也,凤鸟适至。故纪于鸟。为鸟师而鸟名。凤鸟氏历正也。玄鸟(春分来、秋分去之燕)氏、司分者也;伯赵(夏至鸣、冬至止之伯劳鸟)氏、司至者也;青鸟(立春鸣、立夏止之鸧鹒(鹖))氏、司启者也,丹鸟(立秋来、立冬去之鷩雉)氏、司闭者也,祝鸠氏,司徒也;雎鸠氏,司马也;鸤鸠氏,司空也;爽鸠氏,司寇也;鹘鸠氏,司事也;五鸠,鸠民者也;五雉为五工正。利器用、正度量、夷民者也;九扈为九农正,扈民无淫者也”。

可以归纳,上文中的鸟言为三类。一类是五鸠之官,如祝、雎、鸤、爽、鹘五鸠氏。主要管政事,以少昊挚为首。第二类是管节候历法之官,如玄鸟、伯赵、青鸟、丹鸟诸氏,以凤鸟氏为首。第三类为五雉、九扈。他们是管工农技术之官。在下一条中将要指出。他们应是当时的知识分子。在少昊时代，他们可能为少昊氏或凤鸟氏所兼管。但是在岩画中，把左矩右规的多目人作为主管。

凤鸟氏既深通季节历法，那他也就是知天的人。在氏族社会相当于巫祝之官。能与上天相通，当然应当得到东夷族的崇拜。在岩画中，人脸脑上矗出一条像白果树叶的羽毛。这是孔雀的头冠，能表示孔雀的特征。我们知道我国古代气候远较今日为暖，锦屏出一带由于海洋调节，气候尤为暖湿。例如龚高法等所著《历史时期气候变化研究方法》第五章(科学出版社 1983)曾指出：根据考古发掘野象残骸，得知在公元前 4000 年到公元前 500 年，野象活动北界可达黄河中下游一带。公元前 500 年到公元 1000 年，野象活动达到秦岭淮河一线。到现在野象只限于云南西双版纳地区。可见在近 6000 年来野象活动北界由 36°N 退到 23°N，共退 13 个纬度。孔雀亦有这样相似的情况。在春秋时代以前，史书上“凤凰”的出现，记载很多。东夷首领少昊在位时，即有“凤凰”出现。“凤凰”即“孔雀”。因为从一切“凤凰”图画中，特征都像孔雀，他并不是古人虚构的鸟类。现在孔雀也像大象一样在西双版纳地区存在。但在公元前二千多年的夏代，它一定也像大象一样在黄河中下游一带出现。连云港纬度 34.5°N，在海洋调节下，气候应比中原湿热。孔雀的出现更没有问题。凤凰在图刻中都有头上冠毛，孔雀亦有。冠毛的样子，凤凰和孔雀都相似，出在脑际，几乎很少有别的鸟有这些特征。此项冠毛展开后即像白果树叶。在甲骨文中，凤字作“[illegible]”，鸟头上有冠毛，呈“▽”形，也像白果树叶。因此有像白果树叶状冠毛的人面，只能是凤鸟氏。

(c)文字是传达思想的工具，夏代初正是文字发展的早期。典册当在夏代后期方有。但夏初人们已初尝有文字的甜头。在治理国家、管理工农业等方面，有了文字，即使是最初的一些表意记号，也有助于异地沟通思想，贯彻国家意图，十分方便。文字的发展并非一人一时所成。但人们却总想找一个文字的最早发明人。根据《补史记·三皇本纪》，庖犠氏“仰则观象于天，俯则观法于地，旁观鸟兽之文与地之宜，近取诸身，远取诸物，始画八卦，以通神明之德，以类万物之情，造书契以代结绳之政”。庖犠氏即伏羲氏。他既始画八卦，又造书契，因此他应属于最早发明符号的人。为文字的发明奠定了基础。他见多识广，故可以多目表示。别一方面，他又曾“结网罟以教佃渔”，即他是最早发明网的人。而网多孔(目)，因此也可由此而得以“多目”表示。在奴隶制国家成立后，宫殿及城市建筑就要发展起来。这时就需要简单的“画方作圆”的工具，那就是“矩”和“规”。从汉代画像石中，曾发现伏羲和女娲是最早使用“规”“矩”的人。见图 22 四川彭县出土手执规矩的伏羲女娲汉画像砖。

图 22　四川彭县出土手执规矩的伏羲女娲汉画像砖

图中一人持笏礼拜伏羲女娲，现半身。另一人在有观阙的建筑中坐讲伏羲女娲之事。图左边女娲执规、伏羲执矩，尾部呈蛇形相交。图的下半却刻有两龙尾部相交，这与《三皇本纪》中伏羲和女娲均蛇身人首，且伏羲有龙瑞、以龙纪官等描述相符。所谓龙，即蛇也。将图 22 中伏羲和女娲所执的

"规"和"矩"形状与图 21 中所画将军崖多目人画的右"规"左"矩"(即"6"及"3")的形状相比较,是完全相同的。1984 年秋我曾到新疆吐鲁番参观 该地博物馆。发现该处悬有唐代高昌麴氏王朝墓室内摹出的伏羲、女娲像。像中伏羲、女娲共着一裙,裙下两蛇尾相交,女娲手执"Y"形圆规,伏羲手执"ㄱ"形曲尺,说明他们手持规矩的传说唐代已传到新疆。该图中伏羲及女娲的脸型似已有维吾尔族人高鼻特征。这些都可以证明将军崖上刻的多目的人面,应是伏羲。其附近(左边)似尚有别的人面。由于已因风化磨损,是否是女娲还难以判断。但既然左边是"规",按理应当有女娲。现在再研究一下将军崖将伏羲视为祖神,是否合宜?

我们知道东夷之祖神是少昊。而按《三皇本纪》,伏羲是太昊。少昊当为太昊之后人,故太昊伏羲氏不仅应当是东夷的祖神,而且其地位应比少昊更高。将军崖祖神的排列中,少昊排列在最南、太昊伏羲是排在最东北方。按"东贵于西、北高于南"的原则。伏羲排在最贵最高地位置,就是很得体的。

另外,据唐司马贞《三皇本纪》,伏羲和女娲均风姓,风字甲骨文中与凤字相同。因此他与凤鸟氏已有同族关系。辈分也应高于凤鸟氏。又据本纪注"位在东方,像日之明,故称太昊。昊,明也"。因此无论从其称号、姓、与少昊及凤鸟氏的关系看,伏羲应是东夷之人。

我国当前发掘出的文字前的陶刻符号,最早当是甘肃秦安县(在天水县北,隔渭水与天水相望)大地湾新石器时代文化遗迹中彩陶及陶片上所刻的符号。其中有"×、+、=、↑、亻、乡、乂、∽"等。这些彩陶用 C^{14} 来探测,距今约 7800 年以上。这时代比仰韶文化、河姆渡文化还早,约相当于河南裴李岗文化的早期。即新石器时期的早期。这些陶器上的符号应与仰韶陶器符号有渊源关系。其后在山东泰安大汶口出现了陶文,它属于比夏代更早时期的雏形文字。还带许多符号性质。如图 23 大汶口陶文所示。它与图 $9_{下}$ 文物的年代相近。据日本村已奈夫和李学勤的研究,图 $9_{下}$ 文物属于良渚文化。这就是说,图 23 的陶文出现在将军崖北方的山东,而图 $9_{下}$ 文物则出现在将军崖以南的江南。我们从东磊太阳石上已见到与良渚文化相似的图 $9_{上}$ 中。因此可以认为伏羲时代是我国初有符号文化的时代(伏羲时代的命名,并不意味着伏羲这个人生存的时代,也不意味着伏羲是一个人)。约相当于新石器时代初期。而将军崖的符号,约当仓颉造字时代(造字并非一个人所能完成的,这里只是利用传说来定名,便于记忆。并非肯定造字者即为仓颉一人),即符号向文字靠拢的时代。从前面我们解释将军崖岩画中"卯、头、日"等字,就可看出它们比一般符号已更接近文字了。而像甘肃大地湾的陶器符号,尚不能称文字。正如伏羲的八卦尚不能称为文字。伏羲的书契可能也仅是比结绳稍有进步的契刻记事而已。但是在符号向文字靠拢的时代,使人更怀念创造符号的人的功绩,更何况太昊与少昊又同是东夷族人呢。再加上伏羲首先使用

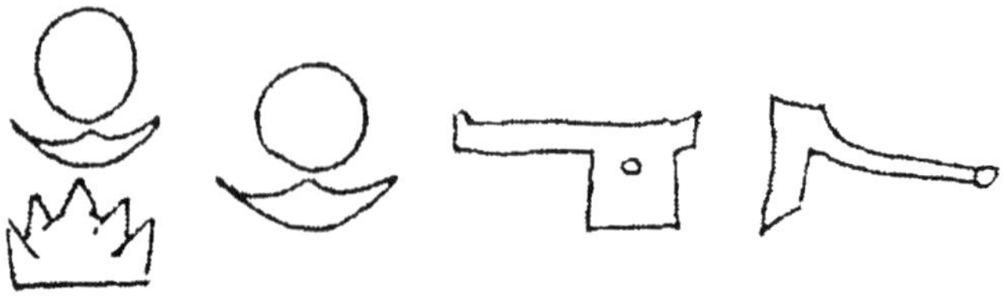

(a) (b) (c) (d)

图 23 大汶口陶文

“规矩”。不仅善于以符号记词，而且还能利用规矩制器造物，所以在将军崖岩画中，把伏羲安排到了崇高地位，是有意义的。

将军崖地处北方大汶口与南方良渚之间，细看其岩画中文字符号，即与南北这两种文化中所展现的文字符号都有相似处。又比这两处文字符号更为先进些、更文字化些。因此其时代应略迟于大汶口文化或良渚文化。而在这两种文化之后应基本上是夏文化了。这又证明了将军崖岩刻应是夏初的东西。

再从另一方面来说，在夏初，奴隶制国家正在形成。手工业、农业正在发展，需要技术，需要文字来拓广技术。东夷族为争取自己的生存和发展，把本族过去对符号发展有贡献的伏羲列为祖神，很有必要。这也是抵制当时中原文化的重要手段。但在夏代以后，由于中原文化实力的强大，这些东夷族文化的功臣或祖神，也被吸收成为全国各族的祖神。这也是文化流通后，国家统一中的常有的现象。

在将军崖 C 组岩刻中，除人面、规矩及星体等外，还有两个符号，即图 2 中“9”和“22”。其形状为“↑”和“”，尚待解释。

先说符号“↑”，它是一个矢头形符号。十分原始，在甘肃大地湾陶器符号中就有过它。估计是一个指向符号，在 C 组岩刻中是表示指向北方。

至于“”，这也是一个“夏”字。因为《康熙字典》“夏”的古文作“昰(音 shi)”，又《正始石经》(是魏曹芳在公元 240—253 年即正始年间所刻，内含古文、篆文、隶文三体，刻于石上，故又称《三体石经》。其中古文指战国时的文字。)中“夏”字在六国古文中就作“昰”。这字在将军崖岩画时代虽可代表“夏”代，但更合理的是代表南方，这是因为“昰”可认为是“日正”两字组成。“日正”即“日中”。“日中”固然可以代表夏代，因为夏代可畏，如日中天。这在前面“甲骨文中有无冬夏概念”一节中已涉及。但这应是稍后时期才可以有这个意思。在夏代初期，“日中”应代表南方。因为日中时，太阳正在南方中天，此时太阳的方向正是正南。从将军崖 C 组岩刻中看，“昰”字正处于该组中的南部。因此“昰”也是指方向的字。

(四)利用将军崖祭桌前岩刻中群像判断时代

为便于讨论，我们先将将军崖祭桌前岩刻中的群像，画于图 24 将军崖石祭桌前石坡上岩刻(按彩照所绘)中。

可以看出图 24 基本上与迄今已发表的同地方的岩刻相似。但却更为详细。这是因为我们是用彩色照片为蓝图而画的，并非拓印。拓印时往往会忽略风化较烈、刻痕已浅化了的图形线条。但某些风化造成的痕迹，也往往在彩照中误以为是人为刻迹而包含在我们的临摹内。当然，总的说来，自然风化迹与人为刻痕，在大多数情况下还是容易区分的。因为风化迹决不会光滑地呈波形、深孔形、平直线条形。那些按岩石纹理的裂痕，由于它往往横过完整而明显且有一定形象的人为图形，所以是容易区别开来的，我们由此所得的图 24 比过去在别处发表的同一图进行比较，发现增多了讯息。例如人头增多了；牧草的叶子较单纯而禾苗叶尖多了一些枝节或子粒，有利于识别它属于牧草还是禾苗作物；增加了一些符号文字，如“”。过去图中“”符号应是“”中的右下角部分。过去图中的“”现发现是一个方脸面。过去图中形如草丛的“”，事实上是光芒四射的太阳。

图 24 中共有十二个人面(如果对照照片，可能还有一些人面隐约可见，但未画在图 24

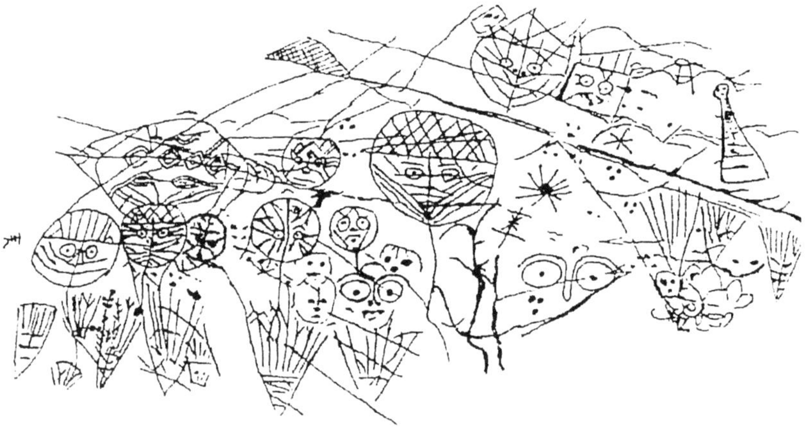

图 24　将军崖石祭桌前斜石坡上岩刻(按彩色照片而画)

中);两个牲畜头(鼻上方伸出二个在眼睛上方的弯线,代表双角,这就是牲畜);十一棵植物;一个酒具;一个太阳;数个符号文字(如 天、丰、木),还有一些点形符号如“∵∴∵”等,可能是血祭洞。

从人面来看,大多均有头饰。没有头饰的都是小孩。所以头都画得较小。头饰分几类。一类是网状,包括,“※、xx、X”等,其中岩刻中心部分共有四人,表达了他们的奴隶身份。因为他们都是在战争中被俘的。其中一个青年(小头),一个中年(头最大),均被分配进行畜牧工作,其口鼻下均有线连接牲畜和牧草,就是证据。中年的还被挑选管理畜牧之事,故头刻的特别大。他做着畜牧工作还兼顾培养牧童。因此在两个从事畜牧的奴隶间刻了一个无头饰的小孩。奴隶身份的还有两人,均为老年人。因为他们的眼角都出现了许多鱼尾纹条。其中一人被分配从事农业,其口鼻下均与禾苗相连,就是证据。但还在头顶上戴了一个大假面具,任务是吓走鬼怪。另一人口鼻下无线,说明未被分配工作,但其右下角一个“T(祭桌)”形记号,证明此人是被用作牺牲、应是将被血祭的奴隶。当时已有灵魂概念,所以驱鬼怪的大假面具就刻划在他旁边。进行农事工作的还有三人,其中两个分处于戴假面具的左右。左边一个头饰像田塍,有许多平行线条。右边一个头饰模糊不可辨。他们都不是奴隶,应是东夷族的农民,可能起监视奴隶劳动的。其年纪均在青壮年时代,因眼角无鱼尾纹。另一个头饰较乱,略呈网状,未画嘴巴,但眼角鱼尾纹很密,其鼻线下连禾苗,因而必是务农的。其右下方刻有两个小孩(如从照片上看,其左下方可能还有隐约的人头,但图 24 中未画),估计此人属于老年女奴。她除务农外,还负责培养孩子务农。在图 24 的右上角有两个人面,一个的头饰是“木”,即“禾”字。无鼻下垂线,可见此人与农业有关而不直接进行农业活动的,又不是奴隶,他应是农业官员,主管农业的。另有一人方脸,头饰是横放的酒具,也无鼻下垂线,不是奴隶,是管酿酒的。其右方有一个盛酒的器具,器口呈人面,器呈圆锥形上小下大。可能是盛祭祀用的酒具。

从牲畜头来说,由于与人口鼻线相连,所以应是家畜。图中两角均向外弯,当是羊角而不是牛角。岩画中的羊的形象,与甲骨文中羊子的形象“ᘐᘏ”十分相像(参见林泰辅《龟甲兽骨文字》卷二第三十页,1921 年)。

从禾苗来看，禾苗作“⺦”的是麦，禾头作“㚒”的是稻，作“丫丫”的是牧草。还刻有一些阔叶的植物，足见东夷的农业也不是单一的。

再研究图 24 中的符号文字。“T”代表祭桌，意为祭祀。“禾”代表“禾”。“木”就是“米”的简化，即“尞(燎)”，像“篝火”，意为架木燃烧以祭神。“丰”即“丰”，亦即“芈”，表示用农产品祭神。“夭”在图 24 中位于左方。刻痕很新而细，且为侧刻，笔法也不古，疑为后人所刻。姑置不论。又有太阳光芒四射之符号刻于“丰”字之右上角。足见“丰”祭是祭太阳的。还有一些点状符号，“∵”可能是人面，但脸廓已风化，“·、··、∴”也有可能是定性计数，表示多少之意。但也有可能是代表星体。这些尚待以后进一步研究。

根据上述 C 组岩画的分析，可以看出下列各点：

(a)东夷当时已进入奴隶社会，使用奴隶以进行农牧业。这些奴隶应是与中原地区战争所俘虏的。

由于中原地区文化较东夷为高，所以东夷不仅要中原奴隶直接从事农牧业，而且还要求他们传授给东夷人民甚至孩童农牧技术。

(b)由于使用了中原奴隶，东夷农牧业及农村业发展很快。已种植稻麦等多种作物。还注重培植牧草。岩画中口鼻下垂线，表示所分配的直接从事的工作。因为古老岩刻一般是描写事情的。

(c)东夷族自由民也在同一安排下从事劳动的。

(d) C 组岩刻并非描写个别人物或个别事件，它起到一些法律规定作用。从这里可看出下列一些规定：奴隶要被分配一定劳动任务，为东夷服役农牧工作；对于有技术的奴隶，还应令其传授技术。奴隶劳动时，应被监视。强迫他们工作。奴隶老了，要用以血祭。但有一定工作能力尚有其他可资利用的(如培养后人的老年奴隶及能戴假面具驱鬼的老奴)，可以不被血祭。

(e)东夷族由于重视农业。农产品开始有剩，已能用于酿酒。

(f) 东夷族人对祭祀十分重视，他们祭祀时要烧篝火“木”，使烟气上腾霄汉，引起神或祖神的注意。他们常用新登场的稻谷等粮食祭太阳，说明他们对太阳有利于农业生产是有一定认识的。

(g) 东夷人驱鬼怪用大假面具，是与血祭相联系的。还相当于后世的“舞傩”。这里我们对这个大假面具做一番讨论。

大假面具中部有两个眼睛孔，目的是使戴面具的人能通过它看到外面。假面具上又绘有戴四个眼睛的头饰，另外还有两个大耳朵。戴假面具目的在于驱疫鬼。据康殷《文字源流浅说》第 131 页，在相当于甲骨文中晚期，发现青铜器上有一个图案式金文文字，如图 25 金文“魌”字：

图 25　金文“魌”字

我认为这是“其”字，后来演变成“魌”字。他就具有戴假面具驱疫鬼的形象。这样驱疫鬼的仪式就叫“傩”。这个“其”字，其中的假面具“甘”也有两个大耳朵。从身子与假面具相比，可以看出假面具比身子“子”大得多。假面具上一共有七个空格，上四个代表头饰上四个眼睛，下面四个空格象征实际两个眼睛及一张嘴的孔。从《周礼·夏官司马·方相氏》中，可以知道戴假面具是驱疫鬼的人，叫“方相氏”。其责任是：“掌蒙熊皮、黄金四目、玄衣朱裳、执戟扬盾、帅百隶而时傩，以索驱疫”。由于蒙熊皮为假面具，因而是大耳朵的。假面具规定要有发光(黄金)的四只眼睛。这也与岩画中的假面具及铜器上的“魌”字的图形相符。因此岩画上的假面具就是“魌”。《周礼》中所谓“帅百隶而时傩”，“百隶”可能是指许多奴隶。岩画中戴假面的人正是有网状头饰的奴隶。当时认为血祭后，灵魂将要作祟，因此在血祭人旁画了“方相”。把鬼魂吓退。在B组岩画中，无脸廓的像，就是灵魂。

为什么方相氏要有四个眼睛呢？追究古籍中有四个眼睛的，应是仓颉。据说孙瑴《古微书·春秋演孔图》，“仓颉四目，是谓开明”。另外在《尚书·虞书·舜典》中，当舜在服尧丧三年后正式登位时，提到“询于四岳，辟四门、明四目、达四聪、咨十有二牧”。孔颖达疏说：“告庙既迄，乃谋治于四岳之官，所谓开四方之门，为仕途致众贤也。明四方之目，使为己明视四方也。达四方之聪，使为己听闻四方也。恐远方有所拥塞，令为己悉闻见之”。仓颉是皇帝的近臣。据《前汉书·古今人表》，列仓颉为黄帝轩辕氏时的“智人”，该表将人分为九等。仓颉属“上下”，即第三等。仓颉既为黄帝采集各方意见，已达到所谓“明四目、达四聪”的目的。这种“询于四岳辟四门、明四目、达四聪”的事，不是始于舜，很可能是部落联盟中推选出的最高军事首长(天子)所必须遵循的规定。在黄帝时就已这样做了，只是把“明四目、达四聪”的任务，具体落实到仓颉身上而已。仓颉既是当时较为突出的知识分子。对文字的创造发明有贡献，他当然就有胜任此事的能力。于是后人因他对“明四目”的任务完成很好。将这种能力误会为仓颉真有四目，这也是很可能的。

可见所谓“方相”，是“仿仓颉之相”。

关于仓颉发明文字，《吕氏春秋·君守》中有所指出。高诱在此有注：“仓颉仿依鸟迹以成文章”。这说明仓颉不仅发明文字，而且很可能是以群鸟之国著称的东夷地方的人。《淮南子·本经训》说“昔者仓颉作书而天雨粟，鬼夜哭”。这是把仓颉造字的贡献提高到了“惊天地而泣鬼神”的地位。应当认为伏羲是发明符号的代表，符号不是文字，但为文字的发明奠定了基础。仓颉是在将符号转变为文字过程中的重要人物。劳动一结合了文字知识，生产必有发展，犹如“天降下了粮食(天雨粟)”。同时，文字给人以智慧，愚昧落后必然受到排斥，使狡诈者无所展其伎俩，犹如“鬼夜哭”。这本来是一种形容，但迷信者反而认为实有“天雨粟、鬼应哭”的事实。甚至连东汉王充也还认为“鬼夜哭，实也”。仅是“应仓颉作书，虚也”。他认为“气能像人声而哭，则亦能像人形而见，则人以为鬼(哭)矣”。(王充《论衡·订鬼篇》)。

王充都有这样看法，那么早于王充两千年的夏代，当然更会认为“鬼夜哭”为实了。仓颉创文字既能使鬼神怕得夜间哭泣，当然他一出来必会使鬼神辟易，不敢近身了。另外，仓颉为黄帝之臣，黄帝为有熊氏，以熊为图腾。因此夏代就把这些概念捏合起来，形成了方相氏所搞的假面具，即“蒙熊皮、黄金四目、玄衣朱裳、执戟扬盾、帅百隶而时傩”《周礼·方相氏》。只是补记了夏代的思想而加了“玄衣朱裳”等话，以结合周代的迷信情况而已。本来仓颉是以创造文字的威信而“泣鬼神”的，现在却要“执戟扬盾”拿起武器来赶鬼神了。于是这个大假面具既有仓颉四只眼睛的蒙熊皮的传说特点，又有仓颉不具备的扬戟驱鬼的特点，它既是仓颉化身，又不是仓颉。日子一久，人们再也不认为他是仓颉，而认为他是方相氏(仿仓颉之相的人)了。在将军崖岩刻中,对于文化神既已立有太昊伏羲氏,于是就不再将东夷族文化上第二个有功绩的仓颉放到祖神的地位。我们知道黄帝时代早于夏代。夏代又是重鬼的,因此夏代将仓颉的传说与驱鬼的故事结合起来形成方相氏,并创造出大假面具,是完全可能的。这也说明此岩刻刻于夏代。

其次,从岩刻中有稻麦等植物,可证明夏代有刻此岩画的可能。《尚书·禹贡》说:“淮沂其乂,蒙羽其艺”。这是说淮水、沂河已治,使山东蒙阴附近及江苏海州(羽山)附近农业已有发展。当时种些什么农作物呢?据《周礼·夏官司马·职方氏》“正东曰青州,其川淮泗,其浸沂沭,其谷宜稻麦”。海州属青州,岩刻中刻的稻麦正与《职方氏》所说相同。禹时海州农业已发展,再加有中原奴隶的利用,通过农业技术的交流,夏代东夷当时的农作情况,应该在此岩刻中已表达出来。

再其次,岩刻中有奴隶劳动。奴隶主尽可能叫奴隶进行繁重的手工业和农牧业劳动以增加生产。他们虽在C组岩刻中,表示对奴隶用作血祭,已有一定限制。但仍说明东夷的文化低于中原地区,中原地区进入奴隶制早于东夷。东夷亟需中原技术的武装,但能从中原俘虏的奴隶不多,因此虽进行血祭,却尽可能减少血祭,而将奴隶用于生产。在祭祀中,宁可多用农产品、羊、或酒,而少用奴隶的血。岩刻中仅表现一个无工作能力的老奴作为血祭(在旁有“ㄒ”的符号),而在祭太阳时,却用“𠦪”祭(“𠦪”字表示用农产品祭神,其理由本文后面还要解释),这是东夷正处于奴隶制社会初期的一种特点。

另外,岩刻中刻有酒具,我们知道夏代制酒技术是很高明的。相传禹臣仪狄始作酒醪,禹喝了觉得味道太好,就停止不喝。并警诫说,迷恋于酒将会亡国。在仲康时,东夷的天文官吏羲和曾因淫湎于酒而荒失测日的职责。足证夏代东夷族也善于酿酒。中兴夏代的少康(即杜康)又是制造秫酒(即黏粟制成之酒)的好手,致令曹操在三国时过长江横渠赋诗舒怀中,也吟出了“何以解忧,唯有杜康”的句子。可见夏代前期,有酒器是没有问题的。岩画中的酒具,瓶口有人头形。这倒很像甘肃秦安县大地湾出土的人头形器的陶瓶。见图26甘肃秦安县大地湾人头形器陶瓶。

图26 甘肃秦安县大地湾人头形器陶瓶

大地湾陶器为距今7800多年的东西,而将军崖岩画距今仅4000多年。因此夏代制造这种酒器是完全可能的。

(五)利用东磊山顶太阳石岩刻来判断时代

东磊太阳石上有三个太阳。一个太阳中间表示了“驱牛”,一个太阳中间表示了“三足乌”,另一个太阳中间表示了“乌立山头,乌离太阳”。

关于牛,在河南陕县庙底沟第二期文化的灰坑中,已发现其遗骸。庙底沟二期文化,据C^{14}的测量,距今约4800年,已早于夏代近七八百年。故夏代畜牧中有牛是没有问题的。古代牛主要用于祭祀、肉食和运输。《世本》说:“胲作服牛”。宋衷注说:“胲是黄帝臣”,又说是“少昊时人,始驾牛”。但用牛耕田是后来的事。《山海经》认为:“稷之孙曰叔均,是始做牛耕”我们知道稷是尧时掌握农事的官。舜时又被任为司徒。其年龄应比舜大。其孙应当是夏代前期的人无疑。因此东磊太阳内画一个驱牛的形象,很可能是夏代早期的事。此时应已有牛耕。退一步说，驱牛的事即使不是表示牛耕，至少也是驱牛进行运输。因为那时用牛进行运输工作也还是盛行的。

日中有乌的传说也与夏代有关。东夷射手后羿在早期曾用箭射中十个太阳中的九个，使其中的乌鸦都被射死。以后后羿曾活到夏代。并曾一度使夏启之子太康受他控制而无法管理国家。这是东夷对夏斗争中的很大的胜利。夏代的东夷族曾因为此而自豪。他们相信在天空剩下来的一个太阳必仍有一个三足乌居于其中，因此在那时将太阳中加刻一个三足乌，也是很自然的事。

至于在另一个太阳中刻了一个鸟及一幅航帆，对于居于海边的东夷族，应当也是可以理解的。但这种画法，必然受到浙江良渚文化的影响。

在东磊山顶 A 石之下的 B 石表面，有一个三尖叉形符号，上面刻有几个深洞。我认为三尖叉是东夷人受捕鱼的鱼叉形状的启发而做出的。在叉尖有代表星体的孔，而在叉柄也有两个深孔。我认为这个有柄的叉形体上刻痕，即为甲骨文中表示星星的“”字，在晚期金文中作“”，最后演化为“星”字。人们认为星字下半部的“生”字是代表声音，可是从东磊 B 石看，“生”字是由鱼叉演化而成。而鱼叉此时已成为测北极星的工具或仪器。即当眼睛从叉柄看向其中间的叉尖时，如正好对准了北极星，则在北极星游转到极东或极西时，其左或右的叉尖应正好指向天北极。既然 B 石上三尖叉及其柄(以及尖叉上的星孔)已将演变成甲骨文中的“”字，则这个带柄三类叉是夏代所刻的可能性就大了。

六、结论

本文根据 1984 年及 1985 年夏季在连云港锦屏山将军崖丰富岩刻及云台山东磊三块太阳石上岩刻的调查研究，结合文献，并分析了岩刻中的符号及文字，指出这些岩刻都是夏代东夷族的作品，并研究出下列各点：

(一)在夏代初期，人们已有“两分两至”的概念。

(二)在夏初期已有决定“两分两至”的方法，如：

(1)从将军崖岩画中所刻的正南北线三个太阳及“”和“”等文字，证明那时利用祭桌顶盖的支杆及绳索来测定北极星，并从而刻出正南北线的。把此正南北线与“”的方法相结合，画出三个太阳的位置，人间就可由太阳所在方向来决定中午及春秋分的日子，也可以用正南北线决定“两至”，或通过星体昏中来决定四仲日。

(2)从东磊山顶太阳石中发现“”(即星)字在决定当时正北方位起重要作用。根据它的指向而在 A 石表面所作的凹洞及三个太阳的排列走向，可反过来决定南北向，而南北向即子午线方向，故由此可以像《尧典》所记的那样，按星体昏中的观测法来决定四仲日(即两分两至日)。

(三)我们对东磊山脚(近山东村)的一块太阳石上的不规则太阳图形作了解释，指出这是日出时的太阳幻象，此图形上半部为蜃日、中部为露出海天线的部分日轮、下部为日光在海面的反射光，这三者组合，就具有太阳石上图形。太阳石上线条带铁锈色，是长期祭日时人血或牲血涂成的痕色。

(四)将军崖石刻上发现了工程中常用的“规”和“矩”。“规”即画圆的仪器，“矩”即画方的仪器。它与汉画像石中将它与伏羲、女娲的像刻在一起相符，说明这个传说早在夏初就有。

（五）通过将军崖岩刻中“规”和“矩”图形，及东磊山顶太阳石上与良渚玉文相似的相凤玉鸠图形，可以认为我国早在夏代，就已有利用圆规及矩尺及相凤鸟来进行工作的科学技术工具的概念。这些概念，在当时已归功于东夷祖神，说明其发明当在夏代以前，而夏初能画出形象，说明当时（4000 多年前）肯定已有此实物，只是我们尚未发掘到而已。

（六）分析了将军崖岩刻与社石的布局，明确了东夷族岩刻的社会特征。天文知识及社神所指何人（伏羲、凤鸟氏、少昊等）对四目大面具也进行了分析。

（七）在连云港岩刻中最令人注目的是将军岩石示桌前斜石坡上一大片有许多头带网巾的人头岩刻。许多工作文章都对它进行了分析（见图 24）。本文对此岩刻作了与别人不同的解释。认为此岩画如实地表现东夷官员监督其奴隶进行农牧业生产的情况，十分宝贵。头上有网巾的是奴隶，眼角有皱纹是老人，鼻下有线连接的植物是稻麦及牧草，动物有羊。这些都是奴隶的劳动对象。也有奴隶从事劳动教育的。因奴隶多为中原夏族，他们的农牧业技术水较高，因此利用战争俘获的夏族来从事农牧，并传授先进技术，应该是东夷的政策，也是符合当时的实际。另外，此岩刻中有盛酒器，也证明当时东夷已能酿酒，也说明农业所得粮食，已较为充裕。

（八）本文中指出连云港岩刻某些文字，如“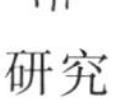”及“”等。除本身有科学的测“分、至”等意义外，这些文字属于“主题单字”。它们在研究甲骨文字出现前的汉字改革，有重要价值。我将于《汉字改革分期史》一文中，作进一步阐述。

七、补论

根据李勇《世界最早的天文观象台》[《自然科学史研究》第 29 卷第 3 期（2010 年）]，我们知道：2005 年在山西襄汾陶寺地区，考古发掘出四千年前观测日出方位及节气的 12 个夯土柱基缝隙，这些缝隙分布于一个夯土观测点（北纬 35°52′53.8″，东经 111°29′55.0″）之东南到东北方，它们距观测点大多在 18 米到 24 米之间，亦有距 50 米者，自南而北，呈弧形分布依次名为东 1 隙到东 12 隙，设将观测点 O 之正北称 0°，顺伸向至正东方为 90°，正南方为 180°。则：

东 1 隙中央之方位角为 131°14′4.7″，远处山脊顶仰角为 5°33′33″

东 2 隙中央之方位角为 125°02′44.2″，远处山脊顶仰角为 5°48′34″

东 7 隙中央之方位角为 94°27′52.2″，远处山脊顶仰角为 4°15′53″

东 12 隙中央之方位角为 60°20′54.2″，远处山脊顶仰角为 1°15′29″。

考古人员于东 1 隙中未见有日出现象，远处山脊为南高北低

于东 12 隙中央观测到日出，山脊在 2004 年 6 月 21 日，是日正好为“夏至”，

于东 7 隙中央观测到日出，山脊在 2004 年 9 月 25 日，是日在“秋分”后二天；

于东 2 隙中央观测到日出，山脊在 2005 年 12 月 22 日，是日正好为“冬至”，

于东 7 隙中央观测到日出，山脊在 2005 年 3 月 18 日，是日在“春分”前二天。

看来这些夯土柱隙判定“二分二至”有用，它们是有意识建立的，但测两至比测两分为精确。这是因为“两至”为太阳运动的南北极限时，两分为昼夜平分时，测“两至”比测“两分”有

方便的条件。

结合《尧典》中已有判定“两分两至”的工作,所以陶寺(尧都)判定“两分两至”之遗址不仅证实了《尧典》的记载,而且也证明本文证明夏初东夷已有测定“两分两至”之技术,当然本文因结合夏初东夷社会发展史来研究“两分两至”,比之陶寺观测日出来研究“两分两至”,更有逻辑性和生动的说明意义。

(1984 年秋初稿,2009 年第三稿,2010 年 9 月补论)

红旗渠竣工

王鹏飞

忆昔移山拒智翁,肩足锄畚屡世同。
太行王屋移不去,言神负走笑儿童。
漳河有虬兴冲冲,赵掌尖下蟠千峰。
汩汩龙涎灌涧沟,输膏泽田万家丰。
虬兮虬兮如长虹,问渠何得此神通?
石湖犹知卖痴呆,太行岂能故步封?
百计千方创新路,艰难万重谋无穷!
当年测高蹑青空,削岭填壑擘划宏;
钢杵猬插缆腾忽,爆石飞舞阙崖东。
冷坳僻崾人气暖,山魔土妖成鸡虫。
移山莫如开渠好!九年竟毕千载功!
红旗渠成民智立,林县旱魃绝其踪。
即今晋豫大地上,思维创新到处崇!

(摘自《天风海涛集》)

松花江雾凇

王鹏飞

夜岸柳鬟集冻雰,平明玉树遍江滨;
天假丰电温馨水,化作璎珞灿旅人。

(摘自《天风海涛集》)

我与气象史志研究发展的关系①

气象史志研究对发掘气象史料、研究气象科学发展规律、总结发展经验、推动我国社会主义气象教学、科研及气象服务事业进展，很有必要。怎样用自然辩证法及历史唯物主义的角度研究中国及世界的气象史是我们需要探索的问题，我一生大部分工作是从事气象教学。气象史志研究是我进行气象教学的业余爱好，可是却成为我晚年长期从事的工作。

20 世纪 40 年代初，我在上海东吴大学物理系肄业，因日寇侵占上海，我负笈千里，到重庆中央大学气象系续学。课余看到竺老的气象论文中兼及气象史内容，颇感兴趣，又看到著名考古学家董作宾等有关殷商甲骨气象卜辞讲演报告，对我国古代人民重视天气预知的史实颇思进一步追究。

1950 年，我应师长涂长望之邀赴京参加军委气象局工作。宿舍在沙滩三眼井胡同，离隆福寺不算远，那里当时有不少古旧书肆。我少年时在上海，素有逛旧书店及人行道旧书摊的习惯，为此，一到星期天，常把到隆福寺及东安市场旧书店淘书当作一件乐事。那时兴趣广泛，看到吸引注意且便宜的书，就买了下来。

有一天，我在隆福寺一家旧书铺中见到一批古气象书籍，有被称为《白猿经》的好几种古云图抄本及《田家五行》等。这些书因带有迷信内容，不宜在国内出售，书铺拟打包送到香港，供应国外。我认为这些古气象书籍在国内已很难找到，就将部头较大的代气象局图书馆买下，而较便宜的我就个人买下了。

我在军委气象局任教学工作。教学中要参考前苏联的教材，我发现这些书的前言中，往往包括有世界和前苏联的气象史内容，而我国过去的气象教科书很少介绍气象史实，学气象的青年学子如缺乏这方面认识，是难以激发其献身气象事业的决心的。因此，我除在教学中随时增加这方面的内容外，还在 1959 年我所写的《气象学基本原理》(科学出版社)一书中专门加上“气象学发展简史”一节。不仅介绍世界及我国古代气象史，而且还介绍全国解放后我国气象事业及科研等方面的成就。

1958 年“大跃进”年代，我在中央气象局办公室，任宣传出版处副处长，除负责书刊翻译、编写、出版等工作外，还负责北京东郊农展馆中气象厅展览的任务。曾设计反映我国古代气象科学成就的版面，包括二十四节气与农事活动、七十二候应用、甲骨文气象卜辞、古云图、唐代风力等级等展品。另有按唐代李淳风《乙巳占》所述复制的相风木乌和按朝鲜 1770 年所定规格缩小复制的测雨器及测雨台。这些展品和复制的古气象仪器，深得参观者青睐。邮电部门当时曾对相风木乌设计出一套邮票发售。

为了迎接新中国成立 10 周年，气象刊物发起总结 10 年成就的组稿工作，当时发表的有谢光道、谢义炳《十年来我国气象教育》、赵九章《十年来气象研究进展》、程纯枢等的《十年来气象观测和仪器进展》、陶诗言《十年来东亚寒潮研究》、杨鉴初《十年来长期预报》、顾震潮

① 本文曾刊于《我与新中国气象事业》2009 年。

《十年来数值预报》、徐尔灏《十年来动力气象》等，卢鋈和我在 1959 年 8 月号《气象学报》(30 卷第 3 期)发表了《十年来我国气象事业的发展》一文，其后中央气象局办公室蒋金涛主任又安排我与黄必选等共同编写《十年来气象事业发展》一书，介绍新中国气象事业发展成就。

1960 年 4 月，我被调往南京，参加南京气象学院的筹建并创建大气物理系工作。曾任教学及该院气象系副主任和大气物理系主任。我那时已开始了气象史研究并重视收集古气象史料，参加了自然科学专门学会中国科技史学会。经常出席该学会的各种学术交流讨论会，于是与中国科学院自然科学史研究所的许多同志相当熟悉，并与国内著名科技史专家有所交往，除席泽宗是在 50 年代在北京已熟识外，与严敦杰、唐锡仁、曹婉如、薄树人、宋正海、郑锡煊、杨文衡、陈瑞平等亦多有交往。我那时写了不少气象史论文，许多是通过自然科学史研究所及地学史组举办的学术研讨会交流的。

1978 年前，我曾与自然科学史研究会合作，在他们主编的《中国古代科技成就》一书中撰写了《中国古代对天气现象的观测和理论》一文，该书在国内广泛流传。到 90 年代末，中国青年出版社还再版了此书，对普及我国古代气象成就知识很有作用。

同年我又写了《中国古代气象上的主要成就》一文，发表于《南京气象学院学报》第一期(创刊号)上。文中介绍了甲骨卜旬、大气奇异光象的观测和图谱、云的观测和古云图、风的观测和仪器、温度观测和仪器、降水观测和仪器、天气谚语和天气预报，古代天气现象理念等。还指出张衡所发明的并非候风仪及地动仪两种仪器，而仅是一种名叫候风地动仪的地震仪，并提出了依据。该文内容比竺老在新中国成立初期所撰写的《中国过去在气象学上的成就》(1951)一文更为丰富，补充了不少新的发现和成就。

1960 年起，我被聘为《辞海》编委及分科主编，其后又被聘为《气象学词典》的责任主编。为此，我开始在这些辞书中增加古气象方面的词目，并加阐释。这是辞书有计划地增加气象史内容之始。另在《气象学词典》的附录中，第一次编入了我所撰写的《气象学发展年表》。时间自公元前 21 世纪到公元 1979 年。

1981 年，为了进行教学改革，我决定直接采用国际上先进的教材。当时选用美国华盛顿大学华莱士和霍布斯合编的《大气科学概观》一书。在该书原文脚注中，注有许多世界上对大气科学发展有贡献的气象学家的成就及生平。使用这个教材，既可获得先进气象知识，又可充实气象史知识。深得学生欢迎，我还组织老师将它全部译出。

1978 年 3 月全国科学大会召开，邓小平指出科学技术是生产力，为社会主义服务的脑力劳动者是劳动人民的一部分。1982 年，党的十二大提出全面开创社会主义现代化建设的新局面，为 1984 年的改革开放奠定了基础。中国气象学会为适应党的这个任务，酝酿发展一批次级学会。即在学会下组织各种专业委员会及研究会。在该年的中国气象学会年会上，谢义炳作了《回顾过去，展望未来，促进我国气象科学技术发展的新高潮》的报告，畅述近代气象科学在英、挪、美诸国此起彼落，交替兴衰的历史。反顾我国气象学界，有感于十年浩劫的摧残，为实现社会主义现代化而决心拨乱反正，在气象科学未来剧场上大显身手的信心，提出要对气象历史进行研究以促进气象事业的现代化。于是在 1983 年 12 月，中国气象学会在北京召开了气象史研究会第一次会议，宣告此研究会的成立。由王鹏飞具体负责。自第二届起我被推为主任，并一直负责此任务约 15 年。

该委员会是我国气象史研究的第一个有组织的民办学术团体。每两年召开一次学术研讨交流会。我曾为此提出研究会的宗旨、任务、研究内容及各种要求等，并对交流论文作出评价和小结，以便相互促进提高。为了支持各省、自治区、直辖市气象局编纂气象志的工作，组织了“气象志讲座”八讲，并将研究会改称“气象史志研究会”，以便史志结合，促进研究会的发展，并对全国各地气象志的编写起到推动、交流、审阅及指导作用，深得各地“编志办”的欢迎。中央气象局办公室对此项工作给予充分肯定。

我曾提出，气象史研究的内容应包括自然气象史、气象科技史及气象社会史，特别强调对方法论及思想史的研究。还提出研究内容的覆盖面要兼及各个历史时期、气象各分支学科、各种业务性质、各民族成就，且对海外华裔华侨的气象科学成就加以重视。在研究过程中，主张要勇于探讨，敢于争鸣，实事求是。要有“吾爱吾师，吾更爱真理”的精神。在深化研究中求超越，视超越为继承。要普及与提高相结合，理论研究与社会服务相结合。要争取领导、社会、气象学界同仁对此项研究的重视，取得各方支持。并努力发现和培养气象史志研究人才，使气象史志研究后继有人。

因此，我在每次气象史学术会上经常提出如何开展气象史志研究的论文，求取共识，以统一思想。15 年来，研究会在不断求取共识，开展研讨中前进。初步摸清了 1950 年前我国气象机构的沿革，发掘出不少浮沉于古气象史海中的史料，纠正了气象史学界经常提及但却是谬误的史说，积累了气象志编纂的经验，提高了成员们的共识，培养了热衷于气象史志研究的人员。这些成就已归纳于我在 1999 年所写的《气象史志研究会 15 年来的成就》一文中。

为了发展我国气象史志研究，我个人也加速研究步伐。

1984 年，我写了《中国古代气候学史》，成为中国科学院自然科学史研究及地学史组主编的《中国古代地理学史》（科学出版社）的第三章。这是我国最早一部较完整地介绍我国古代气候史的著作。在我于 1985 年 10 月参加中国气象学会访日代表团时，在日本筑波气象研究所也做了报告。吉野正敏曾在日本《气象》杂志中介绍。另外，在刘盛佳《地理学思想史》（1990）中对此也有肯定的评价。

1984、1985 年，我分别在著名科技史刊物《中国科技史料》及《自然科学史研究》发表《朝鲜测雨器传自中国辨》、《中国和朝鲜测雨器的考据》。以丰富的证据，指出近 70 年来我国气象史学界盛传“1770 年朝鲜测雨器系中国所造传向朝鲜”的说法是错误的。这说法主要源自竺老的多篇论文，因为根据朝鲜史书，朝鲜 1770 年测雨器系仿自朝鲜 1442 年自己发明的测雨器改进。我的这两篇文章发表后，得到《天地奥秘的探索历程》（周桂佃，1988，中国社科出版社）及《科学技术史新论》（刘志一，辽宁教育出版社）两书的正面响应。

1987、1992 年我任《中国大百科全书·大气科学卷》、《世界百科名著大辞典》等辞书编委及分科主编时，曾分别撰写《地球大气演变史》、《大气科学发展简史》并将许多世界古代气象史名著，编为辞目，加以阐释，以提供查阅。在 1994 年出版的《大气科学辞典》中，我曾应邀撰写《中国古代气象学》一文。该辞典中《大气科学发展年表》实为把《气象学词典》附录中我所作的《年表》修改补充而成。

国际气象科学在 20 世纪 90 年代发展很快，前述我所撰《年表》需要增补。所以在 20 世纪与 21 世纪交替的年代，我曾应《气象百科全书》之需，编出上自新石器时代，下迄公元 2000 年止的《世界大气科学发展年表》。并配合此《年表》撰写了《世界大气科学发展概史》。详述中外古今气象科学发展历程，分析其发展条件，前瞻了新世纪气象科学的发展趋势，包括了大气科学各分支学科的拓展情况。这是 21 世纪前大气科学发展的初步总结，很有参考价值。

开拓气象史研究,不仅要在荒原上栽种庄稼,还需除棘去茅,减免影响庄稼正常生长的因子。换言之,原先在气象史学界流传的不正确的谬说,必须消除。气象史志研究会发掘新史料时,对去除不正确的谬说也负有责任。但有时这些谬说又出自名家,应如何处理,必须考虑。

例如,我于1990年在上海参加庆祝李约瑟90寿辰学术研讨会时,报告了《对“中国科学技术史·气象学”的探讨》一文,对李文内容逐节分析其存在问题,并提出了建设性修改意见。又如牟重行曾发表文章指出竺老《中国近五千年来气候变迁的初步研究》(1992)所引史料的谬误,是用逐条甄别方式分析出的。我于1993年曾发表《史料抽样与边界层气候变迁》一文,从方法论角度指出竺文谬误的根据和根源。再如在1929年胡焕庸在《钦天山(即今北极阁)气象台落成纪念刊》上发表了《记钦天山观象台故址重建气象台记》(1928)。此文已成研究南京北极阁气象台的常用资料。1994年,江苏省气象局为编《江苏省气象事业志》,拟采用该资料并征求我的意见。我在参考了大量方志及史料后,写出了《南京北极阁观象台探源——方志内容以讹传讹例析》(1994)一文,指出胡文内容有谬误之处。后《江苏省气象事业志》出版时,即按我的意见处理。

对名家的谬误,应实事求是,不能因个别的几篇文章而就全面否定。例如竺老是我国近代气象学的奠基人,其高风亮节,素为世人景仰。为研究其思想,我曾在“竺可桢逝世20周年纪念文集《先生之风、山高水长》”(1994)一书中,撰写了《竺可桢与姚江学派》、《竺可桢与科学史研究》、《竺可桢与蔡元培的关系点滴》等文刊出。

发掘气象史料,除了需博览群书外,尚需亲身出去调查,以获取第一手资料。为此我曾亲赴广州、浑源、杭州、蓬莱、乌鲁木齐等地实地考察。例如我所写的《广州怀圣寺风信鸡光塔的调查研究》(1987)、《浑源圆觉寺铃鸾风塔之研究》(1992)、《清代方测雨器、方蒸发器由来考》(1991)、《水寒地冻不会出现海市吗?——东坡“海市诗”误解的澄清》(1992)等文由于都是实地考察而得,从而提出了一些符合事实的新观点。近年来有人认为康熙已发现北京与山东省之间有“风的不连续性”。我曾写出康熙帝对气象的认识的一系列文章。但对“北京与山东省间康熙已看出风不连续”问题,我在文中持否定态度。因为康熙帝当时所谓的“山东”,并非指“山东省”,而是指“北京西山之东”基本上是指北京西郊,理由可参考我的文章。

为了理清气象史上某些事件的发展思路,我也曾写了一些专题史短文,如《中国古代测风史》、《中国古代报雨泽史》(均在1999)。

目前有系统文字的气象资料,莫早于殷墟甲骨卜辞。我写了《殷墟甲骨文时代卜辞的气象记录》(1999)一文,分类汇集了大量气象卜辞。既有原甲骨文,又有隶定词,更有释义。以便后人引用研究。该文还通过探讨,提出一些新发现及新观点,有启发性。根据研究,古来遗留到今日的某些天气经验,可从甲骨卜辞中找到线索。

整理并推敲传统气象史科,本是气象史研究的重要内容之一。1986年我曾写有《访日气象史六题》一文。其中曾根据日本气象学界已故前辈藤原笑平生前所藏《通机图解》手抄本复制件进行研究。发现其中至少有十一幅云图与我国手抄本《白猿献三光图书》中古云图相似,甚至细节亦相同。它实是原传入日本的中国古云图的一部分。我还从我国古籍内觅得明末清初出现的《日火下降、旸气上升图》等。这是在西洋科学影响下我国最早的天气现象形成的大气对流学说示意图，很有价值，在我所写的《中国古代气候学史》中有初步介绍。

《田家五行》是元末明初太湖流域农业气象谚语及经验的重要汇编，其中许多韵语至今还活在今日江南农民口边，但此书辑集者是谁，历史上有所争议。我参阅了各种资料进行考证。得出了“娄元礼集述、陆泳编写”的结论，解决了这个疑点。又如《周礼》所提出的“十煇”，历来认为它是十种晕象。对各“煇”究竟指什么光象，认识有分歧。我根据古今中外权威性的五家定义，权衡得失。以最早的东汉郑众、郑玄定义为依归，复原了“十煇”原义，指出它是世界最早的光象分类体系，并于1992年发表论文于南京气象学院学报。

气象史也有科普的问题。我认为气象史科普必须遵循“历史真实性”及“科学正确性”两个原则，缺一不可。为此我于1994年发表了《赤壁之战及其雾况、风况的探源》一文。通过查阅自晋代直到解放后的正史演义等资料，细加比较，指出草船雾中借箭的主角，在《三国演义》以前的民间传说中，是孙权、周瑜，并不是诸葛亮；火烧赤壁时的东风，则是“适逢”，并不是在火攻前已知；《三国志·蜀志》中诸葛亮并无雾中借箭及借东风的记述。因此，气象工作者对《三国演义》宣扬诸葛亮草船借箭及预知东风，甚至说诸葛亮是熟知气象经验者，都是违背历史真实性的。要说明冬季在江汉流域可以出现东南风，只要用冷锋或寒潮理论即可，根本没有提诸葛亮的必要。尽管在演义里或说书者可大肆宣传草船借箭及借东风等故事。但作为一个气象工作者，决不允许附和这个故事，因为这不符合气象史实，当然也失去了科学性。

我国古代中医理论中有利用“五运六气”来预报未来天气并据以预防疾病之说，称为“运气学说”。这学说在历史上各名医的著作中信疑参半，甚至有用统计方法来证实这个学说可用者。我于1999年写了《运气学说不能反映客观的气象本质》一文，刊于宋正海等主编的《中国传统文化与现代科学技术》(浙江教育出版社)一书中。是从“方法论”的角度，揭露此学说的荒谬性。提出要预报未来因天气引发的疾病，应根据气象部门的预报，“运气学说”违反科学，当然不适宜用统计方法验证。

关于中国国家气象机构的历史，过去多从明清写起，也有推源到六朝及宋元。他们有的根据近代科学分工，认为气象与天文是泾渭分明的不同学科。所以不敢将历代天文台与气象工作相联系，这就缩短我国国家气象机构的历史达数千年。我于1999年写了《中国历代国家气象机构考》一文，指出我国古代是气象、天文不分家的。在古观象台如灵台中，既有天文仪器、也有气象仪器、有些天文仪器，甚至常用来测量季节，使用这些仪器也是气候观测人员的职责。所以在该文中，第一次介绍自黄帝以来到民国时各朝代的我国国家气象机构的编制、归属及任务等。在我国气象工作蓬勃发展的今日，这个介绍是十分必要的。

我现在已年过八旬，最近由于各方面的需要，气象出版社已将我历年有关气象史志的论文选编成《王鹏飞气象史文选》出版(2001年)。这是有助于发展我国气象史志研究的一件好事。本文所举仅是该《文选》涉及的一部分。但我对气象史志的研究，并不以年龄自限。2002年，我发表了有关峨嵋宝光的三篇科技论文，2003年对南宋范成大峨嵋宝光记述的物理分析之文，2004年我又发表《日本气象史概介》及《气象史志研究持续发展》两篇文章。在我有生之年，还要继续钻研这门学科，并希望后继有人。

记得1984年，中国气象学会在南京举办中国气象学会成立60周年年会时，我曾自度一词，以资祝贺，中国气象学会创立于1924年，那年正是“甲子”年，1984年又逢甲子年。所以我在60周年年会的贺词中说：

“岁月荏苒，喜学会而今，甲子又重逢。赞中华气象，翠茂如葱，炎黄子孙，腾飞似龙。社会主义涌新秀，紫金山色郁苍松！看如斯盛会，中外庆同；群贤毕至，百花成丛。竟烘得—彩霞满天红！笑再六十载，定又一番天地也！——继承事业有后雄！当未来居上。乘长风、显头角、直上青穹！”

今年已届2004年，适逢中国气象学会80周年纪念，但距“贺词”中“再六十载”还需再过40个春秋。而我国气象学界已新人辈出，呈现“又一番天地”之势。相信到2044年达到“再六十载”之时，不仅我国气象教育、科研及服务事业有更大发展，列于世界先进之林，而且气象史志研究工作也将精英辈出，为欣欣向荣的社会主义气象历史科学做出更大的贡献。

张家界黄狮寨履踪诗

(诗内用括号标明的为风景名称)

王鹏飞

黄狮寨上景如林，千态百姿迎佳宾；
秦皇赶山留金鞭(金鞭岩)，夫妻并面好相亲(夫妻岩)。
登山先赏雄狮舞(雄狮起舞)，稍上又逢迎客髡(罗汉迎宾)。
葫芦珍贮金丹药(仙丹葫芦)，海外难医游子心(海外来客)。
韩信遣兵曾点将(点将台)，宝剑出鞘泣鬼神(宝剑出鞘)。
留侯知机功成退，高挂天书丹崖阴(天书高挂)。
一狮反顾守宝笈(雄狮回头)，惊闻匣书夜鸣频(天书宝匣)。
南天有柱拔地起(南天一柱)，划然冲霄裂天门(南天门)。
天门破裂视路开，黄狮寨头四无隣！
昨宵金龟雾中出，偷拜日月与商参(雾海金龟)。
却恨侵晨霞光射，雾消魄失难存身。
山腰龙虾花姿奇，寨头虾茶一片馨。
环寨远峰参差立，东望腰寨如近邻(腰子寨)。
盆景天然世难觅(天然盆景)，南有瓶花发奇芬(花瓶峰)。
自生天桥今何在？(自生桥、天桥遗墩)，遥询南极老人星(寿星翁)。
路绕金龟下雾海(雾海金龟)，一龙戏珠振鬐鳞(独龙戏海)。
涛惊浪险螺出水(海螺出水)，陡见巨掌遥相迎(手掌峰)。
鸳鸯泉暖琵琶响(鸳鸯泉、琵琶溪)，醉秋双枫笑欲颂(双枫醉秋)。
仙乡飘渺履难遍，留得他年圆夙因。

(摘自《天风海涛集》)

我国气象史研究的持续发展问题①

摘　要

本文回顾作者近三四年所从事的气象史方面的工作，进一步探讨我国气象史研究的持续发展问题。指出应推广"实事求是"的研究和处事的作风。提倡研究工作中坚持"透过现象求本质"的不倦钻劲，鼓励气象史研究领域"不囿师承、热爱真理"的探索精神。提倡高质量论文作为推动气象史研究持续发展的杠杆。坚持研究工作"与时俱进、不断创新"的良好势态。积极考虑气象史研究人才规划，勿使气象史人才自生自灭。在本文讨论中曾引用与气象史有关的一些史实个例，有启发意义。

关键词：气象史研究；持续发展

一、21世纪初我所接触过的气象史工作

我担任气象史志研究会顾问的三年来，由于年迈，很少与外界联系。但对气象史志的发展，始终关怀。不断在这一方面做些力所能及的工作。例如，在2001年出版了《王鹏飞气象史文选》[1]，2002年发表了《我与气象史志研究的关系》[2]（参见中国气象学会所编《我与新中国气象事业》一书）。2003年发表了《对范成大"峨眉宝光"记述的物理分析》[3]及《关于韩国庆州瞻星台的窗口朝向问题》[4]两文（参见上海李约瑟文献中心编的《东西方科学文化之桥——李约瑟研究》一书），还在朱祥瑞主编的《中国气象史研究文集》中刊出《1949年以前中国历代国家气象机构考》[5]一文，2004年参与张德二主编《中国三千年气象记录总集》[6]中我所写的《殷墟甲骨文气象记录类举》在出版前的最后整理工作。我在20世纪后40年，曾任上海辞书出版社出版的《辞海》编委和气象学科分科主编，在该辞书增加了有关"气象史"方面的不少词条，在21世纪开始《辞海》扩大为《大辞海》又聘我为大气科学分科主编，我在所编词条中又增添了气象词目的分量。对世界的及海峡两岸的已故气象学界前辈的词目均有所增添，前些时候我有幸见到由温克刚主编的两部巨著，即《辉煌的二十世纪新中国大记录·气象卷（1949—1999）》[7]及《中国气象史》[8]的出版，前一书以220万言，主要介绍新中国1999年前的气象史。其中我国1949年前的气象史，仅作简要介绍，我参加了其中古气象史部分的写作，后一书140万言，为自古直到20世纪末的我国气象通史，曾采纳过我审阅后提出的一些意见，此两书内容之充实，均非过去出版的我国气象史所能比拟。但我国气象史，仅是世界气象史的一个组成部分，在改革开放的今日，气象的世界性通史，也应加强研究，我在《王鹏飞气象史文选》中，曾编入所撰《世界大气科学发展概史》[9]（2000年）及《世界大气科学发展年表》[10]（2001年）两文，都是从远古到21世纪，包括我国在内的气象科学发

① 本文曾刊于《中国气象史研究文集》2005年。

展史,可以用来弥补空缺。

二、中国气象学会 80 周年纪念

今年是中国气象学会成立 80 周年纪念,从气象史研究的角度看,这是一个非常有意义的节日,它标志着我国气象工作者在 80 年前,开始有一个专业性民间气象研究团体,集合许多同道研究气象科学。那时,全国气象学者,为了推动我国气象科学,自动组织起来,向世界表明团结的决心,今年中国气象学会要在北京纪念这个节日,虽然当年建立这个组织的我国第一代近代气象学都已离开我们谢世而去,但是这个组织毕竟经历了许多沧桑和曲折,顽强地发展壮大,使我国气象科学在世界大气科学的先进水平中,开始露出了头角。如果回忆一下中国气象学会成立之初的一些情况,就更有助于气象学会同仁为祖国气象科学发挥更大潜力的决心。

在 1922 年,当时气象学会尚未成立,据蒋丙然《四十五年来我参加的中国观象事业》(参见台湾《气象学会会刊》庆祝气象学会成立 70 周年暨海峡两岸气象学术交流纪念特刊)[12](1994 年 9 月号)一文中记载:“民国十一年(1922 年)华盛顿会议,决将青岛归还中国,以王正廷先生任接管督办,王先生聘余(蒋丙然)为筹备接管青岛测候所委员,当前往青岛与日人所长入间田毅洽商接受事宜,嗣因日方借词中国无此人才,暂时仍由日人任职,俟中国有此人才后,再行移交,故只举行接收仪式,而实际仍由日人主持。故余又返中央观象台任气象科事”。据蒋丙然在 1949 年前因接管不成所写另一回忆资料,及其子蒋君宏所著《气象学家蒋丙然》等文(1922 年接管之行是以蒋丙然为组长,竺可桢、高均为组员,宋国模为工作人员),蒋丙然因接管未成,又鉴于日本人蔑视中国气象学界无人,甚为愤慨。这对他其后与竺可桢等决心组建中国气象学会是有关系的。

又根据王鹏飞《世界大气科学发展年表》[13](2001 年)“1922 年中国接受日本占青岛气象台未果,到 1924 年方将日本占青岛观象台收回,并任命蒋丙然为该台台长,1924 年,中国气象学会成立,选举蒋丙然为会长,竺可桢等为理事……”,以上资料说明了中国气象学会之成立有历史背景。我们今天纪念这个建会节日,决不可忘记这一背景,我们庆祝着 80 年来我国气象科学的伟大成就时能同时回忆当年蒋、竺两前辈面对日人视中国气象学界为无人的蔑视骄横势态,以卧薪尝胆之志创建中国气象学会之初心,海峡两岸同仁,一定会更团结协作,将祖国气象科学更加发扬光大。闻这次气象学会 80 周年大庆,海峡两岸学会将同聚一堂,交流学术,同叙手足一脉之情。从气象史研究方面来说,尤其具有历史深义也符合共同的夙愿,有利于我国气象史持续发展的原则。

三、我国气象史研究的持续发展问题

自从中国气象学会气象史志研究会于 1953 年建立以后,我们就把重点放在研究上。强调要重视发掘新史料,分析新问题、提出新见解、创造新方法、作出新成果、得出更更符合客观气象历史进展的新结论,把论文作为探索研究气象史志的过程性收获。把出书作为研究气象史志的阶段性总结。但我认为千万不要满足于已有的或写出的一些本本,它们不是最后的结论,长江总是有后浪的。

我国气象史研究结果，当然要发表成果、刊出论文、出版书籍的。近年来气象史研究在这方面如上述已取得不少进步。日前更重要的是把主要精力放在建立持续发展的机制上。

要使气象史志研究获得长期稳定的持续发展，首先需强调实事求是的作风。

（一）要采用“实事求是”的研究和处事的作风

就以继蒋丙然 1922 年接受青岛日占气象台未成，日本人蔑视中国气象学界认为无人的事来看，当然表现了日人专横与我国积弱。但这也与当时我国近代气象科学萌芽伊始，缺乏成批人才的客观事实的确有关。正是因为这个缘故，才激发我国气象学界元老们正视现实，积极构建中国近代气象研究及行政机构以及中国气象学会这个民办团体的决心。所以我国气象史研究不能仅满足于发泄民族感情，还必须实事求是地来解决问题。

（二）要提倡研究工作中坚持“透过现象求本质”的不倦钻劲

以朝鲜 1441 年及 1770 年自制测雨器的史实为例。竺可桢 1926 年根据朝鲜李氏王朝 1770 年测雨器台上所刻乾隆年号，再加上古朝鲜文化多受中国影响这一印象，就贸然将朝鲜古测雨器肯定为“传自中国”。他这一肯定不仅盛行于我国历史学界（不仅气象学界）数十年，而且又影响了英国的中国古科技史专家李约瑟。但是他的这一“肯定”不符合实情。他的根据（即测雨器上的乾隆年号）实际上只是表象，王鹏飞曾在 1984 年中国自然史研究所两个著名刊物上相继发表了《“朝鲜测雨器传自中国”辨》[15]及《中国和朝鲜测雨器的考据》[16]两篇文章，指出了 1770 年朝鲜自制的测雨器台上所以刻上乾隆年号，是由于当时朝鲜为中国诸侯国，它本身的纪年规定用宗主国中国的纪年，他的历史书所载的“X 宗几年”属庙号纪年。“X 宗”是国王死后庙号，生前国王庙号未定，无法用以纪年。所以在他们发明测雨器后无法刻本国纪年，只能用宗主国中国乾隆年号纪年。文中并将朝鲜史书中他们自己发明测雨器的经过及制作测雨台的具体日期找出，正符合其测雨台所刻。竺可桢为要说明朝鲜古测雨器传自中国，必须找到中国在朝鲜古测雨器发明以前，已有同样的测雨器存在，为此他将中国古代报雨泽制度及秦九韶《数书九章》[17]中测雨题为例，认为这是中国早于朝鲜有测雨器的根据。王鹏飞根据史实在该两文中指出，报雨泽在中国古代都不是报雨量，因为当时根本未发明雨量器。所报的多为雨泽覆盖的田块数或被湿润的土壤深度，决不是测雨筒的测量数据。秦九韶算题中之承雨器，都是当时现成的不同形状规格的原为救火而用的盛水容器。每种特殊形状容器中的贮雨量，都需用特别设计的算法，计算其具体降水量，他们与古朝鲜圆筒形测雨器根本不同，无法用以普设的测雨网站。秦九韶曾想用这些现成容器布站测雨，但他最后在《数书九章》序中自己承认失败了。这种现成容器，无规格可言，根本不能与古朝鲜规格统一适于布网的圆筒形测雨器相比较，是谈不上作为元器从中国传向朝鲜的。不论从中国及朝鲜文献中都找不到朝鲜此器传自中国的根据，但从朝鲜古文献中却明显载有创制此测雨器之可靠记载（详见《王鹏飞气象史文选》中有关原文）。通过这种“解剖表象求本质”的孜孜不倦的探索，类似测雨器那样的气象史中存在的问题，才能不断获得切合实际的解决。而不致长久处于自满的谜团中难以自拔。

（三）要鼓励气象史研究领域“不囿师承，热爱真理”的探索精神

古希腊哲人名句“吾爱吾师，吾尤爱真理”，传世已久，常被引用。这是持续发展真理的

值得提倡的精神。我曾在所撰《松林师教》诗中说:“失却江南岭万重,干戈逼我赴巴东;杜鹃血泪悲沦土,沙坝春霖沃稚松;林隙几番期朗月,江干何幸侍高踪;记曾决眦夸飞鹄,不囿师承自摩空。”其中“江干何幸侍高踪”表达了“吾爱吾师”,而“不囿师承”却是指“吾尤爱真理”。科学的进展,不是仅靠“吾爱吾师”所能获得的。牛顿发展了亚里斯多德,爱因斯坦发展了牛顿,都是“吾尤爱真理”和“不囿师承”的结果。气象史的可持续发展必须有“吾尤爱真理”的精神。其实“吾尤爱真理”与“吾爱吾师”看似矛盾,但归根结缔是对“吾师”的尊重。所谓继承本来就有的保守性继承,扬弃性继承与批判性继承之分。其中的批判性继承却是一种有生命力的继承。但是在实际工作中“吾爱吾师”较易进行,而“吾尤爱真理”必须有勇气、有胆识才能进行。因为人们总是把“吾尤爱真理”中的“尤”字看到与“吾爱吾师”对立起来。认为“师”原来就富于权威,富有尊严,近乎真理。这是一种传统。如果你“不囿师承”,如果你“尤爱真理”,必然会触动传统思想,必将受到许多阻力。因此所遇的困难必大大超过“吾爱吾师”的行为。尤其当“吾师”是有较大声誉的人,困难尤多。在气象史志研究中,这种困难也是显然的。但是根据“三个代表”重要思想和“科学发展观”,我们必须使气象史志研究与时俱进,科学的绝对真理是在发展创新中无限逼近的。要发展必须跳出师承,要创新必须越过旧樊篱、老套子。社会在发展,新事物在不断出现。这必然促进了新思维、新方法、新认识。在条件成熟时,必然会打破传统,跳出师承,越出雷池,更接近真理一步。因此要发展气象史研究,必须具备“吾尤爱真理”“不囿师承” 的勇气。

(四)要把提高论文质量作为推动气象史研究持续发展的杠杆

自从 1983 年中国气象学会气象史志研究会成立之后,我们就强调把研究作为重点,而研究的成果是从研究会成员的论文进展体现出来的,论文不像专著和大部头书籍,它可长可短,题材多样,刊出条件较易,能及时反映研究成果,不要求全面反映气象史全景而便于精工细雕某一题材,不同意见也便于在不同研究者之间及时交流切磋,有利于百花齐放,百家争鸣,在争鸣中发现新问题,得出新成果,改进新思路,从而推动气象史研究的持续发展。在论文进展的基础上高质量的气象史专著自然会健康地出现的。不能拔苗助长。各种大部头的气象史当然要适当组织编写,但应对作者适当挑选分工,务使各章节之作者,属该部分内容研究之确有心得者。并应加强协调,使全书前后不论笔调及思路,一以贯之。但气象通史等著作不能都强调合作编写,也鼓励个人独立完成。这时应心许各具特色的气象史出现。因为合著固然可在相互协调中博采众长,获得较统一的观点,但往往许多棱角会在协调中磨平,而这些棱角可能就包含一些真知灼见,个人完成则更能发挥独特创见。同一气象通史而出现不同见解、不同内涵的本子,更能从气象史发展的整体性出发,推动研究工作,形成论文与专著及气象史整体的互相促进,互相启发,共同繁荣,共同发展的良好态势。但组织气象史志研讨会,激励研究问题及论文写作应是日常关注的重点。研究会应当定期或不定期地编辑论文集,公开出版,使成员的气象史研究成果不致失散,研究者的士气也得以鼓励,气象史研究中出现的分歧也有地方探讨。

(五)要坚持研究工作“与时俱进,不断创新”的良好势态

我曾写过四句自励的铭言“扬我所长,自登峰巅;与时俱进,为霞满天”。我认为研究气象史也必须扬成员之所长,并且必须按“三个代表”重要思想和“科学发展观”使气象史志研

究工作与时俱进。气象史研究工作的持续发展的生命力，就体现在“与时俱进”上。追求什么方面的与时俱进呢？我认为当从发掘新史料，分析新问题，提出新观点，创造新研究分析方法，作出新成果或新判断，纠正传统缺陷，培养新生力量，普及正确的气象史观等各方面去衡量。能做到这些，必然会使气象史研究能持续健康发展。

(六)要积极考虑气象史研究规划，勿使气象史人才自生自灭

气象史研究的成就是依靠气象史学家进行的，但当前我国气象史学家十分欠缺。过去的气象史研究者多是凭兴趣而兼写气象史志方面的论文的，其精力并不集中在气象史志研究方面。1983 年气象史志研究会成立后，集中了一些成员从事气象史志研究。但这个组织的成员，每四年换届一次，一换届成员变化很大，这种变化，很有任意性，往往带来了研究会工作及成员研究工作的中断或波动，对气象史志人才持续其研究形成干扰，影响了气象史志研究的发展。因此史志研究队伍的稳定性非常重要。

最近我才知道，一位有才华的气象人物传记编撰专家谢世俊因积劳成疾，于 2002 年逝世。谢世俊是最初在搞气象科普时与我相识的。他 20 世纪 70 年代末开始写的《气象史漫话》、《探索天宫奥秘的人》① 等稿，都向我征求过意见。其后他陆续写了《中国古代气象史稿》[18]、《竺可桢传》、《涂长望传》[19]，2004 年出版的《中国气象史》巨著中，“古代篇”占全书的三分之一篇幅，都是他独立写成的。在编撰这些气象学家先辈的传记时他曾独自奔走于各地，在与传主有关的人物接触中收集口碑史料，经与传主著述相比照仔细梳理出头绪，还参考传主各时期的时代背景及历史条件将初稿写出，并进一步征询意见后改写。我也曾受到他的访问，并对其初稿提供意见。在气象史志研究会成立后，我曾推荐他为副主任委员，还请他参与气象志八个讲座之一，他报告的题目为《气象志的特征及其篇目的拟定》，得到较好反响。他思想敏捷，有古文底蕴，重视考古发掘出的信息，联系气象与气象史较快，笔头又勤，往往联想丰富下笔千言。他 1937 年生于四川合川，曾任丹东市气象局高级工程师，可惜天不假年，仅享年 65 岁，在过去旧社会 65 岁当然可以算高寿的，但在今日他应当更长寿些，还可在气象史志中做出更多贡献。在气象史志人才欠缺的情况下，使我更觉得发现人才、培养人才、善用人才、爱护人才在使气象史研究很好持续发展中，有重要作用。

人才中全才是很少的，气象史人才也很少是全才的，我们发现的大多是偏才，这很正常。好在气象史研究的领域很广，重要的是根据所长，发挥其偏才，把许多偏才的工作经过善用，即可出现气象史研究百花齐放、千帆竞发的全面持续发展的局面。

但是不论任何气象史志偏才，他对气象科学切不能一知半解，而必须是气象科学的通才，并至少是其中一个分科的专家。他从事的气象史，应当密切与这门他最熟悉的分科有关。如果这一点做不到，其气象史研究必然出现许多不应有的缺陷，甚至出现不符合气象科学的基本原理或发展方向，他想深入气象史研究课题就缺乏了由表及里的手段。他还应有唯物辩证观点和对历史发展基本规律的认识、有“科学学”的基础知识，否则就难以处理气象史研究中存在或发现的新问题。

怎样使气象史持续地发展，非常迫切，如何吸引这方面的人才，发展人才、培养人才、善用人才、爱护人才、稳定人才等，问题很多。现在应当是考虑人才规划，以解决气象史持续研

① 内容写了赵九章早期的成就——作者按

究良好发展的时候了。

参考文献

[1] 王鹏飞.王鹏飞气象史文选[M].北京:气象出版社,2001.

[2] 王鹏飞.我与气象史志研究发展的关系[M]//.中国气象学会,编.我与新中国气象事业.北京:气象出版社,2002:17-22.

[3] 王鹏飞.对范成大"峨眉宝光"记述的物理分析[M]//李约瑟文献中心,编.东西方文化之桥——李约瑟研究.北京:科学出版社,2003:159-176.

[4] 王鹏飞.关于韩国庆州瞻星台的窗口朝向问题[M]//李约瑟文献中心,编.东西方科学文化之桥——李约瑟研究.北京:科学出版社,255-257.

[5] 王鹏飞.1949年以前中国历代国家气象机构考[M]//朱祥瑞,主编.中国气象史研究文集.北京:气象出版社,2003:50-67.

[6] 张德二.中国三千年气象记录总集[M].南京:江苏教育出版社,2004.

[7] 温克刚.辉煌的二十世纪新中国大记录气象卷(1949—1999)[M].北京:红旗出版社,1999.

[8] 温克刚.中国气象史[M].北京:气象出版社,2004.

[9] 王鹏飞.世界大气科学发展概史[M]//王鹏飞气象史文选.北京:气象出版社,2001:25-82.

[10] 王鹏飞.世界大气科学发展年表[M]//王鹏飞气象史文选.北京:气象出版社,2001:135-177.

[11] 竺可桢.气象学[M]//万有文库.上海:商务印书馆,1934.

[12] 蒋丙然.四十五年来我参加的中国观象事业[C]//台湾气象学会会刊庆祝气象学会成立70周年暨海峡两岸气象学术交流纪念特刊,1994.

[13] 王鹏飞.世界大气科学发展年表[M]//王鹏飞气象史文选.北京:气象出版社,2001:154.

[14] 竺可桢.论祈雨禁屠与旱灾[M]//竺可桢文集.北京:科学出版社,1979:90-99.

[15] 王鹏飞.朝鲜测雨器传自中国辨[J].自然科学史研究所,主编.中国科技史料,1984,**5**(3):10-13.

[16] 王鹏飞.中国和朝鲜测雨器的考据[J].自然科学史研究所,主编.自然科学史研究,1985:237-246.

[17] 秦九韶.数书九章[M]//丛书集成初编.上海:商务印书馆,1935.

[18] 谢世俊.中国古代气象史稿[M].成都:重庆出版社,1992.

[19] 谢世俊,著.温克刚,主编.涂长望传[M].北京:当代中国出版社,1997.

过武汉赴张家界在长沙遇雨

王鹏飞

崇轩雄峙大江边,江气濛濛万叠烟。
泽国秋深波迫岸,鹦洲浪高水连天。
霏飘满宇迷黄鹤,虹架空暝舞雨燕。
莫愁潇湘霖不歇,赐我索峪百重泉!

(摘自《天风海涛集》)

气象辞书及名词考释

《辞海》气象分科主编49年经验回忆

一、《辞海》赞

2003年我曾在《我与辞海》一书中以《鱼水情，岂能相忘于江湖》为题，写出了我与《辞海》的深情。

下面我把最近所写的一首赞《辞海》的俪句录出：

揽虹霓而为丝

唯天孙灵其指，揽虹霓而为丝；
缀长新之彩囊，贮乾坤之丰词。
携将夜光——晰古今之迷茫；
挹以醍醐——疗名实之乖疵。
从来"成城"，咸缘"众志"
屡经磨砺，终得佳制。
咀时鲜之芳华，恒心慰而神驰；
洵海上之奇珍，因世进而拓真知！

"海上"指"上海"。此俪句指出《辞海》是以上海为主。集中长江三角洲学术界各方力量制成的奇珍。它贮乾坤之丰词，起到"晰古今迷茫，疗名实乖疵"的作用，是由学术界精英（天孙）灵其指（笔耕），众志成城之成果。它每十年增订一次，实属不断创新（时鲜）之芳华。随世界文化发展而增修。为读者的需要而拓展新知。它如夜明珠、若醍醐液，对社会诸多词语起到解惑发刃的功效。这是与天孙们"揽虹霓而为丝"的酌字措句的辛勤劳动分不开的。

我自1960年起被聘为《辞海》气象学分科主编，迄今已49年。现在对此期间的工作，作一番经验性回忆，他日也许有参考意义。

二、《辞海》气象词目的总体设计

我初任《辞海》气象分科主编时，就词目的收集，设想了一个总体框架：

(1)地球科学相互协作词目

(2)大气科学总类词目

(3)大气科学基本原理类(大气物理与大气化学)词目

(4)气象探测类词目

(5)天气分析预报类词目

(6)气候类词目

(7)应用气象类词目

(8)传统及古气象类词目

在上述总体词目框架内,(3)、(4)、(5)、(6)、(7)五项应是核心词目。这是我首先根据世界大气科学发展史及我国气象科研、教学、业务部门的实际需要情况决定的。重点放在核心词目。

气象学基本原理词目是大气科学研究的智慧成果。大体可分为大气物理学类原理及大气化学类原理两类。“人工影响气象(气象导变)”是人类气象(气候与天气)预报能力增长后的进一步企图。目的在于将不利于人类的气象条件及趋势引导为无害甚至有利于人类的气象状况。此类词目本应与天气预报及气候学词目平列,但因从发展水平看,尚处于不够成熟的阶段。由于其原理上不外乎物理及化学范畴,所以暂将其中“天气导变”类词目归入物理及化学类词目中。而将“气候导变”类词目归入气候学类词目中。待它们发展到更为成熟后,再把它们合并为气象导变类词目,独立出来。

气象探测类词目牵涉到获取自然界气象信息的方法、设备的问题,这是大气科学发展的基础。大气探测包括目测、器测。器测包括遥测、遥感及用仪器就地观测。常常利用声光电学原理。有时还需自动化技术,以节约人力。直接获取的自然气象信息,有时必须转化为人们所需要的形式,以便理解或转为别用。所以气象资料的运算、整理、统计等复杂的设备系统也应列入此类。另外,有关测量的方法规范、组织及气象台站等,也是大气探测所不能欠缺的,也应归入气象探测类词目。

天气与气候是气象科学的两大重点,它们分别研究短时的及长时期的大气状况。短时的天气变幻及长期的人类生活环境都是人们特别关心的。所以必须分别将天气预报及气候学列为重点的词目类别。

应用气象学,牵涉到气象与社会各专业的关系,是根据气象学原理对社会各界服务的学科。但社会各界各专业又有其固有特点和发展规律,要将气象学原理应用到社会各界各专业,必须深悉被服务的对象的性质和特点,这是服务的前提。而且还应把重点放在被服务专业的需要上,以发展所服务的专业为目的,不能喧宾夺主。因此它应是处于学科交界区,是学科新生增长点。这就产生了许多属于应用气象学的各种学科。如农业气象学、水文气象学、航空气象学、医疗气象学、畜牧气象学等。这许多应用气象学的发展必出现许多系列的科技术语。这就是许多不同类别的应用气象学词目的来源,也是《辞海》气象辞目中必须分列出应用气象学类词目的原因。

气象学的发展是一种人类认识自然的文化历史过程。它在任何时刻都在新旧交替之中,同一时段存在着既有适应新认识的创新名词,也有仍有使用价值的传统名词。即将消亡的名词,有时也还活在部分人群之中。传统名词中继续使用的,应当给予新的科学解释,即将消亡的不科学名词,由于仍有一部分人在使用,必须说明其不科学的道理,以加速其消亡。有些古代气象上的可贵成就,属于世界或中国的宝贵遗产,更应该发扬(例如古代气象典籍或仪器设备)。对气象科学事业有贡献的已故中外历史人物,也值得列出词目,以供纪念。因此《辞海》中我们增加了传统和古气象类词目。

大气流动是跨国界的,在全球化的时代,气象科学技术研究及探测的国际性协作已日趋广泛。气象研究成果也需国际交流,但这些内容难以列入上述各类词目范畴,所以另列总类词目。

地球上有些自然现象,是一种综合现象,气象现象往往仅是其中的一部分。有些气象现象,其影响涉及地球的其他学科现象,为地球诸学科共同兴趣之所在。所以就需要气象科学与其他地球科学协作探索和研究。从而出现了地球科学各学科间的国际协作,而非纯由气象科学本身各分支或各国气象科学学科间的协作,由此而出现的一些词目,如“国际地球物理年”等很难归入我们前面分类的词目类别中,所以开列一类“地球”科学相互协作词目。

上述八类词目大体可将气象全部词目分配进去,使编收词目时心中比较有了条理,易于按类挑选,有类可归。但有些词目,既可归入此类,又可归入另一类。这就仍需按照词义理解的深入程度重加调整,不能过于绝对化。

三、采用国际标准,介绍国际主要气象活动

我国是联合国和世界气象组织的重要成员之一。国力近年大增,与世界各国联系密切,利害关系与共,科技交流广泛,所以在世界气象组织内及与有关各国之间有许多共同协作的气象活动。我国气象科学的发展离不开国际交流,必须遵行世界气象组织发布的一些规定性学术文件及国际通行的规范标准。为此《辞海》也应有与此有关的词目。

例如,在解放前,《辞海》气压单位的词目,采用水银柱高度的英寸或毫米。我参加《辞海》工作后,最初改用毫巴(mb),现在又改为国际通用的单位“百帕(hPa)”。

又如云状分类,我们不仅按传统的十种云状分类,更按世界气象组织较新的国际云图(1975)中云族、云属、云类区别。不仅在《辞海》中有目测云状分类,还将雷达回波云特征及卫星云图的云特征的通用名称编入词目,以便查释。

在风力等级方面,旧时采用0～12级的蒲氏风级。后来为实际需要,也改用国际通行的0～17级制。我国台风期风力在沿海很强,实用中的确必须较大的风力来表达。

东亚的台风影响我国沿海安全,2002年西北太平洋和南海热带气旋有了由中国、日本、菲律宾、朝鲜、韩国、越南、泰国、美国、老挝、柬埔寨、马来西亚、密克罗尼西亚等国提出的五列每列20个共140个热带气旋的命名表。并依出现先后,给予了统一编号。在台风出现季节,各国气象台按此发布台风信息,报纸媒体均按此来表达出现的热带气旋。为了防灾的需要,我们在《辞海》中列了“热带气旋名称和编号”的词目备查。

在大气分层的词目方面,我们采用国际通用的按不同要求的多种分层方案。如按大气温度随高度的特征,分为“对流层”、“平流层”、“中间层”、“热层”、“外大气层”;按大气成分混合情况,分为“匀和层”和“区分层”;按电离情况分为,“中性层”与“电离层”;按大气光化反应及大气粒子受地磁控制情况,分为“光化层”和“磁层”;低层大气又分为“近地面层、摩擦层及自由大气层”等。

我们还把重要的与气象有关的国际机构名称及气象国际科技协作活动、气象纪念日期等列入《辞海》词目。如“世界气象组织”、“国际地球物理年”、“国际减灾日”、“联合国气候变

化框架公约”等。

四、结合自己从事学科及擅长，进行词目建设

1. 充实了大气物理的词目

“大气物理学”在上世纪第一次世界大战前，已有此学科名，但它仅为一个泛泛名词。内容未能充分展开。其中许多分支是在二次世界大战及其后逐步开展的。20世纪60年代我任南京气象学院大气物理系主任时，为了讲课的需要，除了译出《物理气象学》一书外，还参考国外气象书刊，开始编写大气物理学的分支讲义，如“大气光学”、“大气电学”、“高层大气学”、“云雾降水物理学”、“大气辐射学”等。于是在《辞海》中也就大量增加这些学科及其有关的词目。大气物理学的研究需要现代化探测设备，《辞海》词目中，也就增加了各种气象雷达、气象卫星等词目。

2. 增添了大气化学性词目

我在教学过程中，发现“人工影响天气”、“污染气象学”、“地球大气形成过程研究”、“高层大气光化过程”、“气候变迁理论”等课题的讲述处处要涉及大气化学问题，就渐渐重视“大气化学”方面的词目。收集并赋予正确释义，增入《辞海》中。这些词目现在看来是《辞海》气象词目中不可缺少的。因为它与大气科学的许多分支有关，属于其正待发展的新研究课题。为读者所常需查究的。

3. 系统地拓展应用气象学词目

20世纪中叶，在世界反法西斯战争，包括中国伟大的抗日战争胜利以后，大气科学的分支有一个大的增长。1951年美国气象学会出版了《气象学文汇》(Compendium of Meteorology)一书，总结了20世纪上半叶大气科学各方面的进展，牵涉到许多大气科学的新方向。到了1985年美国威斯康辛大学霍顿(D. D. Houghton)主编了厚约一千五百页的《应用气象学手册》(Handbook of Applied Meteorology)一书。此书涉及的大气科学学科更多，多为应用气象学性质的。我国在全国解放后，特别在“文革”后，在邓小平改革开放政策的推动下，百业俱兴，市场经济很快开展，处处需要气象服务，亟需应用气象发展。我在2000年写成《世界大气科学发展概史》一文，把上自中国古代和古希腊，下迄20世纪末的大气科学发展和分支蔓生，作了一番总体探究。指出气象服务和应用气象正在蓬勃发展，所以在《辞海》中就收集许多应用气象词目，介绍其性质和内涵。书中所列应用气象学科，对我国当时的状况，有些是已发展的成熟的学科，有些是正在开展研究的学科，有些是尚未开展研究的学科。但列入《辞海》词目中，对推动这些学科的更成熟的发展，无疑是很有促进作用的。

4. 传统气象及古气象词目的充实

《辞海》中“传统气象”及“古气象”词目，是我对气象史研究的重视而加强的。从1983年起，我曾任中国气象学会气象学史志研究会主任约15年。在此以前，我已对收集中外气象学的成就很有兴趣。例如1975年我曾发表《中国古代气象上的主要成就》及《中国古代天气

现象的观测和理论》等文。1980年发表《节气顺序与我国古代气候变化》一文，1983年发表《日火下降、旸气上升图的初步研究》，其后在气象史志研究会工作的带动下，我在气象史方面的研究范围渐广、内容更细致。1984年参加中国科学院自然科学史研究所编纂的《中国古代地理学史》一书，独立担任其中的《中国古代气候学史》全章的写作。这部分后来曾在日本筑波气象研究所做过报告。该年又在《中国科技史料》中发表《朝鲜测雨器传自中国辨》，次年在《自然科学史研究》中发表《中国和朝鲜测雨器的考据》一文。1987年发表了《广州光塔寺风信鸡沿革的探索》，1990年发表《田家五行著作考证》、其后二年发表《清代方测雨器、方蒸发器由来考》及《北岳（浑源）圆觉寺鸾铃风塔之研究》，1993年撰《甲骨文气象学资料类举》一文，1994年撰成《竺可桢与姚江学派》一文等。现在我已从教学岗位退休多年，但是对于气象史研究，仍每年要写一些论文发表。因此在《辞海》中我增加了许多古气象方面及传统气象方面的词目。例如仅古气象书籍方面列入词目的有《夏小正》、《相雨书》、《田家五行》、《白猿经》、《气象汇论（亚里斯多德著）》、《空际格致（明代耶稣会士高一志作）》、《测候丛谈（清代1871年译自《大英百科全书》第八版气象学条）》等。古气象仪器设备方面，增加了“雅典风塔”、“朝鲜古测雨器”、中国的“相风铜乌”、“铜凤凰”、“圆觉寺风塔”、清代“方测雨器”等词目。中国的季节划分方面增加“三十节气”、“七十二候”、“伏天”、“三时”、“九九”等词目。大气光象增加“十煇”、“白虹贯日”等词目。农谚增加“长三春”、“短三春”、“两春夹一冬”等词目。

五、疗名实之乖疵

一个事物的名词应否符合其意义，是有争议的。我要在《辞海》上强调需“疗名实之乖疵”就是要贯彻“词符其义”的主张。但是有人认为事物的名词，不一定必须与其含义相符，只要大家“约定”该名词可代表其基本意义就可以了（这就是所谓“约定俗成”）。这是两种不同的定名原则，迄今互不相让。

世界上文字的构成有两大类，一是汉字，一是拼音文字。它们都是通过视觉来辨识的。视觉主要用以辨识字形。汉字构字以表意为主，其构字法为“指事、象形、会意及形声。”仅“形声”一法中提到“声”，其他三法都是根据文字构造制定字义。而“形声”一法中，一半也是从字形启发出字义。另一半“声”常并非严格指示字的读音，往往仅是近似的读音。读音对于字义是一种外加的成分，并没有必然性。所以仅有“约定俗成”的作用。但汉字的读音有时也兼有示意的辅助作用。

拼音文字则多采用表音的字母拼写而成。如“a，b，c”等，由字母拼成文字。可以读出文字来。这些文字既表示一定的意义，也具有一定读音。但这些文字与读音有一定关系，而与字义并没有内在的联系。看到文字，能读出字音，可是不知道字义。所以字义对于字形是一种外在的强加的概念。例如，用视觉看见“storm”能读出其音。这是由字母拼读而成。每一个字母的读音是“约定俗成”的。Storm的读音与其用于解释“风暴”并无必然理由。属于强加的意义。但一经大家“约定”，就共同认定这种强加的意义，使“storm”具有“风暴”的意义。

同理“thunder”具有“雷声”的意义，也是“约定俗成”所致。因为从“thunder”这个字形，看不出它必须解释为“雷声”。

但是当出现了"thunderstorm"一词后,就表示"雷暴",这就属于"望文生义",也符合"词符其义"的范畴。

汉文也有"约定俗成"的,但大多是由于外文译音而致。例如"埃玛图解"译自"emagram"。"埃玛"两字是德文"Energie(能量)"和"massen(质量)"缩写的音译。原义是指每单位质量的能量图解。为 A. Refedel 所创。这时,汉文"埃玛"两字的字面并不表达能量和质量。所以这属于"约定俗成"的名词。但后来气象学界又将其译为"能质图解"于是就成了"词符其义"的名词了。

可见采用拼音字母的国家,其名词虽也有"词符其义"的,但大多数的名词,意义是文字所强加的。多属"约定俗成"。而汉文则虽也有"约定俗成"的名词与词义的关系,但绝大多数名词属于"词符其义"。

另外,还必须指出,"词符其义"与"约定俗成"间还有一个不对称的关系。即凡是"词符其义"。易于被"约定俗成",而"约定俗成"的名词不一定"词符其义"。例如近来网上时兴和流行的"GG"代表"哥哥","TQ"代表"天气"等的以音代词的名词,是破坏汉字造词规律的,不应助长。

在这种情况下,《辞海》作为汉字名词工具书,其词目应当绝大多数地满足"词符其义"的要求。这是对收入《辞海》的词目所应特别关心的。

为此,"疗名实之乖疵"前,我们必须对要收入《辞海》的气象词目进行一番分析,看它有否"名实相乖"现象,考虑如何使之"名实相符"。

我在 1950 年参加军委气象局及 1954 年参加中央气象局的工作时,多次提供中外气象名词对照词汇并蒙采纳。在 20 世纪八九十年代,也曾参加中国气象学会气象名词委员会及其南京组的名词小组。所以对气象名词的"名实相乖"现象曾有深入的研究。在这方面,也曾写出一些论文,并在《自然科学名词与术语研究》刊物上发表。还在论文中指出不少气象名词有"词与义相乖"现象。且提出如何改正的建议。在编制《辞海》词目时,我曾采用这方面的材料。

对于大体名实相乖的名词,在《辞海》中出现以下的一些情况:

一是词面意义有局限性。它的实际意义远远超过它的词面意义。出现这种现象是由于这种名词是在特定环境下根据看见的情况而定的。所以名词中已包含环境局限。但后来发现在其他场合也能出现,却因原名词使用已久,成为惯用词,所以在非原生条件下仍继续使用。从而出现"词狭义广"现象。名实因而相乖。例如"海市蜃楼"。

二是词面意义不符词义现象的科学原理。这是因为这种名词订名时由于未经科学探究,武断地认为它属于某类自然现象而定名,后来通过科学研究,发现它实际属于另一类自然现象。例如旧名"虹彩"的一种彩色大气光象,其形成与虹的彩色不同,应属于"华"的彩带。所以在《辞海》中,我们改称为"华彩"。

三是指不了解外文原意而误译的名词。例如"均质层"。

四是指同一名词从近代科学探究却包括几种形成原理完全不相同的几种现象。这将混淆使用者对实际现象的认识。例如"白虹"两字单用,与用于"白虹贯日"及"白虹弥天"中,所指光象并不相同。

五是某些名词由古籍所规定的讲法造成了词义的狭窄,难以表达全部的词义。例如"十煇"一词难以涵盖所包括的十种大气光象。

六是两个名词原意并不相同，但因所指地域近似，常被混用。于是有人误认为同义词。如“副热带”与“亚热带”。

七是指某些名词在社会上已久成惯用词汇之一，属于各阶层谈论的热点，在媒体广泛使用时，方由科学证明名实相乖。一时无法使社会考虑改用正确的名词。例如社会上目前尚使用不确切的名词“温室效应”和“温室气体”。

八是采用不恰当的直译作为中文名词，混淆了普通名称和特殊名称间的区别。把特殊名称用普通名称表示。例如不把“外层空间”或“深层空间”正确地称为“外空”、“深空”或“太空”，而是使用普遍名称“空间”。

九是有些名词，其词义多义而含糊，难明所指。如“物候期”的“期”字，含义不确定，既有“期间”义，又有“日期”义。

十是将由地质学方法所确定出的气候情况及变迁，混淆于由人类历史记载所显示的古代气候情况及变化而订出名词。例如将“Paleo－Climatology”译为“古气候学”。

十是指与数值测量有关之有量纲名词，其量纲与词义不符。例如无量纲的土壤含水度（一种比值），却以有量纲之“土壤持水量”、“吸湿量”等名称表示。

我对《辞海》中出现的上述各例问题进行了分析，并给出了不同的处理办法：

（1）“海市蜃楼”一词原意多表示出现于海滨的如市如楼的大气光学折射幻象。可出现于实景的上、下、侧方。呈正像、倒像或反像。位置大小甚至形状都可能与实景不同。后来把出现于海滨以外的任何场合的这类幻景都称为“海市蜃楼”。这是一种“名实相乖”的情况，为了纠正，我们在《辞海》中以“蜃景”为词目，表示这类大气光学折射幻象的总称，科学地说明其形成机理。还指出不同蜃景如“上现蜃景”、“下现蜃景”、“倒现蜃景”、“正蜃”、“侧蜃”、“反蜃”等幻象形成的科学道理 。并增加“海滋”这个词目，说明它是“下现倒蜃”性质，不能用以表示别的蜃景。更进一步地提出在不同背景下出现的蜃景名称，如“海滨蜃景”、“沙漠蜃景”、“山区蜃景”、“冰雪地蜃景”、“洼地蜃景”、“夜间蜃景”等词目。另外又将大气光学折射推广到大气声学折射引起的“声蜃”现象。增添“声蜃”词目于《辞海》中。

（2）气象上原有称为“虹彩”的现象，这是指在高积云上显现的因阳光受云滴衍射而造成的彩色光带。但衍射不可能出现“虹”类光象。根据研究，由衍射而产生的这种彩色光带应属“华”类光象。所以我们就把“虹彩”这个名实相乖的名词改称“华彩”，作为《辞海》的词目。现在“华彩”一名已为我国气象学界所通用。

（3）“均质层”一词是对原文“Homosphere”一词的误译。我们知道从地面到大约80千米高处，此区间由于对流和混合作用较强，区间内各高度上大气成分除CO_2、O_3及水汽等外，其他各成分占总成分的百分比随高度的变化不大。所以这一区间的大气层被称为“Homosphere”。可是在距地面约80千米以上的大气，因混和作用很弱，空气成分随高度因分子量或原子量不同而有变化。低分子量或原子量的成分，分布于较高的高度。这种在80千米以上的大气层，就称为“Heterosphere”。

旧时由于已将一种所有高度的空气密度均为常数(即上下大气密度相等)且海平面气压又与真实大气中海平面标准气压相等的理论大气称为“Homogeneous Atmosphere”。这种大气，总厚度约8千米。一向正确地译为“均质大气”。很多人认为“homosphere”一词，其前半部正是“Homogeneous”的字头，其后半部正是“Atmosphere”的字尾。所以“Homosphere”可译为“均质层”了。

但是这种以外文字头字尾拼法相近而赋以相类推的译法，肯定是错误的。词名应从词的实质意义来订立。“Homosphere”的特点即各高度大气成分百分比相等，是由于对流造成垂直方向均匀混合所致，所以译为“匀和层”为妥。“匀和”者，“均匀混和”也。“Heterosphere”特点为由于垂直混和作用很弱，在不同高度，大气成分发生区分现象，因此宜译为“区分层”为宜。

事实上“匀和层”内空气特点与“均质大气”完全不同。因为“匀和层”内大气密度随高度减少，而“均质大气”中大气密度上下相等。“匀和层”自地面到匀和层顶，厚度约 80 千米，而“均质大气”全厚度仅约 8 千米。“匀和层”的海平面气压是可以变化的，而“均质大气”的海平面气压为标准大气压。总的说来，“匀和层”是实际大气层，而“均质大气”却是一种实际并不存在的理论大气。因此切不可将“匀和层”称为“均质层”。它们根本不是同一个概念。我国将“Homosphere”误译为“均质层”已有六七十年的历史了，迄今还有一些大学气象教材中仍因循守旧的错误，将“匀和层”称为“均质层”。我们第一次在《辞海》中给“Homosphere”以正确的合乎词义的名称，提高了编辑质量。

(4)我国古籍中常提到“白虹贯天”和“白虹弥天”等光象。人们习惯认为这里“白虹”都是指“白色的虹”。而“白虹”在气象上，一般指淡白色的虹，彩色不显。其形成与雨虹相似，为日月光在空中悬浮水滴中受折射及内反射而成的光象。可是凡虹之属的光弧都不可能“贯日”，也不可能“弥天”。这就明确可证明古书中“白虹贯日”及“白虹弥天”两句中的“白虹”两字与今日气象上观测所说的“白虹(淡白色的虹)”并不是同一类光象。据我的研究，“白虹贯日”是指贯日的两种晕象。一种称为“日柱”，它是“白虹纵向贯日”。另一种称为“假日环”，它是“白虹横向贯日”。而“白虹弥天”是指清晨或傍晚，日光从地平线下一点射出，受那里山峰或云隙分割成明暗相间的光带，像扇骨般辐射向天顶，然后又辐合向与太阳相对的地平线下一点。俗称“清白露”。日柱、假日环、清白露等的形成都与虹形成的机制不同。应分别给予名称。可是古书中已有的文词怎么办？我们采用下述解决办法，并将其应用于《辞海》中。

我们知道“虹”字本来就有两种读音，即“虹(hong)”及“虹(jiang)”。我们规定把成因与雨虹相同的“白虹”称为“白虹(hong)”，而将古书中的两种光象，分别称为“白虹(jiang)贯天”及“白虹(jiang)弥天”。即用不同的读音来区别不同光象。这是一种创造性的解决办法，使历史学家和阅读古书的人可以通过《辞海》，理解“白虹贯天”和“白虹弥天”中的“白虹”应读作“白虹(jiang)”。它与一般的“白虹(hong)”所代表的光象是不同的。

(5)“十煇”一词载于《周礼》，它包括十种光象。即“祲、象、镌、监、闇、瞢、弥、序、隮、想”。我曾对此作了细致的研究(参见王鹏飞《一个世界最早光象分类体系的探讨——复原先秦“十煇”的研究》，《南京气象学院学报》1992 年第 2 期 P141－P151)。“十煇”的“煇”字，旧读为“yun”，通“晕”字。根据我的研究，这十种光象，从其成因来看，并不都属于“晕”的光象，因为至少其中“祲、闇、瞢、隮、想”五类光象都并非“晕”。如果把“十煇”读作“十煇(yun)”，必导致对这些光象成因的误解，形成名实相乖的状况。我有鉴于“煇”字本有两种读音，即“hui”及“yun”。只有当读作“yun”时，“煇”才与“晕”字相通。所以把“十煇”在《辞海》中规定写为“十煇(hui)”，其中“煇(hui)”通“辉”字。由于写为“十煇(hui)”，这就避免了名实相乖的现象。因为这时“十煇(hui)”表示十种与光辉有关的关系，而不是指十种晕象，从而就不与形成原因发生矛盾了。因为“煇[辉(hui)]”字并不限制光象的性质。

(6)“亚热带”与“副热带”是气象学中常用的两个名词。近年来,气象学界与地理学界有把这两个含义不同的名词混为同义的趋势。例如安徽人民出版社的《地理学大辞典》(1992年)的“副热带”条目,释义为亦称“亚热带”。其“副热带气候”条目,释义为“亦称‘亚热带’气候”。气象出版社的《大气科学辞典》(1994年)中的“亚热带”条目,释义为“亦称‘副热带’”。“副热带”条目释义为“亦称‘亚热带’”,但根据王鹏飞《亚热带、副热带词名溯源及其意义区别》一文,这两个名词含义实在并不相同,因此我在《辞海》的“副热带”条目中,指出它是地球上介于信风带与西风带间的地带,是以大气流动和升降为标准的环流气候带系所划分的气候带之一。而在“亚热带”条目中则指出它是介于热带与温带间的地带。并在此两词目释义中,强调指出此两名词的其他许多性质不同的方面,不应混用。这样释义的科学性就提高了。

(7)“温室效应”与“温室气体”两名词,关联到全球变暖的世界性热点。但它们却存在“名实相乖”的问题。

温室效应(Green house effect)中的“温室”本是指利用阳光增暖的培养蔬菜花果的透光棚室,温室内温度之所以高于室外,归因于透光棚室允许短波太阳辐射透过进入室内。这些短波辐射被室内地面吸收,转化成长波地面辐射。但透明棚却不善于让长波地面辐射透出室外。于是温室内长波辐射累积起来,使室温升高。可见透明棚幕的光学特性是温室内温度高于室外的主要原因。以后人们研究地球大气温度,发现地球大气平均温度高于日地辐射平衡温度,即地球大气有易透过太阳辐射,却不易让地球长波辐射透出大气的特性,类似于温室透明棚的作用,所以就把大气的这种光学特性称为“温室效应”。后来人们又对大气成分进行研究,发现其中有些成分,“温室效应”的作用特别强,如二氧化碳、水汽、甲烷、氟里昂、一氧化二氮等,就把这一类的气体都称为“温室气体”。

但在20世纪初,人们用实验来验证透明棚屋的光学特性,却发现温室内气温之所以较室外为高,主要不是温室的光学特性,而是其室壁隔离室内外气流的交流,使室内较暖空气不易散逸出室外。室外较冷空气不易泄入室内。换言之,温室效应与地球大气温度高于日地辐射平衡温度之原因并不相同。

所以早在1963年,美国弗里格尔(R. C. Feagle)和布辛格(J. A. Businger)合著的《大气物理学导论》(An Introduction to Atmospheric Physics)及1987年恩菲尔特(A. J. Arnfield)和奥立佛(J. E. Oliver)等所编《气候百科全书》(The Encyclopedia of Climatology)中的“温室效应”条内,都指出把大气温度高于日地辐射平衡温度的效应称为“温室效应”是一种“误导”。应改称为“大气效应”(Atmospheric effects)为妥。据此,“温室气体”这个名称,当然也是一种误导。

据我看,采用“大气效应”这个名词来代替“温室效应”固然较好,但“大气效应”这个名词太泛了,不够具体。因为有各种各样的“大气效应”,所指不明确。如果采用“大气保温效应(Atmospheric warming effect)一词,就将此效应的含义明确表达出来了。即此效应有一种保障气温提高的作用。同理,“温室气体”一词,也应改为“大气保温气体”,将“温室”二字改为“大气保温”说明这些气体是大气中的气体,而且有保温的效应,与“温室”无关。

那么“温室效应”一词是否可以取消呢?我认为不宜取消,但必须改变其词义。即这个效应主要并不表示透明棚室易使太阳短波辐射透入并阻止地面长波辐射透出的光学特性,而是棚室有隔离室内外空气交换混合的特性。我们现代农业,为防风寒而建的大棚,就是利用这种“温室效应”。

由此可见“温室效应”与“大气保温气体”是不相同的效应,全球变暖的效应是由于大气中存在各种“大气保温气体”所致。“大气保温气体”的存在是“大气保温效应”出现的原因。“温室气体”一词应当取消。“温室效应”一词应当仅指棚室中培养蔬菜瓜果花卉、阻止风寒的作用,不必牵涉到“全球气候变暖”的问题。

可是要改正这些称呼非常困难。因为“大气保温效应”:被误称为“温室效应”及“大气保温效应”被误称为“温室气体”的时间已达上百年之久。由于它们与“大气污染”问题关系密切,已成全球非常关切的热点话题。所以这两个不合适的名词,已扩散到社会上非专业的词汇中去。媒体上每天都传播这些错误名词,已达到社会人士顾不上探讨“正名的必要性”,不得不因循“约定俗成”的趋势。这当然使推广“词符其义”的主张难以贯彻。在这种情况下,我在处理《辞海》词目时采用以下措施:

一是把“温室效应”和“温室气体”两个名词仍编为词目。因为社会上使用它们,就必然要求在工具书找到这些词目,寻求它们的意义。二是把“温室效应”条中分列出两个词义。第一个词义指出其基本原意:指培养花卉瓜果的温室通过隔绝内外空气交流而保证室内有足够植物生长发育温度的效应。第二个词义是其引申意义,指出它是“大气保温效应”的俗称,不作进一步的解释,不作进一步解释的目的是引导读者再查《辞海》中另设的“大气保温效应”条目及“大气保温气体”条目中的正确词义,及两个名词不能称为“温室效应”和“温室气体”的理由。其中”温室效应“的第二个释义“大气保温效应”的俗称,只是一种权宜之计,待日后社会条件成熟,再行取消那两个不恰当的名词。

(8)把“外层空间”(或“外空”、“深空”、“太空”)称为“空间”,是一种以普遍名词表达特殊名词的“名实相乖”现象。其所以会发生,探讨如下:

近年来人类对外层空间的探测和利用,日渐频繁。特别是由于国防、军事、宇航、气象、天文、信息科学等诸方面的需要。欧美国家纷纷组织外层空间的探测和研究机构,发明各种探测设备。由于这些机构探测和研究的目标空间的名称——“外层空间”使用频率很高,他们认为即使简称为“Space”,也不易混淆。所以凡有关外层空间的机构及设备或科研等,都标以“Space”。

可是“Space”一词,原来表示物体或能量存在或发挥作用的所在。因为到处都有物质和能量,所以“Space”到处存在。这就是“Space”的普遍存在性。但这普遍存在的“Space”中,包含各种特殊“Space”。例如从地面向上,就有“低层 Space”,“中层 Space”、“高层 Space”、“深层 Space”(包括“外层 Space”、“行星际 Space”、“太阳系及银河系外 Space”)等。每个“Space”都有其特点。一般“普遍 Space”就称呼为“Space”。而“特殊 Space”的称呼必须在“Space”前加一个表示其特点的形容词,例如“Outer Space”(外层 Space)。“特殊 Space”虽然是“普遍 Space”(即 Space)的一部分,但它们的特殊性并不在“普遍 Space”中到处存在。所以不能等同于“普遍 Space”。例如不可以把“outer space”称为“Space”,因为在“outer space”(外层 Space)中有太阳风经常扫掠,而“普遍 Space”则不一定都具有太阳风扫掠的特点。采用“普遍 Space”的称呼来表达“特殊 Space”,等于把“特殊 Space”的特征抹煞掉了。这是不应允许的。

可是欧美诸国长期所采取的,却正是把“外层 space”混称为“space”的含混办法。这种办法往往造成人们对名词的误解。这里可再举一例。“space helmet”与“space heater”两个英文名词都以“space”打头。很难判定哪一个是指外层空间的东西。事实上“space helmet”是指“航天员所用的太空头盔”，而“space heater”却是指“一般空间的加热器”。科学的名词却用不科学的命名法则，这并不可取。

对这两个英文词“space helmet”与“space heater”，我是从牛津大学版，带有1963年洪佩(A. S. Hornby)序，由洪佩等三人编的《现代高级英汉双解辞典》(The Advanced Learner's Dictionary of Current English，with Chinese Translation)中space条目(1051页左)内找出的。其中所用的汉文译名分别是“太空帽”和“空间加热器”。这种译法是高明的，因为它把这两个名词明确地区分开了。虽然在英文原文中都前置了“space”一词。其高明在于译文不是死译空间，而是按“space”在原文中的实际表示作意译。使这两个名词都名实相符，是应当肯定的。

可是我们目前的情况 却是强调“space”必须译成“空间”。当欧美把“外层 space”一律名之为“space”时，我们就一律死译为“空间”。“外层 space”属“特殊 space”，由于死译，就等于欧美把特殊 space 用普遍 space 表示的复辙。这对于使用拼音、习惯于名词的约定俗成的欧美国家，问题还不大。而对于使用形义为基础的汉文名词，由于重视词应符合意义的我国，会造成对词义的较大误解。

可能有人认为“空间”为“外层空间”的简称，把“外层空间”简称为“空间”有何不可？但是名词的简称应符合一定规律，即必须使简化后的名词仍保留原词的关键字和关键意义。使读者根据简化后的名词仍能启发地领悟原词的本义。“外层空间”只能简化为“外空”而不能简化为“空间”。因为“外空”仍具有原词“外层空间”的关键词“外”及“空”。它们仍能启发读者理解它具有“外层空间”的本义。至于“太空”一词，其中“太”字有“深层”之意。我国古代常用“太空”一词表达“深层空间，它也常包括外层空间”。所以把欧美的“深层 space”或“外层 space”译为“深空”、“外空”或“太空”，自然比译为“空间”合适得多。前面《现代高级英汉双解词典》中把“space helmet”译为“太空帽”就是理解其中“space”是指“外层 space”，并深知采用中国传统“太空”两字更为贴切。

为了词符其义，将译不达意的“空间”改正为“太空”或“外空”应是一件很容易的事。但实际上要改正却非常困难。因为这样一改，牵涉到要改的名词就太多了。随便举例就有“空间科技”、“国际空间年”、“空间物理学”、“空间站”、“空间武器”、“空间天气”等等。这些词中的“空间”很容易造成误解，像“空间天气”会被误认为是地球空间内的风云雨雪天气，而实际却是指太空出现的离子微粒在磁层中的活动情况，它们与太阳风、磁暴及电离层变化有关。却并不是风云雨雪天气，此外社会上还有采用“空间”两字来表达“外空”的一些学术、教学及业务机构名。这些机构名不改，则上述许多具体科技名也不可能改正。

在《辞海》中，我们暂时无法对上述名词中的“空间”进行改正，但是看到一些媒体上已开始正确地使用“太空”两字，如“太空战争”、“太空旅游”等。说明通过强调、宣传和坚持使用正确名词等各种努力。在条件成熟时，词符其义的目的还是可以达到的。

(9)“物候期“一词，在原《辞海》的释义为“动植物随季节变化开始出现某种生命活动现象的日期”。例如“植物的发芽、发叶、现蕾、开花、果熟、叶变色和落叶等的开始出现日期、最多出现的日期(盛期)、终现的日期，候鸟、昆虫的始见、绝见、始鸣、终鸣等的日期。”这个释义中，把物候期与物候日混淆了。我在《辞海》中把这一词目拓为“物候日”、“物候期”及“物候相”三个词目。并给这些词目分别以“名符其实”的词义。使在物候观测中有明确的区别。

有助于物候观测的细致化,加深了物候观测的概念。

(10)地质学方面有一个称为“古气候学”的分支。它的原文为“Paleo-climatology”,这门分支主要依据岩层性质及沉积岩中所存在的某些具有气候特征性质的岩石、土壤的成分及化石特征,并利用地磁学或同位素地质学判定地层的时代的方法,估量出不同地质时期的气候情况。如干湿和冷暖的程度。它对地层区分、地层演变、矿产成因及分布等判定都有很大帮助。但它与通过人类文明历史记载所反映的“历史气候学”是有区别的。根据所采用的方法,前者应称为“地质气候学”,而“古代”一般是指人类用以区别文明的“现代”、“近代”的历史时期。人类出现于地质时代的第四纪内,距今约二三百万年。人类的新石器时代处于第四纪中全新世初,约距今一万年。此时人类尚无文字记载。新石器的时期是人类文字历史记载的史前时期。因此,“地质气候学”多属研究地质反映的自然气候学。而“古气候学”多研究人类出现以后,人类古代文明时期的气候情况与演变。可见两者的含义是有区别的。“地质气候学”也可称为“地质时代气候学”就是“Paleo-climatology”的正确译名。而“古气候学不应称为“Paleo-climatology”,因为它主要不是采用地质学方法。《辞海》过去未能对这两种“气候学”的区别做细致说明。我对此作了弥补。

(11)土壤水分特征诸名词的命名不妥,牵涉到量纲不符。在农业、水利、土壤、气象等学科中,对于“土壤水分特征”非常重视。因为它影响作物生长及灌排措施,能够标志旱涝程度。土壤水分状况存在一系列的标志点,其测量的标准是以每一定质量(或重量)干土内含有若干质量(或重量)的水分(液水)表示。因此是一种比值 ,属于无量纲的数值。这一系列的土壤水分状况特征标志点大约有如下几个:①土壤中全部空隙充满液水(即土壤所含水正好饱和)。习惯将此状况称为“饱和容水量”“最大含水量”或“全持水量”。在土壤中水分饱和时,氧被挤出土壤,作物将受到渍害。②土壤内虽有水分,但这些水分被土粒的分子引力和静电引力所束缚,无法为作物吸收利用。这时的水分状况,习惯称为“致死水量”或“最大吸湿量”。③土壤中具有毛细孔结成毛细管能使水分上升,使水分从下向上运行,但如果上升水量大到一定重量它就会克服毛细管的输送力而无法继续上升,能克服毛细管力的水量占土量的比率,习惯上称为“毛管持水量”。④土壤水分随作物蒸腾效应变化 。在中午前后,因作物蒸腾强烈,毛细管水供应不及,作物出现暂时萎蔫现象。但到傍晚及夜间,作物蒸腾减弱。毛细管水供应来得及满足作物需要,作物不再失水,恢复正常生长。习惯上把这种土壤水分状态,称为“暂时萎蔫湿度”。⑤土壤严重缺水。毛细管水即使在夜间作物蒸腾最弱时,也来不及供应作物生长需要,出现萎蔫现象,无法恢复,难免凋萎。习惯上称这种土壤水分情况为“永久凋萎湿度”。

上述五个土壤水分特征的标志点都很关键。但不同土壤是不同的。特别是后两个标志点,即“萎蔫湿度”和“凋萎湿度”还与作物性质及太阳辐射强度有关。但同一种土壤,则土壤水分特征标志点基本一定。可以事先测定:在实际农田中,测得土壤湿度(也必须用土壤水分与干土的重量比率,简称“水土比”来表示)与上述五种土壤水分特征标志相比较,即可确定当时土壤水分是处于作物可利用、水过多、水过少、发生凋萎、是否可恢复、无法利用等情况。并进一步采取挽救措施。如改种、排水、浇水灌溉等。

但是上述五种土壤水分特征名词的定义与习惯称呼,存在“名实相乖”和使用不便的现象。第一种名词包含“水量”,即应有重量单位,可是其定义却是一种比值,即无量纲。第二种名词除了同样有重量单位与无量纲定义的矛盾,“致死水量”中的“致死”两字也不妥。因为这时土壤中的水分既不过多，也不缺乏，只是被土粒吸附住了，作物无力解放这些水分为自己所用。并非指在某种水量下作物会死。第三种名词也是重量单位与无量纲定义的矛盾。第四种和第五种名词用了“湿度”两字，气象上用湿度（水汽与干空气之比）描述空气含水情况，土壤含水不应是“水汽”而应用“液水”。同时用于与这五个标志点相比较的“实际土壤湿度”也有相应的问题。

于是土壤水分特征的六种名词可作如下改正：

表1　土壤水分特征名词修改对照表

修正后的名词	原名词
饱和容水量、最大含水量、全持水量	饱和水土比
致死水量、最大吸湿量	土壤最大无法吸用水土比
毛管持水量	毛管水土比
暂时萎蔫湿度	暂时萎蔫水土比
永久凋萎湿度	永久凋萎水土比
实际土壤湿度	实际土壤水分的水土比

由此可知采用了新名称，人们利用土壤水分诸标志及实测水土比来判断土壤是否有碍所栽种的作物生长，显得十分方便实用意义明确。为此应当鼓励采用本文主张的新名词。应在《辞海》中先保留旧词目，但其释义改为“参见修正后名词”。这样做是为引导人们使用修正后的名词。假以时日，这样的做法是会见成效的。

六、提出能深化认识的词目

有些气象分科的词目虽然并非“名实相乖”，但它仅体现了一种较表面的认识。如果考虑其内涵和深义提出新名词，则新名词会对学科发展大有裨益。

例如“人工影响天气”这个词目，可以深化为“天气导变”。

人工影响天气，是人类古来就有的愿望。我在1958年6月曾在中央气象局主办的《天气月刊》发表《人工影响云雾》一文。该年秋，适逢吉林大旱，小丰满水库也因缺水影响发电，吉林省气象局看到该文，就参考所述，组织力量，学习该文内容，设法准备干冰。并在中央气象局、中国科学院地球物理研究所及各院校专家教授的协助下，进行飞机播云。获得一定增雨效果，减轻了灾情。这是中国大陆第一次进行的人工影响天气的活动，鼓舞了作业信心。从此，我国各地遇到有灾害性天气，就试图用各种方法进行可能的改变。例如利用气球、高炮、土火箭、高山熏烟、飞机播撒等方式把干冰、盐水或碘化银等细粒播入云雾中进行消雹、增雨、消云、消雾等作业。于是人工影响天气作业在我国各地蓬勃推行。1960年，我在南京气象学院将人工影响天气的原理及方法编入教材。并常组织师生参加各省市的人工影响天气活动。同时把“人工影响天气”及其相关的词目编入《辞海》。

但是“人工影响天气”的作业并不是都成功的。这迫使我对这门学科更深入地研究。因为天气变化是一种客观的自然演变过程。人为影响是外加在这种自然演变过程上的能量较弱的力量。要想用弱能量的外加力去扭转能量远大于它的天气自然演变过程，使自然过程向人类希望的方向进行，必须采用“四两拨千斤”的技巧，就是说这种技巧必然有一种诱导自然过程改变趋向的作用。这是一种智取。是在天气系统发展的关键阶段、在系统结构的关键环节点上施以合适剂量的导变药剂，转变天气系统的发展方向，达到人们企望的目的。可见这不是简单的影响天气，而是一种与天气过程斗智，引导其变化趋势的措施。必须知彼(天气系统的关键发展阶段、大气系统结构的关键环节点)知己(用什么导变剂、采取什么分散度及剂量、按什么播洒方式、在何发展关键阶段、在结构的何关键部位等)，才能取得最理想的效果。不能简单地以多次作业统计所得的表面有效就满足，如何提高效果才是更重要的。效果的大小与“诱导方法”有关。这就需要加强“个案效果检验”来推动诱导的效果，因为仅用统计方法会将高效与低效甚至反效统计在一起。例如本可降 10 毫米雨，催雨作业不当，只降了 5 毫米的雨，但却会被误认为“作业有效”。所以应当用更深化的“天气导变”思维，来代替简单的“影响天气”思维，用“导变”两字意味着安排计划诱导天气系统向人们企望的方向转变，而用“影响”两字则对效果的判别强调不够。

为此，我曾在 1980 年发表了《天气导变学发展的讨论》一文。1990 年又发表了《天气导变研究方向刍议》一文。并在《辞海》中增加“天气导变”等词目。将“天气导变”词目列入《辞海》虽并不要求废弃“人工影响天气”这一行之已久的称呼。仅是鼓励采用“天气导变”这一更明确深刻的称呼，可以推动这门学科的发展。

七、构建创造性的词目

1.“凝华”和“蒸凝过程”

1960 年我参加《辞海》在上海浦江饭店举行的多学科分科主编交叉词目会议时，曾要求在气象与物理词目中，增加一些表达相变方面的词目。如“凝华”、“蒸凝”等。这些词是过去我国物理学基本名词所无，但在研究自然云雾物理过程及物理实验中都非常需要。创造这些名词有利于大气物理学及物理实验的发展。当时我的这个建议得到了王福山教授等物理化学分科主编们的同意。从而在《辞海》理科分册中获得采用。现在这些词不仅为气象界所通用，也已成为物理学的基本词汇。例如“凝华”一词在中学物理教材中已经通用。

现以“凝华”概念为例，介绍有关这一概念的国际学术界的情况，而“蒸凝过程”迄今在国际上还无相当的名词。

20 世纪 50 年代，云雾物理学发展伊始。当时国外把气体水与固体冰间的转化，都称为“sublimation”。例如 1954 年美国麻省理工学院约翰逊(J. C. Jonhson)在其《物理气象学》第 205 页上说：水汽在温度低于冰的融点下好几度，也可能凝为过冷却液水，而不是直接“sublimation”成冰。说明他把“水凝结为冰”称为“sublimation”。1963 年牛津版《高级流行英语词典》把“sublimation”一词用于“把固体加热使之化后，再令其凝固的”“抽萃或提纯过程”的名称。这里实际上描述了正逆两种相变转化过程。当时中国早已把“sublimation”译为“升华”。此一中文名词多用于固态水(即冰)化为汽态水(即水汽)的单向相变场合，即两种转化过程中的前一种。从中文的字义来看，如把汽态水冷却即固化为冰的相变逆过程也称为“升华”，就显得并不恰当。我在讲授云雾物理时，时常要提到“固化汽”及“汽变固”的水汽相变过程，急需有相应的合适名词。于是就创用了“凝华”一词。“凝华”与“升华”都有一个“华”字，表明这两种过程都属于“汽－固”间的相变过程，而“凝”与“升”字，表明这是两种相逆过程。“凝”是相变向凝聚态方向进行，“升”是相变向扩散态方向进行。在50年代末，我已将“凝华”一词用于所著《气象学基本原理》（科学出版社，1959）一书中。60年代列入《辞海》词目中，已正式成为物理学基本名词之一。在《气象学名词》及《气象学词汇》等书编定时，也蒙采用。

其实国外气象学家将“固化汽”和“汽化固”统称为“sublimation”，也感到不方便。所以在1963年，佛里格（R. E. Fleager）和布辛格（J. A. Businger）合著的《大气物理学导论》中，已指出：“把水汽转化为固态的过程，可发生在合适的晶体结构上，并生成冰晶。这个过程可称为‘sublimation’或‘deposition’。而造成这个过程的核，被称为‘sublimation nuclei’”。可见此时他们已有用“deposition”定义“汽化固”的想法。但尚未明确。直到1974年霍布斯（Hobbs）在其《冰的物理学》一书中，才把水汽形成冰晶的过程，明确地表示为“deposition”，并把产生凝华作用的核称为“deposition nuclei”。但迄今这种称呼的滥用仍有发生。

此外从字面意义来看，对比“汽化固”各种的中英文名称，中文名词更为贴切。英文“deposition”的本意为“沉淀”、“沉积”，表示的是下沉、堆积，并非一种相变过程。它本是一个多义词，用它表示“汽化固”过程是一种借用。会发生歧义。可是中文“凝华”一词是我们专为“汽化固”相变过程创造的。仅“凝”字就不仅表示了“deposition”的“沉淀”之意还表示了“凝固”成固态的意思，而“华”字则指示了先前的汽态物。因此一个相变的过程就描述的十分清楚了。所以中文“凝华”一词意义确切，无歧义。

除了采用“凝华”一词外，我还由于表达云雾物理学中一种较复杂的相变过程，还用了“蒸凝过程”一词，简称“蒸凝”。它表示在大气中存在两个表面。其表面饱和水汽压不同，甲表面的饱和水汽压大于乙表面饱和水汽压。而大气的实际水汽压介于此两饱和水汽压之间。于是水汽就从甲表面上的空气中扩散到乙表面上的空气中。这个过程使甲表面上的水汽压不饱和，而乙表面上的水汽压过饱和，从而甲表面有水汽蒸发，乙表面有水汽凝结，如果乙表面为冰面，则为水汽凝华。这种在不同表面同时发生的蒸发和凝结（华）过程形成了一个连锁的复杂相变过程。我把它定名为“蒸凝过程”，简称“蒸凝”。

在云雾物理中往往有小水滴蒸发，大水滴增大，冰晶或雪花增大的过程，这些过程都属于蒸凝过程。有了这个创造性名词，描述这种过程来说明云滴增大或冰晶、雪花增大问题就十分方便。我在《辞海》中已引入这个词目。国外尚无与“蒸凝过程”相应的名词出现。

2.“鬃积云”、“积层混合云”和“巨凇”

“鬃积云”是中国青藏高原特有云状。在20世纪80年代青海省气象科学研究所吴鹤轩研究员曾在青藏高原拍摄了许多高原特殊云状照片，其中就有一种铅直厚度与积云相近，而云顶部已出现冰晶状纤维结构的云。这是国际云图上未曾出现过的云状。他希望我判断一下。我和他共同研究，指出一般的鬃状结构，出现于积雨云顶，故称“鬃积雨云”。但青藏高原耸立于海拔4000多米高处，盛夏太阳辐射虽然强烈，空中0℃层高度距高原地面较低。对流云体尚处于积云阶段，顶部已在结冰高度，出现冰晶化现象，表现出毛丝状鬃形结构。由于这种鬃状云顶位于积云云顶，而不在积雨云顶，所以称为“鬃积云”为妥。他认为这个名称虽然不见于国际云状之列，但基本上能符合国际云状定名原则，所以十分同意。于是在1986年10月由青海气象科学研究所名义编成，且由中国科学出版社和美国学术出版社合作编印向国内外发行的《青藏高原云图》，就采纳了“鬃积云”之名称，《辞海》中也增加了这个词目。

“积层混合云”为飞机探测及雷达探测大范围降水云时经常发现的。这是一种下部为浓厚的层状云,但其上林立许多高耸的顶部已冰晶化的积状云的集合云体。这些积状云由于内部对流强烈,顶部冰晶不断从云砧下降落到下部浓厚的层状云中,发生“蒸凝过程”,形成了自然播云作用。使浓厚层云中云滴上的水分蒸发并“凝化”到下降中的冰晶或雪花上,使这些冰晶和雪花增大。最后形成大雪或大雨倾盆而降。因此“积层混合云”是一种产生降水的重要云类。可是国际云类中,并无其专名、我在讲义中采用了这个创造性云名,并在《辞海》的“混合云”词目中指出气象上有三种混合云:一是混合相云,即同一云中,既有冰晶又有液滴的云。二是冷暖混合云。即上部温度低于0℃,下部温度高于0℃的云。三是积层混合云。它往往既是混合相云,也是冷暖混合云,属于中尺度云系。

“巨凇”是我命名的一种罕见的天气现象,在内蒙古雹季偶有发现。常常被误认为大雹块。体积很大,长边有时可达半米以上,重可达二三十千克。系过冷却雨滴碰冻积叠在温度高于0℃的地面而形成的大冰块。由于底部溶解,在倾斜地面或在径流作用下,滑行到河沟谷底而成。通常其透明层与不透明层交替平面叠积。而冰雹是透明层与不透明层同心交替,因此它们的结构是不同的。我曾于1980年到1982年发表两篇论文,探讨了“巨凇”的形成机制。并在《辞海》中列有这个词目,以便读者在发现这种特殊天气现象时释疑。

八、有关中国近代气象事业开创人物的补遗

气象学界著名人物词目的列入是按《辞海》编辑部的要求进行的。只列已逝者。其履历及学术成就等必须审查核实。凡中外气象历史中有重要贡献的的人物,都应有所反映。对我国近代气象事业有开创性贡献的人物,如张謇、蒋丙然、竺可桢、涂长望、赵九章等均已列入,其中蒋丙然在竺可桢之前就从事中国气象事业的初创工作,为我国气象学会的主创和首任会长。晚年在台湾从事农业气象的教学工作。几乎为大陆气象学界后继者所淡忘。《辞海》编委会同意我们的建议,将他列入。现在其生平已为大陆气象史学界经常提及。

九、对《辞海》1999版音序词目编排的改进建议

《辞海》是我国工具书中最重视词目检索的辞书。编辑部从读者的角度着想,千方百计地采用各种检索词目的方法。务使读者能从约12万以上的词目中,较快找到所需词目,并愉快地获得简明正确的词义。但搜索词目不仅与检词法有关,还与词目在辞书中的编辑方法有关。

《辞海》词目的编辑方法,大体可分为三类。

第一类可以用1999年出版的三卷式普及本《辞海》为代表。其词目的编辑是按部首为纲,其下则把具有此部首的汉字,按除部首以外的剩余部分笔画数由少而多地排列。这种汉字排列方法是我国从《康熙字典》以来的传统。在某一汉字的字义解释后,跟着排列的是以此汉字为词首的各词目,并按词目字数由少到多顺序排列。具有相同字数的词目则按笔划增加顺序排列。这样人们就很容易根据词目首字的部首、笔画数及词目字数查到所需词目。

第二类可以用1976—1979年出版的按学科分为分册的《辞海》(修订本)为代表。其编

排方法是：每一学科分册按本学科的特点分为可涵盖全部术语的体系性类别。有的学科则按一般术语及分学科名词来区分词目。还有的则在分学科下进一步分为支学科。区分词目的类别或分支多，则每类别及每分支的词目数就相对少些。这样只需认清词目所属类别和分支，就可很容易找到所需词目，比较方便。但是一个词目属于哪一个类别或分支并不是绝对的。往往不同类别或分支都要包含同一词目。此外如果读者判别词目的归属类别与《辞海》实际的词目编排类别不同时，就难以查到所需词目。为了避免这种现象，《辞海》(修订本)在每一学科分册后附加了一个按词目首字笔画数由少到多的全部词目目录排列。首字相同、字数相等的词目排在一起。根据这样一个统排索引，读者就可查出所需词目所在的页数。

以上两种编排方法都是很好的，成问题的是第三类编排方法。

第三类编排方法可以用1999年音序彩图五册本的《辞海》(缩印本)为代表。其编排方法根据该书“凡例”如下：

(1)字头和词目凡同形异音者皆分列。

(2)字头按汉语拼音次序排列。同音字按笔画由少到多排列。笔画相同的。按起笔笔形“横(一)、竖(丨)、撇(丿)、点(・)、折(乛)”次序排列。

(3)词目隶属于首字读音之下。同一字头所列词目不止一条的，按第二字的汉语拼音次序排列。第二字相同的，按第三字排列。排列次序同第二字，以下类推。

(4)外文字母相同和阿拉伯数字开头的词目，排在正文最后。

上面这四条从逻辑上说，即是用音序法，当然是可以的。但在实际使用时，却应当改进。因为其第三条造成了检词不便。主要问题是按此排列，首字相同的词目不可能把字数相等者集中排在一起，词目无法按字数由少到多的顺序排列。结果造成相同字数的词目初首字相同而字数不同的词目不规则地分隔开来，并使同一页中首字相同字数相等的词目也分散于首字相同但字数不等的词目之间。特别是1999年音序本《辞海》(缩印本)采用的字号形体较小，且每页分为三栏，每栏往往容纳十多个词目。这样一页有时包含三十个左右的词目。于是搜检词目就变得眼花缭乱，易出现漏检现象。

音序本第三条按词目第二字。第三字的拼音音序编排，这就使检索词目时，读者须要判断第二字及第三字的拼音，这远不如根据词目字数多少找词目方便。所以我建议改变第三条编排规则。即改为：

“词目隶属于首字读音之下，同一字头所列词目不止一条的，按词目字数多少，由少到多地排列。字数相同的排在一起。相同字数的词目，按第二字的笔划多少由少到多排列。”

这样修改后，词目的排列从汉字版式看，就整齐得多。读者即可在检词表中找到词首读音所在的始页，由此而开始查“字数与所需词目相等”的地方，很快就能找到所需词目。不必再依次考虑读音，显然会方便得多。

还可以发现，按这样改进的编排，更有如下的一些优点：

(1)容易找到词头相同字数相等的词目，以便根据它们词形的不同，判别它们内涵的差异。例如：“气象要素”与“气候要素”。它们词头相同，字数也相等，所以排在相近的地方。容易帮助读者互相比较。而1999年音序本《辞海》中，这两个词目一个在1666页，另一个在1669页，之间隔着97个字数不等的其他词目，难以顺便比较。

(2)容易找到字数相等但文字不同，意义有混淆的词目。以便帮助读者区别理解。例如

“物理气象学”与“大气物理学”都是由五个字组成的词目，但一个在349页，另一个在2270页，需要分别“大”与“物”的读音，再找词目首字字形及其下各字的读音，非常费时，如果使用修改方法就只要分列“物”与“大”的读音，找到所在始页，再分别根据字数，即可查到此两词目。发现它们各自的词义和涵义，方便多了。

十、感谢帮我搞好《辞海》气象分科主编工作的各方

我担任《辞海》编委及其气象分科主编和主要撰稿者之一，已有49个年头了。今年(2009)我已89岁，这项工作占了我一半多的年龄。从壮年干到两鬓苍白的老者，可以说有很深的缘分。

回顾这49年的工作，我首先要感谢上海中心气象台及其前副台长束家鑫先生。是他推荐我参加《辞海》工作。他与气象台蒋德隆、李叔庭、许以平诸专家对我大力支持。常与我诚挚地讨论大气科学词条，从不同角度讨论辞义。使《辞海》气象词条的质量，能不断提高。

其次我要感谢《辞海》编委会及其编校同人。特别是与我联系最为密切的朱周牧先生(文革前)和林漂凉先生。他们熟悉《辞海》编纂规定，使我在编写词条时，能随时改正不合格的词句，严格地按规定格局进行。也学到他们字斟句酌、措辞精炼、用词通俗易懂的风格。少走了许多弯路。朱周牧先生已逝世多年，令我非常惋惜。林漂凉先生与我相处数十年，成为我亲密知己。他踏实、谨慎、勤奋、虚心、亲切，值得我好好学习。特别是我和束家鑫、朱炳海教授同为《气象词典》主编，组织以南京为主的各地气象专家教授，编写《气象学词典》那段时间内，林漂凉先生帮助我们在南京集中好几天，学习了《辞海》编纂规则，从而较好地完成了我国第一部气象学大部头专门辞书。其收词遍及近代各气象分科(如综论类词目、大气物理和大气化学词目、气候学词目、动力气象学和天气学词目、农业气象学词目、物候学词目、航空气象学词目、海洋气象学词目、水文气象学词目、气象探测及气象仪器词目)，还增加了古气象学词目。每一词目均采用分科主编制。如顾钧禧、王彦昌、盛承禹、束家鑫、冯秀藻、宛敏渭、郭用馊、王彬华、吴和赓、刘长盛、王鹏飞等，分别任分科主编。参加单位有上海市气象局、南京气象学院、南京大学气象学系、中国人民解放军空军气象学院、山东海洋学院、华东水利学院、中国科学院地理研究所等。撰写词条的专家共计43人。另有江苏省气象局和南京农学院等单位专家审稿。全书共1010页，收词目4700余条，另有附录18种。这部《气象学词典》完成于1984年。不唯嘉惠于全国气象院校及气象工作者查用，而且有利于此后大气科学辞书之编写。为《辞海》气象词条的收集和编选，积累了许多能提高质量的可贵经验。

《气象学词典》系由上海辞书出版社出版。由于收词非常丰富，使用反映良好。我在主持此《词典》后，曾连续受聘为《中国农业百科全书·农业气象卷》(1986)，《中国大百科全书·大气科学卷》(1987)，《世界百科名著大辞典·大气科学名著》(1992)的编委、分科主编及主要撰稿人。这与我在林漂凉先生帮助下进行《辞海》气象分科及《气象学词典》编撰工作中学习有得有关。

我还要感谢1960年前我所工作的单位——中央气象局。因为在1950—1960年间我在中央气象局及其前身军委气象局的工作，为我作好《辞海》气象分科主编有很大的帮助。例如我曾担任气象的教学工作，编写气象观测的地面及高空的规范，主持气象书刊编译工作及《天气月刊》的编辑工作，使我有条件发表不少全国气象台站所需科技指导性文章。在此时

期我曾著撰出版过《气象学基本原理》(1959年)、《祖国的气候》(1954年)等书。1960年在科学出版社翻译出版了美国麻省理工学院Johnson的《物理气象学》的中译本。这些工作是对我的能力的培养,使我增加了编纂的能力。之后我被调赴南京创建南京气象学院大气物理学系并任教职,更为我提供了被聘为《辞海》气象学分科主编的机遇。

我更要感谢南京气象学院。因为从1960年起,我在历任该院天气动力系副主任及大气物理系主任期间,虽然忙于任教及教务外,能花大量时间编写教学所需教材。在应上海辞书出版社之聘,任《辞海》气象分科主编时,编写的教材内容与为《辞海》选气象类词目及撰释义能互相配合,相得益彰。因为我认为《辞海》的气象词目的编撰是另一种气象教学方式,这更有利于我在气象学院的教学工作。我在南京气象学院时期,曾独立编撰"大气光学"、"大气声学"、"大气电学"、"高层大气学"、"污染气象学"、"云雾降水物理学"、"宏观云物理学"、"微观云物理学"等讲义。还编译出版过《国际云图》(1963)。此云图在我国气象台站多年作为辨识云状云码的主要参考书。在1991年,我带领教师主译美国华盛顿大学华莱士(J. M. Wallace)和霍布斯(P. V. Hobbs)合著的《大气科学概观》作为教材。又于1983年译出英国云雾物理专家梅逊(B. J. Mason)的《云、雨和人工造雨》(Clouds, Rain and Rain Making)并以《云物理学简编》为书名在科学出版社出版。还于1989年在气象出版社出版了自著的《微观云物理学》一书。更曾带领师生主持南京扬子乙烯工程的预评价工作及安徽宿县人工消雹工作等。这些工作对充实《辞海》气象词目,增加词义诠释的贴切性,有很大帮助。

对于助撰《辞海》词义的专家教授,我也致以衷心的感谢,如顾钧禧、曹文俊、刘乃壮、金一谔、苗春生、朱复成、孙明杰诸先生。

最后,我还要感谢我的终生伴侣杨永华女士。她含辛茹苦、操劳家务、抚养孩子。在她努力本职工作之余,积极为我安排最适宜的教学和写作环境,数十年如一日。在我编撰、审查、组织《辞海》词目时,常提出合理建议,鼓励我的编写工作。帮助我抄写整理稿件,使之精益求精。现在她因病沉湎在床,回忆她健康时窗前灯下,辅我笔耕,启我滞思。关怀之爱,铭心刻骨,能不归功于她!

2009年8月

农场挑稻

王鹏飞

朝阳照得满场红,割稻挑稻快如风。
脱谷好比龙吐水,支援世界气如虹。

农场筑灌渠

王鹏飞

一条灌渠两个堤,一排二排心相连。
挖、挑、垒、填干劲大,胸怀革命汗湿衣!

(摘自《天风海涛集》)

《中华大典·地学典·气象分典》编纂建言

摘　要

承委以《气象分典》顾问，自当尽力，迭嘱以开列古籍之有关气象内容者，并注明何图书馆有。以便派员分处查找收集，再分类编辑。此事实不容易，因为我不可能遍历我国各地图书馆，并尽知其馆藏，也不可能遍观民国以前所有载有气象内容之古籍，且如何抄摘所得书籍中内容，亦需熟悉古文及专业，否则理解内容标点字句都有困难。采摘很难确当。故仅能提供一些可能包含气象资料的书籍线索及参考意见。仅供斟酌，以便编纂。

本文第一部分介绍《永乐大典》、《渊鉴类函》、《四库全书》、《格致镜原》、《古今图书集成》五部著名类书内容及编纂办法，以供编《气象分典》之参考。第二部分则参考所发的"《气象分典》编纂大纲"提出一些参考性改进意见。建议编纂应采取更宽的收集资料的范围。包括1911年前外人介绍之西方气象知识及国人所译中文之气象著作、有关气象图表及现代所发现之古气象资料。还建议以发展的观点编排古代气象资料。并举了如何按发展观点编排古代气象资料之例子。最后还提出编纂好《气象分典》要有"史识"并谈到获得"史识"的关键，仅作参考。

一、中国重要类书及丛书汇编(五种)简介

《中华大典·地学典·气象分典》属于古籍气象资料纂编性质。我国历代多有国家主持之古籍资料纂编钜制。亦有私人编纂者，可供今日编纂《气象分典》之参考。下面对此作一简介，不无小补。

历代国家主编的类书中，有四部纂编巨制，最为著名。即《永乐大典》、《渊鉴类函》、《四库全书》、《古今图书集成》。另外还有私人所编之专业科技性类书。即《格致镜原》。了解这五部纂编性名著。对编纂《气象分典》必有帮助。

(一)《永乐大典》

明成祖即帝位后，决定编写一部总汇天下书籍的巨著。令大学士解缙负责。他说："尔等其如朕意。凡书契以来，经史子集之书，至于天文、地志、阴阳、医卜、僧道、技艺之言。备辑一书，毋厌浩繁！"1404年(永乐二年)复命太子少保姚广孝与解缙，集朝臣文士，四方宿儒，分别担任编辑，凡2169人。在金陵(今南京)文澜阁开馆。1407年(永乐五年)此大典定稿，明成祖亲自撰写序言。认为"上自太古初，迄于当世。旁搜博采、汇聚群书、著为奥典"，实为创举。并定其名为《永乐大典》。次年冬完成。分装11095册。1562年，(嘉靖41年)由108人抄录两份。1567年抄成。明亡后，此书在清室保存中逐渐散失。1894年(光绪二十年)仅存800册。1900年八国联军侵华，此典绝大部分为兵火所焚。许多卷册被劫出国外，到民国初年，国内仅存64册。新中国成立后，我国学者到国外各国，得散册之传抄本并摄影品归国。迄1984年，已集得存世的大典残本约800卷左右。仅及原卷数的3.3%，与

全典卷册相差很远。

《永乐大典》的文字资料，是按《洪武正韵》的韵部分类排列的。这是因为当时盛行科举及诗词，儒士对诗韵非常熟悉，能随口讲出韵次，文字资料在有序的韵目排列下，序列分明。使用大典者，本多为文人儒士，查阅并不困难。这种按韵目排列分类的办法是由明成祖亲自决定的。他说："天下古今事物，散载诸书，篇帙浩繁，不易检阅。朕欲悉采各书索之便。如探囊取物尔"。

但按科举时代之便，据韵分类排列资料的办法，在今日来说，已很不方便。因为今日知识分子多记不得诗韵及韵序，难以用此方法找到所需资料，不能再行采用。但当时采用据韵目编排时，同一韵之字，按《洪武正韵》依次排列。每一字进行释义，并将具有此字的单字及以此字为冠之各物各事，按类列举，并将有此名物之词，分别列出其在经史子集中的内容。是将其整句、整段、整篇或整书摘出的。还注明它们出处的书名。所以属于"用韵以统字，用字以统事"的编纂方法。明成祖认为采用此法可以"揭其纲而目毕张，据其始而末具举"。使查阅者能"因韵求字、因字考义、自源徂流、如射中鹄、开卷无所隐"。

《永乐大典》所收集的，不仅是官方所重视的典籍。还包括有关天文、地志、医卜、僧道、技艺等民间书籍。甚至戏文、杂剧、平话、小说、手工等民间流传书本。都按原文、不加删削修改地收入。所以许多早在清代已佚失之资料，亦可由此觅得。有些释义，还加以附图。这些图还画得比较精致。

如果能获得《永乐大典》的残本，可能还可发现一些久佚的气象资料。

（二）《渊鉴类函》

此书为遵清康熙帝钦命编纂而成的巨型类书。他认为编纂类书并不违背圣人立言的要求。他对明人俞安期所编的《唐类函》情有独钟。认为该书"颇称详括"。不像一般类书那样能博而失之繁，虽简而难核。但却因该书未能包括宋元明的资料，又缺漏唐以前的不少资料，所以特命儒臣"溯洄往籍，网罗近代，增其(《唐类函》)所无。详其所略。参伍错综，以摛其异，探赜索隐，以约其同。要之不离乎以类相从，而类始备焉!"借用"类函"之称，名为《渊鉴类函》，此书的奉命主辑者，是张英和王士稹。在1710(康熙四十九年)方才编成。有康熙四十九年、乾隆四十三年、同治光绪间、光绪九年、十三年、民国后的1916年、1932年、新中国成立后的1985年等各版本。所以流传较广。

全书共分45部。计：

1. 天部	2. 岁时部	3. 地部	4. 帝王部	5. 后妃部	6. 储宫部
7. 帝戚部	8. 设官部	9. 封爵部	10. 政术部	11. 礼仪部	12. 乐部
13. 文学部	14. 武功部	15. 边塞部	16. 人部	17. 释教部	18. 道部
19. 灵异部	20. 方术部	21. 巧艺部	22. 京邑部	23. 州郡部	24. 居处部
25. 产业部	26. 火部	27. 珍宝部	28. 布帛部	29. 仪饰部	30. 服饰部
31. 器物部	32. 舟部	33. 车部	34. 食物部	35. 五谷部	36. 药部
37. 菜蔬部	38. 果部	39. 花部	40. 草部	41. 木部	42. 鸟部
43. 兽部	44. 鳞介部	45. 虫豸部			

在这45部中，气象资料最多的当为"天部"和"岁时部"。

"天部"中，有天及日月星等纯天文资料，其中气象资料则集中于下列各目。如："云、风、雨、雷(附霹雳)、电、雪、霰、雹、露、霜、雾、虹霓、霁、气、霄等”。

“岁时部”多为气候资料。如:

四时总载、律、历、阴阳、五行、岁、闰。

春(正月、二月、三月)、立春、春分;

夏(四月、五月、六月)、立夏、夏至;

秋(七月、八月、九月)、立秋、秋分;

冬(十月、十一月、十二月)立冬、冬至。

元正、人日、正月十五、晦日。二月八日、花朝、社、寒食;清明、三月三日、四月八日;五月五日、伏、七月七日。七月十五、中伏、九月九日、蜡腊、小岁、岁除。

热、寒、旱、水涝(附救水灾)、丰稔、凶荒(附人饥)。

除“天部”及“岁时部”外,其他各部气象资料较少。但是不能绝对化。例如“地部·穴目”有“将阴雨则穴处者先知之”。“庐山目”有“天将雨则有白云。或冠峰、或亘中岑,俗谓之山带,不出三日必雨”。“冰目”有“履霜坚冰至”及“削冰令圆、举以向日,以艾承其影,则有火出”。“仪饰部·相风目”中有相风乌、相风赋等。“舟部”有“船有樯、有五两、有帆,所以使风便风也”句。“食物部”有“天雨谷”。“方术部·占候目”有“掌十煇之法,辨五云之物”的对句。

《渊鉴类函》中每一目可分为不同功能的“分目”。这种分目分别用(一)、(二)……等区分之。从其《凡例》中知道各分目的资料性质的区别。《凡例》说:“今以释名、总论、沿革、缘起”居一,“典故”居二,“对偶”居三,“摘句”居四,“诗文(包括诗、赋、篇、铭、序……等)”居五。并指出“其第一分目中,以《释名》、《说文》、《尔雅》居前,经史子集次之。典故以朝代为次序。对偶不拘朝代,但以工致相俪,若散句或摘自序记、或采之诗赋。单词只句,各取华瞻,以备览观。诗文亦各以体类补入”。

(三)《格致镜原》

为清康熙年间由陈元龙(1652—1736)所辑。它专辑博物及工艺名物。因采用“格物致知”及“探本镜原”之意。所以采用《格致镜原》的书名。内容包括天文、地理、建筑、器用、动植物等资料。陈元龙海宁人,康熙乙丑(1685)进士。此书为他在1707、1708年(康熙四十六、四十七年)归养时所著。后来在任广西巡抚时才刊行。据《四库全书总目》说:“其采撷极博,而编次具有条理。又以明人类书,多不载原书之名,攘古自益。因备考订所出,必系以原书之名。虽所据或间出近代之本,不能尽溯其源。而体例秩然。首尾贯串,无诸家丛冗猬杂之病。亦庶几乎称精校矣。”

此书分三十类。即:

1. 乾象	2. 坤舆	3. 身体	4. 冠服	5. 宫室	6. 饮食
7. 布帛	8. 舟车	9. 朝制	10. 珍宝	11. 文具	12. 武备
13. 礼器	14. 乐器	15. 耕织器物	16. 日用器物	17. 居处器物	18. 香奁器物
19. 燕赏器物	20. 玩戏器物	21. 谷	22. 蔬	23 木	24. 草
25. 花	26. 果	27. 鸟	28. 兽	29. 水族	30. 昆虫

其中每一类又次分为若干目。例如:

“乾象类”可分为十四目,即:

“天”目(含总论、名号、附浑天仪、刻漏、候气)。

“日”目(含总论、占象、名号、附测日表)。

“月”目(含总论、占象、名号)。

“星”目(含总论、三垣、五星、二十八宿、占象、附天河)。

“风”目(含总论、名号、附相风)。

“雷”目(附电)。

“云”目(含总论、名号、附霞、气)。

“雨”目(含总论、名号、占雨、祈雨、雨异)。

“露”目。

“霜”目。

“雪”目(附霰)。

“雹”目。

“虹霓”目。

“雾”目。

“坤舆类”可分为地、山、海、石、水、井、桥、城、墓、土、田、沙、泥、灰、尘、诸地形16目。其中“地目”中附舆地图、地动仪、土圭、罗经、铜表。“身体类”分为20目(附人像)。“冠服类”分24目(附诸服饰)。“宫室类”分46目,其中也介绍有些建筑的气象作用。“饮食类”分30目(附药饵)。其中有关盐的部分,提到晒盐及解释南风能出盐事。“布帘类”共19目。“舟车类”可分10目,其中也有与气象有关的内容(附马具及楼)。“朝制类”13目,包括伞等。全书共计866目。

《格致镜原》亦有《凡例》。指出“是书则专务考订,以助格致之学。每经一物,必究其原,详其名号,疏其体类,考其制作,以资实用,比事属辞,非所取也。故于古来诗赋以及故事一概不录。以别于他类书。间有关于物之别名与怪异,采百之一。”又说:“是书所引,以经史为主,但纪物既博,求类复详,或古无而今有,或雅弃而俗收。故不得不旁及稗编丛书,不得不间采俗说野乘也。然所引迄明而止,亦求精约,毋为泛滥”。“有一物而两见,如蚕之在“织”与“虫”,桃李之在“花”与“果”。犀象之在“珍宝”与“兽”。则各有所详。无取重出”,这些编写凡例,有其优点,可以在编纂《气象分典》时参考。但要根据《气象分典》之特点。不能一概仿行。

必须指出的是《渊鉴类函》与《格致镜原》,由于各自的体例,所引之文与原文常有出入。所以这些类书所载辞句,多经编者删改。不能在编《气象分典》时转引照抄。只能根据这些类书所注明的书名,找到原书,按原书辞句录入。

《格致镜原》出版后,需用者广。所以多次印行。1717年(康熙五十六年)、1735年(雍正十三年)、1888年(光绪十四年)、1896年(光绪二十二年),均有刻印。1939年江苏广陵古籍刻印社曾对雍正本进行影印。

(四)《四库全书》

《四库全书》不属于类书,而属于分类丛书汇编。

因为它并不打乱原书句子结构。只是把收集到的书籍,按经史子集分类编制。

“经、史、子、集”是西汉目录学家刘向(约前77—前6)在二千年前把一切书籍按性质分类的类名。这种书籍分类法在我国已使用了二千多年了。为历代所沿用。所谓“经”是指阐述宇宙至理及治理家国社会的最良原则(自然是儒家孔孟学说)的书籍。所谓“史”不仅包括历史书,还包括一切经世实学书籍。所谓“子”是指除孔孟学说以外诸子百家及杂家杂学之书。艺术的书籍也包括在内。所谓“集”指一切文学诗词的专集或总集。所谓“库”是贮藏品物之房屋。这些品物是车载进入贮存的,所以藏物必很丰富。不丰富不成“库”。乾隆帝为编纂这个巨著。多次向各省征集天下书籍。分这四类以成大全。所以才称为《四库全书》。1772年(乾隆三十七年)在北京设“四库全书馆”开编,1781年编成。抄写了七部,分藏七处。但有三处在战火中被毁。仅存文渊、文溯、文津、文澜四阁的四部。1983年台湾商务印书馆彩印出版了《文渊阁四库全书》。其后上海曾据该本彩印了缩印本。近来大陆又在酝酿出版四库全书。

纪昀在其所编《四库全书总目》将编入之书,分类如下:

经部:分易类、书类、诗类、礼类(包括周礼、仪礼、三礼总义、通礼、杂礼书)。春秋类、孝经类、五经总义、四书类、乐类、小学类(内分训诂、字书、韵书)。

史部:分正史类、编年史类、纪事本末类、别史类、杂史类、诏令奏议类、传记类(内分圣贤、名人、总录、杂录、别录)、史钞类、载记类、时令类、地理类(内分总志、都会、郡县、河渠、边防、山川、古迹、杂记、游记、外记)、职官类(内分官制、官箴)、政书类(内分典礼、帮计、军政、法令、考工)、目录类(内分经籍、金石)、史评类。

子部:分儒家类、兵家类、法家类、农家类、医学类、天文算法类(内分推步、算书)、术数类(内分数学、占候、相宅、相墓、占卜、命书、相术、阴阳五行、杂技术)、艺术类(内分书画、琴谱、纂刻、杂技)。谱录类(内分器物、食谱、草、木、鸟、兽、虫、鱼)。杂学类(内分杂学、杂考、杂说、杂品、杂纂、杂编)。类书类、小说家类(内分杂事、异闻、琐语)、释家类、道家类。

集部:分楚辞类、别集类、总集类、诗文评类、词曲类(内分词集、词远,词话、词语、词韵、南北曲)。

乾隆在收集全国选送书籍中,曾审查书籍内容,对不利于清廷统治的书籍:予以销毁。有些书籍中某些内容抵触清廷的,作了删改。这当然影响了不少书籍的流传。但《四库全书》共收集重要典籍3461种。合计卷数为79309卷。列入存目中的6793种,935651卷,基本上包括了乾隆以前的中国古代的重要著作。对这一万多种书籍,作了系统的分类。并对各书作了内容的简介。使这一万多种书籍,主要内容得以公诸于世。许多书籍不致自生自灭。对文化的传播和保留具有重要意义。但另一方面,根据清姚觐元《清代禁毁书目》。可知在编纂《四库全书》时未收入《四库全书》而被全毁或抽毁的书籍共2497种。这个数目也很大,使佚书增多,非常可惜。但是除上送清廷并消毁的书籍外,仍有未上送,而遗留在民间者。

《四库全书》,包含的知识内容丰富。一经编入,中国书籍思想体系就获得更严密的分类,使本来浩如烟海的资料,各得其所,如社会、历史、政治、哲学、宗教、艺术、医学、天象、舆地、物产等著述,分门别类。在需要各类资料时,可以在《四库全书》中很快找到。其功很大。像这次我们想找《气象分典》所需之资料。就可在《四库全书》中找寻。不致茫无边际。由于《渊鉴类函》及《格致镜原》所收之资料较为集中。故找寻气象资料,可先从这两种类书中找寻。但因类书中文句均已经改变,与原文相差很远。所以不可以迳录。必须根据类书中所注明之书名,从《四库全书》中找到此书原文,从中找出相关的语句或段落。因为《四库全书》中一般是全书列入,并不改动文句。另外,关于类书中漏载的各书气象资料,也可由《四库全书》收集的及未收集的书籍中找寻。

在《四库全书》中,可找寻到不少有气象资料的书籍。如:

1."经部"气象资料

"易类"书籍中,在阐述易理、及卦象时,往往屡涉气象变化之理。

"书类"书籍中,《尚书》中的《洪范》与《尧典》内,气象内容较多。

"诗类"书籍中,有一些气象谚语、风名、光象。

"礼类"书籍中,可了解:祈晴、求雨。禳灾。御雹、迎节气、藏冰、启冰、颁冰、用冰、按季节施政等各种祭祀或礼节仪式。其中《大戴礼记》中的《夏小正》,为中国最早的物候专书。《周礼》中也有许多与气象有关之内容。如谈到冰鉴、方诸、阳燧、圭表、灵台及灵台官员及其编制、季节病、环保思想,还有制物与气象的关系(如制弓矢、车轮、御城)等。

"春秋类"书籍中多记气象灾害。还有利用气象于战争及因气象而战争失利的事件。

"五经总义类"书籍中有谶纬之书。包含一些与气象有关的谶纬思想,以及对气象异象的合理及不合理的传闻等。

"乐类"书籍中,多有利用律管候气的试验。

"小学类"书籍中,如《尔雅·释天》中有一些气象名词的解释。汉刘熙《释名》中往往包含从气象名词发音出发来解释名词意义之例。宋陆佃《埤雅》中解释了一些天气现象成因。在许慎《说文解字》中对气象名词从文字构造中阐释字义。

2."史部"气象资料

"正史类"主要包括 24 史。即《史记》、《汉书》、《后汉书》、《三国志》、《晋书》、《宋书》、《南齐书》、《梁书》、《陈书》、《魏书》、《北齐书》、《(北)周书》、《南史》、《北史》、《隋书》、《旧唐书》、《新唐书》、《旧五代史》、《新五代史》、《宋吏》、《辽史》、《金史》、《元史》、《明史》。(《四库全书》是在清代编的,民国时始有《清史稿》)。这些正史有大体相似的编写体系。例如均有"帝纪、志(包括律历、礼乐及郊祀、天文、五行、地理、河渠、平准或食货、百官、舆服、刑法、艺文等),列传、载记、四夷等"。

"帝纪"中各本每有天灾损失、及帝王对灾害的反应和救灾等措施。

"律历志"中往往记有节气、七十二候、候气等内容。

"礼乐志"中包含有关希望勿降天灾、要求风调雨顺的祭祀仪式、及乐曲。

"天文志"中往往记有观象台的设置及其历史。观天仪器的作用及测量大气光象等。

"五行志"中往往记有久寒、雷、电、霜、雪、雨、雹、暴雨、久雨、大水、内涝、久热、火灾、冬少雪、雨凇、雾凇、多风、饥荒、雨土、露、沙尘暴、吹沙、台风、虫害、多阴、干旱等天气灾害。

"河渠志"中往往有暴雨决堤等灾害。

"食货志"往往有气象灾害影响岁赋等记载。

"百官志"有气象官员之编制、职名。

"舆服志"往往有象征帝王权威的仪仗,如相风仪仗、指南车仪仗等。

"艺文志"或《经籍志》往往载有许多与气象有关的书籍、名称、很值得参考。

"列传"往往载有观象、占候、技能的人物。如李淳风等的生平业绩。

"载记"往往载有某些人物如《晋书》后赵石勒时,有暴风大雨震电杀五人,西河介山下鸡蛋般雹,平地积三尺,行人禽兽死者万数,雹路千余里、树木摧折、禾稼荡然,引起建冰室并恢复寒食节等活动。石季龙曾令解飞作司南车于邺郡,复置女太史于灵台。仰观灾祥,以考外太史之虚实。

“四夷”往往载有外国气候。

在“编年史”(如《竹书记年》、《资治通鉴》、《续资治通鉴》),在“记事本末”(如《通鉴纪事本末》),在“别史”(如《逸周书》、《建康实录》、《郑樵通志》等)及“杂史”(如《国语》等),均有一些与气象有关的事实记录。

“传记类”中如《晏子春秋》、范成大《吴船录》、张学礼《使琉球记》等亦有有关气象之观点或观象记载。“载记类”中如《吴越春秋》、《越绝书》、《华阳国志》、《邺中记》等,均有气象的内容。

“时令类”中有关气候、节令之内容很多。如《岁时广记》、康熙的《御定月令辑要》、李泰《四时气候集解》、冯应京《月令广义》等。

“地理类”中如《三辅黄图》记有西汉灵台及一些铜凤凰等相风仪器。《至大金陵新志》记有南朝灵台位置。一些地方志,也往往有该地气候概述。又如《荆楚岁时记》、《岭表录异》、《六朝事迹编类》、《桂海虞衡志》、《岭外代答》、《蜀中广记》、《台海使槎录》、《徐霞客游记》、《佛国记》、《大唐西域记》、《宣和奉使高丽图经》、《东西洋考》、《台湾纪略》、《海道纪》、《金陵梵刹志》、《海表奇观》、《瀛涯胜览》、《中山传信录》等,均有值得记录的气象内容。“地理类”中收有南怀仁之《坤舆图说》介绍西洋地理气候知识。

“政书类”实为正史中“志类”的更细的介绍。例如杜佑《通典》就分为食货、选举职官、礼、乐、兵、刑、州郡、边防八门,每门又各分子目。马端临的《文献通考》也有这种作用。包含:田赋、钱幣、户口、职役、征榷、市籴、土贡、国用、选举、学校、职官、郡祀、宗庙、王礼、乐、兵、刑、经籍、帝系、封建、象纬、物异、舆地、四裔等,虽其中有许多目与气象无直接关系。但往往也受气象异常的影响。又康熙时之《御制仪象考成·灵台仪象志》是一部介绍天文气象仪器,环绕中心观点阐述天气气象道理的制作,可从中摘取资料。

3.“子部”气象资料

“儒家类”,如《朱子语类》用常识解释了一些天气现象。

“兵家类”如《六韬》、《孙子》、《司马法》、《尉缭子》、《太白阴经》、《虎钤经》、《阵纪》、《兵要望江南》、《武备志》等兵书,提到气象反常条件下的战法。

“法家类”如《管子》包含许多气象内容与治国关系。如“三十节气”之说,即出自此书。

“农家类”,如《齐民要术》、《农桑辑要》、《王祯农书》、《农政全书》、《钦定授时通考》、西洋意大利耶稣会士熊三拔[Sabbathin de Ursis(1575—1620)]《泰西水法》等,多与农桑气象有关。

“医学类”,如《黄帝素问》谈到医疗养生气象、运气学说等。其中王冰注中有中国气候区划。还有李时珍《本草纲目》介绍有气象与药物之关系。

“天文算法类”中如《周髀算经》、《六经天文编》介绍气候原理。又《革象新书》介绍衍射光象。利玛窦《乾坤体义》介绍人居寒暖五带。在乾隆御定《仪象考成》中介绍蒙气差。又有游艺所撰《天经或问前集》,以问答方式介绍风云雷电雨露虹霓之属形成原理。又有宋秦九韶《数书九章》。内包括雨雪之数学题四则及求解方法。

“术数类”中如《灵台秘苑》、《唐开元占经》、《乙巳占》、《东方朔占书》、《观象玩占》等包含气象现象及丰歉之占候。又《白猿经风雨占候说》中,包含许多珍贵古云图。《六壬军帐赋》包含刘启明《云气测候赋》。

“谱录类”中如康熙的御定《广群芳谱》，系据明王象晋《群芳谱》而广之，内有天时记，介绍各种花卉的随季节荣枯之情况。

“杂家类”中如《墨子》、《鹖冠子》、《吕氏春秋》、《淮南子》、崔豹《古今注》、马缟《中华古今注》、王充《论衡》、应劭《风俗通义》、沈括《梦溪笔谈》、王逵《蠡海集》、叶子奇《草木子》、方以智《物理小识》、王士祯《香祖笔记》、明代西洋人高一志《空际格致》、谈迁《枣林杂俎》、赞宁《物类相感志》、邝璠《便民图纂》、钱琦《祷雨录》、陈继儒撰的《销夏》与《辟寒》、又周诗雅撰《广销夏》、《广辟寒》、《销夏补》、《辟寒补》，均有气象内容。

“类书类”中如欧阳询《艺文类聚》、徐坚《初学记》、吴淑《事类赋》、李昉《太平御览》、王应麟《玉海》、陈耀文《关中记》、章潢《图书编》、康熙《御定渊鉴类函》及《子史精华》、陈元龙《格致镜原》、明《永乐大典》、王圻《三才图会》均有气象内容。但不宜用其引文因它们曾经删改。

“小说家类”中如《西京杂记》、《唐国史补》、《开元天宝遗事》、《孔氏谈苑》、《萍洲可谈》、岳珂《桯史》、《山海经》、《拾遗记》、《燕丹子》有气象内容。

“释家类”中如《法苑珠林》、《经律异相》有气象内容。

“道家类”中如《老子注》、《列子》、《庄子》、《席上腐谈》等有气象内容。

4.“集部”气象资料

“楚辞类”如朱熹的《楚辞集注》。

“别集类”、“词曲类”、“总集类”中各书籍可找出有关气象的诗词曲文。

（五）《古今图书集成》

这部书是雍正时蒋廷锡(1669—1732)奉敕命在康熙时陈梦雷(1651—1741)于1706年(康熙四十年)编纂的《古今图书汇编》的基础上增补修改而成。此书于雍正三年(1725年)完成。这部书是类书中编撰最为合理的。因为它不像《四库全书》那样只将各书整体分类。也不像《渊鉴类函》那样仅重视表达事物的词名分类，而不顾及出处的原句原段原篇结构。而是在摘录时，严格接抄原词所在之句、段、篇。使读者能如见原书。这是陈梦雷的创见，得到康熙同意后的编纂思想。可惜当时所用之《古今图书汇编》一名，难以表达此书的重要特征。雍正时改称《古今图书集成》。更能体现此书特征。因为它是将原书中的资料成句、成段、成篇地按类集中摘录，并作合理安排。这是集成的第一重要意义，又因此书集古今图书，细密合理分类，编排得体。用途宏富。有纲有纪，为我国古代类书的“集大成”者。这是称为《古今图书集成》的又一重要意义。

此书于1725年(雍正三年)编成后，1728年(雍正六年)方以内府活字版印成。1888年(光绪十四年)上海图书馆《古今图书集成》局铅印。每部1628册(包括目录8册)。1894年(光绪二十年)上海同文书局出石印活字本(包括考证24卷)，每部5044册。1934年(民国二十五年)上海中华书局铜版活字影印本，包括《考证》24卷。每部808岫。1986年中华书局与巴蜀书社根据前中华书局本出版新影印本，每部82册。共1000卷。目录40卷。全书约一亿六千成字。

《古今图书集成》全书共分6个汇编，下分32典。其下又共分6109部。

《渊鉴类函》、《格致镜原》等类书的最初一级的分类。都失之繁琐，但《古今图书集成》的最初一级的分类，却富有创造性。打破陈旧的观点。分为：1.历象汇编 2.方舆汇编 3.明伦汇编 4.博物汇编 5.理学汇编 6.经济汇编。它们下面各分为若干“典”。如：

“历象汇编”内分:“乾象”、“岁功”、“历法”、“庶征”四典。

“方舆汇编”内分:“坤舆”、“职方”、“山川”、“边裔”四典。

“明伦汇编”内分:“皇极”、“宫闱”、“官常”、“家苑”、“交谊”、“民族”、“人事”、“闺媛”八典。

“博物汇编”内分:“艺术”、“神异”、“禽虫”、“草木”四典。

“理学汇编”内分:“经籍”、“学行”、“文学”、“字学”四典。

“经济汇编”内分:“选举”、“铨衡”、“食货”、“礼仪”、“乐律”、“戎政”、“释刑”、“考工”八典。

在这6个“汇编”中,与气象(及天文)最有关联的是“历象汇编”。其下“四典”又各可分为若干“部”,今分列于下:

乾象典下分:天地总部、天部、阴阳部、五行部、七政部、日月部、日部、月部、星辰部、天河部、风部、云霞部、雾部、虹霓部、雷电部、雨部、露部、霜部、雪部、火部、烟部21部,共100卷。

岁功典下分:岁功总部、春部、孟春部、立春部、元旦部、人日部、上元部、仲春部、社日部、花朝部、季春部、上巳部、清明部、夏部、孟夏部、立夏部、仲夏部、端午部、夏至部、季夏部、伏日部、秋部、孟秋部、七夕部。中元部、仲秋部、季秋部、重阳部、冬部、立冬部、仲冬部、冬至部、季冬部、腊日部、除夕部、闰月部、寒暑部、干支部、晦朔弦望部、晨昏昼夜部43部,共116卷。

历法典下分:历法、仪象、漏刻、测量、算法、数目6部,共140卷。

庶征典下分:天文、气象变异、水旱灾荒、僻异、禽兽鳞介昆虫草木异、宫室器用异以及梦、诗、谶等50部,共188卷(其中灾异史一,包括总部汇考、天变部汇考、风异部汇考、天气异部汇考、露雾异部汇考、雷电异部汇考、雨灾部汇考、雨异部汇考、雹灾部汇考、旱灾部汇考、火灾部汇考、光异部汇考、寒暑异部汇考、丰歉部汇考、疫灾部汇考、水灾部汇考、水异部汇考、声音部汇考、鳞介异部汇考、虫豸异部汇考、蛇灾部汇考、草木异部汇考等23种汇考)。

其他汇编中各部简介于下:

“方舆汇编”中:

坤舆下分:土、泥、石、沙、汞、钒、灰尘、水、冰、泉井、舆图、建都、留都、关隘、市肆、陵寝、冢墓等21部,共140卷。

职方典下分:京畿及清代各府建置、沿革、疆域、星野、山陵等223部,共1544卷。

山川典下分:各地名山及江湖河海等401部,共320卷。

边裔典下分:朝鲜、新罗、百济三韩、日本、氐、羌、于阗、天竺、西夏、东南、琉球、暹罗、突厥、回纥、契丹、蒙古等542部,共140卷。

“明伦汇编”中各部简述如下:

皇极典下分:君臣、帝纪。帝运、国号、帝号、登极、正朝、纪元、圣寿、君德、治道、用人、听言、法令、僭号等31部,共300卷。

宫闱典下分:后妃、宫女、乳保、东宫、皇子、皇孙、公主、驸马、外戚、宦寺等15部,共140卷。

官常典下分:宗藩、圣裔、勋爵、公辅、中书、翰林院、宫僚、宗人府、吏部、户部、礼部、兵部、刑部、工部、都察院、通政司、大理寺、太常寺、光禄寺、太仆寺、鸿胪寺、四译馆、国子监、行人司、钦天监、太医院、侍卫内府、将帅、节使以及省、府、州、县各级职官列传等65部，共800卷。

家范典下分：直系、旁系、亲属、宗族、戚属、奴婢等31部，共116卷。

交谊典下分：师生、同学、同事、宾主、乡里、交际、世志等31部，共120卷。

民族典分：每姓为一部，共2694部640卷。

人事典分：人身五官、四肢、面貌、形状、年龄、名字、称号、七情、志愿、命运、感应、行动、寿命养生等97部，共112卷。

闺媛典分：妇女品德、智慧、能力等17部，共计376部。

“博物汇编”中各部简述如下：

艺术典下分：农、医、卜、星相、术数、绘画、游艺、商、贾等43部，共824卷。

神异典下分：神仙、鬼怪、释教、道教、寺观、方术、静功、服食等70部，共320卷。

禽虫典下分：飞禽、走兽、昆虫、鳞介等317部，共192卷。

草木典下分：竹木、五谷、药材、瓜果、蔬菜、花卉、薪炭等700部，共320卷。

“理学汇编”中各部简述如下：

经籍典下分：经、史、子、集、类书、杂著等66部，共500卷。

学行典下分：品性、修养、仪表、学识、名贤、游侠、勇力等96部，共300卷。

文学典下分：文体、诗赋、词曲及文学家列传等49部，共260卷。

字学典下分：音义、字体、书法、法帖、声韵、文言及纸、墨、笔、砚、文具等24部，共160卷。

“经济汇编”中各部简述如下：

选举典下分：学校、教化、科举、出身、武举、吏员、隶役等29部，共136卷。

铨衡典下分：官制、禄制、考课、兴劾、升迁、罢免、封赠、封建等12部，共120卷。

食货典下分：户口、农田、蚕桑、荒政、赋税、漕运、盐法、平准、国用、货币、饮食、布帛及金银珠宝等83部，共360卷。

礼仪典下分：五礼、庆贺、吊唁、谥法、祀典、冠服、带佩等70部，共348卷。

乐律典下分：音乐、歌舞、乐器等46部，共136卷。

戎政典下分：兵制、检阅、田猎、兵法、战略、军饷、屯田、马政、驿递、武器等30部，共300卷。

祥刑典下分：律令、审判、刑法、赦宥等26部，共180卷。

考工典下分：木巧、木工、土工、金工、石工、陶工、染织、规矩、准绳、度量权衡、城池、桥梁、宫殿、苑囿、仓库、第宅、舟车、器具、用器等154部，共252卷。

除了区分上面的各典之下的各部外，《古今图书集成》还对每一部作进一步的性质次分。以供使用者参阅时有所选择。这附加性质以标题名称相区别，常用的性质可分为汇考、总论、艺文、选句、纪事、杂录、外编七种。例如乾象典风部中，分题为“风部汇考”、“风部总论”、“风部艺文”、“风部选句”、“风部纪事”、“风部杂录”、“风部外编”等。对于这七类性质之意义如下：

1. 汇考——根据古籍资料考证事物的重大源流及因革的损益情况。

2. 总论——辑录经传中对该事物的性质及意义等议论。

3. 艺文——收集该事物的重要传世的诗文词赋。

4. 选句——摘录该事物的对偶、俪句及佳句。

5. 纪事——收录有关此事物的故事记载。

6. 杂录——收录汇考、总论、纪事所不便记录的资料。

7. 外篇——采录荒唐无稽的记述。

此外,《古今图书集成》中,也收有列传、图、表。

1. 列传——摘录古书中人物之记传资料。

2. 表——表列星躔、宫度、纪元、类别,以表达体系及比较类别等。

3. 图——描绘有关疆域、山川、禽兽、草木、器物等图形,以增加形象、结构、特征的认识。

凡《古今图书集成》中一切资料,都注明资料来源,而且所摘之文字图志等,均不删改,是全句、整段、整篇的引录。使阅者能正确看到全文,便于正确理解文义。

二、《古今图书集成》的优缺点

根据对上述五部类书的介绍,可以看出我们在编纂《中华大典·地学典·气象分典》时应当可以在继承传统类书《古今图书集成》的优点,弥补《古今图书集成》的欠缺的基础上,根据符合时代的分类体系,采用创新观点,又好又快地做出超越传统类书的成果。

什么是《古今图书集成》的传统优点呢?

一是它的资料搜集丰富,特别在其"历象汇编"中。集中收罗了天文、气象的在清代以前大量资料。按"乾象、岁功、历法、庶征"四典分类,又按资料的用途,次分为"汇考、总论、艺文、选句、纪事、杂录、外篇"等。这些资料可作为《气象分典》需要收集气象资料的基础,以减轻许多搜罗之劳。

二是它不仅搜罗国人所写的资料,也不回避外人所写或国人所译之资料。不仅搜集文字资料,也收集图表等资料。例如葡人阳玛诺(Emmanuel Diaz Junia,1574—1659)图文并茂的《天问略》及比利时人南怀仁(Ferdinand Verbiest,1623—1688)的《灵台仪象志》中所附的"验燥湿器图"及"验冷热器图"等。

三是它载入之资料,均注明出处,说明何人所著,摘自何书。

四是它载入之资料,保证原汁原味。即悉同原文,不加增删修改。

五是它收入之资料,不断章取义。即从原书中全句、全段、全篇地按意照录。不致因节删而使人误解。

但是它也有其局限性。

一是它是在清康雍之时方编成。此时防反清复明之活动还很严厉,文网尚密。时有文字狱产生。因此有些明末清初之书籍资料很少收录。有些古籍资料,如有可能引起统治不稳定的内容,也有所删改。另外,它不可能收罗在康雍以后到清末(1911 年)之间之资料。且由于当时尚未发现"甲骨文"。所以缺乏甲骨文资料。

二是它毕竟是清代盛期所编。当时儒家思想占统治地位。欧洲的气象科学也尚处于古典认识时期。近代气象意识尚不够发展,传入中国的气象知识尚有不少粗陋之处。

我认为我们在编纂《气象分典》时,需继承《古今图书集成》的优点,补充《古今图书集成》资料之不足。并克服《古今图书集成》的局限性,在编纂思想及方法上有所创新。

所谓“补充《古今图书集成》资料之不足”，即先以《古今图书集成》中的已有资料为基础。再加上从《四库全书》中的气象方面的资料补充之。然后补充明末到康熙雍正时因为防反清复明活动所未收入《古今图书集成》之资料以及自清乾隆到1911年间之资料。有许多1911年前之气象资料，在民国及1949年解放及到21世纪初方发现，如文籍或考古发掘的文物上(包括气象文物或文物上的文字图画表格等)仍应搜罗于《气象分典》之中。另外，甲骨文气象资料也必须包括在《气象分典》中。

所谓创新方法即其框架必须采用近现代的大气科学学科分类。

所谓思想创新，即中国气象历史悠久，从古到1911年，气象思想是经历一个不断发展的过程。从气象现象及气象灾害的“天神主宰”观到“天垂象，示吉凶”观及“天象受阴阳五行所左右”。又“从日常生活经验来解释”，到受明末清初时的欧洲古典气象知识的影响，最后在洋务运动中又受西洋工业革命的气象知识的影响。这是一个思想发展过程。在思想发展过程中，仪器及观测方法也有相应的发展。我们在编纂《气象分典》中，在大气科学分类的各类中，安排气象各类资料时，必须按照发展的观点及实况来排列资料。这个发展的观点是《四库全书》、《古今图书集成》等古代类书中所没有的。

关于如何补充《古今图书集成》资料问题的具体资料，以后还要进一步阐述。下面先对我收到的《气象分典》编纂委员会2007年8月所发的“编纂大纲”提出一些参考性意见。

三、对《气象分典》编委会2007年7月“编纂大纲”的商榷意见

对于这个《气象分典》编纂大纲，我基本上是同意的，但也有一些看法供参考。

(一)对《气象分典》编纂大纲的“一、内容”的参考性意见

1. 该《气象分典》编纂大纲的内容规定得太窄，不应仅包括“我国1911年以前的古籍”，还应包括近现代考古发现的碑刻、甲骨等载体中有关气象内容的文字图表等记载。

因为有许多1911年以前的文物资料是1911年以后甚至在21世纪初才发现或发掘出来记录于文籍或拍摄于照片上的。有些发现，不一定是碑刻或甲骨上的气象内容的文字记载。往往有的是实物(如山西浑源圆觉寺塔顶风信器)。有的是图画、表格，有的是算法(如秦九韶《数书九章》中“竹器验雪”解题中列有算式)。但必须指出：“竹器验雪”的解题方法经我演算并不正确。

所以内容建议改为：“应包括古籍及近现代可靠文籍所记载或考古发现的1911年以前气象文物或这些文物上出现的有气象意义的文字、图表、算式等资料”。

2. 该《气象分典》编纂大纲规定有两个“不收录”，即“不收录外国有关的气象内容”，也“不收录汉译外国人的气象著作”。似应斟酌修改。

(1)因为在《四库全书》所收中国古籍中，从未规定不收录外国有关的气象内容。例如收在《四库全书》中的正史大都有与外国有关的列传(《史记》、《汉书》、《后汉书》、《晋书》等记有朝鲜、日本、印度甚至大罗马帝国等情况)。有时也记有气候概况。玄奘《大唐西域记》及郑和下西洋后的一些书籍，多记有沿途各国的气候情况。欧几里德《几何学》，为利玛窦(Matthieu Ricci，意人，1552—1610)与徐光启合译，以《几何原理》(1617)命名。赫然刊于《四库全书》内。《古今图书集成》内就收有葡人阳玛诺(Emmanuel Diaz Junia，1574—1659)所著

的《天问略》(1615)及附图。比利时人南怀仁(Ferdinand Verbiest,1623—1688)所著的《灵台仪象志》(1673)有“验燥湿器图”及“验冷热器图”。如果我们遵守上述大纲中的两个“不收录”的规定。则在此后清洋务派工作下译出的许多气象书籍就不能列入《气象分典》。而有些译书,例如由美人金楷理(Carl T. Kreyer)与国人华蘅芳合译的,由英国著名天文学家侯失勒(Sir John Frederick William Herschel,1738—1822)所著的刊于《大英百科全书》第八版作为“气象学”条的《测候丛谈》一书。在推动我国气象学知识起过很大作用,就无法表达了。应当说,洋务运动所导致的西洋气象知识的翻译著作,在当时有利于中国气象知识的发展和普及的。

(2)应当说,气象知识是全人类需要的。各国都需要这些知识。特别在科学知识全球化及我国改革开放的今天,在21世纪开始之时,所编纂的《气象分典》,不应当拒收我国1911年前所翻译的气象知识以及国人在1911年前对国际气象情况的知识介绍。

(3)为了使人们在阅读《气象分典》时,理解国外气象文化在促进中国气象文化中有很大贡献,它是中国气象科学发展的一个重要因素,它在今日已与中国气象科学融为一体,所以收录是必须的。

(4)对历史上中国气象发展,不能取古人“闭关自守,夜郎自大”的态度,应采取实事求是地对古代国外气象科学,采取开放收罗办法,因为古代就是兼容并收的。有比较才能正确鉴别。

(二)对于《气象分典》编纂大纲的“二、框架结构”的参考性意见

1. 用近现代大气科学资料分类来作为主要框架,是中国古代类书所不可能有的,所以这是一个创新。《气象分典》编委会的这些决定我很赞成。但是我认为天气现象及其形成原理,是一切大气科学分科的基础,观测、预报、气候、应用气象、天气与气候导变及灾害预防等,都需以气象现象之原理为基础。而气象现象及原理,都建筑在大气物理与大气化学原理之上。因为气象现象可包括:

降水现象,地面凝结、凝华、冻结现象,风暴现象,温湿现象,大气光学现象,大气电学现象,大气地磁现象(包括指南针指向现象、大气高层带电微粒之移动现象、极光等现象)。对于这些现象,不同时代对其形成之解释不同。应当归纳起来特别列为一个总部。这个总部应与观测仪器、气象预报、气候等各总部并列。而不应仅附属于气象预报总类之中。又大气结构(例如大气分层)也应包括在内。

2.“气象灾害总部”中应加入“灾害善后”。这一部分十分重要,在古代“史书”中是有资料的。

在灾害总部中还应增加灾害预防部分,即相当于人工影响天气(或气象导变)部分,因为我国古代书籍如《广阳杂记》及《晃宁县志》等均有土炮土枪消雹消雾等记载。防霜冻之法也属于这一内容,此外,还应对由于气象灾害所导致的后继非气象灾害(即气象因灾害)如由于暴雨造成的泥石流,由于冰冻所造成的电线及交通灾害等也包括在内。

3. 气候总部应包括气候成因(太阳辐射与日地关系及地球自转),不同尺度之气候、节气及气候时空变化,国内外气候特征、小气候及物候等等。

4. 应用气象总部应将应用气候包括在内,形成一个总部。他们是利用气象和气候原理为其他事业服务。当然也为生活服务。因此可包括农业气象、渔业气象、军事气象、交通气

象、商业气象、盐业气象、牧业气象、医疗气象、生活气象等。

5. 诗词谚语不应只附于"气象预报"的总部中。应按内容分散到各个总部中。而且"谚语"应与"诗词"分开。因为"谚语"是实用性的，其功能与诗词不同。

因此建议分类可分为如下总部：

综论总部、大气及天气现象总部、探测及仪器总部、气象预报总部、气候总部、应用气象总部、气象灾害及"气象因"(指由于气象原因造成的非气象性灾害，如泥石流、林火、雪崩、河流决堤、饥荒等)灾害总部。共计7个总部。

这样7个总部较为全面，而且可与今日的气象分类很好接轨。

在这些总部以下的次级分类，也可按实际需要进行次分，但可根据实际资料性质有所调整。

(三)用发展的观点阐述资料

古代类书，其阐述方法缺乏发展观点。我们认为用发展观点来阐述资料不仅是一个创新观点。而且是符合人类思想认识发展的实事求是的科学观点。今举一些例子，以说明各总部的编纂思路怎样才算具有发展观点。

1. 大气与气象现象总部编纂的发展观点举例

人类对大气结构天气现象的认识，是一个从初级到高级，从不正确到渐渐正确，然后进入到逐渐科学化的复杂而曲折的过程。尤其在古代，在人类气象认识发展的童年时代，认识总是很幼稚的。这种幼稚不正确的、甚至是迷信的思想，当然不科学。但却是正确认识的"前奏"，没有这些幼稚的前奏，认识就不会进展到今天的科学认识。但以后的认识的正确，也不是一帆风顺的。往往夹杂着半错误半正确的认识。所以如果不以"发展"的观点编排，人们往往看到古代资料的神话性、不正确性，而不敢将这些资料录入《气象分典》中。对于不够正确的认识，是否宜录入《气象分典》，也会有疑虑。如果只录入正确的科学的认识，会令人觉得正确的认识是轻易得来，一蹴而成，看不出进步的脉络。如果只录入幼稚的认识，可能变成宣传迷信，有失《气象分典》的要求。因此对于资料的排编，必须根据认识发展的过程，来选择资料，使之既符合不同时期有不同认识的事实，又展列了认识的实际发展过程。对于同一时代相同认识过程的资料，可以精简，不必重复赘录。只要能显示认识过程即可。

例如，在收录气象现象总部的资料时，古人最初认为天气现象的出现是神的旨意，是神向人表示吉凶的办法。其后，认为这是"阴阳五行"所致，属于"自然而然"的现象。然后人们又以生活经验来解释天气现象，这当然只是一种比拟性解释，并不针对性地进行试验。其后西洋古典气象理论随耶稣会传教士而进入中国。国人的认识就混有西方古典认识。直到洋务运动出现后，近代西洋科学进入，认识才又有了改进。在《气象分典》的这个总部，有这些认识过程，才符合发展的认识过程。如果到1911年，认识仍不很正确，也宜实事求是地反映。以便与此后更正确的现代气象科学认识相衔接。

从资料看，在甲骨文中，就有"帝(天帝)令雨"之记载。其后在《易经》就有"天垂象，示吉凶"的句子。在《大戴礼记·曾子天园》(西汉戴德编)，中间记有孔子弟子曾参的"天气现象的阴阳动因观"，该观点说：

"阴阳之气，各静其所，则静矣。偏则风、俱则雷、交则电、乱则雾、和则雨。阳气胜则散为雨露，阴气胜则凝为霜雪，阳之专气为雹，阴之专气为霰。霰、雹者，一气之化也"。

由于“阴”与“阳”是具有哲学意义的、内涵丰富且相互对应的两种气。其具体意义是多义的，按需要而定。且“偏、俱、交、乱、和、胜、专气”等要领之区别，也很模糊。因此这些天气现象形成的叙述，不能形成明确的理解，看法因人而异。所以在朱熹《朱子语类》中，就用生活中的譬喻来解释天气现象。例如：他用烧饭时热气在锅盖内面凝结，这些凝结的水往往下掉，来解释云腾致雨的现象。到了明代，由于耶稣会士的来华，西方古典气象学说进入中国。例如意大利人高一志，在中国山西绛县与韩云合作，用中文写成《空际格致》(1626)一书。介绍西方“三际学说”。这个学说，为公元前4世纪希腊哲学家亚里士多德(Aristotle，前384—322)所创。认为大气的下层，由于受到地面反射阳光的影响，所以较温暖。称为“暖际”。大气上层由于受太阳(火)的影响，所以是“热际”。“热际”比“暖际”要热得多。在大气中部，介于“热际”与“冷际”之间，上距“热际”，下距“暖际”都较远，形成“冷际”。他认为天气现象与太阳照射使地面蒸发出两种气体有关。一种是“干气”，一种是“湿气”。天气现象大多是由湿气形成的。阳光使地面湿气上升到暖际上方的冷际，形成云。云中水滴下降成雨。云如很高，冻结了，下降的就成雪，湿气如上升不高，夜间冷却，就重新下移，在草木上，形成霜露(冷的形成霜，暖的形成露)。霜露多在清晨出现。雹常在春秋出现，是云体突然从“冷际”降入“暖际”。里面的“冷”被外面的“热”强烈压缩，水分集中冻结而成。愈掉近地面，冻结愈大。风是地面“干气”上升形成。这些干气上升到大气高层，接近“热际”，也可形成彗、孛、飞流星等现象。明末哲学家方以智，吸收了这些学说，以自己的理解，在其名著《物理小识》中，以阴阳概念解释“三际”。他说：

“三际者”，近地为温际，近日为热际，空中为冷际也。日光蒸地，火收地中，火必出附天而止。天火同体，水地相比(近)也，一气升降，自为阴阳。气出而冷际抑之。和则成雨。如饭蒸气馏，遇盖而水滴焉。阳亢则为风，阳欲入而周旋，亦为风。初起之云，则饭甑之气也。飘散不收，或腾成雾。夜半阴气清虚而上，则为露。结则为霜。而上冷，凝为霰。霰坠，猛风拍开，成六出片，则为雪。阳气伏阴气之内，不得出，爆开则为雷。火气发越，适映云际，其光疾甚，闪烁曰电。夏月火气郁蒸，冲湿气而锐起，升高到冷际之深处，骤冱为雹，愚者(方以智自称)曰：“黄帝五运篇”曰：“风寒在下，燥热在上，湿气在中。火游行其间，此至语乎?! 日气到则暖，日去则冷，一气为阴阳，而自相盘旋者，三际概耳。”

一段话，既吸收西方三际学说，又结合《易经》及曾子的阴阳形成天气现象理论，更依据朱熹的生活比拟学说。结论是对“三际学说”，既赞成，又批判。认为“三际”只是大体正确而已。

方以智的学生揭暄，同意方以智的说法。说：“西国三际之说，未尽然也。向日则暖，背日则寒。故一石一墙之下，皆有阴气。如六月游深崖，入石室，恒至衣絮。则地之内外，未始无阴气也。近地必‘热’(暖)际，则山腰之下，不宜暴雨。四川雪山(之雪)不宜夏月不消也。空中必冷际，则空中无时不有气，亦无时不合云，无时不下雨也。冬月皆雪矣。雨雹者，至阴之气乘之。夏月偏雹者，非至阳不至至阴之山。夏月雹偏大者，非至盛阳，不足升至阴之气。至盛之阳，飞湿乃猛。至盛之阴，结雹乃速。虽然阳生，则为至阴。阳死则为至阴。故六月之晨，煮水百沸，入瓶中锢闭之，急入井底，午取而出，则冰矣。阳死也。有六月为鱼肉冻者，亦仿此法。可知冷无定际，阳隔则冷，阳远则冷，阳死则冷，不必空际也。”

他们虽不完全同意三际学说，却也已采用三际学说作出了天气现象形成图。例如熊明遇曾根据“三际学说”制成《日火下降、旸气上升图》及《云飞、雨降、雷鸣、电掣之图》。其后游艺和揭暄两人曾对此两图作了少许修改，在社会上流传。到了1885年(光绪乙酉年)在社会私塾中采用的课本《幼学歌》，其中"风云雷雨等说"内，有下列一段话：

"阳性舒散阴性凝，阳蒸阴气云飞腾，云被阴抑即成雨，阳被阴激发雷声。雷破云出光成电，阳逐阴飞乃为风。阴气脅阳化雹粒，阳之专气霰以生。纯阳无阴气冲上，灼为彗孛飞流星。阴阳既和散于下，雨露霜雪随时零(下落之意)。不和而散则为灾。雾氛曀霾应气成。"

但在清末洋务运动之际，由金楷理(Carl T. Kreyer，美国人)与华蘅芳所译。英国天文学家候失勒(Sir John Frederick William Herschel，1738—1822)所撰，刊于《大英百科全书》第八版的《气象学》条的近代气象知识，以《测候丛谈》为书名已流传到我国。此书在我国影响很大。此时我国的气象才开始与欧美气象科学渐融为一体。

以上只是从天气现象整体的认识而言。其实天气现象的各个形成学说，在我国各有其发展及变化的过程。它们的发展，不这样简单。与我国的大气物理及大气化学的基本知识的发展有关。如果大气物理和大气化学的知识不发展，我国天气现象的形成观是无法真正融入到西欧近现代天气现象形成的理论中去的。从而也无法与近现代世界气象科学接轨。

可见在《气象分典》中，我们搜集资料的编排，必须具有发展观点。在天气现象形成观点上，必须脱离"阴阳五行"理论。还不能因天气现象形成似与某些生活经验相接近，就满足而沾沾自喜。应当培养我们学习科学的解决问题的精神。

2. 观测与仪器总部的发展观点举例

我们不应当把非定量的观测设备误夸为定量观测的仪器。例如：铁炭平衡器就不应称为湿度计。因为前者不能定量测出湿度大小。又如密室土内埋了"律管"候气，根本不能测地温。不配与地温表相比拟。李淳风的风级表仅有八级现象可用以判断当地风级度。将当地不能见到风力作用的情况归入风级中。而将它称为有十级或更高的风力级别是错误的。又如人们误将古书中"白虹贯日"或"白虹弥天"现象，归因于虹(Hong)。将它与虹霓或白虹等同看待。但其实虹霓与白虹，虽然同为"虹象"，但"白虹贯日"与"白虹弥天"中的"白虹"并不是一般的"白虹"，一般的"白虹"只是一般的"虹霓"中彩色很淡所致，它们既不可能"贯日"，也不可能"弥天"。所以当出现"贯日"及"弥天"的色带而称为"白虹"的，必不是"虹"，称它们为"白虹贯日"或"白虹弥天"，是古人的一种误判。经研究，"白虹贯日"现象实际是指"日柱(纵贯日)"或"假日环(横贯日)"。而"白虹弥天"现象是指日落日出时出现的"青白杠"或"青白路"。但是古书上既已称它们为"白虹贯日"或"白虹弥天"，这"虹"字就无法改变。好在"虹"字有两个读音，即"(Hong)"与"(Jiang)"。所以我们可以把真正的虹，写作"虹(Hong)"或"白虹(Hong)"。而对成因不同于虹而被误称为"白虹"的虹，写作"白虹(Jiang)贯日"或"白虹(Jiang)弥天"，以示区别。在我国著名辞书《辞海》及《大辞海》的新版中，已这样做了。这是既符合天气现象光学成因之不同，又不改古代原用字的较好处理办法。

又如张衡曾制"候风地动仪"。这纯是一个地动仪。其所以仪器名上加"候风"两字，是由于张衡误认为远处地震是由空气(风)传来所致[参见南宋周密(1232—1308)《齐东野语》]，有人曾由"候风地动仪"之名认为张衡曾发明"候风仪"及"地动仪"两仪。这种说法是错误的。参见王鹏飞《张衡候风地动仪机理测试研究和感震原理的探讨》(见《自然科学史研究》2005 年第四期，291—318 页)，该文有详细分析。张衡既未曾发明候风仪，而且张衡地动仪并无测风功能。

有关中国古代测风观测史，可参看《王鹏飞气象史文选》中 P. 86—P. 88 的《中国古代测风史》一文。

南宋秦九韶《数书九章》曾载有计算雨雪量的四个题目。即："天池测雨"、"圆罂测雨"、

"峻积验雪"、"竹器验雪"。说明他已有计算雨雪量之思想。并也懂得计算出之雨量必须以平地所积厚度表示之。这当然是秦九韶的一个重要贡献。但是必须指出,他没有发明出圆筒形的测雨器,他虽曾用各地现成的天池盆测雨,但因所用的天池盆形状大小各异,他未能成功地由此直接测出雨水积地厚度,所以他在书中也自己认为在实测时,因"积以器移,忧喜皆非"而失败了。由此可见,不能因此认为他已发明了普遍可用的测雨器,只能认为他对研究测雨器有所试验。而并未成功。例如,本来利用圆筒形测雨器简单即可测出的本地雨深的问题,他却设计了不同形状容器用繁琐的办法进行不同方法计算,这并不值得提倡。

关于测站适用之圆筒形测雨器,最早是在1441年由朝鲜发明的。这在《王鹏飞气象史文选》(气象出版社,2001年)P.86《中国古代报雨泽史》内已有介绍。有人认为朝鲜测雨器是中国1770年传过去的,这是一种错误的认识,不能作为依据。

又如黄履庄,人们根据《虞初新志》,认为他发明了验冷热器(气温计)及验燥湿器(湿度计)。但这种说法成问题。因为在他以前,比利时人南怀仁(Ferdinand Verbiest,1623—1688)已负责中国钦天监工作。南怀仁所著的《灵台仪象志》已出书。黄履庄所制的气温计和温度计的名称和构造说明与《灵台仪象志》介绍的相同。更何况张潮《虞初新志》中《黄履庄小传》已指出,黄履庄善西方机巧,"因闻泰西几何比例轮捩机轴之学,而其巧因以益进",可见黄履庄之验冷热器及验燥湿器应属仿制,当然仿制也已很不容易了。

南怀仁之验燥湿器及验冷热器,可从《古今图书集成》的附图中找到,其原理出自西欧,很具有中国风格。应收入《气象分典》。因为这是按中国的需要在中国设计的。

近代气象仪器在清末已介绍到中国,例如合信(Benjamn Hobson,1816—1873)的《博物新编》(1855)中已有所介绍(例如寒暑表、风雨计)。其实清末中国海关总税务司赫德(Sir Robert Hart,1835—1911)所设海关测候所及法国在上海徐家汇观象台中,已配备了较完整的气象仪器。而洋务运动也已译出一些气象仪器。例如英国傅兰雅(John Freyer,1839—1929)与江蘅曾合译《测候诸器记》,亦称《测候器图说》。内附图74幅。此书是英国有名的气象仪器制造商所编。

又气象台站的建设(灵台、司天台、钦天监等)也应包括在观测仪器部。请参考《王鹏飞气象史文选》P.346—P.366《中国历代国家气象机构考》。

以上所举这些例子都可以收入到《气象分典》中去。但要实事求是地按发展规律安排。因为它们都仅是在发展过程中的一个短暂表现。它们都有缺点。但又都是发展中的环节,中国的气象观测仪器的发展就是在克服这许多欠缺的基础上出现的。

3. 天气预报总部的发展观点举例

甲骨文中已表现出人们希望预知天气的思想。因为卜辞一般可分为"前辞"、"问辞"、"占辞"及"验辞"四部分,"前辞"记载占卜日期及占卜者。"问辞"即指出想预报的问题,"占辞"即是对天气的预报,"验辞"即报天气的验证情况(亦即实况)。甲骨文"己卯卜、殻贞、雨?王占、其雨、惟壬午、允雨"指出在己卯日由一个名字叫殻的贞人进行征询。卜的问题是"是否会下雨?"由王占卜的结果是"该日后第三天会下雨"。结果发现该日后第三天果然下雨了。这类甲骨文的天气卜辞很多。

在西周的诗经中,也载有天气征兆的谚语。如其中《国风·蝃蝀》有"朝隮于西,崇朝其雨"的天气经验。相当于今天的天气谚语"东鲎日头西鲎雨"。其中"隮"及"鲎"都是指"虹"。"朝隮"是指早上有虹,在中纬度这虹必在西方。所以雨云必在西方。西周主要疆域在副热带高压之北，近乎西风带，高空气流多自西向东走。所以雨云必由西而东移过本地，使本地不久即下雨。于是出现“崇朝其雨”或“西鲎雨”的结果。这个经验屡试不爽。当然这个谚语只在上述条件下可用，如果在北半球副热带高压以南的东北信风带，由于盛行风来自东方，上述谚语必不可用，因为那时必将是：“朝隮于东，崇朝其雨”或“西鲎日头东鲎雨”了。

更有甚者，《诗经》中“朝隮于西，崇朝其雨”句接着一句是“女子有行，远兄弟父母”。意思是说：“女子长大了，必将远离兄弟父母而出嫁”。可见整句的意思只是借用这个天气谚语来说明“女大必嫁”的必然性与“西虹必雨”的可靠性可相比拟。是用自然现象比拟社会现象，不是用来预报天气。

孔子也做过天气预报。例如，在东汉王充《论衡·明雩》篇中记有：

“孔子出，使子路（孔子弟子），赍雨具（伞），有顷，天果大雨。子路问其故，孔子曰，昨暮月离（丽）于毕，后日，月复离（丽）毕。孔子出，子路请赍雨具，孔子不听，出，果无雨，子路问其故，孔子曰：昔日，月离（丽）其阴，故雨，昨暮月离（丽）其阳，故不雨。”

在王肃《孔子家语·七十二弟子解》中，记有孔子的另一弟子询问孔子预示天气下雨理由：

“孔子将近行，命从者持盖（伞），已而果雨，巫马期（孔子弟子）问曰：旦无云，既日出，而夫子命持雨具，敢问何以知之？孔子曰：昨暮月宿毕。《诗》不云乎？月离（丽）于毕，俾滂沱矣，以此知之。”

我们知道孔子是对《诗经》内容最熟悉的。今日通行的《诗经》共三百零五篇，是孔子从三千多篇中删余而成的。而“月离（丽）于毕，俾滂沱矣”之诗句，出自三百零五篇中的《小雅·渐渐之石》一篇。朱熹对此句解释为“毕是漉鱼底叉网，漉鱼则其汁水淋漓而下。若雨然。毕星名义。盖取于此。今毕星上有一柄，下形亦类毕，故月宿之则雨”。根据康殷《文字源流浅释》(1979 年荣宝斋出版)，“毕字亦取形于网叉之形。”又据《汉书·天文志》说：“月失节度而妄行。出阳道则旱，出阴道则阴雨”。

但这些解释都未能说明为什么在星际空间中出现“月离（丽）于毕”的现象时，地球大气低层会出现大雨的可信机制，可见这句话并没有科学依据。

可是如果我们在《诗经》中“月离于毕，俾滂沱矣”句前再看一下，就会发现另有“有豕白蹢（蹄也），烝（众也）涉波（天河）矣”。意思是说，在银河有许多白脚的猪在通过。结合唐代黄子发《相雨书》中“候雨法”提到的：“四方斗中无云，唯河（天河）中有云三枚，相连状如浴猪，三日大雨。”说明这是雨兆。《诗经》中“有豕白蹢，烝涉波矣”，后有“月离于毕，俾滂沱矣”之句。可见这二句都是“俾滂沱矣”的征兆。又娄元礼《田家五行》中载有“天河中有黑云出，谓之河作堰，又谓之黑猪渡河 ……皆主大雨立至。”今日农谚中还有“乌猪渡河，大雨滂沱”之谚。这是因为在夜间，黑的碎云（即乌猪）不易发现。只有在淡白色银河为背景的情况下，才能看出，这种碎的黑云，其边缘为星光照亮，就好像白脚的黑猪，一团团地越过银河，形成“乌猪渡河”的景象。既然这些是“碎雨云”。它们是风暴气流推动下移动的，它们的出现，必然预兆着风暴的到来，所以“不久会下雨”的推断无疑是正确的。

《诗经》是孔子删削形成的。所以孔子对《诗经》中的诗非常熟悉。他既见到“月离（丽）于毕”句，也必然见到了“有豕白蹢，烝涉波矣”句，文献中避开了“乌猪渡河”句，而只采用“月离于毕”句来作为预报下雨的根据。这当然是文献传言者在故弄玄虚。实际上会否下雨，不在于“月离于毕”，而在于“有豕白蹢，烝涉波矣”，结果他报准了。孔子在周游列国时很可能已学到了一些民间天气经验。

《史记·天官书》记有候岁美恶的预报问题。举出汉代魏鲜有预报岁收丰歉的方法。

再研究一下北宋沈括《梦溪笔谈》的一次天气预告吧！沈括在开封作了一次成功的天气预告。他说：

“熙宁中(约在宋神宗五年，即公元1072年左右)京师久旱。祈祷备至。连日重阴。人谓必雨。一日骤晴，炎日赫然。余时因事入对(向朝廷汇极工作)。上(神宗)问雨期。余对曰：雨候已见(现)。期在明日。众谓频日晦溽(阴而闷热)尚且不雨。如此旸燥(晴干)，岂复有望！次日果大雨。是时温热用事。连日阴者，从气已效。但为厥阴所胜，未能成雨。后日骤晴者，燥金入候。则太阴得伸。明日运气皆顺，以是知其必雨。此亦当处所占也！若他处候别，所占亦异。其造化之妙，间不容发(毛发)。推此而求，自臻至理。”

这一段话，叙事明晰，对于预报正确之理讲得很清楚。即：连日天阴，降雨的水条件已具备。但因缺乏使空气不稳定抬升的热力条件，所以无法下雨。后来太阳的热力作用，使云散天晴。下层大气得以受地面加热，使空气变得既不稳定，又有了抬升力。所以完成了可以云腾致雨的条件，次日果真下了雨。

可是由于沈括热衷于医家的“运气学说”。所谓“运气学说”，就是医家利用阴阳五行理论，预报未来天气。然后再从预报的天气，研究未来可能出现什么疾病。并推断出用什么方法治病。这种学说中，也采用了一些天气经验。但因医家不是天气预报专家，不能充分根据天气实际。却利用与时日有关的阴阳五行进行预报，抓不住天气本质及规律。所以预报难准、无益治病。不应提倡。(请参看《王鹏飞气象史文选》的P.471—P.477《运气学说不能反映客观的气象本质》一文)。沈括在解释这次预报下雨的理由时，采用了许多“运气学说”的术语。如“湿热用事”、“从气已效”、“厥阴所胜”、“燥金入候”、“太阴得伸”等。因此“词不达意”。反而令人不知所云。但沈括对天气经验用于实际天气过程中，有较大把握，因此获得较好预报成果。

我国收录天气预报经验的古籍不少。如汉崔实的《农家谚》、唐黄子发的《相雨书》、元末明初的娄元礼《田家五行》、明徐光启《农政全书·占候》、清吴鹄《卜岁恒言》、梁章钜《农候杂占》等等。

利用图表达天气预报经验的古籍。最著名的是称为“白猿经”的古云图。这种古云图流传于民间，多为手抄本。有题为诸葛亮或刘伯温(刘基)所撰，内容有简有繁，图形有细致有粗率。我曾在明茅元仪《武备志·占度载》中找到许多不同抄本的“白猿经”。此书于1950年在北京东四隆福寺书肆中购到。存于今北京国家气象局图书馆中。后又发现一种称为《白猿献三光图书》的，其中分为三部分，均为手抄本。第一部分称“白猿风雨经”。内包括可预报天气的“观太阳”图53幅。“观太阴”的图16幅。“观斗(北斗)”的图9幅。“观天河”的图3幅。都是每一幅图上方有文字说明。文字工整，图画细致。且有呈红黄彩色。2004年温克刚主编《中国气象史》(气象出版社)扉页云与天气图四幅。均取自此书(如一幅“左有白云，右有黑云，中夹一红日”之图，上面有文字解释说：“东西黑白云来掩，无风自长，两边会合，主当夜子时有暴风猛雨”)。第二部分称“测天赋”(即预测未来天气的赋)。正文为对偶体叙述天气旱涝阴雨雪霜的预兆，并附有解释句义的注释。此赋与《古今图书集成》中“乾象典·雨部”内阙名《风雨赋》相同。但注解略异。其中有“占斗光之明暗，辨日色之初新。魁畔黑云，见沾滋于当夜，罡前黄气，主泣泽于来晨”等句。第三部分是另一种“白猿经”的抄本。其中仅包括“观太阳占”图22幅。“观太阴占”图11幅，“观北斗占”图8幅，每图均有文字说明风云及未来天气如何，但其中云图则画得较为简单，不如第一部分精致。

此外，尚有马王堆西汉墓出土的《天文气象杂占》帛书。帛上有图约250个，包括云、气、晕、华及星象等。但其中，云往往画得不像云，而说它像什么就画什么。光象则能画出特征。属于军事预报性质。

海上天气预报在我国元明时期已很重视。例如元朱思本《广舆图·占验编》及明周履靖《天文占验》，以及张燮《东西洋考》等均载有海洋天气预报内容。以周履靖所集《天文占验》为例。内包括占天、占云、占风、占日、占虹、占雾、占电、占潮、正月占……十二月占等。大多为四字一句，也有五字句的。

中国古籍中的天气预告，多为当地的短时预报。但是天气图预报也始自清末。例如根据1997年《上海气象志》(上海社会科学出版社)，1878年(光绪五年)徐家汇观象台开展利用单站气象要素变化发布海上台风的预报。1880年，该台首任台长能恩斯(M. Dechovreu)神父，根据东亚54个台站，绘出东亚气旋路径图及东亚台风路径图。1881年上海徐家汇观象台建天气预报机构。1882年起，发送中国沿海天气预报。且中国海关总税务司赫德(Robert Hart，1835—1911)令各海关灯塔站及海关测候所，将观测气象资料寄给徐家汇观象台。1884年(光绪十年)上海外滩信号台建成，开始预告天气及授时任务。1885年首次绘出东亚1月平均气压场分布图。1895年(光绪二十一年)徐家汇观象台绘出首张东亚地面天气图。此后除太平洋战争期外，徐家汇东亚天图绘制，始终未曾中断。1899年(光绪二十五年)徐家汇观象台与其他气象台已通气象电报。因此，为编纂《气象分典》，可向上海市气象局将清代第一张天气图列于《气象分典》中。

近来很多气象史的著作，认为春秋后期越国计然(即计倪子)曾对越王勾践所说的“太阴(岁)三岁处金则穰、三岁处水则毁、三岁处木则康、三岁处火则旱”。以及“天下六岁一穰、六岁一康、凡十二岁一饥”的话。是“超长期天气预报”(见《中国气象史》气象出版社2004年)。也有说这反映我国黄河流域一带年景变化的规律(见洪世年等《中国气象史——近代前》中国科技出版社2006年)。但是这些都不很准确，为什么呢？请看图1，这是中国古代岁星十二年一周图。

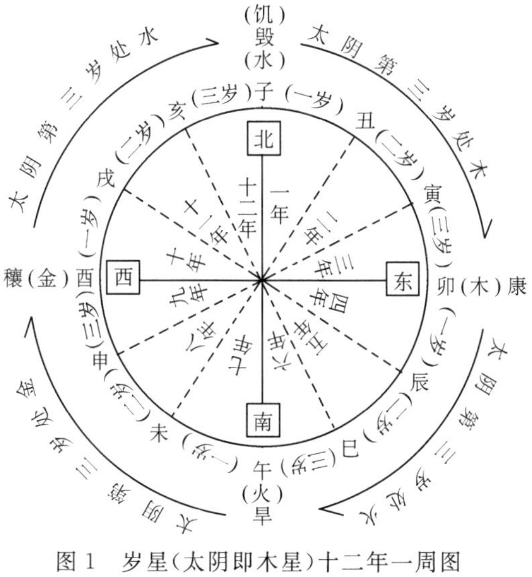

图1　岁星(太阴即木星)十二年一周图

太岁即木星(亦即太阴),是十二年一周。这一周经历子、丑、寅、卯……到亥止,共十二方位。每过一个方位称为一岁(即一年)。故化了十二年。它从“午”出发,到第三岁抵“酉”。酉为西方,属庚辛金,金秋为收获季节。所以称“穰”。穰有丰收之义。故表示丰收。又从“酉”出发,到第三岁抵“子”。子为北方,属壬癸水。水灾毁田谷,故曰:“毁”。主饥饿。再从“子”出发到第三岁抵“卯”,卯为东方,属甲乙木。木有生意。故为康。即“小穰”。更从“卯”出发到第三岁抵“午”。午为南方,属丙丁火。火为旱。仅为“小饥”,未全毁。这就是“太阴三岁处金则穰、三岁处水则毁、三岁处木则康、三岁处火则旱”的本意、可见“穰、毁、康、旱”的本意,不是从实况中来,而是从五行的金、水、木、火(即酉、子、卯、午)而来。

计然以太岁(木星)的周期几年中,可经过由五行所表示的“穰、毁、康、旱”四个年景。从而在图中可看出“天下六岁一穰、六岁一康、凡十二岁一饥”的情况。除了这四年为“穰、毁、康、旱”外,其他八年的年景未提。可能就是平年。可见这四个年景,并不等于实有年景,谈不上是黄河流域一带年景变化规律。

计然“三岁处金则穰、三岁处水则毁、三岁处木则康、三岁处火则旱”,系从“金、水、木、火”而来。用“六岁一穰、六岁一康、十二岁一饥”并非由实际年景而得。所以计然的这些话根本谈不上属于长期或超长期预报。它只是一种迷信五行的错误看法而已。

那么计倪子为什么要对越王勾践讲这些话呢?原来计倪子是越国范蠡之师。范蠡后来成为陶朱公,在越国把吴国灭亡后,经营商业去了。计然为治国高手,当勾践回到越国,企图伐吴时,怕粮食不足,伐吴有困难时,计然告诉勾践说:各地的丰歉不同,各年的丰歉也不同。对一地言,应在丰年积粮,用于歉年。而且也应把各地不同丰歉情况了解透彻。从粮多处运粮到粮少处,进行商贸,以通有无,就可以保持有粮,以利伐吴。因此他所谓的“三岁处金则穰、三岁处水则毁、三岁处木则康、三岁处火则旱”及“天下六岁一穰、六岁一康、十二岁一饥”的话,都只表示各年各地丰歉不一而已,切不要将它视为“长期预报”。

另一例子是汉东方朔的《探春历记》,这是一种以立春日的天干地支来决定该年春季雨水多少。例如:

“甲子日立春:高田丰稔,水悬岸一尺(即岸比水面高一尺)。

春雨如钱(少也)、夏雨调匀、秋雨连绵、冬雨高悬(缺少也)。

丙子日立春:高乡丰稔、水过岸一尺。

春雨多风、夏雨平田、秋雨如玉(少也)、冬雨连绵。

戊子日立春:高乡丰稔,水过岸一尺(别本云:水悬岸九寸)。

春雨连梅、夏雨寸岸、秋风不漂、冬雪观期。

庚子日立春:低处熟,高乡不熟,水悬岸七寸。

春雨来迟、夏雨过时、秋雨平岸。冬雨成地(池)。

壬子日立春:高低熟,水平岸。

春雨出风、夏雨渐来、秋雨无定。冬雨雪灾……”

我查了一下“丛书集成本”的《探春历记》,缺“丙戌日立春”条。可见这一条在“丛书集成本”中抄漏了。

查东方朔(前154—前93)字曼倩,西汉大臣。西汉国都在长安。该地无梅雨。而《历记》中却谈到了梅雨。且文中分“高乡”“低乡”等称呼,似为长江以南农民的叫法。可见这是假托东方朔之名的伪作。其60则各年之四季雨水多少根据何来,尚不可知。以干支纪年很难避免阴阳五行对季节雨水预估的影响，可姑且认为是根据经验而得出的长江下游的60年不同期的长期预报。但因人之一生，按当时的寿命言，并不很长。一个人很难活到二个周期(120年)，所以仅一个甲子(60年)的经验很难用作长期预报的根据。这与南方流行的“流郎之歌”很相接近。说明古代人民也很希望知道长期的特别是多年的水旱及年景情况。

俗语说：“60年风水轮流转”，这是指天干地支相配60年一个轮回。并不是指天气或气候，都是每60年重复一次。一个60年的天气经验，绝不会在下一个60年被天干地支的配合再重复一次。因此不论是《探春历记》也好，《流郎之歌》也好，都不能作为长期预报的依据。

4. 气候总部的发展观点的举例

可参考《王鹏飞气象史文选》中P. 91—P. 134即《中国古代气候学史》的资料。其中也包含景观物候或七十二候的问题。

5. 应用气象总部的发展观点举例

应用气象总部因“受服务部门”很多，很难说全。应该到有关专业古籍中去搜索。但我认为还是可以根据受专业服务的特点，从发展角度进行考虑。这里仅举“农业气象”及“军事气象”两方面之例如下：

(1)农业气象

甲骨文中已有禾麦等字。说明农业已成民生之本。西周时《诗经·大雅·公刘》有“相其阴阳，观其流泉”句。可见公刘带领周人在豳地开拓新的土地时，就首先考察田地和山风的光照和热量(即阴阳)条件，及流水灌溉条件。诗中称田地为“南亩”。说明所选地田，其光热条件均好。《诗经·豳风七月》“三之日于耜，四之日举趾”。是说春季整理农具，翻土备耕。他们还依靠雨水，浇灌农田，因为诗经(《小雅·大田》)有“有渰凄凄、兴雨祁祁，雨我公田、遂及我私”的话。在《吕氏春秋·任地篇》有“上田弃畝(垄)，下田弃甽(沟)。五耕五耨，必审以尽。其深植之度，阴土必耨。大草不生，又无螟蜮。今兹美禾，来兹美春。”这是说：高地不要筑垄，低田不要开沟。以防高田太干缺水，低田积水太湿。对田地要多耕、多翻，多耨草。深耕的程度应达到湿土层。这样可以破坏地下毛细管作用。使土壤保墒。多深翻可使杂草腐烂，害虫死灭。且万一下降时雨，雨水可以渗透土沟内，不致都积表层，影响作物。认为这样做，不仅有利于现在种的禾，而且有利于后来种的粮食作物。应当指出，在先秦，上述的一些农业措施的机理，当时的人并不深知。他们仅凭经验，知其然而不知其所以然。

我认为：作物在田里生长，它们一般是在大气候影响 下受地面小气候的作用而生长发育成熟的。大气候一般人们无力改变，地面是最剧烈变化的小气候活动面，受太阳的热力影响 而反应剧烈。又气流的运动对地面的影响也最大，地面又是水分相变的最重要场地，人们有能力通过改变农田小气候条件来改善作物生长发育条件。以增加生产，改善作物质量。这种理论，古代人民并不能深刻认识。但却能通过实践得到支持。因而在西汉从经验上就被通过接受了。这种改变小气候的办法很简单，就是整地。整地并不是使田地平坦化，而却是使田地垄沟相间。这种办法是先秦农业生产“上(高)田弃畝(垄)、下(低)田弃甽(沟)”的经验发展而来。

先秦所以主张“高田弃垄，低田弃沟”，是因为高垄风大易旱，低沟阴湿易涝。对于风大的关中之地，能否垄沟结合，去弊得益呢？西汉的赵过，就通过这个思路，创造了“代田法”。据《汉书·食货志》，汉武帝征和四年(公元前89年)，国家见到赵过“耕耘、下种、(制)田器，皆有便巧。”就根据他的设计制田器,学习赵过的代田法。赵过还推广牛耕,从而获得农业丰产。

赵过的代田法用田器使农田筑成垄沟相间的形式,实施沟间播种。他将每亩田做成三个沟,沟间即为垄,由于种在沟中,所以可以防风防旱等。到苗长了叶子变高,就把垄上长的草连土逐渐铲入沟中,增厚沟土,保护苗根,杂草亦可雍土为肥。使沟渐浅,苗叶渐高,垄渐低,但因根深已不怕风,又因垄渐低,苗受光照也渐好,作物生长健康,产量亦好。这就是说,代田法就是将平的农田改变小地形,便成垄沟相间,影响农田小气候,采用合适的栽种办法,在多风干旱地区,获得较好的丰收。

在西汉成帝时代,又有一位农业专家,叫氾胜之。他著有中国最早的农业专著,称为《氾胜之十八篇》。可惜原书已佚。后人从别的书中摘录该书的内容。辑集起来,改称为《氾胜之书》。北魏贾思勰的《齐民要术》中,保存有此书的不少内容。其中不少办法牵涉到顺应气候条件,改善农业培育技术措施,以增加作物产量及品质。《氾胜之书》强调说:

“凡耕之本,在于趣时和土,务粪泽。早锄早获。”

这句话中“趣时”就是说和土必须按大气候的节令。还应重视施肥(粪)及水分调节(泽)。关于播种锄土的时间愈做得早,可使作物收获得愈早。

“趣时和土”,趣“什么时”呢?《氾胜之书》说:

“春冻解,地气始通,土一和解(即一年中第一次和土)。夏至天气始暑,阳气始盛,土夏解(即一年第二次和土)。夏至后九十日,昼夜分,天地气和(即第三次和土)。以此(三)时耕田,一而当五,名曰膏泽。皆得时功”,这里的“时功”是指“趣时和土”之功。

第一次和土到底根据什么征象进行呢?怎么证明“春冻解,地气始通呢?”《氾胜之书》采用了一个指标说:“春候始通”的标准是:“椓橛木长尺二寸,埋尺,见其二寸。立春后,土块散,土没橛。连根可拔。”此时应即和土。因为如再等二十日以后,和气去,即土刚,就无法和土。其具体的指标是:“土块隆起,把土表二寸的露出的橛头掩没,而本来冻结在地表的宿根也松动了,用手一拔,即可出土。”出现这个现象,表示春冻已解,地气始通,可以和土。

为什么此时可看出春冻已解,地气始通呢?这是因为在关中地区冬季地表已有冻土。亦即地表水分已结成冰晶,与土粒一起冻结。但土内水多未冻。于是由于冰面最大水汽压低于水面,所以土内水就上升到地表附近,凝华于冰晶上。这就使冰晶区(即冻土区)膨胀,土层上抬到冒出土面的木橛之上。等到春季到来,太阳热力加大,地温升高,冻土内冰晶融化,冻土解体,土内水分融化,使硬度减弱。于是木橛及宿根可很容易拔出。这就是春冻已解,地气始通的表现。可以进行第一次和土工作。和土后,土壤水分可以有利调整。上层多余水分可以与底层最干土相和。且使土内毛细管切断。底层中的水分不致因毛细管而升到上层蒸失,从而能很好地保持土墒。土地因和土而疏松,也有助于种子萌发,生根发芽。

由于上层土壤压实下层土壤,时间一久,土壤内毛细管又会形成。到了夏至左右,地表温度升高,土壤深层水分又通过毛细管上升。会在表土上蒸发消失。为保持土墒,必须进行第二次和土,当时正值麦收之后,和土已属可行。

到了夏至后 90 天左右,早秋已收获。此时正当再需切断毛细管以保墒之时。所以又可进行第三次和土,以利秋播麦种。

《氾胜之书》指出:“此时耕,一而当四。和气去(时)耕,四不当一。”又指出:“春气未通,则土适歷(即土壤不易和匀),不保泽(难以保墒)。经岁不宜稼。”这是指出,“和土”必须按时,如能在和气时进行和土,且在有雨时耕,方能使土壤肥沃(膏泽),获得按时耕种的效果(此时耕,“一而当五,名曰膏泽。皆得时功”)。

在“务粪泽”方面,《汜胜之书》中强调“冬雨雪止,以物辄蔺麦上。掩其雪。勿令雪从风飞去。后雪复如此,则麦耐旱。多实。”又说“秋锄,以棘柴耧之。以雍麦根。”“到榆荚时,注雨止。候土白背,复锄。如此则收必倍。”这是压雪保墒。雍棘柴保麦根、及在雨后锄土调整水分与土内分布之举,都是很好保泽的措施。还主张土上长草后锄地,即是利用绿肥以粪土。

此外,《汜胜之书》又设法利用水流以控稻田温度。曾记有:“(稻)始种。稻欲温,(需)缺其塍,令水道与稻相值。夏至后大热,令水道(与稻)相错(以减热)。”这是因为水的比热容较大。

到了东汉时桓帝期(147—167)崔实的《四民月令》出书。它仿照《礼记月令》,写出了士农工商(四民)亦可遵循的逐月做的农事工作(《礼记月令》则是记录政府逐月应做的工作)。从《四民月令》看,已指出“三月可种梗稻……五月可别稻。”所谓“别稻”即在三月撒种于秧田,五月在别田中插秧(即移栽稻秧)这是水稻移栽技术的开始,当然也引起了一系列的移栽水稻的农业气象问题。同时《四民月令》已记录了种桑养蚕问题。关于养蚕,须治蚕室。这也就引起了蚕室小气候问题。

在后魏(386—534)高阳太守贾思勰写了一部重要农书,叫《齐民要术》。总结了黄河流城的农业经验。内容包括农牧及手工业工作技术。所谓“齐民”是指“平民”。所谓“要术”即生活所需的技术。所以内容较杂。

在保墒方面《齐民要术》比《汜胜之书》更胜一筹。它不仅强调一年三次的“趣时”。还强调根据实际情况进行锄土。目的在于使土壤燥湿得宜,因此说:

“凡耕高田地,不问春秋,必使燥湿得所为佳。”若水旱不调,(则)宁燥不湿。(因)燥耕虽(成)块,一经得雨,地则粉解。湿耕坚垎,数年不鲜。谚云“湿耕泽锄,不如归去。”言无益而有损。湿耕者,白背(湿时土色较深。水初干,地表色较浅,称白背)。未透速耕之(未干透时,即和土)。亦无妨。否则大恶也。又说“凡种下田(低田),不问春秋,候水尽地白背时,速耕。杷劳频频(用钉杷来回松土),令熟(土粒细而干燥为宜)。过燥则坚。过雨则泥。所以宜速耕也。”它提出“春耕寻手(即随即)劳(杷劳)。秋耕待白背劳。”因为“春既多风,若不寻劳,地必虚燥。秋田湿实,湿劳令地硬。”

《齐民要术》对锄草也有新认识,认为中耕除草,可减少杂草争夺作物之水肥。还可供作物以水肥。认为“锄头三寸泽。”“春锄起地,夏为锄草。”“凡五谷,唯小锄为良。(因)小锄者,非直省功,谷亦倍胜。大锄者,草根繁茂。用功多而收益少。”这是因为草根繁茂,表示杂草已大量争夺谷物的水肥。影响了谷物生长,且锄草也更费力。

农业气象在北魏后,还有发展。以上只举一些例子。编《气象分典》编排资料时,可举一反三,用发展的观点,依次排列资料。

(2)军事气象

再以军事气象为例。前面已介绍的《天文气象杂占》帛书,事实上也属于军事气象的范畴。那时还处于“天垂象、示吉凶”来预报军事胜负的思想阶段。《史记·天官书》中多有根据日月星辰中有异常气象来判断军事胜败的。特别是“日晕”,因为它包围太阳,所以军中常根据日晕形状、色彩、长短,同心晕的多少、背、反、在太阳周围的方向等,以区别敌我谁胜。

这些当然缺乏科学依据。但晕往往出现于冰晶云上，所以也具有预兆未来天气的作用。利用晕的天气预兆来设计战役，仍有军事意义。

中国最早的军事气象活动，记载了黄帝与蚩尤大战之事。蚩尤能作大雾，黄帝与蚩尤战于涿鹿之野。蚩尤作大雾弥三日，军人皆惑。黄帝乃令风后法斗机，作指南车，以别四方，遂擒蚩尤。

后人对法斗机制指南车很有兴趣，什么叫"法斗机"呢？其意为效法北斗星指北的机制。

因为北斗七星形似有柄的熨斗，或有把手的车斗。斗柄一年四季在天空回转，可指示四季。据《鹖冠子》："斗柄指东，天下皆春。斗柄指南，天下皆夏。斗柄指西，天下皆秋。斗柄指北，天下皆冬。"北斗的三个星组成斗柄，四个星组成斗体。各星的分布与名称如图2所示。

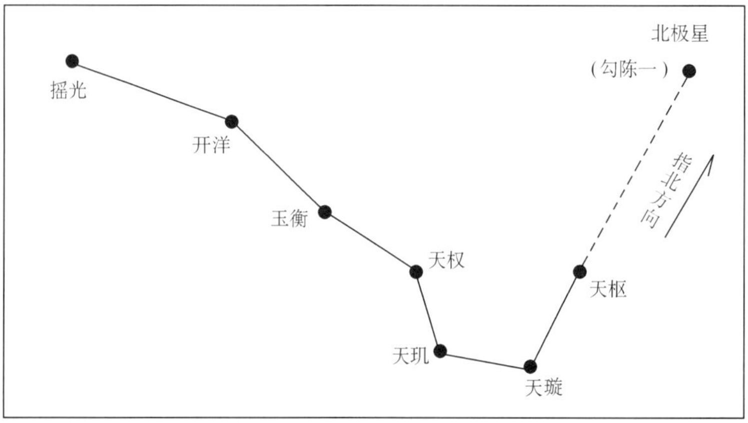

图2　利用北斗星找正北法

可以看出，在图中，在离斗柄较远一侧的斗边。有二个星，接近斗底的一个叫"天璇"，远离斗底的一个叫"天枢"。从"天璇"向"天枢"作一连线，并向外延长五倍的地方，可发现一个亮星，即北极星(勾陈一)，这个方向，基本上即为指北方向。这就是利用北斗星找到正北方向的方法。这就是"法斗机"的本意。但在地上创造指南车，要效法北斗的机制，能不能成功呢？如果采用磁针(必须是磁石针，因为当时还无铁器)，当然可以。因为磁针的一端不管有无大雾，它是始终指北的(这里暂不考虑磁北与正北的偏差)。由于磁针一端指北，犹如北斗星自"天璇"指向"天枢"始终指北一样。所以利用指南针定方向作为"法斗机"当然也是可以的。但也有人认为这是利用磁针，不等于"法斗机"。但如果黄帝时，已发明了车。就又作别论。黄帝"轩辕氏""轩"而有"辕"，"辕"即拉车之木。一种车子(轩)而有车辕。"轩"也是车字旁。所以这自然就是一种车子。车上可以指挥战争，等于战车。在此车中采用了磁针，其功能就与这种具有车斗形的能指出正北的北斗作用，有相似性。而且北斗星只有夜间能见，如果夜间有雾，连用北斗星来判别方向也不能了。但是有磁针的指南车，不论昼夜，不论有雾无雾，都能以判别方向。因此它比根据北斗星来辨认方向更为有效。所以问题在于在黄帝时，是否已发明了磁(石)针。如果没有发明磁(石)针，那么黄帝时就无法按北斗星的机制制造指南车。

黄帝与蚩尤大战除了"法斗机"的事外，还有利用风雨等天气的故事。根据《山海经·大荒北经》说:“大荒之中,有山,名曰‘不勾’。……有人衣青衣。名曰‘黄帝女魃’。蚩尤作兵伐黄帝,黄帝乃令应龙攻之冀州之野。应龙畜水,蚩尤请风伯雨师纵大风雨,黄帝乃下天女曰魃。雨止,逐杀蚩尤。”抹去传说中神话的穿插。为什么蚩尤必须利用恶劣天气偷袭黄帝,而黄帝却在好天气中获胜呢?这可能是由于蚩尤的兵力本来处于劣势,不及黄帝所致。

《孙子兵法》是我国最早的著名兵书,为孙吴所撰。该书的首篇《计篇》。首先指出军事上必须考虑“道、天、地、将、法”五事。并指出:“天者,阴阳、寒暑、时制也。”其中“阴阳”两字,军事家有不同看法,如巫咸、甘氏、石氏、史墨、裨灶等人,认为即指“五行、刑德、向背之类。”强调金、木、水、火、土五行之星与争胜负有关。认为岁星(木星)所在之分,不可攻。攻之反受其殃。但李淳风却说:“君令合于时,则岁星光喜,年丰人安,君尚暴虐。令若不时,岁星芒角而怒,则兵起。”可见并不是岁星所在之分不可攻。问题在于人君行为。换言之,攻之能否胜利。不在于五行,而在于人君的“刑德”。所谓“刑德”即用兵顺天道必胜。逆天道必败。但周武王伐纣,在行军中“忽有风雨疾雷,鼓旗毁折。”武王的军队害病了。姜太公就说:“夫用兵者,顺天道未必吉,逆之未必凶。若失人事,则三军败亡、且天道鬼神,视之不见,听之不闻,故智者不法,愚者拘之。若乃好贤而任能,举事而得时,则不看时日而事利。不假卜巫而事吉。不待祷祠而福从。”命令军队继续前进。当时周公却说:“今时近太岁。龟灼言凶,卜筮不吉,星凶为灾”。要求姜太公退兵。姜太公发了火说:“今纣剖比干,囚箕子,以飞廉为政。伐之有何不可?枯草(指蓍草)朽骨(指龟甲兽骨),安可知乎?”就烧掉龟甲,带领军队渡过汉水。武王听从了姜太公的决定。结果就灭掉了商纣(参见《十一家孙子》中华书局,1962)。有人认为阴阳是客观存在。军中自有阴阳。但唐李筌《神机制敌太白阴经》(河北人民出版社,1991)中《天无阴阳篇》的第一章说:“夫春风东来,草木甲坼。而积廪之粟不萌。秋天肃霜,百卉具腓。而蒙蔽之草不伤。阴阳寒暑,为人谋所变。人谋成败,岂阴阳所能变之哉?”但是细细分析李筌的话,事实上他不是否认天有阴阳,而是说人不可将天的阴阳视为不可抗。军中自有阴阳。却是可以用人谋胜之。他承认阴阳包括天气及气候变化等天时。还认为“天时为战用。有水旱灾害,虫蝗霜雹荒乱之天时,非孤虚向背之天时也。”可见我国军事专家,通过军事实践,承认天时主要是指气象。而气象不利条件在军事上是可以利用或克服以争取胜利的。

军队中指挥战争,很早就是用大气物理的遥感遥控方法。“烽火台”就是一种用光的遥感告知敌人入侵的设施。《孙子兵法·军事篇》引《军政》说:“言不相闻,故为金鼓(即锣和鼓)。视不相见,故为旌旗。”耳为遥感锣鼓之声的器官。眼睛为遥感旗帜动向的器官。鼓声报进,锣声报退。旗帜为指挥全体军人行动的表征。在战争中一方军士只要能看到本军旗帜的动向及锣鼓的声音,全军就能像一个人似的一致行动。另外,夜战设许多灯火与鼓声之点,昼战用许多不同的旌旗,可以“乱人耳目”,混淆敌人的视听,以取得胜利。《墨子·城守篇》还提到为侦察城外敌人挖地道攻城,可在城内若干地方在土内安放瓦缸。在缸内坐听敌方挖土声之来向,可判定挖土之穴在向何方进行。在《太白阴经》中有“地听”一节也指明此法,这是因为声音在固体传送较不易减弱也。

古代黄河流域战争较为频繁。军事是要调兵遣将的,而这就有步战与车战等出现。大量士兵及战车的活动,黄土疏松,就常引起尘土飞扬。因此战争中常根据尘土飞扬的形式,来探断敌人行动,称为“望气”。

《孙子兵法·行军篇》就提到根据尘埃情况来解释敌情的。篇中说:“尘高而锐者,车来也。卑而广者,徒来也。散而条达者,樵来也。少而往来者,营军也。”这是说:车必马拉,轮与马蹄势重,走得快,且辙迹相次行进,所以尘土必然既高而锐。看到高而锐的灰尘,一定可以断定是兵车来了。但步兵走路慢,踏土比车马轻,但可以并列而走,所以尘土必低而宽。有时兵士采了枝条而行,目的在拖烧饭之柴,但也可能是故意拖着树枝,造成大片尘土,以迷惑敌人,既是拉着枝条走,尘土必时断时续(即条达),时纵时横,所以也是可以判断的。另外,当军队筑营驻扎时,由于来往不多,所以尘土稀少。说明敌人已扎了营。

但在《史记·天官书》中,也提到了利用尘土飞扬情况判断敌情,称为“望气”。说:“徒气白,土功气黄,车气乍高乍下,往往而聚。骑气卑而布。卒气抟(团也),前卑而后高者疾。前方而高,后锐而卑者却。其气平者其行徐。前高而后卑者,不止而反。”

这里“徒气白”的“徒”字指“单独”之意,不指“步兵”。因为后面的“卒”字才指“步兵”。所以“徒气白”是指没有步兵、军车及骑兵的时候的空气。这时空气纯洁,只有空气分子及很细的微粒。在日光的散射下呈现波长较短的光线。所以显出青白色,所谓“土功气”,指黄土腾起的气。包括军车气、骑兵气及步兵气。它们在地上行进时,都会使地面疏松的尘土扬气。这些气,悬浮的粒子较粗。能反射日光。使日光带有黄土色。所以称为“土功气黄”。后面就分别指出这三种气腾扬的特点,即军车气是乍高乍低的。这是因为军车被马匹拉动时,由于地面的高低不平,车马又重,所以腾起的黄土,忽高忽低,时进时停。于是腾尘也时聚时散。骑兵起斥候作用。需前后巡行,马足轻快。所以骑兵气卑而布。布即“分散”之意。步兵(即卒),由于是整体成排成列而行,所以形成的腾气往往成块成团,故曰:“卒气抟”。至于后面的一些话,如“前卑而后高者疾”,那是说:“骑兵在前、军车在后,表示敌军正在急速前进”。“前方而高,后锐而卑者却”,是说前面有军车及步兵,后面是骑兵。这是敌人在犹豫想退却。因为步兵气方,军车气高,而骑兵气是卑而散。如果“气平”则表示敌军的步兵、军车、骑兵,行军很慢,尘土均匀腾升。最后,如尘土“前高而后卑”,说明骑兵在后,军车在前。这正好与“前卑后高”的腾气相反。因而是敌兵向反向前进的表示。这是用腾气的形式判定敌军的军车、骑兵和步兵三者共同行军的情况的办法,将它与《孙子兵法》所说的结合,很有意思。

但是到了北周,一些术士“迷信望气”的风气渐兴。如北周庾季才的《灵台秘苑》卷四中。“气”的一节中,有“帝王气”、“猛将气”、“军胜气”、“军败气”、“伏兵气”、“养兵气”、“城胜气”、“屠城气”、“图谋气”等。这些都是带迷信色彩的观察行为。

军车只能在平原地区行动。在山地崎岖的地方,以及在雨雪泥泞的时候,军车就行动不便。所以在军事活动中,本来是军车、骑兵、步兵三结合的。军车的使用就逐渐减少。最后到了汉末,军车逐渐退出三结合体系。到了唐代渐成为步兵与骑兵相结合。有时还摆成阵势,奇正配合,设计阵图形成的战斗。

到了宋代,火药已被发明,并应用到战争中去。最初发明燃烧性火器,有火箭、火枪、火球、火禽等。公元970年(宋太祖开宝三年)宋军就在与南唐作战时,用过火箭。公元1044年宋仁宗庆历四年,曾公亮、丁度奉诏主编的《武经总要》,曾记载三种火药配方,一种可发毒烟,一种可引起燃烧,更有一种是能起爆炸的火药。在清汪宗沂据《杜佑通典》及《太平御览》、《武经总要》形成的《李卫公兵法辑本》中,有制火箭法及制火禽法。制火箭法为以小瓢盛油,冠于矢端。射城楼橹板上,瓢破油散,因烧矢镞内杆中。射油散处火立燃。复以油瓢续之。则楼橹尽焚。谓之“火箭”。制“火禽”法为“磨杏子中空,以艾(可用以引火)实之。系雀足上，加火。将暮群放，雀飞入城垒中栖宿。其积聚(粮物)庐舍，须臾火发。谓之‘火杏’(亦称‘火雀’或‘火禽’)。”此后不断改进。一种是将“火箭”或“火禽”装于车上，谓之“火车”。一种将火药装于中空之竹筒，空实以瓷片、石粒、碎瓦片，使借火药爆炸力发强声及爆炸打击之力，损伤敌人。亦有将火器装于车内，形成炮车。南宋1161年虞允文曾在采石矶用火炮大败金兵。所用火炮即为霹雳炮。但宋代战争中，仍以采用冷兵器及火枪、火车(发火之车)为多。

元代蒙古族大量吸收制火器、发火车等的工匠。战争中大量使用火器。其两次远征日本，均用过火炮。

明代利用发火车。炮车更多。由于火器装于车上。使火攻更为灵活。所以车战又重返战场。但此次车战与先秦之车战不同。因为发火车可射击很远，不像先秦之战车因为使用长柄的冷兵器，必须“乘人、马拉、兵拥”。并随战争发展而前进。明代发火车一般不必多所移动。可以驻点轰击，仅需稍微调整位置及轰击方向。所以道路崎岖及因雨雪而路途泥泞，影响发火车的火攻作用并不大。这就使车攻比先秦更为普遍。

风雨可影响火攻。但风雨在古代战争中也大大影响其他军事活动。

弓箭是古代“遥殺伤”武器。箭头在空中飞行，需受风影响。矢箭的制作要符合空气动力学规律，并影响射中“标的”及“伤人程度”的能力。《周礼·考工记》中对如何制造弓矢使符合空气动力学规律，有较好的说明。

但一般战争也与风力与风向有很大关系。就风力言，往往吹折旗帜刮坏营帐，视为不利于战。而风向不顺，也不得胜利。吴起的《吴子兵法》内“治兵第三”中说：“将战之时，审候风所从来。风顺致呼而从之。风逆坚阵以待之。”这是因为风顺则风必从我方吹向敌方。有利于我军行军时，加速行动，加强攻敌力量。我军的呐喊声，更易传向敌方。使敌闻之胆寒，敌人逆风行军，既影响其速度，并使他们运用兵器，格外费力。还能减弱敌人兵刃的杀伤力。从而顺风之军，得胜的可能性增大。逆风之军必须对进攻方向，重新调整。

唐代有名为“易静”的人，曾任武安军押衙。撰《兵要望江南》词一卷。其中包括题为占雨、占风、占日、占虹、占气、占云、占雷、占霞等词共500首。虽杂有阴阳五行等迷信内容，但也有值得参考的部分。今将其中“占风”部分摘出较合理的五条如下：

1. 军离国，风自背后兴，大则大赢为吉兆，小风小胜总堪征。天意助我行。

2. 兵大举，方出帝王城。逆面风来军恐惧。会将人马结营停，守过待时行！

3. 吾攻彼，审令看风情。令不顺方吾可击，风信顺我必功成。降虏出前迎。

4. 营下毕，风猝似雷声。吹倒旗枪飘帐幕，须防敌骑欲夺营。大战血交并！

5. 临阵处，风从后头来。旗帜翩翩向敌上，天威默助凯歌回，贼败悉尘埃！

其中第三首：“令不顺方”是说命令中攻击的方向不全与风的去向一致。但有相同的地方。例如向南攻击，风的去向不是正南，这仍有利于攻敌，所以“风不顺方。但仍顺我”这仍有助于我得到胜利。这五首词中，四首都谈风向。唯有第四首则是谈暴风出现的情况。“营下毕”是说停止行军，确定地形，结束扎营工作后。这时应考虑敌人劫营的可能。一般认为偃旗折杆破帐是不利于扎营打仗的。敌人也往往在此时偷袭。

在《资治通鉴·后晋纪五》，却记有逆风击敌成功的战例。后晋杜重威于公元954年在阳城(今河北保定西南)为契丹军所困。契丹利用东北风纵火扬尘攻击。晋军本拟逆风转向后反击，但又怕被困时久，饥渴乏力而被俘，于是采纳意见，乘风沙中契丹不知晋方情况，出其不意而逆风奋力。遣轻骑出击约二十里。契丹为之退兵。这是说明顺风进击为兵家常规。可纵火扬尘,有利攻击。但有时亦可逆常规出其不意,逆风出击,获得胜利。

在水战中,因有水流顺逆,所以风与水战的关系比较复杂。改变风帆方向可变化船向。船向与流向一致,易于取胜。但顺风向放船纵火也很有利。赤壁之战,可以为证。但按正史,火烧赤壁之东风为碰巧出现,与诸葛亮无关,诸葛亮不知当时会有东风。请参看《王鹏飞气象史文选》(P.464—P.470)《赤壁之战及其雾况风况的探源》一文。所以在编《气象分典》收集火攻资料时,不应出现诸葛亮借东风,或诸葛亮知气象,预知东风发生的内容。

由于火攻与风的关系很大。所以话题可回到"火攻"中来。

"火"之能够持续,是因为有氧供应。而风助火势就在于风能供氧助燃。即将空气中的氧气补给燃烧消耗的氧。使燃烧能持续下去。而燃烧使空气发热,发生对流。热空气上升。有利于吸引周围空气中的氧充实进去。形成环流。另一方面,下风方的物体,在风对火的导引下,易于加热,使温度升高到逼干。着火点降低。易于燃烧。从而使火势易于漫延到下风方。可见风助火,火促风。风供氧,氧助燃,燃吸风。成为一个成长漫延的风火体系。

《孙子兵法》有"火攻"一篇,非常精彩。它首先指出军事上火攻的目标有五:一营栅、二粮秣、三辎重、四库室、五队仗兵器。还必须具备五个条件方可火攻,一是敌人受火的环境,有充分的易燃物。二是有进入点燃的条件(如点火人进入条件及点火设备条件)。三是处于气候干燥或连晴时间。四是有风的天气。五是要在起火时及早在外边策应。但在外策应也要谨慎。即当敌人内部火发生后,看敌人是否混乱。如果敌人仍十分镇静,则应当等待火势加盛。在火盛时如敌人乱,则再进攻。如敌人仍不乱,则放弃进攻。但也不一定。事实上必须等待敌人的内部起火。可以在外边另找敌人的辎重或营栅发火。在发火时,要强调在敌人的上风方点火。不要在下风方点火,以免自己遭殃("火发上风,无攻下风")。还应掌握自然界起风规律。即"昼风久,夜风止"(这是因为白天地面受阳光加热,空气较不稳定。所以昼风较久。夜间地面辐射冷却,空气较稳定,风速一般较弱,甚至白天有风,到夜间风会停止)。所以火攻必须强调了解有较大风力的日子。不仅要重视对敌火攻。也要提防敌人对我之火攻。

这一段话的原文是:"孙子曰:火攻有五,一曰火人、二曰火积、三曰火辎、四曰火库、五曰火队。行为必有因,烟火必素具,发火有时,起火有日,时者,天之燥也。日者,月在箕、翼。轸也。凡此四宿者,风起之日也。凡火攻,必因五火之变而应之,火发于内,则早应之于外。火发兵静者,待而勿攻,极其火力,可从而从之。不可从而止。火可发于外,无待于内。以时发之。火发上风,无攻下风,昼风久,夜风止,凡军必知五火之变,以数守之。"

有趣的是,曹操曾对《孙子兵法·火攻篇》进行注解,他在官渡破袁绍时,也曾用许攸计,烧袁绍的辎重万余。可见火烧赤壁时,他一定也曾采取应付的措施的。

由于《孙子·火攻篇》是以"火攻"为题。所以没有谈到"防火攻"的问题。但是"火发上风,无攻下风"的话,也可启发如何逃避火攻的办法。即在自己的下风方进行放火,既不受火患,而且可以获得一个无火患的地方。据唐杜牧注:"汉时李陵征匈奴战败,为单于所逐。及于大泽。匈奴于上风纵火。陵亦先放火烧断兼葭。用绝火势。"实际上指出,李陵已有了防火攻的办法了。

明末无名氏所著《草庐经略》(12卷)收集了历代战例。作者生活于嘉靖、隆庆、万历间。《四库全书》未收此书,但张之洞《书目答问》已列入,在该书卷十"火攻"节中,由于明代火药已广泛用于军事。有了火弩、火炮等战具。所以此书中尤有比《孙子兵法》"火攻篇"更新的内容。例如当时已有"震天雷、飞火铊"等火器。用以进行火攻。

书中指出："火攻之策，虽全胜而实至惨，火发兵应，而宜纷扰，向畏静安。扰则敌无备，静则敌有备也。焚(陆)栅用火车，焚水栅用火舟。火筏近则莫支，火队凭恃用兵诱之。至芦苇草木之地，而烈熖相加。至时之燥与风之道，并烟火之物，所预具备，已有成说(因《孙子·火攻篇》已有提及)。将(主持军队之人)素知矣。"这一段话，补充了《孙子·火攻篇》的火攻法，其后，又用历史上七个战例说明利用"缚筏积柴，固风纵火"、"小船载草，灌膏焚桥"、"巨舰实以葭苇，纵火乘风拔水寨"、"引敌众入葭苇，纵火烧敌军"及"焚军器库"等取胜之法。

最后又加述防火攻之法，以补《孙子·火攻篇》之不足。如下文：

"而防火攻者，必敌将举火，我已先知。虚其营，稍留余卒、遍竖旌旗、传布鼓角。人马循环出入，以示未离营塞。吾兵伏左右，候起火，余众喧嚣，佯为扰乱。敌必进攻。吾伏兵夹击两旁，且袭其后，无不胜矣。"又说：

"布阵于野，偶见火起。亟芟吾军旁草苇。而顺风预爇其前后左右(之草)，移军既爇之地。严阵以待。"最后又补充了敌人用火攻船之防备法说："敌火吾舟，惟水寨舳舻如织，仓卒难解。"因此主张在水战时，水寨之舟不宜紧紧把船相连。要保持各舟分离。所以说："战则舟散，防之可免(不把各船连在一起，可免船都被火烧毁)。"还叮咛说："要知结营水次，未有不惓惓谨备火攻而得为智者。"

在明末，因女真(即后金及清)入侵。在辽东之战中，发展了火炮车战的技术。明代抗后金名将孙承宗研究炮车战术，与鹿善继、茅元仪、杜应芳等将领共同探讨车营战术中可能出现的问题。写出了《车营百八叩、答、说、合编》(1622—1624，即天启 2 至 4 年)共四卷，系由《车营百八叩》、《车营百八答》、《车营百八说》及《车营图制》四个内容汇编而成。属于明末由火器与战车结合并与车军、骑军、步军及辎重编组成营。配合作战的重要兵书。每一问题都是由问(即叩)、答及说(由问答所提升的理性认识)三者结合。说理通俗明晰，在我国兵法书中独树一帜。在兵法的发展中开创了一个阶段。

古代车战，并无火器配合，行径不便，只能在平原行驶，有了火炮装备，明代的车战就脱离了仅由冷兵器作战的车战。因有了火器配备，如虎添翼，车战的功能大增。由于后金是擅长骑马弯弓，杀伤力可达百米。而炮车轰击，可遥击三四百米，其杀伤力远大于弓弩。辽东地形以平川为主，炮车可以使用。车营战术是冷兵器与火炮并用。且据孙承宗指出："其用车在用火，其用火在用叠阵(叠阵即各兵种配合作战，变化无穷)。合水(战)、陆(战)、步(兵)、骑(兵)舟(兵)、众(合众)、寡(分兵)、奇(火奇)、正(常规)之用火，无一非叠阵。"说明这种战术，不仅"火以车载，车以火用"而且无一不利用"火"，将火枪、火炮装在车上，在弓弩上也装上火器，各种武器在各兵种中配备，并在不同阵式中使用，枪炮还设有子母形式，所以这是冷兵器过渡到火器的战争。也是古代战术过渡到近代战术，单兵种指挥过渡到多兵种指挥的桥梁。火与车的结合和火与舟的结合为发展坦克和兵舰的先声。

请看第十七答：

"车正行，遇有丛林茂草，伏火骤发，我兵惊乱，敌乃乘急来攻，此敌乘风燥物干之际，用火攻计也。我当严守勿惊，敌来急攻，亦勿与战，先相风南北，所向迎风，必除草木而断其火，复顺风以燃草木而展其地，火断则延烧不及，地展则人马可移，此临时遇急之谋，若预于伏火之处，发游骑暗中往来侦探。遇敌辄捕，是火即扑。更出奇以厄敌往来要口，更不至临时大费踌躇，抑抄出敌后，亦以火攻，更为奇中之奇。”

而在“第十七说”中则说：“当先搜其伏火之处，遇急则斩荆莱、除草，我即移营上风，以策以应。而俟敌冲。”这是对“第十七答”的补充！

这里第十七“答”及“说”基本与《草庐经略》中相似。因为时间相近，思路有所传承。

但在“第一百问”中孙承宗对车战术能否在有坏天气时，起到出奇制胜的作用。作了回答。该问题说：“车行必择晴干，而兵家之奇必用风雾雨雪，如(唐)苏定方两破突厥，一应雾而往，一凌雪深二尺而行(分别在公元630年及657年)。皆掩其不备而破其帐，然(春秋时)楚之备吴也，雨十日，夜(度)吴必至，不如备之。吴人果(夜)至，见(楚)有备而还。楚乃乘其还(欲)破吴军曰：吴人来三十里，还三十里(未成其图)其将必休(因失败而罢职)，其食(粮食)必为(我)有，……奇兵之在车(营)者，风雾雨雪，亦少用乎？作何发纵(处置)？”

其“答”曰：“然则兵用奇必因雨雾风雪也。而奇之出也，或用轻厢(车厢很轻的)快马以疾驰，或用精炼骑(兵)步(兵)以潜入，相地而行，无有不成。”其“说”曰：“车(营)行必择晴干，而用奇必因风雾雨雪，……今如用奇选‘迎锋’‘钻枪’(皆车名)等轻快便利之车，或因风雾，或乘雨雪，出敌不意而疾击之或掩袭之，敌必败。惟料敌明白乃能。”这是利用敌人的偷袭不成，反其道行也。亦即利用雨雾风雪袭敌，因为车营组织包括各种性质之车骑及步兵，所以也可在雨雪雾风中进行，完成奇袭任务。但最重要的乃是先明白敌情。

可见古代车战，在风雾雨雪之时，不利于行动，而明末的车营战术，却可在各种天气下进行出奇制胜的谋略。

明代何守法(嘉靖万历间人)《投笔肤谈》，为别具一格的兵法著作，共计十三篇。曾在“兵机”一篇中说：“是以善用兵者，天时不能为之挠，地形不能为之阴，惟能因机而制变，择利以行权，则电雾风雪为之资，险易广狭为之用。”在“方术”一节中说：“方术，多方之巧法也。”强调以巧取胜。指出：“川流可引，山陵可通，丘阜可移，桥梁可易。所以违害而邀利也，发机转车，激轮行舟，裂布悬幢，燃火飞枪者，所以利吾之用也。洒水冻冷。漂尘蔽淖、机桥陷马、阙地罗兵者，所以设阱害敌也。火焚舟楫，水淹都城，飞石破垣，掷钩取物者，所以达兵之不及也。联牛以导水，拜井以求泉，种冰以成垣，列桩以缓浪，所以济兵之穷也。夫方术之术，实现也。妖术之术，幻妄也，御方术者以机权，破幻妄者以刚正，则吾有以胜敌，敌无以胜我矣！”

其十一篇为《物略》。是根据物性所作的讨论。其中说：“金火相守则流，火木相得则炎。火遇风则炽，遇水则灭。水遇寒则结，遇火则竭。火虚则不燃，实则易熄。水流则不腐，止则易涴。下火既炎，则上火益焰，下流既远，则上流自缓，火焚石者，激之而后裂。以水灌城者，决之而后倾。是以备水攻者，当防其上流，御火攻者，当断其上风。盖火可扑也，亦可煽也。水可壅也，亦可导也。此水火者所以济攻而非专攻。所以攻人而亦虑人之反攻也。天下之物，犹有入火不焚者入水则沉，入水不溺者入火则化。欲制其用者亦不可不利导之也。”“向月窥林者暗，背月窥林者明，此光影之相乘也。故备夜战者，以火烛敌，常使我隐为敌见也。惊尘突烟，人之所苦，顺风固可以迷敌(使敌人迷惑)。借施之，可击百万之众也，而我值逆，亦当知防也。甓口藏声，室隙传响，此声闻之相通也。故谷中语如附耳，山头语如对面，而山谷之应声(回声)亦可资以助兵威也。天之旱晴风雨，地之海潮消长可以预卜。……是以知冰之士，察物之理，鉴物之用，总括其利不遗微小，则虽百万之众无所惧，千里之远无所困也。”

其第十三篇《天经》中，他主张“上不制于天。”“天官时日，明将(明智之将军)不法(不学)”。强调天文气象“可以佐吾之用兵，而非可恃以为必胜也。”“疾雷走电，不能为吾惧。凄风苦雨，不能为吾忧。寒暑雾雪之异常，不能为吾阻。若此者，所以反其灾害而为祥利。定人之疑，顺时之机，以制吾之胜者也。虽然，此乃人谋也。亦有自然之天命焉，善兵者，尽吾人谋之可为，以听天命之不可违而已。至于成败利钝，有所不计也。”这话很有启发意义。

明代倭寇之患非常严重。倭寇勾结沿海土豪匪盗，烧杀抢掠，给人民造成很大危害。戚继光(1528—1587)训练士兵进行抗倭，屡获胜利。他的《纪效新书》叙述了训练军队抗倭的经过。为一本重要抗倭军事著作，他知道海战与战船性能、潮汐有关系，也与风等天气条件关系很大。戚继光抗倭战争在《纪效新书》中针对的地点是在浙东，所以在该书中列出 24 条浙东渔民的看天经验。称为“行船观日月星云占风时”。“观日月”是指观测日月之晕(所用经验如日晕则雨，月晕则风，何方有缺，而此方风来也)。“观星”是看星星的闪铄(如星光闪烁不定主有风)。“观云”如看台风之云(夏秋之交，大风及有海沙云起，海之风潮，名曰飓风，此乃具四方之风，有此风必有霖淫大雨同作。又如“春南夏北，有风必雨”等)。还对各月多风暴之日，列为“逐月风忌”。由于潮汐影响船行及海战，该书还列出“浙东潮候”及发生潮起潮落的时辰。一天十二个时辰(一时辰合二个小时)，潮水是一天两回。“朝出为潮，夕出为汐”，它与地球自转时海水受月球引力和它与月地体系自旋离心力有关。但昼夜系地球表面受阳光的情况决定的。十二个时辰(以地支表示)即与此有关，潮汐则与月亮有关，因此潮汐的周期与昼夜的周期不同。所以潮涨潮落的时辰，每天不一样，逐日有所落后，但当时我国并没有钟表，只有水漏，计时不便。人们只能白天看太阳夜间听打更来判定时辰，海上看太阳出入的方位，可决定季节从而判定阳历月份，而阴历各月的寅时，可作为该月各日时辰的标准。寅时以后到酉时为白天，酉时以后到次日寅时为夜间，白天时辰可看太阳高度，夜间可分为五更，每更分五点。因自酉到寅时共分五更五点。即相当于六更，可见每更相当于一个时辰，因此《纪效新书》规定先观测日出日落的方位，按下面的口诀，确定阴历月分。

由太阳出入方位定农历月份口诀如下，并参看中国古代 24 方位名称图 3。

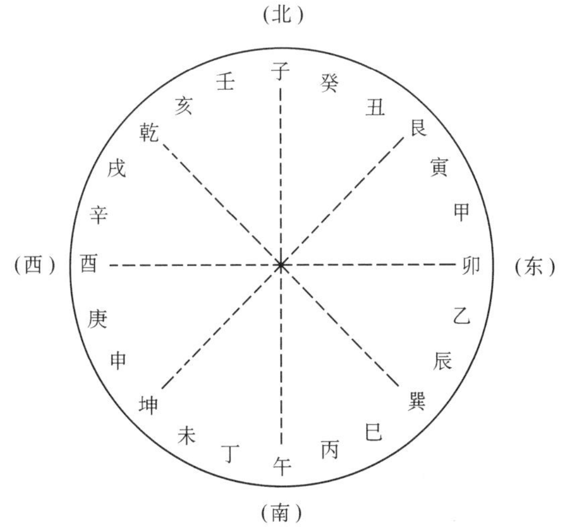

图 3　中国古代 24 方位名称

“正(月)九(月)出乙(东东南)入庚(西西南)方，

二(月)八(月)出兔(卯即东方)入鸡(酉即西方)肠，

三(月)七(月)发甲(东东北)入辛(西西北)地，

四(月)六(月)出寅(东北东)入犬(戌即西北西)藏，

五月生艮(东北)归乾(西北)土，

仲冬(十一月)出巽(东南)入坤(西南)方，

惟有十月(与)十二月，出辰(东南东)入申(西南西)仔细详!”

决定了当时的农历月份后，再根据月份来确定该月的“寅时(即日出时辰)”时刻。口诀如下：

由农历月份定寅时口诀：

“正、九”五更四点彻(正月及九月，当敲完五更四点时就是寅时)。

“二、八”五更二点歇(二月及八月，当五更二点敲完时，就到了寅时)。

“三、七”平光起寅时(三月及七月，当地平线出现曙光之时，正好寅时开始)。

“四、六”日出寅无别(四月及六月，太阳出现在地平线上时，恰好寅时)。

“五月”日高三丈地(五月见到太阳高出地平线约三丈时，正当寅时)。

“十月、十二(月)”四更二(十月和十二月，打四更二点时，为寅时)。

“仲冬(十一月，即冬月)”才到四更初(刚打完四更，未加一点)，此是寅时须切记”。

再根据今日寅时时刻，根据今日的初几，判断此刻究竟处于潮候的涨潮还是落潮时候，这可用下面的口诀：

浙东潮候口诀：

“初一、初二、十三、十四，寅申长，巳亥平。(“长”表示潮水始涨，“平”表示潮平)

初三、初四、十五、十六，卯酉长，午子平。

初五、初六、十七、十八，辰戌长，未丑平。

初七、初八、十九、二十，巳亥长，申寅平。

初九、初十、廿一、廿二，午子长，酉卯平。

十一、十二、廿三、廿四，未丑长，辰戌平。

廿五、廿六，申寅长，巳亥平。

廿七、廿八，酉卯长，子午平。

廿九、卅，戌辰长，丑未平。”

浙东潮候口诀的解释可以用初一、初二为例。在寅时是开始涨潮，到巳时达潮水最高而涨平，然后开始退潮。退到申时已退尽，开始出现涨汐。到亥时就又出涨平，再开始退汐，退到初二日寅时多一些。又涨潮，涨到巳时多一些时，再达最高而涨平。然后再退汐，退到卯时退尽，从卯时开始第三天的涨潮……

可见每天“有涨有落”有二次潮汐，每天的潮汐涨落时间与前一天出现时间迟约一个小时(即半个时辰)。每隔两天，潮汐涨落的出现时间比前二天迟约一个时辰。因此如果你肯定该天当时是什么时辰，就可以知道当时潮水高度处于涨潮还是退潮中什么程度了。

《纪效新书》就根据这些潮汐判断法及风和天气的群众经验，再结合敌我船的性能(倭船一般较小，我方的船福船重大，吃水深，海沧较小，吃水中等，苍船最小，与倭船相近。)决定派出什么船与倭船作战。认为大晴天若风大势顺，则与倭船开战，沧不如福，苍不如沧。在风小势逆，则福不如沧，沧不如苍。船中也载有“满天烟喷筒”“飞天喷筒”“大蜂窠”等火器，更有所改进。

明代末年，茅元仪曾收集古今兵书，包括一些民间的军事著作，编了一部丰富的军事丛书，称为《武备志》，共240卷。有宋献之序说："所采之书二千余种，包括秘图写本，破先人之藏书垂万卷。又搜讨四方传借之书，启编于万历己未(1619)，完编于天启辛酉(1621)。"全书180万言，内有《兵诀评》(18卷)《战略考》(33卷)《阵练制》(41卷)《军资乘》(55卷)《占度载》(93卷)。内附有《郑和航道图》，其中有关军事气象的内容，大多集中于《占度载》("占度"为"占候度地"之意)中，如《白猿经》，就收集有多种版本。

清代也有许多兵书，这里就不再介绍，应加以收集，例如在鸦片战争不久，魏源发表《圣武记》一书，其中附录卷十四，就编有"城守篇"及"水守篇"等防守策略，很可参考，当然更先进的军事气象著作，应加收集。

其他各应用气象中的发展观点，仿此，不赘述。

6. 气象及"气象因"灾害总部的发展观点

注意：《古今图书集成》中有各种灾异的内容，其中"异"字包括各种奇异观象。如大气光象、声象之类。我认为凡大气光象、大气声象等不必包括在《气象分典》灾害总部中，它们应包括在大气与天气现象总部内。又生物特异现象，可以删去。

又张德二《三千年气象灾害总录》一书之内容，可以在编纂《气象分典》的气象灾害总部中抄用。但必须重新按灾害的气象性质分类为主。

灾害总部中，除由风、雨、霜、雪、雹、淞、旱、涝、寒、蝗蝻、雾、阴湿等灾外，还应包括沙尘、龙卷等灾。

除气象灾害应包括在灾害总部外，发展观点还应增加"气象因"的其他灾害，即由于前期出现气象灾害后，连带产生的重大非气象灾害。如泥石流、火灾、地震、海啸、山崩、河堤冲毁、饥荒、瘟疫等。但如这些非气象灾害不是由气象因产生的，则不必包括在内。

但是在灾害总部中，更应增添灾害的预防及善后部分。所谓灾害预防，应包括土炮土枪消雹消雾及防霜冻等部分。灾害发生后的善后，也应适当地加以考虑。这方面应有史料可找。

(四)发展观点是从曲折的历史认识中体现的

前面我们已举出许多气象认识中的发展观点的例子。但是如果进一步对所举的例子作一番考究，可以看出人类正确的气象认识，不可能一蹴而就，发展是在克服不符合客观规律的认识中获得的。而且发展没有止境，它是以正确的认识为渐近线的。

另外，气象认识也不是一味发展的，在历史上常出现倒退落后的认识占优势的现象，只是总趋势是发展的。

因此，为了研究总体发展，也为了研究那些倒退及落后的认识出现的原因，我们在《气象分典》的资料收集中，必须尽量广收无遗，便于分析研究，以利于此后我国气象科学的发展。

四、体现发展观在收集中国古籍气象资料的具体做法

(一) 对1911年以前有关气象的中国文献及文物资料广泛收集。对每个资料不删改，不增饰，不断章取义。注明作者，资料产出时间，出处。

(二) 将资料根据上述现代气象科学分类，分别归类。

(三)对每一类的资料再次分为一些专题。并将同一专题的资料,集中在一起,按资料完成的时间(不是按资料所述及的主人公存在的时间)先后排列资料。这是因为资料完成时间的著作者的气象认识,是资料表达的认识基础,而资料述及的主人公的认识,往往受资料著作者本人或当时社会流行认识所制约。

(四)分析各专题中按资料出处排列的资料内容,可探究此专题各资料在此时间间隔内人们认识水平的进展或后退的情况或原因,有时可看出既有进展又有落后的成分。

例如在"人与天气灾害"这个专题中,在殷墟甲骨文中,已有天气灾害可占卜而知,可祭祀天地、山川、方位、祖先祖祉而免;在《山海经》中,已有可利用应龙、女魃发动旱涝,在《尚书·洪范》中,已利用五行,分天气灾害为"恒雨若、恒旸若、恒燠若、恒寒若,恒风若"。在董仲舒《春秋繁露》中,在《尚书·洪范》及十二五史的《五行志》中也包括天人感应的内容,即将国君之行为态度与施政等与天气反常结合起来,这又相应于《易经》所谓"天垂象,示吉凶"。

以《晋书·五行志》为例,志内指出:"田猎不宿,饮食不享,出入不节,夺农时及有奸谋,则木不曲直(出现雨木冰,即雨凇、雪凇等现象)弃法律逐功名,杀太子,以妾为妻,则火不炎上(出现火灾)。修宫室,饰台榭,内淫乱,犯亲戚,侮兄弟,则稼穑不成(出现水旱之灾,民大饥等现象)。如战攻,轻百姓,饰城部,侵边界,则金不从革(出现大风折金属杆等现象),简宗庙,不铸祠,废祭祀,逆天时,则水不润下(出现洪水、大雨、久雨等现象)。"

又指出:"貌之不荣,是谓不肃,厥咎狂,厥罚恒雨。言之不从,是谓不乂,厥咎僭,厥罚恒旸(出现大旱、饥、不雨)。视之不明,是谓不哲,厥咎舒,厥罚恒燠。听之不聪,是谓不谋,厥罚恒寒(出现大雨雹、大雹、陨霜、风雹伤庄稼等),思心之不容,是谓不圣,厥罚恒风(出现大风,风伤稼折木。大震、尽海、地震、山崩等),皇之不极,是谓不建,厥咎明,厥罚恒阴。"

许多《五行志》中都将天气灾害归之于国君人事及朝廷中的阴谋等,而许多的《帝王记》中也都记录了帝王为此而进行减膳、减赋、求雨等禳解举动。另外一些《沟渠志》等也有不少减免水灾的措施,农业上也不乏防霜防涝等措施。自明代以后,还有一些土枪土炮消雾及抗雹笔记,这些对于人类认识天气灾害的思想,均出现渐渐正确化的趋势。

每一类气象科学分类中,可以提出许多专题,集中每一专题。1911 年前的,以时间为序的资料,分析人们认识及行动的进展,是很有价值的。即使发现某些时间中,人们认识及行动有所落后,但分析研究这些落后,以及再认识和又重新进展的原因,往往会增加读者的史识。

五、编纂良好的《气象分典》的保证条件

这种保证条件有二:一是史识,二是有较深入的气象科学基本知识。两者缺一不可。而这也是编纂者每个人所必须努力提高的。

气象学界“Front”中译名的统一小史

么枕生教授为当今我国气象学界的前辈之一。在农业气象及气候动力和数值化研究中，享有盛名。他在气象学界，桃李满天下。解放前，历任西北农学院、东北大学、浙江大学等校教授。解放初，在北京沙滩三眼井横栅栏军委气象局宿舍，一度与我邻居。1952年后，在南京大学气象系任教。我于1960年调南京，参加南京气象学院建院及教学工作。因同在南京，得以经常会聚讨教。他为人爽直真率，治学渊博深入，每出卓见。为同侪及学子所敬佩。他长我十岁，为我良师益友。他在我国气象学术界的成就，为人所乐道。其刻苦钻研，迄耄年犹不少歇，更为人所称羡。本文虽仅对他在统一“Front”中译名的作用作一简介。但“Front”一词在气象学中使用非常频繁，如有确切的统一中译名，对理解“Front”的正确含义，很有利于教学。现在统一译为“锋”，比较贴切，这与他的提倡有关。因时久事湮，现在介绍出来，也是很有意义的。

“Front”一词在气象学界之应用，起于1918年。在1917年V.皮叶克尼斯(Bjerknes)在挪威创卑尔根(Bergen)学派。迄1930年，该学派得四大成果。即：1918年V.皮叶克尼斯与索尔伯(Solberg)发现了气旋中的“Warm front”；1919年T.白潜龙(Bargeron)发现气旋锢囚过程；1922年分析了气旋的Polar front理论模式；1928年白潜龙首先进行了气团分析。这前三者，仅将Front与气旋相关联。但后一成果，将Front与气团发生了关联。这就把Front的意义，超越了波动的Front概念，而得到了扩展。

“Front”一词用于气象学界，这与1918年起第一次世界大战有关。由于当时大战中交战前线消息在报刊频繁出现，而且在物理学上，“wave front”之词有表示光波前缘的先例，而气旋又被视为一种波动。所以气象学中，讨论气旋问题，采用“front”一词就有了依据。

但“Front”一词在气象学界，当时是一新事物。应译为中文什么是个问题。在物理学界，“wave front”译为“波前”或“波阵面”。而在气象学界，最早译名是吕炯在《气象研究所集刊》第二号《极面学说与中国长江流域下流之风暴》一文中提出的，时为1930年。即将“Polar front”译为“极面”。换言之，将“front”译为“面”。

此后，在气象学界，一般都把“front”译为面。如1935年《中国气象学会会刊》改名为《气象杂志》，其第十一卷第一期(9月出版)竺可桢在《十年来气象学之进步》对第二方面的发展，就提到“极面学说的发扬推广”。在提及挪威学派的几篇文章“On the Structure of moving Cyclones”(1918)，“Life Cycles of Cyclones and Polar Front Theory”(1922)等时均是采用“极面”一词，卢鋈《民国二十年六月十日寒暖气流之移动与飑线》中也提到“飑线段与冷面俱来”。郑子政翻译美国气象学会月刊十六卷介绍勃朗特(D.Brunt)的《物理动力气象学(physical and Dynamical meteorology，1934)新书中，对“front”的发展一章，以“极面学说与风暴发达之关系”译文表示。朱炳海《分析气团以论天气变化》一文，也把“极面学说”译“polar front theory”，李宪之《大气之周流》一文说：“寒流之前面，称寒面，暖流之前面，称为暖面”。涂长望在《我国低气压的成因与来源》(1936)及《中国气流与面之初步探讨》(1937)中，都将“front”译为“面”。卢鋈在《中国沿海雾之初步研究》(1937)中介绍了H.C.威来脱

(Willet)锋面雾的分类,说极面雾可分为面前雾(包括暖面前雾、冷面前雾、锢面前雾),面际雾(包括暖面际雾、冷面际雾、锢面际雾),面后雾(仅有暖面后雾)。因此可以说,迄1937年,我国气象学界都已统一把“front”译为“面”。

在《气象学1919—1949》(科学出版社)这部《中国近代科学论著丛刊》的气象论文集中,也包括一些1937年及其前的中国气象重要论文。其中有的论文中有将“front”译为“锋”的。如卢鋈《中国之寒潮》(1936)中已提到“冷气团排除暖气团而代领其位,冷锋于焉形成”。但该文原文出自《气象杂志》第十二卷(P.651—P.679)。该句原为“冷面于焉形成”。说明《气象学1919—1949》一书中收集之论文,在编印重刊(1955)时,因当时已规定“front”的中译名为“锋”,才将“面”改为“锋”。并不能证明1937年前已有将“front”译为“锋”。

1938年德国汉堡海洋观象台所出版的《水文与海洋气象年鉴(Annalm der Hydrographic and maritimen meteorologie)》第三册发表了P. Raethjen(拉司金)的《Fronten and Grenzflaihen in Theorie and Erfahrung》。吕炯请么枕生教授将此文译出,介绍给国内谈天气的。译文在1938年我国《气象杂志》十四卷第二期(P.73—P.79)刊出。译文题目是《锋与界面之理论与经验》。这里,首先把“front”的中译名译为“锋”。这篇文章的原文,探讨了“front”与面(Flache)的异同。么枕生教授在译文的题目上加一个星注:

“Front”一字普通译为“面”。但此文中译“面”字有困难,因为“‘Front’如译‘面’,则‘front flache’须译作‘面面’,而‘front line’则须译作‘面线’,殊觉不妥,故暂拟译‘锋’字,免此困难,非立异也”。

可以看出他把“Front”译为“锋”而不译为“面”。纯由于在此文中译为“面”有困难。那时,他并不想将此永久译为“锋”,而是暂拟译为“锋”。这仅是一种权宜之计。但是他为什么不译为其他中文词,而却译为“锋”决不是任意的。可惜么枕生教授并未说明译为“锋”的词义上的理由。我们可对此作一些探讨。

先谈英文中使用“front”的理由。

我们认为在第一次世界大战期间发现气象上气团交界处活跃不连续面时,正好社会上盛行军事术语front。他们认为借用军事术语front(意为战争前线或前方)来表达这种气象上发现的新事物最为合适。他们并不将这新事物译为“surface”或“interface”。因为“surface”或“interface”这些词太一般了。它们仅有静态的意义,不能表达所发现的新气象事物的特征。事实上这种新事物具有动态。其移动与强弱变化与军事上的战争前方或前线更为相近,可以比拟。因此英文中将此气象新事物借用front这一词。从时间上说,有偶然性,但从意义上说,却是比较好的。可是在中文译名上,1937年前,反而静态地将“front”译为“面”,这本来并非合适的译名。这“面”字正是英文命名这个气象新事物时故意避免的。

改译为“锋”,在意义上是受“front”这个词所启发的,因为“front”表示战争前方或前线。而我国在战争中打头阵的官或先遣部队有“先锋”之称。战斗要用刀剑,而刀剑着物的最早部分是“锋”。锋或先锋都是在动态中起作用的。在声音上,“Front”与“锋”同声,所以以“锋”译“Front”,有声音上的启发,便于记忆。这样,在英文中采用Front表示气象上这种新事物的优点也就体现到用“锋”这个中文词表达这新事物来了。而且英文中frontal surface,frontal line等词,也很易于顺理成章地译为锋面、锋线。“polar front”也可译为“极锋”,十分方便。

因此自从么枕生教授提出暂时拟将“front”译为“锋”后,我国气象学界自1938年后,已统一将front不约而同地都译为“锋”。现在我们在使用“锋”这个气象名词时,不能不感谢么枕生教授。

“伣”字不能表示“风向器”的考据

摘　要

本文根据早于高诱的许慎对《淮南子·齐俗训》之注中不提“伣”而注“綄”，认为“綄”即风向器(五两)。且许慎的《说文解字》内“伣”字解释中不包括风向器。肯定西汉时的《淮南子·齐俗训》中并无“伣”字，仅有“綄”字。且“伣”无风向器之意义，而“綄”恰具有称为“五两”的风向器之意义。肯定了清代庄逵吉及王念孙的意见。即“伣”字是“綄”字在传抄中被误写的。因此肯定了“伣”字不能解释风向器。另外，本文通过考据，查究甲骨片，证明《明义士旧藏甲骨文字》中《明·四二二》甲骨中，并无“伣”字，证明《甲骨文篇》认为《明·四二二》中有“伣”字，是将“伊”字误认为“伣”字所致。文中指出，想从甲骨文中是否有“伣”字来查究殷代有否风向器的思路是错误的。因为“伣”字既没有风向器的意义，而殷代风向器又不会用“伣”字来表达。所以即使甲骨文中不存在“伣”字，并不能证明殷代没有风向器。

关键词：伣、綄、风向器、五两

一、问题的提出

“伣”是风向器吗？

看到这个问题的人，会觉得这个问题提得有些怪，因为《康熙字典》中伣就有风向器的字义。《淮南子·齐俗训》[1]中“辟若伣之见风也，无须臾之间定矣。”高诱注就说：“伣，候风也，世谓之五两。”有人甚至说1964年中国科学院考古研究所出版孙海波主编中华书局影印的《甲骨文篇》[2]，已指出《明·四二二》[即《明义士殷虚卜辞》(1917)中第四二二]就有“伣”字。可见在殷代已有风向器了。

但是伣字不仅解释风向器，也还有别的解释。例如在《诗·大雅·大明》[3]中有“伣天之妹”句。这是周文王要娶太姒而称赞太姒的话。这里“伣”有“譬如”之意，说太姒美如天仙。另外在许慎《说文解字》中除把“伣”解释为“譬如”外，还从构字法的角度说：“此字‘从人从见’。”“伣”字像一个用“眼睛”代表“头”的人在窥视另一个人(即“伣”字的“亻”旁)。因此具有“窥视”的意思，常指“间谍”或“细作”。这些都没有表示“风向器”的意义。在甲骨文中如有“伣”字并不能一厢情愿地表示殷代因此就有了风向器。因为甲骨文中的“伣”字可能不是指风向器。所以，如没有“伣”字，也不一定代表殷代没有风向器。因为很有可能那时的风向器并不叫“伣”，而是采用别的称呼。因此必须先查究有“伣”字的那片甲骨文，其所刻的全句文字究竟记录什么内容？

二、查《明·四二二》甲骨文内容

因手头有日本学者岛帮男《殷墟卜辞综类》[4](东京汲古书院，1977)，其中“汉字索引”找不到“侃”字，但书中有《南明·422》，它相当于《明·四二二》。其中包括两条卜辞如下：

①“[illegible]”(《南明·422》)

壬申贞其求雨(于示)壬羊

②“[illegible]”(《南明·422》)

甲戌卜其求雨于伊夹

这两条都无“侃”字，但我们知道在殷墟甲骨文中，往往一篇上刻有不同时间的很多卜辞，担心《综类》未将此片甲骨文上刻辞录全，就托台湾刘昭民先生找《明·四二二》的完整拓片。1988年3月25日，刘先生托其亲戚来大陆之便，寄给我这片甲骨摹本。如图1，并附有一信：

“弟将以前取自胡厚宣大作之甲骨文《明义士旧藏甲骨文字》第四二二片，请示中文系教授，说其中没有‘侃’字，并附上此片摹本如原图。”

本文图1即为所附摹本。图内甲骨片旁之注，即为中文系教授所作隶释。

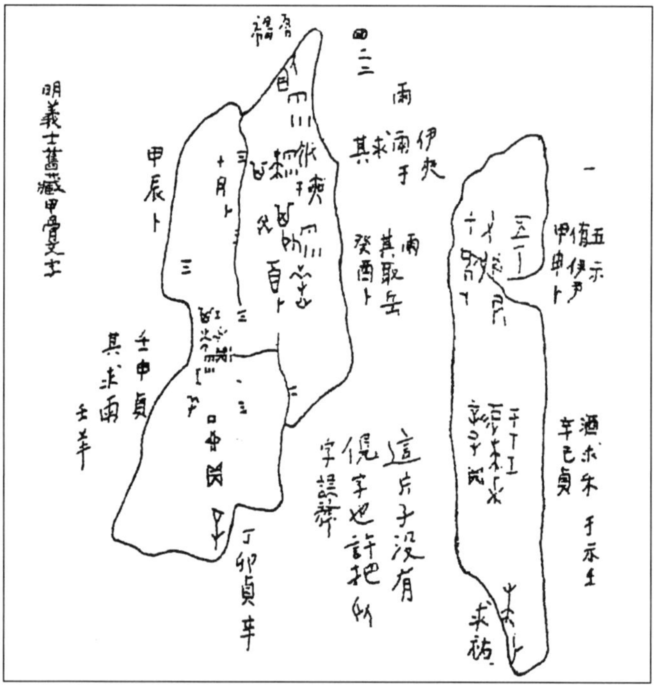

图1 《明·四二二》的摹本

今将图之左右两片卜辞内容录于下面：

左①:甲 辰 卜 其 求 雨 于 伊 夹	右①:甲 申 卜 侑 伊 尹 五 示
左②:癸 酉 卜 其 取 岳 雨	右②:辛 巳 贞 酒 求 禾 于 示 壬
左③:壬 申 贞 其 求 雨 壬 羊	右③:求 佑
左④:丁 卯 贞 辛	

把图1中的隶释与《殷墟卜辞综类》的两条作比较。知“求”字即“𠦪”。属祭名，都用“[illegible]”表示。又左③即《综类》之①(即“壬申贞其求雨壬羊”)。而左①即《综类》之②，但其中“甲辰”在《综类》中却为“甲戌”。对照甲骨原刻均为“[illegible]”。考“[illegible]”为“戌”，而“辰”字的甲

骨文应作“”。因此左①中隶释“甲辰”是错的，应该为“甲戌”为是。

另一方面，图 1 中甲骨文所记卜贞日有甲申、辛巳、丁卯、壬申、癸酉五天。如按“甲辰卜”来计算，则“甲申”在其前 20 天，“辛巳”在其前 23 天，“丁卯”在其后 23 天，“壬申”在其后 28 天，“癸酉”在其后 29 天，即均在其前后 20 天或以外。但如果按“甲戌卜”计，则“丁卯”在其前 7 天，“壬申”在其前 2 天，“癸酉”在其前 1 天，“辛巳”在其后 7 天，“甲申”在其后 10 天，即均在其前后 10 天或以内。如按同一甲骨文中贞卜应当相近的规律看，也证明此甲骨中，隶释的“甲辰”应改为“甲戌”。

这样，我们证明了《明・四二二》这个摹本应正是《综类》206 页的《南明・422》。同时从内容上也证明其中并无“伣”字。

又图 1 中注有：“伣字也许把字误释”的说明，我认为这不可能。因为“”与作为“伣”字的“”的形状相差过远。且“”为“耳”，耳旁加“”，正是“取”字。“取”字不可能误为“伣”字。倒是左①、右①都有“伊”字。甲骨文“伊”字作“”。由于占卜的甲骨均需火灼，从其裂痕来判断吉凶。在裂痕的混淆下，“伊”字的甲骨文极易误认为“伣”字。因为他们都是“亻”旁，而其右半部“尹”字受裂痕的影响，易被误认为“见”字。

但是甲骨文怎么会出现“伊”字呢？原来“伊”是指“伊尹”。他是商汤时的名臣，曾助商汤灭夏代，商汤死后，又辅太甲当政。曾教育太甲，还曾放太甲而代政，三年后再还政给太甲，继续关心太甲治国。伊尹死后，受尊重而与商代先王同受祭祀。此片中又有“伊”，据赵诚《甲骨文简明词典》[5]（中华书局，1988）P. 37 说：“伊常指伊尹之配偶，死后与伊尹同受祭祀，有时也向他们祈雨，如左①即为向伊祈雨之例。”而“右①”却为向伊尹神主进行五示之祭的例子。伊的“”字有各种写法，例如等。

《甲骨文编》是收罗许多甲骨文而成，它所仅证明的一片甲骨《明・四四二》有“伣”字被本文所否定了。《殷墟卜辞综类》也广收卜辞，其中也不曾出现“伣”字，所以很可能甲骨文没有“伣”字。即使有“伣”字，仍需看此“伣”字是否有风向器之意义。反之，即使没有“伣”字，也并不能证明殷代没有风向器。因此以甲骨文有否“伣”字来证明殷代有无风向器的思路，本来是成问题的。

三、《淮南子・齐俗训》中“伣”字有“高诱注”与“许慎注”的不同

今本《淮南子・齐俗训》中的确有“伣”字，东汉高诱注说：“伣，候风也，世谓之五两。”什么叫五两呢？查北周庾季才《灵台秘苑》卷五《风序记》[6]（参见上海古籍出版社《四库术数丛书（五）》，1994）说：“古法，于巽方（巽为风，指东南方）立三丈五尺之竿。乌（或鸡）羽五两，（风）吹平则占。亦可于竿首作盘，盘上作三足乌，两足连上而外立，一足系下而内转，（风来）回首向（之）。乌衔一花，（花）旋即占之。鸡羽取其属巽，有号令之象。鸡有知时之效，羽以其可吹而动，不必拘五（羽）八（羽）之数。但轻则易举皆可。临事理而度之。用乌象日中之精，乌乃巢居而知风。巢居者，风动而先翔。或急疾立旗于平地以占候，唯鸡羽得本术。”

唐李淳风《乙巳占》[7]有关占风内容即参考此而作。

由此可见“五两”即风向器。高诱说：“世谓之五两”，就是说“伣”即为风向器。

但高诱怎样来判断“伣”是风向器呢？他并不是正确理解“伣”有风向器的意义才这样说

的，而是根据《淮南子·齐俗训》有关“俔”的整段句义而揣度“俔”字应该有风向器的意义，下此断语的。因为事实上东汉此时并无“俔”表示风向器的称呼。

今将《淮南子·齐俗训》有关“俔”的一段文字列之于下：

“故通于道者如车轴，不运于己，而与毂致千里，转无穷之原也。不通于道者若迷惑，告以东西南北，所居聆聆，一曲而辟然忽不得，复迷惑也。故终身隶于人，辟若俔之见风也，无须臾之间定矣。”

其意是：“熟悉路径（通于道）的人，像车轴一样不必耗费心力，就可以像车轴一样随车轮滚行千里，任意在平原上到处运行。而不熟悉路径的人（心是迷迷糊糊的），虽然有人告诉他处于东西南北的那一位置，非常清楚。可是只要拐个弯（一曲）就立刻又迷迷糊糊，找不到正确的路径，必须时刻要别人来指引，好像‘俔’之见风，无法能片刻安定下来。”这一段话谈的都是走路判断方向的问题，高诱结合全句，就对“俔之见风”的“俔”字意义进行揣度，猜出必指一种指示风的仪器。

但是著名考据学家许慎也是东汉人，仅比高诱略早。也曾对《淮南子》作注，他所注的《淮南子·齐俗训》相应句的原文以及他的注文，可参看清康熙时《钦定渊鉴类函》[8]中《天部·风四·候风统》条。该条曰：《淮南子》曰“若綂之候风也。”许慎曰：“綂，候风扇也，楚人谓之五两。”又清庄逵吉在“辟若俔之见风”句下作按语说：据《文选注》[《文选注》[9]为唐代学者李善（约630—689）对梁昭明太子萧统（501—531）的《文选》的注释]。“俔”作“綂”，“见”作“候”。故许慎见到的《淮南子·齐俗训》中相应的句子“辟若綂之候风也。”这与《渊鉴类函·候风綂》条的说法，基本相当。

由此可见许慎所见的《淮南子·齐俗训》相应句的原文，有“綂”字而无“俔”字。所以他只能对“綂”字作注，不可能对“俔”字作注，从而不可能出现俔可解释为风向器的思想，于是在他的名著《说文解字》[10]中，不可能在“俔”字下有解释为风向器的内容。

既然许慎见到的《淮南子》有“綂”字而无“俔”字，所以可以将这个本子叫“綂字本《淮南子》”，而将高诱注的《淮南子》称为“俔字本《淮南子》”。可见在东汉流传的《淮南子》有两个本子。由于许慎比高诱较早，可见“綂字本《淮南子》”的流行较“俔字本《淮南子》”更早。此后，在东汉这两种本子的《淮南子》都在世上流行。

四、清代对“俔”与“綂”的认识是否可用以判别风向器？

在清代乾隆时，有两位学者对“俔”与“綂”哪一个比较正确代表风向器进行了判别。一位叫庄逵吉（1760—1813），一位叫王念孙（1744—1832）。在此以前，虽然“俔字本《淮南子》”与“綂字本《淮南子》”都在民间流行。但却以“俔字本”的流通较广。这是因为人们觉得“綂”为“纟”旁，必是一种布帛制成可随风飘动之物。作为测风向的设备是容易被人理解的。但“俔”字原意为一个人在偷窥另一个人，即间谍。用它来表示风向器是不可思议的。既然高诱认为“俔”是风向器，这就是一种新知识。这种新知识又没有别的参考书可以查考。所以由高诱注的《淮南子》就比较流行。这就使“綂字本《淮南子》”较少流行。庄逵吉在注“俔字本《淮南子》”时见到了“綂字本《淮南子》”。认为风向器称为“綂”比称为“俔”合理，为纠正“俔”的错误，所以在“俔字本《淮南子》”上加注说：“此字当作‘綂’为是。”但他认为“綂”字之所以写成“俔”，是因为在抄写时，“綂”字的“完”与“见”字字形相近，容易误写，并且举出例子

《论语》中的《阳货第十七》说孔子到武城听到弦歌之声，就“莞尔而笑”。这“莞尔”的“莞”字在唐人陆德明(556—627)的《经典释文》[11]中就写成了“莧尔”，但他没有指出“纟”与“亻”容易混淆。这是“綄”字容易误写成“伣”的缘故。

王念孙则在其名著《读书杂志・淮南内篇》[12]中说：綄是西汉常见的风向器，它是在风杆上系上了布帛而成的东西，观测布帛被风吹动的飘向，其上风方即为风向。这种系帛的动作叫“绾”又可写成“綄”。因为据《广韵》[13]（宋陈彭年等奉诏修）“绾，乌患切，音畹，钩系也，亦作綄”。他又说：绾字右半边“官”字，在古书中常写作“完”字。例如《管子》一书，也常被写作《莞子》。”当然“纟”旁在书写潦草或刻划模糊时，也容易被人误认为“亻”旁。

但是这两位考据学家，仅指出“伣”字应当是“綄”字的误写。这是不全面的。例如庄逵吉只强调了“见”字是从“完”字转变来的，不考虑其偏旁部首的“纟”与“亻”的转化，就解决不了具体的问题。如果仅考虑“伣”中的“见”是由“完”误写成的，则未误写前，当为“俒”字。查《康熙字典》中“俒”字，知“俒，胡困切，完也。”[14]它根本与风向器无关，不能用它来解释风向器。如果说“綄”中的完，因误写成为“见”，则误写后的当为“䋞”字。按《康熙字典》，“䋞”相当于蚕茧的“茧”字(即“繭”)[15]而不会写成“伣”字。它不能作为“綄”字可误写为“伣”字的理由。

而王念孙讨论了“綄”字是由“绾”字而来。证明“绾”是制作风向器的动作，这很有意义。可是他却未指出“伣”字表达风向器的错误的原因。

所以应当补充说明“伣”并不能表达风向器的理由。

我们认为在西汉及其前，“伣”字仅有“譬喻”及“窥探”两个意义，它根本并无表达风向器的意义。所以在东汉，《淮南子・齐俗训》中原本表示风向器的“綄”字在传抄中变为不表达风向器的“伣”字。高诱在注中原应当指出这个问题，他却反而硬把并无风向器意义的“伣”字，错误地解释为可以代替称为“五两”的风向器。这个字的错误虽然是传抄造成的，但“伣”字的错误解释，却是高诱为“始作俑者”。《康熙字典》本来也应当排除这个错误的解释，可是却为了流行的《淮南子・齐俗训》中有“伣”字及高诱的注，就将就这个错误而采用“伣”可以表示风向器的解释。但这一切都不等于我们可以把“伣”字解释为风向器的理由。

五、结论

通过本文的考据，我们知道了下面事实：

(1)“伣”字代表风向器仅出现于今本《淮南子・齐俗训》中“辟若伣之见风也”句及高诱对此句的注内。在此以前许慎见到的《淮南子・齐俗训》中，仅有“綄”字并无“伣”字。故在注内仅指出“綄”为称为“五两”之风向器。这是正确的。证明自西汉刘安到东汉许慎，《齐俗训》中都仅用“綄”字，所以许慎在其名著《说文解字》中的“伣”字，并无“伣”字可解释为风向器的字义。

(2)高诱注中对“伣”作风向器解释，是前所未有的对风向器的新名称，人们为吸收这种新称呼，“伣”字本的《淮南子》反而盛行起来。

(3)到了清代庄逵吉和王念孙指出《淮南子・齐俗训》中之“伣”应当是“綄”之误。但并未说明“伣”字不能代表风向器之理由。而其前的《康熙字典》中，却已将“伣”字解释中，将高诱错误地把“伣”字具有风向器的注释放入字义中。本文对此进行了澄清。

(4)本文还证明《甲骨文编》把《明·四二二》片甲骨内"伊尹"的伊字误认为"伣"字的错误,做了检查揭示,证明《明·四二二》中并无"伣"字。

(5)本文指出:想从甲骨文中根据有否"伣"字来证明殷代有否风向器的思路是错误的,因为在殷代,"伣"字不一定有。即使有,由于"伣"字并不代表风向器,所以也不一定与风向器有关。而且殷代风向器不一定称为"伣",却可能另有称呼,所以甲骨文中即使没有"伣"字,也不能肯定殷代必没有风向器。

最后,我在结论中所可肯定的是:"伣"不表示风向器。在现存的甲骨文中,虽未发现"伣"字,在西周《诗经》中有"伣"字,但它并没有风向器之意义。在东汉许慎《说文解字》中,虽有"伣"字但也无用作"风向器"之解。当时,用"綄"字代表风向器。但因传写有误,使一种《淮南子》版本中,误将"綄"字传写为"伣"字,遂使后人误认为"伣"字有表示风向器的意义。此种错误直到清代,方有王念孙和庄逵吉将这错误考据出来。但是在甲骨文卜辞中常有卜风向的句子,且根据考古发现,夏代东夷已有测风的玉鸠,夏代还有"伺风鸟"之器,说明在那时已有风向器的使用。关于这个问题将另文讨论之。

参考文献

[1] 高诱(东汉). 淮南子注[M]. 上海:上海书店,1992.
[2] 孙海波. 中华书局影印. 甲骨文编[M]. 1964.
[3] 毛亨传(汉),郑玄笺(汉). 孔颖达(唐)疏. 毛诗正义·大雅·大明[M]. 影印. 中华书局,1979.
[4] 岛帮男(日本). 殷墟卜辞综类[M]. 东京:汲古书院,1977.
[5] 赵诚. 甲骨文简明词典[M]. 中华书局,1988.
[6] 庾季才(北周). 灵台秘苑[M]//四库术数丛书(第五册). 上海:上海古籍出版社,1994.
[7] 李淳风(唐). 乙巳占[M]//丛书集成初编. 商务印书馆,1936.
[8] 张英(清),王士祯(清). 钦定渊鉴类函[M]. 石印. 上海:点石斋,1894(光绪二十年).
[9] 萧统(梁),编,李善(唐),注. 文选[M]. 上海:上海古籍出版社标点出版,1986.
[10] 许慎(东汉). 说文解字[M]. 影印. 中华书局,1937.
[11] 陆德明(唐). 经典释文[M]. 影印. 上海:上海古籍出版社,1980.
[12] 王念孙(清). 读书杂志·淮南内篇[M]. 金陵书局重刊本,1870(同治庚午).
[13] 陈彭年(宋),邱雍寺(宋)编. 广韵[M]. 影印. 中国书店,1982.
[14] 陈彭彦(清),等. 康熙字典·綄[M]. 影印. 成都古籍书店,1980.
[15] 陈彭彦(清),等. 康熙字典·伣[M]. 影印. 成都古籍书店,1980.

青城神灯

王鹏飞

燐火隐现大面山,第一亭中夜半看;
千萤万星谷底起,因风过否玉垒关?

(摘自《天风海涛集》)

亚热带、副热带词名溯源及意义区别

一、“亚热带”与“副热带”词名之争

“亚热带”与“副热带”两词，均译自“subtropical zone”，按理含义应当相同。但事实上不同专业，各取所需。例如：植被学家、林学家、土壤学家爱用“亚热带”译名，气象学家多用“副热带”译名，气候学家与农业气象学家多坚持用“亚热带”。农学家处于两可之间，但近年来也倾向于用“副热带”；地理学家亦然。这并非爱好有别，主要与“Subtropic”一词历史上出自不同渊源有关，因此具有不同含义。对不同含义的“Subtropic”译为不同名词是合理的。

历史上有五套“气候带系”。即“古希腊气候带系”、“环流气候带系”、“植被气候带系”、“作物气候带系”、“土壤气候带系”。除“古希腊气候带系”中未分出 “Subtropic”带外，其他四种带系都有“Subtropic”带。一般把“环流气候带系”的“Subtropic”带译为“副热带”，其他三个带系的“Subtropic”带，虽其含义仍略有不同，但均称为“亚热带”。

二、历史五套“气候带系”渊源

(一)古希腊气候带系

传说“古希腊气候带系”，为巴曼尼德斯(Parmenides Of Elea，前 515 年生，约前 450 年死)所首创。他用中午太阳在天空位置来确定气候带的体系，也称“太阳气候带系”。二百年后，埃拉拖斯特尼(Eratasthenes Of Cyrene，约公元前 276—前 194 年)，以每年至少有一个黑昼、白夜之区为“寒带”，每年有两次太阳过天顶之区为“热带”。“热带”与“寒带”之间区称为“温带”。据此，他把全球分为北寒带、南寒带、北温带、南温带及南北半球低纬连为一个的热带，即五个气候带[1]。地球上太阳直射点一年内在南北纬 23°27′之间来回摆动。在冬至日，太阳直射点由南移到南纬 23°27′后开始转为北移，故南纬 23°27′的纬圈设为“南回归线”。在夏至日，太阳直射点由北移到北纬 23°27′后开始转为南移，故北纬 23°27′的纬圈视为“北回归线”。太阳直射点一年间即在南北回归线之间往复运动。公元前 2 世纪，希帕克斯(Hipparchus，约死于前 127 年之后)把南北纬 23°27′的回归线之间地带称为“tropic”带，南北纬 66°33′的极圈以内地带称为“寒带”。可见“tropic”原义为“回归”。但因“tropic”带气温较高。久之就有了“热带”之意。另外，“热带”与“寒带”之间，为“temperate zone”。“temperate”一词，源于“temper”，原有“易怒、发脾气”并非温和之意，因此实为“随时间具有天气变化和季节变化”之意。但因该区平均气温既低于热带，又高于寒带，久之，就有了表示温和的“温带”之意[2]。

上述各带中，以“温带”所占纬距(约 86°12′)为最大，“寒带”、“热带”各占约 46°54′。温带是人类活动最频繁、最熟悉且其中气候差异既大而多变的地带。人们希望对它作进一步

分区，以充分利用该带。即在靠近“热带”及“寒带”之处，分别划出“Subtropic”及“Subpolar”带。但要划出这两个“sub”带，必须采用划分“热带”及“寒带”的统一标准。即必须另找出太阳正午位置的特征点。可惜此特征点迄今未能确定。因此这个愿望，现在仍未完成。1768年第一版《大英百科全书(Encyclopadia Brittanica)》中，仍采用无“sub-”带的“古希腊气候带系”。

(二)环流气候带系

毛雷(J. E. Maury)1855年在标有回归线的地图上划出“赤道静风带”、“信风带”和“向极风带”。费拉尔(W. Ferrel)1856年改正了毛雷“向极风带”的气流方向，并于1889年描绘出全球大气环流图。图中已考虑了地转偏向力及热力作用，并标出“赤道无风多雨带、回归线无风干燥带、极地无风带”。但图中将回归线作为信风带与西风带的分界，说明他尚未理解“风带的分界线”与“回归线”的区别。因为少风干燥并不是回归线一定具有的特性。

20世纪20年代，皮叶克尼斯父子(V. Bjerknes and J. Bjerknes)等研究出大气中“锋与气团”等理论及大气环流机理，推动了气候带的动力学研究。当时他们已发现“西风带”与“信风带”的过渡区为一高压干燥带，与空气下沉有关，而在“极地东风带”与“西风带”的交界区，气压相对较低，且多云雨，与空气上升有关。人们后来分别把这两个风系过渡带命名为“subtropic high zone”和“subpolar low zone”。意谓“邻(靠近)回归线的高压带”和“邻(靠近)极地的低压带”。但当时“tropic”已习惯译为“热带”；“sub-”传统译为“亚”或“副”。但“亚”字冠于“热带”之前，有温度次于“热带”之意，而“subtropic high zone”中“sub-”，加在tropic(回归)之前，无法采用“亚”字的定义。所以就用了“副”字头。只是“副”字有“相匹配而居次”之意，而“subtropic”既不与回归线匹配、也不与“热带”匹配而居次，与“回归线”与“热带”又无“正、副”之分。它与“回归线”与“热带” 均属不同的系统。仅仅因沿用已久，约定俗成，才习用的。但我们如把“副”字理解为“邻近”，“tropic”理解为指“回归线”，这些困扰就迎刃而解了。我国早在1934年李宪之《东亚寒潮侵袭的研究》、1938年涂长望《中国之气团》及1939年么枕生、1944年张宝堃、卢鋈、黄士松、1948年高由禧等 ，均各自在其论文中采用了“副”字系列，以表达“靠近回归线”的系统。

进入50年代，人们对大气环流的认识更为深刻。1951年帕尔曼(E. Palman)、叶笃正等，研究了地球大气的经向环流，发现了低、中、高纬三个环流，1957年，埃笛(E. T. Eady)的“理想三环流”(即哈得莱环流、费拉尔环流、极地环流)发表。指出中、低纬度两环流交界区有下沉干燥气流。在中、高纬度两环流交界区有辐合上升并在高空向南北辐散的气流。于是“副热带高压”与“副极地低压”两带之形成，以及前者干热，后者多风暴等特性的由来，都迎刃而解。而“信风、西风、极地东风、赤道东风”等带的形成机制，也就了然于世。这样，“副热带、副极地带”与各风带就相匹配，形成整套“环流气候带系”。此体系与“古希腊气候带系”之形成机理并不相同，所以其中的“副热带、副极地带”切不能与“古希腊气候带系”中的“热带、温带、寒带”混为一系[1]。

(三)植被气候带系

早在1855年，达・肯度尔(A. De Candolle)确定了适应五类不同气候[即高温(Megatherms)、中温(Mesotherms)、冷温(Microtherms)、耐温(Hekistotherms)、忍旱(Xerophytes)][3]的植物。1879年苏本(A. Supan)根据树木分布与温度的关系,将南北半球各分为三个气候带,即将棕榈树能生长的地方(年均温高于20°区)称为"热带";森林不能生长的地方(年均温低于0°C区,后改为最暖月均温低于20°C区)称为"寒带"。热带与寒带之间区域为"温带"。这是以森林生长温度区分的,它与"古希腊气候带系"的太阳中午在天空位置的区分,标准是不同的。所以虽其中均有"热带"、"温带"、"寒带"等名,但界线并不相同。

1884年,柯本(W. Koppen)修改了苏本的植被界线,以月均温高于20°C、低于10°C、介于10～20℃之间的全年月数的差异为标准,将气候分为"热带"、"subtropic"、"温带"、"冷带"、"极带"五类。其中"冷带"相当于"subpolar","极带"相当于"寒带"。这种分带标准,在1900年及1918年柯本的两个著名气候分类中,都有了改变,不再用"subtropic"带名。但他1884年采用"subtropic zone"事,较之"环流气候带系"用"subtropic zone"一词要早约40多年,已给人有深刻印象[4]。问题是:在"植被气候带系"中,"subtropic"一词,究应译为汉文的什么词?日本最先提出这一问题。

日本在"明治维新"以后,直接向西方学习科学之风大盛。汉字属于日本上千年来社会通用文字的成分和传递信息的重要工具。当时日本知识界对汉文造诣很深,用汉字意译比用假名音译,更易为知识界理解。所以他们设法用汉字意译"subtropic"等词。由于"sub—"有"亚—"字义,"tropic"有"热带"义;因为柯本"植被气候带系"是以"温度"为区分标准的。"subtropic"的温度标准比"tropic(热带)"要低些,所以就顺理成章地把"subtropic"意译为"亚热带"。以后又用同样的办法,将"Subpolar"或"Subfrigid"等词,译为"亚极地"或"亚寒带"。其后如1925年服部操《汉字索引日华大字典(增补)》,1975年日本气象学会《学术用语集·气象学编》[5],1979年日本农业气象学会《农业气象学用语集》[6]及《日本气象学用语集》[7]等,都坚持采用"亚热带"等名词。

清末及民国初年,我国官派及私人赴日留学的不少。国内也雇聘了不少日籍教员。"日译中"的日本教科书大量在我国出版。于是"亚热带"、"亚寒带"等词很自然地从日本输入,在我国流行。

1956年4月《中国植被区划草案》内区分的森林植被区名中,采用了"亚"字头的名称。如:"亚寒带针叶林带"、"热带、亚热带季雨林带"等。在七八十年代,生态学在我国有很大发展,也用了"亚热带雨林"、"亚旱带原始林"、"亚北极带"、"亚高山森林带"、"亚雪线带"等名词,说明"亚"字头使用更广了[8]。

1984年《中华人民共和国地图集》[9]、《中国自然地理图集》[10]、1992年《最新世界地图集》[11]分别有"中国植被类型图",强调了植被型不仅出现了某一成条气候带,往往还镶嵌于相邻几个气候带中,但在谈到气候带时,仍采用"亚"字头系列。

(四)作物气候带系

我国一向重视各气候区生长季的作物合理安排。全国解放后为制订自然区划工作,前苏联专家主张我国华北、东北南部、新疆南部划归"亚热带"。以南岭为亚热带南界。竺可桢却认为冬月微寒,足使热带喜温作物不能生长,但无霜期在8个月以上,使农作物一年可有两次收获,应属"亚热带"。其指标为月均温大于10℃,积温在4500～8000℃·d间,最冷月气温为2～16℃,无霜期240～365天,北界接近35°N,亦即淮河、秦岭、白龙江一线,直到104°E;南界横贯台湾中部和雷州半岛北部,即22°30′～21°30′N左右。并指出南疆不属于

“亚热带[12]”。

1984年《中国自然地理图集》列出“气候带的温度指标”，内将“北温带”、“北亚热带”、“北热带”均各次分为北、中、南三带。另分有“高原气候区域”。共计十带(该《图集》中原称“北温带、中温带、南温带、北亚热带、中亚热带、南亚热带、北热带、中热带、南热带”等。但中国处于北半球，不可能有南温带、南亚热带、南热带。至于中温带、中亚热带、中热带，更不知所云。故根据其实际含义，进行上述改称)。所用指标是“大于10℃的积温及其天数，最冷月均温、年极端最低气温”。这些均为温度指标，且均是“热带值”大于“亚热带值”，所以用“亚”字是合适的[13]。

在解放初期，通过学习苏联农业气象知识，我国已应用了“积温”概念，并将它作为划分“气候带”的依据之一。但作物有种类及品种不同，它们的生长、发育、成熟所需的“积温”有很大差异，故作物所属的气候带就会不同。为保证气候带原名，势必改变原气候带的地理范围。上述前苏联专家与竺可桢对中国亚热划分范围的争论，实际是作为“亚热带标志”的主要作物种类或品种不同，所需的积温不同，耐寒能力也不同所致。若采用积温较少、耐寒力较强的作物或品种作为“亚热带标志”，则所订定的亚热带范围就偏北。否则就偏南。

1986年《中国农业百科全书·农业气象卷》内“中国农业气候区划”条，列有1985年全国农业气候区划协作组所拟“农业气候带指标”，亦属“作物气候带系”。该指标比之1984年的指标更为细致，它把指标分为“主导”与“辅助”两类。共分十五个气候带，另在“备注”栏内，相应于各气候带，注明了什么品种的作物、一年几熟及该“带”有什么果木等经济作物。但由于指标用“温度”，所以大气候带中仍采用“亚热带”、“亚寒带”、“热带”、“温带”等名称，仅各带的分区有所加细而已[14]。

(五)土壤气候带系

土壤色彩往往能显示气候带系。在“亚寒带”或“寒温带”地区，如降水丰富，植物生长较好，枯枝残叶较多。但因温度较低，微生物分解有机质能力较弱，所以腐殖丰富，腐殖酸H^+可取代土中复杂硅酸盐内的钙、镁、钾、钠等阳离子，对植物有营养作用，受降水淋冲，透入地下水位以下流失。土中因黑色腐殖质及白色二氧化硅(SiO_2)为多，所以土壤就呈灰黑或灰白色。

在“亚热带”或“热带”多雨地区，由于温度较高，微生物分解腐殖质的速率等于或大于植物产生腐殖质的速率，所以土中腐殖质很少甚至缺乏。但土内复杂的硅酸盐内的钙、镁、钾、钠等阳离子被水中H^+代替出来后，又被降水淋冲到地下水中流失，甚至SiO_2也被冲刷到地下水中，使土地疏松，土中仅留下铁铝等易与空气中氧化合而成三氧化物(Fe_2O_3及Al_2O_3等)，它们在降水作用下水化而成含水的$Fe_2O_3 \cdot nH_2O$及$Al_2O_3 \cdot nH_2O$。其中Fe_2O_3及$Fe_2O_3 \cdot nH_2O$都是带有黄色、锈黄色或红色的。因此就形成了黄壤、红壤或砖红壤(注意：黄土不属于黄壤。黄土是第四纪以来干旱地带的风成土)。

在“温带”，土壤中既有一定量的植物腐殖质，又有$Fe_2O_3 \cdot nH_2O$及$Al_2O_3 \cdot nH_2O$等，所以出现了棕色。

在较干的温带草原，草根层内腐殖质丰富，并有大量植物营养所需的钙、镁、钾、钠等阳离子。但在草根层下，地下水以上部分，常有碳酸钙沿毛细管上升，形成白色“石灰过量带”。这些较干地区，一般是蒸发量远多于降水量。但如蒸发量仅稍多于降水量，则因草根层的腐殖质仍能淋冲到其下的石灰过量带，使该带颜色较深，故形成栗钙或灰钙色。

至于在沼泽土、潜育泥中，因为水与土混成浆状，不易透气。其中 Fe_2O_3 还原成氧化亚铁（FeO），呈蓝色或青灰色，土中的蓝铁矿[$Fe_3(PO_2)_2 \cdot 8H_2O$]，原为白色，如出土与空气中的氧接触，会很快变成青灰色。

这样，可以看出：气候带往往使土壤呈现出一定颜色。所以在 1956 年《中国土壤区划草案》中，初步把土壤按气候分为七个带，其《附言》中，依前苏联专家格拉西莫夫的意见，对土壤色及气候分带数有所改变。但在注明气候带归属时，亚热带等名称依旧保留。1984 年《中华人民共和国地图集·中国土壤》中，就中国东部湿润气候即生物环境来说，从南到北，各地带性土壤颜色，也基本符合“热带、亚热带、温带、寒带”等应有的颜色。

三、亚热带、副热带等意义的区别原则

根据上述各“气候带系”历史渊源的探讨，可见它们各有其特有分带标准。“古希腊气候带系”是以中午太阳在天空位置来区分气候带的。“环流气候带系”是以大气流动及升降情况来区分气候带的。“植被气候带系”是以自然植物景观来区分气候带的。“作物气候带系”是以一定生物学生长、发育、成熟特性的几种粮食作物配置为主，以获得最佳产量的年生产活动为标准来区分气候带的。“土壤气候带系”以土壤受气候条件制约，以其中出现的物理化学作用及微生物活动导致的土壤颜色为标准来区分气候带的。所以各气候带的界线，均依所属各“气候带系”的特殊标准而作出的。即使名称相同，例如热带、温带、寒带等不同带系中的同名带，其分界也各不相同，不应混淆。如“古希腊气候带系”中的“热带”，以南北回归线为界，但植被、作物、土壤等“气候带系”中的“热带”，却都不以南北回归线为界，它们各自的“热带”，与其他“带系”中的“热带”界线也不相同。不能相混。所以某一气候带，只能与同一带系中的相同标准的其他气候带相匹配，不能与遵循另一标准的另一气候带相匹配。如果强加匹配，必然分界线无法密合，不是出现交叉，就是出现漏划区。

根据上述原则，“副热带”只能属于“环流气候带系”中的“副热带”，不能与“古希腊气候带系”中的“热带、温带、寒带”相匹配。因为“古希腊气候带系”中并无“副热带”。“副热带”是以“气流”而不是以“温度”作为分界标准的。“副热带”也不能认为等同于植被、作物、土壤等“气候带系”中的“亚热带”。因为后者的分带标准均与“温度”有关。其分界线不会与“副热带”那样以“气流”为标准。分界线不同，“亚热带”自然不会等同于“副热带”。

其实即使同叫“亚热带”，若所属气候带系不同，也不能互相混淆。即使在同一“带系”，例如同一作物气候带系中，前苏联专家与竺可桢对我国亚热带的划分界线，在 50 年代也有争论。这是在同一“气候带系”中不同划分标准的例子。他们所依据的作物种类、品种及搭配不同，所以使用“亚热带”，其划分成的界线自然不同。这种不同，必又会导致一整套其他气候带（热带、温带、寒带等）的界线不同，并不仅仅“亚热带”的界线不同。所以使用“亚热带”这一名词，不能孤立为之，必须追究划分界线的标准。

上面已说明了“亚热带”与“副热带”是属于不同含义的两个概念。可是从原文看，它们都称为“subtropic zone”。这不是“一词多义”吗？有人认为“一词多义”能表示名词意义的丰富性，为什么不将该外文词只译为一个汉词，保证其“一词多义”呢？日本只译此词为“亚热带”不也很好吗？目前我们将“subtropic zone”分译为“亚热带”与“副热带”。能否采取其

一、废止另一,以恢复"一词多义"呢?当前社会上采用"副热带"一词的已在增多。其一些辞书在解释"亚热带"词条时,指出"即副热带",这不是趋势吗?

我认为在科技翻译,或新订"科技术语"时,决不应提倡"一词多义",因为"科技术语"与"文学词汇"的要求并不相同。"文学词汇"讲究"一词多义",可耐人寻味。阅读时,迭见新意。有时表示"双关",或采取"委婉"、"曲喻"、"暗调"、"诱思"、"朦胧化"等表达方式,都可利用多义性词汇来进行。但是"科技术语"则提倡"一词一义",以便人们见词明义,不致因歧义造成误解。最忌"一词多义"、"模棱两可",令人难以揣摩真义,无法遵循操作或研究。这也是命名原则。现在"subtropic zone"一词,既已分译为"亚热带"与"副热带"两词,它们代表不同"气候带系"的气候带,性质与界线范围均不相同,明显具有不同含义,且"亚热带"表示"温度稍低于热带之气候带","副热带"表示"邻近回归线之环流带",后者位置视下沉气流区位置而定,有时可包含其他"气候带系"的部分"热带"地方,其温度有时也可高于"热带",且尚有少云干燥特性。其低纬一侧为"信风带"而不是"热带",其高纬一侧为"西风带"而不是"温带",这说明"副热带"与"亚热带"的确有性质上的差异。不将它们合并为一词,有利于减少"科技术语"含糊性。这又说明了中文将"subtropic zone"一词两译,不仅优于日本只译为"亚热带"一词,且较原文"subtropic zone"也更符合"科学名词"的要求。而有些辞书,把"亚热带"解释为"即副热带"是很不妥当的。

还有一个问题,即有人认为在植被、作物、土壤的"气候带系"中,均有"亚热带、热带、温带"等名称。亦易误为同义,是否也应分别命名?但我们知道,在植被、作物、土壤等的"气候带系"中"亚热带、热带、温带、寒带"等名,极少孤立运用。它们往往不用作"名词",而却用作限制其后名词的"定语"。例如:"亚热带针林带"、"亚热带水稻两熟区"、"热带砖红壤区"等。从"定语"后的"名词",可容易地判定"定语"所属的"气候带系"。而且文章的专业特性,也有助于判定"定语"的"亚热带、亚寒带"等,究指哪一"气候带系"。这就使"同名多义"的定语,转化为"专名专义",不致发生困惑误争,不必分别命名。

四、结论

(1)"亚热带"与"副热带"含义不同。不要因原文同为"subtropic zone",就统一译名。应保持区别应用,以避免"科技术语"一词歧义、易被误解的毛病。

(2)植被、作物、土壤等各专业名词,也有以"亚热带、亚寒带"等为"定语"的。但从它们所限制的"名词",以及论文的专业性中,仍可判定"定语"所属的"气候带系"。不会造成混淆。因此也没有改变"定语"的必要。

参考文献

[1] 王鹏飞. 社会对科学名词的影响[J]. 自然科学术语研究,1992,第一期,P. 29-41.

[2] Marindiw G E. A Classical Dictionary of Greek and Roman Biography, Mythology and Geography [M]. 23th impression. London Hipparchus John Massay, 1925:416.

[3] Oliver J E. The Encyclopedic of climatology[M]. Van Nestrand Rainhold Co, 1987:902-903.

[4] Oliver J E. The Encyclopedic of climatology[M]. Van Nestrand Rainhold Co, 1987:946-950.

[5] 文部省(日本). 学术用语集·气象学编[M]. 东京:日本气象学会,1975,1,112.

[6] 日本农业气象学会. 农业气象学用语集[M]. 东京:养贤堂,1979.
[7] 张庆阳,陈恩久,龚高法,等,初译. 日本气象学用语集·日汉气象学词汇[M]. 北京:科学出版社,1977:2-6.
[8] 钱崇澍,吴征镒,陈昌笃. 中国植被区划草案[M]//中华地理志编辑部,编撰. 中国自然区划草案. 北京:科学出版社,1956:84-110;139.
[9] 地图出版社,编. 中华人民共和国集·中国植被[M]. 北京:地图出版社,1984.
[10] 西北师范学院地理系,地图出版社主编. 中国自然地理集·中国植被类型[M]. 北京:地图出版社,1984.
[11] 黄秀莲,沈文轩主编. 最新世界地图集·世界植被[M]. 北京:中国地图出版社,1992.
[12] 竺可桢. 中国的亚热带[M]//竺可桢文集编辑小组,竺可桢文集. 北京:科学出版社,1997:350-356.
[13] 中央气象局,编. 中国气候图集说明[M]. 北京:地图出版社,1966.
[14] 程纯枢,主编. 中国农业百科全书[M]. 北京:农业出版社,1986: 377-378;图 143.
[15] 斯特拉勒,著. 环境科学导论[M]. 北京大学地理系,南京大学地理系,北京师范大学地理系,译. 北京:科学出版社,238-241;266-269.

游黄果树瀑

王鹏飞

昨夜风雷豁暗扉,敕令屏翳湿崔巍;
侵晨黄果瀑腰过,水练宽添十丈飞。

(摘自《天风海涛集》)

天星桥仙人掌

王鹏飞

天星桥径星铺地,踏斗步罡路欲迷。
星际时添泉汩汩,赢得仙掌鼓前溪。

(摘自《天风海涛集》)

杂　论

古蜀五图腾王朝考析

摘　要

本文结合古籍、考古实物及社会发展规律，对四川广汉三星堆文化的古蜀五王朝的图腾名称进行考析，提出一些新认识。指出“蜀”字本意。辨出“蚕丛”可能之误。确认“柏濩”所指。阐述五王朝各自的特征及相应之文明时期，还把五王朝串连起来，使有一完整的发展脉络。

关键词：蜀、蚕丛、蟾蜍、柏濩、布谷

一、“蜀”字本意和“蚕丛”辨误——蟾蜍显真

据东晋常璩《华阳国志》[1]：“至黄帝，为其子昌意娶蜀山氏之女，生子高阳。是为帝颛顼，封其支庶于蜀。世为侯伯。历夏、商、周。武王伐纣，蜀与焉。”又按张咏《益州重修公宇记》：“秦惠王遣张仪、陈轸伐蜀。灭开明氏、卜筑（成都秦城）”又据齐思和等《中外历史年表》[2]，在秦惠文王更元9年，即周慎靓王5年（此时在战国时代），也是公元前316年，秦派司马错伐蜀，蜀亡。此时正当张仪复相秦之后一年。这说明古蜀五王朝从颛顼起到秦惠王灭蜀，一共绵延了二千多年的命运。

我国较成熟的文字目前看得到最早的是甲骨文字，它出现于殷代，这正是古蜀存在的时代，所以在甲骨文中可以找到“蜀”字。见于董作宾《小屯殷墟文字乙编》5280[13]。如：

贞蜀不其受年？（ 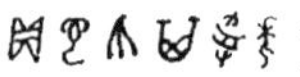 ）

这是主管部门关心贞问“蜀地年成好不好”的卜辞。其中“蜀”字写成“”。该字上半部表现为眼珠明显凸出的眼睛，形成“纵”目形状。下半部则是一张开放着的血盆大口。这应是一种动物的头部形状。西蜀究竟有什么“纵目大口”的特殊动物，足以表现该地特征，甚至可以用它的称呼作为地区名？查东晋常璩《华阳国志》[1]内载“蜀先称王。有蜀侯蚕丛，其目纵，始称王。死作石棺石椁。国人从之。故俗以石棺椁为纵目人冢也。”又查1986年四川广汉三星堆遗址二号坑发掘出的青铜纵目人面像[4]（图1）。其双目的眼珠，赫然如柱突出眼眶之外。其嘴虽紧闭，但口唇很长。的确是一张大口。

这个纵目人像，应当即为《华阳国志》所提到的纵目西蜀第一代蜀王“蚕丛”。但是纵目人在实际人身上是不可能出现的。它应当属于当时蜀王所属族群所崇尚的动物图腾。既然此蜀王被称为“蚕丛”，人们就从“蚕”字上考虑：认为“蚕”应纵目，可是事实上从蚕眼上，发现

图 1　青铜纵目宽口人面像

不了纵目现象。于是有人认为野蚕额头两侧有黑斑，会使人看起来眼睛很大，所以称为纵目。但这与青铜纵目人的眼珠凸出不是一回事。再说“蚕”的嘴也不大。所以这个解释非常牵强。

还有人设想，既然首任古蜀王叫“蚕丛”，此人必在“蜀”有首创蚕桑事业的功绩。于是有关“蚕丛教民养蚕”的传说在史书出现，并从“黄帝元妃嫘祖是中原养蚕之祖”出发，指出嫘祖娘家在四川，所以嫘祖养蚕必也与蚕丛在四川提倡养蚕有关。

可是根据《华阳国志》，西蜀受封于中原为侯，是在蚕丛时代，即在黄帝之孙、昌意之子颛顼掌权之时。所以黄帝与嫘祖结婚时，尚无蚕丛。如果西蜀的育蚕是自蚕丛开始的，那么嫘祖在成为黄帝元妃时，西蜀必无育蚕之事。嫘祖就不可能在娘家四川学到养蚕技术。既然嫘祖为中原育蚕之祖，那么她的教民育蚕之事是她在中原发明的，与西蜀无关。由此可见，如果在蚕丛时，西蜀真的已有育蚕之事，很可能这技术是中原传向西蜀的，决非西蜀传向中原。

再从人类生活所需来看，衣食都十分重要，但从最迫切的要求来区分，“食”比“衣”更迫切。草叶、兽皮、洞穴即可蔽体。而养蚕抽丝织布工序很复杂，构建蚕室须防寒、防潮、防风，有复杂的小气候要求。对人类来说，在饥寒交迫时，必先找“食”以填饱肚子，产生抗寒能力，再找方便避寒之方法蔽身。就是一般先解决“食”再解决“衣”。从社会发展的程序看，也必在农业广泛开展后，才定居，然后始可安心蚕桑。在中原，黄帝之前有神农氏，然后有黄帝元妃嫘祖发明育蚕。而在西蜀，蚕丛时代，流行石棺石椁，实尚属石器时代，以石器来开垦土地，效率极差。此时在衣着方面，竟然会想到用育蚕织布缝衣的较复杂的制衣技术，亦属费解。可能性较小。

当然从四川省博物馆刘瑛所收集的巴蜀兵器上的巴蜀 180 个文字中，其第 10 目中包含有：[illegible]、[illegible]两字[5]。其中有蚕吐丝形的部分，但此两字不应该是蚕丛王朝时代的文字。按蚕桑之发展，应在农业社会较盛时。古蜀农业较盛，人民定居稳定始于鱼凫王朝。故此两字当是鱼凫王朝到鳖灵王朝之间才出现的。而且文字之出现，也应始于鱼凫王朝，因为到了农业社会，文字才有迫切需要。

总之，蜀字的意义及蚕丛之名始终存在着疑问。

到了公元前 4 世纪末的中原战国时期，西蜀为秦所灭。中原对西蜀情况，了解得多了。所以在秦始皇统一天下后，李斯把“大篆”字体改为“小篆”，就在“蜀”下半新张开的大嘴中，加入了一个“虫”字。于是“蜀”字所表达的，不仅是“纵目大口”，而且表示这张大口是以吃虫为主的。见图2。

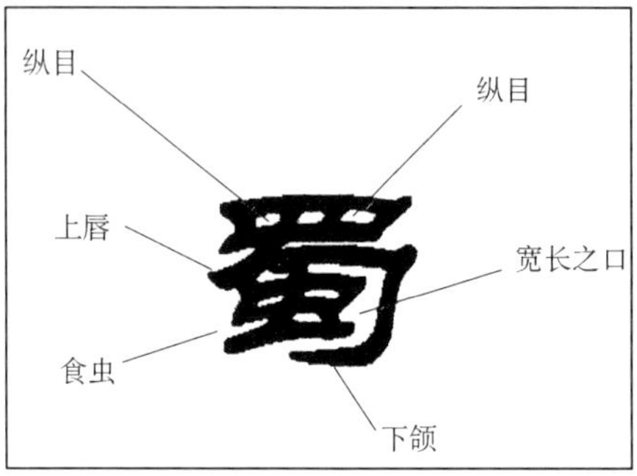

图2 “蟾蜍”与”蜀”字的关系

这就证明“蜀”是个动物，不是人，也不是蚕。因为人不吃虫，蚕是吃桑叶的，也不吃虫。蚕本身就是虫。但由于传统的概念“蚕丛”已印入人脑千余年，人们仍不能挣脱《蜀王本纪》及《华阳国志》使用的“蚕丛”一名的桎梏。此外“蟾蜍”的急速连读就会读成“蜀”，按音误译为“蚕丛”也是可能的。

我认为现在应当有打破这个桎梏的条件。因为根据“蜀”字，我们已获得这个字有动物图腾的概念。它决不是人，也不会是蚕。它以吃虫为生，而且具有纵目大口的，应当是田间小动物。它只有“青蛙”和“蟾蜍”两种。因为它们都是眼睛泡凸、嘴巴宽大，以舌捕虫的两栖动物。都是有益于农的。如图3和图4所示。但是到底是青蛙，还是蟾蜍？我们需要进行比较。

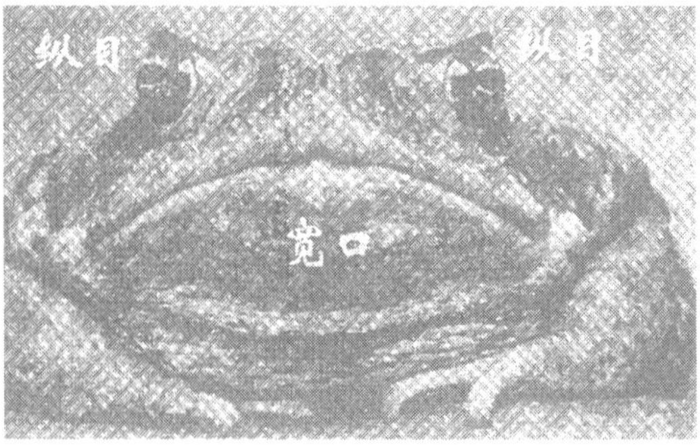

图3 海蟾蜍蹲伏照片*

图4 普通青蛙照片

比较可分两方面进行：一是从谁在“纵目、口大、吃虫”三方面更典型出发；二是从谁更具有作为表征部落图腾的威严及神秘性出发。

虽然青蛙与蟾蜍都“纵目、大口、吃虫”，但青蛙个头小、蟾蜍个头大。蟾蜍满身疙瘩，头上的疙瘩使眼泡凸出似乎更显得峥嵘。

从威严方面看，青蛙动作轻快敏捷，遍体光滑，举止则略显灵佻，不够威严。而蟾蜍则因

* 摘自《参考消息》报2008年6月9日第7版。

个头大,行动较缓而劲健。常自乱草碎石丛中伸腿、支体、站立。又因满身疙瘩,且能从疣凸中喷出毒浆,令人望而生畏。其稳重及威严的仪态,自胜于青蛙。

在蜀地成都一带的西边,即有“天漏”之称的雅安地区,多雨。在西北为岷山与大巴山相连。大巴山多夜雨。李商隐《夜雨寄北》说:“君问归期未有期,巴山夜雨涨秋池。何当共剪西窗烛,却话巴山雨夜时。”所以成都西北,亦每苦夜雨。人们希望能夜晴见月。俗云:“蛙喜雨,蟾盼晴”。这是因为虽同为两栖动物,但蛙习于多水环境,蟾蜍则希望干燥环境。一般蟾蜍在傍晚出来,表示夜间将会晴干,可见明月。所以古蜀人也将蟾蜍的黄昏出现来预兆夜晴,从而把蟾蜍与月亮的出现联系起来。使蟾蜍显得比青蛙神秘。后来中原将蟾蜍视为月亮的化身或月宫成员,可能也与此有关。这就是说,蟾蜍比青蛙更有成为西蜀王朝图腾动物的原因。

以上都是从中原文字“蜀”字出发,探究出西蜀最早的图腾不应是蚕而应是蟾蜍的道理。最终还应落实到西蜀考古发掘的实物上。因为既是当地当时的主要图腾,在该时、该地必作为一种可以号召大众的标志。从而应当在实物中表现出来,为后世考古发掘所证实。

根据三星堆一、二两个坑的发掘,发现有陶蟾蜍与石蟾蜍出土。又从金沙遗址中出土了金质蟾蜍[参见刘道军《蜀王蚕丛考辨》(《东南文化》,2007 年第五期)][6],出土地为祭坑。这说明当时人们对蟾蜍具有非常崇敬之心。但在祭坑中,都未见“蚕”这种动物的刻画及模型。这证明当时人们重视“蟾蜍”远胜过“蚕”。因此人们将蟾蜍作为图腾并将王朝名称为“蟾蜍”是很自然的。而如果将“蚕”作为图腾,并将王朝名称为“蚕丛”,倒反而值得怀疑。因为这个“丛”字显得多余,将“蚕”字下加一个“丛”字,非常生硬,不符中原命名之习惯。倒不如“蟾蜍”一名,其中“蟾”与“蜍”相连为名,合称一物,即“癞蛤蟆”,非常自然。

据此,我们就要进行追问:“为什么西蜀的第一王朝本应称为‘蟾蜍王朝’,怎么在中原会被误称为‘蚕丛王朝’的呢?”

我们知道在古代,西蜀语与中原语是不同的。现在成都一带的语言与古蜀语也很不相同。《蜀王本纪》说“蜀左言”。语言无所谓“左、右”。说“左言”是说古蜀语与中原语言的语法相左(即相反),且语词也不同。因为古蜀语与今彝语相近。所以由古蜀语转化为古中原语,需要翻译。最容易的翻译就是音译。因为音译不需要了解语义。“蟾蜍”及“蚕丛”的今音分别为“chan chu” 和“can cong”。我们虽不知道它们分别的古蜀音及古中原音怎样,但从今音看,“蟾”与“蚕”是叠韵。“蜍”与“丛”为双声。在不知语义的情况下,把“蟾蜍”音译为“蚕丛”也是可能的。一经音译,中原人就会按中原“蚕”字的含义想象开来。形成许多有想当然组成的故事。于是西蜀第一王朝“蟾蜍王朝”就被误会为“蚕丛王朝”。并因而推想养蚕抽丝的事。

另外古蜀语为黏着语,往往一词双音。而中原语则古代习惯多用单音词。特别对王朝名或地名,尤其如此。如唐、虞、夏、商、周、秦、汉的王朝名,晋、豫、冀的地名均为单音词。古蜀语双音的王朝名或地名“chanchu (蟾蜍)”要音译为单音的中原王朝名及地名,只能将此双音连读成单音,于是读成了“蜀(shu)”的音。可见“蜀”字原意也应当是“蟾蜍王朝”或“蟾蜍之地”之意。可是在中原,“蜀”字的结构却被不恰当地读为与“蚕”有关。

二、古蜀五王朝

古蜀五王朝依次为蟾蜍(蚕丛)王朝、柏濩王朝、鱼凫王朝、杜宇(鹃)王朝、鳖灵(开明)王朝。迄今为止,除“柏濩王朝”的“柏濩”究竟指什么,还比较茫然,蟾蜍王朝被误认为蚕丛王朝外,其他三个王朝的图腾,已有公认。本节将系统地介绍五王朝特征。在谈到“柏濩王朝”时,将对“柏濩”所代表的图腾作一番分析。

1. 蟾蜍王朝

中原地区,古代氏族及部落也是用图腾为标志的,伏羲太昊氏以“太阳”为图腾。他为“风”姓,故亦以“风”为图腾[7]。女娲亦“风”姓,以“风”为图腾。黄帝官名皆以“云”名。所以,以“云”为图腾。又号有熊氏,曾教熊、罴、貔、貅、貙、虎以与炎帝战于阪泉之野。这些兽名,都是指以此为图腾的许多部落。故在黄帝逐鹿中原时,本来是以天象为图腾的,也渐渐现实化,以动物为图腾。这时渐有国家意识,欲以威武得天下[8]。四川的古王,在从崇拜日月转化为崇拜动物,并作为图腾,都是在受中原统一形势影响下初有国家意识的“前国家形态”时产生的。所以蟾蜍王朝实际上仅处于土司形式。那时人死后尚采用石棺石椁,尚处于石器时代。农业在石制工具下,无法高效进行。主要进行一些自然农业操作。农业尚不成为社会主业,非常粗放。治虫也主要依靠蟾蜍,还未进入农业社会。其治理社会权力尚受封于中原(颛顼)。因此具有外藩性质。有国之名,无国之实。其开国之时间,当然迟于中原黄帝。约在公元前2500年前。

又由于西蜀地处中原西南,地点偏僻,且道路险阻,争之者少。虽然绵延时间很长,达数百年。但外患不多。直到农业效率较高之柏濩图腾族出现,方被取而代之。

2. 柏濩王朝

“柏濩”应当是一种鸟。因为“濩”字的右半边有草字头。有一只鸟(佳)在草下藏身。“佳()”即为短尾鸟。但究为何鸟,迄无人提出。另外“濩”音“hu”,又有水下泻之意。

我认为“柏濩(bai hu)”应指“布谷(bu gu)鸟”。“柏濩”与“布谷”古音可互转。这是在稻谷春播时鸣叫的候鸟,以催人及时播谷于田。因播谷是向下撒谷种,犹如水下泻,故用“濩”的水下泻之意。(“柏濩”亦作“柏灌”、“柏雍”。但我们取“柏濩”,理由见本文结论节)。

据郑作新主编《中国经济动物志·鸟类》第297页(科学出版社,1966)[9],布谷学名为“大杜鹃(cuculus canorus linne)”,又名鸤鸠、郭公、喀咕,栖居于开阔的林地,特别在近水的地方。叫声似“kuk-kwoh, kuk-kwoh”,有时尾声为“kuk-kwo-kwoh”,常在晨间一直鸣叫。每分钟达24～26次之多。约叫半小时方停下。性隐怯,常匿在多叶的树上。如茂密的柳树等。平时仅听到的是它的鸣声,而罕能见到它。飞行迅速而循着直线。两翅上下不停地鼓动。在未停下前,常展开两翅滑翔相当距离。为益鸟。主吃甲虫、毛虫、蜘蛛、蛾类。性孤独,纵在繁殖期中,亦不成对过活,雌雄交配杂乱。不自营巢,卵置于小鸟巢内。

在蟾蜍王朝时缺乏农业技术,但柏濩(布谷)王朝已能根据候鸟(布谷)的叫声,按时播种。所谓“早播烂秧,迟播没收”。适时播种非常重要,播种适时,对秋收丰盛给予了最关键的保证。因此这个王朝的农事活动比蟾蜍王朝有更多的主动性。其民心所归当然更大。所以能代蟾蜍王朝而兴起。但当时仍属石器时代。其农业管理,仍非常粗放,产量仍低。由于农业生产的周期较长,所以人民尚难温饱。

3. 鱼凫王朝

鱼凫(fu)指善于在水中叼鱼的鱼鹰,学名为"鸬鹚(Phalacrcoorux carbo linne)",又名水老鸦、乌鬼。这是一种水鸟,羽毛黑色,有绿色光泽,嘴扁而长,暗黑色,上嘴尖端有钩,能游泳。善于捕鱼,喉下皮肤扩大成囊状。鱼凫把水中叼得之鱼就贮在囊内。备食。我国南方多饲养来帮助捕鱼(参见《现代汉语词典》[10])。

据郑作新《中国经济动物志·鸟类·鸬鹚》[11]条:

"(鸬鹚)一般下扎入水中可1～3米,有时可达10米,时间可达30～45秒钟。鸣声粗暴,略似'kree-kraw'和'krell'。所叼鱼有时可长达35厘米、重达750克。渔户多驯养,置于船头竹排上,各鸟颈间扎以麻环,以防叼得的鱼为鱼凫吞下自食。"

鱼凫王朝约相当于中原殷商时代,其生产工具已通过石器时代后期的玉器时代。不仅农业生产超越柏濩王朝,而且武器也大有发展。当时的阶级分化已加强了,财产向强势倾斜。人心就不如前两个王朝淳朴。尔虞我诈现象渐多,思想较前复杂。由于仅靠农业生产不足以温饱,所以就采取捕鱼的方法以补生计。但不是直接捕鱼,而是利用鱼鹰捕鱼。这种办法是劫夺鱼鹰所得。说明迂回求生计的思维在发展。武器的发展,使社会稳定性也减弱了。当时文字也在发展,许多巴蜀文字都铸刻在武器上。但成句的文字尚有欠缺。现在我们所收集到的鱼凫王朝时的文字很多尚未解读。在三星堆巴蜀文化遗址中出土的金杖上,刻有"上翅下鱼"的形象,如图5。这正是鱼凫王朝的权威性标志。"上翅下鱼"就形象地表达"凫在叼鱼"[12]。

这是个双翅,表现为三角形的左右螺旋。左右螺旋表示飞行中煽动的左右鸟翼。因此它会意地表示一种鸟,此鸟在"鱼身之上",当然为叼鱼的鱼鹰,即"鱼凫"。

鱼凫是农业的副业,农业的另一副业蚕桑,亦应始于此时。

图5 鱼凫王朝金杖上鱼凫图腾

4. 杜宇王朝

杜宇王朝相当于中原的西周到春秋的时代,铁器已在王朝使用。所以农业生产比鱼凫王朝发展更快。农业技术有改进,其初期社会稳定。

所谓杜宇,其实是指"四声杜鹃"。据郑作新《中国经济动物志·鸟类·四声杜鹃》(p. 295)(科学出版社,1966):

四声杜鹃别名为"快快割麦"、"光棍好过"、"花咯咕",学名为"Cuculus Micropterus Gould"。体型小于大杜鹃,羽色相似。栖居于山地或平原林间,不易看到它,叫声格外宏亮。四声一度,似"Kwi-Kwi-hwik-kwik",春夏之交"四声杜鹃"初迁来时,恰逢割麦季节。它的单调叫声在一般农民耳中,因被解释为"快快割麦",非常亲切,叫声经常久鸣不休。每隔2～3秒钟一次。有时彻夜叫鸣过旦。它也是益鸟。

杜鹃王朝能根据四声杜鹃的鸣叫而进行麦收的收割工作。这说明那时人们对农作物生长发育的管理已有了经验。知道收割是收获田间作物归仓的最后重要关头。由于夏季雷阵雨时有发生,且常有连旱,作物成熟时必须抢时快割。他们根据四声杜鹃的叫声,也会体会到只有“快快割麦”才能“光棍好过”。再加上这时已达中原西周及春秋时期,使铁器渐登上舞台。农业生产力又大幅度提高。自然人心所向。能取代鱼凫王朝而兴起。

据明曹学佺(1594—1647)《蜀中名胜记》卷之六《灌县》(《丛书集成初编》,商务印书馆,1936)[14]内引《华阳国志》说:“望帝(即杜宇)之时,会有水灾,其相开明(即鳖灵)决玉垒以除水害。遂委以政。已而禅位于开明。之西山(即岷山)隐焉。按今灌口镇有望帝祠存。”

玉垒山在四川灌县,也就是都江堰所在地。都江堰为秦守李冰父子的水利工程成果。它使成都附近农田灌排有常,使该平原二千多年来,沃野千里,成为天府之国。该地农业发达,物产丰富,迄今人民受其利。而开明时代处于秦灭西蜀之前,开明在杜宇王朝时,已开凿玉垒山分岷江之水,所以他的水利活动,实际上为李冰开凿离堆、建都江堰打下了良好基础,不容忽视。

至于开明时代杜宇建立新王朝是否是由于杜宇之禅让,而不是由于开明的篡位,迄今还是个谜。因为中原地区尧舜禹之间的禅让说,迄今也还有争议的地方。

在《蜀中名胜记·郫县》[15]中引杨雄《蜀王本纪》云:

“杜宇,名杜主,代鱼凫王蜀。迁都于郫,即杜鹃城也。后传其位于鳖灵。宋陈皋记云:杜宇、鳖灵墓,在郫县南一里,两冢对峙若丘山。俱隶净林寺。”

这段话好像倾向于杜宇和鳖灵是和平地禅让的。

鳖灵虽然在治水及治国方面有一定业绩,但为人任性短视。贪财好权,并无接受禅让的气度。而且杜宇失权后,人们有怀念之情,称他为“望帝”,属众望所归。希望他回来统治。又传说他退位后,悲郁泣血。所以郫县被称为杜鹃城。认他为杜鹃化身。并将一种遍山满野的红花称为杜鹃花。传为杜宇泣血所染。郫县南一里,杜宇冢与鳖灵冢的对峙,亦可能表示他们两人是冤家对头。这又说明禅让说似不可能。

另外,古蜀五王朝前四个王朝都是从岷山起家的“羌氏族”人,独有鳖灵为“濮越”人。“濮”为古族名,殷周时分布于江汉之南,称为“百濮”。后与南方越人相混成“濮越”人。因江汉以南多水,故濮越人善于治水。鳖灵的称呼及其在杜宇王朝时治水之功绩,与他为濮越人有关。既然鳖灵与杜宇不同族,在受杜宇任为相而掌握治国权之后,窥机篡夺宝座,自有可能。

鳖灵不仅显露了他属于濮越人善于水利工程之能力,还力图标榜“开明”。强调自己明于时势,懂得在铁器时代国际关系及国内形势的发展下采取相应策略来处理国事。从而赢得了杜宇信任,任他为“相”。

5. 开明(鳖灵)王朝

开明代杜宇王朝而兴后,已是中原的春秋末期到战国时期。此时铁器已渐普及。各国互相争战,兼并现象频多。当时开明气盛,巴蜀互仇,常有争斗。但巴的国力远不如蜀。

据《蜀中名胜记·成都府》[16]引《华阳国志》说:杜宇始称帝,号曰望帝。更名“蒲卑”。治区为郫邑或瞿上。后传位于其相开明。开明接位后号丛帝……九世始得“开明尚(人名)”焉。“开明尚”因梦郭移(迁城)。乃迁治成都。

上文中“杜宇始称帝,号曰望帝”。因杜宇之时期在春秋及以前,自称望帝之可能性不大。望帝当为杜宇王朝亡后。后人对杜宇之追思尊称,绝非杜宇自称。至于开明自号“丛帝”则有可能。因时当战国七强争雄,各国均有统一天下而独自称帝之愿望。开明本自大,

“从”字与“蜀”字实双声，可互转。故“丛帝”即“蜀帝”之意。古蜀五王之首“蚕丛”之“丛”字也有“蜀”字之义。开明自称“丛帝”即认为自己为“古蜀第一帝”之义。因前四王朝均未有自称帝之事，开明的这种自大，正种下他的王朝为秦所灭之因。

上文中“蒲卑”应相当于成都西北之蒲阳、郫县一带。而“瞿上”在四川双流县东。但杨雄《蜀王本纪》却说“蜀王据有巴蜀之地，本治广都樊乡，徙居成都者也。”据《蜀中名胜记·双流县》[17]引《华阳国志》云：“广都县在蜀郡西三十里，汉元朔二年置(双流)”，故广都在今双流县。

那么开明王朝究自蒲郫(郫县)迁移到成都，还是从广都(双流)迁到成都呢？这两种说法有否矛盾？

我认为很可能是迁移了两次。第一次是由“蒲卑(郫县一带)”迁移到了“双流”，当时“双流(广都)”属成都区，也算成都。后又自“双流(广都)”调整到了今成都。所以广都樊乡(即双流)只是一个中间短时的尚不稳定的迁移之都城。它在历史上并不重要。可以用来证明的是，据《蜀中名胜记·郫县》[15]引《华阳国志》说：“张仪城郭周围七里，高六丈。上置观射阑，与成都同制。”这就是说，张仪灭蜀后，只重新建造了两个城，一个是杜宇的都城郫县(蒲卑)，一个是开明的都城(今成都)。却并不重建双流(广都)的城。这是因为广都城缺乏历史意义。有人引《山海经》中建木在都广(即广都)为据，但“都广”究称“都广之野”，缺乏重建城市之基础。建木系神话，仅存在原始信仰中(参见屈小强、李殿元、段渝主编《三星堆文化》[18]P. 90－P. 91，四川人民出版社，1993)。

开明以治水著名，但传说中也有开明因贪财及贪色以致亡国的故事。

《蜀王本纪》中仅简单叙述蜀亡之事说：“巴与蜀仇，求救于秦。秦惠王二十七年，遣张仪与司马错等灭蜀。遂置蜀郡，仪筑成都，以象咸阳。”

但在《史记·张仪传》中《正义》[19]有更详细内容：

“昔蜀王(开明)封其弟(名葭盟)于汉中，号为‘苴(音居)侯’，苴侯与巴王为好。巴与蜀为仇，故蜀王怒。伐苴，苴奔巴，求救于秦。秦遣张仪于子午道伐蜀。(蜀)王自葭萌禦之(葭萌为苴侯国都。在汉中，相当于今川北广元西南之昭化)。败走至武阳(今彭山县，在四川乐山地区北部)，为秦军所害。秦遂灭蜀。”

但张仪要从秦国攻打蜀国，中间有秦岭和大巴山等丛山峻岭阻隔。李白所谓“蜀道之难，难于上青天。”因山川阻隔，行军几乎难寻可攀涉之路，张仪想了一些办法。即利用开明贪色爱财的毛病，骗蜀军为秦军攻蜀开拓山区险要莽荆之路。有两种传说：一个可参看《蜀中名胜记·剑州(剑阁)》[20]所引《史记》之文。文中说：

“秦欲伐蜀，而不知道(在崇山峻岭中攻蜀之道路)，乃作五石牛，以金置尾下(即牛屁股下面)。言能粪金以遗蜀。蜀王(开明)负力(自夸其力)而贪(金)，使五丁(有力之壮丁)开道(开拓原为无径路的山区使出现道路)引之(以运输能痾金的五石牛)。秦因使张仪、司马错寻路(循五丁所开之道路)灭蜀”。

又据1979版《辞海》“五丁”[21]条所引之资料：“秦惠王把五女嫁给蜀国，蜀王(开明)派五丁迎五女”。据云此资料出自《华阳国志·蜀志》。

但据《蜀中名胜记·成都府三》[22]引《蜀王本纪》说：“武都山精化为女子(武都山在今绵竹县北)美而艳。蜀王(开明)纳为妃，不习水土，欲去。王必留之，作‘东平之歌’以悦之。无几物故。王乃遣五丁于武都山担土为冢，盖地数亩，高七尺(丈)。上有一石，厚五寸，径五尺，莹彻，号曰‘石镜’。王见悲悼，遂作‘臾邪之歌’、‘龙归之曲’。”据云此开明妃墓称“武担山”，意思是说其土由五丁自绵竹县北武都山担来而堆积成之山，故名。武担山在成都府城西北一百二十步。有时也称武都山，但到明代，此山已平坦成一坯土。在南朝梁武帝第八子武陵王萧纪时，曾发掘武担山开明妃墓，“得玉石棺，椁中美女容貌如生，体如冰。掩之而寺其上(在武担山上设立一寺)。”

唐杜甫对开明妃冢上的石镜，也曾赋诗说：“蜀王将此镜，送死置空山，冥漠怜香骨，提携近玉颜。众妃无复叹，千骑亦虚还，独有伤心石，埋轮月宇间。”[23]

从上面一些资料来看“五丁开道路，运痾金五石牛”事，及“开明妃葬于武担山”事，是可信的。“五女”之事可能是“五牛”之事误会而来，因“女”与“牛”音近。其中也隐约混有蜀王发现开明妃之传说。因开明妃出自绵竹北的武都山，与石牛痾金事有关的剑阁，都是秦军入川北，进攻成都之“石牛道”经路。虽蜀王开明如何发现武都山美女而纳为妃的具体过程不明，但武都女子与痾金石牛都出自张仪诡计，也不是不可能的。

可见秦国正利用开明的负力、贪财、恋色等性格弱点，使蜀王不自觉地为秦国辟侵蜀之路，蜀王终于中计引狼入室。以致兵败逃到乐山地区，被杀身亡。

蜀亡以后，张仪在重建成都城时，仍时常受到开明王朝复国志士的干扰。如《蜀中名胜记·成都府一》[24]引《周地图记》(北周佚名者撰，一卷，收于清王谟辑《重订汉唐地理书钞》)说：

“初张仪筑(成都)城，城屡坏，不能立。忽有大龟出于江。周行旋走，巫言依龟行处筑之，城乃得立。所掘处成大池，龟乃伏于中，龟每出，则州境有贼。”

可以看出“龟”与“贼”相伴。这贼很可能就是干扰张仪筑城、为恢复开明王朝而反秦的开明余部。而龟可能即为鳖灵的图腾。由于要防止反秦的开明余部，所以张仪筑城必在鳖的图腾出现较多处加强。这就是城墙“依龟行处筑之”的原因。但这样一来，成都城就不能筑成方形，而形成所谓龟形之城了。

古蜀五王朝之概况，已归纳于上。

三、战国铜勺上古蜀五王朝图腾

在成都三洞桥出土了一件战国时的古蜀铜勺。上有五个巴蜀文字(或五个古蜀王图腾)。其形如下图(图6)所示[6]：

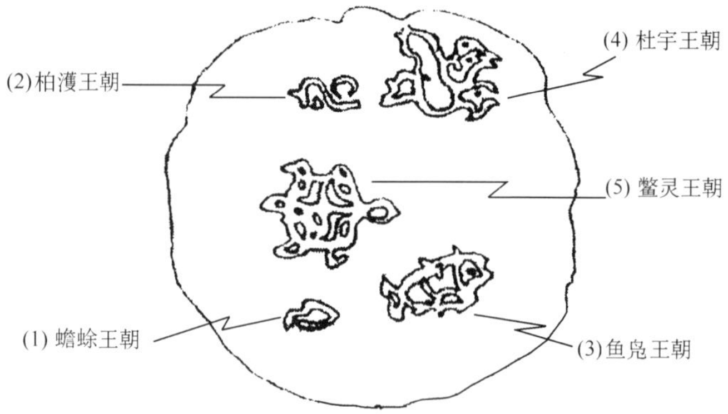

图6　古蜀五王朝图腾

我们把铜勺的方向安排成各图腾的头部都朝向右方，这样便于辨认。这些图腾都呈复线形。

估计此铜勺制于开明王朝盛期。因此把鳖灵图腾放在中部，体形最大。

开明王朝之前为杜宇王朝。杜宇之图腾绘成张翅飞翔鸟形，放在前上方，尚示尊重之意。

杜宇王朝之前为鱼凫王朝。该王朝图腾本应为飞凫叼鱼之状，但如都表现出来，占面积太大，而且鸟之图腾在上方杜宇图腾中已表现过了，而鱼却是别的王朝图腾所无。所以在鱼凫王位置仅表达一个鱼形图腾，这是一种艺术的含蓄手法。

关于柏濩王朝的图腾，应是布谷。布谷也是一种鸟，它实际是大杜鹃，与杜宇王朝的四声杜鹃形状无甚差异。如仍表现为复杂的鸟形，会与杜宇王朝之图腾相混淆。不如用鸟之简写表达之。既避免重复，又不显单调。

我们从四川省博物馆刘瑛收集的 17 目兵器上的巴蜀文字中第 9 目[25]，可以看出古蜀文字中表示鸟的文字如下(图 7)：

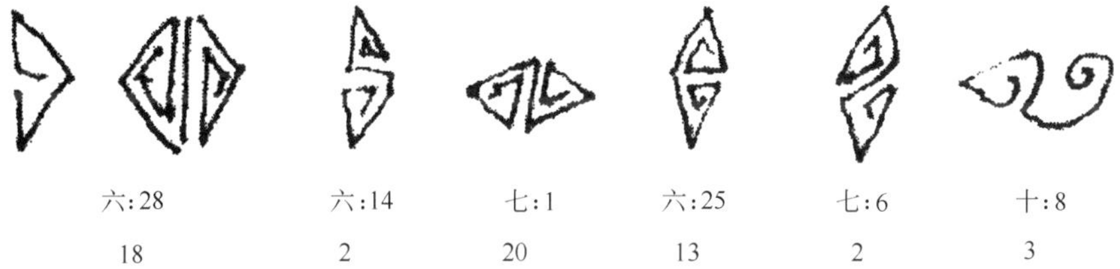

图 7　刘瑛整理的第 9 目“鸟”字简笔古蜀文

把柏濩王朝的图腾与刘瑛第 9 目的鸟字简笔古蜀文字比较，可以看出有共同点，且与前面介绍过的鱼凫王朝金杖上刻的“上翅下鱼”的“上翅”形状也非常相像。但是铜勺上的柏濩(布谷)图腾似更生动。它也有左右反向螺旋的两翼，而且两翼中间的左翼下弯并向右的一横划，很像鸟颈及鸟头。它的飞向与其他王朝的图腾的头的朝向一致，具有一种动态美。

刘道军《蜀王蚕丛考辨》[6]一文(《东南文化》2007 第 5 期)也曾对此铜勺的图腾进行研究。他把柏濩王朝的图腾认为是“螺”，未辨出这事实是表示布谷鸟的图腾。这是因为前此人们不知道“柏濩”事实上指布谷鸟。另外，由于他将铜勺图各图腾之头都排印为向上，所以本来是表示左右翅上下飞动的形象，在图上显不出来。只看见一些盘旋线条。所以就误会为“螺”了。说明如何判断图腾，一方面要深究“柏濩”的实义，另一方面，从什么方向观看铜勺图腾，也很重要。

但是，刘道军对蟾蜍王朝图腾判断很有价值。他不仅根据三星堆出土文物否定过去将古蜀第一代蜀王称为“蚕丛”，而且从出土的金蟾蜍而肯定“蚕丛”应为“蟾丛”，还根据刘瑛 19 目兵器上巴蜀文字中第 14 目中由蝌蚪(♀)与竖立手掌形( )合文组成的约 39 例中出现的蝌蚪形，认定这是蟾蜍的蝌蚪，所以推广地认为它有时也用以表达蟾蜍。这样，可节约刻画的手续和面积。因此他认为成都三洞桥出土的战国铜勺中的蝌蚪形，就表示蟾蜍。我同意他的判断，但补充一点，即蟾蜍王朝是五王朝之首，而蝌蚪又是蟾蜍之源。因为只有这样解释，才能解读铜勺意义。可以看出，铜勺中的蝌蚪，头部也是指向右边的。

四、结论

古蜀五王朝，开国于距今四千余年前，灭亡于距今二千年之前，复经历约二千年间山川沧桑、史事茫茫而到达现代，再想搜理往迹，困难实多。

本文在推究古蜀五王朝之历史，有一些新认识。

一是根据甲骨文及小篆的“蜀”字结构，指出古蜀第一王朝之图腾不是“蚕”，不叫“蚕丛”，而应当是“纵目、大口、食虫”之蟾蜍。并从读音、当时成都平原之气候环境、更以三星堆出土，具有双睛如柱、宽口如蟾的青铜人面像及石质、陶质和金质蟾蜍等实物证明之。所得结论与刘道军《蜀王蚕丛考辨》似殊途同归。进一步肯定了古蜀第一王朝应属“蟾蜍王朝”而非“蚕丛王朝”。

二是对于古蜀国第二王朝的“柏濩”究指什么图腾，给予了肯定。这是因为这第二王朝，历史上或称“柏濩”，或称“柏灌”，也有称“柏雍”的(《蜀王本纪》称柏濩，《华阳国志》称柏灌)。本文认为“濩、灌、雍”三字，均包含“隹”，“隹”为短尾鸟。因此都证明这个图腾当为鸟图腾。但“雍”字表示一鸟为网所捕、为盖所压，似不宜用作大部落之图腾。“灌”字中“雚”为一种有一对大眼睛，头有角毛的“猫头鹰”。人们每将猫头鹰视为不祥之鸟，当然不宜作为图腾。所以正确的用作图腾的鸟，应是“濩”字。这样，本文肯定了此图腾鸟当为“柏濩”，而非“柏灌”或“柏雍”。

但是什么鸟叫“柏濩”呢？因为“濩”音“hu”与“谷”音“gu”之古音可互转。故“柏濩”应即为“布谷鸟”。布谷鸟为催促播种之鸟，为初进农业社会之部落所欢迎，有利生产。因此我们肯定了古蜀第二王朝当为以布谷鸟为图腾之王朝。解决了历史上难以判定“柏濩”为何鸟的疑问。

三是对成都三洞桥出土之战国铜勺上五个王朝的图腾图的解读，判定方位的正确取向。指出各图腾的头部均应指向右方。这样取向之优点是：

1. 鱼凫王朝虽只以一条鱼表示，但其上之杜宇王朝之鸟，正好在鱼之上。可借用表达鱼凫王朝凫叼鱼之图腾。说明制勺者的艺术智慧。

2. 柏濩王朝之图腾为鸟之简图。可以看出此鸟在自左向右飞行。且左右两翼展开作飞行之状。过去由于铜勺图腾将头部方向向上安排，人们就把柏濩王朝的图腾，看作一个螺旋状物，而无法得到正确的解读。

3. 可以看出，制此铜勺者应为鳖灵王朝盛期之人，他认为表达五个王朝应“厚今薄古”、“今盛于古”。而且“古事难稽”。所以朝代愈早，图腾愈小。而鳖灵王朝为最盛之王朝，故放在居中且形象也最大。这是当时的史学家的史学观。

四是本文根据各王朝的图腾性质，以与中原历史对比的方式来判定其生产力及处于什么文化阶段。对于有关古蜀第五王朝的灭亡史的传说，也加以评述，有所判断。

中华民族文化，根据近来的考古发掘，知道远古时期并非中原一枝独秀，而是群星在各地闪烁，星斗灿烂。黄河、长江、珠江及岭南塞北，争奇斗艳。而长江上游成都平原的三星堆文化展示古蜀五王朝的文物，尤能独树一帜，惊考古史学界之耳目。有关此研究，不时有真知灼见出现。本文为一角蠡测，抛砖引玉而已。川西此后之发掘，必将对后人有更大的启发作用。

参考文献

[1] 常璩(东晋). 华阳国志[M]. 转引自屈小强等. 三星堆文化,成都:四川人民出版社,1993.

[2] 齐思和,刘启戈,聂崇岐,翦伯赞. 中外历史年表(公元前 5000 年—公元 1918 年)[M]. 北京:三联书店,1998.

[3] 董作宾. 小屯殷墟文字乙编 5280,转引自岛帮男(日)编,殷墟卜辞综类,增订版,汲古书院,1977.

[4] 屈小强,李殿元,段渝. 三星堆文化[M]. 成都:四川人民出版社,1993.

[5] 王大有,著. 上古中华文明[M]. 北京:中国社会出版社,2000:125;图 29-(1);138;图 39.

[6] 刘道军. 蜀王蚕丛考辨[J]. 东南文化,2007(5).

[7] 司马迁(汉). 史记·三皇本纪[M]//二十五史. 上海:上海古籍出版社,1986.

[8] 司马迁(汉). 史记·五帝本纪[M]//二十五史. 上海:上海古籍出版社,1986.

[9] 郑作新,主编. 中国经济动物志·鸟类[M]. 北京:科学出版社,1966.

[10] 中国社会科学院研究所词典编辑室. 现代汉语词典(修订本)[M]. 1996.

[11] 郑作新,主编. 中国经济动物志·鸟类·鸬鹚. 北京:科学出版社,1966.

[12] 王大有,著. 上古中华文明[M]. 北京:中国社会出版社,2000,138;图 39.

[13] 郑作新. 中国经济动物志·鸟类·四声杜鹃[M]. 北京: 科学出版社,1966,295.

[14] 曹学佺(明). 蜀中名胜记·灌县[M]//丛书集成初编. 商务印书馆,1936.

[15] 曹学佺(明). 蜀中名胜记·郫县[M]//丛书集成初编. 商务印书馆,1936.

[16] 曹学佺(明). 蜀中名胜记·成都府[M]//丛书集成初编. 商务印书馆,1936.

[17] 曹学佺(明). 蜀中名胜记·双流县[M]//丛书集成初编. 商务印书馆,1936.

[18] 屈小强,李殿元,段渝,主编. 三星堆文化,成都:四川人民出版社,1993:90-91.

[19] 司马迁(西汉). 史记·张仪传·正义[M]//二十五史. 上海:上海古籍出版社,1986.

[20] 曹学佺(明). 蜀中名胜记·剑州[M]//丛书集成初编. 商务印书馆,1936.

[21] 广东、广西、湖南、河南辞源修订组. 辞源(第一册)[M]. 修订本. 商务印书馆,1979.

[22] 曹学佺(明). 蜀中名胜记·成都府三[M]//丛书集成初编. 商务印书馆,1936.

[23] 仇兆鳌,注. 杜诗详注[M]. 中华书局,1979.

[24] 曹学佺(明). 蜀中名胜记·成都府一[M]//丛书集成初编. 商务印书馆,1936.

[25] 王大有. 上古中华文明[M]. 北京:中国社会出版社,2000,125;图 29-(1).

[26] 毒蟾蜍杀死淡水鳄[N]. 参考消息. 北京:新华通讯社,2008-6-9(7).

林下鹤步丹顶在

王鹏飞

铁马金戈一十春,卸甲渝州气未申,满怀慷慨犹铜骨。
一身创痍离风云,投笔永忆巴蜀役,援朝难抑卫国情。
林下鹤步丹顶在,肯让诗酒醉余生? 满怀慷慨犹铜骨。
一身创痍离风云,投笔永忆巴蜀役,援朝难抑卫国情。
满怀慷慨犹铜骨,一身创痍离风云,林下鹤步丹顶在。
肯让诗酒醉余生?!

(摘自《天风海涛集》)

语言的创始

劳动促进了人类器官及大脑的健全。它还为适应语言发展创造出氏族和部落的社会阶段。在语言初出之时,受到了氏族和部落社会的影响,经历了构词造句的约定俗成阶段。因此初创的语言,行之不远,概属方言性质。其后由于民族和国家的形成,方出现民族及国家通用语言。在语词创造中,人类学会了抽象思维。就凭借这种抽象思维,人类智力才能“跳出三界(天、地、万物)外,不在五行(金、木、水、火、土)中”,客观地思考一切问题,从而方得运用超越动物本能水平的能力,改造主客观世界,真正赢得了“人为万物之灵”的地位。

人类在初创语言时不得不踌躇于以音表意的两个途径的选择:或“允许以多音表一义”,或“仅允许一音表一义”。选择哪一途径,对该社会未来采取哪一类文字起到关键性作用。凡选择“允许以多音表一义”者,未来文字必走“拼音文字”的道路。凡选择“仅允许一音表一义”者,未来文字必走“形意文字”的道路。这是他们所始料不及的。

一、语言、劳动、心智思维、遗传、基因

世界上研究“语言学”的作者很多,但研究语言创始的论文不多。这是因为语言创始时,尚无文字,无法用文字记录创始时的语言情况。而且文字是视觉对象,语言是听觉对象,即使语言创始时已有文字,由于听觉对象不可能用视觉感应,所以文字注定不可记录语言。想用文字记录语言等同于缘木求鱼。语言只能依靠世代口耳传承。而且语音每随时而变,传承中每有走音现象,这更增添了研究语言创始的困难。因此我们只能别出蹊径,进行追索,提供参考。

语言是人类社会的特有现象,现代人类都会讲话,史前类人猿都不会讲话,并无语言。从类人猿进化为现代人类,语言是怎样产生的呢?

达尔文(C. R. Darwin,1809—1882)认为物竞天择,优胜劣败。类人猿在自然竞争中因失败而淘汰,但其中的某些种类在这场竞争中因进化而胜利,语言应是在自然竞争中锻炼而得。

奥地利遗传学家孟德尔(Q. J. Mendel,1822—1884),从植物杂交实验中得出了遗传学显隐性法则,而美国遗传学家摩尔根(T. H. Morgen,1862—1945)通过“果蝇遗传实验”指出“基因”是携带遗传信息的载具。

以后,人们用特种辐射,如 X 射线、紫外线或宇宙射线来照射基因。例如近来人们在人造卫星搭载动植物,以感受宇宙辐射,均发现基因突变,并发现这种突变可影响遗传因子。于是以达尔文进化论为基础的“生物物种渐变理论”受到了质疑。基因突变也成为类人猿演变为现代人的考量原因之一。

恩格斯(F. Engels,1820—1895)在其《自然辩证法》等一系列著作中,认为“劳动创造了人类”。

据《辞海》(1999 版)的“劳动”条词目释义云：

“劳动是人类改变劳动对象，使之适合自己需要的有目的的活动。人类社会存在和发展的最基本条件。在人类形成过程中，起到了决定性作用。人类的祖先类人猿，经长期的劳动实践才变成创造工具的人。”

据此可见“劳动”与“动物本能活动”的区别在于劳动具有目的，即意欲使劳动对象(及工具)形成适应自己需要的成品。这就是说，劳动是与心智发展相结合的活动。类人猿只能按本能活动，而人类则具备心智思维功能。劳动是一种有心智思维功能配合的活动。心智思维活动是劳动的特征，它是类人猿进化为人类的关键。自从具备了心智思维功能，人类就永远保有这种思维功能。可见心智思维功能是可以遗传的。心智思维功能的物质基础在神经系统和大脑中枢。所以心理思维的基因应主要是含于神经系统和大脑中枢中。神经系统和大脑中枢的进化是出现心智思维功能的依据。心智思维功能是人类特有的由基因所负载的遗传特征。灵长类中类人猿的本能活动在其神经系统和大脑中枢基因受到长期因子或突变因子的刺激而发生重组或变异，在劳动的促进下，就可以产生高级心智思维功能，从而演化为人类。而语言是交流心智思维的重要方式，为人的社会发展的必要条件，因此以一旦类人猿获得了心智思维能力进化为人类，语言就会很快随着社会的发展而出现。

二、语言因人类心智器官的发展而发展，并促进了人类各种感应器官及表达器官的健全，转而更促进语言的功能

人类心智思维能力的发展是建筑在对客观世界的深刻认识。这就必须调动所具有的一切感应器官，使之能正确辨认客观事物。他还必须能通过心智向外界表达所感受到的客观事物特征。而且还能表达自己心理及情感方面的感受，例如喜怒哀乐等。

认识客观世界，必须发展视、听、嗅、味、触觉等各种感应器官。表达感受的器官有“形体表达、语言表达、情绪表达”三方面的有关器官，语言的发展也必须以感应器官、表达感受器官全面发展为基础。绝不能片面理解为仅耳朵与口舌的发展。因为仅借耳口传递的语言缺乏包孕客观世界和表达主观世界的内容是无俾于心智思维的进展，也失却语言之使用意义的。

语言内容不能脱离表达事物变化、叙述事物运动过程、形容事物性质、识别事物特征等内容。而这些都需要人类充分发展他所具有的各种感应器官。语言还要向别人表达自己所感应的客观事物的方位、大小、软硬、活动特征等，使别人也有可能获得与自己同样的感受。语言更要表达自己对所感知事物的现象的看法，评论是非得失。语言尤其需要表达自己的感情、转达别人的感情、发泄悲欢苦乐，会形容喜怒哀乐。这就必须调动我们所具备的一切器官及神经系统大脑中枢。甚至使我们能发挥眉飞、色舞、垂泪、酸鼻、流涕、呕歌、按拍、鼓掌、颤声、狂啸等表达感情的能力。

可见语言能健全身体的各种功能，而身体的各种功能的发展，丰富了语言的内容，使语言的功能卓著。

三、语言创始于距今一万年前的旧石器时代末期

距今约三百多万年前是地质时期中"第四纪"的开端。这个纪，人们称它为"灵生纪"或"人类纪"。因为它孕育着万物之灵的人类。它是人类发生、发展、进化的时期。该时期又可次分为"更新世"与"全新世"两个阶段，"更新世"早于"全新世"。

"更新世"是距今最近的全球冰川时期。"全新世"已属冰后期。大冰期是类人猿生活艰苦受煎熬锻炼时期，也是心智思维功能增入类人猿基因中渐显功能的时期。至于此基因转变是渐变因子还是突变因子造成，尚待追索。但劳动对促进这种转变，是重要的内在因子。它牵涉心智器官的变化。可以肯定说，在"更新世"末，灵长类生物，类人猿的某一类，其心智器官的基因确实发生了变异。出现了心智思维。目前认为从猿到人的进化，共经历下列一些阶段：即"拉玛古猿、南猿、能人、直立人、早期智人、晚期智人、现代人等"。除现代人外，其他阶段的类人都已依次灭绝。这是因为"更新世"中，环境变动太大，非常严酷。类人猿非发生基因转变，难以适应环境从而陆续被淘汰掉。只当其基因中发生关键性转变，即出现心智思维机能的后期智能人，才能采取适应新环境的劳动措施，进化为现代人类，成为天之骄子。而语言这个劳动成果是心智思维降临到现代人类后最值得歌颂的一大空前发明。语言使人类从旧石器时代进入了中石器及新石器时代。有了言语，人类才能将自己对自然与社会斗争的经历、经验和成果，自前人迄后人，自此及彼，自迩迄遐，口口相传。人类劳动才能脱离动物水平。人类文明才能积累、发展、传播、继承。世界及我国各民族的诗史，无一不在说书唱词的艺人口中、结合弦琴等乐器中。在此时期，结合对自然及社会的认识和感情到处开始传诵。当时的石器不再像旧石器时代那样，只是些对自然现成树枝石块的选择、磨砺或修削。而是具有改造，精工雕琢，讲究作用、功效、用途、耐久等特点。而语言的出现，由于人与人间的思想交流，对制造工具的形式及技术，可以从相互讨论中集思广益，加快改进，对人类社会的发展，也起到加速的作用。

当然，各地心智发展的水平，并不一致。例如在我国江西上饶地区万年县仙人洞，曾发现距今 17000 年前的伴有最早陶器的石器时代遗物。但大多数地方，新旧石器时代的交界，约在距今一万年前。

心智思维功能出现于晚期智人的身上，这是一个奇迹，一个机遇。地球历史任何生物，除晚期智人外，都未能获得这个机遇。在更新世末，挣脱淘汰命运的人类，其大脑容量比淘汰前增大，其神经系统更加健全，大脑皮质化程度很高，不仅成为感觉刺激，管理并调节器官活动的枢纽，以及表达心智反应的司令。而且在反复挣脱淘汰，应付复杂的环境的同时，促进了大脑皮质面积的不断扩大，摺皱层次增加，沟纹深度及曲折回旋程度越变越复杂，使大脑分工区也不断深化，功能逐渐精细化和速效化。神经交错勾连，四通八达，相互配合程度加强。于是，心智的发展出现了质的飞跃，渐渐具备了兼有学习、信息存储、记忆、联想、比拟、归纳、推理、判断、前瞻、决策等抽象思维的能力。使人类在不断与环境拼搏中，改进了本身机能，具有了改变不利环境及适应各种困难的创造性能力。从而获得了超出一般动物水平，能相互间交流思想并推动社会发展的本领，即语言。

自有类人猿以来的三百多万年时间中，只当到最近一万多年期间，才出现了语言，语言出现后的时间仅占全部第四纪时间的三百分之一，可见绝大部分时间都化在本能活动并"接

受基因渐变”或“等待基因突变”上，以取得心智思维能力。由于基因变异所致的心智思维功能的出现与语言的创始关系密切，所以这方面的研究加强，应是今后需着力的方向。

四、语言创始的社会制约

语言是人类社会交流思想的工具。它是一种社会活动，必然受社会制约。社会的基础组织是家庭，但语言的功能超越于家庭后，才更有意义。仅通行于家庭的语言，不可能获得发展。下面对语言的社会制约作一些探讨。

(一)氏族与部落是语言得以发展的最小社会

为什么家庭不能成为语言发展的最小社会呢？这是因为家庭的成员太少，规模太小，生活内容太窄，封闭性大于扩发性，缺乏开放变革拓展的气度，活动面局限，不可能出现广为通行为广大社会所欢迎的便于思想交流的语言。

当社会由家庭扩展为氏族与部落时，人们的眼光就超越个人及家庭的视野，而考虑到整个氏族和部落的生存与发展，认识到协调氏族及部落内部使之形成一个整体以应付他氏族及部落的侵袭，并战胜他氏族及部落的发展是保存及发展本氏族和本部落的重要任务。为此就有在本氏族或本部落中发展统一语言以交流本氏族及部落的思想。使之团结一致，行动协调，起到确实能保障本氏族及部落的繁荣与发展之效。而且由于氏族及部落的社会生活较之家庭复杂得多，所以语言的词藻就远较家庭丰富。又为了保持行动一致，语言就具有本氏族及部落的特色。这些语言的使用范围，是在数百上千人的社会中，不仅有调动大量成员进行建设、团结群众、共御外患，保护众人，共度困境，组织黎民，发展生产的条件，满足和睦众庶，安定秩序的需要，并能达到扩展领地，绵延氏族部落宗祚的愿望。语言即能起到上述各种功能，即使当时并无语言，也因需要而为氏族及部落所渴望，这些渴望是催化出丰富语言的重要条件，从而出现语言、发展语言。

(二)语言形成时，必然受社会的“约定俗成”所约束

没有社会就没有交流思想发展语言的需要。语言是社会思想交流的产物，必然产于一定社会之中。所以必然被打上一定社会的烙印，因此它必然受此种社会的“约定俗成”所约束。

“语言”系由“语句”所组成，一个“语句”往往包含不少“语词”，它们按一定法则(即“语法”)组成“语句”，“语句”与“语词”都是由“语音”组成的，而“语句”和“语词”又都代表一定的“语义”，可是“语音”与“语义”并无天生的固定关系，而语言要使能交换思想，都必须“语音”与“语义”具有固定的关系，这些固定关系是特定社会将语义强加在语音身上的，这就使语言受到特定社会的约束，这种约束通过“约定俗成”的方式完成的。

什么叫“约定俗成”呢？

“约定俗成”并不是把语言的语音、语词和语法在本社会中通过一定程序或手续，由主管或权威部门声称通过而完成的。而是对已出现于所在社会的包含各种语音、语词及语法的语言，不追索系何人提供，而是依靠自然流行，经历自然淘汰的考验，形成社会中高使用率的成分。

在“约定俗成”过程中，人们把语音表达的语词及语句与相应的实物或事件等不断对照而认同，使此社会的成员，一听到语音，在其脑海中立即条件反射地出现相应的实物和事件的概念，可称之谓“语音概念”或“语音象念”，当本社会成员大多数都能在听相同“语音”，脑海中能出现这种相同的条件反射，并获得相同的“语义”时，约定俗成的过程就算完成了。

由于社会在发展，新实物及新事件不断出现，而且语音也有历时性变化，旧语音所对应的事物及事件也不断有所变动，语词与语法常出现新陈代谢，因此任何社会的熟用语词与语法，其代表的语义也会发生变化，所以任何地方的语言形式，熟用的语词与语法，所表达的语音，及其代表的语义也会变化，不会一劳永逸。社会的变动或发展愈大，语言的变化也愈大。

(三)“语音”与“语义”的关系

我们可以用一个比喻，以理解“语音”与“语义”的关系。

设有甲乙两个山峰，相距很远，仅能依靠空中缆绳上的缆车，将物件自甲峰传到乙峰上去。缆车为载具，物件是被载体，如果没有缆车，或有缆车而无缆绳，物体无法从山峰甲送到山峰乙上去。

现在把山峰“甲”比喻为“发言者”；山峰“乙”比喻为“听话者”；“缆绳”比喻为“声音”；“缆车”比喻为“语音”，“物体”比喻为“语义”，由于“语音”属于声音，它本身没有意义。而“语义”是一种代表事物意象及过程的概念，它不是声音。所以“语音”与“语义”无关，它只是载运“语义”的工具。同理，缆车随绳而动，它只是载运“物体”的工具，它与“物体”无关。“语义”如不依靠“语音”，无法从发言者之口传向“听话者”之耳，同样“物体”如不依靠“缆车”，也无法从山峰“甲”移到山峰“乙”，缆车是与缆车连在一起的，它是缆绳的特殊结构，它与缆绳一样，能在两山峰间运行，但它有特殊的功能，即能运载物体，没有缆车这个运载工具，物体无法运送于两山峰之间，同样“语音”是一种特殊的声音，它具有声音的特点，能在空气中传播，但它是一种特殊结构的声音，能装载语义，使之能在同处于空气中的两个人中传送，但“缆车”不等于其所载的“物体”。要根据缆车判定其中装着的物体，非常困难。因为同一缆车可以装入不同的物体，缆车与装入的物体，并不具有一对一的命定关系，除非装物体者事先规定某一缆车只装某一物体。同样，根据“语音”判定其所代表的“语义”，也很困难。因为同一“语音”可以代表不同“语义”，“语音”与“语义”也并不具有一对一的命定关系，除非创制语言者事先规定某一“语音”只代表某一“语义”。

在山峰“甲”，将某一“缆车”规定只装某一“物体”，但在山峰“乙”，并不知道这种规定，他只有对所接收到的缆车开盖，对照缆车内所装实物，当他多次发现某一缆车内是安装这种物体，至少安装这种物体的或然率最大，他才能肯定某一“缆车”可代表某一“物体”，即使不开盖，也十准八九。

同理，当发言者规定某一“语言”只代表某一“语义”时，听声者并不知道这个规定，他只能将“语音”与实际事物实况进行对照，当他多次发现同一“语音”能始终与其一事物实况相应或对应的几率最大，他才能肯定某一“语音”可代表某“语义”，以后即使不再与实况对照，他也可以很容易肯定某一“语音”的“语义”。

既然“语音”与“语义”是风马牛不相关的，所以规定某一“语音”代表某一“词义”是非理据性的，只是一种人为的规定。是在社会中约定俗成才被公认。谁也讲不出此“语音”必有某一“语义”的理由。“语义”可以不用“语音”来表示，只是由于“语音”可以在空气中用疏密波传递,“语义”不依靠“语音”,无法互相交流,所以不得不利用“语音”传递“语义”。用什么“语音”代表某一“语义”,完全是一种“随机性”决定,但一经确定。“语音”代表某一“语义”,又具有“机遇性”。

不论主张“随机性”,或主张“机遇性”,凡决定什么“语音”代表什么“语义”,这种决定都是由“约定俗成”的方式确定的。

五、决定语言及文字发展方向的两种观点

上面我们已指出:某一“语义”用某种“语音”表示有“随机性”,也有“机遇性”。但不同氏族或部落在创造语音时,观点并不相同,有的对于“语义”与“语音”的关系,强调其随机性一面,可以称为“随机观”,有的则对于“语义”与“语音”的关系,强调其机遇性的一面,可以称为“机遇观”。这两种不同的观点将影响其所发展的语音,并导致其未来的文字性质。

(一)从“随机观”出发所开创的语言特点

很多氏族和部落,在处理“语音”与“语义”关系时,采取随机观。他们知道人的发音数有限,而事物的种类无穷。为使有限的发音应付无穷的事物,必须除各单音节表达事物概念外,还需用多音节的表达。因为不同数量的多音节的不同排列组合数也是无穷的。这样,利用单音节及不同数量的多音节的不同排列组合来表达各种事物的概念,就等于用无穷多的“语音”来表达无穷多的“语义”,就可以解决有限发音数来表达无穷多的事物概念之间的矛盾。

既然这个矛盾可以采取“单音节”与“不同数量的多音节”的不同排列组合的“语音”来解决,那么只要注意勿使不同事物概念为相同语音所混淆,各种事物概念用什么“语音”来表达,就成为“随机性”的。换言之,“语义”采用什么“语音”来表达,属于“随机性”,其自由度很大,不必有过多的顾虑,受约束性很少。

随机性观点在处理“以有限的发音应付无限的事物概念(即语义)的矛盾”,其重点在于从发音(语音)方面的改革,于是“语义”随“语音”而异,当语音有变,所表达的“语义”也就不同,这在其后发展文字时,也必然出现“拼音”的体系,这种趋势是不可逆转的。

但是随机性观点使“语音”变得十分复杂。它主要考虑的是力求“语音”的多样性,避免相同性,所以订定“语音”时比较轻率,很少顾虑与“词义”的内在联系,从而属于“拉郎配”性质。

由于社会所发展的新事物层出不穷,每出一种新事物就有一个新概念,相应就有新语义,为应付新“语义”,就要创造一个新“语音”。为使新“语音”不致与已有的语音重复,就采用一些多音节的新排列组合。长此以往,新语音就变得复杂拖沓,诘屈聱牙。发音及记忆都增加困难。

为了解决这个困难,人们采用音义结合方式来表达事物概念,这是因为他们用“拉郎配”的办法既已长久,音义的相互关系已较密切,已有条件分析事物概念可由那两个旧概念组成。判定后,他们就有条件用此两个旧概念的相应的旧语音联发出口,形成新语音,以表达新事物的概念。这样,既可以减少为表达新事物概念而将发音作随机排列组合形成难以记忆的新语音的麻烦,又可使“听到新语音”能直接从结合态的新语音中主动受启发而根据旧

语义的结合理解新语义。这是一种聪明的办法,但是这已破坏了语音随机性组合以表示新事物概念的原则。

(二)从“机遇观”出发所开创的语言特点

采用机遇观点解决“有限发音与无限事物概念间矛盾”的氏族或部落比较少。但是他们在创造语音时,比采用随机观点的有更深沉的考虑。因为他们对事物的观察非常深刻。他们将事物分类,观察事物的“同、异”。“同”是将世间事物分门别类,以减少事物数的办法。“异”是彰显不同类别事物却能区别同类事物的办法。这就使无限事物间出现了分门别类现象,为了表现“同”,将外观相似的事物用同单音节称呼。为了表现“异”,创造了各种表现特征的单音节声。例如“gong zhu(公猪)、ye zhu(野猪)、yan zhu(阉猪)、huan zhu(獾猪)、hao zhu(豪猪)”等,其中“zhu(猪)”表达“同”,而“gong(公)、ye(野)、yan(阉)、huan(獾)、hao(豪)”等表达“异”。由此疏解了事物无限的困境。而对于“发音数有限”的困难。他们对每一个发音,都分为阴平、阳平、上、去、入五种,使能表达不同意义,从而疏解了语音数不足的困难。

他们更有一种分身术,即对于每一个发音,不只是表达一种语法功能,而是既可表达事物的实概念,又可表达事物的性能、运动等,例如“yu(雨)”这个发音可用作名词(如 xia yu 下雨),也可用作动词(如 yu hua 雨花),也可用形容词(如 yu tian 雨天)。这样,建一个单音节语音可具有多方面功能,可以表达多种语义。这又是弥补发音数有限的一个好办法。虽然为正确应用发音于不同功能,往往需改变声调及组成此语词的结构,但习惯成自然,化力不多,时久就不觉困难,却有利于锻炼人们的智力及敏感反应,增加语言风采,使人们感觉“语音”相对于“语义”,不是“随机”的,而是一种“机遇”。即语义因语音而“显辉增采,语音因语义而丰满充实,它们相得而互彰,成为非常紧密的彼此关系。人们只要一听到某一语音就能在脑海中立刻出现该语音所代表的语义,而不会出现其他语义。人们只要想表达某一事物的概念,其口中立刻会发出该概念的语音,而不会出现其他的语音。它们如天生的一对。它们的结合是一种“机遇”,而非随机的。是“千里姻缘一线牵”,而不是“拉郎配”。

由于这种单音节发音所表达的语义是多语法性的,这就会导致在文字创作时的文字,也必为一形一义且多语法性的。

根据目前世界文字的性质考察,这种一形一义且多语法的文字,只有汉文具有。因此,我们可以肯定上述的“机遇”性观点创造语言的氏族或部落,必是汉民族的先民。

为什么汉民族先民在创造语言时,采用“机遇观”而不像其他氏族和部落那样采用“随机观”呢?

这是因为汉民族先民对语音与语义的关系,有较其他氏族或部落有更深入的考虑。其他氏族及部落,为解决“发音数有限而事物概念无限的矛盾”,只从各种发音的不同排列与组合的简单的随机观出发,而汉人却能既分析语音,开发单一发音的功能使之扩大表达能力,又分析事物概念,使无穷的事物概念能分门别类,成为有限的类别,并力求语音与语义间的结合成为一种“机遇”,一经结合,就“如胶似漆”,而不是仅仅属于随机的疏松关系。对于一般氏族及部落,由于创造语言对民智初开,不可深入考虑语音与语义的矛盾关系,采用“随机”处理并不奇怪,但采用“机遇观”需要有较深邃洞察能力。可见在创造语言时,汉族先民具有较其他氏族及部落有更深邃的洞察能力。

汉民族先民具有归纳事物的传统能力，据说伏羲氏曾用"yin(阴)yang(阳)"两个单音节语音概括天下无穷特性。当然，这种概括具有很高明的哲学意义，但对于创造语言，表达具体事物，由于过度概括，不具有实用意义。但汉语立足于试用单音节语音表达万事万物，却是得益于这种"归纳"思维及"机遇性"认识是不容讳言的。

六、方言性是由语言创始的社会制约形成的

"约定俗成"虽说是一种习惯成自然的过程，但起"约定俗成"的社会，既有地域性，又有氏族或部落的特殊性，因此由"约定俗成"形成的语言，必然具有方言性。语言既产生于氏族及部落社会，它必带有当地当时的社会胎记，不同氏族和部落的方言，因此自然不同。但相邻地域的方言，由于交流较为频繁，方言相互影响、融合、差异渐渐趋减少。因为交流有平滑方言差别的功能。但相距较远的两地，因交流机会较少，方言间的差别自然较大。

在长期的历史中，由于氏族及部落间的斗争，互相融合，或相互兼并，有的氏族与部落消失了，其方言因无继承而消失，有的民族及部落在历史中因强大而扩展，成为民族及国家，它所统治的范围将包含许多民族和部落，为了统治的方便，常强迫不同方言的氏族或部落采用民族和国家统一的语言，即所谓国语。但即使在长期推广国家统一语言的国家，方言仍旧是存在的。只是有的方言消失了，有的小方言被并到大方言中去了，可见方言是自然形成的，而通用的语言由于国家因政治需要及管理方便而人为推广的。所以一般终是先出现方言，后出现通用语言。迄今为止，尚未发现没有方言的全球统一语言。

可是在古犹太人及一些欧美人士，却认为先有全人类统一的语言，然后才有方言。

在基督教《旧约全书・创世纪》中，曾记载一段神话说：

"最初，上帝创造天地万物和人类始祖'亚当(男)'及'夏娃(女)'，并授予他们以与上帝相同状貌及语言，可以与上帝交谈"，此后，亚当、夏娃的子孙，靠上代向下代传授而有相同的语言，据《创世纪・巴别塔》一章：

那时天下人的口音言语，都是一样的，他们往东边(即从地中海东岸向东)迁移的时候，在示拿地(位于两河流域南部巴比仑尼亚的中部平原区内一个位于底格里斯河边称为"巴别"的地方)，取沼泽泥制城砖，准备造城建塔。他们说："要使塔顶通天，为要传扬我们的名，免得我们分散在全地上"，这事被上帝察觉了，很怕他们在言语一致条件下，筑成塔后，会团结起来，无事不成，就"变乱他们的口音，使他们的言语，彼此不通"，这就使他们无法用相同的语言商量，巴别塔就没有建成，人民也就分散到世界各地了。

《旧约全书・创世纪》认为语言神授，起初是全世界口音统一，然后又以神的旨意而将语言变乱为方言，认为语言是先有统一口音，然后才出现方言，这与我们上面指出的人们先创出方言然后才出现统一语言，正好相反。说明《圣经》的说法是不符实际的。

现时曾出现一种语言，是波兰眼科医生及语言学家柴门霍夫(Ludwik Lejzer Zamenhoq，1859—1917)所创，称为"世界语(Esperento)"(原义为"希望者"，但在中国传播时，曾被音译为"爱斯不难读")，柴门霍夫于1905年曾著《世界语基础(Fundemanto de Esperento)》一书，并为推广它用此语译了不少文章，希望得到国际通用，但迄今一百多年来，它在国际政治、贸易和科技这三个领域，都未得到通用，仅留下一些赞助者组织一些小团体的无力的宣扬，在联合国也未获得工作语言的地位，所以其世界语的称谓，事实上名不副实，这是因为柴

门霍夫的世界语，并不起源于氏族及部落社会，他是一种人造语言，并不依附于任何具体国家或民族，没有支持的社会，不在任何民族或国家中落地生根，他的发音即使在西方也是非骡非马，当然更非汉族所习惯的方式，因此作为世界语是注定要失败的。

在全球化时代由于人类交流的范围扩大，方言往往对交流是一种阻碍，有些人认为应大力提倡世界通用语言，并尽力促成方言的消亡。但是这种想法有片面性，因为方言是历史的遗存，其中包含许多有价值的文化因素，是一种非物质文明的寄存体，应当加以保护。往往在消亡一种方言时，不自觉地消亡了许多历史上有价值的史料。

就我国而言，迄今尚存在许多方言区。

例如：汉语区有官话方言区、吴方言区、湘方言区、赣方言区、客家方言区、粤方言区、闽方言区七大类，此外，还有兄弟民族语言区，其中官话方言又可分为北方官话、西北官话、西南官话、江淮官话等区。各方言区也可次分出不同区、片、小片、点等。仅以吴方言区为例，可次分为太湖片、台州片、瓯江片、婺州片，丽(水)衢(州)片。其中太湖片还可次分为苏(州)沪(上海)嘉(兴)小片、常州小片、湖州小片、杭州小片、临(海)绍(兴)小片、甬江(宁波)小片等(参看黄景湖《汉语方言学·绪言》P. 62)。其实在上一世纪 40 年代，人们都知道上海的浦东与浦西，仅隔一黄浦江，语音就不同。南京的“门东”与“门西”，成都的“城南”与“城北”，口音也不一样，可证方言差异在短距内也很大。我国方言区很广，这当然是与人们长期在农业为主的社会中，交通不便，定居日久，等闲不常迁居，接触的都是同一村落街坊之人，与外地或远方的人缺乏往来有关。但也有些方言区，例如客家方言位于江西、福建、台湾及广东潮州、汕头及其北一带，它们是北方人在古代南迁而形成的新方言区。是随人的迁移而分布的。

今之方言区，其方言多为古方言区之遗存，其中必包涵古方言的孑遗线索，我们可以由今方言中追索古方言之遗意，我们在下面可举一例，以吴方言而言。长江下游气候温湿。古代遍布河流沼泽，毒蛇猛兽猖獗，人民多受疾病，那里部落散处，互争领地，人民生命饱受危害。只有本氏族及部落的人是保障自身安全的靠山，凡处境危害时，只要遇到本民族及部落的人，才能化险为夷，化危为安。因此对本氏族及部落的人非常亲切，但当本氏族及部落人数较多时，单凭面貌差异，很难确认。如能以方言来识别较为可靠。由于语言中使用率最多的是表达“我、你、他”，“我们、你们、他们”的语音，因此为能很快根据这些语音特点判别说话者是否与自己氏族与部落相同，以便选择安全措施，往往在“我、你、他”及“我们、你们、他们”等语词中添加特种语音特点。

就以吴方言区而言，往往即使距离不远，“我、你、他”及“我们、你们、他们”等语音就出现明显的差异，例如：“我、你、他”苏州人称“吾(女性也有自称‘奴’的)、耐、俚”，上海人称“吾、侬、伊”，无锡人称“吾、耐、驼”，宁波人称“鹤诺、唔诺、其诺”。而对“我们、你们、他们”则苏州人称“伲、唔笃、俚笃”，上海人称“我伲、那、伊拉”，无锡人称“我俚、伲俚、驼俚”，常州人称“我谷、伲谷、大谷”，宁波人称“阿拉、唔纳、其拉”。其实这些地方都属吴语区，相距并不太远，发音却相差这样大，有什么必要呢？究其原因，可能就是当初在氏族或部落时代为保障本氏族或本部落成员的安全而故意加入方言土语中的氏族及部落特征的声音标志。

还有，在大方言区中，也有一些语言习惯特点。如在我国南方诸省，对家中人的称呼常常喜加一个“阿”音，如“阿爸、阿爹、阿公、阿婆、阿弟、阿嫂、阿舅、阿姐、阿妹、阿囡、阿叔、阿伯”等。有时对某一姓的人，在姓上也加个“阿”音，如“阿王、阿张、阿李”，看来加一个“阿”

音,相互间就亲热不少,这可能是氏族社会的遗留。在汉末叙写庐江郡(在今安徽)的一首有名的长诗《孔雀东南飞》中,已有把妈妈称"阿母",把女儿称"阿女"的例子,安徽就在南方,但在我国北方就很少把亲人加上"阿"音的。

在方言中往往有一些意义区别细微,但却能传神的内涵语词,例如宁波方言中,对于"wan(玩)"采用两种称呼,一为"nao huo(闹和)"一为"bai xiang(白相)"。他们的使用场合不同,原因它们在意义上有细微的差别。"nao huo"往往用在孩子们共同戏耍上,虽有些闹,但却和衷愉快,欢笑和睦。这种玩耍,一般不能称为"bai xiang"。"bai xiang"一般使用的场合与"nao huo"不同,其中"xiang(相)"表示用眼睛看外表,看形态,看大势。例如"xiang mian(相面)","xiang qin(相亲)","xiang mao(相貌)","bai(白)"表示"不化钱,不化代价",例如"bai fei xin ku(白费辛苦)","bai gao xing(白高兴)"。因此"bai xiang(白相)"就有"不化代价(包括钱)用目观赏"之意。例如"guang jie(逛街)",上海人就叫"ma lu lang dang bai xiang(马路浪荡白相)",这是因为"逛街"是不需要化钱的。

方言对于世界上交流思想,当然起到一些障碍作用。但是由于其中含不少历史文化内涵,有时其传神的表达,远超过通用语,所以应当加以保护。

七、语词的出现,促进了人类的抽象思维

本文前面根据语音与语义的关系来分析语言。但本节则从另一个角度即抽象思维来研究语言创始的价值。语言中包含许多语词是用语音表达的,每一个语词必相应于一个语义。语义应属于客观世界的事物,但语词只是表达客观世界事物的反映,它是一种从客观世界抽象出来的概念。属于主观思维的东西,其中凝聚了客观世界事物,且反映了客观事物。所以语词在语言中十分重要,没有它,语言就无从反映客观世界事物。

举例来说,当人们看到一只"大象",其印象是:

"一个肥大的动物,头两侧各有一个蒲扇大的肉耳。眼小,鼻长,可扭曲取物。嘴旁伸出两条弯长的大牙,光润如玉。躯体高大,体型如墙。体下有四条腿,像巨柱般支撑着它。体后还有一条小尾巴"。

为要表达这个印象,它必须有"动物、头、蒲扇、肉耳。眼、鼻、物、嘴、牙、玉、躯体、型、墙、腿、柱、尾巴"等称呼。还要有"肥、大、小、长、扭曲、取,有、弯、伸、润、高、下、巨、支撑"等形容词及动词的概念。它还需要对这个动物,有一个整体的概念。例如称它为"大象",没有上述的一些概念或语词,就无法用言语表达所感知的这一动物,不仅他需要有上述语词。而且听到其语词的人,在一听到这个语词,脑海中有同样的理解。即听语者也如讲话者一样具有能反映客观世界事物的主观抽象思维。

从客观世界事物转变为印象,需要人类的感官,但从印象到概念需要心智活动,加以抽象。这抽象的概念就寓于语词之中。因此语词是人类心智活动所创造的抽象概念,也是抽象思维的成果,当然客观世界并不等于抽象概念,但抽象概念可以反映客观世界,这是人类超越于万物之上的一个证明。人类创造了语词,人类感受的印象就可以用语音来表达,语言才能发挥交流所感受的客观世界事物的功能。

在语言中,不仅要表达客观世界,还要表达人的主观思想。表达人对客观世界处理和改造的意见和评述。更需要表达人的喜怒哀乐的感情以及人们处事的见解、计划和希望。这

就需要在语言中出现表达"主体意识"把"人"凌驾于"物"之上。其中有"你、我、他","你们、我们、他们"的人称代名词的创造。

主体意识与一般的客观世界意识有一个很不同的特点,就以"我"这个人称代名词为例,它当然是主体,但又是语言中谈论的客体。它与"物"的概念不同。"物"这个客体谁感应它,其特征都一样。但"我"这个客体,在语言中仅指说话者。谁说话,这个"我"就是谁。同例"你"表示任一个听话者,"他"表示一切第三者。而有了"我们、你们、他们"就包含一定范围内的人群,甚至全体人类。这样就不仅出现了人类个体的自我意识,而且又发展了人类集体甚至全体的自我意识。

有了人类的自我意识,又有了"物"的意识,于是在语言中就能够叙述"事"、译解"事"、规划"事"、判断"事",创造性地考虑改造客观世界的"事"。因为"事"即"人"与"物"及"人"与"人"之间出现的关系。

由于人有了"事",就出现了"文化"及文化成果的"文明",也有了人对"事"的感受,出现了"感情"和"情感",语言也就会出现表达感情的词汇。

人类在经常使用语言交流思想时,会进一步促进抽象思维能力,增长了改进处理客观世界与主观世界的本领。

八、语词中蕴含的抽象思维创造了文明的奇迹

抽象思维对人类的进展贡献,可分两方面来讨论:

(一)使语言在交流人类思想方面成为可能

抽象思维蕴含于创造语词过程之中,它是对客观事物的抽象过程。语词属于语音范畴,它本质上与语义无关,但却已在语言形成中人为地且约定俗成地使之拥有语义,来表现客观事物。使其能通过抽象思维缩浓并深化为客观事物的概念。这使语言表达客观事物成为可能。没有词语或抽象思维,不能将客观事物蕴含于语词中,人类的语言就无法出现。词语所表达的声音,事实上已属通过抽象思维的词义的升华,能简洁地表达事物的一切性能、特征和动态。这种简洁的语词,比之直接列举人体感觉到的事物的各种特征的总和更为全面。它虽仅是一个抽象概念,却代表了具体现实。它节约了列举特征的罗嗦,而给出了巨细兼备的整体印记。语言中有了这种简洁而全面表达事物信息的语词,才能实现语言的功能,并通过语言不断促进人们改造主客观世界创造人类无以伦比的文明。

(二)使人类真正奠定自己的"万物之灵"的地位

由于语言中的语词是由抽象思维促成的。人类在语言中区分出"我"与"物"的界限,出现了主体意识,把自己与世间万物区分开来。发生了用劳动来改造客观世界以满足自己需要的企图。由于语言的发展,利用集体的智慧,使改造客观世界的能力有很快的提高。同时也促进人类的智力超出其他一切生物。因此从客观上来说:"人为万物之灵"成为一个事实,人们主观上也认识到这一点,所以也创造"人为万物之灵"的话。自认为自己的智力已"跳出三界(天、地、万物)外,不在五行(金、木、水、火、土)中",即使自然界出现有损于人类环境的反作用,人类也是可以利用自己的智慧来解决困境的,从这里也可以体会到语言的创始的价值了。

九、结论

大多数流行的语言研究文献，多属语文学范畴，这是因为西方学者根据他们语文合一的习惯，认为语言规律就是文字规律，他们很少研究纯语言的创始问题。另外，很多人认为语言虽与文字不同，但却认为语言是人类进化中自然发展出来的，不认为它是人类创造的伟大文明成果。中国学者对汉字的研究很多，对语言多集中于音韵学方面的研究，很少想到有必要研究语言的创始问题，因此本文所得的一些语言创始的结论，值得给有兴趣于此课题的人参考，因为本文是独辟蹊径所得。

今将本文所得，简单归纳于此：

（一）语言不是“生物人类”的自然现象，而是“社会人类”的心智活动的结晶，又为人类文明的最早伟大成果。

（二）语言出现于距今一万年前旧石器时代末期，它在氏族社会或部落社会出现。语言创始时，尚无文字。

（三）语言创始时受到氏族社会或部落社会的约定俗成所制约，所以一开始就以方言的形式出现，而较大范围所通行的语言是在政治目的及管理需要中推广的。

（四）语言中的“语词（以声音表达）”与“语义”的关系，是必须通过“约定俗成”的公认才能流行，而“约定俗成”过程，必须反复将语音与实际事物对照认同，使语音成为实际事物的印象或概念，即人们见到实际事物，脑海会命令说话系统立刻条件反射地说出相应的以语音表达的语词，而“语音（即语词）”与“语义”就在“约定俗成”中已产生了公认的联系。

（五）从语言初创到现在，有许多方言，在因部落及氏族的扩大发展为国家和民族以及古今语音之变化，发生很大变化。不少方言已淘汰不存，留存的也与初创时大相径庭。但其中仍保存有初创方言的遗踪，可由此探索语言创始时的鳞爪。探索这些鳞爪可以发现社会发展中文明的沿革。所以在全球化交流发达的今天，虽然方言有碍于语言交流，但仍应进行保护，以免历史文明的失散。至于解决语言交流障碍，可以利用翻译来中介，因为迄今世界尚无通用的语言为人类所公认。方言对某些国家和氏族，迄今仍有重要的团结人民的功能，不应加以否定。

（六）在创造语言时，由于“人类发音数的有限”与“世间事物的无限”是一对矛盾。以“有限”来表达“无限”，是创造语言者都会遇到的困难。解决这个困境一般有两个途径，一是不改变语音，只随机地用单音节或多音节的排列组合的无限变化形式来应付无限的事物，使之一一对应。允许“多音表一义”称为“随机性语言观”；另一是将宇宙无限事物，分门别类，区别同异，使“世界无限事物”成为“有限”，再将发音分调（分为阴平、阳平、上、去、入五音），区别轻音重音，且再将一音的功能按语法区别，使各具使用特点，这就使少量的语音“分身有术”，使基本的“单音节”表达基本的“词义”，并认为这种一音对一义，属于“机遇”。任意音节所结合成的语音，其复杂语义仍由单音节的机遇语义结合而成。这种方法属于“机遇性语言观”。它是用化少数语音为多用途语音，化无限事物为有限门类的办法，解决“发音数少”而“世间事物无限”间的表达困难。这种解决困难方法是思维较成熟的表现。因此语音的“随机观”是较为原始的语言创始方法，采用语言的“机遇观”进行语言创始是较为成熟的方法。

（七）根据随机观创造的语言，由于不回避多音节语词，所以其后发展的文字。多为拼音文字。而根据机遇观创造的语言，由于强调基本单音节语音与基本语义是“一音机遇地相应一义”，所以其后发展的文字多为形义文字，它便于识别，语音仅具形义的陪称作用，今日我们发现大多数现存的文字，多为拼音文字，可知它们的初创语言，多属“随机观语言”，仅有汉文为“形义文字”。可见汉人的初创语言，较为先进，属“机遇性语言”。

(八)无论是“随机性语言”或“机遇性语言”都是在长期使用中发展完整的，所以虽然在初创时，有原始与先进的不同，但是都值得我们珍重对待。

(九)语言的信息，主要包含用声音表示的语词之中。语词是人类利用心智功能创造的抽象概念，属抽象的虚物。有了抽象概念，语言才有可能成为传达信息的工具。

(十)抽象思维使人们从语词中学会了将“人”与“物”处于主体与客体的两种不同的地位。其中人属于主动角色，即主体地位。这就把世界处于受支配的地位。人类智慧就可以“跳出(天、地、万物)三界外，不在(金、木、水、火、土)五行中”。正确地自称“万物之灵”。因为其智慧的确在万物之上。但是世界的变化及事物的发展须遵循一定的规律，人类再有智慧，也不能违反事物发展的客观规律，只有顺乎客观规律，才有成功的可能。因此智慧应该建立在认识这种客观规律以改造世界上。

语言的创造为人类开启了智慧之门。我们在文中获得这个结论，无论如何，这应是所获得的重要的收获。

参考文献

[1] 王鸿生，编著. 世界科学技术史[M]. 北京：中国人民大学出版社，1996.
[2] 辞海编委会. 辞海(彩图编印本・音序本)[M]. 上海：上海科学出版社，1999.
[3] 王玢，主编. 人体及动物生理学[M]. 北京：高等教育出版社，1986.
[4] 毕龙华，编. 世界历史・上古部分[M]. 北京：北京大学出版社，1991：64.
[5] 地质矿产部地质辞典办公室. 地质辞典・古生物・地史分册[M]. 北京：地质出版社，1985.
[6] 圣经公会. 旧约全书创世纪・巴别塔，新旧约全书和合本[M]. 1919年版中文译文.
[7] Webster's New Biographical Dirtionary[M]. 1983：1085.
[8] 周有光，著. 新语文的建设[M]. 北京：语文出版社，1992：17.
[9] 黄静湖，编著. 汉语方言学[M]. 厦门：厦门大学出版社，1987.

台胞心声

王鹏飞

我自峡东来，直航到祖疆，乡音启寒暄，亲情倏高昂。
此行良不易，相拥泪千行，故国庆崛起，不辞酒十觞！

(摘自《天风海涛集》)

汉字改革分期史
(包括甲骨文前的汉字改革)

迄今为止,人们都认为我国最早成句成文的文字,为殷墟甲骨文。但甲骨文已经相当成熟,不可能一蹴而就。我们将它与最早出现的符号形陶文相比较,发现它们之间有演变,但缺乏一些演变环节。

本文研究山东大汶口陶文、浙江良渚玉文、江苏连云港将军崖及东磊岩刻文,发现了用一个文字表达复杂意义的单字,特称之为“主题单字”或“句义单字”。从而再与甲骨文比较,认为从“主题单字”到甲骨文的“成句成文”的文字,其间必有一个文字改革的过渡期。

本文通过研究该过渡期的不成熟“主题单字”的文字之例,及甲骨文后的汉字改革,提出了汉字改革的分期过程。

一、缘起

我国文字的形成,经历一个漫长的时间,可以以数千年计。但大体有两个转折期。一个在新石器时代早期,相当于伏羲氏时期。一个在氏族社会末期,相当于在黄帝或仓颉时期。前一时期是符号大量出现的时期,符号尚非文字,但它为文字的出现开路。可以用甘肃秦安县大地湾陶文为例,它在距今约7800年之时。后一时期是文字草创时期。虽然连云港将军崖岩刻及东磊太阳石岩刻比黄帝及仓颉时代稍迟,但它大体上还保留仓颉时代主题单字创造的特点。可以作为后一时期代表。这大约在距今4000多年前之时。有了文字,才能在此后不断发展的过程中,开始形成文句,创造典籍。这已是夏代中期以后的事了。其实创造符号应当开始于旧石器时代末期,但在伏羲时期,出现了显著的进展而已。而从符号大量出现到文字出现,也花了约4000年的时间。可见这段时间也是不平凡的。

二、伏羲氏时期

《补史记·三皇本纪》说:“太皞庖犧氏……有圣德。仰则观象于天,俯则观法于地,旁观鸟兽之文与地之宜。近取诸身,远取诸物,始画八卦,以通神明之德,以类万物之情。造书契以代结绳之政。……结网罟以教细渔……”。而《易经·系辞》谈到伏羲的功绩是:“古者包犧氏之王天下也,仰则观象于天,俯则观法于地。观鸟兽之文与地之宜,近取诸身,远取诸物,于是始作八卦,以通神明之法,以顾万物之情。作结绳而为网罟,以佃以渔,盖取诸离”。这一段与前引《三皇本纪》的不同点,在于未说“造书契以代结绳之政”,反而强调了结绳。把结绳与作网罟以捕鸟兽及鱼类结合起来。《易经》将书契放到后世。说“上古结绳而治,后世圣人易之以书契,百官以治,万明以察”。这里的后世圣人主要是指黄帝,兼及尧舜。其所以与《三皇本纪》不同,在于对“书契”的解释。《三皇本纪》认为“书契”的“契”是一种具有许多缺刻的木片(图1),“书”表示“刻画”。因此将书契的功绩归到伏羲氏;《易经》认为“书契”主要是指“文字”的契刻,“书”字作为“文字”的意思。因此将书契的功绩归功于黄帝(仓颉为黄帝之臣,归功于黄帝等于归功于仓颉)。如果是这样,则《三皇本纪》与《周易》的说法并不矛盾,都符合称伏羲对创造符号有功,而文字的创造则归功于仓颉。至于结绳,本来有两种作用,一是结网,一是记事。书契能代结绳记事,并不能代结绳制网。始作八卦,就是始做符号。八卦并非文字,仅是符号。1976 年青海乐都柳湾马厂发掘的墓葬中出土四十多片骨契,是骨质的记事工具,如图 1 青海乐都柳湾马厂发掘的契,还发现有五十多个彩陶符号。简单的符号有丨、--、‖、十、⊙、三等,复杂的符号有卐、天、目、巾、井、五、ㄜ、⊕等。而比这更早的一千年前的仰韶文化遗址中也出现陶刻符号,如:‖、𠂆、十、个、丰等,其中“丰”显然表示“契”,因为它形象地表达木块上有缺刻。在比仰韶文化更早(距今 7800 年)的甘肃秦安大地湾文化遗址,发现的陶符号中有乂、十、=、↑、↑、丰、乂、〰等。其中最后一个符号和图 1 相似,显然也表示“契”。据于省吾《甲骨文字释林》(中华书局,1983 年 8 月)第 353 页《释丰》,“丰”即“契”,又作㓞。“丰”加刀,所以契也。古未有书先有契,契刻竹木以为识,“丰”像所刻之齿,并指出“就甲骨文之刻木为齿以及墨子和列子有‘数齿’的记载来看,则商周时代仍保存着刻契的遗风”。上举的一些符号,大多是陶器制作者(工匠)所加的表记。这一点郭沫若《古代文字之辩证的发展》(见《考古》,1972 年第三期)及李学勤《考古发现与中国文字起源》(见《中国文化研究集刊》第二辑,复旦大学出版社 1985 年)都已提到。它们正像南京明代城墙砖上刻有的地名及制作人姓名的用意相近。其中虽有些符号很像文字,但主要还是符号性质,而是在向文字渐渐转化,只是陶文比较简略,不易由其中看出线索。其实当时的符号,并不限于作者所加的表记。有些是由编织物印迹所致(如“井”),有的是图腾符号,有的是实物图画的简化或记事图画的简化。但这些孤立的符号,当时的人可能知道其意,后人很难猜测其实际意思。

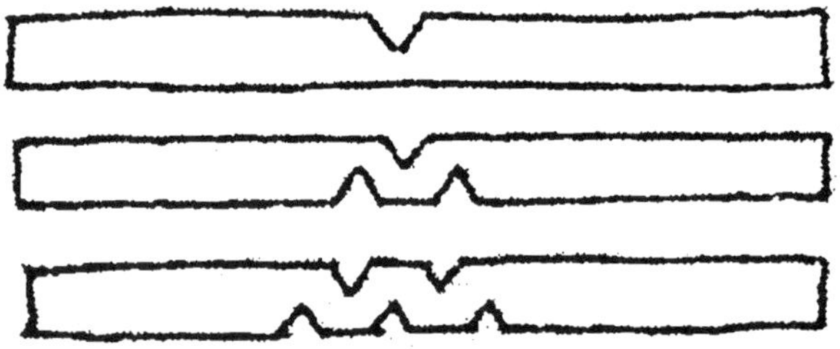

图 1 青海乐都柳湾马厂发掘的契

三、仓颉时期

人类使用几千年符号后,大约在仓颉时代,文字式的符号已占上风。以仓颉为代表的一些人在将符号转化为文字方面有很大功绩,以至得到后人的传颂。但是当时只有少许文字,往往一个字表示一个主题,它包含一串意义,等于一句或几句话。尚未能形成几个字组成的文句,所以这种字究竟表达什么意义很少有资料可以考证。幸而有连云港将军崖及东磊的岩刻。可以由此分析当时文字的特点。看出它承上启下的重要作用。这是因为这里岩刻的符号文字,是与岩刻及社石等密切配合的,具体根据岩画来了解字义的作用。若是单纯的陶文、甲骨文或金文,不存在连云港岩刻等可帮助我们理解字义的优良条件。我们就会盲目地来猜测字义,导致误解它们的意义。为了解符号转变为文字的过程,我们列出表 1,把从新石器时代初,迄殷代止,各地发掘出的图像符号及文字与江苏东磊和将军崖岩刻的图像、符号、文字等列于表内,以兹比较。

表1中共列出了十个地方的资料。其中大地湾、半坡、柳湾、大汶口、邹平的资料,均是陶文。河姆渡的资料来自骨匕上的线刻,此线刻左右对称的刻有头冠、大眼、蹼足、勾嘴的水禽。两水禽尾部之间含有一个太阳。这种对称的水禽好像是一个水禽中剖后摊平而成似的。良渚的资料刻于玉器上。小屯的资料是甲骨文,刻于龟甲或兽骨上。只有本文所述的东磊和将军崖的资料,却取自岩画。表1中的资料是按年代从远到近排列的。

表1　从新石器时代初迄殷代止,各地发掘出的图像、符号、文字与江苏东磊和将军崖刻的图像、符号、文字的比较

遗　址	距今年数	图像、符号、文字
甘肃大地湾	7800年	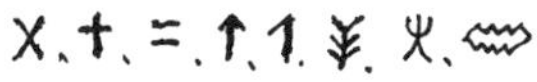 等
浙江河姆渡	6500 年	
陕西半坡	6000 年	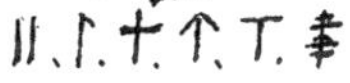 等
青海柳湾	5000 年	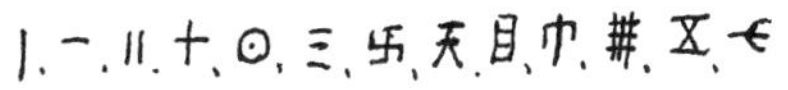 等
山东大汶口	4500 年	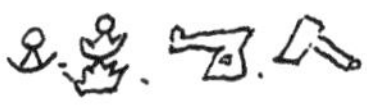 等
浙江良渚（玉器）	4200 年	
江苏东磊（太阳石）	4000 年	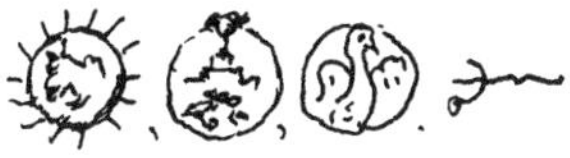
江苏将军崖（岩刻）	4000 年	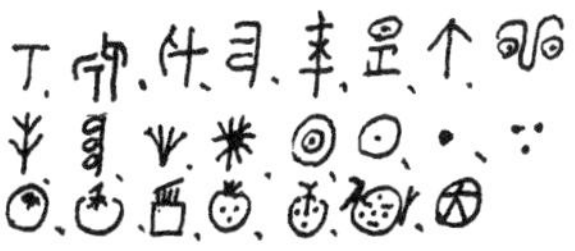
山东邹平（丁公陶文）	4000 年	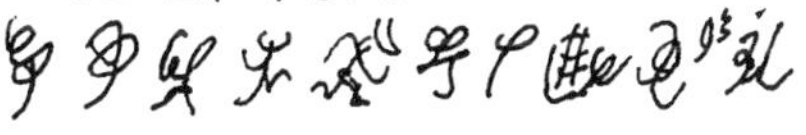
河南安阳小屯（殷甲骨）	3200 年	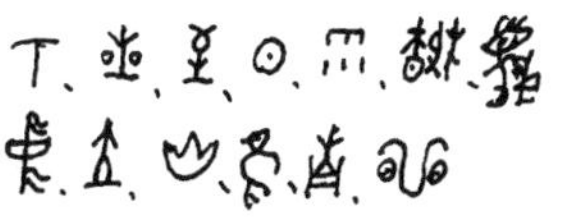

比较表内各符号,可以看出有许多符号在很长的年代(几千年)中有所保留。如↑、‖、十、⊙、T 等。但符号越简单,不同时代的同一符号不一定代表同一意义。这是应当注意的。尤其是地点不同,更是如此。当然时间地点越近,相同符号代表同一意义的可能性越大。而图形的相似性,却有时可用以研究两个时代或两个地方的相互关系。此其一。在没有文字前,符号的意义并不是到处都通晓的。有的符号代表图腾、代表工匠,这些知道的人可能多一些,有的符号为记符号者根据自己的特殊心愿而创造,目的为了由此而便于记忆某一件事,则这种符号就不一定为别人所理解了。如果当时想利用此符号令人

知道自己的意思,这时就可能要用手势或言语来作辅助,否则就达不到目的。但图画及图案的意义则比较明显。因此在使用符号的时代,实际上应是图符并用的。像河姆渡骨匕上的图形,明显具有装饰意义,但可能仍有族标或图腾意义。良渚玉器上所刻的图案,也是如此。它们的意义可能为当时较多人所了解。可见符号的使用,是有局限性的。但是图画刻起来较为复杂。因此人们就希望创造出既有图画那样能为别人所理解,又能刻写方便,犹如符号的东西,那就是文字。人是社会的动物,在社会中人与人之间需要更好的思想交流,所以符号出现并转化为文字,是总的趋势。而文字的创造是人类社会的非常伟大的发明。

许多初研究古文的人,看到一个古文字,常希望能知道它的读音,并希望它相当于现代的什么字。但通过我分析,将军崖的符号或文字(参看王鹏飞《中国古代测“分、至”方法及时代的探源研究》[5]),觉得这并不是都符合实际的。最初创造文字时,只有几类字。一类是实字,即代表具体物体的字,如“◎”代表很亮星,“⊙”代表亮星,“.”代表弱光星。“✳”代表太阳,“禾”代表禾,“T”代表祭桌,“ꝏ”代表羊等。它们并不一定伴有字音,也不一定是一字一音。一类是“指向指序”性的字。如“↑、ヨ、⊛、昰”等。“↑”应是一般指向。但将军崖岩刻中确实表示北。“⊛”本来是表示箕宿及南斗两个星宿。但却因该两宿在夏秋晴夜见于南方,才将其代表南方(“因”字本身有南方之意,故“⊛”可能即是“因”)。“昰”本表示“日正”,即中午太阳的方向,但因中国大部在北半球回归线以北,中午太阳在南中天。因此“昰”也指南方。“⊛”与“昰”均代表南方,但“⊛”用于夜间指示南方,“昰”用于白天指示南方。“ヨ”本代表祭礼,但由此亦可用以指地(后土)。在岩画中有用于表示银河的南段。这样的转弯抹角的意思,很难都用相当于现代的某字某音表示。还有一类是动作或仪式。如:丰、仆、卯。“丰”是由“⊥”、“*”、“T”三部分上下排列而成,上部“⊥”表示社石(社神),下部“T”表示祭桌。中部“*”表示植物类祭物。因此全字表示以植物类祭物放在祭桌上以祭社神。“仆”由“‹”(刀)与“+”两字拼成。表示用刀刻岩画上的正南北向线和正东西向线。“卯”表示利用祭桌及捆在顶盖支柱上的绳,按北极星法来决定正南北线。这些复杂的动作,也不是可用现代某一字相应或读为什么音合适来解释的。现代人往往对现代的汉字的一字一意习惯了,因而认为古代的文字也是如此。哪里知道在初创文字时,因尚无把几个字连成句子的思想,他们表面上是创造一个一个单字,事实上他们是把一串意思包含于一个主题字中。但仅凭一个主题单字,可以有各色各样理解。例如“↑”可表示为“请你或你们向这个方向前进”。也可表示为“你们想找的东西在这个方向”。甚至表示“这个方向是北方”等。到底表达什么意思,是因时因地因事因在书写者与阅读者之间有约定、有默契,或符合当时社会约定俗成的习惯,而能很好地理解。但若没有这种约定俗成或默契,仍可能发生误解。可能这一点是现代人所不能理解的。研究甲骨文或金文的人,有时也有这种体会,但他们对这种体会不很深刻,原因在于甲骨文及金文已有了句子。不像仓颉时代造字时,尚未产生句子。社会上人与人的思想是使用一个字来表达,不是用一连串文字连接来表达的。现代我们的句子有时也仅用单个字,但这是一种句子的省略,与古代创文字时,一个字可能表示一个句子或几个句子的主题是完全不同的,如果初创文字时,一个字只是一个字,那时又无句子概念,那这种字也就变成符号,不能称为文字了。

在初创文字时,往往图与符号结合一起,有时甚至图与文字也结合一起。例如、、、、、等。“”中“”是鸟喙的符号,它可作为头饰与人面图结合一起,“”、“”为凤凰顶冠和网。他们可作为头饰与人面图结合一起。其中鸟喙和凤冠,还具有图腾符号的性质。是用酒具符号作为头饰与人面结合一起。他们都是图与符号的结合。而“”则是文字“禾”作为头饰而与人面图相结合。这个字应比“图符结合”更进步些。是在有文字之后的新型“图字结合”的例子。再看“”,则是科学仪器矩“”和规“”与人面图的结合。如果单是“”在甲骨文中是“”字。在夏代也应是“”字。因《尚书·大禹谟》中当舜要让位于禹时,禹曰:“数卜功臣,惟吉之从。帝曰:禹!官占,惟先蔽志,昆命于元龟,朕志先定,询谋佥同,鬼神其依,鬼筮协从,卜不习吉”。意思是:“禹说,希望对各功臣都卜一下,看让位给谁最为吉祥。舜回答说,按规定要叫卜官作占卜,须先有我的旨意,然后再用元龟来卜。现在我已决定要让位于你,也曾与其他人讨论,他们都同意你。以后我又问鬼神而利用了龟筮来占卜,都一致得到让位给你为好。因此不需要再卜”。这证明夏代也有“卜龟问疑”的规定。但现在“”与“”相结合。这个“”就不应表示“占卜”,而应表示用以作圆的圆规了。这里人面中有许多点划。表示多目多口的充满智慧的人。而“、”与人面脸廓结合时,都应当属于图。因此“”仍是一种“图符结合”。

根据上面的分析,将军崖岩刻中的文字,即比大地湾、半坡村、柳湾等的符号为进步,因为它能独立表示一串意思。却又比小屯的甲骨文为落后,因为它那时尚未有文句概念。所以它只能是从黄帝到夏代间的创作。结合岩刻中有奴隶的出现,所以说它是夏代的创作更为可能。

再研究太阳石上的岩刻。

太阳石上的“”也是一个字。它表示利用鱼叉形工具,通过测北极星的方法决定北极的一种测量方法。它与将军崖岩刻中“”字所表示的方法并不相同,但都是记载测量方法的字,这一个字表示的意思也是十分复杂的,需要用一句话或几句话才能说明这个字的含义。前面我们说它是“星”字的前身,因为如将东磊山顶太阳石上三义形刻痕竖起来看,很像现代的“星”字。但它与表示星星的现代字的含义是不同的。现代表示星星的“星”字,单纯表示星体本身,并不包含测量北极星的意思,也未涉及测量北极星的方法。它的下半部“生”字表示读音。但东磊太阳石上的“星”字,其下半截并不是表示声音,而是表示测北极的刻痕。这是许慎著《说文解字》时所始料不及的。只有从东磊太阳石B组中,才能了解“星”字之所以下半截为“生”字的真意。由此可见望文生义只是一种没有办法中的办法。有了像东磊和将军崖的岩刻中的文字,我们由于既有图形,又能用此图形进行测量,有的还有当时环境条件可以揣摩,才能不像瞎子摸象那样盲目地进行猜测。当然像东磊或将军崖这样的条件,目前很少发现。我觉得中国古文字研究者应重视这一问题,在发掘古文物时,对文字以外的环境也能加以调查考察,不忽略哪怕是丝毫有助于判断文字本意的线索。这样才可以少走弯路,大大减少盲目性。因为刻文字的时空环境往往蕴藏着文字本身的含义。另外还应与考古学家配合,更多的发现像东磊及将军崖那样的场合,以开拓古文字学的研究领域。但是根据上面对“星”字的分析,我们应当认为太阳石上的岩刻,也像“”字一样,应属夏代的文字。因为它是表达了一连串的测量方法，代表着一句或几句的话。这个字的出现，必不能早于符号的出现，也不能迟于有文句出现时的殷代。

现在再来研究表1中东磊的图形。主要只讨论有鸟和帆的图形的一个太阳。这个图形与图2中良渚文化中玉器上的刻痕十分相像。为此我们先研究良渚文化中玉器上所刻的图形究竟表示什么。

据李学勤《考古发现与中国文化起源》一文中对图2中良渚文化第一个刻图的意见是："这是两个符号的复合，符号的下部也是'炅'字(即''字)。为与其上部相区别，特别填刻了云纹和线条。上部作鸟立于山上之形。其'山'作五峰状，同大汶口文化陶尊(即图2中'大汶口二')下部的'山()'相仿，不过封顶是平的。鸟立于山上，可释为'岛'字。"

但如果细细看良渚玉器刻纹的形状，就可以看出它和大汶口陶文并不相像，图2即为良渚玉刻与大汶口陶文化的比较图。

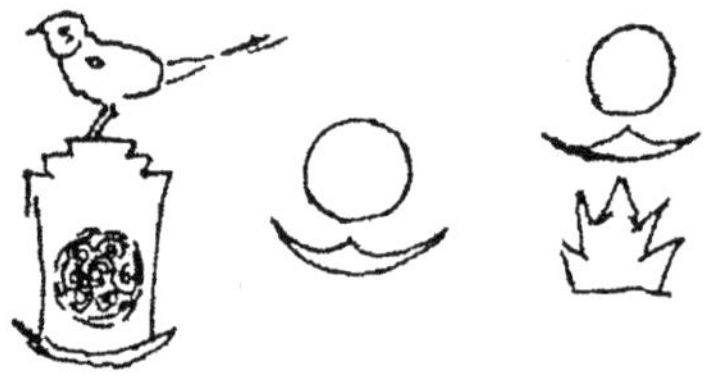

图2　良渚玉刻与大汶口陶文化的比较图

在图2中，"大汶口一"是一个圆下面加一个像甲骨文中"火"字的空心形象。但"良渚一"中最下面的一个刻痕像一弯新月，并无中部向上尖凸部分。而且鸟所立的不像山，与"大汶口二"下部的""大不相同。那么"良渚一"究竟表达什么意思呢？我们可以参看王嘉撰萧绮录的《拾遗记》卷一《少昊》条："帝子(白帝之子)与皇娥泛于海上，以桂树为表，结薰茅为旌，刻玉为鸠，置于表端，言鸠知四时之候，故《春秋传》曰'司至'是也。今(晋代)之'相风'此之遗像也"(少昊是帝子与皇娥之子)。

我认为"良渚一"正是表达这一段内容中的鸠、旌、舟。"良渚一"最下的新月形，应是帝子和皇娥并坐的船，鸟是玉鸠，所谓"山"事实上是用薰茅编织成的旌，相当于蒲帆。那个圆圈中画了许多云纹的形象，是绘于帆上的图像，表达了帝子与皇娥"乘桴轻漾著日傍"、"万象回荡化无方"的心情(这两句诗是《拾遗记》中皇娥在船上倚瑟而清歌的歌词中的二句)。日是圆圈，云形回薄。所以这帆即是"云日之帆"。良渚文化玉器上刻此图形，这正因为传说中这个鸠本应玉制。刻在玉器上较为适宜。至于所以刻鸠，《拾遗记》认为是"鸠知四时之候"。故《春秋传》曰：司至，"今之相风，此之遗像也"。这是说鸠在《春秋·左传》中有"司冬夏至"的作用。而在船上立鸠竿，目的是决定风向(相风)。其次，《左传·昭公十七年》剡子说：少昊时的五鸠之官，是"鸠民者也"，而"司至"之官则是伯赵(即伯劳，夏至鸣、冬至止)。有人认为这鸠是指鳲鸠，即布谷。《毛诗义疏》"鳲鸠大如鸠，而带黄色，啼鸣相呼而不相集。不能为巢，多居村穴及空鹊巢中。二月谷雨后始鸣，夏至后乃止。"但不论伯劳也好、布谷也好，由于叫的时间有一定季节性，说人们可听其鸣叫而知时是大体可以的。但说"鸠知四时"，则是泛指各种鸠。至于说"相风之遗像"，这还比较合理。因为在帆顶搞一个相风鸟，以观测风向，是船家常常做的，后人称为"五两"或"綄"。可以是鸡毛编成，也可以做成如飘带小旗，还可以做成鸟形。总之船竿上安一测风的鸟，并非意外之事。这样，我们可以结合良渚文化的三个玉器上的刻痕特征，按照《拾遗记》的传说，把实际上玉器上的图形补充成可以理解的图形，如图3良渚文化玉器刻画原意图(帆上之画为图腾)所示。

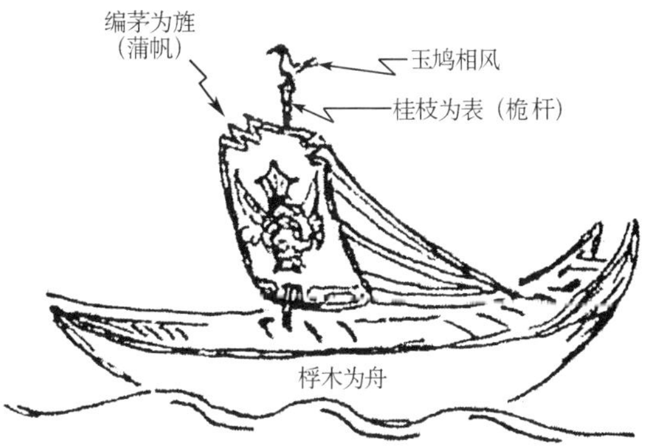

图3　良渚文化玉器刻画原意图(帆上之画为图腾)

我们认为利用这个图来解释良渚文化玉器刻画,比过去人们的猜测更为合理。蒲帆上的图画无疑为图腾,它在三个玉器上均有不同。一种是画有“云和日”,一种是绘有左右对称的图案。由于李学勤所引用的图较小,其中有否省略,我们不知道。图3是按其一所绘,看样子似为鱼形。但我们再参看表1中河姆渡骨匕上的图形(河姆渡与良渚均在浙江,而河姆渡文化比良渚文化要早二千多年)可以得到启发。即它们都是对称的。都好像是一个动物在左右对称线上剖开及摊开而成。而且中间都有一个圆形图案,有些像太阳。但这个圆形图案可以不是太阳而是中剖图案中的略呈圆形的一部分。河姆渡骨匕上的图案,是中剖而摊开的水禽(有冠、大眼、蹼足、勾嘴等,均是水禽特征),良渚在浙江余杭,河姆渡在浙江余姚,目前那些地方附近均有不少水体,水禽鱼类较多。那些地方古代更可能是傍江傍海的,因此将鱼禽作为图腾而刻于骨匕或玉器上,是很有可能的。回过头来看连云港东磊山顶太阳石上三个太阳的中间一个太阳内的图像,发现图上似有玉鸠、桂枝、蒲帆形象。且蒲帆上也有一圆,中心有“离日之乌”的图像,其整个布局很像良渚文化玉器上的刻画,就不难认为它们应是具有同一渊源,太阳石上这一图像也应当是表达帝子与皇娥泛舟这一题材中的船。本来东磊也是东夷族祖神少昊之国,而帝子与皇娥之子就是少昊,少昊即挚(鸷),乌鸦又叫鸷鸟(据崔豹《古今注》),因此图9上(C)(本书P.393)[5]中太阳中画了个似鸷鸟的三足鸟,而在图9上(C)中出现了像良渚文化玉器上刻画的图形,即在蒲帆中画了与东磊当地有关的图腾(这图腾就是太阳与乌鸦)也是合理的。由于河姆渡及良渚均在浙江,它们的文化均早与东磊文化有交流,显然东磊太阳石中玉鸠、桂枝、蒲帆的几个图形,是受浙江古文化的影响而加以东磊当地文化特征的产物。

那么大汶口文化中陶文“”及“”的图形是否与良渚玉文化有联系呢?如果有联系,则间接推断大汶口陶文应也与东磊太阳石岩画中与良渚文化玉文相似的图形有联系了,按李学勤的意见,它们是有联系的,因为他认为良渚玉文中有云纹的圆与其下新月状的图像即组成“”。而玉文中的“”即相当于“”。但很明显这样说是不恰当的。因为“”与“”形状显然不同,且“”与“”也形状各异。且陶文中“”的位置在“”之下,而玉文,则“○”在“”内,“”在“”下,其配置也不一样,因此大汶口陶文与良渚玉文应当是两回事。

到底及是什么字呢?与这两个陶文一起出土的“”及“”已由唐兰分别认为“戊”及“斤”字,而“”被认为是“炅”字的简体。李学勤同意唐兰的看法,并指出马王堆帛书中有“炅”字,却作为“热”字的别体。阜阳双古堆竹简《诗经》中的“蘢蘢”也作“炅炅”。于省吾认为“”是会意字,识读为“旦”。黄淑娉,莫俊卿等认为“”表示日头出在山上,可能表示热,“”及“”表示石斧或石锛。关于代表“石斧”和“石锛”的两个象形字大家均没有多大异议,因为这都是实字。至于读为斧头、锛或读为其他的音,如斤、戊,都无所谓。因为这些都是后人的读法。古代在大汶口的人当时怎么读，现在已无证据，但对于“□”与“□”究竟代表什么，好像有几种不同的看法，甚至还有认为这是太阳上山时云蔽太阳的图像。

这两个符号文字，其组成成分中“○”代表太阳是一致的看法，将其中的“□”释为“火”字，是根据甲骨文中火字而来，但“□”表示什么字，却意见纷纭。有的认为“□”比“□”多几个火焰，将“□”叠加在“□”之上，火焰更烈，因此“□”与“□”意义应相同，都可用“炅”表示，只是前者为简体，后者为繁体而已。但既然“炅”在《说文》及《广韵》中作“见”或“光”解，那么火多了光应释为热。故应将“□”看作“热”字，也有认为帛书中“热”字及竹简中“死”字用“炅”字代替过。因此认为“炅”即“热”或“死”字，但有人认为“□”形如山，“□”将山与太阳相隔，应是云气，故认为“□”应是太阳、云气和山岗，也有人认为“□”中的“□”为山字，太阳上山，应当是“旦”字。

但我认为用帛书及竹简中的代替字来解释本字，是不妥的。因为这正像用现在人们任意简化的字来解释本字一样，会把人引入歧途。又将“□”解释云气也是不妥的，因为“□”字根本不像云气。在甲骨文中，云气也不作“□”形。又将“□”解释为火焰很烈的火，也不很妥，并由此而解释为“热”，似乎有一些现代人的思想，不符大汶口当时人的思想。将“□”视为山，好像是可以的，但要知道甲骨文中“山”与“火”有区别。一般“火”甲骨文作“□”，而“山”则甲骨文作“□”，即“火”字底线呈圆弧形，而“山”字底线平直，所以在“□”中的□应是“火”字而不是山字。至于“□”，底部是平的，所以绝不是火的加烈。而应当是山的加高，即相当于甲骨文中的“岳(□)”字，因此我认为“□”应表示一般的对太阳进行尞(□)祭，而“□”则表示到山上或山岳上对太阳进行尞祭，尞祭即用火烧木(即篝火)的办法进行祭祀。在甲文卜辞中有：

丙寅卜，其尞(□)于山(□)，雨(□)【胡厚宣《战后宁沪新获甲骨集》一九○】

丁己卜，穷贞。尞(□)于岳(□)【罗振玉《殷墟书契前编》一·五一·一】

这里尞于山或尞于岳，说明山及岳均是进行尞祭的地方，而从意义上来说“火”是由“尞(□)”而起，故“尞”字可以用“火(□)”字代，岳可以用“□”字代，由此可以认为“□”及“□”的意义都是举行对太阳的尞祭，“□”是在一般地方的对日尞祭，“□”是在山岳上对太阳进行尞祭。祭的目的主要是求雨。这在上举第一个甲文卜辞的例子中有“雨”字就可以了解了。

上面是利用甲骨文的字形来推估“□”及“□”的意义。从后来的文字来推估文字初创时的文字的意义，虽不很合适，但在没有其他条件时，这也不失为一种方法。因为文字前后总是有渊源关系的，问题在于要使用得较为合理。同时我认为既然知道“□”及“□”的意义，并了解到这种意义必须用一句或几句话来表达后，那我们就没有必要追究这两个字相当于后世的什么字，或应当读什么音。这是因为最初发明文字时，其目的即在用一个字表达一个主题意思。并不在乎它读什么音。当时既然尚未发明文句，则文句的功能应由这个主题单字来承担。如果这个单字不能担任文句主题的功能，则这个单字的发明就成为没有意义，人们也就不会去发明它。即使是实字或指示字，表面上好像只表示一件实物或一个方向，但事实上它仍是用来表达一些完整的主题意思而创造的。例如“斧”，实质上是一个主题，是为表达“这里有一把斧”、“有斧吗?”、“给我一把斧”等句子而创造的。又如“↑”，实质上是为表达

“向这个方向走”、“这个方向是对的”、“这个方向有利”等方向主题句子或概念而发明的。可见所谓主题单字,想表达的是环绕主题的相应意图。

还有一个问题要解决,即在《尧典》指出,“分命羲仲,宅嵎夷,曰旸谷”。说明当时有“宾出日”的仪式在东夷进行。会不会“”及“”是代表“宾出日”的仪式呢?我认为不一定是,因为“宾出日”的目的是“平秩东作”,甲文中另有卜辞。如:

丁己卜,有出日【商承祚《殷契佚存》四〇七】

由于“平秩东作”是春季一段时间日常要做的事,故“宾出日”的仪式也要连日进行,这就使仪式不能过于复杂,因此没有必要用火,不必用尞祭,既然“”及“”要用火,属于尞祭,而且目的在于求雨,而不是“平秩东作”,所以不一定表示“宾日出”。

为什么求雨要用尞祭,而且又要到高山上进行尞祭呢?这是因为古代人们发现山区多雨,雨往往先在山区出现,大汶口在泰安,其地接近泰山,在应劭《风俗通义》的《封泰山禅梁父》中说:“所以必于岱宗者,长万物之宗,阴阳交代,触石而生,肤寸而合,不崇朝遍雨天下唯泰山乎。”“”中的(岳),应主要是指泰岳。因为他们早有泰山出云能起遍雨天下的作用的看法。因此求雨就要到泰山,但为什么求雨要用火呢?这是因为最初,人们对于尞祭有一种神秘的看法,认为燃烧所产生的烟气袅袅向上扩散,可以通天。因此认为烟气是人神交通的渠道。但山顶生火,会加强对流,使四周山谷中空气向山顶补充。加强了谷风向山顶的辐合,于是就使山顶出现了较多的积状云。这些积状云聚集起来,很可能形成积雨云并产生降雨现象。在平地,强烈的篝火也常有助于成云。这样就给他们以尞祭可以使上帝赐下甘霖,在高山进行尞祭,形成甘霖的可能性更大的假象。因此他们在祭日时,就用了尞祭,即利用了火。这也是为什么“”及“”两字中均有火()作为字的一个成分的原因。

根据上面的分析,我们可以知道“”及“”都是表达一种以求雨的尞祭为主题的文字。其主题含义也还是需要用一句话几句话来说明的。因此都没有必要研究它相当于现代什么字或读什么音。因为他们都属于初创的文字,是属于“符号”与“有文句的文字”之间的一个过渡阶段,即仓颉造字阶段。将军崖岩刻及东磊太阳石上的文字,虽然时间较大汶口陶文要晚,但从文字的性质看,仍应属仓颉造字阶段。

四、少康时期(造句时期)

我们认为中国古代文字发展的初期,至少在殷末以前。除符号形成时期(即“伏羲时期”)及文字形成时期(即“仓颉时期”)外,还有一个文句形成时期(即“少康时期”)。这些时期的出现都不是一个人一时的功绩。伏羲和仓颉,应分别是符号及文字初成者的代表,他们是贡献较大而值得后人纪念的。正由于他们的影响不限于他们活着的时代,他们死后的一段时期,仍有人继续着与他们相似的创造活动,并有所改进。只要这种改进并没有出现革命性的变化,我们仍将这个时期归入于他们的时期。因此就把自新石器时代初开始出现符号时(例如在距今7800年的大地湾文化以前)起直到黄帝(与仓颉同时,约距今5000年)时止,这一段时间称为“伏羲时期”。而将黄帝(仓颉)时起直到夏代少康复国(相当于二里头一期文化前期)止这一段时间称为“仓颉时期”。另外把少康复国时期到殷末盘庚以前止这一段时间称为“少康时期”。

伏羲时期盛行符号。仓颉时期盛行以主题单字表示的文字,这两个时期的分界线约在相当于青海柳湾文化到山东大汶口文化。我们从表1来看,这个划分是基本合理的。但是用主题单字来表示意思。随着时代的发展,必然会产生困难。因为这势必造成一事一字的现象。如主题相同而表意略异,就必须另造新字以示区别。于是就会在社会生活越来越丰富的情况下,新字“造不胜造”。而看文字的人,也会因主题新字增加过快,且写一新字都要分析其字义,而产生“记不胜记”的辨认上的困难。由此人们就产生了企图改革文字的思想。开始了创造文句的实践。有了文句,则主题单字表达语句的负担就减轻了。而且有了文句,典籍也就可以发展。这些都是我国古代文化发展中的重要标志。但由“仅表示主题的单字”变到“实际文句”的出现。其间必有文字的改革,亦即需要改革已形成的主题单字。有些文字要保留,有些要舍弃,有些则要创新。特别要创造的是句法。对于要保留或创新的文字,要限制其意义。并要创造出更多的虚字和连接字。这样由于句子的出现,文字反有减少,人们可以用较少的文字,依靠句子的变化,表达更丰富的社会活动及思想活动,从而更快地促进生产,使社会发展。甲骨文事实上已经具有一定句子和句法的文体。其单个文字与仓颉时期的单个文字,有很大的不同。主要就在甲骨文的单个文字的意义比较固定,每个文字的意义比较肯定,不代表句子。但甲骨文这样进步的句子,绝不是初创文句时代的东西,它还必须有一个发展的过程才能出现。又根据我们前面指出夏代已有典籍文献。因此我们认为这个转变必在夏代,而且不可能放在夏代末期,因为若放在夏代末期,夏代就难以出现典籍。我们将这个交替时间放在“少康复国”的时代。从而将出现文句的时代称为“少康时期”。由于在西周成康之际,尚有甲骨。而且在甲骨文之后,我国文字又有一番变化,因此将文句形成阶段的下限,定在殷末盘庚以前是最合适的。

为什么把创造文句的时期开始,放在少康复国时期呢?这是因为创造文句必须有安定的社会环境。

在舜末,自禹治水成功得到天下拥护而被推为首领时,其子启继禹而开奴隶制之先声。启为了巩固其政权,曾发动了一些战争。但其子太康失国,中康又曾令胤侯征羲和,在“相”时为征淮夷、畎夷、风夷、黄夷等。战争也很频繁。只有当少康复国即位后,夏代才稳定下来。从少康到帝泄,共历五帝(少康、予、槐、芒、泄),是夏代强盛时期。东夷许多族都来宾,并服从于夏。夏代此时的威望,使后继诸王如不降、扃、胤甲等仍享有令名,迨孔甲(胤甲后的一个帝)时,诸侯叛之,以后夏势方衰。因此创文句只能开始于少康复国之时,比少康早一些的时候,因频年军事,国家受制于东夷,不可能负开创文句之责,后于胤甲之时,诸王仅能承其前代极盛时的余泽,也不能负开创文句之责,所以将少康作为创文句时期之开始是合宜的。

再从考古 C^{14} 的考察来看。夏代相当于临汝煤山一期文化(有两个数据,即公元前2290年及公元前2000年,平均为公元前2143年左右)及二里头一期到四期文化(二里头一期有两个数据,即公元前1900年及公元前1920年,平均为公元前1910年,二里头四期文化的数据为公元前1625年),这与一般认为夏代约在公元前2100年到公元前1600年之间,是基本相符的。根据《竹书纪年》,夏代自禹至桀,有王无王的年数为471年。我按夏471年,假定煤山一期及二里头四期文化,各期均等长平均分配,每期文化约94年计算。得如下结果:

自禹到少康即位间之年数(包括守丧及羿、浞时期)为141年。约相当于临汝(在河南)煤山一期文化及二里头一期的前期文化。这是夏开国时的文化。尚较原始。自少康到孔甲即位前,其间年数为267年,约相当于二里头一期文化后期到二里头四期文化初期。其主要部分是二里头二、三期文化。细分起来,其中自少康经杼到槐即位共44年,属二里头一期文化后期。此时正当夏代复兴,以战争巩固国力之时,在文化方面进展不大。其后在位四王,在此基础上因国力稳固,在位年数均长,如槐(44年)、芒(58年)、泄(25年)、不降(59年),尤以槐、芒、不降在位更长,槐承少康及杼的余威,得到九夷来御。芒曾带了玄珪去祭黄河,槐、芒之时(共105年)相当于二里头二期文化,泄、不降、扃之时(泄在位25年,不降在位59年,而扃在位20年)共107年,约相当于二里头三期文化。泄曾对畎夷、白夷、元夷、风夷、赤夷、阳夷六夷,颁以爵命,这就是说,自帝芬时曾令九夷来御,至此有些夷对卫夏有功,帝泄赐爵以赏,能够这样做,说明诸夷对夏已衷心悦服,而夏对诸夷也已放心。在不降之时除曾北伐九夷进行一次战争外,并未见有何显著政治或军事活动。他即位59年后,即逊位给其弟扃,据《竹书记年》说"三代之世,内禅惟不降,实有圣德"。我们认为他能长期安于帝位,在文化上必有建树。只是在史上未载而已。扃时似亦未有何事迹记于史书。但他在位20年中,前十年不降尚活着,对扃的政事处理,可能有所帮助,从廑即位到孔甲即位,仅11年(包括守丧等在内),相当于二里头四期文化之初,廑即胤甲,在位年短,已有衰象,自孔甲即位,经昊、发而到桀亡,共计63年。除桀在位约30多年外,其余各帝在位均不到10年,那正是二里头四期文化中期,也相当于夏代末年。当时天灾人祸较多,孔甲好事鬼神,肆行淫乱,衰象已显。帝桀时则诸侯多叛。商势渐强,在大雷雨时与夏战于鸣条(在今山西西南部盐池畔安邑县)。夏败,以后桀在焦门(巢门)被俘,放之于巢湖一带,夏亡,关于二里头文化的第四期的末期,当在商初。

根据上面考古分期与夏代各王对照,可列出下表2夏代及商初所处的世纪及考古时期,表2中我们认为二里头四期文化末期已入商代。

表2 夏代及商初所处的世纪及考古时期

朝代	世纪(公元前)*	帝王名	考古文化时期
夏代	22世纪中—21世纪中	禹、启、太康、仲康、相(加羿浞)	河南临汝煤山一期文化 河南偃师二里头一期文化前期
	21世纪末—20世纪初	少康、杼	河南偃师二里头一期文化后期
	20世纪初—20世纪中	芬、芒	河南偃师二里头二期文化
	20世纪末—19世纪中	泄、不降、扃	河南偃师二里头三期文化
	19世纪中	廑(即胤甲)	河南偃师二里头四期文化初期
	19世纪中稍后—18世纪中	孔甲、昊、孝、桀	河南偃师二里头四期文化中期
商代	18世纪末—17世纪初中	汤、外丙、仲壬	河南偃师二里头四期文化末期

* 此表年代是按齐思和、翦伯赞等编著,生活·读书·新知三联书店,1958年出版的《中外历史年表(公元前5000年—公元1918年)》资料拟订的。

根据表2,夏代文化应当在二里头二、三期为盛。因为它正处于芬、芒、泄、不降、扃等在位,国家最稳定的时期,从偃师二里头文化实地考察的报告中得知,曾于该地发现100米见方夯土筑成基址,其下面为二里头二期文化的灰坑,而基地上方却有二里头四期文化的灰坑和墓葬,因此可以肯定这是二里头三期文化遗址,从这个基地可以推估它是一个宫殿的基地,此宫殿进深三间,宽约八间,并拥有廊庑、围墙、大门及庭院,而且二里头三、四期的出土铜器也多于一、二期,墓葬中随葬品也多,这些都说明二里头三期文化比其前有较大的进展,我们认为这样大的发展必有一定的文化条件与之配合。很有可能在少康在位时期,文句的发展已有初步苗头。二里头文化第一期末期,是文句的萌芽时期。到了二里头文化第二期,由于政治稳定,文句发展很快,而在二里头文化第三期,文句发展到能传达很多确切讯息,使更多人能了解文句的意义,并能较普遍地应用文句以表达思想。这时物质文明也就可能出现更显著的进展。这就是我们将文句的发展始期订在少康即位之时的原因。我们认为正因为二里头文化三期是文句使用较为普遍的时期,因此夏代成文的典籍,其开始编写的时期,放在这一时期,较为合理。文句的发展经过自少康到夏末,再经过商代前半期,才有甲骨文字的出现,甲骨文已有很好的文句形式,要形成甲骨文文句,必须有较长时期的文句发展历史,从夏少康到商盘庚,这样长的文句发展历史时期,已足够出现甲骨文的文句水平了。

总之,根据上面的文字发展分析,将军崖岩刻中的文字,属于我们认为的“仓颉时期”的文字。即主题单字时期的文字,是没有问题了。再结合岩刻中奴隶形象,进一步肯定这文字是应属仓颉时代的夏代前期。发现这种古代特异文字在中国文字发展史中很有价值。如果没有将军崖岩画中这种文字的展现和研究,我们可能迄今还不会发现这个阶段。而这个阶段,从我国文字演变的自然发展过程看,它是客观而必然曾存在过并不是虚构的。将它称为“少康时期”,只表示这个创造文句的时期开始于少康,并不是少康本人在创造文句上有何贡献。

少康时期虽然是文字成句时期,但却是一个文字变动时期。它有一个特点,就是文字连写。因为既然要连成句子,这时的文字必是一系列单个文字连成一串,才能表达一个明确的意思。除了连写现象外,还有一个特点,即一串文字中各文字的写法及结构,有许多变化。因为用什么形式的字,如何结合成一串,也是在尝试时期。所以解释成句文字非常困难。此外,由于几个字写成一串,所以文字往往形成草体,以提高写文句的速度,这更增加了文字认识的困难。在表 1 中,山东邹平县苑城乡丁公陶文,那是按字序仿录的。其潦草的字形,是很明显的。使人看不明白它每个字的笔画。这样一串字,是由十一个字形成一句。我们在表 1 中将它自左向右排成一行。但在陶片上,它实际上是自上而下、并从右而左排成五列。如图 4 所示,这是 1985 年在山东邹平县发掘出的龙山文化丁公陶文。据 C^{14} 测定,此陶片时间距今约 4200±100 年。我认为这就是成句文字之例。

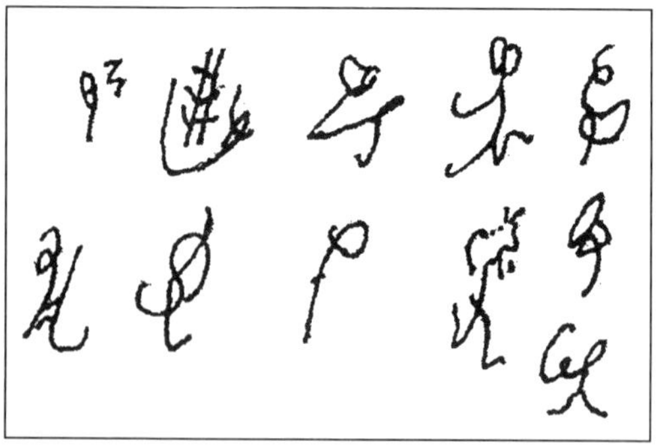

图 4　1985 年在山东邹平县发掘出的龙山文化丁公陶文

图 5　山东省莱阳陶盉颈部文句

另在山东莱阳前河前村出土一个陶盉,除盉腹有两陶文外,在盉颈自右向左书有一连串字,见图 5 山东莱阳陶盉颈部文字。“盉”音禾,为古代温酒之器具,壶状、三腿,盉为商周时期常用之器。多为铜制,但此为陶制。其年代当早于商周,很可能为夏代的礼器,在商周青铜器上多刻有铭文,用以记事。这种青铜器上铸有铭文的习惯,根据此陶盉颈铭之发现,可证明起自夏代。由于此盉颈铭文笔致已较老练,且间有枯笔,更可证明在殷墟甲骨文字外,殷代应有与甲骨文并行的书写于其他材料上的文字。这种文字,已近乎篆文。可见后世之篆文,其来有自,字体不同,可能与附有文字的材料不同有关。

1993 年在江苏高邮龙虬庄采集到图文混书的黑陶片,其上的文字如图 6 所示。

图 6 之陶片,距今 4000 年,为江淮地区龙山文化末期之物。陶片左侧为四种江苏常见动物形态的素描,自上而下似为“虎、蛇、虫、鱼”。虎性凶猛,故需“平”之。蛇吐毒液,需捕之。“采”即“捕”义。虫豸遍地,以足“践”之。“戋”即“践”字简写。有鱼在水,以“饵”诱之,“[illegible]”即为带饵之钩。陶片右侧似为动词,按自右向左读,此陶片之文句似为“平虎、捕蛇、践虫、饵鱼”四句。

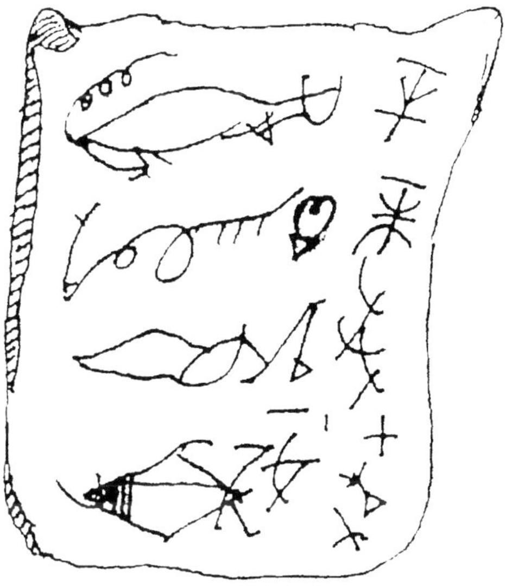

图 6　江苏高邮龙虬庄陶文

虽然图 4、5、6 三个例子中的文字及字义,我们今日尚未全部解释出来,但它们有一致的地方,即都是用几个字或符号连写起来,形成完整意思,即构成文句。故从时代看,可以肯定均迟于仓颉、黄帝,而早于甲骨文。因此可以认为它们是处于从“主题单字时期”走向“文字成句时期”,即从“仓颉时期”进入“少康时期”的阶段。此时,仍流行“主题单字”,即单字表达许多意思,但许多单字已进行改革,并串连成句了。

在这个时期的后期,即夏代后期,成句的文字逐渐成形。于是出现了夏代的典籍。但进入商代,由于生产力不发达,受天气及环境影响较大,且战争频繁。商代城市屡迁。所以典籍难以保存,常被销毁。

五、盘庚时期

据唐孔颖达《尚书序》中说,商代“自契至成汤,十四世凡八迁国都,而从汤至盘庚,凡十五王,曾经五次迁都。”到盘庚时,迁都到殷,殷墟大体位于今河南安阳。今安阳小屯村附近发现商代的王陵、宫殿及殉葬坑。殷墟甲骨大多出自该地。但周原附近也有周原甲骨发现,盘庚迁都到安阳后,不再有迁都之举。国都的安定,自然有利于文化的发展。甲骨文大量在殷墟的积存,这是因为甲骨文内容多为卜辞,殷人遇大事都要占卜。这些占卜用过的甲骨,都要保存,成为史料。清末民初在安阳发现大量甲骨,就与殷末国都安定不迁,有很大关系。

但殷代不仅有甲骨文,事实上还存在陶文、玉文、石文。这就是说当时的文字不仅刻在龟甲兽骨上,还有刻书于陶器、玉器、岩石上的成句文字。那时人们还将文字写在竹木简上,以绳或皮革编成典册。只是竹木简由于年久损坏,不能长久保存,所以迄今未见实物。但甲骨文中有“典”字及“册”字可以证明。且在《尚书·多士》中也指出“惟殷先人,有册有典”可证明殷代已有文字的典册。其实,既然在夏代后期已有典册,殷代当然也会有典册的。

甲骨文在殷代虽然通行,但主要刻在龟甲兽骨上,而龟甲兽骨不易备置,所以多用于政府占卜、并存作档案。国破后被掩埋,周原甲骨也未能通行于民间。所以周代以后,数千年我国不知有甲骨文字。一直到清末,民间从土中发现甲骨,将其视为“龙骨”,作为药用。1899年王懿荣发现“龙骨”上有文字,此后,甲骨文才为后世所知。

又甲骨文亦为成句成文时期,因此盘庚时期实为少康时期之末,且甲骨文仅是盘庚时期表现的一种偏于占卜之用之文学,不能以偏概全。所以以归入少康时期内为宜。

六、史籀时期

史籀为周宣王(前827—前782)时太史。编有《史籀编》以训蒙童。人们认为他是西周中期青铜器上铸就的铭文文字的发明人。这种文字因为常见于青铜器上,最常见的是钟鼎礼器上,因此称为金文或籀文,俗称钟鼎文。史籀时期到春秋之末才止。一直延长约600年。王国维认为“籀”是“诵读”之意,并非人名。也有人认为《史籀编》中的籀文(篆籀或大篆)是春秋战国时秦人所作,其文字体与西周中期金文有异。但据李学勤《东周与秦代文明》(文物出版社,1984)中说:“太史籀实有其人,上海博物馆所藏的一件鼎,铭文有‘史留’两字,当即史籀。东周的文字可渊源到宣王时青铜器‘虢季子白盘’,恐非偶然。想必“盘铭”就是史籀倡行的文体吧!”。因此,我们姑且将此时期,仍称为“史籀时期”,是合适的。

七、七国时期

进入战国时期,诸侯割据,纷立国号,出现了七强争雄局面。社会已进入封建制割据的阶段。随着生活及商品交换的进展。文字应用广泛普遍起来。因此简化及代用字开始泛滥,民间出现了不少自创的字形。许慎《说文解字叙》所说七国“文字异形”就是由此造成的。文字形体的各国分歧,加强了封建割据,而封建割据又加强了文字分化。这种历史经验对于今日民间简化字随心所欲被创造出来的现状,应引为教训。当然这一时期在重要青铜器上铭刻的文字,似基本上运用西周以来传统的写法。我们把这一文字分歧时期,称为“七国时期”,这是因为七国文字分歧是民间书写所造成的。无法举出一个人名来表示时期。因此称它为“七国时期”,也是比较合适的。如果从宏观文字发展角度看,将战国文字分歧看作前一时期的附属时期也是可以的。

八、“李斯、程邈—胡适”时期

到了秦始皇统一全国,七国版图混统。割据式的封建制已成为全国有一个统治力量控制的封建制。秦始皇雄才大略,不仅在军事上要求统一,并且要求在政治上、文化上也能举国一致。他统一度量衡制度。改变全国交通,并对文字进行了改革(见《史记·秦始皇本纪》在二十六年初并天下时写的“一法度衡石丈尺、车同轨、书同文字”)。关于文字改革,班固《前汉书·艺文志》说:“《仓颉》七章者,秦丞相李斯所作也。《爰历》六章者,车府令赵高所作也。《博学》七章者,太史令胡母敬所作也。文字多取《史籀篇》,而篆体复颇异,所谓秦篆(即小篆)者也。是时始建隶书矣,起于官狱多事,苟趋省易。施之于徒隶也。”因此推行了小篆和隶书。(隶书为程邈所创,他是始皇之御史)。自秦迄今,也进行过多次文字改革,主要是隶楷之变,并不伤筋动骨。到了近代,尤其是在解放以后,改革的也仅是简化而已。拉丁化及拼音符号,虽有提倡,难以脱离汉字而独立。因此可以认为自秦汉到现在,这两千多年来均属一个时期。在这一时期中,文字的规范化始终是历史教育中所强调的。秦始皇以来“书同文”的传统对于中华民族的长期统一,起到了很重要的作用。由于当时书同文是秦始皇按李斯的建议而实施的。李斯和程邈对我国文字二千年来的稳定性起到很大的作用,因此这二千年的文字时期,称它为“李斯(程邈)时期”是合适的。但是在此时期内,文字在公元后20世纪,由通行文言转变为通行白话,胡适为推行白话的代表人物,这却是一个很大的变化,很值得我们研究。因此,李斯、程邈时期,已转化为“李斯、程邈—胡适”时期。

九、汉字改革分期史简表

归纳前面所分各时期,可以把汉字改革历程,用表3“汉字改革分期史简表”表示。

表3 汉字改革分期史简表(王鹏飞 制)

时期名	起迄世纪	特 点	备 注
伏羲时期	前70世纪到前30世纪(自新石器时代初到黄帝时)	符号创用	河南贾湖龟甲文(距今9000年) 甘肃大地湾陶文(距今7800年) 浙江河姆渡骨匕(距今6500年) 陕西半坡陶文(距今6000年)
仓颉时期	前30世纪到前20世纪(自黄帝时到夏少康时)	主题单字	青海柳湾陶文(距今5000年) 山东大汶口陶文(距今4500年) 浙江良渚玉文(距今4200年) 江苏连云港岩刻(距今4000年) 河南卫城岗陶文(距今4000年)
少康时期	前20世纪到前9世纪(自夏少康到西周宣王时)	文句形成	夏代后期已有典籍及青铜铭文 商末盘庚迁殷后有甲骨文 西周也有甲骨文及金文
史籀时期	前9世纪到前5世纪(春秋期)	流行大篆	在礼器上盛行金文(钟鼎文)
七国时期	前5世纪到前3世纪(战国期)	各国篆文分歧	书写于竹帛,刊刻于金石
李斯、程邈—胡适时期	前3世纪到公元21世纪后(从秦代迄今)	汉字长期全国统一,绵延数千年	小篆、隶书、行、楷书、书写为主,近代有印刷、现代有电脑,1919年“五四”运动后,流行白话

本节中,在归纳《汉字改革分期史简表》中,把“时期”上冠以伏羲、仓颉、少康、史籀、李斯(程邈)—胡适等名字,目的是为纪念这几位对创造符号、创造文字、改进文字有显赫功绩的人物(伏羲及仓颉并非特指一个人)。因为从图画发展到符号,是一个重要变化。符号概括了形象,勾画了重点或特点,说明了人类思维能力的一大发展,它为以后文字的出现奠定了基础。对这样一种重要的功绩有贡献的伏羲(不论伏羲是一个人或前后相继的一些人)。都应该记入史册,绝不能虚无主义地视为传说而忽视其存在。从符号发展到文字,是上古许多世代的努力结果,仓颉集许多前人智慧成了他们的代表。仓颉创造的文字,是“主题单字”,这些单字与甲骨文及其后的单字在功能上很有不同,但此后的文句创造是从改进“主题单字”而来的,这是我国最早的脱离符号的单字。其字形为我国后来复杂的方块字奠定了基础。它是一种缩浓了语句的文字。为此后文句的发展提供了动力。没有这一阶段,人类不

可能一下子就发明出文句时期的单字来。饮水思源，我们不能不纪念为中华民族创造最早一代汉字的伟人。将仓颉作为一个时期的一群开创者的代表，具有重大的历史意义。我们不能再将仓颉视为传说中的人物而漠视其贡献了。本文引用将军崖岩刻中的单字“‘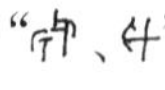’”等，就是“主题单字”存在的证据。少康时期是“主题单字”过渡到“甲骨文”必须经过的阶段。至少本文介绍的丁公陶文、龙虬陶文、盉颈陶文可以证明这个时期的存在。少康只是这个时期的开始。所以称为少康时期，是因为少康为这个文字改革时期创造了一个安定改革的环境条件。它包括夏代中后期及商代前期。盘庚则是甲骨文稳定使用的时代标志。其时代从商末到周初。到周宣王时，由于史籀创造籀文，开创了史籀时期，这时期包括春秋战国(战国即七国时期)。到秦始皇统一天下，就出现了李斯、程邈时期。

人们过去一向把李斯作为一位著名于后世的法家。但是他的更伟大的成就是文字改革。小篆是在他的建议下推行的。“法”与“隶”密切相关，隶书当然是在他的掌权范围内由程邈规范化后普及的。他致力于文字改革并重视文字的规范化工作，使战国时各国分歧的文字统一起来。他还使文字简化，并推行隶书。使文字便于书写，有利于脱离金石、脱离契刻，用毛笔写字于竹帛之上，为后来发展楷书创造条件。他的对文字规范化的工作，使汉字在当时普及全国，起到打破思想割据的作用，而且一直影响我国文字发展达二千二三百年之久，使我国在这二千多年来，虽各地语言不同，思想却可以籍文字一致而充分交流，连日本、越南和朝鲜的文字，也是在这种文字的影响下创造的。现在，除越南已改为字母拼音外，日本与朝鲜经常认为与我国“同文同种”，就是一个证明。李斯和程邈对我国文字的规范化方面的努力，不仅在当时起到了统一祖国的作用，而且还使我们后人能依靠这种文字，阅读并了解几千年来的历史典籍，使我国成为用同一种文字记载历史的年代最长的国家。目前全世界四分之一的人口，在使用这种文字，其影响与作用并不是止于今日。将李斯和程邈的名字列为文字发展时期之一，无论如何也不能算过分的。

以后，为了书写方便，隶书转化为楷、行、草书。行楷书的文字结构，基本上与隶书无异。其后篆、隶、草等在社会上退入了艺术欣赏领域，楷书成为通行文字。历代政府，对于规范汉字形状笔画，都非常重视，使汉字的结构，二千多年来能基本保持不变。

但到了公元后 20 世纪，由于中西方文化交流，西方逻辑性思维方式传入中国，发现二千多年来盛行于中土的汉文，虽利于表达丰富的直观性、比喻性、归纳性思维，但对于逻辑性分析性思维的表达，却能力较弱。它烘托情绪有力，强于言在意外，既含蓄又含糊。它缺乏精确性。即使采用一些数量词，也被用以表达大小、轻重、粗细、多少的定性意义，而不表达数字本身的精确意义。因此，发现用中国传统汉字的文言文，难以交流西方学术思想。

这时，通过 1919 年 5 月 4 日的中国人民反帝反封建爱国运动，胡适的白话文推广得到了社会认同，使汉文一改文言文的弱点，能分析地表达逻辑性的科学分析思维。胡适的白话文运动，并不改变二千多年来的汉字结构，改变的乃是大量采用以汉字组成的西方新词及表达思维方式的汉字文法，这是因为文法是改变思维方式的关键。

白话文推广的成功，使社会上通行的文言，渐成白话世界。白话文中仍丰富地应用传统的文言成语，使白话的推广并不隔断二千多年盛行的文言脉络。我国二千多年来的文献，成为我国取之不尽用之不竭的中华文化的源泉。但因为社会上已盛行白话文，所以“李斯(程邈)”时期，事实上成为“李斯、程邈—胡适”时期。

在白话运动以后，我国又曾出现利用西方字母拼音、提倡注音符号、流行世界语等运动。

这些运动,都最后用作纠正汉字读音之助,而并未起到代替汉字的功能。因此,它们不足以改变“李斯、程邈一胡适”时期的名称。我国汉字历史上持续数千年的伟大系统,并未因此而中断。

十、结论

通过上面的讨论,结论是:

(一)对于我国文字自新石器时代以来之演变,有新的理解,共可分为六大阶段,即符号阶段、主题单字阶段、文句形成阶段、流行大篆阶段、文字分歧阶段、文字统一绵延阶段。各阶段多以一有大贡献或大影响之代表人物定名,如伏羲时期、仓颉时期、少康时期、史籀时期、李斯、程邈一胡适时期等。各时期符号或文字的特征依次是:符号为主(如八卦)、主题单字为主(如“ 、 ”等)、成句文字的出现(如甲骨文中的 、 、 等)、礼器文字的出现(如钟鼎文中的 、 、 等)、各诸侯国分歧的文字(如“公”字,宋公鼎作“ ”,而鲁公鼎作“ ”)、全国统一的文字(如“ ”风,“ ”雨,“ ”启)。这最后的文字,已是今日通行的文字了(即篆、隶、楷书),各时期起迄时间等,大体如表3所示。

(二)发现了自黄帝时期到夏少康时,初创“主题单字”,即想表达与主题有关的意思,这是最早由符号转变为文句的必经阶段,那时如主题单字不能表达写字者的意图,就不可能创造单个文字。我们在将军崖岩刻及东磊太阳石岩刻中发现了这类单个文字。

(三)我们结合将军崖岩及东磊岩刻,识别出下列主题单字的意义,如“ 、 、 、 、 、 、 、 、 、 ”等。

(四)从东磊山顶太阳石中一个图形的研究中,发现了此图形与流传国外的良渚文化的玉器刻纹十分相似。讨论了连云港岩画与良渚玉文间的影响关系。

(五)对于大汶口文化遗物中陶文“ ”及“ ”两字作了分析,认为这两个字不是“旦”、“热”,也不是“云霞、日光、山洞”,却表示篝火,即指祭日求雨的仪式。只是前一个字是一般的篝火祭日求雨,后一个字是在高山(特别是泰山上的)篝火祭日求雨。当然把“ ”写为“炅”是可以的。

(六)对于良渚文化中的玉器刻文,也作了研究。认为其上部并非“岛”字,中下部也并非“山”形。实际上这些玉刻文是一个具有玉鸠、帆杆、蒲制风帆的帆船(见图3)。蒲帆上常绘有图腾。玉鸠实际上是一个相风器。那就是说,根据这三个玉器上的刻纹,说明在夏初已有木船、帆及相风鸠。《拾遗记》中相风鸠称为玉鸠,而上述三个玉刻画正刻在玉器上,说明传说还是有根据的。崔豹《古今注》说“司风乌,夏禹所作”,《拾遗记》说少昊之母曾泛玉鸠之舟,这都说明古人都在努力探究相风器的发明者,肯定这些仪器设备由来已古。中华民族在早期仪器发明史中,应占重要地位。

最后,通过本文的研究,理解到由新石器时代以来的文字演变,可以说文字每改革一次,就必然淘汰大部分其前的历史文献,使后人考证前代史事,产生了一种文献不足的感觉,改革的内容越多,改革的规模越大,这种感觉越明显。孔子觉夏殷文献少,是这个原因,秦代以前的史实之所以有许多不清,不全是焚书坑儒,推其原由最重要的是文字改革。因为旧文字在行政改革命令下废弃了。人们只能看到新文字,使旧文字因长期废止不用而不为人们所识。于是,旧文献必然会不断失散或自动被人销毁。以致汉晋发现古文书简时很少人能辨识其中的字。这是历史的重要教训。自汉迄今,由于我国文字改革不多,才有世所罕见的绵长而丰富的中国历史文献保留。汉字延绵数千年是人类宝贵遗产,今后绝不能作隔断历史的轻率改革,使重蹈旧撤,导致文字遗迹毁灭。当然文字是要随时代而改革的。但怎样改才不致使我国古代文献变为“天书”,遭到日渐失散的命运,这是值得研究的。文字改革者,不仅要有时代发展的远见,也要具有历史不容隔断的远见。草率处理必将使子孙贻恨于万古。

迄今为止,我国古文字研究领域尚无前人认为古代有“主题单字时期”的存在。也不知还有“文句形成阶段”的少康时期的存在。因此不了解甲骨文字的形成是通过一系列文字改革的成果。本文的研究有助于探讨甲骨文前的汉字发展过程。

我们认为,在李斯、程邈—胡适时期中,汉文的白话化是最有利于我国人民促进思维逻辑化的活动。它丰富了汉字的功能,使汉字不仅能抒情,而且能善于利用分析性的逻辑思维进行科学叙述及科技创新。

但是胡适的汉文白话取得很大成功后不久,有一些人想用西方字母拼汉字读音的办法来改进汉字。由于汉字是以笔画结构形状作为识别基础的,读音不是识字的主要根据。汉字同音字很多,且同音并不同义,认识汉字应该根据字形求义为主,不应该完全依靠读音求义。用拼音字母改革汉字,不论其初衷多么高尚,其后果都是违反我国数千年传统汉字文化。因而有碍于我国文字发展的。由于用拼音字母改造我国文字,不符合我国汉字发展规律,所以它只能作为汉字注音的拐杖。迄今它也只能安于这个功能。因此,目前我国汉字发展的道路,仍应该是属于“李斯、程邈—胡适”时期的延续。

(2009 年 5 月定稿于南京)

参考文献

[1] 司马贞. 补史记·三皇本纪[M]//二十五史·史记. 上海:上海古籍出版社,1986.

[2] 孙振卢. 白话易经. 台北:星光出版社,1984.

[3] 郭沫若. 古代文学之辩证的发展[J]. 考古,1972(2).

[4] 李学勤. 考古发现与中国文字起源[M]//中国文化研究集刊(第二集). 上海:复旦大学出版社,1986.

[5] 王鹏飞. 中国古代测“分、至”方法及时代的探源研究[M],此稿于 1985 年在江苏连云港气象局作报告,2009.

[6] 王大有. 上古中华文明,北京:中国社会出版社,2000.

[7] 王嘉,撰,梁萧绮,录 . 拾遗记[M]. 中华书局,1981.

[8] 胡厚宣. 战后宁沪新获甲骨集[M]. 1951.

[9] 罗振玉. 殷墟书契前编[M]. 1912.

[10] 商承祚. 殷契佚存[M]. 1933.

[11] 齐思和,翦伯赞,等. 中外历史年表[M]. 三联书店,1958.

[12] 李学勤,著. 古文字学初阶[M]. 北京:中华书局,1985.

张衡候风地动仪功能测试和感震原理的探讨①

张衡(公元78—139年)是东汉杰出的科学家,他所发明的可测地震方位的仪器——地动仪,举世公认为世界最早的地震仪。英国科学史家李约瑟(Joseph Needham, 1900—1995)在其名著《中国科学技术史·地震学》[1]中,把张衡的地动仪称为“地震仪的鼻祖”,这是非常恰当的。《中国科学技术史·地震学》是迄今介绍张衡地动仪历史中最值得参考的文献。它内容丰富,观点和立论都较客观,还包括历来评述张衡地动仪的不少史料。《自然科学史研究》2004年第23卷第4期发表了赵冠峰《张衡地动仪文献蠡读——对地动仪功能的重新认识》[2]一文,对张衡地动仪的测震功能等提出了不少与众不同的看法,颇有启发。但细查内容,尚觉需进一步商榷。本文上半部分对历史上重要各家,特别是最近赵冠峰的文章中对张衡地动仪的评述,结合原始史料及近现代地震科学知识,做一些剖析。下半部对地动仪的感震原理进行探讨,评述已有的各种复原设计。

一、张衡“候风地动仪”功能测试的分析

张衡,东汉时南阳人。章帝建初三年(公元78年)生,顺帝永和四年(公元139年)死,享年62岁。他一生曾两度任太史令,但《后汉书·张衡传》对具体任卸年份的记载都不是很明确。陈遵妫《中国天文学史》第4册认为张衡一生任太史令共14年。第一次做了6年,第二次做了8年:

“张衡从元初二年(公元115年)至永宁元年(公元120年)和永建元年(公元126年)至阳嘉二年(公元133年),先后两次任太史令,直接领导灵台工作,亲自设计和制造了候风地动仪和浑天仪”[3]。

《后汉书·张衡传》[4]记载张衡第一次任太史令时,仅说“乃研覈阴阳,妙尽璇玑之正,作浑天仪,著《灵宪》、《算罔论》,言甚详明”,没有提到研究“地动仪”事,但却将第二任太史令的阳嘉元年制成地动仪,记为“复造候风地动仪”。这个“复”字,说明在顺帝时任太史令所造的地动仪,不是第一个。在安帝时,他首任太史令期间,可能已设计制造过地动仪,只是造而未成,所以并未记载。据史料记载,张衡在安帝时初任太史令期间,地震非常频繁,几乎年年有震,最多的是公元119年,郡国有42城有震,而在公元120年,郡国23城有震。张衡善于“机巧”,擅长设计仪器,既然会设计出“浑天仪”,自然也会想到去设计测地震的“地动仪”,但地动仪需测远处地震,很不容易。在安帝时,他的努力没有完成,直待顺帝时再任太史令期间,方完成其地动仪的设计任务。张衡任第一任太史令前一年,曾任“郎中”,那是管理车骑、门户、内充侍卫、外管作战的官,并不合张衡所长。张衡第二次太史令卸任后,曾任两年“侍中”,此官位虽不高,但可侍从皇帝左右、出入宫廷,因而便于向皇帝上言。顺帝曾向他询问

---

① 本文曾刊于《自然科学史研究》2005年第4期。

“天下所疾恶者”,因而受到宦官们的谗忌。到永和元年(公元136年)出任河间国的“相”,三年后曾想告退,但再一年(永和四年),就逝世了。

下面专述张衡地动仪的发明和测试情况。

1. 张衡地动仪的形状

据《后汉书·张衡传》记载,阳嘉元年(公元132年)所制成的地动仪是这样的:

材料:“以精铜制成”(取其耐久,不易损坏)。

外形:“圆径八尺,合盖隆起,形似酒尊。”

表面图文:“饰以篆文、山、龟、鸟、兽之形。”

测震机构:“中有都柱,傍行八道,施关发机。外有八龙,首衔铜丸。下有蟾蜍,张口承之。其牙机巧制,皆隐在尊中,覆盖周密无间。”

感震表现:“如有地动,尊则振龙,机发吐丸,而蟾蜍衔之。”

观测方法:“伺者”(观测者)听到龙口吐到蟾蜍口铜丸所激发出的“振声”,就进行观测。如发现仅“一龙发机,而七首不动,寻其方面(向),乃知地震之所在(方向)。”

图1为笔者设想的张衡地动仪纵剖面构造简图,以此可解释上述性状。T为顶盖;AB为直立杆(即都柱),上粗下细,重心C在其上部。DF即为八个导片(即八道)之一。八个导片分别装在尊内八个方向上(即分别装在NNW、WNW、WSW、SSW、SSE、ESE、ENE、NNE方向上)。图中只画了一个在WNW方向上的导片,DF即为导片的中脊线,像芭蕉叶般向W及NW两侧下斜。其D端与尊壁铸连。F端与尊底接近A点的WNW向的地方铸接。地震波使直立杆倒下时,如倒在DF脊以南,则直立杆即循DF南之斜面滚坠到W方,如倒在DF脊以北,则直立杆即循DF北之斜面滚向NW方。因在WSW方向也有一个导片(图1中未画),它也有一个脊$D'F'$。直立杆AB如倒在DF与$D'F'$之间,则均会循导片滚坠到W方。

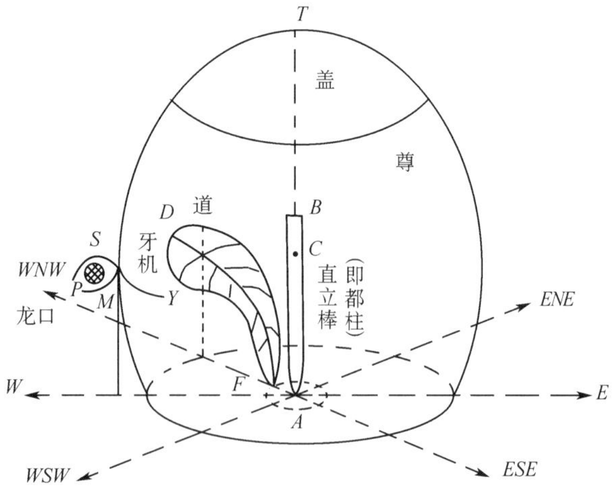

图1 张衡地动仪纵剖面构造简图(笔者设计和绘制,2005年)

图1中$MPSY$为装于W方向的一个牙机。这种牙机在W、NW、N、NE、E、SE、S、SW各向均装有一具。图1中只画了在W方向的一具。SPM为尊外部分,呈龙口状。M为下

唇，*SP* 为上唇。*PSY* 为一个曲杠杆。*S* 处为一小枢纽，装在尊壁上。*SP* 在尊外，较长较重，平时 *SP* 覆于 *M* 之上，呈闭口状。口内铜丸无法滚出口外。仅当直立杆倒下，压到牙机的尊内部分 *Y* 处，把 *Y* 压下时，龙口上唇 *PS* 即被抬起。龙口无遮拦，口内铜丸即滑出龙口。并坠入西方地面相向开口的蟾蜍口中。

当直立杆倒下，铜丸出龙口到蟾蜍口，表示地震方向后，即可记录地震向。然后开尊盖，用手将直立杆重新在八个导片之间竖立起来，使直立杆 *A* 端立于尊底正中微凹处，既不与各导片相接触，又固立于微凹处。由八导片相围，使之处于不稳定平衡状态，这样做是并不困难的。

竖立直立杆是为了下一次测震。所以应再从蟾蜍口取出铜丸，扳开龙口上唇 *PS*，放入铜丸。再关闭龙口。

必须强调的是：尊底是地动仪的感震元件。安置时，尊底必须紧贴水平地面。否则，感受地震波不灵，就会影响地动仪测震工作。

2. 张衡地动仪示震方向的局限性

（1）张衡地动仪在使用时，因八条龙必须安置得与四正向（东、南、西、北）及四隅向（东北、东南、西北、西南）对准，而且尊内中部只有一个直杆，受震时在八个空道只能倒向一个空道，从而只能使八龙中一龙吐丸。这就使它不能同时测出两个或两个以上方向来的地震，同时也不能正确显示与四正向和四隅向有偏差方向来的地震。

（2）当地震发生在包括地动仪安置处在内的地区时，由于地震来自地动仪各向，因此和远处多向地震情况一样，地动仪无法显示震向，而且由于震区即在本地，震动极易导致地动仪安置处各方的地物。强烈的当地地震，还能破坏地动仪构造，甚至把它整体损坏，无法获得正确记录。但地震既然出现在安置地区，震况就可直接观测或调查，没有必要使用地震仪。

（3）张衡地动仪本来不是为了测地震的具体地区而设计的，这是一种仅能测出地震方向的仪器，所以要用它测出地震的具体地点是一种奢望。当然，如采用两架地动仪，分别安置于相距颇远的地点，就可以根据各地地动仪所测得的地震方向线，求出此两线的交点，从而得出地震的较可靠的发生地点。但张衡当时只制成了一具地动仪，所以只能测出地震区方向。

3. 张衡地动仪的测试

地动仪制成后，必须在有地震时，进行实际测试，以检验其性能是否符合设计要求，能否正确测出地震方向。只有测试成功后，才能宣布地动仪完成，然后方可在今后实际使用。但是，我们在上节中已指出，地动仪的性能有局限性，只能显示一个震向。所以测试时若同时有两个或两个以上的震区，或地动仪所在地区有地震时，就不能进行测试。

为了检验张衡任太史令时可能作为地动仪测试的年份，我们利用《后汉书·五行志》[5]中安帝、顺帝时有地震的记录，将不宜或不能测试地动仪的年份，分别标以符号“—”、“○”；把可测试年，标以符号“♯”；将虽可测试，但可能测试效果不好的年份，标以符号“＋”。同时参考《中国地震历史资料汇编》[6]，做出表 1，以便选出地动仪可以测试的年份。

表1　东汉安帝、顺帝时地震记录表[6]

公元(年)	年号、纪年	地震情况*	备注
107	安帝永初元年	郡国十八地震	#,安帝13岁登基
108	二年	郡国十二地震	#
109	三年	十二月,郡国九地震	#
110	四年	三月,郡国四地震 九月,益州郡地震	# #
111	五年	正月,郡国十地震	#
112	六年		○
113	七年	正月、二月郡国十八地震	#,安帝19岁
114	元初元年	郡国十二地震	#,张衡任郎中
115	二年	十一月,郡国十地震	#张衡首次任太史令
116	三年	二月,郡国十地震 十一月,郡国九地震	# #
117	四年	郡国十三地震	#
118	五年	郡国十四地震	#
119	六年	二月,郡国四十二地震(京都亦震)	—
120	永宁元年	郡国二十三地震	+,张衡卸太史令职
121	建光元年	九月,郡国三十五地震	+
122	延光元年	四月,京都地震 七月,郡国十三地震(京都亦震), 九月,郡国二十七地震	— — —
123	二年	郡国三十二地震(京都亦震)	—
124	三年	郡国二十三地震(京都亦震)	—
125	四年	十月,郡国十六地震(京都亦震)	—,安帝逝世
126	顺帝永建元年		○,张衡再任太史令
127	二年		○
128	三年	正月,汉阳地震(京都亦震)	—
129	四年		○
130	五年		○
131	六年		○
132	阳嘉元年		○,宣布地动仪制成
133	二年	四月,京都地震	—,张衡再卸太史令职
134	三年		○,张衡任侍中
135	四年	十二月,京都地震	—,顺帝20岁
136	永和元年		○,张衡为河间国相
137	二年	四月,京都震 十一月,京都震	— —

表1续

公元(年)	年号、纪年	地震情况*	备注
138	三年	二月，金城、陇西震，京都亦震 闰四月，京都震	一，张衡求退休，拜为尚书 一
139	四年	三月，京都震	一，张衡逝世
140	五年	二月，京都震	一
141	六年		○
142	汉安元年	九月，丸都(在今吉林)地震	○，东汉政府未接到灾区报告
143	二年	九月到十二月，凉州都郡六地震	#，测试地动仪
144	建康元年	正月到四月，凉州都郡六地震 九月，太原、雁门、京师地震	#，顺帝逝世 一

* 凡未说明地震，仅有记录者，不包括在内。

但是在标出这4个符号前，就必须弄懂表1中地震情况栏内文字的意思。例如栏中"郡国若干地震"的记述很多，它究竟表示"有若干郡国发生或感觉地震"还是表示"郡国有多少城发生或感觉地震"?

我们知道，在东汉时期，全国是分为许多郡国的。郡县制是秦代沿用下来的。汉代消灭异姓王、分封不少同姓王，从而又出现了不少"国"，形成了郡国制度。据《后汉书·郡国志》[7]："至于孝顺(指顺帝)，凡郡国百五(即105个)、县邑道侯国千一百八十(1180个)。"这似乎可把"郡国若干地震"理解为"有若干个郡国有地震。"但是，根据《郡国志》知道，当时郡国共分为"十三个部"，现将这十三个部所管的郡国列于表2。可以看出，每个"部"中所含的郡国数多在10个以下，最多也只有12个。但是我曾统计了《郡国志》中各郡或各国包括的城数，大多有10～20个。20个以上或少于10个城的都很少。

表2　东汉十三部郡国数表[7]

序号	刺史部名称	郡国数量	序号	刺史部名称	郡国数量
1	司隶校尉部	有郡7	8	扬州刺史部	有郡6
2	豫州刺史部	有郡国6	9	益州刺史部	有郡国12
3	冀州刺史部	有郡国9	10	凉州刺史部	有郡国12
4	兖州刺史部	有郡国8	11	并州刺史部	有郡国9
5	徐州刺史部	有郡国5	12	幽州刺史部	有郡国11
6	青州刺史部	有郡国6	13	交州刺史部	有郡国7
7	荆州刺史部	有郡7	共计：郡国105个		

我们从表1中取公元119年及公元121年为例。它们的地震情况分别为"郡国四十二地震"及"郡国三十五地震"。如果其数字表示郡国数，解释为"42个郡国震"或"35个郡国震"。那么按表2的各部来分配，就要各占四五个以上的刺史部，占105个郡国中的各约三分之一，等于全国很多地方同时地震。这是不太可能的。但是，如果将它们解释为"郡国有42个城地震"或"郡国有35个城地震"，那么由于当时每一个郡或国，大多包含10～20个城，所以这仅指一二个郡或国发生或感觉地震，这就比较合理了。

可惜《后汉书·五行志》中地震的记录太笼统了。多仅记"郡国若干地震"，既未说明这些郡国属于什么刺史部,也不注明地震在什么"国"或什么"郡"产生。但也有注明地区的,如:公元128年"汉阳地震";公元138年"金城、陇西震";公元143、144年"凉州都郡六地震"。这可能是记录在其后有所改进。这里,汉阳不是指现在武汉的汉阳,而是指位于今甘肃甘谷东南的汉阳。又金城及陇西均为凉州刺史部的郡,金城郡在今甘肃永靖西北,陇西郡在今甘肃临洮。至于"凉州都郡六地震"是说在凉州刺史部的治所及其下的郡有6处发生或感觉地震,其中也包括陇西。

知道了"郡国若干地震"的意义,就可以区分可进行地动仪测试的年份了。既然郡国大多包含10～20城,很少超过20城的。那么我们可以认为:凡是记载郡国20个城以下有地震的,若京都不震,是可以用地动仪测试之年,即在表1中注以符号"♯";而凡京都有地震,就难以用地动仪测试地震,即在表1中注以符号"—";在无地震的年份,因无法测试地动仪的性能,即标以符号"○";而在郡国地震超过20城的年份,虽亦可进行地动仪测试,往往可以成功。但由于地震有时从两个方向或两个方向以上传向地动仪,造成地动仪不能正确示向,或示向错误,故注以符号"＋"(例如公元120年、121年、122年九月)。另外地震城数虽在20城以下,但京都却有地震,仍无法测试地动仪,故仍记符号"—"(如公元122年七月及公元125年)。这样,我们就可很方便地从表1备注栏内看出哪些年可以进行地动仪测试。

为了讨论问题方便,我们在表1备注栏内的各相应年份中,还记录了张衡的重要任职情况。这样就可以将地动仪测试与张衡的历史对照起来了。

张衡首任太史令,仅有短短的6年,曾制造了浑天仪,写出了《灵宪》及《算罔论》等,收获颇丰,但他制作地动仪却并不顺利。可能是样品制成时约在此任期的中期(即公元117年和118年,从表1中看这两年是可以测试之年)进行测试,却效果不佳。那时连年地震,希望测震,但地动仪测试却不灵,使安帝非常失望。到了公元119年,地震格外强烈,连京都洛阳都有了地震。地动仪无法测试。公元120年京都不震,看似可测,但又因地震之城太多,地动仪测震效果不好,安帝不悦。这极可能是张衡被迫从太史令卸职的原因。这一次卸职,使张衡中断了地动仪试制工作。

公元125年,安帝逝世。次年(公元126年)顺帝即位。为了重返他自己感兴趣的研究天文的工作,并获得再试制地动仪的条件。张衡通过各种途径,终于重返了太史令的职位。这是他第二次任太史令。

他在第二次任太史令时,已距他卸职第一任太史令5年了。他的确下定决心,再次修改设计,重新制造地动仪。但从表1备注栏内可看出,从永建元年(公元126年)他任职开始到阳嘉元年(公元132年),这7年中,仅永建三年(公元128年)有地震,其他6年,全国均无地震。而永建三年虽正月汉阳有地震,但京都洛阳也有地震。所以,这7年没有一年有测试其重造的地动仪性能的机会。所以在顺帝的催促下,于阳嘉元年,宣布候风地动仪制成,所完成的是一架未经测试过性能的地动仪。但必须强调的是:其所以这样匆匆宣布,是因为顺帝已发现张衡的睿智,想另委以重任。果然第二年(公元133年),张衡就被委为"侍中"。脱离了太史令之职,随侍顺帝之侧,听候咨询。

从宣布地动仪重新制作完成那年起到汉安元年(公元132—142年),这10年中有6年是京都地震,有4年全国没有地震。张衡当时虽已不任太史令之职,但如果有机会测试地动仪,他自然十分关心自己呕心沥血制成的仪器的性能而希望参加测试。但他因忠于顺帝的咨询工作，受到宦官们的嫉谗，就写《思玄赋》以宣寄情志，力图避祸。至永和元年（公元136年）出任河间国相。当时河间“国王骄奢，不遵典宪，又多豪右，甚为不轨。”张衡到任后，“治威严、整法度、收擒奸党，上下肃然，称为政理。”视事3年，曾主动请求退休，却被拜为尚书。于永和四年（即公元139年）死于任所。从其间经历看，也难以顾及地动仪的测试工作。

在张衡逝世后的第四年，即公元143年，终于出现了可以测试地动仪的时间。那一年，只有“凉州都郡六地震”，而且从九月到十二月，这些都郡或发生或感觉地震，对测试非常有利。在《后汉书·张衡传》中，非常生动地记录了测试情况：

“尝一龙机发而地不觉动（即京都无地震）。京师学者咸怪其无征（这说明当时关心此测试的京师学者很多。他们对于京师没有地动的征兆，而地动仪却有一条龙的口中吐出铜丸，而觉得奇怪）。后数日驿至（几天后驿站带来消息），果地震陇西（陇西属凉州刺史部，故表1中记为‘凉州都郡六地震’）。于是皆服其妙。”

这就证明了张衡的地动仪对测试地震方向的性能良好，不愧为世界最早发明的地震仪。虽然这个地震仪的创造者未能参加这次测试，但也可告慰张衡了。

由于这次地动仪的性能测试非常成功，当局决定：

“自此以后，乃令史官记地动所从方起。”

这表明记录的只是地震所起处的方位，而不是记地震的具体地点。可见当时人们深知地动仪性能的局限，它只能测出地震的方向，而不要求指出具体地震地区。

4.《后汉书·五行志》的地震部分，为何未记录张衡地动仪的测试结果？其后地动仪原件为何不能世代传承下来？

既然张衡地动仪已经测试成功，而且事后也发令：以后“史官记地动所从方起”。为何其后东汉的《五行志》地震部分，未见地动仪记录？这个地动仪原件应受珍护，为何不能世代传承？难道是由于当时张衡已死，太史令不愿遵循测试后的命令吗？当然不是。

我认为这主要是受地动仪本身性能局限性使然。因为地动仪只能测知地震方向，政府所需知道的是地震具体地点及实情，以便采取善后措施。在测知地震方位后，只能暂时记到草稿中，须待震区上报实情，方知端详。实情上报后，草稿上的地震方向，仅作为印证地动仪是否报准之用，已无登录到《五行志》上的价值。《五行志》中正式记录的应是震区上报的情况的归纳。这就是东汉地震记录中不记载地动仪探测地震方向的原因。

至于地动仪原件的不能长久保存下来，则有下面3个原因：

（1）地动仪使用不便。当感震方向的龙吐一珠后，地动仪就不能再用。因直杆已倾向一方，不能自动恢复直立以感应下一次远方地震，必须开盖将已倾之杆扶直，再盖下上盖，检查方位有否错位，并需再将铜珠自蛙口复置于龙口，然后才能继续进行感震。

（2）地动仪感震有局限性。当同时有两个或两个以上方位有来震时，或地震来自两个方位之间时，地动仪示震向就有困难。

（3）地动仪测试结果不能作正式记录之用，正式记录还要靠震区上报。

因为上面3个原因，太史令部往往懒于使用和维护地动仪。再加上东汉末年天下大乱，董卓曾迫驱洛阳地区百万人迁居长安；而三国纷争，西晋末的八王之乱及五胡十六国乱华，使洛阳多次受到战乱破坏。张衡安置在洛阳的地动仪，因长期废置不用，屡遭破坏。直到南北朝的北朝，北魏由大同迁都洛阳，北周以洛阳为东都，这时方有些人回忆张衡的地动仪。

可以证明:张衡的地动仪构造及当时全国地震记录,迄南北朝并未失传。《北史》中的信都芳、《隋书》中的临孝恭,在他们著作中之所以又提到地动巧事及地动铜仪,就因为张衡地动仪原件虽已湮没无存,但南朝刘宋时范晔集诸家后汉、续汉书成史;梁刘昭又将司马彪《八志》并入该史,形成包括《张衡传》及《五行志》等的《后汉书》。这就使信都芳和临孝恭有条件看到为编《后汉书》而所参考的地动仪构造及地震资料,进而在他们著作《器准》和《地动铜仪经》中写出地动仪的构造。书中还很可能参入有他们独自的体会或改进设计。可见,张衡地动仪原件虽已失传,其构造原理到南北朝时并未湮失,且由于《后汉书》的成书而流传迄今,所以张衡地动仪的原理迄今仍有生命力。

5. 张衡对地动仪感应地震的认识有局限性

张衡怎么会对自己创制的地动仪的感应地震的认识有局限呢?从哪些方面看出他有局限性呢?这表现在他把这架地动仪命名为“候风地动仪”。他认为:地震区爆发出的阴阳之气,从空中传送形成风,影响了地动仪。风从传送方向来,促使地动仪中的直杆倒向该向的铜龙头,使之开口吐丸,从而得以表达震向。这种观点,在古代阴阳学说盛行的社会中,知识分子是很难跳出其圈子的。

从殷周之际,《易经》中已有“阴阳”两爻互相配合,而成代表自然的八卦。八卦中的震卦,称“仰盂”,即有两个阴爻压在一个阳爻之上而成(☳)。“震”与“巽”有关。巽卦称“下断”,即有两个阳爻压在一个阴爻之上而成(☴),所以正好与震卦相反。相反相成。“巽”即“风”。因此“震”能成风,风能传震。八卦相重为64类,以表一切人事变化。这种阴阳变化,张衡是酷信的。在《张衡传》中,曾说张衡“尤致思于天文、阴阳、历算……”。张衡称赞扬雄拟《太玄经》为“善论阴阳之事”。张衡任安帝太史令时,“乃研覈阴阳、妙尽璇玑之正”(《后汉书·张衡传》)。

在西周幽王二年(公元前780年),三川皆震,大夫伯阳父第一个用阴阳学说解释地震发生原理:“阳伏而阴不能出,阴迫而不能蒸,于是有地震。”[8]这个学说对张衡是有影响的。

张衡虽不信“图谶”之说,但笃信“阴阳”及“感应”的学说。他认为地震具有“天人感应”作用。在顺帝永建三年(公元128年)正月,洛阳出现地震,二年后,即公元130年,张衡上疏顺帝说:

“顷年雨常不足,思求所失,则《洪范》所谓僭恒旸若者也。……又年前京师地震土裂。裂者威分,震者人扰也。……窃惧圣思厌倦,制不专已。心不愿割,与众共威。威不可分,德不可共。”[4]

张衡认为:由于顺帝之权为众所分,所以天产生地震来警告顺帝。此疏是张衡通过地震之事,劝告顺帝防止统治权的分散。

在张衡所处时代尚无地震波之说。1897年,爱尔兰科学家奥尔腾(Richard Dixon Oldham,1858—1936)通过观测地震从而提出地震波之说[9]。张衡不可能知道地震波,只能猜测是地震区阴阳之气鼓动风来传震的。候震等于候风,地震之风传来之方向,即为震向。因此就把地动仪冠以“候风”两字,全称为“候风地动仪”。根据张衡对其地震仪的命名,可以证明张衡受到时代的局限,对传震机制的认识是错误的。

6. 张衡地动仪结构设计的惊人关键设施

前面我们指出张衡设计地动仪的认识有局限性,但这种局限性因他设计了一个关键设施而有所补偿，使其仪器能够测震成功。这说明他确实是一个聪敏的设计家和技艺家。他在其地动仪中，安排了一个处于不稳定平衡的直立杆。他怎么会设计这种直立杆呢？可以合理地推断，他虽误认为地震阴阳之气形成的风是传震的媒体，但他也实际体验到在地动仪安置地并不能明确感受到这种“阴阳之气”或“风”的作用。他认为这是因为地震区太远，“阴阳之气”或“风”的作用已大大减弱所致。要再感受其作用，必须设计出放大“阴阳之气”或“风”的关键构件。他首先设计一个直立杆，它上粗下细地直立在铜尊底部，处于不稳定平衡的状态中。他认为从地震区过来的阴阳之气从地面附近透入铜尊，可在直立杆下部起到推动作用。这样一推（图 2），直立杆必向后倾倒，这向后倒下的方向，即“阴阳之气”传来的方向。他将这个直立杆称为“都柱”。

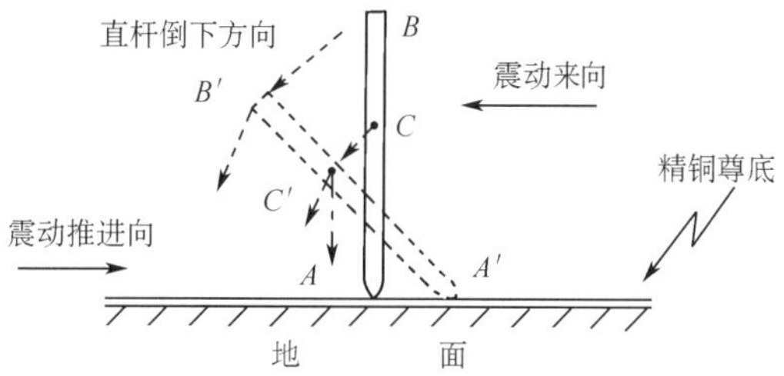

图 2　直立杆感震机制图

张衡在地动仪构造的设计中是有一套力学思路的。由图 1 可知，地动仪有一个外罩叫“尊”，尊是精铜所铸，比较重。它罩在直立杆外边，目的在于使直立杆与外界隔绝。直立时可不受外界一切非阴阳之气的力量的影响。他认为只有地震之气是阴阳之气，可透过尊而作用于直立杆下方。直立杆倒下时，可打击牙机。使牙机的杠杆启动尊外龙的上唇。这个直立杆之倒下。事实上是以微弱的阴阳之气，启动了直立杆的重力能（这是一种能量的放大）。又使直立杆倒下时，长度能及到牙机的 Y 处，这是作用距离的放大。他考虑直立杆的重量及长度是有分寸的，即长度必须够得着牙机 Y 处，倒下的打击力必须大于开启龙口上唇的力，但不应造成外罩（即尊）振动。因为开启龙口不必很大的力，所以直立杆不要求太重太粗。张衡设计之妙还在于虽然开启龙口不花大力，而龙口的铜丸却很重而且铜丸下坠按抛物线进行。它是加速度下降的，到达蟾蜍口时，重力会加大。所以又是一个重力放大作用。

他将铜丸由龙口掉到蟾蜍口，目的是使铜丸与蟾蜍口两铜在高速碰撞时，发出大的声响。这种碰撞是在离开尊体后出现，不会影响尊体的稳定。而碰撞发声，又可使观察者不必始终注视仪器，只要听到声音来自何方，即可按此找到蟾蜍方位并肯定地震来向。

可见在此仪器的结构设计中，每一步都闪耀着张衡机巧的智慧。八道（八个导片）一方面有引导直立杆倒下时打击所要表达的地震来向的方位，又有缓冲作用，使直立杆倒下时不致太猛，从而避免影响整个尊体的稳定性。可见这个设计是十分巧妙的。

张衡虽然受时代的局限性，不可能想到有“地震波”的存在，但由于发生地震时，地震区必有“地震波”向仪器传来。这种地震波在震区当然很强，但传到地动仪处，因路途远，强度已减弱到地动仪区的人不易感知。也正因为不易察知才需要用地动仪测地震方向。这时，地动仪必须具备感受地震波、放大地震波能量,使之能传递到显示震向的龙口、促使铜丸掉出的能力。这里,直立杆的低端即为感应地震波的感应端。直立杆即为将地震波能量转化为重力能,放大能量,并将能量传递到震动来向龙首的一个重要构件,即牙机杠杆。而"导片"即为引导直立杆向震动来向倾倒的导向器。

这说明张衡以候风作为感应远处地震而设计的地动仪,正好符合地震波的条件。这好像是一种"歪打正着",有偶然性因素存在。但其设计思路恰好与感应地震区来到的地震波的地震仪的设计思想相同,因而必然能贴切地测定地震来向。这就是说:张衡对地震传媒认识虽然有时代局限性,但其设计思路却有能测到地震方向的必然性。这是因为张衡认为"阴阳之气"(或"风")能透入尊壁而进入内部对直立杆产生影响。当时的人们认为阴阳之气,充满宇宙,由于同气相应,故具有超距作用及隔介质作用。先秦以来,不少笃信阴阳之士,都有这种认识。张衡信阴阳学说,有此思想是很自然的。这种认识当然也是错误的,但却是张衡设计地动仪成功的必然原因。

二、历来主要各家对张衡地动仪评述的分析

通过上面我们对张衡制作地动仪过程及其地动仪性能方面的探究,我们就有条件对历来主要各家对张衡发明地动仪的重要评述,做出有可靠依据的分析。下面主要选择周密、何琇、阮元、竺可桢、范文澜、李约瑟、赵冠峰诸家的评述,进行分析。

1. 周密和何琇

周密(1232—1308 年)是南宋文学家。何琇是清雍正(1723—1735 年)进士。虽然他们所处的时代不同,但都对张衡候风地动仪遥感地震的传递机制有所怀疑。周密在其《齐东野语》[10]中说:

"候风地震之器曰地动仪。无传焉!""若地震则出于不测,盖阴阳相薄使然。"

"气之所致则动,气所不致则不动,而此仪器置之京都,与地震之所了不相关,气数何有所薄,能使铜龙骧吐丸也?细摩其理,了不可得。更当访之识者可也。"

何琇在其《樵香小记》[11]中,更说得直率。他说:

"张衡地动仪(之传震作用),余终不信有其事。夫设机转运,则其机有定,不能测无定。设机待发,则机不动不发,气不至不动。气动于数千里(外)而机应于此,万无此法。"

他们都认为地震区离地动仪很远,看不出阴阳之气能到达地动仪的理由,所以提出其不可能促使地动仪显示震向。他们的看法自然比张衡高出一筹。因为如果是阴阳之气从地震区发出形成风,则此风经过远距离,必在中途受到各种干扰,方向及强度会发生变化。事实上在地震时,远处地动仪所示震向必大多数与地动仪处当时风向不符,甚至无风。这证明地动仪之显示震向之作用,必与风向无关。但周密的话,说得婉转一些,说:"更当访之识者。"希望有识之士能告诉他,既然风不能传震,为什么地动仪仍能测知震向?其中必有原由。他这种态度是很现实的。因为的确另有传震机制:在地面以下传播到地震仪器的地震波是使地震仪(包括地动仪)遥感远方地震区地震的依据。只是在当时,这种地震波是周密和何琇无法获知的。

但何琇直率地认为"张衡地动仪能显示地震方向"不可信,就太过分了。因为,张衡的地

动仪示震向的功能是经过测试证明了的，不是何琇凭感觉而否定得了的。

何琇对张衡地动仪还有一个看法。他在其《樵香小记》中说：

“气动于数千里(外)而相应于此，万无此法。盖葭管之气，必至之气也。遍乎天下，至其时则气皆应。地动之气，偶值之气也。各于其地，非其地则不知。”[11]

这种认为葭管之气为“遍乎天下”，“至其时则葭管之气必应”的看法，却是错误的。

“葭管之气”是什么呢？这与“候气之法”有关。所谓“候气之法”，就是采用装有葭灰的律管来测量并等候节气到来之法。《后汉书·律历志》记载了此法：

“候气之法：为室三重，户闭。涂衅必周”。密布缇缦。室中以木为案。每律(管)各一案，内卑外高。从其方位。加律(管)其上。以葭莩灰，抑其内端(葭莩出河内)。按历而候之。气至者灰动。其为气所动者，其灰散。人及风所动者，其灰聚。殿中候用玉律(管)十二，惟二至(冬至、夏至)乃候。灵台用竹律(管)六十，候日如其历。”[12]

一年12个月，每月有一节一气，共24个节气。上述候气，即用12个律管候各月的气。一年共12个气，即：雨水、春分、谷雨、小满、夏至、大暑、处暑、秋分、霜降、小雪、冬至、大雪。用玉律葭管就是候这十二气的到来时刻。凡有关气的律管葭灰在接近该气的时期内溢出管外，即为该月之气实际到达之时。《后汉书·律历志》中说：在宫殿中不是每个月均候气，只是在夏至及冬至两气将到之时，始候该两气的实际到达时间。而在灵台，对候气的工作做得更细致些。那就是在十二气每一气以及该日前两候与后两候(每候五天)各有一个律管，即共用60个竹制的律管，在“候日”测气的到来。

候气之法，历来有人相信，有人不信。何琇是相信候气之法的，所以他以葭灰之气作为“正常”的气，来驳张衡地动仪的“偶然阴阳之气”。但是候气之法，历史上曾做过不少试验，大多不灵。这是因为二十四节气的日期是由地球在绕日的黄道上距春分点的位置决定的，而各种律管的葭灰飞出，在不受风和人物的活动影响时，主要是由律管内空气压强忽然大于管外所致。这不仅与管内外温差有关，也与管长、填灰多少、葭灰密度等有关。又，各地气温并不单纯反应地球绕太阳轨道的位置这一天文因子，也与安置律管处的土地性质、大气环流及涂衅必周、密布缇缦和以木为案等布置关系甚大。而大气环流，不仅受地面影响，而且同一地也因时而异。所以何琇所说的“葭管之气，必至之气也。遍乎天下，至其时则气皆应。”完全是凭其臆想，实际并非如此。所以是不能与地动仪感震的事相提并论的。葭管之气，并不能正确指示节气的到来，但地动仪却的确能指示地震区的方向，因为张衡的地动仪已经在测试中证明是成功的。

2. 阮元

阮元(1764—1833年)为清代著名学者，乾隆进士。他所编撰的《畴人传》[13]把古今中外天文学家和数学家的简传集为一书，介绍给国人。他也有对张衡地动仪的评论，他在为清罗士琳《续畴人传》所作的序中说：

“元(阮元自称)且思张平之(即张衡)有地动仪，其器不传。但说(者)以为能知地震，非也。元窃以(为)(此为)地动天不动之仪也。然则蒋友仁之谓地动，或本于此，或为暗合。未可知也。”[14]

他所说的蒋友仁(Michel Benoist，1715—1774)[15]，为法国耶稣会士，字德翊，1744年来华，曾参与圆明园中若干建筑物的设计，著有《坤舆全图》(1767年)、《新制浑天仪》等书，死于北京。他是第一个把哥白尼的地动学说(即地球绕太阳旋转的学说)介绍到中国的人。在这以前,传教士介绍的均是太阳绕地球转动的,而且地球本身是静止的。中国古代亦认为是“地静天动”。所以阮元受到“地静天动”影响很深。他初闻蒋友仁介绍西方“地动学说”时,不由自主地联想到中国东汉张衡的“地动仪”,就因为两者均有“地动”两字。他来不及查考《后汉书·张衡传》中用地动仪测试陇西地震成功的事实,脑子一热,轻率地否定张衡地动仪为测地震工具,将此仪误会为“(测)地动天不动之仪也。”阮元还一向主张“西学中源”说,因而会贸然提出:“然则蒋友仁之谓地动,或本与此,或为暗合。未可知也。”这样,他不仅误解张衡之地动仪作用,而且还将西方地球绕日运行之学说,毫无根据地认为源于张衡。所以阮元之评论,殊堪贻笑大方。

3. 竺可桢、范文澜

1951 年,竺可桢(1890—1974 年)在其《中国过去在气象学上的成就》[16]一文中,认为张衡的候风地动仪,实际是候风仪与地动仪两种仪器。他说:

“张衡造候风地动仪,《后汉书》单说地动仪的结构,没有一字提及候风仪是何种样子的。因此有人疑心,以为‘候风地动仪’是一个仪器。其事不然。《三辅黄图》是后汉或魏晋所著的。书中明明相风铜乌系另一仪器。”

1958 年,著名历史学家范文澜(1893—1969 年)在《中国通史简编》修订本第二编的“东汉科学成就”部分,就按竺可桢的意见,把张衡的“候风地动仪”作为两种仪器分开来说:“张衡 132 年做候风仪和地动仪。候风仪制法不见记载,可能是另一种预测大风的仪器。”[17]可以看出,范文澜的说法比竺可桢要严谨些。因为他已经看出《三辅黄图》所记的不叫“候风仪”,而是叫“相风铜乌”。

1978 年,笔者在《中国古代气象学上的主要成就》一文中已指出:

“张衡的‘候风地动仪’是一件仪器,绝不是两种仪器。‘候风’两字是张衡对‘地动仪’能测地震的机制的一种误解(地震影响气流,气流使地震仪产生反应),它并不意味另有一种候风仪。因此整个仪器称‘候风地动仪’,而不分称‘候风仪’和‘地动仪’。《后汉书·张衡传》之所以只介绍地动仪一种仪器构造,这正是候风地动仪仅是地动仪一种仪器的很好证据。竺可桢没有必要另找候风之仪。另外《述征记》(这是《三辅黄图》所引之资料)说:上有浑仪,张衡所制,又有相风铜乌,遇风乃动。……‘这是说:浑天仪为张衡所制。句后才提又有相风铜乌’。这明明就排除了张衡造相风铜乌的可能”。[18,19]

笔者认为竺可桢之所以强调候风仪和地动仪为两种仪器,主要是因为竺可桢是气象学家,过分关心气象仪器的发明所致。由于竺可桢声望很大,所以他的错误影响也很大。不仅范文澜《中国通史简编》受其影响,而且后来这种影响还在不断继续。例如 1959 年赖家度的《张衡》、1983 年王兆彤的《张衡》、1984 年龚志昌的《汉赋研究》、1992 年《北方论丛》中史延廷之文,甚至近年,都有人说张衡除发明地动仪外还发明候风仪。我们有责任说明真相,以免这种错误的影响延续下去。

4. 李约瑟

李约瑟是英国著名的中国科学史家。他在《中国科学技术史》(Science and Civilisation in China)中介绍张衡制造地动仪的历史,很有价值。他对竺可桢所说的张衡发明的是候风仪和地动仪两种仪器，也是不信的。在该书《地震学》部分中“张衡又发明了候风地动仪(即地震仪)”句的注④中说：

“竺可桢曾坚决认为这里所指的是两种仪器，一种是候风仪(他把候风仪解释为一种风速计)，另一种是地震仪。竺可桢在给作者(即李约瑟)的一封私人通信中说，他的论证是以《三辅黄图》中谈到候风乌的一段话作为依据的。但是我们未能在这本晋代的古书中找到任何与地震仪有关的资料。”

这个注写得很委婉，其中所说的竺可桢给他的一封私人信，即是竺可桢回答李约瑟的“怀疑”所写的信。竺可桢在张衡发明的“候风地动仪”名词上硬添了一个“仪”字，并另外找出一部与张衡无关的“相风铜乌”作为“候风仪”，以适合自己的愿望。这当然会引起李约瑟的怀疑了。

李约瑟对张衡发明地动仪的研究，是很深入的，迄今仍有参考价值。

5. 赵冠峰

2004 年，赵冠峰发表了《张衡地动仪文献蠡读——对地动仪功能的重新认识》[2]（以下简称《赵文》）。它是近年来研究张衡地动仪发明的文章中，特别具有启发意义之作。《赵文》中提出了不少问题，耐人寻思。这里且分析几个值得商榷的问题。

(1)《赵文》对张衡地动仪测试功能方面，提出了有关“皆服其妙”的一系列疑问。如能解决这些疑问，对澄清地动仪测试过程的情况是有利的。这些问题如下：

①《赵文》认为李善帮在《中国地震》(1981 年)指出：“凡京都发生地震时，张衡地动仪测震效果应是较好的”的意见是对的。但为什么学者们在京都地震之年测试地动仪时，不对地动仪的功效“皆服其妙”，而要等到陇西地震时测试后才说“皆服其妙”呢？

②《赵文》认为现代不少学者，包括李约瑟在内，都认为测试地动仪功能被称为“皆服其妙”的年份为陇西地震的公元 138 年。从《后汉书・五行志》中看出，那次地震京都也是有震感的。可是在《后汉书・张衡传》中却说京都“地不觉动”。那么《后汉书・五行志》与《张衡传》中关于公元 138 年洛阳(京都)地震的话不是矛盾吗？

③《赵文》又认为：公元 143 年陇西也有地震，而且强度也很大，但京都未震。如果公元 138 年和公元 143 年地动仪都作了测试，若公元 138 年的测试是失效的，则公元 143 年的测试即使成功，也只表示此地动仪功能尚可，不应在公元 143 年“皆服其妙”，说明测试不在公元 143 年。

《赵文》提出的这 3 个问题，是很有道理的。但他这些疑问之所以出现，就在于他深信李善帮所说的“凡京都发生地震时，张衡测震效果应是较好的”这一判断。我在本文前面已指出凡本地(京都)发生地震之时，都是不适宜进行地动仪功能测试之时。公元 138 年，京都洛阳发生地震既与《后汉书・张衡传》中京都地不动的记录相矛盾，且不应是测试地动仪性能之时，所以决不是《后汉书・张衡传》测试地动仪称赞“皆服其秒”之时，李约瑟和李善帮等认为“测试地动仪功能，许多学者皆服其妙之年是在公元 138 年”，这是因为他们看到《后汉书・张衡传》记载那年是“陇西地震”，而这正与《后汉书・五行志》中公元 138 年“陇西地震”相符，而且深信京都地震有利于测试。但事实上，京都地震是不利于进行地动仪性能测试的。所以该年并未测试地动仪，不可能被人称“皆服其妙”。

《后汉书・五行志》未记公元 143 年陇西地震，却记凉州都郡地震。李善帮、李约瑟不曾考虑到凉州是包括陇西的，所以想不到该年可以测量地动仪。其实该年不仅有陇西地震，且地震的时间延续数月，况且该年京都洛阳未有地震，反而更符合《后汉书·张衡传》中当地地未动的记载。既然公元138年未进行地动仪测试，而公元143年是首次进行地动仪功能测试，一举成功。所以许多学者当时“皆服其妙”，就十分合情合理。这样，由于否定了李善帮的“京都地震有利于地动仪测试”的观点，《赵文》中有关“皆服其妙”的3个疑问，就迎刃而解了。总之，《后汉书·张衡传》中测试地动仪之年是在公元143年，而不是公元138年。

(2)《赵文》认为：既然《后汉书·张衡传》中，在测试地动仪成功后，说过“自此以后，乃令史官记地动所从方起”，后来，至少在东汉，有关地震记载中应找到有地动仪观测结果。但他从《后汉书·五行志》中找不到这类记录。他还查了《续汉书·百官志二》，仅有候风者3人，却不见有主管地动仪之官。因此怀疑张衡的候风地动仪功能不好。

他的这种怀疑是合理的。我在本文前面已指出，就是由于地动仪使用不便，且只能测出地震的方向，不能具体测出地震所在地点，而政府需要了解地震具体地点及实情，以便采取救灾措施。所以需要等待灾区上报。这种上报，比仅知地震方位重要得多。所以正式记录不能根据地动仪测量结果，只能根据上报的地震区及灾情。这就使正式记录中找不到地动仪的记录。

(3)《赵文》认为信都芳只描写过包含“地动”等巧事的《准器》一书，不见他曾制地动仪的记载。临孝恭所写各书，多具方术性质，不能因他著有《地动铜仪经》，就看作此书是他研究、复制并使用地动仪的专著。

这种看法还是比较谨慎的。但本文前面已指出，在信都芳及临孝恭时代，有关《后汉书·张衡传》中介绍的张衡地动仪构造的素材并未失传。完全否定他们的试作，也没有根据。即使如临孝恭这样致力方术的人，为使方术得到更多的信任，也有可能依据当时流传的张衡地动仪构造资料，进行试作，甚至有一些改进设计，并写成《地动铜仪经》。到了近代，我国的王振铎和日本的今村明恒还曾利用《后汉书·张衡传》的地动仪构造资料，进行张衡地动仪试制工作。信都芳和临孝恭离张衡生活的时代尚不是很远，社会上有关张衡地动仪的资料可能比现代更多，试制并非绝对不可能。当然，在没有更多证据的情况下，信都芳及临孝恭是否真正试制过地动仪，并无进一步讨论的意义。

(4)《赵文》引用著名科学家库恩(T. S. Kuhn)的话说：“在可能的范围内……科学史家应撇开他所知道的科学，而根据他所研究时代的教科书和刊物中学到的……应熟思当时这些教科书和刊物及显示的固有传统……。”又反问说：“即使王振铎等复制的地动仪能达到预期的设计要求和张衡的初衷，就能做出完全肯定《后汉书·张衡传》中有关地动仪的记载的结论吗?”

其后《赵文》引用了李约瑟在《中国科学技术史·地震学》第542页②、③两个注，即“米尔恩著的较晚版本中，已删去关于张衡的地动仪的叙述及戴维森和诺特的著作都未提到张衡”，明确宣称：

“笔者(即赵冠峰)不赞成在问题没有完全搞清楚以前，就以先入为主的方式进行一系列复原工作，并以此证明地动仪在科学史上的崇高地位。”

这最后一段话，明确表明《赵文》不赞成先入为主复制张衡地动仪的工作，这是对的，但是为了要证明地动仪在科学史上应否有崇高地位而进行张衡地动仪的复制工作，就没有反对的必要，反而应该赞成。因为这本是科学史研究应当进行的试验，科学史上出现的重大发明应当是可以验证的。如果连这种验证工作都不赞成，那可能是受了一些外国著名学者如库恩和米尔恩、戴维森、诺特的不一定正确的言行影响所致。

具体就王振铎和今村明恒复制张衡地动仪工作来说。他们都是按《后汉书·张衡传》的资料进行的，所以不能说有什么“先入为主”的地方。但他们对《后汉书·张衡传》中有关地动仪结构的名词，各有不同的理解。所以制成的地动仪就很不相同。例如：1936 年，王振铎在《燕京学报》发表的《汉张衡候风地动仪造法之推测》[20]一文，把“都柱”理解为“悬柱”。把“八道”制成一边与悬摆相连，一边又与铜尊外壁龙口相连的八条曲折勾连的复杂杠杆。可以使尊外龙口张开，吐出铜丸。很明显，把“都柱”理解为悬摆肯定是错误的。因为“都柱”必下端着地，方可感应地震波。而“悬摆”受振后必向左右或多方摆动，不能单独指示地震来向，且下端并不着地，如何能感应地面来的地震波？它不能使一龙吐丸，确定地震来向。因此这种设计大成问题。

1942 年，今村明恒不同意 1936 年王振铎的设计。他将“都柱”下端全部着地，可感应地震波[21]。但他强调感应的是地震波的震动能，而不是前进的能，所以也还是错误的。本文在“结束语”中还要详细分析。

关于米尔恩、戴维森、诺特著作中不提张衡问题，是赵君从李约瑟《中国科学技术史·地震学》中的注中看到的。李约瑟对他们著作中不提张衡，并不满意。所以在正文中不提此事，而仅在注中提及（李约瑟对于不满意的情况，往往放在注中提，因为这样就比较婉转些）。其实，张衡的历史地位并不是由几个外国人在著作中提不提所能解决的，主要还是要靠对张衡地动仪发明进行具体深入的分析工作。

《赵文》所引的库恩的话，并不全面。诚然，研究古代成就，必先占有当时充分的资料，不能用现代的思想代替古人思维。但是在研究方法上，分析古人成就时，就不能拒绝近现代先进的思维。只有应用更可靠的近现代的科学知识及方法，才能帮助我们更深刻地理解古代科技成就。例如本文就用近代地震波的知识，揭示出张衡将所制地震仪称为“候风地动仪”是由于他具有“遥感地震的媒体为风”的错误认识。我们还利用地震波能遥感的条件，分析张衡地动仪的构造，指出这种构造的确有能感应远处地震区传来地震波的作用，从而证明了张衡地动仪所以在测试中能够测震成功，并非侥幸，而是他设计的必然。

（5）《赵文》最后引用清李澄宇《读后汉书蠡述·书张衡传》的话说：

“张衡作浑天仪已难。而候风地动仪尤难。盖非难其动，难其应地而动，且远地动亦克应之也。”

并据此提出他自己的观点说：

“此处虽有赞誉之意，但更多地表现出他对这一奇器‘讳莫如深’的态度。一般来说，科学思想可以在一定程度上起超越时代的限制。但要将之付诸实际，并取得较为理想的效果，则要受多种因素的制约，恐非易事。一定程度上讲，张衡的地动仪在科学史上的地位正是如此。”[2]

但是细察《赵文》所引的李澄宇的话只是说遥感地震的不易，并无“讳莫如深”的意味。光和声是人们熟知的，所以古人对光的遥感（如“烽火报敌”）和声的遥感（如：“隔墙报更”）不觉奇怪。但地震有波，亦可以遥感。李澄宇由于不知道有地震波存在，从而认为“远（处）地动亦克应之”是非常困难的。困难的事不等于不可能的事，完成困难的事也不等于就是超越时代。张衡发明地动仪时，并未超时代而认识地震波。他的地动仪构造，也并无超越时代的地方。他所制成的地动仪仅是处于当时高峰的发明。他之所以成功,就在于认识到地震危害的严重,且那时几乎年年国内出现地震,身任太史令之职,自己又具有机械的技能和智慧,有志于利用自身所长为国家分忧。这种发明当然困难,但他不因第一次任太史令时的失败而气馁,迎难而上,终于完成了心愿。其实,世界上任何发明创造,不论是否超时代性,都不能不带有他那个时代的烙印。他们的发明创造,可能是那时的高峰,但时代在发展,未来时代的高峰必超过前一时代,他们虽是他那一时代在某一方面的佼佼者,不会是全面的佼佼者。所以对任何一项发明创造必须有恰如其分的评价。李约瑟称张衡地动仪为地震仪的鼻祖,并不是将这个地动仪看作高于后世的地震仪。仅仅是将它看作是最早的地震仪而已。最早的当然不及其后改进的,最早的可能会有缺陷。但从历史角度看,它是历史上第一个出现的东西,对于推动这方面的进展有着特殊意义。因此,只要以后没有发现更早的地震仪,张衡地动仪在世界地震仪发明史中的特殊地位,是不可动摇的。

三、张衡地动仪感震原理

从 20 世纪迄今,复制张衡地动仪的中外人士不少,但对地动仪感震理论却罕有人提及。本文从以下六个方面对其进行研究。

1. 地震波新认识:地面层三类地震波循序演变理论

传统认识认为 P、S、R 三型地震波是分别按不同机制在震源发生而传到远处的,所以它们有不同性质,例如:纵波、横波、频率、振幅、振动方向、传播速度、到达地动仪的先后。这当然是正确的。我提出的新认识是:当远处“震源”不断有地震能量供应的条件下,测震区沿地面层中传递的地震波必然按 P、S、R 三型式按次循序演变,且周而复始地出现,即:P 波是出现 S 波的基础;S 波是出现 R 波的基础;R 波是出现下一轮 P 波的基础。这是一环扣一环的演变。所以测震区的 P、S、R 三型地震波,并非全是在“震源”形成后原封不动地移到测震区。而是在传到测震区后在地面层中发生变化而形成的。我的这个新认识可称为:“地面层三类地震波循序演变理论”,主要观点如下:

(1) P、S、R 三类地震波的能量均来自“震源”。在“震源”不断供应能量的基础上,沿测震区地面层传播的地震波,不断按 P、S、R 三类形式循序出现,周而复始,直到地震活动停止。

(2) P、S、R 三类地震波在测震区都是沿固体地面层行进的。行进方向的反向应是“震源”上方的地面(震中)。每一类地震波能量都是由震动能量与移动能量两部分合成。

(3) 在震源的地震能未到达测震区前,测震区地面层介质是坚实的。地震波以疏密波的形式沿地面层行进。固体地面介质不易压缩,所以发生纵波的振幅不可能大。又由于疏密波的传播速度是随介质密度的增大而增大的(例如:土壤中的声速大于空气中的声速),所以当地地面层介质密度较大时,传播速度也必大,从而波的频率也大。这自然形成了具有 P 波的特性,所以 P 型地震波出现最早。

(4) 由于地面层固体介质上方是空气,P 波沿地面层以疏密波的形式波动有困难,有些介质就有被挤向空气方向密度较小处的趋势。这就是说,波的振动渐渐转向,从与传播方向相同而变为渐与传播方向垂直的方向,即纵波转成为横波。横波的传播速度靠的是地面介质的黏滞力，所以这种横波也称为黏滞波。黏滞波产生后，由于振动方向垂直于地面层，能拓宽地面层厚度，使地面层固体介质密度变小。这就能增大振幅、减小频率、又减小传播速度。这就自然地演变成S波了，它是接着P波而出现的。

（5）在横波S的作用下，地面固体介质的密度变小了。这样地面层就又有了出现疏密波的条件。波动的方向又有可以渐渐回返沿地面层的情况，即横波又转为纵波。由于此时固体地面层介质密度已变小，所以传播速度就变慢，而振幅就变大、频率也变小了。这就自然形成了R波。

（6）在R波作用下，地面固体介质在疏密波传播时，密度又变大，波动速度也变大，波幅度周期又变小了，从而又返回到P波形式。再下去会再度依次出现S波及R波。周而复始，循序而变。直到地震终止，能量供应断绝，不再有地震波出现。

（7）有时P、S、R波循序出现中，会有缺失其一的现象。这其实是由于某一型的地震波存在的时间过短，或相邻两某波演变太慢，阶段性衔接过程不明显所致。

2. 区别地震波和地震现象

地震波和地震现象虽都是地震活动所造成，但它们具有不同特性。地震现象是指地层受地震活动作用出现的结构变动或失衡现象。结构变动就发生地层的地震破坏现象。结构失衡则发生地面摇晃等震感。地震破坏及震感摇晃均属地震反常活动，只是反常的程度不同而已。震感摇晃往往是地震破坏现象的前兆、余波或牵连影响。不论地震破坏现象，还是摇晃震感现象，均属地域性现象，它们都没有指示地震方向的作用。地面或地物摇晃并不表示地震区方向。地震波则不然。人们不用仪器感应不出地震波来。由于地震波自地震区发出，它的前进方向就暗示地震传播方向。所以测地震方向必须依靠地震波，感应其传播方向。

过去复制张衡地动仪，将地震所导致的摇晃震感现象与地震波振动相混淆是失败的重要原因。因此区别地震波和地震现象非常重要。

3. 张衡地动仪的感应部分

张衡地动仪的感应部分是铜尊的底部。人们往往认为尊是安放直立杆、八道、牙机的容器，又为它外壁的龙口所吸引，想不到尊底还具有这个特别重要的功能。它是感应地震波的元件。作为感震器，它必须做得很薄，还需富有柔软的弹性。这样在尊底下，地面层内通过的地震波才能利用尊底作用到竖立于尊底上的直立杆的底端，使直立杆下部能够在地震波移动能的影响下向地震波前进的方向移动，促使直立杆向后倒下。

尊底中心与直立杆下端接触的部分可以做得更薄，使其具有浅浅的下凹形。这样有利于无地震时直立杆的不稳定平衡地安置。一旦地面层内出现S波，由于有垂直于地面层的横波出现，尊底受上下振动的波的影响，就会将直立杆下端推出凹区，向S波传播的方向移去，完成直立杆上端倒向地震波来向的要求。

过去有不少复原张衡地动仪的设计者，由于没有把尊底作为感震器看待，把尊底做得很厚。更有在尊底装上脚或球衬，以便移动。结果使尊底脱离地面，失去感震的条件，从而导致复制的失败。而思想上还认为是张衡原设计失传或设计不周。

4. 地震波振动能与行进能的不同作用

地震波具有振动和行进两种活动,所以可分为“振动能”和“行进能”。在地面层中,它们对直立杆的传震作用不同。振动能振动于相对两个方向之间。在纵波(P、R 波)的情况下,它平行于地震行进方向,但只指示双向而非单向。在横波(S 波)的情况下,则振动方向与行进方向垂直。因而,它不能指示地震区方向。但行进能来自地震区,能起到指示地震方向的作用。所以地动仪要起到指示地震区方向的作用,主要必须感应地震波中的“行进能”。不能指望感应“振动能”来显示地震的方向。许多失败的复制地动仪,失败原因在于企图利用振动能指示地震区方向。

但是振动能也有作用,特别是 S 波的振动能。它垂直于地面振动。这种振动能会使垂直立杆跳出摩擦面,脱离摩擦系数的作用,有利于不稳定平衡的破坏。在行进能的结合下,更易于使直立杆倒向地震区方向。

5. 严格按照张衡地动仪设计思路的重要性

地动仪结构牵涉感应地震波并产生指示地震来向的一系列部件的正确运动。而各部件的设置又能反映张衡地动仪的正确设计思想。所以要验证张衡地动仪的性能,复原其地动仪结构,必须严格按照张衡的原设计思想。过去许多人因为张衡原件已失传,从而认为张衡的地动仪构造的思想也失传了,所以对《后汉书·张衡传》中所记载的地动仪结构,不够信任。在复制时,一有不灵,就随意添加装置。结果画蛇添足,愈来愈脱离张衡设计思想,并且将复原失败的责任推给张衡。这样复原出的地动仪外形虽漂亮,但没有探测地震来向的功能。最后竟然有人怀疑张衡是否发明过地动仪,这是不负责任的。

前面已经指出,张衡地动仪原件虽遗失,但是《后汉书·张衡传》中却保存了张衡地动仪结构的最权威资料,因此张衡地动仪的设计思想是不会失传的。问题在于复原必须严格按照《后汉书·张衡传》的叙述,要理解书中所述各部件的性能,否则自作聪明,随意增减部件,只会违背张衡的原意。

图 1 是笔者严格按照张衡原思路绘制的复原图。《后汉书·张衡传》所记载张衡地动仪的构件有:“尊、尊盖、都柱、八道、铜丸、牙机、龙口、蟾蜍”,共 8 类。“都柱”的“柱”字,在古代是指树立于地上的立柱,当然是指“直立杆”。在图 1 中,除不与尊相连的蟾蜍之外,其他 7 类都已在图中显示,但是却没有增减任何其他的部件。

在复原中,我们还必须详细琢磨每个部件在地动仪整体作用中的功能,一环扣一环地从其功能方面探究其设计应有的具体性状及规格。我所提出的新认识,即“地面层三类地震波循序演变理论”,是想用近代地震波解释张衡地动仪感应原理的基础。它并不违反地震波原始形成机制,却有利于地动仪的设计,更对地面层传递地震波的先后变形有合理的解释。

我们认为在复原张衡地动仪中,如脱离了张衡设计思路而增减了部件,则测试的失败不能归“失”于张衡,而应归“失”于所谓“复原”者,因为由此制成的地动仪,已不能称为“张衡地动仪”了。

6. 吃透感震后的地动仪的各部件的作用及设计

吃透感震后地动仪各部件的后继作用,才能确定各部件如何设计。现分述于下。

(1)直立杆

直立杆底端感震后,它先要跃出浅凹的尊底向地震波移向运动,并着落于前方尊底,于是直立杆因重心在后,对先着落的直立杆底端,产生一个力矩。这个力矩,要求其长度能够打压到牙机处,力度能够开启龙口。这两个要求就使我们知道如何适度设计直立杆的长短及粗细。开启龙口打压Y处的力不必很大。所以直立杆不必做得很重。为了减弱铜尊的振动,用上粗下细的木棍即可。具体规格可再研究。

(2)八道

直立杆虽倒向地震来向,但地震来向并不均有牙机Y,牙机Y各位于四正四隅共八向之一,所以导片必须有将直立杆倾倒方向导向八向之一的作用。另一方面直立杆倒下时,如力度太大,将造成尊体的振动,影响稳定。所以导片必须在直立杆倒下时有减震作用。这两个功能可以确定“八道”的设计方案。

(3)牙机Y

牙机Y设计的目的在于开启尊外的龙口上唇,上唇是向上开的,牙机Y是向下压的。这必须有一个支点,装在尊壁上。由于不压牙机Y,龙口是闭着的,这就可设计牙机Y与龙口上唇间的杆杠关系,即在平时,龙口上唇到支点的力矩大于牙机Y到支点的力矩。

(4)龙口

龙口由龙上唇与下唇组成,其中需含铜丸。既然开启龙口是靠上唇抬起,那么可将下唇做死在尊外,且略呈下斜形。闭口时龙口上唇盖在下唇外,前部略下弯以封住龙口,铜丸不致下坠出口。一旦上唇抬起,铜丸在下唇斜面上即可滑出龙口下坠。根据这个要求,就可以设计龙口上下唇规格,且龙口腔的大小必须能容纳铜丸。

(5)蟾蜍

8个蟾蜍放在八方。每个蟾蜍距各该向的尊外龙口的水平距离与龙口与蟾蜍口的高差有关,这是因为铜丸是按抛物线路径下掉,且必须入蟾蜍口。这样才能根据口中有铜丸的蟾蜍所在方向,来确定地震来向。这个接铜丸的距离很重要,否则铜丸不能入蟾蜍之口。又,蟾蜍口必须大于铜丸以便含丸。另外,蟾蜍放在尊外,也为了避免接丸时对尊的全体产生振动。但放蟾蜍还有一个作用,就是要使铜丸被蟾蜍口接住时发出声音。使测震向者不必终日注视地动仪吐丸,只要听到铜丸在蟾蜍口跌入发出铜与铜相碰的声音,即可寻声找丸,确定震向。所以蟾蜍必须是铜质且能在接丸时不致移动位置。这样蟾蜍的制造规格就可以设计了。

(6)铜丸

铜丸需有8个,每个龙口各1个。大小需能藏于龙口及蟾蜍口。为了使它打击到蟾蜍口时发声较响,引起注意,还可制成空心。内含铜屑,发声更有特点。采用铜丸有使重力能转化为声能的作用。

(7)铜尊

铜尊除内部包藏直立杆、八道、8个牙机,外装8个龙口外,其形状大小还必须使直立杆在跌倒时能打得倒牙机Y,同时必须使整体不因直立杆倒下时发生振动。而且除地震波外,外界其他的振动均不能影响内部直立杆竖立时的不稳定平衡状态,这就决定了尊的大小、形状、制造的质地等都应具有稳定特性。对尊底的特殊的要求是做得很薄,应紧贴地面可感应地面层地震波(特别是S波)。应当指出的是张衡当时没有地震波的概念。所以他对尊底的要求就不十分严格,但他必然考虑过怎样能使直立杆在尊底中心易于直立不倒。又为了节约及保证铜尊本身不受阴阳之气以外的外力的影响,其尊底必然平服地紧贴地面是没有问题的,绝不会在尊底做脚的。

(8)尊盖

尊盖是最易受外界或内部变动而发生活动的部件,它必须与尊口密合,不致滑开。只有开启尊盖方可调整尊内直立杆,使之能处于不稳定平衡的直立状态;同时检查或修理内部各部件也需要开盖。所以尊盖不仅大小应便于调整及修理内部时手可自由伸入活动,而且能在启盖时清楚地观察到尊内的情况。

四、对近年来我国某些复原地动仪论文的评述

上面已指出吃透张衡地动仪各部件在感震后的后续作用是复原张衡地动仪的首要考虑。但近年来许多人发表的有关复原张衡地动仪的论文,大多对张衡地动仪的结构思路并未吃透。下面仅以两篇论文为例,进行评述。

1. 冯锐、武玉霞撰《张衡候风地动仪的原理复原研究》

冯锐、武玉霞撰《张衡候风地动仪的原理复原研究》[22](以下简称为《冯文》),将张衡地动仪中的"都柱"改为悬于尊盖的"悬垂摆",利用地震造成的尊体的左右晃动,带动悬垂摆左右摆动,使之造成尊外相对方向的两条龙的口中铜丸吐出,却避而未谈如何判断此二方向中哪一方为震向。

文中用理论否定了直立杆,但笔者以为这种观点值得商榷:

直立杆即指张衡的"都柱"。"柱"是顶天立地的直杆。这个"柱",既能感应地震区来的阴阳之气(实际为地震波),又能将阴阳之气转化为重力矩,启动牙机转化为铜丸的重力能,再转化为声能,因而能够起到启动地动仪全部后续活动,有控制全局的作用。所以用一个"都"字冠于"柱"字之上。"都"有"总指挥"之意。是张衡地动仪设计的最主要部件。否定了直立杆,等于否定了张衡的全部设计思路。

《冯文》利用关野雄的"铜—铜"、"铜—钢"间摩擦系数值来否定直立杆机制,似乎很科学,其实问题很大。因为摩擦系数决定摩擦面的粗糙度,而粗糙度是与直立杆和铜尊底的质地及光洁度有关。一般说来张衡的设计思路,是使直立杆倒下时,力求不造成尊体的振动,所以直立杆绝不会用铜、铁,而会用有减震作用的木质。所以摩擦系数应是"木—铜"的摩擦系数。用"铜—铜"或"铜—钢"的摩擦系数来代替"木—铜"的摩擦系数,显然是错误的。而且铜还有青铜、黄铜等不同合金成分,在制造技术上,古代中国与近代日本是有技术差异的,它也将影响摩擦系数。木质直立杆底并不是只有一个点,它的光滑度也影响摩擦系数。此外,摩擦系数是可以用人为改变摩擦面的粗糙度而改变的。如本文所述将尊底的直立处人为做成一些凹凸,这就是人为改变粗糙度。这必将影响摩擦系数,使直立杆更易于以不稳定平衡的状态直立。可见单凭一些不切实际的摩擦系数值,是否定不了张衡的直立杆(都柱)设计思路的。

张衡的直立杆直立在作为感应元件的尊底之上,尊底则紧贴在地震波通过的地面层之上,所以对地震波的活动是非常敏感的。但铜尊本体则起到隔绝其他不属地震波的地物及

地面的破坏活动。虽然这些破坏活动也是由地震造成的。但它与地震波活动有别。人们不可能感觉地震波,却可以感觉地震及地震的破坏活动。所以地震的破坏活动对地震波的测定是一种干扰。而《冯文》却把直立杆改为悬垂摆,使它脱离最接近地震波活动的紧贴地面的尊底。而将它放到远离地面的尊盖处下垂。它依靠铜尊的左右晃动作用作为悬垂摆的动力。但是尊的左右摆动本质上是受地震影响的一种干扰,并不能正确反映地震波活动。本文在统计表1时,已规定凡置地动仪之地(洛阳),必须没有震感时才可测试地动仪性能。这是为避免铜尊摇摆造成的干扰。可是《冯文》却依靠这种干扰来测地震方向,这是不对的。所以悬垂摆的设计是不合理的。

《冯文》采用铜尊左右摇摆来决定废弃直立杆,是根据《后汉书·张衡传》中"如有地动,尊则振,龙机发,吐丸……"一句。"尊则振",不是说铜尊在振动吗?可是这是标点的错误。正确标点当为"如有地动,尊则振龙,机发吐丸。"由于直立杆在尊内,所以"尊"即包括直立杆。龙在尊外,所以这是说"尊(包括直立杆)"为主语,"龙"是宾语,"振"是动词。意思是"尊内的直立杆使龙起振",所以尊本来是不振的。总之"铜尊"在地动仪测震的整个过程中是千万不能受到震动的。

《后汉书·张衡传》正确指出,利用"都柱"所测出的结果是:"一龙发机,而七首不动。寻其方面,乃知地震之所在。"可是《冯文》悬垂摆却能使相对的两个方向的龙机吐丸。这就成为"两龙发机,而六首不动。"因而与《张衡传》所述不符。在此情况下,应当否定的是"悬垂摆"。这又证明"否定直立杆"是错误的。

在上文所引"一龙发机"句中,有"寻其方面"句。《冯文》将"方面"二字作为其掩饰用悬垂摆使"二龙吐丸"错误的依据,硬解释"方面"不等同于"一个方向"而是指相对的两个方向。文中说:"早期文章中多把'方面'理解为'方向',并译成外文,是种误解。'方面'是具有方向性的平面,包含正负两个方向,相当于现代地学的'方位'(如E—N方位、NE—SW方位)。故台站若南侧地震,既可以引起南侧的铜丸掉落,也可以使北侧的铜丸掉落。"但是,实际上《冯文》的这个说法根本站不住脚,原因如下:

(1)在"寻其方面"句前,原文上一句,明明是"一龙发机,而七首不动",而不是"二龙发机,而六首不动"。可见发机的是一个方向的龙,不包含正负两个方向。"寻其方面",当然只在一个发机方向寻就可以了。这证明"方面"与"方向"是同义词。"方面"即方向。

(2)查杨展等主编《地理学大辞典》(1992年)第50页"方位"条,知"方位"指"地平经度"。地理学上以当地为中心,以正北为起点,把四周顺时针划分为360个方位,以角度表示。如正东,即方位90°。并无《冯文》所说"代表正负两个方位"之说,至于"E—W"等,不能叫方位或方面。地理上称"东—西走向"。

总之,《后汉书·张衡传》"寻其方面"一句中,将"方面"理解为方向是正确的。《冯文》将"方面"认为等同于指"相对的两个方向",如E—W方位的说法是错误的。

2. 李志超撰《三议候风地动仪》

李志超撰《三议候风地动仪》[23](以下简称《李文》)也有可供评议的地方。因为它还是脱离不了"摆"的思路。只是把"悬垂摆"改为"倒立摆"而已。这种倒立摆仍是在两个相反方向振动,而不能指示地震波单一来向。这说明李志超不相信张衡的地动仪能测出地震方位,因此他脱离了张衡原始设计地动仪的思想来考虑制造地动仪。

《李文》引晋人袁宏《后汉纪》“外有八方兆龙,首衔铜丸”句,认为“兆龙”的“兆”字按“汉隶”的字形,恰如龙机之形。这种看法是牵强误会。因为“兆”是“征兆”之意。“兆龙”是指“能显示远处地震方向作用的龙”,这是因为8个龙首各指向一方,某一龙吐丸,即可证明远处该一方向有地震,因此称这八个龙为“兆龙”。

《李文》引《后汉纪》“牙机巧制皆隐在樽中,张讫,覆之以盖。周密无际,若一体焉。”将其中“张讫”的“张”字认为是“弓弩之张”。所以在他设计时,在尊内“都柱”周围,加8个弹簧弓,并绘出其设计图(图3),这是错误的。因为“张讫”两字,仅表示“将尊内的直立杆使之直立于尊底,做完候震(等候地震)的准备工作”的意思。将地动仪捕捉地震信息喻为张网捕鸟兽,所以用了“张”字,怎么可以理解为弓弩,而真的在设计方案上加了弹簧弓呢?可见了解古汉语意义的基本功是需要的。

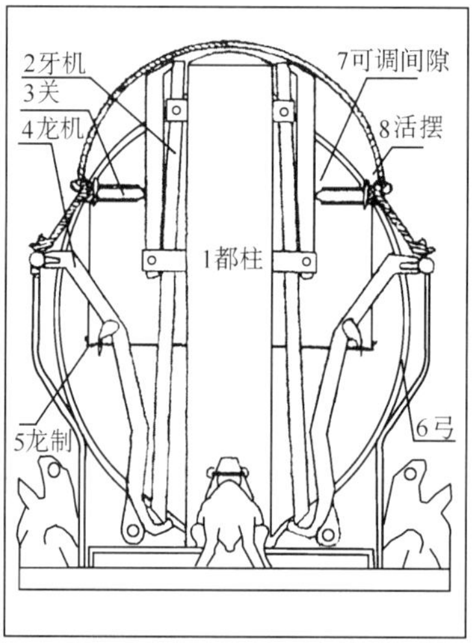

图3 李志超设计的弹性弓倒立摆地动仪(2004)

《李文》设计的“都柱”重约2吨,这样重的“都柱”是不可思议的。但他说比之《冯文》几十吨,还算是轻的。这样的设计难以运作,所以要用8个“弹簧弓”。这些附加设施,都是张衡原设计思路所没有的。

《李文》还要在铜尊下放8个铜球作脚,把8个脚球换成8个弹簧支脚。这等于要使地动仪的感应元件(尊底)与地面分离,杜绝地震波影响到“尊底”。这不是故意使地动仪不能感应地面层中通过的地震波吗?

总的来说,不论《冯文》还是《李文》,都希望能复原张衡地动仪,但却都没有吃透张衡的地动仪设计思路。反而违反了张衡的意图,任意改动张衡设计的主要部件的位置、性能及规格,尤其是破坏了启动元件及感应元件必须安置在贴近地震波能影响的地面的条件。这种设计,怎能期望测试出公元143年张衡地动仪所得的好效果呢?

五、对于出现“怀疑张衡地动仪思想”的反思

根据《冯文》,近30年来,外国地震学者间刮起了一股对张衡发明地动仪的怀疑之风。

如:20 世纪 70 年代,有日本的关野雄(1972 年)、美国的博尔特(B. A. Bolt,1978),80 年代有荷兰的斯里司卫克(A. W. Sleeswyk,1983)、澳大利亚的钦恩(W. Qian,1985),2000 年有美国的博尔特和奥地利的黎普(L. Leeb)等。他们或否定直立杆,或怀疑利用铜丸确定震中之法,或怀疑机械摩擦降低灵敏度等。黎普甚至认为:

“张衡地动仪的科学价值非常有限。张衡地动仪早已失传。地震学的发展与张衡没有关系。《后汉书·张衡传》的记载不一定可靠。中国人把张衡地动仪作为‘国粹’,仅是一种美妙的心理慰藉。事实上即使没有张衡地动仪,世界科学史不缺少什么。在 18 世纪,法国人照样发明其地震仪。地震仪后来的发明并不依赖于张衡的地动仪。”

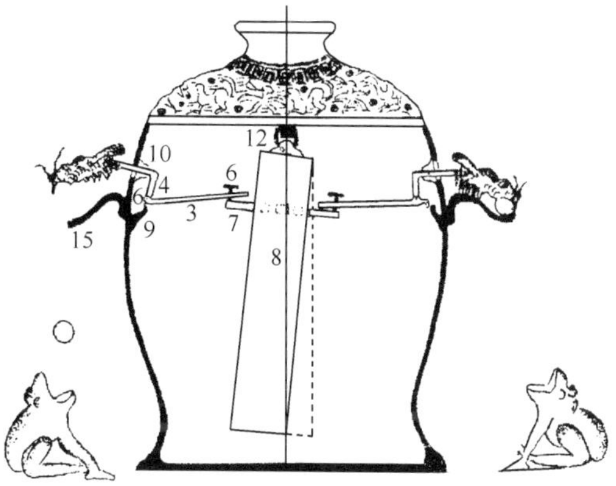

图 4　王振铎悬摆候风地动仪(1936 年)
(采自:[1]第 349 页)

图 5　王振铎直立杆地动仪(1952 年)
(采自:[1]第 352 页)

笔者认为国外近年来否定张衡地动仪的论据都是不正确的。因为应该否定的不是张衡及其地动仪,而是这几十年来对张衡地动仪的错误复制思路。试想:王振铎 1936 年第一次对张衡地动仪造法的推测,就已不符合张衡的原始设计思路。将原文中“尊则振龙”标点为“尊则振,龙……”即测震时,铜尊本不该有振,却误认为铜尊必须振动。还误认为尊的振动就是地震波。用这种错误思想进行设计,必然会否定张衡的“都柱”而改用“悬摆”(图 4)。1942 年,日本人今村明恒的设计改用了直立摆式[21]。1952 年,王振铎受了启发,正确地改用了直立杆(图 5),这果然比今村明恒更为高明。可是在 1972 年,日人关野雄发表了貌似合理的否定直立杆的论文,对国人影响很大。于是在 2003 年年底,《冯文》又捡起了“悬摆”论,进一步否定了正确的直立杆的设计。2004 年,《李文》设计绘制的用弹性弓的倒立摆候风地动仪又造成了混乱。我们知道,外国地震学家大都不懂中文,他们是根据中国学者的地动仪复原设计的译文来判断张衡地动仪的,因此往往不了解张衡的原设计思路,以为中国论文设计者的思路就是张衡的原设计思路。因此将板子打在了张衡身上。实际上,张衡没有错。错在某些违背张衡设计思路的“复原”论文。

因此,今后在复原张衡地动仪时,很重要的一点,就是必先“吃透”张衡对地动仪的“原始设计思想”。因为张衡的设计思路可以从《后汉书·张衡传》的资料中搜索出来。它并没有在两千年时间中失传。

关于今村明恒设计的地动仪所存在的错误,将在本文结束语中讨论。

六、结束语

本文缘起于《赵文》提出的一系列问题。笔者归纳这些问题,认为关键在于能否具体弄清张衡地动仪的测试。所以本文以张衡制作地动仪并进行测试的细节研究为主。列出图1及表1。又以此为根据,探讨张衡当时制作地动仪的背景情况。进而将所得结果用以分析以往各个时期主要学者对张衡地动仪的评述。特别对《赵文》所提出的一系列问题提出自己的看法。

本文指出,前人从未研究这样一个问题,即"张衡这个当时不知道地震波为何物的人,他所设计的地动仪为什么能够感应地震波?"虽然这必然是"歪打正着"。但为什么能"歪打正着",这里一定有"必然"的道理。所以本文讨论了这个道理,指出他将直立杆立于铜尊之底,等于将铜尊底作为感应元件,而铜尊正好贴于地面层表面,故正好感应到地震波。

张衡通过安置地动仪在地面感应阴阳气(地震波)。而习惯所知的地震波P、S、R三型是在震源形成后发出的。它们在到达地动仪地面的漫长路程中是否毫无变化?它们是如何影响铜尊底的?这是必须进一步探讨的。"震源"发出的地震波,到达地动仪地面,它既然能够使直立杆感应后倒下,指示地震来向,则它的行进方向,至少是地震波行进的分量方向,所以是沿地面层行进的。这个方向,也必是地震波分能量行进的方向。促使直立杆倒下的,即是这个地震分能量的作用,所以"直立杆底"移动的方向也必是地震波行进的分方向。我认为自"震源"遥远地传到地动仪地面层的P、S、R三型地震波,在传到时,必受到当地的地面层介质分布特征的影响而有变化。从而得出了我从物理过程研究分析出地动仪处地面层P、S、R三型地震波循序演变周而复始的新认识。有了这个新认识,才能具体讨论地震波如何影响张衡地动仪的"都柱(直立杆)"的问题。在这个基础上,才能解释为什么远处有地震波传来的时候,因人体不可能感觉地震波,且地震波在当地未产生可感的地动(即铜尊不振)时,直立杆因处于不稳定平衡状态,却能受地震波轻微的触动而倒下的原因。

本文在介绍了对地面层地震波新认识后,进一步将它结合到张衡地动仪设计思路上来。《张衡传》中有一个关键句子为:"如有地动,尊则振龙,机发吐丸。"这就是说,在远处有地震,在地动仪处测震时,铜尊必使尊外龙口震动,造成机发吐丸。这里并未说"尊"本身是否振动,只是说"尊"造成龙口的振动。很明显,铜尊本身是要保证尊内直立杆竖立时不受地震波之外的其他振动影响,所以它起到隔断尊外非地震波振动的作用。地震波振动与由地震引起的地动山摇并不相同,后者振动受地层结构及建筑结构影响。所以其振动方向不与地震波方向一致。铜尊的振动属于后者,它不属于地震波性震动。这种振动方向必然混淆地震波振动,必须排除。因此用地动仪测震时,铜尊是不允许振动的。可见"尊则振龙",事实上是说"铜尊"不动,但尊内的直立杆因受地震波对尊底的影响而倒下,才使龙口受影响吐丸。但是1936年王振铎却将标点点成"尊则振,龙机发,吐丸"。这等于是说,测震时,必须令"铜尊"发生振动。这当然与张衡的设计思想相违背了。试查公元143年测试张衡地动仪时,也是选择当地人无震感(即铜尊不振)时进行的。王振铎1936年由于不懂这个道理,就用了摆式设计。当然不会得到好的效果。而《冯文》也因继承王振铎的错误的标点法,采用了"悬摆",遂导致"两龙吐丸"无法测出地震方向的结果。至于《李文》,由于误解了《后汉纪》中"张讫"两个字,在"都柱"旁装了八个"弹簧弓"。并因不知道"尊底"是可感应地震波的元件,无意中使“尊底”与地面分离，其设计当然也有问题。他虽然否定了垂摆，却采用了倒立摆，仍未摆脱“摆”的思路，所以也难以成功。

现在试析今村明恒的设计。1942 年，今村明恒设计的地动仪[21]的主要结构可以参看图 6。这是根据李约瑟《中国科学技术史》中的图绘制的。可以看出：这个立在铜尊底的柱状体，是由直立摆、共振球摆和尖针组成。它虽为直立型，却与“直立杆”有别，它在感受地震波后，不是发生倒下现象，而是发生振动作用的。其作用机制是：下端受地震波作用发生振动。这种振动在共振球摆作用下加大振幅，从而使尖针强烈摆动，可进入由上下两片组成的辐射形八个空缺的某相对两个空缺之间摇摆。这种摇摆推动空缺上的滑片，转而使铜丸吐出龙口。

但这个设计，存在不少问题，今试述于下：

(1) 这不是一个利用直立杆直立时的不稳定平衡破坏而倒下的办法来指示地震方向的。却是利用直立摆的振动来推动龙口吐丸以决定震向的。因此它必与王振铎(1936 年)[20]及《冯文》(2003 年)[22]一样，必使两个龙口吐丸，而不是一个龙口吐丸。从而使最后判断地震方向有困难。

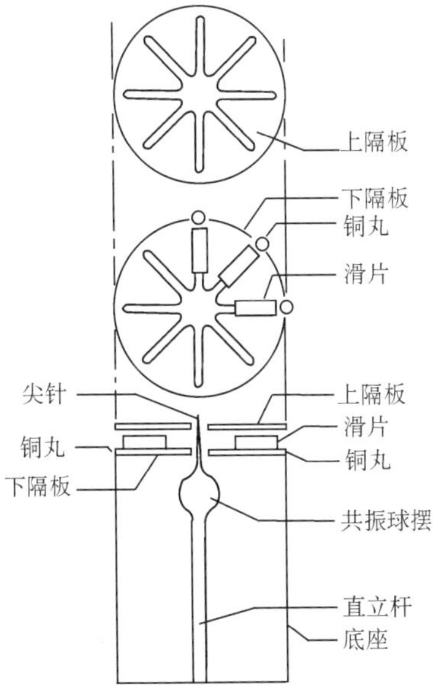

图 6　今村明恒复原的地动仪(1942 年)
(采自：[1]第 351 页)

为什么会出现这种困难呢？原因在于直立摆底虽与铜尊底直接接触，易于感应地震波。但是要判断地震来向，必须感受地震波前进的能量，而不应是地震波振动的能量。地震波前进的能量，不论 P、S、R 波，均有其单向指示地震来向的作用。而地震波振动能量，仅 P 及 R 波为纵波，所以与前进方向平行，但是它是“双向”的。既指地震来向，又指地震去向，不能一举就判断出地震来向。而且 S 波的振动方向与前进方向垂直，根本没有指示地震方向作用。今村明恒的设计，既然是利用地震波的振动能量，所以也必然会出现与王振铎(1936 年)及《冯文》(2003 年)的指示双向的缺点，这是必然的道理。由此而见，王振铎(1952 年)的直立杆，比 1942 年今村明恒的直立摆要高明。

(2) 今村明恒的直立摆底部接受到地震波水平方向振动能够传到直立摆的尖针，但地震波的震动能量却向水平方向振动，要将水平振动能传向上方，必须利用黏滞力，这必然减弱振动能，而且还有可能影响振动方向。即使有“共振球摆”可放大振动的振幅。但如振动方向有变，则必然会使方向变化放大，容易失真。

(3) 针尖振动方向是地震波振动方向。这个方向与上下两片有辐射形八个空缺的固定方位必有差异。这使针尖进入二个相对的空缺时必然始终有振动方向与固定方向之间的矛盾。这定会阻碍针尖自由进入，也定会阻碍针尖的震动。从而使针尖对空缺上滑片的推力减弱，影响铜丸出龙口。

(4) 空缺上的滑片，在滑动时，所产生的摩擦是面摩擦，摩擦系数大，必然消耗针尖的推力，定会减弱铜丸出龙口。

(5) 张衡原设计有称为“牙机”的部件，但今村明恒设计中此部件反映不够明确。

本文从机制上比较了王振铎(1936年)、今村明恒(1942年)、王振铎(1952年、1963年)、《冯文》(2003年)、《李文》(2004年)等人的设计。认为王振铎(1952年)的直立杆设计方案最接近张衡地动仪原理设计思路。日本关野雄(1972年)及荷兰斯里司卫克(1983年)等否定直立杆的结论是错误的。直立杆设计之所以较好,是因为它感应的是地震波的前进能,所得的地震方向是单一方向。而且由于利用了不稳定平衡的破坏,所以其倒下的方向能立即指示地震波来向。没有垂直传递所产生的干扰。为了设计更好,所以本文图1的设计,已对王振铎的设计有所改进。

至于《冯文》所引奥地利的黎普(L. Leab, 2000年)抹杀张衡地动仪首创功绩的一些话,我们认为这是黎普既缺乏科学发展史的正确观点,又缺乏作为负责任的科学家应有修养的表现。因为他在未吃透张衡地动仪设计思路的情况下,就匆匆抹杀比法国发明地震仪早1800多年即已存在的一个可测出远处地震方向的地动仪的发明,这个地动仪在张衡本人逝世后曾进行过测试且证明测震有效。通过本文的进一步研究,证明了张衡的世界地震仪鼻祖的崇高地位是毋庸置疑的。在没有比张衡地动仪更早的地震仪发现的情况下,张衡地动仪的崇高地位是不可动摇的。

参考文献

[1] 李约瑟. 中国科学技术·地震学(第5卷第2分册)[M]. 北京:科学出版社,1976.

[2] 赵冠峰. 张衡地动仪文献蠡读——对地动仪功能的重新认识[J]. 自然科学史研究,2004,23(4):334-343.

[3] 陈遵妫. 中国天文学史(第4册)[M]. 上海:上海人民出版社,1989.

[4] 后汉书. 张衡传[M]. 影印. 上海:世界书局,1935.

[5] 后汉书. 五行志[M]. 影印. 上海:世界书局,1935

[6] 谢毓寿,蔡美彪. 中国地震历史资料汇编[M]. 北京:科学出版社,1987.

[7] 后汉书. 郡国志[M]. 影印. 上海:世界书局,1935.

[8] 国语[M]. 影印. 上海:上海书店,1987.

[9] Concise Dictionary of Scientific Biography[Z]. New York:Charles Scribneris Son.,1981.

[10] 周密. 齐东野语[M]. 北京:中国书店,1983.

[11] 何琇. 樵香小记[M]//守山阁丛书. 上海:鸿文书局,1889.

[12] 后汉书·律历志[M]. 影印. 上海:世界书局,1935.

[13] 阮元. 畴人传[M]//四明求敏斋主人. 中西算学丛书初编. 上海:鸿宝斋书店,1896.

[14] 罗士琳. 续畴人传[M]//四明求敏斋主人. 中西算学丛书初编. 上海:鸿宝斋书店,1896.

[15] 中国社会科学院近代史研究所翻译室. 近代来华外国人名辞典[M]. 北京:中国科学出版社,1984.

[16] 竺可桢. 中国过去在气象上的成就[J]. 科学通报,1951,2(6).

[17] 范文澜. 中国通史简编[M]. 第二编. 修订本. 北京:人民出版社,1958.

[18] 王鹏飞. 中国古代气象上的主要成就[J]. 南京气象学院学报,1978,1(1).

[19] 王鹏飞. 中国古代气象上的主要成就[M]//王鹏飞气象史文选. 北京:气象出版社,2001. 1-16.

[20] 王振铎. 论张衡候风地动仪造法之推测[J]. 燕京学报,1936,(20):577-586.

[21] 今村明恒. 千八年前之地震计[C]//支那文化谈丛. 1942.

[22] 冯锐,武玉霞. 张衡候风地动仪的原理复原研究[J]. 中国地震,2003,19(4).

[23] 李志超. 三议候风地动仪[J]. 寻根,2004,(6).

第二部分

师友珍勖忆语

一生贡献的最好肯定
——恩师涂长望夫人王回珠师母全家函勉

欣闻南京信息工程大学为您举办了九十寿辰，由衷地为您高兴。特别是读到您的弟子郑局长为您写下情真意切的贺信，颇有感慨。第一次听到有人称您为五大家：教育家、大气物理学家、气象史学家、气象术语学家、科普活动家。这是对您一生贡献的最好肯定。虽然对您来说，这些是迟到的赞誉。我们依然为您也为无数像您一样勤奋无私，追求科学真理的知识分子感到欣慰。好人是应该受到尊重的。

郑国光局长夫妇就住在妈妈（王回珠）楼下。他两人对我们妈妈十分关照。这是一对有学识、朝气蓬勃的中年人。没有官场上的迂腐气、官僚气，很有人情味。您培养的弟子让我们看到了气象学界的希望。

大姐多琳目前与妈妈（今年已百岁）同住。我们向妈妈转达了您的问候和祝福。她微笑点头，还念出了您附赠的自勉豪言条幅（即："九十犹秉报国志，盛世咸臻南山寿"句）。

我们全家衷心祝您健康长寿、阖家安康！新年快乐！

多琳、多彬、多原（涂海燕、赵希友执笔）
2009 年 12 月 5 日

（附 2009 年 1 月郑国光局长、温克刚前局长、中国气象科学研究院张人禾院长为妈妈祝百岁生日，由妈妈亲手切生日蛋糕的照片，以留纪念）

桃李无言，下自成蹊

——中国气象局郑国光局长祝九十寿辰信

适逢王鹏飞先生九十高寿，欣悉南京信息工程大学为先生举办寿辰活动，本应亲临祝贺，怎奈公务在身，不能莅场，实在遗憾。在此，我向先生表达最衷心的生日祝福！祝老人家福如东海，寿比南山！

1977年，我国恢复高考制度，正值百废待兴，万物萌动。我有幸成为南京气象学院大气物理系的第一批大学生。当时，先生既是系主任，又直接执教我们。本科毕业后，我又有幸成为该校大气物理系的第一批研究生，师从先生。前后六年半，在先生的谆谆教诲下，我度过了一生中最值得记忆的时光。此后，我从祖国的边陲新疆到西半球的加拿大，从努力工作到潜心攻读博士、做博士后研究。回国后，从科学研究岗位走上行政管理岗位，现在领导着我国气象事业，深感责任重大。正是那一段师从先生的最值得记忆的经历和打下的学业基础，一直伴随着我、激励着我、推动着我为气象事业奋斗，从未动摇过。

记得在我踏进南京气象学院校门的时候，与其他院校一样，南京气象学院的教育和科研工作正从多年停顿与封闭中恢复，高素质师资青黄不接，教材的内容较为狭窄、单薄，明显不能适应“科学春天”来临的教学需求，更谈不上与国际交流。在这样的条件和环境下，先生领导教学团队，挑灯夜战，翻译外文教科书，编写专业教材，如《大气科学概观》、《宏微观云雾降水物理学》、《人工影响天气讲义》、《大气污染学简编》等，既使我们领略了国际气象高等教育教材，开拓了我们的专业视野，也使我们很快进入气象科学的殿堂，更加热爱自己多年追求的气象事业。这些教材加上先生早期编写的《普通气象学》、《云雾降水和人工影响天气》和后期的《微观云物理学》等20余种专著和教材，构成了大气物理学科比较完整的教材体系，为以后的教材体系建设和学科建设奠定了基础。先生和他的教学团队撰写的教材概念讲解明确透彻，原理分析深刻全面，反映了先生在学术研究方面眼界开阔、思维敏捷、功底深厚。

先生的专业研究特色在于运用世界科学理论与弘扬民族科技思想的有机融合，在于把握国家建设发展对人才和科技的需求。例如，在大气特殊声光电现象研究中，先生运用国际国内的专业理论，对那些与我国独特地域相伴而生的大气声光现象的物理机制进行了详细分析，一直以来都是国内景观气象学的重点参考文献；在人工影响天气研究方面，先生在20世纪50年代初就将国外的技术介绍到气象部门基层台站，始终支持对抗击自然灾害传统方法的鼓励与指导，还提出对催化剂云中扩散效果检验的优化建议；在气象史研究方面，先生以他丰富的历史知识和很高的文学修养，特别是对甲骨文的研读功底，将气象科技与悠久的历史文化相融汇，多角度地考证了历史时期各类载体的气象历史记录与信息，开创了中国气象史研究方向；在气象辞书编纂方面，先生规范了许多外来气象词汇的解释，厘定了许多模糊的概念，纠正一些不规范的术语，还根据中国文字的丰富内涵，创造了一批中国特有的气象专业词汇，解决了某些气象现象或演变过程无名称的实际问题，丰富和规范了气象术语体系，扫除了学术交流中的术语障碍。

先生是著名气象教育家，1945 年起执教，1960 年参与创办南京气象学院，是学院最早的几位教授之一，桃李满天下。先生是著名的大气物理学家，在云雾物理学、人工影响天气、环境污染气象学、大气声光电学和普通气象等领域，开展了许多开创性的研究工作。先生是著名的气象史学家，著述《中国古代气候学史》、《大气科学发展概史》等，是气象史志研究会创始人、历任主任，在培养我国气象史志人才，提出气象史志研究范围和方法，评价史志研究成果等方面做出了卓越的贡献，对气象史实的研究和考证方法，得到考古和历史学界的普遍认同。

先生是著名的气象术语学家，在气象术语的标准化、规范化、系统化和促进海峡两岸气象术语的统一等方面有许多开创性工作成就；先生是著名的科普活动家，为《十万个为什么》、《科学大众》等撰稿，为气象科普实践活动作指导，在普及气象知识，提高全民科学素质方面发挥了巨大作用。

先生在八十高龄前，著书 5 部，译著 4 部，编撰教材 13 种，参加《辞海》等 6 种大型工具书的编纂，发表论文 200 余篇，译文 6 篇，科普文章 36 篇。可谓著作等身，成就蔚然。而在最近近 10 年，仍俯首耕耘，付梓百万。

知者不惑，仁者不忧，德者长寿。我师从王先生攻读大气物理学硕士学位，更近地学习和了解王先生的个人品格。这样和蔼的先生对我这个学生学业上是如此严格，我的读书报告和论文草稿上留下先生许多精心批改的“红字”，历历在目。正是先生那种一丝不苟、科学严谨的精神，我这学生没少挨过严厉的“批评”。先生高尚的师德、严谨的作风一直是我学习的楷模。先生为追求真理、探索科学而孜孜不倦，今虽耄耋之年，仍笔耕不辍的科学精神；实事求是、缜密求证的科学态度；治学严谨、淡泊名利的师者风范，激励了几代学子的成长。先生助人为乐、待人诚恳、为人宽厚，对待学子诲人不倦、舐犊情深、授之以道、传之以德，得到学子们的敬爱与尊重，成为学子而后为师者的修行典范。

多情山鸟不须啼，桃李无言，下自成蹊。先生的学识、学德、学风，学子们正在不断发扬光大。先生的师道、师德、品格，学子们也在延续传承。先生的功绩将载入史册。

在祖国气象事业蓬勃发展的时候，我们要感谢母校、感谢先生等一大批优秀的老师，教育培养了一批又一批的气象人才。先生的功绩，是学子们的骄傲，是母校的骄傲。殷切希望先生保重身体，继续关心祖国气象事业的发展。我会牢记先生的教诲，努力工作，以报答恩师一直以来对我的关心与期望。

2009 年 11 月 26 日于北京

刊于《中国气象报》

品学双馨

——南京大学前党委书记、大气科学系前主任陆渝蓉教授祝寿诗

探求科学勇攀登,品学双馨众颂称;
培育精英遍海内,拳拳报国心永存。

欣逢鹏飞教授九十大寿
衷心祝愿他快乐幸福健康长寿。

陆渝蓉　敬贺
2009年8月于南京大学

鲁殿灵光[①]

——第十届全国政协委员、国家气候中心原首席专家张德二教授祝寿并致忆语

恩师王鹏飞先生以他深厚的学术根底、独辟蹊径的探究和睿智的思考在中国气象学史的研究上独树一帜，他的重要的发现、独到的见解和精彩的诠释，博得了国内外同行的广泛称赞，奠下了他在气象学史研究领域无人可及的地位，堪称是学界的鲁殿灵光。作为一名老学生，我敬重先生的学术造诣和高尚品德，又在长期的研究工作中受到先生的诸多教益和悉心指点，体验到前辈的关切和慈爱。值此寿诞，谨致祝贺。

初聆王主任的教诲是 1960 年 9 月初在南京大学东南大楼举行的院、系领导与入学新生的见面会上。王主任那时刚四十岁出头，一身整洁的布衣，眼角挂着笑意，很慈祥的模样。他开口的几句话就令我震惊，他说，我们大气物理系的研究对象是地球的大气层，大气层以外的属于天文学的范畴，这就是气象学和天文学的区分。哎呀，我就是以为气象学是研究星空的而报考“南京大学气象学院大气物理系”的啊。王主任的几句话结束了我这名 17 岁的女孩的懵懂遐思，引领我步入大气科学之门。

和王主任的密切接触始于 1975 年，文革中的中央气象局要搞和农民的“三结合”写书，以和当时热门的与工人相结合编写的“样板”书《读〈封建论〉》匹配。计划是将元代的农书《田家五行》中的有关气象学的内容摘选、标点，再译成现代汉语，并加上气象科学的解释，编写成《〈田家五行〉选释》一书，由中华书局出版。我被点名进了编写组，正月初二赴南京和王先生会合，然后就向苏北进发。在拥挤的乡间公共汽车上，我目睹王主任为争吵的乘客让座，让晕车的农妇吐了一身还连连说没关系，他那份谦让和“息事宁人”的行止给我印象至深。在建湖县“三结合”写书的那些日子，即使是访问气象哨、和贫下中农座谈的那些“走过场”的事，王主任也总是认真去做，对古农书《田家五行》的研读则更是毫不含糊，我也从中深获教益。当初我在北京拿到原著的清代刻本时，就感到其中的一长串文字“午午未申申寅寅卯卯辰……”没法标点，更弄不懂是什么意思，但到了王主任面前，只见他一字一顿地朗声念道：“午午未申申，寅寅卯卯辰。”，说这是逐日涨潮时辰的口诀。哦，原来如此！我为先生的博学多识，也为自己增添新知而惊喜万分！这期间我得以朝夕聆听王主任的阔论，他的一些见解十分独到，比如他发现我国的 24 节气的名称曾经有过的顺序颠倒变换，认为这是历史气候变迁的很好的证据。还有他将各地天气谚语的各说不一、或相互矛盾的情况作了分析，认为这些不一致可以用雨带位置的移动来作解释等等。当然还有许多趣谈，如诸葛亮借东风故事纯系演绎，史书记载的是黄盖假投降，出现东风是碰巧等等，这些听来不仅新鲜，而且论据确实、推理巧妙。在茅塞顿开之余，对先生的学问和才华的钦佩之情油然而生。那一段在苏北农村的物资极度匮乏的日子，因这些知识的飨宴而变得有滋有味。

后来，在我主持中国千年气候变化研究课题和编写《中国三千年气象记录总集》的长达

---

① 鲁殿灵光：成语，喻硕果仅存，比喻仅存的有声望的人和事物。

20年的过程中，王主任都给予了倾力支持和悉心指点。我手头存有王主任的十多封信，有的长达十多页，写满密密麻麻的小字，是释疑、解惑和建议。而最使我感动、最切实的支持是王先生概然将他的“殷墟甲骨文时代的气象记录”的手稿给了我，这可是先生的心血之作，尚未发表的呀！早先，在我向甲骨文泰斗胡厚宣先生请教时，胡老就讲到现今甲骨卜辞骨板的采集情况和定年问题的困扰，我深为如何能够将甲骨文卜辞中的气象记录纳入到编年体的《中国三千年气象记录总集》中去而伤脑筋。当我向王先生倾诉这些烦心事时，他成竹在胸地说，可以按气象项目来作分类列举，这样就避开了卜辞的定年麻烦。哎呀，这是多好的主意啊，而更令我喜出望外的是王主任拿出他手写的数十页文稿，说是供我参考，在这份手稿中王主任已将殷墟甲骨文中的气象记录归纳分成13类。后来，《中国三千年气象记录总集》中的“殷墟甲骨文气象记录类举”基本上就是参照王主任的手稿来编写的。王先生的甲骨文学识得到社科院历史所的甲骨文专业人士的充分肯定，肖良琼研究员看到王先生手稿上描摹的甲骨文字时，赞许地笑道“老先生写的甲骨文还真有点味道呢”。在这次编写过程中我对王主任的治学态度有了更深的认识，看到一向谦让、随和的王主任在史籍的考订上坚持己见的一面。按照该书的体例，书中的每一条史料都须标明其原始出处，要按首见的史籍和最早的版本来标示。但就在这些琐细的环节上王先生有时却很坚决地坚持自己的不同意见，书稿上也画满改去又改的笔迹，例如有若干条东汉的气候记录在几种古籍中皆有所载，古籍专家李先生认为应标注为“晋·司马彪著《续汉书》”，因为这是成书最早的，而王主任认为这《续汉书》已亡轶，现代读者无法查阅，应当改注为今中华书局出版的标点本范晔著《后汉书》。在这些争论中我也看到王先生处处为当代读者设想的善意。

王先生对我国古代气象学史的独辟蹊径的探究有大成就，其中对朝鲜发现的“乾隆雨量筒”的考证和正确解释更是灿烂的一笔。我以为王先生这项研究的意义不仅限于科学史的认知，它对增进国际学术交流和科学家之间的友谊也起到积极的作用。很长时间以来人们都在费心寻找我国古代的测雨仪器，因为在南宋秦九韶的《数书九章》中有“天池测雨”等算题，明代皇帝又通令各州上报雨泽，但一直未见测量器之实物。1910年在朝鲜发现了刻有“乾隆庚寅五月造”字样的铜制雨量筒，有人认为这就是古代测雨器的实物了，又认为这雨量筒是清朝政府统一制作并分发到各地(包括朝鲜)去的。这种说法一时广为传布并被普遍接受了。但是王主任不同意此说，他慧眼独具，经周密考证，指出这雨量筒是朝鲜国英宗朝时由朝鲜国内八道两都按照朝鲜世宗朝时的规格制作的。我记得在70年代末和80年代初在南京和北京曾多次听王先生反复地讲起关于这乾隆雨量筒的种种，而且他一说起来就很激动，宁波腔的官话像机关枪一样，这使我颇为诧异。后来才明白，他的这番考证的结论是在纠正前人之误解，所以有些阻力。王先生根据考证明确指出1910年发现的雨量筒不是中国乾隆皇帝颁发的，其证据见于朝鲜国的历史文献《李朝实录》和《增补文献备考》。我特地跑到灯市口的科学院图书馆特藏部，在2楼看到整柜的《朝鲜李朝实录》，我惊呆了，王主任是如何想到这条探察线索，又是如何终得揭谜的呢！我想，凭的就是先生的深厚的学养、正确的科学思维。当然也是他契而不舍的追踪所得。须知在繁卷浩帖中的搜寻可不是好滋味啊。王主任的这番考证充分展现了他的学问功底，这项研究真是功德无量。我钦佩之致，也因之而获益不浅。1997年我应邀赴韩讲学时，看到韩国气象厅将这“乾隆雨量筒”作成门墩式样摆放在大门口，十分别致又意味深长，足显韩国人士对此物之珍视和引为自豪。在一次学术年会上，当我作特邀报告讲到中国清代宫廷气象记录时，有人举手客气地请我谈谈对朝鲜的“乾隆测雨记录”的看法。提问的人有点激动，我立即联想到“乾隆雨量筒”这段公案，于是把王主任的新解作了简短转述，对方情绪也立即和缓下来。我在心里默念：谢谢王主任，您作了一项多好的研究啊。

我感到在王主任身上，十分难得的还有他那专注治学、甘于淡泊的恬淡心境。20 世纪 80 年代听他来北京时高兴地谈起已搬入的新居，说新址叫锁金村，取锁住紫金山之意，咳，这多有意思！可是当我出差南京前去探访时，才发现这里并非如王主任所言的那么美好！高踞五楼顶层的单元房格局欠合理，朝向也不怎么好，窗下是农贸市场，市声时有耳闻。我迟疑地望着王主任，他却笑笑说，好呀，好呀，来看看我的阳台吧。那水泥阳台上摆放着一些盆栽，我实在看不出有什么好。王主任往阳台外面一指，说：这里还有个大鱼缸呢，我俯视楼下人来人往的地面，更加愕然了，鱼缸？王主任接着说，你看这些穿着各种颜色衣服的人好像是鱼缸里游动的鱼，这些树就是鱼缸里的水草，多好的一幅当代的市井生活画卷，是活动的“清明上河图”啊！嗨，原来如此。想不到对这样一处并非美满的住房竟然可以作如此理解，有点“超然物外”的味道吧。我想，或许正是这样的淡泊心境让王主任得以专注地做学问，在知识的海洋里尽作逍遥之游。

王主任对探索科学问题有着特别的兴味，这是一贯怀有的、无穷的兴味。而且总在不停地融会他广博的学识进行梳理和求解，这样的勤奋思考和劳作或许就是他科学青春长驻的原因吧。王主任又是我们家最受欢迎的贵客之一，讲起他在河北、山西跋涉、寻找气象文物的经历，讲起有关佛像头上光环的解释等等，总是趣味横生，我们全家都会出神聆听，空气中弥漫着茶香，这是一些多么美好的时光啊。我的孩子小时侯一度醉心于标本收集，王主任饶有兴味地观看他那些煤块、化石之类的宝贝收藏，他教陆风在每一个标本盒里贴上白纸衬里、画上标本的素描图，我立刻想到王主任编著的《国际云图》中的那些精美的素描图。啊，这是对下一代的科学启蒙教育吧。王主任的施教已经做到我们家第 2 代的身上了。

我景慕王主任那朴实、宽厚、大德大智隐于无形的学者风范，钦羡他渊博的学识、睿智的思考和独到的见解。他著述颇丰，许多研究也并非是“显学”，但定会在中国科学技术史上长久地占有一席之地。我想，几十年、一百年以后仍然会有人要搜寻和阅读王鹏飞教授的论著，感谢他的揭示、称赞他的智慧。

补记

参加王主任九十华诞祝寿会回北京后的第 5 天，我收到一封信，4 页信纸满是王主任那流畅飞扬的密密麻麻的小字，是对我在 11 月 28 日当面请教的一个问题的解答，落款是 11 月 30 日。

40 年前，我在编绘《中国五百年旱涝图集》时就曾查见东北的一些古文献中有“如春水”的记载，有的上下文字又与江河、水患关联，难道是春江水吗？可有的时令又不对呀，实在不明其义。10 多年后我在系统采集气候史料时又在多种地方志中见到此类文字，有的还注明引自《金史》，难道是皇帝临幸的宫苑名吗？可哪有春水宫的称谓呢？弄不明白！最终也没将这些史料收入《中国三千年气象记录总集》书中。这次赴祝寿会时我想起这未决的疑团，带去一页20多年前采集的《吉林通志》的复印件,趁便当面求教。王主任小心地将复印件收起,说:“我好好看看吧。”

信中王主任写道,他核查了《金史》,发现这页《吉林通志》上的4条记载尚有文字讹误。他认为“春水”是地名,“如春水”就是“到春水去”,春水地方可能就是古春州。信中详述他对古春州、济州、长春等的地理沿革的推断,还画出示意地图,哇!我再次惊异了,找出谭其骧主编的《中国历史地图集》第6册核对,果然王主任的判断不差。真是宝刀不老啊。

我之所以要补述这件事,不仅是想留下一幅九秩老人“诲人不倦”的翦影,也是想借此展现历史气候研究中的史料考证环节。历史气候研究绝非轻易地抄录点古书就挥洒成文,历史气候序列的重建也不是弄点零散记录加以四则运算就完事的,为杜绝对历史记载的曲解和“望文生义”。王主任的孜孜不倦的考据精神,是值得后人推崇的。

既良师,亦诤友

——国家气象局前办公室副主任兼政策研究室主任陈少峰同志祝寿并致忆语

欣闻鹏飞同志九十华诞。远在北京的我,遥祝他健康长寿、青春永驻。

我与鹏飞同志相识相处多达半个世纪,获益良多。早在20世纪50年代,在中央气象局宣传处工作期间,他对全国气象部门如何开展宣传工作,提出过许多很好的建议。并不时点拨我怎样使宣传工作围绕大局,做到准确、鲜明、生动。像这样的事例数不胜数。仅以举办全国农业展览馆气象馆的事例,可见一斑。举办农展馆气象馆是国务院的决策,他当时非常重视,对气象馆展品题材的选择、解说词的撰写与推敲、以及讲解员的培训与试讲,都提出了具体意见。他还根据史料,亲自设计和绘制了节气和农事活动的大圆盘展板。同时,还设计了我国第一具相风铜乌模型,该模型能转能动,形象地表达了我国古代气象观测的成就,激起了广大观众的兴趣,普及了气象知识,增强了民族自豪感。

1960年,他调往南京气象学院后,我们还在气象科普和气象史志工作方面,进行了长期的切磋与交流。在气象科普方面,他时任中国气象学会科普副主任,我时任主任,他在全国气象科普工作规划、科普作品评奖和科普工作会议方面,都亲自参与、亲自推动、亲自总结。在他和大家的共同努力下,期间拍摄了一批具有可视性的灾害性天气科普影片;出版了一批可读性的科普图书,其中一些影片和图书还获得国际电影节奖和国家图书奖,工作搞得有声有色,影响范围极广。在气象史志方面,他时任中国气象学会史志研究会主任,我离休后专事史志方面的工作。在全国史志工作会议和史志书籍的编撰过程中,我经常当面或书信向他请教,以及交流史志工作情况。每当召开全国气象史志鉴工作会议起草文件时,我都向他请教史志工作如何总结过去,如何对未来提出要求,他都亲自来电来信,不吝指教。在编撰我国第一部中国气象史时,还受到他的多次指导,此书横跨上下五千年,编选了我国有史以来至2000年的气象发展史,史料浩繁,此书的出版,填补了我国气象史志的空白。鹏飞同志的提议,保证了该书的质量。尤其是在我们编纂《中华大典·气象分典》工作中,我曾去南京参加筹办北极阁气象馆时,到鹏飞同志家中,当面请教如何编纂此分典,鹏飞同志不厌其烦、滔滔不绝地跟我谈了两个小时。他当时已耄耋之年,仍精神矍铄,思路清晰,从资料如何收集、如何鉴别以及如何运用,讲的一清二楚,使我茅塞顿开。我回来后,他又以书面形式,写了一份五万多字题名为"《中华大典·气象分典》编纂建言"的长函,给了我们一支求索我国五千年浩瀚气象史料的探针。此外,犬子陈跃曾授业于他的门下,他释疑解惑,诲人不倦,使吾儿学有所成。他影响了我们两代人,我对此表示由衷的敬意。

鹏飞同志为人谦和,博学多才,不愧为我的良师诤友。

陈少峰

2009年7月17日

恩在云天，志在云天

——国家气象局人工影响天气研究所前所长郭恩铭伉俪忆语祝寿函

鹏飞我师：

您好，并请代我向师母问好！

记得58年前的1950年4月起，您在军委气象局干部训练班教我与燠冬学习对云的观测，特别讲得细微，使我发生很大兴趣。其后在从事实际工作中，“志在云天”我认真对云作进一步研究，多年来在这方面获得了一些成绩。饮水思源，与我师教导是分不开的。前些日子，方燠冬寄您一本她的画册向您祝寿，现在我再把自己多年来的对云的研究成就向您禀报，祝您九十大庆，健康长寿。

我在过去年月中曾编印出版了四次《中国云图》(包括一次英文版的《云图》)以供气象工作者参考，其中有些积雨云的图片，曾被编入“国际云图”中。

由于云图中需包括西藏的特殊云，我曾赴西藏做实地观测，并据此撰写了《西藏高原的云》的著作。又曾编出《航空云图》及《航海云图》，有助于航空与航海安全，由于长期在防雹的外场作业，认识到对冰雹云的识别，是防雹的关键。所以又编了《冰雹云图集》及有关的论文。

我又在云物理和人工影响天气的50多年实践中，总结撰写了《层状云微物理及人工影响》、《人工影响对流云降水研究》、《北京冰雹云的物理结构与人工影响冰雹云研究》、《雾的微物理结构及消雾研究》等文。

另外，在实验室研究工作中又有一些新发现，例如在冰雹剖析中，曾发现含4～5个霰的核心，又发现有2个霰、2个冻滴，1个霰、1个冻滴为核心的冰雹。在北京还拍摄到球状闪电。又曾提出在RHI雷达屏上V型特征在识别雹云中的重要意义。

上述一些对云特征的研究及观测收获都是我受王老师过去教学，遵循老师教导努力，在工作中探究所得。所以称得上“恩在云天”。

2008年北京奥运会期间，我曾参加北京人工消雨工作，保证了奥运会开幕式那天运动场周围无雨，采用的是飞机消雨及地面火箭作业消雨，效果明显。2009年国庆60周年大典又进行消云减雨作业。在雷达回波上明显观测到对流云回波因作业而减弱并逐渐消失，保证了大典进行时天安门城区晴空无雨，使空军能顺利完成检阅任务，觉得在参加这次大典中能圆满获得成功，十分光荣。

另附上1951年我们在北京军委气象局所办气象干部训练班(即今南京解放军理工大学气象学院前身)教务组所摄照片一张，同摄者除有训练班陈友萍主任及您(教务主任)外，尚有曾广琼、高文治、黄贤琉、李彭龄、林晔、叶琮、我、高守信等，地点在北京新街口三不老胡同。这是一张50多年前的照片(这些照片如可能，请附印在本函后，有一定意义)，虽然比较模糊，但很有纪念意义，特别在新中国成立60周年的今天，非常难得，想来老师也会对它感到思绪万千的。

再次向老师祝贺九十高龄，长寿健康并问候师母。

生 郭恩铭 方燠冬 上

2009年10月13日

君子之德风

——中国气象局培训中心章澄昌教授祝寿并致忆语

1960年我从北京大学毕业,该年9月即分配至新建的南京气象学院,从事教学工作。遇到的第一位领导和专业指导就是时任大气物理系主任并全面主持系里工作的王鹏飞先生,系里的教师和行政人员都称呼王先生为王主任,此后我一直称呼王鹏飞先生为王主任,直到他退休我去看望他,才称呼他为王先生。

王鹏飞先生是原南京气象学院大气物理系创始人,对南京气象学院的创建和发展做出了突出贡献。他长期从事气象教育和科学研究,是我国著名的大气物理学家、杰出的气象史学家、气象教育家。王鹏飞先生学识渊博、治学严谨、成果卓著,诚恳待人、平易近人、淡泊名利,堪称德高望重的学人楷模,值此王先生九秩荣庆之际,遥祝他健康长寿、永葆青春!

学院初创,王主任在教学准备阶段,严格要求,身先士卒

我在北京大学所学的专门化是近地面层物理,1960年10月底王主任安排我到南京大学气象系进修云雾物理。12月确定我承担60级的气象仪器学课程,我有些出乎意料。王主任专门找我谈话,中心意思是大气物理系初创,人手紧张,各门课都得由人承担,你想搞专业,这很好,以后系里会安排。进修不到一学期,学院抽调我赴徐州地区进行冰雹灾害调查。随即进入全面的教学准备工作。作为当时院教务系统"试验田"的大气物理系,任务更重,要求更高。在王主任的带领下,大家全力投入讲义的编写工作。青年教师的试讲,王主任都力争参加,认真点评,使我们受益匪浅。1962年王主任首编气象学讲义刊出,为我们青年教师树立了榜样。其后大气物理教研室所承担的专业基础课教材都赶在开课前刊印,也包括我编的《气象观测学讲义》。以后不论是文革中推荐工农兵上大学期间,还是文革后重新恢复全国统一高考大学招生,王主任始终重视教材建设,身体力行,坚持教学第一线,往往都是他首编、首教,甘为人梯,提携后人。我们当年编写的教材都经他审阅,他认真修订,为此付出了艰辛的劳动,保证了教材质量,同时也培养了年轻教师。

1964初年,王主任履行诺言,安排我出差北京,请教北大我的老师严开伟先生指导筹办湍流扩散研究的仪器设备和探测技术。回院后忙于大厂镇污染的研究课题以及准备迎接院庆5周年的论文。但因我在出差中感染急性黄疸肝炎,经确诊住院治疗,前后耽误了差不多一个学期的工作时间,我不得不终止参加科研项目,辜负了王主任的良苦用心,错失了一次在王主任直接指导下从事大气污染的科学实验机会。

改革开放初期,大胆引进国外先进教材,大力提携后人

美国华盛顿大学华莱士和霍布斯合著的《大气科学概观》一书,1977年出版,南气院图书馆1978年上架。王主任翻阅后感到该书内容新,结构好,有特色,立即决定组织系里有关教师着手翻译,并同上海科学技术出版社联系出版。当时申报翻译此书选题的还有科学院

大气物理研究所的阮忠家同志，王主任出面与出版社商量，请阮忠家同志不翻译此书而仅参与我们翻译此书的审校，才谈妥。其中王主任早先在科学出版社出版的高质量译著的声誉起了主要作用。

引进国外先进教材既是为了学生，也是为了提高我们参与译书的中年教师的英语阅读能力和翻译技巧。全书译稿我曾参与整理和校阅，我们当初的译稿，王主任审校费尽心思，修改圈点之处密密麻麻。期间闲谈中，王主任曾感慨地说起，原译不通顺，不达意，真不如自己重新翻译。但是为了培养我们的翻译能力，他硬是一句一段地悉心修改。我之所以在专业书刊译审方面有所长进，全都仰仗于王主任在翻译这本书中给予我的教诲和激励。多年之后重新回味这句话的分量，真是深有体会。

译稿在 1979 年完成，1981 年出版。该书作为南气院 77 级至 83 级各届学生的大气物理教学用书。王主任因忙于编写云雾降水物理学专业课教材，无暇直接承担以《大气科学概观》为教材的大气物理学课程，但仍抽时间选重点章节对任课教师作事先示范讲授，给我们作了具体指导。

译著出版后，其他院校也有选用，我曾应读者要求两次联系出版社重印，终因印数不定未能如愿。原书作者 2006 年出第二版，内容增删更新甚多，篇幅扩大超过第一版的三分之一，气象出版社第二编辑室曾有意组织翻译出版，在征询中，陶诗言院士曾说起第一版的译文很好。这应归功于王鹏飞先生。

在我与周文贤同志先后承接王主任讲授云雾降水物理学专业课程之后，由周文贤同志联系气象出版社翻译加拿大麦吉尔大学罗杰斯著的《云物理简明教程》，作为大气物理专业的教学参考书，我们商请王主任为该书审校，王主任欣然接受。王主任为我们修改译稿也颇费辛劳，从修改的字里行间真正体会到王主任诲人不倦的拳拳之忱。

改革开放的黄金时期，王先生迎来了学术上新的春华秋实

王鹏飞先生对老一辈学者的学识、道德、精神的颂扬和尊敬溢于言表。在学术上，面对权威、名家的有些立言，王先生始终坚持实事求是，经过分析研究，敢于提出自己的看法，坚持正确的观点。对作为我国近代气象学的奠基人竺可桢先生晚年的著名论文《中国近五千年来气候变迁的初步研究》中的一些误判以及竺老在气象史研究某些论文中出现的误断提出商榷和指出失误，并通过深入研究追根溯源，认为这是竺老继承了王阳明姚江学派"良知思想"先验性消极影响的结果。虽然属于"一叶障目"的时代局限性，但仍应实事求是地研究讨论，而且必须据实更正。王先生进一步提倡，这是学习竺可桢进行历史气候研究和气象史志研究工作应有的继承、突破和创造的开拓精神。王先生就是这方面身体力行的典范。

王先生不仅在中国气象史研究中取得了杰出的成就，而且在气象名词创立，辞书的编纂方面也作出了卓越的贡献。由他首创的凝华、珠母云（原称贝母云）等专业名词已在全国通用。匀和层和非匀和层虽在王先生任中国大百科全书·大气科学卷(1987)分科主编时被采用，但其后因大气科学名词审定委员会第二届委员已退让他人，故 1996 年出版的《大气科学名词》及 2007 年出版的《英汉汉英大气科学词汇》中，仍采用不合适的"均质层"和"非均质层"名词。这里"匀和层"是指上下大气成分的比例保持定率的气层。在该层内，上下大气密度并不相等，高度愈高大气密度愈小。但"均质层"中，上下大气密度相等。这种大气亦称等密大气是实际并不存在的虚拟大气。因此把"匀和层"混称为"均质层"是概念性错误。王先生对匀和层的正确名词后来不受采用。这正说明当时人们对该名词的物理意义体会不深，因循不求深解所致，不利于气象教学。王先生对气象名词的创见和改进例子很多，再举两例。他先后把人工影响天气定名为“天气导变”把“贝吉龙过程”或“冰晶效应”定名为“蒸—凝过程”。前者按英语原文翻译得很妥帖，但仍有不采纳的说法——遵从习惯；后者强调了该现象和过程的物理机制。我一直主张这两个定名值得在云降水物理学科中取得共识和推广应用。而且我也做了一些努力，在我主编的《人工影响天气岗位培训教材》(2003)中做了专门介绍(该书印数已达16000册)并选用泊鲁派茜尔和凯勒特《云和降水微物理学》第二版(1997)的照片配以示意图形象地显示和说明。在我承担撰写的中国大百科全书第二版(2008)人工影响天气和部分云物理学条目中也采用了“蒸—凝过程”的表述。但查阅《全书》相应词条，竟不见踪影。由此说明推广新的正确的定名着实不易。

王先生对我国发展人工影响天气事业也做出了突出贡献。2008年是我国开展飞机人工增雨作业50周年，是年10月在吉林省长春市召开了“中国人工影响天气事业50周年纪念大会”，中国气象学会发布了关于表彰32位人工影响天气专家的决定，王鹏飞先生是位列其中最年长者。王先生因身体原因未能出席大会，在大会上宣读了他热情洋溢的书面讲话并受到大会的热烈鼓掌欢迎和祝贺。我在负责编审纪念文集时，事先看到吉林省气象局为刊印纪念文集《搏雨润桑田》(2008.8)所征集稿中当年建议开展飞机人工增雨试验的预报组长和预报员的文章《回顾首架人工降雨飞机作业的来龙去脉》一文(省《文集》中未刊用)，与我从《中国人工影响天气大事记》(中国气象局科教司编，2002)了解的情况不符。原稿中只提到参考顾震潮先生发表在《天气月刊》1958年2月号文章《人怎样控制天气和气候》。2007年我在为中国气象局业务技术体制改革培训教材的人工影响天气轨道卷(修改稿2008.1刊印并试用)撰写人工影响天气发展历史一节时，特意查阅了顾震潮先生原文，该文仅两页，主要从能量角度考虑，包括“白令海峡筑坝”，提及“驱雾、灭雹、造雨”，通过“撒布碘化银或干冰，喷射水滴”。又查1958年6月号《天气月刊》刊登王鹏飞先生的文章，篇名为《人工影响云雾》共七页，涉及“云中自然凝华(当时叫沉积)机制，贝吉龙过程，人工促使云中产生冰晶的理论和方法，包括冷冻剂(干冰)及其升华温度，其值就是当年开展吉林飞机人工增雨试验的预报组长及预报员未列稿中的数据)，人工凝华核(碘化银、碘化铵、碘化钾)，人工使云中出现大水滴的办法(盐粉、氯化钙)，药品应做成细末或微屑，通过地面喷发，飞机、气球带运，效果检验”。文后还列出了当时所能查找的主要文献。查到了当年王鹏飞先生在《天气月刊》的文章，我就放心地在前述教材中落笔：“1958年7月吉林省吉林市出现60年未遇特大干旱，吉林省气象局受《人工影响云雾》一文(王鹏飞，天气月刊，1958.6)的启发，提出并在吉林市开展飞机人工降雨试验”。

看到两位预报员的回忆文章所描述的首次(7.21)撒盐粉试验和其后播撒干冰试验(8.8—11共5次)。更坚定了我在上文所述的判断，一面催促南京信息工程大学尽快补寄纪念文，并做两手准备：原回忆文章照登，着手补写编者按。纪念文集(预印本)刊印前夕，收到了王先生发来的文稿《我所经历的我国人工影响天气发展历程中的几次转折——为纪念人工影响天气50周年而作》。我才如释重负。该文全面、翔实地记述了王鹏飞先生对我国人工影响天气的发展历程及他所从事的工作。事实印证了王先生对我国发展人工影响天气事业做出了突出贡献。

为人师表　立德立言

——南京气象学院时期院长张培昌教授祝寿忆语诗

先生矢志，追求真理；爱国爱党，经受考验；
献身气象，深入教研；勤奋敬业，成果连连；
培育后生，呕心沥血；为人师表，立德立言；
与病抗争，乐观坚定；余热放光，光辉遥天；
一代宗师，晚辈崇敬；衷心祝愿，松鹤延年。

学生　张培昌
2009年9月14日

既是教授,又是劳动模范

——南京气象学院时期大气物理系总支书记李子华教授忆语

前江苏省政协常委、南京气象学院大气物理系名誉主任王鹏飞教授,解放后几十年来,一直致力于祖国气象建设事业。在气象教育与科研岗位上,刻苦钻研,勤奋工作,取得了丰硕的成果。为我国气象教育事业的发展、大气科学的进步以及气象科学的普及都做出了突出的贡献。1984 年 12 月,江苏省政协曾表彰他“在岗位工作中,成绩显著”。1985 年 5 月 1 日,南京市人民政府又曾授予他“劳动模范”称号。1989 年他又被评为全国气象系统双文明先进工作者,该年他已 69 岁,为评上先进工作者中最高龄者。

在教学第一线培育气象建设人才

1950 年军委气象局办起了解放后的第一个气象训练班(即现在的南京空军气象学院的前身),王教授就是该班最早的教务主任,并是参加这个训练班的教学主要工作的教员之一。当时新中国成立不久,面临着建立气象台、站网的任务,急需气象技术人员。王教授和其他教员一起,夜以继日地工作。晚上写教材、编讲义,白天给学员们讲授基础课和专业课,为我国培育了一批又一批的气象人才。1960 年王教授奉命赴南京参与了南京气象学院的创办工作,创建了大气物理系。二十五年里,他一直站在教学第一线,承担着繁重的教学任务。他先后写了十余本、几百万字的教材,讲授了多门基础课、专业基础课和专业课。1978 年,学院重建了大气物理系,他负责创立了大气物理专业和大气探测专业。王教授承担了开设云雾降水物理学新课的任务。在准备开课的半年多时间里,他翻阅了大量国内外资料,以惊人的速度写出了一本七十万字的讲义。为了拓宽专业面,学院决定开一门“污染气象学”。当时教师中没有这方面人才,王教授考虑到教学的需要,他在讲授完“云和降水物理学”之后,紧接着投入“污染气象学”的备课工作。他一边查文献、看资料,学习这方面的基本理论,一边承担国家大气环境评价任务,从事大气污染的科研工作。由于他的勤奋工作,在一年多的时间里,写出了教材,为大气物理专业毕业班学生开出了“大气污染”新课。在他的培养和指导下,现在“云和降水物理学”、“污染气象学”这两门课程不仅有了一批任课老师,教学质量达到了一定的水平,而且这两个领域的科学研究工作,也取得了一些重大的成果。

王鹏飞教授不仅给大学生上课,还指导了约二十名研究生做硕士论文。从指导他们阅读外文文献开始,审议论文方案,指导实验或观测,一直到逐字逐句修改论文,这一个一个的重要环节,无不渗透了王教授的大量心血。研究生郑国光做碰冻结冰实验时,他几次来到实验室,指导他如何做实验,做记录,教育他做好实验一定要有严肃认真的态度和踏踏实实的作风。研究生李小庆在野外进行雾的观测时,他赶到现场,察看仪器设置是否合理,观测方法是否科学。研究生们对王教授这种极端负责的精神极为佩服。这些研究生通过了硕士论文,走向了工作岗位,不少研究生在国内外工作岗位成就斐然,成为大气物理领域的著名专家,作出了重大贡献。

王教授不仅在校热心培育学生，而且也非常关怀在全国各地工作的中青年气象工作者的成长。1980年辽宁丹东气象局谢世俊同志写了一本《气象史漫话》。在作者写书稿期间，王教授用通信的方法提出了大量探讨性意见和建议。正如作者在书末所写的，王教授为他“审稿、改稿，鉴别史料，大至思想性、科学性，小至文字、句读，无不诲以谆谆。”该书出版时，谢世俊要求同他联名发表，但他去函婉言辞谢，并未署名，因为他把帮助中青年同志成长作为自己应尽的责任。1985年青海省气象局根据该局所摄取的珍贵高原云况照片，准备编制《中国青藏高原云图》一书出版。但在编写过程中发现许多幅云图具有高原地区的特殊云状，是《国际云图》上所未见的，对其形成原因难以解释，因而派人赶来南京向王教授请教。王教授尽管工作很忙，仍然挤出许多时间，给他们看稿子。对他们提出的问题，不仅一一回答，而且还对多幅云图写出其形成的多种原因。对于一些不是《国际云图》十种云状所包括的特殊云状，他根据青藏高原实际条件做了分析，作了恰当命名。例如“鬃积云”等。使青海的同志非常满意，也非常感动。像这一类求教于他的事情相当多，王教授总是在力所能及的条件下给予帮助。

为“四化”建设潜心科研

王鹏飞教授在努力培育气象建设人才的同时，还致力于科学研究工作。五十多年来，他写的专著和教材有十余本，论文作品近三百余篇。特别是在中国古代气象史的研究方面，有一些新的发现，取得了令人鼓舞的成就。

我国有悠久丰富的气象历史遗产。为挖掘开发并研究这份遗产，王鹏飞教授辛勤地劳动着。他继承并丰富了竺可桢先生的工作，做了大量的研究，发现了许多新的令人信服的资料。

他在上海图书馆发现了《日火下降、旸气上升图》，并在南京古籍图书馆发现了明末清初游艺《天经或问》一书中的《云飞、雨降、雷鸣、电掣图》及《日火下降上升诸象图》进行比较研究。发现是我国迄今发现的较早的古代气象原理图。它们科学地、图文对照地表达了我国古人对各种对流天气在太阳辐射作用下形成过程的认识，它处于当时气象知识的先进水平上。这是我国古代气象史中天气形成理论发展方面最有价值的发现之一。他对这个发现写了研究论文。王鹏飞教授的《广州怀圣寺风信鸡光塔的调查研究》，对发扬我国兄弟民族在气象史上贡献具有重大意义。上述这些文章分别在中国气象学会年会、中国地学史讨论会上作过报告，受到国内外有关专家的好评。他最近完成的《“分至”概念和“测分至工具”的溯源(江苏东夷测分至社石研究)》一文，将我国测定“分至”及“方位”的技术最早时期由商代后期推前到了夏代前期，即推前了一千年。这对理解人类对气候认识的发展史，具有十分重要的价值。他写的其他许多论文，对丰富气象史研究内容、开创中国气象史研究新局面都有一定的作用和影响。1980年以来，他写出了数十篇有关古代气象史研究的论文，大部分已在有关学报和刊物上发表。

王鹏飞教授在气象史研究中，不仅查阅大量古今文献，还经常外出实地查考。他先后走访过广州、西安、乌鲁木齐、连云港等地的历史遗址，做了现场调查，取得实际资料。1984年11月在桂林召开的全国地学史讨论会学术总结中，对王鹏飞教授采取这种“实地调查和文献考证相结合的科学史研究方法给予了充分的肯定”。

王鹏飞教授十分重视科学研究直接为国民经济建设服务。近年来，随着国家工业化的发展,大气污染的控制与治理已逐渐成为我国环境保护的重要内容。为了适应四化建设需要,王教授一面努力拓宽大气物理专业,开设大气污染课程,筹建大气污染实验室;一面加速大气污染的科研工作,使科研工作直接与生产部门挂钩,为社会主义建设服务。1982 年,国家重点建设项目——"扬子乙烯工程"邀请南京气象学院搞大气污染环境影响评价,王教授给予积极支持。在他主持下,成立了"南气院乙烯工程环境评价课题研究组",并于 1983—1984 年正式开展了这项研究工作。通常,接受一项委办的科研任务,都要事先谈好所需的经费。王教授接受时没有伸手向人家要钱,而是表示为国家在南京建设的重点项目服务,这是我们南京气象学院应尽的责任。他反复教育课题组的研究人员,要树立科研为国家经济建设服务的观点。在他的影响下,课题组自始至终贯彻了为国家少花钱、多服务的思想。在短短一年多的环境评价工作中,全组积极努力,解决了在仪器设备、现场探测、资料处理、模式应用及评价研究等环节中出现的许多困难问题,按期完成了《乙烯工程环境影响报告书》。王鹏飞教授在技术上严格把关,对所有的技术报告都仔细审阅,逐句修改。1984 年 12 月,来自全国各地的八十余名专家鉴定认为:乙烯工程环境影响评价"内容全面,重点突出,数据可靠,结论明确,达到了国内环境影响评价的先进水平"。而且"取得时间省、耗资少的效果。这些做法可供国内同类评价工作的借鉴"。从当时国内已进行过的这方面工作来看,评价一项大工程对大气环境质量的影响,一般需要十多万、甚至二十多万的研究经费,而王鹏飞教授领导的这个"研究组",向乙烯工程只要了三万多元的研究经费,为国家至少节省了十余万元的建设资金。

勤奋、刻苦、忘我地工作

"王主任没有休息的时候,不管什么时候找他,都看到他在伏案工作。"这是南气院教师的普遍反映。事实确实如此。他每天早晨六点起床,即开始工作,饭后也很少休息,晚上都要工作到十一、二点。在旅途的火车上,他看资料,审阅稿子;外出开会在旅馆里,他白天参加会议,晚上照常工作到深夜。他一天至少工作十三、四个小时,而且常年如此。王教授早已年过花甲,领导上、同志们和他的学生,经常劝他要注意休息,保重身体。可他总是说:"世界在发展,祖国在前进,我需要做的工作实在太多了。由于年龄的关系,记忆、接受及反映能力较差,我只有早起晚睡,加倍工作。人一之,我十之,人十之,我百之才行啊!"1983 年 4 月,他因劳累过度,半夜上厕所时,昏倒在地。医生检查说是脑缺氧,要他卧床休息,而他却把病床当作办公桌,在病中仍然坚持读书,编写教材。同志们看望他,要他放下书本,安心养病。可他却说:"我的年龄大了,必须抓紧时间多做工作。"就是这样,他带病工作,终于写完了七十万字的《云和降水物理学》讲义。

王鹏飞教授还负责过一些辞书的编写工作。他主编《辞海》气象部分、《大百科全书》气象卷总论、《农业百科全书》气象基础部分,他还主持编审约 130 万字的《气象学词典》。每个条目他都要认真修改,即使校样出来后,他也要逐句逐字推敲。他对工作的高度责任心和严肃认真的精神,给中青年教师留下了极为深刻的印象。1984 年 1 月中旬上海辞书出版社要他赴沪参加《气象学词典》定稿工作。可是偏偏在这个时候,南京地区出现了一次罕见的特大降雪过程,有些地方,地面积雪一尺多深。公路上汽车不能开,连步行也相当困难。学院考虑到这种情况,准备用长途电话给他请假。可是王教授不同意,他说:"我是词典的副主编,我不能不去,也不能晚去,否则就要影响辞书的出版。"从气象学院到火车站有二十多公里的路程，他拄起拐杖，迈开双腿，在深雪中一步一步地向着南京城走去……终于克服了重重困难，到达了火车站，如期抵达上海，按计划完成了词典的定稿工作。

1985 年 7 月中旬，那正是酷暑的日子，由于连续的高温天气，师生们都不想出门。就在这个时候，王教授按照事先的计划，要到连云港去进一步考查“测分至社石”。系领导对他一个人在炎热的天气里出差很不放心，劝他等天凉后再去。可是他对待工作是个性子最急的人，计划里要做的事情，一天也不能等，无论天气条件多么恶劣，他都要坚持做下去。然而他毕竟是六十五岁的老人了，为了出门有个照顾，他让女儿陪他去。他们冒着每天 36°C 的高温天气，乘火车、换汽车，爬山、访问，终于到达了连云港锦屏山将军崖社石及东磊渔湾荒山上太阳石现场，按计划完成了考查任务。

长期以来，王鹏飞教授就是这样忘我地工作着。是什么力量促使他这样忘我地工作着？是什么力量促使他这样干呢？他热爱党、热爱祖国，这一感情是他努力做好各项工作的基石。他是上海人，目睹了 1932 年“一・二八”和 1937 年“八・一三”日军侵略上海的暴行。上海沦陷后，他为了反对日军侵略，在上海散发抗日传单。他对国民党曾抱一线希望，但他跑到内地（重庆）继续上大学时感到国民党已十分腐败，无法救中国。大学毕业，在成都凤凰山测候训练班教理论气象一年后 1947 年就离职回上海。他对国民党灰心了，中国的未来要靠共产党。解放以后，他参加了革命工作，满怀热情的投入到祖国气象建设事业。他看到了祖国在前进，社会主义事业在发展。他觉得祖国的未来充满了灿烂的阳光，对祖国更加热爱了，强烈的具有了在中国共产党领导下做一个中国人的自豪感。

解放前后气象事业的发展状况是王教授亲身经历过的，对此他有一个鲜明的对比。在旧中国中央大学首先成立了气象系，1945 年气象系第一届毕业的只有他一个人；新中国成立后，中央很快办起了气象训练班，受训练的学生很多，以后很快建设为气象学院，他就是创办人之一。旧中国气象台站极少，仪器也是外国的；新中国成立后，全国广泛地建立起气象台站，仪器是自己造的，王教授还参加过台站观测规范的制订工作。气象事业的发展使他对共产党的感情更深了，对祖国更热爱了。他一心扑在气象事业上，感到“中国人搞中国的气象事业是应当自豪的”，他常说：“我是祖国的儿子，我要把全部身心献给祖国的气象事业”。

可见他既是大气物理教授，又是气象工作者的劳动模范，并不是偶然的。

风流肯落他人后，气岸遥领豪士前！
——河南气象科学研究所前所长汪永钦教授祝寿忆语并诗

先生是我尊敬的老师，也是与我相识、相知数十载的老友，可谓“亦师亦友，良师益友”。

您是南京气象学院的开创者和奠基人之一。通过在教育岗位辛勤耕耘几十年，您亲手培育的学生已是桃李满天下，他们之中有许多人已成为祖国建设的栋梁之材；您是我国著名的大气物理学家，在云物理降水学、人工影响天气学、大气污染学和大气光、声、电学等诸多领域，均有广泛涉猎，硕果累累；您是中国气象史研究的的权威，您所撰写的《中国古代气候学史》、《地球大气演化史》、《世界大气科学发展概史》以及《中国历代国家气象机构考》等许多气象史志、著作和论文。大大拓展和丰富了气象史志研究的内涵，为后人留下了浓墨重彩的画卷；您也是我国气象科普事业的先驱，为在全社会大力宣传普及气象知识，使千百万普通草根百姓，从您深入浅出、情趣盎然的科普作品中获得丰富多彩的气象科学知识，作出了突出贡献；您还是众多气象辞书及气象名词典籍的主要编撰者和主审人，在我们广大气象人手中的《气象学辞典》、《大气科学名词》、《俄中英对照气象学名词》、《辞海》、《世界百科名著大辞典·大气科学名著》等诸多大型工具书中，无不凝聚着先生的心血和汗水！

李白有诗曰：“风流肯落他人后，气岸遥领豪士前”。这是一切不计个人名利，不求物质享受，只求无私奉献的优秀儿女共同的优良品德。

先生以毕生精力献给了祖国气象事业；您勤学不倦，努力求索，克己奉公，助人为乐；精心育人，诚恳谦逊，治学严谨，所有这些美德，不都是我们广大莘莘学子学习的楷模和榜样吗?!

在这欢庆您老九秩华诞的大喜日子，我写了两首小诗献上，以略表我对您寿辰的衷心祝愿之情：

（一）　我居中州君金陵，未识韩荆先慕名；
论道欣成胶漆友，闻声惊呼同乡人；
夜灯修书期释疑，晨窗剖鲤获南针；
君今九十丰神茂，不籍灵芝亦长生。

（二）　奋力拼搏几十春，大气物理奠基人；
九秩华诞未服老，一抹晚霞斑斓身；
夕阳犹渥千般彩，白发难抑万里心；
人生暮年智常衰，羡君文思日日新。

2009年11月22日

是楷模，展彩虹

——南京气象学院时期农业气象系刘乃壮教授祝寿忆语并诗

进入21世纪的第九个年头，正当祖国日益繁荣昌盛、民富国强千载难逢的太平盛世，迎来了我国著名气象学家王鹏飞教授的九十大寿，实在令人十分振奋；老人家耄耋高龄，仍然精神矍铄，松挺鹤翔，康泰幸福地活跃在气象学界。不断地笔耕墨耘，为国家留下一批又一批珍贵的学术著作。实在难能可贵！

先生在中国气象学界久负盛名。桃李满园，芳香四溢。我有幸与他相识相交，开始于文革时期，亦师亦友，光阴匆匆，至今已四十年矣！尽管我搞农业，他搞大气物理，专业不同，隔行往往如隔山。但我与先生的友情却日愈密切，对他的敬佩日愈加深，他的热情诚恳、学识渊博、虚怀若谷、做人低调、做事认真，都给我以深刻印象；先生古稀退休以后，治学热情不减、以探索求真为乐趣，远胜我退休后“松一口气”的凡人意识。

先生具真才实学，其探求科学不畏艰苦的忘我精神，早在青年时代就已具备。早年他进入东吴大学物理系求学，不久因抗日战争爆发，不得不跋山涉水，经沪、浙、赣、粤、桂、黔等省而入川。在重庆中央大学气象系，继续攻读。其求学经历之艰辛，正是对他形成坚强意志的严酷磨练。

先生青少年时期认真读书、勤奋好学。在古汉语、英文、数学、物理等诸学科均成绩优秀，为一生的事业奠定坚实基础。再加以良好的学习态度和方法，一贯孜孜不倦，广泛涉猎中外古今的气象文献。他把所汲取的营养，用于建设中国现代气象事业所需，硕果斐然。数十年来先生的气象学术著作众多。他编译的《国际云图》，它是50—60年代我国气象“看云识天编码”重要的参考依据。文革中他充分利用时间，收集整理民间流传丰富的物候农谚，予以科学论证分析。去其糟粕，取其精粹，以丰富人们对传统民间气象传统的正确认识；还对许多罕见的天气现象的物理机制作精辟解说……凡此种种，都令我眼界大开。长期以来，我常将一些农业气象问题的古书今解和外文译作中遇到地技术难题，向他请教，每次均得到深邃而满意地启示与指导。多年来，他一直担任着《辞海》的气象学分科主编，那是一部代表着国家很高水平的辞书。他在该辞书中对气象辞目的取舍以及在释义上的准确、精辟，充分表达了其科学权威性，赢得海内外广泛赞誉，这里正渗透着王先生的心血结晶。他勇于坚持科学真理，敢于站出来，对某些不确切的科学论述提出修正意见。例如对英国著名学者李约瑟博士的重要巨著《中国科技史》中气象部分的某些错误论点，公开提出质疑。并指出应如何补救。至于先生在大气物理学科教学与研究中的创见邃识，更屡为学者所称颂。晚年退休以后，先生以高度的历史责任感，争分夺秒，不遗余力地深入到研究中国古代气象丰富史料中，作深层次的探索和发掘，确立了他在这一领域学术带头人无可争辩的地位。数十年来王鹏飞教授刻苦钻研，大胆探索，严谨治学，以毕生精力创造性地进行气象教学及学术研究，勘为友生楷模，引以为荣。

我因多年与他进行学术交往，尤其感受到王鹏飞教授在处世为人方面具有许多高尚的品德情操，认为这是他事业成就和为人师表的重要内秉。先生一向胸怀宽广、处世乐观豁达，他洁身自好、淡泊名利、与世无争、做人低调、生活朴素、乐于助人；他作风清白正派，无论对上下、长幼，不卑不亢，不疏不媚，这种作风平实，态度诚实，功底扎实，追真务实，是他获得教学和科研累累果实的基础，更是他"严于律己，宽以待人"朴素精神的真实体现；他的敬业爱国、低调处世、高效产出生动地体现在其行动中。这也是众多师生尊敬他的原因。我曾用清代郑板桥的《咏竹石》及《咏兰竹》诗："咬定青山不放松，立根原在破岩中；千磨万击还坚韧，任尔东西南北风。""四时花草最无穷，时到芬芳过便空；唯有山中兰与竹，经春历夏又秋冬。"来对比他的言行。觉得倒是很适合他。

1987 年秋，先生居家由南京气象学院宿舍迁往江南市区，我们从近邻变成了隔长江相望，别绪依依，他曾赠我诗作《惜别》一首："论古析今几经秋，院径案角时绸缪；漫道飞虹萦南北，一带江水起离愁"。此后鸿雁传书不断，相互谈诗论歌、无欲无求、互致关切，我亦由此感到先生于紧张工作之余，乐观、开朗与纯真的另一面，而他的"老夫又舒少年趣"的高旨。1994 年冬初欣悉先生大病初愈，我拟诗祝贺："行空翱翔十万里，笔走龙蛇三千年；古今气象任驰骋，宏文巨著中外联。七旬岁月磨练艰，淡名泊利识见宽。吾敬王老风格高，培得高材众口传。"

光阴荏苒，转眼间又过了十多年，先生的康泰与学术与时俱进，又升到了一个新境界。现再以小诗一首，祝贺老先生的九秩华诞：

老骥伏枥勤奋蹄，
研古论今耄耋期，
夕阳雨后分外美，
引得东方出彩霓！

博学深思，求真不倦

——南京气象学院时期农业气象系李湘阁教授祝寿忆语

知晓王鹏飞先生的名字是在我上大学不久，距今已近五十年。那时，老师强调观云识天是一项基本功，于是一本王鹏飞译著的《国际云图》伴随我许久，使我受益匪浅。参加工作来南京气象学院与王先生不属于同一个系，没有接触，但在校园内能经常看到他衣着简朴，背着一个大书包，快步如飞来去匆匆的身影。十年动乱期间，一次我随冯秀藻先生赴北京调研，偶在甘肃天水听说王先生不久前到过那里，不过当时基层气象台站的同志根本不把王先生看作受教育和改造的对象，还是把他作为著名的气象学家，执意请他作报告。其间，一位所谓"革命派"的"监督者"却在身边不时地对他进行"批判教育"，这种纠缠引起了听众的恼怒。可见，在那样的年代，王鹏飞先生还是受到了广大气象工作者的尊敬和爱戴。这使我对他油然起敬。20 世纪 70 年代后期，在一次校庆学术报告会上，王鹏飞先生理论联系实际地提出了"气泡"理论假设，从物理学角度解释人工消雹的机理，使我顿开茅塞。后来在江苏省气象学会和中国气象学的一些活动中，多次听过王先生的发言，也读过他的若干论文，尤其是我作为大气科学名词审定委员会的成员与他有了一定的接触。近十年来，王先生搬到高教新村居住，我们变成了邻居，又同在一个党支部，互相交谈的机会多了起来。虽还谈不上对他有多深的了解，但他的大家风范我时有感触，从他身上可以感受老一辈知识分子诸多优秀品质，这里略举一二：

1. 学识渊博

在王鹏飞先生论著的字里行间，或在他日常的言谈之中，常常自然显露出他博古通今，知识如海的气质。除大气科学外，王先生在天文，地理，历史，哲学，文学方面都有很深的造诣，对农学，中医学，甲骨文甚至易经等也有相当的了解。王先生的古文，英文和物理学功底尤为深厚，这也许是他研究成果丰硕的重要原因和基础。可以毫不夸张地说，他是一本活字典。印象中不管问他什么问题，他都会给你一个圆满的答复；无论讨论什么事情，他总有自己的见解。记得有一次我请教他"厚德载物"一词，他不仅告诉我确切的含义，还告诉我该词原出自周易。谈起农业气象学，使我惊讶的是，无论在其实际意义，重要性方面，还是在其理论基础，研究方法及方向方面，王先生都有较深刻的认识与理解。这在他的一些论著中也有所反映。他甚至还专文论述过康熙帝对农业气象的贡献。

2. 善于思考

王鹏飞教授学术思想极其活跃，即使九十岁高龄仍然如此。他勤于思索，善于发现问题进行研究。我每次到王先生家里，谈不多时就能知道他正在研究什么问题了，不是准备写就是已在写相关的文章。他感兴趣的命题颇多，基本上都是与气象有关的，有时论文也会涉及其他领域。例如，他曾向国务院就我国实行时区时制是否必要提过相关的建议。在郑和下西洋六百周年纪念前夕,他论证过宝船厂及郑和庞大船队航行、编队等问题。在韩国准备将其首都汉城改名为首尔之际,他研究了韩国历史及汉城名称的来源,指出“汉城”之名,是因为该城靠近韩国汉江,而汉江之“汉”字是表示该地即使在干旱之时,也有充分江水可供灌溉。因而利于农业。“汉”字出现于中国汉代以前,故原始并非表示汉代、汉族或中国之意。韩国以汉城为首都历史已久。此城名已包含了韩国的宝贵历史文化内涵。所以其改名之意义并不充分。但这是韩国地名,他们有改名之权利。我们“客随主便”不必表示可否,照其改变使用即可。王先生学术思维之活跃,由此倒可见一斑。

3. 追求真理

王鹏飞先生的治学态度是非常严谨的,对科学的问题是认真研究,一丝不苟。哪怕是一个词的用法也毫不含糊。很早他对物态转化中“凝华”一词的创立就做出了自己的贡献。对大气科学中的一些术语名词也做过许多探讨。我曾就农业气象学界有人将“生态气象”、“生态气候”写成“气象生态”、“气候生态”广为流传之事,与王先生交谈过,他也有自己的看法。对于我写过的一本小册子“南亚热带山区农业系统工程研究”,王先生看过之后也提出了意见,认为对我国的气候分带,称“南亚热带”一词并非确切,因为南半球也存在亚热带。因此以改称“北半球亚热带南带”为妥。我想他的意见是正确的。严格地说,我国地理学界、气象学界常把我国的亚热带南部(或北部)称为“南(北)亚热带”是不甚妥当的。

王先生从事气象史志的研究,填补了国内外的许多空白。例如,他研究了中国古代气象认识史和主要成就;研究地球大气演变史,使其纳入气象自然史范畴;研究了世界大气科学发展史并列出相应的年表等。这些都是开创性的研究,有很高的学术价值。另一方面,他的研究纠正了许许多多的谬误和错误概念。例如,他指出将近代天文与气象分属两个学科的概念强加于中国古代,从而抹杀了中国古代气象历史是错误的;三国时期,利用雾“草船借箭”原非诸葛孔明所为,“火烧赤壁”也并不是孔明会“借东风”而是当时适逢东风;朝鲜雨量器并不是传自中国;中医的运气学说并不能反映气象本质;张衡的候风地动仪不能候风也亦不是指候风、地动两种仪等等。

值得赞扬的是,王鹏飞先生研究科学问题,从不人云亦云,从不唯前辈、唯权威,唯书本。追求的是真知灼见,遵循的是实事求是的原则。众所周知,竺可桢先生是我国科学界重量级的人物,是我国气象领域的权威和前辈,他的地位和影响是显而易见的。过去我对他就很崇拜,记得竺老关于华北地区冬小麦产量与降水关系的论文,关于我国五千年气候变迁的论文以及物候学一书都给我留下深刻印象。王鹏飞先生在充分肯定竺老贡献和成就的同时,对竺老论著中的一些错误和不实处,对竺老研究方法的不当等,能够据实陈述公诸于众。这在当今学术界是不多见的,实在令人敬佩。例如,王先生根据考证推翻了竺老关于朝鲜测雨器传自中国的说法;用令人信服的根据证明竺老将张衡的候风地动仪理解为候风仪和地动仪两种仪器是错误的,范文澜在《中国通史》中对此以讹传讹欠妥;还指出竺老在“物候学”一书和“中国五千年气候变迁的初步研究”一文中,在引用一些史料时存在一叶障目和曲解现象,从而曾导致某些错误结论。王先生也作了指正。不仅如此,王先生还对竺老思想体系及其局限性进行了研究。又如英国学者李约瑟,在研究中国科学技术史是一位大家,非常著名,其著作影响深远。王先生对其论著中气象学部分存在的某些问题,也提出了一些修改意见。

我觉得王鹏飞先生的“张衡候风地动仪功能测试和感震原理探讨”一文是相当精彩的。

文中引经据典利用了大量史料，既根据张衡地动仪的原设计思想，基本构体绘制出其构造简图，又讨论了地动仪历史测试结果和局限性，同时评述了张衡候风地动仪的历史地位。指出张衡发明地动仪是“歪打正着”的结果，精辟地评价了历史上中外研究者对张衡地动仪的各种观点，并用现代 P. S. R 三类地震波循序演变理论探讨了地动仪的感震原理，很具启发性。要想深入了解王鹏飞先生的学风和他的博大精深的一面，此文是很值得一读的。

4. 豁达乐观

王鹏飞先生的情感是丰富多彩的。他在研究学问之余，遇到一些事情，会动情的吟诗一首，他写的许多诗词已编入了《天风海涛集》。

在高教新村，八旬过后的王先生还常和我校离退休的同志一起参加歌咏活动。欢乐歌唱一些中外名曲及流行歌曲。他时而加以评论，时而讲述与歌曲有关的故事，有时还重新将英文歌词翻译成中文。一次为抒发退休后的情怀，王先生专门写了一首歌词，让我配以京剧曲谱进行演唱。歌词中有“忆往昔风播雨化辛勤来把桃李栽，兴国凭科教，此心从不怠”，“笑对生与死，慎对病与迈，把难压抑的壮思尽付给郁郁葱葱的下一代”等佳句。当王先生金婚来临之际，他即兴借用英文歌曲《When we were young》之乐谱填写题为“愿青春喜长辉双老——金婚恋曲”的新歌词以表达他与其夫人杨永华的伉俪情深。

王先生平时淡泊名利，待人平和，与人无争。谈起过去在甘肃天水曾无端“批判”过他的人，王先生一笑了之，事后还为此人讲了不少好话。气象学院为离退休教师购建南京城内高教新村宿舍，凭资历条件，王先生是完全可以先入住高教新村的，但为了谦让，所以实际上他是最后才申请进住的。生病住院时，王先生也总是放弃优待，宁愿选择普通病房。遇到天灾，他慷慨解囊，捐献救助。他的这些高风亮节，堪称我们的楷模。

回想我们学校过去创造的辉煌，以一个较小的单科性院校，赢得了国内外一定的赞誉和影响，培养了众多的高端人才，虽然在绝对数量上不能与北大、清华等名校相比，但相对而言，就我校如此小的规模，如此短的历史，如此少的师资以及有限的教学设备，有限的生源质量能做出这样的贡献，已是相当可观的了。从“投入产出”比的角度看，我们并不比一些名校逊色。值得自豪的是，我校有一支素质精良的师资队伍，其中以王鹏飞教授为代表的专家学者，又是真正的“台柱子”。我想南京信息工程大学要创造出未来的辉煌，所有的教师和学生一定要学习、继承和发扬王鹏飞教授的敬业、创新和拼搏精神，要像他那样脚踏实地地奋斗，不断超越自我，超越前人。

作为晚辈，我怀着十分敬仰的心情，在王鹏飞教授迎来他九十岁生日的时候，衷心祝愿他健康长寿，幸福快乐！

好人多寿

——南京气象学院时期宣传部部长肖大荣祝寿函

我退休后与王老师同住一楼,往来颇频。钦佩其虽为著名学者,但谦虚亲和。其老伴杨永华脑病久瘫在床。他们因退休较早,收入不丰,生活勤俭。但富有乐善之心。在2008年四川汶川大地震时,捐款两千元,为我等离退休者之冠。他年事已高,仍笔耕不辍。一生以从事气象教育事业与科研为乐趣。在大气科学方面著作等身,且在诗词歌赋上造诣颇深。

"好人多寿",我们敬祝王老师"鹏飞万里,寿元无量"。

愿:春意不老,盛世合献九如愿;

明月长辉,延寿可超百岁人!

孜孜不倦学者路，矢志不渝气象人

——南京信息工程大学宣传部贾冰同志撰文

他是解放前毕业的中央大学气象系第一届唯一的毕业生，新中国气象事业有他写下的浓重一笔；他是南京气象学院的开创者和奠基人之一，三尺讲台有他洒下的辛勤汗水；他是中国气象史志研究的权威，历史长卷中有他留下的光辉诗篇；他是我国气象科普的著名前辈，气象走进千家万户有他不可磨灭的功绩。他献身科学、追求真理，精心育才、甘为人梯，学德高尚、谦诚待人，广受学生爱戴，深得同事敬重。他就是年已九十，曾任职于我校大气物理系的王鹏飞教授。

一、情系气象，矢志报国

从1950年受恩师涂长望之邀赴北京参加新中国气象事业的建设起，王鹏飞教授从军委气象局与清华大学气象系合办的观测人员训练班到军委自办的气象人员训练班，又从中央气象局宣传出版处到南京气象学院。一直致力于党的教育事业和新中国的气象事业。忠心耿耿，殚精竭虑，成绩卓著，贡献突出。他始终严格服从组织安排，哪里需要他，他就到哪里。工作需要他做什么，他就做什么，无论是编辑刊物、科普宣传还是教书育人，他都尽心尽职，毫无怨言。而新中国气象事业的每一次进步也都让他激动不已，他由此对党更加忠诚，对祖国更加热爱。

作为开创者和奠基人之一，南京气象学院凝结了王教授大量心血。1960年，朱和周、王鹏飞、冯秀藻一起负责筹办南京气象学院并分别筹建最早的三个系科——天气动力系、大气物理系和农业气象系。从此，他就为学校的建设和发展呕心沥血，不辞辛劳，与学校一同走过了近半个世纪的历程。当大气物理专业需要开设云雾降水物理学时，是他，第一个承担起开新课的任务，翻阅了大量的国内外资料，写出了一本七十万字的讲义；当空气污染成为人们关心的问题，是他，主动请缨，在半年内完成了“大气污染简编”讲义的编写工作，并最先承担了“污染气象学”课程的讲授任务。他奋战在学校教学科研的第一线三十余载，先后编写了十余部几百万字的教材，讲授了三门基础课和六门专业课。他长期从事云雾物理、人工影响天气等方面的研究，提出了天气导变的研究理论。

年过花甲之时，他本可以在家安享清闲晚年，他却仍然对科研工作充满热情，毅然投入到气象史这个相对比较“冷门”的领域，潜心研究，成绩斐然。他继承并丰富了竺可桢先生在中国气象史方面的研究，发现了许多新的令人信服的材料，发表了许多颇具影响的专著论文。他在中国气象学年会和中国地学史讨论会上所做的报告受到国内外有关专家的好评。为了尊重历史，尊重客观事实，他不仅查阅大量文献，还经常外出实地考查。六十多岁仍然远赴广州、西安、乌鲁木齐、连云港等地的历史遗址作现场调查，取得了宝贵的第一手资料。他笑言道：“外国人正在研究中国气象史，中国人为什么不能研究外国气象史？六十正当年，莫道桑榆晚。别人不愿意做的工作我愿意做。”他的开拓性研究填补了我国气象史研究的空白,使我国气象史研究达到国际先进水平。这其中,既有王老作为学者强烈的使命感,更有他对祖国气象事业的忠贞之心。

令人敬佩的是,如今王教授年虽九十仍然矢志不移,奋斗不息。去年他还发表了好几篇文章。他常说:“我之所以能为祖国气象事业做一点工作,完全归功于党。我是祖国的儿子,我要把全部身心献给祖国的气象事业。”在八十岁寿辰时,他深情感谢可爱的祖国,他说“由于祖国的发展,才使我有发挥所长的可能”。他也曾对张培昌教授说:“一个人年纪大了不能什么事都不做,要做一点,对社会才有意义。”

二、刻苦勤勉,严谨治学

王鹏飞教授所取得的成就与他的刻苦勤勉分不开。那出版的十余部专著、发表的三百余篇论文、编写的十余部几百万字的讲义、参与编辑的七部辞书,都是他夜以继日忘我工作的成果。他几十年如一日,每天工作十三四个小时。即便出差也毫不懈怠。常与他一起出差的翁笃鸣教授就经常亲见王教授天不亮就起床看书,晚上也要工作到深夜,甚至旅途的火车都成了他工作的场所。翁教授对此深有感触:“王教授这么大年纪,在学术上有那么高的造诣,那么高的成就,还是勤勉为学,让人感动。”

也正是因为刻苦钻研,勤于思考,王教授才能长期站在学科的前沿,成就渊博学识;才能敏锐地把握科学发展的动向,提出应对发展的设想;也才能至今保持清晰的思路和活跃的思维。而他深厚的文学修养,落笔成章的技能,准确流畅的英语也无不得益于勤学苦练。与王教授共事二十多年,曾任大气物理系主任的顾松山教授就对王教授的英文编译功底赞赏有加。

王教授在学术研究上的“较真”也是出了名的。提起王教授,大家无一例外地提到他严谨的治学态度和对真理的执着追求。他常说“‘吾爱吾师,吾更爱真理’,只要是自己认为正确的就要敢于争论,这样做学问才会有突破。搞研究不可人云亦云,一定要有创新精神,要有独到之处”王教授曾经对采访他的人这样说过。他的“较真”,是建立在充分的调研基础之上的。张培昌教授就说,“王教授做研究不是从书本到书本,而是注重实地调查考证。如六合下冰雹,他就乘车去看,有龙卷风,他就去看龙卷风破坏的情况如何,凡是天气现象他都争取亲眼看看。”通过考察实物,王教授纠正了气象史上的许多错误。在我国重要科学史刊物《自然科学史研究》里,王教授写的《张衡候风地动仪功能测试研究和感震原理的探讨》一文,就是对近60年来,国内外一直争论的有关否定张衡候风地动仪的错误观点进行义正辞严地反驳,同时也对地动仪自身存在的局限性作了补充说明。他无论是编辑《辞海》气象分科、《大百科全书》大气科学卷,还是受人之托修改文章,都要逐字逐句仔细推敲。在主持扬子乙烯工程环境影响评价项目时,王教授对报告书严格把关,对所有技术资料都仔细审阅。报告最终得到了来自全国各地的八十多位专家的高度评价。

现在的王教授,仍会半夜起床写文章,而书,依旧是他最为珍视的财富。客厅里,好几书橱的藏书特别醒目,窗台上随意摆放着他近期翻阅的报刊和杂志,而其他房间里,书桌上也几乎都摆满了书籍。每当女儿想让他搬去同住以便照顾,他都坚持在家与书为伴,他说人可以搬去住,但书没法搬,没有书做不了事,生活就没意义了。

三、精心育才，甘为人梯

王教授以提携后学为己任，他几十年辛勤耕耘，培养了成千上万的本科生和研究生，指导了众多的青年教师和干部，为中国气象事业造就了一大批骨干。

王教授手把手地教会年轻教师如何辅导、如何讲授。据曹文俊教授回忆，60 年代初，王教授曾经为了帮助他克服教学中的难点，花了好几天时间，密密麻麻写了 20 多张教案纸，详细推导出了雷莱散射公式的多种表示法。王鹏飞教授还经常创造条件锻炼培养年轻教师，帮助他们成长。在翻译美国华盛顿大学教材《大气科学概观》时，王教授完全可以独立完成，他却特意组织年轻教师共同翻译，而后自己再修改、统稿，在实践中提高年轻教师们的翻译技能和水平。不仅如此，他还对书中的重点章节首先向年轻教师一一作了讲授，使他们能顺利地担当起 77 级至 83 级以该本译著作为教材的大气物理学教学任务。全国各地的青年气象工作者向他请教，他也有求必应。1980 年辽宁丹东气象局谢世俊写了一本《气象史漫话》，书稿撰写过程中，王教授通过写信提出了大量宝贵意见和建议。正如作者在书末所写的，王教授为他"审稿、改稿、鉴别史料，大至思想性、科学性，小至文字、句读，无不诲以谆谆"。

王鹏飞谨记恩师涂长望的教诲，弟子不能囿于师承，应发挥特长，力求青出于蓝，力求后浪超过前浪。在气象教学上，在大气物理研究上，在气象史志研究上，王教授都力求有所创新。而对于自己的学生，他也总是"希望学生能够更好！"他的学生无论是在国内走上气象工作的岗位还是出国继续求学深造都取得了出色的成绩。这背后，有老教授对学生高度的责任心和倾注的大量心血。研究生李小庆在野外进行雾的观测时，王教授亲自赶到现场，察看仪器设置是否合理，观测方法是否科学。如今已出任中国气象局局长的郑国光是王教授早年指导的研究生之一，也是众多学生中老教授特别喜爱的一位。当年，王教授曾多次到实验室指导郑国光如何做实验，如何做记录，教育他做好实验一定要有严肃认真的态度和踏踏实实的作风。郑国光编写《人工影响天气研究中的关键问题》一书时，王教授不仅参与全书的审核工作，还给部分文章作了翻译，让已毕业多年的郑局长很是感动。郑国光也始终不忘王教授的悉心指导和关怀，每次来南京都要探望王教授，在王教授八秩及九秩华诞时都特意手书贺信表达对恩师的感激和祝福。

王教授对晚辈的提携帮助是无私的，毫不保留的，也是不计报酬的。当《气象史漫话》一书的作者要求与他联名发表时，他婉言谢绝；当学校在研讨青年教师如何培养，如何治学时，他建言献策；当 1987 年学校开办优秀生学习小组，请专人指导优秀学生时，他也欣然应邀。只要是与关心年轻一代有关，都能看到他坚毅的身影。而他所做的气象科普工作，则让更多的人了解了气象，激励了更多的年轻人投身气象事业。

王教授从不计较个人名利和地位，他虽然获得全国气象系统劳动模范、科技进步奖等多个奖项和荣誉称号，担任中国气象学会常务理事、中国气象学会气象科普工作全国委员会副主任、中国气象学会气象史志委员会主任、江苏省政协常委等多个重要职位，但他依然如故，谦逊平和，朴实无华，严于律己、宽以待人。他至今仍然自称为"同学"，称学生们为"学棣"。他从未提出过个人要求，始终过着非常简朴的生活。

"傲雪经霜不老松，南京气院一诗翁。耕云播雨文章秀，作曲填词兴味浓。展翅鲲鹏怀壮志，含苞桃李笑春风。自古江南多名士，八秩寿星今又逢。"这是王鹏飞教授八十寿辰时收到的祝寿诗。如今,已年近九十的王教授仍然笔耕不缀,除了继续气象史志的研究,他还写诗、作词、唱歌、写家谱,考证汉城更名首尔,探讨人类语言和文字的起源。而侍弄盆景则是他最好的休闲。如此高尚的生活情趣让他的晚年别有一番味道。但他仍然割舍不下的,是对学校的那份殷殷深情,他始终十分关心学校的发展,想着为学校的建设事业贡献自己的力量,他胸前还时而别着“南京信息工程大学”的校徽,著文都会写上“南京信息工程大学王鹏飞”。今年4月间,当翁笃鸣教授为校史建设的事拜访王教授时,他兴致勃勃地谈了一上午,与翁教授交流了很多想法,并表示一定尽全力为校史建设提供帮助。不仅如此,王教授还详细询问了学校发展的近况,他对学校的这般情谊令人不禁为之动容。

与气象六十多年的不解之缘还在延续,但王教授的身上已经镌刻下了中国气象事业的华美乐章,书写了南京气象学院的辉煌历史,这华章,这历史,也将在王教授的瞩目下延续不断……

第三部分

生平述略及九十感言

鹏飞生平述略(自传体)

1920年阳历12月5日,我生于上海四卡子桥边的一所小屋内。父亲王梅卿,宁波籍,在民国初年到上海一家小烟纸店为学徒。几经挫折,做了水、火、人寿保险公司的经纪人。母亲沈雪梅,籍隶舟山沈家门,与我父同甘共苦,生了我和一个姊姊、二个妹妹、三个弟弟。我初小是在上海著名口琴家石人望的母亲石启英所办弄堂小学念书。1932年1月28日,日军侵入上海,十九路军奋勇抗敌。我因家近闸北,就随父母全家赴宁波故乡逃难。日军退出上海后返申。入虹口唐山路澄衷中学高小部学习,并升入其初中。该校创于清末,蔡元培曾短期任校长,胡适与竺可桢早年也曾入此肄业。教育质量颇高,迄今仍为虹口区重点中学。我初中毕业后,日寇发动"七·七"卢沟桥事变,并于1937年8月13日又大肆进犯上海。我国军队在浴血苦战予敌以重创后西撤内地。上海租界在日军包围下,成为孤岛。原在苏州的东吴大学因苏州沦敌而迁到上海租界。我就考入东吴大学高中部并在高中毕业后升入东吴大学物理系肄业。

上海沦为孤岛后,在沪青年痛苦异常。租界当局在敌伪包围下压制境内抗日爱国活动,青年心情非常压抑苦闷。既不愿为亡国奴而力图反抗敌伪,又感报国无门而徘徨空虚,也有颓废消沉的,当时我曾在梅益主编集上千篇短文以揭示孤岛各阶层人民众生相的《上海一日》中,以伊人为笔名发表文章,规劝友人不应沉缅于麻将牌桌上。希望能振奋起来,做些有益于祖国社会的事。以后又与黄元庆、陈君良、钱君行、袁嗣良、张圣烈等以野马文艺研究会名义与澄衷中学老师、著名艺术家钱君匋所办的万叶书店合作,创办进步刊物《文艺新潮》。在该刊物上我曾以乜如也、俊伯、井柏等为笔名,写过一些短稿。记得有一篇称为《小册子》的短文,内容是说一青年拿了许多抗敌小册子准备出去散发,但为父亲看见,怕出事,要他销毁,那青年不得不一边将部分小册子烧毁,一边却暗暗下了决心,在父母不看见的情况下,还要出去散发小册子。《文艺新潮》当时曾刊有巴金、靳以、索非、王任叔、丰子恺等人的稿件,多系钱君匋组稿。以后由于局势的关系,此刊物就被租界当局查封了。关于在孤岛上发抗日传单的事,事实上我也做过多次,例如发到同学书桌抽屉内、在丽华公司屋顶散向南京路,在南京西路散发给商店。有一次在平安大戏院散发时曾经被法捕房拘禁十天。此后敌伪势力欲侵入租界。孤岛局势已危,东吴大学为不愿向敌伪登记而主动在上海停办,我在东吴大学物理系学习一年半后,为免敌伪控制租界使自己遭麻烦,而设法离沪到内地求学。

到了重庆,转学入中央大学地理系气象组。1944年,气象组从地理系中独立出来成系。我就转入气象系。1945年夏,成为该系第一届唯一的毕业生。由于未毕业前已被预定到航委会搞气象工作,所以虽然毕业时抗日战争胜利,我却到重庆歇台子气象总台报到,任测候附员,同年12月,又调赴成都凤凰山测候训练班任教员,教理论气象学。一年半后(1947年),脱离该训练班经南京返沪,得以与久别的父母见面。1949年全国解放。1950年4月,我在上海与杨永华结婚,即收到涂长望老师之邀,遂与杨同赴北京,我参加了革命的人民气象工作,在军委气象局任职,当时涂师任军委气象局局长。

最初,在军委气象局与清华大学气象系合办的气象观测训练班任课,半年后,又在军委气象局自办的气象干部训练班(即南京空军气象学院前身)任教兼任教务主任,1953 年根据国家命令,军委气象局改为中央气象局,转建属政务院。而气象干部训练班仍留在军委,于是我就又自气象干部训练班调到中央气象局。先在测政处负责编写地面与高空的《测报简要》(为技术规范),并负责台站问题解答等。不久又调到编译室,编《天气》月刊。其后又任编译室副主任,负责编译气象书刊出版工作。1958 年后任气象局办公室的气象宣传出版处副处长,并负责北京东郊农业展览馆中气象馆展出任务。

由于中央气象局拟在南京设立气象学院,故在 1960 年 4 月,我奉调到南京,参加南京气象学院建院及该院大气物理系创系工作,此后一直到现在,我始终在南京气象学院任教,并未再调到别的单位。在该院,我历任气象系副主任、大气物理系主任等职(1960—1990 年),并始终未脱离教学任务,1978 年被评为教授,1991 年退休。

从社会活动方面看,我曾任中国及江苏气象学会常务理事,中国气象学会气象科普工作全国委员会副主任(1978—1990 年),气象史志研究会主任(1983—1999 年),江苏气象学会大气物理委员会主任及气象科普工作委员会主任(1978—1986 年)、气象名词审定委员会委员(1985—1990 年),又曾任《天气月刊》、《南京气象学院学报》、《中国科技史料》、《气象科学》等刊物编委,《上海气象志》编委会顾问,《辞海》(1960—1999)、《中国农业百科全书·农业气象卷》(1986)、《中国大百科全书·大气科学卷》(1987)、《世界百科名著大辞典》(1992)等辞书编委及分学科主编,《气象学词典》(1985)责任主编,《中华名著要籍精诠》(1994)编委,并为这些辞书撰写词条,还曾任江苏省政协第四、五两届委员及常委。并曾荣获南京市劳模(1985 年)及全国气象系统劳模(1989 年)称号。国务院表彰为发展高等教育事业有突出贡献者、享受政府特殊津贴(1992 年)。曾编有讲义十余部、撰译专著约十部。指导研究生约 20 名,还曾带领师生负责南京扬子乙烯工程大气环境影响评价工作(1983—1984 年),经乙烯工程指挥部邀请数十位教授专家评审,认为国内先进、花钱少、经济效果好,可国内推广(1985 年)。

从 1950 年起,我写的论文渐多,发表的刊物也广,主要是大气物理性质的文章。自 1980 年起,所撰气象史志方面的论文居多。平生重视气象科普,所以在气象科普活动中也写了不少文章。由于担任编撰各种辞书的编委及分科主编任务,具体撰写词条,且从新中国成立初期就关心气象名词建设,在当时各种中外对照的气象学《词汇》或《汇编》中参与提供名词词汇及审查工作。20 世纪八九十年代,还曾参加气象名词审定委员会,对气象名词的合适与否问题特别关心,所以对科学的名词与应有含义,就常从名词历史、演变歧义、社会影响等角度提高到本质和理论高度上加以探讨,并提出过许多希望改正"名乖其义"的气象名词建议,为此也写了不少文章。我撰写文章的时间跨度逾 50 年,性质多样,又分散刊登于不同时间、不同地域、不同性质的报刊书籍中,收罗较难。幸而杨永华在我们金婚之年,凭手头存稿残藏旧书刊及记忆所及,编为《王鹏飞教授著译分类目录汇编》一文,对专著、译书各注明书名、出版社、编写年份。对讲义各注明讲义名、印刷年份(多为油印),对辞书编纂各注明辞书名、年份、出版社、编纂所担任务。对论文,细分为气象史、大气物理、气象书文评述、气象名词研究、译文、气象科普、编余杂篇等七类,各列出文题、刊出的书刊名及年份、期别、页号,字数(约数)。凡记忆不全的项目从缺。虽然不能说没有遗漏,但大体已包括了我的绝大部分著作,仅就论文及各种文章言,从 1950 年到 2000 年止,已有三百余篇。现在已是 21 世纪之始,此后我当然还要写一些文章,有些未编入该分类目录汇编的旧文,还可能又会发现。

将再在有条件时补充编写入汇编中。

最后,我用1996年为青年学友题词所撰《海纳众淡》四言韵语,作为《传略》结尾以自勉。

海纳众淡,乃成其咸;江集千涓,始盛其澜。
师友兼宗,曲尽其妍;源流并蓄,必具浩瀚。
由博返约,英华是餐;以精御芜,灵感时颁。
持之以恒,行之弥坚;自出机杼,终显斑斓。

2000年底
王鹏飞记于南京高教新村

南京信息工程大学庆祝王鹏飞先生九十华诞概况

九十岁高龄的王老精神矍铄,话语掷地有声,二百余嘉宾和师生代表欢聚一堂,其乐融融,2009年11月28日,在大气物理学院成立一周年之际,南京信息工程大学隆重召开王鹏飞先生九十华诞庆祝会暨大气物理学科高层论坛,共贺这位为新中国气象事业做出重要贡献的老一辈气象学家生日快乐。

中国气象局局长郑国光专程给恩师王先生发来贺信,深情回顾了在母校求学以及师从先生进行气象研究的经历,"感谢母校、感谢先生等一大批优秀的老师教育培养了一批又一批的气象人才",并祝恩师身体健康,生活幸福,心情愉快。

中国气象局国家卫星气象中心许健民院士、南京大学原党委书记陆渝蓉教授、北京大学毛节泰教授、国家气候中心张德二研究员及王先生的多位高足到会祝贺。校领导刘一平、李廉水、李春成、李刚、管兆勇、程建军、牛生杰、陆维松参加庆祝活动。中国科学院大气物理研究所等科研院所、中国气象局办公室、福建省气象局、重庆市气象局等气象部门以及王先生的学生纷纷来电、来函祝贺,伍荣生院士等国内气象界众多知名专家学者送来贺礼。

校友许健民院士在致辞中向王先生等母校的老师表示衷心感谢,感谢母校给予学生终身受用的宝贵财富,尤其是扎实的基础知识和善于分析资料的能力,"对日后工作起到了非常重要的作用"。南京大学原党委书记陆渝蓉教授回忆了与王先生半个多世纪的真诚友谊,她用"热爱事业、学风严谨、对己平和、待人诚恳"称颂先生行为世范,"王先生的行动是我们学习的榜样,我们愿将自己的一切奉献给气象事业",陆渝蓉教授慷慨激昂的致辞得到大家的共鸣。随后,毛节泰教授、张德二研究员的致辞更让大家看到了王先生的学术成果、崇高品德对全国气象教育、对一批又一批气象人才成长的深远影响。

学校何金海教授作为先生高足代表发言,年过花甲的何金海教授和毛节泰教授一样站着发言,并向王先生三鞠躬,感染了在场的每一个人。他说"为有这样的老师和系主任感到自豪和欣慰",要向先生学习做人、学习做学问、学习健康长寿。大气物理学院是对王先生亲手创建的大气物理系的传承和发展,院长银燕教授在发言中表示要将学院建设发展好。

李廉水校长代表全校三万余名师生祝王先生九十寿辰快乐,李校长说,先生德高望重,培养了一批批优秀的学生,为气象事业和气象教育事业做出了杰出贡献,是学校的骄傲,是中国气象事业的骄傲,他号召大家学习先生的爱国情操、治学精神和崇高品德。

寿星王先生的发言让所有人期待。先生回忆了自己与气象的不解之缘,并表示很高兴看到学校的气象学科从当初的三个系科发展至今天与之相关的理、工、文、管等多学科,很高兴看到"中国的气象科学在世界上有地位了",言语中流露出先生对学校、对祖国气象事业一如既往的挚爱。让人意外和感动的是,百余位到会的嘉宾都收到了王先生的

“南山寿”书帖，这是先生用了三天时间一张张亲笔手书而成。致辞中，先生特意解读了个中意味，书帖表达了先生九十高龄“犹秉报国志”，并希望所有人在如今的盛世都能长寿比南山。

庆祝会隆重、简朴而热烈，在场的青年学子既领略了王先生的大师风范，又受到了尊师美德的熏陶。

王鹏飞九十感言

2009年11月28日,承南京信息工程大学厚爱,为我举行九十岁祝贺活动。会上宣读了中国气象局郑国光局长贺词。南京大学陆渝蓉教授、北京大学毛节泰教授、国家气象卫星中心许建民院士、国家气候中心张德二教授、南京信息工程大学李廉水校长,大气科学学院何金海教授、大气物理学院银燕院长等都作了热情洋溢的发言。参加的有中国科学院大气物理研究所、中国气象局、各有关省市气象局、有关气象的兄弟高等院校及本校各单位的朋友同仁等贵宾约二百多位。另收到贺电、贺函、贺礼等若干。旧交新知,盛情难忘,会后还承许健民院士和毛节泰教授作大气物理学术报告,心中铭感。

自觉此身贡献不多,受此隆重祝贺,愧不敢当。特于会前三日,手书宣纸短语百余张,回馈来宾,以表谢忱。惜仍不能使来宾人手一纸。纸上短语为:"九十犹秉报国志,盛世咸臻南山寿。"

这是一个好日子。因为南京信息工程大学给予我一个机会,使我能够与昔日长期与我共同相处,共同工作,因我年迈退休,久未谋面的同事、同仁们再次相会,同叙别情。

这是一个好日子。因为它使我不仅可回忆数十年内与我同为祖国气象教育事业奋斗而先我逝去的师辈长者对我的关心帮助,还能看到或听到他们的后辈及我教过的许多青年学子今日的英姿,和他们青出于蓝的在学术界的喜人贡献。

这九十年是一个翻天覆地的时代,我有幸在这个时代亲沐党和国家的雨露。见到我国从半殖民地半封建的弱势发展为举世瞩目的和平崛起的世界大国。

我出生于受尽列强欺凌的东亚病夫之国的中国上海。在我出生前二年,即1918年,正是第一次世界大战胜利之年。我国是协约国成员,属大战胜利的一方,德国是战败国。德国在我国青岛原建有观象台,是在清光绪二十三年(1897年)山东曹州教案后建设的。(当时德国传教士在曹州欺压我国平民,激起民愤,被杀,德国以此为借口攻占我胶州湾。攫取山东路矿特权并为窃取我国气象情报而在青岛设观象台。这是清末列强在我国所设的三个观象台之一。其他两个为上海的法国徐家汇观象台及香港的英国皇家天文台)。这个德建观象台在德国战败后,本该由胜利的中国接管。可是在我出生的前一年(1919年)的巴黎和会中,却做出规定,将德国在山东的权利全归日本,并写进了《凡尔赛和约》中。于是青岛德国观象台被日本人接管去了。在我出生后二年(1922年),蒋丙然和竺可桢曾赴青岛去接管日占的青岛观象台。但日本人以中国缺乏从事气象业务人材为由,拒绝交付而接收未果。在我出生后四年(1924年)方由蒋丙然把青岛观象台收归我国,并任该台台长。为洗刷日人侮我"中国无气象人材"之耻,1927年就在青岛建立以蒋丙然为会长之中国气象学会。

在我出生之前一年(1919年),巴黎和会激起了我国的五四运动,在我出生的后一年(1921年),中国共产党在上海召开首届全国代表大会,并宣告了党的成立。这说明我国思想及文化的革命,已出现了端倪,为90年后的今日中国和平崛起,奠定了基础。

在20世纪的40年代初,我本在上海东吴大学物理系肄业。为了避受日伪势力侵入上海租界的困境,我负笈赴重庆,转学入中央大学地理系气象组。当时气象课仅作为地理系的基础课之一，而气象学科在学校中尚未独立形成体系。1944 年，由于黄厦千教授的努力，气象组发展为气象系。由此气象学科才独立出来，但因为是冷门，很少同学想从地理系转入气象系。我和蒋飞是仅有的由地理系转入气象系的，而在 1945 年从气象系毕业时，我却是唯一的一个。其所以如此，是因为我是学物理出身的，觉得气象应偏重于物理研究。也坚信气象当时虽为冷门，但日后必会发展成热门的。现在通过这半个多世纪的经历，真正体验到在中国共产党的领导下，我国气象科学的发展的确迅速。气象的服务对象广阔，例如目前气候变暖问题，已成为世界研究的最热门课题。今年，再过十天（12 月 7 日）即将在丹麦哥本哈根召开世界气候变化峰会。我国将在大会中提出我们在 2020 年前将比 2005 年减排 CO_2 40%～45%。一新世人耳目。并为发展中国家的利益，共同坚持有区别地减排原则。这些问题，是气象成为世界热门话题的一个证明。

我在中央大学气象系学习时，学校中的气象仪器教学，也是十分重视的。讲义中介绍了不少当时先进设备。但由于日寇的封锁，又因为经费的限制，实际观测使用的仪器比较简单。例如观测场的风向仪器，还利用直竹竿上系的红布条。学校中也有不少自记仪器，却都是英、美、德、日、法规格的陈旧设备，仅作示教，难以使用，往往零件缺失，不易购备。可是在新中国成立后的十年内，在涂长望局长领导下，我国气象业务部门的气象台站，已由几十个增至千余个。各站地面测量仪器，已均采用自制的。现在由于遥感技术提高，飞机、火箭、雷达等设备均能自制，气象卫星也早上了天。回顾前事，如在梦中。

我于 1945 年中大气象系毕业以后，曾被安排到成都空军通信学校凤凰山测候训练班教授理论气象学（即动力气象学）。班主任为与李宪之同在德国柏林大学专攻气象的刘衍淮。1947 年我脱离该班回到南京。在中大气象系由黄厦千教授发聘书在该系任助教。但恩师涂长望认为当时时局不宁，建议我暂时不接受聘请。我遵涂师之命即返上海家里，并将聘书退回学校。在全国解放后，涂师已任军委气象局长，从北京来函邀请我赴军委气象局参加革命工作。最初也是办气象人员训练班。

1950 年军委气象局与清华大学合办训练班。那时清华大学气象系由李宪之为主任，熟悉的教员有严开伟、仇永炎、江爱良、田明远等。不久就由军委气象局自办气象干部训练班。主任为陈友萍、曾广琼。我任教务主任并参加教学。其后该班办学渐正规化。谢光道等任教务主任，我任副主任，学校也迁往魏公村。这个学校即今南京解放军理工大学气象学院之前身。在北京工作时，因负责编《天气月刊》及气象局编译室等工作，所以与顾震潮、顾均禧、谭丁和朱和周等接触。1960 年我与朱和周、冯秀藻两位教授同调赴南京创办南京气象学院的大气物理系、天气动力系及气候与农业气象系。朱冯两教授学识高超，我时时向他们请教。可惜均已逝去。但南京信息工程大学继立以后，天动系及气候系已发展为大气科学学院。农业气象系已发展为应用气象学院。这是可以告慰于他们两位的。而南京气象学院时期建立的大气物理系在南京信息大学中也于 2009 年发展成为大气物理学院。事实上，我国各大学大气科学学系也都有扩展，如南京大学大气科学学系也已发展为大气科学学院，这些都证明气象教学的发展迅速。

回忆我生长的九十年中，前 30 年是在全国解放以前抗日战争中和国民党统治区度过的，后 60 年是在新中国度过的。即三分之二，受到了中国共产党的雨露之恩。这前三分之一的年岁，正可以印证我国与我一生中生活愈来愈好的对比。

我受大学气象教育，是在国家贷金制度下完成的。那是在三十而立以前，三十而立，正是我参加新中国气象事业之时。但这以后，我从事气象教学工作，正是深刻受党与国家气象教育培养的过程。没有这种培养，我在气象教学、大气物理及气象科普工作、气象史研究、气象辞典编纂工作等各方面，是绝对不可能有所成就的。

我亲身目见中国从半殖民地社会发展到在东亚和平崛起，从受尽列强欺凌到成为世界不发达国家及发展中国家的明星。我亲身目见气象科学在我国从冷门到热门，从附属于地理学科到独立发展，并服务于各行各业，而且已在联合国世界气象组织中占有重要地位。成为先进的一员。我有一个幸福的家庭，爱人杨永华虽久患脑瘫，鼻饲多年，却获得在家安定地护理。三个女儿达红、坚红、永红，都从事高等教育工作，对我年迈中工作的助力及生活的照料方面，非常孝心。我认为如没有党和国家为我创造良好的条件，就不可能获得这极好的环境。因此我应当更好地报答党与国家对我的恩情。

这就是我所以在宣纸短语中写出："九十犹秉报国志"的理由，我应当继续以力所能及的精力，奋思笔耕，报答国家。

其次，我们知道，在半殖民地的中国，人民的平均死亡年龄仅在50岁左右。过了50岁，已被称为高龄长寿。可是在九十年后的今天，我国人民的平均死亡年龄已近80多岁。我今年90岁，已过平均死亡年龄。大家祝贺我90高龄，我认为大家的年龄可远超过90岁。这又是我所以在宣纸短语中写出："盛世咸臻南山寿"的理由，以为当此国家兴盛和平崛起之时，不独是我，而且是包括诸位在内的全国同胞(咸)，都能达到(臻)远高于90岁的与南山年龄相比拟的高寿，以亲历更璀璨的祖国明天。

我在退休以前，曾写出为从事气象教学而自豪的诗：

"风栉雨沐培群英，喜看桃李满园春；
光阴未催人自老，不觉双鬓白如银！"

后来，在退休之初又写了那时心情：

"鬓角如银神不衰，昔时生徒今成才；
莫嗟年华水带去，桑榆风日属我侪！"

现在我虽年迈体衰，但仍愿以如下心情，舒"老有所为"之乐：

"厩牛犹恋稼穑田，濡墨奋笔不计年；
九十风光春岂老?！余辉引出艳阳天！"

第四部分　附录

附录一

《王鹏飞气象史文选》(气象出版社,2001 年)目录

1. 中国古代气象上的主要成就(1978)
2. 地球大气演化史(1987)
3. 中国古代气象认识史(1999)
4. 世界大气科学发展概史(2000)
5. 关于中国科技史研究(函两通)(1999)
6. 中国古代测风史(1999)
7. 中国古代报雨泽史(1999)
8. 中国古代气候学史(1984)
9. 世界大气科学发展年表(2001)
10. 史料抽样与边界层气候变迁理论(1993)
11. 殷墟甲骨文时代卜辞的气象记录(1999)
12. 中国和朝鲜测雨器的考据(1985)
13. 广州怀圣寺风信鸡光塔的调查研究(1987)
14. 浑源园觉寺铃鸾风塔之研究(1992)
15. 清代方测雨器、方蒸发器由来考(1691)
16. 水寒地冻不会出现海市吗？——东坡"海市诗"误解的澄清(1992)
17.《田家五行》著作考证(1990)
18. 南京北极阁观象台探源——方志内容以讹传讹例析(1994)
19. 康熙帝对农业气象的贡献(1997)
20. 康熙帝对气候和天气的调查和处理(1998)
21. 评康熙帝的大气物理知识(1999)
22. 对康熙帝风性能认识的分析(1999)
23. 中国历代国家气象机构考(1999)
24.《听园西疆杂述诗》描述的新疆气候(1983)
25.(明代)杨慎的气象知识(1980)
26. 对《中国科学技术史・气象学》的探讨(1996)
27. 开创中国气象史研究的新局面——中国气象史研究的意义、现况、紧迫性和前景(1984)
28. 在中国气象史研究中怎样继承竺可桢的开拓性精神？(1988)
29. 对气象史志研究会实践活动的深化认识(1991)
30. 气象史志研究会 15 年来的成就(1999)
31. 竺可桢与姚江学派(1994)
32. 在改革开放中发展竺可桢气象史研究的几点认识(1993)

33. 最喜丹贞托红日——回忆涂长望先生往事(1991)
34. 回忆使我神往——祝贺空军气象学院40周年纪念(1990)
35. 一个世界最早光象分类体系的探讨(1992)
36. 新中国成立前后气象科普工作概述(1998)
37. “赤壁之战”及其雾况风况的探源(1994)
38. “运气学说”不能反映客观的气象本质(1999)

附录二

王鹏飞教授著译分类目录汇编(1950—2000)

专 著

1.《祖国的气候》(开明书店出版,1954年复由中国青年出版社出版)

2.《平流动力理论介绍》(财经出版社,1954,与谢光道合著)

3.《气象学基本原理》(科学出版社,1959)

4.《中国古代气候学史》(科学出版社,1984,含于《中国古代地理学史》内)

5.《微观云物理学》(气象出版社,1989,王鹏飞、李子华)

译 书

1.《国际云图》(科学出版社,1963)(世界气象组织编,20世纪六七十年代中国气象台站普遍采用)

2.《物理气象学》(科学出版社,1960)(强生著,曾作中国高校气象系及气象研究单位重要参考教材)

3.《云物理学简编》(科学出版社,1983)(梅逊著)

4.《大气科学概观》(上海科学技术出版,1981)(华莱士和霍布斯著)(曾作南京气象学院教材)

讲 义

1.《普通气象学》(1962)

2.《大气光学、大气声学》(1964)

3.《大气电学、高层大气学》(1964)

4.《蒸发、凝结和天气现象》(1970)

5.《云雾降水物理学》(1965)

6.《人工影响天气讲义》(1970)

7.《大气光电现象》(1975)

8.《消雹的综合介绍》(1975)

9.《云雾降水和人工影响天气》(1976)

10.《气象讲义》(1976)

11.《大气污染学简编》(1986)

12.《云雾降水物理学(宏观部分)》(1980)

13.《云雾降水物理学(微观部分)》(1980)

辞书编纂

1.《辞海》(1960—1999),任编委及分学科主编(上海辞书出版社)。参加了1961年《辞海》16分册之编修,1979年版、1989年版、1999年版等各种版本包括增补本编修。

2.《气象学词典》(1985),与朱炳海、束家鑫等合编,任责任主编(上海辞书出版社)

3.《中国农业百科全书·农业气象卷》(1986),任编委及分学科主编(农业出版社)

4.《中国大百科全书·大气科学卷》(1987),任编委及分学科主编(大百科全书出版社)

5.《世界百科名著大辞典》(1992),任编委及大气科学名著分学科主编(山东教育出版社)

6.《中华名著要籍精诠》(1994),任编委及撰稿《中国广播电视出版社》

论　　文

1. 气象史

(1)《十年来我国气象业务的发展》(1959),卢鋈,王鹏飞,《气象学报》(第30卷第3期,P. 197～P. 201)

(2)《中国古代对天气现象的观测和理论》(1978),中国青年出版社,《中国古代科技成就》,P. 246～P. 256,1999年重印。

(3)《中国古代气象上的主要成就》(1978),(南京气象学院学报)第1期,P. 141,P. 151。

(4)《方志气象内容发展史》(1985),在九江召开的气象史志研究会各省市自治区气象志工作人员讲习班中报告,1988年编入《气象志编纂研究讲座》中P. 25～P. 52。

(5)《编纂气象志的若干原则》(1985)(同上,在《气象志编纂研究讲座》中P. 53～P. 68)

(6)《气象志是什么性质的书》(1985)(同上,在《气象志编纂研究讲座》中(P. 1～P. 23)

(7)《大气科学发展简史(上)》(1985)(南京气象学院《气象教育与科技》第3期)

(8)《大气科学发展简史(下)》(1986)(南京气象学院《气象教育与科技》第1期)

(9)《大气科学发展简史》(1987),王鹏飞、陆同文(《中国大百科全书·大气科学卷》P. 93～P. 99)

(10)《地球大气演变史》(1987)(《中国大百科全书·大气科学卷》P. 148～P. 152

(11)《世界大气科学发展概史》(1999)

(12)《中国古代测风史》(1999)

(13)《中国古代报雨泽史》(1999)

(14)《关于中国科技史研究》(函)(1999)[《李(约瑟)学通讯·冬季号》P. 2～P. 3. 上海李约瑟文献中心编]

(15)《气象学发展年表》(1985)(《气象学问典附录》P. 1012～P. 1021)

(16)《中国古代气象学》(1994)(《大气科学辞典》P. 7～P. 12,气象出版社)

(17)《大气科学大事年表》(1987)(《在中国大百科全书·大气科学卷》P. 857～P. 859)

(18)《大气科学发展年表》(1994),王鹏飞、顾均禧等(《大气科学辞典·附录》P. 1011～P. 1027)

(19)《世界大气科学发展年表》(1999)

(20)《中国古代气象科学的形成和发展》(1999)(《辉煌的二十世纪新中国纪录——气象

卷》P. 9～P. 13，红旗出版社）

(21)《中国古代气候学史》(1984)(即《中国古代地理学史)第三章，P. 75～P. 122，科学出版社)

(22)《关于研究近百年来气候变化的问题(上)》(《天气月刊》1958 年 3 月号，P. 25～P. 29)

(23)《关于研究近百年来气候变化的问题(下)》(《天气月刊)1958 年 4 月号，P. 21～P. 27)

(24)《节气顺序和我国古代气候变化》(1980)(《南京气象学院学报)第 1 期)

(25)《史料抽样与边界层气候变迁理论(一)》(1993)(《贵州气象》第 1 期，P. 9～P. 17)

(26)《史料抽样与边界层气候变迁理论(二)》(1993)(《贵州气象》第 3 期，P. 3～P10)

(27)《史料抽样与边界层气候变迁理论(三)》(1993)(《贵州气象》第 4 期，P. 3～P. 8)

(28)《甲骨文中的气象知识》(1977)(《少年科学》4 月号，P. 56～P. 59)

(29)《对我国古代风向器"伣"字的追索》(1998)(与刘昭民通讯)

(30)《甲骨文气象资料类举》(1993)(张德二等《中国三千年气象记录总集·殷商时期的气象记录部分》)

(31)《殷墟甲骨文时代卜辞的气象记录》(1999)

(32)《日火下降、旸气上升图的初步研究》(1983)

(33)《"朝鲜测雨器传自中国"辨》(1984)(《中国科技史料》第 5 卷第 3 期，P. 10～P. 13)

(34)《中国和朝鲜测雨器的考据》(1985)(《自然科学史研究》第 4 卷第 3 期，P. 237～P. 246)

(35)《为什么说朝鲜是迄今所知最早有测雨器和测雨网的国家》(1986)

(36)《关于朝鲜测雨器测雨网最早问题的答案》(1986)

(37)《释朝鲜测雨器七疑》(1986)

(38)《广州光塔寺风信鸡沿革的探索》(1987)(《宁夏社会科学》第 7 期，P. 41～P. 44，1987 年 12 月 23 日《人民日报海外版》第 8 版摘刊)

(39)《清代方测雨器、方蒸发器由来考》(1991)(《南京气象学院学报》14 卷第 3 期，P. 359～P. 364)

(40)《北岳(浑源)圆觉寺鸾铃风塔之研究》(1992)(山西文物局《文物季刊》第 1 期，P. 69～P. 76)

(41)《中国气象学会成立的历史背景》(1984)(《大众气象 05 月号)

(42)《徐家汇观象台建台前后法国在华气象活动概况》(1990)(《上海气象志编修信息》第 24 期，12 月 39 日出，P. 13～P. 21)

(43)《水寒地冻不会出现海市吗？——东坡"海市诗"误解的澄清》(《山东气象》2001 年 3 月及 6 月号，即第 1、2 期连载)

(44)《近年蓬莱海滋认识问题剖析—翠阜洞桥非海滋，莫从井底笑东坡》(1994)

(45)《流行江南 600 年的农事气象预告名著"田家五行"及其拾遗》(1992)(《地理知识》第 2 期，P. 23)

(46)《"田家五行"著作考证》(1990)(《上海气象志编修信息》17 期(总 50 期)，1990 年 9 月 15 日出)

(47)《南京北极阁观象台探源——方志内容以讹传讹例证》(1994)(为给江苏省气象局气象史志办参考而作，并蒙在《江苏省气象事业志》中采纳)

(48)《康熙帝对农业气象的贡献》(1997)(《南京气象学院学报》20 卷第 4 期，P. 541～P. 544)

(49)《康熙帝对气候和天气的调查和处理》(1998)(《南京气象学院学报》21 卷第 3 期，P. 446～P. 453)

(50)《评康熙帝的大气物理知识》(1999)(《南京气象学院学报》22 卷第 1 期，P. 128～P. 132)

(51)《对康熙帝风性认识的分析》(1999)(《南京气象学院学报》22 卷第 3 期，P. 439～P. 444)

(52)《气象学会的史前史和学会史》(1998)(拟在成都召开气象史志研究会交流会而作)

(53)《中国历代国家气象机构考》(1999)(为在福建召开第 9 届气象史志研究会交流而作)

(54)《中医运气学说不能反映气象本质》(1999)(刊于宋正海、孙关龙主编震中国传统文化与现代科技》一书，P. 459～P. 466，浙江教育出版社)

(55)《"听园西疆杂述诗"描述的新疆气候(一)》(1983)(《新疆气象》4 月号，P. 61～P. 63)

(56)《"听园西疆杂述诗"描述的新疆气候(二)》(1983)(《新疆气象》5 月号，P. 67～P. 69)

(57)《杨慎的气候知识》(1980)(《云南气象通讯·科技版》第四期，P. 1～P. 9)

(58)《亚里斯多德的"气象汇论"》(1981)(《大众气象》第 1 期，P. 2～P. 3)

(59)《对"中国科学技术史·气象学"的探讨》(1990)(在上海庆祝李约瑟九十寿辰会议上的报告)

(60)《"空际格致"作者高一志的研究——最早介绍西方古典气象学知识人华的传教士》(1998)

(61)《史料的选择、引用和注释(代序)》(1996)(刊于牟重行《中国五千年气候变迁的再考》一书的书首，气象出版社，P. 1～P. 7)

(62)《开创中国气象史研究的新局面——中国气象史研究的意义、概况、紧迫性和远景》(1984)(刊于《南京气象学院学报》第 2 期，P. 129～P. 139)

(63)《振翅起飞的中国气象史研究》(1986)(此为气象史志研究会三年总结)

(64)《开展气象史研究的五年回顾》(1988)

(65)《在中国气象史研究中怎样继承竺可桢的开拓性精神》(1988)(《南京气象学院学报》第 3 期，即 9 月号，P. 263～P. 268)

(66)《对气象史研究会实践活动的深化认识——第 6 次全国气象史志学术交流会气象史志研究会委员会议上的报告》(1991)(为气象史志研究会 4 年来的总结，刊于《贵州气象》第 4 期，P. 1～P. 6)

(67)《对气象史研究会实践活动的深化认识(续)》(1991)同上，刊于《贵州气象》第 5 期，P. 9～P. 15)

(68)《编纂气象志的四大原则》(1993)(《南京气象学院学报》第 1 期，即 3 月号，P. 109～

P. 113

(69)《编纂气象志的五个具体原则》(1993)(《南京气象学院学报》第 2 期，即 6 月号，P. 250～P. 254)

(70)《在改革开放中发展竺可桢气象史研究的几点认识》(1993)(曾在气象史志研究会南京会议上报告)

(71)《气象史志研究会(1991—1994)四年总结》(1994)

(72)《三届不负春风托，十年育得凌云枝——在中国气象学会 70 周年纪念大会所作气象史志研究会成立十周年的汇报》(1994)(《大气科学发展暨海峡两岸天气气候学术研究会论文摘要汇编》(1994)P. 224～P. 228，中国气象学会)

(73)《气象史志研究会成立 11 年来的经验和成就》(1994)(《大气科学发展暨海峡两岸天气气候学术研讨会论文摘要汇编》，P. 228～P. 231，中国气象学会)

(74)《气象史志研究会 15 年来的成就》(1999)(为气象史志研究会在福建召开第九次会议而作)

(75)《气象史志研究会 15 午采沿革概况》(1999)(系自《气象史志研究会 15 年来成就》一文中摘出，在气象史志研究会在福建召开的第 9 次会议中由鲍宝堂同志代报告)

(76)《田家五行》(1994)(《中华名著要籍精诠》P. 53～P. 55，中国广播出版社)

(77)《白猿经》(1994)(《中华名著要籍精诠》P. 55～P. 56，中国广播出版社)

(78)《相雨书》(1994)(《中华名著要籍精诠》P. 52，中国广播出版社)

(79)《气象学会历史溯源，回顾与展望——庆祝中国气象学会成立 60 周年》(1984)

(80)《我所知道的张乃召同志》(1993)(《新中国气象事业回忆录》第 1 集，P. 84～P. 87)

(81)《竺可桢与姚江学派》(1994)(《先生之风，山高水长——竺可桢逝世 20 周年纪念文集》P. 39～P. 51)

(82)《竺可桢与科学史研究》(1994)(《先生之风，山高水长——竺可桢逝世 20 周年纪念文集》P. 95～P. 104)

(83)《竺可桢与蔡元培的关系点滴》1994(《先生之风，山高水长——竺可桢逝世 20 周年纪念文集》P. 151～P. 156)

(84)《新中国成立前后气象工作钩沉》(1994)(《新中国气象事业回忆录)第 3 集，P. 72～P. 77)

(85)《新中国建立前后，气象科普工作概述》(1998)(《新中国气象事业回忆录)第 4 集，P. 8～P. 14)

(86)《竺可帧各时期的成就，际遇和他的思想发展》(1998)

(87)《献身革命　建设气象事业的光辉范例——纪念涂长望同志逝世 20 周年》(1984)，罗漠，冯秀藻，顾均禧，王鹏飞

(88)《春风桃李启新天——纪念涂长望教育工作》(1991)，谢光道，关真，王鹏飞(《纪念涂长望》P. 66～P. 69)

(89)《最喜丹贞托红日——回忆涂长望先生》(1991)(《纪念涂长望》P. 61～P. 65)

(90)《回忆令我神往——祝贺空军气象学院校庆 40 周年》(1990)(空军气象学院《气象教学与研究》第 2 期)

(91)《中国测“分、至”方法探源——江苏锦屏、云台两山夏代测“分、至”岩刻的调查研

究》(1987)(曾在江苏连云港气象局报告)

(92)《汉书·五行志》(1992)东汉班固《汉书》内有原文(此为《世界百科名著大辞典》中的条目介绍,P. 254～P. 255)

(93)《古今图书集成·历象汇编》(1992),陈梦雷,蒋廷锡辑(此为《世界百科名著大辞典》中条目介绍,P. 255)

(94)《历史中的气象学》(1992),Meteorology in History(1926),见英国纳·肖(Sir Napier Shaw)著的《气象学大全》第一卷(此为《世界百科名著大辞典》中的条目介绍,P. 255)

(95)《气象学大全》(1992),Manual of Meteorology(1926),此书于1906、1908、1934、1931分四次各出一卷,共4卷(此为《世界百科名著天辞典》中条目介绍,P. 259～P. 260)

(96)《中华气象学史》(1992),刘昭民(1936～)著1980(此为《世界百科名著大辞典》中的条目介绍,P. 256)

(97)《西洋气象学史》(1992). 刘昭民著于1981年(此为《世界百科名著大辞典》中的条目介绍,P. 269)

(98)《中国气象学史研究》(1992),日本田村专之助(1910～)于1976、1913、1977年分上、中、下三册出版(此为《世界百科大辞典》中条目介绍,P. 256～P. 259)

(99)《气象汇论》(1992),古希腊亚里士多德著的Meteoroloagica,(此为《世界百科名著大辞典》中的条目介绍P. 258)

(100)《气象学文汇》(1992). Campendn of meteorology,美国赫顿(Henry G·Houghton)组织,麦隆(T. F. Malone)主编,美国气象学会出版(此为《世界百科名著大辞典》中的条目介绍,P. 260)

(101)《气象学1919—1949》(1992),涂长望(1906～1962)于1955年主编(此为《世界百科名著大辞典》中的条目介绍,P. 264)

(102)《公元1800年前的气象学史》(1992),The History of Meteorology to 1800(1977)为美国弗里辛克(H. Howord Frisinger)著(此为《世界百科名著大辞典》中的条目介绍,P. 264)

(103)《田功农时》(1992),Works and Days. 古希腊希西阿德(Hesiod)所撰.(此为《世界百科名著大辞典》中的条目介绍,P. 266)

(104)《田家五行》(1992),元末明初娄元礼集述(此为(世界百科名著大辞典)中的条目介绍,P. 266)

(105)《当代中国的气象事业》(1992). 薛伟民,章基嘉主编,1984年出版(此为《世界百科名著大辞典》中的条目介绍,P. 269)

(106)《行星及其大气的起源及演化》(1992),P1anets and Their Atmospheres Origin and Evolution(1984),美国莱维司(John S. Lewis)与普林(Ronald G. Prinn)合著(此为《世界百科名著大辞典》的条目介绍,P. 270)

(107)《论气》(1992),明宋应星1637年著(此为《世界百科名著大辞典》条目介绍,P. 271～272)

(108)《竺可桢文集》(1992),竺可桢文集编辑小组选编(1979)(此为《世界百科名著大辞典》的条目介绍,P274)

(109)《空际格致》(1992),The Principles of Four Elements in Space,意大利耶酥会教

士高一志(Alphonse Vagnoni 1566～1640)于明末在山西绛县撰,中国韩云订(此为《世界百科名著辞典》中的条目介绍,P274～275)

(110)《降水理论史》(1992),A History of The Theories of Rain and Other Forms of Precipitation,(1965)英国密特尔顿(William Edgar Knowles Middleton,1902～)著(此为《世界百科名著辞典》的条目介绍,P275)

(111)《相雨书》(1992),唐黄子发编集(此为《世界百科名著大辞典》中的条目介绍,P276)

(112)《测候丛谈》(1992),美金楷理(Carl T. Kreyer)口译,华蘅芳笔述,上海江南制造局 1871. 年印,译自《大英百科全书》第八版《气象学》条目(此为《世界百科名著大辞典》的条目介绍,P277)

(113)《夏小正》(1992),夏代遗书,原在《大戴礼记》中,《隋书经籍志》中别为主卷(此为《世界百科名著大辞典》中条目介绍,P278)

(114)《诗经·风·七月》(1992),周代民间诗歌(此为《世界百科名著大辞典》中条目介绍,P284)

(115)《赤壁之战及其雾况、风况和探源》(1994)(《陕西气象》7 月号,P. 46～P. 48 及 P. 20)

(116)《一个世界最早光象分类体系的探讨——复原先秦"十煇"的研究》(1992)(《南京气象学院学报》第 2 期,P. 141～P. 151)

(117)《访日气象史交流六题》(1986)

(118)《近十年来中国气象史志研究成果举隅》(1993),为纪念李约瑟博士援华 50 周年学术讨论会而作,在上海报告

(119)《从甲骨文看殷代的气象知识》(1967)

(120)《中国古代风向方位与风向器的沿革》(1963)

(121)《气象史志研究》(1998)

(122)《赫德和海关测候所》(1992)

(123)《曹操从容应付赤壁火攻的探讨》(1997)

(124)《中德瑞(典)西北科学考察团的气象科考工作》(1998)

(125)《气象研究所在第二届国际极年时的工作》(1998)

(126)《气象气候区划和地方气候研究的初姿》(1998)

(127)《气团锋面分析与中国天气的初步结合》(1998)

(128)《1935 年到 1948 年间中国西部气象情况的研究潮》(1998)

(129)《李约瑟难题和科技思想研究》(函)(2000)[《李(约瑟)学通讯·秋季号》P. 9～P. 10,上海李约瑟文献中心编]

(130)～(151)为《气象百科全书》写条目文 21 篇,如《山西浑源风塔》、《甲骨卜句》、《朝鲜古测雨器》、《天文占验》、《唐代全国气候区划》、《齐国 30 节气》、《中国古云图集沿革》、《中国历代气象机构》、《月令》、《候应》、《中国古代报雨泽史》、《中国古代测风史》、《良渚文化时期的玉鸠风向标》等。

2. 大气物理学

(1)《华的形成原理》(1953),《天气月刊》6 月号,P. 23～P. 25

(2)《晕的形成原理》(1953),《天气月刊》7月号,P.33～P.37
(3)《论霞》(1963),《气象通讯》第3期,P.24～P.28
(4)《日柱》(1964),《天气月刊》9月号,P.50～P.51
(5)《44°对日晕》(1964),《气象通讯》7月号,P.44～P.46
(6)《从三环套日谈复杂气象与天气过程》(1964),《气象通讯》12月号,P.30～P.33
(7)《谈淡测风气球的颜色》(1976),《气象》4月号,P.26～P.25
(8)《光柱林立》(1928),《气象》8月号,P.29～P.30
(9)《光柱林立的进一步探讨》(1978),《气象》12月号
(10)《主要晕的形成原理》(1981),《气象》12月号,P.28～P.34
(11)《几个太阳并现的奇观》(1982),《气象知识》3月号,P.4～P.5
(12)《关于庐山奇特光象的成因》(1982),《气象》5月号,P.39～P.41
(13)《瀑阴沫华》(1984),《四川气象》12期,P.3～P.9
(14)《路蜃・青海湖旁的路蜃奇景》(1987),《气象知识》第3期,P.25
(15)《路蜃・路蜃形成的环流条件》(1987),《气象知识》第4期,P.27
(16)《路蜃・路蜃形成的路面和方向条件》(1987),《气象知识》第5期,P.29
(17)《解开日月并升及其伴生光象之谜》(1989),《宁夏气象》第4期,P.5～P.P.16
(18)《海滋名称由来及形成原理(一)》(1990),《气象知识》第3期,P.23～P.25
(19)《海滋名称由来及形成原理(二)》(1990),《气象知识》第4期,P.29～P.30
(20)《海滋名称由来及形成原理(三)》(1990),《气象知识》第5期,P.24～P.25
(21)《是龙门真容,还是龙门蜃景?》(1998),《四川气象》第4期,P.58～P.62
(22)《山在虚无飘渺间——南京汤山段公路夏晨蜃景析疑》(1998)
(23)《山区蜃景:泰山三次怪蜃及奂山山市剖析》(1995)
(24)《青铜峡中"品字三太阳"等映象释疑》(1999),《宁夏气象》3月号.P.1～P.7
(25)《声雷达与气象》(1974),《科学实验》第3期,P.32～P.33,P.25
(26)《鸣沙共振和沙坡调节理论的研究——沙坡头鸣沙机理的探究》(1990),《宁夏气象》1、2期合刊P.15～P.P.24,后于同年《宁夏史志研究》1、2期转载
(27)《雷电是怎样形成的》(1973),《科学实验》第7期,P.30～P.32
(28)《一分为二看闪电》(1975),《科学实验》第8期,P.24～P.26
(29)《云地闪过程——闪电是怎样打击到地面上的?》(1976),《气象》第9期.P.28～P.30
(30)《极光的形成》(1957),《天气月刊》5月号,P.19～P.23,P.25
(31)《烟与烟害》(1966),《科学大众》第2期
(32)《雹》(1950),《天气》P.26～P.37。后又转载于军委气象局《冰雹》小册子
(33)《龙卷风》(1957),《天气月刊》7月号,P.23～P.28
(34)《气象漫笔——霜柱》(1962),《气象通讯》2月号,P.33
(35)《云雾滴谱的降水机制研究》(1962),《江苏省气象学会学术告集》P.149～P.164
(36)《贝母云与夜光云》(1957),《天气月刊》12月号,P.34～P.37
(37)《山地云运行的一些特点(一)》,《气象通讯》5月号,P.33～P.34
(38)《山地云运行的一些特点(二)》,《气象通讯》6月号,P.47～P.50

(39)《冰雹移动规律初探》(1973),《全国人工降水防雹科技座谈会综合报告选编》P. 25～P. 47。后为几个省市自治区气象局刊物转载 。

(40)《巨淞形成机制的探讨》(1980),王鹏飞、李子华,《南京气象学院学报》第 1 期,P. 1～P. 6)

(41)《大雹乎? 巨淞也! ——一种罕见的天气现象》(1982),王鹏飞、李子华,《气象》2 月号,P. 20～P. 22

(42)《再论巨淞的形成》(1982),王鹏飞、李子华,《气象》6 月号,P. 15～P. 16

(43)《冰雪晶仿物尔印模技术及机理》(1982),王鹏飞、邱祖莲,《气象》12 月号,P. 30～P. 33

(44)《双连四胚雹块的分析》(1985),王鹏飞、郑国光、李子华、施文全,《气象学报》8 月号,P. 352～P. 356

(45)《人工影响云雾》(1958),《天气月刊》6 月号,P. 31～P. 37(1958 年吉林人工降雨前省气象局曾学习此文)

(46)《局部天气的控制》(1959),《物理通报》3 月号,P. 97～P. 100,P. 128

(47)《天气导变学发展的讨论》(1980),南京气象学院《气象教育与科技》第 3 期,P. 458～P. 464

(48)《论云特性场分析是推进天气导变学各方面研究的必要条件》(1990)

(49)《天气导变研究方向刍议》(1990),《南京气象学院学报》9 月号,P. 458～P. 464(此文曾在吉林召开之云物理学会议中报告)

(50)《人类声学环境》(1992),Our Acoustic Environment,(1975),美国惠特(Frederick Andrew White,1918～)著(为《世界百科名著大辞典》中的条目介绍,P. 247)

(51)《人工影响天气和气候》(1992),Wearher and Climate Modification(1985),美国赫斯(Wilmot,Hess)著(为《世界百科名著大辞典》中的条目介绍,P. 247)

(52)《太气中激光监测》(1992),Laser Monitoring of the Atmosphere(1967),亨克莱(Everett David Hinkley,1936～)编(此为《世界百科名著大辞典》中的条目介绍 P. 250)

(53)《气象光学导论》(1992),IntrodUCtion to meteorological Optics(1970),美国屈列格(R,A. R,Tricker)著(此为《世界百科名著大辞典》中的条目介绍,P. 261)

(54)《气象学与原子能》(1992),Meteorology and Atomic Energy(1968),美国斯莱德(D. H. Slade)著,(此为《世界百科名著大辞典》)的条目介绍,P. 261～P. 262

(55)《气象器械及观测法》(1992),蒋丙然(1880～P. 1966)著于 1945(此为《世界百科名著大辞典》中的条目介绍,P. 262)

(56)《冰的物理学》(1992),Ice Physics(1974),美国霍布斯(Peter Victor Hobbs)著(此为《世界为百科名著大辞典》中的条目介绍,P. 271)

(57)《极光》(1992),The Polar Aurora(1955),司端马(Fredrick Car lMulartz Stormer,1874～1957)著(此为《世界百科名著大辞典》中的条目介绍,P. 272)

(58)《空气品位》(1992),Air Quality(1985),高迪许(Thad Godish)著(此为《世界百科名著大辞典》中的条目介绍,P. 274)

(59)《贴地气层的气候》(1992),Das klima Der Bodennahen Luftschicht(1907),德国盖

加(Rudolf Geiger,1894～)著(此为《世界百科名著大辞典》中的条目介绍,P. 276～P. 277)

(60)《室内气候》(1992),Indoor Climate(1980),英国麦克印泰耶(D. A. McIntyre)著(此为《世界百科名著大辞典》中的条目介绍,P. 277)

(61)《臭氧层》(1992),The Ozone Layer(1979),别斯维司(Asit K. Biswis)编(此为《世界百科名著大辞典》中条目介绍。P. 278～P. 279)

(62)《海洋大气物理》(1992),Physics of the Marine Atmosphere(1965),罗尔(Hans Roll)编(此为《世界百科名著大辞典》中的条目介绍,P. 280)

(63)《晴空乱流及其探测》(1992),Clear Air Turbulenece and Its Detection(1979),包业和(Yih—Ho Pao)与戈尔堡(Arnold Goldbarg)主编(此为《世界百科名著大辞典》中的条目介绍,P. 281)

(64)《雷暴电》(1992),Thunderstorm(1980),麦哥诺(Choji Magono,1916～)著(此为《世界百科名著大辞典》中的条目介绍,P. 282)

(65)《降雹过程之形成》(1992),Formation of P. recipitation of Hail Process,苏联苏拉克维列奇(G. K. Sulakvildge)等著(此为《世界百科名著大辞典》中的条目介绍 . P. 276)

(66)《云天的错觉》(1954),《天气月刊》6 月号,P. 72～P. 75,P. 84

(67)《辐射简介》(1955),《天气月刊》6 月号,P. 72～P. 75,P. 84

(68)《云为什么会悬浮空中?》(1956),《天气月刊》7 月号

(69)《方位角器差的由来》(1954),《天气月刊》10 月号 . P. 39～P. 41

(70)《气球上升及单经纬仪测风原理》(1954),《天气月刊》2 月号,P. 11～P. 18

(71)《关于气球升速等两个问题的解答》(1955),《天气月刊》1 月号,P. 67

(72)《几种日射观测仪器及其作用的简单介绍》(1956),高文治,王鹏飞,《天气月刊》10 月号,P. 33～P. 37

(73)《高炮弹着点在云内的分布》(1978)

(74)《热动气泡的消雹作用》(1972)

(75)《关于阵性、间歇性、连续性等降水形成的讨沦》(1954),《天气月刊》5 月号,P. 36～P. 38)

(76)《向量、气压梯度、气压梯度力杂谈》(1954),《天气月刊》5 月号 . P. 46～P. 47)

(77)《北半球诸力平衡时的摩擦风》(1954),《天气月刊》4 月号,P. 36～P. 38)

(78)《温压场上等 θ 线的曲率和个别及局地锋生的关系》(1954).《天气月刊》3 月号,P. 33～P. 37

(79)《关于地转平衡的建立问题》(1955),《天气月刊》1 月号,P. 34～P. 36

(80)《怎样正确地理解热成风》(1955),《天气月刊》1 月号,P. 32～P. 34

(81)《贴地气层中为什么能维持很大的超绝热梯度?》(1982)。南京气象学院《气象教育与科技》第 1 期,P. 1～P. 6

(82)《中小尺度系统为什么不要考虑地转偏向力?》(1974),南京气象学院《气象教育与科技》P. 16～P. 18(后为华中师范学院《气象学与气候学教育参考资料》第 1 集中转载)

(83)《中尺度大气环流》(1992),Meso－Seale Atmospheric Circulation(1981),英国爱

肯生(B. W,Aikinson)著(此为《世界百科名著大辞典》中的条目介绍,P. 256)

(84)《应用气象学手册》(1992),Handbook of Applied Meteorology(1985),美国郝登(David D. Houghton)著(此为《世界百科名著大辞典》中的条目介绍,P. 982)

3. 气象书文论述

(1)《生物气象学:天气与气候对人类及其环境(动植物)的影响》(1992),Biometeorology: The Impect of the Weather and Climate on Humans and Their Environment(Animals and Plants)(1980),芬兰托隆普(S. W. Tromp)著(此为《世界百科名著大辞典》中的条目介绍,P. 267)

(2)《医疗气候学》(1992),Medieal Climatology(1964),英国莱许特(SidneyUcht)主编(此为《世界百科名著大辞典》之条目介绍,P. 272)

(3)《改善植物的大气环境的研究》(1992),Modifieation of the Aerial Environment of Plants 1979,美国巴菲尔达(B. J. Barfield)著,(此为《世界百科名著大辞典》中的条目介绍,P. 272～P. 273)

(4)《新物候学:生态学数值预报基础》(1992),New Phenology:Elements of Maihematical Forecasting in Ecology(1984),珀杜尔斯基(Alexander Podolsky)著(此为《世界百科名著大辞典》中的条目介绍,P. 283)》

(5)《评青藏高原云图》(1987),《气象》13 卷第 5 期

(6)《对"山西自然灾害"一书的评价》(1990),《山西气象》第 3 期

(7)《评杨氏气象要素长期预告法》(1990)

(8)《"大气科学概观"介绍》(1979),《南京气象学院学报》第 1 期,P. 84～P. 86

4. 气象名词研究

(1)《科学名词审定的总原则—词符其义》(1986)(《自然科学名词与术语研究》1～2 月号,P. 1～P. 6)

(2)《怎样定"Homogeneons Atmosphere","Homosphere"和"Seale Height"的中文名词》(1987)(《南京气象学院学报》第 10 卷第 2 期,P. 152～P. 153)

(3)《词符其义与约定俗成的界线的探讨》(1987)(《自然科学名词与术语研究》第 1 期,P. 1～P. 11)

(4)《定名贴切,方有效益——对气象学几个术语订名的商榷》(1988)(《自然科学名词与术语研究》第 1 期,P. 42～P. 47)

(5)《怎样才能贴切地拟定科学名词》(1989)(《自然科学名词与术语研究》第 1 期,P. 18～P. 25)

(6)《社会对科学名词的影响》(1992)(《自然科学名词与术语研究》第 1 期,P. 29～P. 41

(7)《辞书编纂的交谊长存》(1998)[《辞海通讯》115 期(9 月),P. 4～P. 5]

(8)《"信息高速公路"一词刍议》(1997)[《辞海通讯》(1 月),P. 6～P. 7]

(9)《"大气保温效应"为何不能称为"温室效应"?》(1996)[辞海通讯》(12 月)]

(10)《时代性、科学性和确切性——关于辞海气象科学词目修订原则》(1997)[《辞海通讯》102 期(9 月),1999 年 9 月 27 日《科学时报》转载]

(11)《与“辞海”的四十年缘份》(1999)(《辞海通讯》)

(12)《亚热带、副热带词名溯源及其意义区别》(1998)(《南京气象学院学报》6 月号，P. 287～P. 291)

(13)《气象学界“front”中译名统一小史》(1998)，为纪念么枕生教授 90 华诞出论文集而作

5. 译文

(1)《地质时期及历史时期气候变化的事实(一)》(1957)，Geological and Historical Aspect of Climatic Change，英国布路克斯(C. E. P. Brooks)著(1951)，刊于《气象译报》第 2 期，P. 317～P. 325

(2)《地质时期及历史时期气候变化的事实(二)》(1957)，原文同上，刊于《气象译报》第 3 期，P. 414～P. 425

(3)《贴地气层的物理学》(1951)，The Physics Near the Ground(1927)，为德国鲁·盖加(Rudolf Geiger，1894～)著《气象月刊》两期连载

(4)《气象学》(1987)，Meteorology(1977)，悉巴(P. A，Sheppard)、贝吉隆(Tor Bergeron)伊莱亚森(Arnt Eliassen)合著，为科学出版社组织翻译的《科学技术百科全书》第 10 卷(即 McGraw—Hill Book Co. 所出的 McGraw Hill Encyclopedia of Sciences and Technology 第 4 版)，本译文刊于《科学技术百科全书》的 P. 492～P. 512

(5)《雷达测云》(1956)，译自《Discovery(发现)》(1955)中梅逊(B. J. Mason)所著之文，《天气月刊》9 月号，P. 39～P. 45

(6)《飞机积冰》(1952)，译自 Charles A. Zweng(1945)一文，《天气月刊》132 期，P. 33～P. 41

气象科普

(1)《活的空气》(1951)，《科学大众》9 卷 3、4 期，P. 124～P. 126

(2)《天气舞台》(1952)，《科学大众》

(3)《在空气弹丸的撞击下》(1952)《科学大众》1 月号，P. 185～P. 187

(4)《冻伤的气象原因及防治》(1953)，《科学大众》2 月号，P. 57～P. 58

(5)《风车和风力发电》(1954)，《科学大众》6 月号，P. 224～P. 227

(6)《小型气象观测场》(1954)，《科学大众》12 月号，P. 456～P. 458

(7)《气象与棉纺织工业》(1954)，《科学大众》7 月号，P. 260～P. 261

(8)《雪崩》(1956)，《科学大众》12 月号，P. 548～P. 549

(9)《地球周围的大气层是怎样形成的?》(1962)，《十万个为什么? ·气象 1》中 P. 1～P. 4

(10)《在什么云上会出现华?》(1962)，《十万个为什么? ·气象 1》P. 129～P. 131

(11)《为什么雷最易打中孤立高耸的物体?》(1962)，《十万个为什么? ·气象 1》P. 131～P. 132

(12)《为什么雷常常会使“枯树焚身”“活树剥皮”?》(1962)，《十万个为什么? ·气象 1》

P. 131～P. 132

(13)《为什么发生雷击时,附近人会有一些发麻?》(1962),《十万个为什么? ·气象1》P. 133～P. 134

(14)《为什么闪电会出现树枝状或球状的?》(1962),《十万个为什么? ·气象1》P. 139～P. 142

(15)《雪花为什么是六角形的?》(1962),《十万个为什么? ·气象1》P. 152～P. 153

(6)《为什么树上会出现冰花?》(1962),《十万个为什么? ·气象1》P. 162～P. 164

(17)《为什么用声音能探测天气?》(1962),《十万个为什么? ·气象1》P. 224～P. 226

(18)《为什么要放气象卫星?》(1962),《十万个为什么? ·气象1》P. 229～P. 232

(19)《为什么人工可以消雹?》(1962),《十万个为什么? ·气象1》P. 256～P. 258

(20)《为什么人工可以降雨?》(1962),《十万个为什么? ·气象1》P. 258～P. 260

(21)《人工能够影响台风吗?》(1962),《十万个为什么? ·气象1》P. 260～P. 261

(22)《为什么人工可以消雾?》(1962),《十万个为什么? ·气象1》P. 262～P. 264

(23)《为什么大气对地球自转速度有影响?》(1977),《十万个为什么? ·地球史》P. 15～P. 17

(24)《地球形成时,有大气圈吗?》(1977),《十万个为什么? ·地球史》P. 18～P. 19

(25)《现代地球大气成分是怎样演变过来的?》(1977),《十万个为什么? ·地球史》P. 22～P. 23

(26)《邮票上的相风乌》(1985),《中国气象》3月号,P. 44～P. 48

(27)《朝鲜气候情况》(1952),《天气月刊》P. 7～P. 9

(28)《十二月花名和果名的歌谣》(1983),《大众气象》3月号,P. 28

(29)《一年气候歌与七十二候》(1983),《大众气象》6月号,P. 14～P. 15

(30)《风筝趣话》(1984),《大众气象》2月号,P. 14～P. 15

(31)《古代对雪的认识》(1988),《中国气象》2月号,P. 42～P. 43

(32)《八百年仍在回转的风向标》(1989),《中国气象报》11月25日

(33)《岁寒水冷也会出现海市》(1993),《气象知识》1月号

(34)《寒冷天气下能见到海市的道理》(1993),《气象知识》2月号

(35)《气象知识》(1951),科普出版社

(36)《对气象科普工作的心得和希望——在江苏气象科普作品评奖会上的发言》(1982)

编余杂篇

(1)《气象统计大要》(1953),《天气月刊》16期,P. 33～P. 38

(2)《气象统计大要(一续)》(1953),《天气月刊》17期,P. 39～P. 51

(3)《气象统计大要(二续)》(1953),(《天气月刊》18期,P. 27～P. P. 39)

(4)《从物理气象学谈到国际地球物理年》(1958),《气象简报》P. 33～P. 36

(5)《坚决学习苏联的气象科学》(1958),《气象简报》P. 5～P. 7

(6)《新中国的气象出版事业》(1958),《气象简报》P. 4～P. 7

(7)《从气象工作中的基本矛盾出发提出一些看法》(1957),《气象简报》11 期,P.15～P.16

(8)《为社会主义火箭进入行星空间而欢呼》(1959),《天气月刊》1 月号,P.4～P.5

(9)《日本大学气象教育简况》(1986),南京气象学院《气象教育与科技》P.46～P.47

(10)《东汉匈奴西迁与圣诞节》(1998),袁嗣良《自娱集》

(11)《时代的需要》(1995),《辞海通讯》7 月 5 日总 60 期

(12)《小册子》(1938),《文艺新潮》1 卷第 2 号

(13)《澄衷往事杂忆》(1982)

(14)《怎样使夏令时在全国发挥效益?——恢复时区时制的刍议》

(15)《八十寿辰答谢词》(1999.12.5)

诗词韵文

《天风海涛集》(诗题略)

附记:

鹏飞著述较多,有些著述,时久稿失。故资料不全或只留鳞爪,仅就手头资料兼及回忆,编就"著译分类目录"如上。今年正为 2000 年之始,又为鹏飞八秩之庆,更值我与鹏飞金婚之岁,政通人和,欣逢盛世,婿女各有所业,外孙儿女,亦活泼好学,特编此以留纪念,他日鹏飞再有新作,或更搜得资料,当再补编。

杨永华记于南京高教新村
2000 年春葩欲放之时

雨鸠催农,朝霞创新

王鹏飞

(一)独色难成艳,天孙织七彩之裘!
裘覆暖地脉,引来催农雨鸠。
雨鸠、雨鸠,清晨声声无休!
(二)僵颜孰云美?朝霞灿瞬变之态!
态变惊世俗,表达创新豪迈,
豪迈、豪迈,心潮同此澎湃!

(摘自《天风海涛集》)